Variantenkonfiguration mit SAP®

SAP PRESS

SAP PRESS ist eine gemeinschaftliche Initiative von SAP SE und der Rheinwerk Verlag GmbH. Ziel ist es, Anwendern qualifiziertes SAP-Wissen zur Verfügung zu stellen. SAP PRESS vereint das fachliche Know-how der SAP und die verlegerische Kompetenz von Rheinwerk. Die Bücher bieten Expertenwissen zu technischen wie auch zu betriebswirtschaftlichen SAP-Themen.

Alena Bauer, Fatjon Hoxha, Jochen Scheibler
Vertrieb mit SAP S/4HANA – Das Praxishandbuch
752 Seiten, 2018, gebunden
ISBN 978-3-8362-5968-2

Holger Seubert
SAP Cloud Platform – Services, Nutzen, Erfolgsfaktoren
327 Seiten, 2018, gebunden
ISBN 978-3-8362-6320-7

Frank Densborn, Frank Finkbohner, Jochen Freudenberg, Kim Mathäß, Frank Wagner
Migration nach SAP S/4HANA
623 Seiten, 2., aktualisierte und erweiterte Auflage 2018, gebunden
ISBN 978-3-8362-6316-0

Thomas Kunze, Daniela Reinelt, Kathrin Schmalzing
SAP S/4HANA Finance – Customizing
973 Seiten, 2018, gebunden
ISBN 978-3-8362-6108-1

Aktuelle Angaben zum gesamten SAP PRESS-Programm finden Sie unter *www.sap-press.de.*

Uwe Blumöhr, Michael Neuhaus, Marin Ukalovic

Variantenkonfiguration mit SAP®

Das Praxishandbuch

Rheinwerk
Publishing

Liebe Leserin, lieber Leser,

vielen Dank, dass Sie sich für ein Buch von SAP PRESS entschieden haben.

Mit dem Begriff Produktvarianten verband ich bislang die Bereiche Fahrzeugbau und Möbelfertigung, bis mir eine Bekannte neulich davon berichtete, dass ein Modeunternehmen inzwischen personalisierbare Taschen und Strickwaren anbietet. Heutzutage erwarten die Kunden einfach, dass Produkte nach ihren individuellen Wünschen und Bedürfnissen gefertigt werden. Die Variantenkonfiguration ist für viele Unternehmen längst ein unabdingbarer Wettbewerbsfaktor geworden, um den Anschluss an die Konkurrenz nicht zu verlieren.

Die Modellierung von konfigurierbaren Produkten ist eine anspruchsvolle Aufgabe. Uwe Blumöhr, Michael Neuhaus und Marin Ukalovic stellen Ihnen in diesem Buch die vielfältige Praxis der Variantenkonfiguration mit SAP vor. Die Autoren führen Sie dabei nicht nur in die Grundlagen der Modellierung von Produktvarianten ein, sondern zeigen Ihnen anhand einer Fülle konkreter Fallbeispiele aus der Industrie, was die zentralen Herausforderungen der Variantenkonfiguration sind und wie sich dazu passende Lösungsansätze gestalten lassen. Neben diesen Best Practices lernen Sie den klassischen SAP-Variantenkonfigurator (LO-VC) ausführlich kennen und erfahren zudem, was es mit dessen Nachfolger, der neuen SAP S/4HANA for Advanced Variant Configuration (AVC), auf sich hat.

Wir freuen uns stets über Lob, aber auch über kritische Anmerkungen, die uns helfen, unsere Bücher zu verbessern. Scheuen Sie nicht, mich zu kontaktieren. Ihre Fragen und Anmerkungen sind jederzeit willkommen.

Ihr Stefan Thißen
Lektorat SAP PRESS

stefan.thissen@rheinwerk-verlag.de
www.rheinwerk-verlag.de
Rheinwerk Verlag · Rheinwerkallee 4 · 53227 Bonn

Auf einen Blick

Wir hoffen, dass Sie Freude an diesem Buch haben und sich Ihre Erwartungen erfüllen. Ihre Anregungen und Kommentare sind uns jederzeit willkommen. Bitte bewerten Sie doch das Buch auf unserer Website unter **www.rheinwerk-verlag.de/feedback**.

An diesem Buch haben viele mitgewirkt, insbesondere:

Lektorat Stefan Thißen
Korrektorat Petra Schomburg, Monika Klarl
Herstellung Kamelia Brendel
Typografie und Layout Vera Brauner
Einbandgestaltung Silke Braun
Coverbild iStock: 522478302 © coldsnowstorm, 501655880 © PeopleImages; Shutterstock: 181172984 © SmartPhotoLab
Satz SatzPro, Krefeld
Druck Beltz Grafische Betriebe, Bad Langensalza

Dieses Buch wurde gesetzt aus der TheAntiquaB (9,35/13,7 pt) in FrameMaker. Gedruckt wurde es auf chlorfrei gebleichtem Offsetpapier (90 g/m²). Hergestellt in Deutschland.

Bibliografische Information der Deutschen Nationalbibliothek:
Die Deutsche Nationalbibliothek verzeichnet diese Publikation in der Deutschen Nationalbibliografie; detaillierte bibliografische Daten sind im Internet über *http://dnb.d-nb.de* abrufbar.

ISBN 978-3-8362-6328-3

1. Auflage 2019

Informationen zu unserem Verlag und Kontaktmöglichkeiten finden Sie auf unserer Verlagswebsite **www.rheinwerk-verlag.de**. Dort können Sie sich auch umfassend über unser aktuelles Programm informieren und unsere Bücher und E-Books bestellen.

Inhalt

Anhang 715

Vorwort: Der digitale Konfigurationslebenszyklus im intelligenten Unternehmen

Die kommende Ära von rechnergestützten Geschäftsanwendungen wird durch intelligente Technologien bestimmt. Intelligente Technologien werden die nächste Stufe der Wertschöpfung antreiben. Durch Fortschritte im maschinellen Lernen sind Rechner sehr präzise geworden und werden in Zukunft auf einigen Gebieten die Fähigkeiten von Menschen sogar übertreffen. Heute ist die Bilderkennung bereits bei einer Genauigkeit von 97 % angelangt und damit der menschlichen Genauigkeit von 95 % voraus. Im Jahr 2020 werden Sprach- und Bilderkennung bei einer Genauigkeit von 99 % angekommen sein. Aktuelle Studien sagen voraus, dass bis zum Jahr 2025 60 % der Aufgaben von Menschen mithilfe von intelligenten Technologien automatisiert sein werden.

Erfolgreiche Unternehmen setzen diese neuen Möglichkeiten bereits heute ein. Neun von zehn Wirtschaftsführern sehen künstliche Intelligenz als erfolgskritisch für das Fortbestehen ihrer Firma in den kommenden fünf Jahren. Laut einer Umfrage unter 2.500 Führungskräften in Australien, Deutschland, Frankreich, dem Vereinigten Königreich und den USA sind Wirtschaftsführer bereit zum Handeln: Sechs von zehn setzen intelligente Technologien bereits ein oder planen, dies zu tun. Sie werden dabei beachtliche Mittel investieren.

Individuelle Kundenbedürfnisse anzusprechen, die Talente der Mitarbeiter auf neue Art und Weise mit einzubeziehen und disruptive Geschäftsmodelle zu entwickeln sind die heutigen Anforderungen. Fortschrittliche Unternehmen beginnen zu verstehen, dass sie nur durch den Einsatz neuer Technologien ihren Erfolg und ihre Marktrelevanz aufrechterhalten und sich so zu einem intelligenten Unternehmen entwickeln können.

Intelligente Unternehmen nutzen ihre Daten zielgerichtet, um die gewünschten Ergebnisse schneller und besser zu erzielen. Intelligente Unternehmen erschaffen personalisierte und einzigartige Kundenerlebnisse mithilfe von künstlicher Intelligenz. Sie können die Bedürfnisse ihrer Kunden vorhersehen und darauf proaktiv reagieren. Sie bieten kontinuierlich erstklassige Kundenerfahrung und erstklassigen Kundendienst. Intelligente Unternehmen sind agil – sie verbessern kontinuierlich ihre Fähigkeit, schneller auf Veränderungen des Marktes oder ihres Geschäftsfeldes zu reagieren. Dabei richten sie ihre Geschäftsprozesse auf beste Ergebnisse für ihre Kunden aus. Intelligente Unternehmen haben eine durchgängige Sichtbarkeit. Sie haben Möglichkeiten gefunden, relevante Informationen zu sammeln, und schaffen es erstmalig, bisher isolierte Daten zu vernetzen und mithilfe intelligenter Analysen Muster zu erkennen. Intelligente Unternehmen automatisieren komplexe Prozesse, wie

z. B. die Klassifizierung von Produkten auf der Grundlage unstrukturierter Informationen, Rechnungs- und Zahlungsabgleiche, Angebots- und Preisfreigaben, Kundensonderwunsch-Prozesse und vieles mehr, um Zeit zu sparen und ihre Mitarbeiter in die Lage zu versetzen, ihre Arbeitszeit sinnvoller einzusetzen. Intelligente Unternehmen wenden die neuen Möglichkeiten von intelligenten Technologien auf kreative und innovative Weise in ihren Kernkompetenzen und Kernprozessen an. So erfinden sie neue Geschäftsmodelle und erschließen sich neue Einnahmequellen.

Intelligente Unternehmen verstehen, dass der digitale Konfigurationslebenszyklus ihrer konfigurierbaren Produkte eine wesentliche Voraussetzung für neue Geschäftsmodelle und Einnahmequellen ist. Der digitale Konfigurationslebenszyklus deckt dabei alle Lebensabschnitte eines konfigurierbaren Produktes ab (siehe Abbildung 0.1). Ein konfigurierbares Produkt wird erstmalig in Marketing und Produktmanagement über seine Anforderungen definiert. Das Produkt und sein Konfigurationsmodell werden dann in Forschung und Entwicklung ausgeprägt, das Konfigurationsmodell wird um Anforderungen von Fertigung, Lieferkette, Beschaffung und Vertrieb erweitert. Bei der Kundenauftragsabwicklung des konfigurierbaren Produktes entsteht der digitale Zwilling. Er repräsentiert jede vernetzte Maschine, deren Daten entlang des gesamten Lebenszyklus zur Verfügung stehen. Die durchgängige Dokumentation und ein integriertes Konfigurationsmodell bilden die Grundlage für den Konfigurationslebenszyklus.

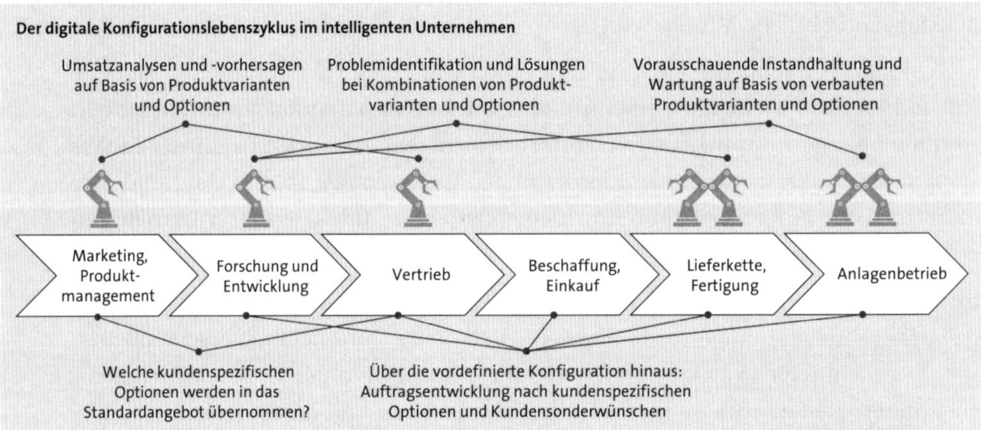

Abbildung 0.1 Der digitale Konfigurationslebenszyklus im intelligenten Unternehmen

Die Variantenkonfiguration stellt eine mehr als 25-jährige Erfolgsgeschichte in der Produktkonfiguration dar. Sie wirkt im ERP, dem digitalen Kern unserer Kunden, als integrierte Lösung. Viele Tausend Kunden nutzen die Variantenkonfiguration, um individualisierte Produkte für ihre Kunden anbieten zu können. Sie können so hochvariable und kundenspezifisch anpassbare Produkte für ihre Kunden massenhaft verkaufen und produzieren. Dies stellt in vielen Fällen ein entscheidendes Differenzierungsmerkmal im Markt dar und sichert so den Erfolg ganzer Unternehmen.

SAP S/4HANA ist das modernste intelligente ERP-System. Es erreicht ein neues Maß an Produktivität und Geschäftseinblicken bei gleichzeitiger Maximierung von Ressourcen und der operativen Agilität. Mit der Lösung S/4HANA for Advanced Variant Configuration modernisiert SAP die Variantenkonfiguration von Grund auf. Es werden zeitgemäße Algorithmen eingesetzt, die ein deutlich verbessertes Laufzeitverhalten und eine stark verbesserte Benutzbarkeit ergeben, bei gleichzeitig optimierter Geschäftsprozess-Unterstützung. Die Lösung bietet Funktionen zur Verwaltung konfigurierbarer Produkte für die Fachbereiche Forschung und Entwicklung, Fertigung und Lieferketten, Beschaffung und Kundenauftragsabwicklung.

Für die beste Kundenerfahrung sowohl im E-Commerce-Handel als auch im Vertrieb sind spezifische Lösungen erforderlich. Für die Vertriebssteuerung sind eine einfache Konfiguration von Produkten und Produktbündeln, eine automatische Preisgestaltung sowie die Verwaltung von Preisaktionen und Rabatten entscheidend. Kundenangebote müssen intelligent und möglichst halbautomatisch generiert werden. Vertriebsmitarbeiter müssen in die Lage versetzt werden, sich mit ihren Kunden näher und umfassender zu befassen. Um Vertriebsteams dabei zu unterstützen, bessere Geschäftsentscheidungen zu treffen und so die Vertriebsleistung für konfigurierbare Produkte zu steigern, bietet SAP Sales Cloud eine integrierte Configure-Price-Quote-Lösung. Für den Handel mit konfigurierbaren Produkten steht mit SAP Commerce Cloud eine integrierte Handelslösung zur Verfügung.

Nachdem der Kundenauftrag für ein konfiguriertes Produkt erfolgreich abgearbeitet, das Produkt gefertigt und an den Kunden versandt wurde, wird es zu einer vernetzten Maschine. Die vernetzte Maschine erfasst Telemetrie- und Nutzungsdaten und stellt sie über das Internet der Dinge zur Verfügung. Das digitale Abbild der vernetzten Maschine, ihr digitaler Zwilling, beinhaltet den aktuellsten Stand der Konfiguration und die relevante Historie. Das SAP Asset Intelligence Network verwaltet diese digitalen Zwillinge und bildet jede Maschine entlang ihres Lebenszyklus mit der jeweils gültigen Konfiguration ab. Der digitale Zwilling bietet steuerbare Teilungs- und Einsichtsrechte für Geschäftspartner und ermöglicht dadurch kontrollierte Einblicke und Leistungsanalysen. Die gesammelten Maschinendaten werden in Bezug zu der jeweils gültigen Konfiguration analysiert und ausgewertet. So werden wertvolle Erkenntnisse und Rückmeldungen im iterativen, generativen Entwicklungsprozess gewonnen und die Möglichkeiten von Ingenieuren, Forschern und Entwicklern wesentlich erweitert. Dies ist die Grundlage für spezifische und individuelle Produkte und Dienstleistungen.

Hersteller von konfigurierbaren Produkten bieten häufig sehr spezifische und individuelle Produkte und Dienstleistungen. Diese Angebote stellen Alleinstellungsmerkmale dar, die den Markterfolg dieser Unternehmen sicherstellen. Solche Angebote erfordern häufig sehr spezifische Prozesse und Software-Lösungen, die bestmöglich in standardisierte Prozesse und Lösungen integriert sein müssen. Um ihre Produktkonfigurationsmodelle entlang des digitalen Konfigurationslebenszyklus optimal zu nutzen, verwenden intelligente Unternehmen Product Configuration. Diese Lösung stellt mithilfe von Micro Services auf der SAP Cloud Platform Variantenkonfigurationsmodelle und Preiskonditionen für jedes individuelle Angebot bereit. Sie ermöglicht Unternehmen damit die Schaffung von Alleinstellungsmerkmalen auf Basis von standardisierten Prozessen und Lösungen.

Die Analysewerkzeuge von SAP erleichtern die Sammlung, die Vernetzung und Orchestrierung von Daten. Intelligente Technologien ermöglichen die Nutzung dieser Daten mit dem Ziel, Muster zu erkennen, Ergebnisse vorherzusagen und Aktionen vorzuschlagen und automatisch auszuführen. Die folgenden Fragen im digitalen Konfigurationslebenszyklus können jetzt erstmalig beantwortet werden:

- Welche Produktkonfigurationsoptionen erzeugen die meisten Umsätze?
- Wie variieren diese Einnahmen im Laufe der Zeit, in bestimmten Wirtschaftsräumen, Ländern oder sogar in bestimmten Regionen?
- Welche Trends können identifiziert und genutzt werden, um die Popularität von Optionen zu prognostizieren?
- Welche Kundensonderwünsche werden populär und sollten in das Standardangebot eines konfigurierbaren Produkts aufgenommen werden?
- Welche Konfigurationsoptionen oder Kombinationen von Optionen stellen die größten Herausforderungen in Bezug auf die Produktqualität, die Lieferkette oder in Fertigung und Produktion dar?
- Welche Konfigurationsoptionen oder Kombinationen von Optionen verursachen die höchste Anzahl von Kundendienstvorfällen und die höchste Wartung?
- Wie kann der Gesamtpreis eines komplexen konfigurierbaren Produkts mit mehr als 90 % Genauigkeit auf der Basis von nur ein paar einfachen Fragen vorhergesagt werden?

Die richtigen Antworten auf diese Fragen helfen dabei, Kundenwünsche zu prognostizieren und proaktiv zu erfüllen.

SAP ist einzigartig positioniert, um den digitalen Konfigurationslebenszyklus im intelligenten Unternehmen zu ermöglichen. Das intelligente Unternehmen ist mehr als nur automatisierte Geschäftsprozesse. Es ist eine Vision darüber, wie die Zukunft für unsere Kunden aussieht, die Zukunft der Arbeit der Mitarbeiter unserer Kunden und die Zukunft der Erfahrungen und Erlebnisse der Kunden unserer Kunden. Der digitale Konfigurationslebenszyklus ist mehr als Variantenkonfiguration und Configure, Price, and Quote (CPQ). Es ist eine integrierte und durchgängige Sicht der Produktkonfiguration über alle relevanten Fachbereiche hinweg, in Kombination mit intelligenten Technologien und intelligenter Automatisierung.

Nur SAP kann den digitalen Konfigurationslebenszyklus im intelligenten Unternehmen bereitstellen. SAP bietet eine durchgängige Integration von entscheidenden Kundenprozessen. Unsere Lösungen basieren auf gemeinsamen Stammdaten, Domänenmodellen und einer einheitlichen Plattform. SAP verfügt über die notwendigen Branchenkenntnisse, um die Daten der Kunden in dem spezifischen Kontext ihres Geschäftsfeldes zu verstehen und daraus Mehrwerte zu erzeugen. Wir haben damit begonnen, Intelligenz direkt in unsere Kernlösungen einzubetten, als Teil unserer Standard-Roadmap für unsere Kunden. So muss keine separate Datenhaltung bereitgestellt oder zusätzliches Werkzeug beschafft werden, um komplexe Analysen zu ermöglichen. Mit der Variantenkonfiguration besitzt SAP die führende Lösung für konfigurierbare Produkte im ERP, dem digitalen Kern jedes intelligenten Unternehmens, und ist der größte Anbieter in diesem Markt. Mit SAP S/4HANA for Advanced Variant Configuration erweitert SAP seine Möglichkeiten innerhalb des digitalen Kerns massiv. Mit SAP Configure, Price, and Quote (SAP CPQ) in der SAP Sales Cloud besitzt SAP die marktführende CPQ-Lösung für den Vertrieb. Mit Product Configuration bietet SAP einen Integrationsansatz, der die Erweiterung von Vertriebsprozessen rund um die Produktkonfiguration ermöglicht, basierend auf Micro Services auf der SAP Cloud Platform. Mit Product Configuration Intelligence wird ein auf maschinellem Lernen basierendes Analysewerkzeug bereitgestellt, das die speziellen Aspekte der Produktkonfiguration berücksichtigt.

SAP arbeitet mit höchster Priorität daran, die Vision des digitalen Konfigurationslebenszyklus im intelligenten Unternehmen für alle unsere Kunden zu ermöglichen und zur allgegenwärtigen Realität werden zu lassen. Wir werden dabei die heute bereits vorhandenen Produkte, Lösungen und durchgängigen Szenarien weiter ausbauen und innerhalb einer einheitlichen digitalen Plattform bereitstellen, erweitert um eingebettete intelligente Technologien. Dabei ist es unser primäres Ziel, jedes Unternehmen unserer Kunden zum intelligenten Unternehmen werden zu lassen.

Johann Dornbach
Vice President, Digital R&D and Engineering – Configure SAP SE

Einleitung

Dies ist nur ein Anfang

Die meisten Leser dieses Buches sind vermutlich bereits im Besitz einer Auflage der SAP-PRESS-Veröffentlichung »Variantenkonfiguration mit SAP« [ISBN 978-3-8362-3472-6]. Dieses Buch wurde 2009 zum ersten Mal herausgegeben und in zwei weiteren Auflagen (2011 und 2015), mit Updates und Erweiterungen versehen, neu aufgelegt. Die Ihnen vorliegende Auflage ist nicht als direkte Fortsetzung dieser Buchreihe zu sehen, sondern möchte sich durch eine stärkere Praxisorientierung davon abheben. Die Beschreibung dieser immer stärker nachgefragten, integrierten Variantenkonfiguration war in den erwähnten Veröffentlichungen stark an der Funktionalität der durch SAP bereitgestellten Software ausgerichtet. Zwar wurden auch Praxisberichte aufgezeigt, jedoch fiel es Neueinsteigern zum Teil schwer, die Komplexität der möglichen Business-Prozesse und der dahinterliegenden Software-Einstellungen und deren Auswirkungen zu erfassen. Auch gibt es immer mehrere Wege nach Rom.

Der Wunsch nach einem praxisorientierten Buch zu diesem Thema wurde somit immer größer – und diesem Wunsch möchten wir mit dieser Veröffentlichung nachkommen.

Nichtsdestotrotz ist die Überschrift, »Dies ist nur ein Anfang«, nicht willkürlich gewählt, sondern ergab sich aus unzähligen Gesprächen mit Anwendern, Beratungshäusern und erfahrenen Kunden, mit denen sich die Autoren in den letzten Jahren unterhalten haben.

Das Thema Variantenkonfiguration, oder wie es SAP seit Längerem als Digital Configuration Lifecycle bezeichnet, ist klar als hochintegrativer Kernprozess einer modernen Software-Architektur zu bezeichnen. Die Komplexität ist entsprechend hoch. Auch die Möglichkeiten der Ausprägung bzw. Anwendungsmöglichkeiten erscheinen schier unbegrenzt. Entsprechend sind die Anforderungen der Anwender und Betreiber der Software gestiegen.

Das Thema prozesstechnisch nur punktuell zu betrachten, wie es einige Softwareanbieter aufgrund ihrer historischen Aufstellung propagieren, hat sich in den letzten 20 Jahren als Trugschluss herausgestellt. Die Notwendigkeit eines integrierten Gesamtprozesses ist als Grundlage einer erfolgreichen Implementierung und Nutzung der Software gegeben.

Aus diesem Grund sehen wir dieses Buch nur als Start in die Beschreibung dieser vielen Möglichkeiten und Anwendungen. Dem Anspruch der Vollständigkeit können und wollen wir hier nicht gerecht werden. Das Thema bietet eine unerschöpflich hohe Anzahl an Einzelpunkten, Themen, Prozessschritten und Software-Komponenten, die noch dazu einem steten Wandel unterliegen. Trotz der alleinigen Fokussierung auf SAP-Software und deren Erweiterungen durch SAP-Partner, ist insbesondere die Software-Verfügbarkeit in den letzten Jahren durch Neuentwicklungen oder Zukäufe und die Integration dieser Lösungen stetig gestiegen. Beispielhaft sei hier SAP Commerce genannt (durch die Integration von Hybris Commerce), auf das in Kapitel 15 eingegangen wird, und ebenso SAP CPQ (eine Integration der Callidus Cloud), das in dieser Auflage nicht behandelt wird. Auch gehen wir nicht auf SAP CRM, ältere Versionen wie SAP E-Commerce, Internet Sales oder die aktuelle Sales Cloud ein, sondern fokussieren uns stark auf die Variantenkonfiguration in SAP ERP bzw. in SAP S/4 HANA. Wir beleuchten also das vielzitierte Backend.

An wen wendet sich dieses Buch?

Das Buch ist an alle gerichtet, die sich dem breiten Thema Variantenkonfiguration mit SAP nähern möchten. Der Fokus liegt aufgrund der praxisnahen Beschreibung, im Gegensatz zu den Auflagen von »Variantenkonfiguration mit SAP«, dieses Mal stärker bei den Anwendern der Modellierung oder Geschäftsprozessverantwortlichen. Auch jüngere Mitarbeiter, die sich erstmalig mit dem Thema konfrontiert fühlen, sollen durch Schritt-für-Schritt Anleitungen und Tipps unterstützt werden.

Wie ist dieses Buch aufgebaut?

Wie wichtig ein bestimmtes Kapitel für Sie persönlich ist, hängt von Ihrem Hintergrund bzw. Ihrem Interesse ab. Wir möchten an dieser Stelle die einzelnen Kapitel kurz vorstellen.

Kapitel 1, »Ein erstes konfigurierbares Material anlegen«, beginnt mit ein ganz klein wenig Theorie. Anschließend wird, wie es der Titel auch sagt, die komplette Modellierung eines konfigurierbaren Modells gezeigt, mit allem was dazu gehört, – für den Anfänger ein guter Einstieg. Bereits hier wird mit der Produktmodellierungsumgebung der Variantenkonfiguration – kurz PMEVC – gearbeitet, um deren große Vorteile zu nutzen.

Kapitel 2, »Der konfigurierbare Materialstamm«, betrachtet den Materialstamm im Detail. Auch ein wenig Customizing der Materialarten, der Positionstypenfindung im Vertrieb und der Bedarfsklassen(-findung) wird vorgestellt. Zudem sind die Materialstammtransaktionen im SAP GUI ein Thema sowie die entsprechenden SAP-Fiori-Apps von Material- und Produktstamm.

Kapitel 3, »Werkzeuge aus dem Klassensystem«, behandelt die Themen Merkmalspflege, Klassenpflege, die eigentliche Klassifizierung und die Such- und Auswertungsmöglichkeiten. Auch werden Objektmerkmale, Variantenklassen und Klassenknoten vorgestellt.

Kapitel 4, »Das Konfigurationsprofil – die Einstellungen im Detail«, zeigt alle Einstellmöglichkeiten zum Konfigurationsprofil. Wir fokussieren uns hier auf das Konfigurationsszenario. Betrachtet werden dabei die Aspekte:

- Plan/Fertigungsauftrag ohne Stücklistenauflösung
- Plan/Fertigungsauftrag mit Stücklistenauflösung
- Auftragsstückliste
- Kundenauftrag (SET)

Kapitel 5, »Stückliste und Arbeitsplan für konfigurierbare Materialien«, beinhaltet die konfigurierbare Maximalstückliste sowie den analogen konfigurierbaren Maximalarbeitsplan. Die Pflege dieser Stammdaten wird nicht nur in den klassischen Transaktionen, sondern auch in der Engineering Workbench und in den SAP-Fiori-Apps behandelt. Größeren Raum nimmt das Beziehungswissen für Stückliste und Arbeitsplan ein. Dabei werden auch Grundlagen des Beziehungswissens mitbehandelt. Es gibt reichlich Syntaxbeispiele. Zudem werden Auftragsstückliste und Auftragsarbeitsplan vorgestellt. Damit können kundenauftragsspezifische Anpassungen bezüglich Sonderwünschen vorgenommen werden, die über das hinausgehen, was im Modell bereits enthalten bzw. vorgedacht ist.

Kapitel 6, »High-Level-Konfiguration: Beziehungswissen für die Bewertungsoberfläche«, widmet sich dem Beziehungswissen an Konfigurationsprofil und Merkmalen. Nachdem in Kapitel 5 das Beziehungswissen für Stückliste und Arbeitsplan, also das Beziehungswissen für die sogenannte Low-Level-konfiguration oder »Konfiguration im Dunkeln« oder auch für das »Erhalten des Gewünschten« im Mittelpunkt gestanden hat, geht es hier um die High-Level-Konfiguration oder »Konfiguration im Hellen (im Dialog)« oder auch für das »Wünschen«. Auch hier sind wieder allgemeine Grundlagen und reichlich Syntaxbeispiele enthalten. Als wichtigste Art von Beziehungswissen, wird hier den Constraints besonderes Augenmerk geschenkt. Prozeduren, Vor- und Auswahlbedingungen, Variantentabellen und Variantenfunktionen werden ebenfalls umfangreich behandelt.

Kapitel 7, »Preisfindung«, behandelt Ergänzungen der Preisfindung für den Vertrieb (Verkauf) und den Einkauf (Bestellung). Wie kommt man zu konfigurationsabhängigen Preisen? Ein wichtiges Werkzeug sind die Variantenkonditionen. Auch die Kalkulation in der Variantenkonfiguration wird angesprochen und wie sie in der Preisfindung genutzt werden kann.

Kapitel 8, »Materialvarianten«, beschäftigt sich mit konfigurierten Materialien. Hiermit haben Sie in der Variantenkonfiguration auch alle Möglichkeiten der Planung, Beschaffung, Lagerverwaltung und weiterer logistischer Anforderungen, die Sie vielleicht außerhalb der Variantenkonfiguration nutzen. Was ist eine Materialvariante? Wie sieht es mit Materialstamm, Stückliste, Arbeitsplan und Preisfindung für Materialvarianten aus?

Kapitel 9, »Modellierung für erweiterte Integrationsaspekte«, zeigt, dass das Thema Variantenkonfiguration sehr umfangreich in logistische Prozesse integriert ist. Es geht sozusagen um »Variantenkonfiguration und logistische Integration vom Feinsten«. Das beginnt mit dem Thema Vorplanung, in dessen Kontext aber auch spezielle Planungsstrategien für konfigurierbare Materialien entwickelt werden. Die im Buch im Vordergrund stehenden konfigurierbaren Materialstämme sind nur einer von vier konfigurierbaren Stammsätzen. In diesem Kapitel werden auch die anderen drei konfigurierbaren Stammsätze behandelt.

Weiter geht es in Abschnitt 9.2, »Einkauf: Bestellung und Fremdbeschaffung«, mit konfigurierbaren Materialien, auch um Dienstleistungen in Bestellungen inklusive konfigurierbaren Musterleistungsverzeichnissen. Ein nächster Punkt ist die Integration der Variantenkonfiguration in das Qualitätsmanagement in Abschnitt 9.3, »Qualitätsmanagement«.

In Abschnitt 9.4, »Projektsystem«, werden konfigurierbare Netzpläne vorgestellt. Dabei kann die Konfiguration aus einem Kundenauftrag genutzt werden. Es ist aber auch möglich, ein Projekt anzulegen und dabei direkt zu konfigurieren.

In Abschnitt 9.5, »Kundenservice/Instandhaltung«, werden schließlich die konfigurierbaren Instandhaltungsanleitungen vorgestellt. Damit sind alle vier konfigurierbaren Stammsätze (Materialstamm, Musterleistungsverzeichnis, Netzplan und Instandhaltungsanleitungen) Thema dieses Kapitels.

Kapitel 10, »Best Practices für die Modellierung«, beinhaltet zwei Aspekte des in der Kapitelüberschrift genannten Themas. In Abschnitt 10.1, »Technische Sicht versus kaufmännische Sicht in der High-Level-Konfiguration«, werden Gründe erläutert, die eine getrennte technische und kaufmännische Sicht auf ein Modell in der High-Level-Konfiguration erforderlich machen können. Darauf aufbauend, werden Modellierungsmöglichkeiten für die Trennung dieser beiden Sichten aufgezeigt.

Manchmal wird das Modell der Variantenkonfiguration so aufgebaut, dass es externe Programme bzw. Webservices über APIs aufruft (z. B. Google API, Webservices von Drittanbietern, RFC usw.). Dies geschieht meistens, um komplexe Logikberechnungen durchzuführen. Ein solches Vorgehen zu implementieren, ist Thema von Abschnitt 10.2, »Externe Aufrufe innerhalb des Modells (Produktionsmodell und Verkaufsmodell)«.

Die Preisfindung innerhalb der Variantenkonfiguration stellt viele Unternehmen vor große Herausforderungen. In **Kapitel 11**, »Best Practices für die Preisfindung«, werden zunächst zwei unterschiedliche Herangehensweisen und Preisfindungstechniken erläutert. Eine weitere Herausforderung, die in diesem Kapitel erläutert wird, ist die kalkulationsbasierte Preisdefinition von Variantenpreisen und wie mithilfe eines SAP-Partner-Add-ons eine umfangreiche Variantenpreisfindung und die Pflege von Abhängigkeiten simplifiziert werden kann. Den Abschluss des Kapitels bildet die Beantwortung der Frage: »Was tun, wenn die Preisfindung aus einem Nicht-SAP-System übernommen werden muss?«. Dabei wird ein Lösungsweg aufgezeigt, wie man am besten vorhandene Preisregeln (oft in Microsoft Excel gepflegt) für konfigurierbare Produkte interpretiert, konvertiert und in SAP migriert.

Beim Einsatz der Variantenkonfiguration in einem Unternehmen sollten vorab die unterschiedlichen Aspekte, die dieses SAP-Werkzeug bietet, betrachtet und bewertet werden. **Kapitel 12**, »Best Practices für Ihr Variantenprojekt«, beschreibt Typen der Konfiguration und wie sie Ihr Business unterstützen. Neben den unterschiedlichen Typen der Konfiguration – in den Bereichen High- und Low-Level, Materialvarianten, ein- und mehrstufige Konfiguration, konfigurierbare Kaufteile – werden auch die jeweiligen Einsatzgebiete betrachtet, also welche Art der Konfiguration sich für welchen Geschäftsprozess und welche Produktarten am besten eignet. Zudem verdeutlicht das Kapitel das Vorgehen in der Implementierung und die enorme Bedeutung der Implementierung einer Variantenkonfiguration im SAP-Umfeld. Ferner wird erläutert, welche strategischen Zielsetzungen mit der Variantenkonfiguration verfolgt werden und wie das Produkt- und Variantenportfolio mithilfe einer Analyse modularisiert, optimiert und aufgebaut werden kann. Außerdem werden die wesentlichen Bausteine für den Erfolg eines Variantenkonfigurationsprojekts beschrieben: ein effizientes Variantenmanagement, ein klar definiertes Konzept zur Datenpflege und ein ganzheitlicher Implementierungsansatz, der neben technologischen Aspekten auch die Auswirkungen auf die IT-Landschaft, die Geschäftsprozesse in den einzelnen Abteilungen und die Unternehmensorganisation berücksichtigt.

Kapitel 13, »Best Practices für die praktische Anwendung«, zeigt Ihnen spezielle Anforderungen von Variantenfertigern an das konfigurierbare Datenmodell im Prozess.

Abschnitt 13.1, »Eine Hassliebe – konfigurierbare Materialien und Materialvarianten bei Haworth«, beschäftigt sich mit den Vor- und Nachteilen beim Einsatz von Materialvarianten und letztendlich auch mit den Grenzen des sinnvollen Einsatzes. Ein weiter Schwerpunkt des Kapitels liegt auf der konkreten Pflege von Materialvarianten sowie auf unterschiedlichen Varianten der Nutzung – Stichwort »offene Materialvarianten«.

In Abschnitt 13.2, »Produkthierarchie in Abhängigkeit der Konfiguration zur Auswertung«, erfahren Sie, wie der Konflikt zwischen einer schlanken Einführung und einer leichten Auswertung der Konfiguration am Beispiel der Produkthierarchie gelöst werden kann, ohne die Granularität der konfigurierbaren Materialien unnötig zu steigen.

Die im ersten Blick kundenindividuellen Anforderungen sind bei näherer Betrachtung häufig branchenübergreifend, was an den Beispielen der Gewichtsermittlung für konfigurierbare Produkte (Abschnitt 13.3, »Ein Klassiker: Gewichts- und Volumenberechnung von KMAT«) oder der Identnummern-Vergabe für identisch bewertete Produkte (Abschnitt 13.4, »Identnummern für die Auftragsabwicklung«) nachvollziehbar ist.

Eine andere Sicht auf die Behandlung von Materialvarianten lernen Sie in Abschnitt 13.5, »Der Einsatz von Materialvarianten – eine kritische Betrachtung«, kennen. Ferner zeigt Abschnitt 13.6, »Integration einer 3D-Visualisierung«, wie Sie eine 3D-Visualisierung in den Konfigurationsprozess integrieren.

In Abschnitt 13.7, »Mehrstufiger Multilevel-ATP-Check ohne SAP APO«, werden Ihnen die Möglichkeiten des Available-to-Promise-Checks für konfigurierbare oder nichtkonfigurierbare Materialien vorgestellt. Dabei werden Funktionalitäten zur Ermittlung verbindlicher Liefertermine mit einem speziell dafür entwickelten Add-on beschrieben.

Wie man Produktdaten aus einem SAP-ERP-System in ein anderes überführt bzw. verteilt, wird in Abschnitt 13.8, »Stammdatenverteilung mit Product Data Replication«, erklärt – ein unverzichtbares Instrument für die Nutzer der Variantenkonfiguration. Ob vom Test- ins Produktivsystem oder von einem Golden Client: Mit der PDR müssen Sie sich nicht mehr mit der Reihenfolge von Datentransfers wie bei ALE beschäftigen.

Wie die SAP-S/4HANA-Einführung mit einer vorkonfigurierten Branchenlösung für die diskrete Industrie durchgeführt wird, behandelt Abschnitt 13.9, »Vorkonfigurierte Branchenlösung für die diskrete Industrie in SAP S/4HANA«. Mithilfe des vorgestellten Branchenpakets wird aufgezeigt, wie ein möglicher Weg zur Einführung von SAP S/4HANA möglichst effektiv sowie zeit- und kostensparend gestaltet werden kann.

In **Kapitel 14**, »Die Zukunft ist da: Variantenkonfiguration in SAP S/4HANA«, lernen Sie die neue Lösung Advanced Variant Configuration (AVC) kennen. Anhand eines konkreten Beispiels wird Ihnen der neue Konfigurator vorgestellt und die folgenden Fragen beleuchtet: Was ändert sich? Was bleibt gleich? Welche neuen Funktionalitäten und Apps gibt es, und wie kann AVC in SAP S/4HANA genutzt werden? Wir fokussieren uns dabei auf AVC in SAP S/4HANA Cloud mit Release 1709. Ziel ist es, einen Überblick über AVC zu geben, sowie die Veränderungen und Innovationen im Bereich der Variantenkonfiguration aufzuzeigen. Darüber hinaus wird auch auf die Transformation von LO-VC auf AVC und die möglichen Anwendungsszenarien in der Cloud und on premise eingegangen.

In Abschnitt 14.3, »Sudoku mit Advanced Variant Configuration«, wird am Beispiel von einem 4-x-4-Sudoku die moderne Constraint-Solving-Technologie AVC vorgestellt. Über einfache Bedingungen, die in Form von Constraints abgebildet werden, wird der User permanent über die aktuellen Möglichkeiten bezüglich der einzelnen Felder des Soduku informiert.

In Abschnitt 14.4, »SAP Cloud Platform in der Variantenkonfiguration«, finden Sie Beispiele und Techniken dazu, wie SAP Cloud Platform die Variantenkonfiguration unterstützen kann. Dabei wird nicht nur auf die Abbildungsmöglichkeiten der bestehenden Funktionen der Variantenkonfiguration in der Cloud eingegangen, sondern vielmehr auch auf neuen Funktionalitäten, die ohne SAP Cloud Platform bisher nicht möglich waren. Beispiele hierzu sind die Integration in Fremdsysteme, das Nutzen des SAP-Cloud-Platform-Workflows sowie die Anbindung an weitere SAP-Cloud-Produkte wie SAP Analytics Cloud zur Auswertung der Konfiguration und Bereitstellung der Daten im BI-Umfeld.

In diesem Zusammenhang finden Sie im Anhang dieses Buches die AVC Improvement List. Hier wird AVC dem klassischen LO-VC gegenübergestellt und technisch näher erläutert. Für erfahrene Kunden, die sich mit dem Wechsel zu SAP S/4HANA beschäftigen, ein Muss.

Kapitel 15 ist dem Thema »SAP Product Configuration in SAP Commerce« gewidmet. Was ist SAP Commerce und welches sind dessen Funktionen? Was bedeutet SAP C/4 HANA, und welches sind dessen Bestandteile? Des Weiteren wird SAP Product Configuration vorgestellt, wodurch Sie auch in SAP Commerce die Variantenkonfiguration in B2B und B2C nutzen können. Es wird gezeigt, wie Sie die notwendigen Installationsschritte durchführen können, um die Modelle zu nutzen, wie sie in den Kapiteln 1 bis 8 gezeigt werden. Dafür sind Wissensbasis und Laufzeitversion erforderlich, wie es in einem eigenen Abschnitt vorgestellt wird. Weitere Abschnitte sind folgenden Aspekten gewidmet:

- der Verbindung von SAP Commerce zu SAP ERP/SAP S/4HANA,
- der Preisfindung bei konfigurierbaren Artikeln in SAP Commerce,
- dem Customizing des Downloads,
- dem Data Loader,
- den Produktdaten in SAP Commerce.

In **Kapitel 16**, »Ausblick: die Configuration Workgroup«, wird die Configuration Workgroup (kurz CWG) vorgestellt. Was ist die CWG? Lernen Sie die Entstehungsgeschichte, die Zielsetzungen und Aufgaben dieser einzigartigen Nutzergruppe kennen. Wie ist sie organisatorisch aufgebaut, und wie können Sie selbst Mitglied oder gar aktiver Teil werden. Zudem könnten für interessierte Nutzer die Sandbox-Systeme, wie ein SAP-S/4HANA-Cloud-System der CWG, von besonderem Interesse sein.

Wie Sie anhand dieser vielfältigen Themen erkennen können, haben wir versucht, möglichst zahlreiche Aspekte der SAP-Variantenkonfiguration zu beleuchten. Dennoch können und wollen wir keinen Anspruch auf Vollständigkeit erheben. Dazu ist diese Thematik einfach viel zu umfangreich.

Wir selbst beschreiben die Variantenkonfiguration oft als Rückenmark in der IT-Landschaft eines Unternehmens, das sich mit kundeneinzelgefertigten Produkten beschäftigt. Alle Prozessbausteine sind bei diesen Unternehmen etwas anders als bei Standardprodukten und meistens auch etwas komplexer. Dennoch wählen wir lieber ein einziges intelligentes Produkt mit dynamischer Stückliste, Arbeitsplan und Preisfindung, als uns mit Milliarden von ausgeprägten Materialstämmen mit festen, aber einfachen Stammdaten zu befassen. Ausnahmen bestätigen die Regel, wie Sie in einigen Abschnitten zu Materialvarianten im Buch lesen können.

Wir möchten Sie einladen, uns Rückmeldung zu geben, auch darüber, was man hätte anders machen können. Wir freuen uns über konstruktives Feedback und insbesondere über weitere Tipps und Lösungsvorschläge, die dann eventuell in Folgeauflagen veröffentlicht werden. Wenden Sie sich hierzu gern an Eva Tripp vom Rheinwerk Verlag (*eva.tripp@rheinwerk-verlag.de*).

Die Configuration Workgroup (*http://www.configuration-workgroup.com*) ist die ideale Adresse für die Sammlung und Veröffentlichung dieser Tipps und Tricks (z. B. auf Konferenzen). Wenn Sie dieses Buch in Händen halten, sind Sie ein Idealtyp für die CWG. Kommen Sie doch mal vorbei!

Und was das Thema Konfiguration mit SAP, die Praxisbeispiele oder Tipps und Tricks angeht: Das ist zwar nur der Anfang, aber sicherlich nicht das Ende ...

Ein Hinweis noch: Um die Themen bestmöglich zu vermitteln, verwenden wir in diesem Buch neben Beispielen und Abbildungen auch Kästen mit weiteren Informationen. Diese sind mit verschiedenen Icons markiert:

[+]
- Kästen mit diesem Icon geben Ihnen Empfehlungen und Tipps.

[»]
- Dieses Icon weist Sie auf zusätzliche Informationen hin.

[!]
- Mit diesem Icon sind Warnhinweise gekennzeichnet.

TEIL I

Grundlagen der Modellierung

Kapitel 1
Ein erstes konfigurierbares Material anlegen

In diesem Kapitel erläutern wir Ihnen anhand eines kleinen, aber kompletten Beispiels ein Modell für die Variantenkonfiguration.

Die Variantenkonfiguration ist ein recht komplexes Feld. Daher beginnen wir zunächst mit einer kurzen theoretischen Einführung in die Variantenkonfiguration mit SAP. Im Anschluss zeigen wir mithilfe eines einfachen Praxisbeispiels, wie Sie konkret ein erstes konfigurierbares Material anlegen.

1.1 Vorab ein wenig Theorie

Was ist Variantenkonfiguration? Das ist *das* Werkzeug, um Produkte, die in einer Vielzahl von unterschiedlichen Ausprägungen angeboten werden, mit SAP abzubilden. Denken Sie beispielsweise an den Kauf eines neuen Autos. Hier finden Sie die typische Situation der Variantenkonfiguration vor, und zwar in zweierlei Hinsicht:

1. Meistens können Sie Ihr Wunschauto beim Händler nicht sofort mitnehmen. Von dem Fahrzeugmodell gibt es nämlich häufig so viele Varianten in Form und Ausstattung, dass der Hersteller erst dann die Fertigung anstößt, wenn ein konkreter Kundenauftrag vorliegt. (Eine Fertigung ohne Kundenauftrag und damit ein Verkauf ab Lager ist in der Variantenkonfiguration auch möglich, dabei handelt es sich aber um das Thema *Materialvarianten*, auf das wir in Kapitel 8 eingehen werden.)
2. Wenn Sie ein Auto kaufen, wählen Sie im Allgemeinen keine Materialnummer aus einem Katalog aus. Stattdessen suchen Sie sich zunächst ein Modell aus. Das Modell gibt es laut Katalog in zahlreichen Varianten. Die gewünschte Variante wird über Eigenschaften – dort, wo Variabilität laut Katalog angeboten wird – festgelegt.

Entsprechend sieht die Modellierung aus. Da Sie nicht für jede Variante eigene Stammdaten pflegen können, wählen Sie das andere Extrem: Sie fassen die ganze Variabilität unter einer Materialnummer zusammen. Das heißt, Sie haben einen konfigurierbaren Materialstamm für die enorme Vielzahl an Varianten. Bei einem Produkt wie dem Auto ist diese Variantenvielfalt noch gar nicht so extrem. Wenn Sie entsprechende Kataloge ausmultiplizieren, kommen Sie meist auf eine Gesamtzahl zwischen Millionen und Billionen, also zwischen 10^6 und 10^{12}. Es gibt jedoch auch Modelle (z. B. Windräder oder Anlagenbau) mit einer deutlich größeren Anzahl von Varianten, bis zu 10^{24} (Quadrillionen).

Im Zentrum unserer Modellierung steht der *konfigurierbare Materialstamm*. Abbildung 1.1 soll diesen ersten Grundgedanken veranschaulichen. Der Materialstamm wird durch das gesetzte Flag **Material ist konfigurierbar** in der Registerkarte **Grunddaten 2** konfigurierbar (siehe auch Abbildung 1.18 unten).

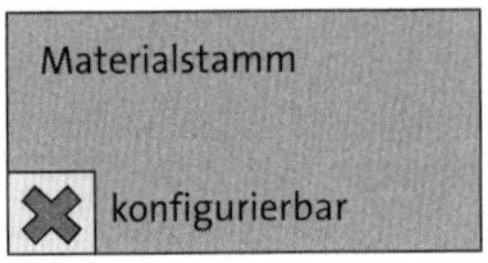

Abbildung 1.1 Materialstamm als Ausgangspunkt der Modellierung

Was bedeutet »konfigurierbar«? Wie in Abbildung 1.2 zu sehen, können Sie einem konfigurierbaren Materialstamm eine sogenannte *Bewertungsoberfläche* zuordnen. Über diese Bewertungsoberfläche können Sie Ihren Kundenwunsch bezüglich der möglichen Varianten bzw. Eigenschaften abfragen. Man spricht hierbei von konfigurieren. Um bei dem Auto-Beispiel zu bleiben, wären das Eigenschaften in Bezug auf Motor, Getriebe, Lackfarbe, Heizungen, Sitze etc.

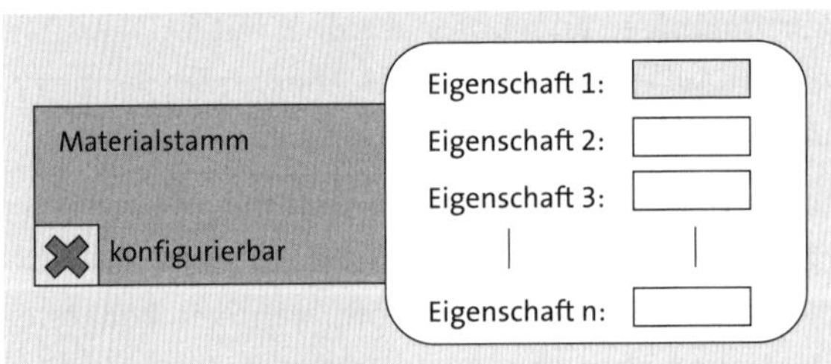

Abbildung 1.2 Zuordnung einer Bewertungsoberfläche zu einem Materialstamm

Wie erhalten Sie solch eine Bewertungsoberfläche? Die Eigenschaften in Abbildung 1.2 werden über *Merkmale* abgebildet. Um diese dem Materialstamm zuordnen zu können, müssen sie zunächst in speziellen Klassen gesammelt werden, den sogenannten *Variantenklassen*. Diese werden mit dem Materialstamm verknüpft. Zusätzlich ist ein *Konfigurationsprofil* erforderlich. Das Konfigurationsprofil beinhaltet wichtige Steuerungseinstellungen und Beziehungswissen für den Konfigurationsprozess. Ohne die Merkmale in Variantenklassen und das Konfigurationsprofil haben Sie keine Bewertungsoberfläche und damit keine Möglichkeit zur Konfiguration (siehe Abbildung 1.3). Wir werden das noch genauer beleuchten, wenn Sie in den nachfolgenden Abschnitten Merkmale, Variantenklassen und Konfigurationsprofile anlegen.

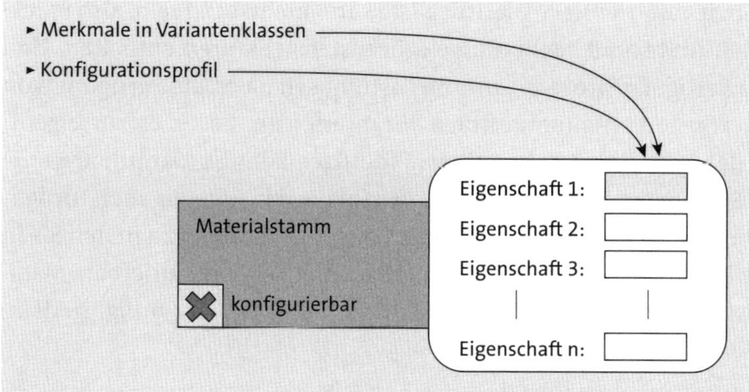

Abbildung 1.3 Voraussetzungen für die Bewertungsoberfläche

Die Bewertungsoberfläche hätten Sie somit. Mit Abstrichen könnten Sie jetzt bereits z. B. im Kundenauftrag konfigurieren. Wenn Sie aber nicht nur den Verkauf, sondern auch die Fertigung abbilden wollen, dann benötigen Sie spätestens für den Fertigungsauftrag Stückliste und Arbeitsplan. Da Sie nur einen Materialstamm für die ganze Variabilität nutzen, können Sie auch nicht für jede Variante eigene Stücklisten und Arbeitspläne anlegen. Daher legen Sie im Prinzip für das eine konfigurierbare Material eine *konfigurierbare Maximalstückliste* sowie einen *konfigurierbaren Maximalarbeitsplan* an (siehe Abbildung 1.4).

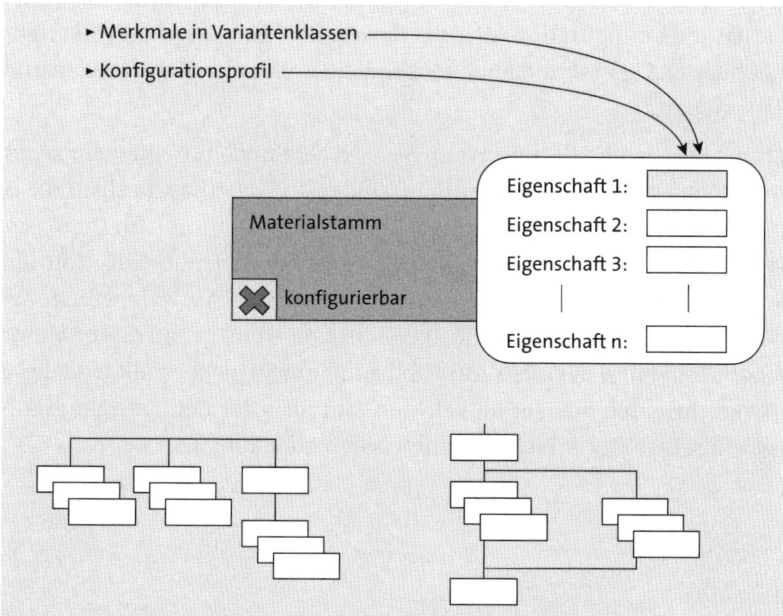

Abbildung 1.4 Maximalstückliste und Maximalarbeitsplan

Was heißt »im Prinzip« und »eine«? Die Stückliste kann mehrstufig sein, also Stücklisten in Stücklisten und somit mehrstufige Stücklistenstrukturen enthalten. Und auch der gesamte Fertigungsprozess kann mehrstufig sein, also die Fertigung von Baugruppen über eigene Fertigungsaufträge vorab erfolgen, bevor es zur eigentlichen Fertigung des vom Kunden bestellten Produktes kommt. Dann hätten Sie neben mehreren Stücklisten auch mehrere Arbeitspläne. Sie können auch für verschiedene Verwendungen separate Stammdaten pflegen. Näheres dazu finden Sie in Abschnitt 1.7, »Die konfigurierbare Maximalstückliste und der konfigurierbare Maximalarbeitsplan«, sowie in Kapitel 5, »Stückliste und Arbeitsplan für konfigurierbare Materialien«.

Was bedeutet in diesem Zusammenhang »maximal«? Damit ist gemeint, dass die Stückliste und der Arbeitsplan alles beinhalten müssen, was eventuell einmal benötigt wird. Um bei unserem Beispiel zu bleiben: Die Maximalstückliste enthält unter anderem alle Motoren, mit denen sich das Auto wahlweise ausrüsten lässt. Aus der Maximalstückliste bzw. dem Maximalarbeitsplan lassen sich Elemente über Beziehungswissen zwar löschen oder verändern, sie können aber nicht hinzugefügt werden.

Was heißt »konfigurierbar«? Damit ist gemeint, dass Sie Beziehungswissen zuordnen können und dadurch – abhängig von der Konfiguration – die Auflösung von Stückliste und Arbeitsplan steuern.

Und was ist *Beziehungswissen* an Stückliste und Arbeitsplan? Beziehungswissen ist das Regelwerk, das die Konfiguration (d. h. die Bewertung bezüglich der Eigenschaften rechts in Abbildung 1.5) liest und entsprechend die Auflösung der Stückliste und des Arbeitsplans steuert.

Auf unser Beispiel bezogen heißt dies: Wenn Sie sich als Kunde für einen der sechs angebotenen Motoren entschieden haben, dann sind in der Maximalstückliste, die ja alle sechs Motoren beinhalten muss, die fünf nicht benötigten Motoren für Ihren Fertigungsauftrag zu entfernen. Alle sechs Stücklistenpositionen mit den Motoren haben also jeweils ein Beziehungswissen, genauer gesagt eine Auswahlbedingung: Belasse den Motor nur dann in der aufgelösten Stückliste, wenn genau dieser Motor gewählt wird. Somit sind fünf der sechs Auswahlbedingungen nicht erfüllt, und diese fünf Motoren verschwinden aus der aufgelösten Stückliste für den Fertigungsauftrag. Nur Ihr gewünschter Motor bleibt erhalten (siehe Abbildung 1.6).

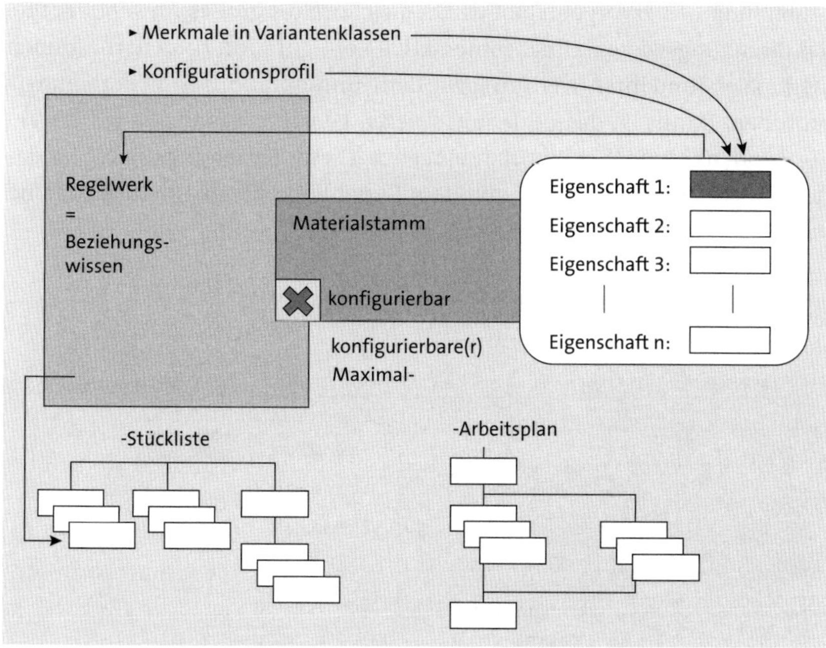

Abbildung 1.5 Beziehungswissen als Regelwerk zu den Eigenschaften

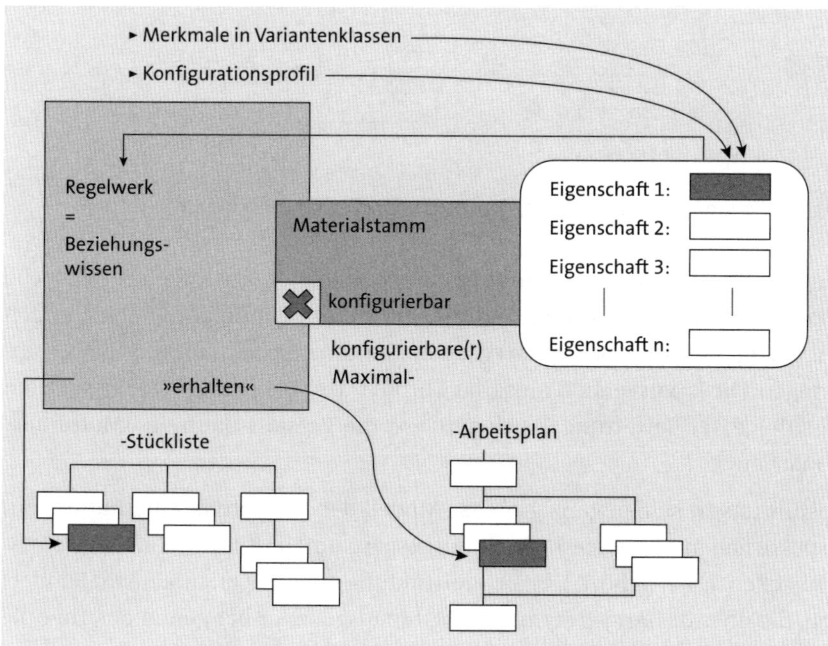

Abbildung 1.6 Beziehungswissen an Stückliste und Arbeitsplan

Wie aus Abbildung 1.7 hervorgeht, gibt es noch ein zweites großes Anwendungsgebiet für das Beziehungswissen. Um die interaktive Konfiguration zu steuern, können Sie den Merkmalen (und ihren Werten) sowie dem Konfigurationsprofil Beziehungswissen zuordnen. Damit ist das Beziehungswissen gemeint, das wirksam ist, während Sie im Kundenauftrag Ihre Wünsche eingeben. Dieses Beziehungswissen für das »Wünschen« unterscheidet sich also von dem Beziehungswissen an Stückliste und Arbeitsplan, welches das »Erhalten« steuert.

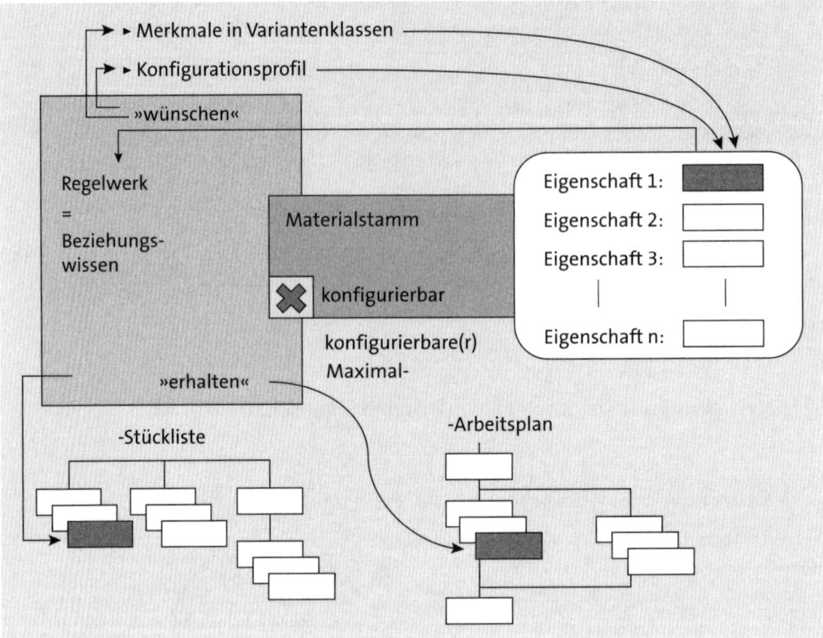

Abbildung 1.7 Beziehungswissen an Konfigurationsprofil und Merkmalen

»Beziehungswissen für das Wünschen« bedeutet aber auch, dass Sie Ihre Wünsche nicht beliebig kombinieren dürfen. Sie können z. B. kein Cabriolet mit Schiebedach bestellen. Und nicht jeder Motor passt zu jedem Getriebe. Sie können auch Bewertungen erzwingen: Die Luxusversion muss das Chrom-Paket beinhalten. Oder Sie wollen eine Reihenfolge der Bewertung erzwingen: erst die Version, dann den Motor auswählbar machen.

Diese Ausführungen stellen ganz grob das Modell der Variantenkonfiguration dar. Einige Aspekte haben wir an dieser Stelle ausgespart, um die Zusammenhänge einfacher darzustellen. Dazu gehört z. B. die Preisfindung oder das Erlauben von Sonderwünschen, die über das Angebot im Katalog hinausgehen. Aber genug der Theorie. Ein einfaches Anwendungsbeispiel soll Ihnen im Folgenden das Geschilderte genauer erklären.

1.2 Anlegen von Merkmalen anhand eines Beispiels

Als Beispiel soll ein Fahrradrahmen dienen. Die Variantenvielfalt ergibt sich aus der Möglichkeit, aus einigen Farben und unterschiedlichen Rahmenhöhen auswählen zu können. Somit benötigen Sie:

- den konfigurierbaren Materialstamm
- zwei Merkmale für Farbe und Rahmenhöhe
- eine Variantenklasse
- ein Konfigurationsprofil für den konfigurierbaren Materialstamm
- einige Preiskonditionssätze und Beziehungswissen für die Preisfindung
- Beziehungswissen für die interaktive Konfiguration (das »Wünschen«)
- die konfigurierbare Maximalstückliste mit Beziehungswissen
- den konfigurierbaren Maximalarbeitsplan mit Beziehungswissen

Sie beginnen mit den Merkmalen. Merkmale können Sie über Transaktion **CT04** anlegen. Sie finden diese Transaktion im SAP-Menü unter: **Anwendungsübergreifende Komponenten • Klassensystem • Stammdaten • Merkmalsverwaltung**.

Hier klicken Sie auf den Button **Anlegen**. Dann geben Sie den Namen des ersten neuen Merkmals (für die Rahmenhöhe) ein. Bitte tragen Sie im Feld **Merkmal** Folgendes ein: »CHAR001« (siehe Abbildung 1.8).

In den **Basisdaten** des Merkmals müssen Sie die Felder **Bezeichnung**, **Status** und **Datentyp** ausfüllen. Dabei ist Folgendes zu beachten:

- Als Bezeichnung verwenden Sie »Rahmenhöhe«.
- Der Status ist bereits gesetzt bzw. vorbelegt, was Sie im Customizing einstellen können.
- Bei dem Datentyp können Sie über die [F4]-Hilfe den Eintrag **NUM Numerisches Format** auswählen. Ob bei Ihnen wie in Abbildung 1.8 der technische Name »NUM« des Formats mit angezeigt wird, hängt von Ihren lokalen Einstellungen ab. Diese finden Sie im *SAP GUI*, indem Sie auf den Button Lok. Layout anpassen () (oben rechts in Abbildung 1.8) klicken und den folgenden Menüpfad wählen: **Lokales Layout anpassen • Optionen • Interaktionsdesign • Visualisierung 1 • Schlüssel in Dropdown-Listen anzeigen**.

Sobald Sie das Numerische Format ausgewählt haben, erscheinen hierzu weitere Detailfelder. Ein Pflichtfeld ist hierbei **Anzahl Stellen**, in das Sie eine »2« eintragen. Damit lässt das Format ganzzahlige Werte von 0 bis 99 zu. Weiterhin wählen Sie im Feld **Maßeinheit** »cm« aus – die Eingabe einer Maßeinheit ist jedoch optional. Rechts daneben im Bereich **Bewertung** wählen Sie **Einwertig** aus, da ein Rahmen nur eine

Rahmenhöhe haben kann, nicht mehrere gleichzeitig. Dann setzen Sie das Flag bei **Einschränkbar**, wodurch sich später die zulässigen Werte sehr elegant über Constraints begrenzen lassen. Die übrigen Felder sind optional und für dieses Merkmal nicht relevant.

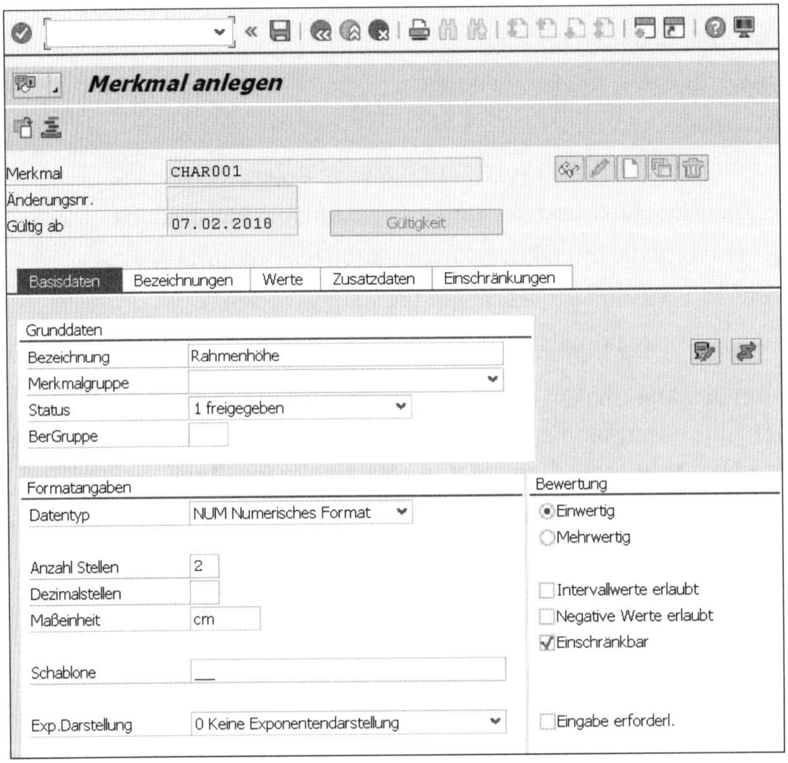

Abbildung 1.8 Basisdaten für das Anlegen des ersten Merkmals (Transaktion CT04)

Nun wechseln Sie auf die Registerkarte **Werte** (siehe Abbildung 1.9) In unserem Beispiel sollen Rahmenhöhen von 45 bis 65 cm zulässig sein. Es reicht, wenn Sie in die oberste Zeile »45 - 65« eintragen, das System ergänzt automatisch die Maßeinheit »cm«. Bitte achten Sie darauf, vor und nach dem Bindestrich ein Leerzeichen zu setzen. Ansonsten würde das System den Bindestrich als negatives Vorzeichen interpretieren. Speichern Sie das erste Merkmal dann über den Button Sichern () oben links im Menü. Sie gelangen daraufhin wieder im Einstiegsbild **Merkmal anlegen**.

Anschließend legen Sie das zweite Merkmal (für die Farbe) an (siehe Abbildung 1.10). Tragen Sie auf der Registerkarte **Basisdaten** im Feld **Merkmal** Folgendes ein: »CHAR002«.

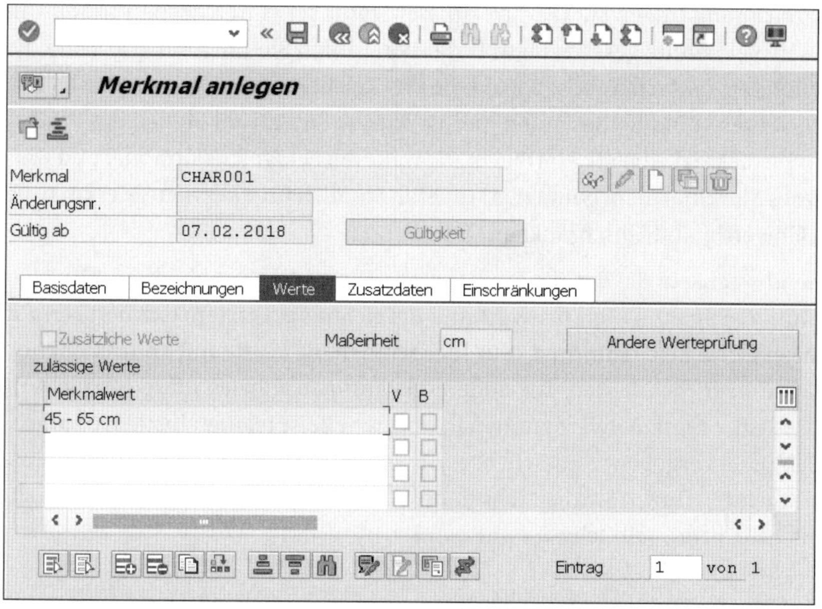

Abbildung 1.9 Werte für das Anlegen des ersten Merkmals

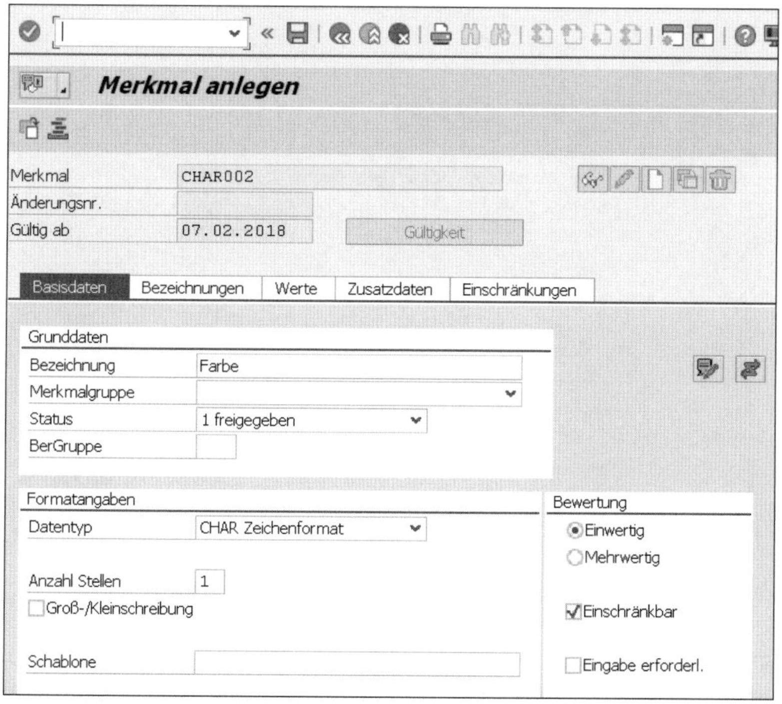

Abbildung 1.10 Basisdaten für das Anlegen des zweiten Merkmals

Im Feld **Bezeichnung** tragen Sie »Farbe« ein. Der Status sei »1 freigegeben« und ist in unserem Beispiel bereits gesetzt. Beim **Datentyp** wählen Sie über die [F4]-Hilfe die Option **CHAR Zeichenformat** aus. Sobald Sie das Zeichenformat ausgewählt haben, erscheinen weitere Detailfelder. Auch hier ist wieder die **Anzahl Stellen** ein Pflichtfeld, in das Sie diesmal eine »1« eintragen. Die weiteren Felder sind optional und werden für dieses Merkmal nicht genutzt. Aktivieren Sie auch für das zweite Merkmal die Optionen **Einwertig** und **Einschränkbar.**

Anschließend wechseln Sie auf die Registerkarte **Werte** (siehe Abbildung 1.11). Hier sehen Sie nun die Spalten **Merkmalwert** und **Bezeichnung**. Letztere existiert nur für den Datentyp **CHAR Zeichenformat**. Nur hier können Sie Werte mit sprachabhängigen Bezeichnungen bearbeiten, für andere Datentypen gibt es diese Möglichkeit nicht. In der Spalte **Merkmalwert** können in unserem Beispiel nur einstellige sprachneutrale Schlüssel vergeben werden (r, b, g, y, s, w). Die Einstelligkeit wurde in den Basisdaten festgelegt. Nutzen Sie die sechs in der Abbildung ersichtlichen Farbbezeichnungen rot, blau, grün, gelb schwarz und weiß.

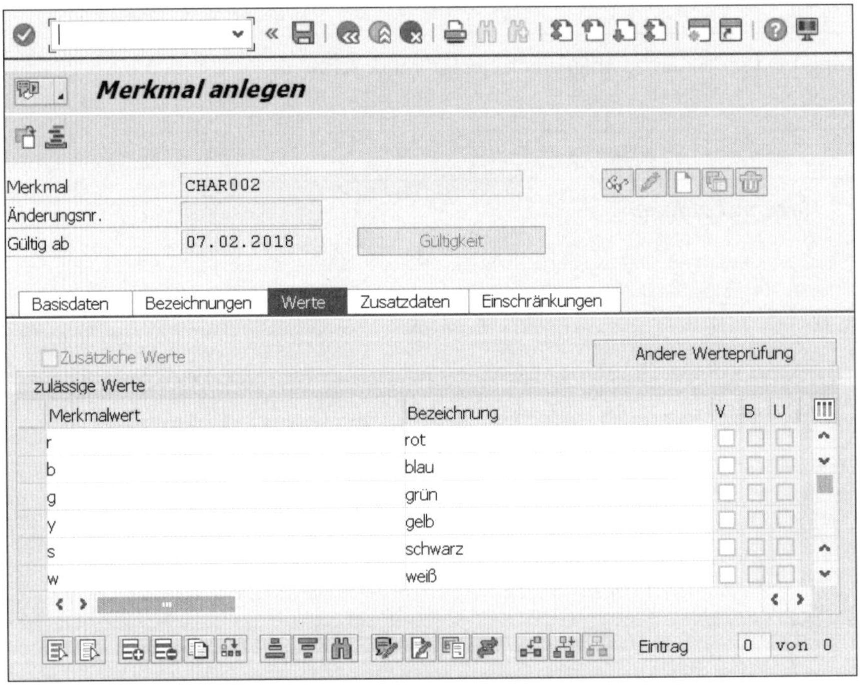

Abbildung 1.11 Werte für das Anlegen des zweiten Merkmals

Sprachabhängige Bezeichnungen können in weiteren Sprachen gepflegt werden. Dazu klicken Sie in der unteren Werkzeugleiste auf den Button Bezeichnungen zum Wert ([icon]) oder wechseln über das Menü zu **Zusätze • Sprache wechseln**. Wenn Sie den Weg über das Menü wählen, können Sie unter **Zusätze • Weitere Funktionen •**

Vorlage Wertebzchng. auch die Bezeichnungen einer Sprache als Kopiervorlage nutzen. Abschließend sichern Sie auch dieses Merkmal.

1.3 Die Variantenklasse

Da Merkmale nicht direkt dem Materialstamm zugeordnet werden können, müssen die Merkmale zunächst in einer sogenannten *Variantenklasse* gesammelt werden. Diese Variantenklasse kann dann direkt dem Materialstamm zugeordnet werden.

Klassen können Sie über Transaktion CL02 anlegen. Sie finden diese Transaktion im SAP-Menü unter: **Anwendungsübergreifende Komponenten • Klassensystem • Stammdaten • Klassenverwaltung**.

Hier klicken Sie auf den Button **Anlegen**. Den Namen der neu anzulegenden Klasse müssen Sie manuell eingeben. Tragen Sie daher auf der Registerkarte **Basisdaten** im Feld **Klasse** (für die Merkmale des Fahrradrahmens) Folgendes ein: »CL01« (siehe Abbildung 1.12).

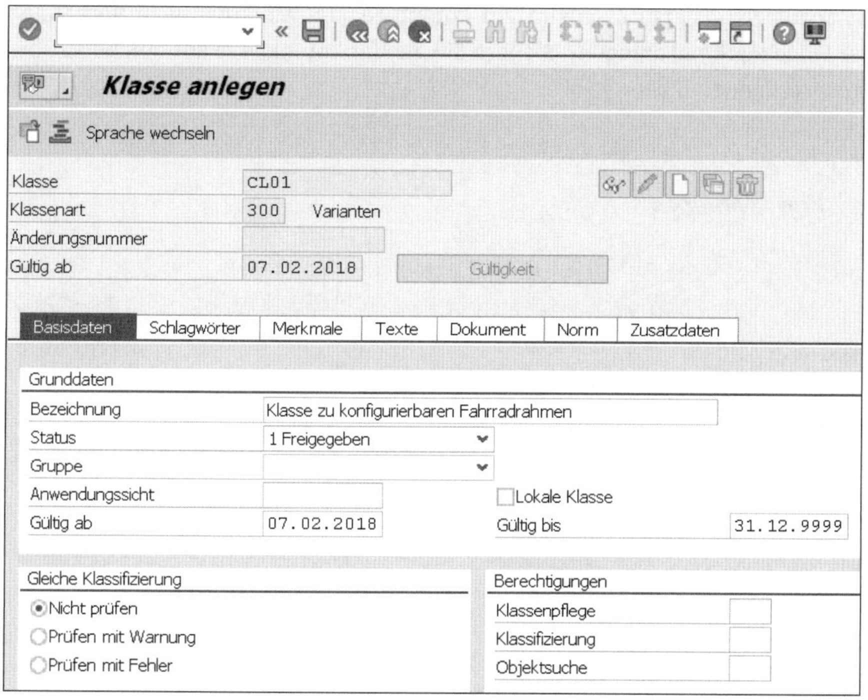

Abbildung 1.12 Basisdaten für das Anlegen der Variantenklasse (Transaktion CL01)

Neben dem Namen der Klasse müssen Sie auch eine Klassenart in dem Feld darunter angeben. Über die [F4]-Hilfe können Sie die Klassenart **300 Varianten** auswählen.

Durch die Klassenart 300 wird die Klasse zur Variantenklasse. Was ist damit gemeint? Merkmale, die Sie einer Klasse der Klassenart 300 zuordnen, können zu einer Bewertungsoberfläche (siehe Abbildung 1.2) werden. Dazu müssen Sie die Variantenklasse mit dem Materialstamm verknüpfen (siehe Abschnitt 1.4, »Der Materialstamm des konfigurierbaren Produktes«) und ein Konfigurationsprofil zu dem Material anlegen (siehe Abschnitt 1.5, »Das Konfigurationsprofil und Vorbereitungen zur Preisfindung«).

Ferner müssen Sie die Felder **Bezeichnung** und **Status** ausfüllen. Geben Sie im Feld **Bezeichnung** Folgendes ein: »Klasse zu konfigurierbaren Fahrradrahmen«. Den Status können Sie analog zur Merkmalsverwaltung über das Customizing vorbelegen.

Anschließend wechseln Sie zur Registerkarte **Merkmale** (siehe Abbildung 1.13) Hier tragen Sie in der Spalte **Merkmal** die beiden oben angelegten Merkmale »CHAR001« und »CHAR002« ein. Die Spalten **Bezeichnung**, **Datentyp**, **Anzahl Stellen**, **Dezimalstellen** und **Einheit** werden automatisch gefüllt (nach Bestätigung durch [↵]). Wenn das Merkmal noch nicht existieren sollte oder falls Sie einen fehlerhaften Namen des Merkmals angeben, dann haben Sie die Möglichkeit, das Merkmal aus der Zuordnung heraus anzulegen. Hierzu erscheint ein Pop-up-Fenster **Merkmal nicht vorhanden** mit der Frage **Merkmal anlegen?**. Sichern Sie die Variantenklasse abschließend über den entsprechenden Button (💾).

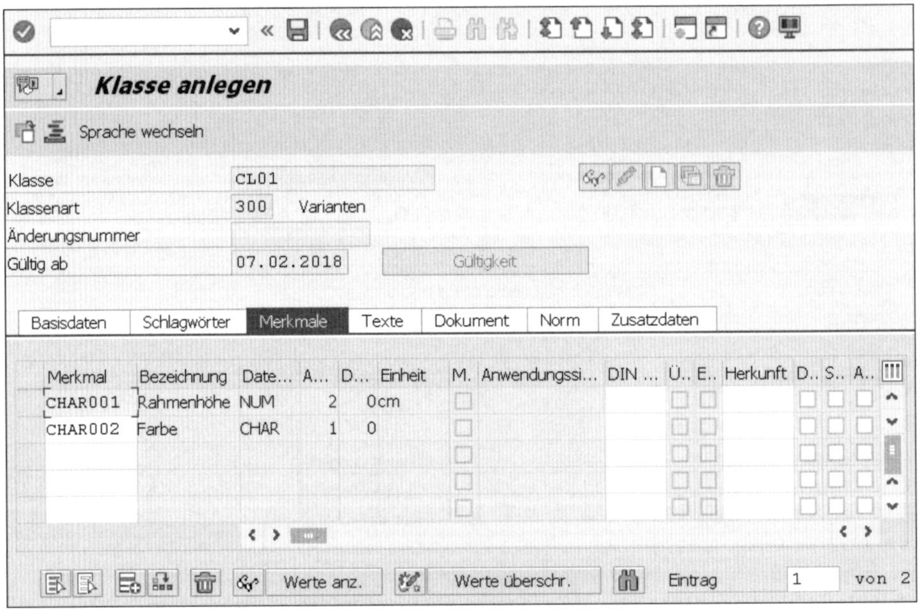

Abbildung 1.13 Merkmale für das Anlegen der Variantenklasse

1.4 Der Materialstamm des konfigurierbaren Produktes

Nachdem Sie die Merkmale und die Variantenklasse für das konfigurierbare Produkt angelegt haben, geht es nun darum, den Materialstamm des konfigurierbaren Produktes anzulegen. Im Übrigen steht es Ihnen frei, zuerst Merkmale und Variantenklasse und dann den Materialstamm anzulegen oder umgekehrt.

Materialstämme können Sie über Transaktion MM01 anlegen. Sie finden diese Transaktion an verschiedenen Stellen im SAP-Menü. Ein möglicher Pfad ist: **Logistik • Produktion • Stammdaten • Materialstamm • Material • Anlegen allgemein • Sofort**.

Dieser Pfad eignet sich für unser Beispiel gut, weil Sie hierüber später auch Stückliste und Arbeitsplan finden.

Im Einstiegsbild (siehe Abbildung 1.14) muss im Feld **Material** der Name intern oder extern vergeben werden. Weiterhin werden Branche und Materialart benötigt. Diese beiden entsprechenden Felder können Sie auch vorbelegen und ausblenden. In der Abbildung erkennen Sie, dass wir im Feld **Material** als Namen »mat01«, bei **Branche** »M Maschinenbau« und bei **Materialart** »FERT Fertigerzeugnis« gewählt haben.

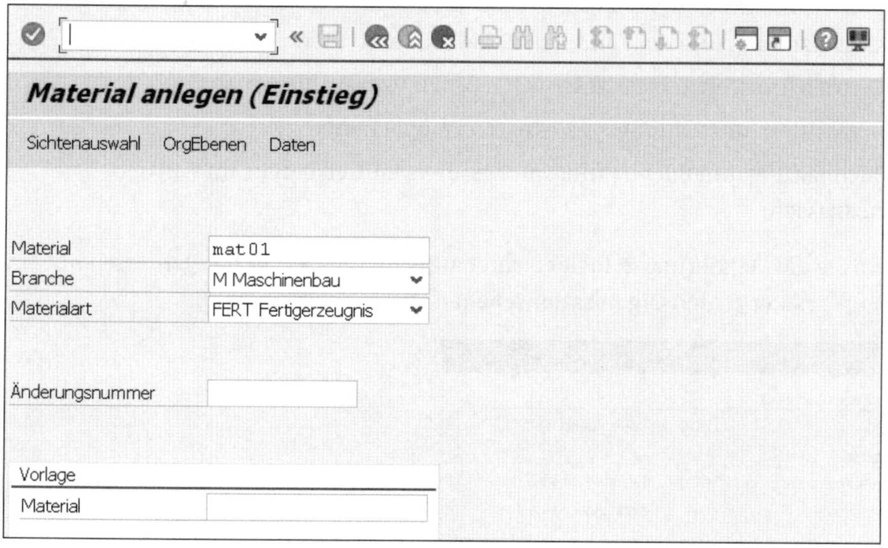

Abbildung 1.14 Einstieg in die Funktion »Material anlegen« (Transaktion MM01)

Wenn Sie im Einstiegsbild die Eingabe der drei Felder mit [↵] bestätigen, erscheint ein Pop-up-Fenster zur **Sichtenauswahl** (siehe Abbildung 1.15). Hier legen Sie fest, welche Sichten, d. h. welche Registerkarten des Materialstamms, gepflegt werden sollen.

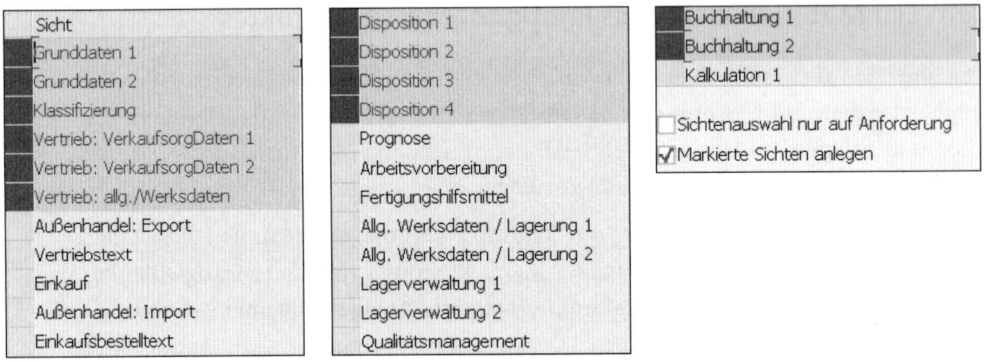

Abbildung 1.15 Materialstamm anlegen – Sichtenauswahl

Über die Sichtenauswahl legen Sie auch fest, welche Prozesse für diesen Materialstamm unterstützt werden sollen. Wählen Sie folgende Sichten (aus folgenden Gründen) aus:

- Grunddaten (um das Material konfigurierbar zu machen und weitere grundlegende Eigenschaften festzulegen)
- Klassifizierung (um die Variantenklasse mit ihren Merkmalen zuzuordnen)
- Vertrieb (um Vertriebsprozesse wie z. B. den Verkauf zuzulassen)
- Disposition (um Planungsprozesse zu ermöglichen)
- Buchhaltung (um Buchhaltungsprozesse – eventuell bereits im Vertrieb – zuzulassen)

Wenn Sie die Markierungen in der Sichtenauswahl mit [↵] bestätigen, erscheint ein Pop-up-Fenster zu den **Organisationsebenen** (siehe Abbildung 1.16).

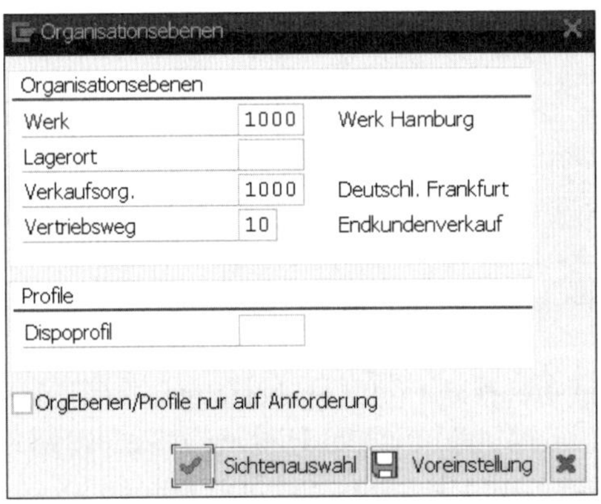

Abbildung 1.16 Materialstamm anlegen – Organisationsebenen

Sie benötigen in den Dispositions-, Buchhaltungs- und Vertriebssichten spezifische Einstellungen für **Werk**, **Verkaufsorg.** (Verkaufsorganisation) und **Vertriebsweg**. Deshalb müssen Sie diese drei Felder entsprechend der Abbildung ausfüllen. **Lagerort** und **Dispoprofil** können Sie dabei leer lassen.

Wenn Sie Ihre Eingaben in dem Pop-up-Fenster zu den **Organisationsebenen** mit [↵] bestätigen, erscheint die erste Sicht des Materialstamms, **Grunddaten 1** (siehe Abbildung 1.17). Hier müssen Sie eine Bezeichnung im Feld rechts von der Materialnummer »MAT01« eintragen und das Feld **Basismengeneinheit** ausfüllen. Im Feld **allg.Postypengr** ist mit **NORM Normalposition** ein Vorschlagswert angegeben, der im Customizing an der Materialart vorbelegt wurde. Sie sollten allerdings die Werte für **Bruttogewicht**, **Gewichtseinheit**, **Nettogewicht**, **Volumen** und **Volumeneinheit** eingeben. Diese Angaben werden später für die Vertriebs- bzw. Versandprozesse benötigt. Die Eingabe ist auch dann sinnvoll, wenn diese Größen eigentlich von der Konfiguration abhängen. Denn dann können Sie diese Werte als Ausgangswerte für weitere Berechnungen nutzen, die über Beziehungswissen erfolgen. Die übrigen Felder in den **Grunddaten 1** müssen für unser Beispiel nicht ausgefüllt werden.

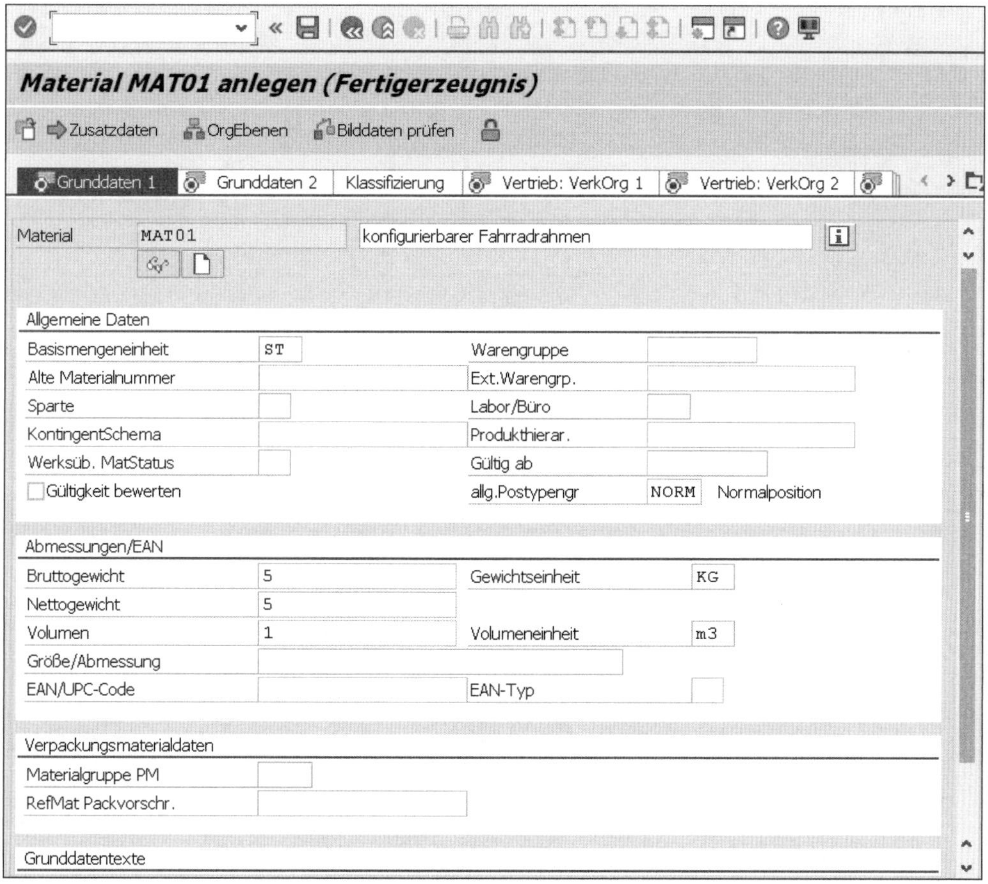

Abbildung 1.17 Materialstamm anlegen – Grunddaten 1

Auf die nächste Registerkarte – **Grunddaten 2** – gelangen Sie, indem Sie entweder die entsprechende Registerkarte anklicken oder die Eingaben auf der vorherigen Registerkarte mit [↵] bestätigen. Bei den **Grunddaten 2** müssen Sie nur im untersten Bereich **Mandantenspezifische Konfiguration** die Option **Material ist konfigurierbar** aktivieren (siehe Abbildung 1.18).

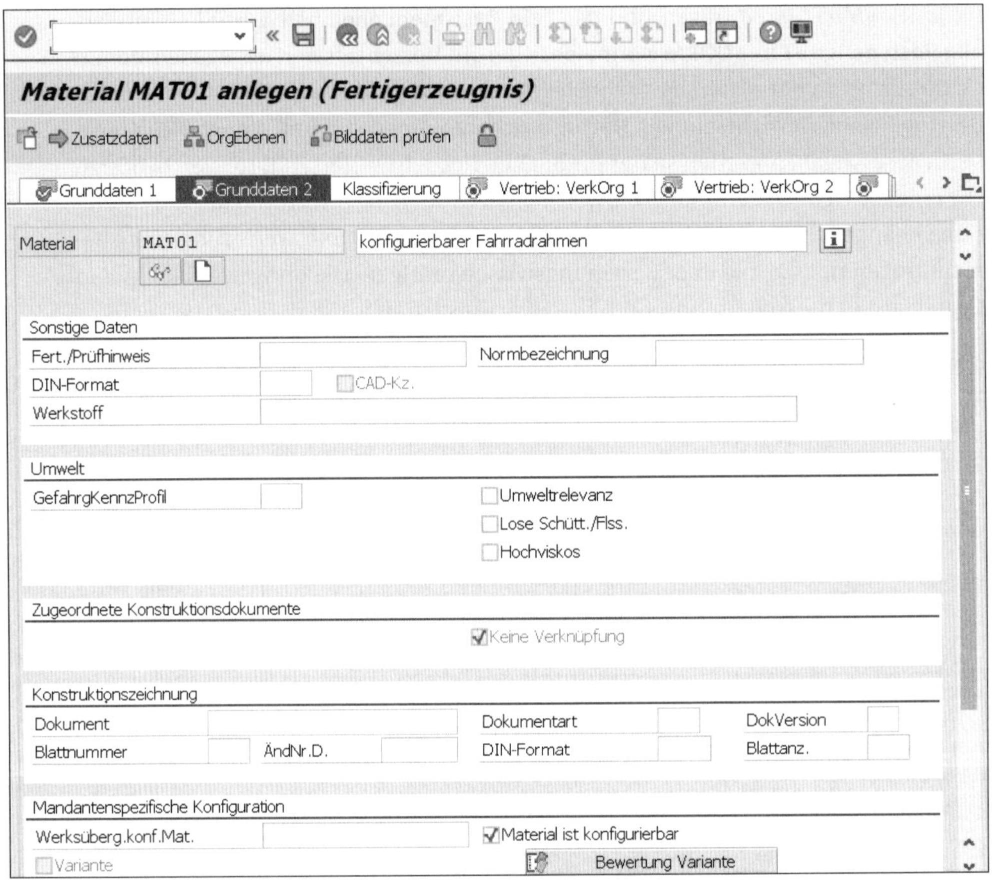

Abbildung 1.18 Materialstamm anlegen – Grunddaten 2

Die nächste Sicht rufen Sie durch Anklicken der Registerkarte **Klassifizierung** auf (siehe Abbildung 1.19). Bitte beachten Sie, dass Sie diese Ansicht nach der Bearbeitung nur über die beiden Buttons oben links ( ) verlassen können. Auf dieser Registerkarte finden Sie oben im Bereich **Objekt** das Feld **Material** »MAT01«. Darunter sollte im Feld **Klassenart** bereits **300 Varianten** eingetragen sein. Falls nicht, können Sie die Klassenart über das Menü und den Pfad **Zusätze • Klassenart wechseln** oder per Klick auf den entsprechenden Button ( ) ändern.

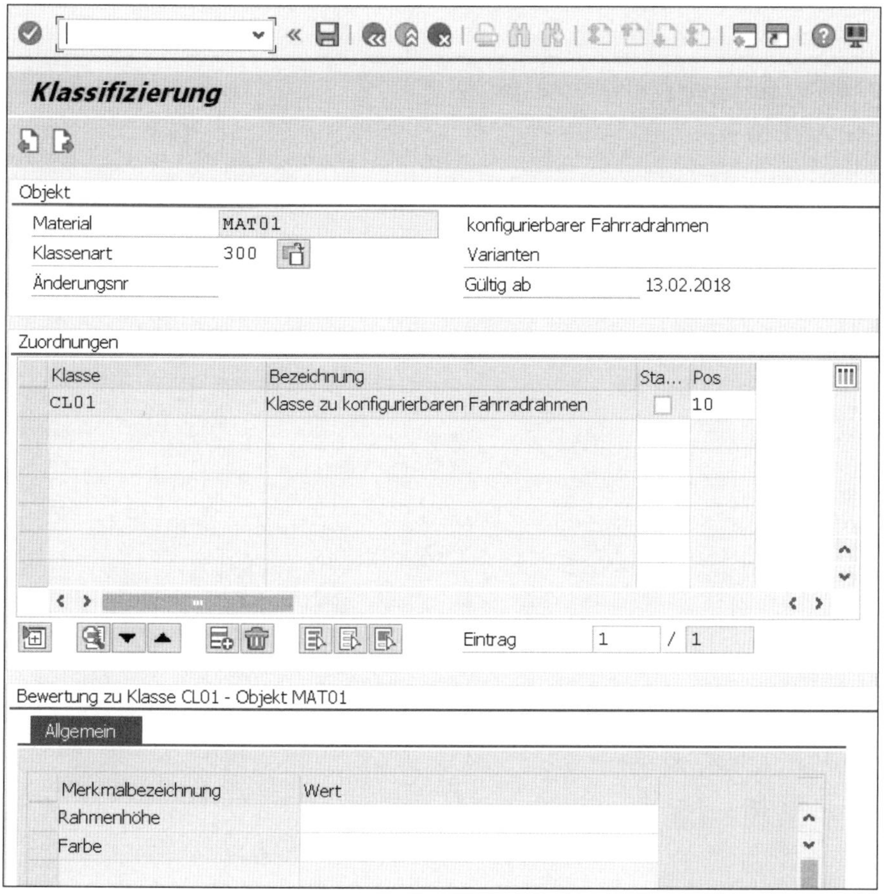

Abbildung 1.19 Materialstamm anlegen – Klassifizierung

Im zweiten Block **Zuordnungen** tragen Sie in der Spalte **Klasse** die Variantenklasse »CL01« ein. Drücken Sie anschließend ↵, und das Feld **Bezeichnung** wird automatisch ausgefüllt. Ebenfalls erscheinen dann die beiden Merkmale **Rahmenhöhe** und **Farbe** im unteren Block **Allgemein**. Weitere Eingaben sind hier nicht erforderlich – insbesondere nicht in der Spalte **Wert** –, dies würde zu Werteeinschränkungen führen. (Wenn Sie hier etwas eintragen, ist nur noch das zulässig und nicht mehr alles, was Sie im Merkmal auf der Registerkarte **Werte** eingetragen haben.) Verlassen Sie diese Ansicht per Klick auf den Button . Sie gelangen dadurch in die erste Sicht des Vertriebs, **Vertrieb: VerkOrg 1** (siehe Abbildung 1.20).

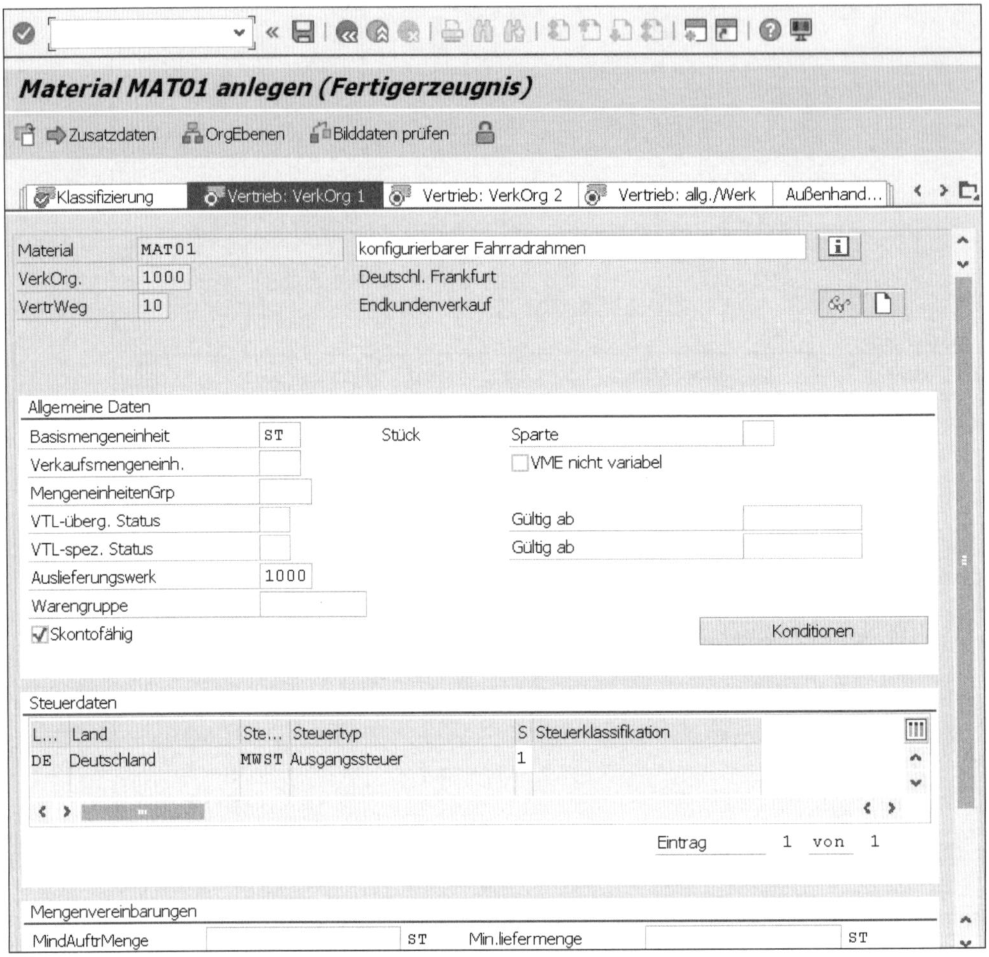

Abbildung 1.20 Materialstamm anlegen – Vertrieb Verkaufsorganisation 1

Unter **Vertrieb: VerkOrg 1** ist im Bereich **Steuerdaten** das Feld **S Steuerklassifikation** ein Mussfeld, allerdings aus Sicht der Variantenkonfiguration uninteressant. Tragen Sie hier »1« für volle Steuer ein. Außerdem sollten Sie im Bereich **Allgemeine Daten** ein Auslieferungswerk eintragen (im Beispiel »1000«). Diese Angabe wird für die Vertriebsbelege benötigt und dort – falls hier nicht eingetragen – jedes Mal wieder abgefragt. Wechseln Sie anschließend auf die nächste Registerkarte **Vertrieb: VerkOrg 2** (siehe Abbildung 1.21).

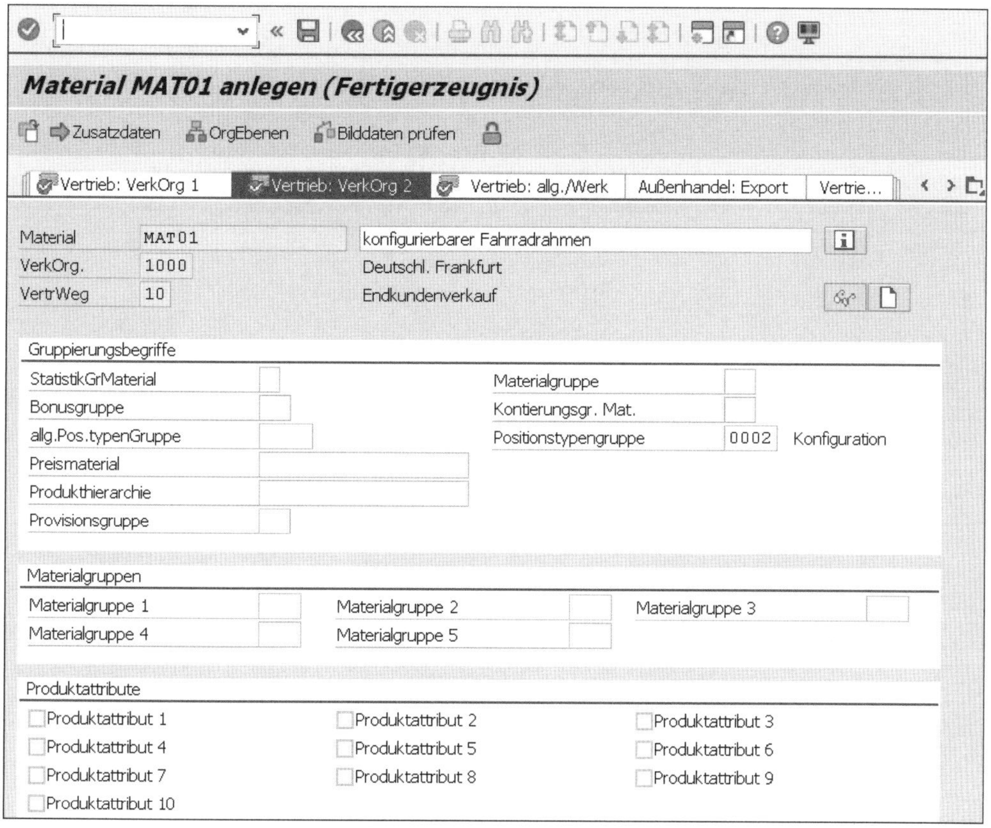

Abbildung 1.21 Materialstamm anlegen – Vertrieb Verkaufsorganisation 2

Auf dieser Registerkarte ist das Feld **Positionstypengruppe** im Block **Gruppierungsbegriffe** wichtig. Im Standard nutzen Sie die **0002 Konfiguration**. Diese Positionstypengruppe sorgt dafür, dass beim Anlegen einer Position im Vertriebsbeleg der richtige Positionstyp ermittelt wird. Zum Beispiel ist dies im Kundenauftrag standardmäßig der Positionstyp TAC. Dieser sorgt im Kundenauftrag dafür, dass neben vielen weiteren Punkten vor allem die Konfiguration möglich ist und erwartet wird. Die allgemeine Positionstypengruppe (**allg.Pos.typenGruppe**) benötigen Sie für unser Beispiel nicht. Sollte dort bereits ein Vorschlagswert stehen, können Sie diesen löschen. Wechseln Sie anschließend auf die nächste Registerkarte **Vertrieb: allg./Werk** (siehe Abbildung 1.22)

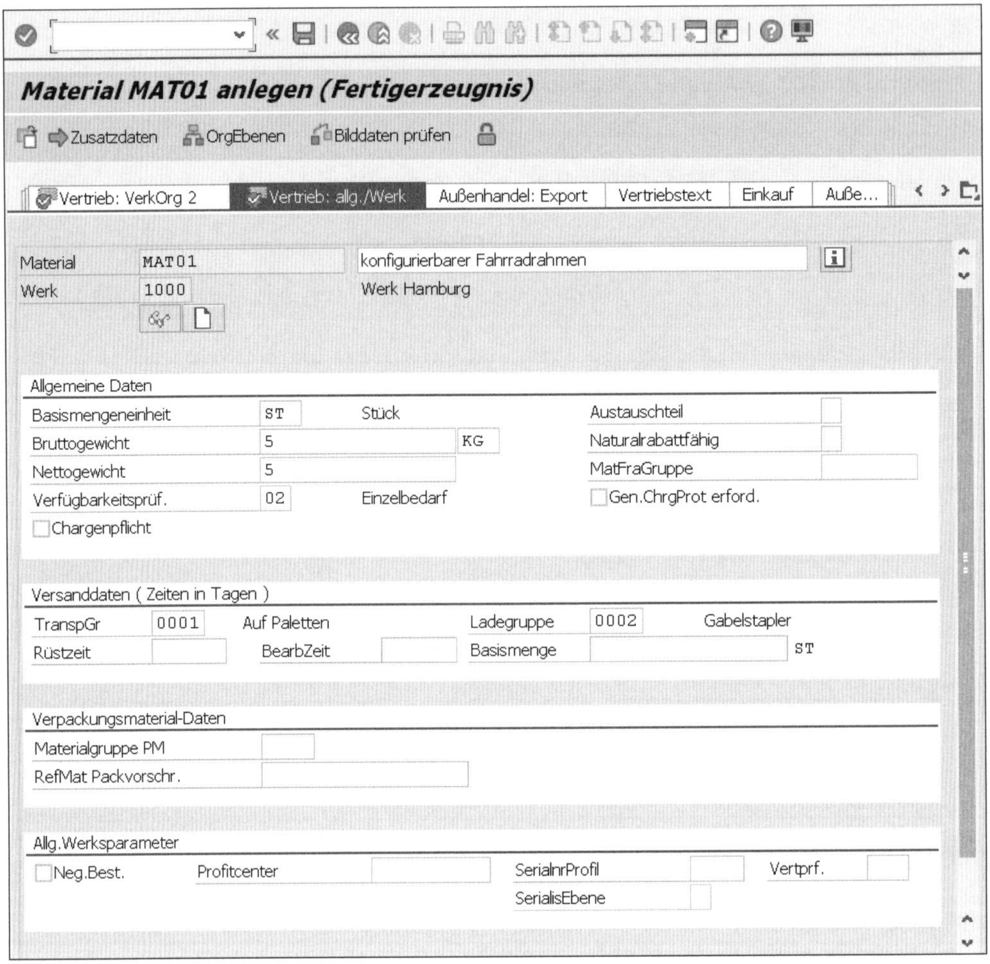

Abbildung 1.22 Materialstamm anlegen – allgemeine Werksdaten

Hier finden Sie aus den Grunddaten die Basismengeneinheit, Brutto- und Nettogewicht wieder. Als Prüfgruppe im Feld **Verfügbarkeitsprüf.** tragen Sie »02 Einzelbedarf« ein. Dies wird z. B. im Kundenauftrag für die Ermittlung des Prüfumfangs genutzt.

Musseingaben sind im Bereich **Versanddaten** in den Feldern Transportgruppe (**TranspGr**) und **Ladegruppe** vorzunehmen. Wählen Sie als Beispiel die Werte, wie sie in Abbildung 1.22 ersichtlich sind. Aus Sicht der Konfiguration spielt dies keine Rolle. Wechseln Sie anschließend auf die nächste Sicht, die **Disposition 1** (siehe Abbildung 1.23).

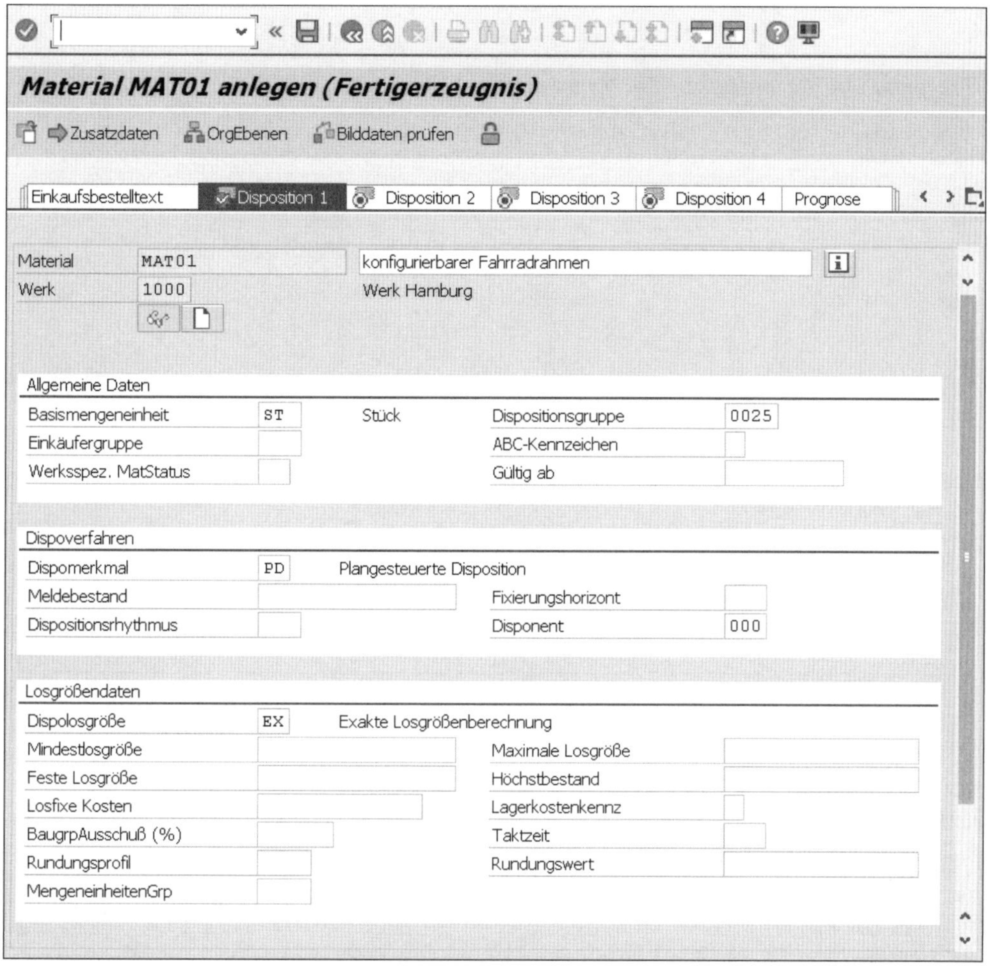

Abbildung 1.23 Materialstamm anlegen – Disposition 1

In dieser Sicht können Sie mit einer **Dispositionsgruppe** arbeiten. Im Standard ist die »0025« passend für die Variantenkonfiguration eingestellt. Über das Feld **Dispomerkmal** im Bereich darunter sollten Sie eine **Plangesteuerte Disposition** nutzen, wählen Sie daher »PD« aus. Bei der plangesteuerten Disposition ist in den Feldern **Disponent** und **Dispolosgröße** jeweils eine Musseingabe vorzunehmen. Bei dem letzteren Feld ist »EX Exakte Losgrößenberechnung« die passende Auswahl. Wechseln Sie anschließend auf die Sicht **Disposition 2** (siehe Abbildung 1.24).

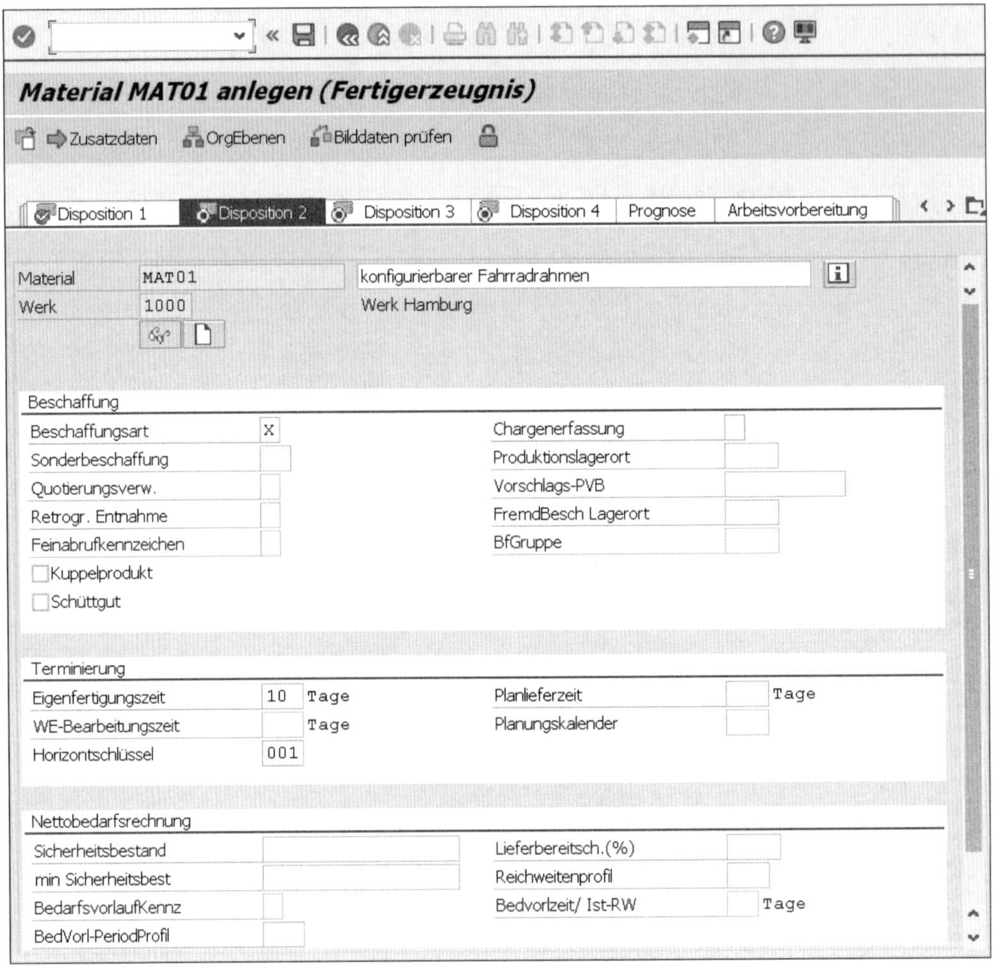

Abbildung 1.24 Materialstamm anlegen – Disposition 2

Hier können Sie die Beschaffungsart festlegen. Das »X« im Feld **Beschaffungsart** bedeutet, dass beide Beschaffungsarten, sowohl Fremdbeschaffung als auch Eigenfertigung, möglich sind. Für konfigurierbare Produkte ist prinzipiell beides denkbar. Sie werden aber zunächst nur die Eigenfertigung betrachten, für die als Beschaffungsart auch »E« möglich und ausreichend wäre. Der Eintrag im Feld **Horizontschlüssel** ist eine Musseingabe, und bei fehlendem Eintrag im Feld **Eigenfertigungszeit** bekommen Sie eine Warnmeldung. Deshalb wurde an beiden Stellen eine Eingabe vorgenommen. Wechseln Sie danach auf die nächste Registerkarte **Disposition 3** (siehe Abbildung 1.25).

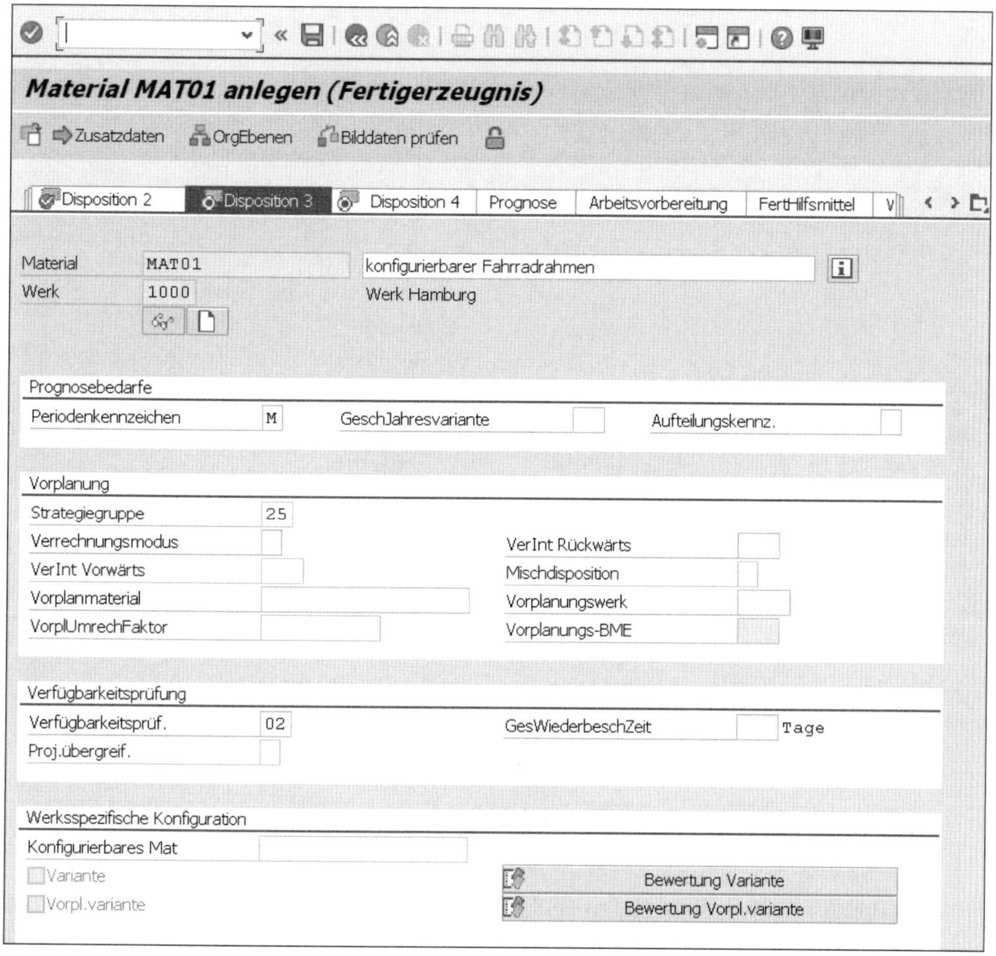

Abbildung 1.25 Materialstamm anlegen – Disposition 3

Hier finden Sie bei **Periodenkennzeichen** einen Vorschlagswert und die bereits auf einer vorherigen Registerkarte eingegebene Verfügbarkeitsprüfung **im Feld Verfügbarkeitsprüf.** Sie können hier auch das Feld **Strategiegruppe** ausfüllen. Diese ermittelt die Bedarfsarten für Kunden- und Planungsbedarfe. Für die Variantenkonfiguration existiert im Standard die Strategiegruppe »25«. Wechseln Sie anschließend auf die Registerkarte **Disposition 4** (siehe Abbildung 1.26).

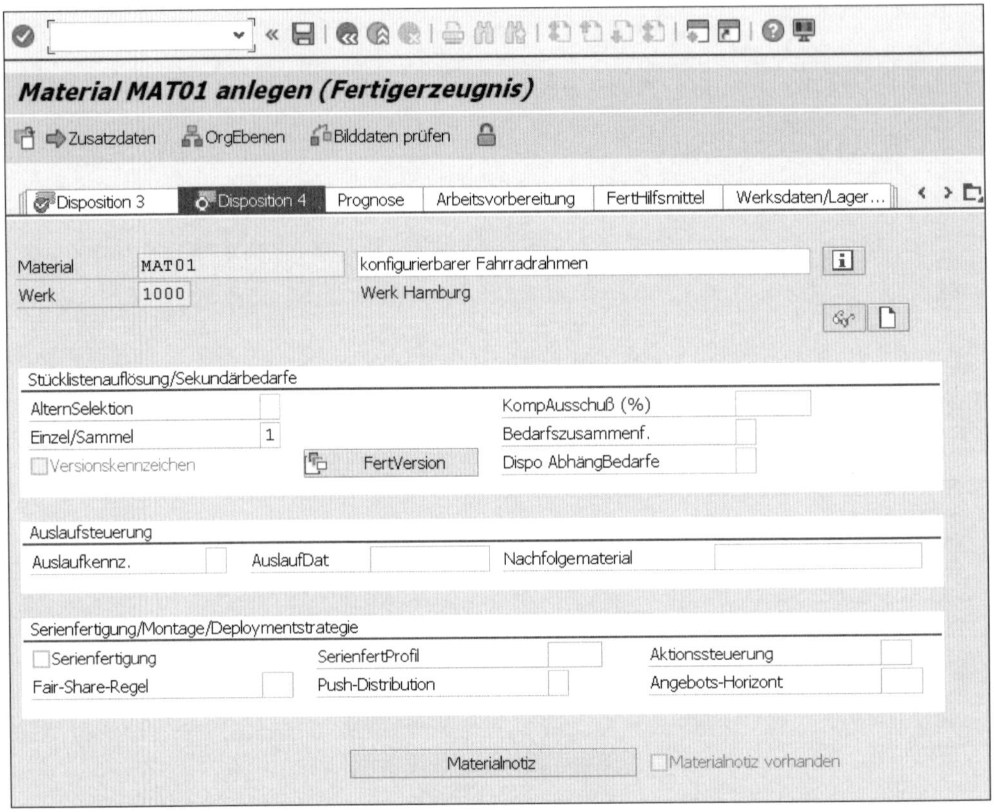

Abbildung 1.26 Materialstamm anlegen – Disposition 4

In dieser Ansicht geben Sie im Feld **Einzel/Sammel** mit einer »1« das Einzelbedarfskennzeichen ein. Später werden Sie noch über den Button **FertVersion** eine Fertigungsversion anlegen. Diesen Button finden Sie auch auf anderen Registerkarten. Wechseln Sie einfach über [↵] weiter in die Sicht **Buchhaltung 1**.

Auf dieser Registerkarte sollten Sie zunächst das Feld **Bewertungsklasse** ausfüllen. Nutzen Sie hierfür die [F4]-Hilfe. Der Eintrag im Feld **Preissteuerung** – hier »S« – wird vom System vorgeschlagen, Sie können ihn gegebenenfalls in »V« (für periodischer Verrechnungspreis) ändern. Die Warnmeldung, dass ein Standardpreis bei Preissteuerung S erwartet wird (siehe Abbildung 1.27 unten), können Sie zunächst ignorieren.

Auf der Registerkarte **Buchhaltung 2** sind keine weiteren Eingaben notwendig. Zum Schluss sichern Sie den Materialstamm (siehe Abbildung 1.28).

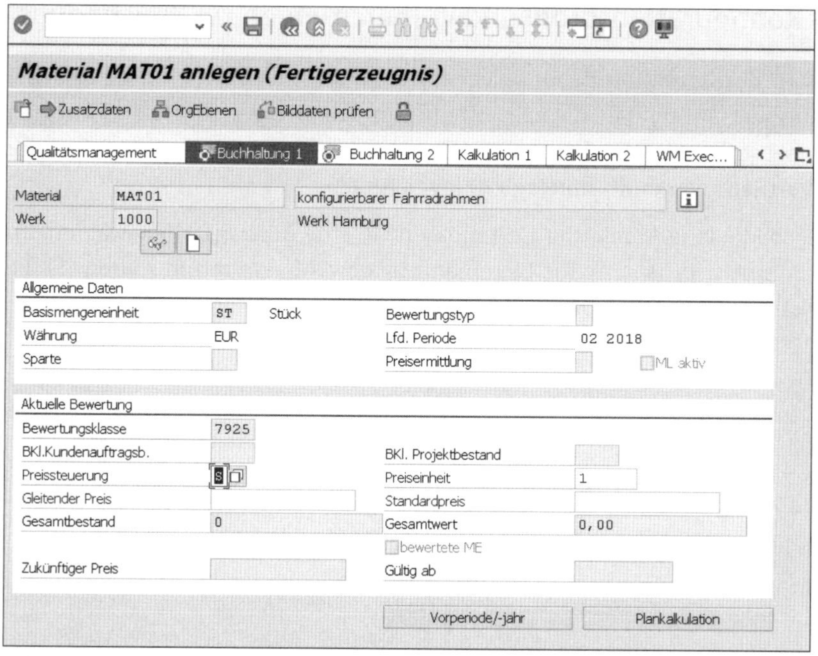

Abbildung 1.27 Materialstamm anlegen – Buchhaltung 1

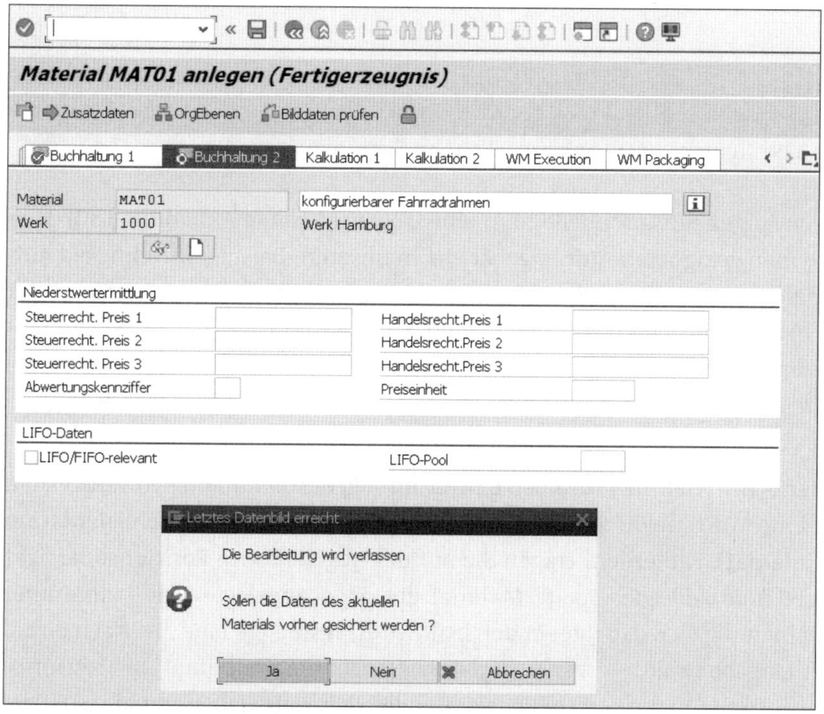

Abbildung 1.28 Materialstamm anlegen – Buchhaltung 2

1.5 Das Konfigurationsprofil und Vorbereitungen zur Preisfindung

Bevor Sie ein Konfigurationsprofil anlegen, was ja die Voraussetzung für jegliche Konfiguration ist, sollten Sie zunächst einen Kundenauftrag anlegen. Das Anlegen von Kundenaufträgen erfolgt über Transaktion VA01, die Sie im SAP-Menü z. B. unter **Logistik • Vertrieb • Verkauf • Auftrag • Anlegen** finden.

Im Einstiegsbild (siehe Abbildung 1.29) müssen Sie eine **Auftragsart** auswählen. Im gezeigten Beispiel wurde »TA« für Terminauftrag gewählt. Weiterhin sollten Sie die Felder **Verkaufsorganisation**, **Vertriebsweg** und **Sparte** ausfüllen. Die Einträge – im Beispiel »1000«, »10«, »00« – müssen zu den Vertriebssichten im Materialstamm passen.

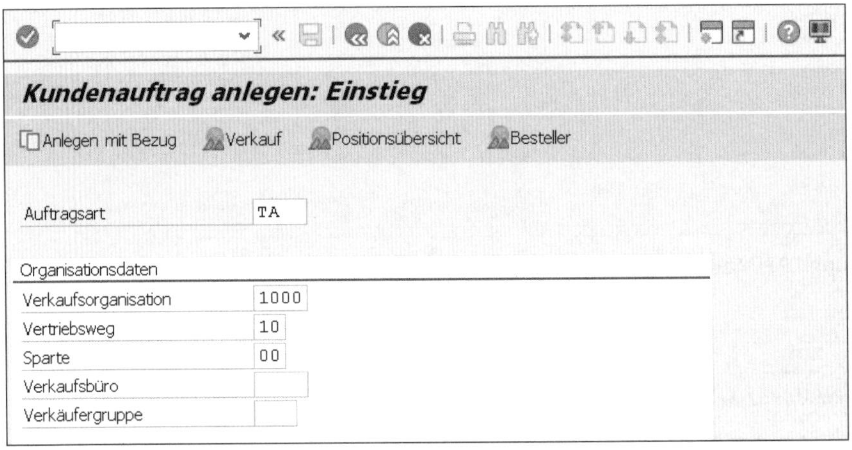

Abbildung 1.29 Kundenauftrag anlegen – Einstieg (Transaktion VA01)

Über ↵ gelangen Sie anschließend in eine Übersicht (siehe Abbildung 1.30). Hier geben Sie einen geeigneten Auftraggeber ein. In unserem Beispiel wird im Feld **Auftraggeber** die Firma Becker Berlin mit der Kundennummer »1000« eingetragen. Der Auftraggeber ist zugleich der Warenempfänger, daher steht im Feld **Warenempfänger** ebenfalls »1000«. Falls Sie den Warenempfänger nicht explizit angeben, wird das System das Feld automatisch ausfüllen. Sollte es mehrere mögliche Warenempfänger geben, erscheint ein Pop-up-Fenster mit einer entsprechenden Abfrage.

Im nächsten Schritt nehmen Sie einen Eintrag im Feld **Bestellnummer** vor, ansonsten erscheint eine Warnmeldung. Ändern Sie gegebenenfalls das Wunschlieferdatum (**Wunschlieferdat**). Außerdem tragen Sie auf der Registerkarte **Positionsübersicht** in die erste freie Zeile der Spalte **Material** die oben angelegte Materialnummer »MAT01« ein und gleich daneben in der Spalte **Auftragsmenge** eine »1«. Nach Bestätigung der Eingaben mit ↵ versucht das System, in die Konfiguration abzuspringen. Sogleich erscheint ein Pop-up-Fenster mit dem Hinweis »Für Material MAT01 ist das Konfigurieren nicht möglich (Grund: 3 → Hilfe)« (siehe Abbildung 1.31).

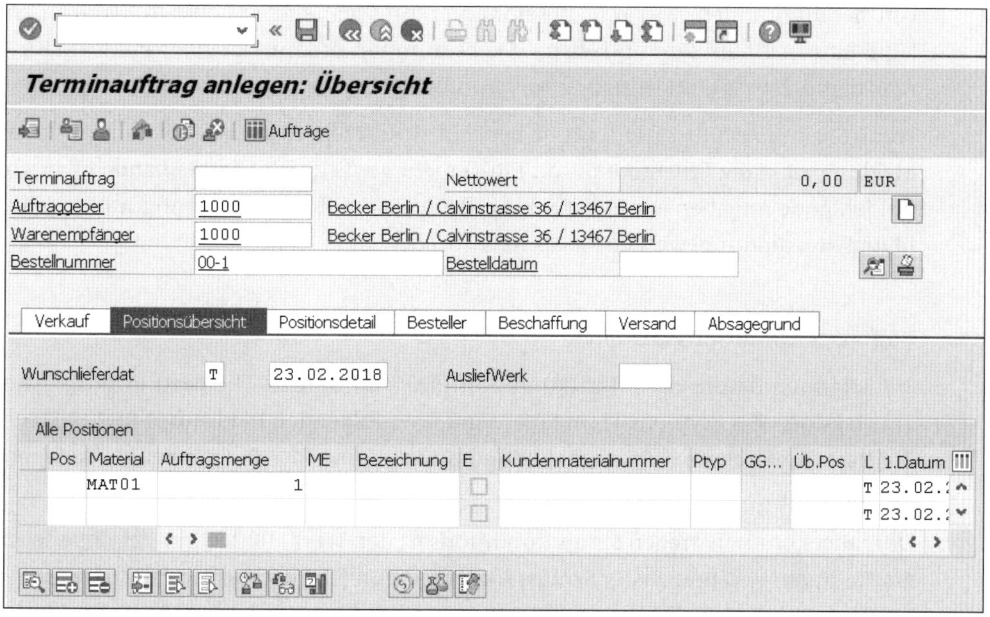

Abbildung 1.30 Kundenauftrag anlegen – Übersichtsbild

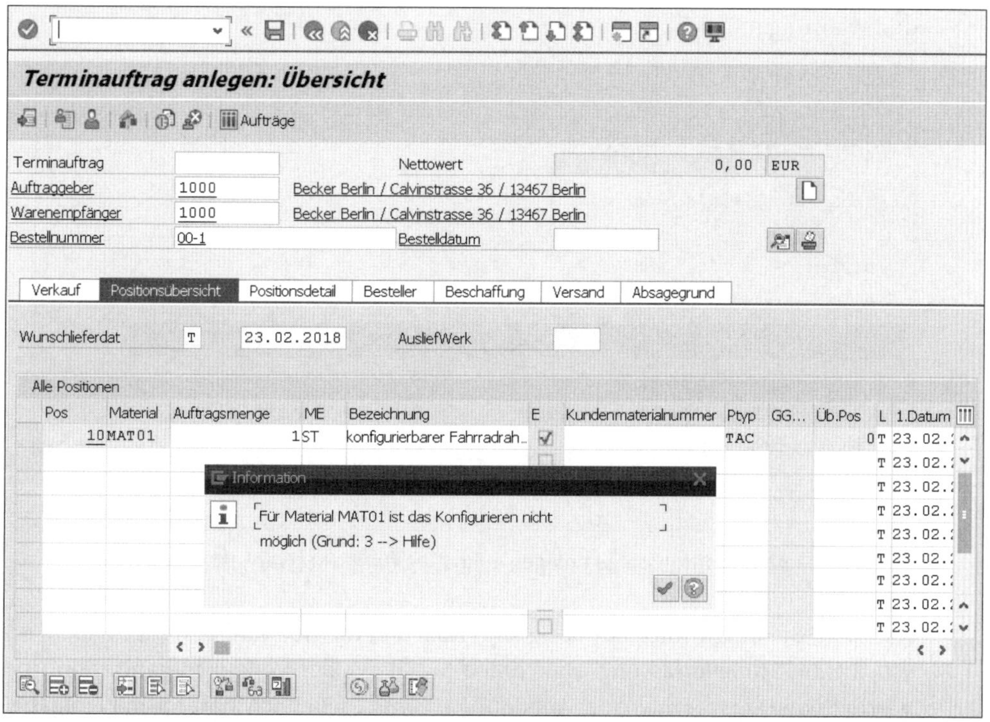

Abbildung 1.31 Kundenauftrag anlegen – Übersicht mit Fehlermeldung

Um herauszufinden, was mit dieser Anmerkung gemeint ist, klicken Sie auf den Hilfe-Button im Pop-up-Fenster. Sie bekommen sodann detaillierte Informationen, nämlich dass das Konfigurationsprofil fehlt.

Wenn Sie im Anschluss wieder zur Übersicht zurückkehren, erhalten Sie eine weitere Meldung, dass die Pflichtkondition PR00 nicht gepflegt ist. Hierbei handelt es sich um fehlende Angaben zur Preisfindung. Beide Fehler (fehlendes Konfigurationsprofil und Preisfindung) werden Sie als Nächstes beheben.

1.5.1 Der Konditionssatz PR00

Sie beginnen damit, die Pflichtkondition PR00 anzulegen. Die dazu erforderliche Transaktion VK11 können Sie im SAP-Menü über folgenden Pfad aufrufen: **Logistik • Zentrale Funktionen • Variantenkonfiguration • Umfeld • Preisfindung • Anlegen Konditionen**.

Dort angekommen, tragen Sie als Konditionsart den Wert »PR00« ein. Anschließend erscheint ein Pop-up-Fenster **Schlüsselkombination** (siehe Abbildung 1.32). Sie erhalten dadurch die Möglichkeit, den Grundpreis für das Material MAT01 (Fahrradrahmen) spezifisch anzulegen. Wählen Sie die dritte Option **Material mit Freigabestatus** aus. Dadurch ist eine Anlage des Grundpreises unabhängig von Kunde, Preislistentyp und Währung möglich.

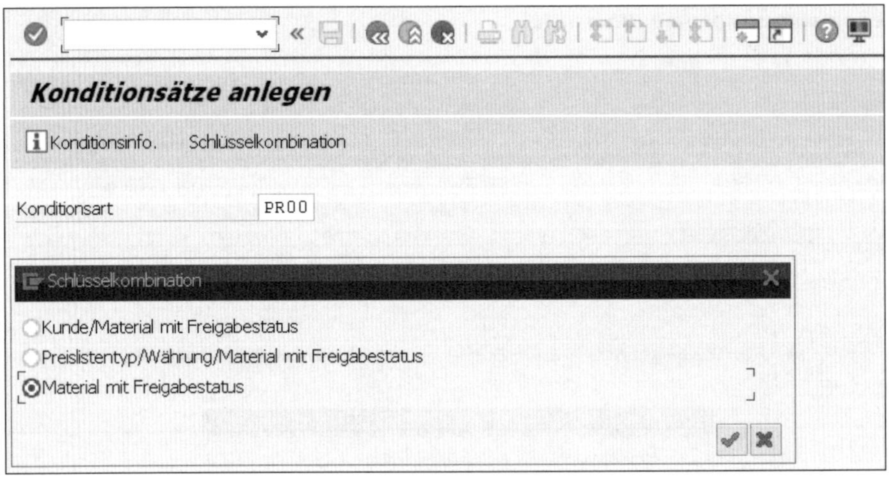

Abbildung 1.32 Konditionssätze anlegen – Einstieg für PR00 (Transaktion VK11)

Nachdem Sie durch Klick auf das grüne Häkchen die Auswahl bestätigt haben, erscheint die **Schnellerfassung**. Hier füllen Sie die Felder **Verkaufsorganisation** und **Vertriebsweg** entsprechend der Abbildung 1.33 aus. Im Bereich **Material mit Freigabe-**

status reicht es aus, wenn Sie in der Spalte **Material** »MAT01« und in der Spalte **Betrag** »200« eintragen. Alle weiteren Spalten werden gemäß Materialstamm oder mit Vorschlagswerten gefüllt. So erhalten Sie die Angaben, wie Sie sie in Abbildung 1.33 sehen. Speichern Sie die Eingaben mit einem Klick auf den entsprechenden Button.

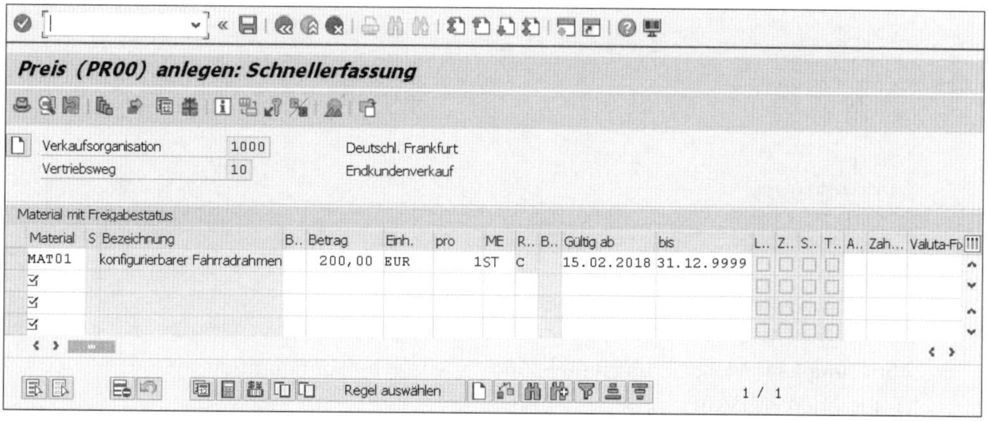

Abbildung 1.33 Konditionssätze anlegen – Schnellerfassung für PR00

1.5.2 Das Konfigurationsprofil

Jetzt beheben Sie den zweiten Fehler: das fehlende Konfigurationsprofil. Für das Anlegen des Konfigurationsprofils gibt es eine eigene Transaktion CU41. Sie nutzen jedoch die Modellierungsumgebung der Variantenkonfiguration – die neuere Transaktion PMEVC. Diese finden Sie im SAP-Menü über folgenden Menüpfad: **Logistik • Zentrale Funktionen • Variantenkonfiguration • Modellierungsumgebung für Variantenkonfiguration**.

Transaktion CU41 finden Sie an gleicher Stelle unter **Konfigurationsprofil • Anlegen**.

Im Einstiegsbild der Modellierungsumgebung der Variantenkonfiguration tragen Sie bei **Material** »MAT01« und bei **Klassenart** »300« ein (siehe Abbildung 1.34). Die unteren beiden Felder **Werk** und **StListenanwendung** (Stücklistenanwendung) können noch frei bleiben. Sie sind erst wichtig, wenn Stückliste und Arbeitsplan existieren. Im Weiteren sprechen wir von *PMEVC*, statt die Langform dieser Transaktion immer auszuschreiben.

Nachdem Sie die Eingaben mit [↵] bestätigt haben, gelangen Sie in die Übersicht von PMEVC. Wie Sie in Abbildung 1.35 sehen, ist sie jedoch fast völlig leer. Als einziger Eintrag erscheint links oben »MAT01«. Indem Sie auf das erste Zeichen (>) klicken, öffnen Sie den Strukturbaum um eine Stufe.

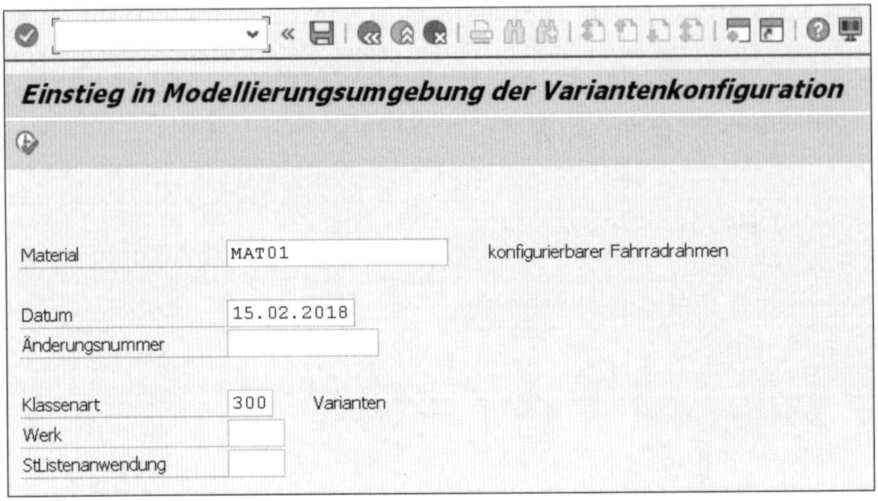

Abbildung 1.34 Modellierungsumgebung der Variantenkonfiguration (Transaktion PMEVC)

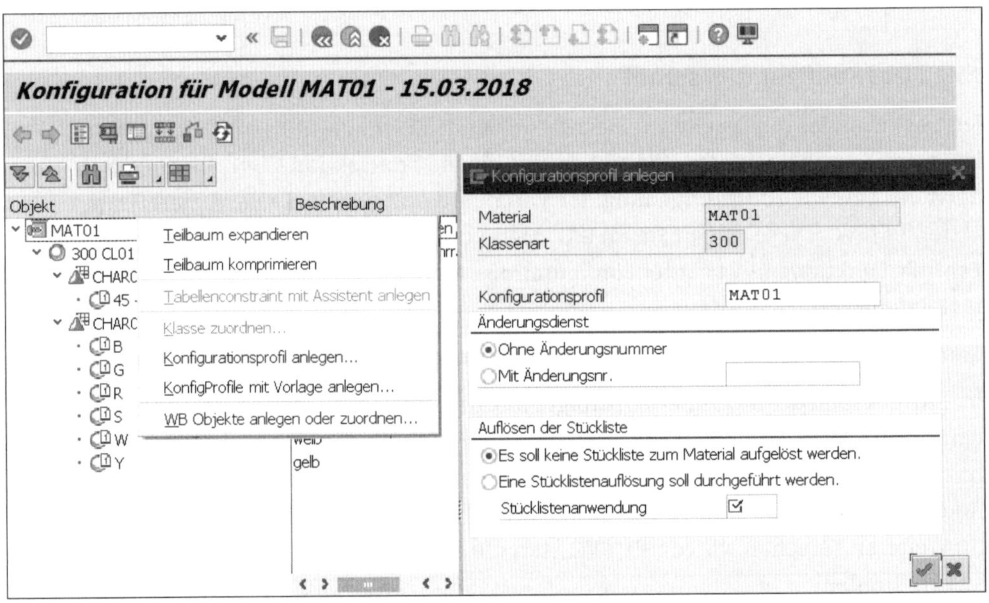

Abbildung 1.35 Konfigurationsprofil anlegen (Transaktion PMEVC)

Es erscheint die Variantenklasse **300 CL01**. Diese hatten wir bei der Materialstammanlage dem Materialstamm zugeordnet. Wenn Sie hier eine weitere Stufe aufklappen, erscheinen die beiden Merkmale, die dieser Klasse zugeordnet wurden. Die

Öffnung einer weiteren und letzten Stufe ist möglich, um auch die zulässigen Merkmalwerte dieser beiden Merkmale einzusehen. Eine Erklärung der verwendeten Symbole erhalten Sie, wenn Sie auf den Button klicken.

Um nun das Konfigurationsprofil in PMEVC anzulegen, klicken Sie auf die Materialnummer links, und rufen Sie mithilfe der rechten Maustaste das Kontextmenü auf (siehe Abbildung 1.35). Hier wählen Sie **Konfigurationsprofil anlegen...** aus. Es erscheint ein Pop-up-Fenster, wie ebenfalls in Abbildung 1.35 erkennbar. Sie können mit allen Vorschlagswerten weiterarbeiten, daher bestätigen Sie mit [↵] und speichern Sie.

Das Konfigurationsprofil ist deshalb so wichtig, weil es Einstellungen enthält, die den Konfigurationsprozess steuern. Zudem ist es *der* zentrale Ablageort für Beziehungswissen, das die interaktive Konfiguration (»das Wünschen«) steuert. Die Einstellmöglichkeiten im Konfigurationsprofil behandeln wir in Kapitel 4, »Das Konfigurationsprofil – die Einstellungen im Detail«.

1.6 Beziehungswissen für die interaktive Konfiguration

Wie bereits erwähnt, kann über das Beziehungswissen am Konfigurationsprofil »das Wünschen« beeinflusst werden. So können z. B. Wertekombinationen verboten oder auch erzwungen werden. In unserem Beispiel kann man beliebige Rahmenhöhen zwischen 45 und 65 cm auswählen, und es existieren sechs mögliche Farben. Ohne Beziehungswissen kann man jede beliebige Kombination aus diesen Rahmenhöhen mit jeder beliebigen dieser Farben kombinieren. Wird dies nicht gewünscht, kann man das über Beziehungswissen einschränken.

Der eleganteste Weg ist eine Tabelle, genauer eine *Variantentabelle* mit den erlaubten Kombinationen, die von einem *Constraint* ausgewertet wird. Ein Constraint ist eine mögliche Art von Beziehungswissen, die hier genutzt werden kann.

Eine Variantentabelle und ein Constraint anzulegen geht am einfachsten, wenn Sie das vom System mithilfe eines Assistenten automatisch machen lassen. Dazu klicken Sie, wie in Abbildung 1.36 ersichtlich, auf das Konfigurationsprofil rechts und rufen das Kontextmenü mit einem Klick auf die rechte Maustaste auf. Hier wählen Sie **Tabellenconstraint mit Assistent anlegen** aus.

Es erscheint ein Pop-up-Fenster, wie in Abbildung 1.37 gezeigt, mit den neun Schritten **Beginn**, **Wirkungsweise**, **Konfigurationsobjekt**, **Merkmalsübersicht**, **Variantentabelle**, **Unbedingte Ausführung**, **Erklärung**, **Constraint-Name** und **Fertigstellen**.

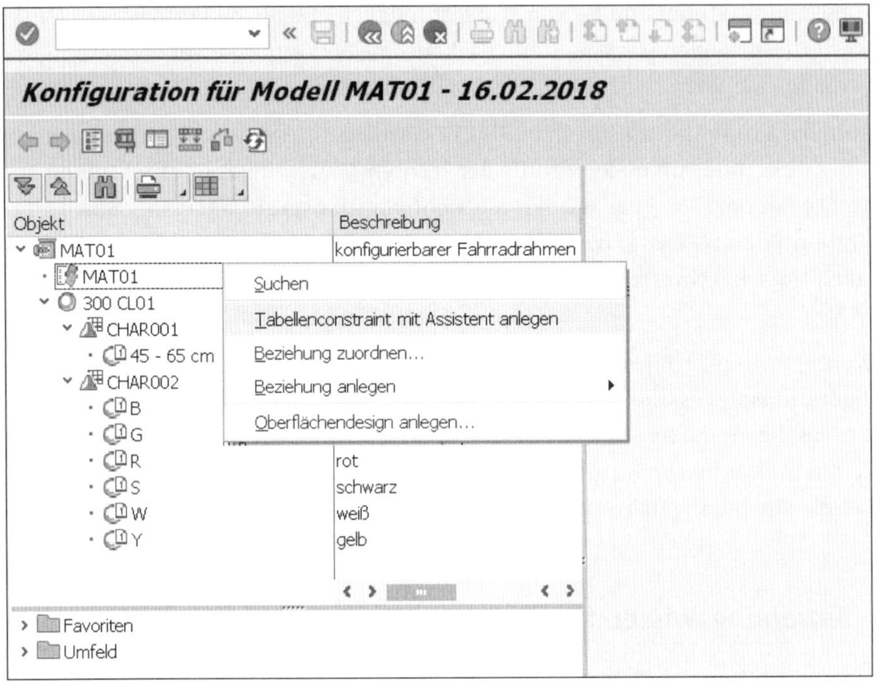

Abbildung 1.36 Tabellenconstraint-Assistent starten (Transaktion PMEVC)

Beginn

Der **Tabellenconstraint-Assistent** startet mit dem ersten Schritt, dem **Beginn**. Er informiert Sie darüber, dass sie mit seiner Hilfe das entsprechende Beziehungswissen anlegen können. Klicken Sie unten auf **Weiter**.

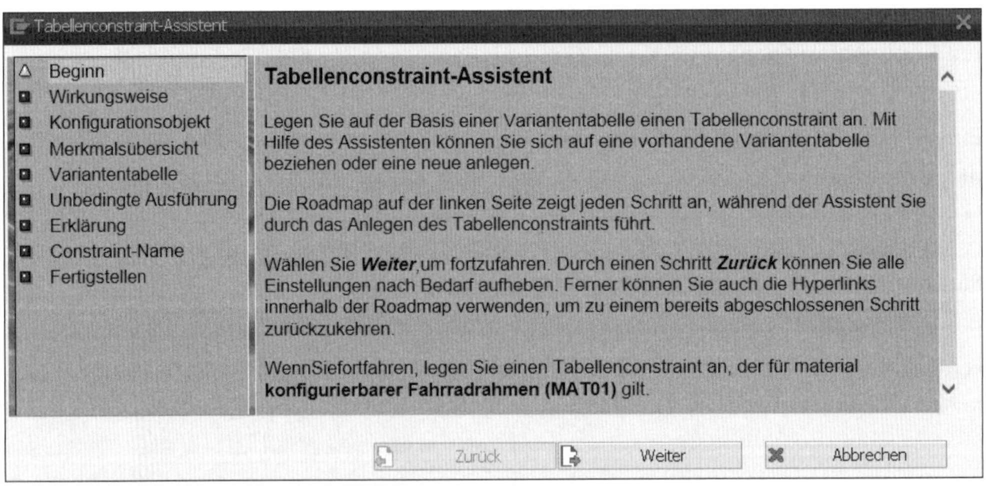

Abbildung 1.37 Tabellenconstraint-Assistent (Transaktion PMEVC)

Wirkungsweise

Im zweiten Schritt, der **Wirkungsweise**, wählen Sie die erste Möglichkeit **Werteeinschränkung** aus (sollte bereits markiert sein). Werteeinschränkung bedeutet, dass das Constraint die möglichen Werte automatisch so einschränkt, dass Sie mit der bereits gemachten Bewertung nur noch laut Tabelle zulässige Kombinationen erhalten können. Sollte diese Möglichkeit nicht angeboten werden, dann haben Sie keine Merkmale, die diese Möglichkeit erlauben. Das passiert, wenn keine einwertigen und einschränkbaren Merkmale in der Variantenklasse existieren.

Die zweite Möglichkeit **Werteableitung** wird genutzt, um Wertekombinationen zu erzwingen (z. B., wenn Sie diesen Motor wünschen, dann müssen Sie das 6-Gang-Schaltgetriebe nehmen). Die dritte Möglichkeit **Prüfung inkonsistenter Kombinationen** nutzen Sie, wenn Sie eine Tabelle der verbotenen Kombinationen statt einer Tabelle der erlaubten Kombinationen anlegen wollen. Abschließend klicken Sie unten auf **Weiter**.

Durch diese Auswahl der Wirkungsweise entfallen der vierte Schritt **Merkmalsübersicht** und der sechste Schritt **Unbedingte Ausführung**.

Konfigurationsobjekt

Im dritten Schritt, dem **Konfigurationsobjekt**, markieren Sie die Zeile mit der Klasse (**class 300 CL01**). Sie wählen hier die Klasse aus, da Merkmale dieser Klasse im Constraint angesprochen werden sollen. Klicken Sie unten auf **Weiter**.

Variantentabelle

Die Spalten einer Variantentabelle sind immer Merkmale. Im fünften Schritt, der **Variantentabelle**, markieren Sie daher beide Zeilen der Merkmale, damit Sie diese als Spalten in der Variantentabelle erhalten. Wählen Sie einen beliebigen Namen und eine beliebige Bezeichnung hinter **Variantentabelle** und **Beschreibung** aus. Sie können hier auch den Namen einer bereits vorhandenen Variantentabelle eintragen. Klicken Sie unten auf **Weiter**.

Erklärung

Im siebten Schritt, der **Erklärung**, können Sie nochmals Namen, Bezeichnung und Spalten der Tabelle kontrollieren. Zudem können Sie die Erklärung, die als Langtext abgelegt wird, anpassen. Klicken Sie unten auf **Weiter**.

Constraint-Name

Im achten Schritt, dem Punkt **Constraint-Name**, werden der Name, also der sprachneutrale Schlüssel des Constraints, und die Bezeichnung, also ein sprachabhängiger Kurztext des Constraints, abgefragt. Das System schlägt vor, dass Sie dies genauso benennen wie in der Variantentabelle – was hier leicht geändert wurde. Klicken Sie unten auf **Weiter**.

Fertigstellen

Im neunten und letzten Schritt, dem **Fertigstellen**, können Sie alle Vorgaben nochmals kontrollieren, bevor Sie durch Klick auf den Button **Fertigstellen** die Arbeit mit dem Assistenten abschließen.

Geschafft – das Ergebnis ist in Abbildung 1.38 in der oberen Hälfte ersichtlich. Links beginnt die Baumstruktur mit dem Materialstamm MAT01, gefolgt vom Konfigurationsprofil gleichen Namens. Danach kommt als erstes Objekt, das der Assistent angelegt hat, das *Constraint-Netz*. Den Namen des Constraint-Netzes hat eigenständig der Assistent angelegt. Wenn Sie wollen, können Sie sich durch Doppelklick auf diesen Namen alle Detailsichten oben rechts anzeigen lassen – alles vom Assistenten automatisch ausgefüllt.

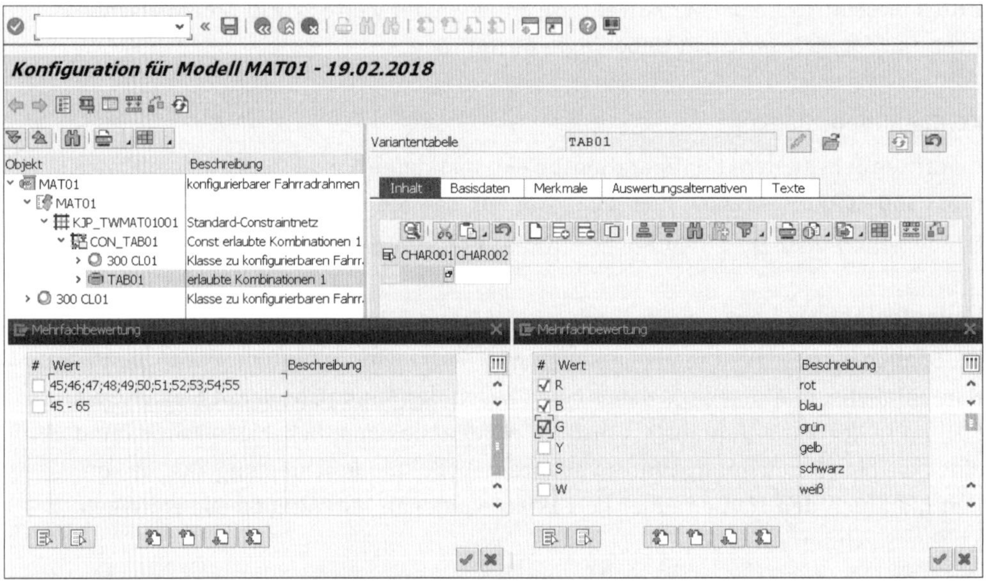

Abbildung 1.38 Erste Zeile der Variantentabelle (Transaktion PMEVC)

Kommen wir nun zu den weiteren Bereichen der Variantentabelle.

Constraint

Die nächste Zeile in der Baumstruktur ist das Constraint mit dem gewünschten Namen (hier: »CON_TAB01«). Auch hier können Sie sich über Doppelklick auf den Namen des Constraints alle Detailsichten oben rechts anzeigen lassen. Besonders interessant ist, dass der Assistent bereits die komplette Syntax angelegt hat.

Eine Besonderheit der PMEVC ist, dass hier in der Struktur links oben unterhalb des Beziehungswissens alle in der Syntax des Beziehungswissens angesprochenen Objekte aufgelistet werden. In unserem Beispiel sind das die Variantenklasse »300 CL01« und die Variantentabelle »TAB01«.

Leere Zeilen und Inhalte einfügen

Die Variantentabelle mit all ihren Detailsichten hat ebenfalls der Assistent angelegt. Das Ganze mit einer Ausnahme: Das Feld **Inhalt** hat der Assistent leer gelassen. (Den Inhalt kann der Assistent nicht wissen. Und es ist auch nicht sinnvoll, dass der Assistent vorab nach dem Inhalt fragt.)

Wie Sie in Abbildung 1.38 rechts erkennen können, ist der Inhalt zunächst leer. Klicken Sie auf den entsprechenden Button [ ], um eine neue leere Zeile anzulegen. Den Inhalt können Sie wie folgt füllen:

- Sie geben direkt den Wert ein, falls bekannt.
- Sie wählen über die Eingabehilfe am Ende des Feldes einen Wert aus.
- Falls mehrere Werte gleichzeitig ausgewählt werden sollen, öffnen Sie per Doppelklick die entsprechenden Pop-up-Fenster, die Sie in Abbildung 1.38 unten sehen können.

Für das Beispiel nutzen Sie die dritte Möglichkeit, da Sie jede Kombination aus den elf Rahmenhöhen von 45 bis 55 cm und den drei Farben Rot, Blau, Grün zulassen wollen.

Durch erneutes Klicken auf den Button [ ] legen Sie eine weitere leere Zeile an. Diese soll nur je einen Wert pro Spalte bekommen. Technisch ist dies über alle drei Möglichkeiten der letzten Aufzählung realisierbar. Dabei soll eine Rahmenhöhe von 45 cm mit der Farbe Gelb kombinierbar sein (siehe Abbildung 1.39).

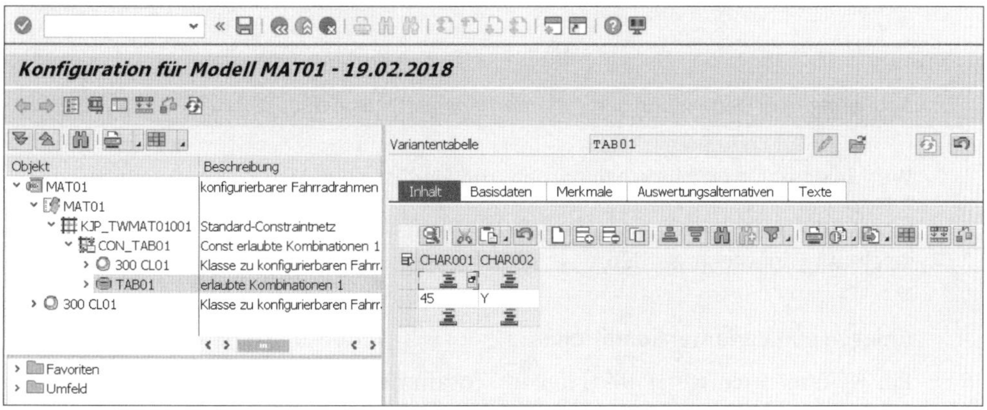

Abbildung 1.39 Weitere Zeilen der Variantentabelle (Transaktion PMEVC)

Eine dritte Zeile der Tabelle soll weitere erlaubte Kombinationen aufnehmen. Wie in Abbildung 1.39 zu erkennen, erscheint in der ersten wie auch in der dritten Zeile das Stapelsymbol [Symbol], mit dem die Mehrfachauswahl von Merkmalwerten angezeigt wird. In der Abbildung ist nicht erkennbar, dass sich hinter den beiden Stapelsymbolen in der dritten Zeile alle Kombinationen aus den Rahmenhöhen von 55 bis 65 cm mit den Farben Weiß und Schwarz verbergen.

Sprachabhängige Darstellung

Ferner kann bei der Darstellung zwischen einer sprachneutralen (wie in Abbildung 1.40 gezeigt) und einer sprachabhängigen gewechselt werden. Wechseln Sie dazu auf den Menüeintrag **Zusätze** und dort auf die **Einstellungen**. Es erscheint ein Pop-up-Fenster **Benutzerabhängige Einstellungen**. Auf der Registerkarte **Variantentabellen** können Sie die Darstellung wechseln.

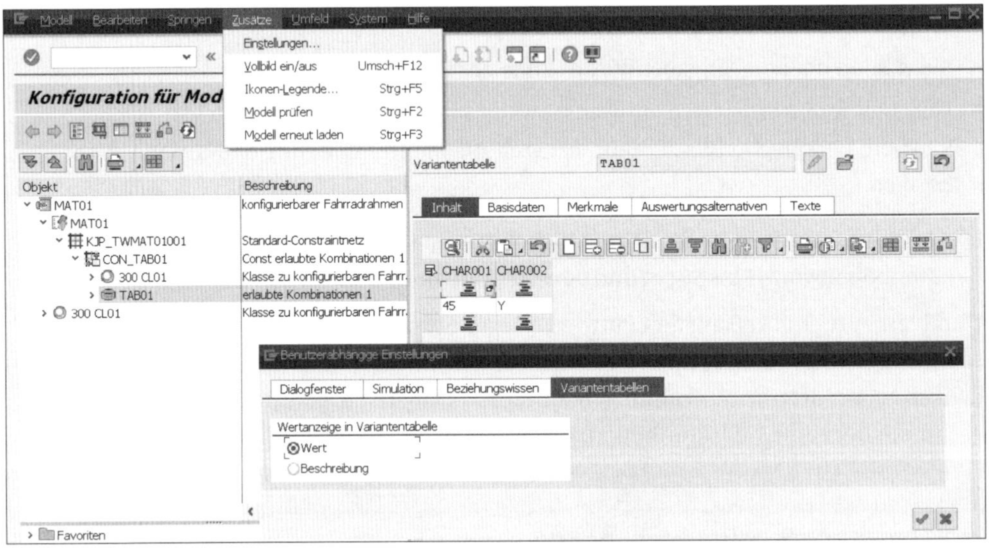

Abbildung 1.40 Darstellung der Variantentabelle (Transaktion PMEVC)

Wert bedeutet, dass Merkmalsnamen und Schlüssel der Werte angezeigt werden.

Beschreibung bedeutet, dass Merkmale und Werte mit ihrer sprachabhängigen Bezeichnung angezeigt werden.

Anlegen von Variantenkonditionen

Ein weiterer wichtiger Punkt, der im Zusammenhang mit Beziehungswissen am Konfigurationsprofil existiert, ist die bewertungsabhängige Preisfindung. Abhängig vom Wunsch des Kunden, soll sich der Preis ändern. Beim Beispiel mit dem Auto ist klar, dass eine Konfiguration mit ganz vielen Wünschen zu den Sonderausstattungen mehr kostet als eine Standardkonfiguration vielleicht noch mit dem kleinsten Motor.

In dem Beispiel mit dem Fahrradrahmen wollen Sie für die rote Farbe einen Zuschlag. Und der Preis soll von der Rahmenhöhe abhängig sein. Hierfür sind zwei weitere Preiskonditionen, genauer *Variantenkonditionen*, anzulegen.

Wie bereits im letzten Abschnitt beschrieben, wählen Sie z. B. den folgenden Pfad im SAP-Menü: **Logistik • Zentrale Funktionen • Variantenkonfiguration • Umfeld • Preisfindung • Anlegen Konditionen**, um diese Variantenkonditionen mit Transaktion VK11 anzulegen. Hier tragen Sie als Konditionsart den Wert »VA00« ein. Anschließend gelangen Sie in das Schnellerfassungsbild, wie in Abbildung 1.41 dargestellt. Oben sind in den Feldern **Verkaufsorganisation**, **Vertriebsweg** und **Material** »1000«, »10« bzw. »MAT01« einzutragen. In der Tabelle reicht es aus, wenn Sie in den Spalten **Variante** und **Betrag** Einträge vornehmen – hier:

- z01: 5
- z02: 20

Die restlichen Spalten werden automatisch ergänzt. Die Spalte **Bezeichnung** bleibt zunächst frei. Solche Bezeichnungen können über zwei verschiedene Wege angelegt werden.

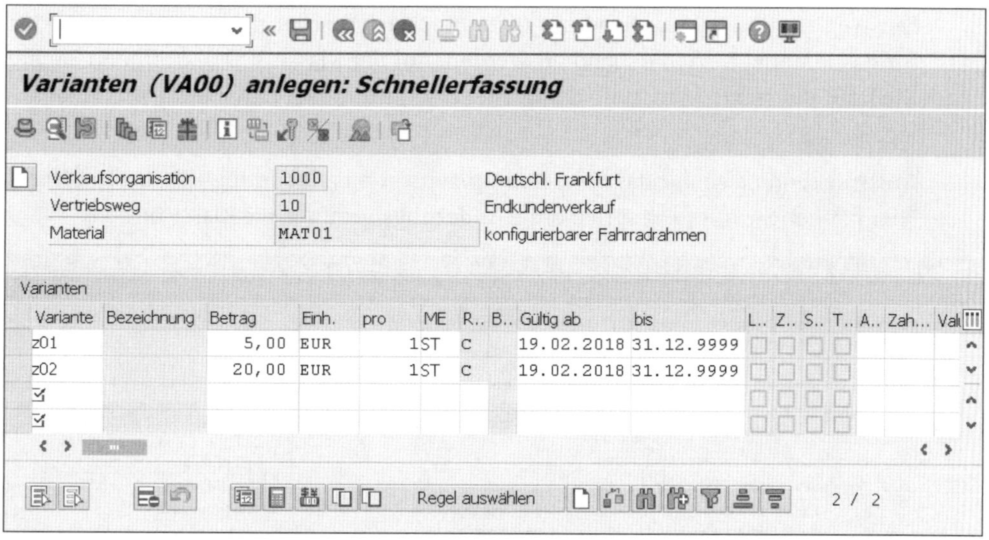

Abbildung 1.41 Variantenkonditionen VA00 anlegen (Transaktion VK11)

Der erste Weg geht über Transaktion VK30, die Sie im SAP-Menü über folgenden Menüpfad finden: **Logistik • Zentrale Funktionen • Variantenkonfiguration • Umfeld • Preisfindung • Schlüssel definieren**. Hier klicken Sie auf den Button **Neue Einträge** und tragen in die erste Zeile, wie in Abbildung 1.42 ersichtlich, »z01« und »Anpassung pro cm Rahmenhöhe« ein.

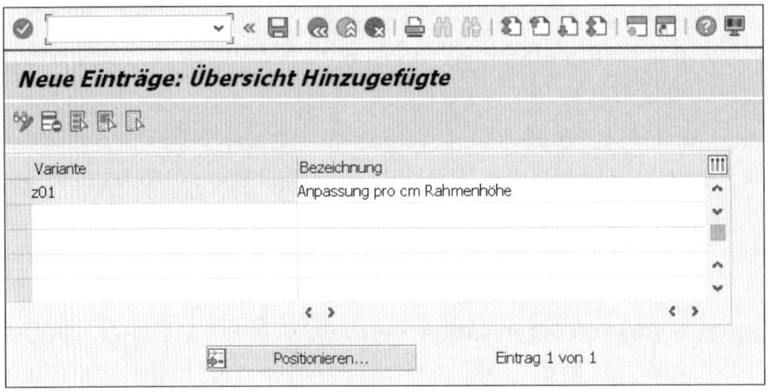

Abbildung 1.42 Bezeichnung für Variantenkonditionen anlegen (Transaktion VK30)

Der zweite Weg geht über die PMEVC und ist in Abbildung 1.45 dargestellt. Bevor dieser zweite Weg beschrieben werden soll, legen Sie ein Merkmal an, das Sie für die Preisfindung benötigen. Dies soll ebenfalls mit der PMEVC erfolgen. Das Merkmal ist ein sogenanntes *Objektmerkmal*, d. h., es verweist auf ein Feld einer Tabelle oder Struktur.

Der Weg zur PMEVC wurde bereits oben beschrieben. Hier muss die Baumstruktur für das Material MAT01 expandiert werden. Auf der Klasse 300 CL01 finden Sie per Klick auf die rechte Maustaste das Kontextmenü und hier den Eintrag **Merkmal anlegen...**

Anschließend erscheint das erste Pop-up-Fenster aus Abbildung 1.43 **Klasse öffnen**. Hier können Sie mit [↵], sprich ohne Änderungsnummer, die Klasse öffnen.

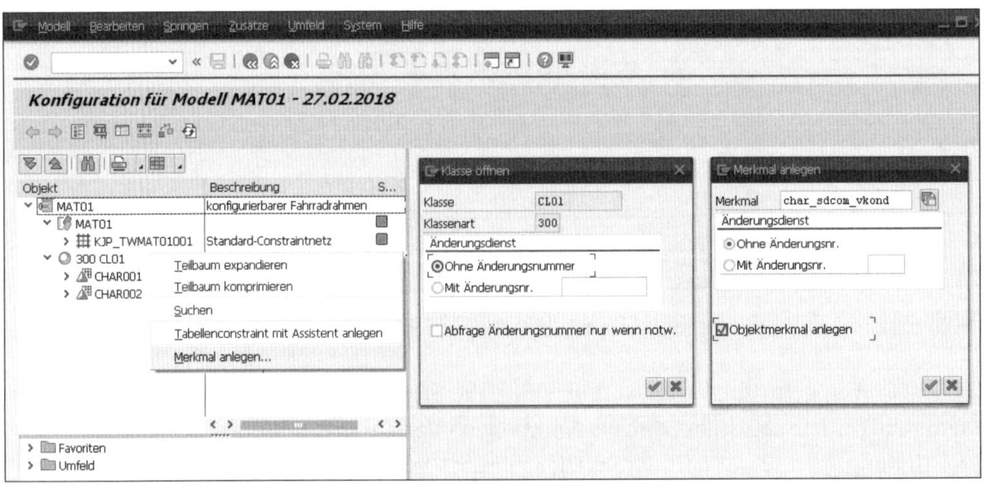

Abbildung 1.43 Objektmerkmal anlegen Teil 1 (Transaktion PMEVC)

Es erscheint das zweite Pop-up-Fenster aus Abbildung 1.43 **Merkmal anlegen**. Geben Sie hier einen frei wählbaren Merkmalsnamen ein – z. B. »char_sdcom_vkond« –, und setzen Sie das Flag **Objektmerkmal**. (Das heißt, wie bereits erwähnt, es handelt sich um ein Merkmal mit Verweis auf ein Tabellen- oder Strukturfeld.)

Nach der Bestätigung des zweiten Pop-up-Fensters mit [↵] erscheint rechts das Detailbild des neu anzulegenden Merkmals **CHAR_SDCOM_VKOND**. Sie landen direkt auf der Registerkarte **Zusatzdaten** und mit dem Cursor im Feld **Tab**. Hier tragen Sie »sdcom« ein und daneben bei **Feld** »vkond«. Woher wissen Sie diese Namen? Salopp gesagt, muss man das wissen oder wissen, wo es steht. Bei Bestätigung der Eingaben per [↵] werden die Formatangaben des Feldes übernommen. Das wird durch ein entsprechendes Pop-up-Fenster auch bestätigt (siehe Abbildung 1.44). Beachten Sie auch, dass das Merkmal nicht eingabebereit ist, nicht angezeigt werden soll und mehrwertig ist (siehe entsprechende Flags auf der Registerkarte Zusatzdaten und Basisdaten). Speichern Sie das neue Merkmal.

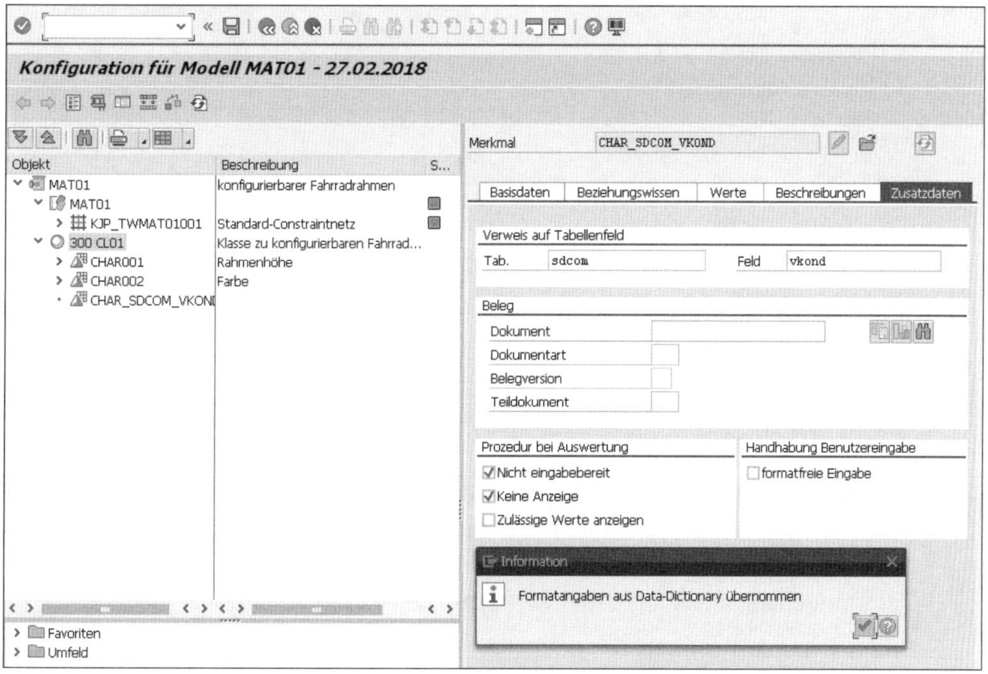

Abbildung 1.44 PMEVC – Objektmerkmal anlegen Teil 2 (Transaktion PMEVC)

Variantenkonditionen einem Wert zuordnen

Wie verknüpft man die Zuschläge von 5 € bzw. 20 € mit der Konfiguration? Falls es eine einfache Verbindung zu einem Merkmalwert gibt, kann man diese direkt einander zuordnen. Was ist damit gemeint? Wenn wie in unserem Beispiel jemand den

Fahrradrahmen in Rot wünscht, dann soll der Fahrradrahmen um z02 = 20 € teurer werden. Häufig werden solche einfachen und direkten Abhängigkeiten gewünscht.

Wie bildet man diese Abhängigkeit ab? Wie in Abbildung 1.45 erkennbar, geht man in die Detailsicht des Materials. Diese erreicht man per Doppelklick auf die Materialnummer **MAT01** links in der Baumstruktur. Wechseln Sie rechts auf die Registerkarte **Variantenpreisf** (Variantenpreisfindung), und drücken Sie den Button **Liste aufl**. Damit wird die Liste aufgelöst, d. h., alle Zeichenketten-Merkmale (nicht numerisch) mit ihren Werten werden aufgelistet. Hier kann man einfach in der Zeile **Merkmalwert** gleich **R** unter **Variantenkondition** »z02« eintragen.

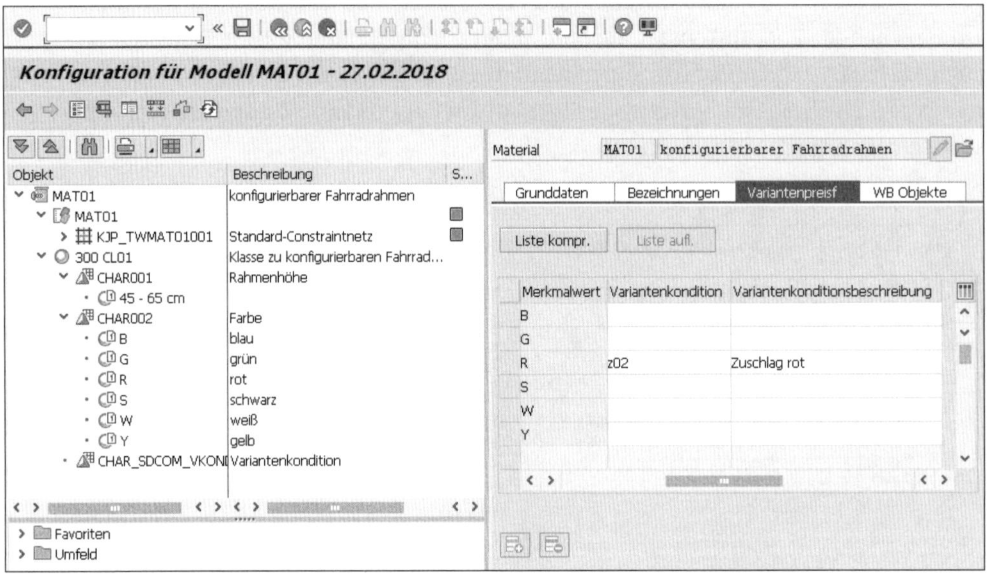

Abbildung 1.45 Variantenkondition einem Wert zuordnen (Transaktion PMEVC)

Das System findet keine Variantenkonditionsbeschreibung. Somit kann im Feld **Variantenkonditionsbeschreibung** ebenfalls ein Eintrag vorgenommen werden. Das ist dieselbe Funktionalität wie die Bezeichnungspflege mit Transaktion VK30, die im Zusammenhang mit Abbildung 1.42 beschrieben wurde.

Was macht man, wenn diese Abhängigkeit in der Preisfindung nicht so einfach und direkt ist? Man nutzt Beziehungswissen am Konfigurationsprofil. Über folgenden Weg legt man eine Prozedur an:

Wie in Abbildung 1.46 erkennbar, startet man per Klick auf die rechte Maustaste am Konfigurationsprofil MAT01 das Kontextmenü und wählt hier **Beziehung anlegen •**

Global (wiederverwendbar)... aus. Es erscheint ein Pop-up-Fenster **Neue Beziehung am Konfigurationsprofil anlegen**. Wählen Sie hier **Prozedur** aus, und geben Sie dieser einen beliebigen Namen, hier z. B. »Proc_char_sdcom_vkond_eq_z01«.

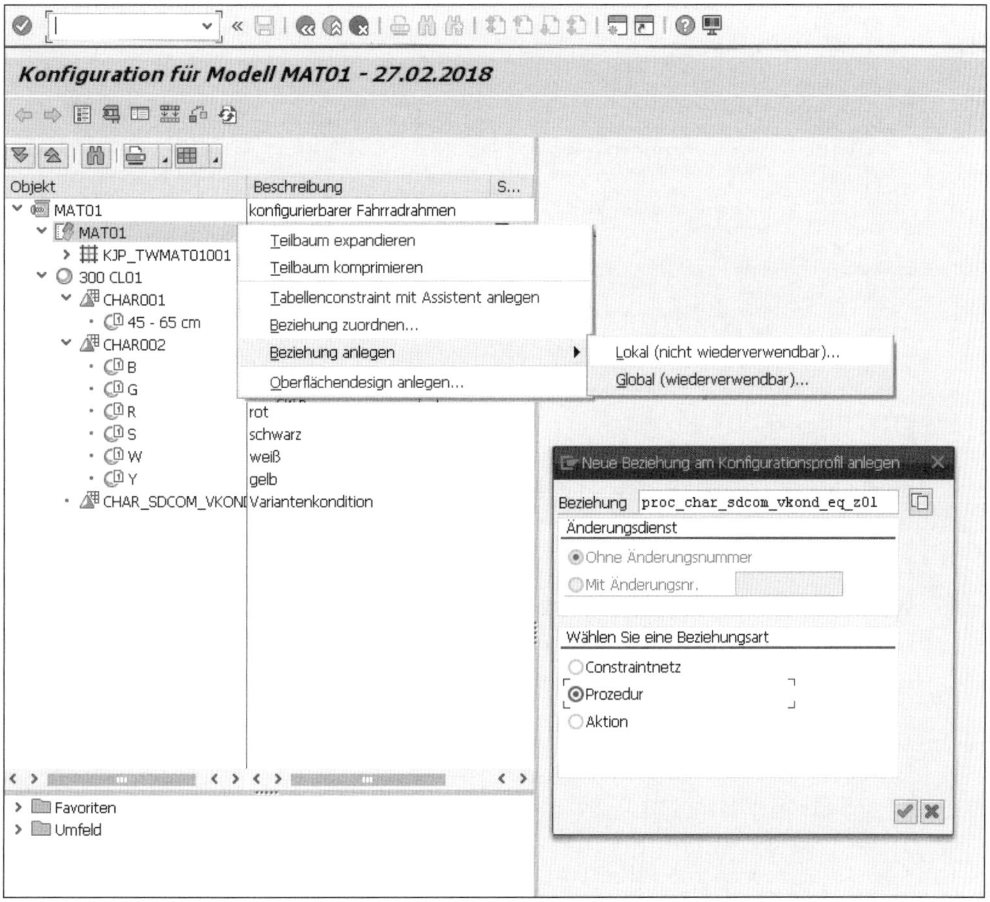

Abbildung 1.46 Prozedur am Konfigurationsprofil anlegen (Transaktion PMEVC)

Mit [↵] gelangen Sie in die **Basisdaten** der neuen Prozedur (siehe Abbildung 1.47). Hier ist das Feld **Bezeichnung** auszufüllen. Mehr ist nicht erforderlich. Beachten Sie, dass der **Status** zunächst auf **2 In Erstellung** steht. Diesen müssen Sie abschließend auf **1 Freigabe** umstellen. Das können Sie aber nur machen, wenn die Syntax fehlerfrei ist. Keine Syntax ist auch ein Fehler. Den Status »In Erstellung« erkennen Sie auch an dem gelben Dreieck rechts und links, im Unterschied zum Grün für »Freigabe«.

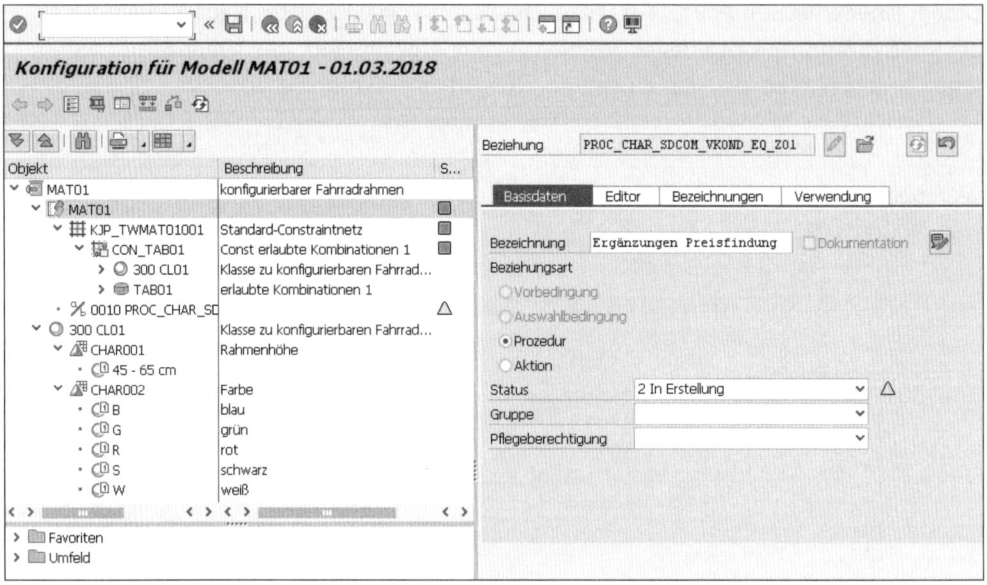

Abbildung 1.47 Prozedur – Basisdaten (Transaktion PMEVC)

Eingabe der Syntax

Wechseln Sie für die Syntax auf die Registerkarte **Editor**. Hier können Sie direkt oder mithilfe der Funktionstaste F4 oder dem Button folgende Syntax eingeben (siehe Abbildung 1.48). Teilweise ist auch Drag & Drop von der linken Baumstruktur in den Editor möglich.

```
* Ergänzungen zur Preisfindung
* Variantenkondition "z01" bei Rahmenhöhen ungleich 50 cm
* Zuschlag pro cm für Rahmenhöhe > 55 cm
* Abschlag pro cm für Rahmenhöhe < 55 cm

(
$self.CHAR_SDCOM_VKOND = 'z01' ,
$set_pricing_factor( $self, CHAR_SDCOM_VKOND, 'z01', $self.char001 - 55)
)
IF $self.char001 <> 55
```

Listing 1.1 Syntax: Prozedur für Preisfindung

Wie ist diese Syntax zu interpretieren? Die ersten vier Zeilen sind nur Kommentar. Kommentarzeilen erkennen Sie an dem Stern am Anfang der Zeile. Es gibt nur ganze Kommentarzeilen, und vor dem Stern darf nichts stehen, auch keine Leerzeichen.

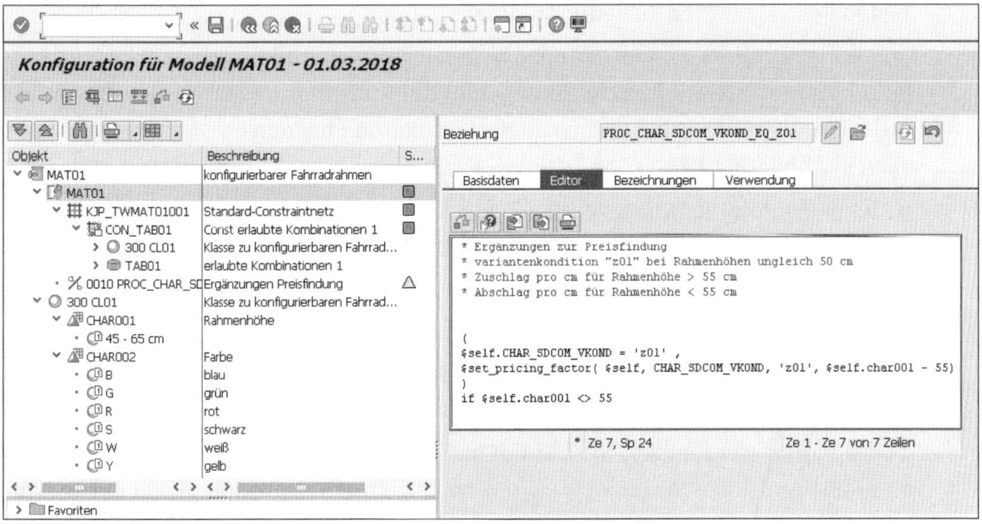

Abbildung 1.48 Prozedur – Editor (Transaktion PMEVC)

Leerzeilen (wie hier die 5. und 6. Zeile) sind bedeutungslos. Auch Zeilenumbrüche können beliebig genutzt werden.

Der eigentliche Inhalt ist eine bedingte Anweisung. Die Bedingung steht immer hinten (hier: `IF $self.char001 <> 55`) mit »IF« beginnend. Für bedingte Anweisungen gibt es weder »THEN« noch »ELSE«.

Da die IF-Bedingung für zwei Anweisungen gelten soll, ist diese ausgeklammert. Klammern können beliebig viele genutzt werden.

Was sollen die Anweisungen bewirken? Falls genau die 55-cm-Rahmenhöhe gewünscht wird, passiert nichts. Das heißt, in diesem Fall kostet das Ganze die 200 € Grundpreis (PR00 – siehe Abbildung 1.33) eventuell plus 20 € für die rote Farbe (VA00 – siehe Abbildung 1.41). Bei anderen Rahmenhöhen soll pro Zentimeter 5 € Zu- oder Abschlag zu dem bereits berechneten Preis dazukommen.

Die Zeile:

```
$self.CHAR_SDCOM_VKOND = 'z01',
```

ordnet dem Objektmerkmal den Wert »z01«, d. h. hier die 5 €, zu. Das Komma ist dabei als Aufzählungszeichen für die weitere Anweisung nötig.

Die Zeilen:

```
$set_pricing_factor( $self, CHAR_SDCOM_VKOND, 'z01', $self.char001 - 55)
```

hängen an die 5 € in Form von »z01« den Faktor »$self.char001 – 55« (Rahmenhöhe minus 55) an. Vergessen Sie abschließend nicht, das Beziehungswissen freizugeben und zu speichern.

Testen des angelegten Beziehungswissens

Im nächsten Schritt geht es darum, das angelegte Beziehungswissen inklusive Preisfindung zu testen. Mit Einschränkungen in der Preisfindung können Sie dies direkt in der PMEVC tun. Starten Sie hierfür die Simulation über den Button – siehe links oben in Abbildung 1.48.

Sie können bei der Rahmenhöhe jeden Wert zwischen 45 und 65 cm und bei der Farbe alle sechs Werte auswählen, da alle diese Werte in der Variantentabelle enthalten sind.

Wählen Sie als Rahmenhöhe 50 cm aus, dann werden als Farbe nur Rot, Blau und Grün angeboten, da nur diese Farben in der Variantentabelle in Kombination mit 50 cm enthalten sind.

Andersherum werden, falls Sie nur Rot auswählen, bei der noch unbewerteten Rahmenhöhe nur noch Werte von 45 bis 55 cm angeboten – auch aufgrund der Variantentabelle in Verbindung mit dem Constraint.

Nachdem Sie die Rahmenhöhe mit 50 cm und die Farbe mit Rot festgelegt haben, können Sie über den Button die Preisfindung testen. Wie bereits gesagt, kann dies nur sehr eingeschränkt erfolgen. Sie sehen einen Nettowert von **0.00**. Warum das? Die Simulation kann keine Verkaufsorganisationen und Vertriebswege simulieren. Sowohl die 200 € Grundpreis als auch die Variantenkonditionen von 5 € und 20 € wurden aber spezifisch für diese angelegt. Was noch machbar ist, ist zu testen, ob die Variantenkonditionen richtig berücksichtigt wurden. Klicken Sie hierfür auf den Button **Konditionen...** hinter dem Nettowert von **0.00**. Es erscheint das Pop-up-Fenster **Übersicht der resultierenden Variantenkonditionen** aus Abbildung 1.49.

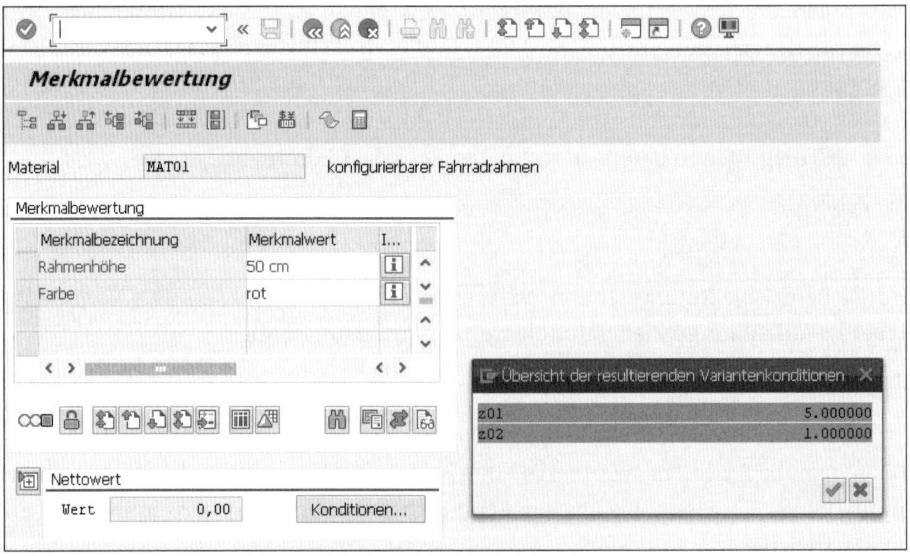

Abbildung 1.49 Preisfindung in Transaktion PMEVC

Auch hier sehen Sie keine Euro-Beträge, aber dass die Variantenkonditionen »z01« und »z02« mit den rechts stehenden Faktoren dargestellt werden. Da hat sich leider noch ein kleiner Fehler in die Darstellung eingeschlichen. Der Faktor ist minus 5, nicht 5.

Besser funktioniert das Testen, wenn Sie gleich ernst machen. Das heißt, Sie legen einen Kundenauftrag an, den Sie natürlich am Ende abbrechen können. Der Weg dahin wurde bereits in Abschnitt 1.5, »Das Konfigurationsprofil und Vorbereitungen zur Preisfindung«, beschrieben. Dennoch sei es hier nochmals kurz wiederholt: Der Kundenauftrag wird mit Transaktion VA01 angelegt, die Sie im SAP-Menü unter **Logistik • Vertrieb • Verkauf • Auftrag • Anlegen** finden.

Im Einstiegsbild wählen Sie bei **Auftragsart** »TA« aus. Weiterhin sind Werte in die Felder **Verkaufsorganisation**, **Vertriebsweg** und **Sparte** – im Beispiel 1000, 10 und 00 – einzutragen. Anschließend erscheint das Übersichtsbild. Hier geben Sie im Feld **Auftraggeber** einen geeigneten Auftraggeber ein – hier »1000«. Dieser ist zugleich der Warenempfänger. Es folgen die Felder **Bestellnummer** und **Wunschlieferdatum**. Nun wird in der **Positionsübersicht** in die erste freie Zeile in der Spalte **Material** die oben angelegte Materialnummer »MAT01« und in die Spalte **Menge** eine »1« eingetragen. Nach Bestätigung mit [↵] gelangen Sie in das Bewertungsbild entsprechend Abbildung 1.50.

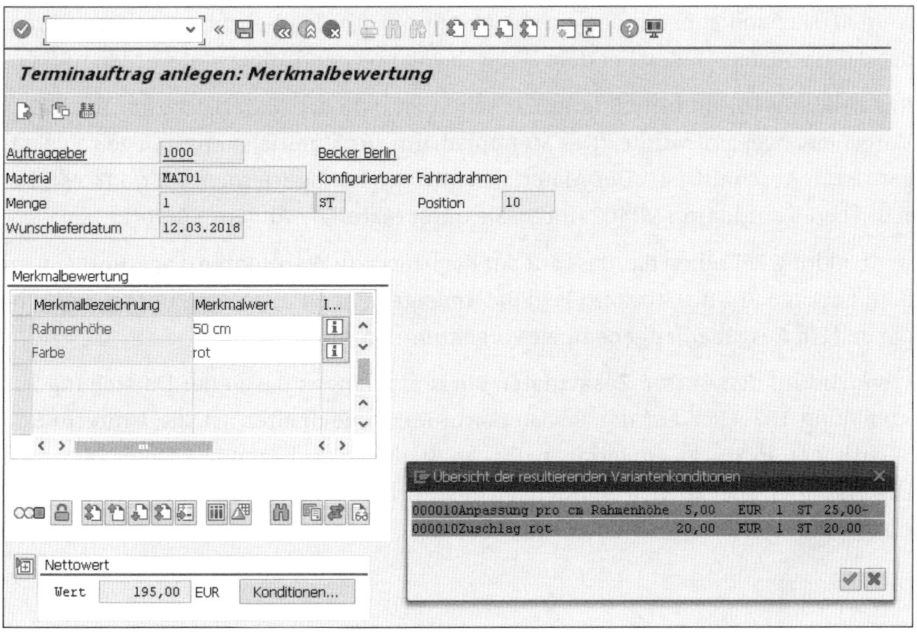

Abbildung 1.50 Preisfindung im Kundenauftrag (Transaktion VA01)

Das Testen der Merkmalsbewertung erfolgt analog zur PMEVC. Das Testen der Preisfindung ist jetzt deutlich umfangreicher. Sie erhalten den konkreten Nettowert – im Beispiel 195 €. Und auch die Informationen hinter dem Button **Konditionen...** sind jetzt informativer. Sie sehen die Bezeichnungen statt der Namen der Variantenkonditionen. Und Sie erkennen auch den Einzelwert und das Produkt mit einem eventuellen Faktor.

1.7 Die konfigurierbare Maximalstückliste und der konfigurierbare Maximalarbeitsplan

In diesem Abschnitt sorgen Sie dafür, dass der Kunde das erhält, was er sich im Kundenauftrag gewünscht hat. Für die Fertigung des Produktes benötigen Sie Stückliste und Arbeitsplan. Wie in Abschnitt 1.1, »Vorab ein wenig Theorie«, zu Abbildung 1.4 bereits ausgeführt, arbeiten Sie in der Variantenkonfiguration mit konfigurierbaren Maximalstücklisten und Maximalarbeitsplänen.

In der konfigurierbaren Maximalstückliste benötigen Sie alle Farben, die zur Auswahl stehen. Im Zusammenhang mit den unterschiedlichen Rahmenhöhen wollen Sie eine besondere Möglichkeit nutzen. Es sollen nicht für alle 21 unterschiedlichen Abmessungen eigene Materialnummern angelegt und der Stückliste zugeordnet werden. Hier soll generell das gleiche Metallrohr für den Rahmen genutzt werden, das dann von den Maßen her dem Wunsch entsprechend angepasst werden muss.

In Abbildung 1.51 und Abbildung 1.52 sehen Sie, wie der Materialstamm für dieses Vorgehen angepasst wurde. (Der Menüpfad, um zur Materialstammpflege zu gelangen, ist in Abschnitt 1.4, »Der Materialstamm des konfigurierbaren Produktes«, beschrieben. Transaktion MM02 finden Sie unter **Material • Ändern • Sofort**.)

In Abbildung 1.51 sehen Sie, dass auf der Registerkarte **Werksdaten/Lagerung1** neben dem Eintrag »ST« für Stück im Feld **Basismengeneinheit** auch der Eintrag »CM« für cm im Feld **Ausgabemengeneinheit** vorgenommen wurde.

Wenn Sie auf den Button **Zusatzdaten** klicken, gelangen Sie zu der Darstellung aus Abbildung 1.52. Hier auf der Registerkarte **Mengeneinheiten** ist die Umrechnung »Zentimeter in Stück« eingetragen. Das heißt, die Rohre liegen in 1 Meter Länge auf Lager, können aber auch in Teilmengen ausgegeben werden, was in der Stückliste genutzt werden soll.

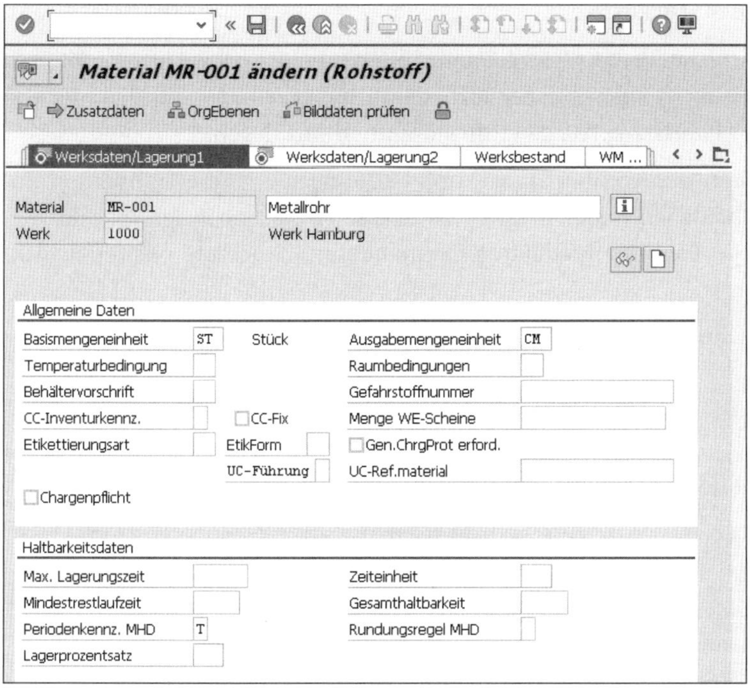

Abbildung 1.51 Materialstamm des Metallrohrs – Werksdaten (Transaktion MM02)

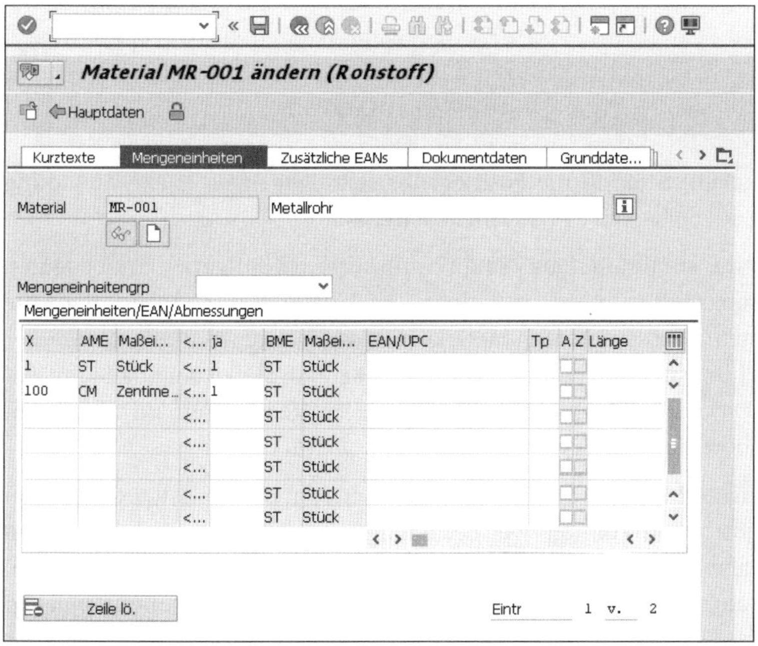

Abbildung 1.52 Materialstamm des Metallrohrs – Mengeneinheiten

1.7.1 Anlegen der Stückliste

Nach diesem Abstecher in den Materialstamm einer nun in der Stückliste benötigten Komponente beginnen Sie mit der Stücklistenpflege. Es ist eine Stückliste für das konfigurierbare Material MAT01, den Fahrradrahmen, anzulegen.

Materialstücklisten werden über Transaktion CS01 angelegt. Diese Transaktion finden Sie an verschiedenen Stellen im SAP-Menü. Wählen Sie eine in der Nähe der Materialstammpflege: **Logistik • Produktion • Stammdaten • Stückliste • Materialstückliste • Anlegen**.

Im Einstiegsbild sind die Felder **Material**, **Werk** und **Verwendung** auszufüllen (siehe Abbildung 1.53).

Abbildung 1.53 Anlegen Stückliste – Einstieg (Transaktion CS01)

Anschließend gelangen Sie in die **Positionsübersicht Allgemein** (siehe Abbildung 1.54). Sie landen auf der leeren Registerkarte **Material**.

Sie benötigen eine konfigurierbare Maximalstückliste. »Konfigurierbar« bedeutet, dass Sie Beziehungswissen zuordnen können. Das ist automatisch realisiert, da die Stückliste zu einem konfigurierbaren Materialstamm angelegt wurde. Dass Sie dieser Stückliste Beziehungswissen zuordnen können, erkennen Sie an der Spalte mit der Überschrift **Bz**. Diese Spalte fehlt in Stücklisten für nicht konfigurierbare Materialien (ebenfalls fehlt dort die Registerkarte **Klasse**).

»Maximalstückliste« bedeutet, dass alle eventuell benötigten Materialien aufgenommen werden müssen. Sie können über Beziehungswissen nicht benötigte Materialien entfernen, aber keine zusätzlich benötigten aufnehmen. Und alle Materialnummern, die hier aufgenommen werden sollen, müssen als Materialstamm angelegt sein.

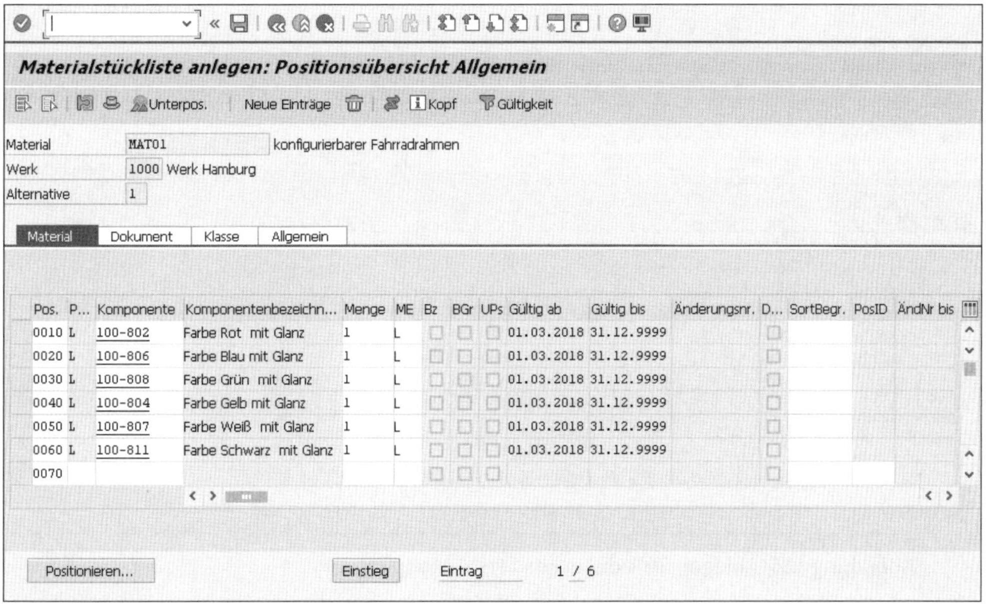

Abbildung 1.54 Anlegen Stückliste – die Farbpositionen

Im ersten Schritt beginnen Sie mit allen auswählbaren Farben. Pro Zeile der Positionsübersicht (siehe Abbildung 1.54) müssen Sie die zweite Spalte (**P...**), die dritte Spalte (**Komponente**) und die fünfte Spalte (**Menge**) ausfüllen. Der Rest wird automatisch vervollständigt.

Die zweite Spalte **P...** beinhaltet den *Positionstyp*. Dieser steuert auch, welche Felder gefüllt werden können oder müssen. In der Abbildung 1.54 wird der Positionstyp L genutzt. Dieser steht für Lagerposition. Das heißt, diese Komponente wird aus dem Lager bereitgestellt und benötigt deshalb eine Materialnummer (Spalte **Komponente**).

Für die Metallrohre hatten Sie im Materialstamm vorbereitet, dass neben Stück auch Zentimeter als Mengeneinheit genutzt werden kann. Auch in der Stücklistenpflege gibt es einen Unterschied zu den ersten Komponenten (siehe Abbildung 1.55). Als Positionstyp wird **R** für Rohmaßposition genutzt. Zusätzlich müssen Sie die Materialnummer in die Spalte **Komponente** eintragen.

Nach Bestätigung dieser beiden Eingaben mit [↵] springt das System in das Positionsdetailbild zu den **Rohteildaten** (siehe Abbildung 1.56).

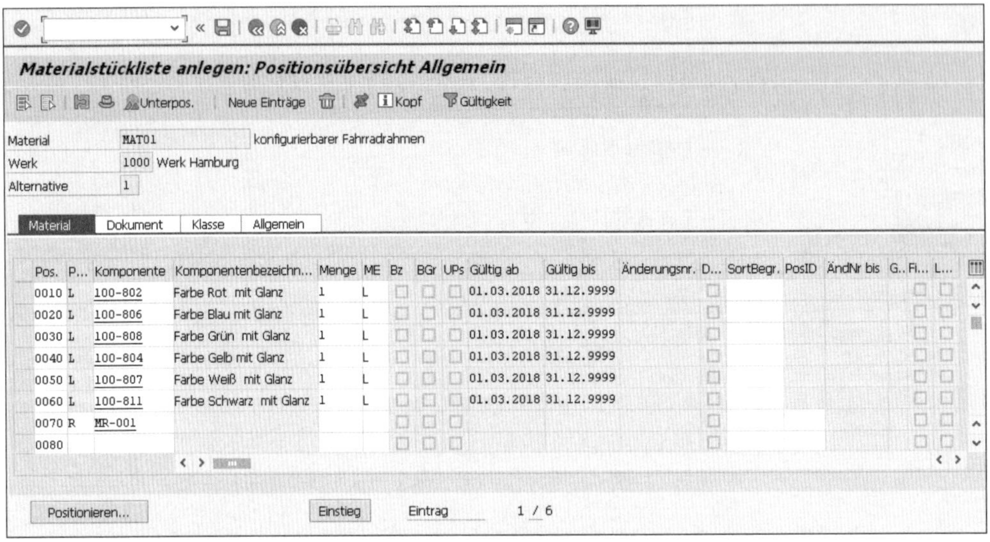

Abbildung 1.55 Anlegen Stückliste – das erste Metallrohr

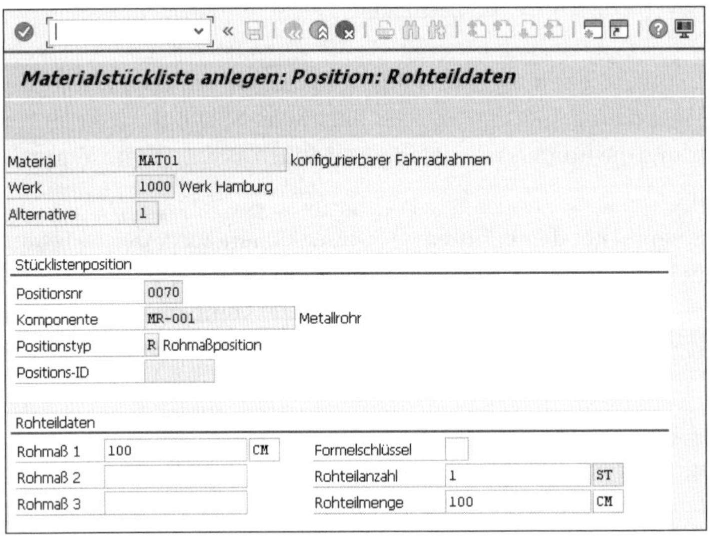

Abbildung 1.56 Anlegen Stückliste – Rohteildaten

Hier müssen Sie die Felder **Rohmaß 1** und **Rohteilanzahl** ausfüllen. Vom System wird vorgeschlagen, dass die Rohteilmenge dem Rohmaß 1 entspricht. Eigentlich ist unwichtig, welche Rohteilmaße und Rohteilmenge hier angegeben werden. Die konkreten Werte ergeben sich erst durch die Konfiguration und können über Beziehungswissen dann genau hier überschrieben werden.

Nachdem Sie die Rohteildaten bestätigt haben, springt das System in die Positionsübersicht ähnlich wie in Abbildung 1.55. Sie möchten jedoch noch eine kleine Änderung im Positionsdetailbild vornehmen. Sie wollen hier nämlich nicht mit der Bezeichnung »Metallrohr« aus dem Materialstamm arbeiten, sondern in der Stückliste genauer beschreiben, welche Bedeutung dieses Material im Fahrradrahmen hat.

Durch Doppelklick auf die Positionsnummer (hier »0070«) oder Klick auf den Button wechseln Sie zurück in das Positionsdetailbild. Wie in Abbildung 1.57 zu erkennen, können Sie auf der Registerkarte **Status/Langtext** im Feld **Zeile 1** statt der Bezeichnung des Materialstamms (»Metallrohr«) etwas beliebig anderes einfügen (»Sitzrohr«).

Abbildung 1.57 Anlegen Stückliste – Positionstext im Positionsdetailbild

Mit einem Klick auf den Button kommen Sie zurück in die Positionsübersicht und sehen hier in Position 70 das Ergebnis (siehe Abbildung 1.58). Das »Sitzrohr« im Fahrradrahmen ist das Rohr, an dem der Sattel mit seiner Stange montiert ist. Die Länge des Sitzrohrs entspricht genau der Rahmenhöhe.

Ein Fahrradrahmen besteht in unserem Beispiel aus den folgenden Rohren:

- Sitzrohr
- Oberrohr
- Steuerrohr
- Kettenstrebe
- Sattelstrebe

Sie haben das Modell vereinfacht, indem Sie alle Rohre aus demselben Metallrohr schneiden. Dadurch können Sie, wie in Abbildung 1.58 dargestellt, analog zu Position 70 weitere Positionen aufnehmen. Vergessen Sie abschließend nicht, die Stückliste zu speichern.

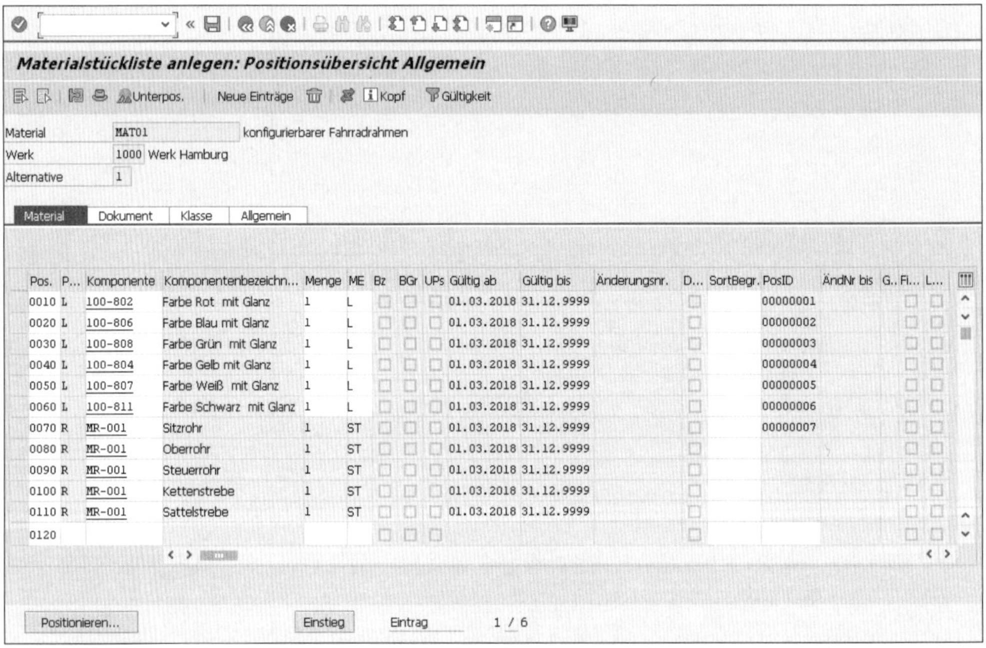

Abbildung 1.58 Anlegen Stückliste – vollständige Positionsübersicht

1.7.2 Anlegen des Arbeitsplans

Soweit zur konfigurierbaren Maximalstückliste – zunächst noch ohne Beziehungswissen. Nach der Stücklistenanlage wird nun der Arbeitsplan für die Fertigung angelegt. Für klassische Fertigungsaufträge werden meist sogenannte *Normalarbeitspläne* genutzt. Normalarbeitspläne werden über Transaktion CA01 angelegt. Diese Transaktion können Sie an verschiedenen Stellen im SAP-Menü finden. Sie wählen hier eine in der Nähe der Materialstamm- und Stücklistenpflege über folgenden Menüpfad: **Logistik • Produktion • Stammdaten • Arbeitspläne • Arbeitspläne • Normalarbeitspläne • Anlegen**.

Im **Einstiegsbild** (siehe Abbildung 1.59) müssen Sie die Felder **Material** und **Werk** ausfüllen. Nach Bestätigung durch [↵] gelangen Sie in das **Kopfdetail** des Arbeitsplans. Hier müssen Sie die Felder **Verwendung** und **Status Plan** ausfüllen. Die Einträge werden meist genutzt, wenn Sie den Plan gleich für die Kalkulation und Fertigung verwenden wollen. Sie hätten sich diese Werte auch über ein Profil mit Vorschlagswerten (siehe Abbildung 1.59, letzte Zeile) vorschlagen lassen können.

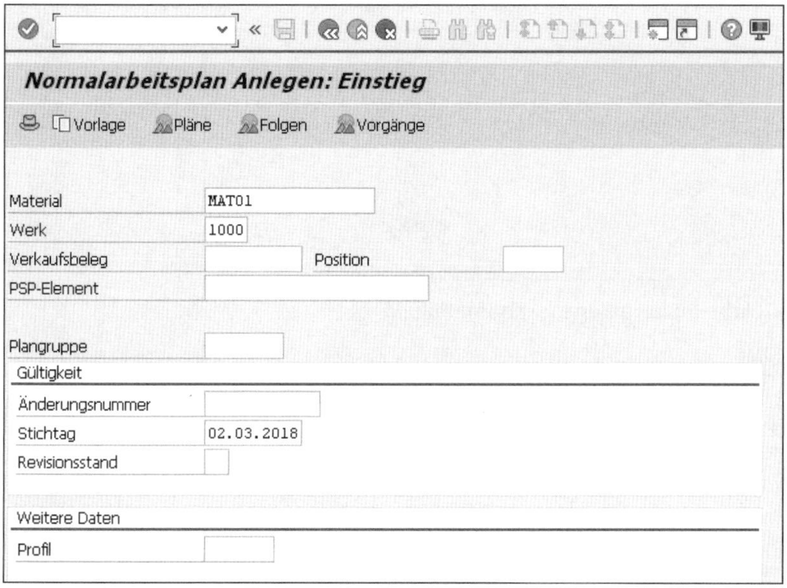

Abbildung 1.59 Arbeitsplan anlegen – Einstieg (Transaktion CA01)

Die Bezeichnung »konfigurierbarer Fahrradrahmen« und die Mengeneinheit »ST« kommen aus dem Materialstamm. Die **Losgröße bis** »99.999.999« **ST** ist ein genereller Vorschlagswert.

Per Klick auf den Button [Vorgänge] wechseln Sie in die Vorgangsübersicht. Um hier Vorgänge, also die notwendigen Arbeitsschritte, aufzunehmen, müssen geeignete Arbeitsplätze existieren.

Die drei in Abbildung 1.61 erkennbaren Vorgänge legen Sie an, indem Sie zunächst nur in die dritte Spalte **Arbeitsplatz** jeweils den passenden Arbeitsplatz eintragen und die Eingabe mit [↵] bestätigen. Dadurch liest das System eine Vielzahl von Vorschlagswerten aus dem Arbeitsplatz.

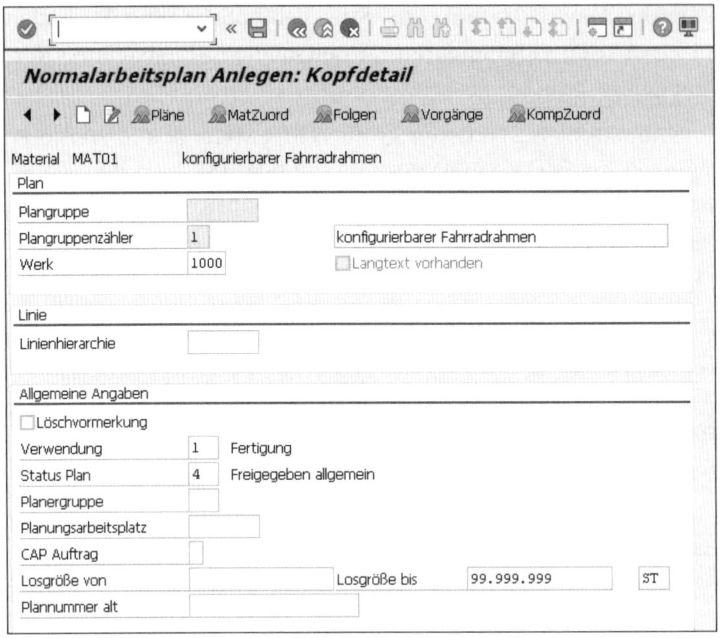

Abbildung 1.60 Arbeitsplan anlegen – Kopfdetailbild

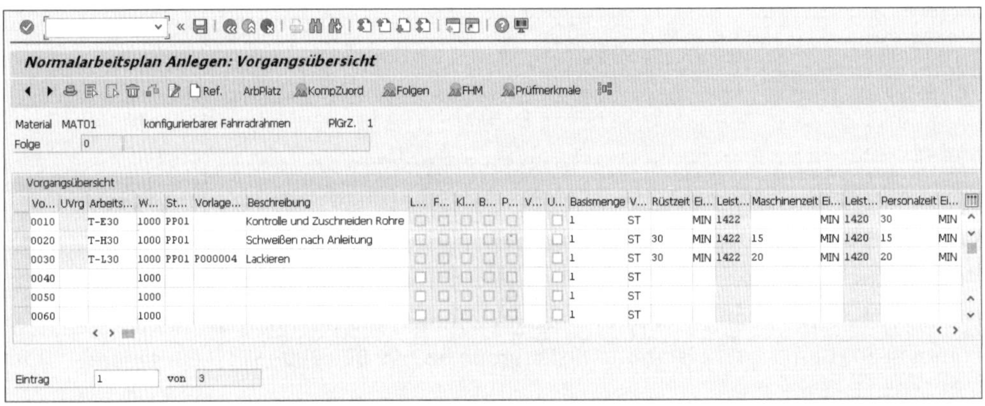

Abbildung 1.61 Arbeitsplan anlegen – Vorgangsübersicht

Sie können in der Vorgangsübersicht in den Feldern **Rüstzeit**, **Maschinenzeit** und **Personalzeit** die geplanten Zeiten eintragen. Sie können diese Zeitgrößen auch im Vorgangsdetailbild eintragen. Zum Vorgangsdetailbild gelangen Sie z. B. über Doppelklick auf die Vorgangsnummer oder über das Menü und den Pfad **Detail • Vorgangsdetail** (siehe Abbildung 1.62).

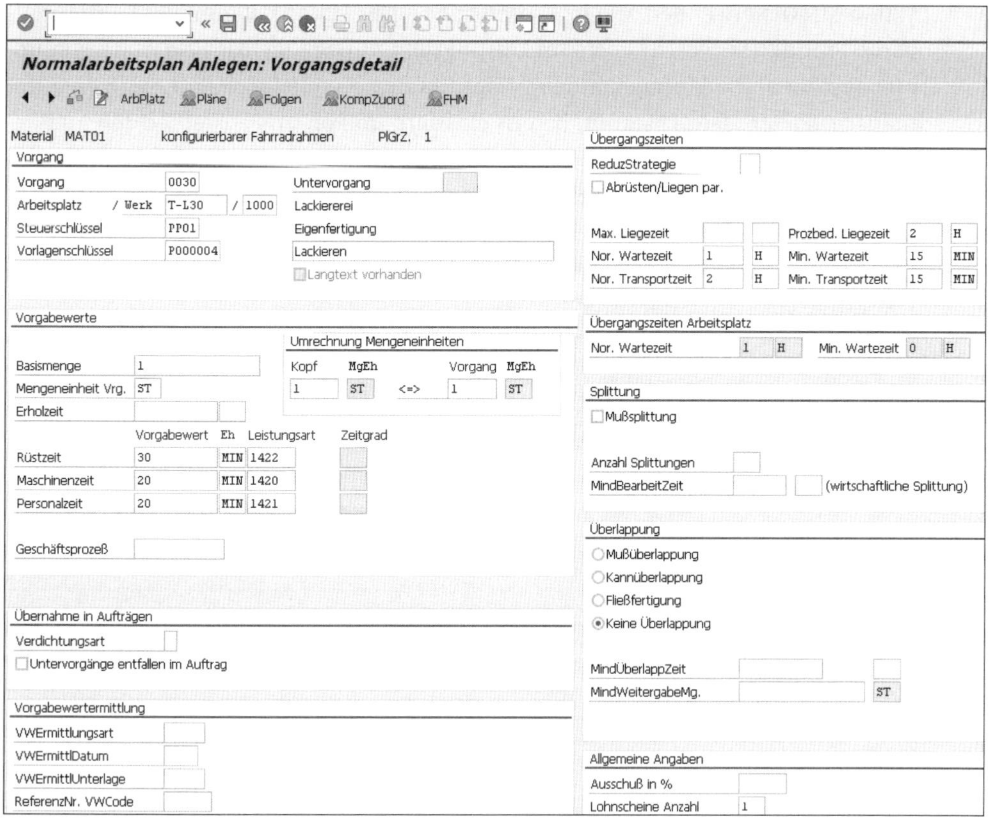

Abbildung 1.62 Arbeitsplan anlegen – Vorgangsdetailbild

Im Bildbaustein **Vorgabewerte** sehen Sie nochmals die Zeiten, die Sie bereits im Vorgangsübersichtsbild (siehe Abbildung 1.61) eingegeben haben. Hervorheben möchten wir noch die Zeiten im Bildbaustein **Übergangszeiten** oben rechts. Hier wurden als Beispiel 2 h im Feld **Prozbed. Liegezeit** (Prozessbedingte Liegezeit) für das Lackieren eingetragen – sowie Warte- und Transportzeiten in den entsprechenden Feldern darunter. All diese Zeiten können über Beziehungswissen abgeändert werden, falls dies abhängig von der Konfiguration ist (sprich: Die unterschiedlichen Lackfarben benötigen unterschiedliche Zeiten).

Soweit zum konfigurierbaren Maximalarbeitsplan – auch hier zunächst noch ohne Beziehungswissen.

1.7.3 Anlegen der Arbeitsvorbereitung im Materialstamm

Für die Fertigung benötigen Sie neben Stückliste und Arbeitsplan im Materialstamm zusätzlich die Registerkarte (sprich »Sicht«) *Arbeitsvorbereitung*. Um diese Sicht für den ja bereits existierenden Materialstamm anzulegen, müssen Sie erneut Transaktion MM01 verwenden, wie in Abschnitt 1.4, »Der Materialstamm des konfigurierbaren Produktes«, beschrieben. Im **Einstiegsbild** müssen Sie das Feld **Materialnummer** ausfüllen. Die Einträge in den Feldern **Branche** und **Materialart** erfolgen automatisch, da der Materialstamm bereits existiert. Im Pop-up-Fenster **Sichten** markieren Sie die Zeile **Arbeitsvorbereitung**. Im folgenden Fenster **Organisationsebenen** füllen Sie das Feld **Werk** aus. Sie gelangen in die Sicht Arbeitsvorbereitung, wie in Abbildung 1.63 gezeigt. Beachten Sie die Fußzeile mit den Hinweis »Das Material existiert bereits und wird erweitert«. In dieser Sicht gibt es keine Mussfelder.

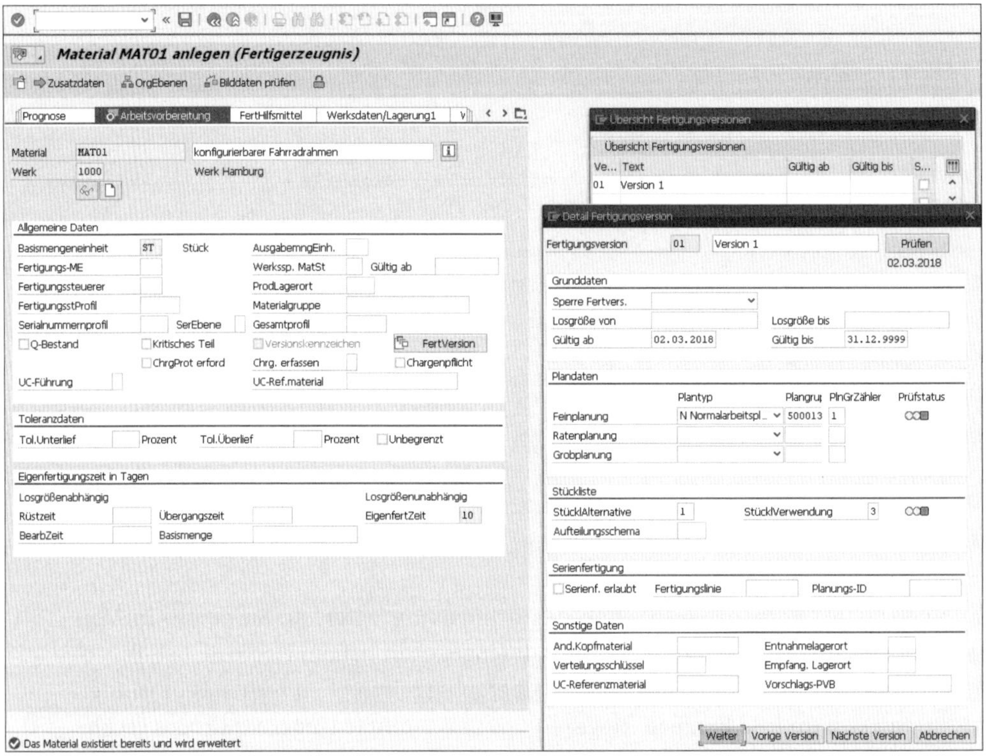

Abbildung 1.63 Materialstamm erweitern – Arbeitsvorbereitung und Fertigungsversionen

1.7.4 Fertigungsversionen

Wir empfehlen Ihnen, mit *Fertigungsversionen* zu arbeiten – unter SAP S/4HANA ist dies ohnehin Pflicht für die Fertigung. Eine Fertigungsversion beinhaltet eine Kombination aus Stückliste und Arbeitsplan. Um eine solche Fertigungsversion anzulegen, nutzen Sie in der Registerkarte **Arbeitsvorbereitung** den Button **FertVersion**. Es erscheint ein Pop-up-Fenster **Übersicht Fertigungsversionen**. Tragen Sie hier in die erste Zeile einen Namen und eine Bezeichnung für eine erste Fertigungsversion ein. Springen Sie z. B. per Doppelklick in das Detailbild.

Falls Sie nichts in die Felder **Gültig ab** und **Gültig bis** eintragen, nimmt das System als Vorschlag für Gültig ab das aktuelle Tagesdatum und für Gültig bis das Maximaldatum 31.12.9999 (über ein entsprechendes Warnungs-Pop-up-Fenster wird darauf hingewiesen).

Es erscheint das Detailfenster zur Fertigungsversion. Geben Sie im Bildbaustein **Plandaten** in der Zeile **Feinplanung** den oben angelegten Arbeitsplan an, indem Sie die Felder **Plantyp**, **Plangruppe** und **PlnGrZähler** (Plangruppenzähler) ausfüllen. Analog geben Sie im Bildbaustein **Stückliste** die oben angelegte Stückliste an, indem Sie einen Eintrag in den Feldern **StücklAlternative** (Stücklisten-Alternative) und **Stückl-Verwendung** (Stücklisten-Verwendung) vornehmen. Nutzen Sie für beide (Arbeitsplan und Stückliste) die [F4]-Hilfe.

1.8 Beziehungswissen für Stücklisten- und Arbeitsplanauflösung

Abschließend ist das noch fehlende Beziehungswissen für »das Erhalten« anzulegen. Dafür nutzen Sie wieder die PMEVC. Alle Elemente in Stückliste und Arbeitsplan, die nicht immer für die Fertigung benötigt werden, müssen mit sogenannten *Auswahlbedingungen* versehen werden. In der Syntax der Auswahlbedingung steht die Bedingung, unter der das Element benötigt wird.

Das Verhalten soll folgendermaßen definiert werden:

- Keine Auswahlbedingung an einem Element (meist die Komponenten in der Stückliste und die Vorgänge im Arbeitsplan) heißt, dieses Element wird generell in den Fertigungsauftrag übernommen.
- Ein Element mit Auswahlbedingung, dessen Bedingung erfüllt ist, verhält sich genauso – dieses Element wird in den Fertigungsauftrag übernommen.
- Ein Element mit Auswahlbedingung, dessen Bedingung *nicht* erfüllt ist, fliegt heraus – dieses Element wird *nicht* in den Fertigungsauftrag übernommen.

Alle drei Vorgänge aus dem Arbeitsplan werden immer benötigt. Das heißt, hier brauchen Sie keine Auswahlbedingungen. Anders sieht das in der Stückliste aus. Sie benötigen nicht alle sechs Farben im Fertigungsauftrag, also brauchen Sie Auswahlbedingen bei den Farbkomponenten in der Stückliste. Sie müssen den Wunsch (z. B. Kunde wünscht die rote Farbe) mit dem Erhalten (z. B. Fertigungsauftrag benötigt die Komponente »100-802«) verknüpfen. Wenn der Zusammenhang so einfach wie hier ist, können Sie das per Drag & Drop in der PMEVC realisieren.

[!]

Stückliste und Arbeitsplan in PMEVC

Um in der PMEVC auch Stückliste und Arbeitsplan zu sehen, müssen Sie beim Einstieg die Felder **Werk** und **Stücklistenanwendung** ausfüllen.

Sie müssen in der PMEVC zum »Wunsch« gelangen. Wie ist das gemeint? Der »Wunsch« ist die rote Farbe, die über den Merkmalwert »rot« des Farbmerkmals in der Variantenklasse ausgewählt wurde.

Wie in Abbildung 1.64 ersichtlich, finden Sie durch entsprechendes Aufklappen links in der Baumstruktur unter Material **MAT01** unter Klasse **300 CL01** unter dem Merkmal **CHAR002 Farbe** den gesuchten Wert **R rot**.

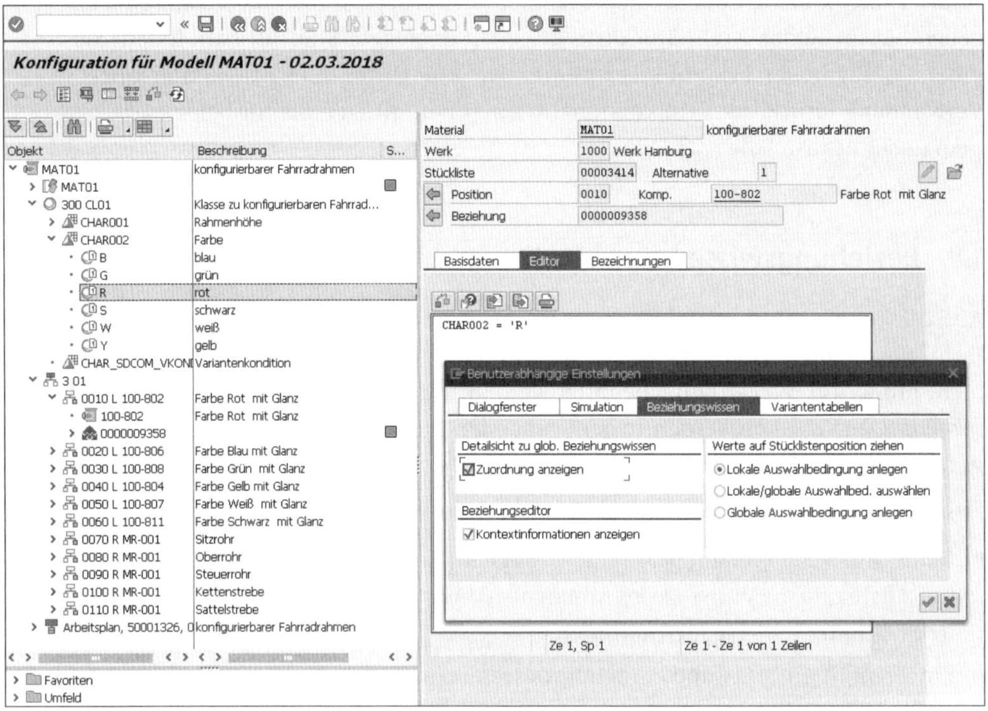

Abbildung 1.64 Auswahlbedingungen per Drag & Drop (Transaktion PMEVC)

Diesen Wert [R rot] ziehen Sie mit der Maus auf die Stücklistenposition [0010 L 100-802]. Beim Fallenlassen wird automatisch das gewünschte Beziehungswissen angelegt. Links in der Baumstruktur ist jetzt das Beziehungswissen [0000009358] mit dem numerischen Namen dazugekommen. An dem Namen erkennen Sie, dass es sich um sogenanntes *lokales Beziehungswissen* handelt. Auf der rechten Seite erkennen Sie die Details. Auf der Registerkarte **Editor** sehen Sie die Syntax: `CHAR002 = 'R'`.

Das heißt: »Merkmal = Wert«. Es müssen generell die Namen (von Merkmal und Wert) und nicht die Bezeichnungen in der Syntax genutzt werden. Der Merkmalwert bei Zeichenketten-Merkmalen muss in Hochkommata gesetzt werden.

Sie können einstellen, ob per Drag & Drop generell lokales Beziehungswissen angelegt werden soll. Hierfür rufen Sie in der PMEVC über den Pfad **Zusätze • Einstellun-**

gen das Pop-up-Fenster **Benutzerabhängige Einstellungen** auf (siehe Abbildung 1.64). Auf der Registerkarte **Beziehungswissen** können Sie dies auf der rechten Seite einstellen.

Sie können nun analog für alle weiteren Stücklistenpositionen für Farben entsprechende Auswahlbedingungen zuordnen. Im Anschluss wenden Sie sich den Stücklistenpositionen mit den Rohren zu. Hier darf kein Rohr wegfallen. Dann würde der Fahrradrahmen instabil und zusammenbrechen. Das wollen Sie nicht. Also brauchen Sie hier keine Auswahlbedingungen.

Aber auch hier ist Beziehungswissen notwendig – nicht um die Positionen zu entfernen, sondern um sie zu ändern. In der Stücklistenpflege wurden alle diese Positionen als Rohmaßposition mit einer Rohteilmenge = Rohmaß 1 von 100 cm angelegt. Die tatsächlich benötigten Rohteilmengen und Rohmaße hängen jedoch von der gewünschten Rahmenhöhe ab. Solche Änderungen kann man über *Prozeduren* vornehmen.

Wechseln Sie hierzu in der PMEVC zu der entsprechenden Stücklistenposition – im Beispiel in der Abbildung 1.65 auf die Stücklistenposition 0070. Hier gelangen Sie per Klick auf die rechte Maustaste in das Kontextmenü und folgen dem Pfad **Beziehung anlegen • Global (wiederverwendbar)...** Es erscheint (falls Sie noch nicht im Änderungsmodus für die Stückliste sind) ein Pop-up-Fenster **Stückliste öffnen** – hier klicken Sie auf **Weiter**. Es erscheint ein Pop-up-Fenster **Neue Beziehung an Stücklistenposition anlegen**.

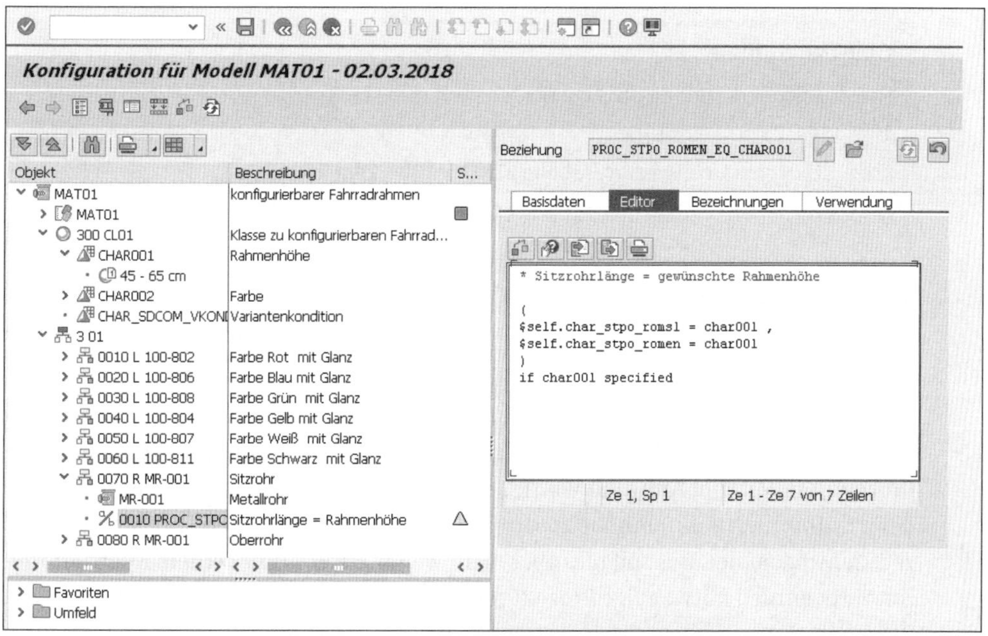

Abbildung 1.65 Prozeduren an Rohmaßpositionen (Transaktion PMEVC)

Hier müssen Sie der *globalen Beziehung* über das entsprechende Feld **Beziehung** einen nicht numerischen Namen geben – in unserem Beispiel in Abbildung 1.65 »PROC_STPO_ROMEN_EQ_CHAR001«. Weiterhin müssen Sie darauf achten, dass Sie die Beziehungsart auf **Prozedur** ändern.

Nach Bestätigung dieser Eingaben gelangen Sie auf der rechten Seite in das Detailbild der neuen Beziehung – hier auf die Registerkarte **Basisdaten**. Geben Sie nun eine Bezeichnung ein – »Sitzrohrlänge = Rahmenhöhe«. Wechseln Sie dann auf die Registerkarte **Editor**, und geben Sie die gewünschte Syntax ein – in unserem Beispiel:

```
* Sitzrohrlänge = gewünschte Rahmenhöhe
(
$self.char_stpo_roms1 = char001 ,
$self.char_stpo_romen = char001
)
IF char001 SPECIFIED
```

Listing 1.2 Syntax der Prozedur für die Rohmaßposition

Wie ist diese Syntax zu interpretieren? Die erste Zeile ist nur Kommentar. `char001` ist das Merkmal, über das der Kunde sich eine Rahmenhöhe gewünscht hat. Falls dies eingegeben wurde (`IF char001 SPECIFIED`), wird der Wert in die Merkmale `char_stpo_roms1` und `char_stpo_romen` übernommen.

[!]

Objektmerkmale

Hier ist nicht erkennbar, dass die beiden Merkmale `char_stpo_roms1` und `char_stpo_romen` vorab als Objektmerkmale angelegt wurden.

`char_stpo_roms1` verweist in Tabelle STPO auf das Feld ROMS1.

`char_stpo_romen` verweist in Tabelle STPO auf das Feld ROMEN.

Mit der Prozedur werden jeweils die 100 cm aus der Stücklistenpflege durch die gewünschten Maße ersetzt. Das Sitzrohr hat genau die Länge der gewünschten Rahmenhöhe.

Vergessen Sie abschließend nicht, das Beziehungswissen freizugeben und zu speichern. Die anderen Stücklistenpositionen mit den Rohren benötigen ebenfalls solche Prozeduren. Mit viel Aufwand wurde recherchiert, wie die Längen dieser Rohre mit der gewünschten Rahmenhöhe zusammenhängen, und dies in entsprechenden Prozeduren abgebildet. Das soll hier aber nicht weiter ausgeführt werden. Auch ignorieren Sie eventuell notwendige Prozeduren im Arbeitsplan, um Zeitangaben dem Kundenwunsch entsprechend abzuändern.

Was noch fehlt, ist das Testen des soeben angelegten Beziehungswissens. Dies können Sie ebenfalls in der PMEVC durch die dortige Simulation durchführen. Dazu gelangen Sie mit einem Klick auf den Button in die Simulation. Geben Sie als Kundenwunsch »60 cm« und »weiß« ein, Sie erhalten dann ein Ergebnis, wie in Abbildung 1.66 gezeigt.

Klicken Sie auf den Button , um in das Ergebnisbild zu wechseln, das Sie in Abbildung 1.66 sehen. Das Pop-up-Fenster **Information** erscheint, wenn Sie die gewünschte Position markieren und auf den i-Button klicken. Das Pop-up-Fenster zeigt Ihnen, dass die beiden Felder wunschgemäß von 100 auf 60 geändert wurden. Mit einem Klick auf den Button können Sie die Auflösung des Arbeitsplans kontrollieren. Da dem Arbeitsplan kein Beziehungswissen zugeordnet wurde, können Sie an dieser Stelle darauf verzichten.

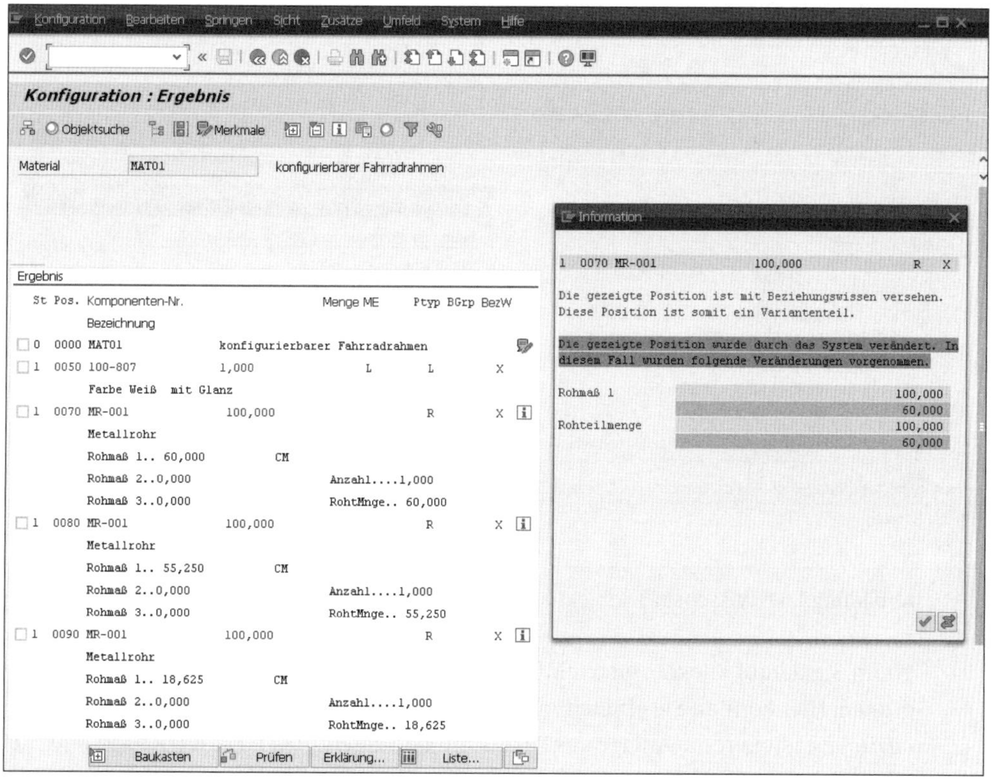

Abbildung 1.66 Simulation der Stücklistenauflösung (Transaktion PMEVC)

Herzlichen Glückwunsch! Sie haben nun ein erstes vollständiges Modell in der Variantenkonfiguration angelegt.

1.9 Bereitstellen des Modells für externe SAP-Anwendungen

Sie können das Modell nicht nur innerhalb von SAP ERP nutzen, sondern auch in externen SAP-Anwendungen wie z. B. SAP Configure, Price, and Quote (SAP CPQ), SAP Internet Pricing and Configurator (SAP IPC), SAP Customer Relationship Management (SAP CRM) und anderen.

Hierfür müssen Sie gleichsam alles zusammenpacken, was das Modell ausmacht, und als Paket diesen anderen SAP-Anwendungen zur Verfügung stellen. Am einfachsten lässt sich das wieder mit der PMEVC bewerkstelligen.

Wie in Abbildung 1.67 dargestellt, wurde das Material »MAT01« in die PMEVC geladen. Führen Sie den Cursor nun auf das Icon der Materialnummer, und rufen Sie mit Betätigen der rechten Maustaste das Kontextmenü auf. Sie finden hier dann die Option **WB Objekte anlegen oder zuordnen...**

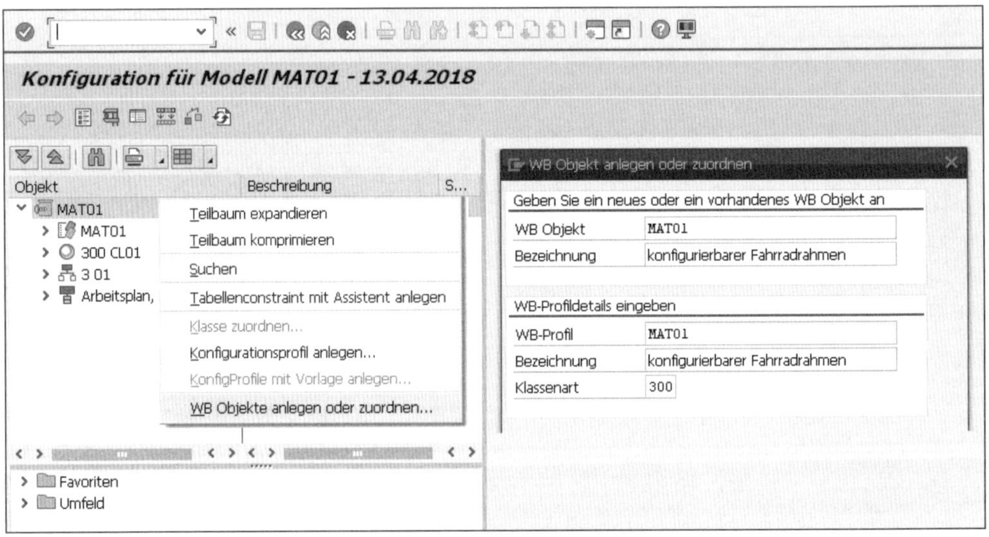

Abbildung 1.67 Wissensbasisobjekt anlegen (Transaktion PMEVC)

Wenn Sie darauf klicken, erscheint ein Pop-up-Fenster **WB Objekt anlegen oder zuordnen**. Hier können Sie einfach mit den Voreinstellungen arbeiten. Dieses *Wissensbasisobjekt* steuert die Anlage des Pakets mit den eigentlichen Daten des Modells. Als Ergebnis sehen Sie links im Objektbaum zusätzlich die Zeile MAT01 (siehe Abbildung 1.68). Speichern Sie das WB Objekt.

Im nächsten Schritt legen Sie das Paket mit den eigentlichen Daten des Modells an. Dies nennt sich *Laufzeitversion*. Eine Laufzeitversion legen Sie an, indem Sie im Objektbaum mit der rechten Maustaste auf das WB Objekt »MAT01« klicken und im

Kontextmenü die Auswahl **Laufzeitversion anlegen...** treffen. Ein Pop-up-Fenster öffnet sich, in dem Sie der Laufzeitversion einen Versionsnamen geben. Tragen Sie wie hier z. B. »01« in das Feld **Version** ein. Nach Bestätigung dieses Pop-up-Fensters gelangen Sie in das Detailbild mit der Registerkarte **Grunddaten** (siehe Abbildung 1.69).

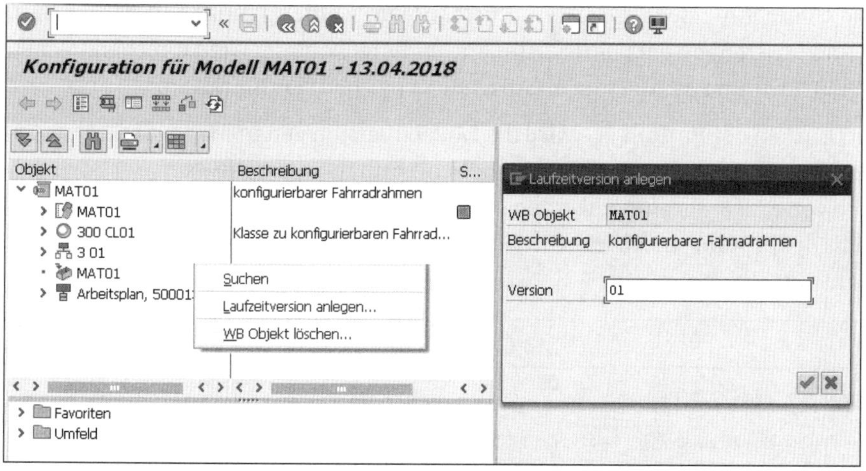

Abbildung 1.68 Laufzeitversion anlegen (Transaktion PMEVC)

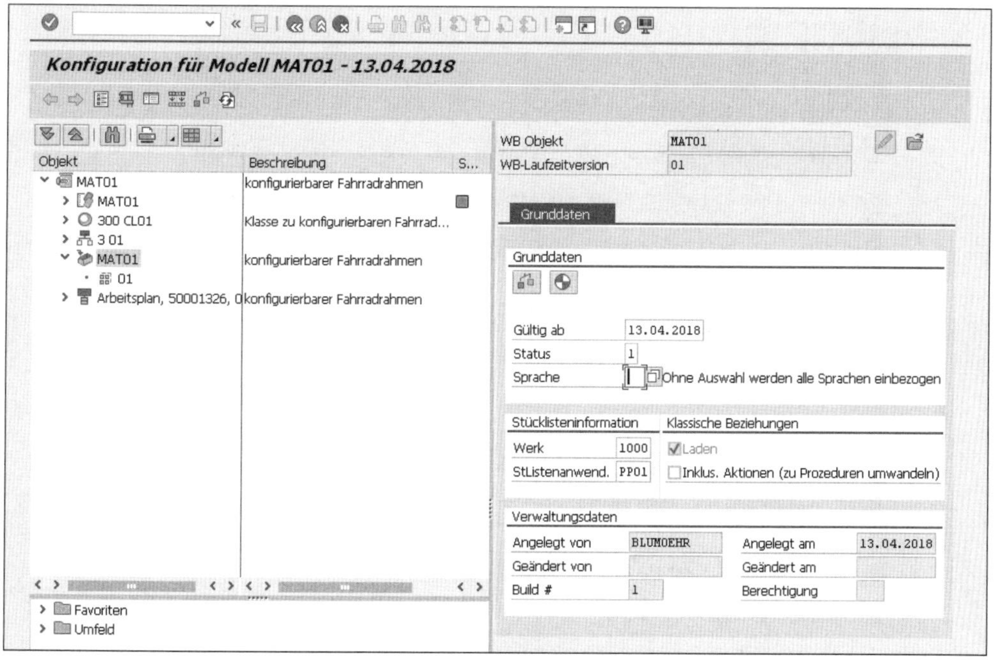

Abbildung 1.69 Laufzeitversion anlegen – Grunddaten

Hier ist im Feld **Status** ein Status der Laufzeitversion anzugeben – hier im Beispiel »1«. Sie können die Bezeichnungen, die in die Laufzeitversion übernommen werden sollen, auf eine Sprache einschränken. Das wurde im Beispiel allerdings nicht gemacht.

Für die Übernahme der Stücklisteninformationen werden Einträge in den Feldern **Werk** und **StListenanwend.** (Stücklistenanwendung) benötigt – entsprechend geben Sie hier »1000« und »PP01« ein. Im Anschluss speichern Sie die Daten.

Durch Drücken des Buttons wird die Laufzeitversion generiert. Bevor Sie das tun, können Sie zunächst das Modell dahingehend prüfen, inwieweit es in der Form außerhalb von SAP ERP genutzt werden kann. Klicken Sie dazu auf den Button . Als Ergebnis der Prüfung erscheint eine Liste, wie sie in Abbildung 1.70 gezeigt wird. Das sieht gut aus, alles grün.

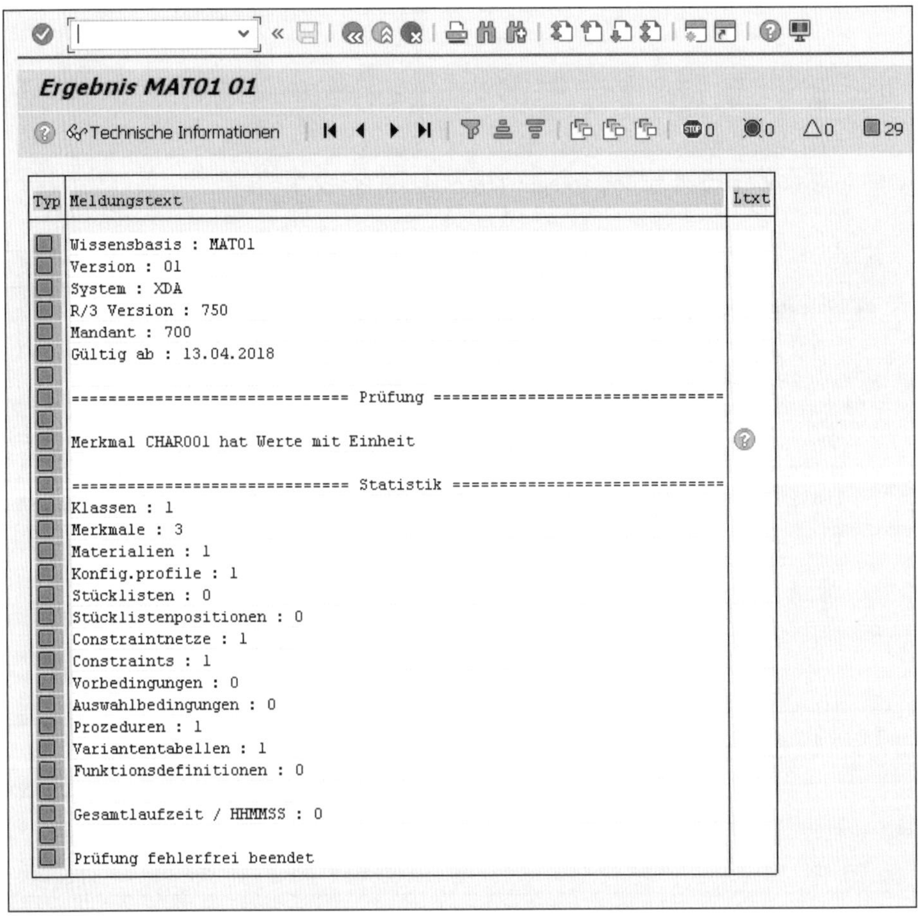

Abbildung 1.70 Laufzeitversion anlegen – Prüfergebnis (Transaktion PMEVC)

Hinter der Zeile **Merkmal CHAR001 hat Werte mit Einheit** steht ein gelbes Fragezeichen. Das bedeutet, dass dort noch Langtext existiert, den Sie sich durch Doppelklick auf das Fragezeichen anzeigen lassen können. Das ist aber nichts Kritisches. Sie haben hier ein Merkmal mit der Maßeinheit Zentimeter. Außerhalb von SAP ERP können Sie in dem Merkmal nur mit Zentimetern arbeiten – innerhalb sind auch andere Längenmaßeinheiten möglich wie Millimeter oder Meter.

Geschafft, jetzt können Sie auch in externen SAP-Anwendungen mit diesem Modell arbeiten.

Kapitel 2
Der konfigurierbare Materialstamm

Im ersten Kapitel haben Sie ein erstes komplettes Beispiel für die Variantenkonfiguration angelegt. Ab diesem Kapitel gehen wir detaillierter auf die einzelnen Punkte ein. Wir beginnen im Folgenden mit dem konfigurierbaren Materialstamm.

Für die Pflege konfigurierbarer Materialstämme gibt es keine speziellen Transaktionen, vielmehr können Sie alle Pflegetransaktionen für normale Materialstämme nutzen. Eigentlich sehen die konfigurierbaren und die nicht konfigurierbaren Materialstämme im System fast identisch aus. In der Regel unterscheiden sie sich nur durch das kleine unscheinbare Flag **Material ist konfigurierbar** auf der Registerkarte **Grunddaten 2** (siehe Abbildung 2.1).

Abbildung 2.1 zeigt die Anlage eines Materialstamms mit der Materialart KMAT (= konfigurierbares Material). Woran können Sie das erkennen? Zum einen steht in der Kopfzeile die Bezeichnung des Materials. Wenn Sie auf den Info-Button [i] klicken, öffnen Sie zum anderen ein Pop-up-Fenster, in dem auch der technische Name der Materialart steht.

Sie können konfigurierbare Materialstämme mit der Materialart KMAT oder im Standard auch mit jeder anderen Materialart anlegen. Die Materialstämme haben nahezu das gleiche Aussehen und Verhalten, unabhängig von der Materialart.

Zum Aussehen. Man muss in Abbildung 2.1 schon ganz genau hinschauen, um zu erkennen, dass das Flag **Material ist konfigurierbar** gesetzt und das Feld ausgegraut ist. Das ist ein Unterschied zu Abbildung 18 in Kapitel 1, »Ein erstes konfigurierbares Material anlegen«. Für die Materialart KMAT wurde im Customizing eingestellt, dass das Flag hier gesetzt und das Feld ausgegraut ist.

In Kapitel 1, »Ein erstes konfigurierbares Material anlegen«, haben wir das konfigurierbare Material mit der Materialart Fertigerzeugnis im Unterschied zu Abbildung 2.1 hier angelegt. Für die Materialart FERT (Fertigerzeugnis) ist im Customizing eingestellt, dass das Flag zunächst nicht gesetzt und das Feld nicht ausgegraut ist, sodass das Flag manuell gesetzt werden kann.

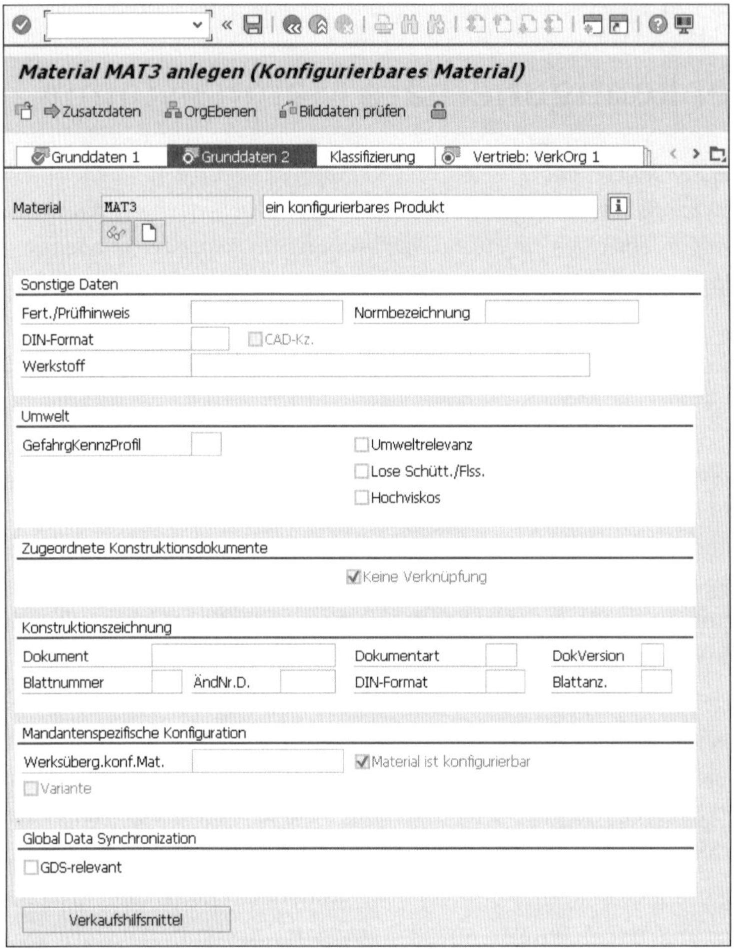

Abbildung 2.1 »Material ist konfigurierbar« auf der Registerkarte Grunddaten 2 (Transaktion MM01)

Das **Customizing** dieser Materialarten finden Sie über Transaktion SPRO oder den Menüpfad **Werkzeuge • Customizing • IMG • Projektbearbeitung**. Da Sie hier ohne spezielles Projekt arbeiten, starten Sie den **SAP Referenz-Implementation Guide** (IMG)) per Klick auf den gleichnamigen Button. Im IMG (Einführungsleitfaden) folgen Sie dem Menüpfad **Logistik Allgemein • Materialstamm • Grundeinstellungen • Materialarten • Eigenschaften der Materialarten festlegen**. Sie finden dadurch Transaktion OMS2, über die Sie schließlich zum Customizing der Materialarten gelangen.

Die Spalte **Zusatzinformationen** erreichen Sie über den Menüpfad **Zusatzinformation • Zusatzinformationen • Schlüssel anzeigen • Attribute**. Über die letzten Stellen kann eventuell der Transaktionscode ermittelt werden (siehe Abbildung 2.2).

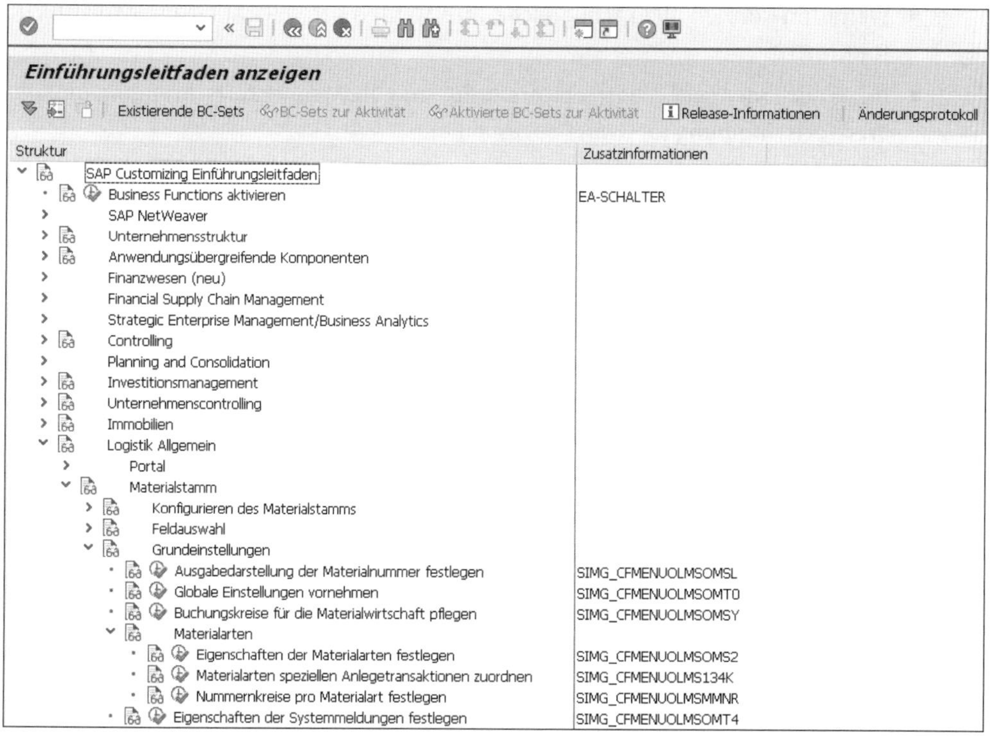

Abbildung 2.2 Das Materialstamm-Customizing (Transaktion SPRO)

In der Sicht **»Materialarten« ändern: Detail** können Sie die einzelnen Materialarten per Doppelklick oder über einen Klick auf den Button  aufrufen. In Abbildung 2.3 sehen Sie eine Gegenüberstellung des Customizings der beiden Materialarten FERT und KMAT. Folgende Gemeinsamkeiten und Unterschiede fallen dabei auf:

- Es wird mit unterschiedlichen Feldreferenzen gearbeitet. Bei KMAT sind einige Felder ausgeblendet.
- Es wird mit der gleichen Bildreferenz gearbeitet. Das heißt, die Registerkarten haben das gleiche Erscheinungsbild.
- Es wird mit einem unterschiedlichen Vorschlagswert im Feld **Positionstypengruppe** gearbeitet (NORM bzw. 0002).
- Bei KMAT ist das Flag **Material ist konfigurierbar** gesetzt. Damit ist das Flag im entsprechenden Materialstamm generell gesetzt und das Feld ausgegraut.
- Das Customizing erlaubt keinen Einkauf von KMAT. Das erkennen Sie an dem Eintrag »0« im Feld **Ext. Bestellungen** und daran, dass der **Fachbereich Einkauf** nicht markiert ist.

- Weiterhin können alle **Fachbereiche** ihre Sichten für FERT anlegen, jedoch nicht für KMAT.
- Im Bereich **Mengen-/Wertfortschreibung** sind die **Mengenfortschreibung** und die **Wertfortschreibung** für KMAT abgeschaltet.

Beachten Sie, dass sich alle Materialarten individuell anpassen lassen. Die hier aufgeführten Einstellungen stellen nur ein mögliches Beispiel dar.

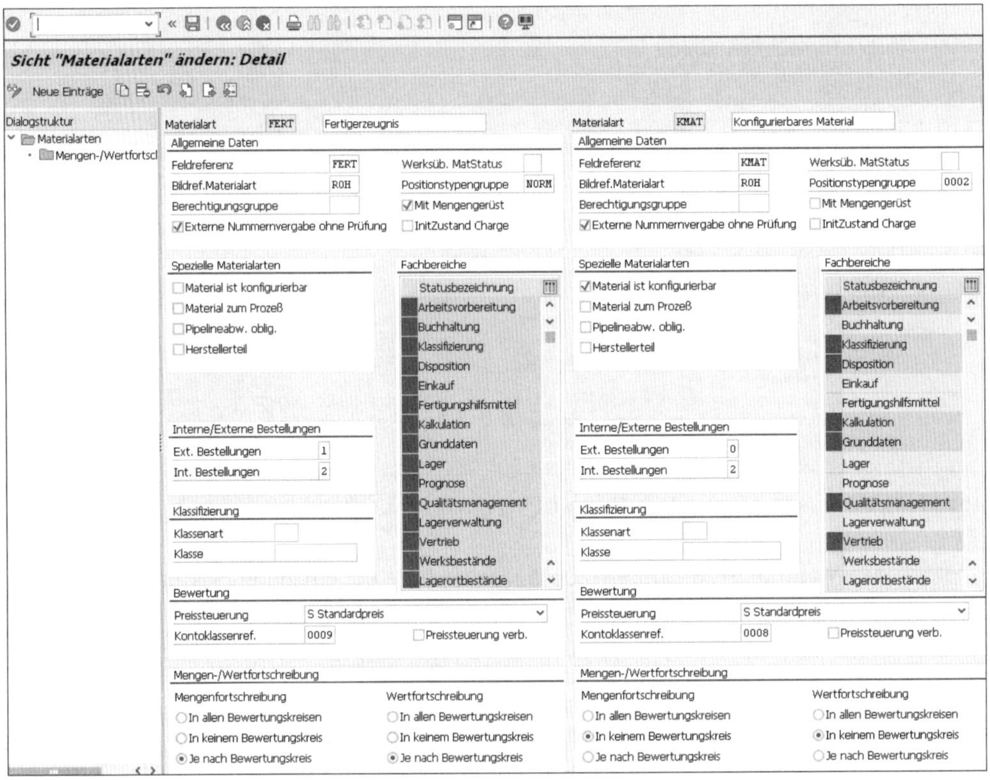

Abbildung 2.3 Das Materialarten-Customizing im Detail

Im Standard kann ein KMAT nur mit dem Positionstyp »N« in Stücklisten aufgenommen werden und hat (wie hier erkennbar) keine wertmäßige Bestandsführung. Materialarten können auch neu angelegt werden.

2.1 Anlegen konfigurierbarer Materialstämme

Materialstämme lassen sich mithilfe verschiedener Transaktionen anlegen. Dabei spielt es zunächst keine Rolle, ob Sie ein konfigurierbares oder ein nicht konfigurierbares Material anlegen wollen. Üblicherweise wird der Materialstamm über Transaktion MM01 angelegt. Sie finden diese Transaktion im SAP-Menü auf verschiedenen Pfaden, z. B. unter **Produktion • Stammdaten • Materialstamm • Material • Anlegen allgemein • Sofort**. Sie gelangen dadurch zu einem Einstiegsbild mit den Feldern **Material**, **Branche**, **Materialart**, **Änderungsnummer** und **Vorlage Material** (siehe Abbildung 2.4).

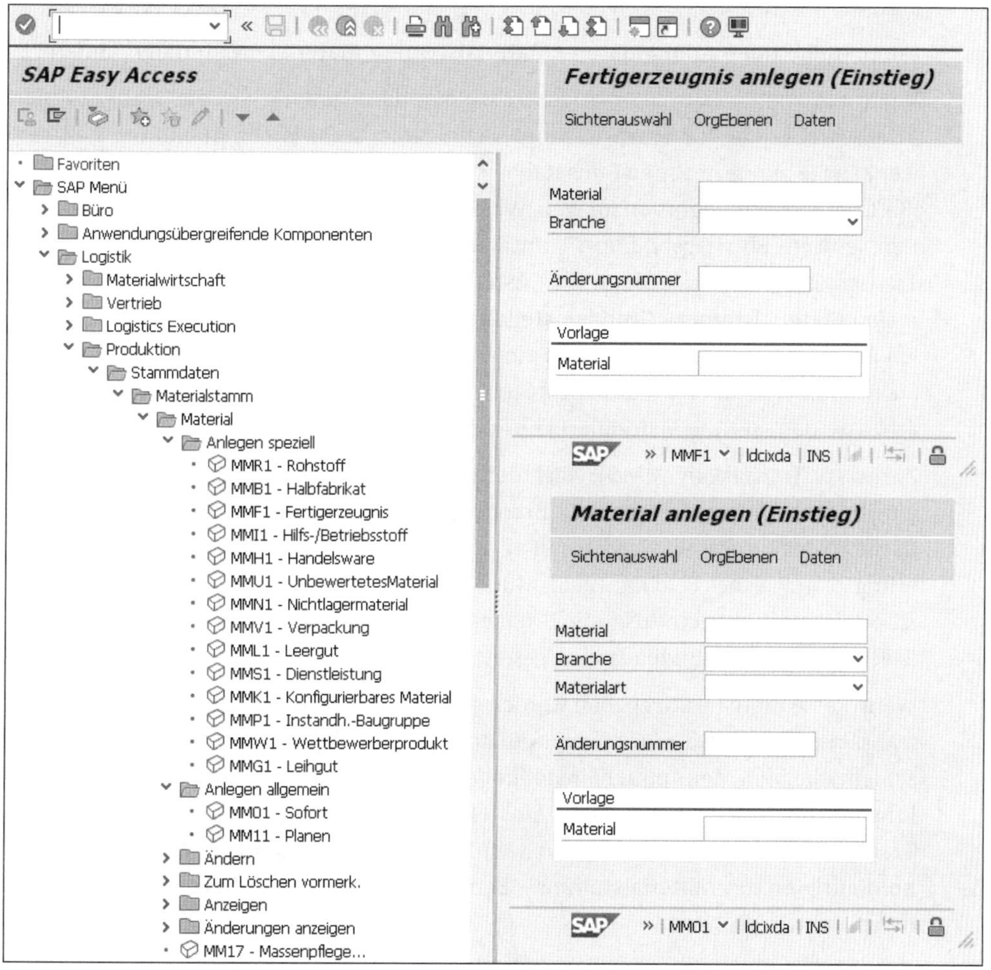

Abbildung 2.4 Materialstamm anlegen (Transaktionen MM01 und MMF1)

Ein mit Transaktion MM01 angelegter Materialstamm ist sofort aktiv (eventuell in seiner Nutzbarkeit eingeschränkt). Man kann ihn sogar mit einem Änderungsdienst anlegen. Dann darf aber das Datum aus der Änderungsnummer nicht in der Zukunft liegen.

Möchten Sie einen Materialstamm so anlegen, dass er erst in der Zukunft aktiv wird, dann verwenden Sie Transaktion MM11. Das gilt auch, falls Sie mit einer Änderungsnummer den Materialstamm anlegen wollen, dessen Datum in der Zukunft liegt. Hierzu nutzen Sie das Feld **Änderung geplant zum**.

Kommen wir noch einmal zurück auf das Einstiegsbild aus Abbildung 2.4. Hier erfordern die Felder **Branche** und **Materialart** Pflichteingaben. Jeder Materialstamm benötigt bereits bei der Anlage des Materialstamms eine Materialart. Sie kann später noch geändert werden, und zwar mithilfe von Transaktion MMAM im SAP-Menü unter **Produktion • Stammdaten • Materialstamm • Material • Materialart ändern**.

Wenn Sie keine Materialart angeben wollen, dann nutzen Sie die Transaktionen MM#1, wobei »#« für einen weiteren Buchstaben steht (siehe Abbildung 2.4). Verwenden Sie hierbei z. B. den Buchstaben »F«, um Materialstämme mit der Materialart FERT für Fertigerzeugnis anzulegen. Wie Sie in Abbildung 2.4 rechts oben sehen können, fehlt im Einstiegsbild von Transaktion MMF1 das Feld für die Materialart. Die Transaktionen MM#1 werden im Customizing über den Menüpfad **Logistik Allgemein • Materialstamm • Grundeinstellungen • Materialarten • Materialarten speziellen Anlegetransaktionen zuordnen** eingerichtet. In dem Customizing-Schritt ordnen Sie einem Buchstaben für die dritte Stelle in den Transaktionen MM#1 eine Materialart zu, so dem »F« die Materialart FERT oder dem »K« die Materialart KMAT.

Zurück zu Transaktion MM01. Nach der Eingabe einer Materialart müssen Sie noch eine Branche festlegen. Über die Branche können Sie steuern, wie branchenspezifische Felder dargestellt werden sollen. Konkret beeinflusst die Branche die Feldsteuerung, d. h., welches Feld Kannfeld, Mussfeld, ausgegrautes oder ausgeblendetes Feld ist etc. Weiterhin beeinflusst die Branche, mit welcher Bildsequenz gearbeitet wird, welche Sichten und Bildbausteine genutzt werden.

Wenn keine Branche angegeben werden soll, können Sie im Einstiegsbild der Anlegetransaktionen des Materialstamms die Branche vorbelegen und ausblenden. Dies geschieht über den Menüpunkt **Einstellungen** unter **Branche**, wo Sie spezifische Einstellungen vornehmen können. Diese Einstellungen können Sie auch im Customizing in Transaktion OMT3U oder über den Menüpfad **Logistik Allgemein • Materialstamm • Konfigurieren des Materialstamms • Benutzereinstellungen pflegen • Branche (nur Industrie)** vornehmen.

2.2 Der konfigurierbare Materialstamm im Detail

Im Folgenden betrachten Sie einige Details im Materialstamm anhand des Beispiels aus Abschnitt 1.4, »Der Materialstamm des konfigurierbaren Produktes«. Auf der Registerkarte **Grunddaten 1** finden Sie den Bildbaustein **Abmessungen/EAN** (siehe Abbildung 2.5). Diese Daten beinhalten keine Mussfelder. Trotzdem werden z. B. Gewichtsangaben benötigt, um einen vollständigen Kundenauftrag anzulegen.

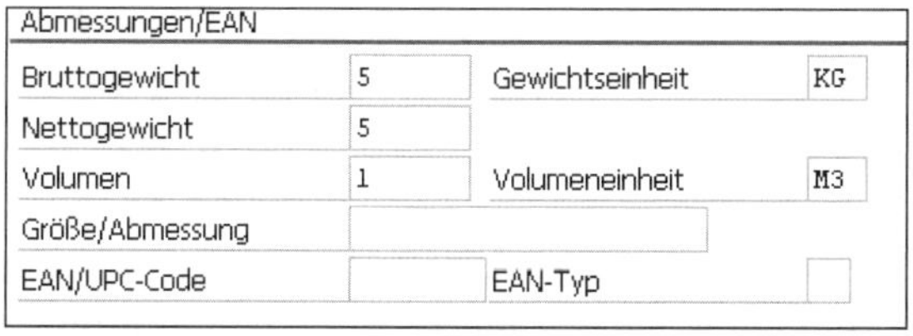

Abbildung 2.5 Die Abmessungen in den Grunddaten 1

Häufig sind diese Daten, insbesondere die Gewichtsangaben, von der Konfiguration abhängig. Man kann die Daten über Beziehungswissen abhängig von der Konfiguration ermitteln und in den Kundenauftrag schreiben. In diesem Fall könnte man die Angaben im Materialstamm auch weglassen. Für das Schreiben in den Kundenauftrag werden Objektmerkmale mit Bezug auf die Struktur VCSD_UPDATE genutzt. Es empfiehlt sich aber, die Angaben im Materialstamm nicht wegzulassen. Dadurch brauchen Sie nämlich nicht bei null anzufangen, sondern müssen nur noch ein paar Deltas über Beziehungswissen abbilden.

Wie finden Sie die Informationen im Materialstamm? Hier sind Objektmerkmale der richtige Weg. Die Objektmerkmale müssen jedoch auf die Strukturen MAAPV oder MAEPV verweisen. Um zu prüfen, auf welche Felder Sie dabei zugreifen können, rufen Sie mit Transaktion SE11 das Dictionary auf, oder folgen Sie dem Menüpfad **Werkzeuge • Entwicklung • Dictionary**. Mit Blick auf Abbildung 2.6. sehen Sie, dass in der Struktur MAAPV z. B. die Gewichts- und Volumenangaben in den 86 Feldern enthalten sind. Das Thema Objektmerkmale wird auch in Abschnitt 3.1.8, »Objektmerkmale«, ausführlich behandelt.

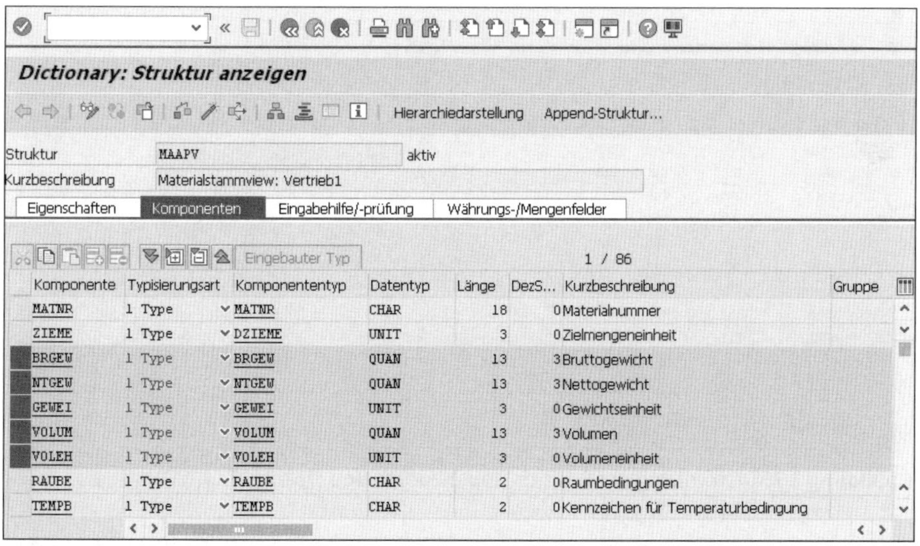

Abbildung 2.6 Die Struktur MAAPV (Transaktion SE11)

Betrachten Sie weiter den Materialstamm »MAT01«. In Kapitel 1, »Ein erstes konfigurierbares Material anlegen«, hatten wir bereits das Flag **Material ist konfigurierbar** auf der Registerkarte **Grunddaten 2** besprochen. Weitere Eingaben hatten Sie an dieser Stelle nicht vorgenommen. Beachten Sie aber, dass eventuell dem Materialstamm zugeordnete Dokumente nicht über Beziehungswissen gesteuert werden können und damit von der Konfiguration unabhängig sind. Dokumentzuordnungen über Beziehungswissen zu steuern ist in Stückliste und Arbeitsplan möglich.

2.2.1 Positionstypengruppen

Auf der Registerkarte **Vertrieb: VerkOrg 2** haben Sie dem Feld **Positionstypengruppe** eine »0002« zugeordnet (siehe Abbildung 1.21 in Kapitel 1, »Ein erstes konfigurierbares Material anlegen«). Über diese Positionstypengruppe wird im Vertriebsbeleg, also z. B. im Kundenauftrag, der Positionstyp ermittelt. Die Einstellungen hierzu finden Sie im Customizing.

Um zu den Positionstypengruppen zu gelangen, rufen Sie im Customizing Transaktion OVAW auf, die Sie dort unter **Vertrieb • Verkauf • Verkaufsbelegposition • Positionstypengruppen definieren** finden. In Transaktion OVAW definieren Sie nur den Schlüssel (z. B. 0002) mit Bezeichnungen, Sie nehmen aber keine weiteren Einstellungen vor.

Um die Positionstypenzuordnung zu ändern (siehe Abbildung 2.7), verwenden Sie Transaktion VOV4, die Sie im Customizing unter **Vertrieb • Verkauf • Verkaufsbelegposition • Positionstypen zuordnen** finden.

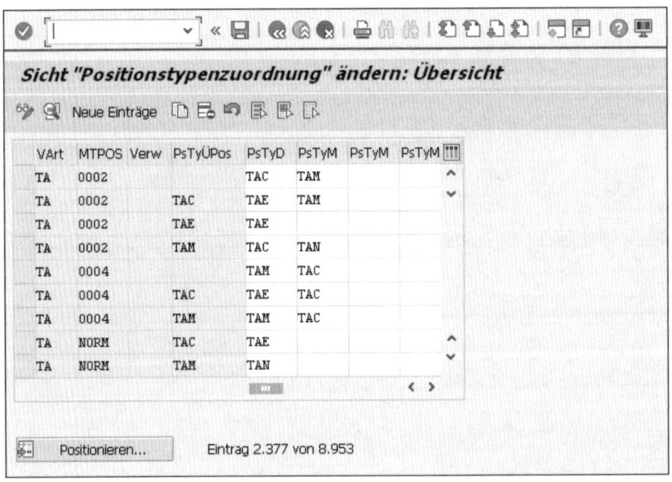

VArt	MTPOS	Verw	PsTyÜPos	PsTyD	PsTyM	PsTyM	PsTyM
TA	0002			TAC	TAM		
TA	0002		TAC	TAE	TAM		
TA	0002		TAE	TAE			
TA	0002		TAM	TAC	TAN		
TA	0004			TAM	TAC		
TA	0004		TAC	TAE	TAC		
TA	0004		TAM	TAM	TAC		
TA	NORM		TAC	TAE			
TA	NORM		TAM	TAN			

Abbildung 2.7 Customizing der Positionstypenzuordnung (Transaktion VOV4)

Wie sind die Einträge in der Tabelle zu lesen? Betrachten Sie dazu die Werte der ersten Zeile. In der Spalte **VArt** wird die Verkaufsbelegart aufgeführt. Der Eintrag »TA« steht dabei für Terminauftrag. In der Spalte **MTPOS** wird die Positionstypengruppe »0002« aus dem Materialstamm genannt. Die Positionstypenfindung kann außerdem abhängig von einer Verwendung im Kundenauftrag sein. Das ist im Beispiel nicht der Fall, weshalb das Feld **Verw** in der dritten Spalte leer ist. Die vierte Spalte **PsTyÜPos** fragt ab, ob und welcher Positionstyp eine übergeordnete Position hat. Auch dieses Feld ist leer. Das heißt, es handelt sich hier um eine Hauptposition, also eine Position ohne übergeordnete Position. Schließlich sehen Sie in der fünften Spalte **PsTyD** den Vorschlagswert für den Positionstyp, hier »TAC«. Wie bereits in Kapitel 1, »Ein erstes konfigurierbares Material anlegen«, erwähnt, sorgt dieser Positionstyp im Kundenauftrag u. a. dafür, dass die Konfiguration möglich ist und erwartet wird. In den übrigen Spalten der Tabelle gibt es gegebenenfalls weitere Positionstypen, in die manuell gewechselt werden kann.

2.2.2 Positionstypen

Um zum Customizing der **Positionstypen** zu gelangen, rufen Sie Transaktion VOV7 auf, die Sie im Customizing über den Menüpfad **Vertrieb • Verkauf • Verkaufsbelegposition • Positionstypen definieren** finden. Der Positionstyp ist *das* Steuerungsobjekt für einzelne Vertriebsbelegpositionen (siehe Abbildung 2.8).

Aus Sicht der Variantenkonfiguration ist vor allem der Bereich **Stückliste/Konfiguration** in der rechten Hälfte der Ansicht von Interesse. Der erste Eintrag »01« im Feld **Konfigur.strategie** in diesem Bereich führt dazu, dass Konfiguration möglich ist und erwartet wird. Das Flag **Variantenfindung** aktiviert diese. Anschließend kann in der dritten Zeile eine Verfügbarkeitsprüfung nach **ATP**-Logik für die gefundene Materialvariante eingestellt werden. Das ist hier nicht erfolgt. So wird mit der gefundenen Materialvariante unabhängig von der Verfügbarkeit die **Aktion Mat.variante** aus der zweiten Zeile durchgeführt. »Aktion« kann ein Informieren oder auch Ersetzen sein – und das noch abhängig davon, ob die Kundenauftragsposition angelegt oder geändert wurde. Dem Thema Materialvarianten ist das gleichnamige Kapitel 8 gewidmet. Der Eintrag »D« im Feld **Strukturumfang** steuert, dass für die Stücklistenauflösung im Kundenauftrag die Einstellungen im Konfigurationsprofil entscheidend sind. Falls es zu einer Stücklistenauflösung im Vertriebsbeleg kommt, wird die im Feld **Anwendung** angegebene Anwendung »SD01« genutzt.

Das wären die wichtigsten Einstellungen im Hinblick auf die Variantenkonfiguration. Es sei noch darauf verwiesen, dass diese Positionen mit dem Positionstyp TAC durch die Kennzeichen für *Faktura-*, *Preisfindungs-* und *Einteilungsrelevanz* für diese Funktionen relevant sind.

Wichtig zu erwähnen ist auch, dass der Positionstyp z. B. die Findung des *Einteilungstyps* und der *Bedarfsart* steuert.

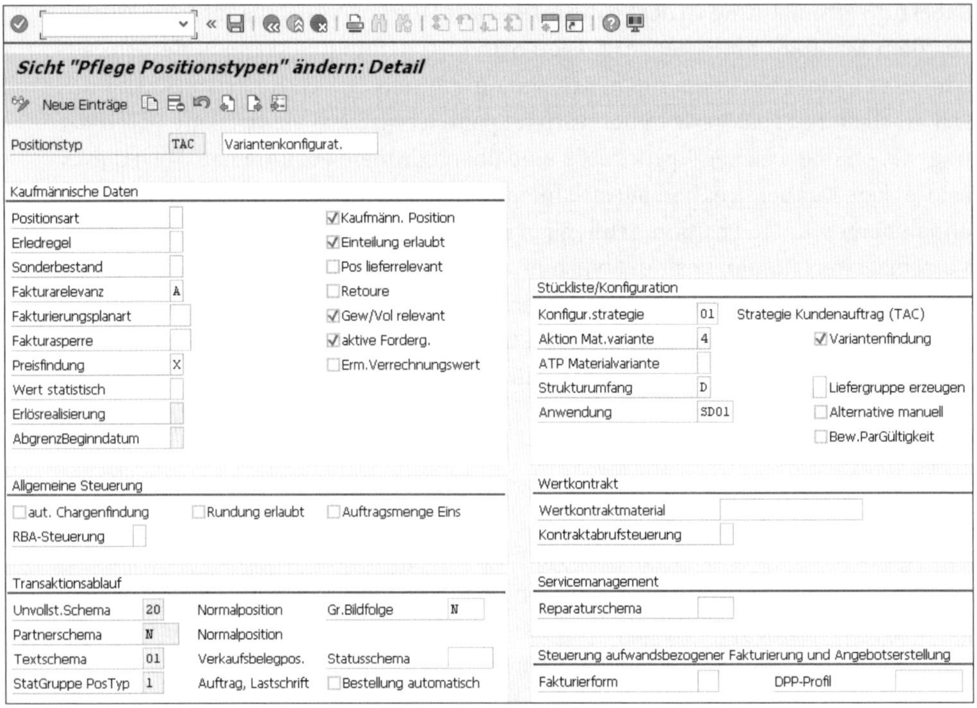

Abbildung 2.8 Customizing der Positionstypen (Transaktion VOV7)

2.2.3 Strategiegruppe

Die Bedarfsartenfindung wird neben dem Positionstyp auch durch Einstellungen im Materialstamm gesteuert, genauer durch die Strategiegruppe. Diesen Aspekt wollen wir im Folgenden beleuchten.

Wie Sie bereits in Abschnitt 1.4, »Der Materialstamm des konfigurierbaren Produktes«, erfahren haben, können Sie beim Anlegen des Materialstamms auf der Registerkarte **Disposition 3** einen Eintrag im Feld **Strategiegruppe** vornehmen. Die Strategiegruppe ermittelt die Bedarfsarten für Kunden- und Planungsbedarfe. Für die Variantenkonfiguration existiert im Standard die Strategiegruppe »25«. Wenn Sie zum Feld **Strategiegruppe** die [F4]-Hilfe aufrufen, erscheint das Pop-up-Fenster **Strategiegruppe: Umfeld**.

Durch Klicken auf den Button **Strategien** wechseln Sie in das Pop-up-Fenster **Strategiegruppe: Suche** (siehe Abbildung 2.10 links oben). Wie zu erkennen, enthält die Strategiegruppe 25 die **Hauptstrategie 25** sowie die **Nebenstrategien 81**, **82**, **83** und **85**. Indem Sie auf eine dieser Strategien einen Doppelklick durchführen, rufen Sie das Pop-up-Fenster **Strategie: Detail** auf. Dort sehen Sie, dass im Kundenauftrag eine Bedarfsart »KEK« genutzt wird und keine Vorplanung vorgesehen ist (siehe Abbildung 2.10 rechts oben).

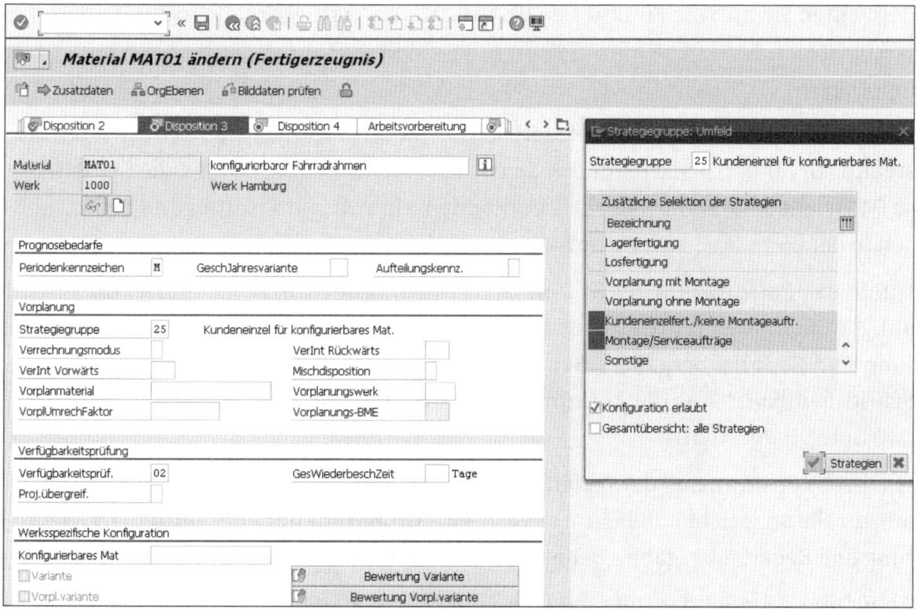

Abbildung 2.9 Die Strategiegruppe im Materialstamm (Transaktion MM02)

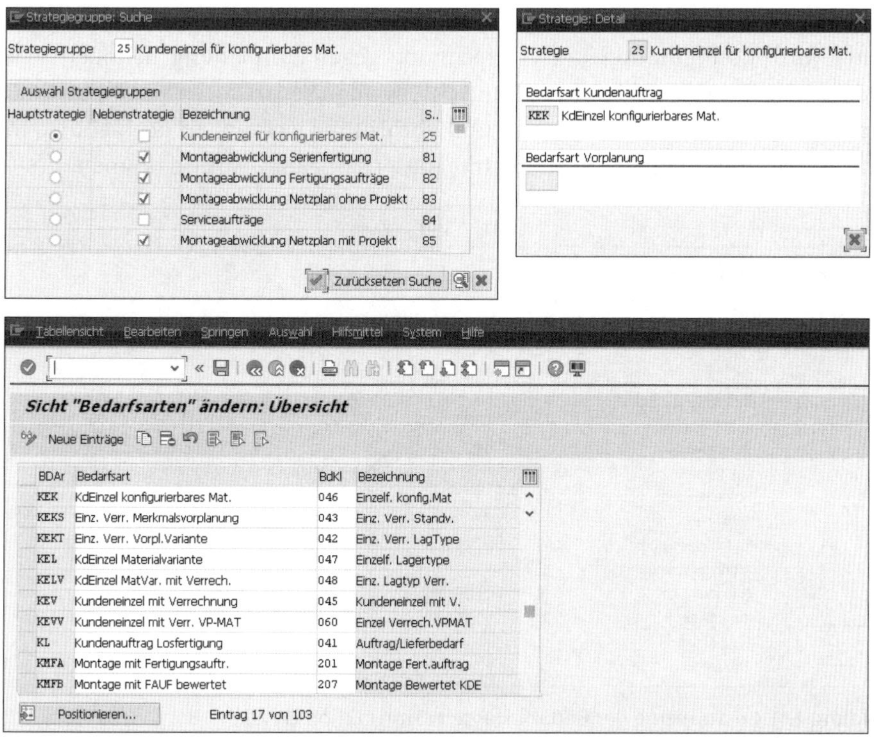

Abbildung 2.10 Von der Strategiegruppe zur Bedarfsklasse (Transaktion OVZH)

Betrachten Sie nun die Funktionen Bedarfsart und Verfügbarkeitsprüfung.

Bedarfsart

Die Bedarfsart beinhaltet eine Bedarfsklasse, die wiederum alle entscheidenden Einstellungen für den Bedarf umfasst. So enthält z. B. die Bedarfsart KEK die Bedarfsklasse 046 (siehe Abbildung 2.10). Das Vorhandensein von Bedarfsarten und Bedarfsklassen in der Form lässt sich nur historisch erklären.

Um in das Customizing der Bedarfsarten zu wechseln, rufen Sie Transaktion OVZH auf, die Sie im Customizing unter **Vertrieb • Grundfunktionen • Verfügbarkeitsprüfung und Bedarfsübergabe • Bedarfsarten definieren** finden. Dieser Customizing-Schritt beinhaltet nur die Zuordnung Bedarfsart – Bedarfsklasse, wie in Abbildung 2.10 unten dargestellt.

Um in das Customizing der Bedarfsklassen zu wechseln, rufen Sie Transaktion OVZG auf, die Sie an gleicher Stelle unter **Vertrieb • Grundfunktionen • Verfügbarkeitsprüfung und Bedarfsübergabe • Bedarfsklassen definieren** finden.

Abbildung 2.11 zeigt das Detailbild der Bedarfsklassen. Aus Sicht der Variantenkonfiguration ist natürlich der Bereich **Konfiguration** von Bedeutung. Das Pluszeichen bedeutet, dass hier nur mit Bedarfen mit Konfiguration gearbeitet werden kann. Das leere Feld darunter bedeutet, dass hier nicht mit *Verrechnung gegen Vorplanung* gearbeitet wird. Konfiguration und Verrechnung gegen Vorplanung befinden sich stattdessen in den Bedarfsklassen 042 und 043, was den Bedarfsarten KEKT und KEKS entspricht. Auf die Themen Strategien und Vorplanung werden wir noch einmal in Kapitel 9, »Modellierung für erweiterte Integrationsaspekte«, zurückkommen.

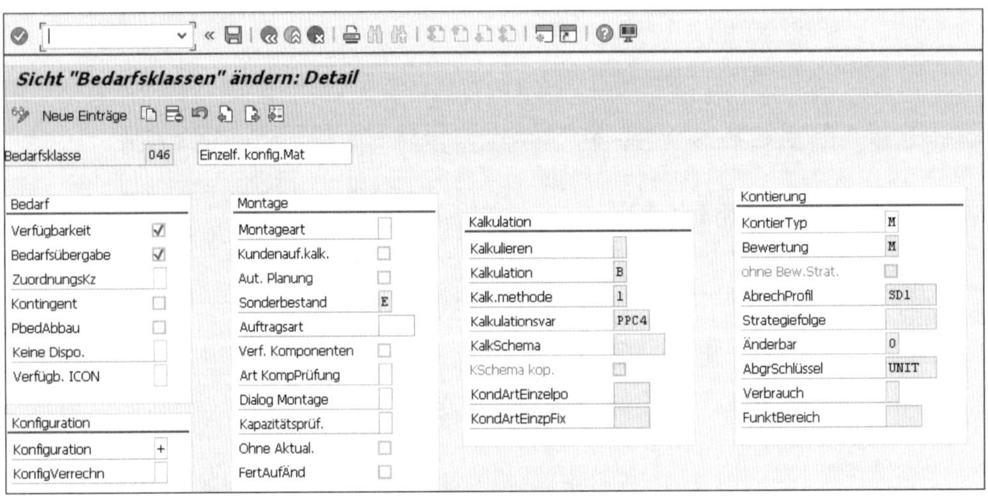

Abbildung 2.11 Customizing der Bedarfsklassen (Transaktion GVZG)

Verfügbarkeitsprüfung

Im Materialstamm auf der Registerkarte **allgemeine / Werksdaten** oder auch auf der Registerkarte **Disposition 3** finden Sie das Feld **Verfügbarkeitsprüfung**. Hier tragen Sie eine *Prüfgruppe* ein, z. B. »02« für Einzelbedarf. Diese Prüfgruppe steuert in Kombination mit einer Prüfregel die Verfügbarkeitsprüfung. Für Kundenaufträge für Materialien mit Einzelbeständen wird generell die Prüfregel »AE« für »SD-Auftrag Einzelbestand« angewandt. Eine Verfügbarkeitsprüfung in der Variantenkonfiguration klingt zunächst sinnlos, schließlich soll ja dem Kundenwunsch gemäß gefertigt werden. Insofern ist bei der Anlage des Kundenauftrags auch nichts verfügbar. Um trotzdem bestätigte Termine und Einteilungen zu ermöglichen, beinhaltet der verwendete Prüfumfang im Standard die »Wiederbeschaffungszeit«.

2.3 Der konfigurierbare Materialstamm über Fiori-Apps

Im Zusammenhang mit dem Materialstamm wollen wir im Folgenden näher auf das Thema *SAP S/4HANA* eingehen. Oft herrscht in Unternehmen die Sorge, dass sich die alten Modelle nicht mehr nutzen lassen und alles neu eingepflegt werden muss. Dabei kann man – bis auf die Punkte, die in der *Simplification List* aufgeführt sind – mit den »alten« Daten weiterarbeiten. Außerdem kann man sich über *SAP Logon* weiterhin an das SAP-S/4HANA-Backend-System anmelden, wie bisher an das SAP-ERP-System. Und man kann über das *SAP GUI* auch wie bisher mit den meisten »alten« Transaktionen arbeiten.

Wir wollen darauf verzichten, diese »alte« Oberfläche für die neue Lösungssuite zu demonstrieren. Stattdessen richten Sie Ihr Augenmerk auf das *Fiori Launchpad* und auf geeignete *Fiori-Apps*, um die alte und die neue Funktionalität zu nutzen.

Um zu erfahren, welche Fiori-Apps es gibt, hilft ein Blick in die *SAP Fiori Apps Reference Library*. Am besten suchen Sie im System nach diesem Begriff. Sie gelangen dann zum Einstiegsbild der SAP Fiori Apps Reference Library, wie in Abbildung 2.12 gezeigt. Die Library existiert zurzeit nur in Englisch.

Hier können Sie in der Kategorie **All Apps** nach alter und neuer Funktionalität suchen. In Abbildung 2.13 sehen Sie, dass zum Zeitpunkt der Erstellung dieser Abbildung insgesamt 10.281 Apps gefunden wurden. Sie können nun einen Suchbegriff oder auch einen Transaktionscode eintragen, z. B. »MM01«.

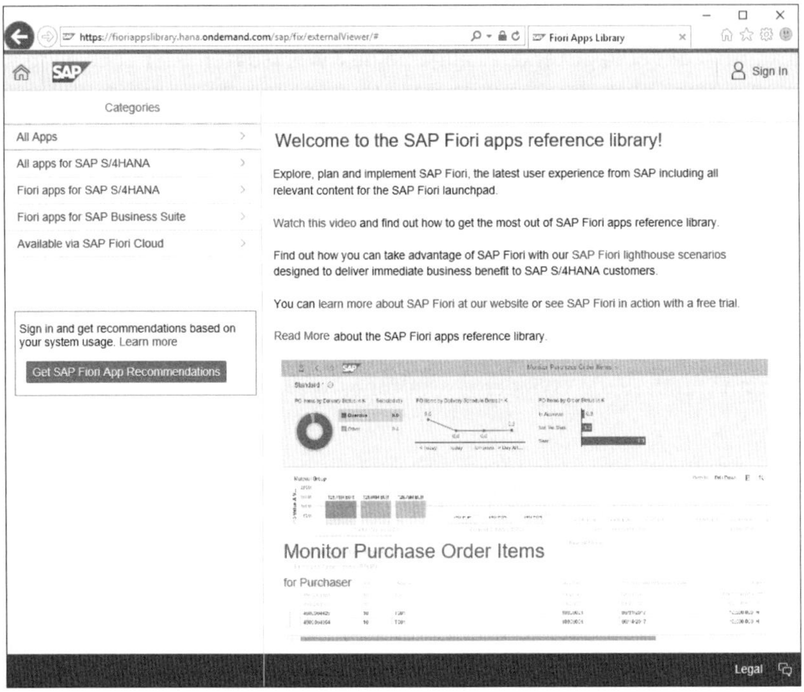

Abbildung 2.12 Einstiegsbild der SAP Fiori Apps Reference Library

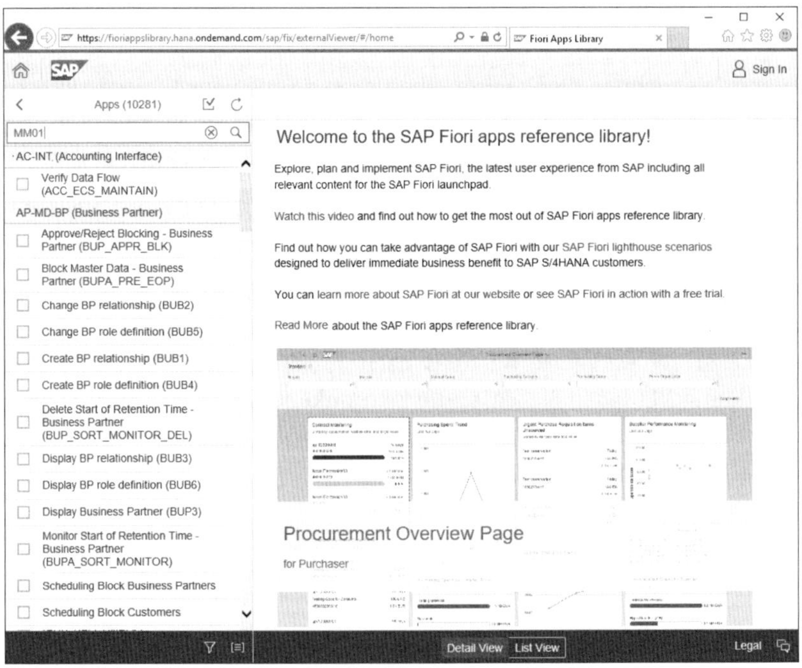

Abbildung 2.13 Suchen in allen Apps nach MM01

Wie in Abbildung 2.14 zu erkennen, wurden acht Ergebnisse gefunden. Ein Ergebnis ist direkt Transaktion MM01.

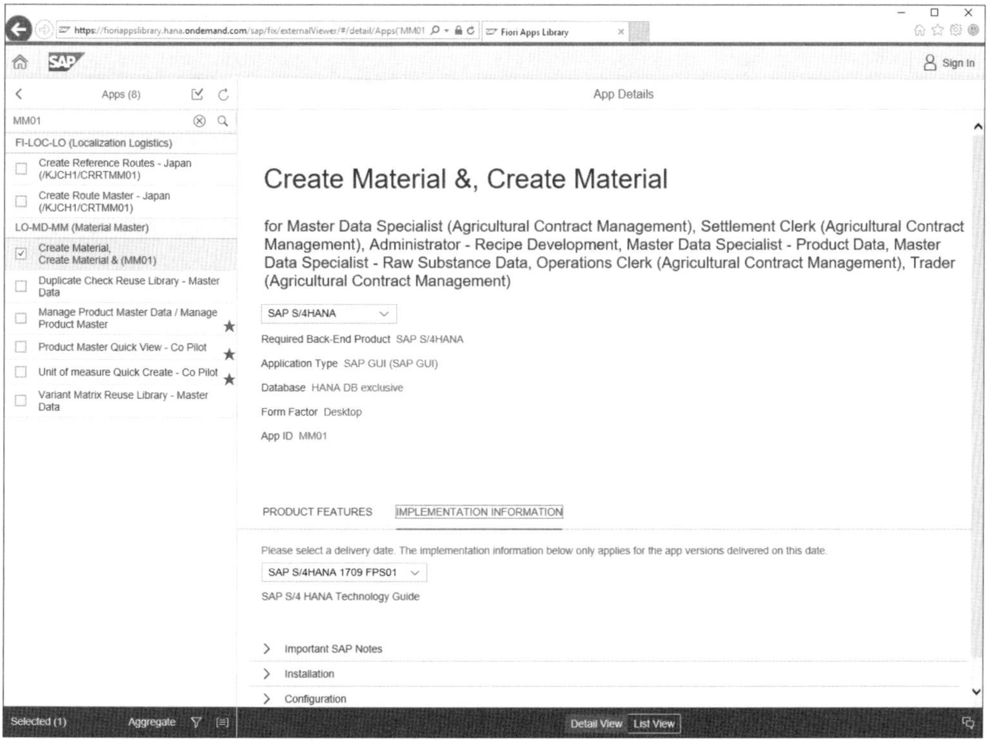

Abbildung 2.14 Suchergebnis zu MM01 in der Fiori Apps Reference Library

Auf der rechten Seite finden Sie ausführliche Informationen zu dieser Fiori-App. In dieser und der nächsten Abbildung kann nur ein Bruchteil dieser Informationen dargestellt werden. Besonders soll in Abbildung 2.15 auf die Benutzerrollen hingewiesen werden. Ist eine dieser Benutzerrollen Ihrem SAP-User zugeordnet, finden Sie die entsprechende Fiori-App in Ihrem Fiori Launchpad.

Indem Sie auf eine der Benutzerrollen klicken, können Sie sich anzeigen lassen, welche Fiori-Apps dieser Rolle zugeordnet sind. In Abbildung 2.16 wird das für die Rolle SAP_BR_PRODMASTER_SPECIALIST gezeigt. Sie sehen dort auch die Transaktion MM01 sowie weitere Transaktionen. Fiori-Apps mit einer ID F#### weisen auf neue Funktionalitäten hin, die nur als Fiori-App zur Verfügung stehen. Das trifft in unserem Beispiel auf den Produktstamm zu.

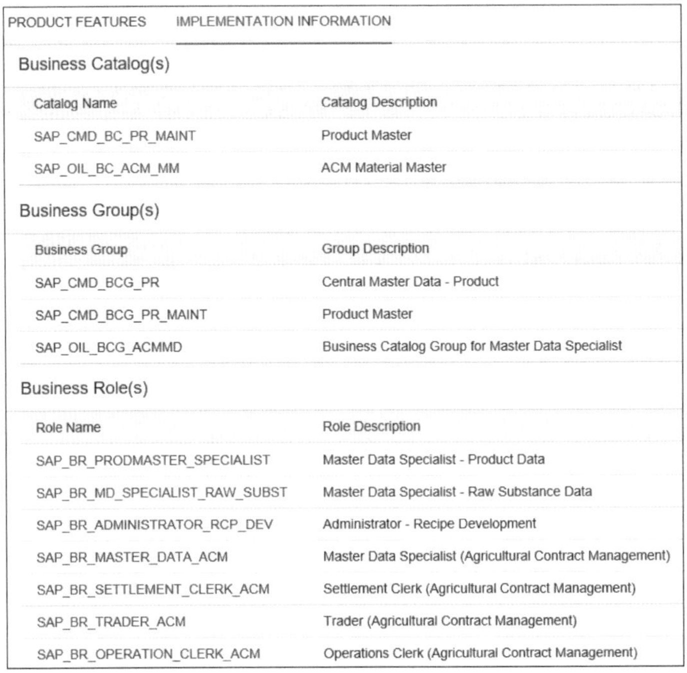

PRODUCT FEATURES | IMPLEMENTATION INFORMATION

Business Catalog(s)

Catalog Name	Catalog Description
SAP_CMD_BC_PR_MAINT	Product Master
SAP_OIL_BC_ACM_MM	ACM Material Master

Business Group(s)

Business Group	Group Description
SAP_CMD_BCG_PR	Central Master Data - Product
SAP_CMD_BCG_PR_MAINT	Product Master
SAP_OIL_BCG_ACMMD	Business Catalog Group for Master Data Specialist

Business Role(s)

Role Name	Role Description
SAP_BR_PRODMASTER_SPECIALIST	Master Data Specialist - Product Data
SAP_BR_MD_SPECIALIST_RAW_SUBST	Master Data Specialist - Raw Substance Data
SAP_BR_ADMINISTRATOR_RCP_DEV	Administrator - Recipe Development
SAP_BR_MASTER_DATA_ACM	Master Data Specialist (Agricultural Contract Management)
SAP_BR_SETTLEMENT_CLERK_ACM	Settlement Clerk (Agricultural Contract Management)
SAP_BR_TRADER_ACM	Trader (Agricultural Contract Management)
SAP_BR_OPERATION_CLERK_ACM	Operations Clerk (Agricultural Contract Management)

Abbildung 2.15 Details zur Fiori-App »Material anlegen« (MM01)

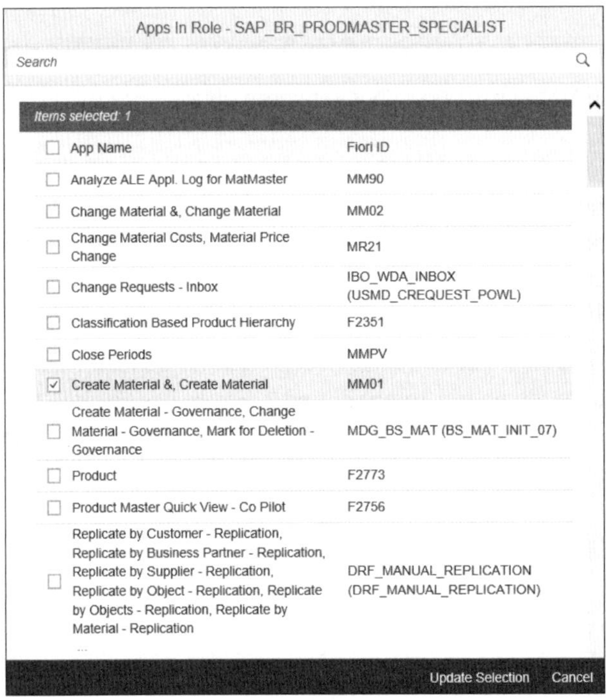

Apps In Role - SAP_BR_PRODMASTER_SPECIALIST

Search

Items selected: 1

App Name	Fiori ID
Analyze ALE Appl. Log for MatMaster	MM90
Change Material &, Change Material	MM02
Change Material Costs, Material Price Change	MR21
Change Requests - Inbox	IBO_WDA_INBOX (USMD_CREQUEST_POWL)
Classification Based Product Hierarchy	F2351
Close Periods	MMPV
☑ Create Material &, Create Material	MM01
Create Material - Governance, Change Material - Governance, Mark for Deletion - Governance	MDG_BS_MAT (BS_MAT_INIT_07)
Product	F2773
Product Master Quick View - Co Pilot	F2756
Replicate by Customer - Replication, Replicate by Business Partner - Replication, Replicate by Supplier - Replication, Replicate by Object - Replication, Replicate by Objects - Replication, Replicate by Material - Replication	DRF_MANUAL_REPLICATION (DRF_MANUAL_REPLICATION)

Update Selection Cancel

Abbildung 2.16 Fiori-Apps für die Rolle SAP_BR_PRODMASTER_SPECIALIST

Wenn Ihr User, mit dem Sie sich an dem Fiori Launchpad angemeldet haben, eine der Benutzerrollen aus Abbildung 2.15 verwendet, etwa die Rolle SAP_BR_PRODMASTER_SPECIALIST, dann finden Sie im Fiori Launchpad die Kachelgruppe **Product Master** (siehe Abbildung 2.17).

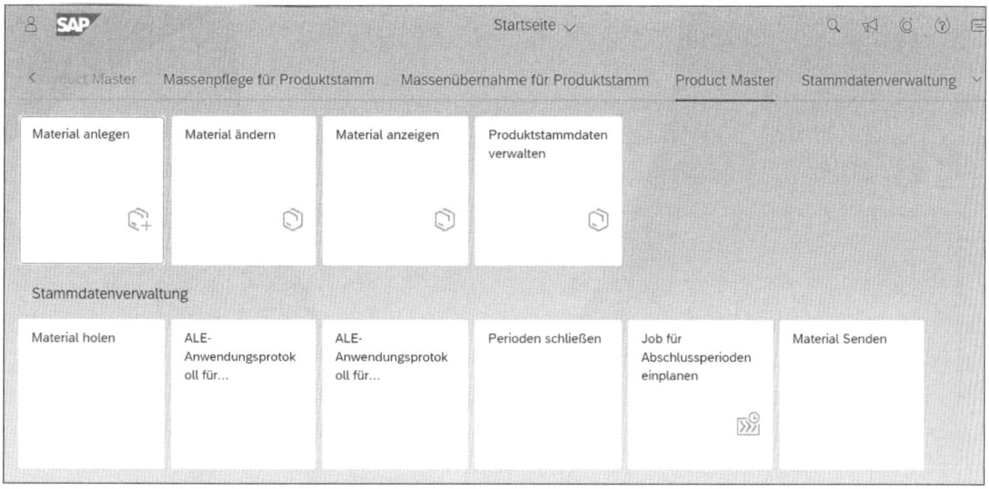

Abbildung 2.17 Kachelgruppe Product Master im Fiori Launchpad

Zu dieser Kachelgruppe gehört die Fiori-App **Produktstammdaten verwalten**. In Abbildung 2.16 ist sie mit der ID **F2773** aufgeführt, sie steht also nur als Fiori-App zur Verfügung.

In dieser Gruppe ist ebenfalls die Fiori-App **Material anlegen** enthalten. Das ist die Fiori-App zu unserer Transaktion MM01. Aus der Darstellung der Kachelgruppe erkennt man diesen Zusammenhang nicht. Vielmehr müssen Sie jeweils in die Detailansicht der betreffenden Fiori-App springen, um mehr Informationen über sie zu erhalten.

Starten Sie mit der Fiori-App **Produktstammdaten verwalten**. Durch Klicken auf diese App gelangen Sie in die von Abbildung 2.18 gezeigte Ansicht. Es handelt sich dabei um eine der »neuen« Fiori-Apps (also nicht um eine »fiorisierte« Transaktion). Das erkennen Sie generell daran, dass die App oben im Bild kein Menü hat, dafür aber eine Suchhilfe.

Sie möchten jedoch nach keinem vorhandenen Materialstamm oder Produktstamm oder Produkt suchen. Sie möchten vielmehr einen Materialstamm anlegen. Entsprechend rufen Sie durch Klicken auf den Button **Anlegen** ein Pop-up-Fenster **Stammdatensatz anlegen** auf (siehe Abbildung 2.19).

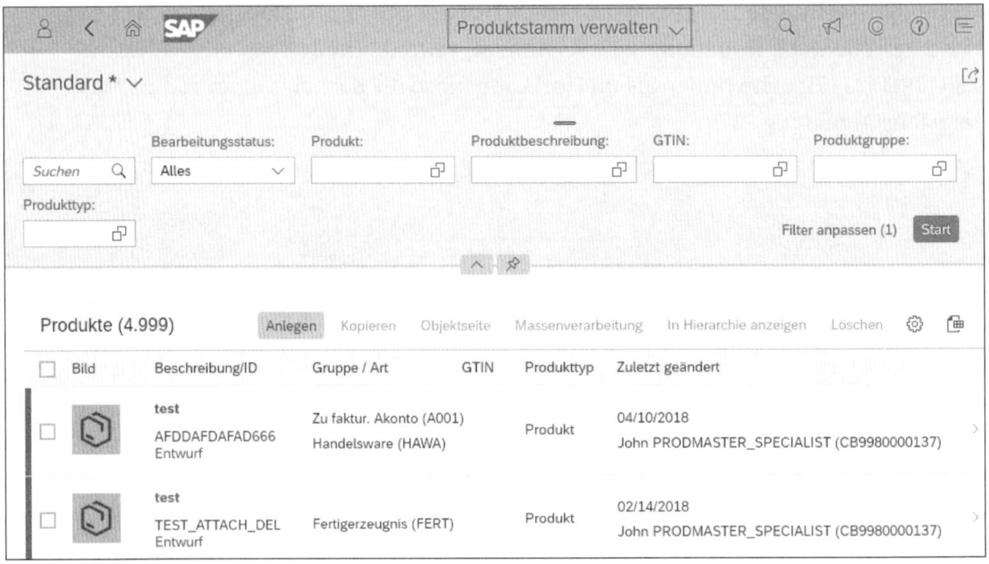

Abbildung 2.18 Fiori-App »Produktstamm verwalten«

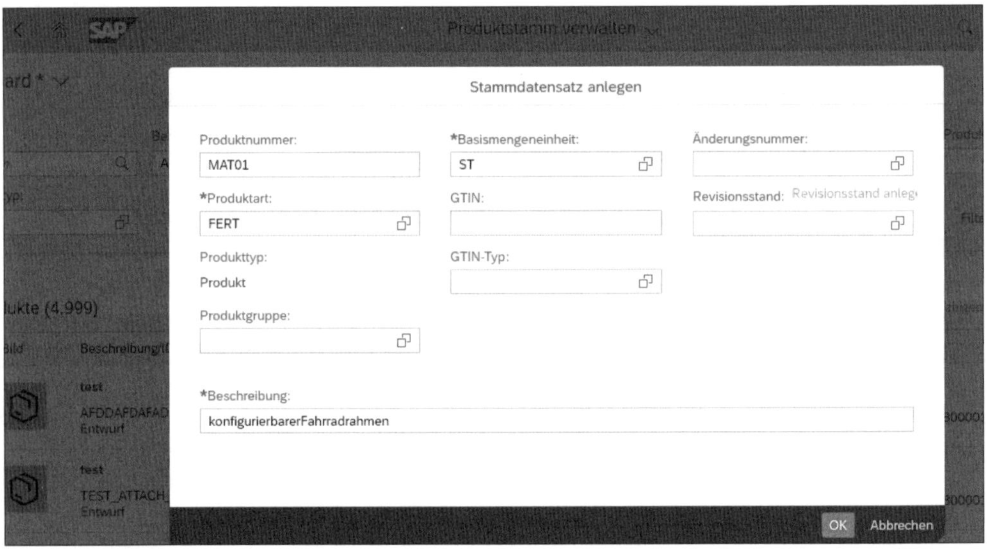

Abbildung 2.19 Produktstamm anlegen in Fiori-App »Produktstamm verwalten«

Sinn und Zweck dieser Übung ist es, Ihnen den Unterschied zwischen der Fiori-App und der klassischen Transaktion MM01 zu zeigen. Daher legen Sie im Folgenden nochmals das Material »MAT01« an, das Sie bereits aus Abschnitt 1.4, »Der Materialstamm des konfigurierbaren Produktes«, kennen. Die Transaktion MM01 und die Fiori-App »Produktstammdaten verwalten« erzeugen den gleichen Stammsatz, der anschließend über beide Wege angezeigt oder weiterverarbeitet werden kann.

Im Pop-up-Fenster **Stammdatensatz anlegen** müssen Sie die Felder **Produktnummer** (= Material, hier »MAT01«), **Produktart** (= Materialart, hier »FERT«), **Basismengeneinheit** (»ST«) und **Beschreibung** (»konfigurierbarerFahrradrahmen«) ausfüllen. Die Branche ist mit M = Maschinenbau vorbelegt.

Mit einem Klick auf »OK« gelangen Sie anschließend in die **Grunddaten**, wie in Abbildung 2.20 dargestellt. Die Abbildung zeigt dabei nicht alle Einzelheiten, sondern nur eine Auswahl der wichtigsten Angaben.

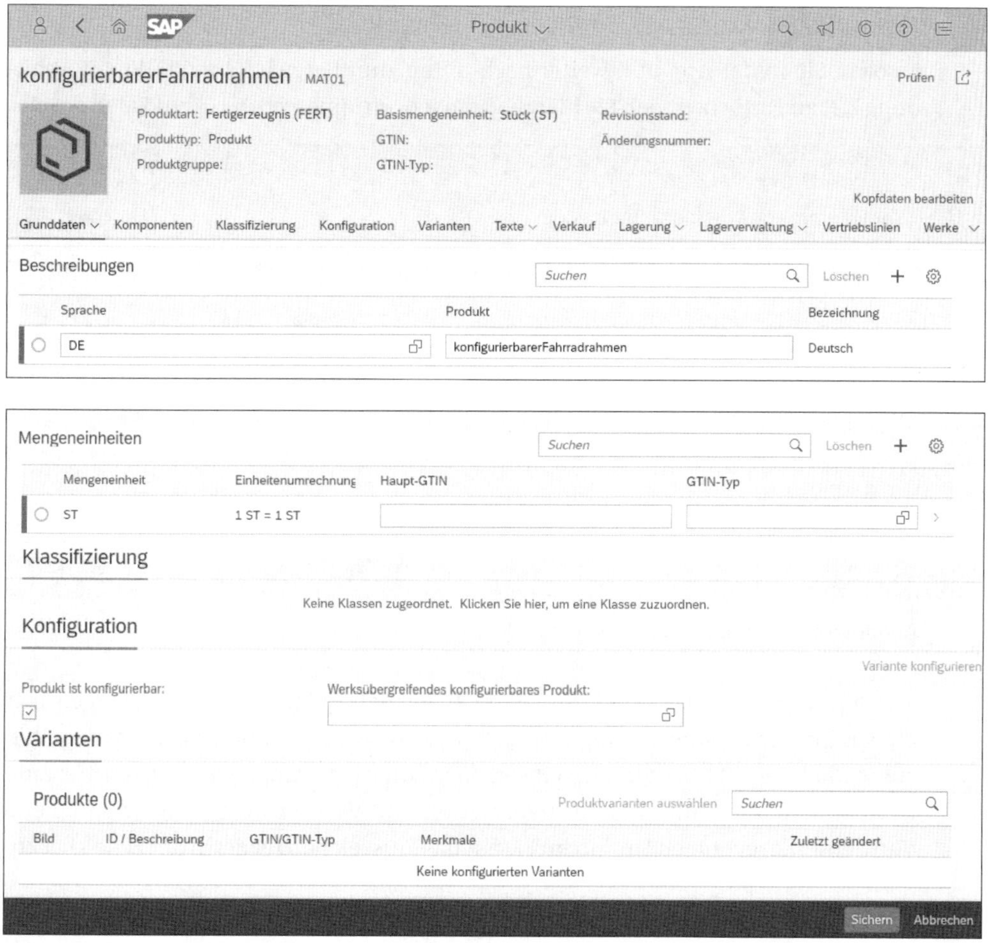

Abbildung 2.20 Produktstamm – Grunddaten

Im Bereich **Beschreibungen** finden Sie den deutschsprachigen Eintrag wieder. Einträge in weiteren Sprachen können Sie über das Pluszeichen rechts im Bild anlegen.

Im Bereich **Mengeneinheiten** finden Sie die Basismengeneinheit wieder. Durch Klicken auf das Symbol »>« rechts des Feldes **GTIN-Typ** gelangen Sie in ein Detailbild zu dieser Mengeneinheit. Dort können Sie Gewichte und Abmessungen eingeben. Übernehmen Sie abschließend die Daten per Klick auf den Button **Übernehmen**, und kehren Sie zurück in die vorherige Ansicht.

Im Bereich **Klassifizierung** kann man eine bereits existierende Variantenklasse zuordnen. Das ist in unserem Beispiel nicht der Fall. Daher müssen Sie damit noch warten, bis die Klasse existiert, und den Vorgang dann z. B. in der PMEVC nachholen.

Im Bereich **Konfiguration** setzen Sie das Flag **Produkt ist konfigurierbar**.

Im Bereich **Varianten** sehen Sie, dass noch keine Materialvarianten existieren, was zu diesem Zeitpunkt auch noch nicht der Fall sein kann.

Scrollen Sie in der App nun weiter nach unten zum Bereich **Verkauf**. Wie in Abbildung 2.21 ersichtlich, tragen Sie hier die Transportgruppe »0001« (= auf Paletten) ein.

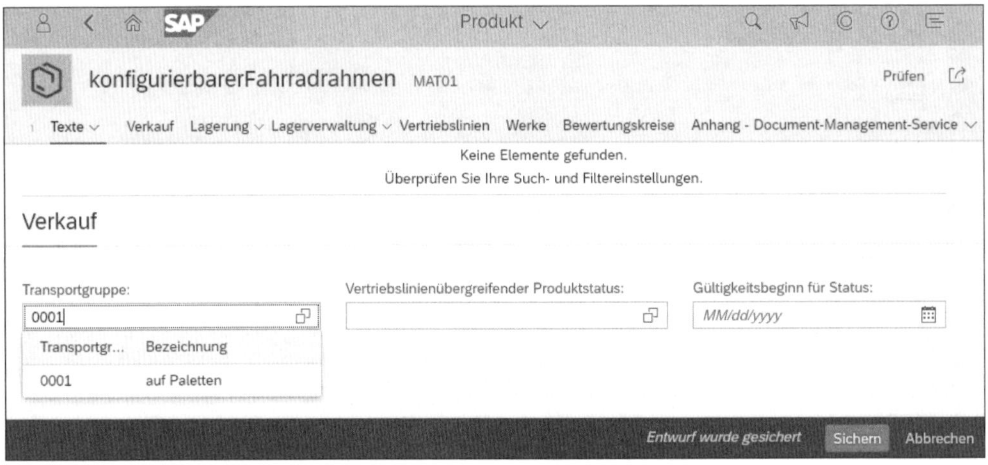

Abbildung 2.21 Produktstamm – Verkauf

Scrollen Sie weiter nach unten zum Bereich **Vertriebslinien**. Dahinter verbergen sich die spezifischen Daten abhängig von Verkaufsorganisation und Vertriebsweg. Wie aus Abbildung 2.22 hervorgeht, gibt es hier zunächst keine Daten. Daten für eine neue Kombination aus Verkaufsorganisation und Vertriebsweg (also für eine neue Vertriebslinie) erzeugen Sie, indem Sie auf das Pluszeichen rechts in der Zeile klicken.

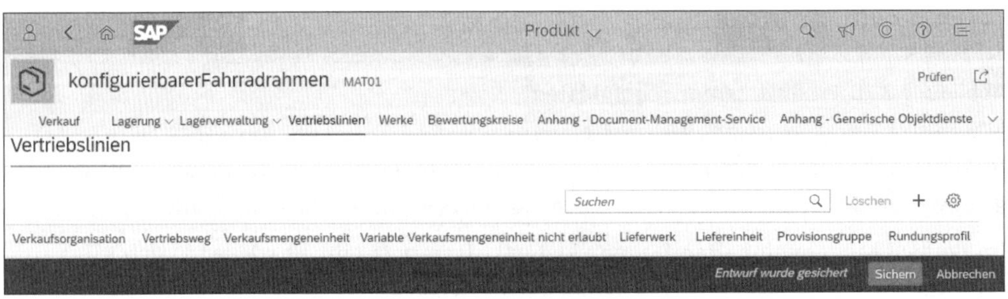

Abbildung 2.22 Produktstamm – Vertriebslinien

Dadurch gelangen Sie in die Details der Vertriebslinie. Die Angaben dort sind so umfangreich, dass wir sie auch wieder auf einige ausgewählte Teile beschränkt haben (siehe Abbildung 2.23).

Abbildung 2.23 Produktstamm – Details zu den Vertriebslinien

Unter **Allgemeine Informationen** müssen Sie die Felder **Verkaufsorganisation**, **Vertriebsweg** und **Lieferwerk** ausfüllen. Die Angaben sind nicht ganz identisch mit denen in Abschnitt 1.4, »Der Materialstamm des konfigurierbaren Produktes«, da das SAP-S/4HANA-System mit anderen Organisationsebenen arbeitet als das SAP-ERP-System.

Bei **Gruppierungsbegriffe** tragen Sie tragen Sie im Feld **Positionstypengruppe** »0002« für die Variantenkonfiguration ein. Dies ist die spezifische Positionstypengruppe, die z. B. im Kundenauftrag für die Positionstypenfindung genutzt wird.

Bei den Feldern **Steuerklassifikation** für einzelne Länder im Bereich **Umsatzsteuer** handelt es sich um Pflichtfelder. Übernehmen Sie abschließend die Daten per Klick auf den Button **Übernehmen**, und wechseln Sie durch Klick auf den Zurück-Button in der Kopfzeile wieder in die Übersicht der Vertriebslinien.

Im nächsten Bereich **Werke** finden Sie die werksspezifischen Daten. Auch hier gibt es zunächst keine Daten. Sie erzeugen einen Werkseintrag über das Pluszeichen rechts in der Zeile (ähnlich wie in Abbildung 2.22).

Dadurch gelangen Sie in die Details des Werks. Wegen des Umfangs der Angaben zeigt Abbildung 2.24 wieder nur einige ausgewählte Einzelheiten.

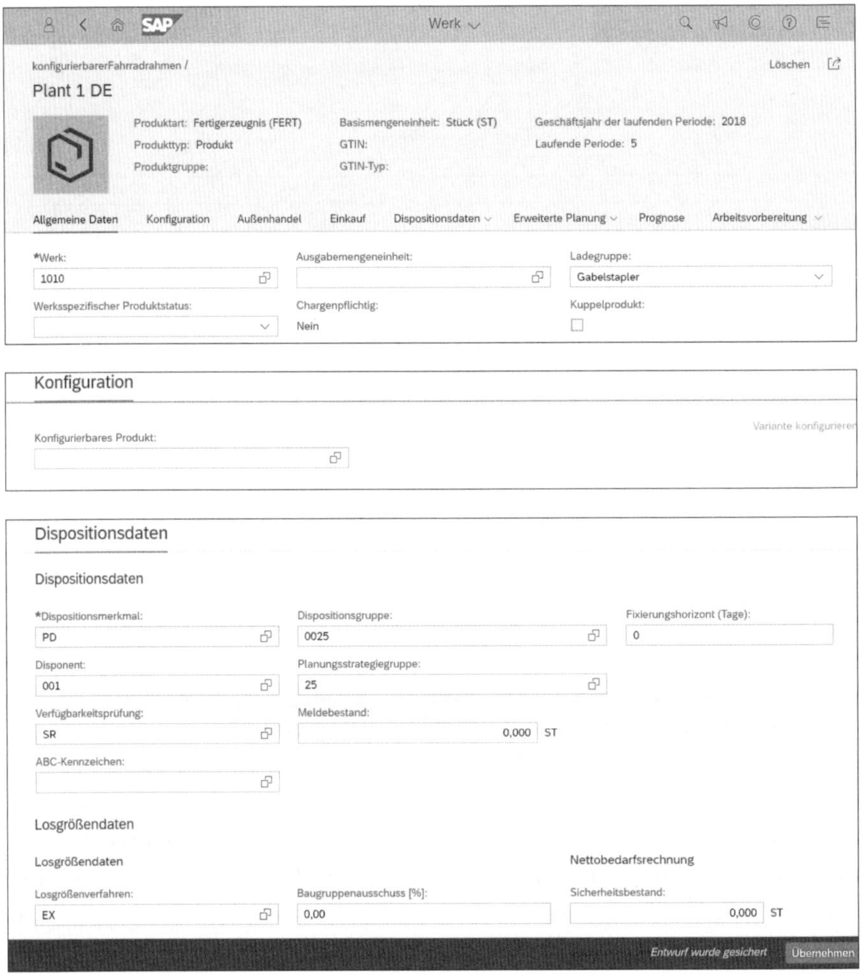

Abbildung 2.24 Produktstamm – Werksdaten

Im Bereich **Konfiguration** können Sie für Materialvarianten die werksspezifische Verbindung zum konfigurierbaren Material und die Konfiguration anlegen.

Im Bereich **Dispositionsdaten** sind Einträge in den Feldern **Dispositionsmerkmal**, **Dispositionsgruppe**, **Disponent**, **Planungsstrategiegruppe** und **Verfügbarkeitsprüfung** (d. h. die Prüfgruppe) vorzunehmen.

Im Bereich **Losgrößendaten** ist das Losgrößenverfahren (hier EX = exakte Losgröße) anzugeben. Für dieses Losgrößenverfahren sind keine weiteren Eingaben erforderlich.

Übernehmen Sie abschließend die Daten mit einem Klick auf den Button **Übernehmen**, wechseln Sie zurück in die Übersicht der Werke, und scrollen Sie zu den **Bewertungskreisen**. Auch hier legen Sie in bekannter Weise einen neuen Eintrag an. Im Detail ist das Feld **Bewertungsklasse** auszufüllen (siehe Abbildung 2.25).

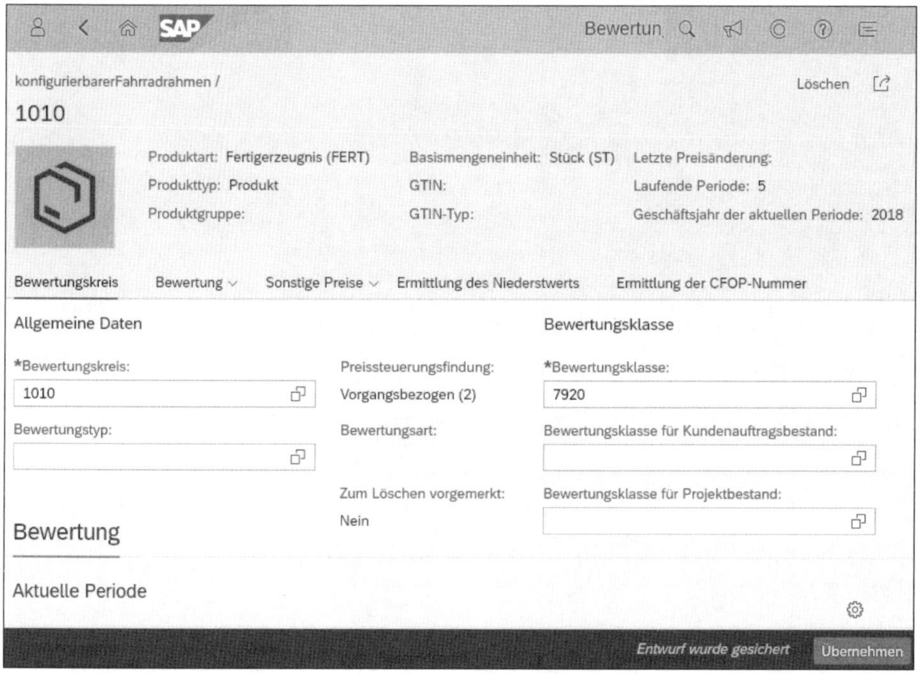

Abbildung 2.25 Produktstamm – Details der Bewertungskreisdaten

Übernehmen Sie die Daten abschließend per Klick auf den Button **Übernehmen**, und speichern Sie den Produktstamm.

Danach wechseln Sie zurück in das Fiori Launchpad (siehe Abbildung 2.17). Sie möchten nämlich noch eine andere Kachel nutzen: **Material anlegen**.

Das Einstiegsbild zu **Material anlegen** kommt Ihnen sicher bekannt vor. Bei dieser Fiori-App handelt es sich nämlich um eine Fiori-Darstellung der Transaktion MMO.

Hier sind Materialnummer sowie gegebenenfalls Materialart und Branche anzugeben. Anschließend folgt, wie gewohnt, die Abfrage nach den Sichten (siehe Abbildung 2.26) und sodann die Abfrage nach den Organisationsebenen (siehe Abbildung 2.27).

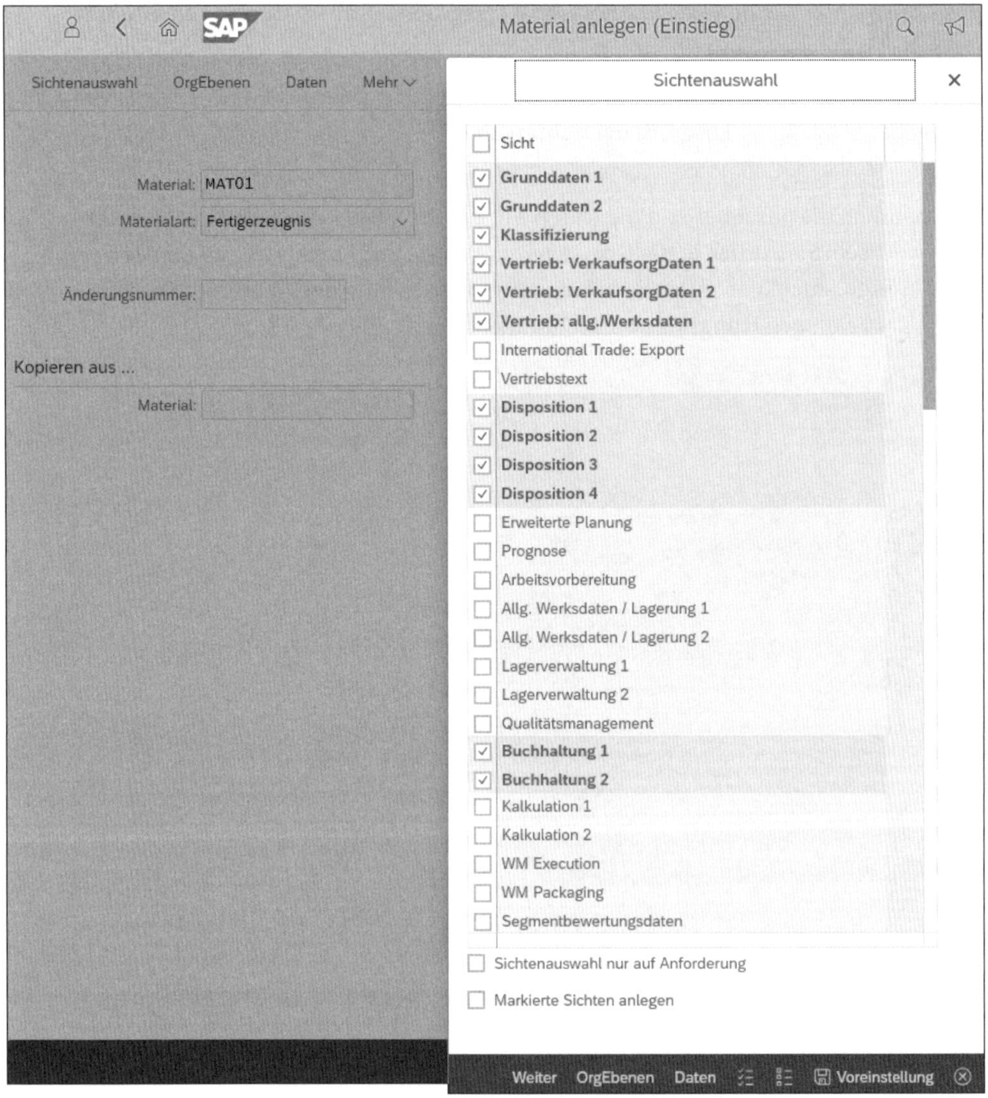

Abbildung 2.26 Fiori-App »Material anlegen« (Sichtenauswahl)

In Abbildung 2.28 ist als Beispiel die Sicht **Arbeitsvorbereitung** dargestellt.

Dass es sich um eine »fiorisierte« klassische Transaktion handelt, erkennen Sie daran, dass diese App oben im Bild ein Menü hat und die Suchhilfe fehlt.

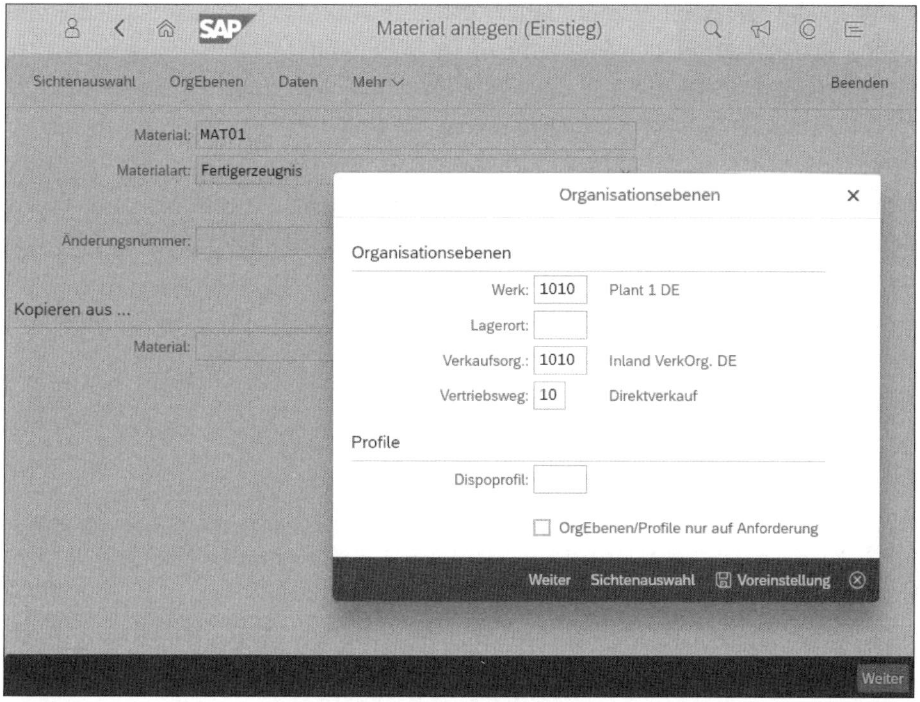

Abbildung 2.27 Fiori-App »Material anlegen« (Organisationsebenen)

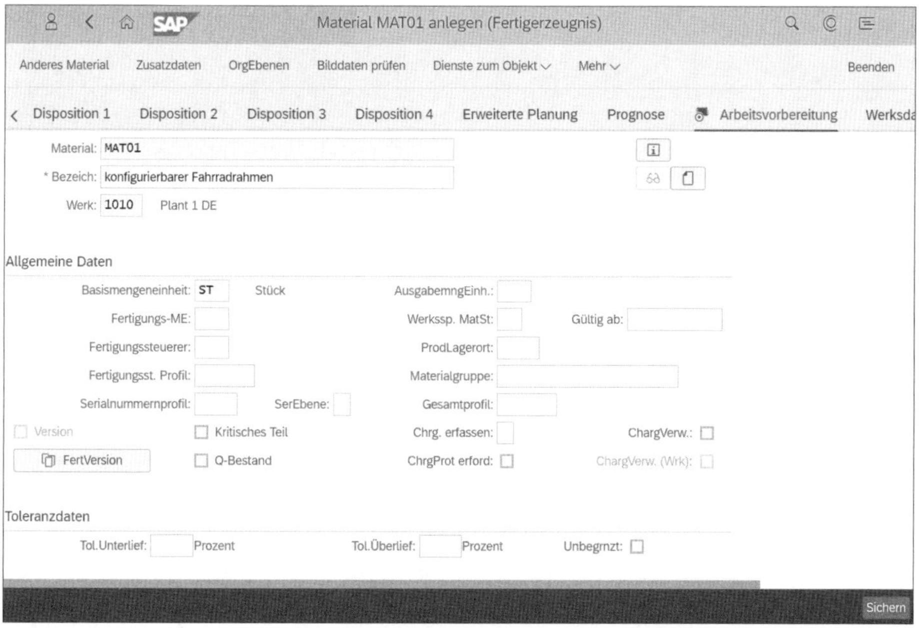

Abbildung 2.28 Die Fiori-App »Material anlegen« (Sicht: Arbeitsvorbereitung)

Das Menü hier sieht anders aus als im SAP GUI. Es wurde auf Symbole bzw. Icons verzichtet. Stattdessen werden alle Menüpunkte mit ihrer Bezeichnung aufgelistet. Dies beansprucht deutlich mehr Platz als die Icons aus dem SAP GUI. So werden die Menüeinträge, die keinen Platz mehr haben, unter dem Eintrag [Mehr ∨] zusammengefasst.

Woran erkennen Sie, dass Sie in Transaktion MM01 sind? Das geht über einen Weg, den es im SAP GUI auch schon gab. Sie rufen das Menü auf und folgen dem Pfad **System • Status** (eventuell hinter Eintrag [Mehr ∨] versteckt). Sie gelangen dadurch zum Pop-up-Fenster **System: Status**, in dem gleich in der ersten Zeile **Transaktion MM01** steht.

2.4 Fazit

So viel zum Thema Materialstammpflege des konfigurierbaren Produktes – angefangen bei der Transaktion MM01 über weitere Transaktionen und die Fiori-App des Produktstamms bis zurück zu der MM01, jetzt aber als Fiori-App.

Sie konnten feststellen, dass Sie keine eigene Materialart für konfigurierbare Materialien benötigen. Und Sie haben gesehen, in welchen Sichten des Materialstamms relevante Einstellungen für die Variantenkonfiguration vorgenommen werden. Durch ein wenig Customizing wurde der Exkurs abgerundet.

Kapitel 3
Werkzeuge aus dem Klassensystem

Werkzeuge aus dem Klassensystem sind für die Variantenkonfiguration unerlässlich. In diesem Kapitel zeigen wir, welche Werkzeuge wie genutzt werden und welche Besonderheiten Sie dabei beachten sollten.

Grob lassen sich die Werkzeuge und Funktionalitäten des Klassensystems vier Themen zuordnen. Das sind:

- die Merkmalspflege oder Merkmalsverwaltung
- die Klassenpflege oder Klassenverwaltung
- die eigentliche Klassifizierung
- die Such- und Auswertungsmöglichkeiten

Entlang dieser vier Themen werden wir im Folgenden die Funktionalitäten des Klassensystems und die jeweiligen Besonderheiten aus Sicht der Variantenkonfiguration beleuchten.

3.1 Merkmalspflege

Wenn Sie sich erinnern, hatten Sie in Kapitel 1, »Ein erstes konfigurierbares Material anlegen«, am Beispiel eines Fahrradrahmens drei Merkmale angelegt: die Rahmenhöhe, die Farbe des Rahmens sowie ein Merkmal Variantenkonditionen für die Preisfindung. Daher wird es in diesem Kapitel einige Aspekte der Merkmalspflege geben, die Ihnen bereits bekannt sind und hier noch einmal vertieft werden.

Merkmale können Sie über Transaktion CT04 oder PMEVC anlegen. Sie finden Transaktion CT04 im SAP-Menü unter **Anwendungsübergreifende Komponenten • Klassensystem • Stammdaten • Merkmalsverwaltung**.

3.1.1 Basisdaten

Im Einstiegsbild von CT04 klicken Sie auf den Button Anlegen (□). Der **Name** des neu anzulegenden Merkmals muss manuell angegeben werden. Dabei müssen Sie Folgendes beachten:

- Der Name muss mit einem Buchstaben beginnen.
- Er darf neben Buchstaben auch Ziffern und Unterstriche enthalten. Theoretisch gehen auch Bindestriche. Diese sind jedoch unschön, falls das Merkmal im Beziehungswissen angesprochen werden soll. Ein Bindestrich im Namen macht es erforderlich, dass Sie in der Syntax diesen Namen in Hochkommata setzen und zusätzlich einen SKEY voranstellen.
- Im SAP-ERP-System kann der Name des Merkmals nachträglich geändert werden. Das ist möglich, solange das Merkmal nicht in freigegebenem Beziehungswissen verwendet wird. Andere Verwendungen wie Zuordnung zu Klassen, Klassifizierung oder Konfiguration spielen keine Rolle.
- Unter SAP S/4HANA kann der Name des Merkmals nicht nachträglich geändert werden.

In den Basisdaten des Merkmals müssen die Felder **Bezeichnung**, **Status** und **Datentyp** ausgefüllt werden (siehe Abbildung 3.1).

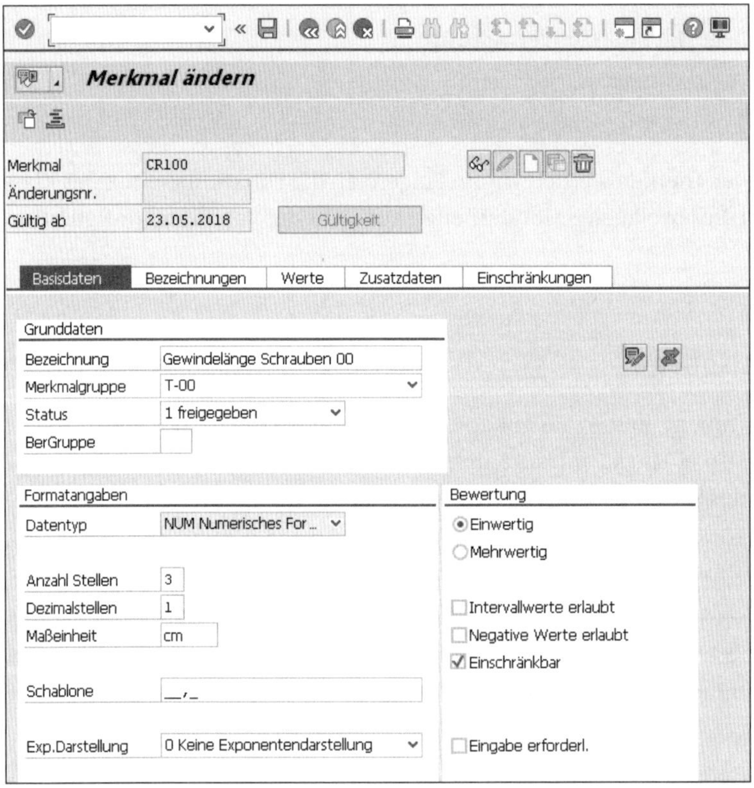

Abbildung 3.1 Merkmalspflege – Basisdaten (Transaktion CT04)

Im Feld **Status** ist »1 freigegeben« bereits gesetzt. Dies kann durch Customizing-Transaktion O005 eingestellt werden. Sie finden diese Transaktion im Customizing über den Menüpfad: **Anwendungsübergreifende Komponenten • Klassensystem • Merkmale • Voreinstellungen festlegen**.

Für das Feld **Datentyp** gibt es im Standard folgende Formate:

- CHAR: Zeichenformat
- CURR: Währungsformat
- DATE: Datumsformat
- NUM: numerisches Format
- TIME: Zeitformat

Ob der technische Name »NUM« mit angezeigt wird wie in Abbildung 3.1, stellen Sie in den lokalen Optionen ein. Klicken Sie dazu auf den Button [Symbol], und folgen Sie dem Pfad **Lokales Layout anpassen • Optionen • Interaktionsdesign • Visualisierung 1 • Schlüssel in Dropdown-Listen anzeigen**.

Unter SAP S/4HANA existieren nur diese fünf Datentypen. Im SAP-ERP-System kann es hingegen weitere Datentypen geben, die sogenannten benutzereigenen. Sie spielen für die Variantenkonfiguration aber keine Rolle, da Merkmale mit diesen Datentypen im Beziehungswissen nicht angesprochen werden können.

In der Variantenkonfiguration wird fast ausschließlich mit NUM und CHAR gearbeitet. Man kann mit den Formaten DATE und TIME im Beziehungswissen nicht rechnen (Abfragen gehen jedoch). Beim Datentyp CURR wird im Beziehungswissen die Währung nicht berücksichtigt.

Bei dem numerischen Format muss die Anzahl der Stellen (**Anzahl Stellen**) eingegeben werden. Dabei kann mit Dezimalstellen gearbeitet werden. Die Einträge »3« und »1« im Feld **Dezimalstellen** bedeuten, dass insgesamt drei Stellen existieren, von denen eine Stelle eine Dezimalstelle ist. Das Komma ist keine Stelle (also z. B. »10,5«).

Sie können außerdem über das Feld **Maßeinheit** mit Maßeinheiten arbeiten. Die **Schablone** wird automatisch ermittelt. Ferner können Sie mit Exponentialdarstellung (**Exp.Darstellung**) arbeiten.

Man kann einwertige oder mehrwertige Bewertung zulassen. Das heißt, in der Konfiguration kann das Merkmal nur mit einem Wert oder beliebig vielen Werten bewertet werden. Für einwertige Merkmale kann man zusätzlich das Flag **Einschränkbar** setzen. Das ermöglicht, über Beziehungswissen (genauer über Constraints) elegant den erlaubten Wertevorrat einzuschränken.

Das Flag **Intervallwerte erlaubt** spielt in der Variantenkonfiguration im Standard keine Rolle, da man für Intervalle im Beziehungswissen nur die untere Grenze ansprechen kann. Für einwertige Merkmale ist dieses Flag wirkungslos.

Mit dem Flag **Negative Werte erlaubt** kann man auch in der Variantenkonfiguration arbeiten.

Das Setzen des Flags **Eingabe erforderlich** wird in der Variantenkonfiguration eher nicht empfohlen. Wenn Sie das Flag nicht setzen, können Sie über Auswahlbedingen am Merkmal steuern, wann das Merkmal dynamisch zum Mussmerkmal werden soll. Wenn Sie das Flag setzen, sind solche Auswahlbedingungen wirkungslos, da das Merkmal dann permanent ein Mussmerkmal ist.

Die beiden Buttons erlauben, Langtext und Beziehungswissen zuzuordnen.

3.1.2 Bezeichnungen

Nur die Registerkarte **Basisdaten** beinhaltet Musseingaben. Alle weiteren Registerkarten sind somit optional. Die Registerkarte **Bezeichnungen** muss nur gepflegt werden, wenn Sie die Bezeichnung in weiteren Sprachen anlegen wollen (siehe Abbildung 3.2). Durch Klick auf den entsprechenden Button können auch hier Langtexte angelegt werden.

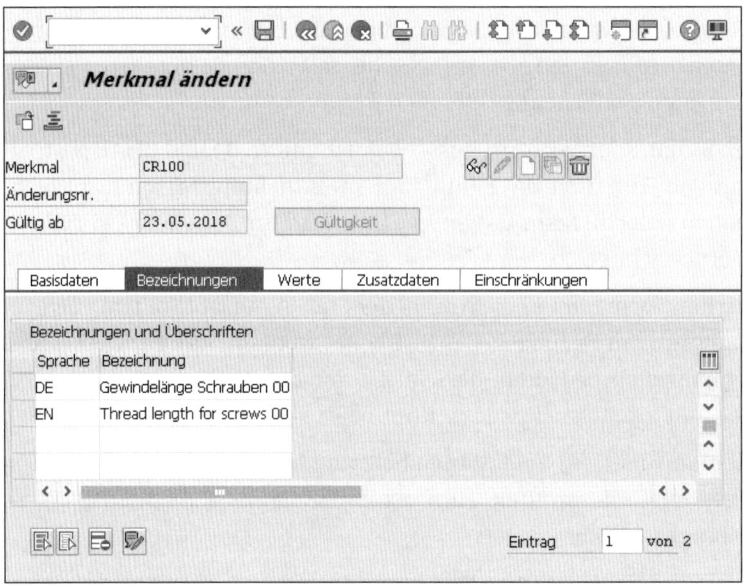

Abbildung 3.2 Merkmalspflege – Bezeichnungen

3.1.3 Werte

Die Registerkarte **Werte** müssen Sie nur pflegen, wenn Sie den zulässigen Wertevorrat einschränken wollen (siehe Abbildung 3.3). Ohne Angaben auf dieser Registerkarte sind alle Einträge erlaubt, die den Basisdaten entsprechen. Das heißt in dem Fall in Abbildung 3.3 alle nicht negativen Werte mit bis zu drei Stellen, davon eine Dezimalstelle – also alles von 0,0 bis 99,9 in der Schrittweite 0,1.

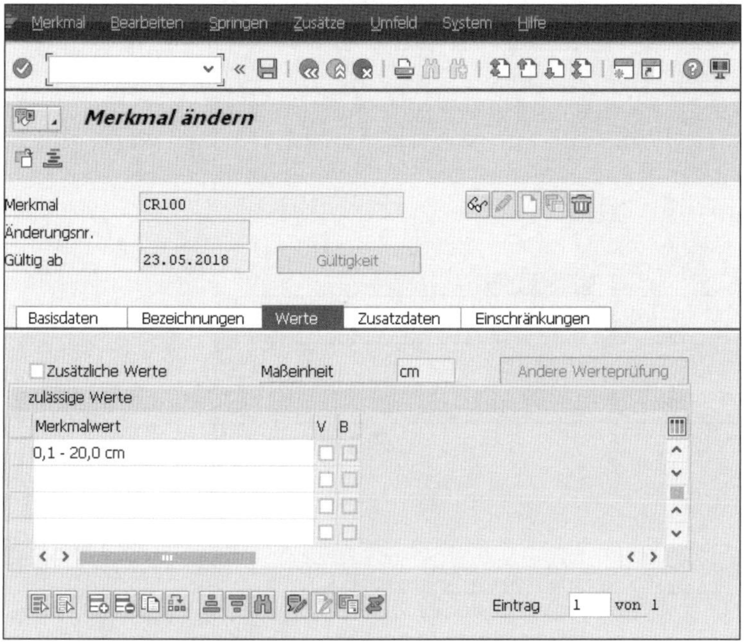

Abbildung 3.3 Merkmalspflege – Werte

Wie in Abbildung 3.3 gezeigt, haben wir für unser Beispiel die zulässigen Werte auf einen Bereich von 0,1 bis 20,0 eingeschränkt. Das System ergänzt dabei automatisch die Maßeinheit »cm«. Bitte beachten Sie, dass vor und nach dem Bindestrich jeweils ein Leerzeichen eingegeben werden muss. Ansonsten würde der Bindestrich als negatives Vorzeichen interpretiert.

3.1.4 Zusatzdaten

Wechseln Sie auf die nächste Registerkarte **Zusatzdaten**, die ebenfalls optional ist. Hier tragen Sie für Objektmerkmale die Verbindung zu einem *Tabellenfeld* ein (siehe Abbildung 3.4). Dazu gleich mehr.

Man kann ein Dokument zuordnen, das in der Konfiguration über die F4-Hilfe angezeigt werden kann. Über den Button auf der Registerkarte **Werte** ist dies auch pro Wert möglich. Auch diese Werte können Sie sich in der Konfiguration über die F4-Hilfe anzeigen lassen. Die weiteren Flags können genutzt werden, um die Darstellung des Merkmals anzupassen – z. B. um Merkmale auszublenden oder auszugrauen.

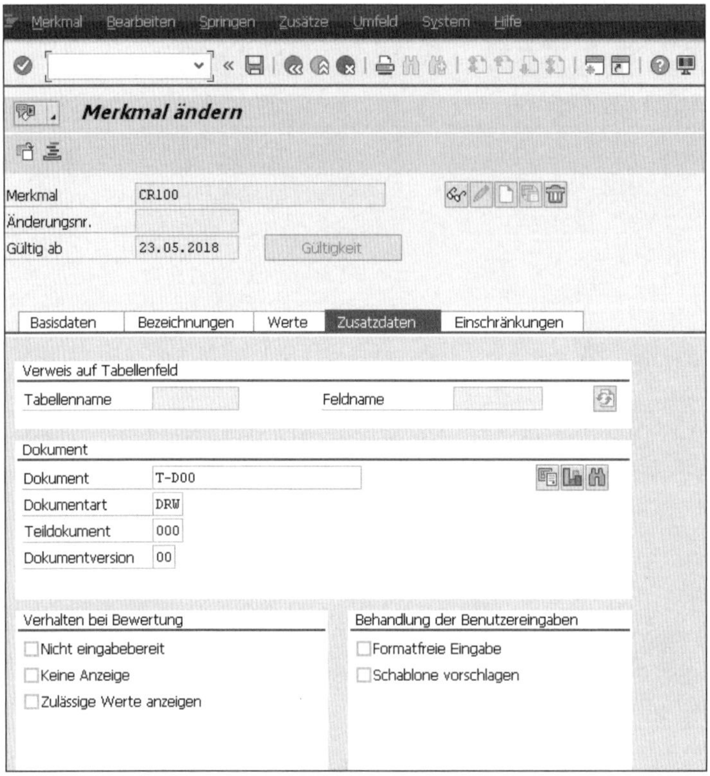

Abbildung 3.4 Merkmalspflege – Zusatzdaten

3.1.5 Einschränkungen

Im Standard kann man jedes Merkmal jeder Klasse beliebiger Klassenart zuordnen. Sie können dies auf der Registerkarte **Einschränkungen** auch ändern. So sind in Abbildung 3.5 nur Klassen aus vier Klassenarten zulässig. Relativ neu ist dabei die Klassenart 399. Sie ermöglicht es, elegant und einfach *Embedded Analytics for Classification and Configuration* im Umfeld der Variantenkonfiguration einzustellen.

In der Abbildung 3.5 ist auch erkennbar, dass über den Menüpfad **Springen • Klassifizierung** ein Merkmal klassifiziert werden kann. Die Klassifizierung von Merkmalen hat keine Auswirkung auf die Verwendung eines Merkmals in der Variantenkonfiguration.

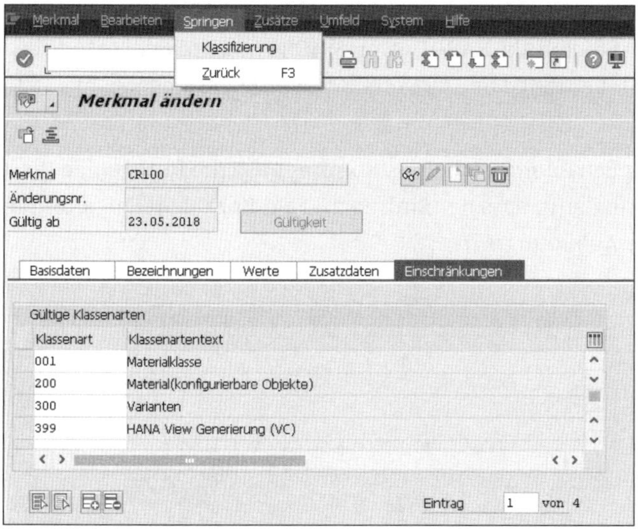

Abbildung 3.5 Merkmalspflege – Einschränkungen und Klassifizierung

3.1.6 CHAR-Zeichenformat

Neben numerischen Merkmalen (NUM) spielen Merkmale vom Datentyp Zeichenformat (CHAR) die entscheidende Rolle in der Variantenkonfiguration. Worin unterscheiden sich diese beiden Datentypen? Wie Sie in Abbildung 3.6 erkennen können, gibt es auch für den Datentyp CHAR ein Feld **Anzahl Stellen**, das ebenfalls ein Pflichtfeld ist.

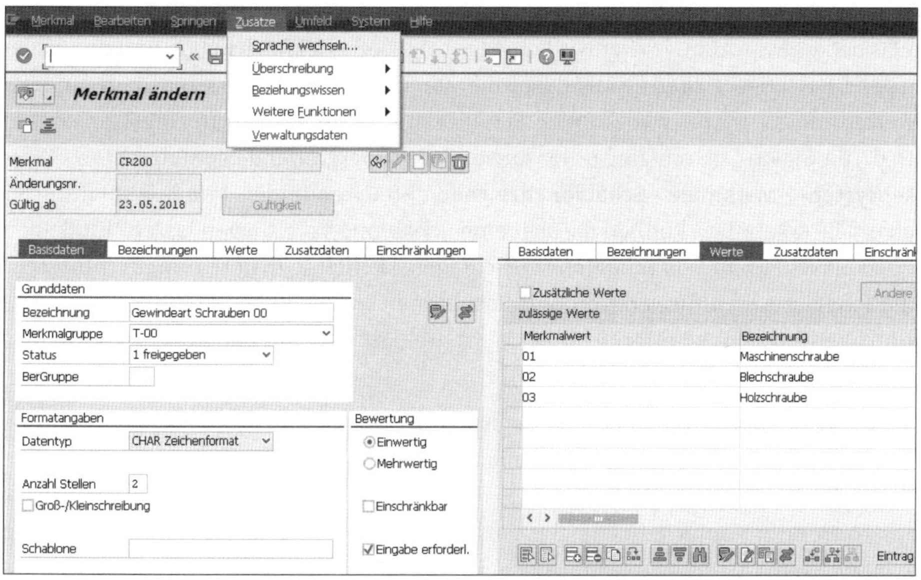

Abbildung 3.6 Merkmalspflege – Merkmale des »CHAR Zeichenformats«

Die Anzahl der Stellen bezieht sich auf einen sprachneutralen Schlüssel der Merkmalwerte. Die Anzahl ist auf 30 beschränkt. SAP-Hinweis 554086 beschreibt die Modifikation zur Erweiterung der Stellenzahl. Für SAP S/4HANA wurde die Stellenzahl auf 70 erweitert.

Außerdem können Sie mit Schablonen arbeiten. So sorgt etwa die fünfstellige Wert »AACCC« im Feld **Schablone** dafür, dass der Eintrag im Feld **Anzahl Stellen** automatisch angepasst wird (siehe Abbildung 3.7).

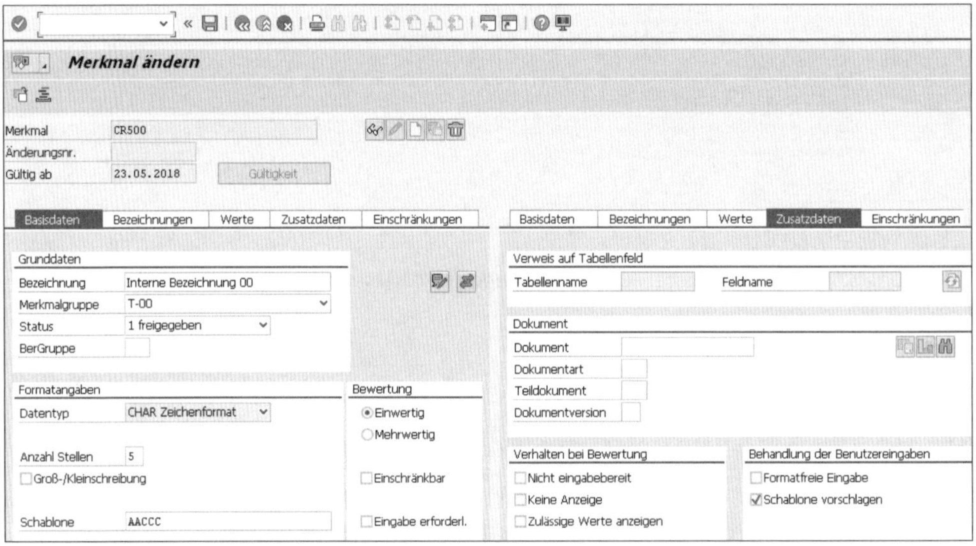

Abbildung 3.7 Merkmalspflege – »CHAR Zeichenformat« mit Schablone

Was bedeutet »AACCC«? Hier wird eine Eingabe von zwei Buchstaben und drei beliebigen Character-Zeichen erwartet (soweit man das optionale Merkmal überhaupt bewerten möchte). Anpassen können Sie die Schablonen in Customizing-Transaktion O017, die Sie im Customizing unter **Anwendungsübergreifende Komponenten • Klassensystem • Merkmale • Schablonenzeichen definieren** finden. Wie in Abbildung 3.7 ebenfalls erkennbar, können Sie sich eine Schablone vorschlagen lassen mit Setzen eines Häkchens im Feld **Schablone vorschlagen**. Das heißt, in der Konfiguration steht die Schablone im unbewerteten Feld. Schablonen spielen in der Variantenkonfiguration allerdings nur selten eine Rolle. Meist arbeitet man mit einer festen Liste zulässiger Werte.

Sie wechseln noch einmal auf die Registerkarte **Werte** und schauen sich rechts die Spalten **Merkmalwert** und **Bezeichnung** an (siehe Abbildung 3.6). Die Spalte **Bezeichnung** gibt es nur für den Datentyp »CHAR Zeichenformat«, denn nur hier können Sie mit Werten mit sprachabhängigen Bezeichnungen arbeiten. Diese Bezeichnungen können Sie in weiteren Sprachen anlegen. Nutzen Sie hierfür den Button *Bezeichnun-*

gen zum Wert , oder folgen Sie dem Menü über **Zusätze • Sprache wechseln**. Wenn Sie über das Menü gehen, können Sie auch die Bezeichnungen einer Sprache als Kopiervorlage nutzen.

3.1.7 Andere Wertprüfungen

Die in Abbildung 3.3 und Abbildung 3.6 genutzte Darstellung der Registerkarte **Werte** stellt nur eine Form dar, die zulässigen Werte anzugeben – hier als Liste. Weitere Möglichkeiten zeigen sich, wenn Sie auf den Button **Andere Wertprüfung** klicken (rechts in Abbildung 3.8). Dann erscheint ein Pop-up-Fenster **Strategie zur Werteprüfung**, in dem neben den zulässigen Werten zusätzlich die Optionen Prüftabelle, Funktionsbaustein und Katalogmerkmal aufgeführt sind, um die es im Folgenden geht.

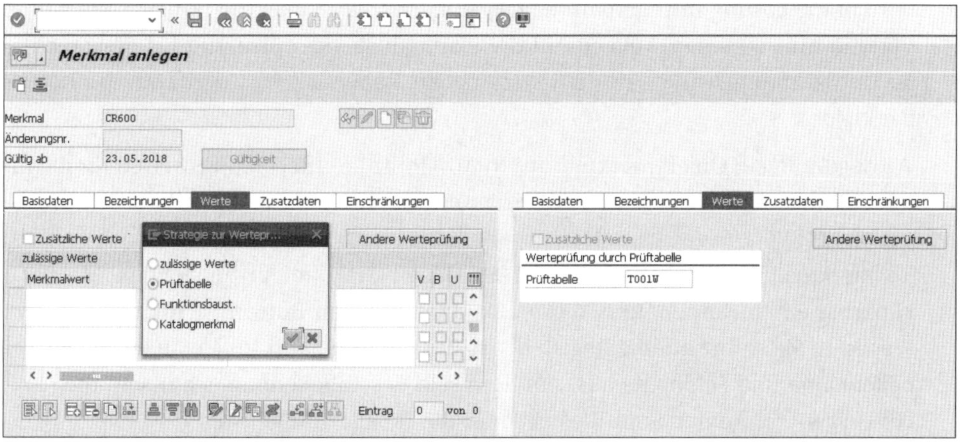

Abbildung 3.8 Merkmalspflege – andere Wertprüfungen

Prüftabelle

Neben den von SAP ausgelieferten Prüftabellen sind auch eigene Prüftabellen möglich. Letztere haben dann die Eigenschaft einer Prüftabelle, wenn sie nur ein Schlüsselfeld besitzen, gegen das automatisch geprüft wird. Um eine von SAP ausgelieferte Prüftabelle zu finden, wechseln Sie am besten in eine Anwendung, in der das passende Feld mit der gesuchten Prüftabelle als [F4]-Hilfe existiert. Auf dieses Feld gelangen Sie über die [F1]-Hilfe und den Pfad **Technische Information (=) • Doppelklick auf Feldname • Doppelklick auf Komponente.** (Hier im Pop-up-Fenster **Komponente anzeigen** ist auch die Prüftabelle aufgelistet.)

Funktionsbaustein

Mit Funktionsbausteinen lassen sich umfänglichere Prüfungen vornehmen. Solche »komplexeren« Prüfungen können »so einfache« Sachverhalte wie Schrittweiten oder Toleranzbereiche beinhalten.

Katalogmerkmal

Kataloge könnten z. B. im Rahmen des Qualitätsmanagements für andere Zwecke wie Wertevorräte und Verwendungsentscheide angelegt worden sein. Diese können hier ebenfalls genutzt werden. Die Pflege von Katalogen führen Sie z. B. über Customizing-Transaktion QS51 durch, die Sie im Customizing unter **Qualitätsmanagement • Qualitätsplanung • Grunddaten • Katalog • Kataloge bearbeiten** finden.

3.1.8 Objektmerkmale

Häufig möchte man im Beziehungswissen Informationen aus Tabellen oder Strukturen nutzen, die z. B. aus dem Kundenauftrag, dem Materialstamm oder aus anderen Quellen stammen. Wenn Sie hierbei nicht mit Funktionsbausteinen arbeiten wollen, besteht die Lösung in sogenannten *Objektmerkmalen*. Objektmerkmale stellen eine Verknüpfung zu einem Feld einer Datenbanktabelle oder Struktur dar. So sprechen Sie im Beziehungswissen nur ein Merkmal an, haben jedoch Zugriff auf das Datenbankfeld.

Wie legt man ein Objektmerkmal an? In Abschnitt 1.6, »Beziehungswissen für die interaktive Konfiguration«, haben wir erläutert, wie sich ein Objektmerkmal mit Transaktion PMEVC anlegen lässt. Demgegenüber zeigt Abbildung 3.9 die Anlage von Objektmerkmalen mit Transaktion CT04. Geben Sie dem anzulegenden Merkmal zunächst einen Namen, und klicken Sie dann auf den Button 🗋 für das Anlegen. Wechseln Sie sofort auf die Registerkarte **Zusatzdaten**, und füllen Sie die Felder **Tabellenname** und **Feldname** aus. Auf dem Feld des Tabellennamens macht die [F4]-Hilfe eigentlich keinen Sinn. Sie bekämen alle Tabellen aufgelistet.

Nach Bestätigung der Eingabe mit [↵] erhalten Sie ein Pop-up-Fenster mit der Information, dass Formatangaben aus dem ABAP Dictionary übernommen wurden. Das können Sie auf der Registerkarte **Basisdaten** kontrollieren. Weiterhin können Sie auch hier die Werteprüfung gegen Prüftabellen auf der Registerkarte **Werte** nutzen.

Bei den Objektmerkmalen in der Variantenkonfiguration haben Sie deutlich mehr Möglichkeiten als im Klassensystem: Im Standard des Klassensystems haben Sie nur auf die eine Tabelle Zugriff, deren Einträge klassifiziert werden sollen – und dies auch generell nur lesend. Im Unterschied dazu können Sie in der Variantenkonfiguration auf eine ganze Reihe von Datenbanktabellen zugreifen, teilweise sogar schreibend. Lesender Zugriff bedeutet dabei, dass der Inhalt im Rahmen von Beziehungswissen ausgewertet wird. Schreibender Zugriff bedeutet, dass der Inhalt bestimmter Felder geändert werden kann.

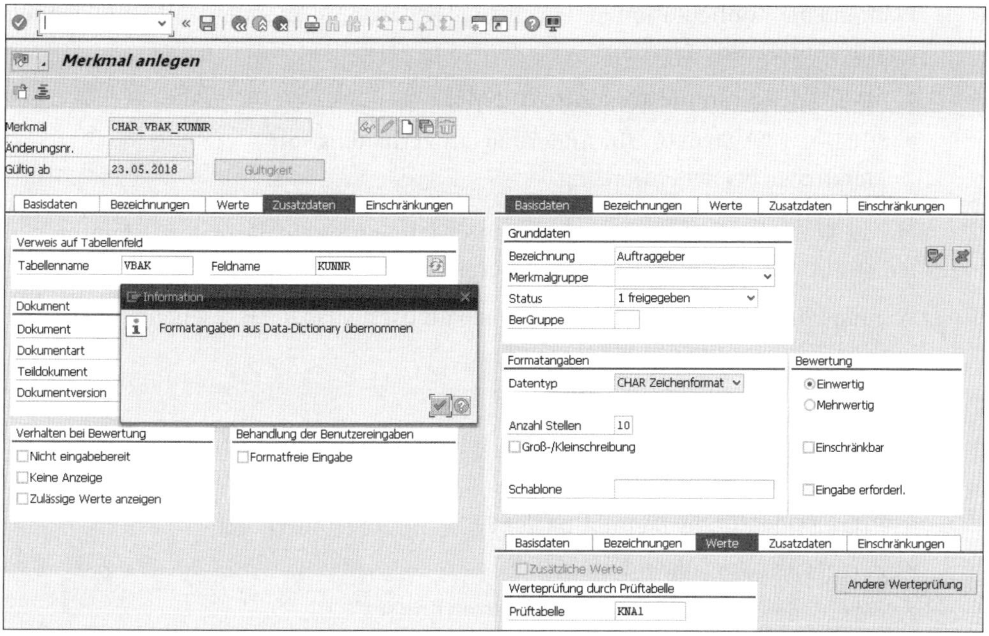

Abbildung 3.9 Merkmalspflege – Objektmerkmale

Betrachten Sie das Thema Objektmerkmale und Datenbankfelder nun im Detail, zunächst die Konfiguration im Vertriebsbeleg. Während der Konfiguration im Vertriebsbeleg haben Sie auf die folgenden Tabellen lesenden und schreibenden Zugriff:

- SDCOM: Kommunikationsstruktur SD
- VCSD_UPDATE: Update-Struktur für einige Felder der VBAP
- SCREEN_DEP: Struktur zur Änderung des Verhaltens von Merkmalen bei der Bewertung

Auf folgende Tabellen haben Sie während der Konfiguration im Vertriebsbeleg nur lesenden Zugriff:

- VBAK: Vertriebsbeleg Kopf
- VBAP: Vertriebsbeleg Position
- VBKD: kaufmännische Daten
- MAEPV und MAAPV: Strukturen für Materialstammfelder
- VEDA: Vertragsdaten
- VBPA_AG, VBPA_WE, VBPA_RE, VBPA_RG, VBADR_AG, VBADR_WE, VBADR_RE, VBADR_RG: Vertragspartner inklusive Adressdaten (Auftraggeber, Warenempfänger, Rechnungsempfänger und Regulierer)

Während der Konfiguration im Einkaufsbeleg haben Sie lesenden und schreibenden Zugriff auf folgende Tabellen:

- MMCOM: Kommunikationsstruktur MM
- SCREEN_DEP: Struktur zur Änderung des Verhaltens von Merkmalen bei der Bewertung

Für die Konfiguration der Materialvarianten können Sie auf die Materialstammtabellen MARA, MARC und MAKT lesend zugreifen.

Während der Stücklisten- und Arbeitsplanauflösung haben Sie lesenden und schreibenden Zugriff auf folgende Tabellen:

- Stopp: Felder der Stücklistenposition
- PLPO: Felder des Vorgangs im Arbeitsplan, soweit Sie auch in der PLPO_CFMOD sind
- PLFH: Felder für die Zuordnung der Fertigungshilfsmittel
- PLFL: Felder des Folgen-Detailbildes
- ESSL: Zeilen des Muster-Leistungsverzeichnisses

Neben Transaktion CT04 können Sie Merkmale auch in der PMEVC anlegen oder ändern. Sie finden diese Transaktion im SAP-Menü unter: **Logistik • Zentrale Funktionen • Variantenkonfiguration • Modellierungsumgebung für Variantenkonfiguration**.

Gehen Sie dann mit dem Cursor auf eine Klasse (in Abbildung 3.10 links oben die Klasse »300 CL01«), und drücken Sie die rechte Maustaste. Über das erscheinende Kontextmenü können Sie Merkmale anlegen und zugleich zuordnen.

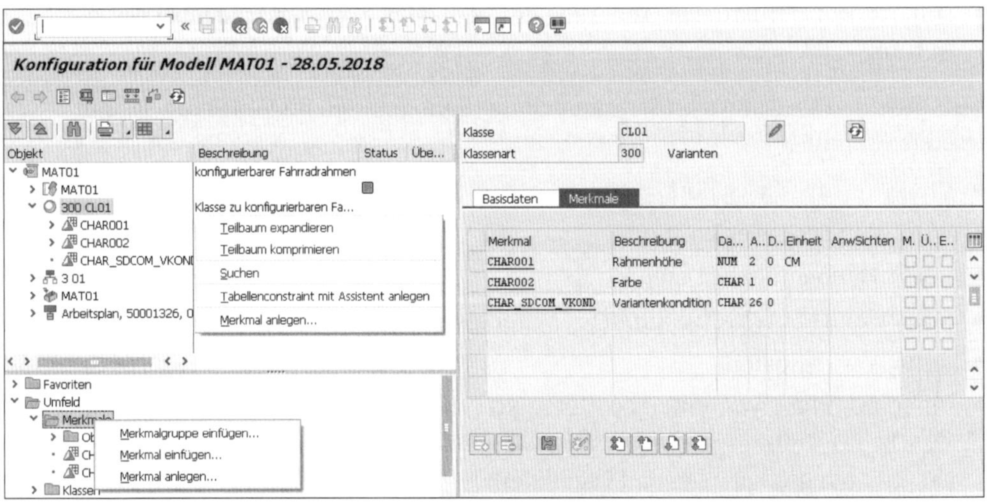

Abbildung 3.10 Merkmalspflege in Transaktion PMEVC

Über **Umfeld** (siehe Abbildung 3.10 links unten) können Sie Merkmale über das Kontextmenü (rechter Mausklick) zunächst anlegen oder zuordnen, ohne sie mit dem Modell zu verknüpfen.

Rechts oben in Abbildung 3.10 findet sich die Detailsicht der Variantenklasse. Über den Button können Sie aus dem Anzeige-Modus in den Ändern-Modus wechseln. So können Sie existierende Merkmale zuordnen.

In der PMEVC gibt es auch die Möglichkeit, Merkmale zu ändern. Links oben in Abbildung 3.10 sind die Merkmale dem Modell zugeordnet, links unten den Favoriten oder dem Umfeld. Indem Sie einen Doppelklick auf dem betreffenden Merkmal ausführen, können Sie sich dessen Detailbild anzeigen lassen. Das gilt sowohl für die links als auch für die rechts im Bild aufgeführten Merkmale. Klicken Sie anschließend wieder auf den Button , um in den Ändern-Modus zu wechseln.

Achten Sie aber darauf, ob Sie das Merkmal ändern oder überschreiben wollen. Zum Thema Überschreiben erfahren Sie im nächsten Abschnitt mehr.

3.2 Klassenpflege

Die Klassenpflege führen Sie mithilfe von Transaktion CL02 durch, die Sie im SAP-Menü unter **Anwendungsübergreifende Komponenten • Klassensystem • Stammdaten • Klassenverwaltung** finden. In Transaktion PMEVC kann in der Klassenpflege nur die Registerkarte **Merkmale** bearbeitet werden (siehe Abbildung 3.11). Hier können Merkmale zugeordnet, gelöscht (aber nur hier zugeordnete) oder überschrieben werden (per Klick auf den Button).

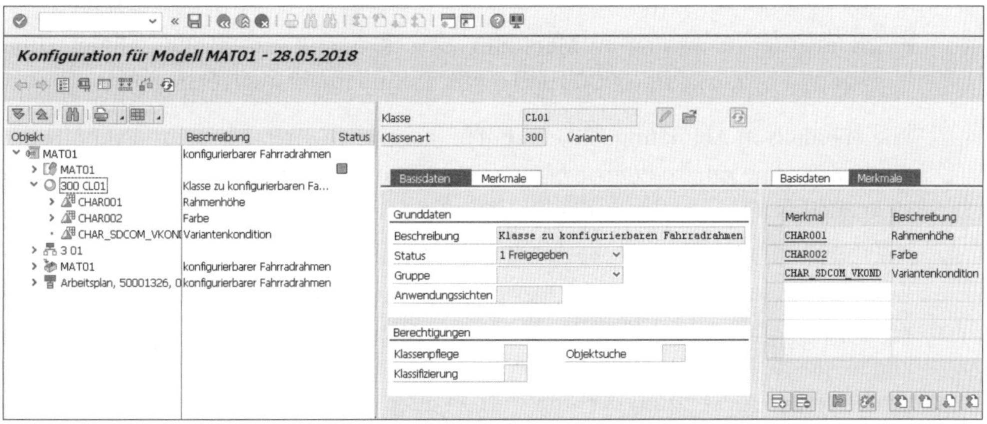

Abbildung 3.11 Klassenpflege in Transaktion PMEVC

Im Einstiegsbild von Transaktion CL02 wählen Sie den Button Anlegen (). Der Schlüssel der Klasse besteht aus Name und Klassenart. Es kann also mehrere Klassen mit demselben Namen geben. Der Name der neu anzulegenden Klasse muss analog zum Merkmal manuell angegeben werden. Dabei ist dann auch beinahe das Gleiche zu beachten:

- Der Name muss nicht mit einem Buchstaben beginnen, er kann auch rein numerisch sein.
- Der Name darf neben Buchstaben auch Ziffern und Unterstriche beinhalten. Bindestriche sind zu vermeiden.
- Im SAP-ERP-System kann der Name der Klasse nachträglich geändert werden. Das funktioniert, solange dieser nicht in freigegebenem Beziehungswissen verwendet wird. Andere Verwendungen spielen keine Rolle.
- In SAP S/4HANA kann man den Name der Klasse nicht nachträglich ändern.

3.2.1 Basisdaten

Auf der Registerkarte **Basisdaten** müssen die Felder **Bezeichnung** und **Status** ausgefüllt werden. Der Status kann analog zur Merkmalsverwaltung über das Customizing vorbelegt werden.

Wie in Abbildung 3.12 erkennbar, kann man einer Klasse im Feld **Gruppe** eine *Gruppe* zuordnen. Hier – wie auch für Gruppen im Merkmal – gelten die gleichen Anmerkungen:

- Diese Gruppierung hat keine operative Bedeutung und spielt für die eigentliche Konfiguration keine Rolle.
- Diese Gruppierung wird trotzdem gern genutzt, etwa zum Strukturieren, Suchen und Auswerten.
- Diese Gruppen werden im Merkmals- bzw. Klassen-Customizing definiert, und zwar durch Transaktion O003 und O008. Es sind unabhängige Gruppen.

Wie ebenfalls in Abbildung 3.12 erkennbar, kann man einer Klasse im Feld **Anwendungssicht** eine *Anwendungssicht* zuordnen. Damit können Sie diese Anwendungssicht auch den Merkmalen in der Klassenpflege zuordnen. Weiterhin können Sie Anwendungssichten dem Konfigurationsprofil zuordnen.

Was sind Anwendungssichten? Über die Zuordnung zum Konfigurationsprofil wirken Anwendungssichten als Filter. Es werden nur die Merkmale in der Konfiguration angezeigt, die Anwendungssichten zugeordnet wurden, die auch im Konfigurationsprofil stehen. Anwendungssichten werden auch über die beiden Berechtigungsobjekte C_TCLS_BER und C_TCLS_MNT abgefragt und können somit steuern, welcher User welche Merkmale sehen bzw. bewerten darf.

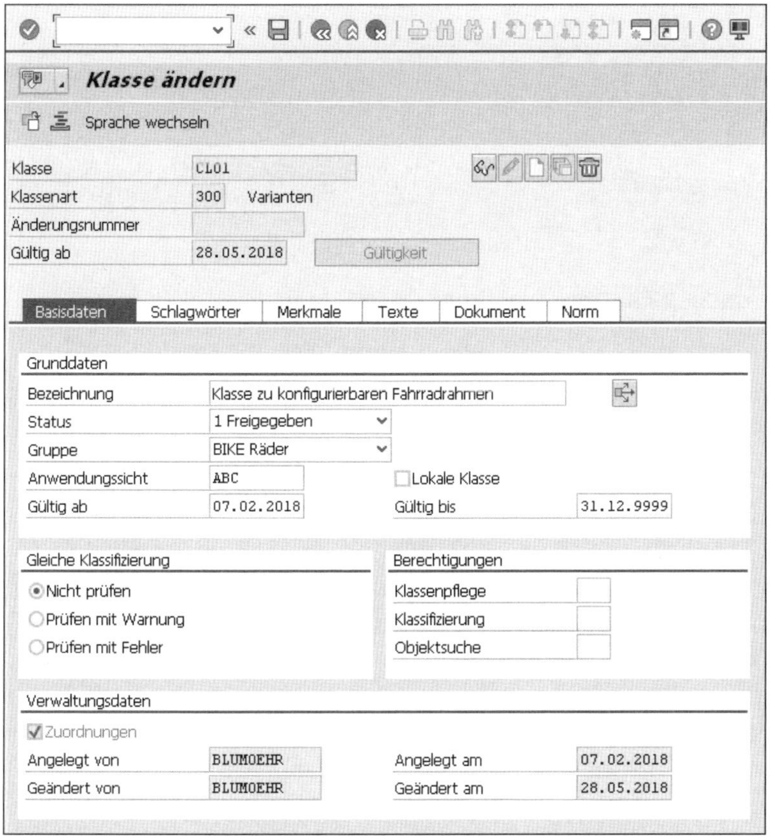

Abbildung 3.12 Klassenpflege – Basisdaten (Transaktion CL02)

Die Optionen im Bereich **Gleiche Klassifizierung** haben in der Konfiguration keine Auswirkung. Interessant sind sie für Klassenknoten. Hier sollten sie genutzt werden, um zu verhindern, dass mehrere völlig identisch klassifizierte Objekte aufgenommen werden.

3.2.2 Merkmale

Variantenklassen, also Klassen der Klassenart 300, unterscheiden sich im Standard nicht von »normalen« Materialklassen der Klassenart 001. Die Hauptaufgabe besteht im Sammeln von Merkmalen für die Bewertungsoberfläche. Hierzu dient die Registerkarte **Merkmale**, wie sie in Abbildung 3.13 dargestellt ist. Hier werden die gewünschten Merkmalsnamen aufgenommen. In den ausgegrauten Spalten werden wichtige Informationen dieser Merkmale angezeigt. Ebenso zeigt die Abbildung, dass auch Anwendungssichten über die passende Spalte zugeordnet wurden.

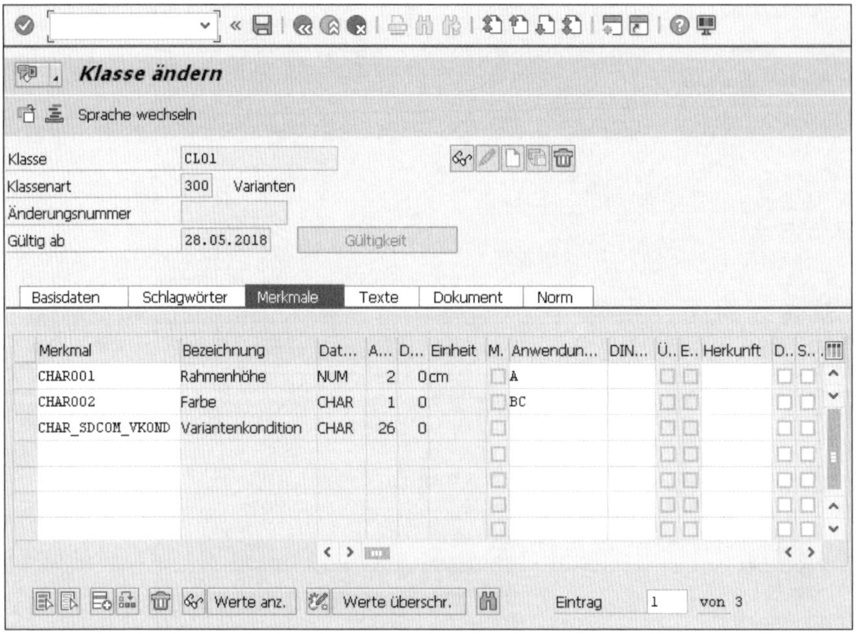

Abbildung 3.13 Klassenpflege – Merkmale

In der Registerkarte **Merkmale** kann man Merkmale klassenspezifisch anpassen. Man spricht hier von *Überschreibung*. Dies geschieht wahlweise über die Buttons Werte überschr.. Achtung: Es werden Kopien der überschriebenen Merkmale angelegt, und die Überschreibung findet nur in der Kopie statt. Ob eine Überschreibung vorliegt, erkennt man hier in der Spalte **Ü**. Das Ausgangsmerkmal wie auch die Überschreibung haben den gleichen Namen.

3.2.3 Zusatzdaten

Wie bereits erwähnt, haben Variantenklassen ein »normales« Aussehen. Für Klassenknoten kommt die Registerkarte **Zusatzdaten** hinzu (siehe Abbildung 3.14). Hierüber können Sie erlauben, dass eine solche Klasse als Position in die Stücklisten konfigurierbarer Materialien aufgenommen wird (indem Sie das Flag **in Stückliste erl.** in dem Bildbaustein **Verwendung** setzen). Eine solche Klasse als Position ersetzt in der Stückliste die Aufnahme aller Materialien, die in dieser Klasse klassifiziert sind.

Auf dieser Registerkarte wird auch die Dispositionsstufe 002 angezeigt. Das ist Dispositionsstufe 2. Das heißt, der Klassenknoten kommt in Stücklisten höchstens auf zweiter Stufe vor. Es gibt also höchstens zwei Ebenen, also zwei Materialien in einer mehrstufigen Stücklistenstruktur darüber. Die Dispostufe ist wichtig für die Reihenfolgeplanung einer Gesamt-Bedarfsplanung.

Weiterhin sieht man die Basismengeneinheit der Komponenten (Feld **Basismengeneinheit**, hier »L« für Liter) und einen Eintrag im Feld **Res. Positionstyp** (resultierender Positionstyp), wenn die Klassenposition durch eine Materialposition ersetzt wird (hier »L« für Lagerposition).

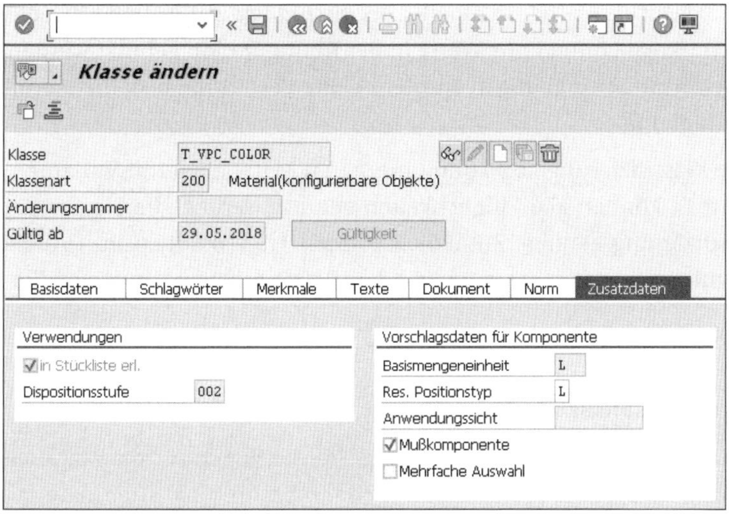

Abbildung 3.14 Klassenpflege – Zusatzdaten

Darüber hinaus können Sie über die beiden Flags **Mußkomponente** und **Mehrfache Auswahl** einstellen, dass Ihnen in bestimmten Szenarien Inkonsistenzen gemeldet werden, sodass Sie darauf manuell reagieren können (gilt nicht für das Konfigurationsszenario Plan-/Fertigungsauftrag). Dies ist unter folgenden Umständen wichtig:

- falls bei der Stücklistenauflösung kein passendes Material in der Klasse gefunden wird
- falls bei der Stücklistenauflösung mehr als ein passendes Material in der Klasse gefunden wird.

3.3 Klassifizierung

Die Klassifizierung beinhaltet im Allgemeinen das Zuordnen von Objekten zu Klassen und die anschließende Bewertung der Merkmale der Klasse. So sieht das für die »normale« Klassifizierung von Materialstämmen mit »normalen« Materialklassen der Klassenart 001 aus. Genauso verhält es sich auch für die Klassifizierung von Materialstämmen mit Klassenknoten, also mit Klassen der Klassenart 200.

Anders verhält es sich jedoch, wenn es um die Klassifizierung von konfigurierbaren Materialien mit Variantenklassen geht, also Klassen der Klassenart 300. Hier erfolgt im Rahmen der Klassifizierung nur die Zuordnung. Die Bewertung heben Sie sich für die eigentliche Konfiguration auf. Trotzdem kann man hier in der Klassifizierung von konfigurierbaren Materialien mit Variantenklassen eine Bewertung durchführen. Die Frage ist, warum?

Das ist aber keine Bewertung, sondern eine *Werteeinschränkung*. Das heißt, für das Material und das Merkmal können nur Werte in der Konfiguration genutzt werden, die hier in der »Bewertung« eingetragen wurden. Keine Bewertung bedeutet somit keine Werteeinschränkung.

Wie kann man die Klassifizierung von konfigurierbaren Materialien mit Variantenklassen realisieren? Es können alle Möglichkeiten genutzt werden, die Sie aus der »normalen« Klassifizierung kennen. Zusätzlich können Transaktionen im Umfeld der Pflege von Konfigurationsprofilen genutzt werden. Das schauen wir uns im Einzelnen an.

3.3.1 Klassifizieren in Transaktion PMEVC

Sie können wie für die »normale« Klassifizierung Transaktionen für die Materialstammpflege nutzen. Dies wurde schon ausführlich in Abschnitt 1.4, »Der Materialstamm des konfigurierbaren Produktes«, dargestellt. Und auch in Kapitel 2, »Der konfigurierbare Materialstamm«, wurden Transaktionen vorgestellt. Deshalb verzichten wir an dieser Stelle darauf, die Klassifizierung über die Materialstammpflege zu wiederholen.

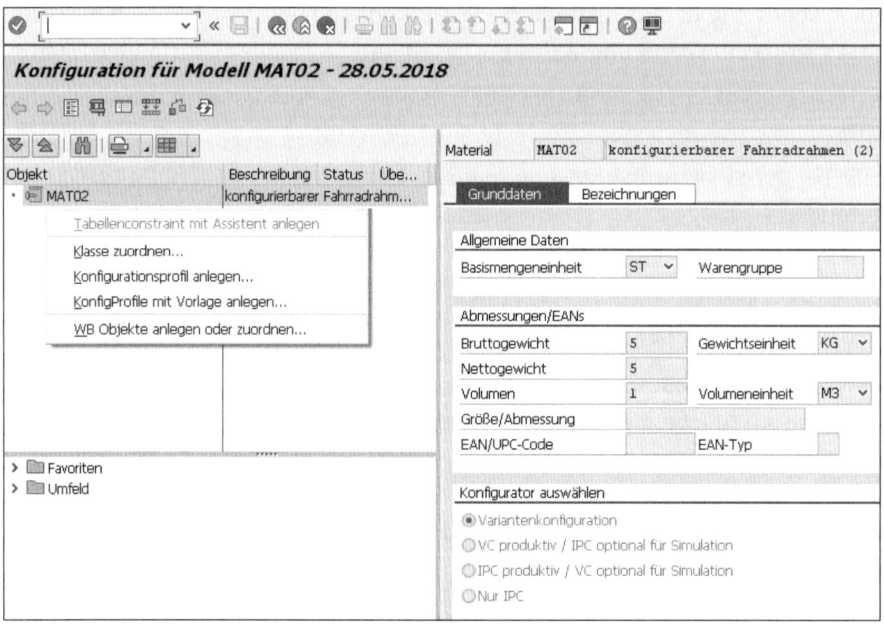

Abbildung 3.15 Klassifizieren in Transaktion PMEVC

Sie können auch Transaktion PMEVC für die Zuordnung der Variantenklasse zu dem konfigurierbaren Material nutzen. Falls Sie im Einstiegsbild von PMEVC nur die Materialnummer und Klassenart 300 eintragen, finden Sie auch nur die Materialnummer vor (siehe Abbildung 3.15 links). Über das Kontextmenü auf der Materialnummer wird auch die Option **Klasse zuordnen...** angeboten. Das Ergebnis ist das gleiche wie bei einer Klassifizierung in der Materialstammpflege. Aber im Unterschied dazu gibt es hier kein Bewertungsbild.

3.3.2 Klassifizieren in Transaktion CU41

Sie können auch Transaktion CU41 für die Zuordnung der Variantenklasse zu dem konfigurierbaren Material nutzen. Sie finden diese Transaktion im SAP-Menü unter **Logistik • Zentrale Funktionen • Variantenkonfiguration • KonfigurationsProfil • Anlegen**.

Im Einstiegsbild dieser Transaktion erscheint eventuell ein Pop-up-Fenster **konfigurierbares Objekt auswählen**. Hier wählen Sie **Material** aus.

Anschließend erscheint eine Maske mit einem Eingabefeld für die Materialnummer. Sollte weder das Pop-up-Fenster erscheinen noch ein Feld **Material** existieren, können Sie das Pop-up-Fenster mit einem Klick auf den Button [KonfigObjkt wechseln] aufrufen.

Nach Eingabe der Materialnummer und Bestätigung mit [↵] gelangen Sie in die Profilübersicht (siehe Abbildung 3.16 links). Hier können Sie nach Angabe eines Profilnamens im Feld **Profilname** (2. Spalte) und der Klassenart 300 im Feld **Klassenart** (3. Spalte) per Klick auf den Button **Klassenzuordnung** in die Klassifizierung wechseln (siehe Abbildung 3.16 rechts).

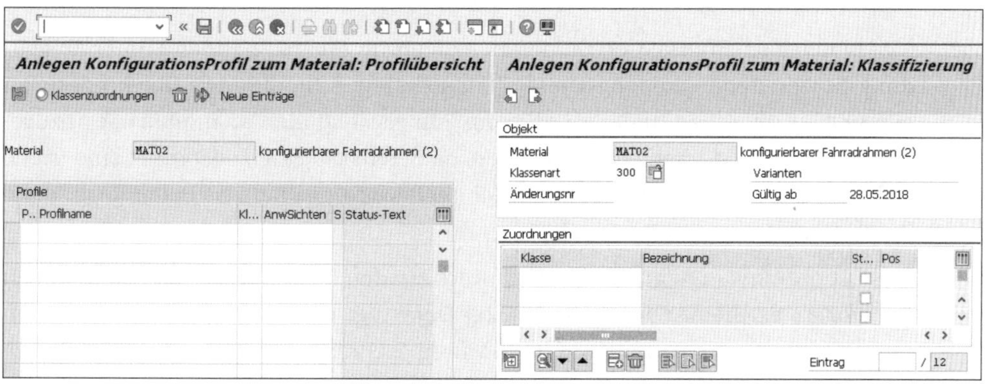

Abbildung 3.16 Klassifizieren in Transaktion CU41 (»Anlegen Konfigurationsprofil«)

Dies funktioniert analog zur Klassifizierungssicht im Materialstamm. Hier haben Sie auch die gleiche Funktionalität wie im Materialstamm – d. h. Zuordnung und Bewertung.

3.3.3 Klassifizieren in Transaktion CL20N

Sie können für die Klassifizierung von konfigurierbaren Materialien mit Variantenklassen auch – wie für die »normale« Klassifizierung – Transaktionen aus dem Klassenmenü nutzen. Sie können z. B. Transaktion CL20N verwenden, die Sie im SAP-Menü unter **Anwendungsübergreifende Komponenten • Klassensystem • Zuordnung • Objekt zu Klassen zuordnen** finden. Hier sind zunächst Materialnummer und Klassenart anzugeben (siehe Abbildung 3.17). Diese Transaktion sieht völlig identisch aus mit der entsprechenden Registerkarte im Materialstamm oder auch mit der Klassifizierung in Transaktion CU41.

Abbildung 3.17 Klassifizieren in Transaktion CL20N

3.3.4 Klassifizieren in Transaktion CL24N

Sie können auch Transaktion CL24N verwenden, die Sie im SAP-Menü unter **Anwendungsübergreifende Komponenten • Klassensystem • Zuordnung • Objekte/Klassen einer Klasse zuordnen** finden. Hier ist im Einstiegsbild die Variantenklasse anzugeben. Anschließend können Sie erkennen, ob bereits Objekte zugeordnet sind (siehe Abbildung 3.18). Hier gibt es auch wieder ein Bewertungsbild, das in der Regel keine Werte enthält.

Neue Zuordnungen nehmen Sie durch Klick auf den Button **Nur neue Zuordnungen** () vor. Es erscheint ein Pop-up-Fenster **Objekttyp festlegen**. Hierüber kann man auch Klassenhierarchien pflegen, man würde also Klassen bestimmten Klassen zuordnen. Aber Variantenklassen lassen neben Material und Klasse noch weitere konfigurierbare Objekttypen zu, und zwar Instandhaltungsanleitungen (IH-Anleitungen) und Standardnetze. Nachdem Sie in dem Pop-up-Fenster **Objekttyp festlegen** den Eintrag **Material** ausgewählt haben, erscheint genau die Sicht aus Abbildung 3.18.

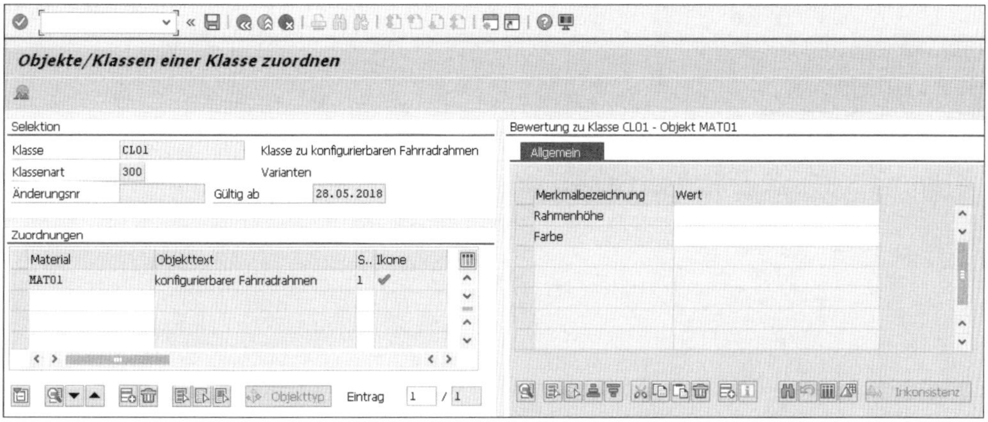

Abbildung 3.18 Klassifizieren in Transaktion CL24N

3.4 Such- und Auswertungsmöglichkeiten im Klassensystem

Im Folgenden beleuchten wir die Frage, wo und wie Such- und Auswertungsmöglichkeiten aus dem Klassensystem für die Variantenkonfiguration genutzt werden können. Sie finden im SAP-Menü unter **Anwendungsübergreifende Komponenten • Klassensystem • Suche** die Transaktionen **CL30N - Objektsuche in Klassen** und **CL31 - Objektsuche in Klassenart** (siehe Abbildung 3.19). Diese sind ebenfalls in der Variantenkonfiguration nutzbar – auch um Konfigurationen zu finden. Starten Sie Transaktion CL30N, und geben Sie den Namen der Variantenklasse an.

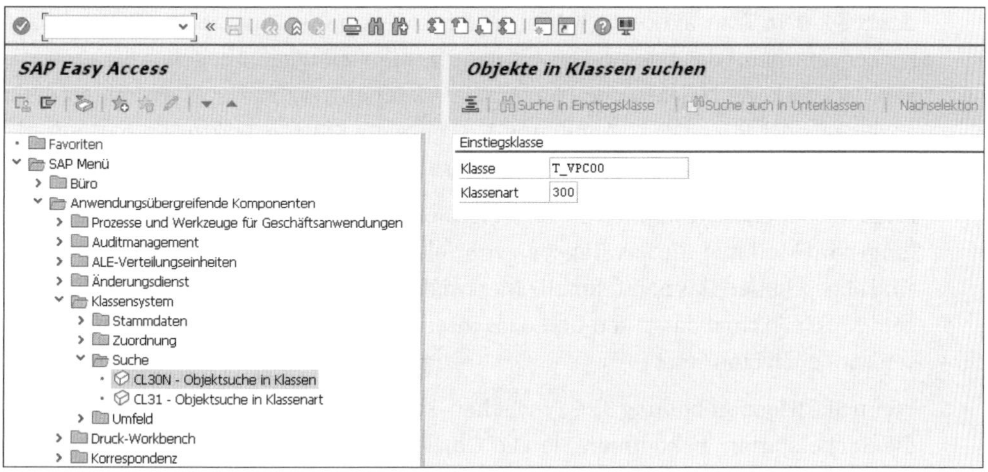

Abbildung 3.19 Objektsuche in Klassen (Transaktion CL30N)

Nach der Bestätigung mit [↵] erhalten Sie die **Klassenstruktur** und erkennen daneben den Bereich **Merkmale** (siehe Abbildung 3.20).

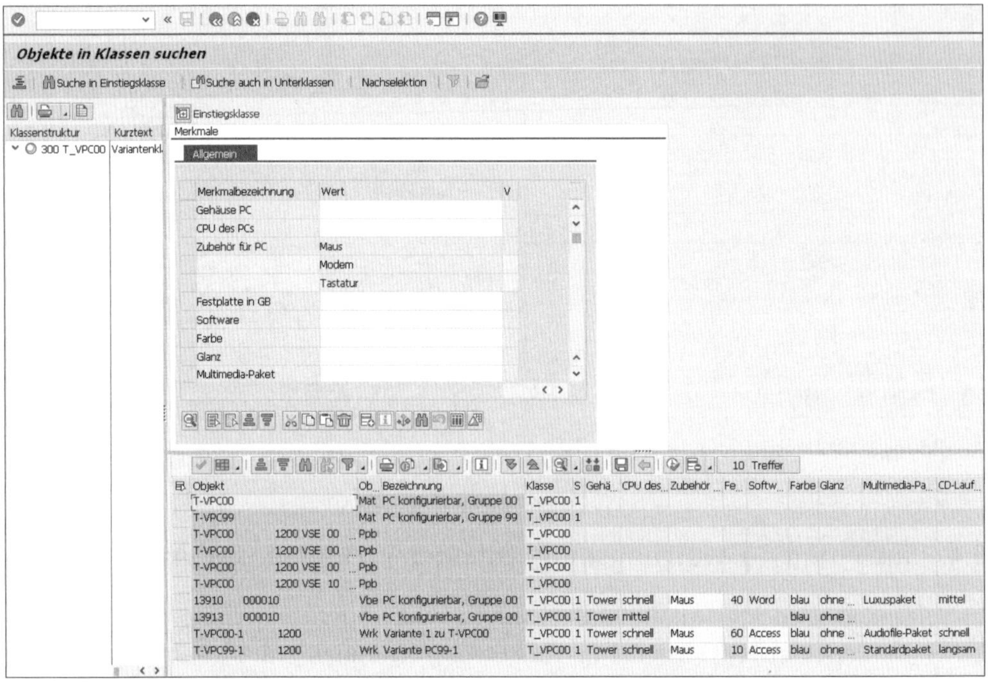

Abbildung 3.20 Suchergebnis in der Objektsuche in Klassen (Transaktion CL30N)

Die **Klassenstruktur** wird Ihnen angezeigt, da laut Customizing für die Klassenart 300 *Klassenhierarchien* erlaubt sind. Sollten Sie trotz erlaubter Klassenhierarchien die Klassenstruktur nicht sehen, dann liegt das an den Benutzereinstellungen. Diese finden Sie z. B. in Transaktion CL30N unter dem Menüpunkt **Zusätze**. Wenn Sie darauf klicken, erscheint das Pop-up-Fenster **Benutzereinstellungen pflegen**. Auf der dortigen Registerkarte **Objektsuche** können Sie erkennen, ob das Flag **Klassenhierarchie anzeigen** gesetzt ist. Die in Abbildung 3.20 gezeigte **Klassenstruktur** enthält nur die eine Klasse »300_T_VPC00«. Somit hat diese Klasse keine Unterklassen.

Im Bereich **Merkmale** können Sie beliebige Selektionskriterien angeben. Alle Einstellungen im Merkmal, die das Eingeben von Selektionskriterien einschränken würden, sind abgeschaltet. Das heißt, für alle Merkmale gilt, dass sie jeweils mehrwertig sind, kein Mussmerkmal darstellen und dass Intervallwerte erlaubt sind. Beziehungswissen wird auch ignoriert.

Wenn Sie, wie in Abbildung 3.20 geschehen, keine Selektionskriterien eintragen und die Suche starten, bekommen Sie alle Objekte angezeigt, die über Klassifizierung oder Konfiguration zugeordnet wurden. Die Suche starten Sie durch Klick auf einen der beiden Buttons **Suche in Einstiegsklasse** oder **Suche auch in Unterklassen**. Diese beiden Möglichkeiten unterscheiden sich nur, falls die Klasse Unterklassen hat, was in unserem Beispiel nicht zutrifft. Es kann sein, dass nicht alle Objekte gefunden werden. Wenn dem so ist, können in den bereits angesprochenen Benutzereinstellungen Objekte aufgrund ihres Status ausgeschlossen worden sein.

Sollte Ihr Suchergebnis nicht so übersichtlich und inklusive Bewertung gestaltet sein, liegt es an Ihrem Layout. Sie können das Layout durch Klick auf den Button ändern und sichern. Mithilfe des Kontextmenüs (rechter Mausklick auf die Spaltenköpfe des Suchergebnisses) kann man die Spaltenbreite optimieren. Das Layout kann auch an anderen Stellen geändert werden.

Was wurde in Abbildung 3.20 an Objekten gefunden? Das können Sie mit etwas gutem Willen an den stark abgekürzten Objekttypen in der Spalte **Ob** erkennen. Die Abkürzungen sind im Customizing der Klassenarten einstellbar – Transaktion O1CL. Folgende Objekttypen werden angezeigt:

- Die ersten beiden Zeilen mit dem Objekttyp **Mat** sind zwei klassifizierte konfigurierbare Materialstämme. Wie Sie erkennen können, haben diese im Allgemeinen keine Bewertung.
- Die nächsten vier Zeilen mit dem Objekttyp **Ppb** sind Planprimärbedarfe.
- Daran schließen sich zwei Zeilen mit dem Objekttyp **VBe** an. Das sind Vertriebsbelege, wahrscheinlich Kundenaufträge. Hier sehen Sie auch die Bewertung der Konfiguration.
- Die letzten beiden Zeilen mit dem Objekttyp **Wrk** sind werksspezifische Materialvarianten. Auch hier sieht man die Bewertung der Konfiguration.

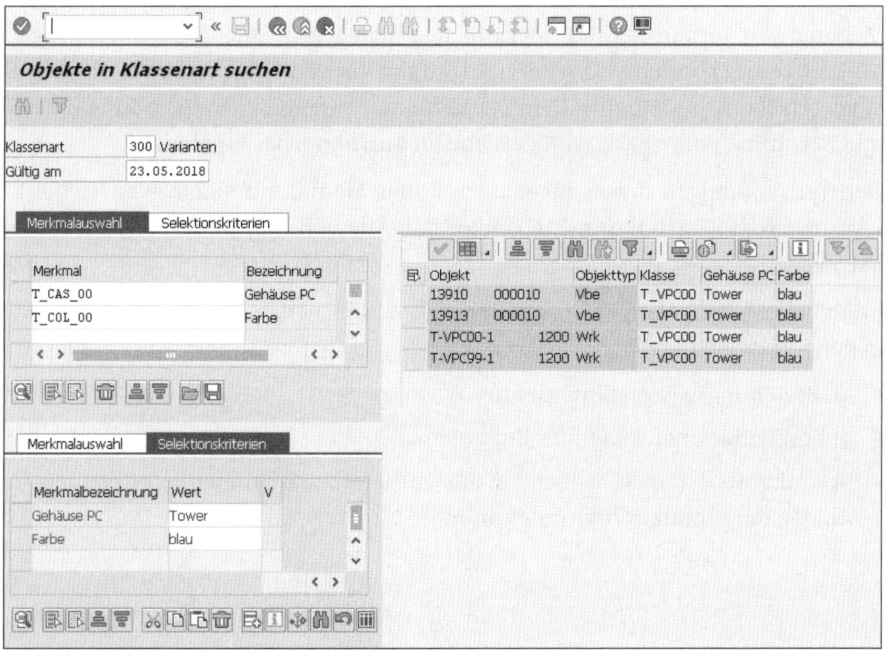

Abbildung 3.21 Suchergebnis in der Objektsuche in Klassenart (Transaktion CL31)

Wie bereits erwähnt, können Sie auch andere Transaktionen zur Suche im Klassensystem nutzen. So finden Sie im SAP-Menü unter **Anwendungsübergreifende Komponenten • Klassensystem • Suche** auch Transaktion CL31 **Objektsuche in Klassenart**. Hier brauchen Sie im Einstieg nur eine Klassenart, jedoch keine Klasse anzugeben. Dafür müssen Sie die Merkmale für die Selektion manuell zusammentragen. In Abbildung 3.21 wären dies »Gehäuse PC« und »Farbe«. Mit einem Klick auf das Fernglas direkt über der **Klassenart** starten Sie die Suche. Im Unterschied zum Suchergebnis aus Transaktion CL30N erhalten Sie hier nur die Bewertungen der ausgewählten Merkmale. Zusätzlich erhalten Sie die Information, in welcher Klasse das Objekt gefunden wurde (in Abbildung 3.21 generell »T_VPC00«).

Aus Sicht der Variantenkonfiguration sind die Verwendungsnachweise auch von großem Interesse. Um den Verwendungsnachweis für Merkmale und Merkmalwerte zu finden, haben Sie drei Möglichkeiten:

1. Sie finden den Verwendungsnachweis in Transaktion CT12 im SAP-Menü unter **Anwendungsübergreifende Komponenten • Klassensystem • Umfeld • Auswertungen • Verwendung Merkmale/Merkmalswerte**.
2. Sie finden ihn in der Merkmalsverwaltung (Transaktion CT04) über den Menüeintrag **Umfeld • Verwendungsnachweis**.
3. Sie finden ihn in Transaktion PMEVC, die Sie über das Kontextmenü auf den Merkmalen aufrufen.

Wie in Abbildung 3.22 erkennbar, können Sie Einträge in die Felder **Merkmal** und **Merkmalwert** vornehmen. Das Merkmalfeld ist dabei ein Pflichtfeld und muss gefüllt werden. Ferner können Sie im Bereich **Umfang Verwendungsnachweis** durch Setzen eines Häkchens in den einzelnen Feldern den Umfang der Verwendung einstellen und bekommen durch Klick auf den Button **Ausführen** das Ergebnis.

Den Verwendungsnachweis für Klassen finden Sie nur auf einem Weg: in der Klassenverwaltung (Transaktion CL02) über den Menüeintrag **Umfeld • Verwendungsnachweis**.

In Abbildung 3.23 haben wir einige Beispiele zusammengefasst, um die Verwendung in den folgenden Bereichen darzustellen:

- im Beziehungswissen (links oben)
- in Konfigurationen (ebenfalls links oben)
- in konfigurierbaren Stücklisten inklusive Materialvarianten (rechts oben) in Knoten der Produktstrukturen (unten)

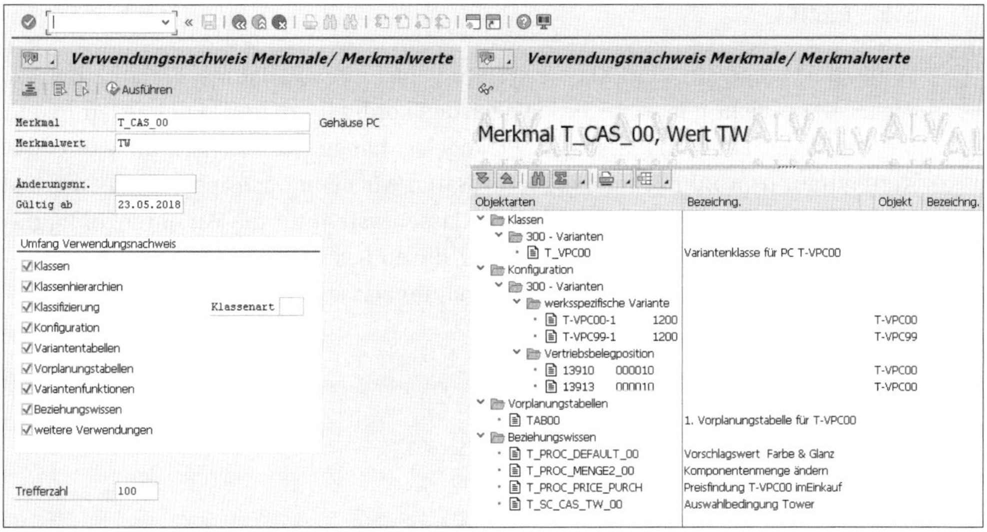

Abbildung 3.22 Verwendungsnachweis für Merkmale und Merkmalwerte (Transaktion CT12)

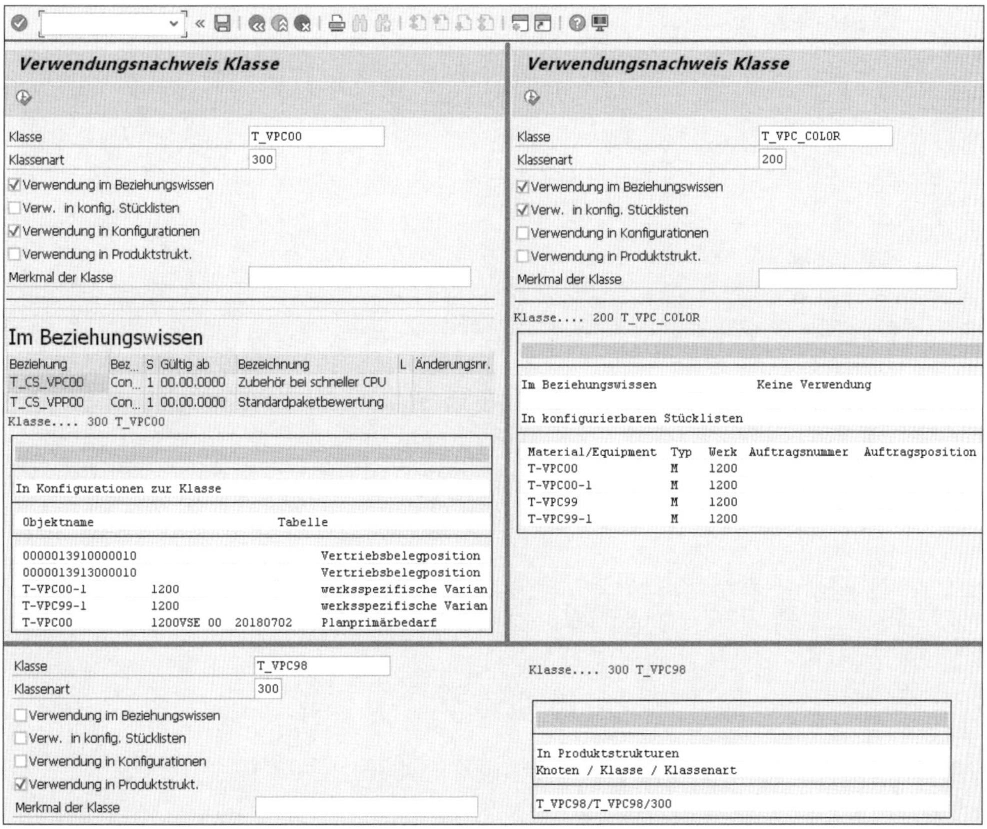

Abbildung 3.23 Verwendungsnachweis für Klassen (Transaktion CL03)

3.5 Fazit

Ohne Werkzeuge aus dem Klassensystem geht in der Variantenkonfiguration gar nichts. Das Gleiche gilt, wenn Sie lediglich den konfigurierbaren Materialstamm und die Werkzeuge aus dem Klassensystem angelegt haben. Zusätzlich ist unbedingt das Konfigurationsprofil notwendig. Damit wären wir beim nächsten Thema. Aber Sie kennen bereits die Werkzeuge aus dem Klassensystem für die Variantenkonfiguration. Und Sie kennen die Besonderheiten, die zu beachten sind. Vor allem im Hinblick auf Merkmale, Objektmerkmale, Variantenklassen und Klassenknoten.

Kapitel 4
Das Konfigurationsprofil – die Einstellungen im Detail

Aus den vorherigen Kapiteln wissen Sie bereits, dass die Konfiguration mehr als nur den Materialstamm und die Werkzeuge aus dem Klassensystem benötigt. Vielmehr muss ein Konfigurationsprofil angelegt werden. Wie Sie dabei vorgehen und welche Einstellmöglichkeiten es gibt, zeigen wir Ihnen im Folgenden.

Um das Konfigurationsprofil anzulegen bzw. zu ändern, können Sie Transaktion CU41 bzw. CU42 verwenden, oder Sie nutzen Transaktion PMEVC (Modellierungsumgebung für Variantenkonfiguration). Beides finden Sie im SAP-Menü unter **Logistik • Zentrale Funktionen • Variantenkonfiguration** (dort gegebenenfalls einen Schritt weiter unter **Konfigurationsprofil**).

Wir wollen im Folgenden zunächst die Einstellmöglichkeiten in Transaktion CU41 bzw. CU42 betrachten. Im Anschluss beleuchten wir die Gemeinsamkeiten und kleinen Unterschiede zu Transaktion PMEVC.

4.1 Einstieg

Sowohl in Transaktion CU41 als auch CU42 gelangen Sie zunächst in das Einstiegsbild, wie es Abbildung 4.1 zeigt.

Falls für das Material bereits ein Konfigurationsprofil existiert, müssen Sie auch für das Anlegen weiterer Profile die »Ändern«-Transaktion CU42 nutzen. Falls Sie noch nicht mit diesen beiden Transaktionen gearbeitet haben, erscheint bei Ihrem erstmaligen Aufruf sogleich ein Pop-up-Fenster **Konfigurierbares Objekt auswählen** (siehe Abbildung 4.1). Dieser Schritt ist notwendig, da es weitere konfigurierbare Objekttypen gibt (siehe Kapitel 9, »Modellierung für erweiterte Integrationsaspekte«). Grundsätzlich schlägt das System immer den zuletzt verwendeten konfigurierbaren Objekttyp vor. Sollte im Einstiegsbild jedoch der falsche Objekttyp erscheinen, können Sie das durch einen Klick auf den Button **KonfigObjkt wechseln** () entsprechend ändern.

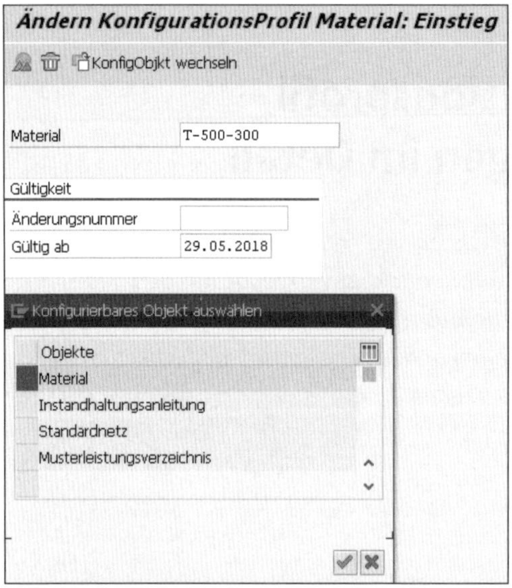

Abbildung 4.1 Konfigurationsprofil – Einstieg (Transaktion CU42)

4.2 Profilübersicht

Nachdem Sie den gewünschten Objekttyp und die passende Materialnummer ausgewählt haben, gelangen Sie in die **Profilübersicht** (siehe Abbildung 4.2).

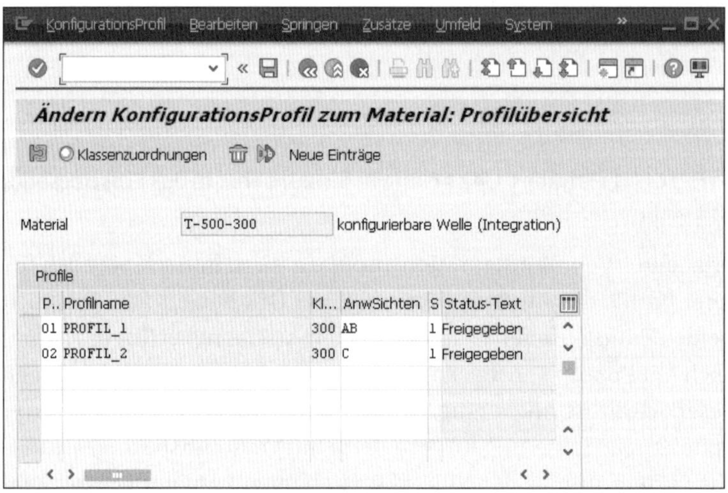

Abbildung 4.2 Konfigurationsprofil – Profilübersicht

Wenn Sie ein Konfigurationsprofil anlegen wollen, müssen Sie ihm in der Übersichtstabelle zunächst unter **Profilname** einen Profilnamen geben und eine Klassenart

(**Kl...**) zuordnen. Die Klassenart kann nur eine Variantenklassenart sein, im Standard ist das die **300**.

Ein Konfigurationsprofil benötigt zudem einen Status (Spalte **S**). Der Status **1 Freigegeben** wird vom System vorgeschlagen. Dieser Status ist nicht möglich, wenn dem Materialstamm keine Variantenklasse zugeordnet wurde. Die Zuordnung der Variantenklasse können Sie per Klick auf den Button **Klassenzuordnungen** () vornehmen und auch kontrollieren. Sie können den Status aber jederzeit manuell ändern. Das System ändert hingegen den Status automatisch auf »Gesperrt«, falls Sie versuchen, ein Konfigurationsprofil ohne entsprechende Klassenzuordnung zu speichern. Nachdem Sie eine Klasse zugeordnet haben, müssen Sie den Status manuell auf »Freigegeben« zurücksetzen, dies erfolgt nicht automatisch.

In Abbildung 4.2 sind außerdem noch zwei optionale Spalten zu sehen. Sie können in der ersten Spalte **P...** dem Konfigurationsprofil eine Priorität zuweisen. Falls mehrere freigegebene Profile vorliegen, würde im Dialog die Priorität lediglich die Reihenfolge der Profile in einem Auswahl-Pop-up-Fenster festlegen. Ohne Dialog (z. B. bei einem Batch-Input) wird das Profil mit der höchsten Priorität genommen.

Ferner können Sie anhand der Anwendungssichten (Spalte **AnwSichten**) filtern, welche Merkmale der zugeordneten Variantenklassen angezeigt werden sollen. Hier sei auf die Ausführungen zu den Anwendungssichten in Abschnitt 3.2., »Klassenpflege«, insbesondere auch zu den beiden Berechtigungsobjekten, verwiesen.

4.3 Basisdaten

Durch Doppelklick auf den Profilnamen, mit Klick auf den Button oder über den Menüpfad **Springen • Detail zum Konfigurationsprofil** gelangen Sie in die **Basisdaten** des Konfigurationsprofils (siehe Abbildung 4.3).

In dieser Ansicht finden Sie die Daten wieder, die Sie bereits in der Profilübersicht gesehen haben, also **Material**, **Profilname**, **Klassenart**, **Klassenzuordnung**, **Anwendungssicht** und **Status**. Zusätzlich gibt es einen Button **Beziehungswissen** sowie die Option **Startlogo**.

Wenn das Flag bei **Startlogo** gesetzt ist, prüft das System, ob der Variantenklasse ein Dokument zugeordnet wurde. Ist dies der Fall, dann wird dieses Dokument sozusagen als »Startinformation« zu Beginn jeder Konfiguration angezeigt. Über das Customizing der Variantenkonfiguration können Sie einstellen, ob das Flag defaultmäßig gesetzt ist. Wenn hier auf der Registerkarte der Button für das Beziehungswissen enthalten ist, dann ist dem Konfigurationsprofil Beziehungswissen zugeordnet. Die Zuordnung erfolgt über den Button .

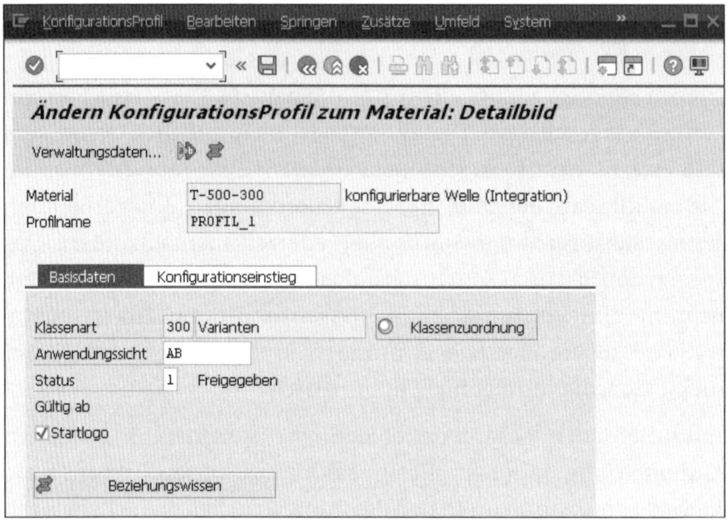

Abbildung 4.3 Konfigurationsprofil – Basisdaten

4.4 Konfigurationseinstieg und Konfigurationsszenarien

Sie wechseln nun auf die nächste Registerkarte **Konfigurationseinstieg** (siehe Abbildung 4.4). Dort finden sich zwei weitere Registerkarten: **Konfigurationsparameter** und **Oberfläche**. Der Umfang dieser beiden Registerkarten hängt von dem gewählten *Konfigurationsszenario* ab.

4.4.1 Szenario Plan-/Fertigungsauftrag ohne Stücklistenauflösung

Wie stellen Sie das Konfigurationsszenario ein, und welche Bedeutung hat es? Das Konfigurationsszenario wird auf der Registerkarte **Konfigurationsparameter** in den beiden Bereichen **Prozess** und **Stücklistenauflösung** eingestellt. Per Default ist im Bereich **Prozess** die Option **Plan-/FertAuftrag** (Plan-/Fertigungsauftrag) und im Bereich **Stücklistenauflösung** die Option **keine** ausgewählt. Dies stellt das erste Konfigurationsszenario dar. Es handelt sich dabei um das empfohlene Konfigurationsszenario, soweit keine unternehmensspezifischen Anforderungen ein anderes erfordern.

Zwei zentrale Fragestellungen charakterisieren die Konfigurationsszenarien dabei inhaltlich:

1. Wie verhält sich das System bei der interaktiven Konfiguration (die meist im Kundenauftrag stattfindet)?

   Das Szenario Plan-/Fertigungsauftrag ohne Stücklistenauflösung ist das einfachste, eleganteste und performanteste Szenario. Völlig unabhängig vom Umfang und der Komplexität der Produktstruktur (d. h. Stufen der Stücklistenstruktur und des Fertigungsprozesses) wird hier erwartet, dass alle zu bewertenden Merkmale dem Kopfmaterial zugeordnet sind. Deshalb wird während der interaktiven Konfiguration keine Stücklisteninformation benötigt und somit auch keine Stückliste angeboten. Es wird ausschließlich die Konfiguration des Kopfmaterials durchgeführt.

2. Wird erwartet, dass das Modell vollständig ist?

   Es wird von einem vollständigen Modell ausgegangen. Manuelle Anpassungen werden nicht erwartet und sind nicht möglich (um z. B. Kundensonderwünsche in Stückliste und Arbeitsplan aufzunehmen).

Auf der Registerkarte **Konfigurationsparameter** findet sich außerdem noch der Bereich **Auftragsfunktionen**, in dem Sie ein Flag bei der Option **Verfügbarkeit der Komponenten** setzen können. Durch Setzen dieses Flags können Sie eine Verfügbarkeitsprüfung für die Simulation aktivieren. Das Flag hat auf die Konfiguration im Kundenauftrag keine Auswirkung und ermöglicht dort auch keine Verfügbarkeitsprüfung.

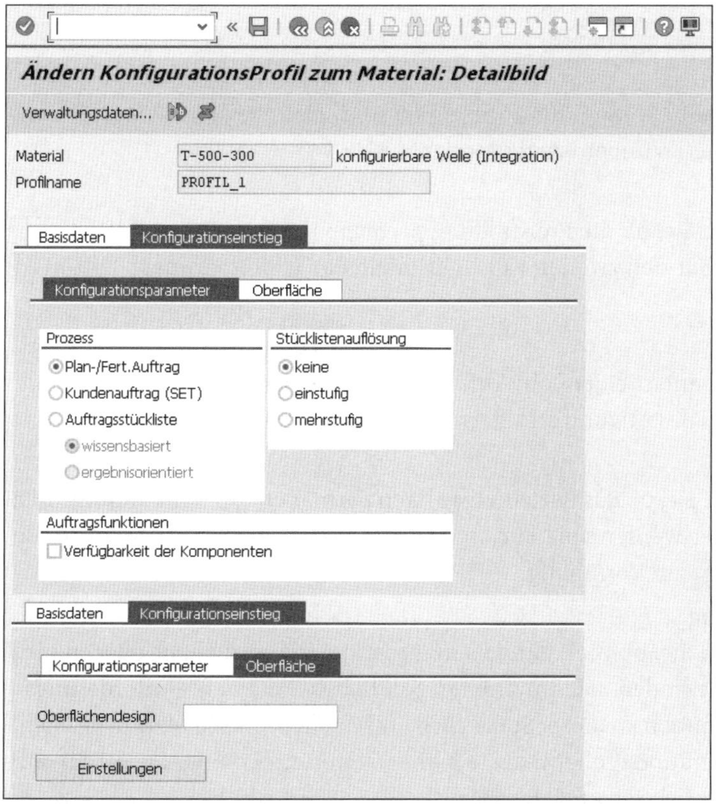

Abbildung 4.4 Konfigurationsprofil – Konfigurationseinstieg für den Plan-/Fertigungsauftrag ohne Stücklistenauflösung

Auf der Registerkarte **Oberfläche** finden Sie das Feld **Oberflächendesign** und den Button **Einstellungen**. Ein Oberflächendesign ermöglicht es Ihnen, Merkmale auf Registerkarten anzuordnen, aber auch mit Drucktasten, Filtern für den Druck oder unterschiedlichen Reihenfolgen im Vertrieb oder Engineering zu arbeiten. Wenn Sie das Feld **Oberflächendesign** ausfüllen, kann das System ein Oberflächendesign erzeugen, das unter diesem Namen abgelegt wird. Die eigentliche Pflege des Designs erfolgt dann in Transaktion PMEVC oder CU50.

Über den Button **Einstellungen** wechseln Sie in sieben Registerkarten:

- **Sprache**
  Hier können Sie für Merkmal und Wert zwischen sprachabhängiger und sprachneutraler Darstellung wechseln. Über ein Feld **alternative Sprache** können Sie festlegen, dass diese Sprache verwendet werden soll, falls Bezeichnungen in der Anmeldesprache fehlen.
- **Darstellung**
  Hier können Sie für die zulässigen Werte einstellen, ob sie alle angezeigt werden sollen, ob sie nur über die [F4]-Hilfe oder laut Merkmalsdefinition angezeigt werden sollen.
- **Umfang**
  Hier legen Sie den Umfang der angezeigten Merkmale bezüglich Muss-/Kannmerkmal/bewertetes/unbewertetes Merkmal fest.
- **Preisfindung**
  Hier entscheiden Sie, ob die Preisfindung permanent oder nur auf Anforderung stattfinden soll. Für den zweiten Fall steht Ihnen ein »Anforderungs«-Button zur Verfügung.
- **Vorschlagswerte**
  Hier können Sie entscheiden, ob Vorschlagswerte als gesetzte Werte betrachtet werden oder eine Bestätigung erfordern oder ganz ignoriert werden.
- **Konfigurator**
  Hier entscheiden Sie, ob das Beziehungswissen permanent oder nur auf Anforderung abgearbeitet werden soll. Für den zweiten Fall steht Ihnen ein »Anforderungs«-Button zur Verfügung.
- **Variantenfindung**
  Hier entscheiden Sie, ob die Materialvariantenfindung permanent oder nur auf Anforderung stattfinden soll. Im zweiten Fall haben Sie einen »Anforderungs«-Button. Sie können an dieser Stelle auch entscheiden, ob alle Merkmale (»vollständige Konfiguration«) oder nur die bereits bewerteten Merkmale (»Teilkonfiguration«) berücksichtigt werden sollen.

Diese sieben Einstellungen lassen sich während der Konfiguration abgeändern und können dann auch benutzerspezifisch gespeichert werden. Benutzerspezifische Einstellungen sind profilübergreifend und haben eine höhere Priorität als die im Konfigurationsprofil gemachten Einstellungen.

4.4.2 Szenario Plan-/Fertigungsauftrag mit einstufiger Stücklistenauflösung

In Abbildung 4.5 sehen Sie die Einstellungen eines anderen Konfigurationsszenarios. Hier ist beim Prozess **Plan-/Fert.Auftrag** (Plan-/Fertigungsauftrag) im Bildbaustein **Stücklistenauflösung** die Option **einstufig** ausgewählt. Dies stellt das zweite Konfigurationsszenario dar.

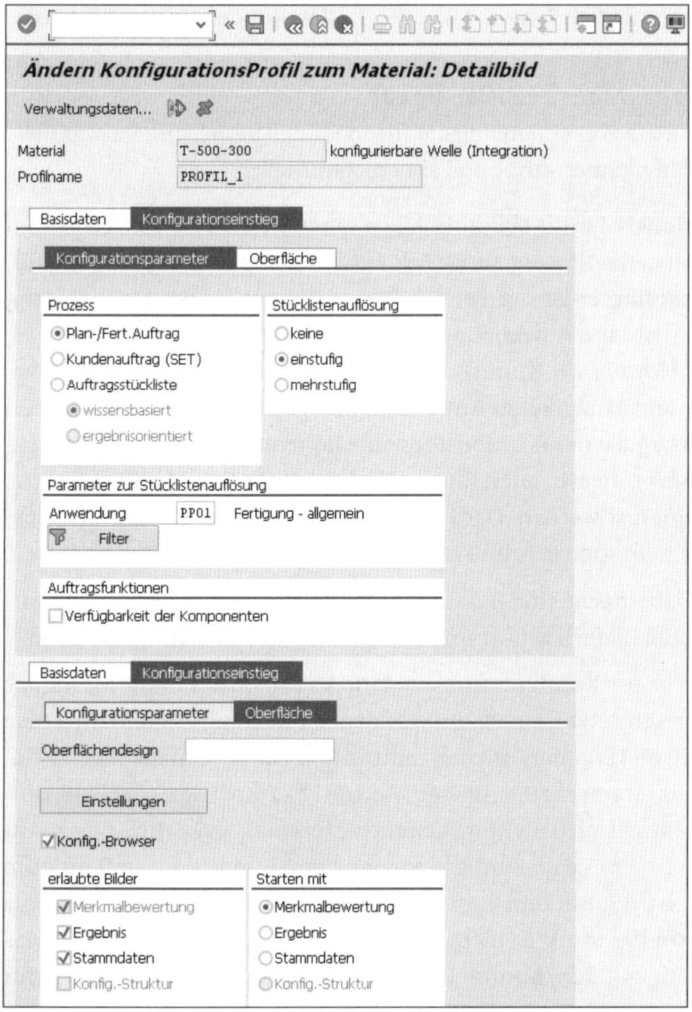

Abbildung 4.5 Konfigurationsprofil – Konfigurationseinstieg für den Plan-/Fertigungsauftrag mit einstufiger Stücklistenauflösung

Betrachten Sie nun, wie dieses Konfigurationsszenario bezüglich unserer beiden inhaltlichen Fragestellungen charakterisiert wird:

1. **Wie verhält sich das System bei der interaktiven Konfiguration (die meist im Kundenauftrag stattfindet)?**
   Im Szenario Plan-/Fertigungsauftrag mit einstufiger Stücklistenauflösung arbeiten Sie in der interaktiven Konfiguration (z. B. im Kundenauftrag) mit einer Stücklistenauflösung. Somit können nicht nur Merkmale des Kopfmaterials bewertet werden. Es kann in der einstufigen Stückliste geschaut werden, ob es konfigurierbare Komponenten gibt, denen ebenfalls Merkmale und ein passendes Konfigurationsprofil zugeordnet wurden. Falls ja, kann auch hier auf der zweiten Ebene – also zweistufig – konfiguriert werden. Vertriebsrelevante Komponenten der aufgelösten Stückliste werden als Unterpositionen in den Kundenauftrag übernommen.
2. **Wird erwartet, dass das Modell vollständig ist?**
   Es wird auch hier wieder von einem vollständigen Modell ausgegangen. Manuelle Anpassungen werden nicht erwartet und sind nicht möglich.

Vergleichen Sie Abbildung 4.4 mit Abbildung 4.5, so sehen Sie, dass beim Wechsel auf die »einstufige« Stücklistenauflösung einige Felder hinzukommen. Auf der Registerkarte **Konfigurationsparameter** ist der Bereich **Parameter zur Stücklistenauflösung** hinzugekommen. Hier ist eine **Anwendung** anzugeben. Mit dieser Anwendung erfolgt die *Stücklistenauflösung* im Kundenauftrag, falls im Customizing zum Positionstyp für den Kundenauftrag keine Anwendung eingetragen wurde. Ansonsten hat die Anwendung bezüglich des Positionstyps eine höhere Priorität als die Anwendung im Konfigurationsprofil. Über den Button **Filter** kann die Stücklistenauflösung im Kundenauftrag gebremst werden. Der Filter hat keine Auswirkung auf die sogenannte Low-Level-Konfiguration z. B. im Plan- oder Fertigungsauftrag.

Auf der Registerkarte **Oberfläche** finden sich die Optionen **erlaubte Bilder** und **Starten mit**. Zu den erlaubten Bildern gehört im Prinzip auch das Flag **Konfig. Browser**.

Was bedeutet dies? Im ersten Konfigurationsszenario konnte man nur die Merkmale am Kopfmaterial bewerten. Jetzt ist auch die Stücklistenauflösung interessant. Diese finden Sie im erlaubten Bild **Ergebnis** mit dem Button . Die Maximalstückliste finden Sie im erlaubten Bild **Stammdaten** mit dem Button . Durch die Stücklistenauflösung können Sie eventuell auch an Komponenten Merkmale bewerten. Alle konfigurierbaren Instanzen finden Sie im **Konfig.-Browser**, der während der Konfiguration permanent angezeigt wird (also kein spezieller Button). In Abbildung 4.5 ist ganz links unten das Flag **Konfig.-Struktur** nicht gesetzt und das Feld ausgegraut. Dieses Flag ist nicht gleichzeitig mit dem **Konfig.-Browser** auswählbar. Die **Konfig.-Struktur** ist ein Bild, das die gleichen Informationen beinhaltet wie der **Konfig.-Browser**, allerdings in einer etwas veralteten Darstellungsform (Button). Wir empfehlen Ihnen, mit dem **Konfig.-Browser** zu arbeiten.

Im Bereich **Starten mit** können Sie festlegen, mit welchem Bild die Konfiguration beginnt. Das System schlägt das Bild der **Merkmalbewertung** vor, und in der Regel ist es sinnvoll, diese Einstellung beizubehalten.

4.4.3 Szenario Plan-/Fertigungsauftrag mit mehrstufiger Stücklistenauflösung

Abbildung 4.6 zeigt die mehrstufige Stücklistenauflösung. Dadurch ändert sich das Konfigurationsszenario nicht, sodass es anhand unserer beiden inhaltlichen Fragestellungen in gleicher Weise charakterisiert werden kann wie das Konfigurationsszenario mit der einstufigen Stücklistenauflösung.

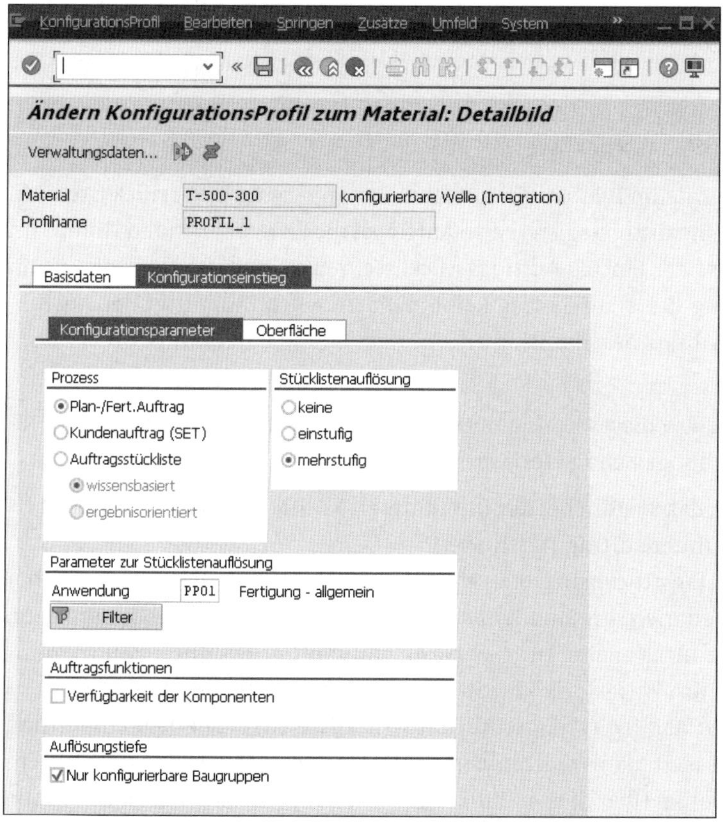

Abbildung 4.6 Konfigurationsprofil – Konfigurationseinstieg für den Plan-/Fertigungsauftrag mit mehrstufiger Stücklistenauflösung

Neu ist in Abbildung 4.6 der Bereich **Auflösungstiefe** mit dem Flag **Nur konfigurierbare Baugruppen**. Diese Option erscheint nur bei der mehrstufigen Stücklistenauflösung. Das Setzen des Flags hat zur Folge, dass die erste Stufe der Stückliste immer aufgelöst wird. Ob dann ab der zweiten Stufe weitere Stücklisten mit aufgelöst werden, richtet sich danach, ob das entsprechende Kopfmaterial konfigurierbar ist. Ausschlaggebend ist, ob im Materialstamm auf der Registerkarte **Grunddaten 2** das entsprechende Flag gesetzt ist. Unerheblich ist, ob hier auch ein Konfigurationsprofil existiert.

Baugruppen mit konfigurierbaren Kopfmaterial können Beziehungswissen beinhalten. Sie sind deshalb aus Sicht der Variantenkonfiguration interessant und werden daher mit aufgelöst. Baugruppen ohne konfigurierbares Kopfmaterial können kein Beziehungswissen beinhalten. Sie sind deshalb aus Sicht der Variantenkonfiguration nicht relevant und werden durch dieses Flag abgeschnitten.

Wir empfehlen Ihnen, mit einer mehrstufigen Stücklistenauflösung statt mit einer einstufigen zu arbeiten. Die einstufige Stücklistenauflösung wird zumindest von SAP Internet Pricing and Configurator (SAP IPC) nicht unterstützt.

4.4.4 Szenario Auftragsstückliste

In Abbildung 4.7 wurde im Bildbaustein **Prozess** der Eintrag **Auftragsstückliste** markiert. Dadurch ist eine dritte Registerkarte **Auftragsstückliste** entstanden. Sofern im Bildbaustein **Prozess** der Eintrag **Auftragsstückliste** markiert ist, ist im Bildbaustein **Stücklistenauflösung** der erste Eintrag **keine** nicht möglich. Aufgrund der Ausführungen im letzten Absatz beschränken wir uns hier auf die mehrstufige Stücklistenauflösung.

Betrachten Sie nun, wie dieses Konfigurationsszenario bezüglich unserer beiden inhaltlichen Fragestellungen charakterisiert wird:

1. **Wie verhält sich das System bei der interaktiven Konfiguration (die meist im Kundenauftrag stattfindet)?**
   Im Szenario Auftragsstückliste gibt es eigentlich keine Unterschiede zu den bisher vorgestellten Szenarien. Im Standard sieht es in der interaktiven Konfiguration z. B. im Kundenauftrag analog zum Szenario Plan-/Fertigungsauftrag ohne Stücklistenauflösung aus. Was ist mit »im Standard« gemeint? Wie in Abbildung 4.7 zu sehen, gibt es auf der Registerkarte **Auftragsstückliste** ein Flag **Pflege im Auftrag erlaubt**. Ist es gesetzt, dann wird in der Konfiguration zusätzlich ein Button **Engineering** angeboten. Über diesen Button kann man in eine Stücklistenauflösung springen und eventuell mehrstufig konfigurieren. Vorsicht aber, denn hier wird eine Stücklistenauflösung vor der Pflege einer Auftragsstückliste vorgenommen. Insofern fehlen notwendige manuelle Anpassungen, und die Stückliste kann deshalb »falsch« sein.

2. **Wird erwartet, dass das Modell vollständig ist?**
   Es wird von einem unvollständigen Modell ausgegangen. Nicht alle Möglichkeiten der Konfiguration, die Sie zulassen wollen, sind im Modell enthalten. Das kann bedeuten, dass Sie nicht den Aufwand betreiben wollen, die komplette Variabilität über Stückliste und Arbeitsplan abzubilden. Es kann aber auch bedeuten, dass Sie Kundensonderwünsche fast jeder Art zulassen wollen. Hier sind manuelle Anpassungen an Stückliste und Arbeitsplan eventuell nötig und generell möglich (aber optional). Die Anpassungen werden in sogenannten Auftragsstücklisten und Auftragsarbeitsplänen durchgeführt.

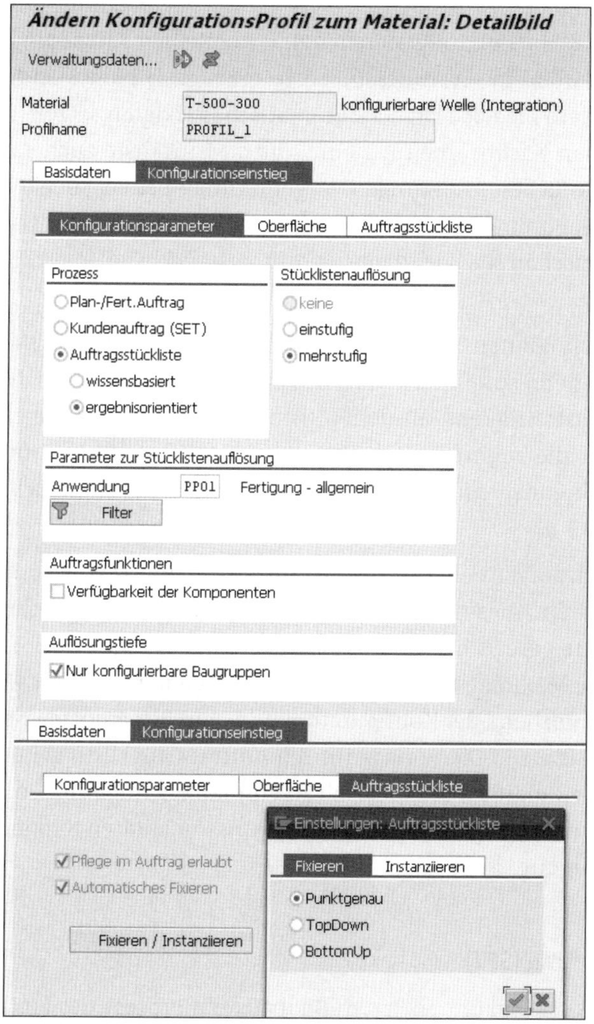

Abbildung 4.7 Konfigurationsprofil – Konfigurationseinstieg für das Szenario »Auftragsstückliste«

Beim Vergleich von Abbildung 4.6 mit Abbildung 4.7 werden Sie feststellen, dass sich die Registerkarte **Konfigurationsparameter** in ihren Feldern und Bildbausteinen nicht unterscheidet. Die Registerkarte **Oberfläche** ist ebenfalls in beiden Szenarien identisch. Deshalb wurde hier darauf verzichtet, sie erneut abzubilden.

Die zusätzliche Registerkarte **Auftragsstückliste** im Szenario Auftragsstückliste beinhaltet neben dem bereits vorgestellten Flag **Pflege im Auftrag erlaubt** ein weiteres Flag **Automatisches Fixieren**. Dieses hat in der interaktiven Konfiguration (z. B. im Kundenauftrag) keine Auswirkung. Zu diesem Zeitpunkt existiert grundsätzlich keine Auftragsstückliste. Diese können Sie nur im Anschluss über separate Transaktionen anlegen, wir sprechen hierbei von einer *technischen Nachbearbeitung*. Wenn Sie in dieser technischen Nachbearbeitung jedoch keine manuellen Anpassungen vornehmen, wird im Standard keine Auftragsstückliste erzeugt. Diesen Standard können Sie übersteuern, indem Sie das Flag bei **Automatisches Fixieren** setzen. Dadurch wird in der technischen Nachbearbeitung eine Auftragsstückliste auch dann angelegt, wenn Sie keine manuellen Änderungen vorgenommen haben. Sobald Sie manuelle Änderungen vorgenommen haben, wird das Flag bedeutungslos. Dann werden generell in der technischen Nachbearbeitung Auftragsstücklisten angelegt.

Sie können Auftragsstücklisten in der technischen Nachbearbeitung auch manuell anlegen. Wie dies erfolgen soll, können Sie über den Button **Fixieren** einstellen. Wenn Sie im Bereich **Prozess** die ergebnisorientierte Auftragsstückliste ausgewählt haben, heißt der Button **Fixieren/Instanziieren**. Mit dem »Instanziieren« können Sie eine konfigurierbare Baugruppe, die mehrfach in einer Stückliste vorkommt, unterscheidbar machen, sodass Sie unabhängige Konfigurationen und Auftragsstücklisten anlegen können.

Abschließend gehen wir noch auf die beiden Flags **wissensbasiert** und **ergebnisorientiert** im Bildbaustein **Prozess** ein. Diese Flags sind nur dann wichtig, wenn gleichzeitig das Flag **Auftragsstückliste** gesetzt ist. Bei **wissensbasiert** wird als Kopiervorlage für die Auftragsstückliste die Maximalstückliste genutzt. Bei **ergebnisorientiert** wird die Stückliste zunächst entsprechend der Konfiguration und dem Beziehungswissen aufgelöst und dieses Ergebnis als Kopiervorlage für die Auftragsstückliste genutzt. Diese ist deutlich weniger umfangreich und deshalb zu empfehlen. Auch stehen für die Pflege ergebnisorientierter Auftragsstücklisten mehr Funktionalitäten und mehrere Transaktionen zur Verfügung.

4.4.5 Szenario Kundenauftrag (SET)

Wie Sie in Abbildung 4.8 erkennen können, ist im Bildbaustein **Prozess** der Eintrag **Kundenauftrag (SET)** markiert. Dadurch ist eine dritte Registerkarte **Kundenauftrag** entstanden. Auch beim Prozess Kundenauftrag (SET) ist im Bildbaustein **Stücklistenauflösung** der erste Eintrag (**keine**) nicht möglich.

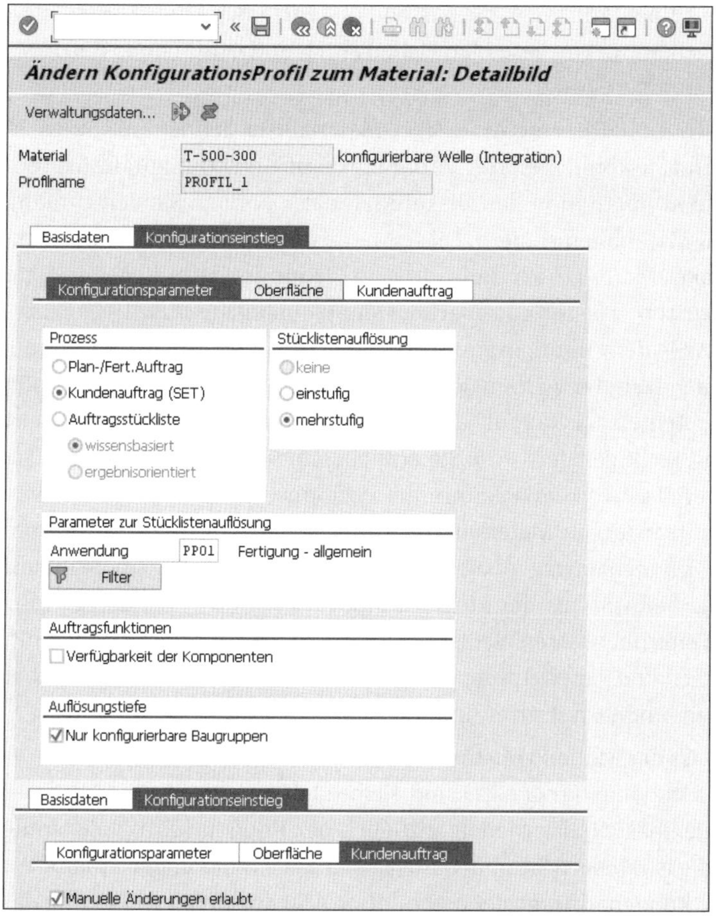

Abbildung 4.8 Konfigurationsprofil – Konfigurationseinstieg für das Szenario »Kundenauftrag (SET)«

Betrachten Sie auch hier wieder, wie dieses Konfigurationsszenario von den beiden inhaltlichen Fragestellungen charakterisiert wird:

1. **Wie verhält sich das System bei der interaktiven Konfiguration (die meist im Kundenauftrag stattfindet)?**
   Das Szenario Kundenauftrag (SET) unterscheidet sich von den bisher genannten Szenarien. Denken Sie an folgende Situation: Sie wollen Ihrem Kunden mehrere konfigurierbare Materialien verkaufen. Dabei möchten Sie den Umfang der zu liefernden Materialien über die Variantenkonfiguration steuern. Ferner möchten Sie nicht nur Beziehungswissen schreiben, das die Konfiguration der einzelnen konfigurierbaren Materialien steuert, sondern die Konfiguration zwischen den konfigurierbaren Materialien steuern. Sie möchten z. B. eine Maschine und ein Transportband zusammen verkaufen, die dann natürlich passend dimensioniert sind.

Oder ein Auto und einen Anhänger, die passend dimensioniert sind. Dies ist allerdings nicht möglich, wenn Sie diese Materialien als Hauptpositionen in den Kundenauftrag aufnehmen.

Der Trick besteht nun darin, eine Art »Paket-Material« zu definieren. Dieses ist konfigurierbar, und Sie können hierfür Variantenklasse und Konfigurationsprofil anlegen. Über die Konfiguration des »Paket-Materials« können Sie den Umfang der zu liefernden Materialien steuern. Diese Materialien kommen in eine Stückliste. Da das »Paket-Material« konfigurierbar ist, können Sie in der Stückliste mit Beziehungswissen arbeiten und darüber den Umfang steuern. Über Beziehungswissen, das Sie dem Konfigurationsprofil des »Paket-Materials« zuordnen, können Sie Abhängigkeiten zwischen den Konfigurationen entsprechender Materialien abbilden. Achten Sie darauf, dass das »Paket-Material« keinen Bedarf absetzt und somit nicht geliefert wird. Sie erreichen dies im Standard, indem Sie dem »Paket-Material« im Materialstamm die Positionstypengruppe 004 zuweisen. Weiterhin müssen Sie alle Materialien der aufgelösten Stückliste als Unterpositionen in den Kundenauftrag übernehmen. Das erreichen Sie im Standard dadurch, dass Sie beim Status der Stücklistenpositionen die Vertriebsrelevanz kennzeichnen. Weiterhin müssen all diese Unterpositionen aus dem Kundenauftrag Bedarf absetzen und geliefert werden. Im Standard ist das sichergestellt (über die Positionstypen- und Bedarfsartenfindung im Customizing).

2. **Wird erwartet, dass das Modell vollständig ist?**

   Bei dem Szenario Kundenauftrag (SET) sind Sie bezüglich der Vollständigkeit des Szenarios ganz flexibel. Ob das Modell bezüglich der Kopfstückliste vollständig oder unvollständig ist, steuern Sie über das Flag **Manuelle Änderungen erlaubt** auf der Registerkarte **Kundenauftrag** (siehe Abbildung 4.8 ganz unten). Wenn Sie das Flag nicht setzen, gehen Sie von einem vollständigen Modell aus und erlauben auf dieser Ebene keine manuellen Anpassungen. Wenn Sie das Flag setzen, gehen Sie von einem unvollständigen Modell aus und erlauben auf dieser Ebene manuelle Anpassungen. Diese Anpassungen nehmen Sie nicht über eine Auftragsstückliste vor, sondern Sie führen sie direkt im Kundenauftrag durch und speichern (sprich: fixieren) sie dort auch nur in Form von Unterpositionen.

   Ob das Modell bezüglich der konfigurierbaren Komponenten der Kopfstückliste vollständig oder unvollständig ist, steuern Sie über das Konfigurationsszenario dieser Konfigurationsprofile. Wenn Sie das Modell für eine konfigurierbare Komponente als vollständig betrachten, nutzen Sie das Konfigurationsszenario Plan-/Fertigungsauftrag ohne Stücklistenauflösung. Wenn Sie das Modell für eine konfigurierbare Komponente als unvollständig erachten, dann nutzen Sie das Konfigurationsszenario Auftragsstückliste.

Die zusätzliche Registerkarte **Kundenauftrag** dieses Szenarios beinhaltet nur das Flag **Manuelle Änderungen erlaubt** (siehe Abbildung 4.8). Die Bedeutung dieser möglichen manuellen Anpassungen wurde bereits beschrieben.

4.5 Konfigurationsprofil in Transaktion PMEVC

Abschließend weisen wir darauf hin, dass das Konfigurationsprofil auch über Transaktion PMEVC angelegt, geändert und angezeigt werden kann (siehe Abbildung 4.9). Sie finden auch hier alle Einstellmöglichkeiten, nur in etwas anderer Anordnung. Ein Unterschied in Transaktion PMEVC besteht darin, dass für ein Szenario nicht benötigte Felder oder Registerkarten nicht ausgeblendet werden.

Die PMEVC kann nur mit Materialstämmen als konfigurierbarer Objekttyp arbeiten. Ein Wechseln des Objekttyps wie bei Transaktion CU41 und CU42 existiert hier nicht.

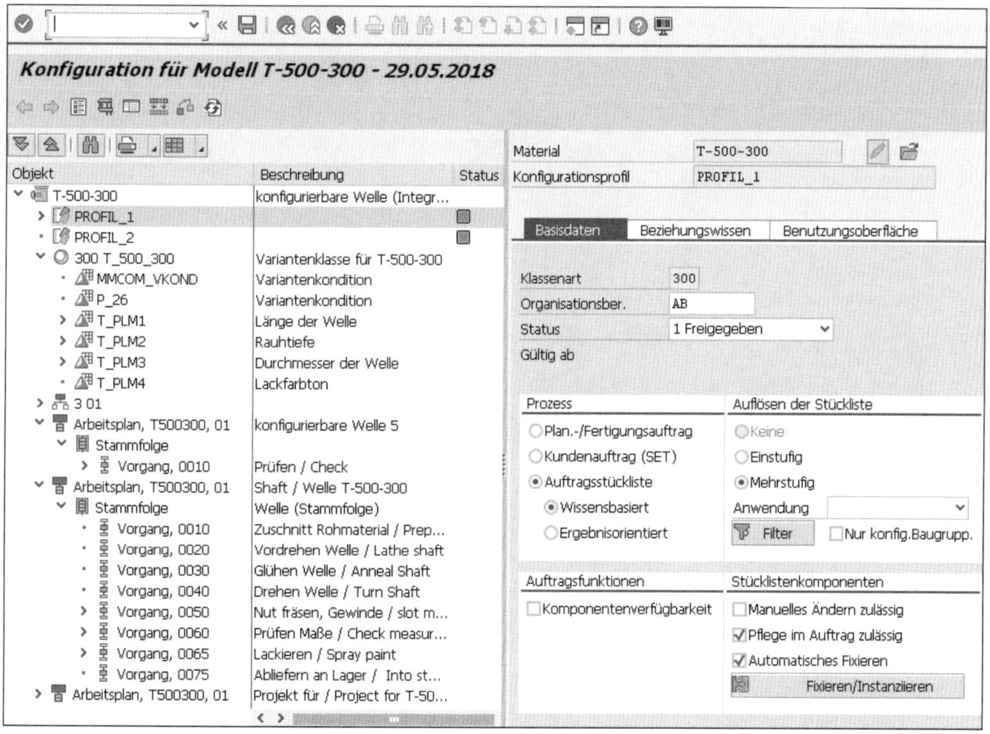

Abbildung 4.9 Konfigurationsprofil in Transaktion PMEVC

4.6 Fazit

Neben den Werkzeugen aus dem Klassensystem und dem konfigurierbaren Materialstamm ist für die Variantenkonfiguration zusätzlich das Konfigurationsprofil unabdingbar. Wir haben daher die verschiedenen Konfigurationsszenarien im Überblick vorgestellt und alle erforderlichen Einstellmöglichkeiten im Konfigurationsprofil eingehend beschrieben.

Kapitel 5
Stückliste und Arbeitsplan für konfigurierbare Materialien

Immer wenn Sie konfigurierbare Materialien verkaufen oder auch produzieren wollen, benötigen Sie Stücklisten und Arbeitspläne. Aber nicht nur dann. Wann und wie Stücklisten und Arbeitspläne genutzt werden, soll dieses Kapitel klären.

Wenn Sie konfigurierbare Materialien nicht nur verkaufen, sondern auch produzieren wollen, benötigen Sie Stücklisten und Arbeitspläne. Aber nicht nur dann. Bereits im Kundenauftrag ist eine Stückliste vonnöten, falls Sie mehrstufig konfigurieren wollen. Das Gleiche gilt, wenn Sie vertriebsrelevante Komponenten aus der Stückliste als Unterpositionen in den Kundenauftrag übernehmen wollen. Die Kundenauftragskalkulation nutzt im Allgemeinen Stückliste und Arbeitsplan (bei sogenannter Kalkulation mit Mengengerüst). Auch der Planungslauf nutzt die Stückliste. Und falls im Planungslauf mit Durchlaufterminierung gearbeitet wird, wird ebenfalls der Arbeitsplan genutzt. Sie sehen also, ohne Stückliste und Arbeitsplan stoßen Sie schnell an Grenzen.

Für das Anlegen der Stückliste und des Arbeitsplans nutzen Sie Standardtransaktionen. Transaktion PMEVC kommt hingegen erst beim Thema Beziehungswissen zum Einsatz.

5.1 Die konfigurierbare Maximalstückliste

Was ist die Stückliste für das konfigurierbare Material? Es ist eine *konfigurierbare Maximalstückliste*. Hinter diesem Begriff stehen folgende Eigenschaften:

- *Maximal* heißt, die Stückliste muss alle eventuell benötigten Komponenten beinhalten. Es ist immer möglich, über Beziehungswissen Komponenten zu entfernen, Komponenten hinzuzufügen geht jedoch nicht.
- Die Komponenten können *direkt* enthalten sein als Lager-, Nichtlager-, Rohmaß-, Dokumenten- oder Textposition.

- Die Komponenten können *indirekt* als *Klassenpositionen* enthalten sein:
  - mit Klassenart 200 indirekt für Materialien
  - mit Klassenart 201 indirekt für Dokumente
- *Konfigurierbar* heißt, dass man Beziehungswissen zuordnen kann.
  - Beziehungswissen kann *nur Positionen* zugeordnet werden.
- Es gibt *keine speziellen Typen* von Stücklisten für die Variantenkonfiguration. Alle Typen können verwendet werden. Im Stücklistenkopf gibt es ein Feld **Technischer Typ**, anhand dessen der Typ abgelesen werden kann:
  - einfache Stückliste (die meistverwendete)
  - Mehrfachstücklisten
  - Variantenstücklisten
- Beim Anlegen von konfigurierbaren Maximalstücklisten gilt:
  - Sie nutzen dieselben Transaktionen wie sonst auch.
  - Die Besonderheiten der Stückliste ergeben sich automatisch dadurch, dass Sie eine Stückliste zu einem konfigurierbaren Material anlegen. Was sind die Besonderheiten? Vergleichen Sie dazu z. B. Abbildung 5.3. Nur in Stücklisten für konfigurierbare Materialien existieren die Spalte »Beziehungswissen« (hier mit **Bz** abgekürzt) und die Registerkarte **Klasse**.

5.1.1 Materialstückliste anlegen

Im Folgenden werden Sie eine solche Stückliste anlegen. Dazu verwenden Sie die klassische Transaktion CS01, die Sie im SAP-Menü z. B. unter **Logistik • Produktion • Stammdaten • Stücklisten • Stückliste • Materialstückliste • Anlegen** finden. Dieser Pfad hat den Vorteil, dass Sie hierüber auch Arbeitspläne, Fertigungshilfsmittel, Engineering Workbench und Materialstamm finden, die wir im Verlauf dieses Kapitels auch noch nutzen wollen.

In Abbildung 5.1 sehen Sie das Einstiegsbild dieser Transaktion. Hier müssen die Felder **Material**, **Werk** und **Verwendung** gefüllt werden.

Ob das Feld **Werk** tatsächlich gefüllt werden muss, lässt sich im Customizing festlegen. Im Standard erscheint eine Warnmeldung »Konzernstückliste«, falls kein Werk eingegeben wird. Solche »Konzernstücklisten«, also Stücklisten ohne Werksbezug, lassen sich in der Logistik nicht nutzen. Ihnen können nachträglich jedoch beliebig viele Werke zugeordnet werden.

Ob Sie mehrere Stücklisten für dieselbe Kombination aus Material, Werk und Verwendung anlegen können, ist ebenfalls im Customizing einzustellen. Im Standard erscheint eine Warnmeldung »Stückliste ist bereits vorhanden, wird um Alternative

2 erweitert«, falls Sie dies versuchen. Sie würden somit eine Mehrfachstückliste statt einer einfachen Stückliste erzeugen.

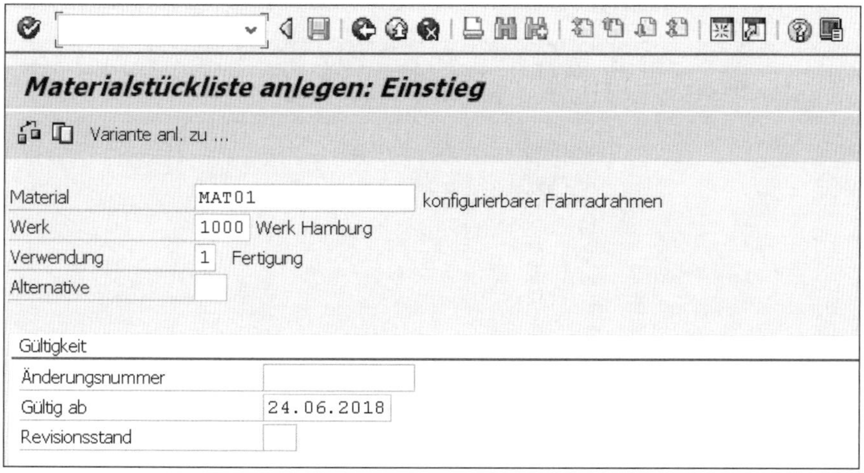

Abbildung 5.1 Materialstückliste anlegen – Einstieg (Transaktion CS01)

Wenn Sie die Einstiegsseite **Materialstückliste anlegen** mit ↵ bestätigen, wechseln Sie in das Positionsübersichtsbild. Dieses wäre natürlich leer, analog zu Abbildung 5.3. Sie können jedoch mit einer Kopiervorlage arbeiten. Dazu müssen Sie im Einstiegsbild auf den Button klicken, sodass sich ein Pop-up-Fenster **Vorlage kopieren ...** öffnet, wie in Abbildung 5.2 zu erkennen.

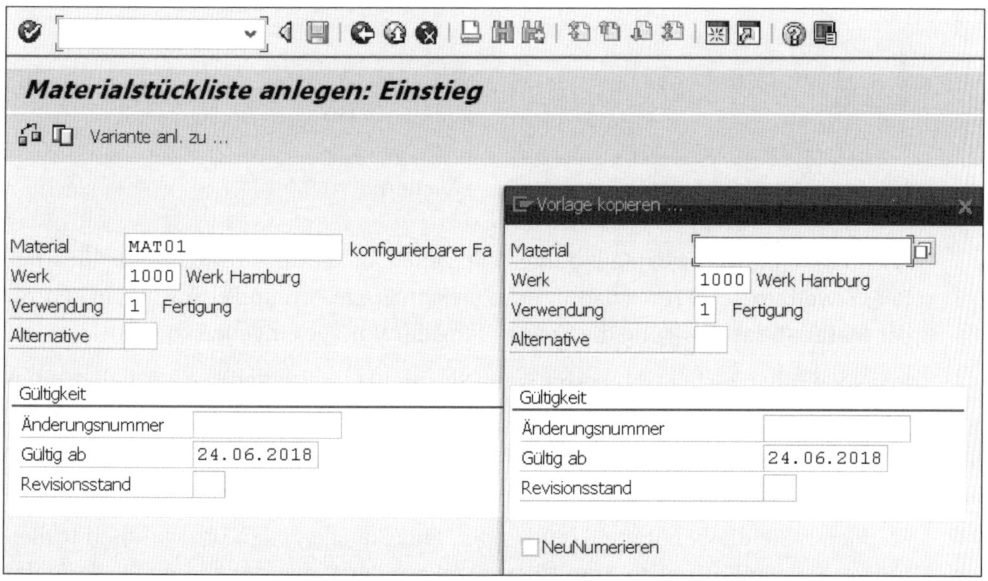

Abbildung 5.2 Materialstückliste anlegen – mit Vorlage

Sie können sich auch nachträglich, also wenn Sie schon im Positionsübersichtsbild sind, für das Arbeiten mit Kopiervorlagen entscheiden (siehe Abbildung 5.3). Das ist auch beim späteren Ändern möglich, wenn bereits viele Positionen vorhanden sind.

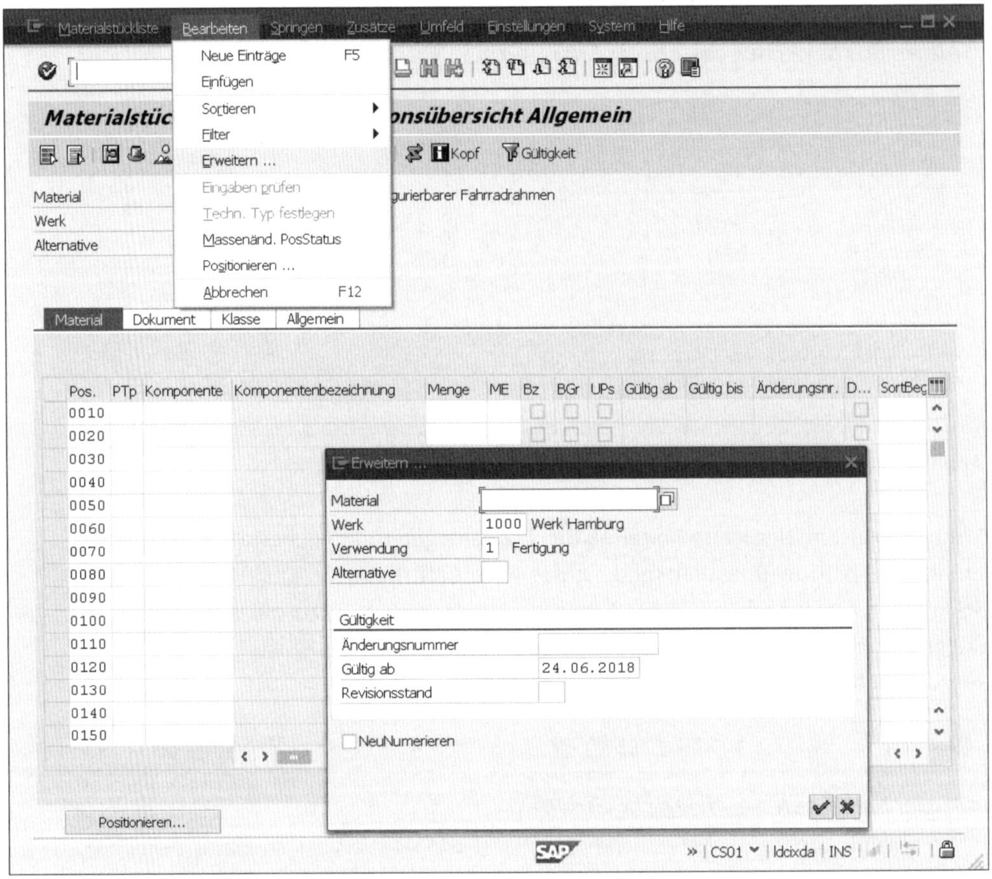

Abbildung 5.3 Materialstückliste anlegen – Erweitern ...

Wie in Abbildung 5.3 ebenfalls dargestellt, gehen Sie hierfür über das Menü **Bearbeiten • Erweitern ...**. Sie rufen dadurch das gleichnamige Pop-up-Fenster auf, in dem Sie das **Material**, das **Werk** und die **Verwendung** der Vorlage eingeben können.

In beiden Fällen nicht erschrecken, wenn Sie mit [↵] weitergehen. Sie erhalten einen völlig ausgegrauten Bildschirm, wie in Abbildung 5.4 zu sehen. Die Idee ist, dass Sie hier die gewünschten Zeilen auswählen, die Sie kopieren möchten. Sie müssen nicht alle übernehmen.

Markieren Sie die benötigten Zeilen oder, falls Sie alle Zeilen übernehmen wollen, nutzen Sie den Button . Zum Übernehmen (oder Kopieren) klicken Sie dann den Button .

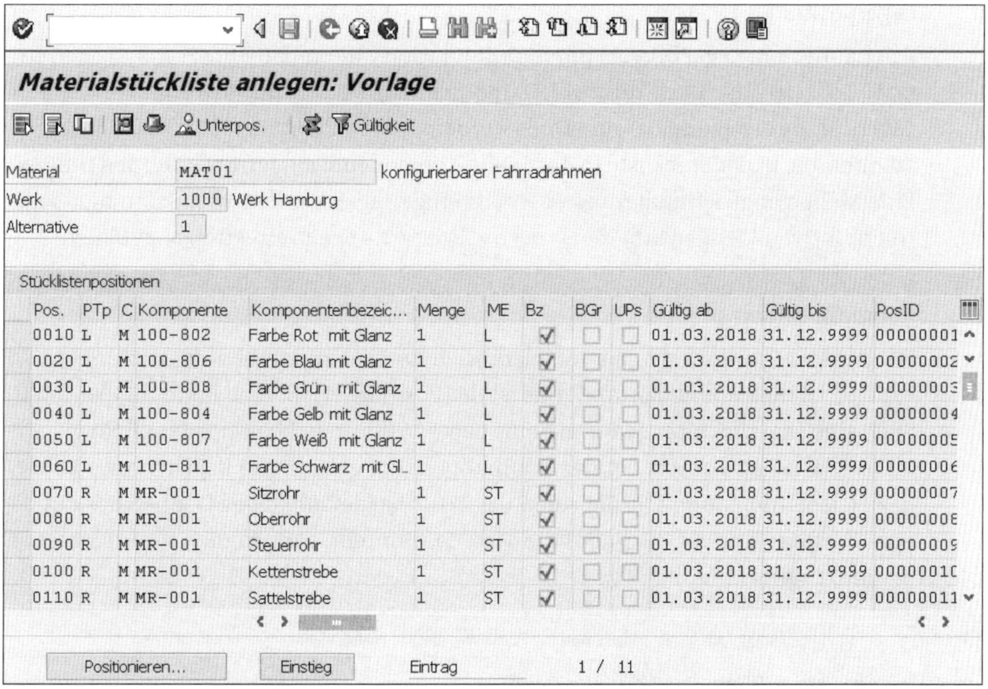

Abbildung 5.4 Materialstückliste anlegen – Vorlage übernehmen

Ob Sie sich nun in der Vorlagen- oder der Erweitern-Sicht befinden, in beiden Fällen gelangen Sie in die Positionsübersicht ihrer anzulegenden Stückliste. Jetzt lässt sich natürlich alles ändern und ergänzen.

5.1.2 Stücklistenpositionen anlegen

Wie legt man Stücklistenpositionen an? Der erste und auch alles entscheidende Eintrag ist der *Positionstyp* (siehe Abbildung 5.3, Spalte **PTp**). Der Positionstyp steuert, worum es sich in der Position handelt, und es sind mit ihm auch einige Prüfungen verbunden. Der Positionstyp lässt sich im Customizing einstellen und auch mit Vorschlagswerten versehen.

[!]

Positionstyp nachträglich nicht änderbar

Der Positionstyp ist nachträglich nicht änderbar. Ein falscher Positionstyp erfordert, dass Sie die Position löschen und mit dem richtigen Positionstyp erneut anlegen.

Betrachten wir im Folgenden, welches die wichtigen Positionstypen sind.

Lagerposition

Am häufigsten – egal ob Variantenkonfiguration oder nicht – nutzt man *Lagerpositionen*. Das ist der Positionstyp L. Dabei handelt es sich um Materialien, die vom Lager für die Fertigung bereitgestellt werden. Diese Materialien benötigen Materialstämme, die in der Stückliste in der Spalte **Komponente** eingetragen werden müssen. Eine Menge ungleich null muss ebenfalls eingetragen werden. Man kann hier sogar mit negativen Mengen arbeiten, um so z. B. eine Kuppelproduktion abzubilden.

Rohmaßposition

Ein weiterer Positionstyp, der vor allem auch für die Variantenkonfiguration interessant ist, ist die *Rohmaßposition*. Das ist der Positionstyp R. Eine Rohmaßposition ist auch eine Lagerposition. Während eine Lagerposition im Positionsdetailbild vier Registerkarten hat, kommt bei der Rohmaßposition eine fünfte Registerkarte **Rohteil** dazu (siehe Abbildung 5.5). Sie rufen das Positionsdetailbild per Doppelklick auf die Positionsnummer auf (nicht auf die Materialnummer, dann landen Sie im Materialstamm).

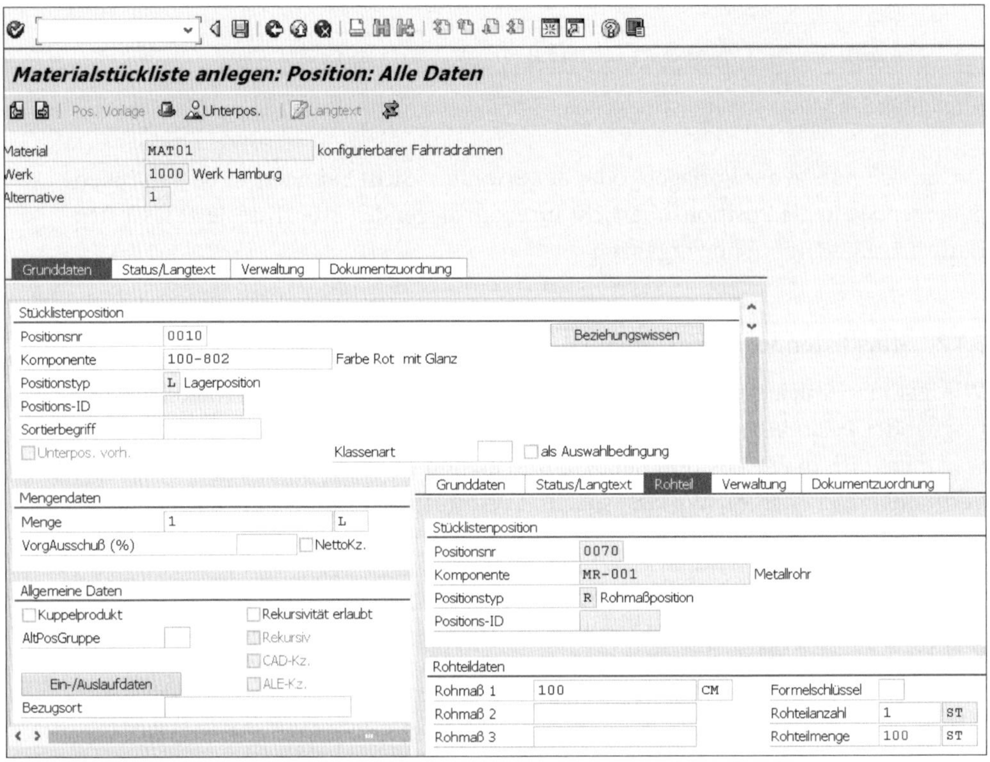

Abbildung 5.5 Lagerpositionen (links) und Rohmaßpositionen (rechts)

Die Registerkarte **Rohteil** ermöglicht, in der Stückliste statt im Materialstamm die Abmessungen festzugeben. Wenn ein Material in den verschiedensten Abmessungen benötigt wird, muss nicht jedes Mal ein neuer Materialstamm angelegt werden. Das ist für die Variantenkonfiguration besonders interessant, da all die zusätzlichen Felder im Bereich **Rohteildaten** auf der Registerkarte **Rohteil** über Beziehungswissen angesprochen und verändert werden können. Damit können diese Maße von der Konfiguration, vom Kundenwunsch abhängen.

Nichtlagerposition

Ein weiterer wichtiger Positionstyp ist die *Nichtlagerposition*. Das ist der Positionstyp N. Wie Sie in Abbildung 5.6 sehen, können Sie einen Materialstamm mit der Materialart KMAT nicht zusammen mit dem Positionstyp L verwenden. Die Details zu der Fehlermeldung in der Fußzeile (per Doppelklick aufrufbar) weisen darauf hin, dass KMAT nur mit dem Positionstyp N nutzbar ist. Zumindest im Standard. Die Standardfunktionalität des Positionstyps N ist für KMAT inaktiv.

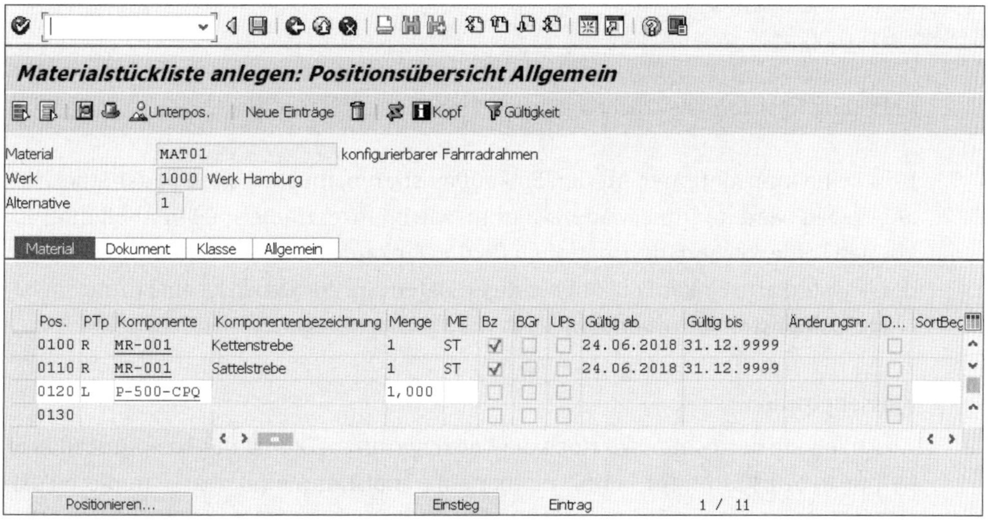

Abbildung 5.6 KMAT und die Nichtlagerpositionen N

Eine Nichtlagerposition kommt – wie der Name schon sagt – nicht aus dem Lager zur Fertigung. Die Materialien dieser Position werden für die Fertigung fremdbeschafft. Hierfür erzeugt der Fertigungsauftrag Bestellanforderungen. Für eine Nichtlagerposition ist kein Materialstamm erforderlich (siehe Abbildung 5.7, Feld **Komponente**). Allerdings benötigen Sie Einkaufsdaten. Falls mit Materialstamm gearbeitet wird, können diese Informationen über einen Einkaufsinfosatz gegeben sein.

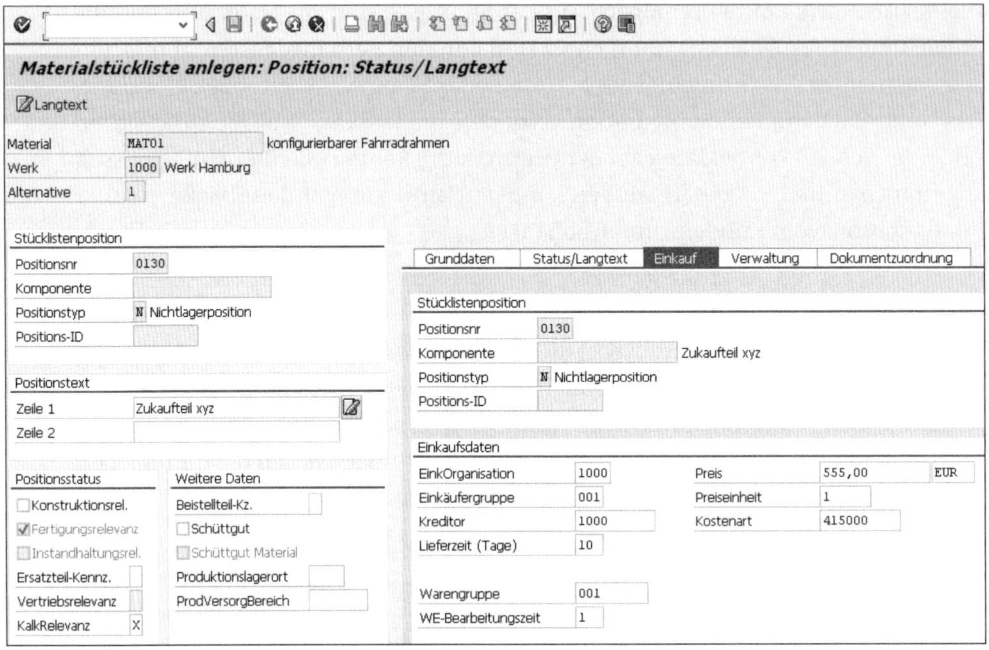

Abbildung 5.7 »Normale« Nichtlagerpositionen

Falls keine Informationen für den Einkauf existieren, müssen diese in der Stückliste angegeben werden. Ohne Materialstamm, wie in unserem Beispiel in Abbildung 5.7, können keine solchen Informationen für den Einkauf existieren. Daher geben Sie auf der Registerkarte **Einkauf** die notwendigen Daten ein. Zusätzlich ist ein Eintrag im Bereich **Positionstext** erforderlich.

Klassenposition

Abschließend betrachten wir noch die *Klassenposition*. Das ist der Positionstyp K. Er ist nur in Stücklisten für konfigurierbare Materialstämme nutzbar. Um diese Position anzulegen, wechseln Sie auf die Registerkarte **Klasse**, und tragen Sie in die nächste freie Zeile Folgendes ein (siehe Abbildung 5.8):

- in Spalte **P...** den Positionstyp »K«
- in Spalte **Art** die Klassenart (meist 200, aber auch 201 möglich)
- in Spalte **Klasse** den Namen der Klasse
- in Spalte **Menge** die passende Menge

Die restlichen Spalten, insbesondere **R...** für resultierender Positionstyp und **ME**, werden gemäß den Einträgen in der Klasse automatisch gefüllt.

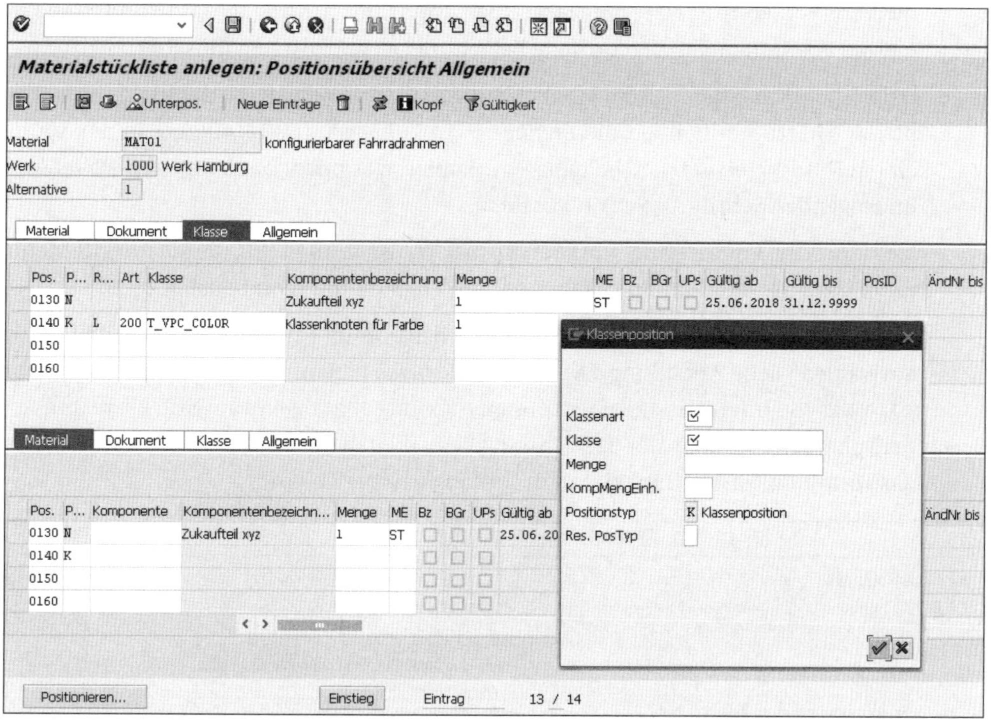

Abbildung 5.8 Klassenpositionen

Wie ebenfalls in Abbildung 5.8 unten dargestellt, können Sie auch direkt auf der Registerkarte **Material** die Klassenposition aufnehmen, auch wenn es eigentlich die falsche Registerkarte ist. Sie tragen zunächst nur den Positionstyp »K« ein. Nach der Bestätigung mit [↵] erscheint das dargestellte Pop-up-Fenster **Klassenposition**. Hier können Sie die benötigten Eingaben vornehmen.

So viel zu den Positionstypen. Sie können auch andere Positionstypen wie z. B. D für *Dokumentenpositionen* oder T für *Textpositionen* verwenden. Darauf wollen wir an dieser Stelle aber nicht näher eingehen.

5.1.3 Kopieren mit der Engineering Workbench

Sie können in Transaktion CS01 und CS02 Kopiervorlagen zum Anlegen oder Erweitern nutzen. Wie erwähnt, erscheint in beiden Fällen die Vorlage (siehe Abbildung 5.4), um die gewünschten Zeilen zu selektieren. Sie können hier allerdings nur Zeilen selektieren, keine Spalten. Nun kann aber der Wunsch bestehen, aus einer Vorlage vielleicht Hunderte oder noch mehr Zeilen zu kopieren. Da in der neuen Stückliste aber mit anderen Merkmalen gearbeitet wird, möchten Sie das Beziehungswissen nicht mitkopieren. Es wäre eine Strafarbeit, wenn Sie nachträglich aus Hunderten kopierten Positionen das zugeordnete Beziehungswissen löschen müssten.

Daher gibt es im Standard die Möglichkeit, Stücklisten ohne Beziehungswissen zu kopieren. Hierzu können Sie die *Engineering Workbench* (EWB) nutzen, in der Sie in einem Schritt gleich den Arbeitsplan mitkopieren können. Das Vorgehen wollen wir im Folgenden Schritt für Schritt vorstellen.

Sie starten die Engineering Workbench über Transaktion CEWB, die Sie im SAP-Menü unter **Logistik • Produktion • Stammdaten • Engineering Workbench** finden.

Nach dem Start der Transaktion erscheint das Pop-up-Fenster **EWB: Arbeitsbereich auswählen** (siehe Abbildung 5.9). Der *Arbeitsbereich* beinhaltet den Umfang der Objekte, die von Interesse sind. Das können maximal alle Objekte aus Stückliste und Arbeitsplan sein. Wenn in der Bezeichnung des Arbeitsbereichs »alles« vorkommt, lässt das vermuten, dass mit maximalem Umfang gearbeitet wird.

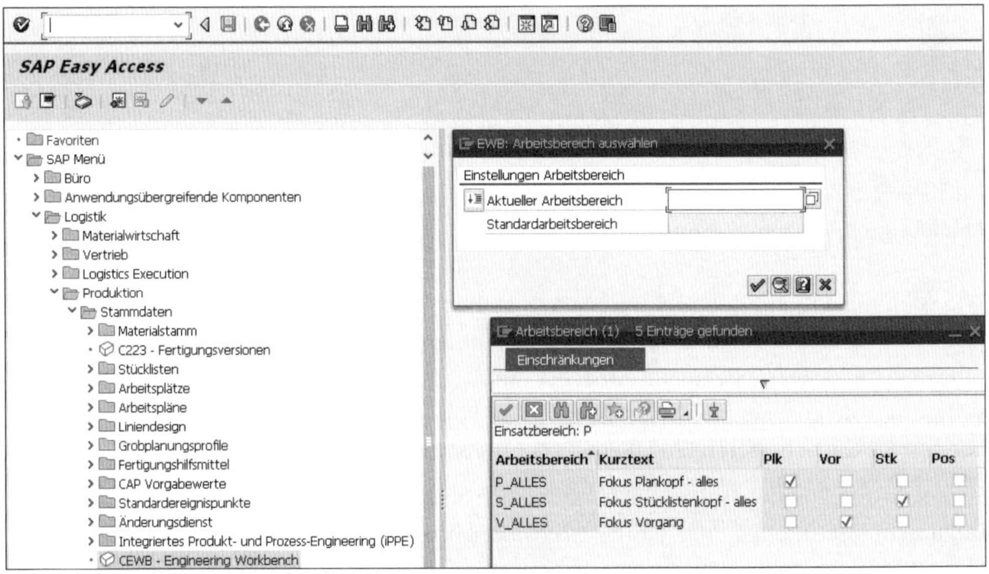

Abbildung 5.9 Engineering Workbench und Arbeitsbereich (Transaktion CEWB)

Der in der Bezeichnung des Arbeitsbereichs ebenfalls angesprochene »Fokus« ist der Startpunkt für die Suche und das Zusammenstellen des Arbeitsvorrats. Wenn uns hier z. B. vor allem Stücklisten interessieren, aber auch Pläne, dann wählen Sie den Arbeitsbereich »Fokus Stücklistenkopf – alles«.

Anschließend gelangen Sie in das Selektionsbild, wie in Abbildung 5.10 dargestellt. Falls Sie die Details zum ausgewählten Arbeitsbereich interessieren, können Sie sich diese per Klick auf den Button [Button] im Bildbaustein **Aktueller Arbeitsbereich** anzeigen lassen.

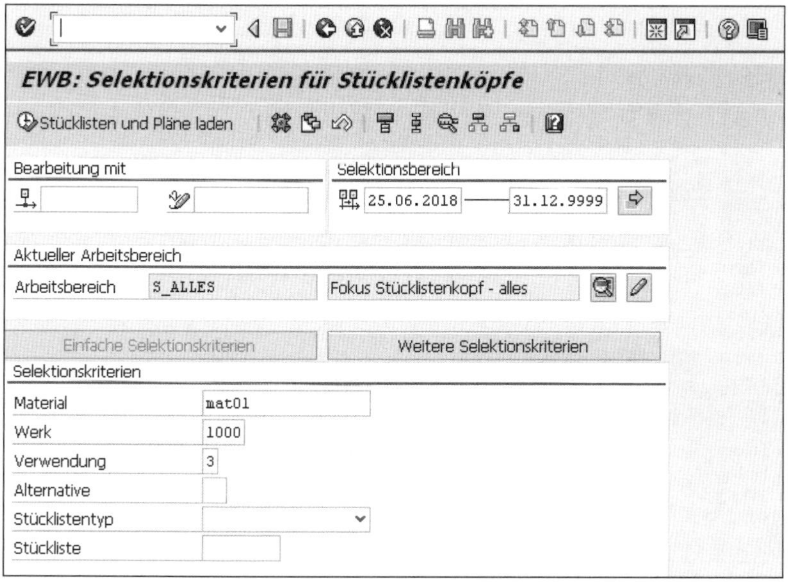

Abbildung 5.10 Engineering Workbench und Selektionskriterien

Zunächst geht es darum, die Selektionskriterien der zu ladenden Objekte anzugeben. Wenn die Selektionskriterien der Registerkarte **Einfache Selektionskriterien** nicht ausreichen, wechseln Sie zur Registerkarte **Weitere Selektionskriterien**. Hier gibt es nichts, worüber Sie nicht selektieren können, soweit es etwas mit Stückliste oder Arbeitsplan zu tun hat.

[!]

Alle Kopiervorlagen selektieren und laden!

Um zu kopieren, müssen Sie alle Kopiervorlagen in den Selektionskriterien auswählen und laden. Das Ziel der Kopie muss nicht selektiert und geladen werden.

Danach klicken Sie auf den Button Stücklisten und Pläne laden ( ). Sie gelangen in die Ansicht **EWB: Übersicht Stücklistenköpfe** (siehe Abbildung 5.11). Falls die links dargestellte Baumstruktur nicht angezeigt wird, können Sie diese durch Klick auf den Button starten. Eventuell werden Sie über ein Pop-up-Fenster nach einer Stücklistenanwendung gefragt. Meist ist hier PP01 geeignet.

Die Baumstruktur kann per Klick auf den Button geschlossen werden – wie für Abbildung 5.12 geschehen. Oben über die Menüpunkte **Pläne** und **Stücklisten** kann in andere Übersichten gewechselt werden.

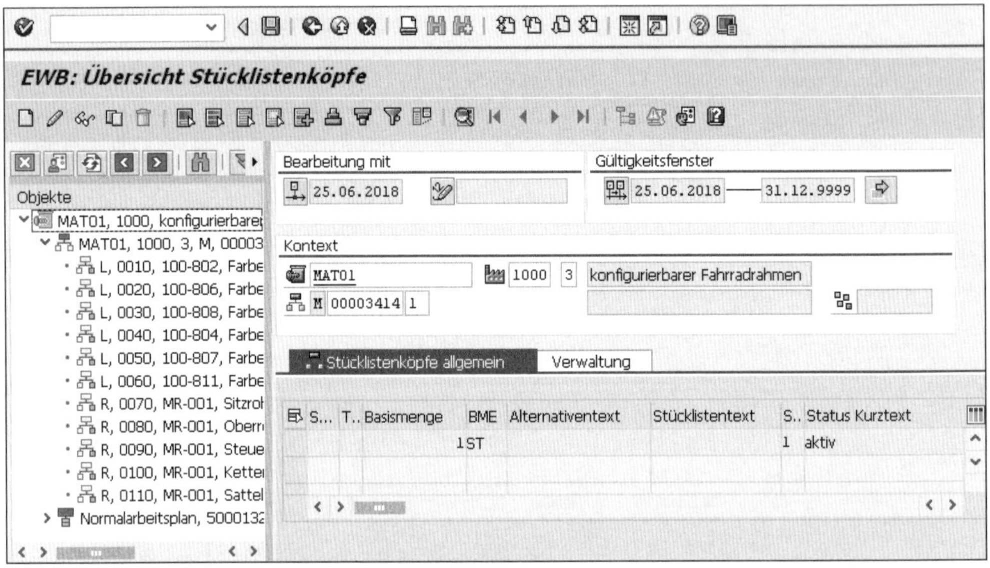

Abbildung 5.11 Engineering Workbench und geladener Arbeitsvorrat

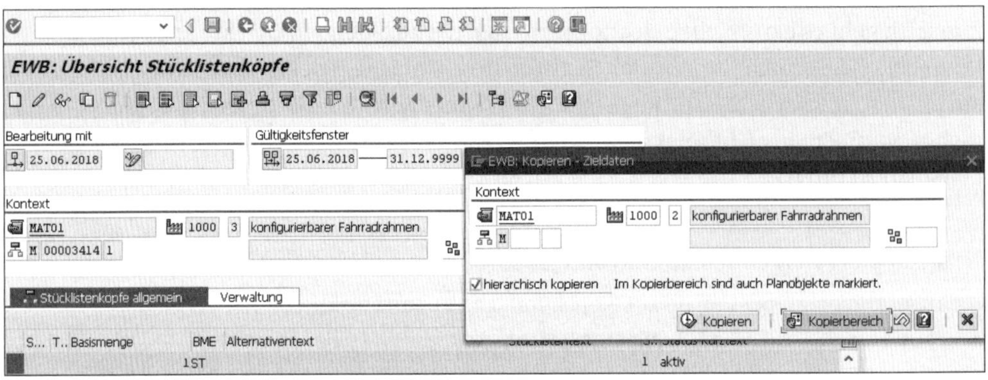

Abbildung 5.12 Engineering Workbench und Kopieren

In der Übersicht der Stücklistenköpfe starten Sie das Kopieren. Hierzu nutzen Sie den entsprechenden Button [Icon]. Daraufhin erscheint das Pop-up-Fenster **EWB Kopieren – Zieldaten** (siehe ebenfalls Abbildung 5.12). Hier geben Sie Materialnummer, Werk und Verwendung der anzulegenden Stückliste in die Felder laut Abbildung ein.

[!]

Nicht gleich weitergehen!

Wenn Sie nicht nur den Stücklistenkopf kopieren wollen, wovon auszugehen ist, dann setzen Sie in dem Pop-up-Fenster links das Flag **hierarchisch kopieren**. Durch Setzen dieses Flags aktivieren Sie den Button **Kopierbereich**.

Über diesen Button erreichen Sie die Einstellmöglichkeiten, die in Abbildung 5.13 dargestellt sind. Sie landen auf der Registerkarte **Kopierbereich**, die im Pop-up-Fenster **EWB: Optionen** enthalten ist.

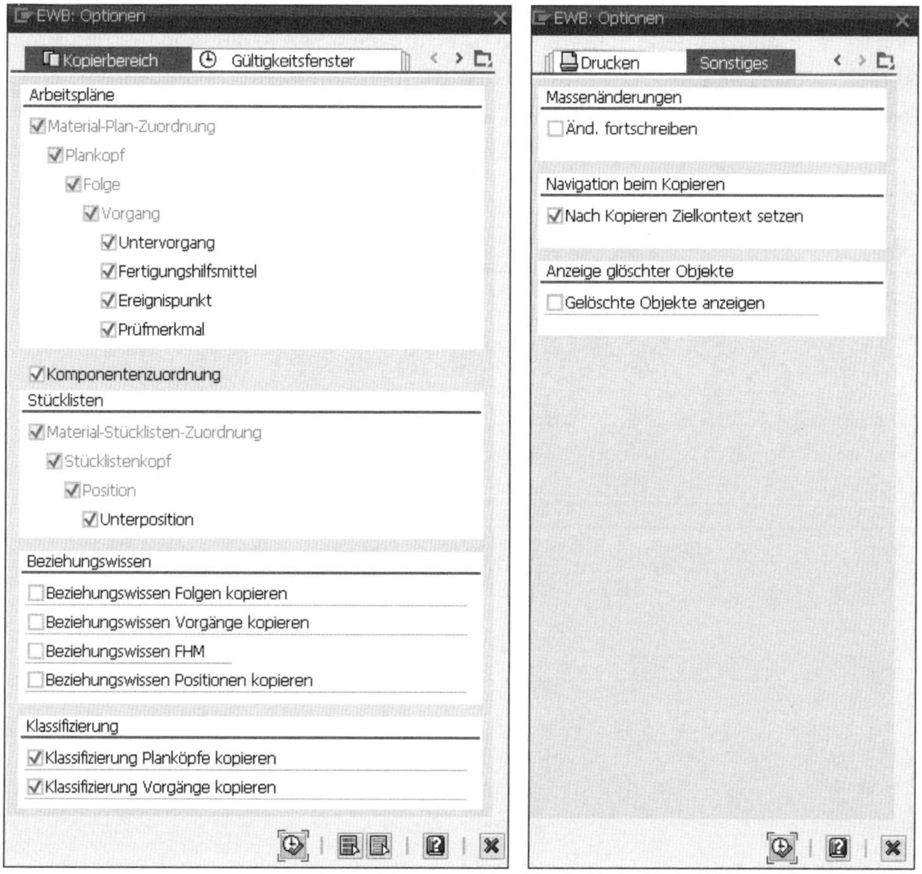

Abbildung 5.13 Kopierbereich und »Sonstiges« in den Benutzereinstellungen der EWB

Hier entscheiden Sie, was alles kopiert werden soll. Im dargestellten Beispiel sollen Stückliste und Arbeitsplan gleichzeitig kopiert werden. Genau hier können Sie einstellen, dass das ganze Beziehungswissen nicht mitkopiert werden soll. In diesem Fenster können Sie noch weitere benutzerspezifische Einstellungen vornehmen, z. B. im Hinblick auf die Stücklistenanwendung, die Sie eventuell beim Aufrufen der Baumstruktur links eingeben mussten.

Auf der Registerkarte **Sonstiges** können Sie noch eine weitere für das Kopieren nützliche Einstellung vornehmen. So führt das Setzen des Flags **Nach Kopieren Zielkontext setzen** dazu, dass Sie nach dem Kopieren gleich in die Kopie wechseln, statt in der Kopiervorlage zu bleiben.

Sie bestätigen die Eingaben und schließen zugleich das Pop-up-Fenster **EWB: Optionen** mit einem Klick auf den Button . Zurück im Fenster **EWB Kopieren – Zieldaten**, starten Sie das Kopieren über den entsprechenden Button . Als Ergebnis landen Sie in dem kopierten Stücklistenkopf, wie in Abbildung 5.14 dargestellt. Wahrscheinlich ist bei Ihnen der Bereich **Kontext** gefüllt, und Sie sehen in der Liste nur den einen kopierten Stücklistenkopf. Der Kontext wirkt hier generell als Filter. Durch das gesetzte Flag **Nach Kopieren Zielkontext setzen** wurde der Kontext gesetzt, und es ist nur die Kopie sichtbar. Der Kontext kann manuell gelöscht werden, oder man nutzt dafür den Button .

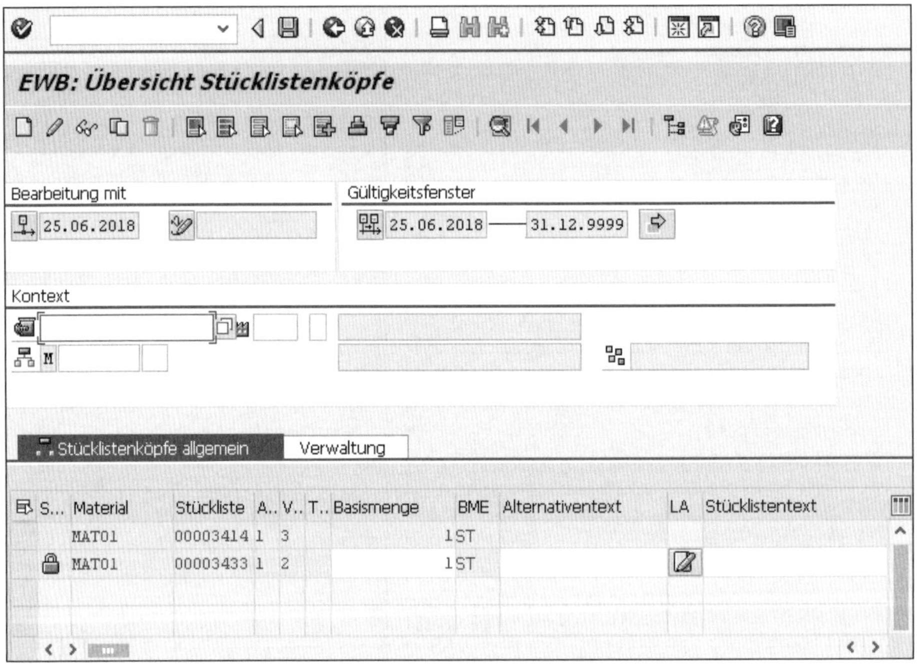

Abbildung 5.14 Ergebnis der Kopie – Stücklistenköpfe

Über den Menüpfad **Stücklisten • Positionen** gelangen Sie in die Darstellung der Positionen aus Abbildung 5.15. Durch den leeren Kontext sehen Sie die Positionen

- sowohl der Kopiervorlage (obere Hälfte, ausgegraut und mit Beziehungswissen, erkennbar an den angeschalteten Glühlampen in der letzten Spalte)
- als auch der Kopie (untere Hälfte, eingabebereit und ohne Beziehungswissen, erkennbar an den ausgeschalteten Glühlampen in der letzten Spalte).

Über das Menü **Pläne • Planköpfe** und **Pläne • Vorgänge** können Sie sich das Ganze analog für die Arbeitspläne anschauen.

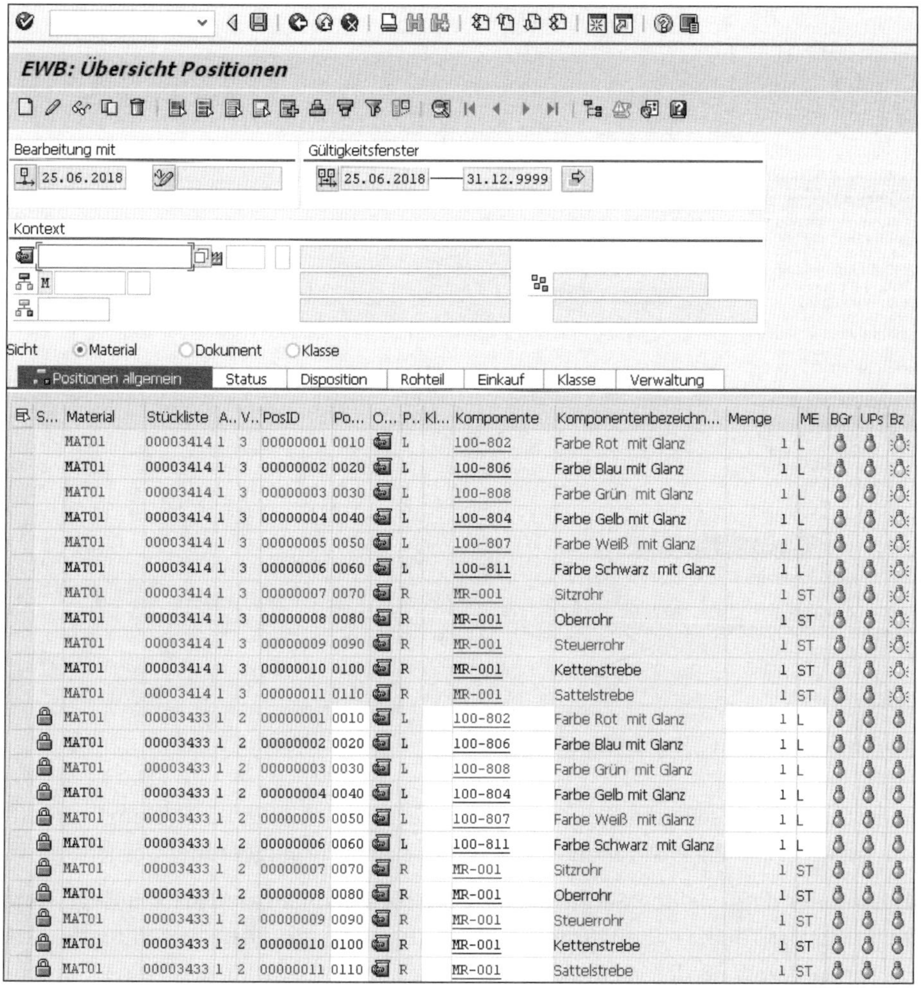

Abbildung 5.15 Ergebnis der Kopie – Stücklistenpositionen

Eine weitere interessante Funktionalität der Engineering Workbench bezüglich Kopieren besteht darin, eine oder mehrere Positionen aus der Quellstückliste per Drag & Drop auf den Kopf der Zielstückliste in diese zu kopieren; es geht dabei nur Position auf Stücklistenkopf (siehe Abbildung 5.16).

Voraussetzung ist, dass in der Baumstruktur links sowohl die Kopiervorlage als auch die Zielstückliste und der Zielarbeitsplan enthalten sind. Dadurch können Sie einen oder mehrere Vorgänge aus dem Quellarbeitsplan per Drag & Drop auf die Folge des Zielarbeitsplans in diesen kopieren, es geht dabei nur Vorgang auf Folge. Im Arbeitsplan wird über ein kleines Pop-up-Fenster gefragt, ab welchem Vorgang der Zielfolge der oder die Vorgänge eingefügt werden sollen.

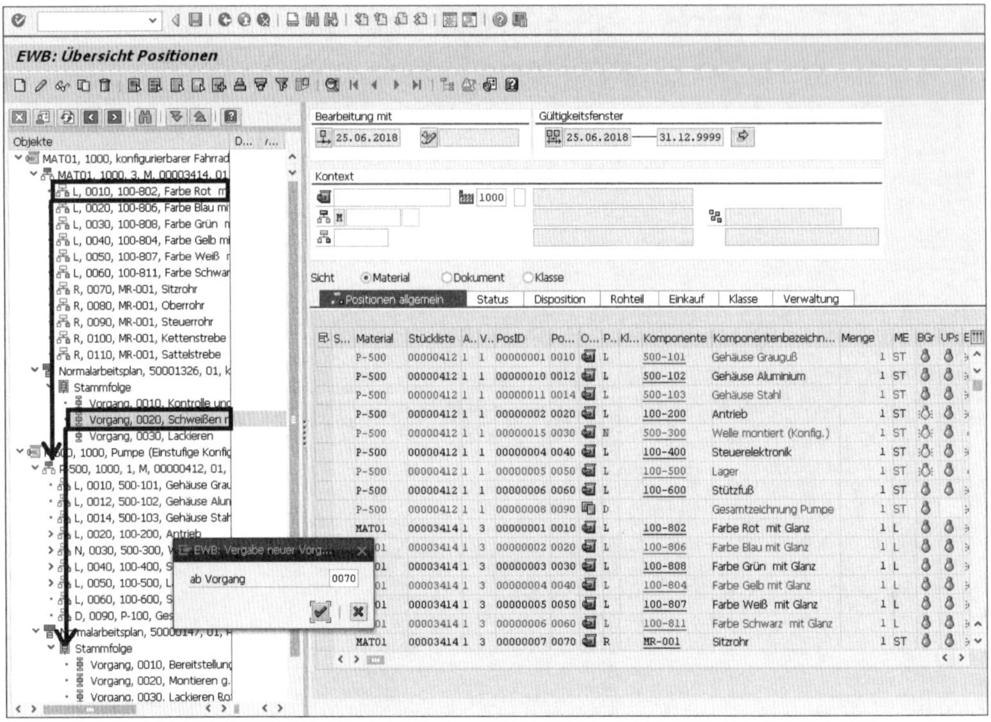

Abbildung 5.16 EWB – Kopieren per Drag & Drop

In der Stückliste erscheint so ein Pop-up-Fenster nicht, da es für das System unerheblich ist, wo genau die Positionen innerhalb der Stückliste eingeordnet werden sollen.

Anhand der dargestellten Schritte haben Sie die Maximalstückliste angelegt. Jetzt fehlt noch das Thema »konfigurierbar«. Sie müssen der Stückliste Beziehungswissen zuordnen, damit aus der Maximalstückliste die konkrete Stückliste für eine Konfiguration wird. Darum geht es im Folgenden.

5.2 Beziehungswissen für die konfigurierbare Maximalstückliste

Bevor es konkret um Beziehungswissen in Stücklisten geht, soll kurz zwischen einigen Begriffen unterschieden werden.

5.2.1 Lokales und globales Beziehungswissen

Zunächst lässt sich zwischen lokalem und globalem Beziehungswissen differenzieren.

- *Lokales Beziehungswissen* hat folgende Eigenschaften:
  - Es wird lokal an der Stelle angelegt und geändert, an der es wirken soll. Das heißt am Beispiel der Stückliste, dass man genau an die Stücklistenposition gehen dort die entsprechende Syntax schreiben muss.
  - Es lebt und stirbt mit der Zuordnung. Wird die Zuordnung gelöscht, ist das ganze Beziehungswissen gelöscht.
  - Es kann nicht mehrfach zugeordnet werden. Das heißt, falls dieselbe Syntax an mehreren Stellen benötigt wird, gibt es bei lokalem Beziehungswissen nur die Möglichkeit, immer wieder neu anzulegen. Letzteres ist ungünstig bezüglich der Performance.
  - Es lässt sich schwieriger verwalten als globales Beziehungswissen.
  - Man erkennt es am Namen. Dieser ist rein numerisch und wird intern vergeben.
  - Eine Ausnahme von den genannten Punkten sind Constraints.
- *Globales Beziehungswissen* hat folgende Eigenschaften:
  - Es kann in einer zentralen Transaktion angelegt (CU01) und geändert (CU02) werden. Anschließend wird es der Stelle zugeordnet, an der es wirken soll.
  - Man kann auch globales Beziehungswissen an der Stelle anlegen, an der es wirken soll. Dann würde es in der Zuordnung angelegt.
  - Es existiert auch ohne Zuordnung. Wird die Zuordnung gelöscht, existiert das Beziehungswissen weiterhin.
  - Es kann mehrfach zugeordnet werden. In dem Fall ist es performanter als lokales Beziehungswissen.
  - Es lässt sich leichter verwalten als lokales Beziehungswissen.
  - Man erkennt es ebenfalls am Namen. Dieser ist nicht rein numerisch und wird manuell, also extern, vergeben.

Im Folgenden beschreiben wir, wie Sie Beziehungswissen anlegen. Globales Beziehungswissen kann – mit Ausnahme von Constraint-Netzen – über Transaktion CU01 angelegt werden, die Sie im SAP-Menü z. B. unter **Logistik • Zentrale Funktionen • Variantenkonfiguration • Beziehung • Einzelbeziehung • Anlegen** finden. Die *Constraint-Netze* legen Sie an gleicher Stelle mit Transaktion CU21 **Beziehung • Beziehungsnetz • Anlegen** an.

Wie bereits erwähnt, *kann globales* und *muss lokales* Beziehungswissen aus der Zuordnung heraus angelegt werden. Die Möglichkeiten dazu sind teilweise in Abbildung 5.17 dargestellt.

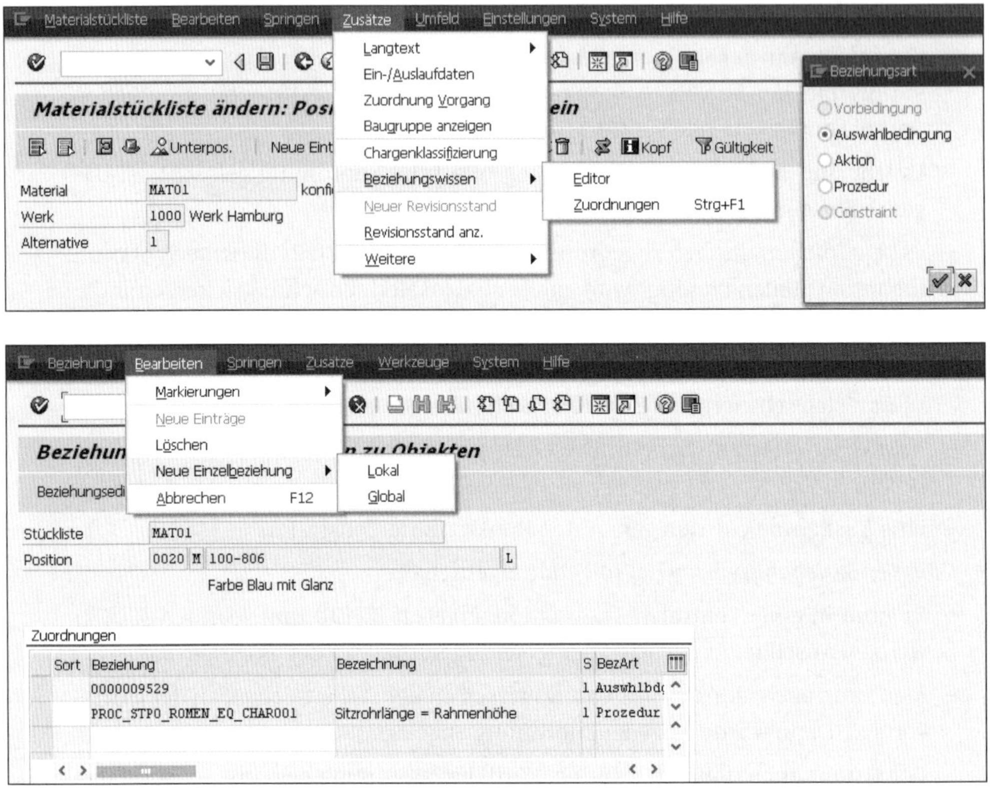

Abbildung 5.17 Anlegen von lokalem und globalem Beziehungswissen (Transaktion CS02)

In den Transaktionen zum Anlegen oder Ändern der Stammdaten, denen Beziehungswissen zugeordnet werden kann, gibt es immer den Menüpfad **Zusätze • Beziehungswissen**. Wenn Sie dann weiter auf **Editor** klicken, rufen Sie das Pop-up-Fenster **Beziehungsart** auf, über das Sie lokales Beziehungswissen anlegen können.

Folgen Sie jedoch dem Pfad **Zusätze • Beziehungswissen • Zuordnungen**, landen Sie bei **Beziehungspflege: Zuordnung zu Objekten** (siehe untere Hälfte von Abbildung 5.17) und damit bei der Zuordnung von globalem Beziehungswissen. Dieses kann aber auch aus der Zuordnung heraus angelegt werden.

In der unteren Hälfte von Abbildung 5.17 sehen Sie im ersten Eintrag der Spalte **Beziehung** lokales Beziehungswissen (numerischer Name »0000009529«) und in der zweiten Zeile globales Beziehungswissen (nichtnumerischer Name »PROC_STPO_ROMEN_EQ_CHAR001«). Sie können über den Menüpfad **Bearbeiten • Neue Einzelbeziehung** weiteres lokales oder globales Beziehungswissen anlegen und gleichzeitig zuordnen. Mit Einzelbeziehung ist gemeint, dass keine Constraint-Netze über den Weg angelegt werden können.

Es gibt noch zwei andere Möglichkeiten zur Anlage von Beziehungswissen, die nicht in allen Transaktionen implementiert sind:

1. In der oberen Hälfte von Abbildung 5.17 etwa in der Mitte sehen Sie den Button [Button], über den Sie deutlich eleganter das gleiche Ziel erreichen wie über **Zusätze • Beziehungswissen • Zuordnungen**.
2. In Übersichten wie z. B. von Merkmalwerten, Stücklistenpositionen oder Vorgängen im Arbeitsplan gibt es eine Spalte, die anzeigt, ob Beziehungswissen zugeordnet ist. Soweit vorhanden, können Sie auf das Flag in dieser Spalte auch einen Doppelklick ausführen, statt den Weg über **Zusätze • Beziehungswissen • Editor** oder **Zusätze • Beziehungswissen • Zuordnungen** zu gehen.

Auch in Transaktion PMEVC gibt es die genannten Möglichkeiten. Wie Sie in Abbildung 5.18 erkennen können, wechseln Sie am besten in der Baumstruktur links zu dem Objekt, an dem Sie das Beziehungswissen benötigen. Im gezeigten Beispiel ist es eine Stücklistenposition (genauer »0010 100-802«).

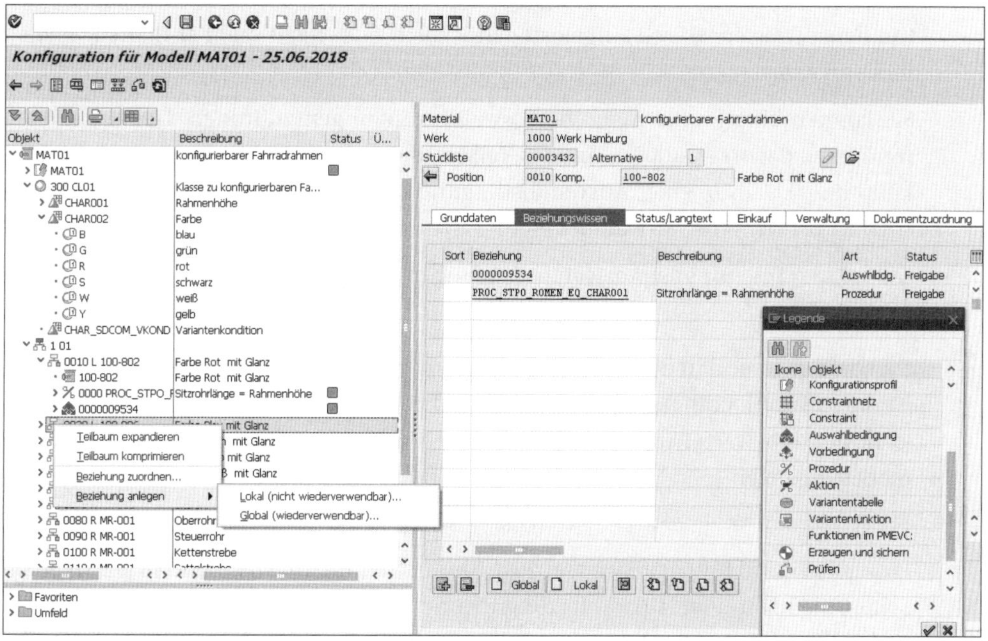

Abbildung 5.18 Beziehungswissen anlegen und zuordnen (Transaktion PMEVC)

Über das Kontextmenü, das Sie mit Klick auf die rechte Maustaste aufrufen, erreichen Sie die Option **Beziehung zuordnen...**, um existierendes globales Beziehungswissen zuzuweisen. Über die Option **Beziehung anlegen** können Sie sowohl lokales als auch globales Beziehungswissen aus der Zuordnung heraus anlegen.

Das Detailbild, das Sie auf der rechten Seite von Abbildung 5.18 sehen, rufen Sie durch Doppelklick auf die Stücklistenposition links auf. Sowohl auf der linken als auch auf der rechten Seite gibt es die gleichen Funktionalitäten. Auf beiden Seiten erkennen Sie auch das zugeordnete Beziehungswissen mit Name, Bezeichnung, Art und Status. Links wird Art und Status durch Icons dargestellt. Das in Abbildung 5.18 angezeigte Pop-up-Fenster **Legende** erreichen Sie per Klick auf den Button  links oben.

5.2.2 Beziehungswissen allgemein für Stücklisten und Arbeitsplan

Im Folgenden betrachten wir, welche Arten von Beziehungswissen in Stücklisten und Arbeitsplänen genutzt werden können. Zunächst einmal können Sie Auswahlbedingungen und Prozeduren nutzen. *Auswahlbedingungen* kennzeichnen *Variantenteile* in Stückliste und Arbeitsplan. Alles, was keine Auswahlbedingungen hat, sind Gleichteile. Das heißt, sie werden unabhängig von der Konfiguration immer benötigt. Alles mit Auswahlbedingungen bleibt bei der Auflösung nur dann enthalten, wenn die Bedingung erfüllt ist. Ist die Bedingung nicht erfüllt, wird es entfernt. In der für den Kundenauftrag spezifisch aufgelösten Stückliste ist es nicht mehr enthalten, ebenso nicht im Arbeitsplan.

Sie können einer Stelle mehrere Auswahlbedingungen zuordnen. Dann reicht es, wenn eine davon erfüllt ist, um das Teil zu übernehmen (eine logische »Oder-Verknüpfung«). Falls in einer Auswahlbedingung ein unbewertetes Merkmal angesprochen wird, bricht die Auswahlbedingung ab und ist nicht erfüllt.

Falls einem Teil nur eine Auswahlbedingung mit der Syntax

```
farbe = 'rot'
```

zugeordnet ist und in der Konfiguration das Merkmal »farbe« nicht bewertet wurde, ist die Auswahlbedingung nicht erfüllt, und das Teil fliegt raus. Will man das nicht (d. h., bei unbewertet soll es beibehalten werden), muss man die Syntax folgendermaßen ergänzen:

```
farbe = 'rot' or not farbe specified
```

Prozeduren sind hingegen *wertsetzend*. Sie können in Stückliste und Arbeitsplan an Teilen, die nicht über Auswahlbedingungen herausgeflogen sind, über Objektmerkmale Änderungen vornehmen. Paradebeispiele sind konfigurationsabhängige Änderungen an Menge oder Rohteildaten in der Stückliste oder Zeitwerte im Arbeitsplan.

Man kann an einer Stelle mehrere Prozeduren zuordnen. In diesem Fall müssen Sie die Reihenfolge festlegen. So können Werte schrittweise berechnet und gesetzt werden. Bei konkurrierenden Wertsetzungen gewinnt die letzte maßgeblich. Das wird nicht als Fehler betrachtet, da sich Prozeduren gegenseitig überschreiben dürfen.

Weiterhin kann man Prozeduren dazu nutzen, um Klassenknoten Bewertungen zuzuordnen. Darauf kommen wir in diesem Kapitel noch zurück.

5.2.3 Beziehungswissen für die Stückliste

Beginnen Sie mit Auswahlbedingungen in Stücklisten. Am einfachsten gelangen Sie zu Auswahlbedingungen an Stücklisten über Drag & Drop in der PMEVC. Betrachten Sie dazu die Situation in Abbildung 5.19. Die Stücklistenposition **0010 L 100-802** mit dem Materialstamm 100-802 stellt rote Farbe dar. Wahrscheinlich möchten Sie diese Materialposition nur in der aufgelösten Stückliste, wenn der Kunde sich diese Farbe gewünscht hat. Dazu muss bei dem Merkmal **CHAR002** der Wert **R** ausgewählt worden sein. Wenn das der Fall ist, können Sie einfach den Wert **R** per Drag & Drop auf die Stücklistenposition schieben.

5

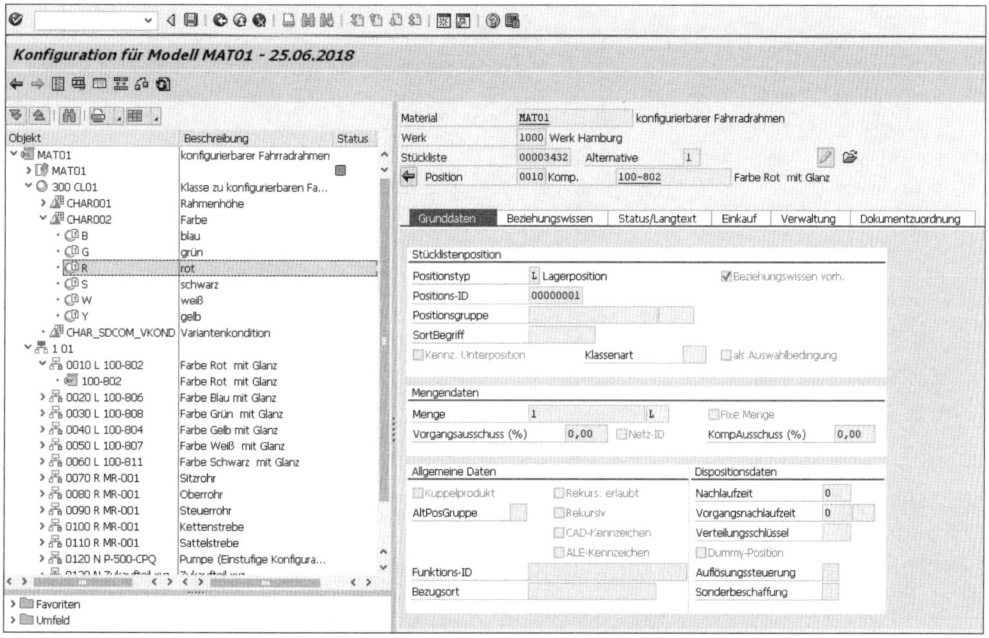

Abbildung 5.19 PMEVC – Lokales Beziehungswissen per Drag & Drop anlegen

Das Ergebnis sehen Sie in Abbildung 5.20. Es wurde eine lokale Auswahlbedingung mit dem Namen »9537« angelegt. Die Syntax ist:

```
CHAR002 = 'B'
```

Das Beziehungswissen wurde auch sofort freigegeben. Damit ist der Vorgang abgeschlossen.

Wenn Sie globales Beziehungswissen anlegen wollen, ist das auch kein Problem. Dazu müssen Sie entscheiden, was per Drag & Drop passieren soll (siehe in Abbildung 5.20 die rechte Seite des Pop-up-Fensters **Benutzerabhängige Einstellungen**, die linke Seite spielt in der Stückliste keine Rolle). Sie finden diese Auswahl über den Menüpfad **Zusätze • Einstellungen** im dann erscheinenden Pop-up-Fenster **Benutzer-**

abhängige Einstellungen auf der Registerkarte **Beziehungswissen**. Bei globalem Beziehungswissen geht es allerdings nicht ganz so schnell, da Name und Bezeichnung des Beziehungswissens abgefragt werden.

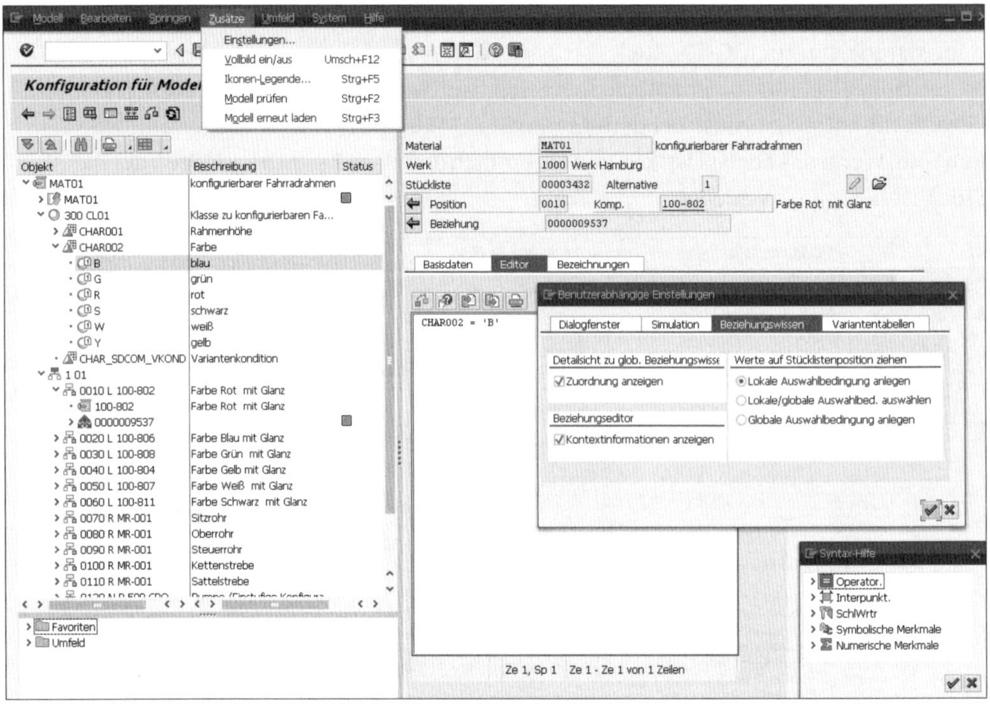

Abbildung 5.20 PMEVC – Globales Beziehungswissen per Drag & Drop anlegen

Im Folgenden erläutern wir weitere Möglichkeiten der Zuordnung von Beziehungswissen wie manuelle Syntaxeingabe, Auswahlbedingungen mit Variantentabelle, Zuordnung von Prozeduren sowie Klassenknoten in der Stückliste.

Manuelle Syntaxeingabe

Falls Sie die Syntax manuell eingeben oder ergänzen wollen, können Sie die **Syntax-Hilfe** nutzen. Sie rufen das entsprechende Pop-up-Fenster über die [F4]-Taste oder mit dem Button [Button] auf. Die Hilfe ist kontextsensitiv, berücksichtigt also, in welcher Art von Beziehungswissen und an welcher Stelle in der Syntax sie aufgerufen wird.

Eine wichtige Frage im Beziehungswissen ist, *wo* (auf welcher Ebene) ein Merkmal abgefragt wird. Hierfür stehen in allen Arten von Beziehungswissen – außer in Constraints – folgende Syntaxelemente zur Verfügung:

- `$self`
  `$self` sucht und fragt das Merkmal an der Stelle ab, an der das Beziehungswissen zugeordnet wurde.
- `$parent`
  `$parent` sucht und fragt das Merkmal eine Instanz darüber ab. Das heißt, es wird über die Stücklistenstruktur das nächste darüberliegende konfigurierbare Material mit einer Konfiguration gesucht.
- `$root`
  `$root` sucht und fragt das Merkmal an der Kopfinstanz ab. Das heißt, es wird das konfigurierbare Material genutzt, mit dem in die Konfiguration eingestiegen wurde.

Prüfen Sie, welche Syntaxelemente für diesen Fall geeignet sind:

- `$self.CHAR002 = 'B'` ist als Syntax richtig, aber inhaltlich falsch. Der Kunde wünscht sich die rote Farbe nicht an der Stücklistenposition, sondern am Kopfmaterial (hier MAT01).
- `$root.CHAR002 = 'B'` ist als Syntax und inhaltlich richtig. Der Kunde wünscht sich die rote Farbe am Kopfmaterial.
- `$parent.CHAR002 = 'B'` ist als Syntax und inhaltlich richtig. Das Kopfmaterial ist eine Instanz über der Stücklistenposition. Bei einer einstufigen Konfiguration wie hier sind `$parent` und `$root` identisch.

Sie können das Syntaxelement auch ganz weglassen, wie im Beispiel in Abbildung 5.20 geschehen. Das System interpretiert dies dann immer als `$root`, was ja in unserem Fall richtig ist.

Auswahlbedingungen mit Variantentabelle

Wenn die Auswahl einer Stücklistenposition jedoch von mehreren Merkmalen abhängt, dann sollten Sie am besten eine *Variantentabelle* nutzen. Schauen Sie sich dazu das Beispiel in Abbildung 5.21 an, in dem es um Pumpen geht. Die Idee ist folgende: In der Stückliste mit den Positionen 10, 20 und 30 gibt es drei Gehäuse, bestehend aus Grauguss, Aluminium und Stahl. Die Auswahl des Gehäuses kann sich der Kunde nicht direkt wünschen. Das passende Gehäuse ergibt sich daraus, wie sich der Kunde bei den Merkmalen t01_00 (Pumpmedium) und t02_00 (Pumpenart) entscheidet.

In der Tabelle steht, wann welches Gehäuse ausgewählt werden soll. Diese Konstruktion aus Tabelle und Auswahlbedingungen funktioniert nicht nur bei Eindeutigkeit. Sie funktioniert auch, wenn bei Bewertungen kein, ein, zwei oder alle drei Gehäuse ausgewählt werden sollen. Es ist somit sehr flexibel.

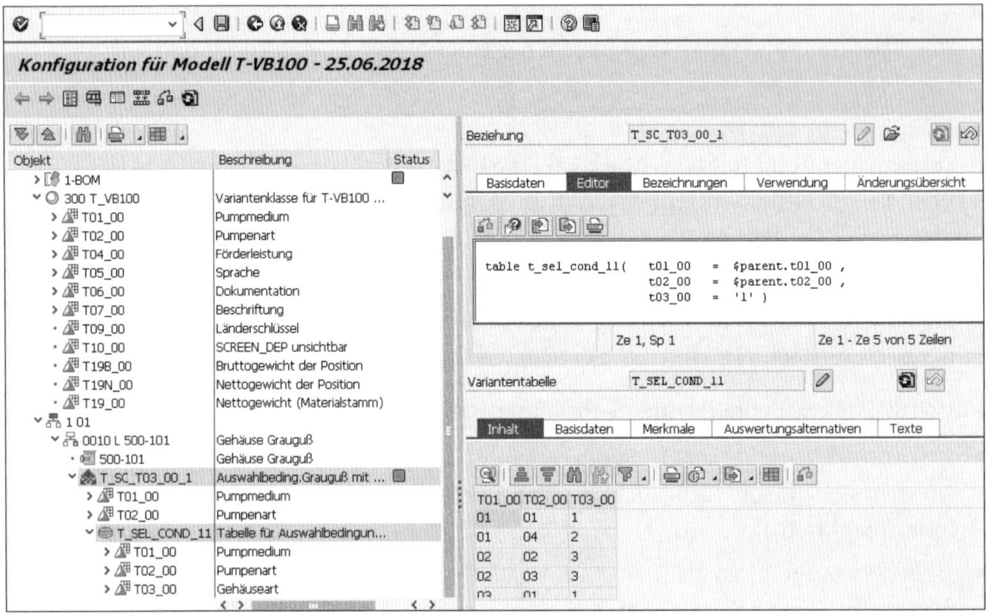

Abbildung 5.21 Auswahlbedingungen mit Variantentabelle

Wie ist die in der Abbildung gezeigte Auswahlbedingung zu interpretieren?

```
table t_sel_cond_11(  t01_00  =  $parent.t01_00 ,
                      t02_00  =  $parent.t02_00 ,
                      t03_00  =  '1' )
```

Ein Tabellenaufruf hat immer die folgende Gestalt:

```
Table <Name der Tabelle> (<Merkmal der Tabelle>
                         = <Merkmal der Konfiguration>
                                                      , ... )
```

Was macht diese Auswahlbedingung? Sie wartet, bis alle Merkmale auf der rechten Seite in der Konfiguration bewertet wurden (im Beispiel sind es zwei). Vorher ist die Auswahlbedingung generell nicht erfüllt und die Komponente der Stückliste, der diese Auswahlbedingung zugeordnet wurde, fällt heraus. Wenn beide Merkmale bewertet wurden, dann prüft das System, ob in der Tabelle mindestens eine Zeile existiert, bei der die ersten beiden Spalten dieser Bewertung entsprechen und zugleich in der dritten Spalte der Tabelle der Wert »1« steht. Wenn das der Fall ist, ist die Auswahlbedingung erfüllt und die Komponente (hier das Graugussgehäuse) wird übernommen. Ansonsten nicht.

Ohne Tabelle sähe die Syntax dieser Auswahlbedingung folgendermaßen aus (siehe Listing 5.1):

```
$parent.t01_00 = '01'  and
$parent.t02_00 = '01'  or
$parent.t01_00 = '03' and
$parent.t02_00 = '01'
```

Listing 5.1 Syntax der Auswahlbedingung ohne Variantentabelle

Um die Variantentabelle anzulegen, können Sie Transaktion CU60, CU61 oder PMEVC nutzen. Letzteres soll hier kurz beschrieben werden.

Am besten legen Sie die neue Variantentabelle im **Umfeld** (siehe Abbildung 5.20 links unten) an. Sie öffnen das Element **Umfeld** und erhalten einen Eintrag **Variantentabellen**. Hier wählen Sie über das Kontextmenü (rechter Mausklick) **Variantentabelle anlegen ...** aus. Es erscheint ein entsprechendes Pop-up-Fenster, in dem Sie der Variantentabelle einen **Namen** geben müssen. Nach Bestätigung mit [↵] erscheint auf der rechten Seite ein Detailbild der neuen Variantentabelle mit der Registerkarte **Basisdaten**. Hier ist eine Beschreibung anzugeben und der Status mindestens so zu ändern, dass Inhalt gepflegt werden kann – am besten gleich freigeben. Wechseln Sie dann auf die Registerkarte **Merkmale**. Merkmale sind die Spalten einer Variantentabelle. Das können beliebige Merkmale sein. Meistens nutzt man gleich die Merkmale aus der Variantenklasse. Das heißt hier: T01_00, T02_00 und T03_00.

Wechseln Sie auf die Registerkarte **Inhalt**. Mit einem Klick auf den Button [ ] erzeugen Sie neue Zeilen, die Sie anschließend ausfüllen können. Dafür steht Ihnen die [F4]-Hilfe zur Verfügung. Sie können auch mehrere Einträge in einer Zelle vornehmen. Das erreichen Sie per Doppelklick auf die Zelle. Nachdem Sie die Tabelle editiert und angelegt haben, können Sie sie in jeder Art von Beziehungswissen nutzen.

Zuordnung von Prozeduren

Im Beispiel in Abbildung 5.22 geht um konfigurierbare PCs. Dort wurde einer Stücklistenposition eine Prozedur als globales Beziehungswissen zugeordnet. (Vergleichen Sie die Zeile »0000 T_PROC_MENGE2_00 Komponentenmenge ändern«.) Dass es globales Beziehungswissen ist, erkennen Sie am Namen »T_PROC_MENGE2_00« (kein rein numerischer Name). Dass es eine Prozedur ist, erkennen Sie an dem Symbol [ ] links im Baum in der Zeile des Beziehungswissens. »0000« gibt eine Sortierung an. Und »Komponentenmenge ändern« ist die Bezeichnung.

Was wird über diese Prozedur erreicht? Die Syntax der Prozedur lautet:

```
$self.tpc_stpo_menge = 2 if $parent.t_cas_00 = 'TW'
```

Prozeduren sind wertsetzendes Beziehungswissen. Hier wird das Merkmal `tpc_stpo_menge` mit `2` bewertet, falls das Merkmal `t_cas_00` mit `'TW'` bewertet wurde. Links in der Baumstruktur in Abbildung 5.22 ist zu erkennen, was die Bedingung bedeutet: Als »Gehäuse PC« (T_CAS_00) wurde ein »Tower« (»TW«) gewünscht. Das Merkmal `tpc_` stpo_menge ist ein Objektmerkmal mit Bezug zu der Tabelle STPO und deren Feld **MENGE**. Dieser Zusammenhang ist aus Platzgründen nicht direkt in der Abbildung erkennbar, dazu müsste man die Zeile mit dem Beziehungswissen weiter aufklappen und auf dem erscheinenden Merkmal tpc_stpo_menge einen Doppelklick ausführen. In der Detailsicht des Merkmals können Sie dann auf der Registerkarte **Zusatzdaten** die Verbindung zum genannten Datenbankfeld erkennen. Zusammengefasst setzt diese Prozedur die Komponentenmenge in der Stücklistenposition auf 2, falls das Merkmal des Gehäuses mit Tower bewertet wurde.

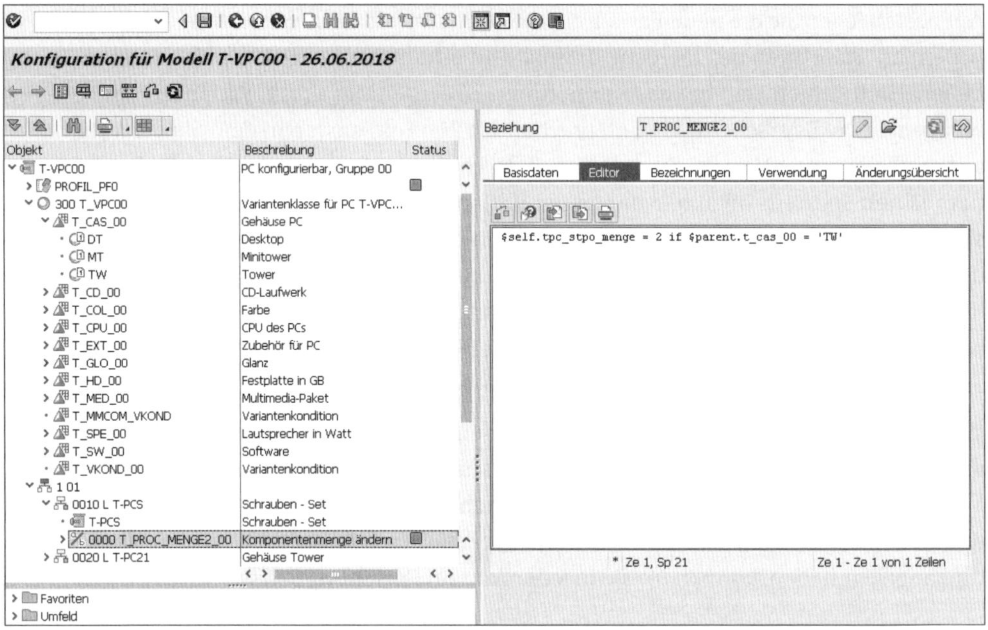

Abbildung 5.22 Prozedur an der Stücklistenposition: Komponentenmenge ändern

Wie wurde die Prozedur angelegt? Wie wir anhand von Abbildung 5.18 bereits gezeigt haben, können Sie über das Kontextmenü auf der Stücklistenposition in das Anlegen von globalem Beziehungswissen wechseln. Falls die Stückliste nicht im Änderungsmodus geöffnet ist, erscheint ein Pop-up-Fenster **Stückliste öffnen**, um dies zu tun. Anschließend erscheint ein weiteres Pop-up-Fenster **Neue Beziehung an Stücklistenposition anlegen**. Hier müssen Sie der Prozedur einen Namen geben und die Art der Beziehung auswählen.

[!]

Nachträgliche Änderung der Beziehungsart

Die Beziehungsart kann nachträglich geändert werden. Auch wenn schon Syntax existiert. Der Name ist nachträglich nicht änderbar.

Nach diesem Pop-up-Fenster erscheint die Detailsicht der Prozedur mit der Registerkarte **Basisdaten**. Hier müssen Sie das Feld **Bezeichnung** ausfüllen. Anschließend können Sie auf der Registerkarte **Editor** die Syntax eingeben. Zuletzt müssen Sie noch auf der Registerkarte **Basisdaten** den Status im Feld **Status** auf **Freigegeben** setzen. Wenn Sie wollen, können Sie noch Gruppe, Pflegeberechtigung und Bezeichnungen in weiteren Sprachen angeben.

In Abbildung 5.23 zeigen wir ein anderes Beispiel für Prozeduren an Stücklistenpositionen: das Ändern von Rohteildaten. Wie in Abschnitt 5.1, »Die konfigurierbare Maximalstückliste«, erläutert, können Sie in Rohmaßpositionen Rohteildaten angeben. Dies haben wir in Abbildung 5.23. rechts unten zusätzlich mit aufgenommen (schwarz umrandet).

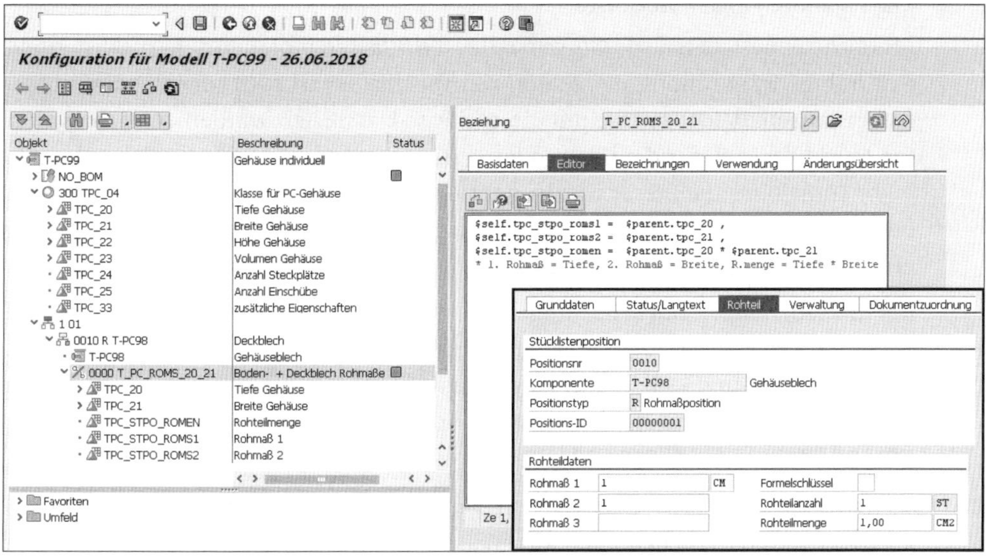

Abbildung 5.23 Prozedur an der Stücklistenposition, um Rohteildaten zu ändern

Diese Daten lassen sich über die folgende Prozedur überschreiben (siehe Listing 5.2):

```
$self.tpc_stpo_roms1 =  $parent.tpc_20 ,
$self.tpc_stpo_roms2 =  $parent.tpc_21 ,
$self.tpc_stpo_romen =  $parent.tpc_20 * $parent.tpc_21
* 1. Rohmaß = Tiefe, 2. Rohmaß = Breite, R.menge = Tiefe * Breite
```

Listing 5.2 Syntax der Prozedur »Boden + Deckblech Rohmaße«

Die letzte Zeile der Syntax ist eine *Kommentarzeile*. Kommentarzeilen beginnen mit einem Stern.

Die Merkmale rechts vom Gleichheitszeichen sind aus der Variantenklasse und damit direkter Kundenwunsch. Die Merkmale links vom Gleichheitszeichen sind Objektmerkmale mit Bezug zur Tabelle STPO und dort zu den Feldern **ROMS1**, **ROMS2** und **ROMEN**, also Rohmaß 1, Rohmaß 2 und Rohteilmenge aus dem Bildbaustein **Rohteildaten**.

[!]

Sie ändern Felder, ohne Rücksicht auf Abhängigkeiten

Wenn Sie anhand der Objektmerkmale Änderungen vornehmen, werden immer *einzelne Felder verändert*. Das heißt, alle Abhängigkeiten werden ignoriert. Abhängigkeiten müssen zusätzlich im Beziehungswissen formuliert werden. So ist es in unserem Beispiel notwendig, die neue Berechnung der Rohteilmenge mit aufzunehmen.

Klassenknoten in der Stückliste

Als Nächstes betrachten wir *Klassenknoten*. Ein Klassenknoten in der Stückliste stellt eine indirekte Zuordnung aller Materialien (bei Klassenart 200) oder aller Dokumente (bei Klassenart 201) dar, die mit dieser Klasse klassifiziert wurden. In der aufgelösten Stückliste (z. B. für den Plan- oder Fertigungsauftrag) darf kein Klassenknoten mehr enthalten sein. Dieser würde ignoriert werden. Wünscht man sich nichts aus dem Klassenknoten, dann sollte er mit einer entsprechenden Auswahlbedingung versehen werden, damit er entfernt wird.

Der Klassenknoten muss in der aufgelösten Stückliste durch ein Material (oder Dokument) der Klasse ersetzt werden. Wie müssen Sie dafür vorgehen? Betrachten Sie zunächst in Abbildung 5.24 die Baumstruktur links. Hier ist der Klassenknoten **(200)T_VPC_COLOR** »Klassenknoten für Farbe« enthalten. Die Klasse hat die Merkmale **T_COL_00** »Farbe« und **T_GLO_00** »Glanz«.

Weiterhin sehen Sie, dass der Klasse die Materialstämme **T-100-801** bis **T-100-806** zugeordnet wurden. Das heißt, die Materialstämme wurden mit dieser Klasse klassifiziert, und dabei wurden die beiden Merkmale bewertet.

Was ist nun zu tun, damit bei der Stücklistenauflösung der Klassenknoten durch einen dieser Materialstämme ersetzt wird? Das System benötigt Informationen bezüglich der beiden Merkmale **T_COL_00** »Farbe« und **T_GLO_00** »Glanz« des Klassenknotens. Wie Sie in Abbildung 5.24 sehen, ist dafür kein Beziehungswissen erforderlich.

Es gibt vier Methoden, wie Sie den Klassenknoten durch einen der Materialstämme ersetzen können:

1. Kundenbefragung
2. Bewertung über eine Prozedur an der Stücklistenposition mit dem Klassenknoten
3. Bewertung über ein Constraint
4. Manuelle Ersetzung des Klassenknotens

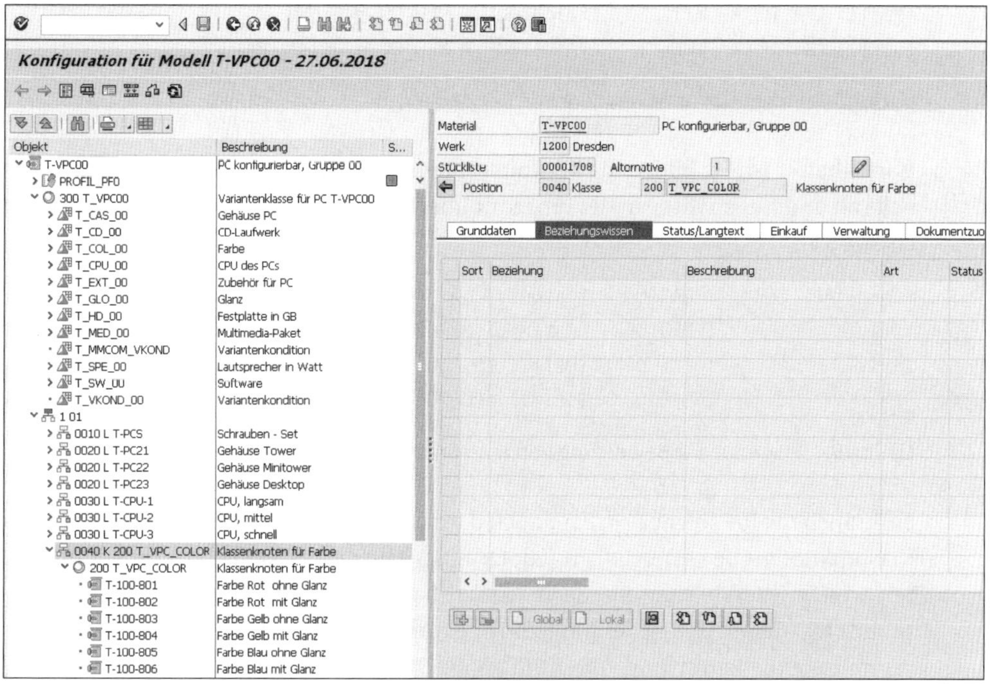

Abbildung 5.24 Klassenknoten (ohne Beziehungswissen)

Methode 1: Kundenbefragung

Sie haben die Möglichkeit, den Kunden nach den Eigenschaften bezüglich dieser beiden Merkmale zu fragen. Das wurde in Abbildung 5.24 realisiert. Die beiden Merkmale **T_COL_00** und **T_GLO_00** des Klassenknotens links unten sind zusätzlich in die Variantenklasse **(300)T_VPC00** links oben aufgenommen wurden. Fertig.

Methode 2: Bewertung über eine Prozedur an der Stücklistenposition mit dem Klassenknoten

Diese Methode brauchen Sie, wenn Sie den Kunden nicht befragen können. Die Merkmale des Klassenknotens können z. B. so kompliziert oder technisch sein, dass sie sich nicht für die Bewertungsoberfläche eignen. In diesem Fall müssen Sie die Bewertung der Merkmale des Klassenknotens über andere Merkmale in einer Prozedur herleiten. Es könnte z. B. sein, dass Tower immer rot, Minitower immer gelb und Desktops immer blau sind, Luxuspakete immer mit Glanz und Standardpakete ohne. Das könnte über folgende Syntax realisiert werden (siehe Listing 5.3):

```
$self.T_COL_00 = 'ROT'     if $parent.T_CAS_00 = 'TOWER',
$self.T_COL_00 = 'GELB'    if $parent.T_CAS_00 = 'MINITOWER',
$self.T_COL_00 = 'BLAU'    if $parent.T_CAS_00 = 'DESKTOP',
```

```
$self.T_GLO_00 = 'MIT'      if $parent.T_MED_00 = 'LUXUS',
$self.T_GLO_00 = 'OHNE'     if $parent.T_MED_00 = 'STANDARD',
```

Listing 5.3 Prozedur zur Bewertung von Klassenknoten

Vorteilhafter ist, Sie bilden die Kombinationen der Merkmale über eine Variantentabelle ab und fragen diese in der Prozedur über eine Syntax wie die folgende ab (siehe Listing 5.4):

```
table TABELLE1 ( T_CAS_00 = $parent.T_CAS_00,
                 T_MED_00 = $parent.T_MED_00,
                 T_COL_00 = $self.T_COL_00,
                 T_GLO_00 = $self.T_GLO_00 )
```

Listing 5.4 Prozedur zur Bewertung von Klassenknoten – mit Variantentabelle

Sie brauchen eine solche Prozedur auch dann, falls Sie den Kunden die Merkmale des Klassenknotens bewerten lassen, jedoch außerhalb des SAP-ERP-Systems konfigurieren wollen. (Vergleichen Sie dazu Wissensbasisobjekt und Laufzeitversion in Abschnitt 1.9, »Bereitstellen des Modells für externe SAP-Anwendungen«.) Diese Prozedur müsste die Bewertung vom Kopf an die Stücklistenposition kopieren und hätte folgende Syntax (siehe Listing 5.5):

```
$self.T_COL_00 = $root.T_COL_00,
$self.T_GLO_00 = $root.T_GLO_00
```

Listing 5.5 Prozedur zur Bewertung von Klassenknoten – Bewertung vom Kopf ($root) an die Klassenposition ($self)

Methode 3: Bewertung über ein Constraint

Dieses Constraint könnte folgende Syntax haben (siehe Listing 5.6):

```
OBJECTS:      (300)T_VPC00 where CAS = T_CAS_00;
                                 PAK = T_MED_00,
              (200)T_VPC_COLOR where COL = T_COL_00;
                                     GLO = T_GLO_00
RESTRICTIONS:  table TABELLE1 (T_CAS_00 = CAS,
                               T_MED_00 = PAK,
                               T_COL_00 = COL,
                               T_GLO_00 = GLO)
```

Listing 5.6 Constraint zur Bewertung von Klassenknoten

Bezüglich Constraints sei auf das Kapitel 6, »High-Level-Konfiguration: Beziehungswissen für die Bewertungsoberfläche«, verwiesen. Methode 3 lässt sich nicht für Konfigurationsszenarien mit Plan-/Fertigungsauftrag verwenden.

Methode 4: manuelle Ersetzung des Klassenknotens

Bei diesem Vorgehen haben Sie die Stückliste aufgelöst und bekommen das Ergebnis auf dem Bildschirm angezeigt. Die so aufgelöste Stückliste können Sie manuell ändern. In den entsprechenden Masken finden Sie den Button Objektsuche, über den Sie nach einem passenden Material in der Klasse suchen können. Auch diese Methode lässt sich nicht für Konfigurationsszenarien mit Plan-/Fertigungsauftrag einsetzen. Die beschriebene Möglichkeit der Objektsuche finden Sie in der Pflege der Auftragsstückliste beim Konfigurationsszenario »Auftragsstückliste« oder in der Pflege des Kundenauftrags beim Konfigurationsszenario »Kundenauftrag«.

5.3 Konfigurierbare Maximalstückliste in SAP S/4HANA

In SAP S/4HANA existieren die angesprochenen Transaktionen CS01, CS02 und PMEVC ebenfalls und lassen sich sowohl über SAP GUI als auch über SAP-Fiori-Apps aufrufen. Das gilt im Übrigen auch für die im nächsten Abschnitt behandelten Arbeitspläne.

Für die Stücklistenpflege gibt es allerdings auch eine völlig neue App, die wir im Folgenden vorstellen. Sie verhält sich im Prinzip genauso wie die klassischen Transaktionen. In Abbildung 5.25 sehen Sie die Kachelgruppe **Materialstückliste**, wie sie standardmäßig ausgeliefert wird. Hinter den Kacheln verbergen sich klassische Transaktionen – bis auf die erste Kachel **Stückliste pflegen**.

Abbildung 5.25 Kachelgruppe »Materialstückliste« im Fiori Launchpad

Beim Start dieser App gelangen Sie in die Sicht **Stückliste pflegen**. (siehe Abbildung 5.26). Klicken Sie als Nächstes auf die Option **Stückliste anlegen**.

Hier müssen Sie in bekannter Weise Materialnummer und Stücklistenverwendung angeben. Meist ist auch das Werk einzugeben. Indem Sie mit Klick auf **OK** bestätigen, wechseln Sie in die nächste Sicht (siehe Abbildung 5.27).

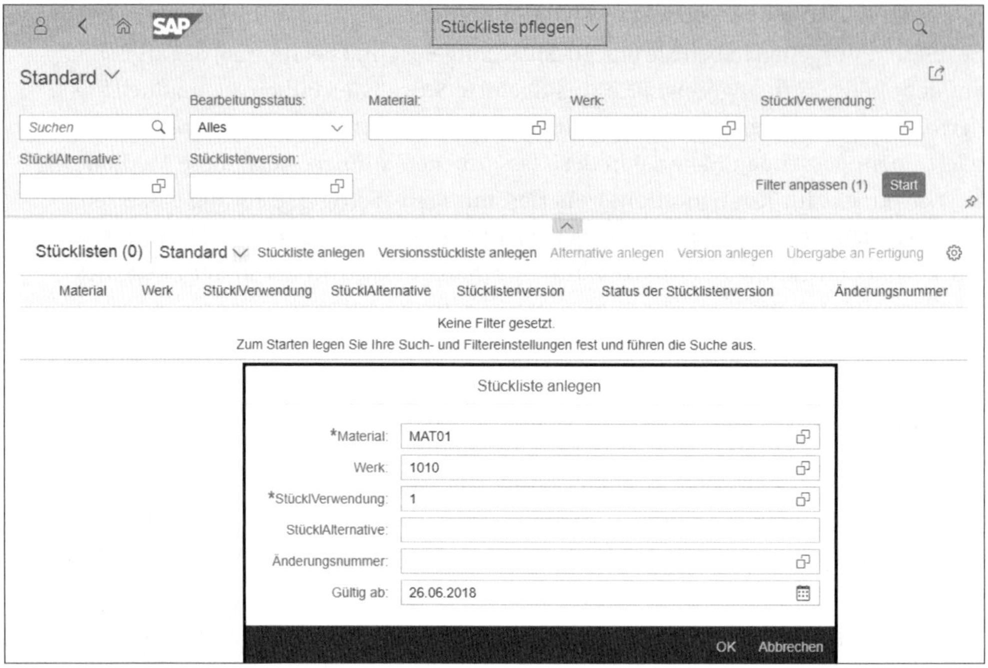

Abbildung 5.26 Die neue Stücklistenpflege – Einstieg

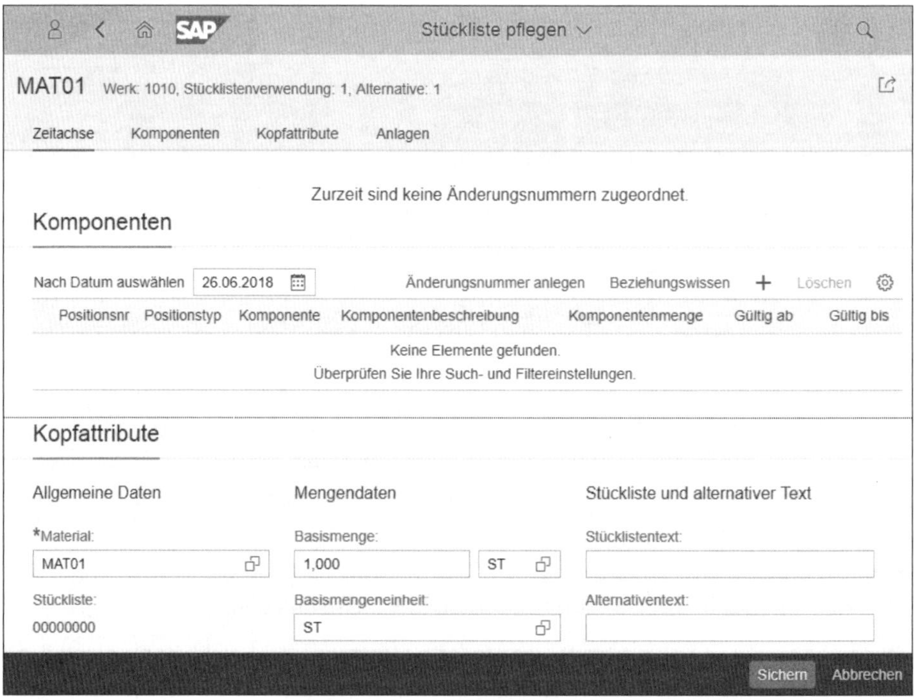

Abbildung 5.27 Die neue Stücklistenpflege – Kopfdaten

Im unteren Drittel finden Sie den Bereich **Kopfattribute**. Hier haben Sie die gleichen Möglichkeiten wie in der klassischen Transaktion. Da in unserem Beispiel keine weiteren Eingaben erforderlich sind, können Sie sich gleich den Positionen bzw. Komponenten widmen.

Über dem Bereich **Kopfattribute** sehen Sie den noch leeren Bildbaustein **Komponenten**. Wenn Sie eine neue Komponente anlegen wollen, klicken Sie auf das Plus-Symbol oben rechts. Sie erzeugen dadurch eine neue Zeile, wie sie in Abbildung 5.28 oben zu sehen ist. Als Erstes muss der **Positionstyp** eingegeben werden (hier **L** für Lagerposition). Abhängig vom Positionstyp erscheinen die weiteren Felder. Nach Eingabe von Materialnummer und Menge gilt es, Beziehungswissen zuzuordnen (Button **Beziehungswissen** neben dem Plus-Symbol).

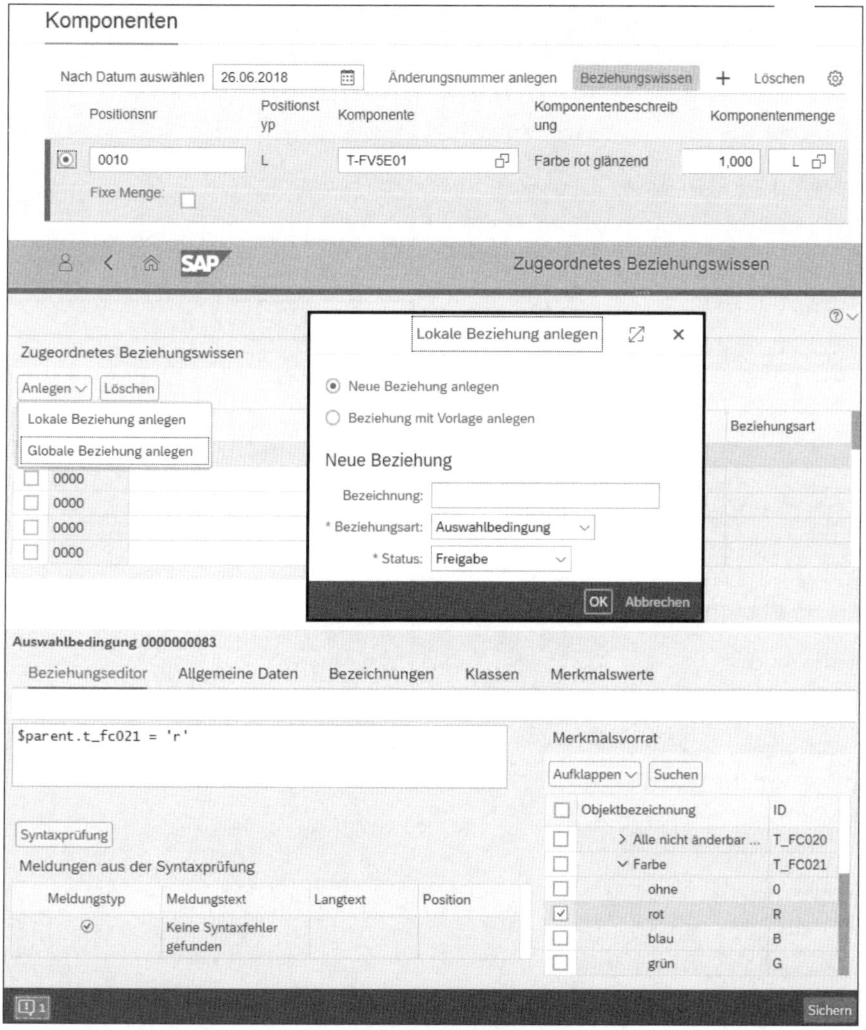

Abbildung 5.28 Lagerposition mit lokalem Beziehungswissen

Wenn Sie dem Menüpfad **Anlegen • Lokales Beziehungswissen** folgen, öffnen Sie ein Pop-up-Fenster **Lokale Beziehung anlegen** (siehe Abbildung 5.28 in der Mitte) mit den bereits bekannten Optionen.

Beim Schreiben der Syntax im Feld **Beziehungseditor** haben Sie im Bereich **Merkmalsvorrat** unten rechts die Liste aller Merkmale und Merkmalwerte als Hilfe im Zugriff. Drag & Drop funktioniert hier nicht.

Abbildung 5.29 zeigt die Anlage von globalem Beziehungswissen für eine zweite Komponente. Dabei handelt es sich um eine Rohmaßposition.

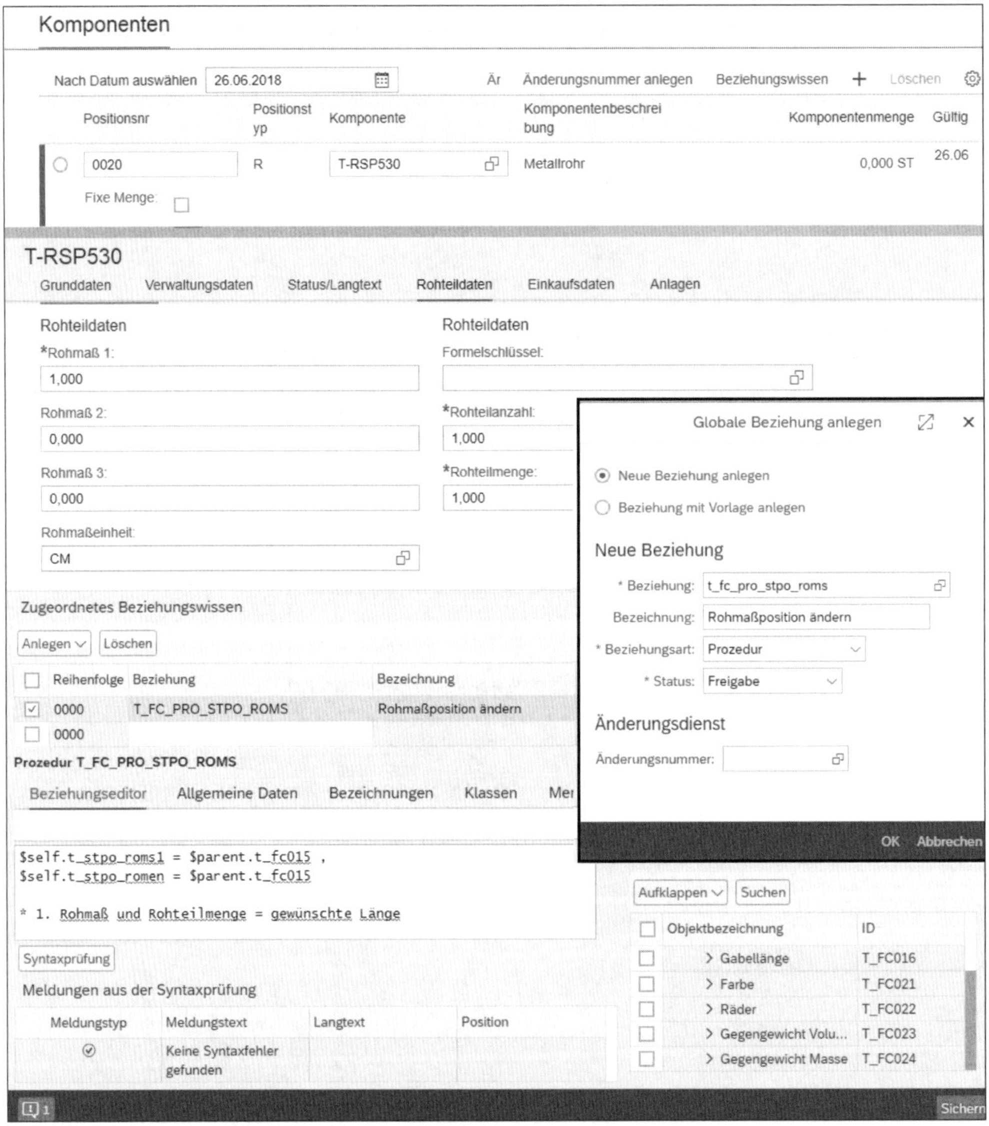

Abbildung 5.29 Rohmaßposition mit globalem Beziehungswissen

Schließlich zeigt Abbildung 5.30 einen dritten, aus Sicht der Variantenkonfiguration spannenden Positionstyp – die Klassenposition **K**. Auch hier stehen Ihnen die gleichen Felder und Musseingaben wie in den klassischen Transaktionen zur Verfügung.

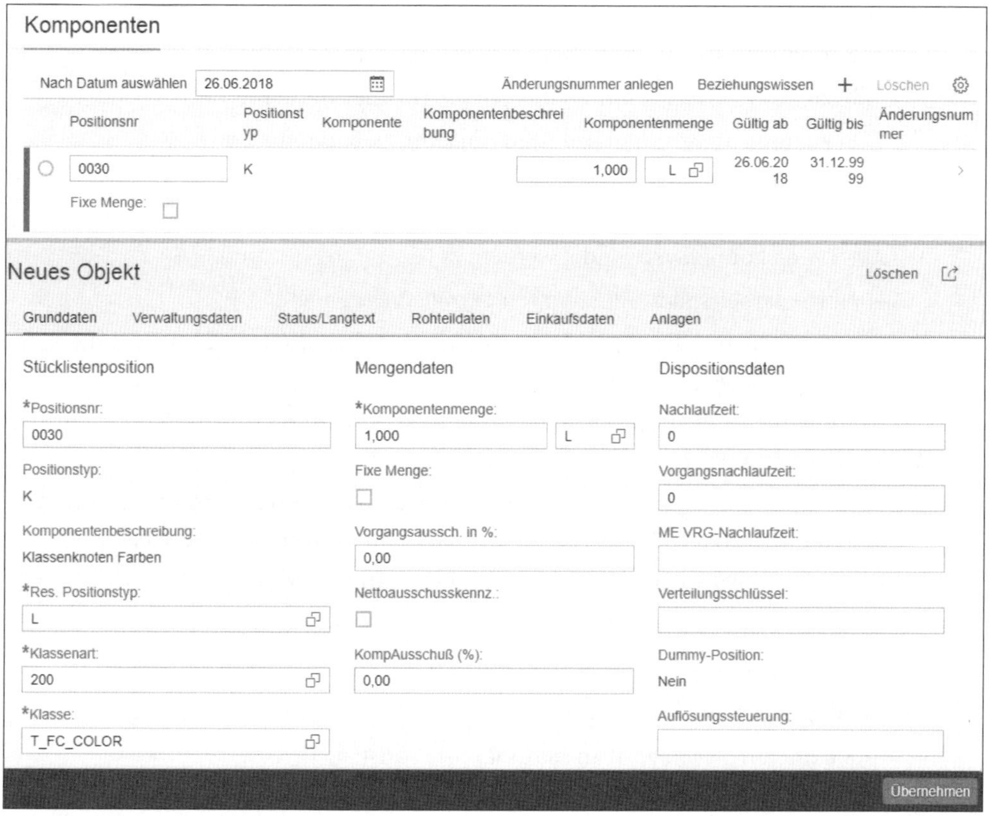

Abbildung 5.30 Die Klassenposition K

Damit beenden wir den kleinen Abstecher in SAP S/4HANA und widmen uns den Arbeitsplänen.

5.4 Der konfigurierbare Maximalarbeitsplan

Ähnlich wie bei der Stückliste haben Sie es auch beim Arbeitsplan für das konfigurierbare Material mit einem *konfigurierbaren Maximalarbeitsplan* zu tun. Hinter diesem Begriff stehen folgende Eigenschaften:

- *Maximal* heißt, dass der Arbeitsplan alle eventuell benötigten Folgen, Vorgänge und Fertigungshilfsmittel enthalten muss. Diese lassen sich über Beziehungswissen entfernen, nicht aber hinzufügen.

- Die Elemente können *nur direkt* enthalten sein. Eine indirekte Zuordnung ähnlich wie bei den Klassenknoten ist nicht möglich.
- *Konfigurierbar* heißt, dass man Beziehungswissen zuordnen kann, und zwar auf drei Ebenen:
  - Beziehungswissen kann *Folgen* zugeordnet werden.
  - Beziehungswissen kann *Vorgängen* zugeordnet werden.
  - Beziehungswissen kann *Fertigungshilfsmittel-Zuordnungen* zugeordnet werden.
- Es gibt *keine speziellen Typen* von Arbeitsplänen für die Variantenkonfiguration. Alle Typen können verwendet werden:
  - Normalarbeitsplan = Plantyp N (der meistverwendete)
  - Standardplan = Plantyp S (zusammen mit N klassischer Plantyp für die Fertigungsaufträge)
  - Linienplan = Plantyp R; Standardlinienplan = Plantyp M (Plantypen für die Serienfertigung)
  - IH-Anleitung = Plantyp A; Equipment-Plan = Plantyp E; Plan für Technischen Platz = Plantyp T (Plantypen für die Instandhaltung/Kundenservice)
  - Standardnetz = Plantyp 0 (Plantyp für das Projektsystem)
  - Planungsrezept = Plantyp 2 (Plantyp für die Prozessindustrie)
  - Grobplanungsprofil = Plantyp 3 (Plantyp für die Produktionsgrobplanung)
- Beim Anlegen von konfigurierbaren Arbeitsplänen gilt:
  - Sie nutzen dieselben Transaktionen wie sonst auch.
  - Es existieren keine Besonderheiten im Arbeitsplan. Die Möglichkeit, Beziehungswissen zuzuordnen, gibt es immer. Das Beziehungswissen ist jedoch nur für konfigurierbare Materialien wirksam.

Legen Sie einen solchen Normalarbeitsplan an. Wie erwähnt, wird die klassische Transaktion zur Anlage von Arbeitsplänen auch in der Variantenkonfiguration genutzt. Dies ist Transaktion CA01. Sie finden die Transaktion im SAP-Menü z. B. unter **Logistik • Produktion • Stammdaten • Arbeitspläne • Normalarbeitspläne • Anlegen**. In Abbildung 5.31 sehen Sie das Einstiegsbild der Transaktion CA01.

Hier müssen die Felder **Material** und **Werk** gefüllt werden. Im Unterschied zur Stückliste können Sie im Feld **Plangruppe** auch eine Plangruppe angeben. Stücklisten lassen nur eine interne Nummernvergabe zu. Bei Arbeitsplänen lässt sich einstellen, ob dies sowohl intern als auch extern geht. Sie können in dem Einstiegsbild außerdem ein Profil mit Vorschlagswerten festlegen (**Profil**). Diese Profile müssen vorher im Customizing angelegt worden sein.

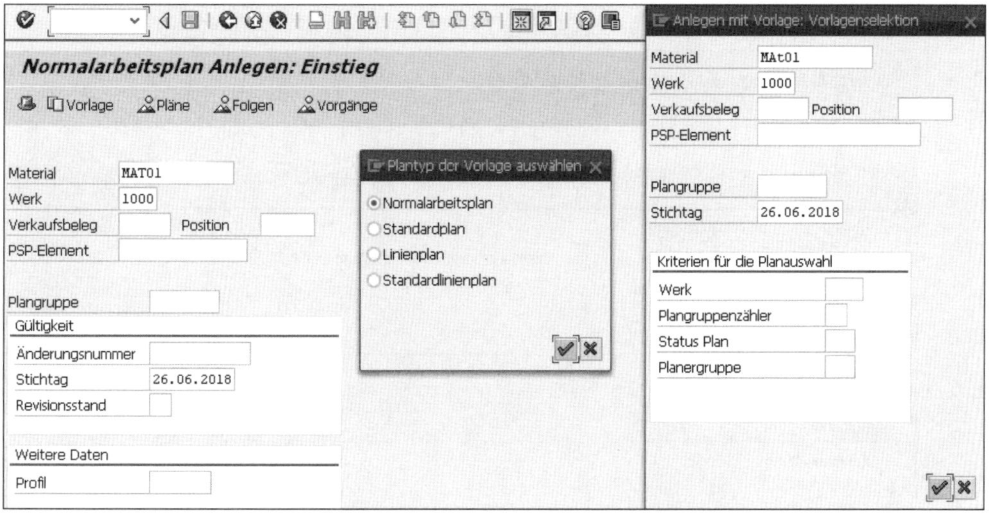

Abbildung 5.31 Normalarbeitsplan anlegen – Einstieg (Transaktion CA01)

Auch bei den Arbeitsplänen können Sie mit Kopiervorlagen arbeiten. Durch Klick auf den Button Vorlage öffnen Sie das Pop-up-Fenster **Plantyp der Vorlage auswählen**. Hierüber können Sie weiter auf das Pop-up-Fenster **Anlegen mit Vorlage: Vorlagenselektion** wechseln.

Ein Erweitern sowie ein teilweises Übernehmen, wie in Abschnitt 5.1.1, »Materialstückliste anlegen«, beschrieben, existiert für den Arbeitsplan nicht. Aber alle Möglichkeiten, die im Zusammenhang mit Stückliste kopieren und Engineering Workbench beschrieben wurden, lassen sich hier auch verwenden.

Beim Anlegen mit oder ohne Kopiervorlage landen Sie als Nächstes in den **Kopfdetails**. Im Zusammenhang mit Abbildung 5.32 schauen wir uns diese genauer an. Das erste Feld **Plangruppe** ist bei interner Vergabe zunächst leer und wird erst beim Speichern vergeben.

In der Abbildung ist bereits eine Plangruppe eingetragen, es handelt sich um eine extern vergebene Plangruppe. Falls Sie zum gleichen Material und Werk einen weiteren Plan anlegen, schlägt das System vor, diesen in derselben Plangruppe zusammenzufassen. Dann wäre die Plangruppe hier auch bereits gefüllt, und das Feld **Plangruppenzähler** hätte den nächsten freien Wert. Sie können Pläne in Plangruppen zusammenfassen. Das hat aber keine operative Bedeutung.

Der Kurztext hinter dem Feld **Plangruppenzähler** wird aus der Kopiervorlage übernommen. Wenn nicht, wird die Bezeichnung aus dem Materialstamm genutzt.

Das Feld **Werk** ist in den Kopfdetails gefüllt. Im Unterschied zu Stücklisten sind Pläne immer werksspezifisch.

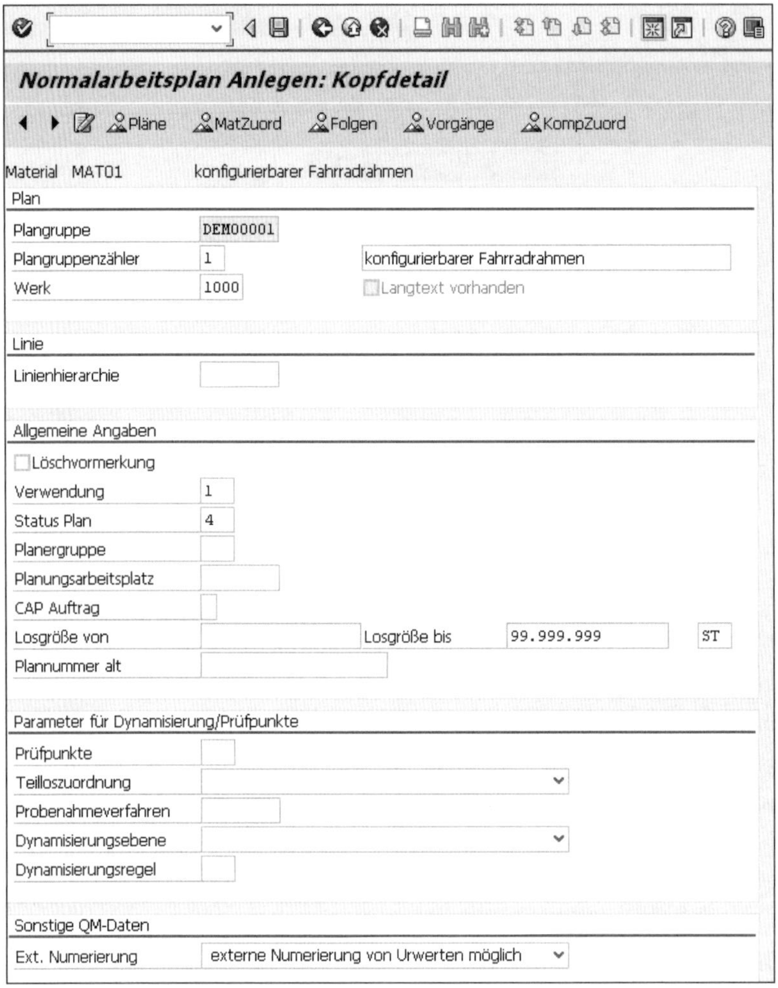

Abbildung 5.32 Normalarbeitsplan anlegen – Kopfdetails

Weiterhin muss ein Eintrag in den Feldern **Verwendung** und **Status Plan** vorgenommen werden. Beide können über das angesprochene Profil mit Vorschlagswerten vorbelegt werden. Falls Sie mit einer Kopiervorlage arbeiten, wird die Verwendung, aber nicht der Status übernommen.

Wechseln Sie weiter auf die **Folgenübersicht** (siehe Abbildung 5.33, obere Hälfte). Das geht am einfachsten über den entsprechenden Button  (Folgen). Hier ist immer bereits ein erster Eintrag vorhanden, die sogenannte *Stammfolge*. Das ist stets die Folge 0 in der Spalte **Folge** und hat als Folgenart (2. Spalte) auch die 0, die für Stammfolge steht.

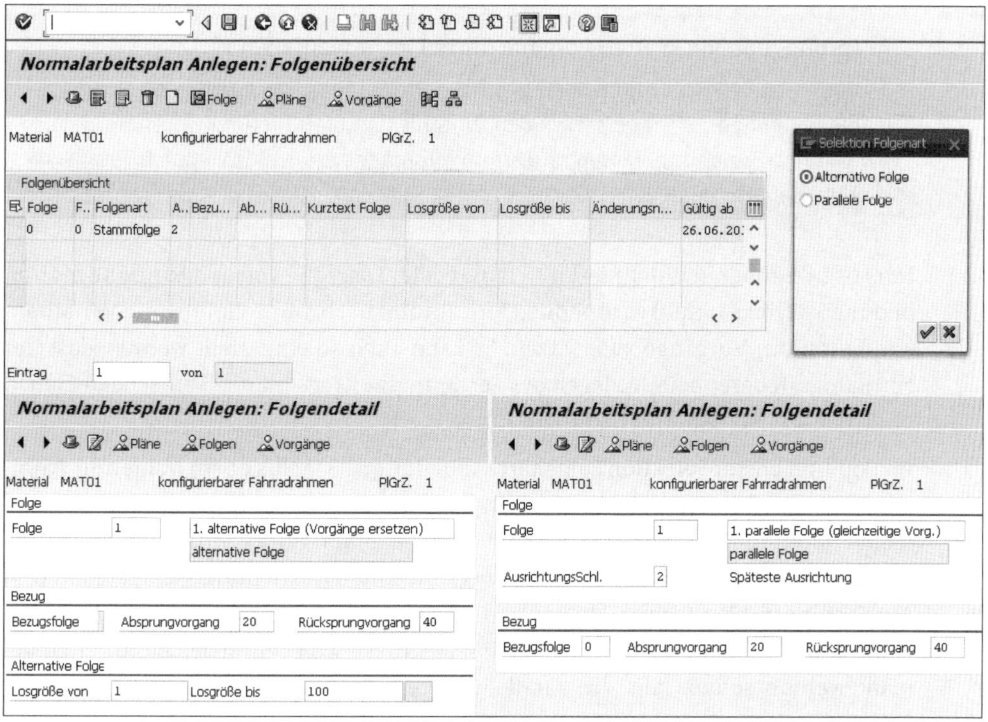

Abbildung 5.33 Normalarbeitsplan anlegen – Folgen

Um das gesamte Thema Folgen und die Folgenübersicht müssen Sie sich nicht kümmern, falls alle Arbeitsschritte, die sogenannten *Vorgänge*, nacheinander abgearbeitet werden sollen. In diesem Fall überspringen Sie das Thema und wechseln gleich in die **Vorgangsübersicht** (siehe Abbildung 5.34).

Die Möglichkeit, weitere Folgen anzulegen, wird jedoch benötigt, falls Sie zusätzliche Vorgänge aufnehmen wollen. Das sind Vorgänge, die gleichzeitig mit den Vorgängen der Stammfolge abgearbeitet werden sollen. Oder es sind Vorgänge, die Vorgänge in der Stammfolge ersetzen sollen. In diesen beiden Fällen legen Sie durch Klick auf den Button weitere Folgen an. Es erscheint das Pop-up-Fenster **Selektion Folgenart**. Hier wählen Sie **Alternative Folge** aus, falls Sie – wie eben beschrieben – Vorgänge ersetzen wollen. Als Ergebnis erscheint das Bild links unten in Abbildung 5.33. Hier müssen Sie einen Rücksprungvorgang anlegen, indem Sie einen Eintrag im Feld **Rücksprungvorgang** vornehmen. Sie können eine Bezeichnung, einen Absprungvorgang und einen Losgrößenbereich festlegen.

Was sind Absprung- und Rücksprungvorgang? Das sind der erste bzw. der letzte zu ersetzende Vorgang der Stammfolge. Falls ab dem ersten Vorgang ersetzt werden soll, kann der Eintrag weggelassen werden.

[!]

Absprung- und Rücksprungvorgang dürfen nicht wegfallen

Absprung- und Rücksprungvorgang dürfen im aufgelösten Arbeitsplan über Auswahlbedingungen nicht verschwinden. Notfalls legt man hierfür zwei Dummy-Vorgänge ohne Beziehungswissen an. Dummy-Vorgänge erreicht man durch einen passenden Steuerschlüssel.

Der Losgrößenbereich, definiert durch die Felder **Losgröße von** und **Losgröße bis** (Abbildung 5.33 links unten) wird genutzt, um automatisch (ohne Einfluss der Variantenkonfiguration) Vorgänge zu ersetzen. Es kann auch so eingestellt werden, dass der Fertigungssteuerer beim Anlegen des Fertigungsauftrags manuell entscheidet (auch ohne Einfluss der Variantenkonfiguration).

Im Pop-up-Fenster **Selektion Folgenart** (Abbildung 5.33 rechts oben) wählen Sie **Parallele Folge** aus, falls Sie gleichzeitige Vorgänge wollen. Als Ergebnis erscheint das Bild rechts unten in Abbildung 5.33. Hier müssen Sie einen Rücksprungvorgang in dem entsprechenden Feld (**Rücksprungvorgang**) und einen Ausrichtungsschlüssel im Feld **AusrichtungsSchl.** angeben. Sie können eine Bezeichnung und einen Absprungvorgang eintragen. Der Ausrichtungsschlüssel legt fest, wo eventuelle Zeitpuffer eingeplant werden sollen, falls die parallele Folge schneller abgearbeitet wird als die Stammfolge. Mit **Späteste Ausrichtung** werden die Vorgänge gleich entsprechend später eingeplant.

Wenn Sie die betreffende Folge in der **Folgenübersicht** markieren, können Sie per Klick auf den Button [Icon] (Vorgänge) in die **Vorgangsübersicht** wechseln (siehe Abbildung 5.34). Hier sind schon drei Vorgänge angelegt worden. Wie Sie einen Vorgang anlegen und einzelnen Vorgängen Fertigungshilfsmittel zuordnen, lernen Sie als Nächstes kennen.

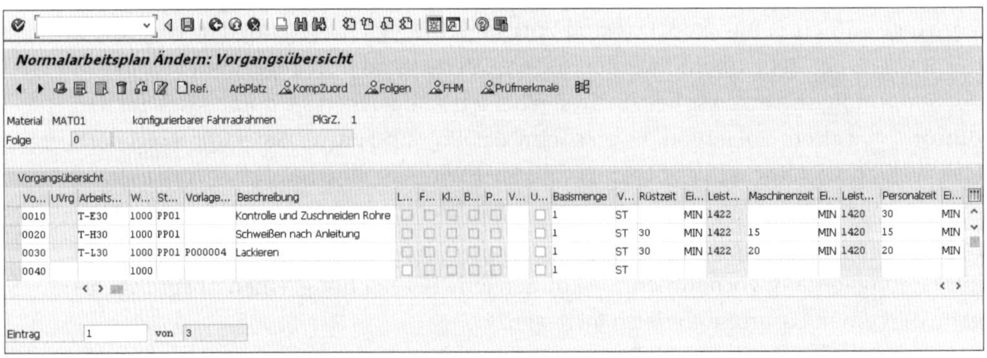

Abbildung 5.34 Vorgangsübersicht (Transaktion CA02)

Vorgang anlegen

Um einen neuen Vorgang anzulegen, tragen Sie in der nächsten freien Zeile in der Spalte **Arbeitsplatz** (3. Spalte) den Arbeitsplatz ein, an dem der Vorgang abgearbeitet werden soll. Theoretisch ist die Eingabe eines Arbeitsplatzes nicht erforderlich, es reicht ein Steuerschlüssel. Praktisch kann ein solcher Vorgang aber kaum genutzt werden, insbesondere weder für Kapazitätsplanung, Terminierung noch für Kalkulation.

Die Spalte **Vorgangsnummer** (1. Spalte) kann jederzeit noch geändert werden. Die Vorgangsnummer ist wichtig, denn sie legt die Abarbeitungsreihenfolge fest.

Wenn Sie in einen neuen Vorgang einen Arbeitsplatz eingetragen haben und die Eingabe mit [↵] bestätigen, werden meist eine Reihe weiterer Felder automatisch gefüllt. Die Informationen dazu kommen aus dem Arbeitsplatz. Durch Doppelklick auf den Namen des Arbeitsplatzes oder durch Klick auf den Button **Arbeitsplatz** können Sie sich die Details anzeigen lassen (siehe Abbildung 5.35).

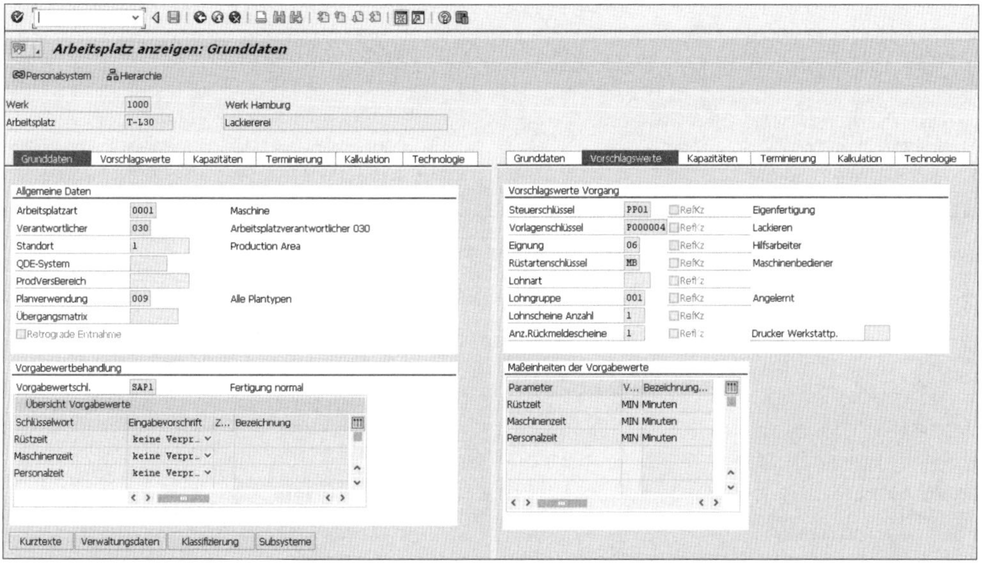

Abbildung 5.35 Vorschlagswerte aus dem Arbeitsplatz für den Arbeitsplan (Transaktion CR03)

Der Arbeitsplatz liefert auf den entsprechenden Registerkarten wichtige Steuerungsdaten für die Kapazitätsplanung, Terminierung und Kalkulation, aber auch für die Arbeitsplatzhierarchie, Technologiedaten und die Verbindung zum Personalwesen.

Uns interessieren bei der Arbeitsplanpflege vor allem die vielen Vorschlagswerte aus dem Arbeitsplatz, die in den Arbeitsplan übernommen werden. Die meisten stammen aus der Registerkarte **Vorschlagswerte**. Durch Setzen des Flags Referenz-Kennzeichen (**RefKz**) hinter den einzelnen Feldern können auch Referenzen daraus gemacht werden. Es sind aber auch noch auf anderen Registerkarten Vorschlagswerte versteckt. So findet man auf der Registerkarte **Kalkulation** die Leistungsarten. Und auf der Registerkarte **Grunddaten** wird über den **Vorgabewertschlüssel** (hier SAP1) gesteuert, wie im Arbeitsplan die Vorgabewerte aussehen, welche Bedeutung sie haben und ob sich es um Kann-, Soll- oder Mussfelder handelt.

Gehen Sie zurück in die Vorgangsübersicht. Durch Doppelklick auf die Vorgangsnummer oder über den Menüpfad **Detail • Vorgang** gelangen Sie in das **Vorgangsdetail** (siehe Abbildung 5.36). Da dieses Bild sehr komplex ist, sind hier nur Teile abgebildet. Aus Sicht der Variantenkonfiguration sind vor allem die Zeitgrößen, wie z. B. in den Bildbausteinen **Vorgabewerte** und **Übergangszeiten**, von Interesse. All diese Planwerte können über Beziehungswissen abhängig von der Konfiguration geändert werden.

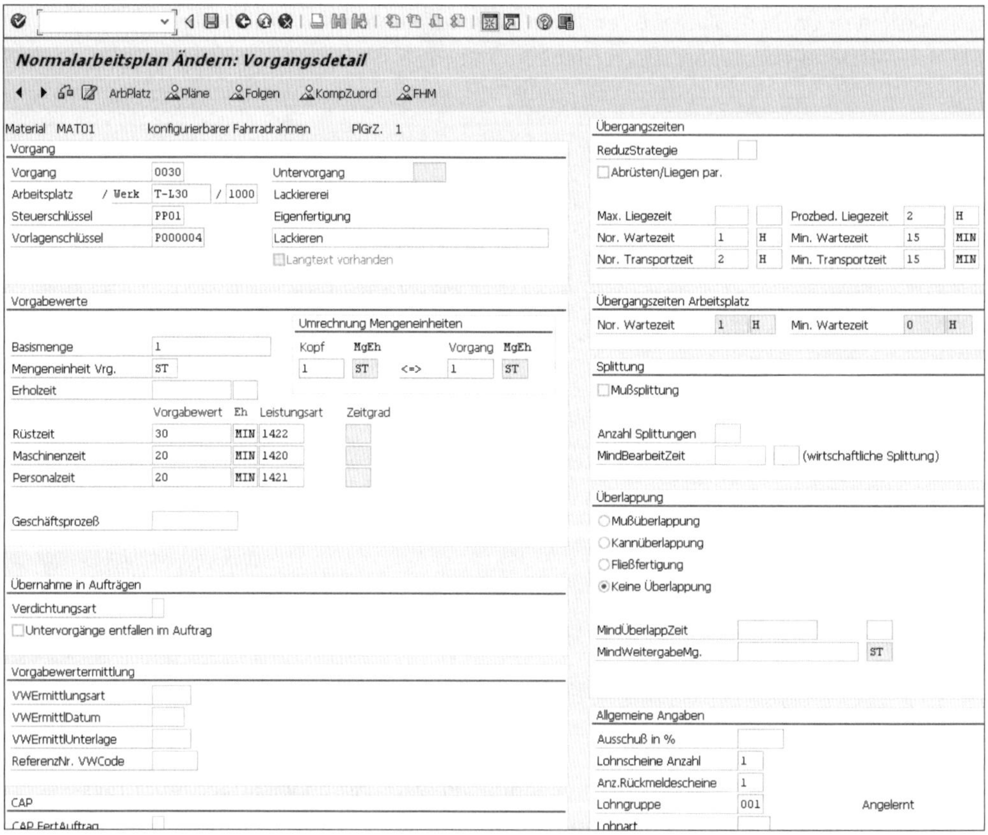

Abbildung 5.36 Vorgangsdetail (Transaktion CA02)

Zuordnung von Fertigungshilfsmitteln

Sie können einzelnen Vorgängen auch Werkzeuge oder andere Betriebsmittel zuordnen, die für einen Vorgang benötigt werden und zusätzlich bereitgestellt werden müssen. Man spricht hierbei von *Fertigungshilfsmitteln* oder kurz von FHM. Auch im

Hinblick auf die FHM muss der Arbeitsplan maximal sein. Für die Zuordnung gehen Sie wie folgt vor: In der **Vorgangsübersicht** können Sie pro Vorgang in die Übersicht der zugeordneten FHM wechseln, und zwar per Doppelklick auf das Flag in der Spalte **F...** oder mit einem Klick auf den Button (FHM) oben. Für den zweiten Weg muss der Vorgang markiert sein. Sie gelangen in die **FHM Übersicht**, wie sie in Abbildung 5.37 in der oberen Bildhälfte zu sehen ist.

> **Fertigungshilfsmittel zuordnen**
>
> Um ein FHM zuzuordnen, muss für dieses ein Stammsatz existieren. Es gibt vier Objekttypen, die als FHM genutzt werden können: **Material**, **Sonstige** (FHM), **Dokument** und **Equipment**. Bei der Zuordnung muss der Objekttyp beachtet werden.

Wie in Abbildung 5.37 gezeigt, können Sie FHM zuordnen, indem Sie den passenden Anlege-Button abhängig vom Objekttyp wählen. In der Abbildung wurde ein »sonstiges« FHM zugeordnet. Im Pop-up-Fenster **Normalarbeitsplan Ändern: FHM Neue Einträge** reicht es, die Fertigungshilfsmittel-Nummer in das Feld **FertHilfsmittel** einzutragen und die Menge zu kontrollieren.

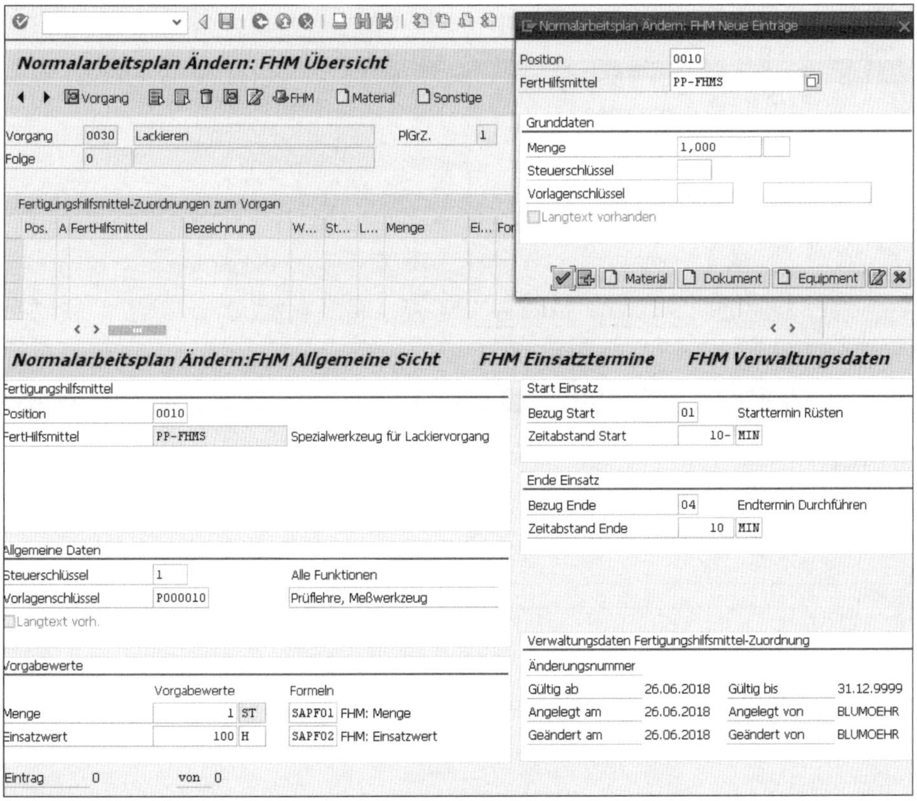

Abbildung 5.37 Fertigungshilfsmittel Übersicht und Details

Jede FHM-Zuordnung hat ein Detailbild. Dieses erreichen Sie z. B. per Klick auf den Button .

Der Inhalt dieser Detailsicht ist in Abbildung 5.37 in der unteren Hälfte dargestellt. Diese Daten sind aus dem Stammsatz des FHM übernommen worden. Mit Ausnahme von Dokumenten kann man im Stammsatz der Objekttypen Material, Sonstige FHM und Equipment Vorschlagswerte oder harte Wertsetzungen vorgeben. Die meisten dieser Felder sind aus Sicht der Variantenkonfiguration von Interesse, da sie über Beziehungswissen ebenfalls geändert werden können.

5.5 Beziehungswissen für den konfigurierbaren Maximalarbeitsplan

Für das Beziehungswissen am Arbeitsplan gelten im Prinzip alle Erläuterungen zum Beziehungswissen an Stücklisten. Wie in Abbildung 5.38 zu sehen ist, gibt es die gleichen Möglichkeiten, lokales oder globales Beziehungswissen anzulegen und zuzuordnen. Zwei kleine Unterschiede zeigen sich jedoch: Es fehlt der Button . Und durch einen Doppelklick auf die Flags in der Spalte für das Beziehungswissen landen Sie beim globalen Beziehungswissen statt beim lokalen wie in der Stückliste.

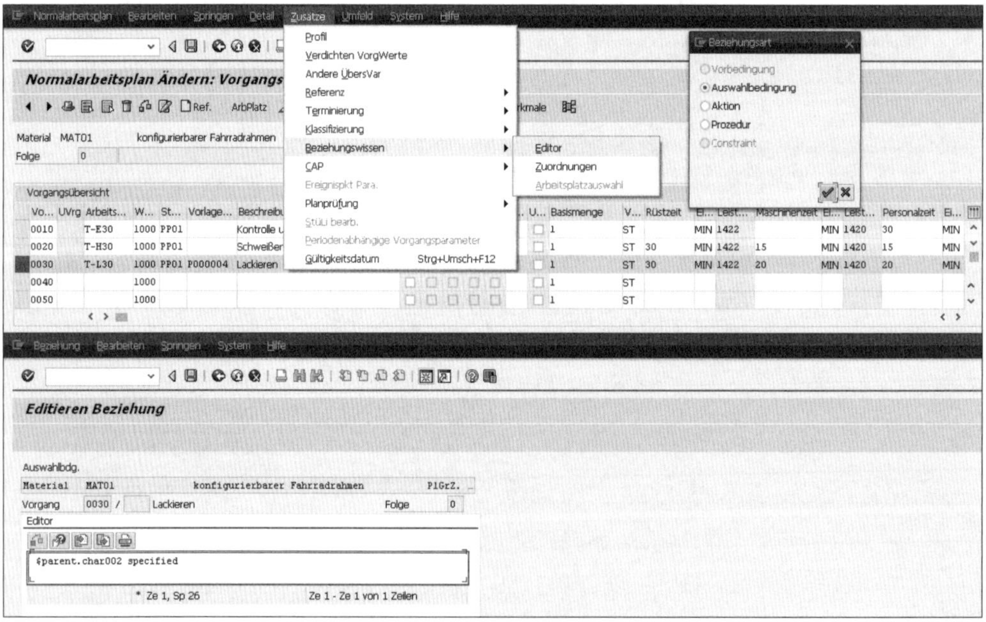

Abbildung 5.38 Lokales Beziehungswissen am Vorgang – Auswahlbedingung

5.5.1 Beziehungswissen am Vorgang

Wie in der Abbildung 5.38 ebenfalls zu sehen ist, können Sie mit der gleichen Syntax von Auswahlbedingungen arbeiten. Sie können dasselbe Beziehungswissen aus der Stückliste wiederverwenden, soweit es natürlich global ist. Während Sie in der Stückliste nur auf Positionsebene Beziehungswissen zuordnen, können Sie dem Normalarbeitsplan auf drei Ebenen Beziehungswissen (also Auswahlbedingungen und Prozeduren) zuordnen. Dabei handelt es sich um:

1. Folgen (außer Stammfolgen)
2. Vorgänge (inklusive Untervorgängen)
3. FHM-Zuordnungen

Änderungen sind auch mithilfe von Prozeduren möglich. In Abbildung 5.39 wurde ein globales Beziehungswissen angelegt, das am Lackiervorgang die Vorgabewerte bei roter Lackierung verändern soll. Im **Editor** sehen Sie dazu folgende Syntax (siehe Listing 5.7):

```
( $self.tpc_plpo_vgw01 = 35,
  $self.tpc_plpo_vgw02 = mdata $self.tpc_plpo_vgw02 + 5,
  $self.tpc_plpo_vgw03 = mdata $self.tpc_plpo_vgw03* 1.2
)
if $parent.char002 = 'r'
```

Listing 5.7 Syntaxbeispiel für Prozeduren, um Vorgabewerte zu ändern

Die Merkmale `tpc_plpo_vgw01`, `tpc_plpo_vgw02` und `tpc_plpo_vgw03` sind Objektmerkmale, die auf die entsprechenden Felder in der Arbeitsplanpositionstabelle PLPO verweisen. Im Beziehungswissen wurden über diese Merkmale die Vorgabewerte 1, 2 und 3 geändert. Für den Vorgabewert 1 in der ersten Zeile der Syntax wird hart der Wert 35 gesetzt.

Die beiden anderen Vorgabewerte 2 und 3 werden relativ geändert. Hier wird über das Syntaxelement `mdata` der Originalwert in den Stammdaten gelesen und in der zweiten Zeile um 5 (absolut) bzw. in der dritten Zeile um 20 Prozent (relativ) erhöht.

[!]

Änderbare Felder der Tabelle PLPO

Nicht alle Felder der Tabelle PLPO lassen sich ändern. Die Felder, die geändert werden dürfen, sind zusätzlich in der Struktur PLPO_CFMOD zusammengetragen worden.

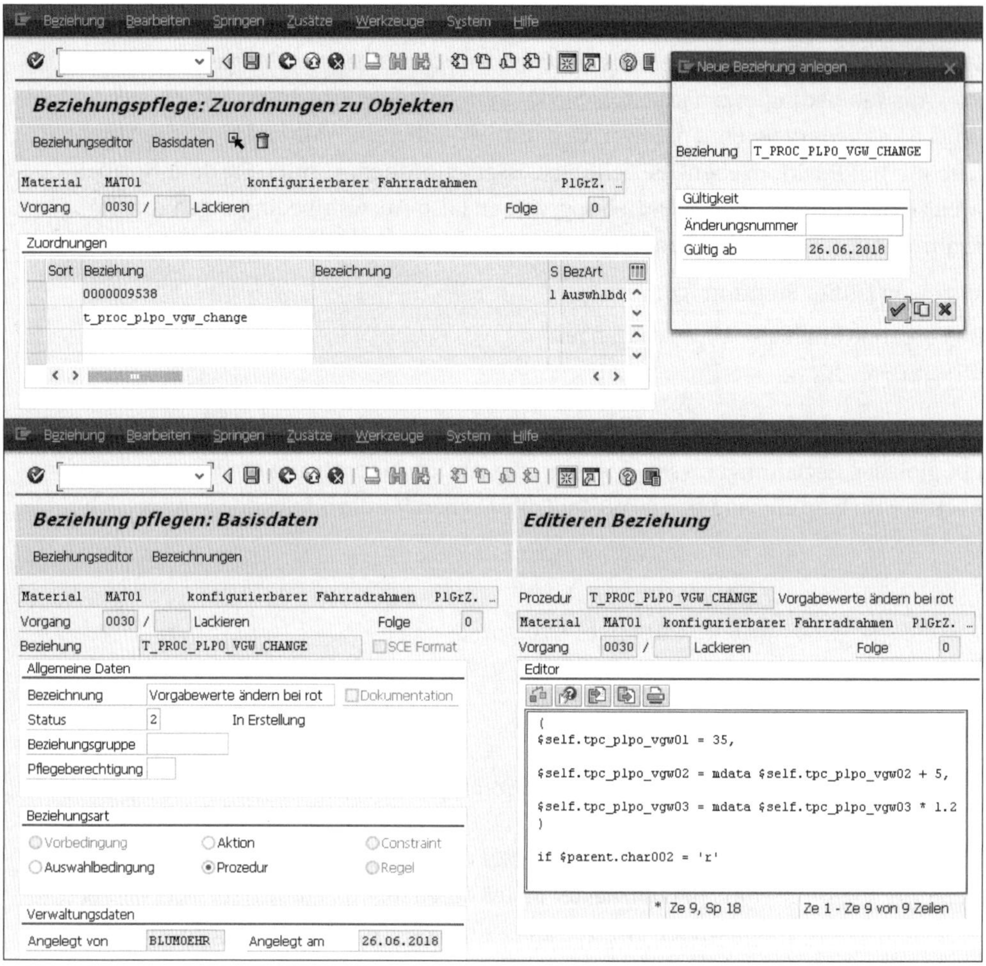

Abbildung 5.39 Globales Beziehungswissen am Vorgang – Prozedur

5.5.2 Beziehungswissen an der Fertigungshilfsmittel-Zuordnung

Wie erwähnt, kann man nicht nur Vorgängen Beziehungswissen zuordnen und damit z. B. Felder in den Vorgangsdetails ändern. Dies geht auch bei der Zuordnung von Fertigungshilfsmitteln.

Wie in Abbildung 5.40 ganz oben ersichtlich, ordnen Sie einem Vorgang alle eventuell benötigten Fertigungshilfsmittel zu. Anschließend können Sie über den Menüpfad **Zusätze • Beziehungswissen • Zuordnungen** das bereits zugeordnete Beziehungswissen kontrollieren und eventuell weiteres Beziehungswissen zuordnen.

Wie in Abbildung 5.40 zu erkennen, sind im Bildbaustein **Zuordnungen** Auswahlbedingung (**Auswahlbdg.**) und **Prozedur** zugeordnet. Laut Syntax im **Editor** links unten wird immer das Fertigungshilfsmittel benötigt, eine Ausnahme ist die Lackfarbe Rot: `$parent.char002 ne 'r'`.

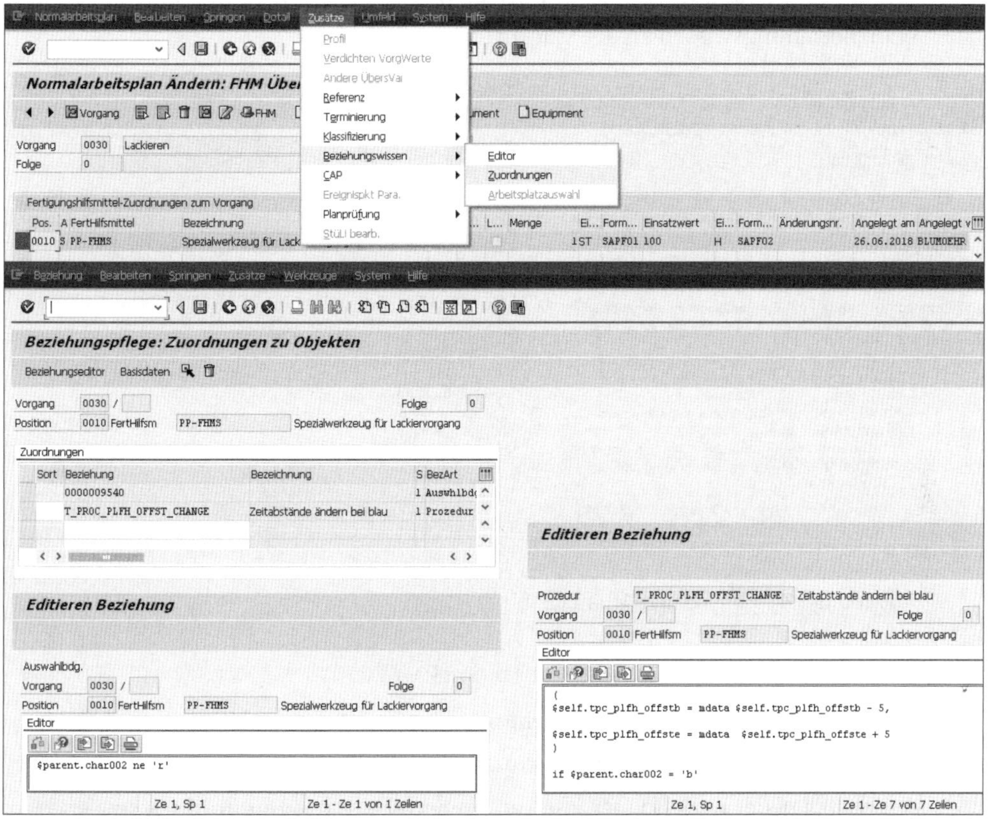

Abbildung 5.40 Beziehungswissen an der Fertigungshilfsmittel-Zuordnung

Schauen Sie ferner auf die Prozedur im **Editor** rechts in der Abbildung bzw. in Listing 5.8:

```
($self.tpc_plfh_offstb = mdata $self.tpc_plfh_offstb -5,
 $self.tpc_plfh_offste = mdata $self.tpc_plfh_offste + 5
)
if $parent.char002 = 'b'
```

Listing 5.8 Syntaxbeispiel für eine Prozedur an einem Fertigungshilfsmittel

Laut dieser Prozedur wird das Zeitfenster, in dem das FHM benötigt wird, bei blauer Lackfarbe verändert. Die beiden Merkmale `tpc_plfh_offstb` und `tpc_plfh_offste` sind wieder Objektmerkmale, die nun allerdings auf die Felder OFFSTB und OFFSTE der Tabelle PLFH verweisen. Dies sind die Felder **Zeitabstand Start** und **Zeitabstand Ende** aus dem Bildbaustein **FHM Einsatztermine** in Abbildung 5.37.

Sie können das Beziehungswissen am Arbeitsplan auch in Transaktion PMEVC kontrollieren, wie im Beispiel in Abbildung 5.41 geschehen. Allerdings ist die Funktionalität für das Beziehungswissen am Arbeitsplan noch nicht so umfangreich, wie das beim Beziehungswissen an der Stückliste der Fall ist.

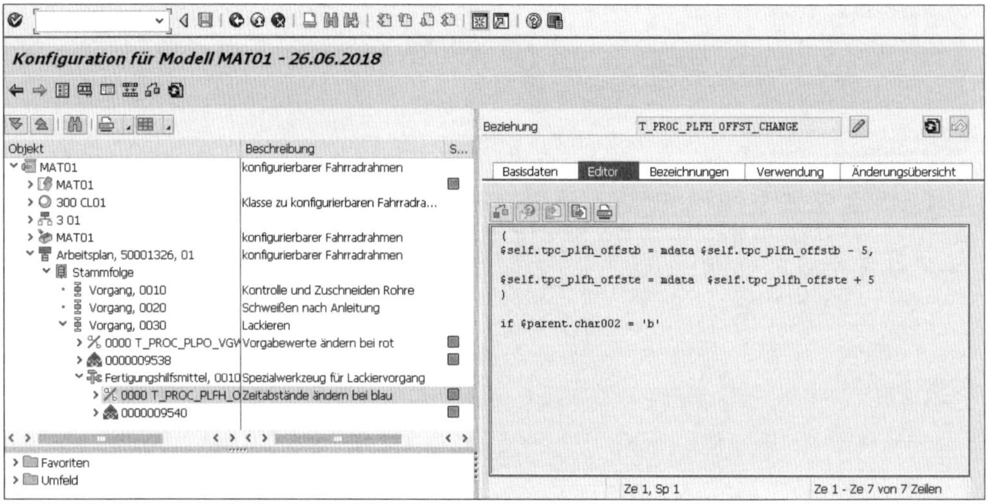

Abbildung 5.41 PMEVC und Arbeitsplan

An der Stückliste können Sie in Transaktion PMEVC

- das komplette vorhandene Beziehungswissen anzeigen,
- das komplette vorhandene Beziehungswissen ändern,
- beliebig neues Beziehungswissen anlegen und gleichzeitig zuordnen sowie
- beliebiges bereits vorhandenes Beziehungswissen zuordnen.

Am Arbeitsplan können Sie in Transaktion PMEVC

- auch das komplette vorhandene Beziehungswissen anzeigen,
- nur das vorhandene globale Beziehungswissen ändern (nicht lokal),
- aber weder Beziehungswissen in der Zuordnung anlegen noch nur zuordnen.

  Das wird hoffentlich zeitnah von der Entwicklerseite her vervollständigt.

5.5.3 Simulation der Wirkung des Beziehungswissens

Wie kontrolliert man nun die Wirkungsweise des Beziehungswissens? Man kann dies natürlich gleich im »Ernstfall« tun, also einen Fertigungsauftrag anlegen. Es geht jedoch auch in der Simulation sowohl in Transaktion CU50 als auch PMEVC. Letzteren Weg beschreiben wir im Folgenden.

Aus dem Merkmalsbewertungsbild, wie es in Abbildung 5.42 links oben zu sehen ist, gelangen Sie durch Klick auf den Button [icon] in das Ergebnisbild der aufgelösten Stückliste (in der Abbildung rechts oben). Am Ende der Zeile mit der Position **0070** sehen Sie das Symbol [icon]. Das signalisiert, dass an der Position gegenüber der Maximalstückliste Änderungen vorgenommen wurden. Welche Änderungen dies sind, erfahren Sie mit einem Klick auf den Button [icon], der sich oben in der Menüleiste **Konfiguration: Ergebnis** findet.

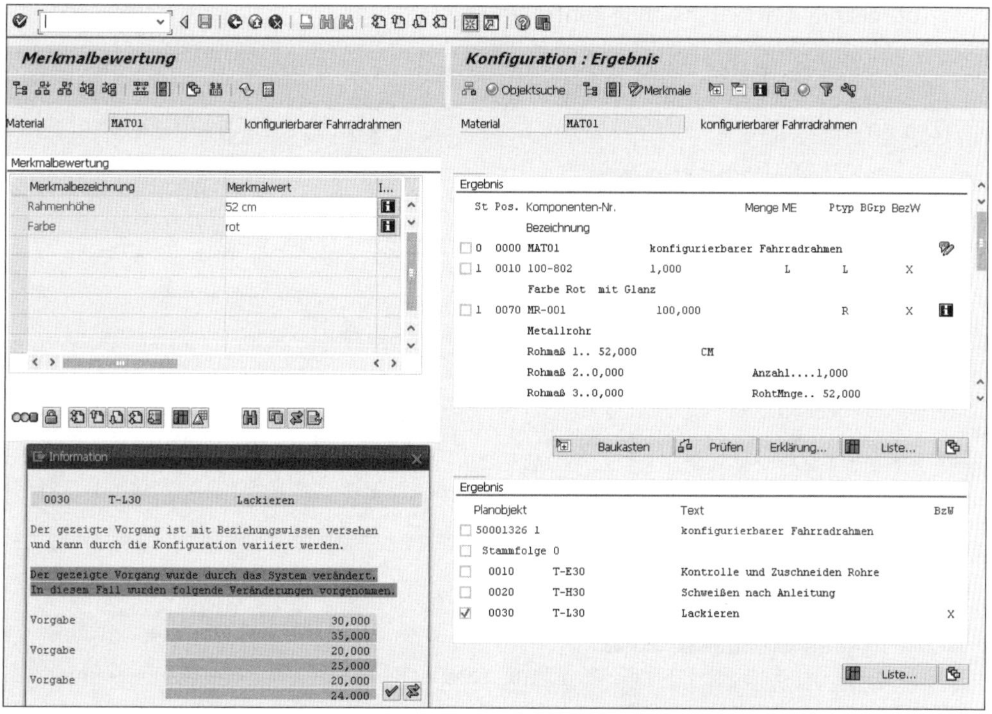

Abbildung 5.42 Simulation von Stückliste und Arbeitsplan – Ergebnisbild Stückliste (Transaktion PMEVC)

Aus dem Ergebnisbild der Stückliste gelangen Sie per Klick auf den Button [icon] in das Ergebnisbild des Arbeitsplans (rechts unten in Abbildung 5.42). (Zurück zum Ergebnisbild der Stückliste kommen Sie über den Button [icon].)

Per Klick auf den Button [icon] in der Menüleiste **Konfiguration: Ergebnis** können Sie für die Vorgänge in die **Information** wechseln, um sich etwa Änderungen gegenüber dem Maximalarbeitsplan anzeigen zu lassen. In Abbildung 5.42 sehen Sie unten links das entsprechende Pop-up-Fenster für den Vorgang **0030**. Hier wurden die drei Vorgabewerte geändert. Das dazugehörige Beziehungswissen können Sie sich mit einem Klick auf den Button [icon] anzeigen lassen.

Wie in Abbildung 5.40 dargestellt, wird im Vorgang **0030** ein Fertigungshilfsmittel benötigt, falls eine andere Farbe als Rot gewünscht wird. Ebenfalls ist dort erkennbar, dass bei blauer Farbe die beiden Zeitabstände geändert werden.

Dies wurde in Abbildung 5.43 in der Simulation ebenfalls kontrolliert. Man erkennt rechts unten den Vorgang **0030** mit dem zugeordneten Fertigungshilfsmittel. Per Klick auf den Button [i] in der Menüleiste **Konfiguration: Ergebnis** können Sie für die markierte Zeile in das entsprechende Pop-up-Fenster **Informationen** wechseln und die geänderten Zeitabstände kontrollieren.

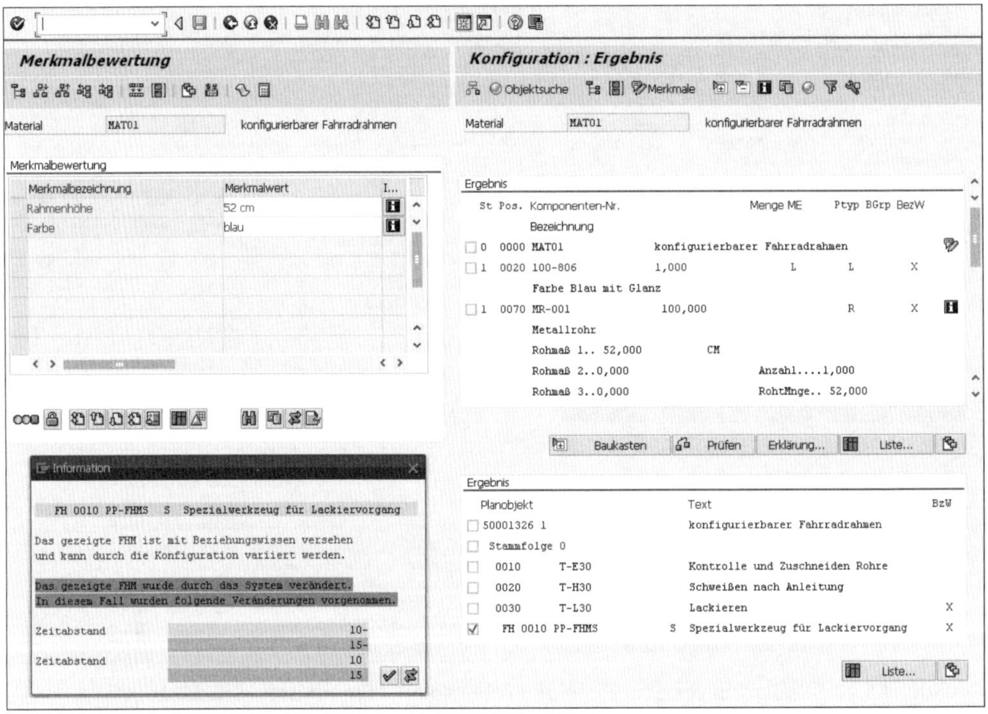

Abbildung 5.43 Simulation von Stückliste und Arbeitsplan – Ergebnisbild Stückliste (Transaktion PMEVC)

5.6 Pflege von Auftragsstücklisten und Auftragsarbeitsplänen

In diesem Abschnitt wollen wir die Pflege von Auftragsstücklisten und Auftragsarbeitsplänen beispielhaft in Transaktion CU51 vorstellen. Wie in Kapitel 4, »Das Konfigurationsprofil – die Einstellungen im Detail«, gezeigt wurde, kann man im Konfigurationsprofil ein *Konfigurationsszenario Auftragsstückliste* einstellen. Dieses Szenario wird dann angewendet, wenn Konfigurationen oder allgemein Kundenwünsche über das hinausgehen, was bereits durch die konfigurierbaren Maximalstücklisten und Maximalarbeitspläne implementiert ist. Kundenauftragsspezifische Anpassungen können erforderlich sein. Diese führt man in den Auftragsstücklisten und Auftragsarbeitsplänen durch.

Auftragsstücklisten bzw. Auftragsarbeitspläne lassen sich gut in der universal einsetzbaren Transaktion CU51 anlegen und pflegen. Diese finden Sie im SAP-Menü unter **Logistik • Produktion • Stammdaten • Stückliste • Stückliste • Auftragsstückliste • Pflegen mehrstufig**.

Wenn ausschließlich Auftragsstücklisten angelegt und diese ergebnisorientiert gepflegt werden sollen, können Sie auch Transaktion CSKB des *Auftragsbrowsers* oder Transaktion /OEWB/MAIN der *Order Engineering Workbench* nutzen. Der Auftragsbrowser (siehe Abbildung 5.44) ist im gleichen Menü wie die CU51 zu finden. Die Order Engineering Workbench ist im Standard nicht enthalten und wird durch SAP Innovative Business Solutions (vormals SAP Custom Development) angeboten.

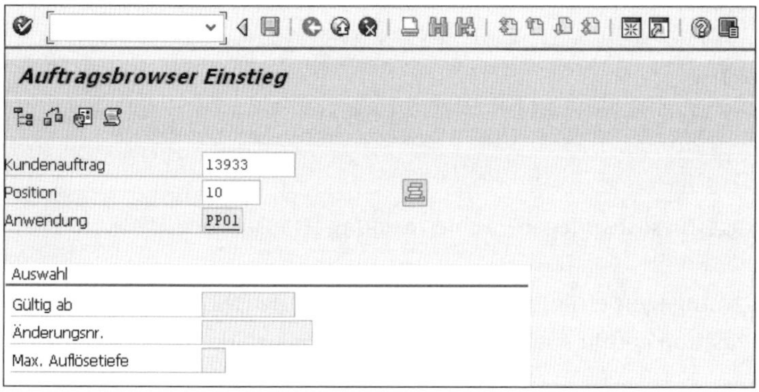

Abbildung 5.44 Auftragsbrowser – Einstieg (Transaktion CSKB)

In Abbildung 5.44 ist das Einstiegsbild von Transaktion CSKB dargestellt. Die Fehlermeldung »Bearbeitung von wissensbasiert abgelegten Strukturen nicht möglich« wird Ihnen angezeigt, wenn Sie im Konfigurationsprofil das Konfigurationsszenario Auftragsstückliste mit wissensbasierter Ablage statt ergebnisorientierter Ablage eingestellt haben. Die gleiche Fehlermeldung bekommen Sie auch, wenn Sie im Konfigurationsprofil ein anderes Konfigurationsszenario als Auftragsstückliste eingestellt haben.

Auftragsarbeitspläne mit Vorlage eines aufgelösten Arbeitsplans können neben Transaktion CU50 und CU51 auch aus der Simulation in Transaktion PMEVC heraus angelegt werden.

5.6.1 Auftragsstückliste

Kommen wir nun zu Transaktion CU51 im Detail. Wie bereits erwähnt, können hier Auftragsstücklisten sowohl wissensbasiert als auch ergebnisorientiert und auch Auftragsarbeitspläne angelegt und gepflegt werden. Wie in Abbildung 5.45 zu sehen ist, dürfen Sie diese natürlich nur anlegen, wenn wirklich das Konfigurationsszenario Auftragsstückliste im Einsatz ist. In unserem Beispiel wurde dies für einen Kundenauftrag mit Konfigurationsszenario Plan-/Fertigungsauftrag versucht, was zu der angezeigten Fehlermeldung führt.

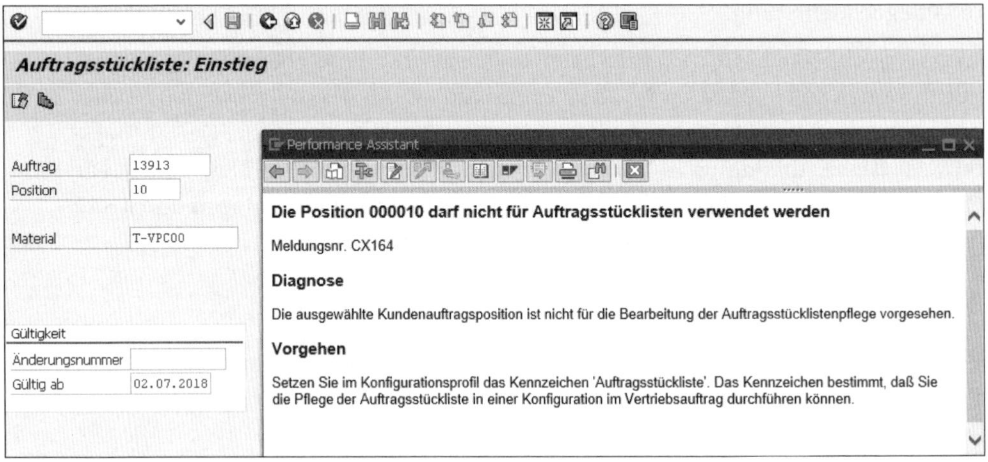

Abbildung 5.45 Auftragsstückliste pflegen – Fehlermeldung (Transaktion CU51)

Abbildung 5.46 zeigt hingegen einen gelungenen Einstieg. Es reicht, wenn hier die Felder **Auftrag** und **Position** gefüllt sind. Das Material ergibt sich daraus automatisch.

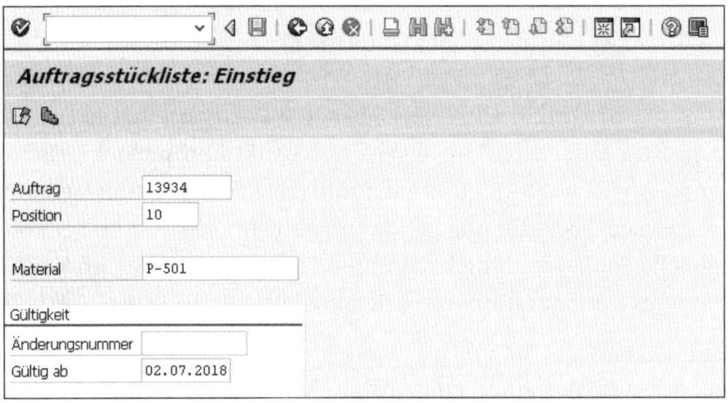

Abbildung 5.46 Auftragsstückliste pflegen – gelungener Einstieg (Transaktion CU51)

Wenn Sie die Eingaben mit [↵] bestätigen, landen Sie in der Ansicht **Merkmalbewertung anzeigen** (siehe Abbildung 5.47). Die Bewertung selbst ist ausgegraut und lässt sich nicht ändern. Das ist auch gut so. Sie sind hier in der sogenannten technischen Nachbearbeitung. Damit befinden Sie sich in der Konstruktionsphase oder in deren Nähe, sodass hier nicht einfach der Kundenwunsch geändert werden kann. Das sollte dem Vertrieb vorbehalten sein. Änderungen an der Konfiguration sind nur über den Kundenauftrag und dessen Transaktionen möglich.

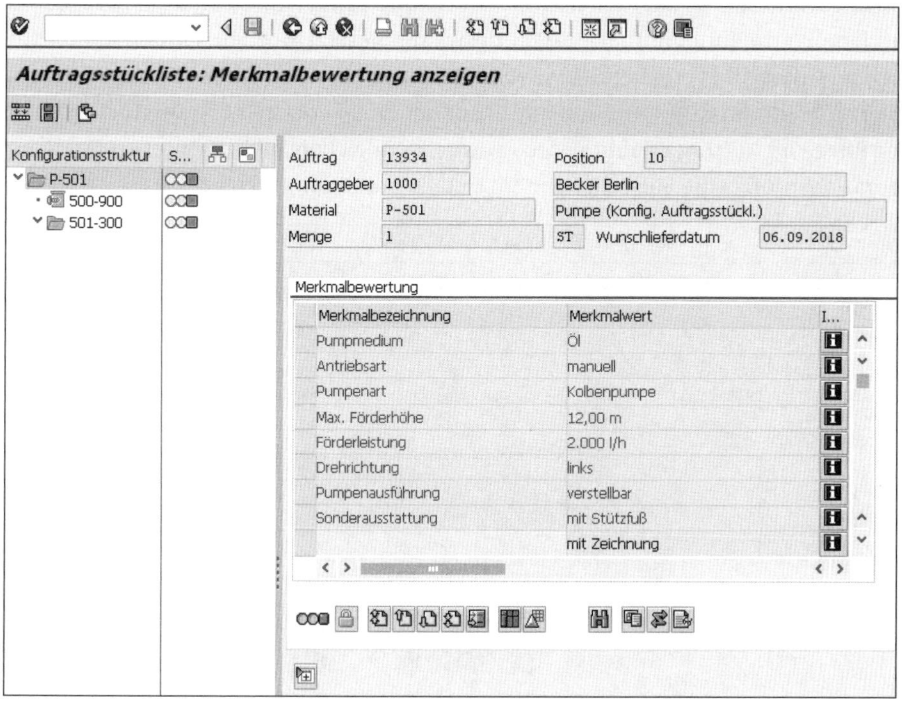

Abbildung 5.47 Auftragsstückliste pflegen – Merkmalsbewertung beim Kopfmaterial

Abbildung 5.47 zeigt auf der linken Seite den sogenannten *Konfigurationsbrowser*. Um dort zu erscheinen, muss er zuvor im Konfigurationsprofil auf der Registerkarte **Benutzeroberfläche** aktiviert werden (vergleiche dazu Kapitel 4, »Das Konfigurationsprofil – die Einstellungen im Detail«, Abbildung 4.5). Im Konfigurationsbrowser sehen Sie weitere Zeilen. Es gibt in der aufgelösten Stückliste des Materials P-501 zwei Positionen, die ebenfalls Konfigurationsprofile mit Konfigurationsszenario Auftragsstückliste und gleicher Ablage dieser Liste besitzen. Die Symbole der beiden unteren Zeilen sehen unterschiedlich aus:

- Das Symbol vor der Materialnummer 500-900 soll einen Materialstamm darstellen. Es handelt sich um ein konfigurierbares Material ohne Stückliste.
- Das Symbol vor der Materialnummer 501-300 soll eine Baugruppe darstellen. Es handelt sich um ein konfigurierbares Material mit Stückliste.

Falls Sie im Konfigurationsbrowser lieber die Bezeichnung statt der Materialnummer sehen möchten, können Sie das über den Menüpfad **Sicht • Name • Bezeichnung** umstellen.

Durch Doppelklick auf diese Zeilen gelangen Sie in die Ansicht **Merkmalbewertung anzeigen** (siehe Abbildung 5.48). Diese Bewertung lässt sich pflegen. Das heißt, Sie können Werte setzen oder – falls Werte vorhanden sind – diese ändern. Bereits vorhandene Werte können über Beziehungswissen gesetzt worden sein. Es kann aber auch sein, dass die Werte bereits im Kundenauftrag gesetzt worden sind. Das ist dann möglich, wenn im Konfigurationsprofil auf der Registerkarte **Auftragsstückliste** das Flag **Pflege im Auftrag erlaubt** gesetzt wurde (vergleichen Sie in Kapitel 4, »Das Konfigurationsprofil – die Einstellungen im Detail«, Abbildung 4.7).

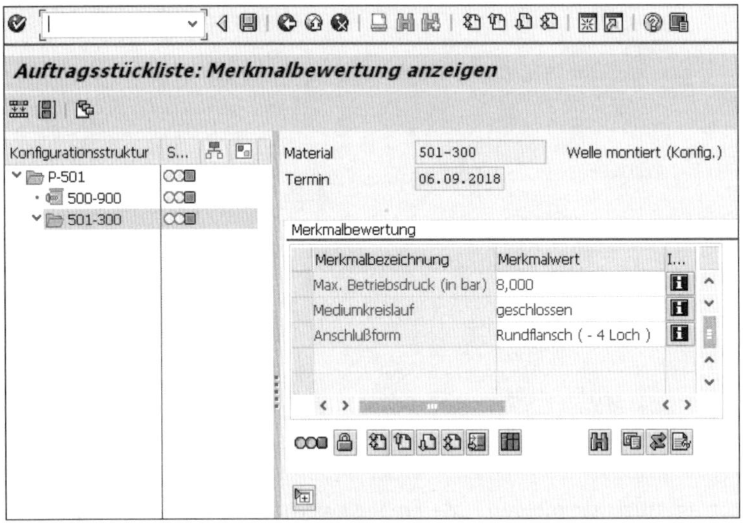

Abbildung 5.48 Auftragsstückliste pflegen – Merkmalsbewertung bei den Komponenten

Durch Klick auf den Button gelangen Sie in das Bild **Konfiguration: Ergebnis** (siehe Abbildung 5.49). Hier finden Sie die per Simulation aufgelöste Stückliste. Falls im Konfigurationsprofil die Option »mehrstufig« eingestellt wurde, ist die Stücklistenauflösung mehrstufig sichtbar, wie es hier der Fall ist.

Die verwendeten Symbole sind unter **Zusätze • Ikonen** erklärt: Die Symbole im Konfigurationsbrowser links und rechts sind identisch. Der grüne Haken bedeutet, dass alle Konfigurationen inklusive Klassenknoten in der letzten Zeile vollständig und fehlerfrei sind. Das zweite Symbol (das auch rechts sichtbar ist) bedeutet, dass hier Merkmale einer Konfiguration bewertbar sind. Und das dritte Symbol bedeutet, dass die Stückliste änderbar ist.

[!]

Ergebnisorientierte Ablage von Auftragsstücklisten

Bei ergebnisorientierter Ablage von Auftragsstücklisten sind alle Stücklisten, die in der Ergebnisdarstellung erscheinen, änderbar. Deshalb sehen Sie in Abbildung 5.49 die vielen Stift-Symbole im Konfigurationsbrowser.

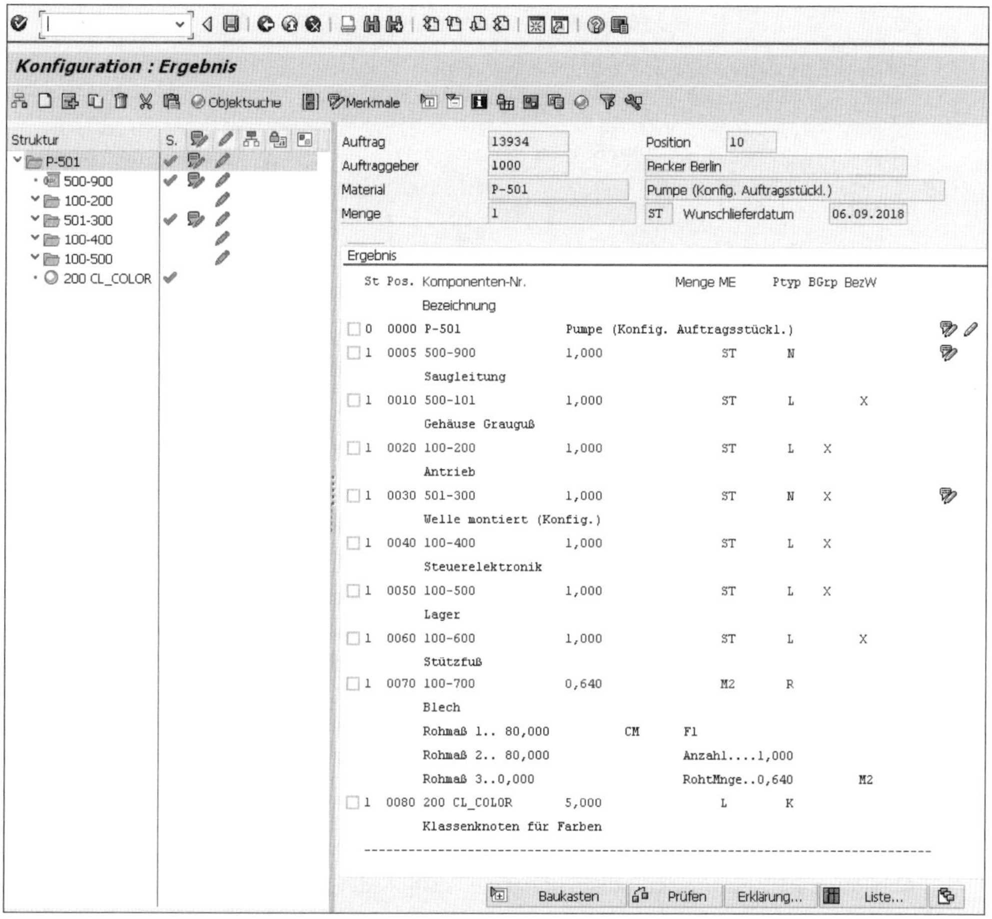

Abbildung 5.49 Auftragsstückliste pflegen – Ergebnisbild Stücklisten

Wie ändern Sie nun diese Stücklisten? Eine erste Möglichkeit ist, vorhandene Positionen abzuändern. Markieren Sie die Zeile, und wechseln Sie per Klick auf den Button in das Positionsdetailbild (siehe Abbildung 5.50). Hier können Sie im Prinzip alles wie in der klassischen Stücklistenpflege ändern. In der Abbildung wurde die Menge von 1 auf 3 geändert, sodass es mehr Stützfüße gibt. Sie gehen anschließend einfach in das Ergebnisbild zurück.

In Abbildung 5.49 erkennen Sie außerdem, dass in der Stückliste auf **Position 80** ein nicht ersetzter Klassenknoten existiert (auch links im Konfigurationsbrowser zu sehen). Dieser kann jetzt manuell ersetzt werden. Dazu markieren Sie die Position und nutzen den Button Objektsuche.

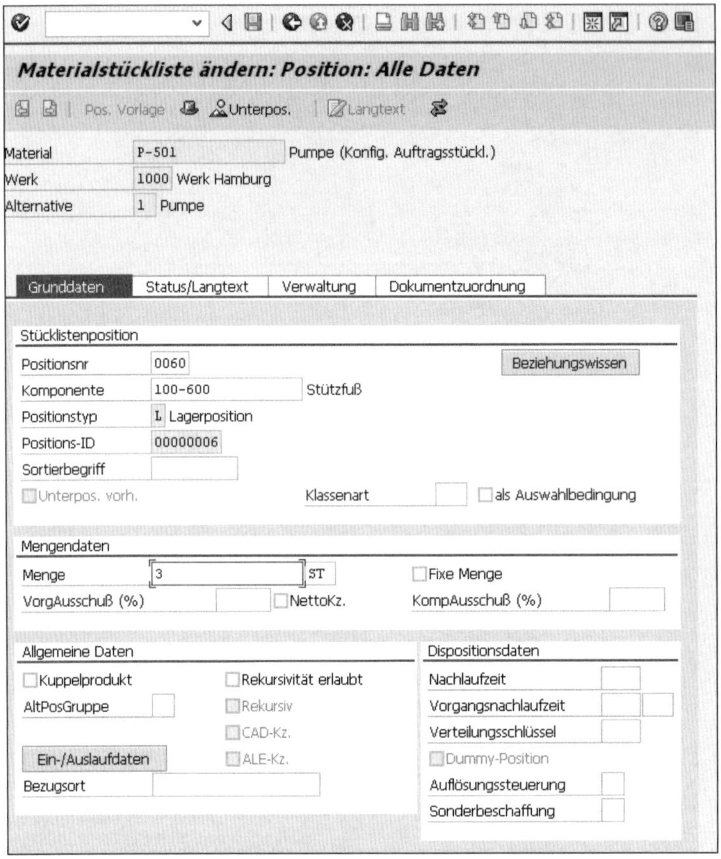

Abbildung 5.50 Auftragsstückliste pflegen – Positionsdetail ändern

Sie gelangen in das Bild **Objekte in Klassen suchen** (siehe Abbildung 5.51 oben). Hier können Sie Selektionskriterien angeben (z. B. »mit Glanzlack«) und die Suche starten mit einem Klick auf den Button **Suche in Einstiegsklasse**.

Sie erhalten ein Ergebnis, wie es in Abbildung 5.51 unten dargestellt ist. Hier wählen Sie eine Zeile aus und übernehmen diese per Klick auf den Button. So gelangen Sie wieder zurück in das Ergebnisbild.

Sie können auch neue Positionen anlegen, indem Sie durch Klick auf den Button (siehe Abbildung 5.49 oben) das Pop-up-Fenster **Auswahl Positionstyp** aufrufen (siehe Abbildung 5.52 links). Im gezeigten Beispiel wollen Sie noch 12 Sechskantschrauben vom Lager als Position aufnehmen. Daher wählen Sie den Button **L Lagerposition**, und es erscheint das Bild **Materialstückliste ändern: Position: Allg. Daten** (siehe Abbildung 5.52 rechts).

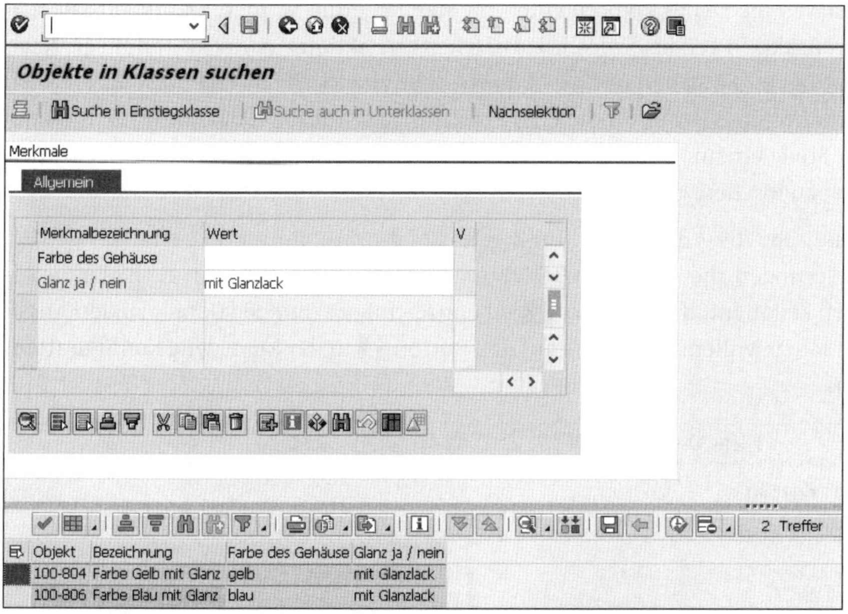

Abbildung 5.51 Auftragsstückliste pflegen – Klassenknoten ersetzen

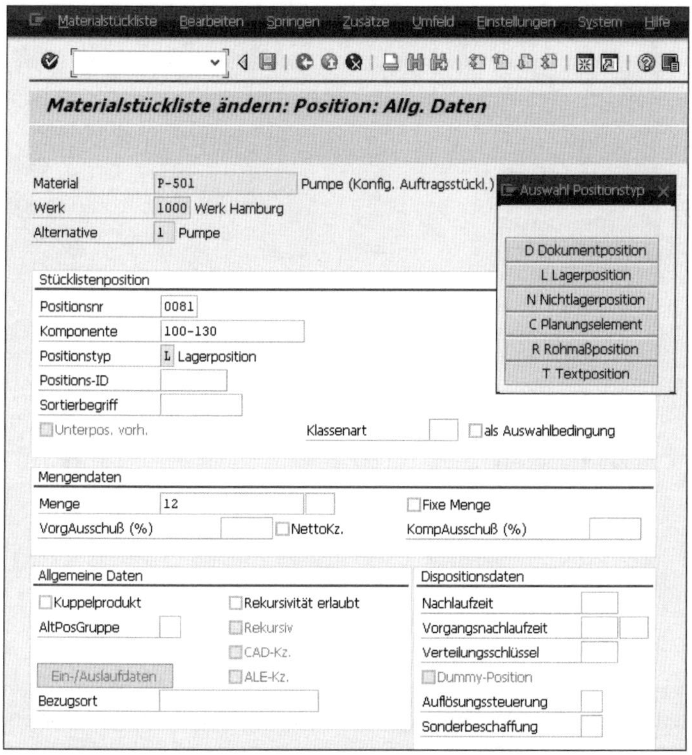

Abbildung 5.52 Auftragsstückliste pflegen – neue Position

Hier müssen die Felder **Komponente** und **Menge** gefüllt werden. Damit verhält sich diese Transaktion genauso wie die klassische Transaktion zur Stücklistenpflege. Nach Bestätigung der Eingaben mit ↵ kommen Sie zurück in das Ergebnisbild. Sie können die weiteren Buttons für die Pflege der Auftragsstückliste nutzen, um z. B. an beliebiger Stelle eine neue Position einzufügen, Positionen zu kopieren, auszuschneiden oder zu löschen.

Betrachten Sie die Änderungen im Ergebnisbild in Abbildung 5.53. Ähnlich wie bei den Änderungen, die sich durch Beziehungswissen ergeben, werden auch hier die geänderten Zeilen mit dem Symbol i gekennzeichnet. Wenn Sie Details zu den Änderungen sehen wollen, klicken Sie auf den Button i in der Menüzeile **Konfiguration: Ergebnis**.

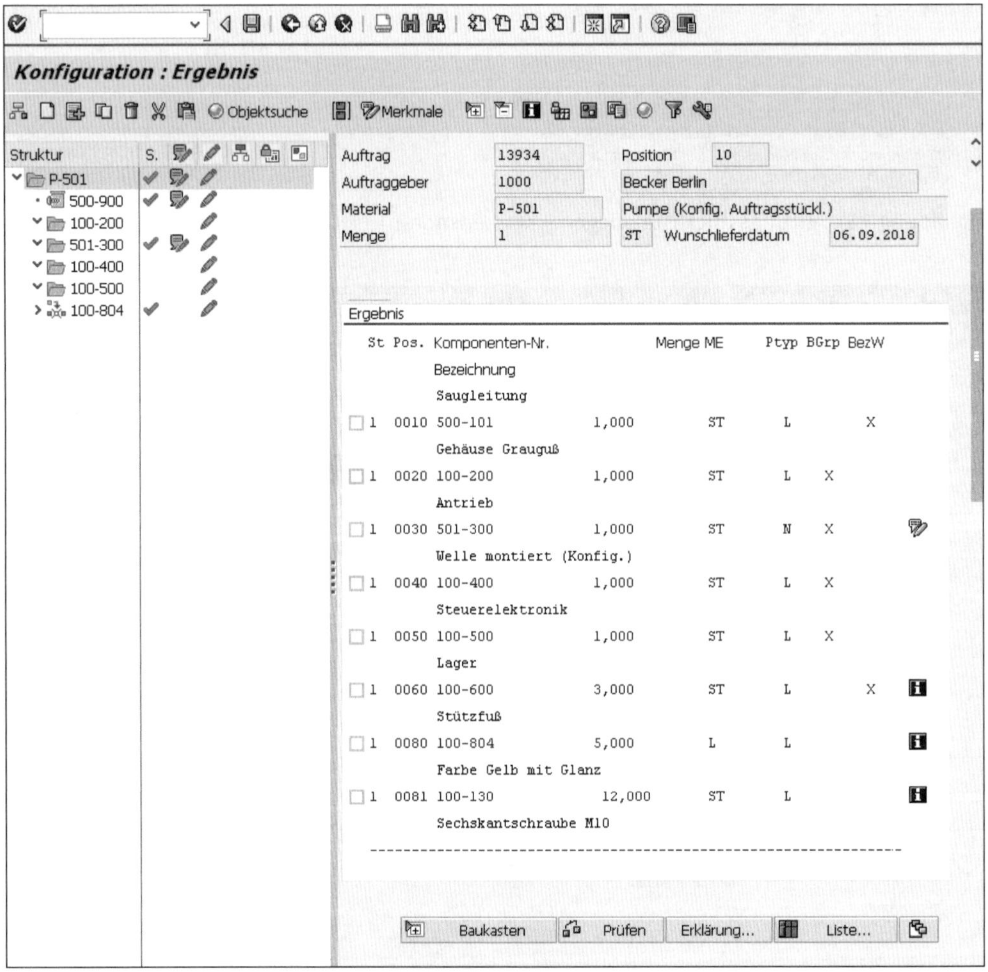

Abbildung 5.53 Auftragsstückliste pflegen – Ergebnisbild mit Informationen zu geänderten Positionen

Im Folgenden gehen wir noch auf die Frage ein, wann welche Auftragsstücklisten angelegt werden. Man spricht hier auch von »Fixieren«. Auftragsstücklisten werden grundsätzlich nicht im Kundenauftrag erzeugt, sondern können nur in der technischen Nachbearbeitung, also in einer der Transaktionen für die Auftragsstücklistenpflege, erstellt werden.

Wenn Sie die Ansicht **Konfiguration: Ergebnis** (siehe Abbildung 5.53) durch Sichern verlassen, wird genau dort einstufig eine Auftragsstückliste gespeichert, wo Sie manuelle Änderungen vorgenommen haben. In unserem Beispiel wurde nur an der Kopf-Stückliste geändert, daher wird nur eine Auftragsstückliste angelegt. Wenn Sie überhaupt keine manuellen Änderungen vorgenommen haben, wird auch keine Auftragsstückliste beim Sichern erzeugt. Soweit der Standard.

Durch das Flag **Automatisch Fixieren** im Konfigurationsprofil können Sie das Verhalten ändern. Falls keine manuellen Änderungen vorgenommen werden und Sie die Transaktion mit Speichern verlassen, wird nun entgegen dem Standard doch eine Auftragsstückliste angelegt.

Es gibt auch die Möglichkeit des *manuellen Fixierens*. Dieses führen Sie per Klick auf den Button oben aus. Im Konfigurationsprofil können Sie mit einem Klick auf den Button **Fixieren** einstellen, was hier passieren soll:

- nur eine Stückliste (**Punktgenau**) fixieren
- alle Stücklisten **TopDown** fixieren
- alle Stücklisten **BottomUp** fixieren

Wie in Abbildung 5.54 ersichtlich, wurde hier mit TopDown gearbeitet. Dies erkennen Sie im Bildbereich **Struktur** links. Dort sind alle Stücklisten, die fixiert wurden, mit dem Symbol gekennzeichnet.

[!]

Anlegen von Auftragsstücklisten

Es sind noch keine Auftragsstücklisten angelegt worden. Dies passiert erst, wenn Sie durch Sichern die Transaktion verlassen. Anschließend sind die erzeugten Auftragsstücklisten in der Struktur mit dem Symbol gekennzeichnet.

Wenn Sie den Bildbereich **Struktur** in Abbildung 5.54 genau betrachten, werden Sie an zwei Stellen Lücken entdecken, nämlich bei 500-900 und 100-804. Dies sind keine fixierten Stücklisten. Warum nicht? Das liegt daran, dass Sie nur an den Stellen Auftragsstücklisten anlegen (oder auch fixieren) können, an denen Materialstücklisten existieren. Die Materialstücklisten dürfen auch leer sein. In unserem Beispiel in Abbildung 5.54 existieren an den beiden Stellen keine Materialstücklisten.

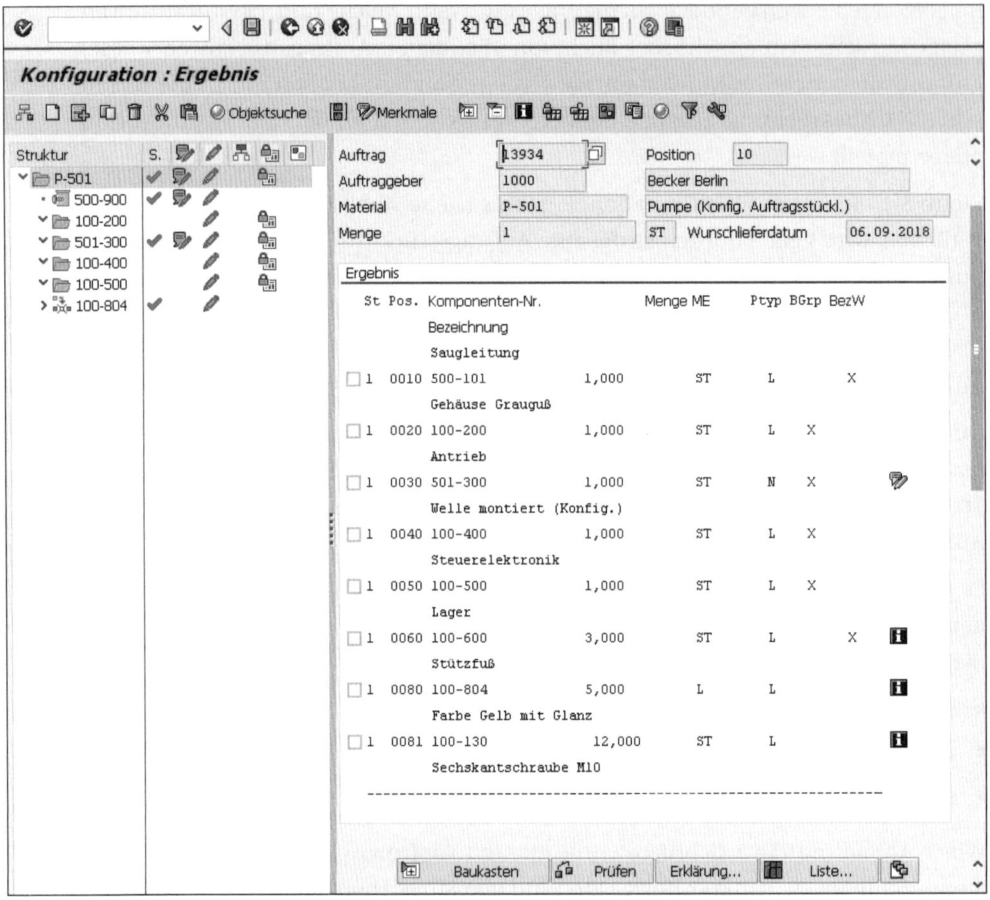

Abbildung 5.54 Auftragsstückliste pflegen – Ergebnis fixiert

Zuletzt wollen wir noch kurz auf den Button des *Instanziierens* eingehen. Dieser wird benötigt, wenn die gleiche konfigurierbare Baugruppe (also konfigurierbares Material mit Materialstückliste) mehrfach in der Stückliste vorkommt. Wenn hier mit unterschiedlichen Auftragsstücklisten gearbeitet werden soll, ist eine manuelle Instanziierung nötig. Auch hierfür gibt es – wie für die manuelle Fixierung – analoge Einstellungen im Konfigurationsprofil. Als Ergebnis würden links in der Struktur in Abbildung 5.54 die entsprechenden Zeilen mit dem Symbol markiert.

[!]

Werksspezifische Aktivierung von Auftragsstücklisten

Es kann sein, dass Sie Auftragsstücklisten erzeugen können, diese aber nicht berücksichtigt werden. Im Customizing existiert eine Option, in der man Auftragsstücklisten werksspezifisch aktivieren muss. Diese Option finden Sie über Transaktion OPPQ, die im Customizing unter **SAP Customizing Einführungsleitfaden • Produktion • Be-**

darfsplanung • **Werksparameter** • **Gesamtpflege der Werksparameter** eingeordnet ist. Hier ist, wie gesagt werksspezifisch, hinter dem Button **Stücklistenauflösung** das Flag **KdAuf-/Proj-SL aktiv** zu setzen.

5.6.2 Auftragsarbeitsplan

Kommen wir abschließend zur Pflege des Auftragsarbeitsplans in Transaktion CU51. Ausgangssituation ist das Ergebnisbild der Stückliste, wie Sie es z. B. in Abbildung 5.53 sehen. Hier können Sie per Klick auf den Button in das Ergebnisbild des Arbeitsplans wechseln. Dies ist in Abbildung 5.55 dargestellt. Zurück zur Stückliste kommen Sie dann über Klick auf den Button .

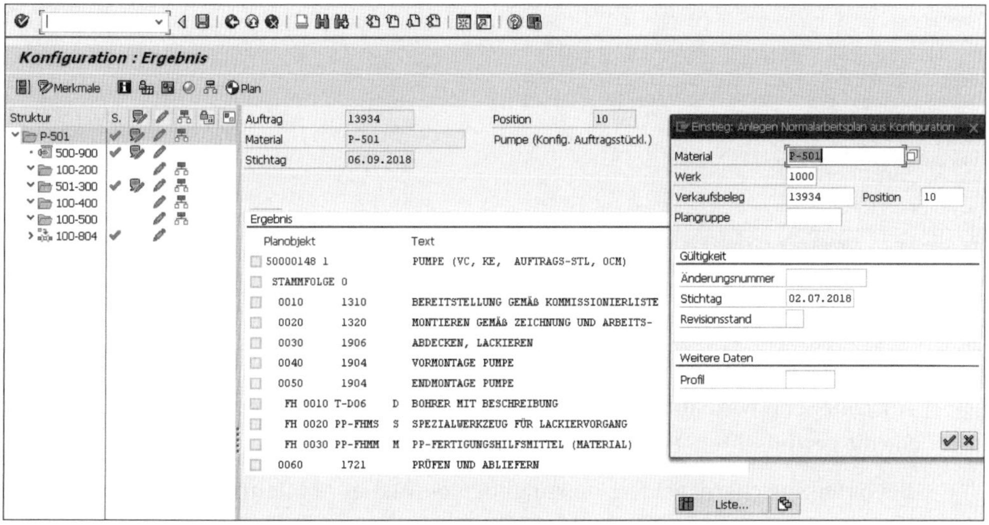

Abbildung 5.55 Ergebnis des Arbeitsplans in Transaktion CU51

Den Auftragsarbeitsplan legen Sie durch Klick auf den Button (Plan) an. Daraufhin erscheint das ebenfalls in Abbildung 5.55 gezeigte Pop-up-Fenster **Einstieg: Anlegen Normalarbeitsplan aus Konfiguration**. Hier sind die Felder **Material**, **Werk**, **Verkaufsbeleg** und **Position** vorbelegt. Daher können Sie gleich in die nächste Ansicht wechseln (Abbildung 5.56 links).

Auch hier ist bis auf den Status alles aus der Vorlage übernommen und damit vorbelegt. Mit dem Eintrag »4« im Feld **Status Plan** wurde der neue Auftragsarbeitsplan gleich allgemein freigegeben. Wenn man oben die Felder **Plangruppe** und **Plangruppenzähler** genau betrachtet, wurde ein zweiter Plan in der Plangruppe des konfigurierbaren Materials angelegt.

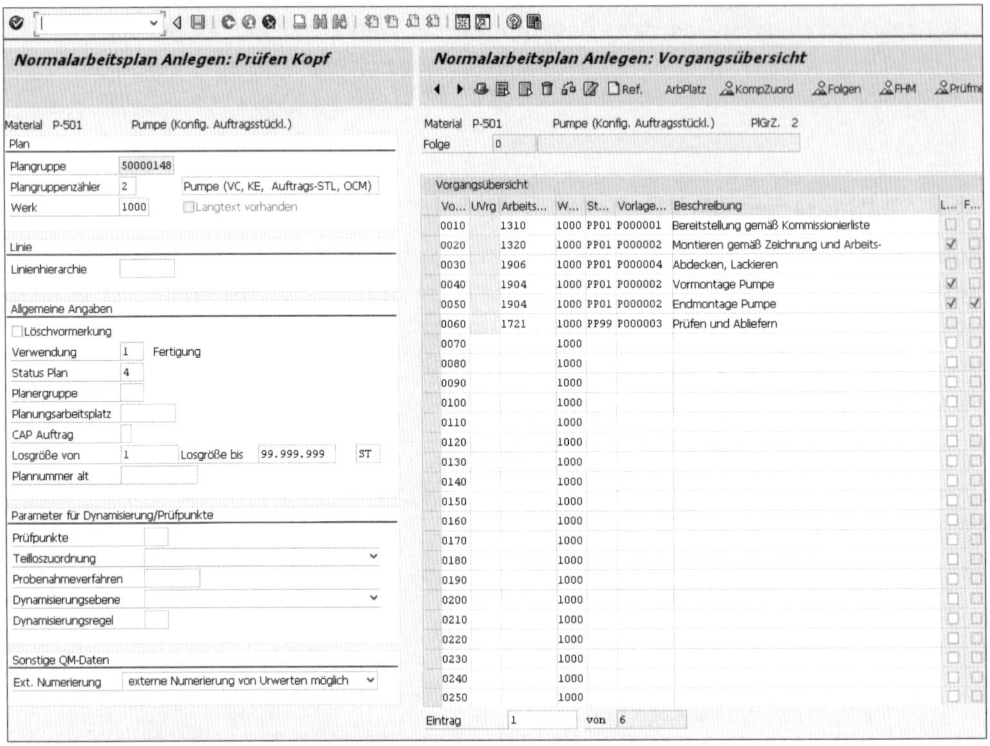

Abbildung 5.56 Auftragsarbeitsplan anlegen (Transaktion CA01)

Anschließend wird automatisch in die Vorgangsübersicht gewechselt. Hier können Sie die gewünschten Änderungen vornehmen.

Bevor Sie speichern, achten Sie kurz noch einmal in Abbildung 5.56 ganz unten auf den Transaktionscode: **CA01** – das ist die Transaktion, um Normalarbeitspläne anzulegen.

Im Unterschied zu Stücklisten ist der Auftragsarbeitsplan kein spezieller Plantyp, sondern ein fast »ganz normaler« Normalarbeitsplan. Dies sieht man in der Material-Plan-Zuordnung in Abbildung 5.57. Wie gelangen Sie dahin? Sie gehen am besten aus der Vorgangsübersicht aus Abbildung 5.56 links per Klick auf den Button nochmals in den Plankopf. Damit sind Sie in der in Abbildung 5.57 zu sehenden Ansicht. Und hier gelangen Sie mit einem Klick auf den Button MatZuord in das Pop-up-Fenster **Zuordnung Material-Plan**.

Der erste Plan ist ein »normaler« Arbeitsplan für das Material. Der zweite Plan ist ein spezifischer Arbeitsplan für den Kundenauftrag. Mehr als die hier gefüllten Felder **Verkaufsb.** (Verkaufsbeleg) und **Position** zeichnet diesen nicht aus. Kontrollieren Sie abschließend dieses Pop-up-Fenster. Eventuell sind überschüssige Zeilen zu löschen. Der Auftragsarbeitsplan kann gespeichert werden.

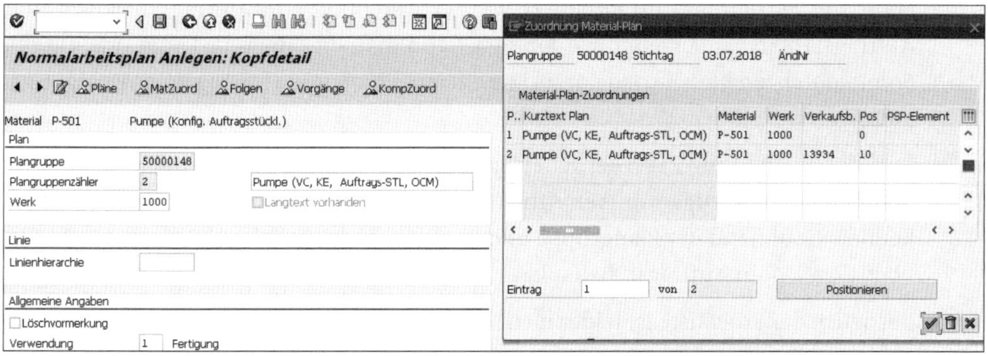

Abbildung 5.57 Material-Plan-Zuordnung

In der in Abbildung 5.58 dargestellten Ansicht wurden die Auswirkungen auf den Fertigungsauftrag kontrolliert. Idealerweise wartet man die Pflege von Auftragsstückliste und Auftragsarbeitsplan ab, bevor man diesen Kundenauftrag in einem Planungslauf berücksichtigt. Das Ergebnis des Planungslaufes wäre ein passender Planauftrag, über den der Fertigungsauftrag erzeugt wurde.

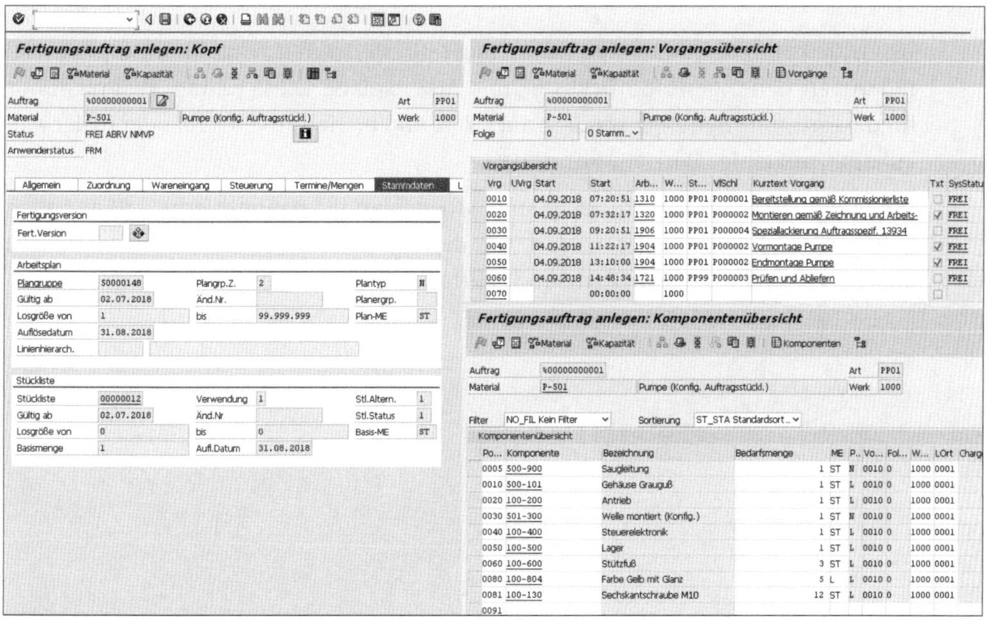

Abbildung 5.58 Auftragsstückliste und -arbeitsplan im Fertigungsauftrag (Transaktion CO40)

Sollte der Planungslauf bereits den Planauftrag vor Fertigstellung von Auftragsstückliste und Auftragsarbeitsplan erzeugt haben, kann man über einen neuen Planungslauf einfach Stückliste und Arbeitsplan erneut auflösen.

Sollte der Fertigungsauftrag bereits vor Fertigstellung von Auftragsstückliste und Auftragsarbeitsplan erzeugt worden sein, kann man dies über die Funktionalität *PP-Stammdaten nachlesen* korrigieren. Das gilt auch für bereits freigegebene Fertigungsaufträge.

Zurück zu Abbildung 5.58. Hier sehen Sie links in den Kopfdaten auf der Registerkarte **Stammdaten** den zugeordneten Arbeitsplan und die Stückliste. Beim Arbeitsplan erkennen Sie anhand der Plangruppe und des Plangruppenzählers (**Plangrp.Z.**) »2« den oben angelegten Auftragsarbeitsplan.

Bezüglich der Stückliste ist leider nicht direkt erkennbar, dass es sich um unsere Auftragsstückliste handelt. Dazu hätte hier zusätzlich zu Stücklistennummer und Verwendung auch noch der Stücklistentyp angezeigt werden müssen.

Aus dem in Abbildung 5.58 links dargestellten Kopf heraus können Sie per Klick auf die Buttons  und  in die Vorgangsliste rechts oben und die Komponentenliste rechts unten wechseln.

5.7 Fazit

Wenn Sie konfigurierbare Materialien nicht nur verkaufen, sondern auch produzieren wollen, benötigen Sie Stücklisten und Arbeitspläne. Diese werden aber nicht nur für die Fertigung benötigt, sondern auch z. B. im Vertrieb, im Einkauf oder in der Kalkulation, um einige Bereiche zu nennen.

Die Besonderheiten von Stückliste und Arbeitsplan für konfigurierbare Materialien haben wir in diesem Kapitel geklärt. Um das Thema abzurunden, haben wir zudem die Pflege von Auftragsstückliste und Auftragsarbeitsplan beschrieben.

Kapitel 6

High-Level-Konfiguration: Beziehungswissen für die Bewertungsoberfläche

In diesem Kapitel erläutern wir das Beziehungswissen für die interaktive Konfiguration, also für das »Wünschen«. Es gilt zum Beispiel zu verhindern, dass Kunden sich etwa ein Cabriolet mit Schiebedach bestellen. Dabei kommen vor allem Constraints als zusätzliches und wichtiges Beziehungswissen zum Einsatz.

In Kapitel 5, »Stückliste und Arbeitsplan für konfigurierbare Materialien«, haben wir schon Beziehungswissen für Stückliste und Arbeitsplan vorgestellt. Hierbei spricht man von »Low-Level-Konfiguration«, also Beziehungswissen, das so z. B. bei einem Gesamtplanungslauf abgearbeitet wird. Salopp formuliert, ging es darum, dass der Kunde das erhält, was er sich gewünscht hat – also Beziehungswissen für das »Erhalten«. Jetzt geht es darum, Beziehungswissen für die interaktive Konfiguration auf der Bewertungsoberfläche, also für das »Wünschen«, zu beschreiben. Man spricht hier auch von der sogenannten High-Level-Konfiguration.

Wenn Sie sich erinnern, haben Sie auch schon im 1. Kapitel, »Ein erstes konfigurierbares Material anlegen«, sowohl Beziehungswissen für die Stückliste als auch Beziehungswissen für die Bewertungsoberfläche angelegt. An der Stückliste waren das einfache Auswahlbedingungen bezüglich der Farbe eines Fahrradrahmens und schon nicht mehr ganz so einfache Prozeduren im Hinblick auf die Rohmaßpositionen bei den Stahlrohren. Für die Bewertungsoberfläche wurde im 1. Kapitel, »Ein erstes konfigurierbares Material anlegen«, ein Tabellenconstraint inklusive Variantentabelle mithilfe des Assistenten in Transaktion PMEVC angelegt. Dieses Tabellenconstraint werden wir nochmals genauer analysieren.

6.1 Grundlegendes zum Beziehungswissen für die Bewertungsoberfläche

Bevor es in die Details geht, wollen wir einige grundlegende Ausführungen zum Beziehungswissen für die Bewertungsoberfläche voranstellen. Beginnen wir mit ganz allgemeinen Regeln:

- Die Syntax ist sprachneutral: Es werden Namen statt Bezeichnungen verwendet.
- CHAR-Merkmalwerte sind in Hochkommata zu setzen.
- NUM-Merkmalwerte sind direkt aufzunehmen. Keine Maßeinheiten in Beziehungswissen aufnehmen!
- Groß-/Kleinschreibung ist irrelevant (außer für Werte bei Merkmalen mit gesetztem Kennzeichen **Groß-/Kleinschreibweise**).
- Zeilenumbrüche und Leerzeichen sind beliebig erlaubt.
- Kommentarzeilen sind möglich – aber nur ganze Zeilen; diese haben in der ersten Spalte einen Stern.
- Bindestriche sind zu vermeiden (siehe Anmerkungen zum Merkmalsnamen in Abschnitt 3.1, »Merkmalspflege«, zu Abbildung 3.3).
- Bedingungen sind *ein* logischer Ausdruck (keine Aufzählung).
- Prozeduren und Constraints erlauben auch Aufzählungen – mit Komma getrennt.

Wir haben bereits in Kapitel 5, »Stückliste und Arbeitsplan für konfigurierbare Materialien«, im Hinblick auf das Beziehungswissen für die Stückliste einige Aspekte genannt, die auch hier Gültigkeit besitzen. Daher möchten wir auf den Abschnitt 5.2, »Beziehungswissen für die konfigurierbare Maximalstückliste«, verweisen, dort finden Sie weitere Erläuterungen zu den folgenden Punkten:

- lokales und globales Beziehungswissen
- Auswahlbedingungen an Stückliste und Arbeitsplan
- Prozeduren an Stückliste und Arbeitsplan
- Syntaxelemente `$self`, `$parent` und `$root`
- Variantentabellen

Im Folgenden betrachten wir die verschiedenen Arten von Beziehungswissen für die Bewertungsoberfläche und klären die Frage, was Beziehungswissen eigentlich ist und wo man es zuordnet.

Generell können für die Bewertungsoberfläche alle Arten von Beziehungswissen genutzt werden. Dabei handelt es sich in erster Linie um:

- Vorbedingungen
- Auswahlbedingungen

- Prozeduren
- Constraints

Eventuell erscheinen auf einzelnen Sichten noch weitere Arten von Beziehungswissen. Diese werden wir nicht besprechen, da sie veraltet sind oder im SAP-ERP-System bzw. in SAP S/4HANA nicht genutzt werden können.

6.1.1 Vorbedingungen

Mit Vorbedingungen können einzelne Merkmalwerte oder ganze Merkmale verboten werden – es handelt sich also um Beziehungswissen zum »Verbieten«. Ist die Vorbedingung erfüllt, ist das Merkmal oder der Merkmalwert nicht verboten. Das heißt, es wird so reagiert, als ob die Vorbedingung nicht existiert. Ist die Vorbedingung nicht erfüllt, ist das Merkmal oder der Merkmalwert, dem sie zugeordnet wurde, verboten.

Man kann einzelne Merkmalwerte verbieten. Hierfür wird die Vorbedingung an den Merkmalwert gehängt.

[!]

Zum Einschränken Constraints verwenden

Bei einschränkbaren Merkmalen (siehe Flag in den **Basisdaten** des Stammsatzes des Merkmals) arbeiten Sie eleganter mit Constraints, um die Liste der erlaubten Merkmalwerte einzuschränken, statt solche Vorbedingungen den Merkmalwerten zuzuordnen.

Man kann ganze Merkmale verbieten. Hierfür wird die Vorbedingung an das Merkmal gehängt. Wie ist das gemeint? Betrachten Sie die zu Beginn des Kapitels erwähnten unerwünschten Cabriolets mit Schiebedach. Angenommen, es gibt ein Merkmal »Karosserieform« mit den Werten Cabriolet, Fließheck, Stufenheck, Kombi etc. Zudem gibt es ein Merkmal »Dachfenster« mit den Werten mechanisches Schiebedach, elektrisches Schiebedach, Panoramadach. Dann kann man an das Merkmal des Dachfensters eine Vorbedingung hängen, und zwar mithilfe der Syntax: `Karosserieform NE 'Cabriolet'`. Das heißt also, für die Auswahl des Merkmals »Dachfenster« darf die Karosserieform kein Cabriolet sein (ne = not equal).

Und an den Wert Cabriolet kann man eine Vorbedingung hängen durch die Syntax: `NOT Dachfenster specified`. Das heißt also, beim Wert Cabriolet wird das Merkmal Dachfenster überhaupt nicht bewertet.

Dann stellt sich noch die Frage, ob eines der Syntaxelemente `$self`, `$parent` oder `$root` vor das Merkmal anzufügen ist, also z. B. `$self.Karosserieform`, `$parent.Karosserieform` oder `$root.Karosserieform`. Alle drei Möglichkeiten sind richtig. Beide Merkmale, »Karosserieform« wie auch »Dachfenster«, befinden sich auf derselben

Ebene – deshalb `$self`. Beide Merkmale sind auch auf der Kopfebene – deshalb `$root` (`$root` kann man weglassen). Und `$parent` liegt gleichsam dazwischen – ist also auch richtig.

6.1.2 Auswahlbedingungen

Mit Auswahlbedingungen können Sie ein Kann-Merkmal in ein Muss-Merkmal umwandeln. Sie ordnen die Auswahlbedingung dem Merkmal zu, das von *Kann* auf *Muss* umgestellt werden soll. Ist die Auswahlbedingung erfüllt, ist es ein Muss-Merkmal. Ist die Auswahlbedingung nicht erfüllt, dann bleibt es ein Kann-Merkmal – als wäre das Beziehungswissen nicht vorhanden.

[!]

Auswahlbedingungen sind nur bei Kann-Merkmalen sinnvoll nutzbar

Nur bei Kann-Merkmalen hat die Auswahlbedingung eine Auswirkung. Bei Muss-Merkmalen laut Merkmalsdefinition ist eine Auswahlbedingung wirkungslos.

Liegen an einem Kann-Merkmal sowohl Vorbedingungen als auch Auswahlbedingungen vor, dann werden erst die Vorbedingungen ausgewertet. Ist eine Vorbedingung nicht erfüllt und damit das Merkmal verboten, wird die Auswahlbedingung nicht ausgewertet. Es kann somit nicht passieren, dass Sie etwas »müssen«, was »verboten« ist. Denken Sie z. B. an ein Kann-Merkmal »Farbe«. Diesem wurden eine Vor- und eine Auswahlbedingung zugeordnet. Ist die Vorbedingung nicht erfüllt, wird dadurch die Auswahlbedingung nicht ausgewertet. Sie dürfen die »Farbe« nicht bewerten, und die »Farbe« bleibt ein Kann-Merkmal.

Bei Muss-Merkmalen laut Merkmalsdefinition kann es aber passieren, dass Sie »müssen«, was »verboten« ist. Das ist eine klassische, nicht behebbare Inkonsistenz, die Sie vermeiden sollten! Denken Sie z. B. an ein Muss-Merkmal »Glanz«. Diesem wurde eine Vorbedingung zugeordnet. Es wurde aber keine Auswahlbedingung zugeordnet, da diese bei Muss-Merkmalen wirkungslos ist. Ist die Vorbedingung nicht erfüllt, dürfen Sie den »Glanz« nicht bewerten, aber es bleibt ein Muss-Merkmal.

6.1.3 Prozeduren

Eine Prozedur ist ein *wertsetzendes* Beziehungswissen. Sie können *harte Wertsetzungen* vornehmen. Das heißt, weder der User noch Constraints dürfen den gesetzten Wert löschen. Prozeduren dürfen sich jedoch überschreiben. Die letzte ist maßgeblich.

Sie können *weiche Wertsetzungen* vornehmen. Das heißt, sowohl der User als auch jedes andere Beziehungswissen dürfen diese Wertsetzungen überschreiben. Weiche Wertsetzungen haben die niedrigste Priorität. Durch eine Prozedur mit weicher Wertsetzung würde nichts überschrieben werden, wenn aus anderen Quellen schon etwas bewertet wurde. Bei mehreren konkurrierenden weichen Wertsetzungen ist die letzte maßgeblich.

Prozeduren für die Bewertungsoberfläche ordnen Sie dem Konfigurationsprofil zu. Bei der Zuordnung können (und müssen) Sie eine Sortierreihenfolge angeben. Entsprechend dieser Sortierreihenfolge werden Prozeduren genau einmal nach »Enter« abgearbeitet.

[!]

Keine Prozeduren an Merkmalen und Merkmalwerten verwenden

Rein technisch können Sie Prozeduren auch Merkmalen und Merkmalwerten zuordnen. Davon ist aber abzuraten. Zum einen werden Prozeduren an Merkmalen und Merkmalwerten nicht mit in die Laufzeitversion übernommen (siehe z. B. Abschnitt 1.9, »Bereitstellen des Modells für externe SAP-Anwendungen«). Zum anderen haben Sie bei Prozeduren an Merkmalen und Merkmalwerten keine Kontrolle über die komplette Sortierreihenfolge, Sie sind aber weiterhin dafür zuständig.

6.1.4 Constraints

Ein Constraint ist im Grunde das ideale Beziehungswissen für die Bewertungsoberfläche. Es weist folgende Eigenschaften auf:

- Es ist *wertprüfend*. Es wird immer eine Art Konsistenz-Check durchgeführt.
- Es kann *wertsetzend* genutzt werden – jedoch nur für harte Wertsetzungen.
- Es ist *elegantes* Beziehungswissen, da es *deklarativ* ist. Sie beschreiben nur Ausgangs- und Endzustände. Sie müssen nicht wie bei Prozeduren die Abarbeitungsreihenfolge beachten.
- Es ist sehr *performantes* Beziehungswissen.
- Die Syntaxelemente `$self`, `$parent` oder `$root` werden nicht benötigt. Sie können ganz *flexibel* Instanzen nutzen. So sprengen Sie die Grenzen der anderen Arten von Beziehungswissen, vor allem bezüglich mehrstufiger Konfiguration.
- Es gibt *Spezialfunktionalitäten*, die vor allem im Zusammenhang mit dem sogenannten INFERENCES-Teil aktivierbar sind.

Bei so vielen nützlichen Eigenschaften lässt sich auch kurz umreißen, wozu sich Constraints nicht eignen: Man kann Constraints nicht in der Low-Level-Konfiguration nutzen, sodass sie nicht das Beziehungswissen in Stückliste und Arbeitsplan ersetzen können. Ferner können mit Constraints keine weichen Wertsetzungen vorgenommen werden, und es gibt weitere Funktionalitäten der Wertsetzung, die nur mit Prozeduren funktionieren. Darauf gehen wir in Abschnitt 6.3, »Prozeduren«, näher ein. Darüber hinaus können Constraints keine Vor- oder Auswahlbedingungen an Merkmalen ersetzen.

Abschließend noch ein wichtiger Punkt:

[!]

Beziehungswissen ist auch in der Klassifizierung wirksam

Beziehungswissen an Merkmalen wirkt auch in der »normalen« Klassifizierung. Wenn Sie das verhindern wollen, unterbinden Sie, dass die Merkmale aus der Variantenkonfiguration in der Klassifizierung genutzt werden (über die Sicht **Einschränkungen** in den Stammdaten des Merkmals). Man kann auch die Überschreibung hierfür nutzen.

6.2 Constraints und Constraint-Netze

Constraints werden grundsätzlich in *Constraint-Netzen* gesammelt, eine andere Zuordnung ist nicht möglich. Constraint-Netze ihrerseits kann man nur dem Konfigurationsprofil zuordnen.

Constraint-Netze sind *globales Beziehungswissen*. Das heißt, ein Constraint-Netz kann mehreren Konfigurationsprofilen zugeordnet werden.

Constraints sind *lokales Beziehungswissen*. Das heißt, sie sind nur aus der Zuordnung zu Constraint-Netzen heraus anlegbar. Constraints können nur einem Constraint-Netz zugeordnet werden. Vielleicht verwirrt es Sie, dass man den Namen von Constraints manuell vergeben muss, obwohl es lokales Beziehungswissen ist. In Abschnitt 5.2, »Beziehungswissen für die konfigurierbare Maximalstückliste«, hatten wir nämlich behauptet, dass lokales Beziehungswissen immer intern vergebene Namen erhält. Hier nun die Ausnahme.

Ein Constraint besteht aus zwei bis vier Teilen, Pflichtteile sind:

- **OBJECTS-Teil**
  Das ist immer der erste Teil der Syntax. Dieser Teil ist der Ersatz für `$self`, `$parent` und `$root`. Man kann in Constraints beliebig viele Instanzen ansprechen, nicht nur diese drei.
- **RESTRICTIONS-Teil**
  Dieser Teil beinhaltet Anweisungen, ähnlich dem sonstigen Beziehungswissen. Hier sind die Wertprüfungen und Wertsetzungen enthalten.

Optionale Teile sind:

- **CONDITION-Teil**
  Dieser Teil findet sich in der Syntax zwischen OBJECTS und RESTRICTIONS. Er beinhaltet eine zentrale Bedingung, unter der nur das Constraint bearbeitet werden soll. Alternativ oder zusätzlich kann im RESTRICTIONS-Teil mit `if`-Bedingungen gearbeitet werden.

- **INFERENCES-Teil**
  Dieser Teil aktiviert die oben angesprochenen Spezialfunktionalitäten.

Schauen Sie sich diese Zusammenhänge an einem einfachen Beispiel an. Sie sehen in Abbildung 6.1 eine mehrstufige Konfiguration. Die Materialnummer **T-VPP00** stellt ein konfigurierbares PC-Paket dar. Dieses umfasst einen konfigurierbaren PC mit der Materialnummer **T-VPC00** sowie einen konfigurierbaren Drucker mit der Materialnummer **T-VPR00**. Wir gehen davon aus, dass sich der Kunde für ein Betriebssystem entschieden hat. Nun soll über Beziehungswissen realisiert werden, dass dem Drucker der passende Druckertreiber zugeordnet wird.

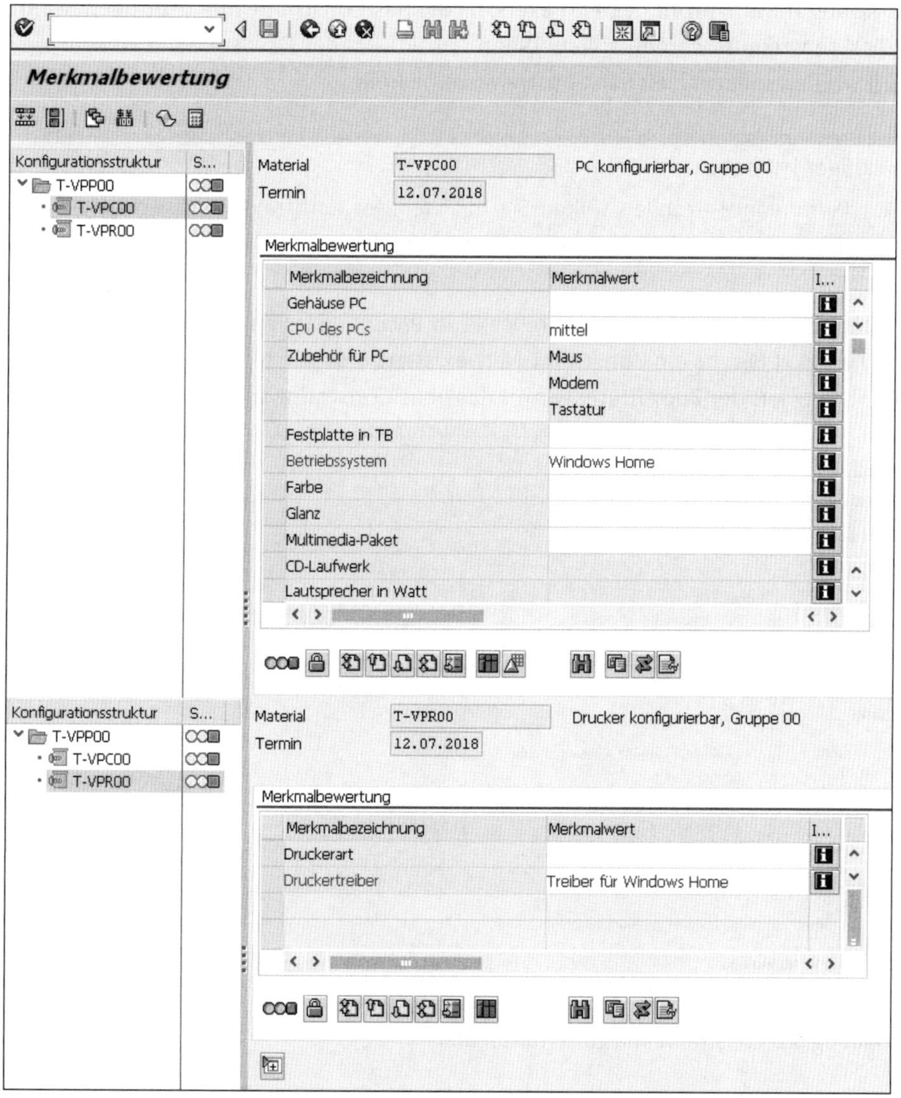

Abbildung 6.1 Ausgangssituation für ein erstes Constraint (Transaktion PMEVC)

Das, was im Beispiel in der Abbildung 6.1 im Bildbaustein **Merkmalbewertung** am Drucker manuell bewertet wurde, soll also über Beziehungswissen zugeordnet werden. Wie sollten Sie vorgehen, mit Constraints oder mit Prozeduren? Wertsetzungen lassen sich nur mit Prozeduren vornehmen. Die Prozedur müsste am Konfigurationsprofil des konfigurierbaren Druckers zugeordnet werden, da Prozeduren nur an der `$self`-Instanz Werte setzen können. Die Syntax müsste dann wie folgt aussehen:

```
$self.DRUCKERTREIBER = … $brother.BETRIEBSSYSTEM …
```

Aber ein Syntaxelement `$brother` gibt es nicht. Somit können Sie Beziehungswissen nur mithilfe von Constraints zuordnen. Also legen Sie ein Constraint an, und zwar am Konfigurationsprofil des PC-Pakets, da Sie das Constraint nur benötigen, wenn PC-Pakete verkauft werden sollen. Wenn der PC und der Drucker auch einzeln verkauft werden sollen, spielt das Constraint keine Rolle.

[!]

Weniger ist mehr

Aus Performance-Gründen sollten Sie mit wenigen Constraint-Netzen arbeiten – ideal ist ein Constraint-Netz pro Konfigurationsprofil.

Abbildung 6.2 zeigt anhand von Transaktion PMEVC, dass am Konfigurationsprofil zum PC-Paket bereits ein Constraint-Netz existiert. Deshalb legen Sie in diesem Constraint-Netz aus der Zuordnung heraus das neue Constraint an.

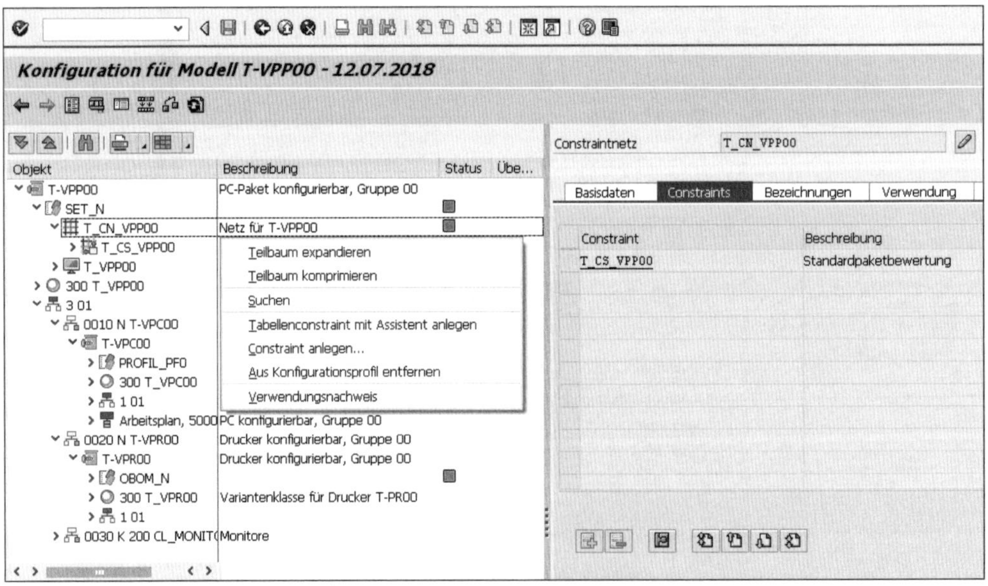

Abbildung 6.2 Constraint anlegen (Transaktion PMEVC)

Dazu klicken Sie mit der rechten Maustaste auf das Constraint-Netz und wählen im Kontextmenü die Option **Constraint anlegen...** Falls das Constraint-Netz noch nicht im Änderungsmodus geöffnet ist, erscheint ein Pop-up-Fenster **Beziehungsnetz öffnen**, um dies nachzuholen. Anschließend öffnet sich ein Pop-up-Fenster **Neues Constraint anlegen**, in dem Sie dem Constraint einen Namen geben können.

Daraufhin erscheint rechts in Transaktion PMEVC das Detailbild des neuen Constraints mit der Registerkarte **Basisdaten**. Hier ist das Feld **Bezeichnung** zu füllen, bevor Sie auf die Registerkarte **Editor** wechseln.

6.2.1 OBJECTS-Teil

Im Editor ist bereits das Schlüsselwort `OBJECTS:` für den ersten Teil des Constraints enthalten. Inhaltlich wäre hier so etwas wie `$self` und `$brother` aufzunehmen, was aber nicht erlaubt ist. Stattdessen nehmen Sie die Namen der Klassen an den beiden Instanzen auf. Die Namen der Klassen können Sie auf der linken Seite der Abbildung 6.2 ablesen. Sie können die Namen der Klassen auch per Drag & Drop in die Syntax ziehen. Das Ergebnis hätte folgendes Aussehen:

```
OBJECTS: (300)T_VPC00, (300)T_VPR00
```

Wenn Sie nun durch Klick auf den Button den Syntax-Check aufrufen, erhalten Sie folgende Fehlermeldung: »E28110 Schlüsselwort RESTRICTION: erwartet (Zeile 1)«. Das ist eine »positive« Fehlermeldung. Sie lässt vermuten, dass der OBJECTS-Teil korrekt ist. Ein vollständiges, fehlerfreies Constraint ist es aber nicht.

6.2.2 RESTRICTIONS-Teil

Die obige Fehlermeldung rührt natürlich daher, dass der RESTRICTIONS-Teil, der zweite Pflichtteil eines Constraints, noch fehlt. Sie holen das idealerweise über die [F4]-Hilfe mit den angebotenen Schlüsselwörtern nach. Das kürzeste, fehlerfreie und vollständige Constraint lautet demnach (siehe Listing 6.1):

```
OBJECTS:  (300)T_VPC00,  (300)T_VPR00
RESTRICTIONS:FALSE
```

Listing 6.1 Ein ganz kurzes Constraint

Allerdings lässt sich das Constraint in dieser Form eigentlich nicht verwenden. Es würde permanent Inkonsistenz-Meldungen ausgeben, dass ebendieses Constraint verletzt ist. Dennoch wird es genutzt, um in den Bedingungsteilen (`if`-Bedingung oder CONDITION-Teil) nicht zulässige Bewertungen abzufragen.

In Kapitel 1 in Abschnitt 1.6, »Beziehungswissen für die interaktive Konfiguration«, hatten Sie über den Assistenten für Tabellenconstraints ein Beispiel erzeugt, um

Merkmale einzuschränken. Wenn Sie, wie im Beispiel in Abbildung 6.3 geschehen, im Assistenten das Flag **Prüfung inkonsistenter Bewertungen** aktivieren, erhalten Sie ein Constraint mit folgender Syntax (siehe Listing 6.2):

```
*****************************************
* Constraint TAB01
*  Aufspüren inkonsistenter Merkmalskombinationen
* CHAR001, CHAR002
OBJECTS: X is_a (300)CL01.
CONDITION:  table TAB01
   (   CHAR001       = X.CHAR001
      ,CHAR002       = X.CHAR002     ).
RESTRICTIONS:  FALSE.
```

Listing 6.2 Constraint mit Variantentabelle und RESTRICTIONS-Teil

Sie sehen, dass es genau unsere Syntax des RESTRICTIONS-Teil ist. Hier würde die im CONDITION-Teil angesprochene Tabelle verbotene Bewertungen beinhalten. Falls der Kunde sich eine solche Bewertung wünscht, kommt es zu der Inkonsistenz.

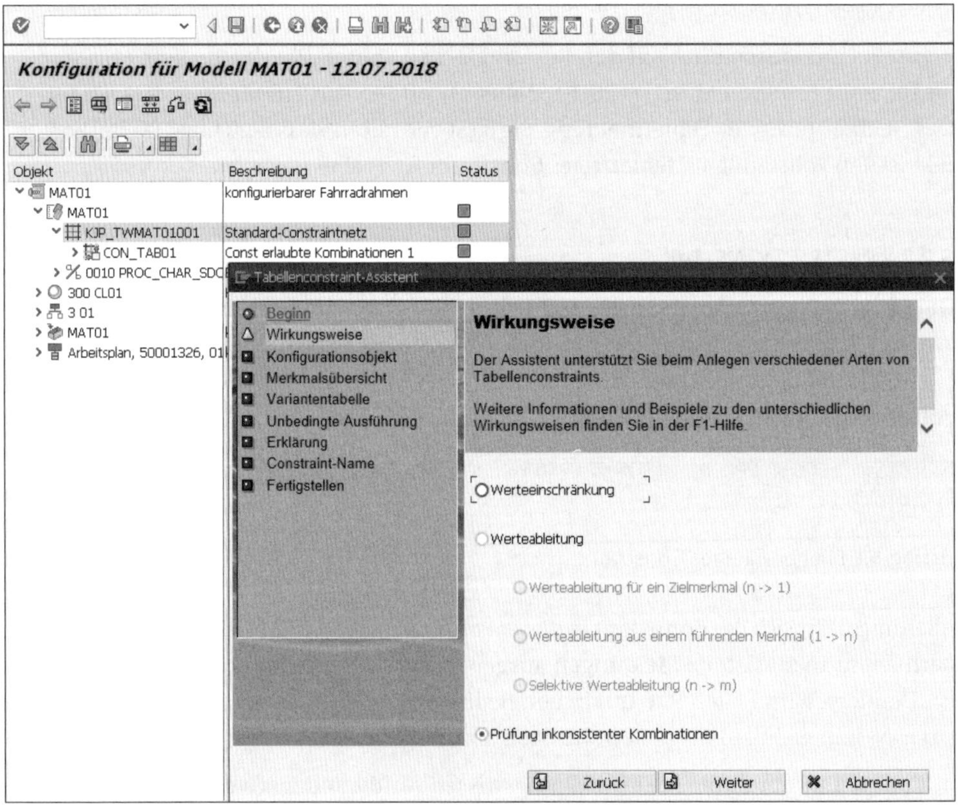

Abbildung 6.3 Tabellenconstraint-Assistent und Inkonsistenzen

Setzen Sie die Überlegungen mit dem Constraint aus Listing 6.1 fort, und tauschen Sie das FALSE durch einen geeigneteren Ausdruck (siehe Listing 6.3):

```
OBJECTS:  (300)T_VPCOO,  (300)T_VPROO
RESTRICTIONS: (300)T_VPROO.T_PR2 = (300)T_VPCOO.T_PC1
```

Listing 6.3 Ein ganz kurzes, jetzt aber sinnvolles Constraint

Dieser RESTRICTIONS-Teil wäre jetzt vergleichbar mit dem (unmöglichen) Ausdruck: `$self.DRUCKERTREIBER = $brother.BETRIEBSSYSTEM`. Doch statt der Syntaxelemente `$self` und `$brother` beziehen wir uns jetzt auf die Variantenklassen (300)T_VPROO und (300)T_VPCOO. Ferner besitzen die Merkmale auch nicht ganz so sprechende Namen, sondern lauten T_PR2 und T_PC1. An einer Stelle wurde getrickst. Hier haben beide Merkmale identische Werte. Ohne den Trick würde die Syntax des RESTRICTIONS-Teils so aussehen wie in Listing 6.4 dargestellt:

```
RESTRICTIONS:
(300)T_VPROO.T_PR2 = 'TREIB_1'
                     if (300)T_VPCOO.T_PC1='OS_1',
(300)T_VPROO.T_PR2 = 'TREIB_2'
                     if (300)T_VPCOO.T_PC1='OS_2',
(300)T_VPROO.T_PR2 = 'TREIB_3'
                     if (300)T_VPCOO.T_PC1='OS_3'.
```

Listing 6.4 RESTRICTIONS-Teil – Wertsetzungen mit if-Bedingungen

Oder eleganter mit einer Variantentabelle, die einer Syntax mit vielen if-Bedingungen stets vorzuziehen ist (siehe Listing 6.5):

```
RESTRICTIONS:
TABLE TAB002
(T_PR2 = (300)T_VPROO.T_PR2 ,
 T_PC1 = (300)T_VPCOO.T_PC1 ).
```

Listing 6.5 RESTRICTIONS-Teil – Wertsetzungen mit Variantentabelle

6.2.3 CONDITION-Teil

Die Pflichtteile des Constraints haben wir damit fertiggestellt, kommen wir nun zu den optionalen Teilen. Ein CONDITION-Teil beinhaltet eine (und nur eine) zentrale Bedingung, unter der das Constraint abzuarbeiten ist. Wir wollen z. B., dass der Abgleich zwischen Betriebssystem und Druckertreiber nur erfolgen soll, wenn im Wunsch des Kunden eine Festplatte enthalten ist. Dann wäre die Syntax von Listing 6.3 folgendermaßen zu erweitern (siehe Listing 6.6):

```
OBJECTS:  (300)T_VPC00,  (300)T_VPR00
CONDITION: (300)T_VPC00.T_PC4
RESTRICTIONS: (300)T_VPR00.T_PR2 = (300)T_VPC00.T_PC1
```

Listing 6.6 Ein kleines Beispiel mit CONDITION-Teil

Das Merkmal T_PC4 beinhaltet die Festplatte. In diesem Listing sehen Sie ein Constraint, dessen gesamter Inhalt im Prinzip ein CONDITION-Teil mit Tabellenzugriff ist.

6.2.4 INFERENCES-Teil

Mit den INFERENCES kommen Sie nun zu dem vielleicht spannendsten Teil, auch wenn die Syntax eher langweilig anmutet. Sie beinhaltet immer nur eine Aufzählung von Merkmalen der Bewertungsoberfläche – mit Komma getrennt. Inhaltlich wird durch den INFERENCES-Teil die Funktionalität erweitert. Ohne diesen Teil würde eine Abarbeitung recht ähnlich wie bei den Prozeduren durchgeführt.

Betrachten Sie unser kleines Beispiel aus Listing 6.6:

```
RESTRICTIONS: (300)T_VPR00.T_PR2 = (300)T_VPC00.T_PC1
```

Es wird ähnlich wie der Ausdruck `$self.DRUCKERTREIBER = $brother.BETRIEBSSYSTEM` abgearbeitet. Dabei wird gewartet, bis das Betriebssystem bewertet ist. Sodann wird der Wert auch beim Druckertreiber gesetzt. Aber nicht andersherum. Mit einem Constraint können Sie jedoch durch den INFERENCES-Teil festlegen, dass Sie eine Wertsetzung in beide Richtungen haben möchten. Die Syntax in Listing 6.7 zeigt dies:

```
OBJECTS:  (300)T_VPC00,  (300)T_VPR00
CONDITION: (300)T_VPC00.T_PC4 specified
RESTRICTIONS: (300)T_VPR00.T_PR2 = (300)T_VPC00.T_PC1
INFERENCES:  (300)T_VPR00.T_PR2 , (300)T_VPC00.T_PC1
```

Listing 6.7 Ein kleines Beispiel mit INFERENCES-Teil

Hier wird jetzt der andere Wert gesetzt, ganz gleich, wo Sie mit der Bewertung begonnen haben – ob beim Betriebssystem oder beim Druckertreiber. Wir geben zu, dass das noch nicht der ganz große Wurf ist. In Listing 6.8 wird es aber schon besser:

```
OBJECTS:   (300)TPC_04 where
                             T = TPC_20;
                             B = TPC_21;
                             H = TPC_22;
                             V = TPC_23.
RESTRICTIONS:
                 V = T * B * H
```

```
*                Volumen = Tiefe * Breite * Höhe
INFERENCES:
         V , T , B , H
```

Listing 6.8 Constraint mit einer Gleichung und INFERENCES-Teil

Hier wurden Merkmalsvariablen verwendet, die nachfolgend noch besprochen werden sollen. Das Volumen V im Beispiel in Listing 6.8 würde auch ohne INFERENCES-Teil berechnet werden (ähnlich wie eine analoge Prozedur). Durch den INFERENCES-Teil wird jedoch aus beliebigen drei Größen die vierte berechnet. Und das geht in Listing 6.9 noch besser:

6

```
OBJECTS:   (300)TPC_04 where
                              B = TPC_71;
*                                        Breite
                              L = TPC_72;
*                                        Länge
                              H = TPC_73;
*                                        Höhe
                              F = TPC_74;
*                                        Fläche
                              U = TPC_75;
*                                        Umfang
                              S = TPC_76;
*                                    Seitenverhältnis
                              V = TPC_77
*                                        Volumen
RESTRICTIONS:
                    F = L * B ,
                    V = L * B * H ,
                    U = 2 * ( L + B ) ,
                    S = L / B
*
INFERENCES:
            L , B , H , F , V , U, S
```

Listing 6.9 Constraint mit einem Gleichungssystem und INFERENCES-Teil

Hier wird durch Umstellen des ganzen Gleichungssystems versucht, alle bereits möglichen Größen zu berechnen und zu setzen. Sie könnten das auch über eine Prozedur realisieren. Dafür müssten Sie aber überlegen, wie die Gleichungen in Abhängigkeit zu den bekannten Größen umzustellen sind und in welcher Reihenfolge sie abgearbeitet werden müssen. In diesem Fall kämen einige Hundert Zeilen mit entsprechend ausführlichen if-Bedingungen zusammen.

Neben dem *Umstellen von Gleichungen und Gleichungssystemen* gibt es weitere Anwendungsszenarien für den INFERENCES-Teil. Das *Einschränken einschränkbarer Merkmale* ist so ein weiterer Anwendungsfall. Schauen Sie sich dazu Listing 6.10 an:

```
*******************************************
* Constraint CON_TAB01
* Filterwerte der Merkmale
* CHAR001, CHAR002
OBJECTS:          X is_a (300)CL01.
RESTRICTIONS:     table TAB01      (
               CHAR001 = X.CHAR001,
               CHAR002 = X.CHAR002 ).
INFERENCES: X.CHAR001,X.CHAR002 .
```

Listing 6.10 Constraint zum Einschränken einschränkbarer Merkmale mit Variantentabelle

Wenn Sie sich erinnern, haben Sie in Kapitel 1 in Abschnitt 1.6, »Beziehungswissen für die interaktive Konfiguration«, mithilfe des Tabellenconstraint-Assistenten ein solches Constraint angelegt, wie es in Listing 6.10 dargestellt ist. Das Constraint sorgt dafür, dass die Wertevorräte permanent dynamisch so eingeschränkt werden, dass nur in der Variantentabelle enthaltene Kombinationen möglich sind. Dabei ist völlig egal, wo mit der Bewertung begonnen wird. Die Einschränkung passiert bereits, bevor überhaupt mit der Bewertung begonnen wurde. Was nicht in der Variantentabelle steht, kommt nicht in den Wertevorrat.

Wie in Listing 6.11 ersichtlich, muss eine Werteeinschränkung nicht unbedingt über eine Variantentabelle erfolgen. Man kann die Bedingungen auch direkt aufnehmen.

```
OBJECTS: shaft is_a (300)CL_P501_2,
         tube  is_a (300)CL_P501_3.
RESTRICTIONS:
    tube.p_15 in (25 - 40) if shaft.p_05 in (2 - 3.999),
    tube.p_15 in (35 - 60) if shaft.p_05 in (4 - 5.999),
    tube.p_15 in (50 - 70) if shaft.p_05 in (6 - 7.500),
    tube.p_15 > 65 if shaft.p_05 > 7.5.
INFERENCES: tube.p_15
```

Listing 6.11 Constraint zum Einschränken einschränkbarer Merkmale über Listen und Ungleichungen

Über den INFERENCES-Teil kann auch die Auswertung von Variantentabellen und Variantenfunktionen erweitert werden. Wie in Abbildung 6.4 erkennbar, hat die hier verwendete Variantentabelle mehrere Auswertungsalternativen.

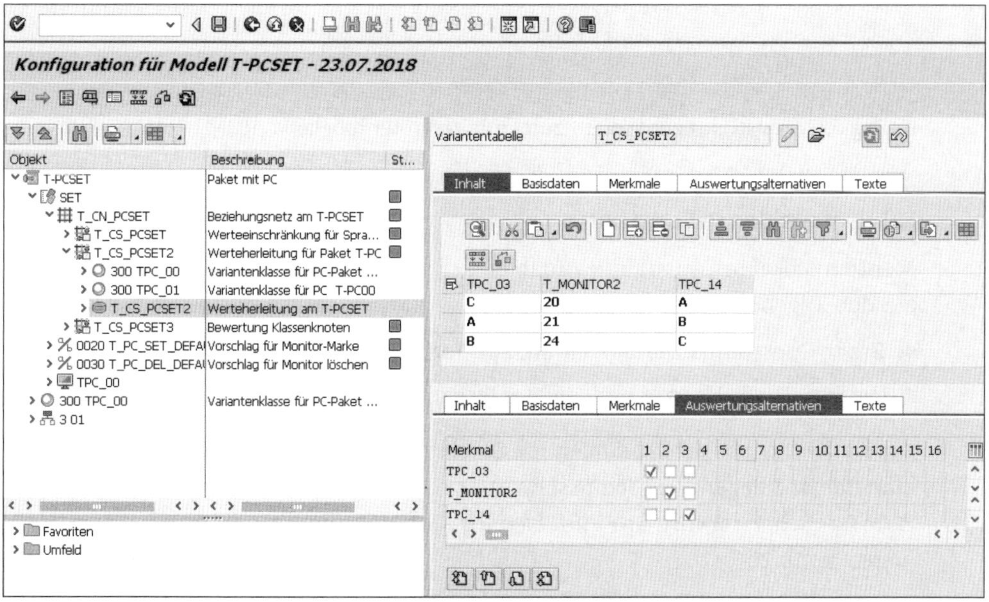

Abbildung 6.4 Variantentabelle mit Auswertungsalternativen

Die weiteren Schlüsselalternativen können aber nur mit dem INFERENCES-Teil ausgewertet werden. Hätte das Constraint in Listing 6.12 keinen INFERENCES-Teil, dann würde in dem Beispiel aus Abbildung 6.4 nur der erste Schlüssel, also die erste Auswertungsalternative, ausgewertet werden. Es muss der Druckertyp (= Merkmal TPC_03) eingegeben werden, und es werden die beiden anderen Merkmale (Bildschirmdiagonale = T_MONITOR2 und CPU = TPC_14) bewertet.

Da das Constraint in Listing 6.12 einen INFERENCES-Teil hat, können aus Abbildung 6.4 alle Schlüssel – alle Auswertungsalternativen – ausgewertet werden. Egal mit welchem Merkmal Sie bei der Bewertung beginnen (Druckertyp, Bildschirmdiagonale oder CPU), die beiden anderen Merkmale bewertet das Constraint.

```
OBJECTS:    paket is_a (300)TPC_00,
            pc    is_a (300)TPC_01.
RESTRICTIONS:
        table T_CS_PCSET2
                     (TPC_03 =  paket.TPC_03,
*                               Druckertyp
                  T_MONITOR2 =  paket.T_MONITOR2,
*                               Bildschirm-Diagonale
                      TPC_14 =  pc.TPC_14)
*                               CPU
INFERENCES:
```

```
paket.TPC_03,
paket.T_MONITOR2,
pc.TPC_14
```

Listing 6.12 Constraint zur Wertsetzung mit Variantentabellen und INFERENCES-Teil

6.2.5 Variablen in Constraints

Man kann lokal in Constraints Variablen definieren. Das Arbeiten mit Variablen wird aus den folgenden Gründen empfohlen:

- Große Constraints werden dadurch performanter.
- Die Syntax wird kürzer und leichter lesbar.

Es gibt die Möglichkeit, Variablen für Objekte wie Klassen, Materialstämme und Dokumente anzulegen. Das Schlüsselwort, um *Variablen für Klassen* zu definieren, ist `is_a`. Das Schlüsselwort, um *Variablen für Materialstämme und Dokumente* zu definieren, ist `is_object`.

Das Constraint aus Listing 6.7 würde dann folgende Gestalt haben (siehe Listing 6.13):

```
OBJECTS:  ?pc is_a (300)T_VPC00, ?dr is_a (300)T_VPR00
CONDITION:             ?pc.T_PC4 specified
RESTRICTIONS:          ?dr.T_PR2 = ?pc.T_PC1
INFERENCES:  ?dr.T_PR2 , ?pc.T_PC1
```

Listing 6.13 Constraint mit Klassenvariablen

Als Variablen können beliebige Ausdrücke verwendet werden, die nicht zur Standardsyntax gehören. Hier wurde das Fragezeichen als Teil der Variable genutzt. Das wird gern gemacht, da Fragezeichen in Constraints nur im Zusammenhang mit Variablen verwendet werden können. So sehen Sie auf Anhieb, dass es sich um eine Variable handelt. (Falls Sie in Transaktion PMEVC per Drag & Drop eine Klasse in die Syntax ziehen, schlägt das System vor, mit einer solchen Klassenvariablen zu arbeiten.)

Die Definition einer Variablen für einen Materialstamm hat folgende Gestalt:

```
?mat1 is_object (material)(300)(nr = 'T-VPC00')
```

Die Definition einer Variablen für ein Dokument sieht hingegen folgendermaßen aus:

```
?doc1 is_object (document)()(nr = 'T-VPC00', type = 'DRW', PART = '000', VERSION = '00')
```

Sie haben auch die Möglichkeit, *Merkmalsvariablen* anzulegen. Diese sind klassenspezifisch, sodass Klassenvariablen dann nicht benötigt werden. Das Schlüsselwort, um Merkmalsvariablen zu definieren, ist `where`.

Das Constraint aus Listing 6.7 bzw. Listing 6.13 würde dann folgende Gestalt haben (siehe Listing 6.14):

```
OBJECTS:  (300)T_VPC00 where ?os - T_PC1;
                             ?hd = T_PC4,
          (300)T_VPR00 where ?tr = T_PR2
CONDITION: ?hd specified
RESTRICTIONS: ?tr = ?os
INFERENCES:   ?tr  , ?os
```

Listing 6.14 Constraint mit Merkmalsvariablen

Beachten Sie, dass im OBJECTS-Teil mehrere Klassen mit Komma getrennt aufgezählt werden. Mehrere Merkmalsvariablen innerhalb einer Klasse zählen Sie hingegen per Semikolon getrennt auf.

Abschließend soll noch auf die Syntaxelemente part_of und subpart_of eingegangen werden. Diese lassen sich nur in Constraints verwenden und dienen dazu, die aufgelöste Stückliste auszuwerten. part_of fragt, ob ein Objekt in einer (einstufigen) aufgelösten Stückliste Teil eines Kopfmaterials ist. subpart_of fragt, ob ein Objekt ein- oder mehrstufig Teil einer aufgelösten Stücklistenstruktur ist. Somit ist jedes Teil, das part_of ist, auch immer subpart_of.

Bei part_of kann zusätzlich die Positionsnummer abgefragt werden. Betrachten Sie dazu Abbildung 6.5.

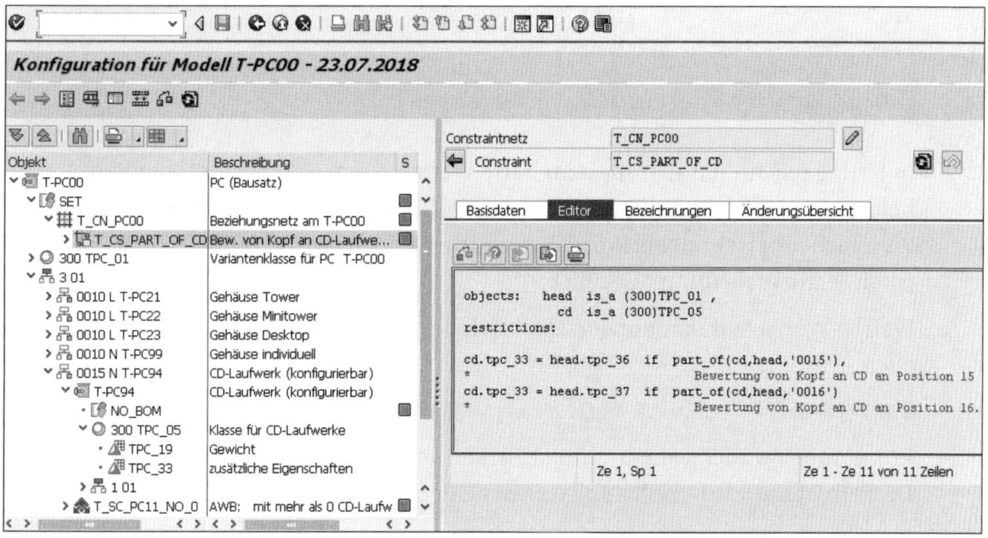

Abbildung 6.5 Syntaxelement part_of mit Positionsnummer in Constraints

Hier sehen Sie, dass das Material T-PC94 zweimal in der Stückliste enthalten ist – einmal auf Position 15 und einmal auf Position 16. Ohne diesen Kniff können die beiden Positionen in Constraints nicht unterschieden werden: Beide haben dasselbe Material, dieselbe Klasse, dieselben Merkmale. Über die Abfrage der Positionsnummer in der Syntax von `part_of` kann gezielt eine Bewertung an die beiden Positionen übergeben werden.

Constraints und Constraint-Netze können auch über Transaktion CU21 und CU22 gepflegt werden. Sie finden diese im SAP-Menü unter **Logistik • Zentrale Funktionen • Variantenkonfiguration • Beziehung • Beziehungsnetz • Anlegen und Ändern**.

6.3 Prozeduren

Prozeduren sind wertsetzendes Beziehungswissen. Die Wertsetzung kann nur auf der `$self`-Ebene erfolgen. Und `$self` darf man nicht weglassen. In den Bedingungen in Prozeduren dürfen alle drei Ebenen abgefragt werden. Alles in Listing 6.15 ist bezüglich der Syntax richtig – ob die Bedingungen auch inhaltlich richtig sind, hängt von der Stelle ab, an der das Merkmal »Glanz« bewertet wurde. `$self` vor dem Merkmal »Farbe« darf nicht weggelassen werden und auch nicht durch etwas anderes ersetzt werden.

```
$self.farbe = 'rot'  if $self.glanz = 'mit' ,
$self.farbe = 'rot'  if $parent.glanz = 'mit' ,
$self.farbe = 'rot'  if $root.glanz = 'mit' ,
$self.farbe = 'rot'  if glanz = 'mit'
```

Listing 6.15 $self, $parent und $root in Prozeduren

In Listing 6.15 finden sich allesamt harte Wertsetzungen. Wertsetzungen mit Gleichheitszeichen sind harte Wertsetzungen. Der Benutzer und Constraints dürfen den Wert nicht überschreiben. Prozeduren dürfen jedoch den Wert überschreiben – dann ist die letzte Prozedur maßgeblich.

Weiche Wertsetzungen nutzen zusätzlich vor dem Gleichheitszeichen ein Fragezeichen:

```
$self.farbe ?= 'rot'  if $self.glanz = 'mit'
```

Prozeduren werden genau einmal in der angegebenen Reihenfolge abgearbeitet. Deshalb ist die Sortierreihenfolge entscheidend.

Folgende Syntaxelemente können nur in Prozeduren verwendet werden:

- `?=`
  Dieses Syntaxelement nutzen Sie in bereits angegebener Form, um weiche Werte zu setzen. Wir sprechen auch von dynamischen Vorschlagswerten.

- `$set_default`
  Dieses Element setzt ebenfalls weiche Werte. Dies bewirkt das Gleiche wie `?=`, nur umständlicher. Folgende Zeile bewirkt das Gleiche wie die Wertsetzung einige Zeilen davor: `$set_default($self, farbe, 'rot') if $self.glanz = 'mit'`
- `$del_default`
  Dieses Syntaxelement löscht Vorschlagswerte, die über `$set_default oder ?=` gesetzt wurden. Dabei kann man spezielle Vorschlagswerte löschen (hier »rot«):
  `$del_default($self,farbe,'rot') if $self.glanz ='ohne'`
  Man kann auch Vorschlagswerte allgemein löschen:
  `$set_default($self, farbe, farbe) if $self.glanz = 'mit'`
  Ein elegantes Syntaxelement wie »?=« zum Setzen von Vorschlagswerten gibt es für das Löschen nicht.
- `$self.merkmal = $self.merkmal +1`
  Diese Form der sukzessiven Berechnung (Merkmalwert lesen, ändern und damit Merkmal überschreiben) ist nur in Prozeduren zulässig. Zu beachten ist, dass diese Zeile nicht ausgeführt wird, wenn das Merkmal unbewertet war. Deshalb ist eine Null-Setzung am Anfang notwendig (siehe weiter unten Listing 6.16).
- `$sum_parts`
  Dieses Syntaxelement summiert ein numerisches Merkmal über alle Positionen einer einstufigen Stücklistenauflösung auf. Die Positionsmengen werden dabei berücksichtigt, indem entsprechend multipliziert wird. So könnte z. B. das Gesamtgewicht berechnet werden. Mit der folgenden Syntax (mit `$self`) würde man die Prozedur an das Konfigurationsprofil des Kopfmaterials zuordnen:
  ```
  $self.tpc_19 = $sum_parts($self,tpc_19)
  * Gewicht (Summe) = Summe aller Gewichte
  ```
  Und mit dieser Syntax (mit `$parent`) würde man die Prozedur an das Konfigurationsprofil einer letzten Komponente in der Stückliste zuordnen:
  ```
  $self.tpc_19 = $sum_parts($parent,tpc_19)
  * Gewicht (Summe) = Summe aller Gewichte
  ```
- `$count_parts`
  Dieses Element summiert die Komponentenmengen über alle Positionen einer einstufigen Stücklistenauflösung auf. So könnte man z. B. die Gesamtzahl von Positionen einer Lieferung ermitteln. Auch hier gibt es wieder die beiden Möglichkeiten mit `$self` und `$parent`:
  ```
  $self.tpc_18 = $count_parts($self)
  * Anzahl Teile = ...
  ```
  oder
  ```
  $self.tpc_18 = $count_parts($parent)
  * Anzahl Teile = ...
  ```

- `$set_pricing_factor`
  `$set_pricing_factor` erlaubt einer Variantenkondition, in der Preisfindung einen Faktor zuzuordnen. Die Details werden in Kapitel 7, »Preisfindung«, in Abschnitt 7.1, »Variantenkonfiguration und Ergänzungen zur Preisfindung im Vertrieb«, behandelt, sodass hier nur auf die entsprechenden Ausführungen verwiesen werden soll.

```
$self.tpc_26 = 0 if $self.tpc_12 specified or
                    $self.tpc_13 specified,
*******************************************************
$self.tpc_26 = $self.tpc_26 + 0.4  if $self.tpc_13 ='A',
$self.tpc_26 = $self.tpc_26 + 0.3  if $self.tpc_13 ='B',
$self.tpc_26 = $self.tpc_26 + 0.15 if $self.tpc_13 ='C',
$self.tpc_26 = $self.tpc_26 + 0.1  if $self.tpc_12 ='W',
$self.tpc_26 = $self.tpc_26 + 0.1  if $self.tpc_12 ='E',
$self.tpc_26 = $self.tpc_26 + 0.1  if $self.tpc_12 ='A',
$self.tpc_26 = $self.tpc_26 + 3   if $self.tpc_12 = 'H',
$self.tpc_26 = $self.tpc_26 + 3   if $self.tpc_12 = 'K',
$self.tpc_26 = $self.tpc_26 + 3   if $self.tpc_12 = 'S',
*******************************************************
$self.tpc_26 = $self.tpc_26 * 2   if  $self.tpc_09 = 'A',
$self.tpc_26 = $self.tpc_26 * 1.5 if  self.tpc_09 = 'B',
$self.tpc_26 = $self.tpc_26 * 4   if $self.tpc_09 = 'C'
```

Listing 6.16 Sukzessive Berechnung mithilfe von Prozeduren

6.3.1 Prozeduren mit Variantentabellen

Bereits im Zusammenhang mit dem Beziehungswissen für Stückliste und Arbeitsplan wurden Variantentabellen ausführlich vorgestellt (siehe Kapitel 5, Abschnitt 5.1, »Die konfigurierbare Maximalstückliste«).

Ein Tabellenaufruf hat immer folgende Gestalt:

```
Table <Name der Tabelle> (<Merkmal der Tabelle>
                         = <Merkmal der Konfiguration>
                                                  , … )
```

Dabei ist bei Prozeduren zu beachten, dass es sich hier um wertsetzendes Beziehungswissen handelt. Die Variantentabelle benötigt einen Schlüssel und muss bezüglich des Schlüssels eindeutig sein. Aus der Variantentabelle werden die Schlüsselfelder gelesen. Dabei kann die `$self`-, `$parent`- und die `$root`-Ebene gelesen werden.

Geschrieben werden die Nichtschlüsselfelder. Dabei kann nur auf der `$self`-Ebene geschrieben werden. Das heißt, rechts vom Gleichheitszeichen muss bei den Nichtschlüsselfeldern das Syntaxelement `$self` vor dem Merkmal stehen. Hier darf vor dem Gleichheitszeichen auch ein Fragezeichen stehen, um Vorschlagswerte zu setzen.

Bei den Schlüsselfeldern kann vor den Merkmalen nichts, `$self`, `$parent` oder `$root` stehen. Hier darf kein Fragezeichen vor dem Gleichheitszeichen stehen.

Links vom Gleichheitszeichen darf nichts vor den Merkmalen stehen – das sind ja Merkmale der Variantentabelle, die keine Ebenen der Form `$self`, `$parent` oder `$root` besitzen (siehe Listing 6.17):


```
table  t_tab_vpc00
                  (  t_med_00    =   $root.t_med_00,
                     t_cd_00     =   $parent.t_cd_00,
                     t_spe_00    =   $self.t_spe_00)
oder auch
table  t_tab_vpc00
                  (  t_med_00    =   t_med_00,
                     t_cd_00     =   $self.t_cd_00 ,
                     t_spe_00   ?=   $self.t_spe_00)
```

Listing 6.17 Prozedur mit Variantentabelle

6.3.2 Prozeduren mit Variantenfunktionen

Bei den Prozeduren mit Variantenfunktion ist alles sehr ähnlich wie bei den Variantentabellen. Eine *Variantenfunktion* ist eine Hülle um einen Funktionsbaustein gleichen Namens. Im Funktionsbaustein werden Funktionalitäten aufgenommen, die über die Syntax von Beziehungswissen nicht abgebildet werden können. Ein- und Ausgabeparameter der Variantenfunktion sind Merkmale. Hierüber wird die Schnittstelle zum Funktionsbaustein realisiert.

Ein Variantenfunktionsaufruf hat ähnlich wie bei den Variantentabellen immer die folgende Gestalt:

```
FUNCTION <Name des Funktionsbausteins>
 (<Merkmal der Funktion> = <Merkmal der Konfiguration>
                                                    , … )
```

Weiterhin gilt: Die Variantenfunktion benötigt einen Schlüssel, falls Sie über Prozeduren Werte setzen wollen. An die Variantenfunktion übergeben werden die Schlüsselfelder (also Eingabemerkmale). Gelesen werden können dabei die `$self`-, `$parent`- und `$root`-Ebene. Geschrieben werden die Nichtschlüsselfelder (also Ausgabeparameter). Geschrieben werden kann nur auf der `$self`-Ebene. Das heißt, rechts vom Gleichheitszeichen muss bei den Nichtschlüsselfeldern ein `$self` vor dem Merkmal stehen. Hier darf vor dem Gleichheitszeichen auch ein Fragezeichen stehen, um Vorschlagswerte zu setzen. Bei den Schlüsselfeldern kann vor den Merkmalen nichts,

`$self`, `$parent` oder `$root` stehen. Hier darf kein Fragezeichen vor dem Gleichheitszeichen stehen.

Links vom Gleichheitszeichen darf nichts vor den Merkmalen stehen – das sind ja Merkmale der Variantenfunktion, die keine Ebenen, also kein `$self`, `$parent` oder `$root` haben (siehe Listing 6.18):

```
FUNCTION   Z_PCSET_ID
         ( tpc_09  =   $self.tpc_09 ,
           tpc_10  =   $self.tpc_10 ,
           tpc_14  =   $self.tpc_14 ,
           tpc_31  =   $self.tpc_31 )
                            if $self.tpc_31 specified
```

Listing 6.18 Prozedur mit Variantenfunktion

Eine Variantenfunktion ist z. B. notwendig, um einen String zu zerlegen und Teile des Strings in einzelne Merkmale zu kopieren. Dies wird in dem Beispiel in Abbildung 6.6 realisiert.

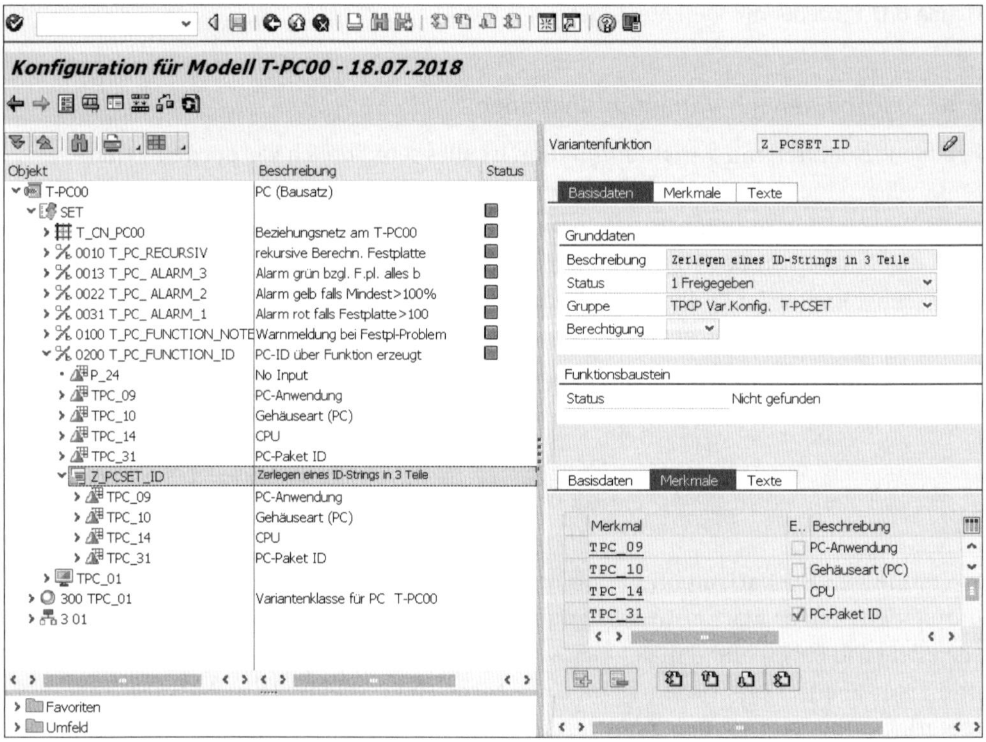

Abbildung 6.6 Variantenfunktion

Der Funktionsbaustein hätte die in Listing 6.19 gezeigte Gestalt.

```
FUNCTION Z_PCSET_ID.
*"----------------------------------------------------------
*"*"Lokale Schnittstelle:
*"  IMPORTING
*" REFERENCE(GLOBALS) LIKE  CUOV_00 STRUCTURE  CUOV_00
*"  TABLES
*"      QUERY STRUCTURE  CUOV_01
*"      MATCH STRUCTURE  CUOV_01
*"  EXCEPTIONS
*"      FAIL
*"      INTERNAL_ERROR
*"---------------------------------------------------------
DATA: id_char  LIKE cuov_01-atwrt,
      PC_ID    LIKE cuov_01-atwrt,
      USAGE    LIKE cuov_01-atwrt,
      CASE     LIKE cuov_01-atwrt,
      CPU      LIKE cuov_01-atwrt,
      dash(1)  TYPE c VALUE '-'.
*..initialize table with export parameters.........
  REFRESH match.
*..get value of input characteristic tpc_31 (PC ID)
  CALL FUNCTION 'CUOV_GET_FUNCTION_ARGUMENT'
       EXPORTING
            argument      = 'TPC_31'
       IMPORTING
            sym_val       =  PC_ID
       TABLES
            query         = query
       EXCEPTIONS
            arg_not_found = 01.
  IF sy-subrc <> 0.
    RAISE internal_error.
  ENDIF.
* Split string
  USAGE = PC_ID(1).
  CASE  = PC_ID+2(1).
  CPU   = PC_ID+4(1).
*..add result TPC_09 (Anwendung)
  CALL FUNCTION 'CUOV_SET_FUNCTION_ARGUMENT'
       EXPORTING
            argument                = 'TPC_09'
            vtype                   = 'CHAR'
            sym_val                 = USAGE
```

```
        TABLES
             match                    = match
        EXCEPTIONS
             existing_value_replaced = 01.
*..add result TPC_10 (Gehäuse)
  CALL FUNCTION 'CUOV_SET_FUNCTION_ARGUMENT'
        EXPORTING
             argument                 = 'TPC_10'
             vtype                    = 'CHAR'
             sym_val                  = CASE
        TABLES
             match                    = match
        EXCEPTIONS
             existing_value_replaced = 01.
*..add result TPC_14 (CPU)
  CALL FUNCTION 'CUOV_SET_FUNCTION_ARGUMENT'
        EXPORTING
             argument                 = 'TPC_14'
             vtype                    = 'CHAR'
             sym_val                  = CPU
        TABLES
             match                    = match
        EXCEPTIONS
             existing_value_replaced = 01.
ENDFUNCTION.
```

Listing 6.19 Funktionsbaustein Z_PCSET_ID zum Zerlegen von Strings

Ein Zusammenfügen geht auch mit klassischer Beziehungswissen-Syntax. Hierfür nutzen Sie »||« in folgender Form (siehe Listing 6.20):

```
$self.tpc_31 = $self.tpc_09 || '-' ||
               $self.tpc_10 || '-' ||
               $self.tpc_14
if  $self.tpc_09 specified
and $self.tpc_10 specified
and $self.tpc_14 specified
```

Listing 6.20 Zusammenfügen von Strings mit »normaler« Beziehungswissen-Syntax

6.3.3 Prozeduren mit Objektmerkmalen (VCSD_UPDATE und SCREEN_DEP)

Auch im Beziehungswissen für die Bewertungsoberfläche kann mit Objektmerkmalen gearbeitet werden. Hier sind sogar deutlich mehr Tabellen und Strukturen ansprechbar. So steht z. B. alles im Umfeld des Kundenauftrags lesend zur Verfügung. Das sind die Kopf- und Vorgangsdaten des Vertriebsbelegs (Tabellen VBAK und VBAP). Doch auch auf die relevanten Materialstammdaten (MAAPV und MAEPV) und Informationen zu den Partnern (VBPA_AG, ..._WE, ..._RE und ..._RG) haben Sie Zugriff.

Sie können aber Objektmerkmale auch zum Schreiben nutzen. Zwei Strukturen spielen in Kapitel 7, »Preisfindung«, eine Rolle. Das sind die Kommunikationsstrukturen für den Vertrieb SDCOM und für den Einkauf MMCOM. Hier ist insbesondere das Feld VKOND für die Variantenkonditionen interessant.

Schauen Sie sich jetzt genauer die Struktur VCSD_UPDATE an. Sie beinhaltet Felder der Tabelle VBAP. Hierüber können Sie somit Felder auf Positionsebene im Vertriebsbeleg ändern. Typische Beispiele sind Gewichte oder Volumen, die ja von der Konfiguration abhängig sein können. In dem folgenden Beispiel (siehe Listing 6.21) haben die Objektmerkmale als Namen die entsprechenden Felder der Strukturen VCSD_UPDATE und MAAPV. Das Merkmal T02_00 ist ein »normales« Merkmal aus der Bewertungsoberfläche.

```
$self.VCSD_UPDATE_NTGEW  = mdata $self.MAAPV_NTGEW
                           if $self.T02_00 = '01' ,
$self.VCSD_UPDATE_NTGEW = mdata $self.MAAPV_NTGEW + 1.5
                           if $self.T02_00 = '02' ,
$self.VCSD_UPDATE_NTGEW = mdata $self.MAAPV_NTGEW + 2
                           if $self.T02_00 = '03' ,
$self.VCSD_UPDATE_NTGEW = mdata $self.MAAPV_NTGEW + 3.5
                           if $self.T02_00 = '04',
$self.VCSD_UPDATE_BRGEW = self.VCSD_UPDATE_NTGEW  * 1.1
```

Listing 6.21 Prozedur und Objektmerkmale bezüglich VCSD_UPDATE

Über die Struktur SCREEN_DEP kann die Darstellung von Merkmalen dynamisch geändert werden. Es geht hier um die Einstellungen im Merkmal bezüglich »Eingabebereit« oder »Ausblenden«:

```
$self.SCREEN_DEP_INVISIBLE = 't04_00'
                         if not $self.t04_00 specified
```

6.4 Vor- und Auswahlbedingungen

Die Syntax von Vorbedingungen und die von Auswahlbedingungen sind völlig identisch. Beides kann auch mehrfach an eine Stelle zugeordnet werden. Mehrere Vorbedingungen an einer Stelle müssen alle erfüllt sein, damit das Element erlaubt ist, es handelt sich also um eine »UND«-Verknüpfung. Sind mehrere Auswahlbedingungen an einem Merkmal, dann reicht es aus, dass eine davon erfüllt ist, damit es zu einem

Muss-Merkmal wird, es handelt sich also um eine »ODER«-Verknüpfung und ist damit anders als bei Vorbedingungen. Das gilt auch an Stückliste und Arbeitsplan.

Eine Vorbedingung, die ein unbewertetes Merkmal auswertet, bricht ab und wird als erfüllt interpretiert. Zum Beispiel ist die Vorbedingung mit der Syntax `Farbe = 'rot'` auch erfüllt, wenn die Farbe unbewertet ist. Möchte man das ausschließen, muss man das dazuschreiben:

```
Farbe = 'rot' AND Farbe SPECIFIED
```

Auch hier gibt es einen Unterschied bezüglich der Auswahlbedingungen. Eine Auswahlbedingung, die ein unbewertetes Merkmal auswertet, bricht ab und wird als *nicht* erfüllt interpretiert. Zum Beispiel ist die Auswahlbedingung mit der Syntax `Farbe = 'rot'` nicht erfüllt, wenn die Farbe unbewertet ist. Möchten Sie das ausschließen, müssen Sie das dazuschreiben: `Farbe = 'rot' OR NOT Farbe SPECIFIED`.

Im Folgenden gehen wir kurz auf Alternativen zu den Vor- und Auswahlbedingungen an Merkmalen und Merkmalwerten ein.

Vorbedingung am Merkmalwert

Statt über Vorbedingungen einzelne Werte zu verbieten, können Sie auch über Constraints die Wertevorräte einschränken. Das setzt voraus, dass die Merkmale einschränkbar sind. Häufig ist die Technik mit Constraints deutlich eleganter als die mit Vorbedingungen – besonders wenn zusätzlich Variantentabellen zum Einsatz kommen.

Vorbedingung am Merkmal

Zur Arbeit mit Vorbedingungen am Merkmal existiert keine praktische Alternative. Das Ausgrauen oder Ausblenden von Merkmalen über Objektmerkmale mit Bezug zu SCREEN_DEP-NO_INPUT oder SCREEN_DEP_INVISIBLE ist nicht das Gleiche. Derart ausgegraute oder ausgeblendete Merkmale dürfen im Unterschied zur Technik mit Vorbedingungen bewertet sein oder auch noch über Beziehungswissen bewertet werden.

Auswahlbedingung am Merkmal

Wenn Sie mit Auswahlbedingungen am Merkmal arbeiten, erzeugen Sie dynamisch Muss-Merkmale. Sie können jedoch auch Muss-Merkmale direkt im Merkmal definieren. Das sind aber dann permanente Muss-Merkmale. Es gibt kein Beziehungswissen, das aus einem permanenten Muss-Merkmal ein Kann-Merkmal macht. Daher ist das Arbeiten mit diesen Auswahlbedingungen am Merkmal zu empfehlen, da Sie dadurch flexibler sind. Falls Sie zusätzlich mit Vorbedingungen am Merkmal arbeiten, kann es nicht dazu kommen, dass »Sie müssen, was Sie nicht dürfen«. Vorbedingungen an permanenten Muss-Merkmalen können hingegen zu solch einer Situation führen und damit Inkonsistenzen erzeugen.

6.5 Fazit

In diesem Kapitel wurde die Anwendung von Beziehungswissen für die Bewertungsoberfläche abgehandelt. Wir sprechen auch von Beziehungswissen für die interaktive Konfiguration oder von Beziehungswissen für die High-Level-Konfiguration. Wir haben dabei gezeigt, wie sich alle Arten von Beziehungswissen, insbesondere Constraints, nutzen lassen.

Kapitel 7
Preisfindung

Die Verkaufspreise konfigurierbarer Produkte hängen natürlich von der Konfiguration ab. Wie Sie die Preisfindung modellieren, zeigen wir Ihnen in diesem Kapitel. Zudem gehen wir darauf ein, wie Sie beim Kauf konfigurierbarer Materialien den Einkaufspreis steuern.

In diesem Kapitel werden wir nicht sämtliche Werkzeuge der Preisfindung vorstellen, sondern beschränken wir uns auf die zentralen Aspekte in der Preisfindung aus Sicht der Variantenkonfiguration.

Zunächst betrachten wir eine *bewertungsabhängige Preisfindung*. Besonders elegant ist es, wenn der Kunde in der Konfiguration eine Option auswählt und dabei sofort sichtbar wird, wie dies den Preis beeinflusst. Allerdings ist nicht immer eine so einfache Eins-zu-eins-Beziehung gegeben. Manchmal beeinflussen auch Kombinationen von Optionen oder komplexere Abhängigkeiten den Preis.

Als zweites werden wir eine *Preisfindung auf Basis der Kundenauftragskalkulation* vorstellen. Dieses Verfahren kommt zum Einsatz, wenn die bewertungsabhängige Preisfindung inhaltlich zu kompliziert oder nicht machbar ist. Denken Sie z. B. an Sonderwünsche, die den Einsatz von Auftragsstückliste und Auftragsarbeitsplan erfordern. Wer weiß bereits im Vertrieb, ob der Sonderwunsch machbar ist und wenn ja, was er kosten würde. Vielmehr wird man Auftragsstückliste und Auftragsarbeitsplan abwarten. Auf deren Basis wird dann eine Kundenauftragskalkulation durchgeführt und diese als Basis für die Preisfindung genutzt.

Zum Abschluss machen wir einen Abstecher in den Einkauf. Hier schauen wir uns an, wie die Variantenkonfiguration die *Einkaufspreisfindung* beeinflussen kann – inwieweit es hierbei Gemeinsamkeiten mit der Preisfindung im Vertrieb gibt und wo die Unterschiede liegen.

7.1 Variantenkonfiguration und Ergänzungen zur Preisfindung im Vertrieb

Wir beginnen mit der bewertungsabhängigen Preisfindung. Dazu stellen wir im Folgenden die erforderlichen Modellierungsschritte vor, die zu einem Ergebnis führen, wie es weiter unten in Abbildung 7.6 dargestellt ist. Während der Konfiguration im Kundenauftrag soll die Möglichkeit bestehen, sofort zu sehen, wie die Auswahl gewisser Optionen den Preis beeinflusst. Die Details der Abbildung werden später noch erläutert.

7.1.1 Modellierungsschritte für die Preisfindung

Klären wir zunächst, um welche Modellierungsschritte es im Einzelnen geht.

[»]

Schritte der Modellierung für die Preisfindung im Vertrieb

1. Es wird ein Objektmerkmal mit Bezug zur Struktur SDCOM und dort auf das Feld VKOND benötigt. Dieses Objektmerkmal sollte der Variantenklasse zugeordnet werden.
2. Es wird ein Konditionssatz eines Grundpreises benötigt. Durch Kontrolle des Kalkulationsschemas ist zu ermitteln, welche Konditionsart zu nutzen ist. Im Standard (und auch in unserem Beispiel) ist es PR00.

   Weiterhin sind sogenannte Variantenkonditionen anzulegen. Hierfür gibt es im Standard die Konditionsarten VA00 (für absolute Zuschläge) und VA01 (für relative Zuschläge).

   Dieser zweite Schritt kann auch als letzter Schritt durchgeführt werden.
3. Das Kalkulationsschema ist bezüglich Grundpreis und Variantenkonditionen zu kontrollieren.
4. Die Variantenkonditionen sind dem Modell zuzuordnen.

   Man kann Variantenkonditionen direkt einem Merkmalwert zuordnen. Man kann Variantenkonditionen auch über Beziehungswissen zuordnen. Im Beziehungswissen kann man auch mit Faktoren arbeiten.

Im Folgenden betrachten wir diese vier Schritte genauer.

Schritt 1: Objektmerkmal zuordnen

In Abbildung 7.1 sehen Sie das **Merkmal** mit dem Bezug zur Struktur »SDCOM« und hier zu dem Feld »VKOND«. In dem Beispiel wurde als Name für das Objektmerkmal »T_VKOND_00« genutzt, besser wäre allerdings, wenn der Name direkt auf die Tabelle und das Feld verweisen würde.

Beachten Sie in der Abbildung auch, dass bei dem Objektmerkmal die beiden Flags **Nicht eingabebereit** und **Keine Anzeige** gesetzt wurden. Das erste Flag wird automatisch bei Objektmerkmalen gesetzt. Das zweite ist auch zu empfehlen, da es sonst in der Bewertungsoberfläche erscheinen und dort eher stören würde. Durch Klick auf den Button in der Bewertungsoberfläche kann man es sich trotzdem anzeigen lassen (siehe Abbildung 7.6, linke Seite, unten).

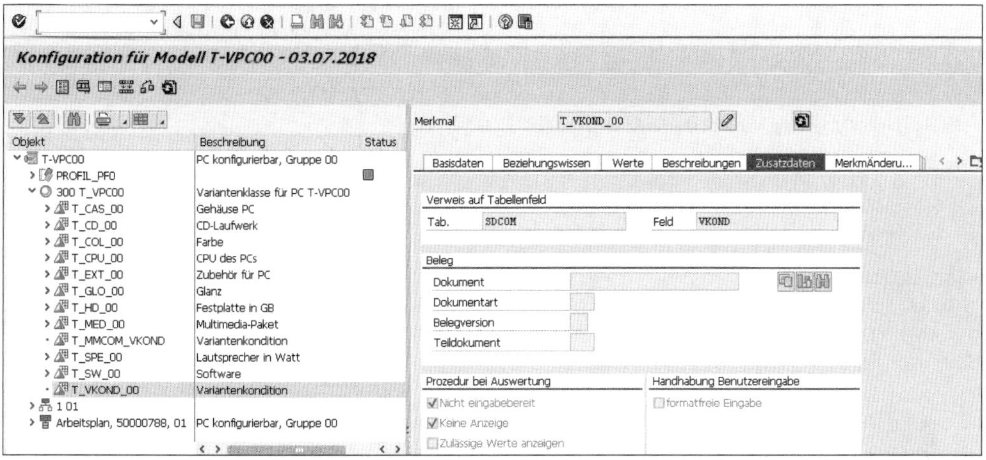

Abbildung 7.1 Objektmerkmal für die Preisfindung im Vertrieb (Transaktion PMEVC)

[!]

Groß-/Kleinschreibung beim Objektmerkmal beachten

Bitte beachten Sie, dass das Objektmerkmal bezüglich SDCOM und VKOND sensitiv im Hinblick auf die Groß-/Kleinschreibung ist. Zudem ist es mehrwertig. Die entsprechenden Flags finden Sie in den Grunddaten des Merkmals.

Wie in der Baumstruktur links in Abbildung 7.1 zu sehen ist, wurde das Objektmerkmal der Variantenklasse **300 T_VPC00** zugeordnet.

Schritt 2: Konditionsart ermitteln und Variantenkondition anlegen

Konditionen können Sie z. B. in Transaktion VK11 anlegen, die Sie im SAP-Menü unter **Logistik • Vertrieb • Stammdaten • Konditionen • Selektion über Konditionsart • Anlegen** finden. Damit Sie als Variantenmodellierer nicht über das Menü des Vertriebs gehen müssen, wurde diese Transaktion auch in das Menü der Variantenkonfiguration aufgenommen – hier unter **Logistik • Zentrale Funktionen • Variantenkonfiguration • Umfeld • Preisfindung • Anlegen Konditionen**.

Nach dem Start von Transaktion VK11 landen Sie in der Ansicht **Konditionssätze anlegen** (siehe Abbildung 7.2).

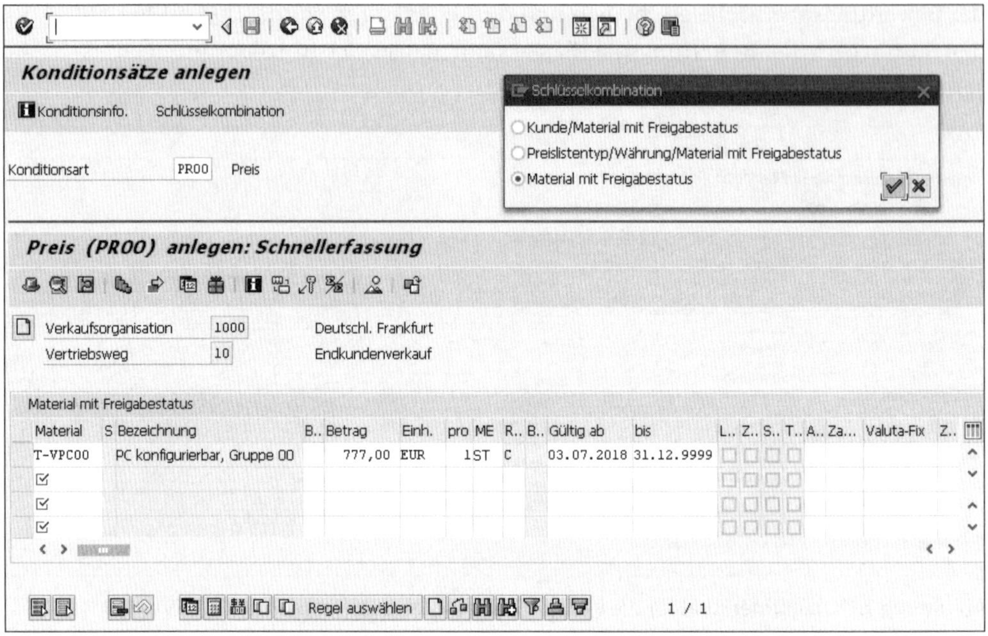

Abbildung 7.2 Konditionssatz des Grundpreises (Transaktion VK11)

Hier tragen Sie im Feld **Konditionsart** »PR00« ein. Warum Sie »PR00« verwenden, klären wir noch. Wenn Sie Ihre Eingaben mit [↵] bestätigen, erscheint das Pop-up-Fenster **Schlüsselkombination**. Der Konditionssatz lässt sich im Customizing anpassen, daher wurden hier mehrere Schlüsselalternativen zugeordnet. Sie wollen die Kondition so allgemein wie möglich anlegen und wählen deshalb die dritte Schlüsselkombination **Material mit Freigabestatus**.

Nach Bestätigung landen Sie im Bereich **Preis (PR00) anlegen: Schnellerfassung**. Die Konditionen sind abhängig von **Verkaufsorganisation** und **Vertriebsweg**, sodass diese Felder zu füllen sind. Gemäß der verwendeten Schlüsselkombination ist hier ebenfalls die Materialnummer anzugeben. Der Freigabeschlüssel ist leer und damit freigegeben. Es reicht, wenn Sie in die Spalte **Betrag** den Beispielwert »777« eintragen. Alle weiteren Eingaben werden bei Bestätigung mit [↵] ergänzt.

Nach Speichern der Eingaben starten Sie Transaktion VK11 erneut. Jetzt sind die *Variantenkonditionen* anzulegen. Sie beschränken sich auf die Konditionsart VA00. Das ist auch die häufiger verwendete Konditionsart, für VA01 verfahren Sie ganz ähnlich.

Bei Bestätigung der Eingabe mit [↵] erscheint dieses Mal kein Pop-up-Fenster Schlüsselkombination, da im Customizing nur eine Schlüsselkombination der Konditionsart zugeordnet wurde.

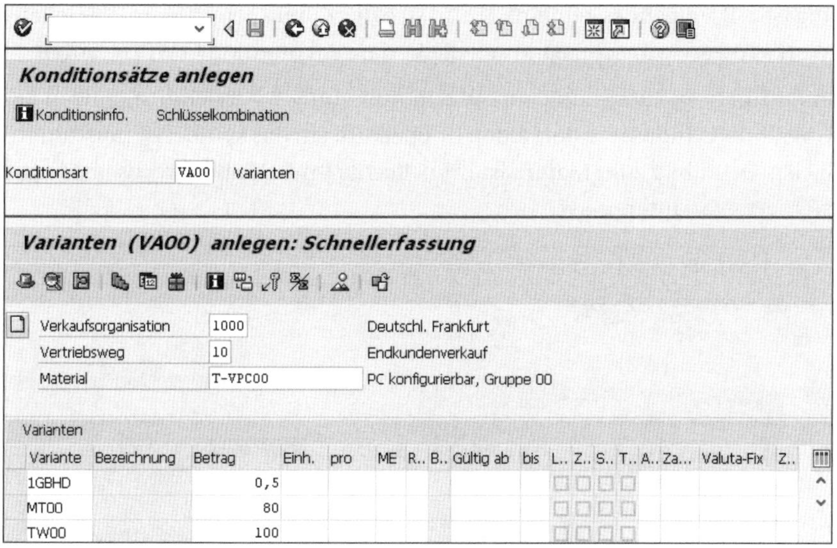

Abbildung 7.3 Variantenkonditionen (Transaktion VK11)

Zunächst sind wieder die Felder **Verkaufsorganisation**, **Vertriebsweg** und **Material** zu füllen. Eine Besonderheit der Variantenkonditionen ist, dass sie einen Namen bekommen.

Besonderheit bei den Namen der Variantenkonditionen

Der Name der Varianten ist sensitiv bezüglich Groß- und Kleinschreibung. Es gibt weder hier noch an späterer Stelle eine Eingabehilfe bezüglich der Namen der Variantenkonditionen.

In unserem Beispiel reicht es, die Namen der Varianten (1. Spalte **Variante**) und die Beträge (3. Spalte **Betrag**) anzugeben. Die restlichen Felder werden wieder automatisch gefüllt, nachdem Sie mit [↵] bestätigt haben.

Schritt 3: Kalkulationsschema kontrollieren

Das Prüfen des Kalkulationsschemas werden wir im Zusammenhang mit Abbildung 7.7 genauer beschreiben.

Schritt 4: Variantenkonditionen zuordnen

Zuletzt sind die angelegten Variantenkonditionen mit dem Modell zu verknüpfen. Falls eine einfache Eins-zu-eins-Zuordnung gegeben ist, können Sie diese Verknüpfung recht einfach in Transaktion PMEVC durchführen. Mit einfacher Eins-zu-eins-

Zuordnung ist z. B. Folgendes gemeint: Wenn sich der Kunde beim Merkmal »Gehäuse« den Wert »Tower« wünscht, dann soll die Variantenkondition »TW00« lauten.

Wie nehmen Sie diese Zuordnung vor? Wie in Abbildung 7.4 ersichtlich, nutzen Sie Transaktion PMEVC. Indem Sie dort einen Doppelklick auf das Symbol ausführen, öffnen Sie das Detailbild zum Materialstamm. Rechts im Detailbild wechseln Sie auf die Registerkarte **Variantenpreisf**.

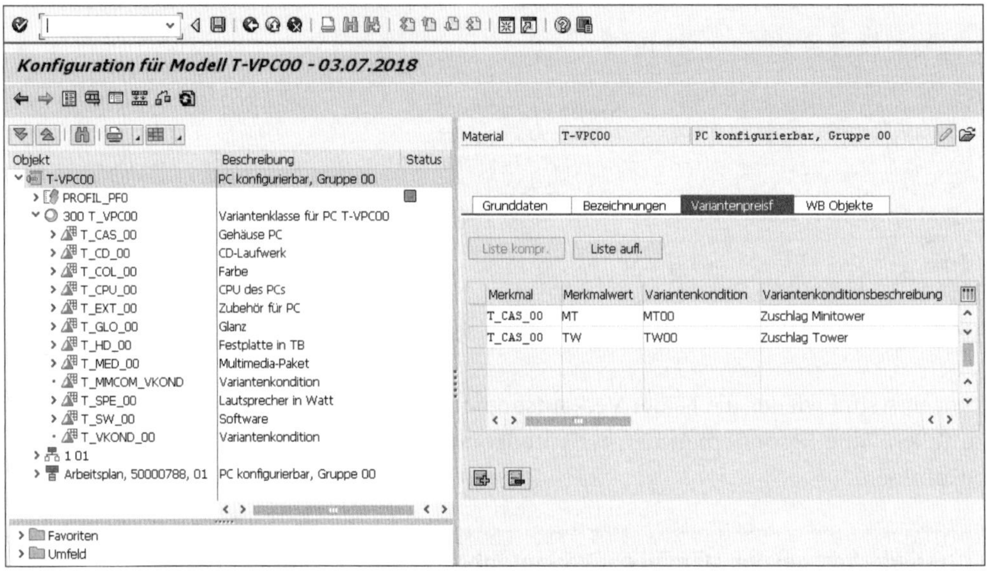

Abbildung 7.4 Variantenkonditionen direkt Merkmalwerten zuordnen (Transaktion PMEVC)

Hier gibt es zwei Möglichkeiten für das weitere Vorgehen. Zum einen können Sie per Klick auf den Button neue Zeilen erzeugen. In den Zeilen sind die Spalten **Merkmal**, **Merkmalwert** und **Variantenkondition** auszufüllen. Zudem empfiehlt es sich, einen Eintrag in der Spalte **Variantenkonditionsbeschreibung** vorzunehmen. Diese Beschreibung können Sie auch über Transaktion VK30 anlegen. Diese Transaktion finden Sie ebenfalls in dem Menü der Variantenkonfiguration direkt bei Transaktion VK11. Die Variantenkonditionsbeschreibungen werden später in der Preisfindung genutzt, um das Ergebnis verständlicher zu machen (siehe auch Abbildung 7.6 und Abbildung 7.7).

[!]

Weitere Besonderheit bei den Namen der Variantenkonditionen

Wie bereits erwähnt, gibt es keine F4-Hilfe bezüglich angelegter Namen von Variantenkonditionen. Der Grund dafür ist, dass man diese Zuordnung (Schritt 4) auch vor der Anlage dieser Variantenkonditionen (Schritt 2) vornehmen können soll. Das gilt auch für Prozeduren.

Zum anderen können Sie Variantenkonditionen auch über Beziehungswissen dem Modell zuordnen. Hierzu verwenden Sie eine Prozedur. Die Zuordnung besteht darin, dass das Objektmerkmal mit Bezug zu SDCOM-VKOND mit dem Namen der Variantenkondition bewertet wird. Eine entsprechende Prozedur ist in Abbildung 7.5 dargestellt.

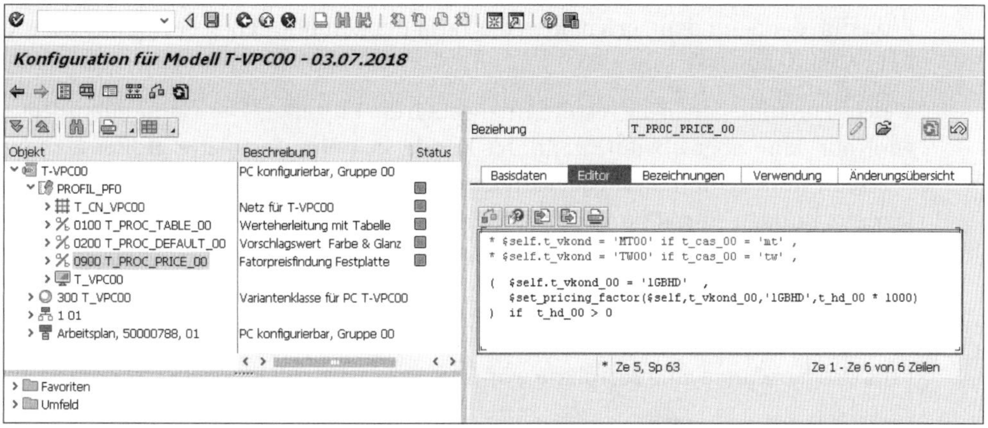

Abbildung 7.5 Variantenkonditionen über Prozeduren zuordnen (Transaktion PMEVC)

Beachten Sie, dass die Prozedur dem Konfigurationsprofil zugeordnet ist. Entsprechend der Sortierung sollte diese Prozedur am Ende der Liste stehen. Dies entspricht der Reihenfolge, in der die Prozeduren abgearbeitet werden. Alle Prozeduren nach dieser wären somit nicht relevant für die Preisfindung. Hier ist also Vorsicht geboten, damit es am Ende nicht etwas umsonst gibt, was so nicht gewollt ist!

Schauen Sie sich die Syntax der Prozedur an (siehe Listing 7.1):

```
* $self.t_vkond = 'MT00' if t_cas_00 = 'mt' ,
* $self.t_vkond = 'TW00' if t_cas_00 = 'tw' ,
(
$self.t_vkond_00 = '1GBHD' ,
$set_pricing_factor($self,t_vkond_00,
                    '1GBHD',t_hd_00*1000)
)
if  t_hd_00 > 0
```

Listing 7.1 Prozedur für die Ergänzung der Preisfindung im Vertrieb

Die ersten beiden Zeilen sind auskommentiert worden, zu erkennen an dem Sternchen. Sie umfassen inhaltlich genau das Gleiche wie die Zuordnung, die Sie gemäß Abbildung 7.4 vorgenommen haben:

- Variantenkondition »MT00« wird gewählt, falls der Kunde bei Merkmal »t_cas_00« den Minitower (»mt«) wünscht.
- Variantenkondition »TW00« wird gewählt, falls der Kunde bei Merkmal »t_cas_00« den Tower (»tw«) wünscht.

Trotzdem ist das Vorgehen gemäß Abbildung 7.4 eleganter als die Verwendung einer Prozedur, denn nur dann erscheinen die Variantenkonditionen in der [F4]-Hilfe, wie es in Abbildung 7.6 zu sehen ist.

Welche Funktion haben die restlichen Angaben der Prozedur? Der Klammerausdruck wird nur dann abgearbeitet, wenn der Kunde sich eine Festplatte größer als null wünscht. Hintergrund dieser seltsam anmutenden Bedingung: Technisch ist es üblich, den Kunden eine »Festplatte gleich null« wünschen zu lassen, falls er keine Festplatte möchte. Dann wäre das Merkmal bewertet, und Vorschlagswerte können keine unerwünschten Wertsetzungen erzeugen. Ferner darf man hier nicht mit null multiplizieren. Dazu gleich mehr.

Falls also der Kunde eine Festplatte wünscht, dann wird mit der Zeile

```
$self.t_vkond_00 = '1GBHD'
```

die Variantenkondition »1GBHD« gewählt, und zwar einmal. Das heißt, in unserem Fall kämen 0,50 € hinzu.

Anschließend wird mit dem restlichen Ausdruck

```
$set_pricing_factor($self,t_vkond_00,
                    '1GBHD',t_hd_00*1000)
```

das Ganze mit der Festplattengröße und mit 1.000 multipliziert. Für unseren Fall bedeutet dies: 0,50 € * 10 * 1000 = 5.000 €. Der Zeilenumbruch in diesem Ausdruck dient nur der Übersichtlichkeit. Sie dürfen nicht mit null multiplizieren.

`$set_pricing_factor` ist eine Faktorbildung, die *nur in Prozeduren* genutzt werden kann. Die Syntax besteht in den Klammern aus vier Argumenten, die mit Komma getrennt sind:

1. `$self`
2. Objektmerkmal (hier: `t_vkond_00`)
3. Variantenkondition (hier: `'1GBHD'`)
4. Faktor (hier: `t_hd_00*1000`)

Die Preisfindung kann auch mithilfe von Variantenfunktionen oder Variantentabellen in dieser Prozedur durchgeführt werden.

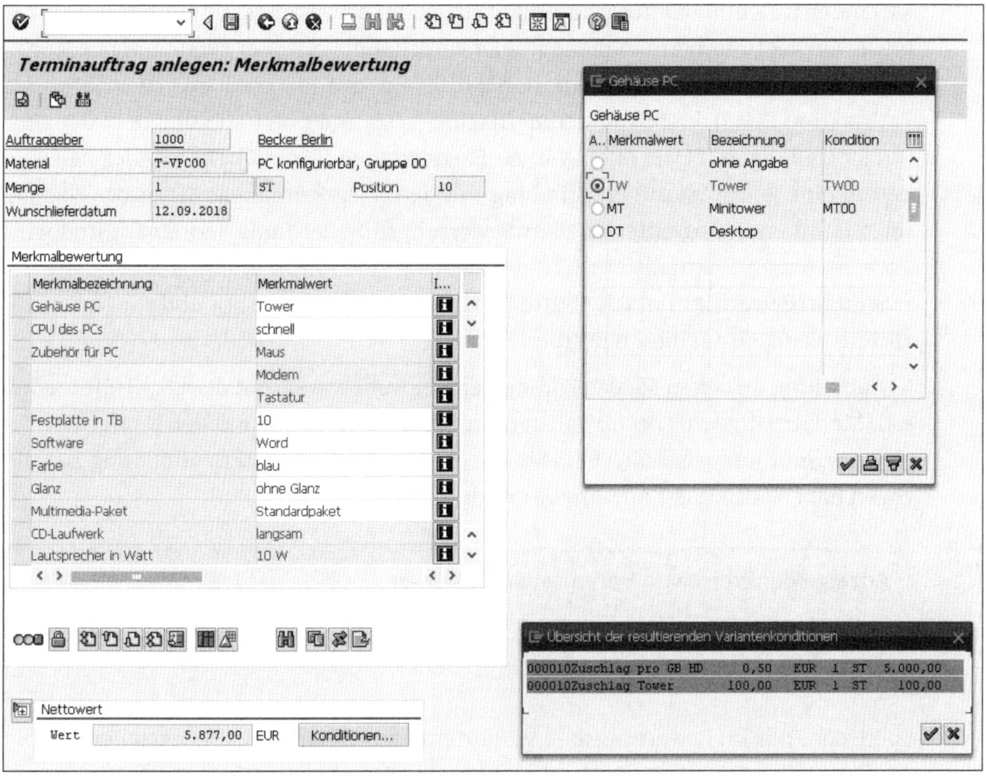

Abbildung 7.6 Konfiguration und Preisfindung im Vertriebsbeleg (Transaktion VA01)

7.1.2 Kontrolle des Ergebnisses

Überprüfen Sie nun das Ergebnis unserer Modellierungsschritte. In der Simulation funktioniert das allerdings nicht so recht (Transaktion CU50 und Simulation in Transaktion PMEVC). Sie können dort zwar kontrollieren, wann welche Variantenkonditionen gezogen wurden. Auch die Faktoren können kontrolliert werden. Aber es gibt keine richtigen Preise. Es bleibt immer bei 0 €. Das liegt daran, dass alle Konditionen, die mit Transaktion VK11 angelegt wurden, spezifisch bezüglich Verkaufsorganisation und Vertriebsweg waren. Diese beiden Organisationsebenen lassen sich leider nicht simulieren.

Also kommen Sie nicht umhin, einen Kundenauftrag anlegen. Am Ende können Sie ihn ja abbrechen, falls Sie ihn nicht benötigen. Sie legen den Kundenauftrag mit Transaktion VA01 an. Damit alles getestet werden kann, nutzen Sie Verkaufsorganisation 1000 und Vertriebsweg 10. Und natürlich die Materialnummer T-VC00, hier mit einer Menge größer oder gleich eins. (Der Preis pro Stück wird natürlich zum Schluss mit der Auftragsmenge multipliziert. Bei Menge 0 ist auch der Preis 0 €.)

Sie landen im Kundenauftrag automatisch in dem Bewertungsbild aus Abbildung 7.6. Inwieweit der Preis permanent angezeigt wird, hängt von einer Einstellung im Konfigurationsprofil ab. Im Konfigurationsprofil auf der Registerkarte **Oberfläche** (in Transaktion CU43) oder **Benutzeroberfläche** (in Transaktion PMEVC) gibt es den Button **Einstellungen** (CU43) oder **Weitere Einstellungen** (PMEVC). Dort findet sich wiederum eine Registerkarte **Preisfindung** mit dem Flag **Permanent**. Ist dieses Flag gesetzt, dann erscheint unten in dem Bewertungsbild der Preis permanent und wird auch permanent aktualisiert. Ist dort das Flag **Auf Anforderung** gesetzt, dann erscheint im Bewertungsbild der Button . Der Preis erscheint nur und wird nur aktualisiert, wenn Sie auf diesen Button klicken.

In Abbildung 7.6 sehen Sie das Pop-up-Fenster **Gehäuse PC** mit der F4-Hilfe zu diesem Merkmal. In dem Pop-up-Fenster ist die Spalte **Kondition** mit den Namen der Variantenkonditionen gefüllt, wenn Sie die Zuordnung direkt wie in Abbildung 7.4 vollzogen haben (also nicht mit einer Prozedur).

[+]

> **Anzeige der Preise von Variantenkonditionen**
>
> Falls Sie in diesem Pop-up-Fenster in der Spalte **Kondition** nicht die Namen, sondern die Werte sehen wollen (also 100 € und 80 €), nutzen Sie bitte SAP-Hinweis 1259021.

Sollte der Preis im Bewertungsbild Variantenkonditionen enthalten, erscheint der in Abbildung 7.6 ersichtliche Button **Konditionen...** Durch einen Klick auf diesen Button gelangen Sie in das Pop-up-Fenster **Übersicht der resultierenden Variantenkonditionen**. In der ersten Zeile wurde auch der Faktor von 10.000 aus der Prozedur im Zusammenhang mit Abbildung 7.5 berücksichtigt.

Wenn Sie aus der Konfiguration zurück in die Registerkarte **Positionsübersicht** des Kundenauftrags wechseln, finden Sie unterhalb der Positionen den Button (siehe z. B. in Abbildung 7.11). Hierüber gelangen Sie in die Ansicht **Terminauftrag anlegen: Positionsdaten**, wie in Abbildung 7.7 ersichtlich. Sie sehen, wie der Preis sich anfangs aus Grundpreis und Variantenkonditionen zusammensetzt. Die weiteren Zeilen wurden nicht über die Variantenkonfiguration beeinflusst.

In der Zeile **Zuschlag pro GB HD** ist auch erkennbar, dass mit einem Faktor 10.000 gearbeitet wurde. Diesen Faktor müssen Sie nicht selbst ausrechnen. Durch Doppelklick auf diese Zeile landen Sie in der Ansicht **Position – Konditionen – Detail** mit dem entsprechenden Feld **VarFaktor**. Wie es zu dem Faktor kam, ist hier aber nicht ersichtlich.

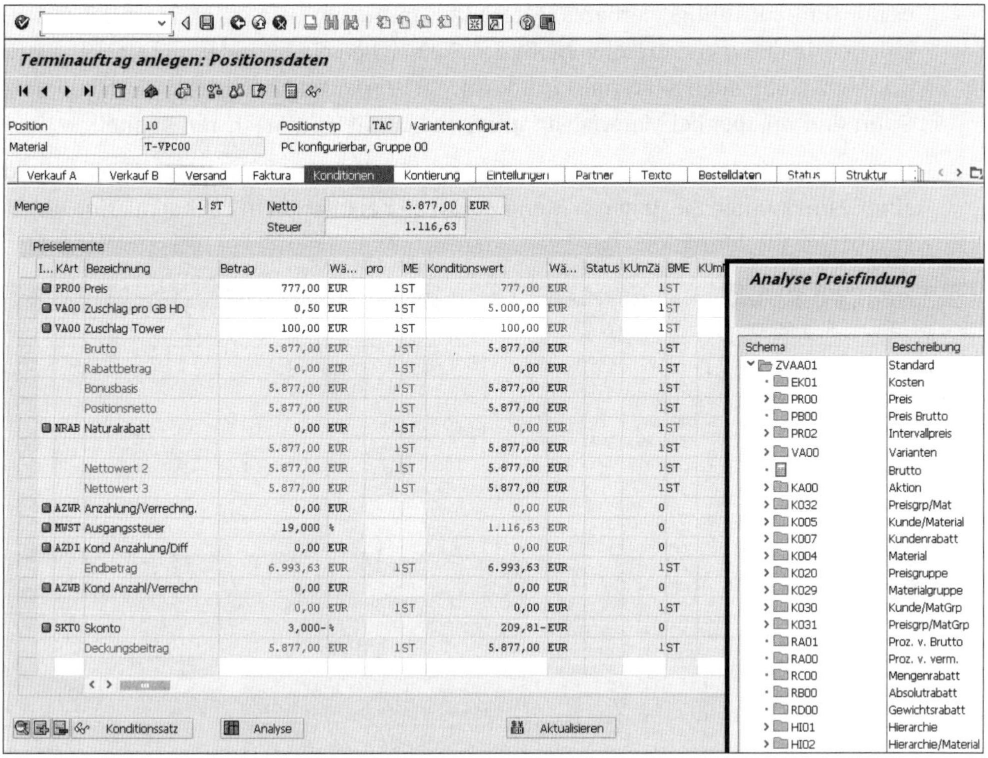

Abbildung 7.7 Preisfindung im Detail im Vertriebsbeleg

In der Ansicht **Terminauftrag anlegen: Positionsdaten** können Sie auf den Button Analyse klicken, um das genutzte *Kalkulationsschema* angezeigt zu bekommen. An dieser Stelle kommen Sie damit zurück zu dem oben erwähnten Schritt 3, der Kontrolle des Kalkulationsschemas. Sie können prüfen, welches Kalkulationsschema hier verwendet wird. Dabei ist vor allem wichtig, welche Konditionsarten als Grundpreis nutzbar sind (hier auch PR00). Zudem ist es wichtig, dass VA00 und VA01 enthalten sind. Das ist in unserem Beispiel wie auch im Auslieferungsstandard der Fall.

So weit sollen unsere Ausführungen zur bewertungsabhängigen Preisfindung genügen, und wir kommen nun zur Preisfindung auf Basis der Kundenauftragskalkulation.

7.2 Preisfindung auf Basis der Kundenauftragskalkulation

Wir wollen im Folgenden einige Überlegungen zu Kalkulation und Preisfindung anstellen. Dabei beleuchten wir zunächst den Zusammenhang zwischen Kalkulation und Variantenkonfiguration. Ein konfigurierbares Material zu kalkulieren ist sinnlos. Die Kosten sind doch zu großen Teilen von der Konfiguration abhängig. Daher ergibt es nur Sinn, ein konfigurierbares Material zusammen mit einer Konfiguration zu kalkulieren. In den meisten Fällen heißt das, Sie machen eine Kundenauftragskalkulation. Man kann auch Materialstämme in der Variantenkonfiguration kalkulieren. Dann sind wir aber bei Materialvarianten und damit beim nächsten Kapitel.

Hier gehen wir davon aus, dass wir weiterhin im Kundenauftrag im Übersichtsbild sind. Dann können Sie über das Menü **Zusätze • Kalkulation** in die Kalkulation wechseln (siehe Abbildung 7.8).

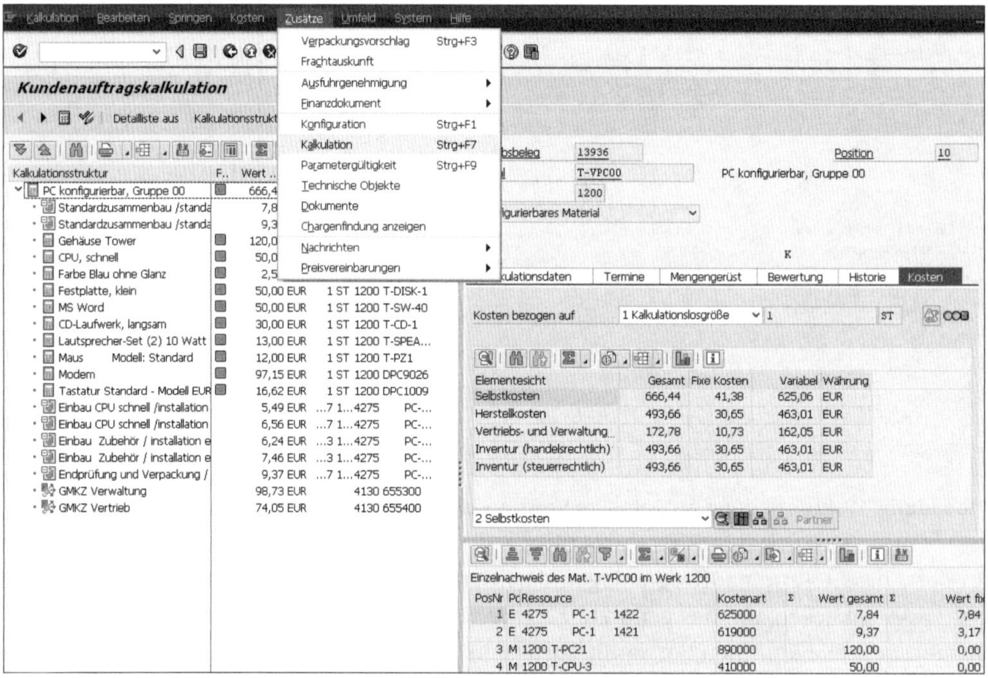

Abbildung 7.8 Kundenauftragskalkulation (Transaktion VA02)

Sie gelangen zu der Registerkarte **Kalkulationsdaten** mit (hoffentlich) passenden Steuerungsdaten. Durch ↵ wechseln Sie in das Ergebnis der Kalkulation. Zunächst werden in der **Kalkulationsstruktur** nur die Materialkosten laut aufgelöster Stückliste angezeigt. Über Klick auf den Button lässt sich das so umstellen, dass auch Eigenfertigungskosten laut des aufgelösten Arbeitsplans mit angezeigt werden. Dies ist hier geschehen. Dieses Kalkulationsergebnis kann gespeichert werden.

Wenn Sie möchten, können Sie dieses Kalkulationsergebnis in die Preisfindung mit einfließen lassen. Im Standard existiert eine Konditionsart EK01, die es erlaubt, dies als Grundpreis statt PR00 zu verwenden. Das nutzen Sie, wenn Sie nicht mit der bewertungsabhängigen Preisfindung arbeiten. Wenn Sie z. B. mit Sonderwünschen, Auftragsstückliste und Auftragsarbeitsplan arbeiten, nehmen Sie die Konditionsart

EK01 als Grundpreis und erhöhen das Ganze um einen relativen oder absoluten Betrag.

In unserem Fall ist das nicht geschehen. Hier ist das Kalkulationsergebnis in eine Konditionsart EK02 aufgenommen worden, um den Deckungsbeitrag zu berechnen (siehe Abbildung 7.9).

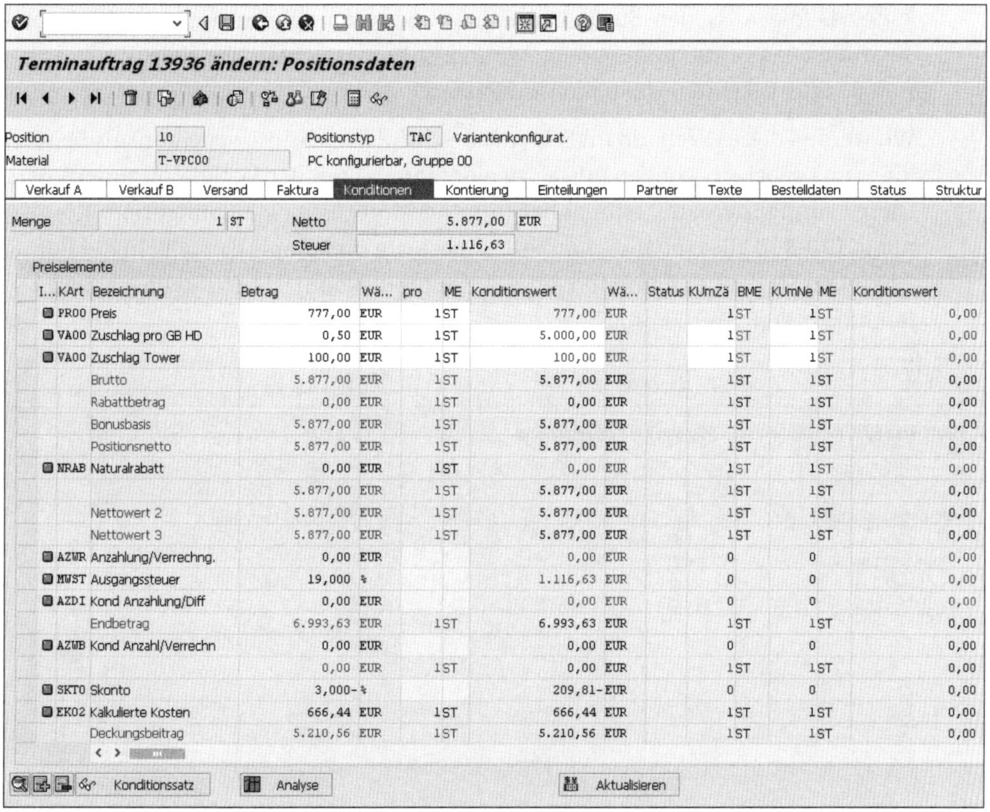

Abbildung 7.9 Kalkulationsergebnis in der Preisfindung (Transaktion VA02)

Welche Konditionsart hier genutzt wird (in unserem Beispiel EK02), legen Sie im Customizing der Auftragsarten fest (in Transaktion VOV8, z. B. Auftragsart TA, im Detailbild im Feld **KondArtEinzelposten** im Bildbaustein **Faktura**).

Bei der Konditionsart EK01 würde der Kunde hingegen doppelt zahlen: einmal für das »Wünschen« (am Kundenwunsch hängen die Variantenkonditionen) und ein weiteres Mal für das »Erhalten« (dadurch dass die Wünsche in die aufgelöste Stückliste und den aufgelösten Arbeitsplan eingehen und damit auch in das Kalkulationsergebnis in EK01). Wenn der Kunde mitspielt – auch gut.

7.3 Variantenkonfiguration und Ergänzungen zur Preisfindung im Einkauf

Kommen wir abschließend zu dem eingangs erwähnten Abstecher in den Einkauf. Es gibt verschiedene Unternehmensszenarien, in denen die sogenannte Fremdbeschaffung von konfigurierbaren Materialien möglich und nötig ist. Ein einfaches Szenario kann wie folgt aussehen: Sie verkaufen an Kunden konfigurierbare Materialien, und Sie wollen das ganze Produkt oder zumindest Komponenten, die ebenfalls konfigurierbar sind, bei einem Lieferanten einkaufen.

Wir werden dieses Szenario im Folgenden Schritt für Schritt beleuchten. Als Beispiel dient uns dabei ein Kundenauftrag zu einer Pumpe mit der Materialnummer P-502. Dieses konfigurierbare Material hat in seiner Stückliste eine konfiguriere Komponente **500-800**, die eine Kiste für die Pumpe (**Kiste für Pumpe**) darstellt. In Abbildung 7.10 sehen Sie die Konfiguration dieser Kiste für die Pumpe, die später bei einem Lieferanten bestellt werden soll.

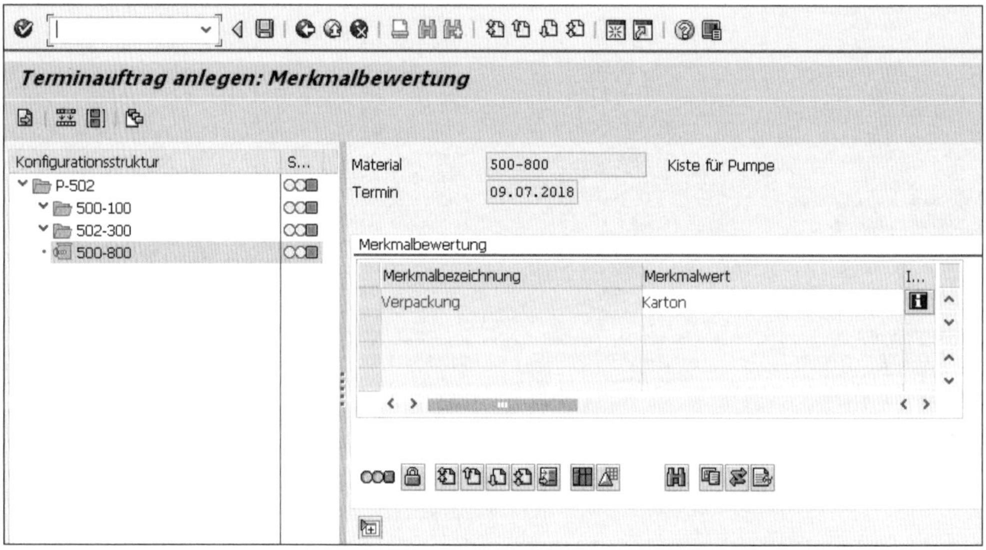

Abbildung 7.10 Konfigurierbare Komponente im Kundenauftrag (Transaktion VA01)

Im Übersichtsbild des Kundenauftrags sehen Sie zunächst nur die Pumpe als Hauptposition (siehe Abbildung 7.11). Da Sie in dem Beispiel nicht mit einem Konfigurationsszenario »Kundenauftrag« arbeiten, sind keine Unterpositionen erforderlich.

Nach dem Speichern des Kundenauftrags haben Sie eine bestimmte Bedarfs- und Bestandssituation bezüglich der verkauften Pumpe P-502 und der zu bestellenden Kiste 500-800 für die Pumpe. Beides ist in Abbildung 7.12 anhand von Transaktion MD04 dargestellt.

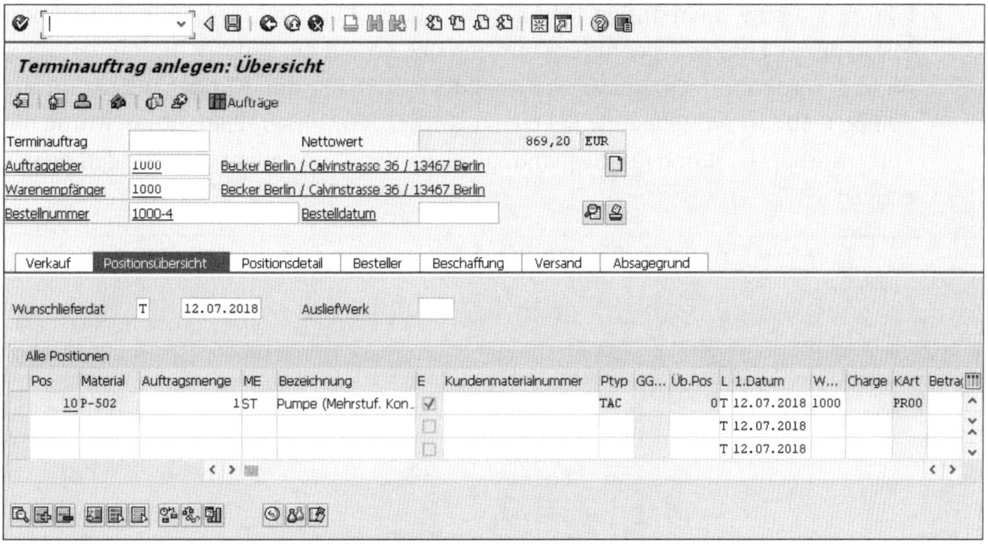

Abbildung 7.11 Übersicht des Kundenauftrags (Transaktion VA01)

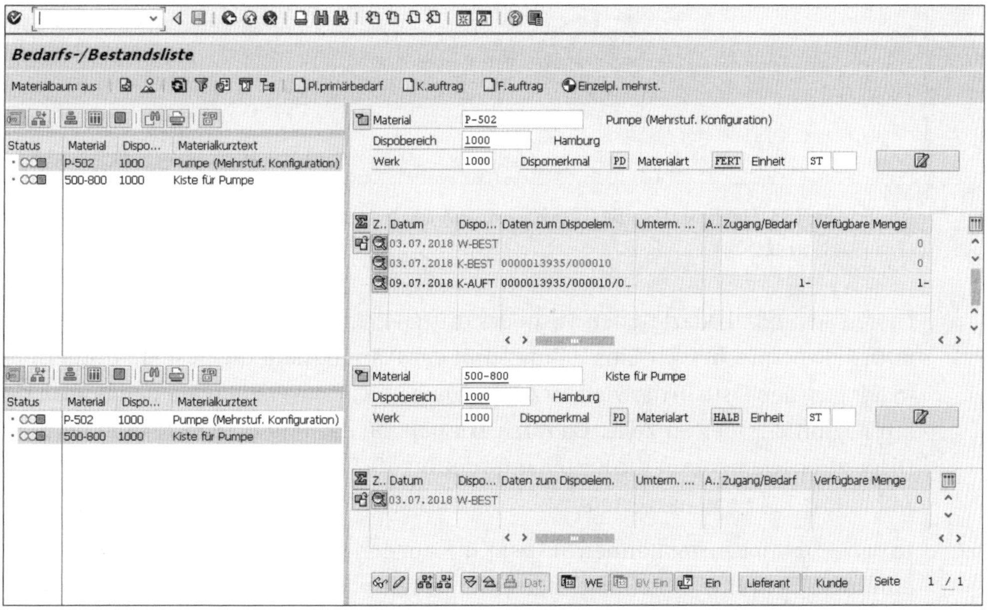

Abbildung 7.12 Bedarfs-/Bestandssituation durch Anlegen eines Kundenauftrags (Transaktion MD04)

Bezüglich der Pumpe ist ein für den Kundenauftrag spezifisches Bestandssegment angelegt worden, das aber zunächst leer ist (verfügbare Menge gleich null). In diesem Bestandssegment ist als Bedarf der Kundenauftrag aufgelistet.

Führen Sie eine mehrstufige Planung für diesen Kundenauftrag mit Transaktion MD50 durch. Für das Ergebnis schauen Sie sich erneut die Bedarfs-/Bestandssituation in Transaktion MD04 an (siehe Abbildung 7.13). Für den Kundenauftrag für die **Pumpe P-502** ist ein Planauftrag erzeugt worden. Für diesen Planauftrag wurde die Stückliste aufgelöst und für die planungsrelevanten Komponenten Sekundärbedarfe erzeugt.

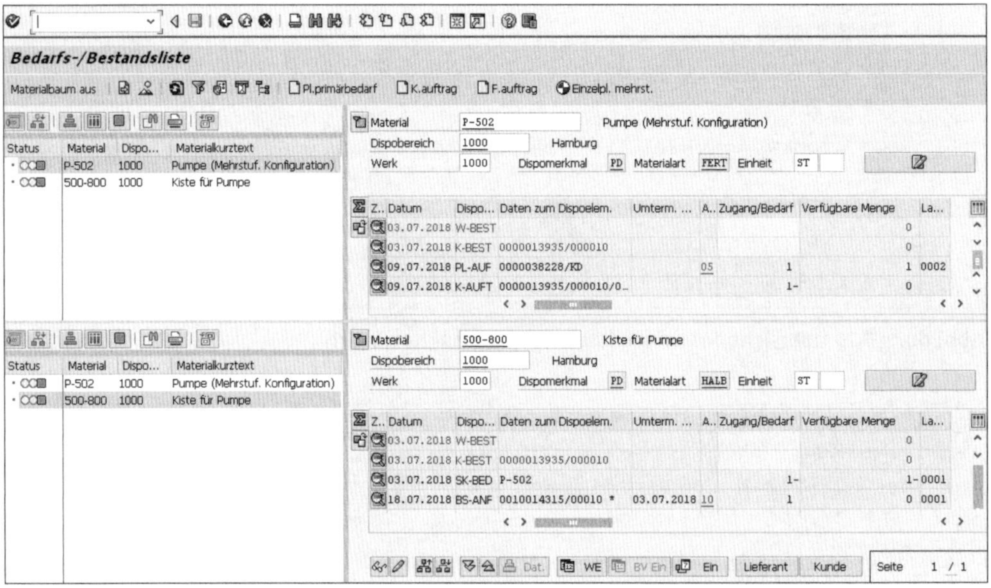

Abbildung 7.13 Die Bedarfs-/Bestandssituation nach dem Planungslauf (Transaktion MD04)

Diesen Sekundärbedarf finden Sie in der dritten Zeile der Liste für das **Material 500-800**. Bei entsprechender Einstellung kann der Planungslauf die Bestellanforderung in der gleichen Liste in der vierten Zeile erzeugen. Klicken Sie nun auf den Button am Beginn der vierten Zeile. Dadurch können Sie das Pop-up-Fenster **Details zum Dispositionselement** für die Bestellanforderung 10014315 (kurz Banf) aufrufen, das in Abbildung 7.14 oben dargestellt ist.

In dem Pop-up-Fenster können Sie per Klick auf den Button **-> Bestellung** die Bestellanforderung in eine Bestellung überführen. Ihnen wird daraufhin die Ansicht **Bestellung anlegen** angezeigt. Hier ziehen Sie einfach per Drag & Drop links die Banf 10014315 in den Einkaufswagen.

Als Ergebnis bekommen Sie eine Darstellung, wie sie in Abbildung 7.15 zu sehen ist. Oben in der Bestellung haben Sie unterhalb der Zeile mit dem Einkaufswagen den eingeklappten **Kopf**. Darunter finden Sie die Positionsübersicht mit nur der einen **Position** 500-800, der Kiste für die Pumpe. Und darunter sehen Sie das Detail dieser Position auf der Registerkarte **Materialdaten**. Auf dieser Registerkarte findet sich neben der Materialnummer der Button [icon] für den Absprung in die Konfiguration. Durch Klick auf den Button kopieren Sie die Konfiguration in die Bestellung. Sonst bliebe die Konfiguration nur eine Referenz zu dem Kundenauftrag.

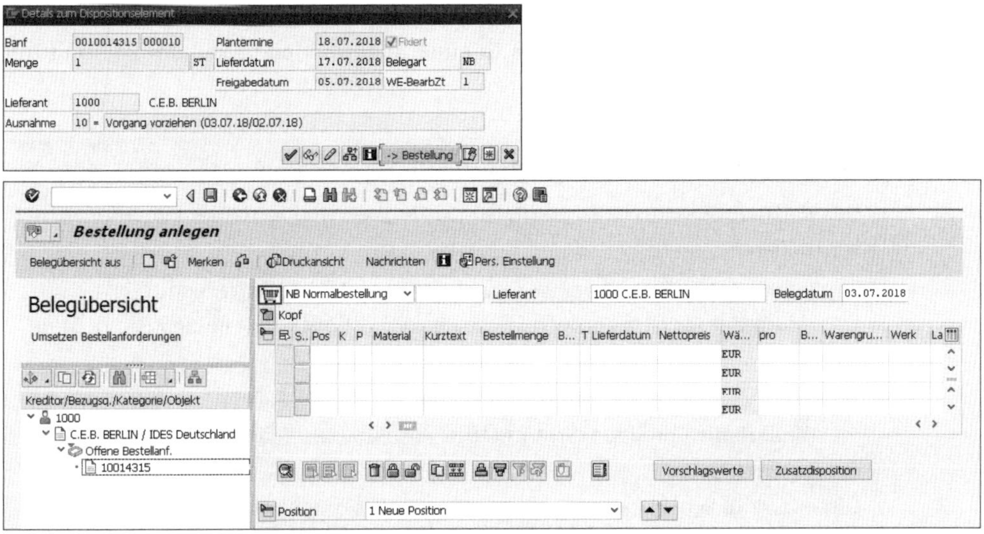

Abbildung 7.14 Die Bestellung (Transaktion ME21N)

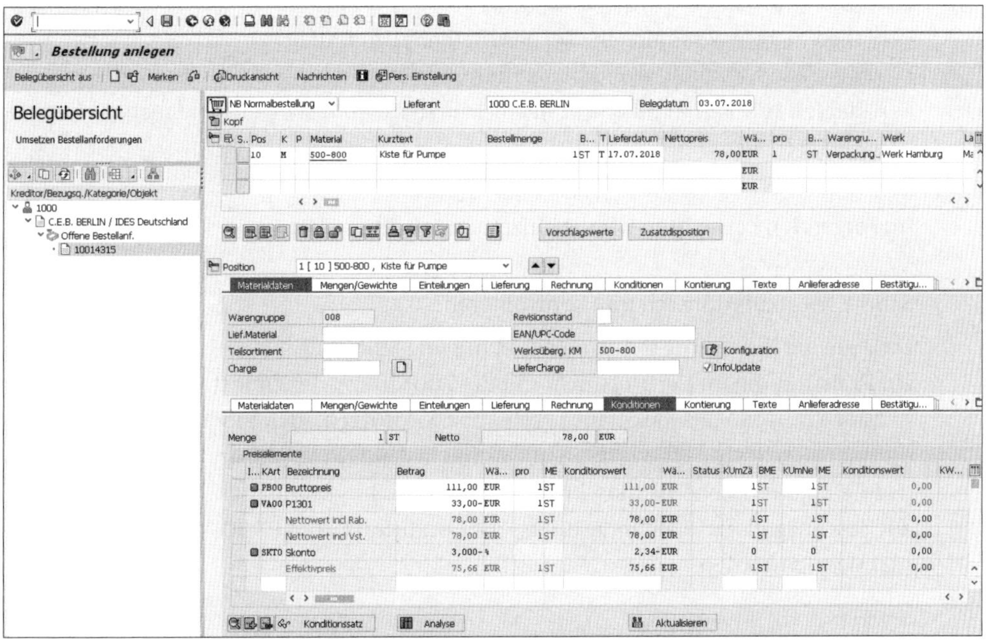

Abbildung 7.15 Konfiguration und Preisfindung in der Bestellung (Transaktion ME21N)

Wechseln Sie auf die Registerkarte **Konditionen**. Sie sehen, dass sich der Preis ähnlich wie im Kundenauftrag aus einem Grundpreis (hier Bruttopreis genannt) und einer Variantenkondition ergibt.

Für das weitere Vorgehen folgen Sie im Prinzip den gleichen Modellierungsschritten, wie sie in Abschnitt 7.1.1, »Modellierungsschritte für die Preisfindung«, für den Vertrieb dargestellt wurden – allerdings in einer abgewandelten Reihenfolge und mit kleinen Unterschieden.

Schritte der Modellierung für die Preisfindung im Einkauf

1. Das Kalkulationsschema ist bezüglich Grundpreis und Variantenkonditionen zu kontrollieren.
2. Es wird ein Konditionssatz eines Grundpreises benötigt. Durch Kontrolle des Kalkulationsschemas ist zu ermitteln, welche Konditionsart zu nutzen ist. Im Standard (und auch in unserem Beispiel) ist es PB00.

   Weiterhin sind auch Variantenkonditionen anzulegen. Hierfür existieren wieder im Standard die Konditionsart VA00 (für absolute Zuschläge) und VA01 (für relative Zuschläge).
   Dieser zweite Schritt kann auch als letzter Schritt durchgeführt werden.
3. Es wird ein Objektmerkmal mit Bezug zur Struktur MMCOM und dort wieder auf das Feld VKOND benötigt. Dieses Objektmerkmal sollte der Variantenklasse zugeordnet werden.
4. Die Variantenkonditionen sind dem Modell zuzuordnen.
   Man kann Variantenkonditionen nur über Beziehungswissen zuordnen. Ein anderes Verfahren ist hier nicht möglich. Im Beziehungswissen kann man auch mit Faktoren arbeiten.

Im Folgenden betrachten wir die einzelnen Schritte näher.

Schritt 1: Kalkulationsschema kontrollieren

Da Sie in der Bestellung schon an der richtigen Stelle sind, beginnen Sie im Gegensatz zur Preisfindung im Vertrieb nicht mit der Zuordnung des Objektmerkmals, sondern mit der Kontrolle des Kalkulationsschemas. Sie nutzen auch hier unterhalb der Konditionen den Button Analyse (ganz unten in Abbildung 7.15) und springen damit in das Kalkulationsschema, das in Abbildung 7.16 dargestellt ist. Hier sehen Sie, wie auch im ausgelieferten Standard, dass die Konditionsarten PB00, VA00 und VA01 berücksichtigt werden.

Abbildung 7.16 Kalkulationsschema in der Bestellung (Transaktion ME21N)

Schritt 2: Konditionsart ermitteln und Variantenkonditionen anlegen

Im Unterschied zum Vertrieb müssen Sie die Konditionen im Einkauf pflegen. Im Allgemeinen geschieht dies im *Einkaufsinfosatz*. Einkaufsinfosätze werden über die Transaktion ME11 und ME12 angelegt und geändert. Diese finden Sie im SAP-Menü unter **Logistik • Materialwirtschaft • Einkauf • Stammdaten • Infosatz • Anlegen** und **Ändern**.

Sie landen im Einstiegsbild (siehe Abbildung 7.17). Hier müssen Sie die Felder **Lieferant, Material, Einkaufsorg** (Einkaufsorganisation) und **Werk** ausfüllen. Indem Sie außerdem die Option »Normal« im Bildbaustein **Infotyp** auswählen, wird dieser Einkaufsinfosatz für Normal-Bestellungen genutzt.

Sie gelangen anschließend in die Ansicht **Allgemeine Daten**. Hier sehen Sie die Buttons **Konditionen** und **Variantenkonditionen**. Über den Button **Konditionen** können Sie den Konditionssatz PB00 pflegen. Mit einem Klick auf den Button **Variantenkonditionen** landen Sie im Pop-up-Fenster **Variantenkonditionen**. Hier können Sie eine vorhandene Variantenkondition auswählen oder eine neue anlegen. Anschließend gelangen Sie in das Pop-up-Fenster **Übersicht Konditionsarten**. Hier können Sie im Standard zwischen VA00 und VA01 wählen. Und von da gelangen Sie in das Bild **Varianten/Menge (VA00) ändern: Schnellerfassung**. Hier finden Sie die Variantenkondition mit dem Namen »P1301«, die im Beispiel in Abbildung 7.15 in die Preisfindung einfloss. Es ist ein negativer Zuschlag, also ein Abschlag von 33 €. Damit ist Schritt 2, die Quelle der Konditionssätze, auch geklärt.

Für Schritt 1 (das Objektmerkmal) und Schritt 4 (die Zuordnung der Variantenkonditionen zu unserem Modell) nutzen Sie wieder Transaktion PMEVC in Abbildung 7.18.

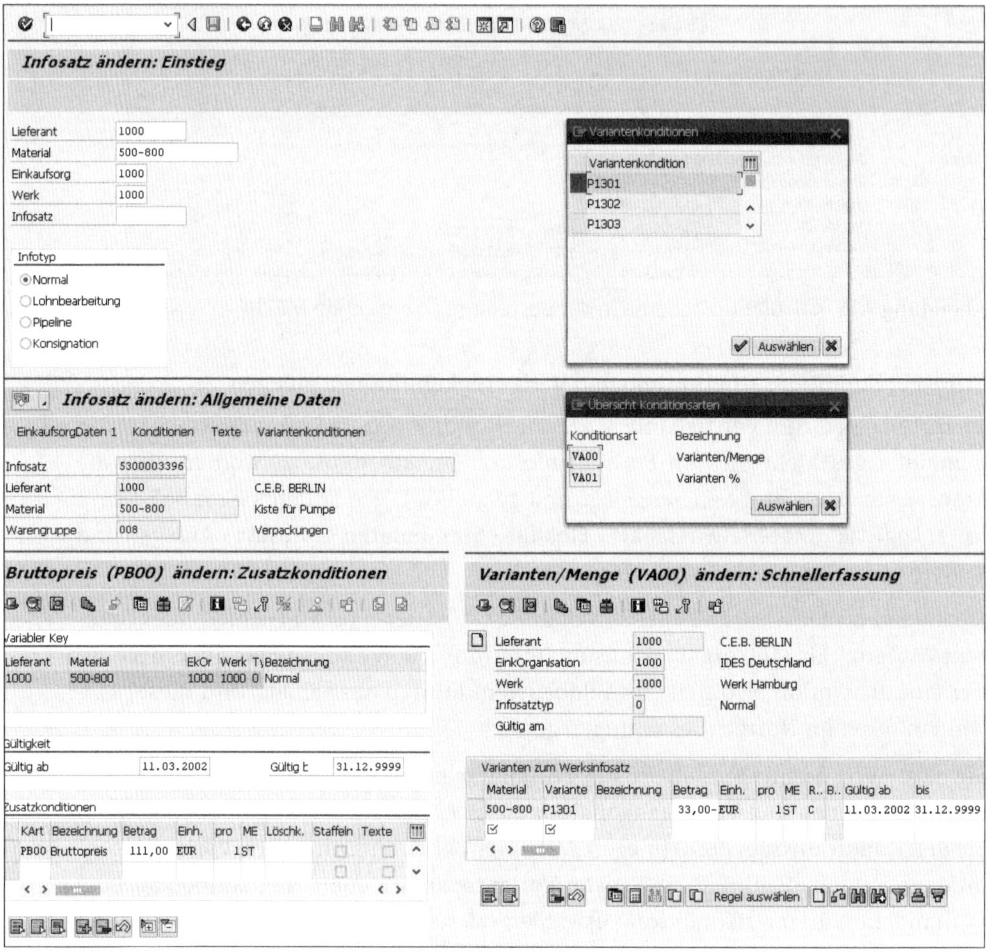

Abbildung 7.17 Konditionen im Einkaufsinfosatz (Transaktion ME12)

Schritt 3: Objektmerkmal zuordnen

Sie erkennen in Abbildung 7.18 links unten die Variantenklasse **(300) CL_P502_4**. Dieser Variantenklasse wurden zwei Merkmale mit den Namen MMKOM_VKOND und P_13 zugeordnet. Das erste Merkmal ist ein Objektmerkmal mit Bezug zu der Struktur MMCOM und dem Feld VKOND. Das Merkmal konnte hier zugeordnet oder in der Zuordnung angelegt worden sein.

Schritt 4: Variantenkonditionen zuordnen

Wie ordnen Sie die Variantenkonditionen dem Modell zu? Die einfache Methode der direkten Zuordnung zu Merkmalwerten (wie für die Preisfindung im Vertrieb) ist nicht nutzbar. Sie müssen in Transaktion PMEVC mit einer Prozedur arbeiten. In Abbildung 7.18 ist die entsprechende Prozedur mit ihrer Syntax im **Editor** von Transaktion PMEVC dargestellt (siehe Listing 7.2).

```
$self.mmcom_vkond = 'P1301'  if $self.P_13 = '01',
$self.mmcom_vkond = 'P1302'  if $self.P_13 = '02',
$self.mmcom_vkond = 'P1303'  if $self.P_13 = '03'
```

Listing 7.2 Prozedur für die Ergänzung der Preisfindung im Einkauf

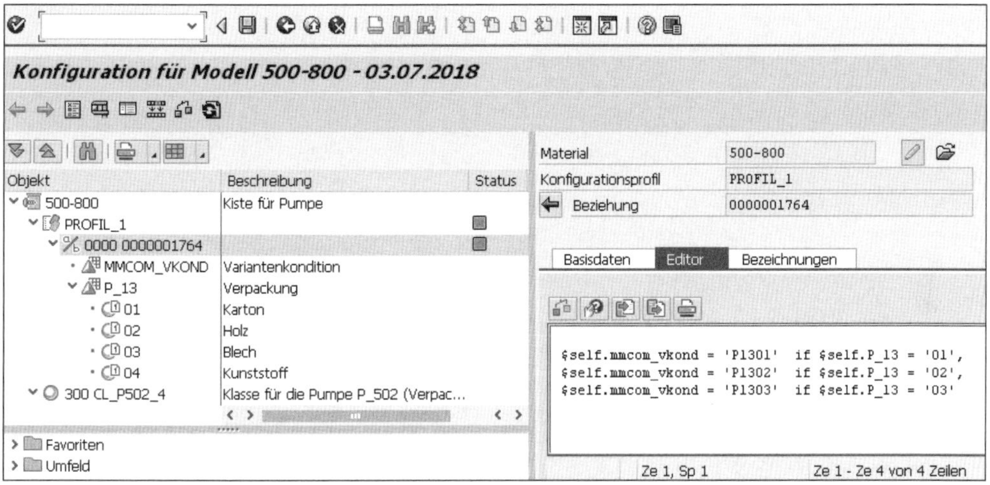

Abbildung 7.18 Prozedur für die Preisfindung in der Bestellung (Transaktion PMEVC)

Rekapitulieren Sie nochmals, was vom Kunden gewünscht und damit in die Bestellung übernommen wurde. In Abbildung 7.10 ist zu erkennen, dass sich der Kunde eine *Kiste für die Pumpe* mit *Verpackung = Karton* gewünscht hat. Wenn Sie das mit den Merkmalen rechts in Abbildung 7.18 vergleichen, dann ist der Wunsch *P_13 = '01'*. Damit wird die erste Zeile der Prozedur `$self.mmcom_vkond = 'P1301' if $self.P_13 = '01'` abgearbeitet und das Objektmerkmal *MMCOM_VKOND* mit dem Namen der Variantenkondition *P1301* bewertet.

Damit beschließen wir das Thema der Preisfindung im Einkauf. Anhand der dargestellten vier Schritte können Sie erkennen, dass es dabei viele Analogien zum Vertrieb gibt, aber auch einige Besonderheiten.

7.4 Fazit

In diesem Kapitel haben Sie erfahren, wie Sie die Preisfindung im Vertrieb sowie im Einkauf durch die Variantenkonfiguration beeinflussen können. In beiden Fällen haben wir eine bewertungsabhängige Preisfindung ergänzt. Im Vertrieb haben wir zusätzlich eine Preisfindung auf Basis einer Kundenauftragskalkulation betrachtet. Hierbei ist die Preisfindung nicht davon abhängig, was der Kunde sich wünscht, sondern davon, was es kostet.

Kapitel 8
Materialvarianten

In diesem Kapitel stehen die Materialvarianten im Fokus. Hierbei handelt sich nicht um konfigurierbare, sondern um konfigurierte Materialien. Wir beleuchten, wie die Stammdaten (Materialstamm, Stückliste, Arbeitsplan und Preisfindung) für diese Materialvarianten beschaffen sind.

Da Sie in der Variantenkonfiguration standardmäßig mit konfigurierbarem Material arbeiten, benötigen Sie eine Konfiguration. Diese bekommen Sie über den Kundenauftrag. Bevor Sie mit der Planung und Beschaffung des Materials überhaupt beginnen können, müssen Sie also zunächst auf den Kundenauftrag mit der Konfiguration warten. Sie betreiben somit klassische Kundeneinzelfertigung.

Die Frage ist, ob das auch anders geht. Können Sie in der Variantenkonfiguration fertigen, ohne auf den Kundenauftrag warten zu müssen? Ja, das geht. Dafür nutzen Sie Materialvarianten – also konfigurierte Materialien. Dadurch haben Sie bereits die benötigte Konfiguration und können ohne Kundenauftrag anonym auf Lager fertigen und dann vom Lager verkaufen. Damit können Sie Kundenwünsche sofort bedienen. Sie können mit Vorplanung und Vorfertigung arbeiten. Und Sie können die Variantenfindung nutzen.

Wenn Sie Materialvarianten verkaufen wollen, benötigen Sie Materialstamm und Preisfindung. Wenn Sie Materialvarianten fertigen wollen, benötigen Sie zusätzlich Stückliste und Arbeitsplan.

Diese Aspekte zeigen wir Ihnen in diesem Kapitel. Dabei werden Sie sehen, dass Sie an vielen Stellen auf separate Stammdaten für die Materialvarianten verzichten können.

Im Detail betrachten wir folgende Punkte:

- den Materialstamm der Materialvariante
- die Stückliste der Materialvariante
- den Arbeitsplan der Materialvariante
- die Einstellungen zur Variantenfindung

8.1 Der Materialstamm der Materialvariante

Wir beginnen mit dem Materialstamm der Materialvariante. Es ist ein weitgehend »normaler« Materialstamm, der nicht konfigurierbar, sondern konfiguriert ist. Für die Anlage des Materialstamms nutzen Sie z. B. ganz klassisch Transaktion MM01. Sie finden diese Transaktion im SAP-Menü unter **Logistik • Produktion • Stammdaten • Materialstamm • Material • Anlegen allgemein • Sofort**.

Im Prinzip benötigen Sie die gleichen Sichten wie für das konfigurierbare Material (siehe Abbildung 8.1). Besser gesagt, benötigen Sie die gleichen Sichten wie für ein Material, das Sie planen, fertigen und verkaufen wollen. Sie benötigen keine Klassifizierungssicht.

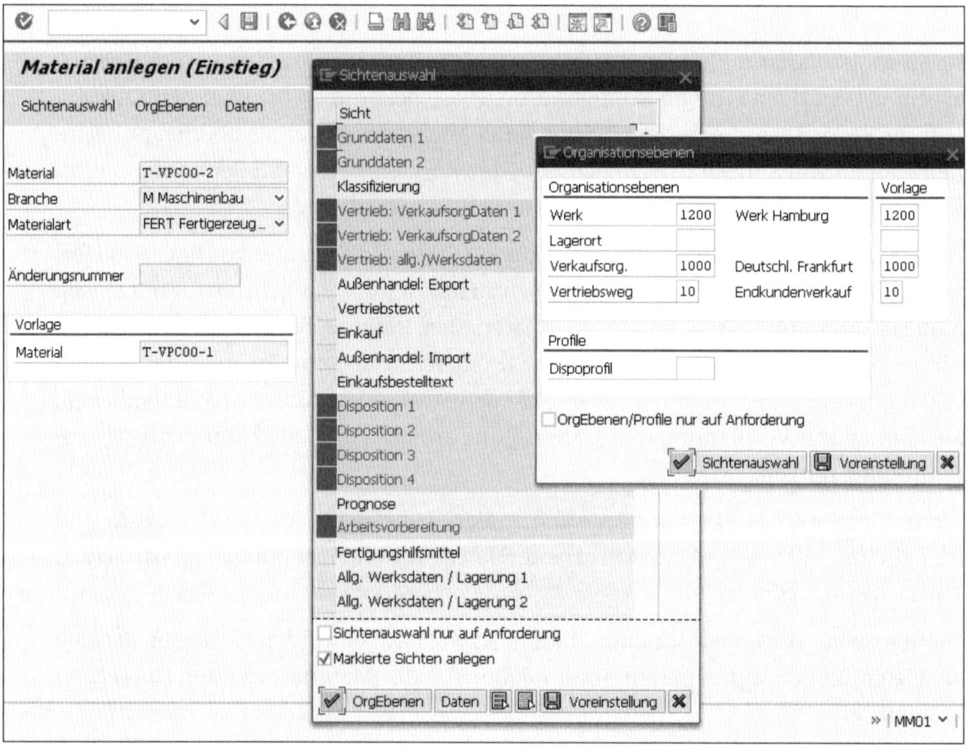

Abbildung 8.1 Materialstamm der Materialvariante – Einstieg (Transaktion MM01)

Mit Blick auf Abbildung 8.2 findet sich die erste spannende Sicht auf der Registerkarte **Grunddaten 2**. Hier dürfen Sie das Material als *nicht konfigurierbar* festlegen! Sie können aber bereits die Verbindung zum konfigurierbaren Material herstellen. Hierfür tragen Sie im Bildbaustein **Mandantenspezifische Konfiguration** in das Feld **Werksüberg.konf.Mat.** die Materialnummer des konfigurierbaren Materials ein. Anschließend wechseln Sie durch einen Klick auf den Button **Bewertung Variante** in die Bewertungsoberfläche, wie sie in Abbildung 8.3 dargestellt ist.

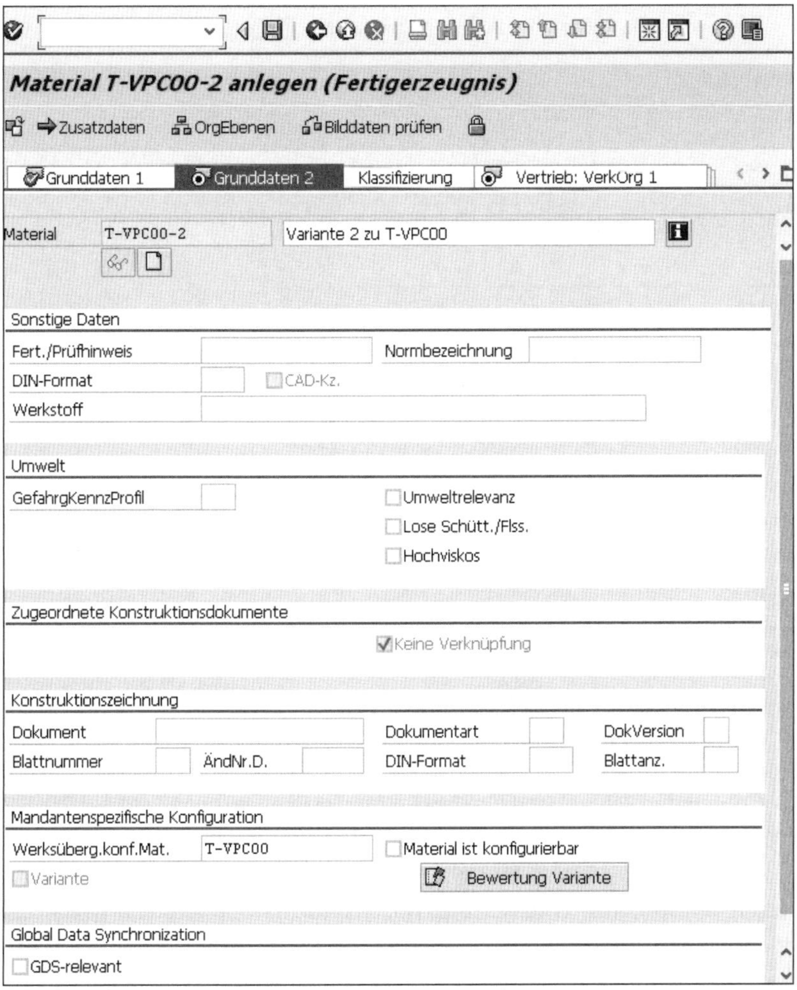

Abbildung 8.2 Grunddaten 2 der Materialvariante (Transaktion MM01)

Nachdem Sie die Materialvariante dort vollständig bewertet haben, wechseln Sie per Klick auf den Button zurück auf die Registerkarte **Grunddaten 2**.

Mandanten- und werksspezifische Konfiguration

Diese *mandantenspezifische Konfiguration* ist in der Logistik nicht nutzbar, um Variantenfindung, Auswahl von Stückliste und Arbeitsplan vorzunehmen. Dafür benötigen Sie eine *werksspezifische Konfiguration*, die Sie im Standard auf der Registerkarte **Disposition 3** finden. Trotzdem empfehlen wir hier die mandantenspezifische Konfiguration, falls Sie mit mehreren Werken arbeiten. Wir kommen darauf zurück.

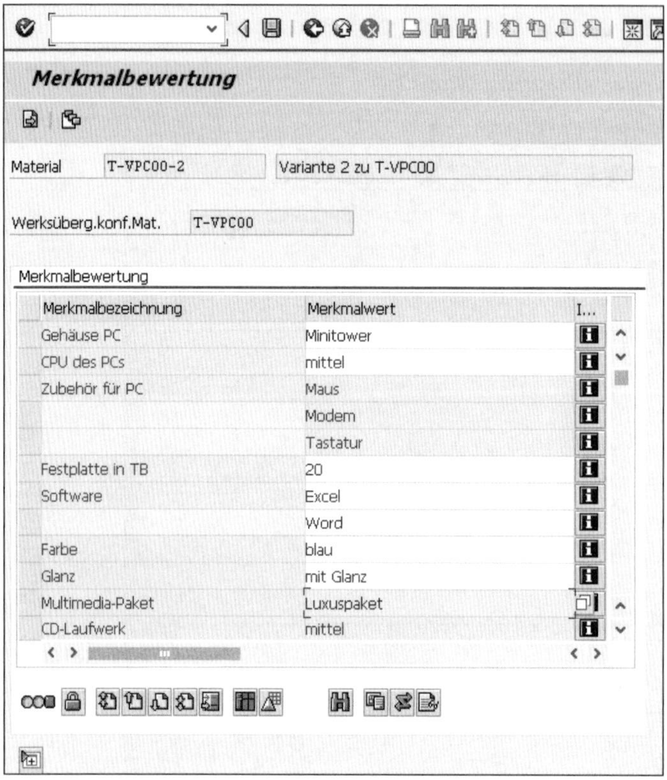

Abbildung 8.3 Grunddaten 2 der Materialvariante – Merkmalbewertung (Transaktion MM01)

Auf den weiteren Registerkarten müssen Sie zunächst nichts Gravierendes beachten. Natürlich sollten Sie im Hinterkopf behalten, dass Sie hier nicht mit einem konfigurierbaren Material arbeiten, was sich auch in einzelnen Einstellungen niederschlägt.

Auf der Registerkarte **Vertrieb: VerkOrg 2** müssen Sie mit der Positionstypengruppe NORM statt 0002 arbeiten. Ein weiterer wichtiger Punkt, nämlich die Preisfindung für die Materialvariante, ist hier zu klären. Sie können eine eigene Preisfindung für die Materialvariante verwenden. Sie können sich aber auch dafür entscheiden, die Preisfindung des konfigurierbaren Materials zu nutzen. Dann müssen Sie in das Feld **Preismaterial** die Materialnummer des konfigurierbaren Materials eintragen. Das bedeutet, die Materialvariante kostet den Kunden genauso viel wie ein völlig identisch bewertetes konfigurierbares Material.

In den Sichten der **Disposition** können Sie im Hinblick auf das Dispomerkmal oder den Losgrößenbereich Variationen festlegen. Auf der Registerkarte **Disposition 3** (siehe Abbildung 8.4) ist zunächst die Frage zu beantworten, welche *Planungsstrategie* Sie verwenden möchten. Die **Strategiegruppe** des konfigurierbaren Materials ist hier nicht nutzbar.

Abbildung 8.4 Disposition 3 der Materialvariante (Transaktion MM01)

Analog können Sie im Bildbaustein **Verfügbarkeitsprüfung** mit einer anderen Prüfgruppe arbeiten sowie Bedarfe zusammenfassen, und eine Prüfung gegen die Wiederbeschaffungszeit kann uninteressant sein.

Ein besonderes Augenmerk gilt dem Bildbaustein **Werksspezifische Konfiguration**. Wie bereits angesprochen, muss hier die Verbindung zum konfigurierbaren Material inklusive Konfiguration hergestellt werden. Da Sie bereits auf der Registerkarte **Grunddaten 2** die Verbindung zum konfigurierbaren Material hergestellt haben, finden Sie im Bildbaustein **Werksspezifische Konfiguration** nun drei Buttons vor: **Werksüberg. Konfig. kopieren**, **Bewertung Variante** und **Bewertung Vorpl.variante**. Der erste Button würde allerdings fehlen, wenn Sie zuvor keine Konfiguration hinterlegt haben.

Falls in mehreren Werken gearbeitet wird, empfiehlt es sich, wie folgt vorzugehen:

1. Stellen Sie auf der Registerkarte **Grunddaten 2** zunächst die Verbindung zum konfigurierbaren Material inklusive Konfiguration her.
2. Kopieren Sie anschließend auf der Registerkarte **Disposition 3** diese Konfiguration werksübergreifend per Klick auf den Button **Werksüberg. Konfig. kopieren**.

Durch dieses Vorgehen sparen Sie sich Arbeit, da Sie nur einmal, und zwar auf Mandantenebene, konfigurieren. Und was noch wichtiger ist: Auf diese Weise ist es für Sie einfacher, die Konfiguration in den einzelnen Werken synchron zu halten.

[!]

Unabhängige Konfigurationen

Die Konfigurationen auf der Registerkarte **Disposition 3** der einzelnen Werke und auf der Registerkarte **Grunddaten 2** sind unabhängig voneinander. Es sind keine Referenzen, allenfalls sind es Kopien.

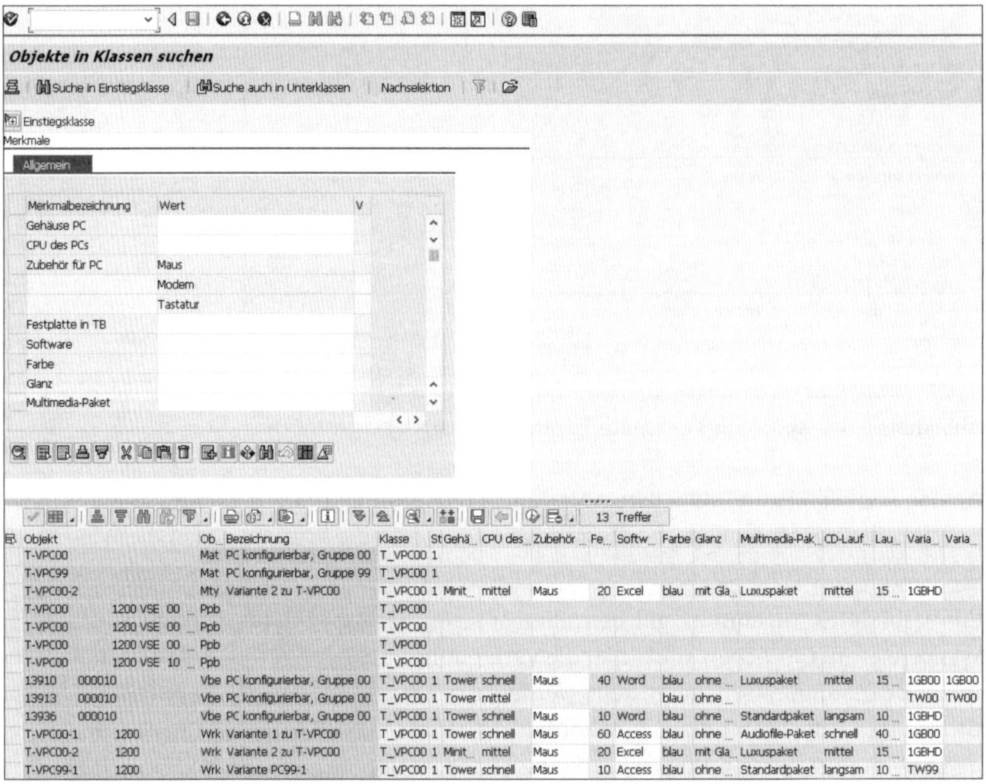

Abbildung 8.5 Materialvarianten in der Suche in Klassen (Transaktion CL30N)

Wie bereits erwähnt, benötigen Sie für die Materialvariante keine Sicht **Klassifizierung**. Trotzdem können die Materialvarianten über die Suche in Klassen gefunden werden. Das gelingt überall dort, wo Ihnen die Suchhilfe (F4-Hilfe auf die Felder der Materialnummer) zur Verfügung steht oder wo Sie mit der gleichwertigen Transaktion CL30N »Objektsuche in Klassen« arbeiten. In Abbildung 8.5 sehen Sie das Suchergebnis bei der Suche über die Variantenklasse, mit der die Materialvariante konfiguriert wurde. Auffallend ist, dass die Materialnummer »T-VPC00-2« in der Liste zweimal vorkommt: In der dritten Zeile ohne Werksangabe (»Mty« steht dabei für »Materialtyp«) ist es die Konfiguration von der Sicht **Grunddaten 2**. In der vorletzten Zeile mit der Werksangabe »1200« ist es die Konfiguration von der Sicht **Disposition 3** (»Wrk« steht für »Werk«). Dies wurde bereits in Abschnitt 3.4, »Such- und Auswertungsmöglichkeiten im Klassensystem«, in Zusammenhang mit Abbildung 3.20 vorgestellt.

8.2 Die Stückliste der Materialvariante

Da Sie die Materialvarianten auf Lager fertigen möchten, benötigen Sie eine Stückliste. Sie haben die Möglichkeit, eine eigene Stückliste für die Materialvariante anzulegen. Hierfür nutzen Sie ganz klassisch Transaktion CS01, die Sie im SAP-Menü unter **Logistik • Produktion • Stammdaten • Stücklisten • Stückliste • Materialstückliste • Anlegen** finden. Sie gelangen in die Sicht **Materialstückliste anlegen: Einstieg** (siehe Abbildung 8.6). Nachdem Sie die Felder **Material**, **Werk** und **Verwendung** ausgefüllt und die Eingabe mit ↵ bestätigt haben, erscheint zunächst die rechts in der Abbildung dargestellte Warnmeldung des **Performance Assistant**. Sie ist für unser Beispiel nicht wichtig. In der Regel werden Sie nicht so vorgehen, dass Sie eine separate Stückliste für die Materialvariante anlegen, sondern Sie werden die Stückliste des konfigurierbaren Materials nutzen.

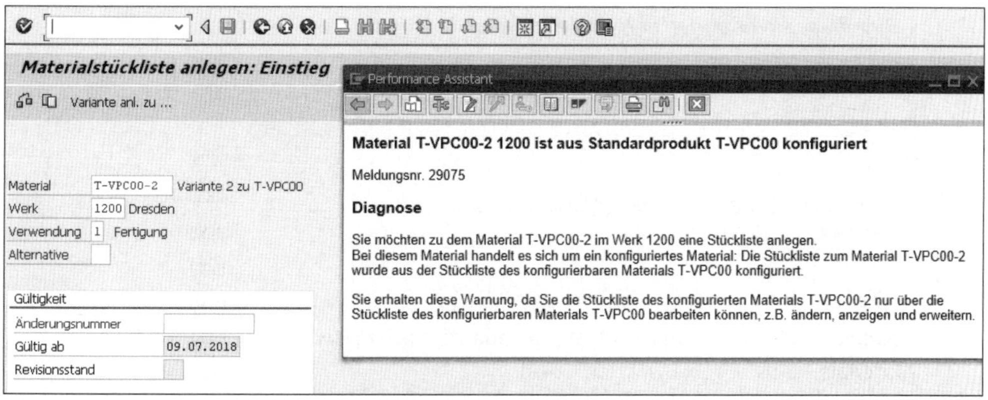

Abbildung 8.6 Materialstückliste für die Materialvariante anlegen – Einstieg (Transaktion CS01)

Wie man aber sieht: Es funktioniert auch so. Daher können Sie die Warnmeldung mit [↵] bestätigen und gelangen zu einer »normalen« Stückliste ohne Beziehungswissen und Klassen, wie in Abbildung 8.7 dargestellt.

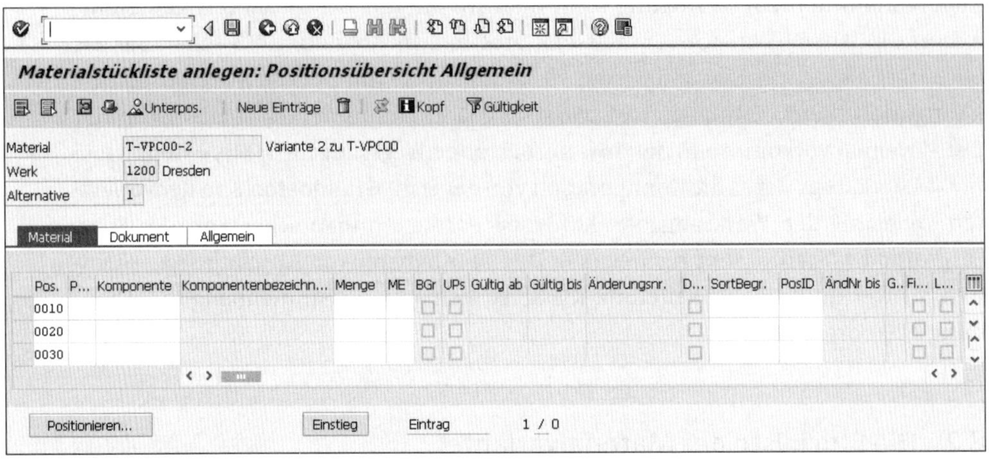

Abbildung 8.7 Materialstückliste für die Materialvariante anlegen – Positionsübersicht (Transaktion CS01)

Wie gesagt, in der Regel werden Sie die Stückliste des konfigurierbaren Materials nutzen. Für das Beispiel nutzen Sie aber einfach diese Stückliste, um die Materialvariante zuzuordnen. Hierfür verwenden Sie Transaktion CS40, die Sie im SAP-Menü unter **Logistik • Produktion • Stammdaten • Stücklisten • Stückliste • Materialstückliste • Zuordnung KonfigMat • Anlegen** finden.

Sie gelangen in die Sicht **Zuordnung konfiguriertes Material anlegen: Einstiegsbild** (siehe Abbildung 8.8).

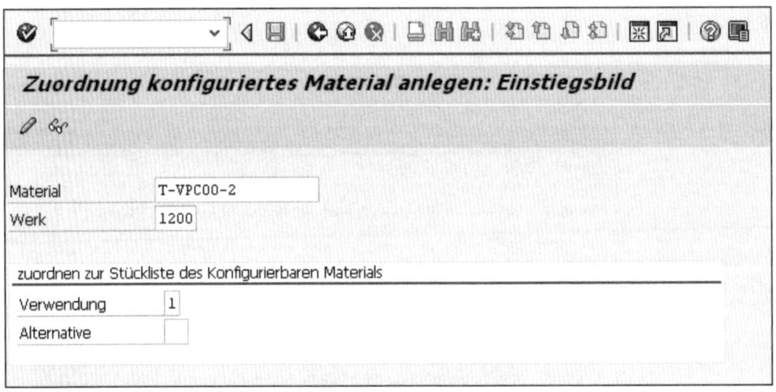

Abbildung 8.8 Zuordnung der Materialvariante zur Stückliste des konfigurierbaren Materials – Einstieg (Transaktion CS40)

Nachdem Sie einen Eintrag in den Feldern **Material**, **Werk** und **Verwendung** vorgenommen haben, erreichen Sie durch Bestätigung mit [↵] die Darstellung links unten in der Abbildung. Hier sehen Sie die Nummer der Stückliste des konfigurierbaren Materials.

Durch Klick auf den Button **Alle Zuord. zur Stl.** können Sie kontrollieren, welche Materialien dieser Stückliste (= Stücklistennummer) zugeordnet sind. Dies erkennen Sie in Abbildung 8.9 unten rechts. Sie sehen, dass neben unserer Materialvariante das konfigurierbare Material (= ohne Flag **Kfg.Mat**) und eine weitere Materialvariante zugeordnet wurden.

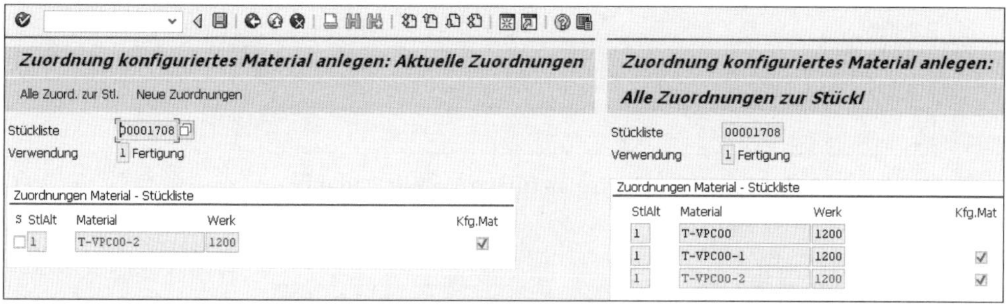

Abbildung 8.9 Zuordnung der Materialvariante zur Stückliste des konfigurierbaren Materials – aktuelle Zuordnung (Transaktion CS40)

Diese Ausführungen in Bezug auf das Thema Stückliste sollen zunächst einmal genügen. Im Folgenden wollen wir den Arbeitsplan der Materialvariante erläutern.

8.3 Der Arbeitsplan der Materialvariante

Zunächst können Sie – analog zur Stückliste – einen »normalen« eigenen Arbeitsplan anlegen. Dazu nutzen Sie wieder klassisch Transaktion CA01. Sie finden die Transaktion im SAP-Menü unter **Logistik • Produktion • Stammdaten • Arbeitspläne • Arbeitspläne • Normalarbeitspläne • Anlegen**.

Sie starten in der Ansicht **Normalarbeitsplan Anlegen: Einstieg** (siehe Abbildung 8.10). Nachdem Sie die Felder **Material** und **Werk** (optional das Feld **Plangruppe**) ausgefüllt haben, wechseln Sie in das **Kopfdetail**. Hier sind Einträge in den Feldern **Verwendung** und **Status Plan** vorzunehmen (siehe Abbildung 8.11).

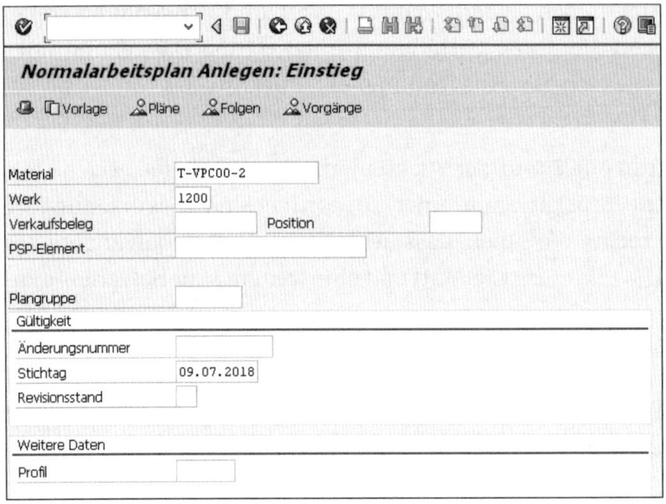

Abbildung 8.10 Separater Arbeitsplan für die Materialvariante – Einstieg (Transaktion CA01)

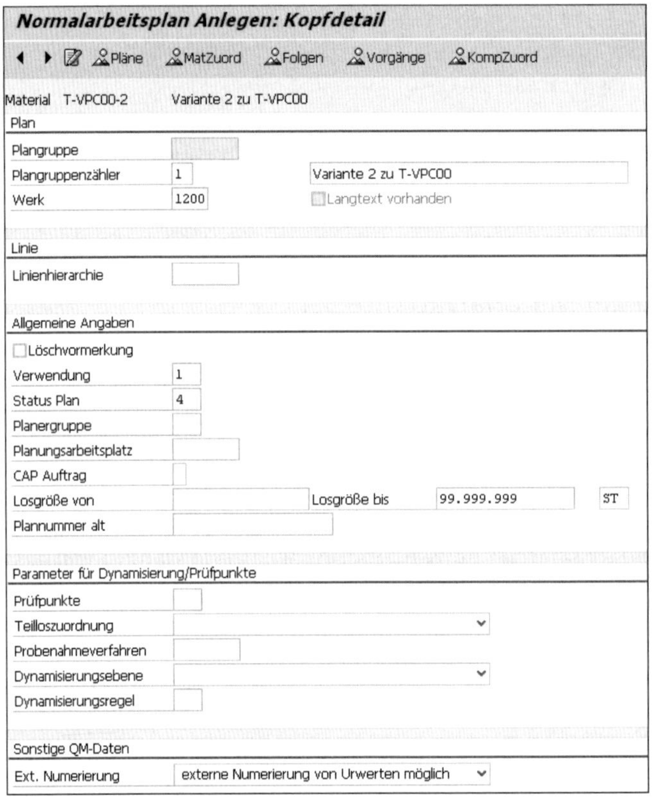

Abbildung 8.11 Separater Arbeitsplan für die Materialvariante – Kopfdetail (Transaktion CA01)

Im nächsten Schritt wechseln Sie in die Ansicht **Vorgangsübersicht** (siehe Abbildung 8.12). Hier können Sie die Vorgänge in bekannter Form aufnehmen. Da Sie direkt den Plan für die Materialvariante – also ein konfiguriertes Material – anlegen, benötigen Sie kein Beziehungswissen.

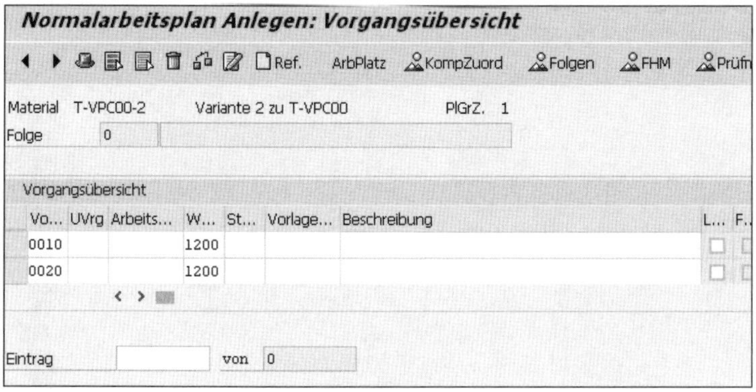

Abbildung 8.12 Separater Arbeitsplan für die Materialvariante – Vorgangsübersicht (Transaktion CA01)

Wie zu Beginn des Abschnitts erwähnt, gibt es noch eine weitere Möglichkeit, für die Materialvariante einen separaten Arbeitsplan anzulegen, und zwar mithilfe einer simulativ aufgelösten Kopiervorlage. Falls Sie einen separaten Arbeitsplan benötigen, ist dieser zweite Weg zu empfehlen. Das ist z. B. dann der Fall, wenn es im Fertigungsprozess für Sie einen Unterschied macht, ob Sie anonym auf Lager (wahrscheinlich in größerer Stückzahl) oder auftragsspezifisch (wahrscheinlich mit Losgröße 1) fertigen.

Wie gehen Sie vor, um einen separaten Arbeitsplan mit einer *simulativ aufgelösten Kopiervorlage* anzulegen? Eine Möglichkeit ist Transaktion CU50 der Simulation (CU51 und PMEVC sind auch möglich). Transaktion CU50 finden Sie im SAP-Menü unter **Logistik • Zentrale Funktionen • Variantenkonfiguration • Umfeld • Konf. Simulation**.

In der Ansicht **Konfiguration: Einstieg** geben Sie am besten direkt die Materialnummer der Materialvariante und das Werk ein und setzen das Flag bei **Konfigurationsergebnis Plan**. Vergleichen Sie Abbildung 8.13 links. Als Ergebnis erscheint das Pop-up-Fenster **Information** mit dem Hinweis, dass das konfigurierbare Material aus der Konfiguration im Materialstamm übernommen wurde. (Ebenfalls in Abbildung 8.13 in der Mitte zu sehen.)

Über den Button gelangen Sie in das bereits ausgefüllte **Merkmalbewertung**-Bild, wie ebenfalls in Abbildung 8.13 rechts sichtbar.

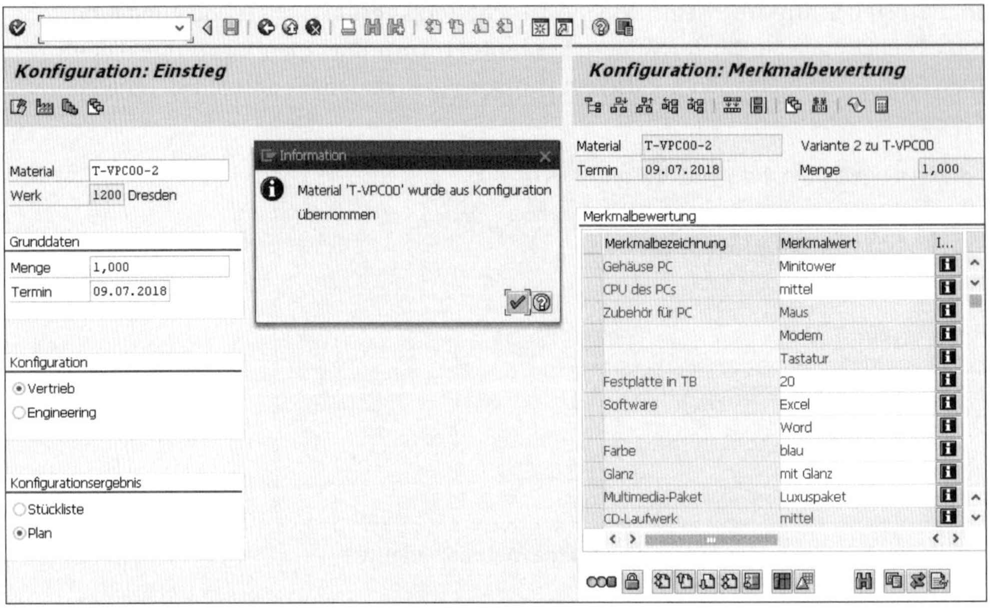

Abbildung 8.13 Zum separaten Arbeitsplan über die Simulation – 1 (Transaktion CU50)

Aus diesem Merkmalbewertungs-Bild können Sie per Klick auf den Button in den simulativ aufgelösten Arbeitsplan wechseln, den Sie als Kopiervorlage nutzen wollen. Dieser ist in Abbildung 8.14 dargestellt.

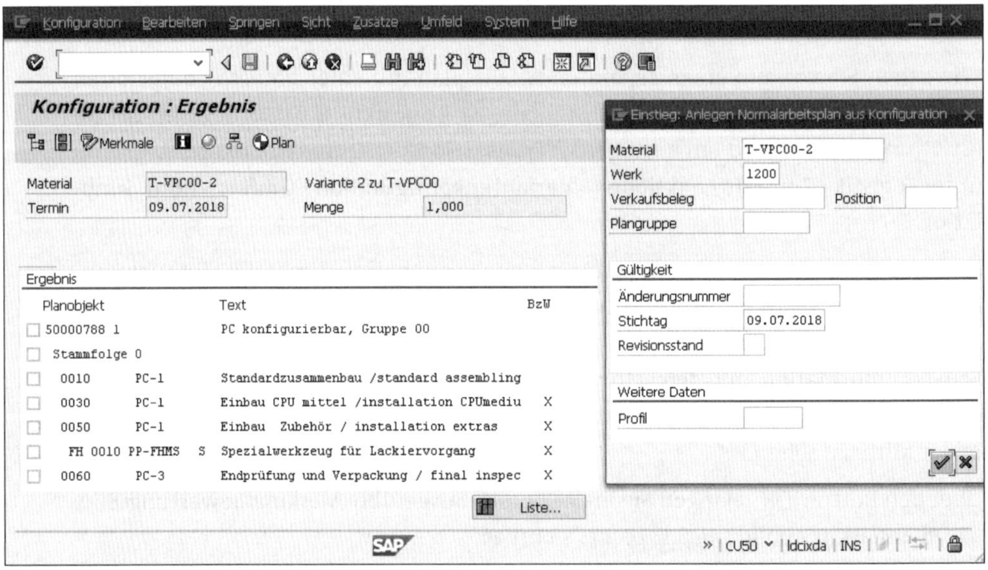

Abbildung 8.14 Zum separaten Arbeitsplan über die Simulation – 2 (Transaktion CU50)

Um mithilfe dieses simulativ aufgelösten Arbeitsplans einen eigenen Arbeitsplan für die Materialvariante anzulegen, klicken Sie auf den Button **Plan**. Es erscheint das ebenfalls dargestellte Pop-up-Fenster **Einstieg: Anlegen Normalarbeitsplan aus Konfiguration**.

Hier geben Sie die Materialnummer der Materialvariante und das Werk ein und machen gegebenenfalls noch Angaben im Bildbaustein **Gültigkeit**. Das kommt uns eventuell bekannt vor. Richtig – genau so wurden in Kapitel 7, »Preisfindung«, Auftragsarbeitspläne angelegt.

Hier geht es jetzt weiter analog zu der ersten Variante im Zusammenhang mit Abbildung 8.10. Das heißt, Sie landen im **Kopfdetail**. Hier sind Einträge in den Feldern **Verwendung** und **Status Plan** vorzunehmen. Im nächsten Schritt landen Sie in der Ansicht **Vorgangsübersicht**, die jedoch nun bereits komplett gefüllt ist und nur noch angepasst werden muss (siehe Abbildung 8.15). Speichern und fertig.

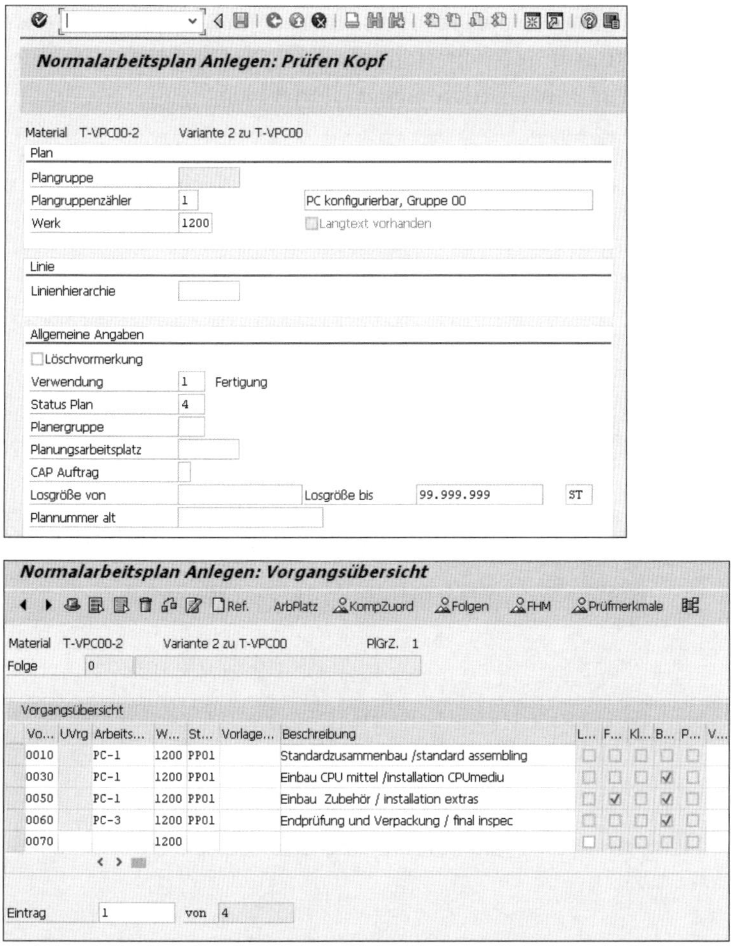

Abbildung 8.15 Zum separaten Arbeitsplan über die Simulation – 3 (Transaktion CA01)

Kommen wir noch zu der dritten Variante (bzw. Möglichkeit), für die Materialvariante einen Arbeitsplan zu beschaffen. Dabei gehen Sie analog dazu vor, wie wir es bereits hinsichtlich der Stückliste vorgestellt haben.

Wenn es keine Besonderheiten bei anonymer Fertigung auf Lager gegenüber der auftragsspezifischen Fertigung gibt, nutzen Sie für die Materialvariante ganz einfach des Plan des konfigurierbaren Materials.

Bei Arbeitsplänen ist es nicht so exotisch, einen Plan für verschiedene Materialien zu verwenden. Deshalb benötigen Sie hier auch keine neue und spezielle Transaktion wie für die Stückliste, um diese Verbindung herzustellen.

Sie nutzen die Transaktionen zur Pflege von Normalarbeitsplänen – hier **CA02** zum Ändern. (Bezüglich des Menüpfads sei auf den Anfang dieses Abschnitts im Zusammenhang mit CA01 verwiesen.)

Vergleichen Sie auch Abbildung 8.15. Im Einstieg wechseln Sie am besten gleich mit einem Klick auf den Button Pläne in die Planübersicht. Hier im Bild **Normalarbeitsplan Ändern: Planübersicht** finden Sie den Button MatZuord. Per Klick auf diesen Button gelangen Sie in das Pop-up-Fenster **Zuordnung Material-Plan**.

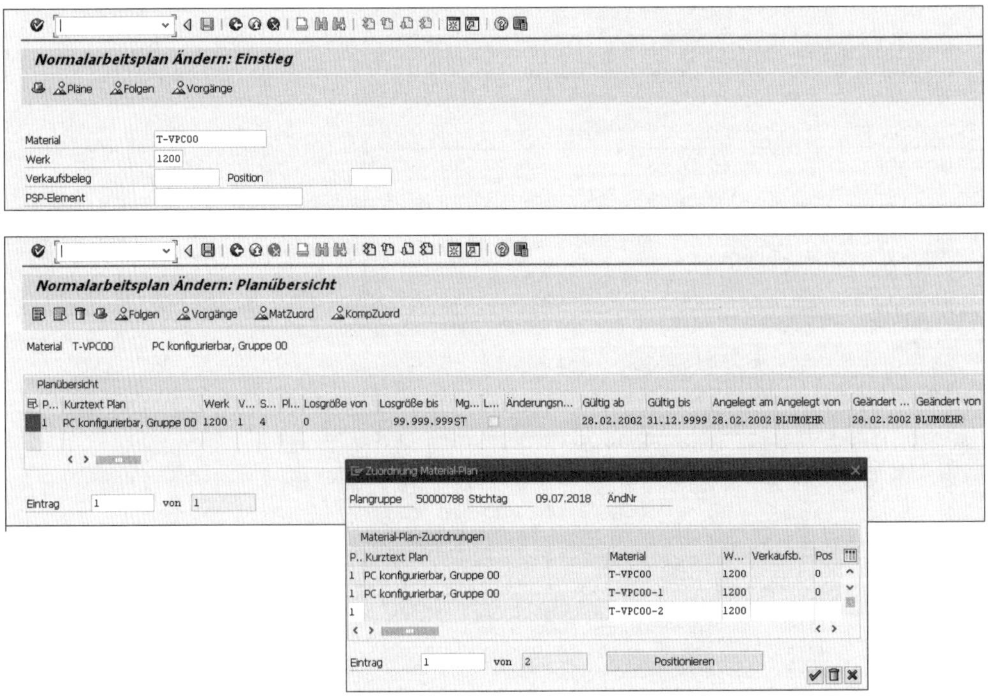

Abbildung 8.16 Zuordnung der Materialvariante zum Arbeitsplan des konfigurierbaren Materials (Transaktion CA02)

Sie sehen die bereits existierenden Material-Plan-Zuordnungen. In dem abgebildeten Beispiel wären das zwei: die Zuordnung des konfigurierbaren Materials und die einer ersten Materialvariante. In die erste freie Zeile (hier die dritte) tragen Sie erneut die »1« in die erste Spalte **Plangruppenzähler** ein. Weiterhin sind, wie in Abbildung 8.16 ersichtlich, die Materialnummer der Materialvariante und das Werk anzugeben. Bestätigen Sie mit [↵], und speichern Sie, dann wäre auch das geschafft.

8.4 Die Variantenfindung

Mit dieser Materialvariante können Sie in der Logistik arbeiten. Sie können die Materialvariante planen, fertigen und verkaufen. Für das Verkaufen der Materialvariante benötigen Sie eine Preisfindung. Das haben wir bereits im Abschnitt 8.1, »Der Materialstamm der Materialvariante«, behandelt, indem wir im Materialstamm in der Sicht **Vertrieb: VerkOrg 2** die Materialnummer des konfigurierbaren Materials in das Feld **Preismaterial** eingetragen haben.

Sie können jedoch auch eine eigene Preisfindung einstellen.

Was hat es mit der *Variantenfindung* auf sich? Sie können Materialvarianten verkaufen. Der Vertrieb muss sich jedoch bei den Materialvarianten nicht auskennen. Es reicht, wenn dort die Materialnummer des konfigurierbaren Materials bekannt ist. Den Rest erledigt die Variantenfindung, die wir uns im Folgenden anschauen wollen.

Die Idee ist, dass der Vertrieb im Allgemeinen mit der Materialnummer des konfigurierbaren Materials in den Kundenauftrag oder andere Vertriebsbelege einsteigt. Wie bereits mehrfach angesprochen, wechselt der Kundenauftrag damit automatisch in die Sicht **Terminauftrag anlegen: Merkmalbewertung**, wie es auch in Abbildung 8.17 dargestellt ist. Es wird mit der Konfiguration begonnen.

Nun kann mit einem Klick auf den Button [Icon] nach Materialvarianten gesucht werden. Als Ergebnis ist in Abbildung 8.17 unten der Bildbaustein **Materialvariante** mit einem Eintrag erschienen. Es wurden also Materialvarianten gefunden. Sonst erscheint der Bildbaustein nicht.

Sie erkennen hier allerdings nicht, wie viele Materialvarianten gefunden wurden. Per Klick auf den Button [Icon] rechts in dem Bildbaustein **Materialvariante** unten, können Sie dies nachschauen. Sie erhalten das Pop-up-Fenster **Materialliste**. Achtung: Der Button [Icon] erscheint auch bei nur einer gefundenen Materialvariante.

Per Doppelklick auf einen Eintrag im Pop-up-Fenster **Materialliste** gelangen Sie in das zweite dargestellte Pop-up-Fenster **Merkmalbewertung**.

Mehr Funktionalität existiert hier jedoch nicht, z. B. gibt es keine Möglichkeit zur Übernahme der Merkmalbewertung oder der Materialvariante.

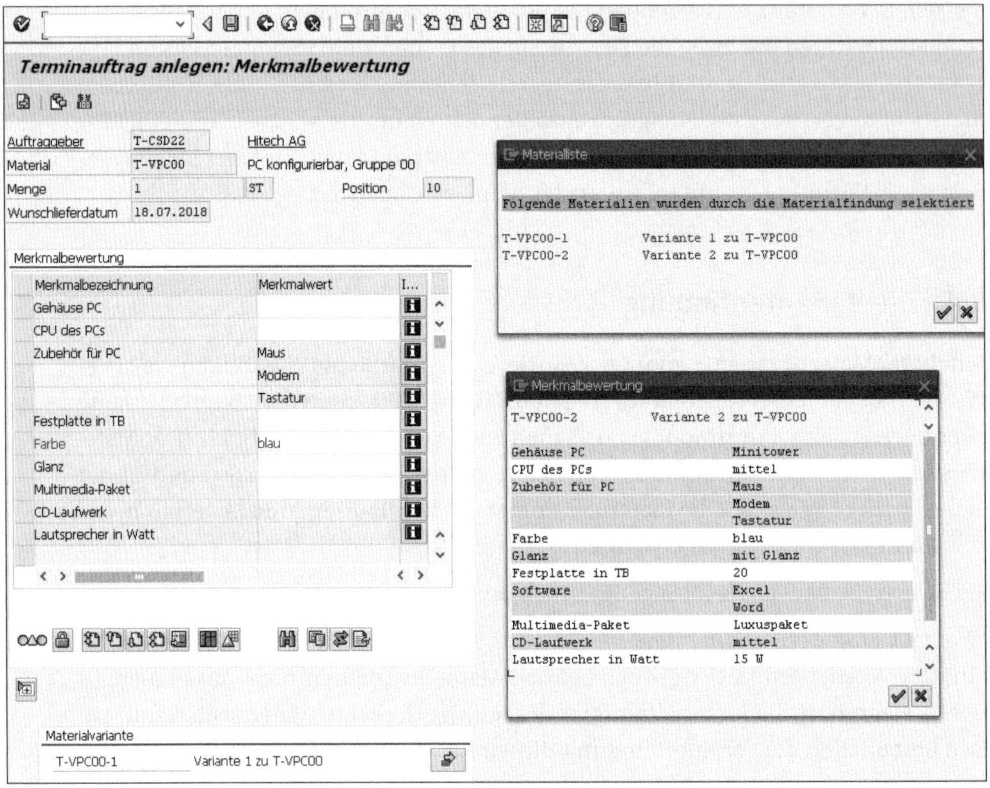

Abbildung 8.17 Variantenfindung im Bewertungsbild (Transaktion VA01)

Gibt es für diese Variantenfindung spezielle Einstellungen? Und wie gehen Sie vor, falls der entscheidende Button fehlt? Die Antwort finden Sie im Konfigurationsprofil. In Abbildung 8.18 sind Sie z. B. über Transaktion PMEVC in das Detailbild des Konfigurationsprofils gewechselt. Auf der Registerkarte **Benutzeroberfläche** finden Sie den Button **Weitere Einstellungen**. Per Klick auf den Button erscheint das Pop-up-Fenster **objektabhängige Einstellungen ändern.** Wechseln Sie zur letzten Registerkarte **Variantenfindung**, wo Sie die entscheidenden Einstellungen finden. Indem Sie dort das Flag **Selektion auf Anforderung** aktivieren, wird der Button erzeugt. Nur mit diesem Button lässt sich nach Materialvarianten suchen.

Falls Sie das Flag **permanente Selektion** auswählen, verschwindet der Button, und es wird permanent – nach jeder Bestätigung mit ↵ – nach Materialvarianten gesucht. Aus Performancegründen ist daher das erste Flag **Selektion auf Anforderung** zu bevorzugen.

Wird im Bildbaustein **Strategie** das Flag **Teilkonfiguration** gesetzt, werden alle Materialvarianten gefunden, bei denen es reicht, dass die bereits bewerteten Merkmale übereinstimmen. Das heißt, in dem Beispiel in Abbildung 8.17 werden alle Materialvarianten mit der Farbe Blau gefunden, ganz gleich, was sonst noch an Bewertungen in den Materialvarianten enthalten ist.

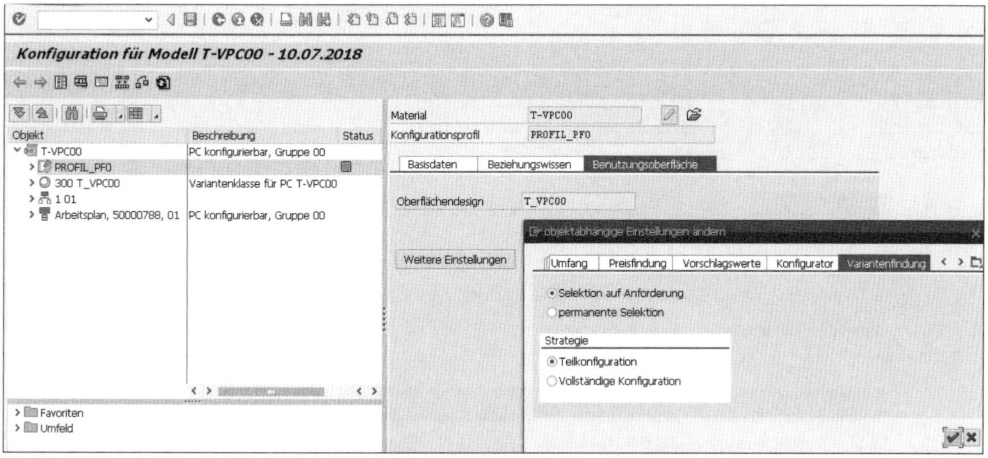

Abbildung 8.18 Einstellungen zur Variantenfindung im Bewertungsbild (Transaktion PMEVC)

Setzen Sie im Bildbaustein **Strategie** das Flag **Vollständige Konfiguration**, werden nur Materialvarianten gefunden, die zu 100 Prozent übereinstimmen. Das ist hoffentlich höchstens nur eine.

Zwei unabhängige Variantenfindungen

Wenn Sie aus der Konfiguration zurück in das Übersichtsbild des Kundenauftrags wechseln, haben die Einstellungen im Konfigurationsprofil bezüglich Variantenfindung keine Bedeutung mehr.

Wechseln Sie zurück in das Übersichtsbild des Kundenauftrags. Was jetzt passiert, hat nichts mit den Einstellungen im Konfigurationsprofil zu tun. Die hier relevanten Einstellungen, die Sie sich gleich im Detail anschauen, finden Sie im Customizing des Positionstyps.

Vorab schauen Sie sich Abbildung 8.19 an. Noch sehen Sie die Materialnummer des konfigurierbaren Materials. Beachten Sie auch den Positionstyp TAC in der entsprechenden Zeile. Dieser wird gleich wichtig. In der Abbildung wird ein Pop-up-Fenster **Information** gezeigt mit dem Hinweis, dass das konfigurierbare Material durch eine Materialvariante ersetzt wird. Das macht das System jetzt, egal wie Sie auf das Pop-up-Fenster reagieren. Sie können die Entscheidung nicht beeinflussen und erhalten als ersetzte Position die Materialvariante, wie in Abbildung 8.20 dargestellt. Auch der Positionstyp hat sich von TAC auf TAN geändert.

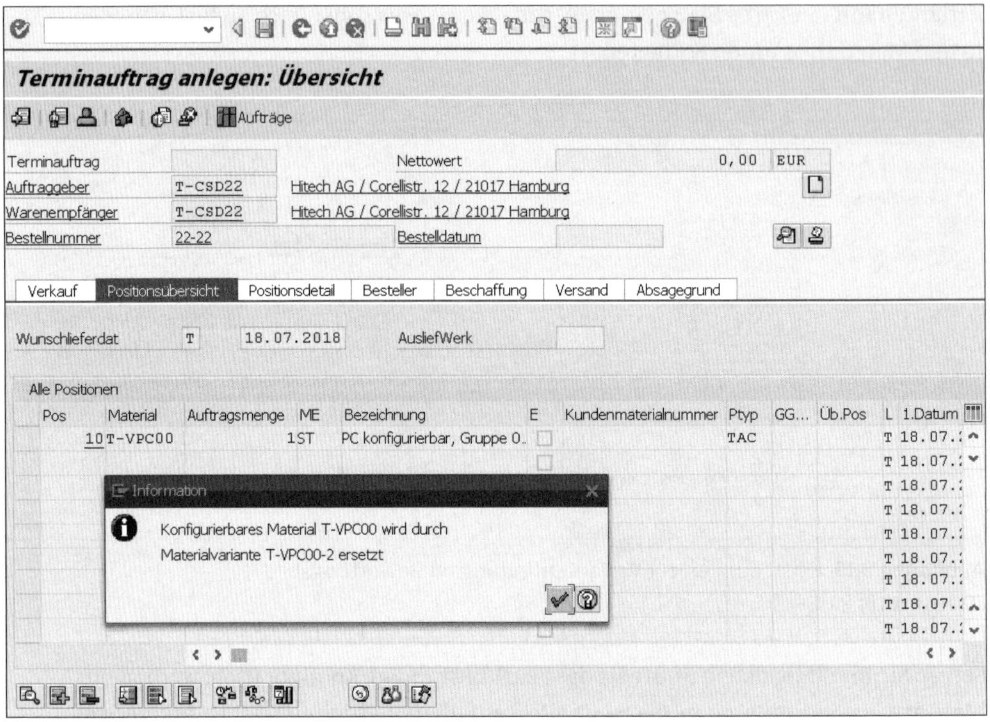

Abbildung 8.19 Variantenfindung im Kundenauftrag – 1 (Transaktion VA01)

Abbildung 8.20 Variantenfindung im Kundenauftrag – 2 (Transaktion VA01)

Mit einem Klick auf den Button können Sie in die Konfiguration der Materialvariante wechseln, diese jedoch nicht mehr ändern. Das ist ein konfiguriertes, kein konfigurierbares Material.

Was passiert hier in der Positionsübersicht im Kundenauftrag, und warum passiert das? Wie bereits erwähnt, sind hierfür Einstellungen im Customizing des Positionstyps verantwortlich. Das Customizing der Positionstypen finden Sie über Transaktion VOV7 oder über das Menü des Customizings unter **SAP Customizing Einführungsleitfaden • Vertrieb • Verkauf • Verkaufsbelege • Verkaufsbelegposition • Positionstyp definieren**.

Hier suchen Sie den Positionstyp TAC, den Sie in Abbildung 8.19 vor dem Ersetzen vorgefunden haben. Das Detailbild ist in Abbildung 8.21 dargestellt. Uns interessiert der Bildbaustein **Stückliste/Konfiguration** rechts oben. Hier ist das Flag im Feld **Variantenfindung** aktiviert worden. Es gibt keine Einstellung zur Strategie wie im Konfigurationsprofil. Es gibt nur die Strategie der vollständigen Konfiguration.

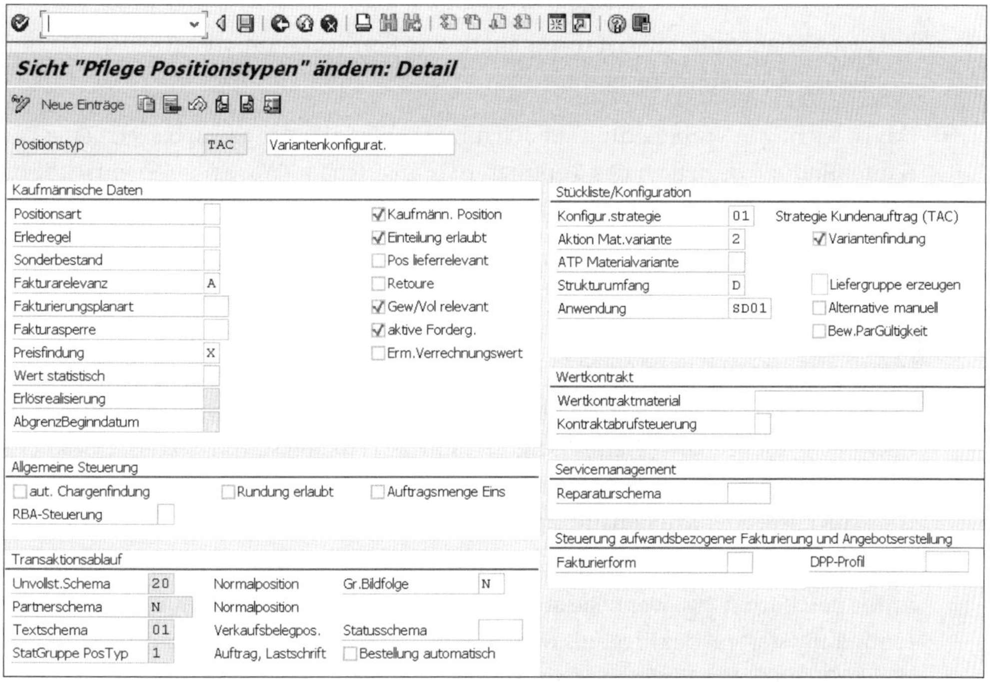

Abbildung 8.21 Customizing der Variantenfindung im Kundenauftrag (Transaktion VOV7)

Für die gefundenen Materialvarianten kann man über das Feld **ATP Materialvariante** eine Verfügbarkeitsprüfung einstellen. Da das Feld hier leer ist, findet keine solche statt. Danach interessiert das Feld **Aktion Mat.variante**. Die »2« bedeutet:

- Es wird hart ersetzt. (Mit 1 oder 3 kann man auch nur mit Hinweis arbeiten und der Vertriebsmitarbeiter entscheidet.)
- Es wird nur beim Anlegen ersetzt. (Bei späteren Änderungen würde das mit 3 oder 4 auch gehen)

Die anderen Einstellungen in diesem Bildbaustein spielen keine Rolle bei der Materialvariantenfindung.

Durch den Eintrag im Feld **Konfigur.strategie** wird eine Konfiguration erwartet. Der Eintrag »D« im Feld **Strukturumfang** sagt aus, dass über den Umfang der Stücklistenauflösung das Konfigurationsprofil und nicht der Positionstyp entscheidet. Und über den Eintrag »SD01« im Feld **Anwendung** wird so und nicht laut Anwendung im Konfigurationsprofil im Kundenauftrag die Stückliste aufgelöst.

Wir haben uns die Variantenfindung im Kundenauftrag angeschaut. Dabei möchten wir auf zwei Punkte hinweisen:

1. Die Variantenfindung erfolgt im Dialog.
2. Diese Variantenfindung ist unabhängig vom Konfigurationsszenario aus dem Konfigurationsprofil.

Das ist wichtig in Vorbereitung auf den folgenden Punkt. Wir haben bis jetzt eine Variantenfindung bezüglich des Kopfmaterials angeschaut. Was ist bei mehrstufigen Konfigurationen mit konfigurierbaren Komponenten?

Auch hier existiert eine Variantenfindung. Auch diese Variantenfindung existiert nur im Dialog. Sie erfordert jedoch, dass das Ergebnis gespeichert wird. In der sogenannten Low-Level-Konfiguration existiert keine Variantenfindung. Das gilt z. B. im Planungslauf oder beim Anlegen von Fertigungsaufträgen.

Die Möglichkeit des Speicherns von geänderten Stücklistenauflösungen haben Sie jedoch nicht im Szenario Plan-/Fertigungsauftrag. Das heißt, mit Materialvarianten auf tieferer Ebene als der Kopfebene zu arbeiten setzt Konfigurationsszenario Auftragsstückliste oder Kundenauftrag voraus.

In Abbildung 8.22 sehen Sie die Auftragsstücklisten-Pflege. Hier sehen Sie rechts unten den Button . Wenn Sie auf diesen klicken, können Sie manuell eine Variantenfindung starten. Das Ergebnis wäre hier in der Abbildung, dass für Position 30 (die Welle 501-300) eine Materialvariante 501-300-03 gefunden wurde.

Das Ergebnis ist aber nur informativ. Die Ersetzung müsste manuell vorgenommen werden. Analog kann man auch beim Szenario Kundenauftrag manuell konfigurierbare Komponenten durch Materialvarianten ersetzen und als vertriebsrelevante Unterpositionen speichern.

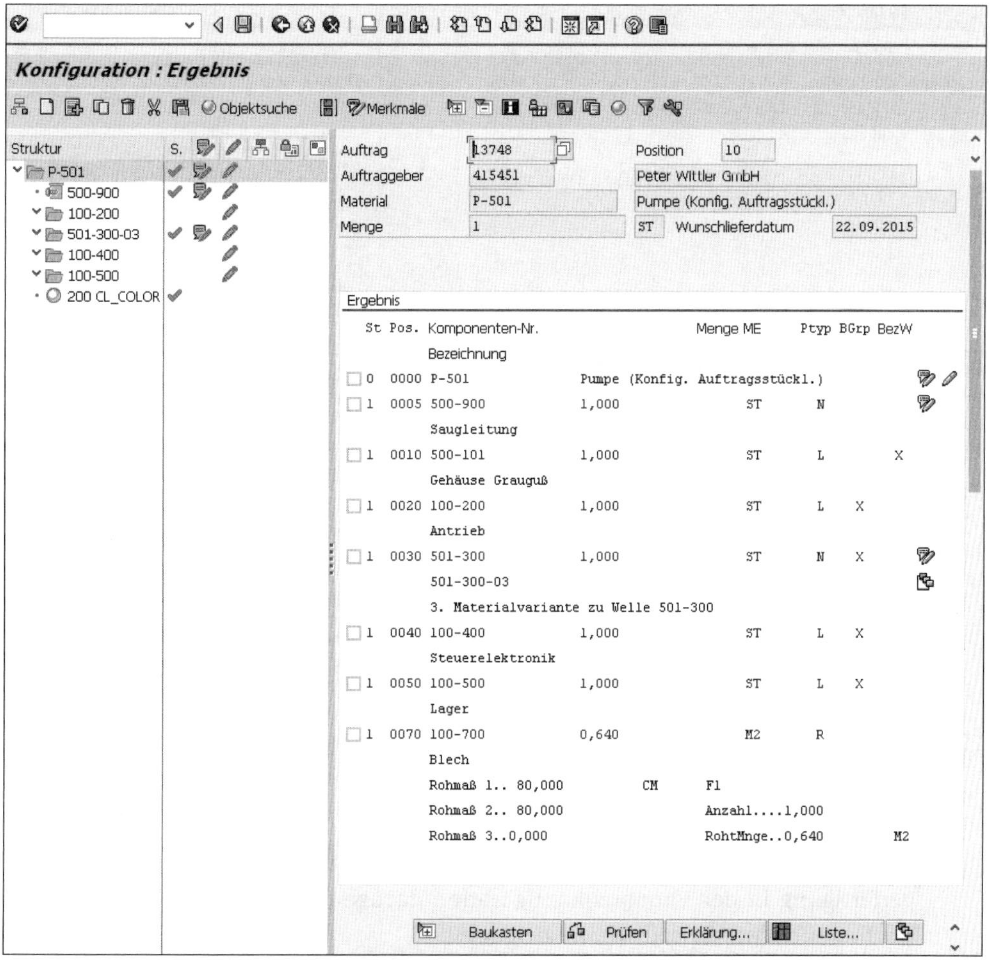

Abbildung 8.22 Variantenfindung auf tieferen Stufen für die Auftragsstückliste (Transaktion CU51)

Zum Schluss wollen wir im Zusammenhang mit Abbildung 8.23 darauf hinweisen, dass Sie Merkmale für die Variantenfindung auch ausschließen können. Hierfür nutzen Sie den Report RCU_EXCL_CHARACTERISTICS. Dieser füllt eine Tabelle CABN_EXCL mit den auszuschließenden Merkmalen. Für den Report existiert auch eine entsprechende Dokumentation, sodass wir hier auf weitere Details verzichten können.

Die auszuschließenden Merkmale dürfen aber auch wirklich nicht relevant sein. Nicht dass der Kunde ein rotes Auto bestellt und ein blaues geliefert bekommt.

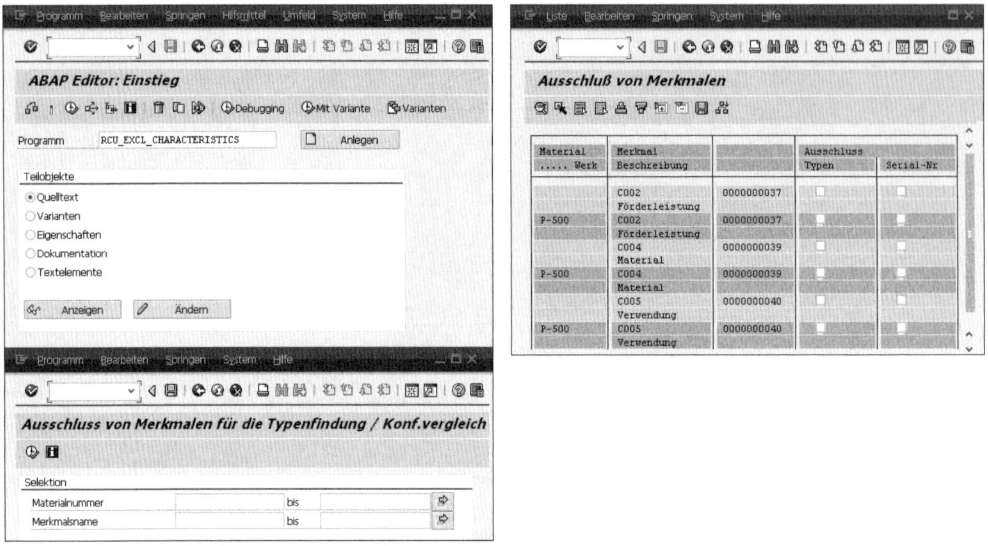

Abbildung 8.23 Der Report RCU_EXCL_CHARACTERISTICS (Transaktion SE38)

8.5 Fazit

In diesem Kapitel haben wir als Objekt die Materialvarianten betrachtet. Damit haben wir unser Modell neben dem konfigurierbaren Material um konfigurierte Materialien ergänzt.

Durch diese Ergänzung des Modells haben Sie die Möglichkeiten der anonymen Lagerfertigung in der Variantenkonfiguration dazugewonnen (neben der bisher betrachteten auftragsspezifischen Fertigung).

Sie haben gesehen, wie Stammdaten, z. B. Materialstamm, Stückliste, Arbeitsplan und Preisfindung, für diese Materialvarianten gepflegt werden.

Und Sie haben sich die Einstellungen zur Variantenfindung angeschaut.

Kapitel 9

Modellierung für erweiterte Integrationsaspekte

In diesem Kapitel zeigen wir, wie man die Variantenkonfiguration in weitere logistische Prozesse wie Vorplanung, Fremdbeschaffung oder Qualitätsmanagement integriert. Außerdem gehen wir auf die Modellierung zusätzlicher konfigurierbarer Objekte ein.

In diesem Kapitel wollen wir drei Fragen beantworten:

1. Kann man die Variantenkonfiguration in weitere logistische Prozesse integrieren? Ja man kann – z. B. in Vorplanung, Fremdbeschaffung (Einkauf), Qualitätsmanagement, Projektsystem und Instandhaltung/Kundenservice.
2. Gibt es noch mehr konfigurierbare Objekte außer dem Materialstamm? Ja, die gibt es: Netzpläne, Instandhaltungsanleitungen und Musterleistungsverzeichnisse.
3. Wie modelliert man das? Das wollen wir Ihnen im Folgenden zeigen.

9.1 Vorplanung

Variantenkonfiguration und Vorplanung – widerspricht sich das nicht? Jein.

Betrachten Sie den Zusammenhang anhand der Abbildung 9.1. Ziel der Vorplanung ist es, anhand von Prognosen bezüglich der Absatz- und Produktionsgrobplanung sogenannte *Vorplanungsbedarfe* zu erzeugen. Auf Basis dieser Vorplanungsbedarfe soll dann die Beschaffung angestoßen werden. Deren Ziel ist es, ausreichend Lagerbestand aufzubauen. Das wollen Sie im Allgemeinen für konfigurierbare Produkte nicht (siehe 1. in Abbildung 9.1). Sie möchten auf den Kundenauftrag warten und für diesen die Beschaffung (meist die Fertigung) durchführen (siehe 3. in Abbildung 9.1). Warum im Allgemeinen? Natürlich kann im Speziellen der Wunsch bestehen, Lagerbestand für speziell konfigurierte Produkte aufzubauen. Dann sind Sie aber bei Materialvarianten.

Warum interessiert trotzdem die Vorplanung in der Variantenkonfiguration auch im allgemeinen Fall? Sie möchten unterhalb des konfigurierbaren Materials – also auf der Ebene nicht konfigurierbarer Zukaufteile oder auch der nicht konfigurierbarer zu fertigender Baugruppen – über Vorplanung die Beschaffung anstoßen (siehe 2. in Abbildung 9.1). Sie müssen nur dafür sorgen, dass dann die Sekundärbedarfe aus der kundenauftragsspezifischen Fertigung nicht nochmals zusätzliche Bedarfe zu denen aus der Vorplanung erzeugen. Es muss eine sinnvolle Verrechnung dieser Bedarfe erfolgen (siehe 4. Aufzählungspunkt in Abbildung 9.1).

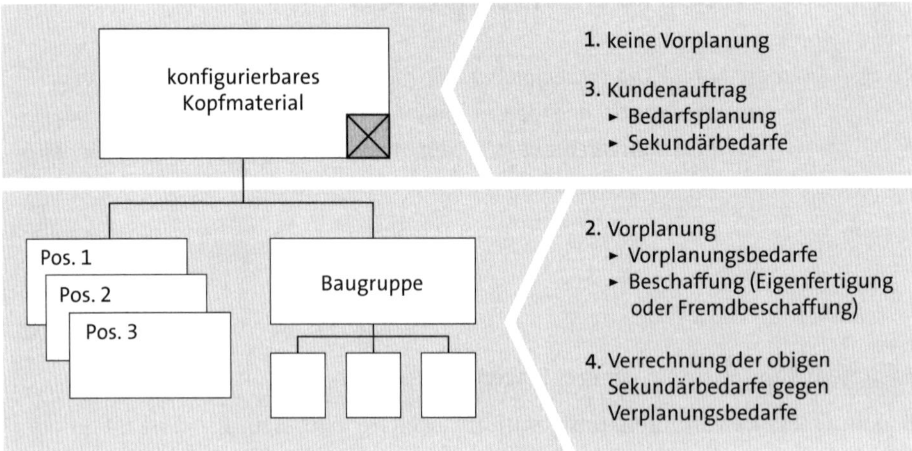

Abbildung 9.1 Variantenkonfiguration und Vorplanung

Eigentlich benötigen Sie hierfür keine eigenen Planungsstrategien. Dies können Sie direkt mit der Strategie 70 (die nichts mit Variantenkonfiguration zu tun hat) realisieren. Wie in Abbildung 9.2 skizziert, bleiben Sie auf der Ebene des konfigurierbaren Materials bei der üblichen *Strategie 25*, die Kundenauftragsbedarfe inklusive Konfiguration berücksichtigt, jedoch keine Vorplanungsbedarfe.

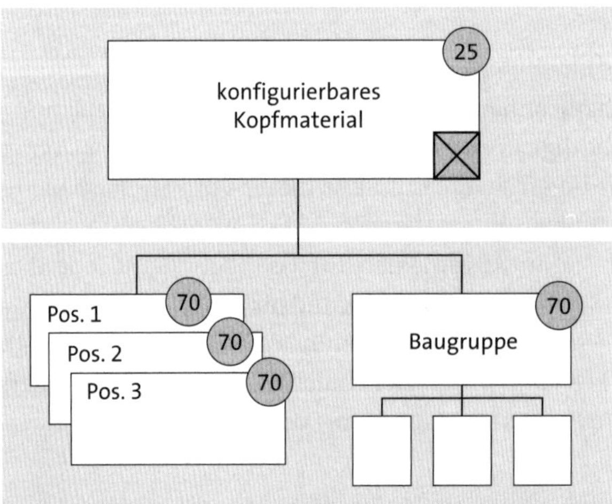

Abbildung 9.2 Die (reine) Baugruppenvorplanung

Die vorplanungsrelevanten Komponenten aus der Stückliste bekommen die *Strategie 70* im Materialstamm in der Sicht **Disposition 3**. Für diese Komponenten mit der Strategie 70 werden Vorplanungsbedarfe angelegt. Auf Grundlage dieser Vorplanungsbedarfe wird die Beschaffung angestoßen, was im Ergebnis zu entsprechenden Lagerbeständen führt. Die Strategie 70 steuert nun, dass Sekundärbedarfe, die sich über Kundenaufträge zu dem konfigurierbaren Material ergeben, diese über Vorplanung veranlassten Bestände bedienen. Das heißt, sie baut die Vorplanungsbedarfe ab, sprich: Sie sorgt für eine Verrechnung der Sekundärbedarfe aus den Kundenaufträgen mit den Vorplanungsbedarfen.

Das sieht doch alles wunderbar aus. Wozu gibt es dann spezielle Planungsstrategien für die Variantenkonfiguration? Das in Abbildung 9.2 beschriebene Szenario zeigt zwei große Probleme:

1. In der Variantenkonfiguration haben die konfigurierbaren Maximalstücklisten häufig Hunderte bis Tausende Positionen. Es wäre mit riesigem Aufwand verbunden, für diese direkt die Vorplanungsbedarfe zu erzeugen.
2. Man denkt und plant im Allgemeinen nicht auf der Ebene der Positionen, sondern auf der Ebene des konfigurierbaren Materials.

An diesen Problemen setzen die im Weiteren vorgestellten Planungsstrategien an.

9.1.1 Planungsstrategie 56

Betrachten Sie die *Strategie 56* im Zusammenhang mit Abbildung 9.3. Hier machen Sie genau das, was Sie eigentlich für konfigurierbare Materialien nicht machen wollten. Sie legen für das konfigurierbare Material Vorplanungsbedarfe an. Für ein konfigurierbares Material Bedarfe anzulegen ohne Konfiguration ist sinnlos. Das gilt im Prinzip auch hier.

Es ergibt z. B. keinen Sinn zu planen, dass in den nächsten Planungsperioden 1.000 Autos verkauft werden sollen, wenn man zu den Autos überhaupt keine Informationen zur Konfiguration mitgibt. Sie müssen hier überlegen, welche Merkmale oder genauer welche Merkmalswerte und Merkmalswertkombinationen für die Vorplanung relevant sein sollen. Für diese Merkmalswerte und Merkmalswertkombinationen sollen dann *Häufigkeiten* bzw. *Einsatzwahrscheinlichkeiten* im Zusammenhang mit den Vorplanungsbedarfen festgelegt werden. Zum Beispiel für unsere 1.000 Autos (siehe dazu auch den 1. Punkt in Abbildung 9.3) Folgendes:

- wie viel Prozent davon rot, blau, weiß oder schwarz sein sollen (= Merkmalswerte)
- für wie viel Prozent ein großer Benzinmotor mit einer manuellen oder Automatikschaltung usw. eingeplant werden soll (= Merkmalswertkombinationen)

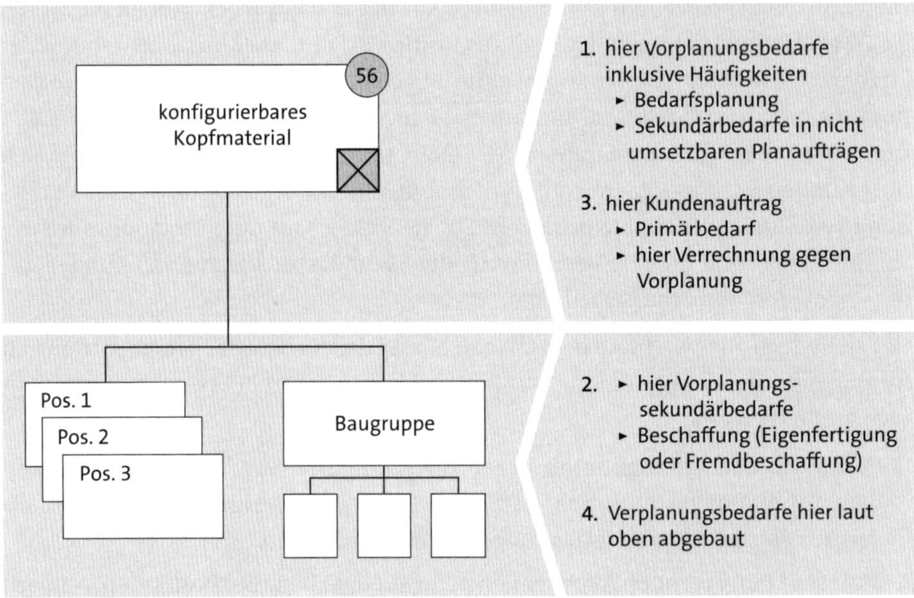

Abbildung 9.3 Merkmalsvorplanung – Strategie 56

Diese Vorplanungsbedarfe werden im nächsten Planungslauf berücksichtigt. Es werden Planaufträge erzeugt. Diese Planaufträge können nicht umgesetzt werden, sodass hier keine Fertigung oder eine andere Beschaffung angestoßen werden kann. Das wollen Sie ja auch nicht. Autos sollen erst produziert werden, wenn entsprechende Kundenaufträge vorliegen.

Wozu dann die Planaufträge? Die Planaufträge erzeugen durch die Stücklistenauflösung Sekundärbedarfe. Und hier kann wie geplant beschafft werden (siehe den 2. Punkt in Abbildung 9.3).

Dieses Szenario hat eigentlich nur eine Schwachstelle: die Verrechnung. Wenn nun ein Kundenauftrag über z. B. 100 Autos mit dem größten Benzinmotor mit Automatikgetriebe eingeht, dann soll dieser Kundenauftrag keinen zusätzlichen Bedarf erzeugen, sondern den Vorplanungsbedarf von 1.000 Autos reduzieren (d. h. verrechnen), um in Summe weiterhin die 1.000 Autos zu haben. Das passiert hier auch (siehe den 3. Punkt in Abbildung 9.3).

Die Vorplanungsbedarfe bezüglich der Komponenten werden jedoch folgendermaßen verrechnet:

- Falls 20 % der Autos mit dem größten Benzinmotor mit Automatikgetriebe eingeplant werden, erzeugen die 1.000 Autos Vorplanungsbedarf für 200 größte Benzinmotoren mit Automatikgetriebe.

- Der Kundenauftrag von 100 Autos reduziert den Vorplanungsbedarf von 1.000 Autos auf 900.
- Dementsprechend wird der Bedarf bezüglich der größten Benzinmotoren mit Automatikgetriebe von 200 auf 20 % von 900 gleich 180 reduziert, und nicht, wie vielleicht gedacht, auf 100 (siehe den 4. Punkt in Abbildung 9.3).

Welche Vorarbeiten in der Modellierung sind für die Strategie 56 erforderlich? Im Materialstamm des konfigurierbaren Materials in der Sicht **Disposition 3** müssen Sie im Feld **Strategiegruppe** »56« eintragen. Weiterhin füllen Sie die Felder **Verrechnungsmodus**, **VerInt Rückwärts** und **VerInt Vorwärts** aus. Damit legen Sie fest, in welchen Intervallen und wie Kundenaufträge gegen Vorplanungsbedarfe verrechnet werden (siehe Abbildung 9.4).

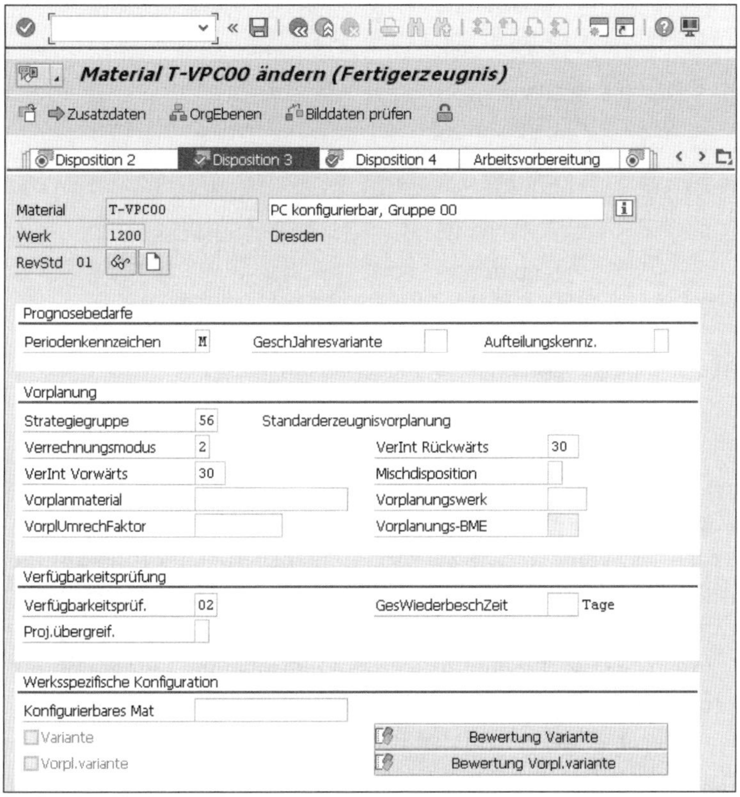

Abbildung 9.4 Strategie der Merkmalsvorplanung im Materialstamm (Transaktion MM02)

Wir hatten erwähnt, dass im 1. Punkt in Abbildung 9.3 Häufigkeiten angegeben werden sollen. Hierfür ist eine passende Maske wie in Abbildung 9.5 zu erstellen. Diese Maske erfordert grundsätzlich das Anlegen eines sogenannten *Vorplanungsprofils*. Sollten, wie in Abbildung 9.5 in den unteren neun Zeilen zu sehen, Wertekombinationen von Interesse sein, dann benötigt man zusätzlich *Vorplanungstabellen*. Im oben genannten Autobeispiel ist dies bei der Kombinationen von Motor und Getriebe der Fall. Wenn Kombinationen nicht von Interesse sind (hier bei Maus, Modem, Tastatur oder oben im Autobeispiel bei der Farbe), reichen Vorplanungsprofile. Im Folgenden lernen Sie Vorplanungstabellen, Vorplanungsprofile und Vorplanungsbedarfe näher kennen.

Maus		
Modem		
Tastatur		
Tower	CPU langsam	
Tower	CPU mittel	
Tower	CPU schnell	
Minitower	CPU langsam	
Minitower	CPU mittel	
Minitower	CPU schnell	
Desktop	CPU langsam	
Desktop	CPU mittel	
Desktop	CPU schnell	

Abbildung 9.5 Maske für die Häufigkeiten in der Merkmalsvorplanung

Vorplanungstabellen

Fangen Sie mit den Vorplanungstabellen an. Wie gesagt, benötigen Sie diese immer dann, wenn Häufigkeiten von Wertekombinationen von Interesse sind. Vorplanungstabellen werden fast völlig analog zu Variantentabellen gepflegt. Es sind jedoch eigene Transaktionen, insofern kann man nicht direkt aus Transaktion PMEVC heraus vorgehen. Vorplanungstabellen werden über Transaktion MDP1 angelegt, die Sie im SAP-Menü unter **Logistik • Produktion • Produktionsplanung • Programmplanung • Stammdaten • Vorplanungstabelle • Anlegen** finden. Im Startbildschirm muss der Tabelle ein Name gegeben werden. In den Basisdaten müssen **Bezeichnung** und **Status** angegeben werden. Wechseln Sie in die Sicht **Merkmale**. Hier listen Sie die Merkmale auf, die eine Merkmalswertkombination erzeugen sollen. Vergleichen Sie für alle drei Schritte Abbildung 9.6.

Die Inhaltspflege der Vorplanungstabelle wird über Transaktion MDP4 durchgeführt, die Sie im SAP-Menü ebenfalls unter **Logistik • Produktion • Produktionsplanung • Programmplanung • Stammdaten • Vorplanungstabellenpflege** finden (siehe Abbildung 9.7). Im Unterschied zu Variantentabellen gibt es hier keine anderen Darstellungsformen der Tabelle (z. B. Entscheidungstabellen) und auch kein Normalisieren.

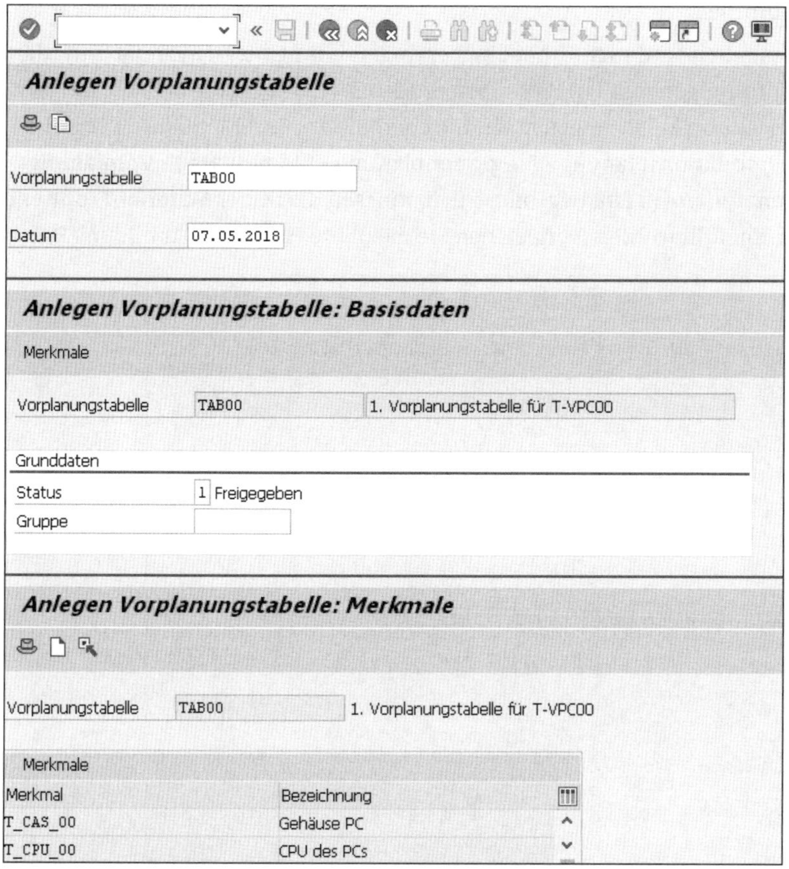

Abbildung 9.6 Vorplanungstabellen anlegen (Transaktion MDP1)

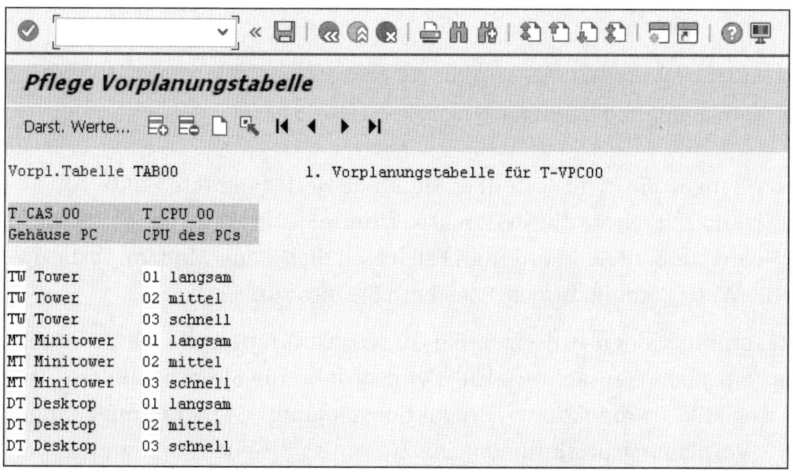

Abbildung 9.7 Vorplanungstabellen – Inhaltspflege (Transaktion MDP4)

Vorplanungsprofile

Vorplanungstabellen sind nicht unbedingt zwingend. Im Unterschied dazu werden Vorplanungsprofile generell bei dieser Strategie benötigt. Vorplanungsprofile werden über Transaktion MDP6 angelegt, die Sie ebenfalls im SAP-Menü unter **Logistik • Produktion • Produktionsplanung • Programmplanung • Stammdaten • Vorplanungsprofil erzeugen** finden. Im Einstiegsbildschirm müssen die Felder **Material**, **Profiltext** und **Klassenart** gefüllt werden (vergleichen Sie die obere Hälfte von Abbildung 9.8).

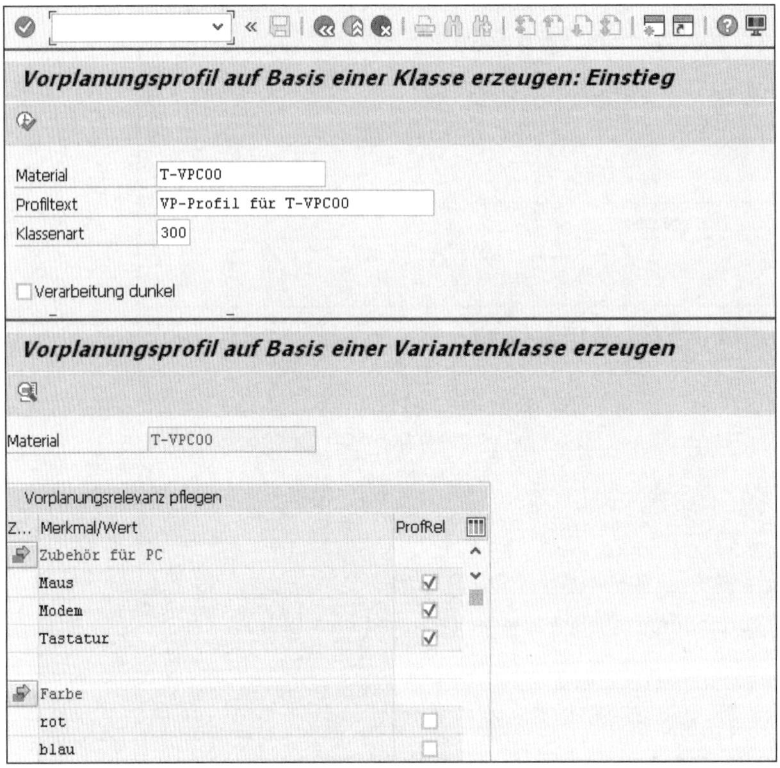

Abbildung 9.8 Vorplanungsprofil anlegen (Transaktion MDP6)

Anschließend gelangen Sie in die Liste aller Merkmalswerte (= untere Hälfte von Abbildung 9.8). Hier markieren Sie die Merkmalswerte, die Sie direkt in der Maske wie in Abbildung 9.5 haben möchten. In unserem Fall wären dies Maus, Modem, Tastatur – jedoch nicht die Wertekombinationen. Speichern Sie dies zunächst.

Für die Wertekombinationen benötigen Sie die Vorplanungstabelle. Sie wird dem Vorplanungsprofil über Transaktion MDPH zugeordnet, die Sie ebenfalls im SAP-Menü unter **Logistik • Produktion • Produktionsplanung • Programmplanung • Stammdaten • Vorplanungsprofil** finden. Die Zuordnung (siehe Abbildung 9.9) erfolgt durch einen Klick auf den Anlege-Button. Hier geben Sie (z. B. über die [F4]-

Hilfe) den Namen der Vorplanungstabelle an. Durch Klick auf den Button werden die Zeilen der Tabelle eingefügt.

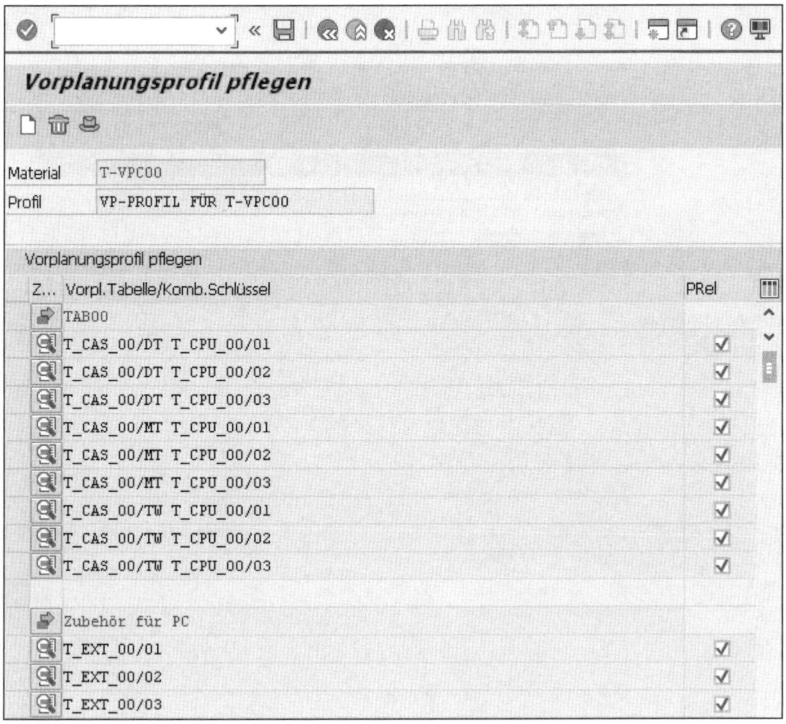

Abbildung 9.9 Vorplanungsprofil-Pflege – Vorplanungstabelle zuordnen (Transaktion MDPH)

Vorplanungsbedarfe

Damit sind alle Vorbereitungen abgeschlossen, um diese Planungsstrategie zu nutzen. Die Vorplanungsbedarfe werden völlig analog zu Szenarien ohne Variantenkonfiguration über Transaktion MD61 angelegt, die Sie im SAP-Menü unter **Logistik • Produktion • Produktionsplanung • Programmplanung • Planprimärbedarf • Anlegen** finden. Im **Einstieg** reicht es, einen Eintrag in den Feldern **Material** und **Werk** vorzunehmen. Für die restlichen Felder kann mit Vorschlagswerten gearbeitet werden, oder man lässt sie frei (siehe Abbildung 9.10 obere Hälfte).

Anschließend gelangen Sie per [↵] in das **Planungstableau**. Hier geben Sie pro Periode den Vorplanungsbedarf an – in unserem Beispiel jeweils 200 ST. Anschließend gelangen Sie per Doppelklick auf den Vorplanungsbedarf von 200 ST oder mit einem Klick auf den Button **Konf.-Stützpunkt** in die Maske, um die Häufigkeiten bzw. Einsatzwahrscheinlichkeiten anzugeben. Diese Maske muss für weitere Vorplanungsbedarfe nur dann erneut gefüllt werden, wenn sich an den Häufigkeiten etwas ändern soll.

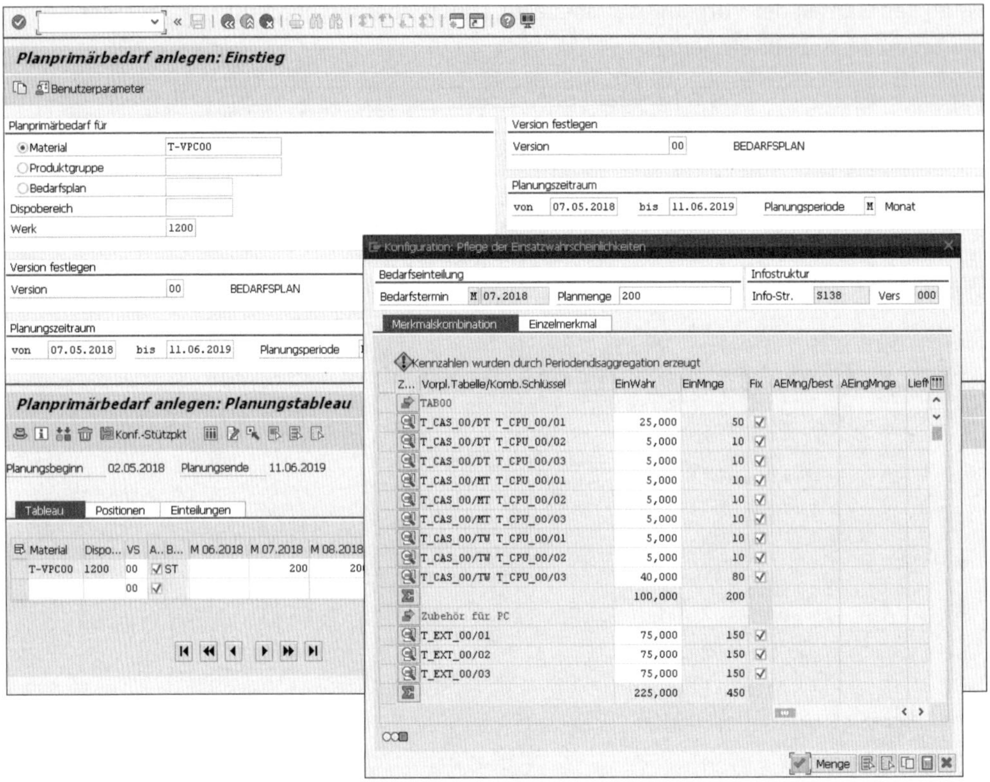

Abbildung 9.10 Vorplanungsbedarfe (Transaktion MD61)

Soweit die Planungsstrategie 56. Der weitere Ablauf mit Planungslauf → Planauftrag → Sekundärbedarfe → Beschaffung der Komponenten → Kundenauftrag und Verrechnung wurde ja bereits erläutert.

9.1.2 Langfristplanung und Plannungsstrategien 56-70

Sollte die ungenaue Verrechnung der Sekundärbedarfe aus dem Kundenauftrag von oben (90 % von 200 Motoren statt 200 minus 100 Motoren) kritisch für Sie sein, können Sie diese Planungsstrategie noch erweitern. Hier wird eine zunächst simulative Planung über das Werkzeug der Langfristplanung durchgeführt. Wie im 1. Schritt in Abbildung 9.11 dargestellt, werden im Rahmen einer Langfristplanung simulative Vorplanungsbedarfe angelegt. Dabei kommen genau wie oben die Strategie 56, Vorplanungstabellen und Vorplanungsprofile zum Einsatz.

Wie im 2. Schritt in der Abbildung gezeigt, wird mit simulativen Vorplanungsbedarfen eine simulative Planung durchgeführt, die als Ergebnis simulative Planaufträge mit simulativen Vorplanungssekundärbedarfen erzeugt.

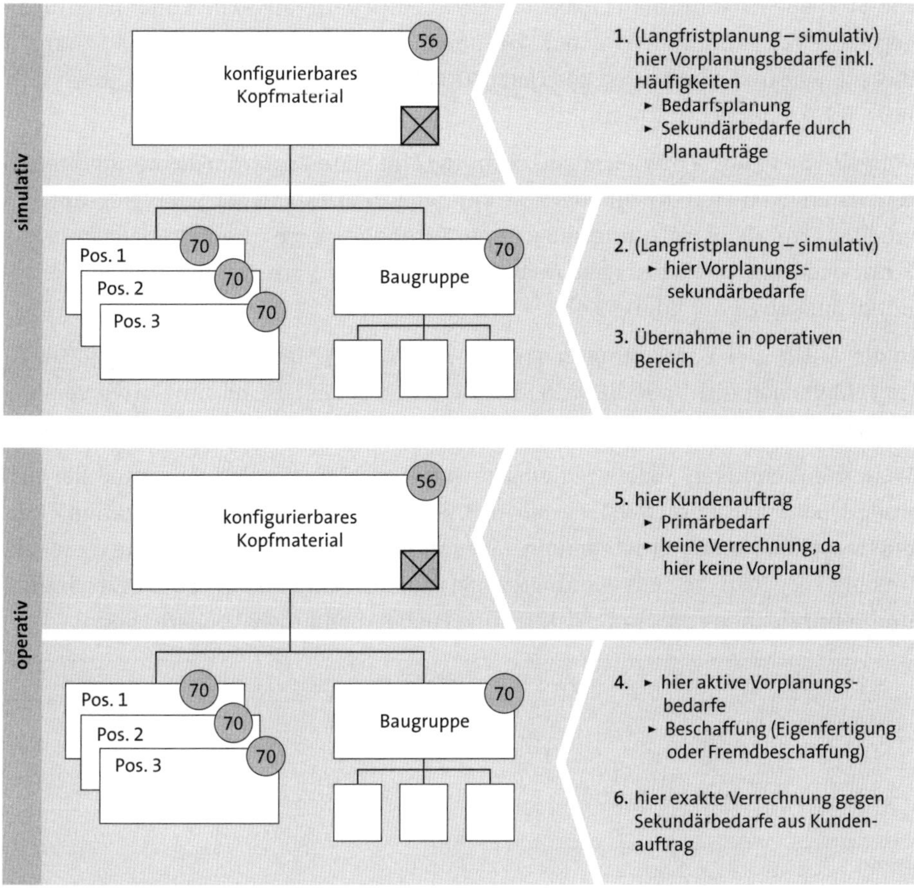

Abbildung 9.11 Merkmalsvorplanung mit Langfristplanung – simulativer und operativer Anteil

Diese simulativen Vorplanungssekundärbedarfe werden, wie im 3. Schritt in Abbildung 9.11 dargestellt, über einen geeigneten Übernahmereport in operative Vorplanungsbedarfe überführt. Hier im operativen Umfeld wird nun genutzt, dass allen vorplanungsrelevanten Komponenten die Strategie 70 zugeordnet wurde. Im nächsten Planungslauf wird, wie im 4. Schritt dargestellt, die Beschaffung angestoßen.

In diesem Zusammenhang wird auch die Verrechnung der Bedarfe aus den Kundenaufträgen exakt durchgeführt. Der Primärbedarf aus dem Kundenauftrag bezüglich des konfigurierbaren Materials wird nicht verrechnet, da hier (im operativen Umfeld) keine Bedarfe aus der Vorplanung existieren.

Die Strategie 70 sorgt dafür, dass die Sekundärbedarfe aus den Kundenaufträgen gegen die Vorplanungsbedarfe der Komponenten verrechnet werden – und zwar auf dieser Ebene und damit exakt (also jetzt 200 minus 100 Motoren = 100 Motoren statt 180 = 90 % von 200 Motoren).

Was wird hier anders bzw. zusätzlich benötigt? Im Materialstamm des konfigurierbaren Materials ist alles unverändert. Sie können weiterhin mit der Strategiegruppe 56 arbeiten. Für alle vorplanungsrelevanten Komponenten ist im Materialstamm die Strategiegruppe 70 einzutragen. Auch die Angaben zur Verrechnung werden hier benötigt (analog zu Abbildung 9.4).

In der Anlage der Vorplanungsbedarfe in Transaktion MD61 in Abbildung 9.10 darf im Feld **Version** nicht »00 BEDARFSPLAN« stehen. Hier ist eine simulative Version, z. B. Version »10«, nötig. Die Bedarfe sind inaktiv

Weiterhin benötigen Sie ein *Planungsszenario* für den simulativen Anteil der Planung. Über Transaktion MS31, die Sie im SAP-Menü unter **Logistik • Produktion • Produktionsplanung • Langfristplanung • Szenario • Anlegen** finden, legen Sie dieses an. Im Einstieg geben Sie dem Planungsszenario einen Namen sowie eine Bezeichnung und kennzeichnen es als Langfristplanung (siehe Abbildung 9.12 obere Hälfte).

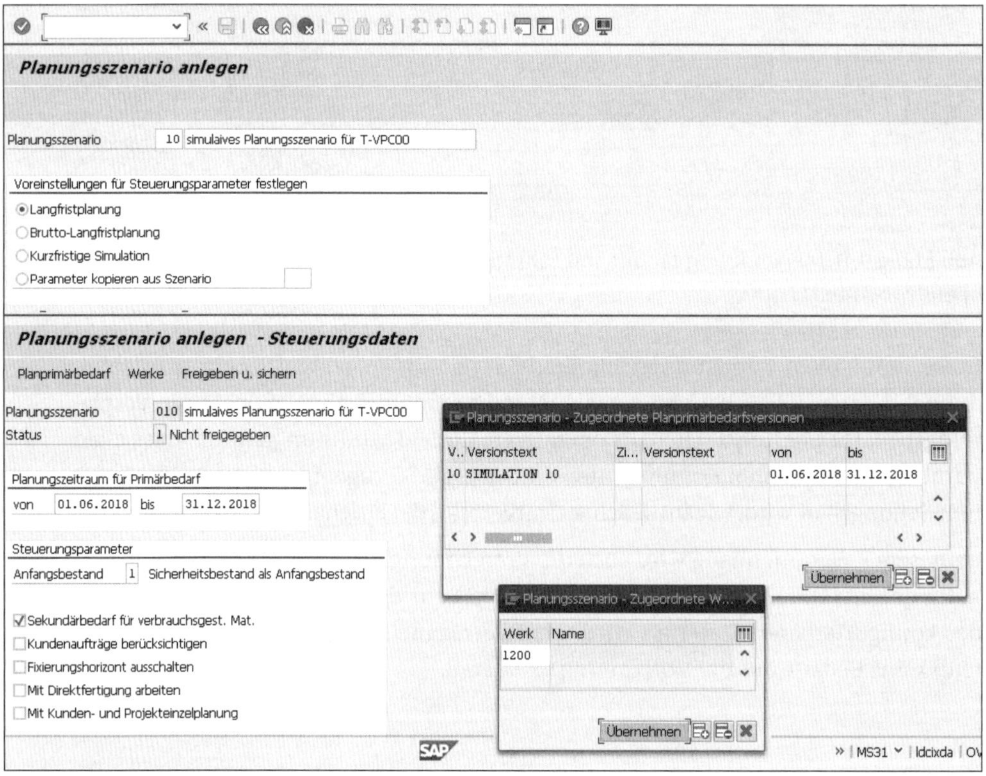

Abbildung 9.12 Simulatives Planungsszenario (Transaktion MS31)

Im Bildbaustein **Steuerungsdaten** (siehe Abbildung 9.12 untere Hälfte) ist ein geeigneter Planungszeitraum einzutragen. Mit einem Klick auf den Button **Planprimärbedarf** gelangen Sie in ein entsprechendes Pop-up-Fenster. Hier ordnen Sie die Version (im Beispiel 10) der Planprimärbedarfe zu. Per Klick auf den Button **Werke** gelangen Sie in ein entsprechendes Pop-up-Fenster. Hier ordnen Sie das oder die Werke (im Beispiel 1200) zu. Sie schließen die Pflege mit einem Klick auf den Button **Freigeben u. sichern** ab.

Den oben angesprochenen Übernahmereport (siehe Abbildung 9.13) erreichen Sie über Transaktion MS66, die Sie im SAP-Menü unter **Logistik • Produktion • Produktionsplanung • Langfristplanung • Planprimärbedarfe • SimSekBedarf übern.** finden.

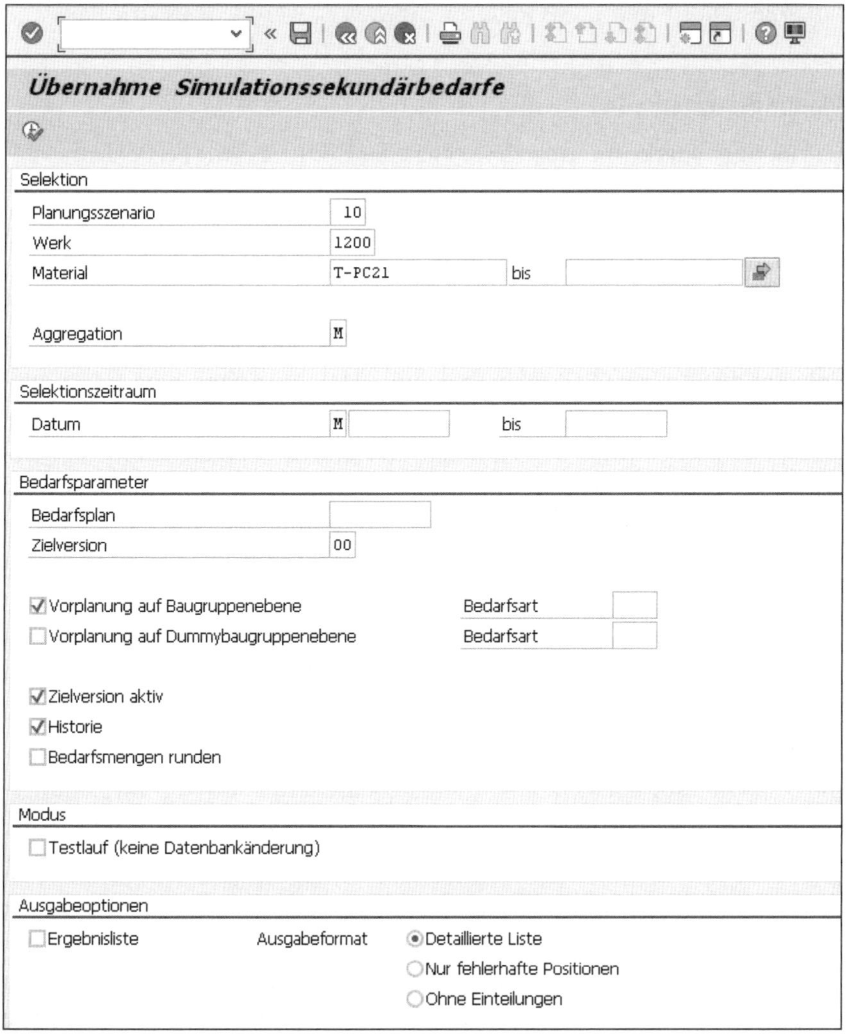

Abbildung 9.13 Übernahmereport für die Sekundärbedarfe (Transaktion MS66)

Wie in Abbildung 9.13 gezeigt, sind Eingaben in folgenden Feldern nötig:

- Planungsszenario (im Beispiel »10«)
- Werk (im Beispiel »1200«)
- Material (hier über Mehrfachselektion alle relevanten Materialnummern aufnehmen)
- Selektionszeitraum
- Zielversion (im Beispiel »00«)
- kein Testlauf

Als Ergebnis finden Sie Vorplanungsbedarfe für alle relevanten Komponenten z. B. in der Bedarfs-/Bestandsliste vor. Das weitere Vorgehen ist wie oben beschrieben.

9.1.3 Planungsstrategie 54

Mit dem Planungsszenario 54 verfolgen wir nicht das gleiche Ziel wie bei der betrachteten Strategie 56 und Langfristplanung. Dort bestand das Ziel in einer genaueren Verrechnung, was mit einem gewissen Zusatzaufwand verbunden war. Jetzt geht es genau in die andere Richtung. Die Frage ist, ob man auch Vorplanung mit geringerem Aufwand, als im Zusammenhang mit Strategie 56 vorgestellt, erreichen kann. Ja, und zwar mithilfe der Strategie 54. Die Exaktheit der Verrechnung wird jedoch nicht besser.

Was beinhaltet die Strategie 54 (siehe Abbildung 9.14)? Man kann hier auf Vorplanungstabellen und Vorplanungsprofile verzichten. Es sind keine Masken mit Häufigkeiten/Einsatzwahrscheinlichkeiten zu füllen. Stattdessen definiert man einige wenige typische Konfigurationen. Dies geschieht über sogenannte *Vorplanungsvarianten*. Diese Vorplanungsvarianten sind den Materialvarianten sehr ähnlich. Analog zu den Materialvarianten haben die Vorplanungsvarianten eigene Materialstämme. In der Sicht **Disposition 3** wird die Verbindung zum konfigurierbaren Material inklusive der Konfiguration hergestellt. Auch diese Vorplanungsvarianten werden wie auch die Materialvarianten über Transaktion CS40 mit der Stückliste des konfigurierbaren Materials verknüpft, soweit man keine separaten Stücklisten anlegen will (siehe hierzu den 1. Schritt in Abbildung 9.14).

Weiterhin benötigen sowohl das konfigurierbare Material als auch die Vorplanungsvarianten im Materialstamm in der Sicht Disposition 3 die Strategiegruppe 54.

Damit kann es schon losgehen (siehe den 2. Schritt in Abbildung 9.14). Für die Vorplanungsvarianten werden Planprimärbedarfe angelegt. Hierbei ist nichts aus Sicht der Variantenkonfiguration zu beachten. (Im Beispiel vielleicht jeweils 200 ST pro Monat pro Variante.) Diese Bedarfe führen im nächsten Planungslauf zu nicht umsetzbaren Planaufträgen – Sie wollen keine Vorplanungsvarianten fertigen. Diese Planaufträge führen jedoch zu den gewünschten Sekundärbedarfen, die wiederum zur Beschaffung der entsprechenden Komponenten führen. Das Ziel ist erreicht.

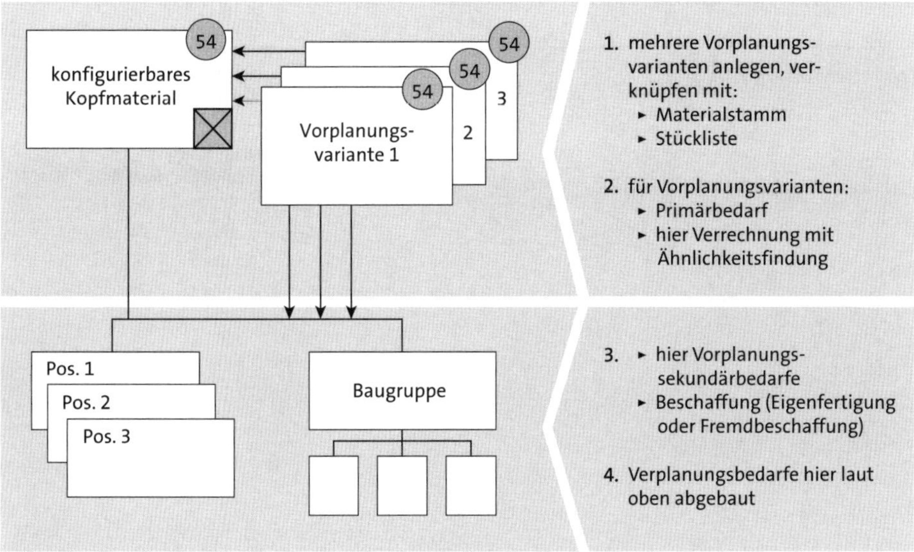

Abbildung 9.14 Vorplanung mit Vorplanungsvarianten – Strategie 54

Jetzt muss noch für eine Verrechnung der eintreffenden Kundenaufträge zum konfigurierbaren Material mit diesen Vorplanungsbedarfen gesorgt werden. Der Primärbedarf des Kundenauftrags findet keinen Vorplanungsbedarf zur Materialnummer im Kundenauftrag (da es keinen Vorplanungsbedarf zum konfigurierbaren Material gibt). Die Strategie 54 besagt, dass stattdessen mit dem Vorplanungsbedarf der ähnlichsten Vorplanungsvariante verrechnet wird. Was bedeutet »ähnlichste«? Eine hundertprozentig gleiche Konfiguration im Kundenauftrag und in einer Vorplanungsvariante – das ist sehr unwahrscheinlich. Wie die »ähnlichste« Vorplanungsvariante ansonsten gefunden werden soll, lässt sich einstellen. Dies erfolgt über Transaktion MDPV, die Sie ebenfalls im SAP-Menü unter **Logistik • Produktion • Produktionsplanung • Programmplanung • Stammdaten • Ähnlichkeitsfindung** finden (siehe Abbildung 9.15).

Hier spielen nur Einstellungen auf Ebene der Merkmale (nicht der Werte) eine Rolle. Merkmale mit dem Flag **Nicht relevant** werden nicht betrachtet. Merkmale mit dem Flag **Obligatorisch** müssen bei Kundenauftragskonfiguration und Vorplanungsvariante übereinstimmen, damit eine Vorplanungsvariante noch Kandidat als »ähnlichste« sein kann. Abschließend werden für die noch existierenden Kandidaten die Merkmale mit dem Flag **Optional** betrachtet. Für »optionale« kann per Doppelklick auf das Merkmal eine *Gewichtung* angegeben werden. Aus der Liste der existierenden Kandidaten gewinnt die Vorplanungsvariante, für die die Summe der Gewichtungen übereinstimmender Merkmale am größten ist. Hier wird der Vorplanungsbedarf verrechnet, sprich: abgebaut.

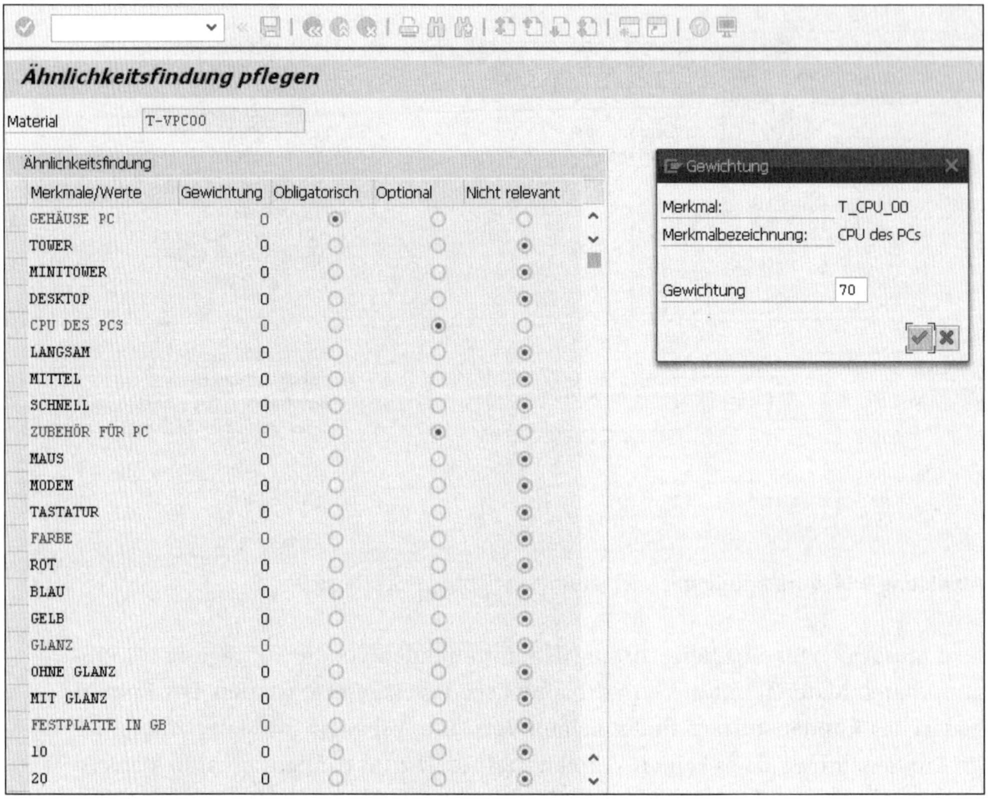

Abbildung 9.15 Ähnlichkeitsfindung (Transaktion MDPV)

Soweit unser Überblick zu Strategien im Rahmen der Vorplanung in der Variantenkonfiguration. Wir erheben hierbei keinen Anspruch auf Vollständigkeit. So könnten noch die Vorplanung für Materialvarianten oder auch Quellen für Prognosen z. B. bezüglich Häufigkeiten betrachtet werden.

9.2 Einkauf: Bestellung und Fremdbeschaffung

Sie können die Variantenkonfiguration auch in der Fremdbeschaffung nutzen. Man kann auch konfigurierbare Materialstämme in eine Bestellung aufnehmen. Natürlich brauchen Sie hier genauso wie in der Fertigung eine Konfiguration. Diese kann über einen Kundenauftrag kommen – wenn Sie für einen Kundenauftrag ein konfigurierbares Material bestellen. Es besteht auch die Möglichkeit, direkt in der Bestellung zu konfigurieren. Im letzteren Fall muss jedoch überlegt werden, wie man ebenfalls den Wareneingang in einen speziellen Bestand bucht. Denn es ist ja immer notwendig, die Verbindung zur Konfiguration nicht zu verlieren.

In diesem Abschnitt wollen wir noch einen zweiten Aspekt betrachten. Man kann in Bestellungen neben Materialien auch Dienstleistungen aufnehmen, die man ebenfalls bei einem Lieferanten bestellen kann. Und hier kann ebenfalls die Variantenkonfiguration in Form von *konfigurierbaren Musterleistungsverzeichnissen* – kurz *Muster-LV* – genutzt werden. Das schauen Sie sich jetzt genauer an.

Wo werden diese Muster-LV gepflegt – sprich: angelegt, geändert und angezeigt? Ein Weg ist in Abbildung 9.16 zu sehen und beinhaltet vom SAP-Menü ausgehend den Pfad **Logistik • Materialwirtschaft • Leistungsstamm • Muster-LV** mit Transaktion ML10, ML11 und ML12.

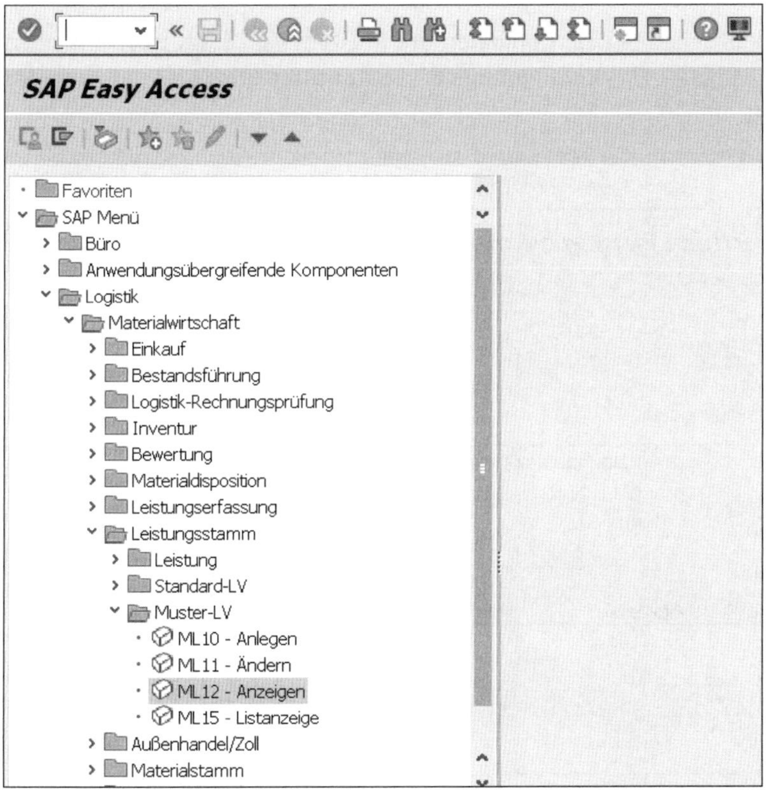

Abbildung 9.16 Menüpfad Musterleistungsverzeichnis (Transaktion ML10)

In unserem Beispiel wurde über die [F4]-Hilfe das Muster-LV »RV-1101« ausgewählt (siehe Abbildung 9.17). Die Möglichkeit, speziell nach konfigurierbaren Muster-LVs zu suchen, gibt es in der [F4]-Hilfe nicht.

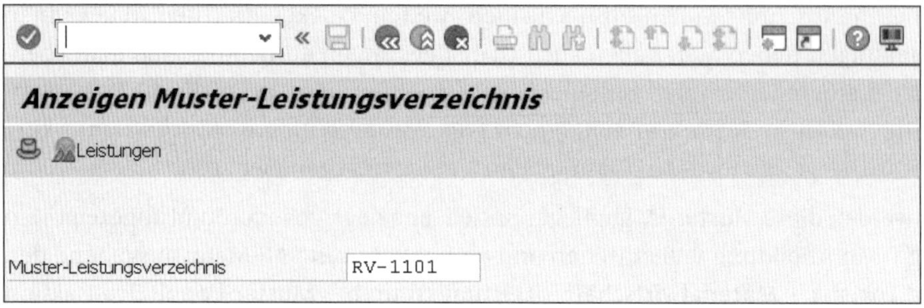

Abbildung 9.17 Anzeigen Musterleistungsverzeichnis (Transaktion ML12)

In Abbildung 9.18 sehen Sie die Kopfdaten des Muster-LVs. Dieses ist rechts oben über das entsprechende Flag **Konfigurieren bei Leistungsselektion** als konfigurierbar gekennzeichnet.

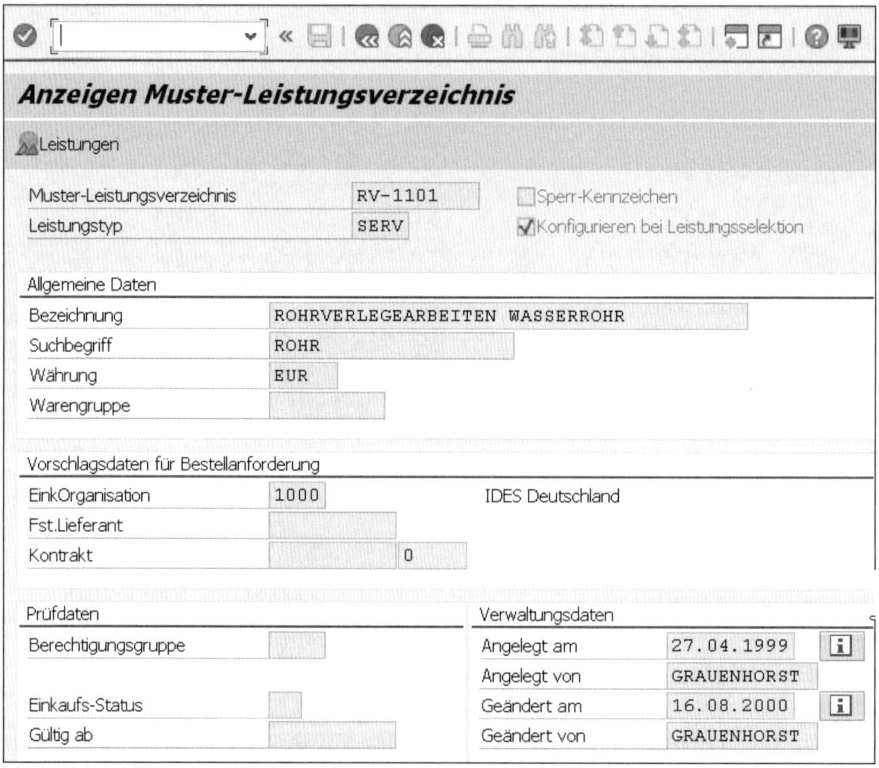

Abbildung 9.18 Kopfdaten des Musterleistungsverzeichnisses (Transaktion ML12)

Über den Button Leistungen wechseln Sie in die Übersicht der möglichen Leistungen (siehe Abbildung 9.19).

Muster-Leistungsverzeichnis anzeigen

Kurztext ROHRVERLEGEARBEITEN WASSERROHR Gesamtwert 2.578,00 EUR

Leistungen

Zeile	L..	Leistungsnr	Kurztext	Menge	ME	Bruttopreis	Währg	K..	Übererf.tol.	pro M...
10	☐	100000	Baustelle einrichten	1	LE	1.533,90	EUR	☐	0,0	1
20	☐	100152	Transport Stahlrohr	1	KM	12,50	EUR	☐	0,0	1
30	☐	100153	Transport Gußrohr	1	KM	11,00	EUR	☐	0,0	1
40	☐	100140	Straßenbelag entfernen	1,00	M2	21,00	EUR	☐	0,0	1
50	☐	100143	Erdaushub	1	M3	7,80	EUR	☐	0,0	1
60	☐	100141	Anbringen Seitenabsperrung Schaltafel	1	M	0,30	EUR	☐	0,0	1
70	☐	100142	Anbringen Seitenabsperrung Spundwand	1	M	0,40	EUR	☐	0,0	1
80	☐	100154	Rohrverlegung Produktionsbereich	1	M	3,60	EUR	☐	0,0	1
90	☐	100155	Rohrverlegung Grünfläche	1	M	2,70	EUR	☐	0,0	1
100	☐	100144	Verlegung Stahlrohr 15 cm	1	M	3,80	EUR	☐	0,0	1
110	☐	100145	Verlegung Stahlrohr 25 cm	1	M	5,20	EUR	☐	0,0	1
120	☐	100146	Verlegung Stahlrohr 35 cm	1	M	6,40	EUR	☐	0,0	1
130	☐	100147	Verlegung Gußrohr 15 cm	1	M	2,80	EUR	☐	0,0	1
140	☐	100148	Verlegung Gußrohr 25 cm	1	M	3,60	EUR	☐	0,0	1
150	☐	100149	Verlegung Gußrohr 35 cm	1	M	4,30	EUR	☐	0,0	1
160	☐	100150	Wiederverfüllung	1	M3	5,20	EUR	☐	0,0	1
170	☐	100151	Straßenbelag aufbringen	1,00	M2	28,50	EUR	☐	0,0	1
180	☐	100001	Baustelle abrüsten	1	LE	925,00	EUR	☐	0,0	1

Zeile 10

Abbildung 9.19 Leistungen im Musterleistungsverzeichnis (Transaktion ML12)

Analog zu Stückliste und Arbeitsplan handelt es sich hierbei um ein konfigurierbares Maximal-Musterleistungsverzeichnis. Was heißt das?

- *Konfigurierbar* bedeutet: Den einzelnen Leistungen, d. h. den einzelnen Zeilen, kann Beziehungswissen zugeordnet werden.
- *Maximal* bedeutet: Alle eventuell aus dem Muster-LV zu übernehmenden Leistungen müssen hier aufgenommen worden sein. Man kann über Beziehungswissen aussortieren (Auswahlbedingungen) und ändern (Prozeduren), aber nichts Zusätzliches aufnehmen.

Wo ist das Beziehungswissen in Abbildung 9.19? Leider kann man dieses in diesem Übersichtsbild nicht erkennen. Man kann sich eigentlich nur dadurch behelfen, dass man alle Zeilen markiert und dann über den Button zur Zuordnung des Beziehungswissens Zeile für Zeile springt. Dabei bitte nicht erschrecken, wenn »Fehler in Konfigurationseinstellungen« als Pop-up-Fenster erscheint. Das bedeutet, dass dieser Zeile kein Beziehungswissen zugeordnet wurde. Einfach mit [↵] bestätigen, und Sie landen beim Beziehungswissen zur nächsten Zeile. In Abbildung 9.20 sehen Sie beispielhaft für eine der Zeilen die Zuordnung von Beziehungswissen.

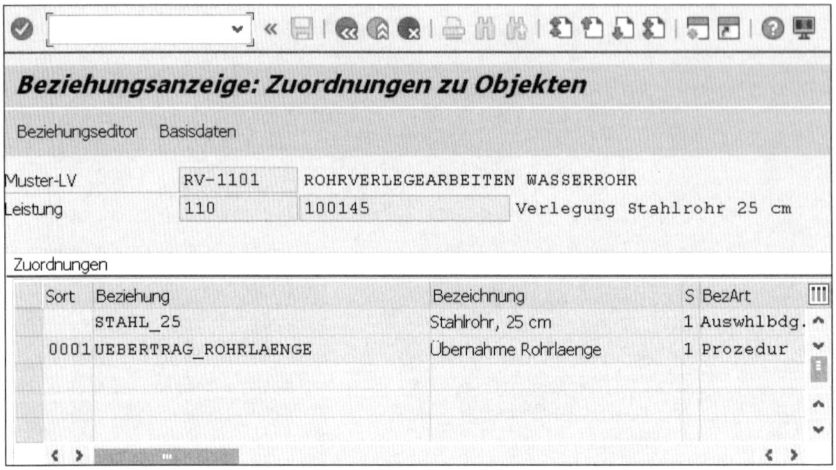

Abbildung 9.20 Beziehungswissen an einer Leistung im Muster-LV

Ähnlich wie bei Stückliste und Arbeitsplan können auch hier beliebig viele Auswahlbedingungen und Prozeduren – global oder lokal – zugeordnet werden.

Die erste Zeile mit der Beziehung »STAHL_25« beinhaltet eine Auswahlbedingung, die sagt, dass die Leistung »Verlegung Stahlrohr 25 cm« nur benötigt wird, wenn entsprechend in der Konfiguration »Stahlrohr, 25 cm« ausgewählt wurde. Hier haben wir darauf verzichtet, die Syntax über eine entsprechende Abbildung darzustellen.

Die zweite Zeile mit der Beziehung »UEBERTRAG_ROHRLAENGE« beinhaltet eine Prozedur. Die Syntax ist in Abbildung 9.21 dargestellt.

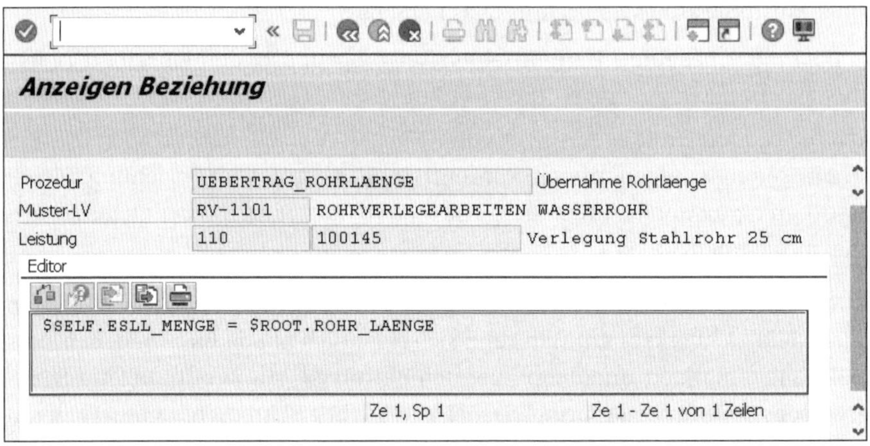

Abbildung 9.21 Syntaxbeispiel – Prozedur mit Objektmerkmal an Leistungen

Was bedeutet `$SELF.ESLL_MENGE = $ROOT.ROHR_LAENGE`?

`$ROOT.ROHR_LAENGE` ist ein Merkmal aus der Bewertungsoberfläche, d. h. ein Merkmal der Variantenklasse, die dem Muster-LV zugeordnet ist.

`$SELF.ESLL_MENGE` ist ein Objektmerkmal, das auf die Tabelle **ESLL** und dort auf das Feld **MENGE** verweist. Hiermit kann man z. B. die Menge »1« in Zeile 110 (Spalte **Zeile**) in Abbildung 9.19 mit der benötigten Menge laut Konfiguration überschreiben.

In Abbildung 9.20 kann man über den Zurück-Button zur Beziehungswissen-Zuordnung der nächsten Zeile und damit der nächsten Leistung wechseln. Für das konfigurierbare Musterleistungsverzeichnis kann man über die bereits bekannte Transaktion CU41, CU42 und CU43 in das Konfigurationsprofil wechseln. PMEVC kann nicht genutzt werden.

Im Unterschied zu dem Konfigurationsprofil für Materialstämme kann hier nur relativ wenig eingestellt werden, sodass alles auf eine Sicht passt (siehe Abbildung 9.22). Über die drei entsprechenden Buttons können Sie in die Klassenzuordnung, Einstellungen und Beziehungswissen wechseln. Diese Details sind in der Abbildung ebenfalls mit dargestellt. Mehr gibt es nicht – also keine Konfigurationsszenarien oder Einstellungen zur Auflösung als Beispiele.

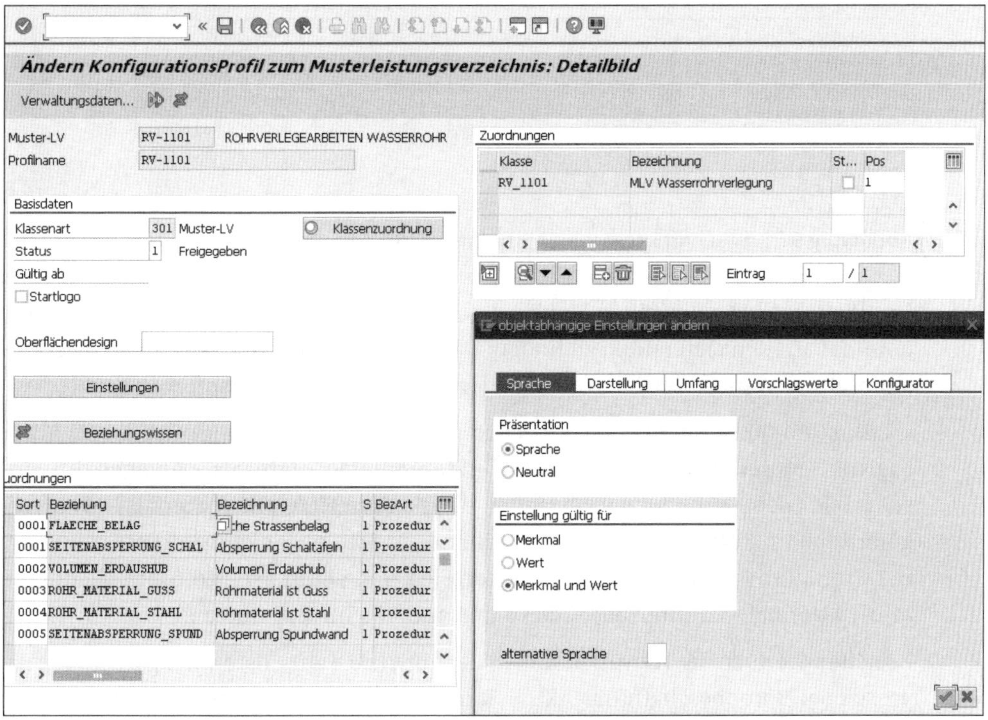

Abbildung 9.22 Konfigurationsprofil des Muster-LV (Transaktion CU42)

Hiermit haben wir Leistungen vorbereitet, die wir mithilfe der Variantenkonfiguration in Bestellungen nutzen wollen. Nun wollen wir den konfigurierbaren Materialstamm für die Bestellung vorbereiten.

In der Sicht **Disposition 2** in Abbildung 9.23 muss das Feld **Beschaffungsart** die Fremdbeschaffung zulassen. Dies wäre über den Eintrag F oder (wie hier) X gewährleistet. Weiterhin müssen im Materialstamm die Registerkarten **Einkauf** und **Buchhaltung** angelegt sein. Auf der Registerkarte **Einkauf** muss im Standard nur das Feld **Warengruppe** gefüllt sein.

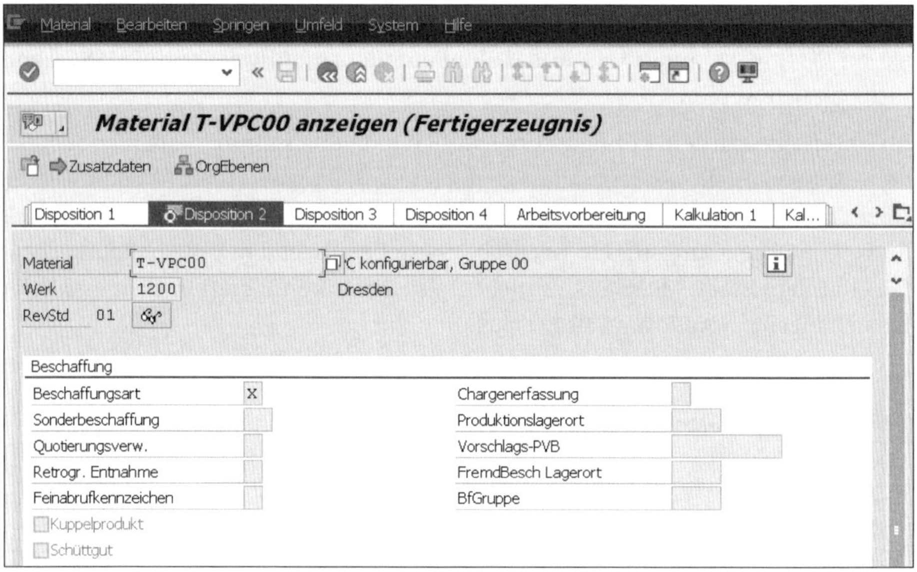

Abbildung 9.23 Beschaffungsart im Materialstamm

Des Weiteren legen Sie einen *Einkaufsinfosatz* an. Dieser ermöglicht der Bestellung, automatisch den Lieferanten zu finden. Darüber hinaus nutzen Sie hier den Einkaufsinfosatz, um einen von der Konfiguration abhängigen Einkaufspreis zu ermitteln.

Transaktion ME11, um Einkaufsinfosätze anzulegen, finden Sie im SAP-Menü unter **Logistik • Materialwirtschaft • Einkauf • Stammdaten • Infosatz • Anlegen**. Im Einstiegsbild (siehe Abbildung 9.24) sind in den Feldern **Lieferant**, **Material**, **Einkaufsorganisation** und **Werk** Einträge vorzunehmen. Da Sie den Einkaufsinfosatz mit interner Nummernvergabe anlegen, benötigen Sie keinen Eintrag bei **Infosatz**. Sie nutzen **Infotyp Normal** – könnten aber auch einen anderen Infotyp nutzen.

Beachten Sie auch die Warnmeldung in der Fußzeile. Laut Customizing der Materialart soll bei Fremdbeschaffungs-Aktivitäten generell eine Warnmeldung erscheinen.

In der Sicht **Allgemeine Daten** (siehe Abbildung 9.25) sind keine Eingaben erforderlich.

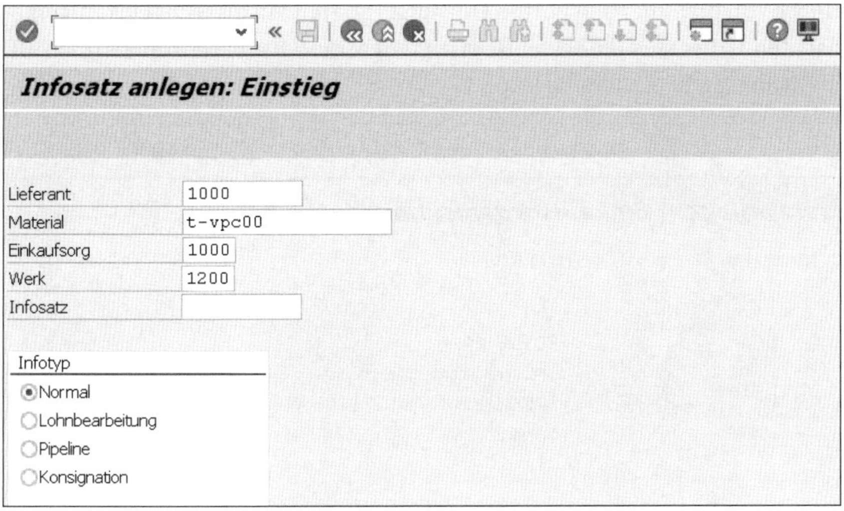

Abbildung 9.24 Einkaufsinfosatz anlegen – Einstieg (Transaktion ME11)

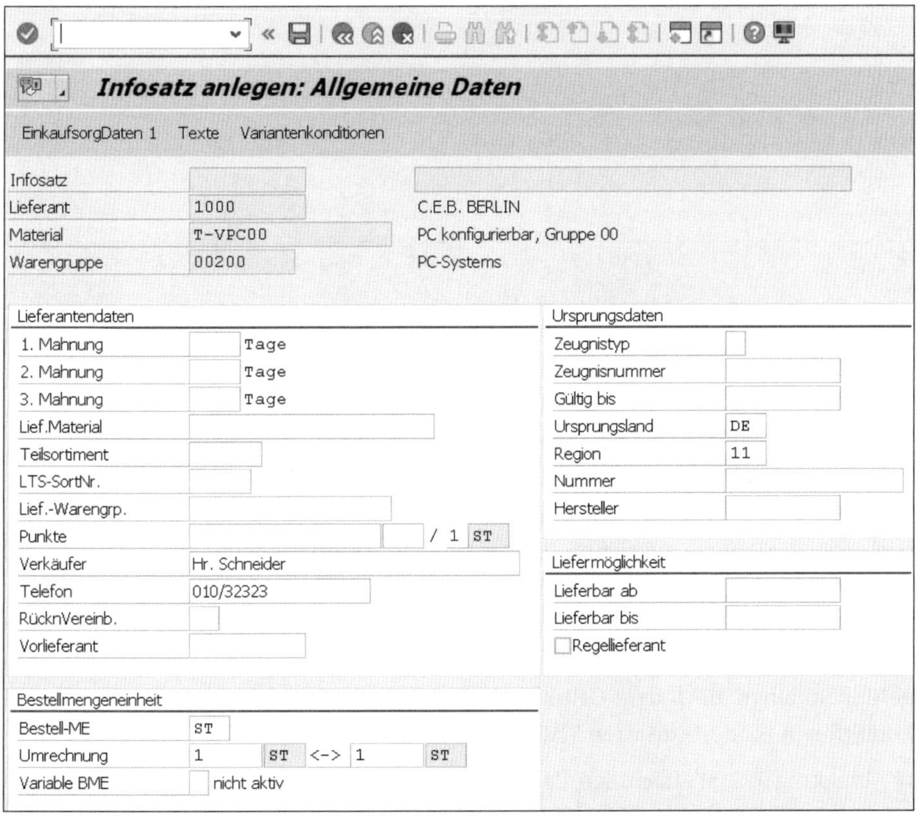

Abbildung 9.25 Einkaufsinfosatz anlegen – Allgemeine Daten

Wechseln Sie von hier über den Button **EinkaufsorgDaten 1** in die Sicht **Einkaufsorganisationsdaten 1**. Hier sind die Felder **Normalmenge** (hier: 1) und **Nettopreis** (hier 500 EUR) Mussfelder (siehe Abbildung 9.26).

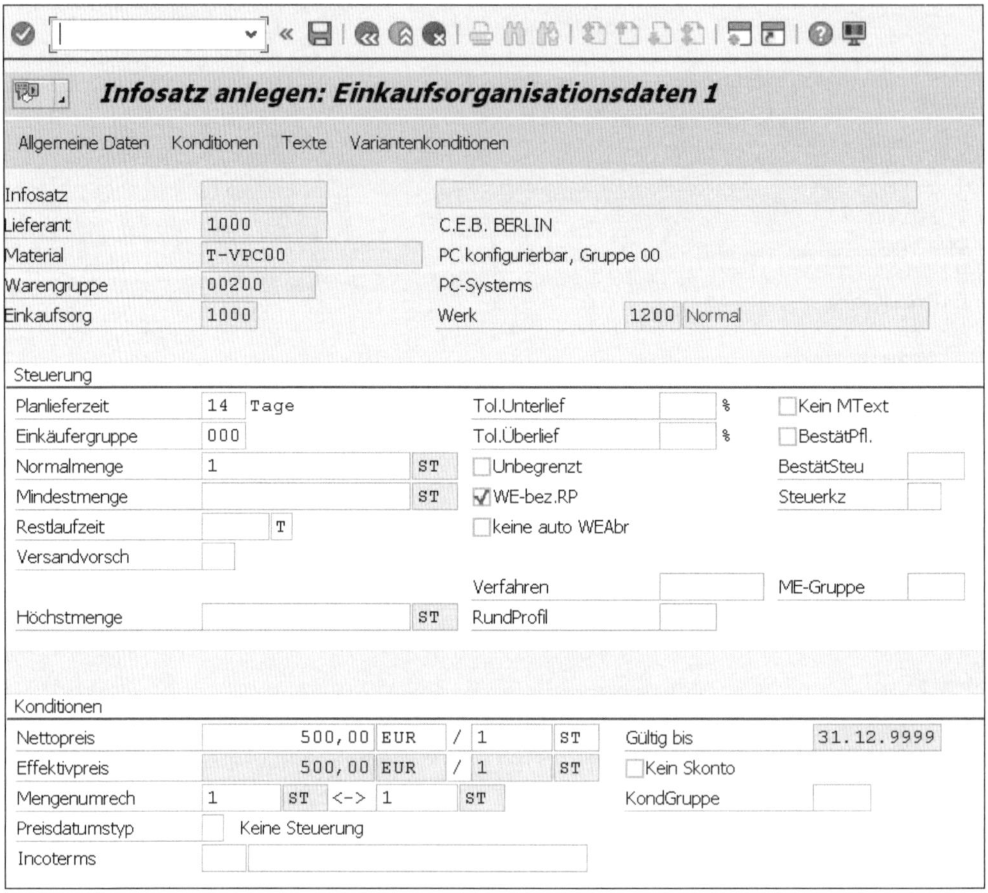

Abbildung 9.26 Einkaufsinfosatz anlegen – Einkaufsorganisationsdaten

Bevor Sie sich hier für einen Nettopreis entschieden haben, haben Sie vorher im Vertrieb nachgeschaut, zu welchen Preisen Sie das Material verkaufen. Etwas Gewinn sollte sichergestellt sein. Dazu haben Sie in Transaktion VK13, die Sie über den bekannten Pfad in der Variantenkonfiguration (SAP-Menü **Logistik • Zentrale Funktionen • Variantenkonfiguration • Umfeld • Preisfindung • Anzeigen Konditionen**) gefunden haben, nach dem Grundpreis (Konditionsart PR00) und allen Variantenkonditionen (Konditionsarten VA00 und VA01) gesucht.

In Abbildung 9.27 ist ersichtlich, dass eine Kondition von 700 EUR für die Konditionsart PR00 gefunden wurde. Da passt es, dass Sie oben 500 EUR im Einkauf gewählt haben.

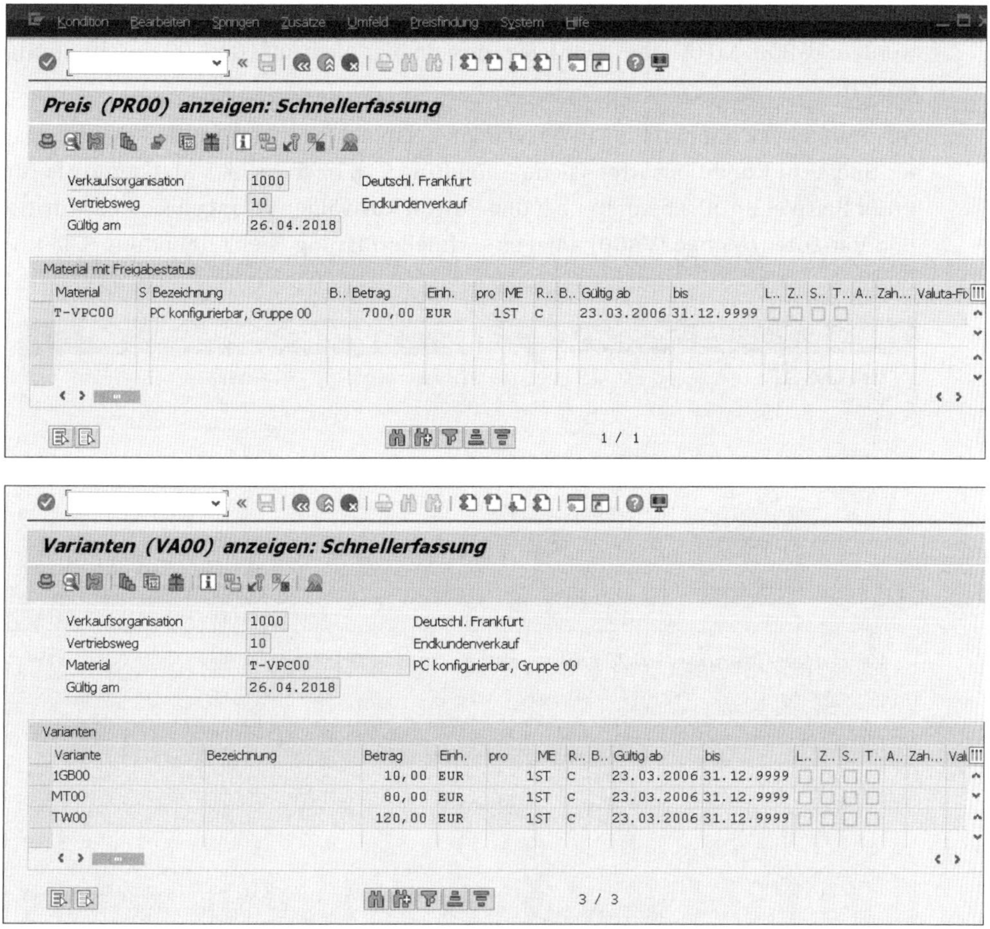

Abbildung 9.27 Preiskonditionen im Vertrieb (Transaktion VK13)

Weiterhin ist in der Abbildung ersichtlich, dass für die Konditionsart VA00 drei Einträge gefunden wurden:

- Variante 1GB00 mit Betrag von 10 EUR pro Stück
- Variante MT00 mit Betrag von 80 EUR pro Stück
- Variante TW00 mit Betrag von 120 EUR pro Stück

Hier sind der Name und der Betrag wichtig. Sie wollen analog den Preis im Einkauf steuern. Vorher sei noch bemerkt, dass für die Konditionsart VA01 für dieses Material keine Einträge gefunden wurden.

Zurück zum Einkaufsinfosatz in Abbildung 9.26. Durch einen Klick auf den Button **Variantenkonditionen** wechseln Sie in die Anlage der Variantenkonditionen. Es erscheint das gleichnamige Pop-up-Fenster, wie in Abbildung 9.28 oben links dargestellt. Hier müssen die Namen der drei Varianten aus dem Vertrieb abgeschrieben werden: 1GB00, MT00 und TW00. Sie müssen hier auch auf Groß-/Kleinschreibung achten.

Mit einem Klick auf den Button **Auswählen** gelangen Sie in das zweite Pop-up-Fenster **Übersicht Konditionsarten** (siehe Abbildung 9.28 oben rechts). Markieren Sie für unser Beispiel VA00. Ebenfalls über den Button **Auswählen** gelangen Sie in das dritte Bild **Varianten/Menge (VA00) anlegen: Schnellerfassung** (siehe Abbildung 9.28 unten).

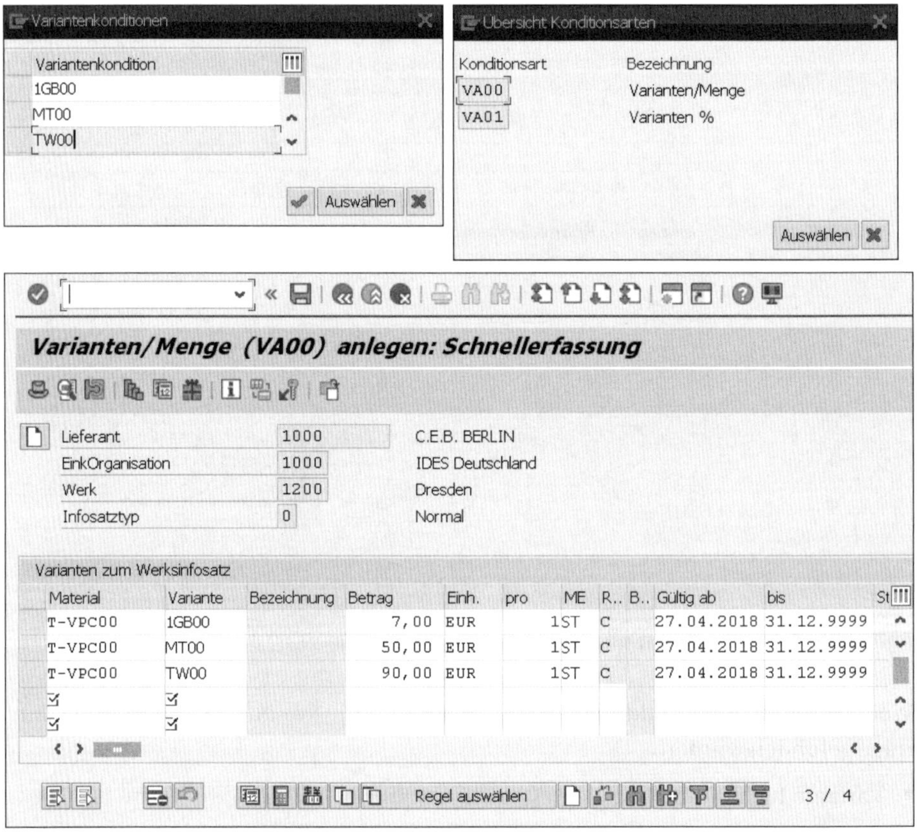

Abbildung 9.28 Einkaufsinfosatz anlegen – Variantenkonditionen (Transaktion ME11)

Daraus ergibt sich für die einzelnen Varianten Folgendes:

- 1GB00: 7 EUR im Einkauf bei 10 EUR im Verkauf
- MT00: 50 EUR im Einkauf bei 80 EUR im Verkauf
- TW00: 90 EUR im Einkauf bei 120 EUR im Verkauf

Das passt.

Nun müssen Sie die Preisfindung in unserem Modell entsprechend einrichten. Das heißt, Sie brauchen ein passendes Objektmerkmal und passendes Beziehungswissen.

Für das Objektmerkmal für die Preisfindung im Einkauf gehen Sie in Transaktion PMEVC. Hier (vergleiche Abbildung 9.29) im Detailbild zur Variantenklasse auf der Registerkarte **Merkmale** suchen Sie über die [F4]-Hilfe nach einem entsprechenden Merkmal.

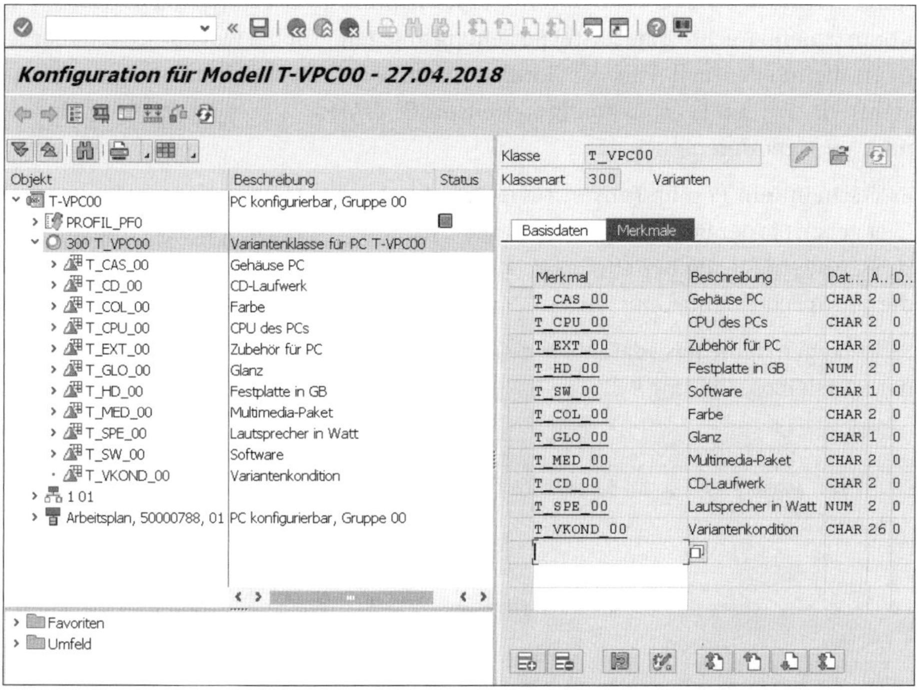

Abbildung 9.29 PMEVC: Objektmerkmal für Preisfindung für Einkauf (Transaktion PMEVC)

Wie in Abbildung 9.30 ersichtlich, nutzen Sie die Suchhilfe **F: Über Tabellnennamen suchen**, mit der Sie über Tabellenname und Feldname suchen können.

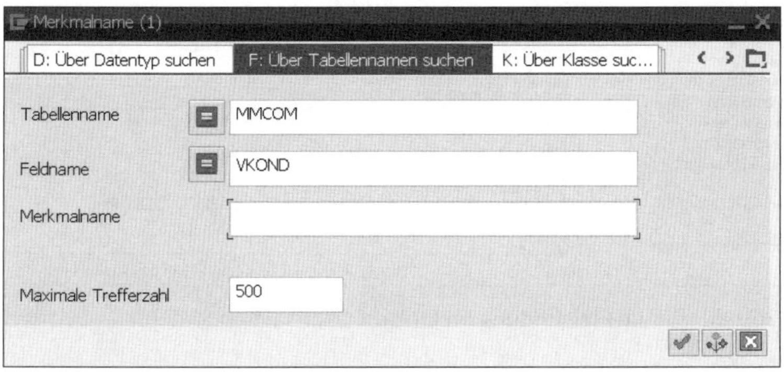

Abbildung 9.30 Suche nach Objektmerkmal

So wie Sie im Vertrieb ein Objektmerkmal zur Kommunikationsstruktur SDCOM und dort auf das Feld **VKOND** benötigten, brauchen Sie hier ein Objektmerkmal zur Kommunikationsstruktur MMCOM und dort ebenfalls auf das Feld **VKOND**. In dem Beispiel waren Sie mit Ihrer Suche erfolgreich und haben ein Merkmal T_MMCOM_VKOND gefunden und der Variantenklasse zugeordnet.

Es fehlt noch das passende Beziehungswissen für die Preisfindung im Einkauf. Hierfür gehen Sie in PMEVC auf das Konfigurationsprofil PROFIL_PF0 und dort über das Kontextmenü (rechte Maustaste) **Beziehung anlegen • Global (wiederverwendbar)...**. Es erscheint eventuell (falls das Konfigurationsprofil noch nicht im Ändern-Modus steht) ein Pop-up-Fenster **Konfigurationsprofil öffnen**. Dieses können Sie einfach über [↵] ignorieren.

Es erscheint ein Pop-up-Fenster **Neue Beziehung am Konfigurationsprofil anlegen**. Hier geben Sie der Beziehung einen Namen, hier z. B. »T_PROC_PRICE_PURCH«. Achtung: Ändern Sie die Beziehungsart auf »Prozedur«. Nur in Prozeduren können Sie die gewünschte Syntax nutzen.

Sie gelangen in die **Basisdaten** der neuen Prozedur. Hier ist eine Bezeichnung erforderlich (siehe Abbildung 9.31).

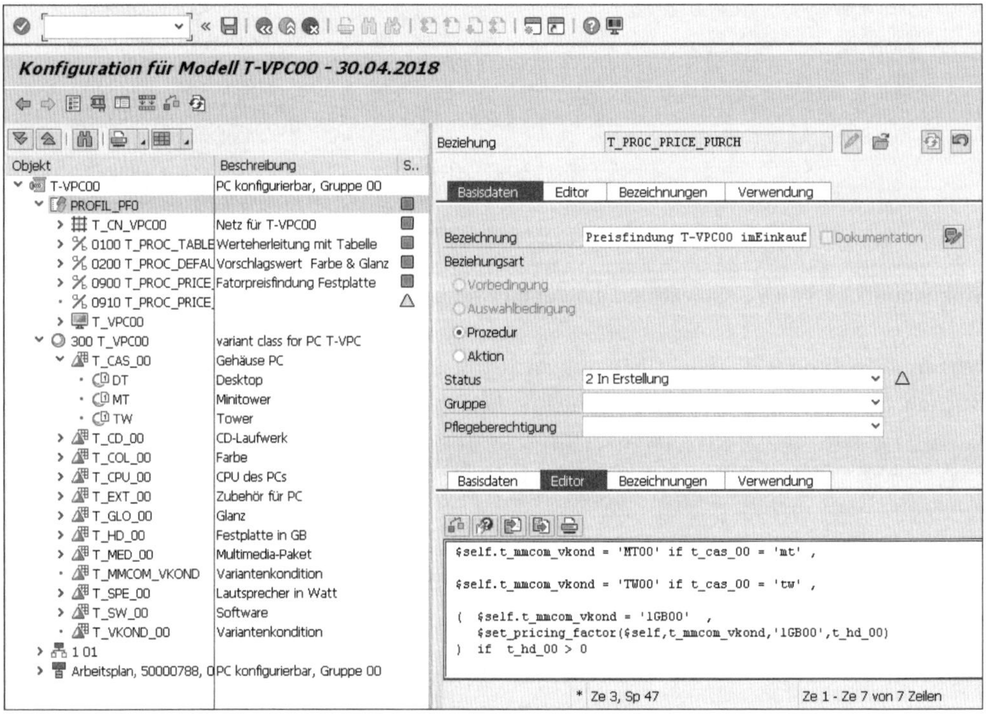

Abbildung 9.31 Prozedur für die Preisfindung im Einkauf (Transaktion PMEVC)

Wechseln Sie anschließend auf die Registerkarte **Editor**, und tragen Sie die folgende Prozedur ein (siehe Listing 9.1):

```
$self.t_mmcom_vkond = 'MT00' if t_cas_00 = 'mt' ,
$self.t_mmcom_vkond = 'TW00' if t_cas_00 = 'tw' ,
( $self.t_mmcom_vkond = '1GB00' ,  $set_pricing_factor($self,t_mmcom_
vkond,'1GB00',t_hd_00)
) if  t_hd_00 > 0
```

Listing 9.1 Prozedur für die Preisfindung im Einkauf

- Die erste Zeile setzt den Konditionssatz MT00, falls der Minitower als Gehäuse gewünscht wurde.
- Die zweite Zeile setzt den Konditionssatz TW00, falls der Tower als Gehäuse gewünscht wurde.
- Die dritte Zeile setzt den Konditionssatz 1GB00, falls die Festplatte mit einem Wert > 0 ausgewählt wurde.
- Die vierte Zeile hängt die Festplattengröße in GB als Faktor an den Konditionssatz 1GB00, falls die Festplatte mit einem Wert > 0 ausgewählt wurde.

Vergessen Sie nicht, das Beziehungswissen abschließend freizugeben und zu speichern. Wichtig ist auch, dass die Prozedur in der Liste links im Prinzip als letztes Beziehungswissen am Konfigurationsprofil steht. Nicht dass danach noch Bewertungen kommen, die es dann umsonst gibt.

Geschafft! Schauen Sie sich das Ergebnis in der Logistik an. Der klassische Prozess in der Logistik wäre ein Kundenauftrag, für den Sie das Material über eine Bestellung beschaffen wollen. Sie gehen davon aus, dass der Kundenauftrag und über einen Planungslauf auch ein Planauftrag angelegt wurden.

In der **Bedarfs-/Bestandsliste** (Transaktion MD04, vergleiche Abbildung 9.32) finden Sie das noch leere Kundenbestands-Segment zur Kundenauftragsposition. Als nächste Zeile finden Sie den Planauftrag und als letzte Zeile die Kundenauftragsposition als Bedarfsverursacher. Über den Button können Sie das rechts in der Abbildung zu sehende Pop-up-Fenster aufrufen. Hier können Sie über den vierten Button von rechts **-> Banf** den Planauftrag in eine *Bestellanforderung* umwandeln. Speichern Sie die Bestellanforderung.

In der Bedarfs-/Bestandsliste finden Sie als Ergebnis jetzt die Bestellanforderung (Banf) statt des Planauftrags. Über den Button in der Zeile der Banf können Sie wieder ein ähnliches Pop-up-Fenster wie in Abbildung 9.32 erzeugen. Hier finden Sie den Button **-> Bestellung**, der die Banf in eine *Bestellung* umwandelt.

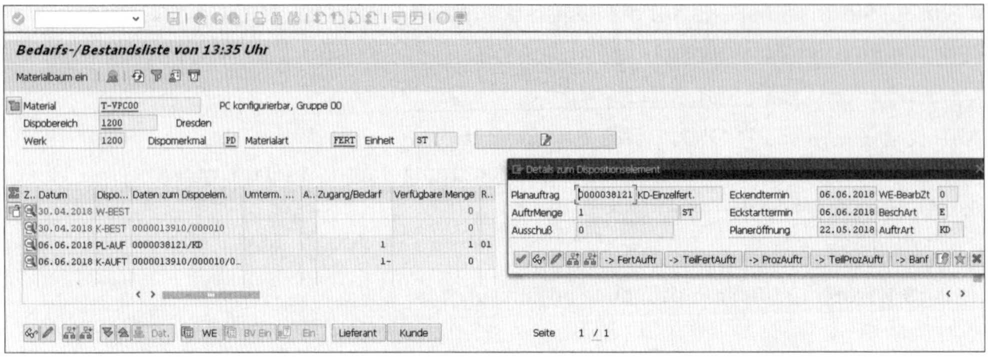

Abbildung 9.32 Planauftrag zur Bestellanforderung (Transaktion MD04)

In Abbildung 9.33, die Sie als Ergebnis erhalten, finden Sie links die offene Banf. Diese können Sie per Drag & Drop von links nach rechts in den Warenkorb ziehen.

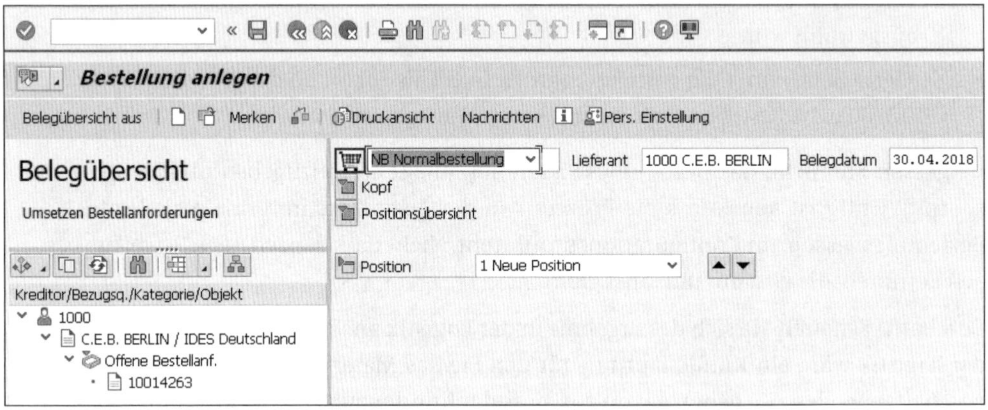

Abbildung 9.33 Bestellung aus Banf anlegen (Transaktion ME21N)

Das Ergebnis sehen Sie in Abbildung 9.34. Beachten Sie auch wieder die Warnmeldung in der Fußzeile, die laut Customizing der Materialart bei Fremdbeschaffungs-Aktivitäten erscheint.

Auf der Registerkarte **Materialdaten** finden Sie auch den Absprung in die Konfiguration. Auf der Registerkarte **Konditionen** sehen Sie die Auswirkungen der Prozedur auf die Preisfindung im Einkauf.

Abschließend wollen Sie noch Dienstleistungen aus dem konfigurierbaren Musterleistungsverzeichnis aufnehmen. Wie in Abbildung 9.35 ersichtlich, tragen Sie in die nächste freie Zeile eine Positionsnummer ein (hier 20), einen Kontierungstyp (hier z. B. U = Unbekannt), einen Positionstyp (hier D = Dienstleistung), einen beliebigen Kurztext, ein Werk (hier 1.000) und 1 LE als Bestellmenge.

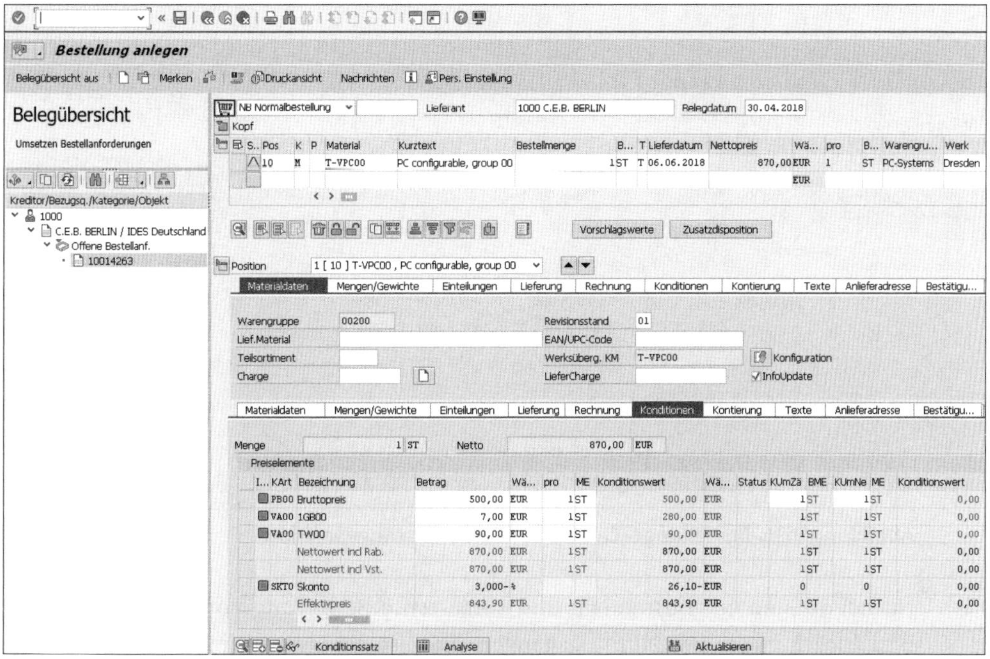

Abbildung 9.34 Bestellung – Materialposition

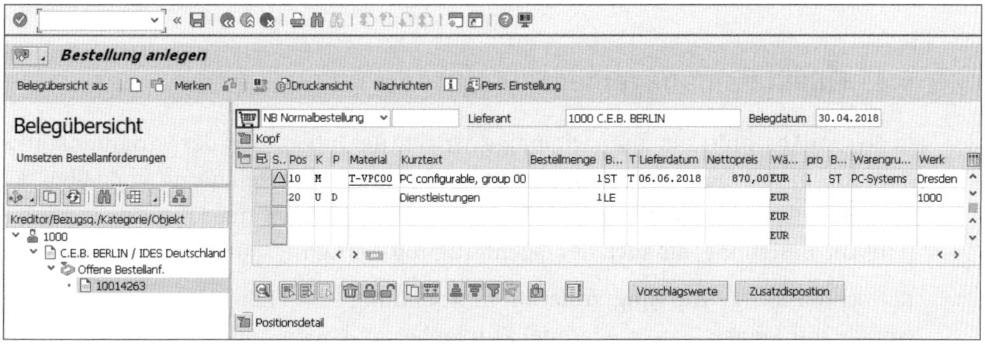

Abbildung 9.35 Bestellung – Dienstleistungsposition

Nach Bestätigung der Eingaben mit [↵] erscheint wie in Abbildung 9.36 rechts unten das Positionsdetailbild mit der Aufforderung, die Leistungen aufzunehmen.

Per Klick auf den Button [Leistungssel.] können Sie auf das oben vorgestellte konfigurierbare Musterleistungsverzeichnis zugreifen. Es erscheint ein Pop-up-Fenster **Leistungsselektion**. Hier tragen Sie das konfigurierbare Musterleistungsverzeichnis ein und erhalten mit [↵] die Bewertungsoberfläche entsprechend der Variantenklasse zu dem konfigurierbaren Musterleistungsverzeichnis.

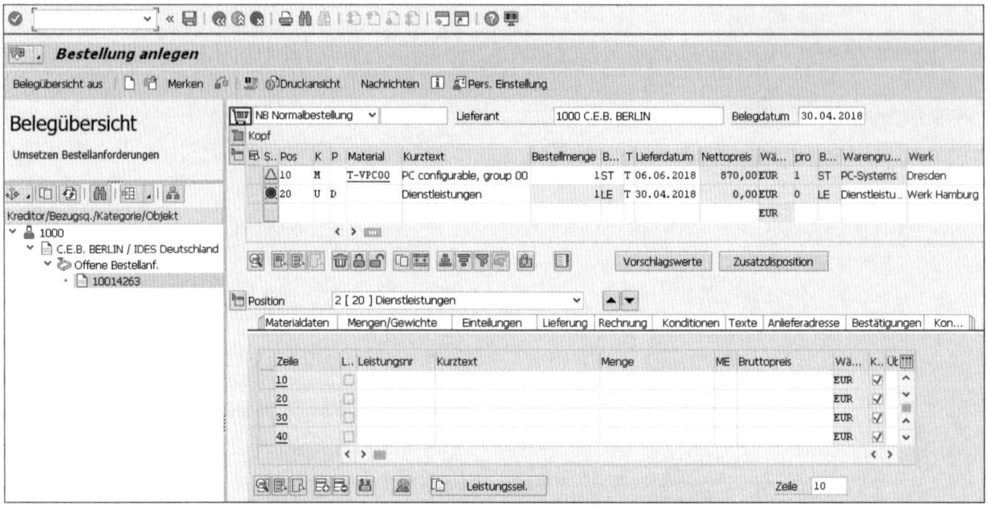

Abbildung 9.36 Bestellung – Details zur Dienstleistungsposition

Nachdem Sie eine vollständige und konsistente Bewertung vorgenommen haben und zurück in die Bestellung gegangen sind, ist die Liste unten in der Abbildung wunschgemäß gefüllt. Speichern Sie abschließend die Bestellung, und beenden Sie den Abschnitt.

9.3 Qualitätsmanagement

In diesem Abschnitt möchten wir einige Aspekte der Integration der Variantenkonfiguration in das Qualitätsmanagement (QM) und ihre Modellierung vorstellen. Es werden Integrationen in die logistischen Prozesse sowohl der Fremdbeschaffung (Einkauf/Bestellung) als auch der Eigenfertigung (Fertigungsauftrag) berücksichtigt.

Betrachten Sie die Ausgangssituation in Abbildung 9.37. Hier sind zwei noch leere (sprich: mit Menge 0 ausgewiesene) Kundenbestandssegmente zu Kundenauftragspositionen in den Zeilen 2 und 5 zu sehen. Diese sind durch die Bedarfe entstanden, die durch die beiden Kundenauftragspositionen in den Zeilen 4 und 7 erzeugt wurden. Dabei ist es egal, ob die beiden Kundenauftragspositionen aus demselben oder verschiedenen Kundenaufträgen stammen.

Hier ist auch bereits ein Planungslauf durchgeführt worden. Als Ergebnis wurden die beiden Planaufträge in den Zeilen 3 und 6 erzeugt. Da für unseren Materialstamm sowohl Eigenfertigung als auch Fremdbeschaffung zulässig sind (siehe Sicht **Disposition 2** in Abbildung 9.23), konnten als Beschaffungsvorschlag nur Planaufträge erzeugt werden.

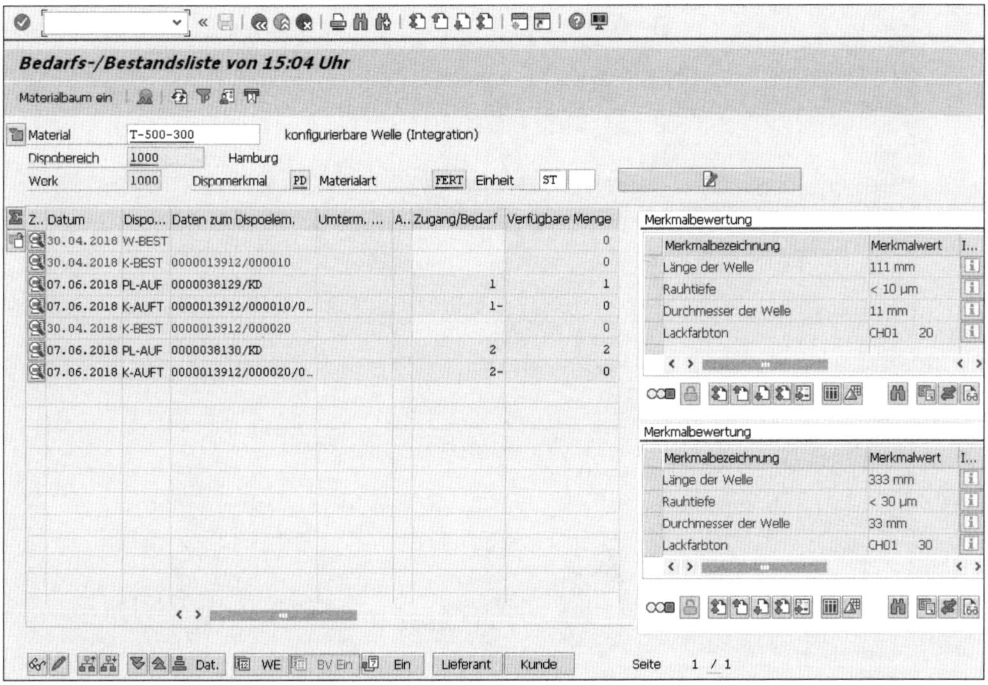

Abbildung 9.37 Kunden- und Planaufträge in der Bedarfs-/Bestandsliste (Transaktion MD04)

Wenn Sie über den in Abbildung 9.37 zu sehenden Button in einer Zeile der Bedarfe durch Kundenaufträge (**K-AUFT**) in das Detail des entsprechenden Dispoelements gehen, können Sie von dort aus über den Button der Konfiguration in die Bildbausteine, wie rechts in der Abbildung dargestellt, wechseln.

Sie möchten nun mithilfe eines der beiden Planaufträge den Einkaufsprozess und mithilfe des anderen Planauftrags den Eigenfertigungsprozess betrachten. Wenn Sie über den in Abbildung 9.37 zu sehenden Button in der dritten Zeile, d. h. der Zeile mit dem Planauftrag (**PL-AUF**), in das Detail des entsprechenden Dispoelements wechseln, können Sie dort per Klick auf den entsprechenden Button (**-> FertAuftr**) den Planauftrag in einen Fertigungsauftrag überführen (siehe Abbildung 9.38).

In der Abbildung sehen Sie oben im Feld **Status** den Eintrag »EROF«, was für eröffnet steht. Über entsprechendes Customizing lässt sich auch einstellen, dass der Fertigungsauftrag gleich automatisch freigegeben wird. Im untersten Bildbaustein **Zuordnungen** erkennen Sie u. a. den zugeordneten Kundenauftrag und den Planauftrag. Beachten Sie, dass im Feld **Prüflos** eine Null steht. Dies bedeutet, dass kein Prüflos zugeordnet ist.

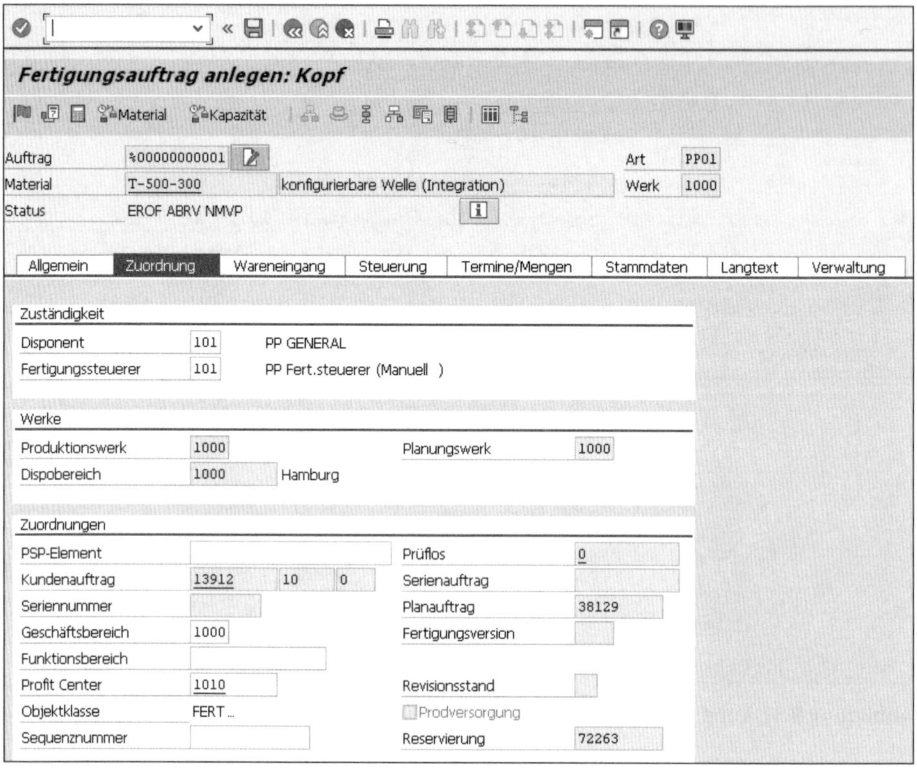

Abbildung 9.38 Fertigungsauftrag – eröffnet (Transaktion CO40)

Das ändert sich, wenn der Fertigungsauftrag freigegeben wird. Hier nutzen Sie den Button dazu. Über das Menü wäre dies auch möglich. Als Ergebnis sehen Sie in Abbildung 9.39 oben im Feld **Status** den Status »FREI«. Was für uns hier wichtiger ist, dass unten im Bildbaustein **Zuordnungen** im Feld **Prüflos** ein Eintrag vorgenommen wurde.

Was heißt das? Es wurde hiermit eine fertigungsbegleitende Prüfung eingeplant. Wie wurde dies erreicht? Wie später im Zusammenhang mit Abbildung 9.49 noch erläutert wird, finden Sie im Materialstamm die entsprechenden Einstellungen hierfür.

Nachdem wir kurz die Qualitätsprüfung in der Fertigung betrachtet haben, kommen wir nun zur Fremdbeschaffung. Wenn Sie wieder per Klick auf den in Abbildung 9.37 zu sehenden Button in der sechsten Zeile, d. h. der Zeile mit dem Planauftrag (**PL-AUF**), in das Detail des entsprechenden Dispoelements wechseln, können Sie dort über den entsprechenden Button (**-> Banf**) den Planauftrag in eine Bestellanforderung überführen. Speichern Sie die Bestellanforderung. Sie gelangen zurück in die Bedarfs-/Bestandsliste. Nach eventuellem Auffrischen haben Sie jetzt eine Zeile mit einer Bestallanforderung (Dispoelement **BS-ANF**).

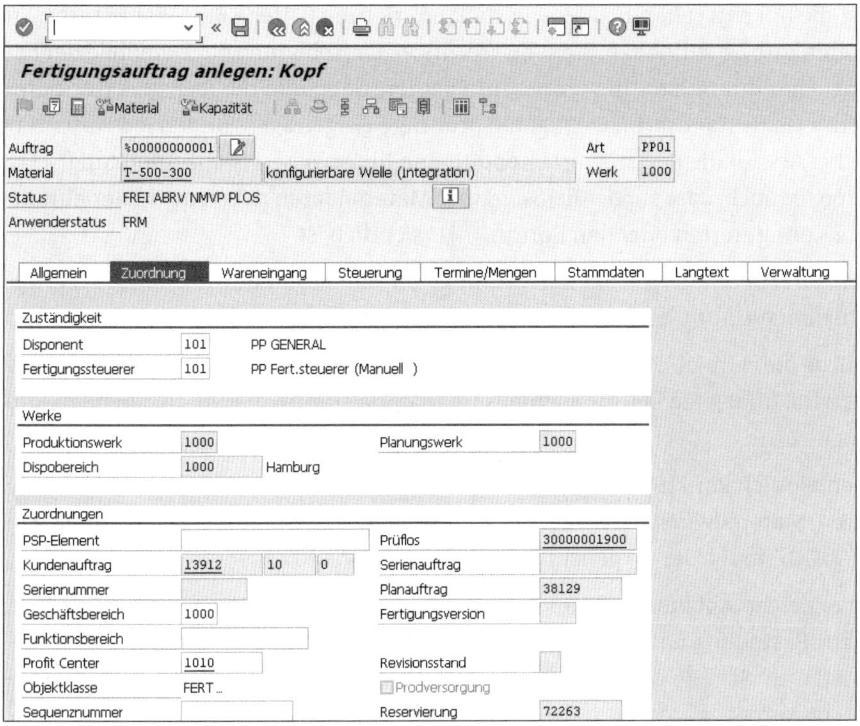

Abbildung 9.39 Fertigungsauftrag – freigegeben (Transaktion CO40)

Klicken Sie nun erneut auf den Button in der Zeile mit der Bestellanforderung (**BS-ANF**), und wechseln Sie per Klick auf den Button **-> Bestellung** in die Bestellung, wie sie in Abbildung 9.40 zu sehen ist.

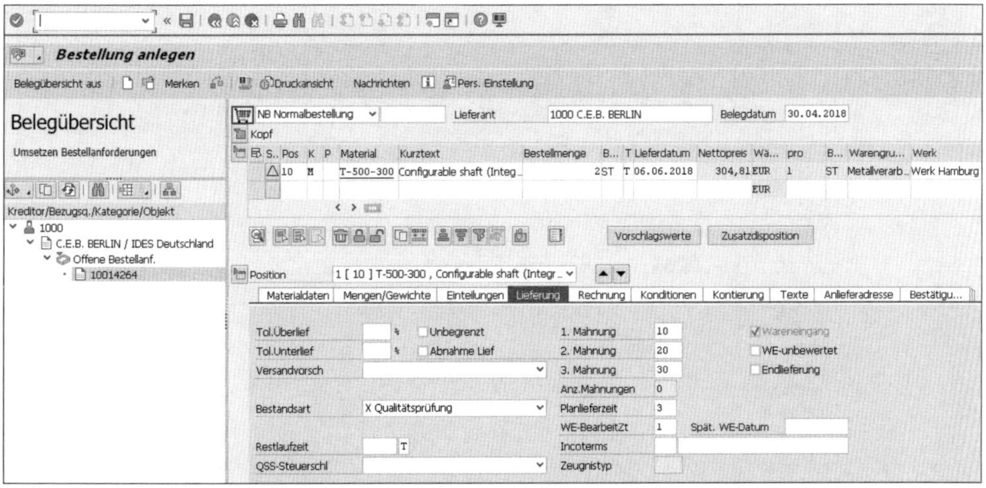

Abbildung 9.40 Bestellung mit geplantem Wareneingang im QM-Sperrbestand (Transaktion ME21N)

Hier ist die links zu sehende offene Bestellanforderung (**Offene Bestellanf.**) rechts in den Warenkorb [icon] zu ziehen. Sie sehen rechts in der Abbildung das Detailbild der Bestellung. Hier interessiert uns unten im Positionsdetailbild die Registerkarte **Lieferung**. Im Feld **Bestandsart** ist »Qualitätsprüfung« eingetragen. Im letzten Abschnitt wurde bereits auf die Registerkarte **Konditionen** hingewiesen (siehe Abbildung 9.34). Beachten Sie auch, dass auf der Registerkarte **Materialdaten** neben der Materialnummer die Konfiguration über den Button [icon] ersichtlich ist.

Was bedeutet der Eintrag »Qualitätsprüfung« im Feld **Bestandsart**? Es wurde hiermit eine Qualitätsprüfung beim Wareneingang zur Bestellung eingeplant.

Wie wurde dies erreicht? Wie später im Zusammenhang mit Abbildung 9.49 noch erläutert wird, finden Sie hierfür ebenfalls im Materialstamm die entsprechenden Einstellungen.

Schauen Sie sich konkret den Wareneingang zur Bestellung an. Über das SAP-Menü **Logistik • Materialwirtschaft • Bestandsführung • Warenbewegung • Warenbewegung (MIGO)** finden Sie die gleichnamige Transaktion MIGO.

Hier (vergleiche Abbildung 9.41) selektieren Sie ganz oben **Wareneingang** (als Vorgang) zur **Bestellung** (als Referenzbeleg). Falls die Nummer der Bestellung nicht bekannt ist, kann Sie z. B. über die F4-Hilfe und hier über **Einkaufsbelege zum Material** gesucht werden.

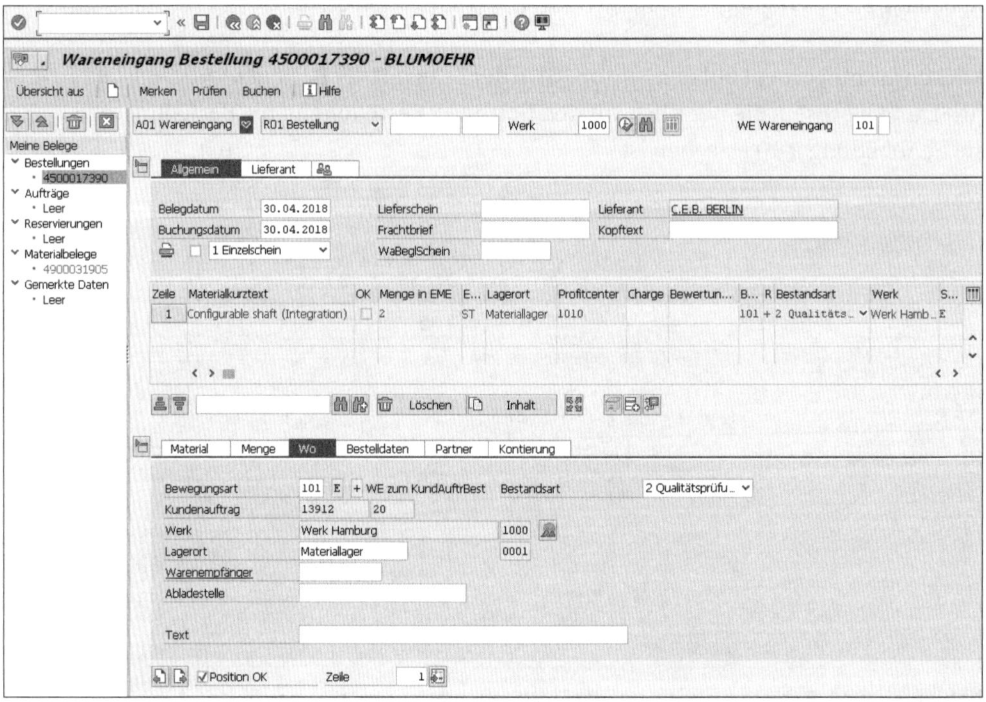

Abbildung 9.41 Wareneingang im QM-Sperrbestand (Transaktion MIGO)

In der Abbildung unten im Positionsdetailbild sehen Sie auf der Registerkarte **Wo** ebenfalls, dass der Wareneingang zum Kundenauftrag als Bestandsart zunächst die Qualitätsprüfung beinhaltet. Markieren Sie ganz unten das Flag **Position OK**, und speichern Sie abschließend den Wareneingang.

Als Ergebnis finden Sie in der Bedarfs-/Bestandsliste das QM-Los.

Sowohl im Eigenfertigungsprozess als auch hier im Fremdbeschaffungsprozess wurden Prüflose für das Qualitätsmanagement angelegt. Diese gilt es, jetzt abzuarbeiten.

Eine geeignete Transaktion, um diese Prüflose zu finden und abzuarbeiten, ist Transaktion QE51N. Sie finden diese über das SAP-Menü **Logistik • Qualitätsmanagement • Qualitätsprüfung • Arbeitsvorrat • Ergebniserfassung**.

Im Einstiegsbild dieser Transaktion finden Sie die Selektionsmöglichkeiten, wie in Abbildung 9.42 dargestellt.

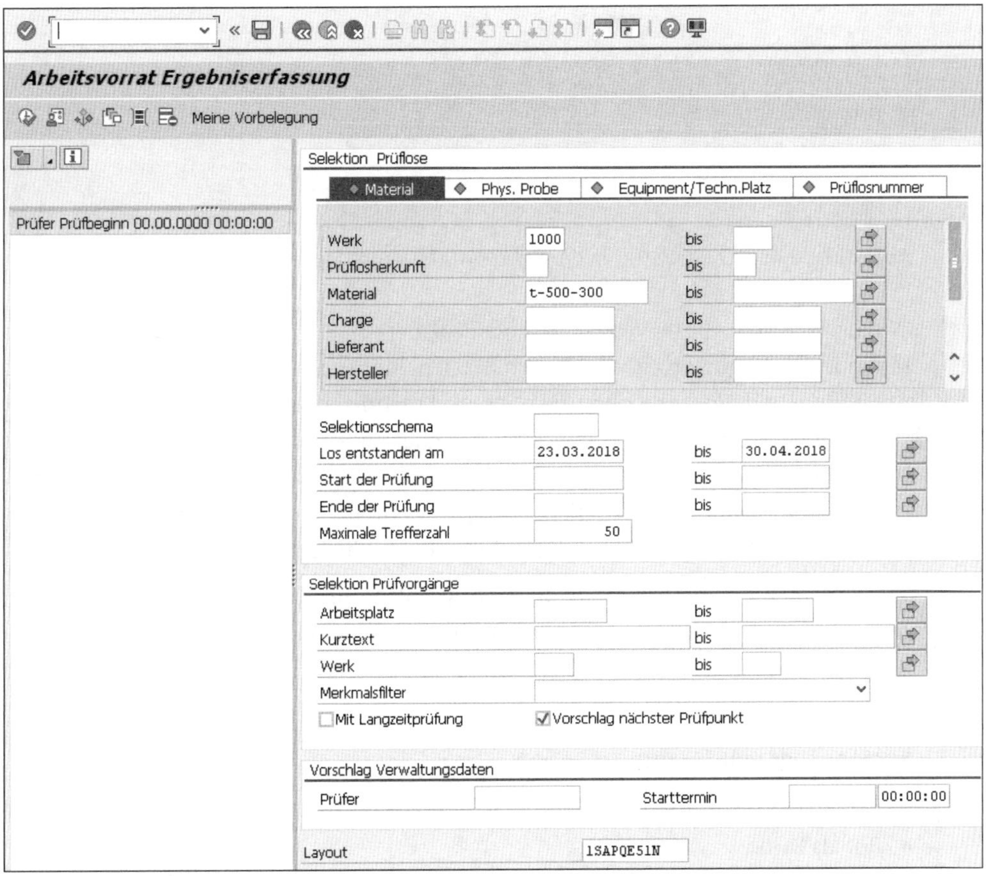

Abbildung 9.42 Selektion des Arbeitsvorrates in der Ergebniserfassung (Transaktion QE51N)

Sie suchen zu unserem Material die Prüflose. Eventuell können Sie, wie in der Abbildung sichtbar, das Werk einschränken. Nach Betätigen des Ausführen-Buttons erhalten Sie links in der Strukturdarstellung die beiden Prüflose (siehe Abbildung 9.43). Das erste Prüflos wurde beim Wareneingang zur Bestellung angelegt. Das zweite Prüflos wurde durch die Freigabe des Fertigungsauftrags erzeugt.

Weiterhin sieht man in Abbildung 9.43, dass dem ersten Prüflos ein Vorgang und dem wiederum vier Prüfmerkmale zugeordnet sind. Das zweite Prüflos hat mehrere Vorgänge.

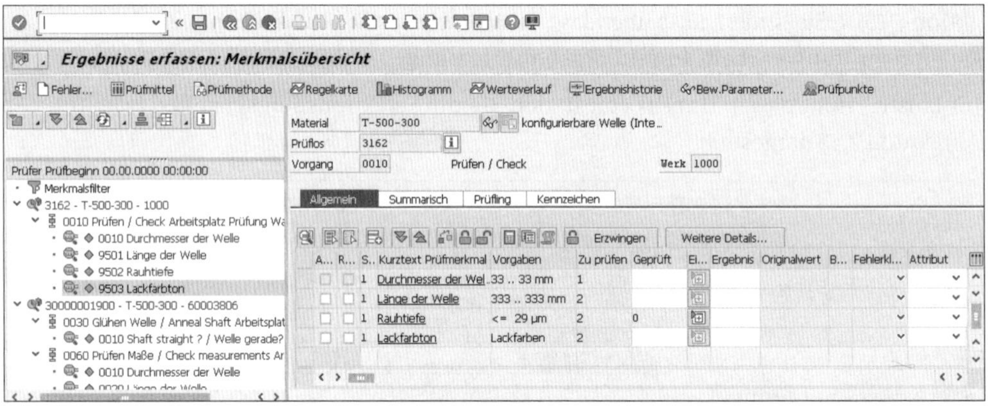

Abbildung 9.43 Arbeitsvorrat in der Ergebniserfassung (Transaktion QE51N)

Woher kommen diese Vorgänge und Prüfmerkmale? Dies sieht man besonders schön in der Engineering Workbench. Dazu später mehr (siehe Abbildung 9.46 und Abbildung 9.47). Vorher wollen Sie noch die Ergebniserfassung in Transaktion QE51N zumindest für ein Prüflos erfolgreich abschließen. Durch Auswahl eines Vorgangs (mit Doppelklick auf das Symbol) erscheint auf der rechten Seite eine Liste der zu erfassenden Ergebnisse bezüglich der Prüfmerkmale. Woher kommen die Werte in der Spalte **Vorgaben** im rechten Detailbild in Abbildung 9.44?

Die Vorgaben ergeben sich aus der Konfiguration im Kundenauftrag – siehe dazu nochmals oben Abbildung 9.37. In der Abbildung sind nachstehende Angaben in der Konfiguration zu sehen:

- ein Durchmesser von 33 mm
- eine Länge von 333 mm
- eine Rauheit von weniger als 30 Mikrometern
- Rot als Farbe

Die numerischen Werte wurden direkt in die Spalte **Vorgaben** übernommen (siehe Abbildung 9.44). Für die Farbe fehlt der Wert als Vorgabe. Bei nicht numerischen Merkmalen existiert keine Verbindung zwischen Konfiguration und Vorgabe. Für die numerischen Größen könnten zusätzliche Toleranzen im Prüfmerkmal eingestellt werden. Wie in der Abbildung ersichtlich, wurden in der Spalte **Ergebnisse** die gemessenen Werte eingegeben. Sie betrachten hier nur den positiven Fall, d. h., alles passt wunschgemäß.

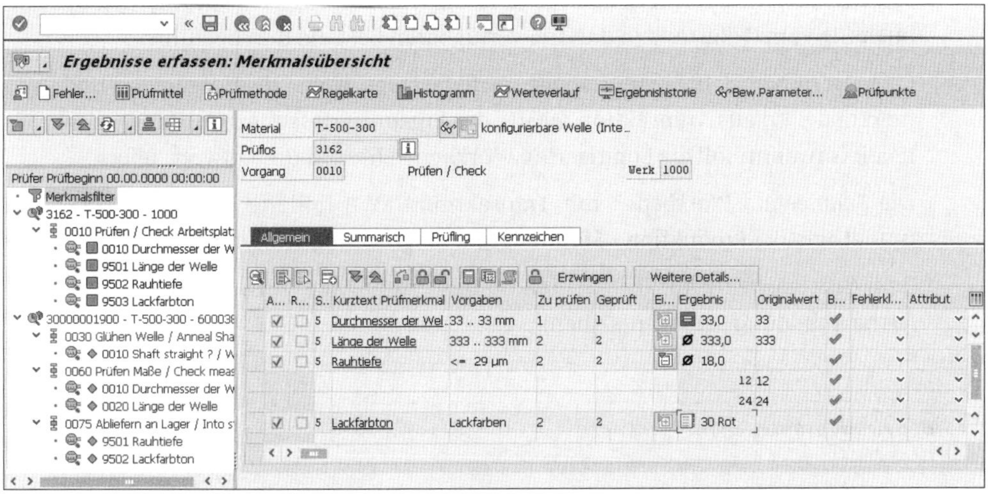

Abbildung 9.44 Ergebniserfassung in Transaktion QE51N

Abschließend speichern Sie die erfassten Werte, und Sie sehen, wie in Abbildung 9.45 dargestellt, auf der rechten Seite das wachsame Auge des Qualitätsmanagements.

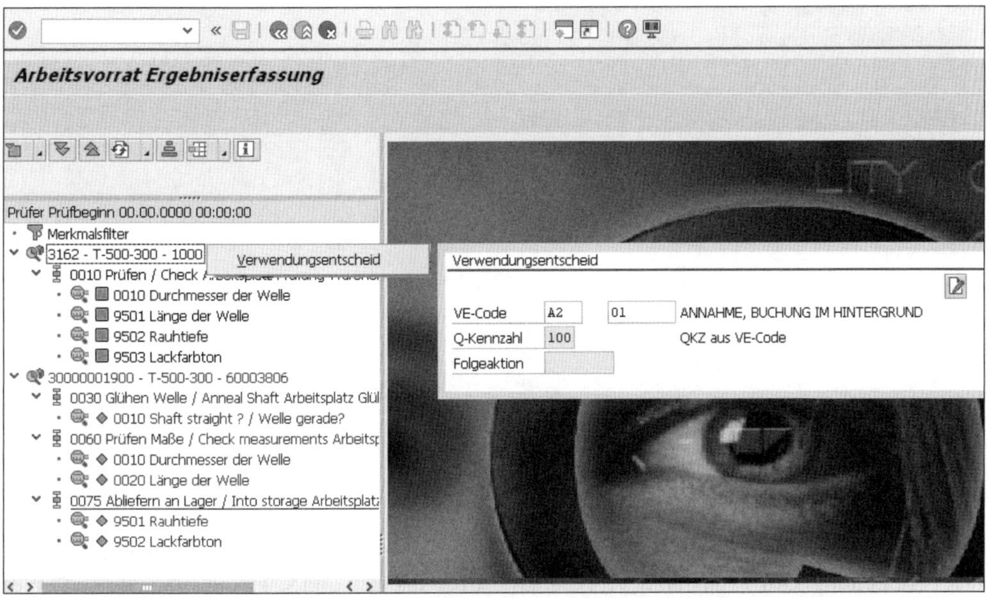

Abbildung 9.45 Verwendungsentscheid in Transaktion QE51N

Hier können Sie über das Kontextmenü auf dem Prüflos (rechte Maustaste) den **Verwendungsentscheid** durchführen. An dem Feld **VE-Code** im Bildbaustein **Verwendungsentscheid** haben Sie durch einen zugeordneten Katalog eine passende [F4]-Hilfe. Hier wurde durch die Auswahl des VE-Codes »A2« positiv entschieden, und das System hat beim Speichern des Verwendungsentscheids gleich automatisch die Umbuchung vom Q-Bestand in den frei verfügbaren Bestand durchgeführt.

Offen ist nun noch die bereits angesprochene Frage, woher die Vorgänge und Prüfmerkmale aus Transaktion QE51N der Ergebniserfassung gekommen sind. Wie bereits erwähnt, soll die Engineering Workbench hierauf die Antwort liefern.

Die *Engineering Workbench* mit Transaktion CEWB finden Sie z. B. im SAP-Menü unter **Logistik • Produktion • Stammdaten • Engineering Workbench**.

Zunächst erscheint nur das kleine Pop-up-Fenster **EWB: Arbeitsbereich auswählen** (siehe Abbildung 9.46 rechts oben).

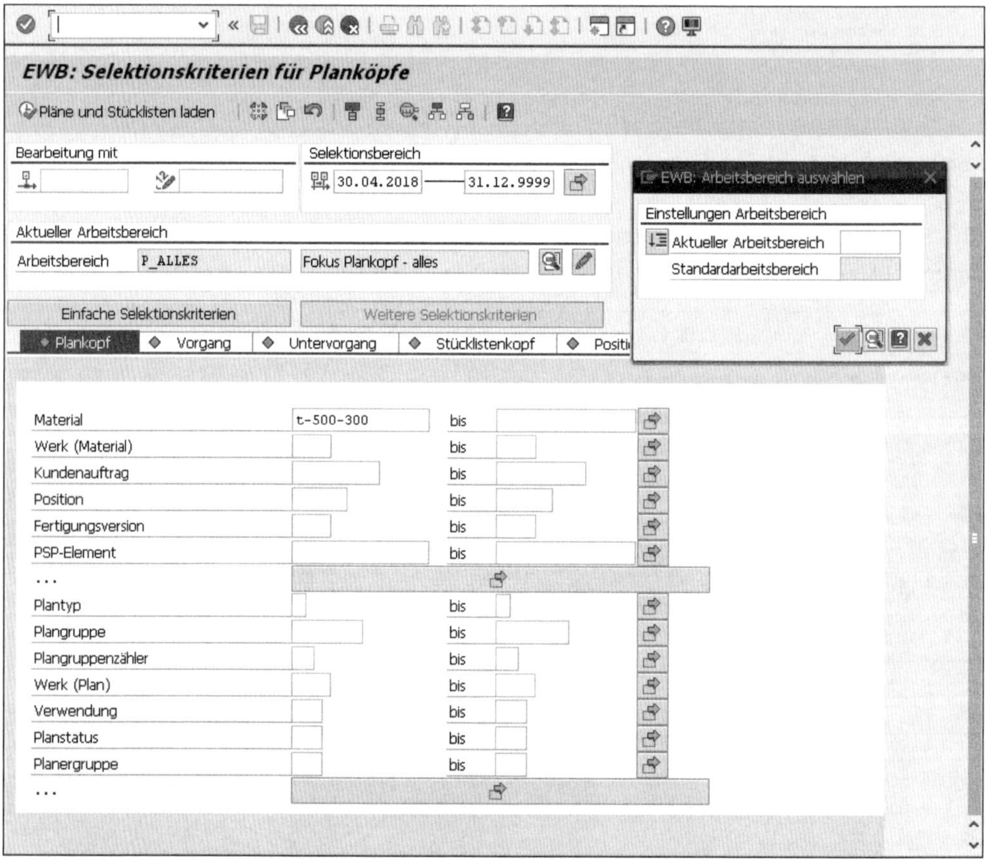

Abbildung 9.46 Engineering Workbench – Arbeitsbereich und Selektion (Transaktion CEWB)

Soweit keine Einstellung im Feld **Standardarbeitsbereich** vorgenommen wurde, muss eine Auswahl für das Feld **Aktueller Arbeitsbereich** getroffen werden. Ohne hier auf die Details des Arbeitsbereichs eingehen zu wollen, sollten Sie sich überlegen, dass Sie Pläne mit ihren Vorgängen interessieren. Deshalb wählen Sie hier einen Arbeitsbereich, der mit »Fokus Plankopf« beschrieben ist.

Warum das? Wenn Sie in den Selektionskriterien mit einer Materialnummer suchen, dann startet die Suche mit dem Finden aller Fokus-Objekte passend zu den Selektionskriterien. Das heißt konkret, dass hier in Abbildung 9.46 nach allen Plankköpfen zum Material T-500-300 gesucht wird. Anschließend werden diese Pläne komplett geladen und danach auch alle Stücklisten, die mit den Kopfmaterialien der Pläne verknüpft sind.

Das Ergebnis sehen Sie in Abbildung 9.47 links in der Strukturdarstellung. Die Liste der Strukturdarstellung beginnt in der ersten Zeile mit dem Materialstamm. In der zweiten Zeile folgt die Stückliste. Es wurden zwei Arbeitspläne gefunden – der **Normalarbeitsplan** in der dritten Zeile und weiter unten der **Prüfplan**. Beide Pläne wurden mit der darunter aufgelisteten Stammfolge aufgerissen. Soweit möglich, wurden auch die Vorgänge aufgerissen. Für die Vorgänge 40 und 75 des Normalarbeitsplans wurden keine relevanten Daten für die Strukturdarstellung gefunden, sodass hier kein weiterer Aufriss möglich war.

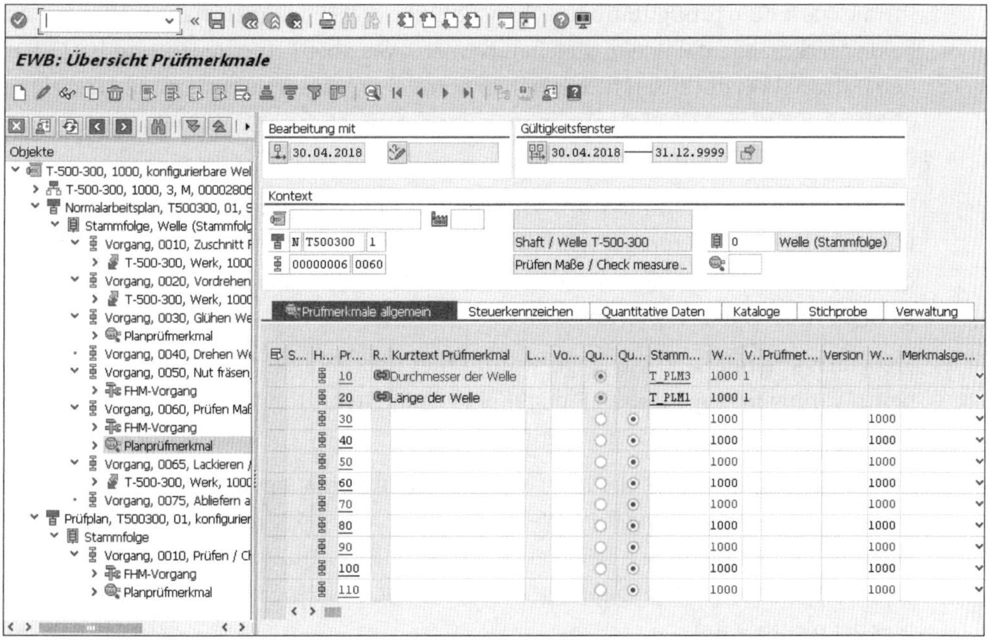

Abbildung 9.47 Engineering Workbench – Prüfmerkmale am Vorgang

An den Vorgängen 30 und 60 des Normalarbeitsplans und an dem Vorgang 10 des Prüfplans wurden *Planprüfmerkmale* gefunden. Deshalb landeten diese im Arbeitsvorrat (siehe Abbildung 9.44).

Merkwürdig ist, dass in Abbildung 9.44 auch der Vorgang 75 mit Prüfmerkmalen erscheint, obwohl in Abbildung 9.47 davon nichts zu erkennen ist. Wie kommt es dazu? Es existieren Prüfmerkmale, die »vergessen« wurden, dem Normalarbeitsplan zuzuordnen. In diesen Prüfmerkmalen ist jedoch eingestellt, dass diese auch geprüft werden müssen, wenn über die Variantenkonfiguration Vorgaben übergeben wurden. Für solche Fällen, in denen Prüfmerkmale, die geprüft werden müssen, nicht dem Plan zugeordnet worden sind, gibt es eine Regel: Diese Prüfmerkmale werden in der Ergebniserfassung (siehe Abbildung 9.44) automatisch beim letzten existierenden Vorgang angezeigt.

Im Beispiel in Abbildung 9.47 ist durch Doppelklick auf das Icon für Planprüfmerkmale rechts die Liste erzeugt wurden. Diese Planprüfmerkmale erhalten ihre Einstellungen über entsprechende *Stammprüfmerkmale* in der Spalte **Stamm...** Hier sind es »T_PLM3« und »T_PLM1«.

Mit einem Doppelklick auf z. B. **T_PLM3** erhält man das Detailbild des Stammprüfmerkmals der linken Seite von Abbildung 9.48. Dieses Stammprüfmerkmal T_PLM3 wiederum bekommt eine große Anzahl von Einstellungen über ein Merkmal, das Sie für die Variantenkonfiguration (z. B. in Abbildung 9.37) genutzt haben. Hier haben beide Merkmale zufällig den gleichen Namen, was aber keine Bedeutung hat. Über den Button in der zweiten Zeile neben dem Feld **Klassenmerkmal** »T_PLM3« (siehe Abbildung 9.48, linke Seite) kann man in das entsprechende Detailbild wechseln, das in der Abbildung rechts dargestellt ist.

Die Einstellungen, die in der dritten Zeile links in Abbildung 9.48 aufgelistet sind, können über den Button Steuerkennzeichen... eingestellt werden. Hier wurde z. B. auch eingestellt, dass das Prüfmerkmal bewertet werden muss, auch wenn es keinem Vorgang im Arbeitsplan zugeordnet wurde.

Stellt sich abschließend die Frage, warum hier überhaupt fertigungsbegleitend und beim Wareneingang aus dem Einkauf eine Qualitätsprüfung eingeplant wurde? Die Antwort finden Sie im Materialstamm.

Im Materialstamm muss die Registerkarte **Qualitätsmanagement** existieren. Siehe hierzu auch die Abbildung 9.49. Weiterhin muss hier per Klick auf den Button **Prüfeinstellung** für alle Anlässe, bei denen eine Qualitätsprüfung eingeplant werden soll, eine entsprechende Zeile gepflegt werden (siehe hierzu ebenfalls Abbildung 9.49, hier die rechte Seite).

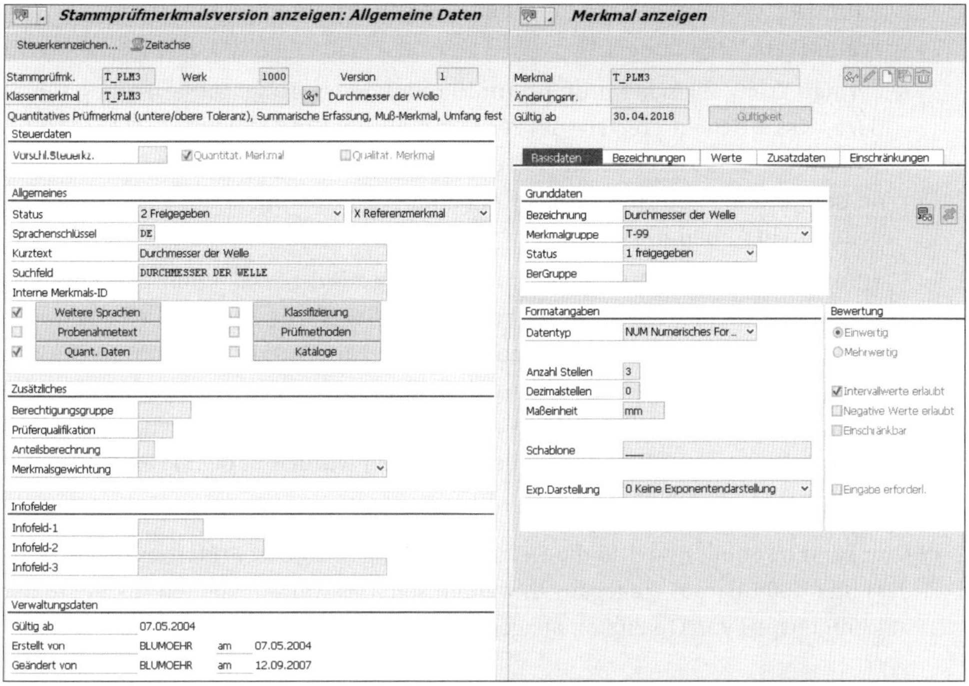

Abbildung 9.48 Stammprüfmerkmal und Klassenmerkmal (Transaktion CT06)

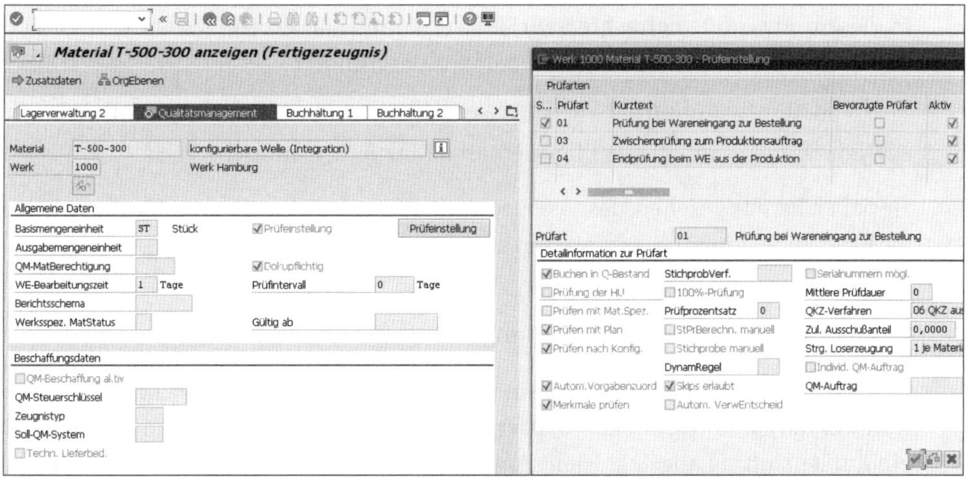

Abbildung 9.49 Einstellungen zum Qualitätsmanagement im Materialstamm (Transaktion MM03)

Hier finden Sie drei Prüfarten:

1. »Prüfart 01« = Prüfung bei Wareneingang zur Bestellung. Dieser Eintrag hat mit dem Wareneingang aus Abbildung 9.41 zu dem Prüflos 3162 aus Abbildung 9.43 ge-

führt. Der Vorgang 10 an dem Prüflos 3162 in Abbildung 9.43 stammt aus dem Prüfplan aus Abbildung 9.47.

2. »Prüfart 03« = Zwischenprüfung zum Produktionsauftrag. Dieser Eintrag führte dazu, dass durch die Freigabe des Fertigungsauftrags in Abbildung 9.38 das Prüflos 30000001900 aus Abbildung 9.43 erzwungen wurde. Die Vorgänge 30, 60 und 75 an dem Prüflos 30000001900 in Abbildung 9.43 stammen aus dem Normalarbeitsplan in Abbildung 9.47.
3. »Prüfart 04« = Endprüfung beim Wareneingang aus der Produktion. Diese Prüfung haben wir hier nicht detaillierter betrachtet. Hier würde ähnlich wie bei der Prüfart 01 beim Wareneingang (jetzt aber bezüglich des Fertigungsauftrags) eine weitere Qualitätsprüfung eingeplant werden. Warum gleich zweimal bei der Eigenfertigung prüfen? Das wird genutzt, wenn zusätzlich die Verpackung oder die Risiken des Transports geprüft werden sollen. Auch hier würde mit dem Prüfplan aus Abbildung 9.47 gearbeitet.

Man kann in Abbildung 9.48 die Detaileinstellungen zu den Prüfarten sehen, ohne dass hier tiefer darauf eingegangen werden soll. Das war ein kleiner Ausflug in das Zusammenspiel von Qualitätsmanagement und Variantenkonfiguration.

9.4 Projektsystem

In diesem Abschnitt betrachten wir das Verhältnis von Projektsystem und Variantenkonfiguration. Zwei Fragen stehen im Vordergrund:

1. Wie ist die Integration der Variantenkonfiguration in das Projektsystem realisiert?
2. Und was hat es mit den konfigurierbaren Netzplänen auf sich?

Sie haben bereits gesehen, dass Sie für eine konfigurierte Position im Kundenauftrag nachstehende Vorgänge veranlassen können:

- die Fertigung anstoßen
- die Beschaffung über eine Bestellung abwickeln

Hier kommt ein dritter Weg, auf dem die Beschaffung über das Projektsystem realisiert werden kann. Wie bereits ein paar Mal geschehen, wurde über Transaktion VA01 ein Kundenauftrag angelegt (siehe Abbildung 9.50). Es wurde ein Eintrag in den Feldern **Auftraggeber** (hier als Beispiel »T-CSD22«) und **Bestellnummer** (hier »22-24«) vorgenommen, das Wunschlieferdatum (hier »15.05.2018«) in der Spalte **Lieferdatum** angegeben sowie eine Materialnummer mit einer Auftragsmenge (Spalten **Material**, **Bestätigte Menge**, **ME**) eingetragen (hier »T-500-300 1 ST«). Als Ergebnis springt der Kundenauftrag automatisch in die Bewertungsoberfläche der Variantenkonfiguration. Nach erfolgter Konfiguration klicken Sie auf den Button [icon] und gelangen wieder in das Übersichtsbild, wie in Abbildung 9.50 dargestellt – jedoch zunächst auf die Registerkarte **Verkauf**. Wechseln Sie auf die Registerkarte **Beschaffung**. Hier finden Sie die *Bedarfsart* **KEK** in der entsprechenden stark abgekürzten Spalte **BDAr**.

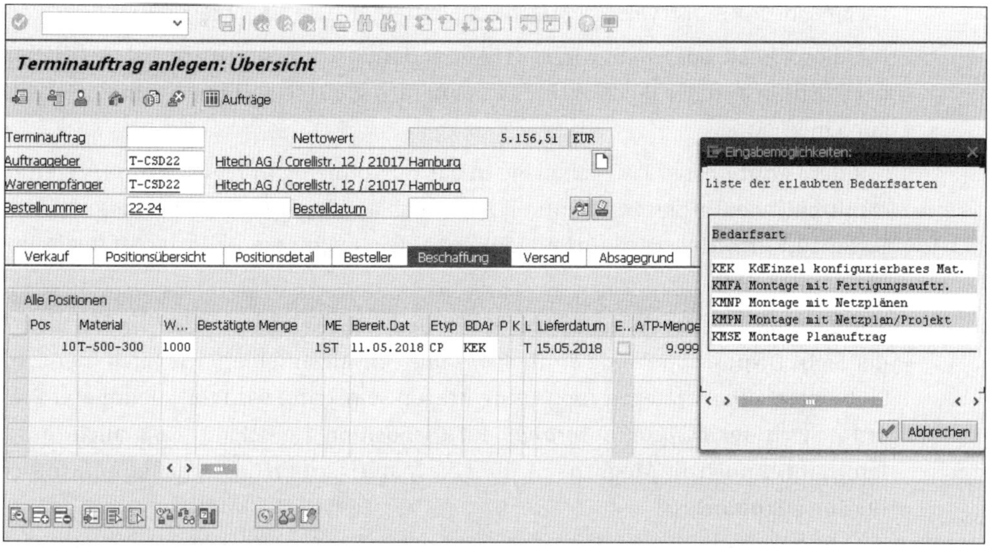

Abbildung 9.50 Bedarfsarten im Kundenauftrag (Transaktion VA01)

KEK steht für »Kundeneinzel mit Konfiguration«. Für dieses Feld der Bedarfsart existiert eine [F4]-Hilfe. Über die Hilfe gelangen Sie in ein Pop-up-Fenster mit den weiteren möglichen Bedarfsarten, wie ebenfalls in Abbildung 9.50 dargestellt.

Was bedeuten die weiteren Bedarfsarten? Und woher kommt diese Auswahlliste möglicher Bedarfsarten? Die Namen sind eigentlich genauso sprechend wie KEK und haben auch eine selbsterklärende Bezeichnung.

Das K an erster Stelle in KMFA, KMNP, KMPN und KMSE steht für Kundenauftrag.

Das M an zweiter Stelle steht für Montageabwicklung. Was ist damit gemeint? Mit dem Speichern des Kundenauftrags legt das System sofort das entsprechende Beschaffungselement an.

Welches Beschaffungselement damit gemeint ist, sagen die letzten beiden Stellen aus:

- FA steht für Fertigungsauftrag
- NP steht für Netzplan (Projektsystem)
- PN steht für Projekt und Netzplan
- SE steht für Serienfertigung (da den Planauftrag)

Und nochmals: Woher kommt diese Auswahlliste möglicher Bedarfsarten? Das ist ein Zusammenspiel von Einstellungen im Materialstamm und entsprechendem Customizing:

1. Im Materialstamm in der Sicht **Vertrieb Verkaufsorganisation 2** finden Sie eine spezifische *Positionstypengruppe* (im Allgemeinen, wie auch hier, 0002)
2. Mit dieser Positionstypengruppe wird über das Customizing in Transaktion VOV4 der Positionstyp der Position im Kundenauftrag ermittelt (im Allgemeinen, wie auch hier TAC).
3. Mit dem *Positionstyp* TAC gehen Sie in das Customizing in Transaktion OVZI und ermitteln, wie für diesen, eventuell zusätzlich abhängig vom Dispomerkmal, die Bedarfsart ermittelt wird (im Allgemeinen, wie auch hier, über die Strategie im Materialstamm).
4. Mit der Information gehen Sie zurück in den Materialstamm. Hier finden Sie in der Sicht **Disposition 3** eine *Strategiegruppe* (im Allgemeinen, wie auch hier, **25**). Sollte hier keine Strategiegruppe eingetragen sein, dann wird mit niedrigerer Priorität nach der *Dispositionsgruppe* auf **Disposition 1** geschaut. Falls auch diese fehlt, gibt es noch die Möglichkeit, über die Materialart im Customizing eine Information zu finden.
5. Was diese *Strategiegruppe 25* beinhaltet, kann direkt hier im Materialstamm angeschaut werden. Dazu gehen Sie für das Feld der Strategiegruppe in die [F4]-Hilfe. Es öffnet sich ein Pop-up-Fenster **Strategiegruppe: Umfeld**. Hier klicken Sie auf den Button **Strategien**. Sie erhalten ein Pop-up-Fenster **Strategiegruppe: Suche**. Sie finden markiert die Haupt- und Nebenstrategien (im Allgemeinen, wie auch hier, Hauptstrategie 25 und Nebenstrategien 81, 82, 83 und 85).
6. Was bedeuten diese *Strategien*? Mit einem Doppelklick auf die Namen der Strategien bekommen Sie die Antwort in einem Pop-up-Fenster **Strategie: Detail** (hier z. B., wie auch im Standard, bei der Strategie 85 die Bedarfsart KMPN, die Sie oben in Abbildung 9.49 gesehen haben). Damit wissen Sie, woher die [F4]-Hilfe in Abbildung 9.50 kommt.
7. Der Vollständigkeit halber, sei hier noch das dazugehörige Customizing erwähnt:
   - Mit Transaktion OPPT ordnen Sie Strategien den Strategiegruppen zu.
   - Mit Transaktion OPPS ordnen Sie die Bedarfsarten den Strategien zu.
   - Mit Transaktion OMP1 pflegen Sie die Bedarfsarten, was aber nur einer Zuordnung von Bedarfsklassen entspricht. So ist im Standard der Bedarfsart KMPN die Bedarfsklasse 212 zugeordnet.
   - Mit Transaktion OVZG pflegen Sie die Bedarfsklassen. Hier passiert das eigentlich Spannende. Und hier haben wir uns auch getraut, vom Standard abzuweichen. Im Feld **Keine Disposition** haben wir den Eintrag »Bedarf wird disponiert«

geändert in »Bedarf wird nicht disponiert, aber angezeigt«. Im Feld **Kontierungstyp** haben wir den Eintrag von »KD-Einzel ohne KD-CO« in »KD-Einzel Abrechnung Projekt« geändert.

Zurück zum Kundenauftrag in Abbildung 9.50. Sie sind noch nicht allzu weit gekommen. Sie sind immer noch in der Anlage des Kundenauftrags. Jetzt ändern Sie die Bedarfsart von KEK auf KMPN. Schon beim Bestätigen dieser Änderung über ↵ werden Netzplan und Projekt gelesen und die Terminierung des Projektes durchgeführt. Vielleicht hat man Glück und kann diese Schritte in der Fußzeile verfolgen.

Mit dem Speichern des Kundenauftrags wird nicht nur dieser, sondern auch das Projekt gespeichert. Als Ergebnis des gespeicherten Kundenauftrags finden Sie in der Bedarfs-/Bestandsliste, wie in Abbildung 9.51 dargestellt, in der Spalte **Dispo...** das neue, aber leere Kundeneinzelbestandssegment »K-BEST« und den Kundenauftrag »K-AUFT« mit seinem Bedarf. Das Bild bleibt auch genauso nach einem Planungslauf. Sie hatten ja die Disposition über die Einstellung in der Bedarfsklasse abgeschaltet.

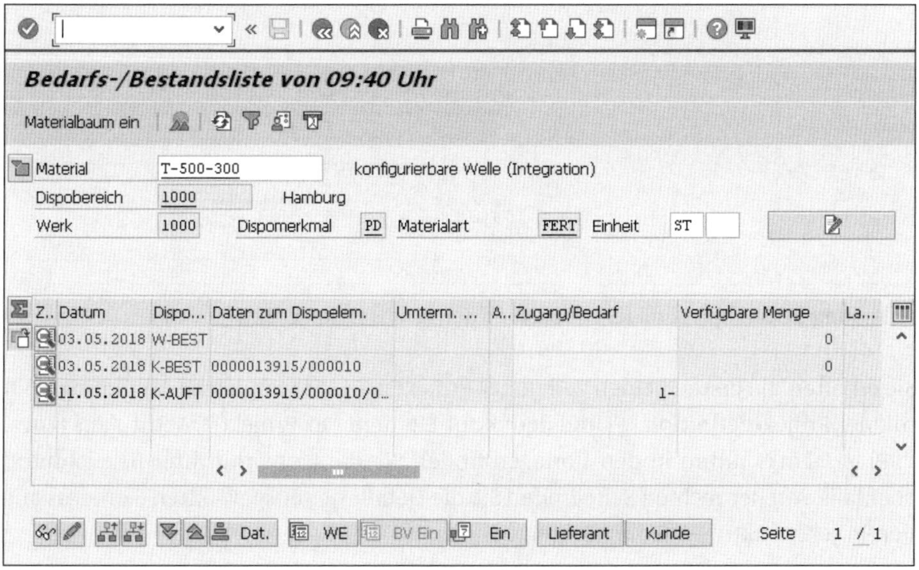

Abbildung 9.51 Kundenauftrag in der Bedarfs-/Bestandsliste (Transaktion MD04)

Schauen Sie sich jetzt das Projekt an, das automatisch durch den Kundenauftrag angelegt wurde. Hierfür nutzen Sie den *Project Builder*, den Sie unter Transaktion CJ20N im SAP-Menü unter **Logistik • Projektsystem • Projekt • Project Builder** finden. Das vorhandene Projekt können Sie hier per Klick auf den Button öffnen, vorausgesetzt, Sie finden es.

Vielleicht haben Sie beim Speichern des Kundenauftrags in der Fußzeile auch die Information über das gespeicherte Projekt registrieren können. Ansonsten hier die

Information, dass im Standard der Projektname die Nummer des Kundenauftrags beinhaltet.

Wie in Abbildung 9.52 zu sehen, nutzen Sie diese Information. Durch einen Klick auf den Button (Datei öffnen) erscheint ein Pop-up-Fenster **Projekt öffnen**. Hier gehen Sie über die [F4]-Hilfe für die Projektdefinition weiter. Es erscheint ein Pop-up-Fenster **Projektdefinition (1)**. Hier suchen Sie über die Kundenauftragsnummer als Teil des Schlüssels der Projektdefinition und finden hoffentlich das Projekt.

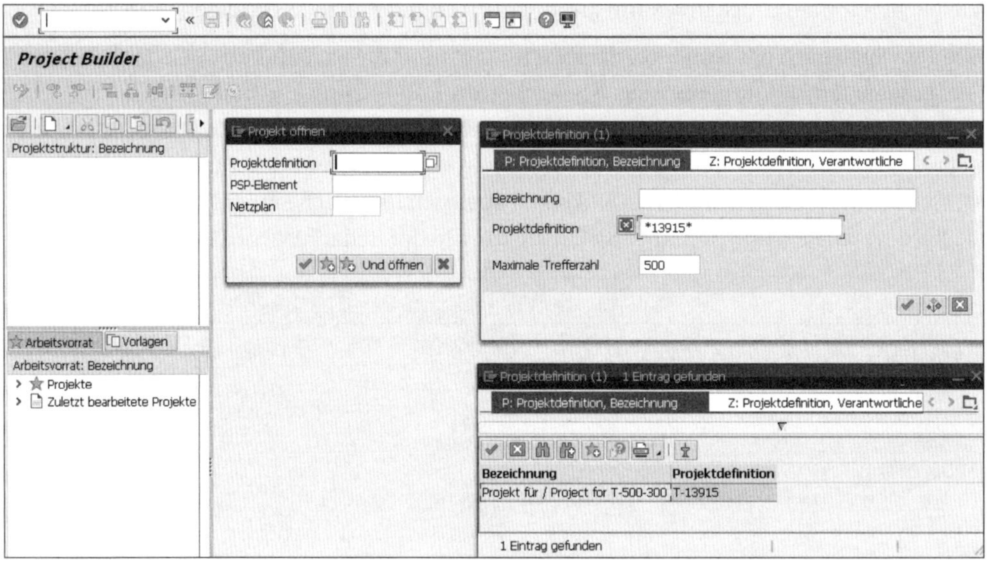

Abbildung 9.52 Project Builder – Projekt öffnen (Transaktion CJ20N)

Sie erhalten die ersten beiden Zeilen der Projektstruktur (vergleiche Abbildung 9.53) mit der Projektdefinition und dem Kopf-Element des Projektstrukturplans (kurz: PSP). Links unten in den Vorlagen finden Sie die Icons mit ihrer Bezeichnung ebenfalls. Auf der rechten Seite finden Sie die Details des ausgewählten Elements aus der Projektstruktur – hier der Projektdefinition T-13915.

In der Abbildung wurde links die Projektstruktur komplett aufgerissen, sodass alle *PSP-Elemente*, der Netzplan, alle Vorgänge und alle Materialkomponenten sichtbar werden.

Es sei noch angemerkt, dass Sie im Detailbild des Netzplans auf der Registerkarte **Zuordnungen** auch die Verbindung zum Kundenauftrag inklusive Auftraggeber finden. Ebenfalls hier im Detailbild des Netzplans finden Sie über das Menü unter **Zusätze • Konfiguration • Merkmalsbewertung** die Konfiguration aus dem Kundenauftrag (als Referenz und damit nur in der Anzeige).

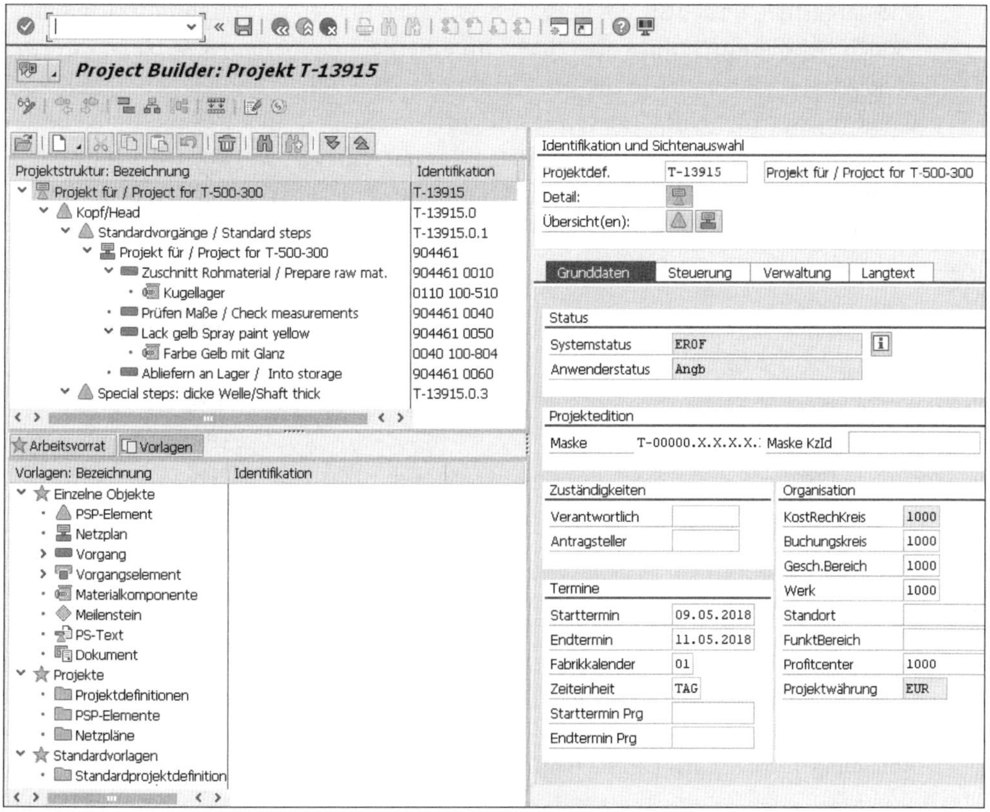

Abbildung 9.53 Project Builder – das Projekt zum Kundenauftrag

Somit haben Sie das Projekt gesehen. Aber woher kommt es? Das soll jetzt hier vorgestellt werden. Die Suche nach den Daten beginnt mit Transaktion CN08, die Sie im SAP-Menü unter **Logistik • Projektsystem • Grunddaten • Vorlagen • Netzplanparameter aus Kundenauftrag • Bearbeiten** finden. Hier sehen Sie, wie in Abbildung 9.54 dargestellt, links einen Eintrag zu unserer Materialnummer aus dem Kundenauftrag. Per Doppelklick gelangen Sie in das Detailbild aus Abbildung 9.54 rechts. Was sagt uns das? Im Wesentlichen wird, egal welche Auftragsart im Kundenauftrag verwendet wurde, für das automatisch angelegte Projekt Folgendes genutzt:

- ein Standardnetz »T500300 1«
- ein SPSP-Element »T-50030.0«
  (SPSP steht für Standard-Projektstrukturplan.)

Mit dieser Information gehen Sie zunächst zum *Standardnetz*. Standardnetze sind Kopiervorlagen für Netzpläne in Projekten. Dieses Standardnetz schauen Sie sich über Transaktion CN02 an, die Sie im SAP-Menü unter **Logistik • Projektsystem • Grunddaten • Vorlagen • Standardnetzplan • Ändern** finden. Hier, wie in Abbildung

9.55 dargestellt, finden Sie die Vorgänge. Wie auch für den Fertigungsauftrag handelt es sich bei diesem Standardnetzplan um einen *konfigurierbaren Maximal-Arbeitsplan*. Maximal bedeutet in diesem Zusammenhang: Alle eventuell benötigten Vorgänge müssen hier enthalten sein. Konfigurierbar heißt: Den Vorgängen kann Beziehungswissen zugeordnet werden. Diese Vorgänge liegen wie auch die für andere Plantypen in der Tabelle PLPO. Damit können auch die entsprechenden Objektmerkmale hier genutzt werden, um die Vorgänge zu ändern.

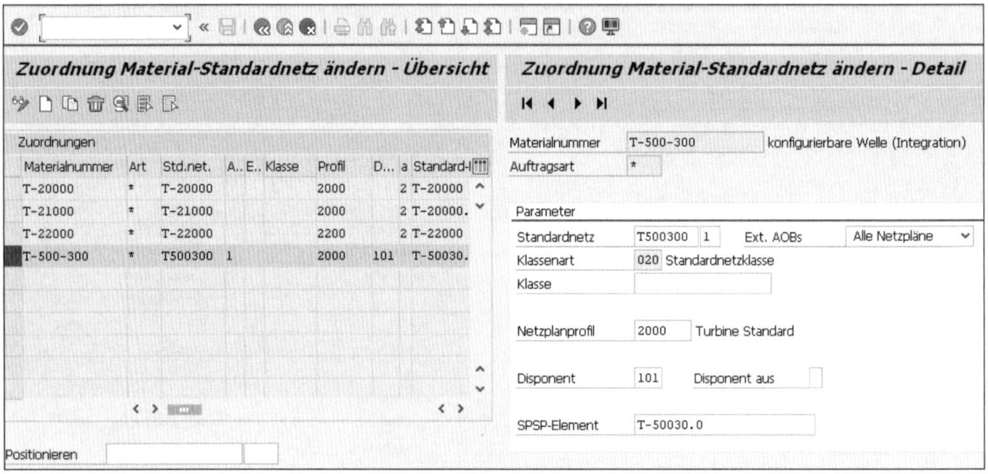

Abbildung 9.54 Netzplanparameter für den Kundenauftrag (Transaktion CN08)

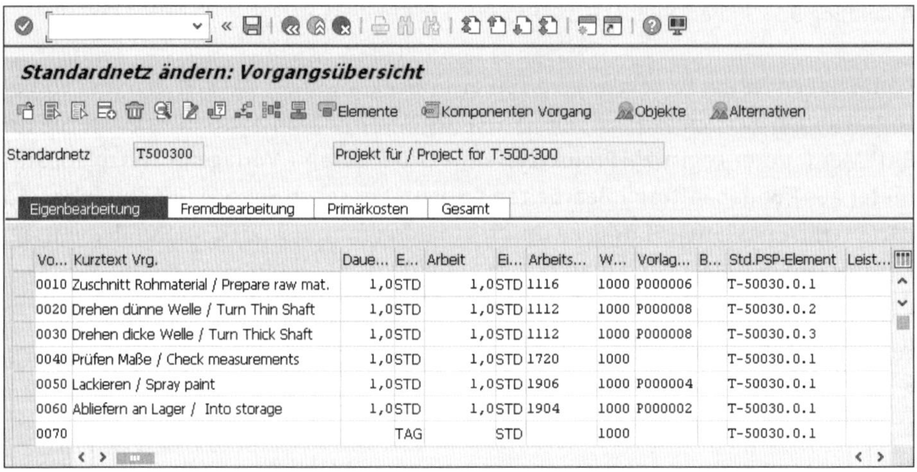

Abbildung 9.55 Standardnetz ändern – Vorgangsübersicht (Transaktion CN02)

In Abbildung 9.55 erkennt man leider nicht, welchen Vorgängen Beziehungswissen bzw. Komponenten zugeordnet wurden. Da hilft nur, alle Vorgänge zu markieren und über das Menü unter **Zusätze • Beziehungswissen • Zuordnungen** nach Beziehungswissen zu suchen. So wurden z. B. in Abbildung 9.56 rechts für den Vorgang 50 eine Auswahlbedingung und eine Prozedur gefunden. Die Auswahlbedingung sagt, dass dieser Lackiervorgang nur benötigt wird, wenn eine Farbe gewünscht wurde. Und die Prozedur kann dem Kurztext entsprechend angepasst werden. Das können Sie auch kontrollieren, wenn Sie den Vorgang 50 in Abbildung 9.55 mit dem Vorgang 50 in Abbildung 9.53 vergleichen. Hier wurde im Kundenauftrag scheinbar gelbe Farbe gewünscht.

Analog können Sie für alle Vorgänge nach Komponentenzuordnungen suchen. Hier klicken Sie auf den Button [Icon] (Komponenten-Vorgang). Es erscheint ein Pop-up-Fenster **Auswahl Stücklistenmaterial**. Hier wählen Sie das Material (T-500-300) aus und gelangen in ein Pop-up-Fenster **Stücklistenauswahl**. In unserem Fall nutzen Sie die Stückliste für den Fertigungsauftrag. Sie haben keine passendere Stückliste. Die Stückliste für den Fertigungsauftrag passt nicht hundertprozentig – dazu aber später mehr.

Als Ergebnis erhalten Sie z. B. wie in Abbildung 9.56 links für den Vorgang 50 eine Reihe von Farbkomponenten. Auch hier haben Sie wieder eine *konfigurierbare Maximalstückliste*.

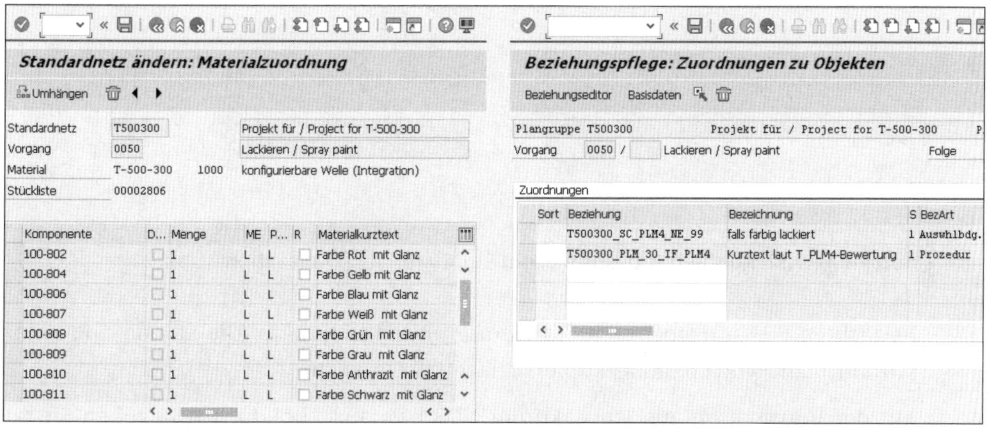

Abbildung 9.56 Standardnetz – Zuordnung von Komponenten- und Beziehungswissen

Beim Vergleich von Vorgang 50 in Abbildung 9.55 mit Vorgang 50 in Abbildung 9.53 sehen wir, dass nur die gewünschte Farbkomponente in das Projekt übernommen wurde.

Das Standardnetz ist ein eigenes konfigurierbares Objekt und besitzt ein eigenes Konfigurationsprofil. Dieses ist in Abbildung 9.57 dargestellt. Es beinhaltet ähnlich wie für die Musterleistungsverzeichnisse und Instandhaltungsanleitungen deutlich weniger Einstellmöglichkeiten als für Materialstämme. Sie sehen in der Abbildung, dass eine Variantenklasse der Klassenart 300 dem Standardnetz zugeordnet wurde.

So wie hier nutzt man im Allgemeinen dieselbe Klasse wie am konfigurierbaren Materialstamm. Weitere Einstellungen sind per Klick auf den Button **Einstellungen** machbar. Hier in dem konkreten Beispiel wurde darauf verzichtet, Oberflächendesign und Beziehungswissen zu nutzen. So viel zum Standardnetzplan.

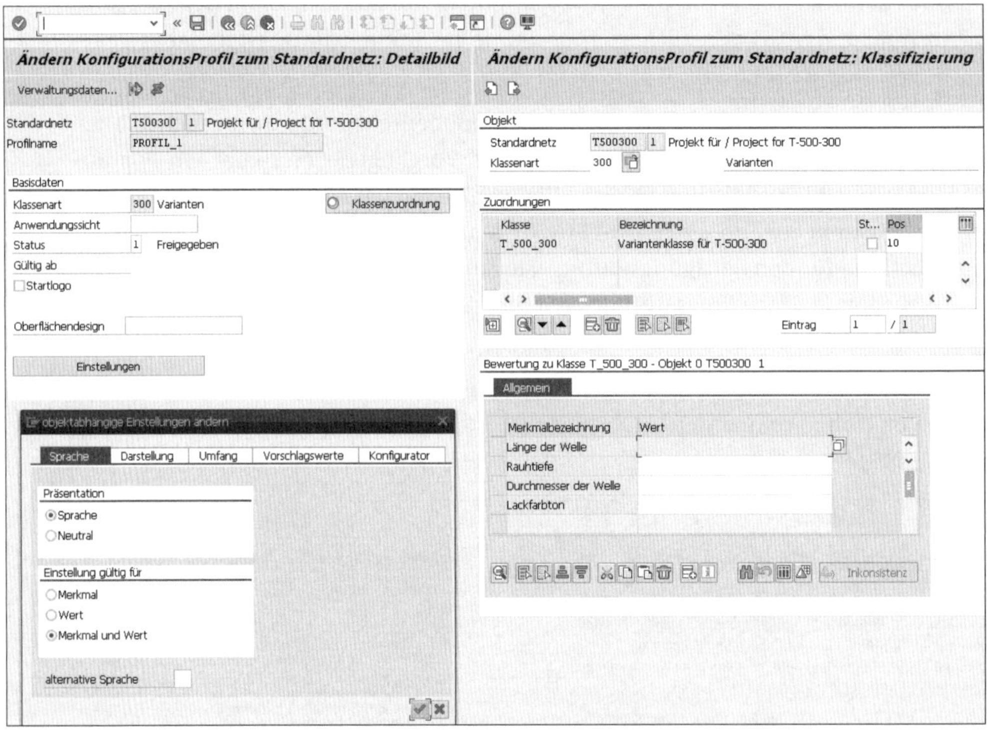

Abbildung 9.57 Konfigurationsprofil zum Standardnetz (Transaktion CU42)

Betrachten Sie nun noch den *Standard-Projektstrukturplan*. Die Standard-Projektstrukturpläne sind ebenfalls Kopiervorlagen für Projekte.

Mit der Information aus Transaktion CN08 bzw aus Abbildung 9.54 gehen Sie zu Transaktion CJ92, die Sie im SAP-Menü unter **Logistik • Projektsystem • Grunddaten • Vorlagen • Standard-PSP • Ändern** finden. Hier können Sie mit dem SPSP-Element T-50030.0 aus Transaktion CN08 einsteigen und finden die Darstellung aus Abbildung 9.58.

Hier gibt es nicht die Möglichkeit, Beziehungswissen zuzuordnen. Das verblüfft wahrscheinlich, wenn man den Standard-Projektstrukturplan (SPSP) aus Abbildung 9.58 mit dem Projekt aus Abbildung 9.53 vergleicht. Ein PSP-Element wurde nicht übernommen. Es ist T-50030.0.2, das nur für Konfigurationen mit dünnen Wellen benötigt wird.

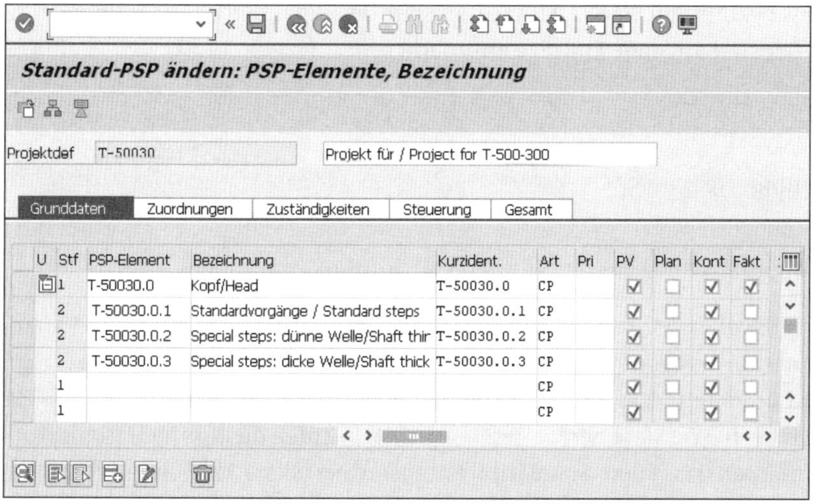

Abbildung 9.58 Standard-Projektstrukturplan (Transaktion CJ92)

Abhängig von der Konfiguration wurde die Übernahme von PSP-Elementen gesteuert, und das ganz ohne Beziehungswissen hier. Wie geht das? Für die Antwort müssen Sie noch einmal oben in Abbildung 9.55 im Standardnetz nachschauen. Über die Spalte **Std.PSP-Element** wurden hier die einzelnen Vorgänge den PSP-Elementen des Standard-PSP zugeordnet. Dabei wurde dem speziellen PSP-Element T-50030.0.2 für dünne Wellen nur der Vorgang 20 zugeordnet. Dieser Vorgang wurde aufgrund von Beziehungswissen (Auswahlbedingung) nicht in das Projekt in Abbildung 9.53 übernommen. Und hier gilt ganz unabhängig von Beziehungswissen die folgende Regel:

> *Werden keine Vorgänge, die einem PSP-Element zugeordnet sind, in ein Projekt übernommen, dann wird auch das PSP-Element nicht übernommen.*

Das ist hier der Fall.

Wir hatten oben im Zusammenhang mit der *konfigurierbaren Maximalstückliste* aus der Fertigung, die dem Standardnetz zugeordnet wurde, davon gesprochen, dass diese nicht hundertprozentig passt. Im Projekt wird nicht nur erwartet, dass Materialien, die vom Lager per Warenausgang zum Projekt bereitgestellt werden, den Vorgängen zugeordnet werden. Es wird auch erwartet, dass das Material, das an das Lager per Wareneingang aus dem Projekt geliefert wird, einem Vorgang zugeordnet wurde.

Das hätte man über eine passende Stückliste realisieren können (zusätzliche Komponente mit negativer Menge und einer Komponentenzuordnung im genannten Beispiel z. B. zum Vorgang 60).

Oder Sie holen es im Projekt nach. Vergleichen Sie hierfür nochmals Abbildung 9.53. Ziehen Sie hier von links unten per Drag & Drop die Materialkomponente aus den Vorlagen zum Vorgang 60 oben.

Als Ergebnis bekommen Sie auf der rechten Seite das Detailbild dieser Materialkomponente. Hier sind folgende Einträge erforderlich:

- Material: T-500-300
- Positionstyp: L
- Beschaffung: <leer>
- Bedarfsmenge: -1 ST
- Beschaffungsart: Reservierung zum Kundenauftrag

Abschließend wollen wir testen bzw. zeigen, dass man Projekte mithilfe der Variantenkonfiguration anlegen kann, ohne Kundenaufträge zu nutzen. Hierzu muss man wissen und beachten, dass zwar das Standardnetz, aber nicht das gesamte Projekt konfigurierbar ist. Wie Sie ja bereits gesehen haben, wurden das Konfigurationsprofil und die Variantenklasse dem Standardnetz zugeordnet (siehe Abbildung 9.57).

Sie rufen Transaktion CJ20N des Project Builders auf. Hier klicken Sie, wie in Abbildung 9.59 dargestellt, auf den Button für das Anlegen (▢) und wählen Sie den Eintrag **Netzplan mit Vorlage** aus.

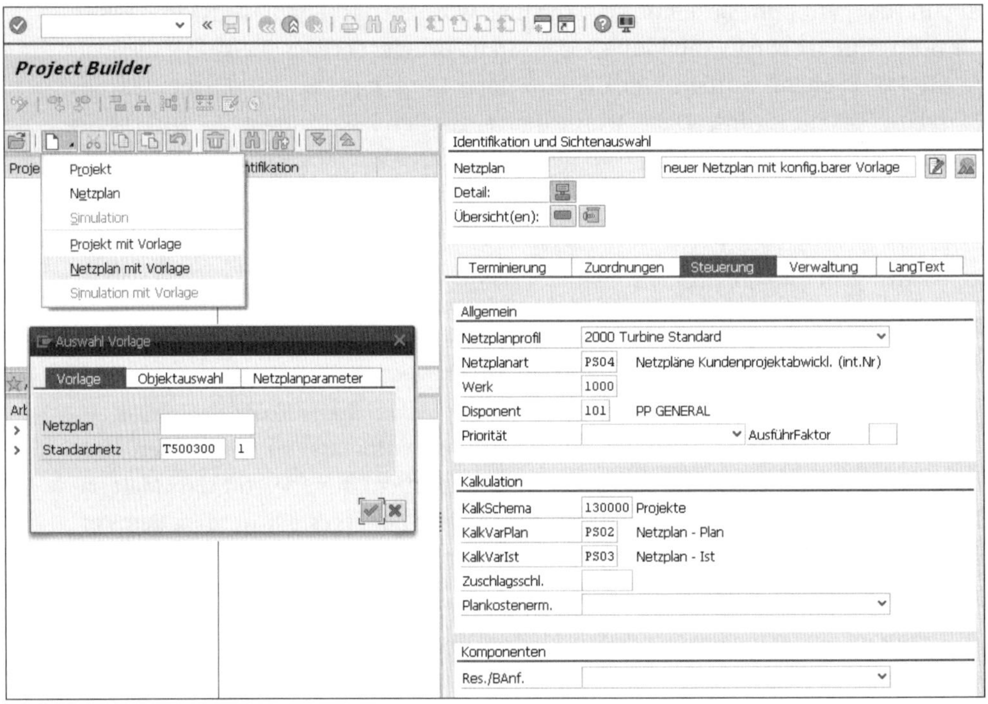

Abbildung 9.59 Neues Projekt anlegen mit Vorlage ohne Kundenauftrag (Transaktion CJ20N)

Es erscheint ein Pop-up-Fenster **Auswahl Vorlage**, in dem Sie das Standardnetz eintragen. Nach Bestätigung mit [↵] kann es sein, dass Sie nach Netzplanparametern gefragt werden. Nutzen Sie am besten diejenigen, die auch in Transaktion CN08 in Abbildung 9.54 genutzt wurden.

Als Ergebnis erhalten Sie auf der rechten Seite im Project Builder die Details zum neuen Netzplan-Kopf. Per [↵] gelangen in die Bewertungsoberfläche der Variantenkonfiguration (vergleiche Abbildung 9.60). Sie konfigurieren hier sozusagen das Projekt. Abschließend verlassen Sie die Bewertungsoberfläche per Klick auf den Button (Nächstes Bild) und gelangen zurück in den Project Builder. Als Ergebnis sehen Sie bereits links in der Projektstruktur des Project Builders den Netzplan mit Vorgängen und diese wiederum mit Materialkomponenten.

9

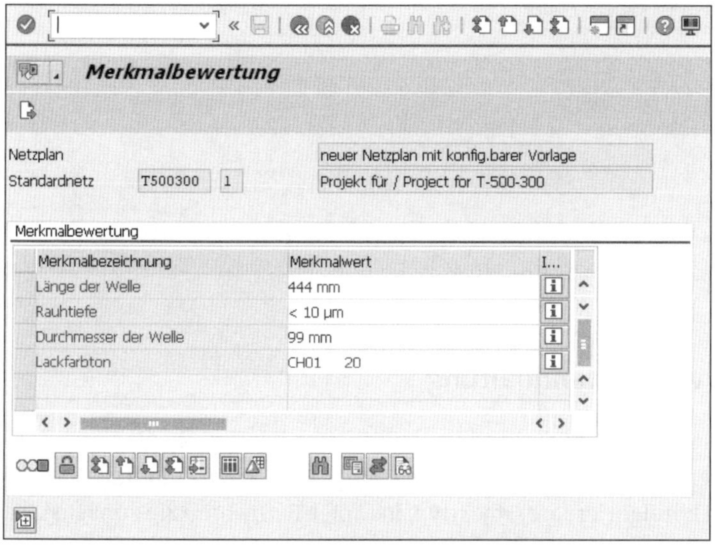

Abbildung 9.60 Neues Projekt anlegen – Konfiguration

Wenn Sie versuchen, dies zu speichern, wird festgestellt, dass dieses Standardnetz mit einem Standard-PSP verknüpft ist. Also wird versucht, mit diesem Standard-PSP als Vorlage ein Projekt anzulegen. Damit erscheint, wie in Abbildung 9.61 dargestellt, ein Pop-up-Fenster **Netzplan anlegen: Projektzuordnung**. Hier geben Sie der neuen Projektdefinition einen Namen und legen diese mit einem Klick auf den entsprechenden Button () an. Es erscheint das zweite Pop-up-Fenster **Projekt anlegen**. Dieses kann einfach per [↵] bestätigt werden. Dann ist über den Button **Übernehmen** aus dem ersten Pop-up-Fenster das komplette neue Projekt angelegt. Fertig.

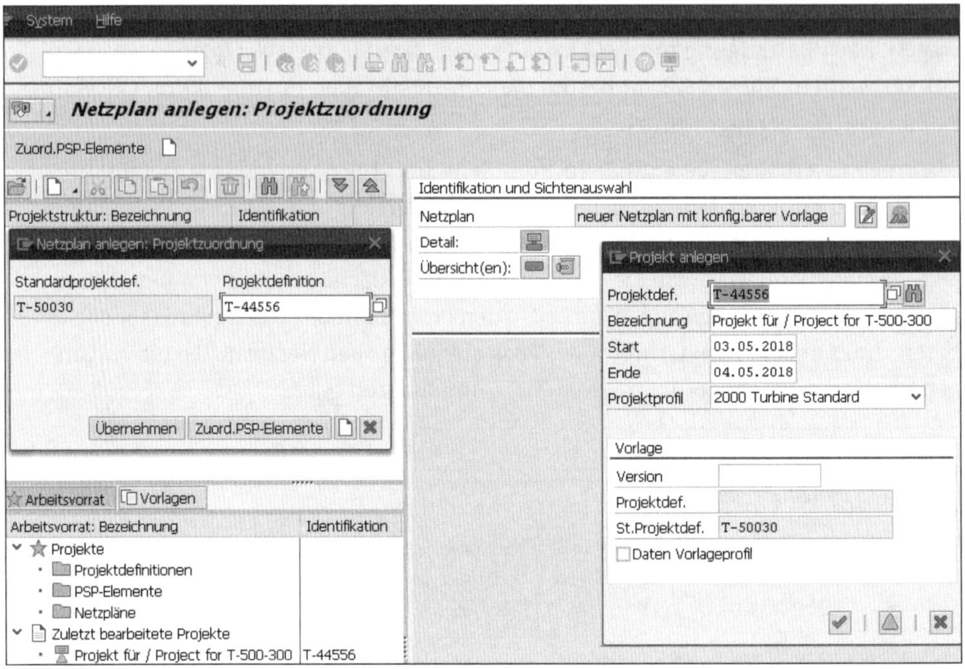

Abbildung 9.61 Neues Projekt anlegen – Projektdefinition

9.5 Kundenservice/Instandhaltung

Auch im Umfeld von Kundenservice und Instandhaltung können Sie die Variantenkonfiguration nutzen. Dabei kommen auch die *konfigurierbaren Instandhaltungsanleitungen*, der letzte konfigurierbare Objekttyp, ins Spiel. Betrachten Sie zunächst die Anwendung, bevor die Modellierung hierfür vorgestellt wird.

Ähnlich wie bei den Fertigungsaufträgen kann auch in Serviceaufträgen mit Variantenkonfiguration gearbeitet werden. Und ebenfalls ähnlich wie bei Fertigungsaufträgen mit ihren konfigurierbaren Maximalstücklisten und konfigurierbaren Maximalarbeitsplänen kann auch in Serviceaufträgen mit konfigurierbaren Maximal-Instandhaltungsstücklisten und konfigurierbaren Maximal-Instandhaltungsanleitungen gearbeitet werden. Schauen Sie sich das an einem Beispiel an.

Serviceaufträge können Sie mit Transaktion IW31 anlegen, die Sie im SAP-Menü unter **Logistik • Kundenservice • Serviceabwicklung • Auftrag • Serviceauftrag • Anlegen allgemein** finden.

Im Einstieg der Serviceaufträge sind mindestens Auftragsart und Werk anzugeben. Als Auftragsart (Spalte **AufArt**) wurde hier »SM02« für »Serviceauftrag mit Erlös« ausgewählt. Unser Werk für den Service (Spalte **PlanWerk**) sei das Werk »1200« (siehe Abbildung 9.62).

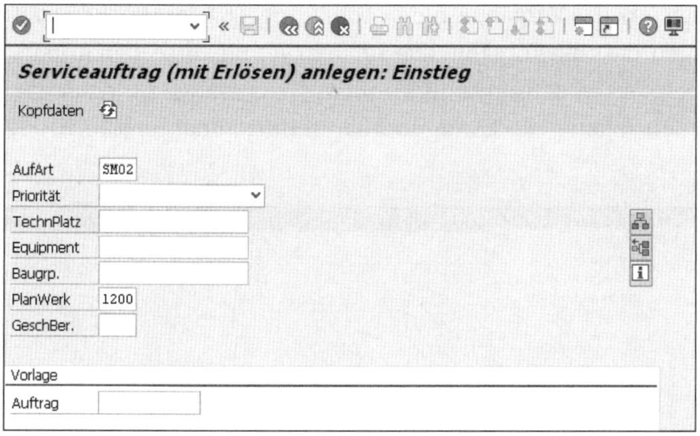

Abbildung 9.62 Serviceauftrag anlegen – Einstieg (Transaktion IW31)

In der nächsten Sicht, die in Abbildung 9.63 dargestellt ist, dem **Kopf zentral**, muss nur ein verantwortlicher Arbeitsplatz im Feld **VerArbPl.** eingetragen werden. Hier wurde »PC-T« aus dem Werk »1200« gewählt, was jedoch im Weiteren keine Rolle spielt.

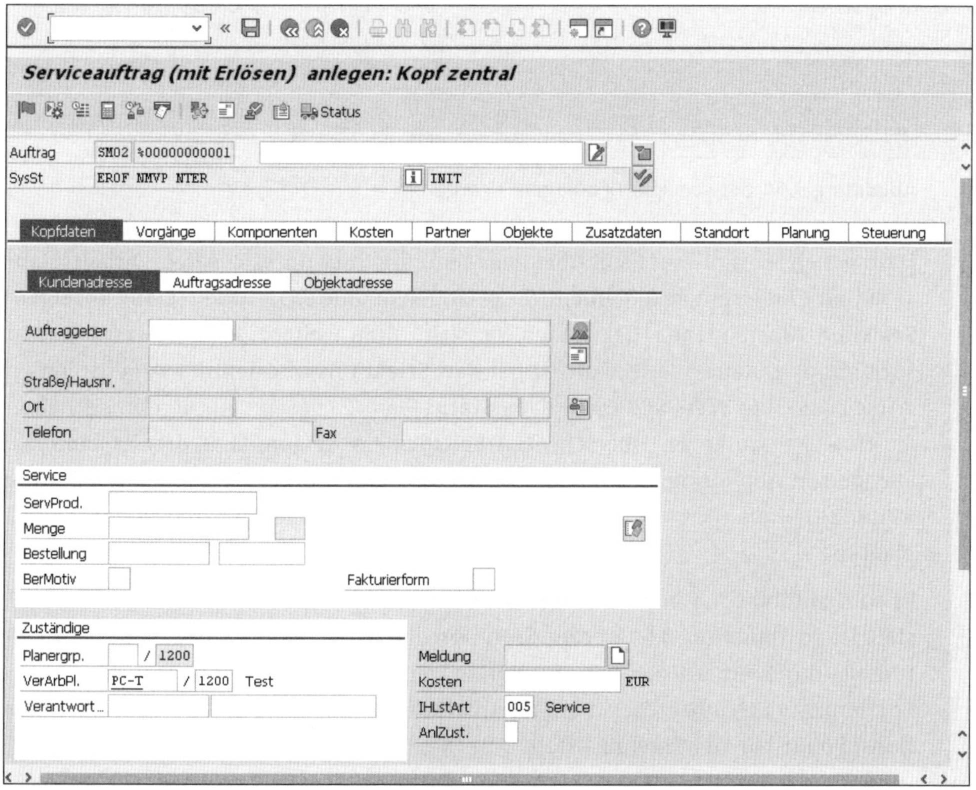

Abbildung 9.63 Serviceauftrag anlegen – Kopf

Sie wechseln auf die Registerkarte **Vorgänge**, die in Abbildung 9.64 dargestellt ist. Zunächst wird vorgeschlagen, dass die Vorgänge alle auf dem verantwortlichen Arbeitsplatz abgearbeitet werden. Das wollen Sie ändern, indem die Vorgänge aus einer Vorlage übernommen werden sollen – der konfigurierbaren Instandhaltungsanleitung (kurz *IH-Anleitung*).

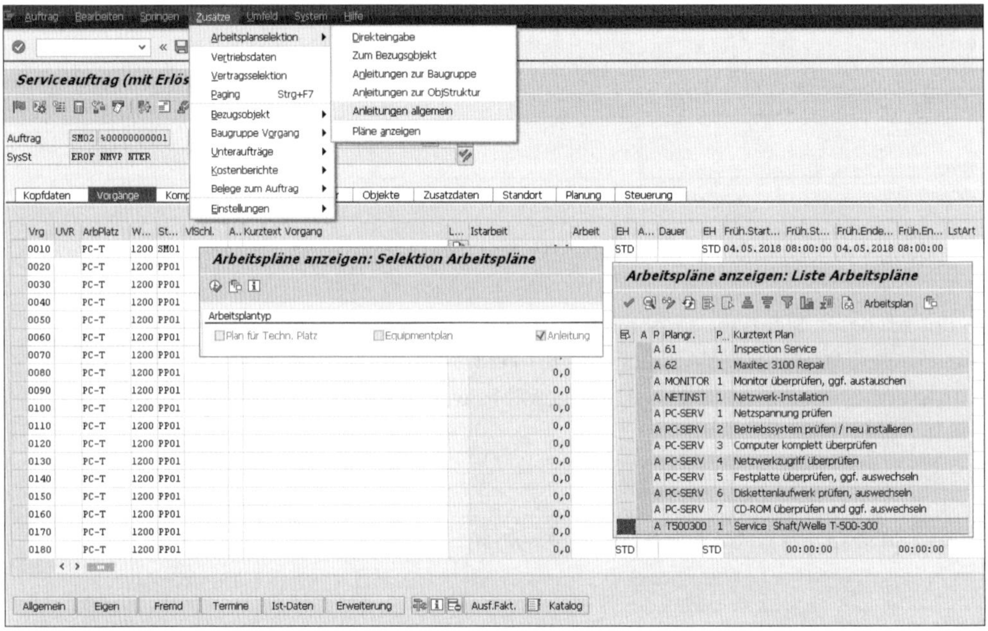

Abbildung 9.64 Serviceauftrag anlegen – Vorgänge

Dazu gehen Sie in dieser Sicht über das Menü und hier unter **Zusätze • Arbeitsplanselektion • Anleitungen allgemein**. Sie gelangen in eine Sicht **Arbeitspläne anzeigen: Selektion Arbeitspläne**. Hier trauen Sie sich, ohne weitere Selektionskriterien zu suchen. Als Default-Werte wurden bei den Selektionskriterien der **Arbeitsplantyp** »Anleitung«, das **Werk** »1200« und der **Status Plan** »2« gesetzt. Als Ergebnis erhalten Sie eine Liste unter der Überschrift: **Arbeitspläne anzeigen: Liste Arbeitspläne**, die ebenfalls in Abbildung 9.64 dargestellt ist. Sie wählen hier z. B. den letzten Eintrag »T500300 1« aus. (Das »A« in der ersten Spalte steht für Anleitung und ist der Arbeitsplantyp.)

Es wird automatisch in die Konfiguration gewechselt, die in Abbildung 9.65 dargestellt ist. In Abbildung 9.69 werden Sie unten den Grund dafür sehen. Diese IH-Anleitung ist durch ein entsprechendes Konfigurationsprofil konfigurierbar. Leider war vorab nicht erkennbar, dass diese IH-Anleitung konfigurierbar ist (weder im Selektionsbild noch in der Ergebnisliste).

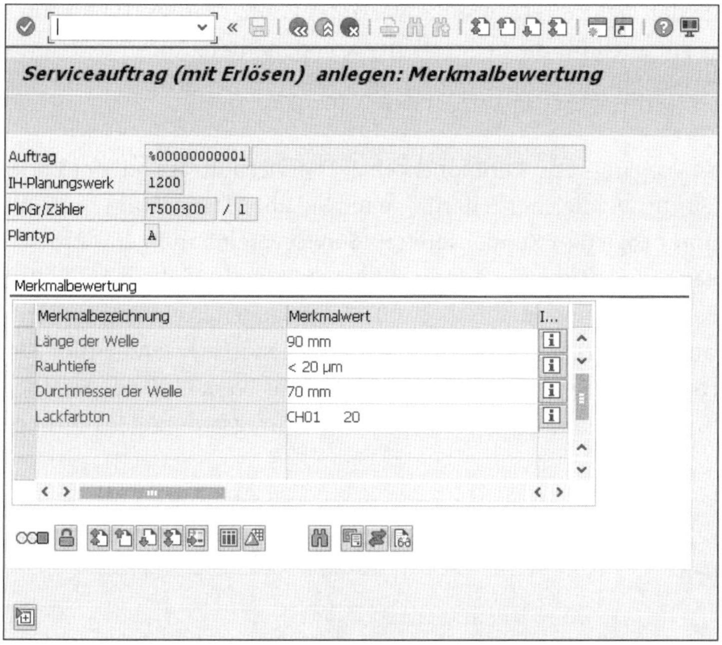

Abbildung 9.65 Serviceauftrag anlegen – Konfiguration

Sie führen hier eine beliebige Bewertung durch und gelangen per Klick auf den Zurück-Button wieder zurück in die Registerkarte **Vorgänge** des Serviceauftrags (vergleiche Abbildung 9.66).

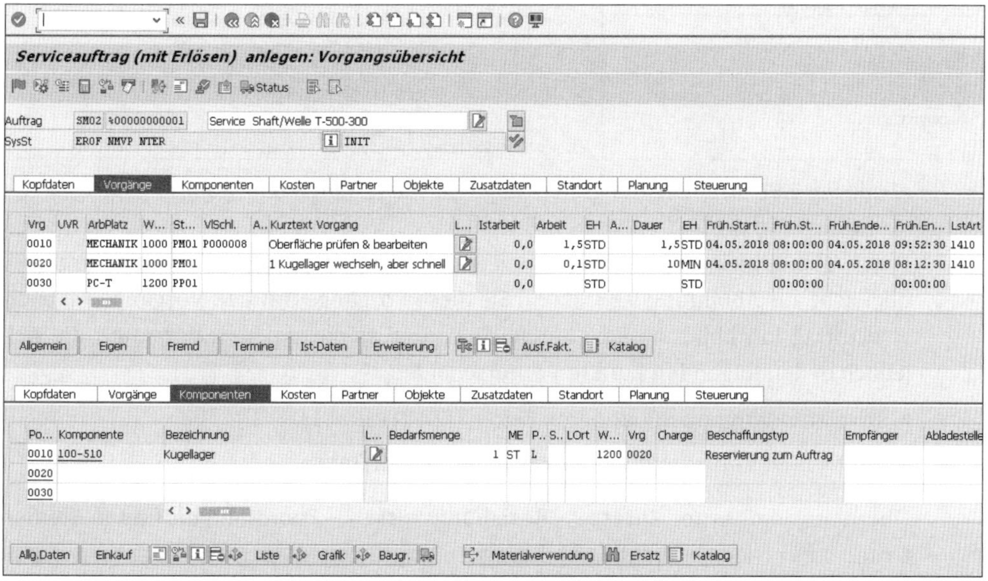

Abbildung 9.66 Serviceauftrag anlegen – Vorgänge und Komponenten laut Konfiguration

Man erkennt hier leider nicht direkt, wie die Variantenkonfiguration das Ergebnis beeinflusst hat. Das gilt auch für die Registerkarte **Komponenten**. Auch hier hat die Variantenkonfiguration das Ergebnis beeinflusst. Speichern Sie abschließend den Serviceauftrag.

Nun wollen Sie diese Vorgänge und Komponenten des Serviceauftrags mit der Vorlage, d. h. der IH-Anleitung, vergleichen. Hierfür gehen Sie über Transaktion IA06, die Sie im SAP-Menü unter **Logistik • Kundenservice • Servicevereinbarungen • Arbeitsplanung • Arbeitspläne • Anleitungen • Ändern** finden. Im Einstiegsbild in Abbildung 9.67 gehen Sie bei der Plangruppe auf die [F4]-Hilfe. Sie gelangen in ein Pop-up-Fenster **Schlüssel der Plangruppe (2)**, und gehen hier auf die Registerkarte **I: Anleitung PM**. Hier schränken Sie die Planauswahl am besten gleich auf das Werk 1200 ein. So erhalten Sie das Ergebnis aus Abbildung 9.67. Die im Serviceauftrag genutzte Plangruppe war »T500300«.

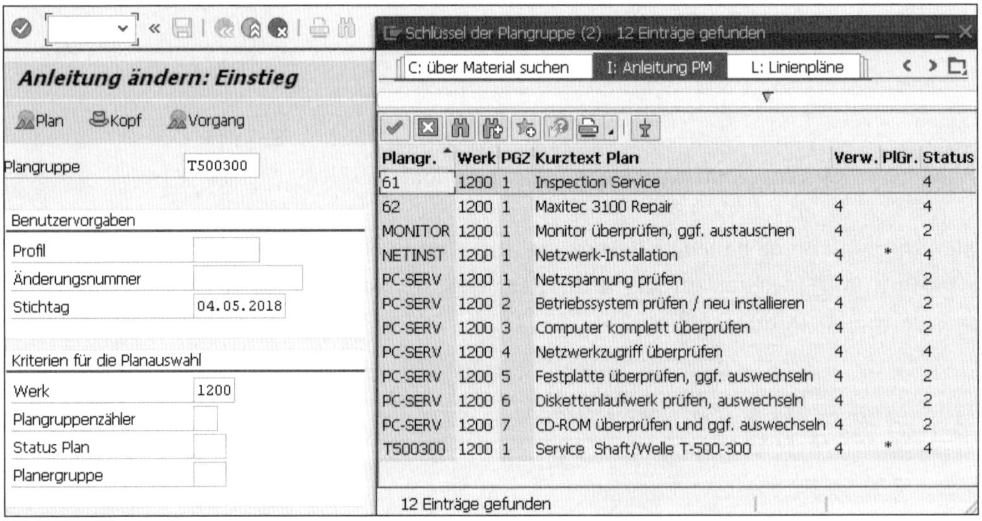

Abbildung 9.67 Instandhaltungsanleitung – Einstieg (Transaktion IA06)

Durch Übernahme und Bestätigung dieser Plangruppe gelangen Sie in die Vorgangsübersicht aus Abbildung 9.68. Wenn Sie diese Vorgänge mit den Vorgängen im Serviceauftrag in Abbildung 9.66 vergleichen, sind es die gleichen Vorgänge, die sich jedoch in den folgenden Punkten unterscheiden:

- im ersten Vorgang mit anderen Zeiten (1,5 STD statt 1,0 STD)
- im zweiten Vorgang mit einem geänderten Kurztext

Über das Menü unter **Zusätze • Beziehungswissen • Zuordnungen** finden Sie den Grund dafür (siehe ebenfalls Abbildung 9.68 rechts oben). Beiden Vorgängen wurde keine Auswahlbedingung zugeordnet. Somit werden immer beide Vorgänge übernommen.

Dem ersten Vorgang wurde eine Prozedur T500300_PROZ_PLPO_DAUNO_ARBEI zugeordnet mit folgender Syntax:

```
( $self.T_PLPO_DAUNO = t_plm1/60 ,
  $self.T_PLPO_ARBEI = t_plm1/60 ) if t_plm1 specified
* 1 min prüfen & bearbeiten pro mm Wellenlänge
```

Listing 9.2 Prozedur zum Ändern eines Vorgangs in IH-Anleitung (Zeitelemente)

T_PLPO_DAUNO und T_PLPO_ARBEI sind zwei Objektmerkmale, die in der Tabelle PLPO auf die Felder DAUNO und ARBEI verweisen. Damit kann die eine Stunde aus Abbildung 9.68 in den Spalten **Arbeit** und **Dauer** überschrieben werden. Das Merkmal T_PLM1 ist das Merkmal »Länge der Welle« aus Abbildung 9.65. Somit werden aus den 90 mm Länge hier 90 Minuten = 1,5 Stunden.

9

Dem zweiten Vorgang wurde eine Prozedur T500300_PROZ_PLPO_LTXA1_SCHNEL zugeordnet mit folgender Syntax:

```
$self.P_30 = '1 '|| mdata $self.P_30 || ', aber schnell'
  if t_plm1 < 100,
$self.P_30 = '2 '|| mdata $self.P_30 || ', aber schnell'
  if t_plm1 >= 100
* Kurztext ergänzen
```

Listing 9.3 Prozedur zum Ändern eines Vorgangs in IH-Anleitung (Kurztext)

P_30 ist ein Objektmerkmal, das in der Tabelle PLPO auf das Feld LTXA1 für den Kurztext verweist. Der Langtext kann nicht so einfach geändert werden. Abhängig von der Länge der Welle, werden ein oder zwei Kugellager ausgetauscht.

Zurück in der Vorgangsübersicht in Abbildung 9.68, finden Sie die zugeordneten Komponenten, indem Sie die Vorgänge markieren und auf den Button Komponenten klicken.

Dem ersten Vorgang hier sind keine Komponenten zugeordnet. Dem zweiten Vorgang sind zwei Kugellager zugeordnet. Diese Kugellager stammen aus einer konfigurierbaren *Instandhaltungsstückliste*. Instandhaltungsstückliste bedeutet, dass dies eine Materialstückliste mit *Stücklistenverwendung* ist. In unserem konkreten Beispiel besteht die Instandhaltungsstückliste nur aus dieser einen Position. Dieser Position ist eine Prozedur zugeordnet, die die Menge auf eins reduziert, falls die Länge der Welle unter 100 mm liegt. Die Syntax lautet

```
$self.TPC_STPO_MENGE = 1 if T_PLM1 < 100
```

Dabei ist TPC_STPO_MENGE ein Objektmerkmal, das auf das Feld STPO-MENGE verweist.

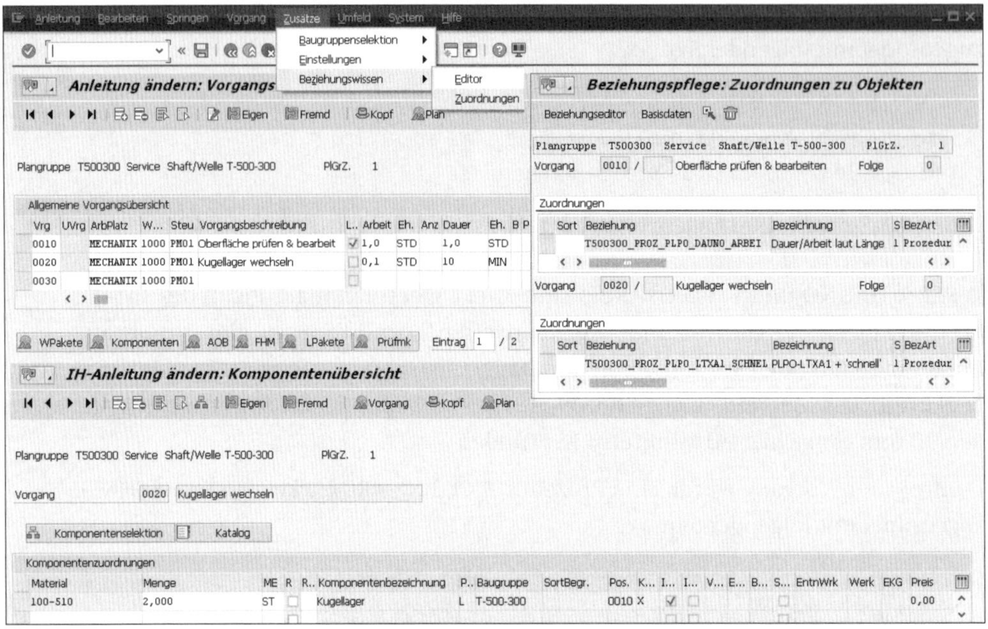

Abbildung 9.68 Instandhaltungsanleitung – Vorgänge, Komponentenzuordnung, Beziehungswissen

Abschließend schauen Sie kurz über Transaktion CU42 auf das Konfigurationsprofil der Instandhaltungsanleitung. Das sieht, wie in Abbildung 9.69 dargestellt, ganz analog zu den Konfigurationsprofilen für Netzpläne aus.

Man kann sich noch die Frage stellen, ob hier eine ähnliche »Integration« nutzbar ist, wie oben für die konfigurierbaren Netzpläne beschrieben. Ja, dem ist so. Man kann sich ein Integrationsszenario vorstellen, bei dem mit dem Ausliefern des Kundenauftrags der Prozess nicht beendet ist. Sie möchten für das gelieferte, konfigurierte Produkt noch Service anbieten. In Richtung »Integration« können Sie automatisch die Konfiguration aus dem Kundenauftrag auch für den Service nutzen. Die Konfiguration des Produktes soll nicht nur Auswirkungen auf die Fertigung haben, sondern auch auf den Service.

Wie ist dies realisierbar? Die Verbindung zwischen der Konfiguration im Kundenauftrag und der Konfiguration im Service stellen Sie über *Equipment* her. Sie sorgen dafür, dass das Equipment bereits im Kundenauftrag angelegt wird, also während dort das Produkt konfiguriert wird. Dadurch bekommt das Equipment automatisch die Verbindung zum Kundenauftrag und seiner Konfiguration.

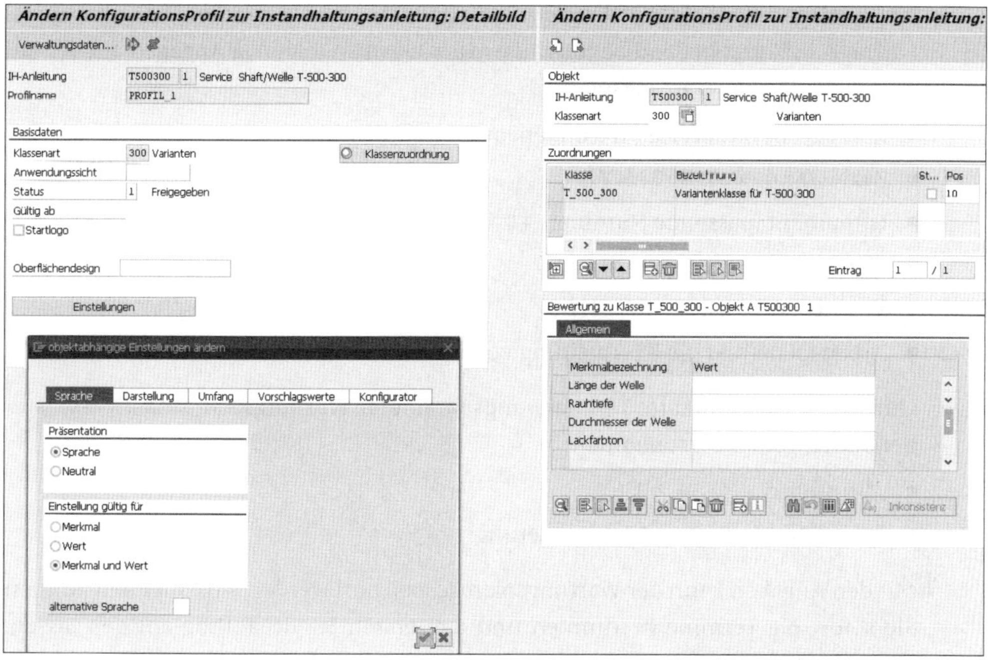

Abbildung 9.69 Konfigurationsprofil der Instandhaltungsanleitung (Transaktion CU42)

Wie erreicht man dies? Man trägt im Materialstamm auf einer passenden werksspezifischen Sicht – hier Registerkarte **Vertrieb: allgemein/Werk** – in das Feld **Serialnummern-Profil** ein solches ein. Dieses Serialnummern-Profil muss so im Customizing gepflegt sein, dass im Kundenauftrag erwartet wird, dass hier bereits die Serialnummer angelegt wird. Konkret bedarf es im Serialnummern-Profil eines Eintrags »SDAU« (für SD-Auftrag) im Feld **Serialisierungsvorgang** und eines Eintrags »03«(für Muss) oder »04« (für automatisch) sowie »Equipmentpflicht« im Feld **Verwendung**. Weiterhin sollte im Materialstamm als Serialisierungsebene »1 = Equipment und Serialnummer synchron halten« verwendet werden.

Dadurch werden Sie beim Anlegen und Speichern des Kundenauftrags gezwungen, eine *Serialnummer* (= Equipment) anzulegen. Diese Serialnummer (= Equipment) hat Verbindung zum Kundenauftrag und der dortigen Konfiguration. Dies nutzen Sie, wenn Sie für dieses Produkt (genauer dieses Equipment und noch genauer dieses Kundenequipment) Service planen und anbieten.

Für die Planung des Service legen Sie einen *Wartungsplan* an. Hierfür gehen Sie über Transaktion IP41, die Sie im SAP-Menü unter **Logistik • Kundenservice • Servicevereinbarungen • Wartungsplanung • Wartungspläne • Anlegen • Einzyklusplan** finden. Einzyklusplan bedeutet, dass Sie immer im gleichen Abstand den gleichen Service anbieten (im Unterschied z. B. zu kleinem und großem Service in entsprechenden Zyklen).

Im Einstieg ist das Feld **Wartungsplantyp** zu füllen – hier geben Sie »PM = Wartungsauftrag« an. Anschließend benötigt der Wartungsplan folgende Angaben auf der Registerkarte **Zyklen Wartungsplan**:

- Kurztext (z. B.: Service für Kundenequipment ####)
- Zyklus/Einheit (z. B.: 3 MON)
- Equipment (passende Nummer: ####)
- Planungswerk (z. B.: 1200)
- Verantw. ArbPl. (z. B.: PC-T 1200)
- Arbeitsplan (hier die IH-Anleitung von oben: A T500300 1)

Und auf der Registerkarte **Terminierungsparameter Wartungsplan** sind die nachstehenden Angaben vorzunehmen:

- Abrufintervall (z. B.: 2 JHR)
- Zyklusstart (z. B.: Tag der Auslieferung)

Mit den Angaben kann der Wartungsplan gespeichert werden. Anschießend können Sie sofort die Termine bestimmen und den ersten Serviceauftrag anlegen lassen. Hierfür nutzen Sie die Terminierung von Wartungsplänen über Transaktion IP10, die Sie im SAP-Menü unter **Logistik • Kundenservice • Servicevereinbarungen • Wartungsplanung • Terminplanung der Wartungspläne • Terminieren** finden. Hier können Sie das Terminieren mit einem Klick auf den Button **Terminieren** starten. Durch das Speichern des Terminierungsergebnisses wird gleichzeitig der erste Serviceauftrag gespeichert. Diesen können Sie direkt hier über Transaktion IP10 anschließend ansehen. Oder Sie nutzen direkt die Anzeige-Transaktion aus dem Menü für Serviceaufträge, das zu Beginn dieses Abschnitts beschrieben wurde. Aufgrund der Integration (Konfiguration aus dem Kundenauftrag über die Referenz im Equipment und dieses Equipment über Wartungsplan in den Serviceauftrag) wurden hier im Serviceauftrag automatisch Vorgänge und Komponenten für die Konfiguration angepasst. Vergleichen Sie hierzu Abbildung 9.66. So weit kann die Integration der Variantenkonfiguration gehen.

9.6 Fazit

Wir haben die Variantenkonfiguration in folgenden weiteren logistischen Prozessen betrachtet:

- in der Vorplanung
- in der Fremdbeschaffung (Einkauf)
- im Qualitätsmanagement

- im Projektsystem
- in Instandhaltung/Kundenservice

Zudem haben wir zusätzliche Integrationsaspekte beleuchtet. Die Konfiguration aus dem Kundenauftrag kann automatisch übernommen und genutzt werden: in der Bestellung im Einkauf, im Qualitätsmanagement (Prüfung gegen Konfiguration), im Projekt passend zur Kundenauftragsposition und im Serviceauftrag in Instandhaltung/Kundenservice.

Dabei wurde auch gezeigt, dass nicht unbedingt mit sehr viel Integration gearbeitet werden muss. Man kann Projekte oder Serviceaufträge auch direkt konfigurieren.

Schließlich haben wir – neben konfigurierbaren Materialstämmen – auch konfigurierbare Netzpläne, konfigurierbare Instandhaltungsanleitungen und konfigurierbare Musterleistungsverzeichnisse erläutert.

TEIL II

Best Practices aus der Industrie

Kapitel 10
Best Practices für die Modellierung

Die Frequenz, mit der neue Produkte auf den Markt kommen, erhöht sich zunehmend. Umso wichtiger wird es, Produkte kunden- und verkaufsorientiert zu modellieren, die Nutzung der Produktkonfiguration zu vereinfachen und sie für den Endanwender zugänglicher zu machen.

Die Produktmodellierung ist nicht einfach; dies ist Fakt. In diesem Kapitel finden Sie beispielhaft einige Best Practices, die Sie bei der effizienten und intelligenten Modellierung Ihrer Produkte unterstützen. Wir fokussieren uns in den folgenden Abschnitten insbesondere auf die unterschiedlichen Modellierungsansprüche in Vertrieb und Technik (High-Level- und Low-Level-Konfiguration). Dies adressiert die oft anzutreffende Problematik, dass das Produkt zwar technisch einwandfrei beschrieben ist, aber vom Vertrieb aufgrund seiner Techniklastigkeit nicht oder nur ungern angenommen wird. Dieses Dilemma versuchen wir durch unterschiedliche Sichten auf das Produktmodell zu lösen. Außerdem erklären wir kurz, wie Sie externe Aufrufe innerhalb der Konfiguration realisieren können.

10.1 Technische Sicht versus kaufmännische Sicht in der High-Level-Konfiguration

Die High-Level-Konfiguration beschreibt das Produktmodell im Vertrieb (also ohne Betrachtung der Stückliste oder des Arbeitsplans). Aufgrund einer oft anzutreffenden historischen Produktmodellierung durch die Technik bzw. den produktorientierten Ingenieur entspricht diese Sichtweise nicht unbedingt den Anforderungen des Kaufmanns. So lässt sich ein Auto sicherlich mit 30 Merkmalwerten verkaufen, aber nicht produzieren.

10.1.1 Ausgangssituation

Um zu verstehen, warum und wann Sie neben dem Verkaufsmodell ein Produktionsmodell nutzen sollten, ist es hilfreich, sich vor Augen zu führen, worin der Unterschied zwischen beiden Modellen besteht. In Abbildung 10.1 sehen Sie eine Gegenüberstellung der beiden Modelle.

Das *Produktionsmodell* enthält in der Regel alle möglichen Optionskombinationen (Merkmalwerte), die zum Bau des Produkts notwendig sind. Die Konfiguration eines solchen Modells ist für Vertriebsmitarbeiter und speziell für Endkunden oft zu komplex und zu detailliert. Auch nutzt man meist eine an der Stückliste orientierte Auflistung der Merkmale und Werte. Somit spiegelt das Produktionsmodell eine technische Sicht wider.

Das *Verkaufsmodell* spiegelt die kaufmännische Sicht wider und soll den Kunden angeboten werden. Es unterscheidet sich in der Regel durch Granularität, Kurz- und Langbezeichnung. Hinzu kommt, dass verschiedene Vertriebsregionen unterschiedliche Anforderungen an das Vertriebsmodell haben, um den Endkunden in ihrem Zielmarkt unterschiedliche Möglichkeiten der Merkmalskombinatorik zu bieten.

Außerdem kann die Verwendung des vollständigen Fertigungsmodells einschließlich der Stücklistenauflösung zu Performance-Problemen im Frontend-Verkaufsprozess führen. Das heißt, dass die Vertriebsmitarbeiter und ihre Kunden damit rechnen müssen, dass die Konfiguration ihres Produkts stark verlangsamt würde.

Daher empfiehlt es sich, die technischen Merkmale des Fertigungsmodells von den anwenderorientierten Merkmalen des Verkaufsmodells zu trennen. Im Verkaufsprozess sind also nur die anwenderorientierten Merkmale für den Endverbraucher bzw. den Vertrieb sichtbar. Dies vereinfacht die Konfiguration des Frontends.

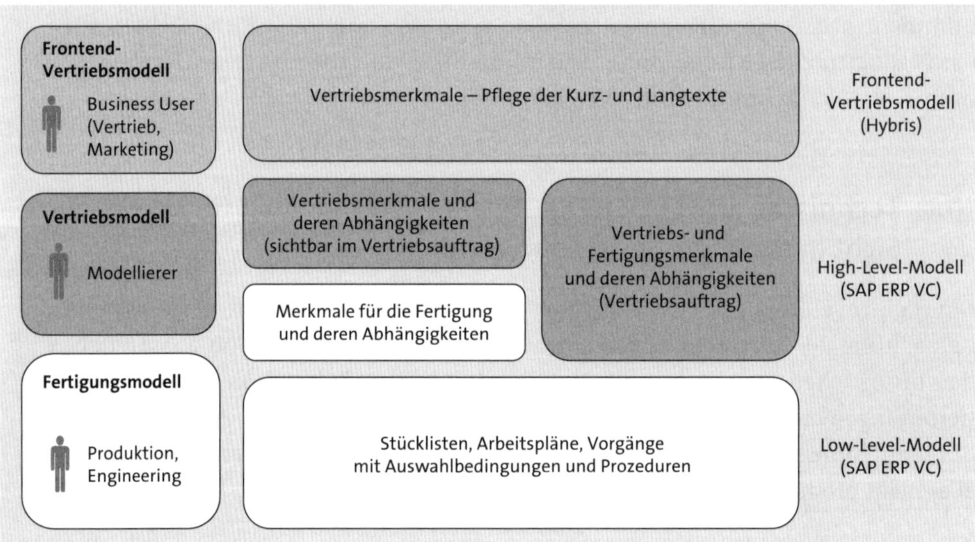

Abbildung 10.1 Übersicht über die High-Level- und Low-Level-Konfiguration

Die folgenden Ansätze zeigen die Best Practices, wie die Kundeninteraktion mit dem Produktmodell minimiert und das Verkaufsmodell mit einer besseren Kundenerfahrung stärker in den Mittelpunkt gerückt werden kann.

Die vier folgenden Abschnitte beschreiben verschiedene Herangehensweisen zur Lösung dieser Problematik: Dies reicht von der bloßen Sichtbarkeit von Verkaufsmerkmalen über die Herleitung von Vertriebsmerkmalen aus den Produktionsmerkmalen sowie das Überschreiben vom Merkmalsbezeichnungen bis hin zu einer kompletten Trennung beider Welten. Letzteres beinhaltet einen Wechsel zur Lösungskonfiguration mittels einer Modellierung im Solution Modeling Environment (SME).

10.1.2 Ansatz 1: Sichtbarkeit von Verkaufsmerkmalen

Es ist üblich, in der Benutzeroberfläche der Vertriebskonfiguration nur die vertriebsrelevanten Merkmale sichtbar zu machen und zusätzlich eine bestimmte Benutzergruppe zu aktivieren, die dann die jeweiligen Vertriebs- und Produktionsmerkmale sehen kann. Dadurch überfordert man die jeweiligen Nutzergruppen nicht so stark, und die Akzeptanz des Modells steigt.

Es gibt verschiedene Möglichkeiten, um Verkaufsmerkmale im SAP-System sichtbar zu machen oder auszublenden. Diese Möglichkeiten lernen Sie im Folgenden kennen.

Statische Pflege im Merkmalsstammsatz

Die erste und einfachste Möglichkeit, um ein Merkmal für den Anwender auszublenden, besteht in einer statischen Definition in den Merkmalsstammdaten (Transaktion CT04). Wenn Sie das Kennzeichen **No Display** aktivieren, wird das entsprechende Merkmal bei der Konfiguration unsichtbar (siehe Abbildung 10.2).

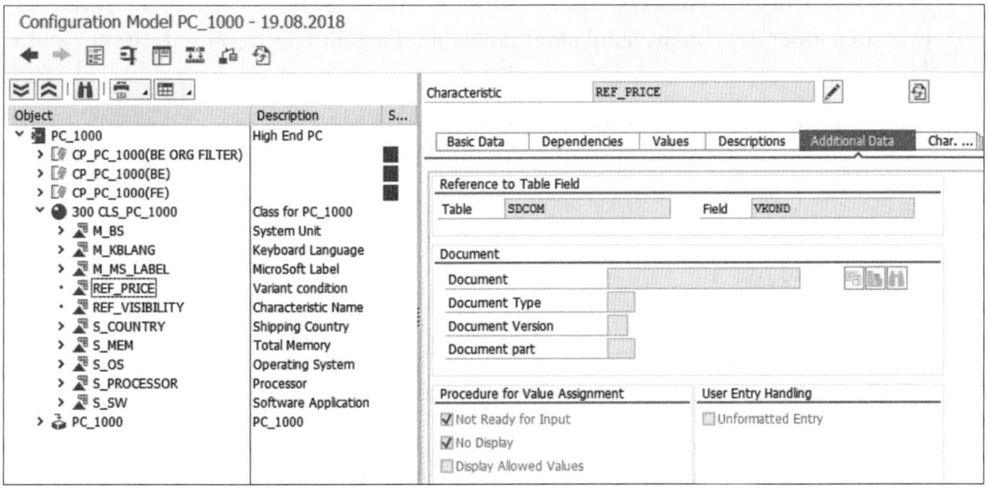

Abbildung 10.2 Kennzeichen »No Display« in der Merkmalspflege (Transaktion CT04)

Dynamische Definition über ein Referenzmerkmal

Es ist auch möglich, ein Merkmal in einer dynamischen Definition als unsichtbar zu definieren. Über das Objektmerkmal, das auf das Feld INVISIBLE in Tabelle SCREEN_DEP verweist, kann die Sichtbarkeit der Merkmale gesteuert werden (siehe Abbildung 10.3). Solange die Namen dieser technischen Merkmale auf dieses Referenzmerkmal gesetzt sind, bleiben diese technischen Merkmale unsichtbar.

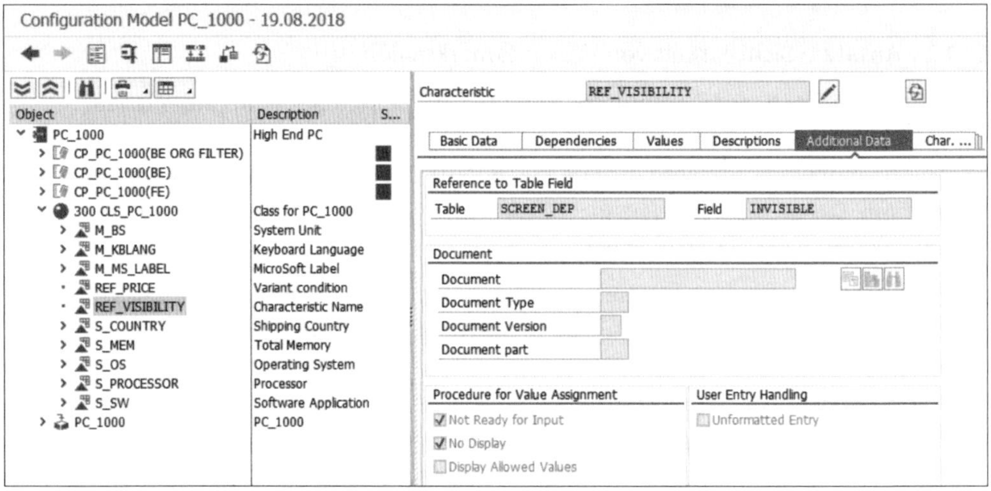

Abbildung 10.3 Referenzmerkmal SCREEN_DEP

Ausblenden von Merkmalen durch Prozedur oder Variantenfunktion

Eine Möglichkeit, um die Namen von unsichtbaren Merkmalen zu setzen, ist das Verwenden (oder das Hinzufügen) einer einfachen Prozedur. Es ist eine statische Definition.

Am folgenden Beispiel werden die Merkmale M_KBLANG, M_BS und M_MS_LABEL auf das Referenzmerkmal »Invisible« referenziert und damit unsichtbar gemacht:

```
$self.REF_VISIBILITY = 'M_KBLANG',
$self.REF_VISIBILITY = 'M_BS',
$self.REF_VISIBILITY = 'M_MS_LABEL'
```

In Abbildung 10.4 sehen Sie, wo die Prozedur im Konfigurationsmodell hinterlegt ist. Wir befinden uns in Transaktion PMEVC und fügen die dargestellte Prozedur dem Konfigurationsprofil hinzu (also in der Baumstruktur über dem Abschnitt der Klassen).

Eine weitere, dynamische Möglichkeit, um die Namen von unsichtbaren Merkmalen zu setzen, ist die Einstellung über eine Variantenfunktion bzw. über `PFUNCTION` (siehe Abbildung 10.5). Innerhalb der Variantenfunktion ist es möglich, den Namen von unsichtbaren Merkmalen dynamisch über die Namenskonvention (z. B. mit dem Präfix S_ für den Verkauf und M_ für die Fertigung) auf ein Merkmal zu setzen.

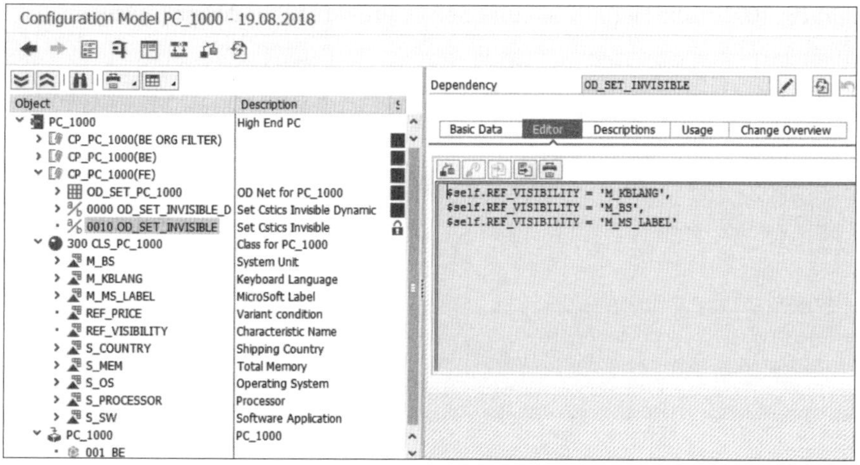

Abbildung 10.4 Prozedur zum Ausblenden von Merkmalen

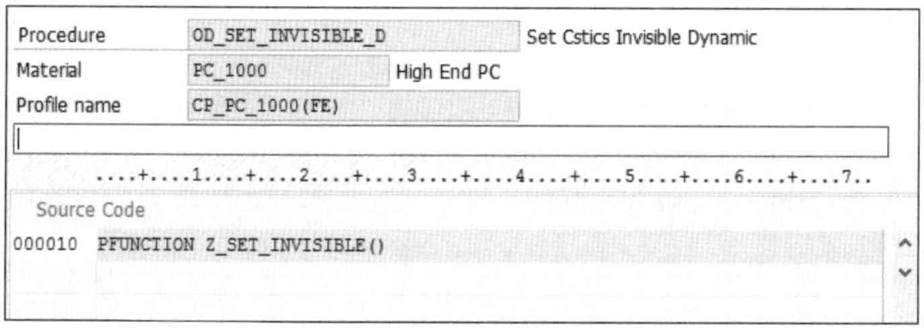

Abbildung 10.5 PFUNCTION zum Ausblenden von Merkmalen

Merkmalsgruppen zum Ausblenden unbenutzter Merkmale

Es ist auch üblich, Merkmale einer bestimmten Merkmalsgruppe zuzuordnen, um somit die Anzahl der sichtbaren Merkmale zu reduzieren. In Abbildung 10.6 wird die Anlage des sogenannten *Interface Designs* (per rechter Maustaste am Konfigurationsprofil) in Transaktion PMEVC gezeigt, in der Sie Merkmalsgruppen anlegen können.

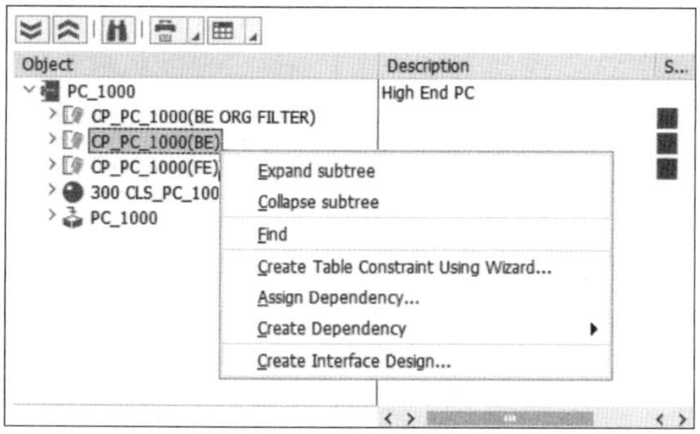

Abbildung 10.6 Anlage einer Merkmalsgruppe mit unsichtbaren Merkmalen

In Abbildung 10.7 ist die Definition eines Benutzeroberflächendesigns zu sehen.

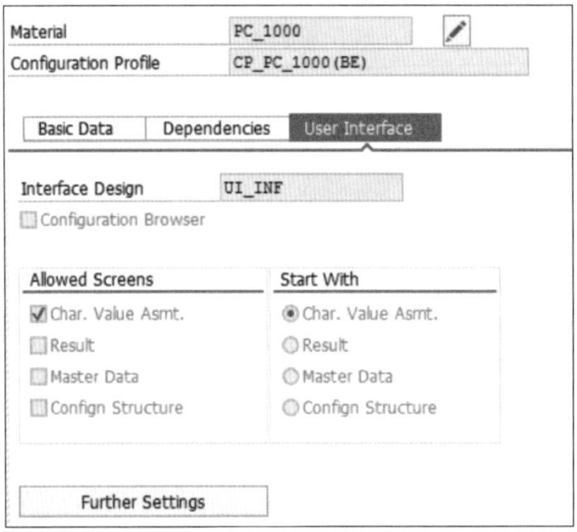

Abbildung 10.7 Benutzeroberflächendesign definieren

In Abbildung 10.8 ist die Zuordnung der Merkmalsgruppen zum Benutzeroberflächendesign dargestellt. Einzelne Merkmalsgruppen können hier angelegt und dem Benutzeroberflächendesign zugeordnet werden.

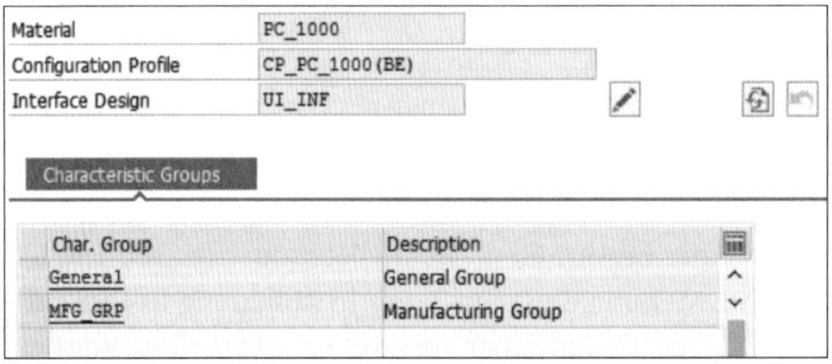

Abbildung 10.8 Anlage der Merkmalsgruppe »Definition«

In Abbildung 10.9 sind die Merkmalsgruppen eines Benutzeroberflächendesigns zu sehen.

Die automatisch erzeugte Standardmerkmalsgruppe **General** (siehe Abbildung 10.10) bleibt dabei solange sichtbar, bis alle Merkmale einer anderen, selbstdefinierten Gruppe zugeordnet werden.

Unterhalb dieser Merkmale erkennen Sie in Abbildung 10.11 auch die Merkmalsgruppe **MFG_GRP** (eine beispielhafte Bezeichnung), der die auszublendenden Merkmale per Drag & Drop zugeordnet werden.

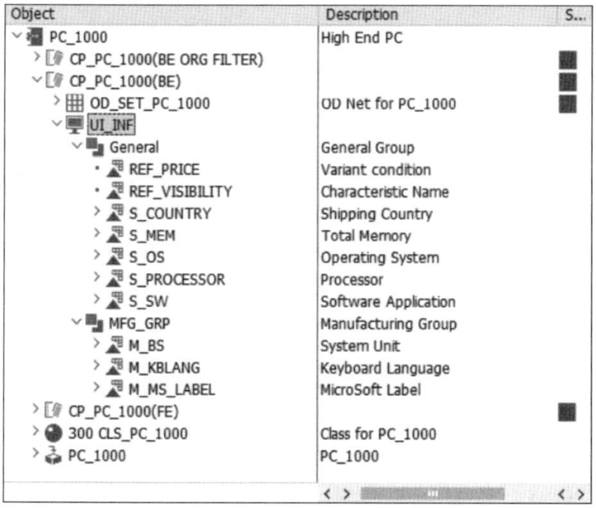

Abbildung 10.9 Darstellung der Merkmalsgruppen »General« und MFG_GRP

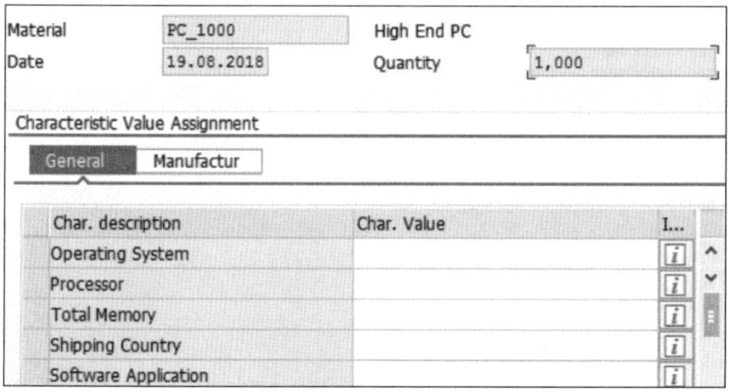

Abbildung 10.10 Darstellung der Merkmalsgruppen »General«

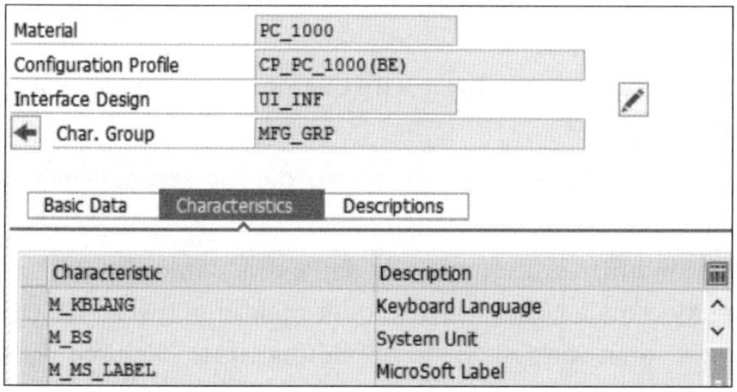

Abbildung 10.11 Darstellung der Merkmalsgruppen »Manufacturing«

Anwendungssichten

Über sogenannte *Anwendungssichten* können Sie im Customizing die Merkmale einer Klasse nach Organisationsbereichen gliedern (siehe Abbildung 10.12). Die Pflege der Anwendungssichten erfolgt in drei Schritten:

1. Die Anwendungssichten werden im Customizing des Klassensystems (**SAP Customizing Einführungsleitfaden • Anwendungsübergreifende Komponenten • Klassensystem • Klassen • Objekttypen und Klassenarten pflegen**) definiert, siehe Abbildung 10.12.

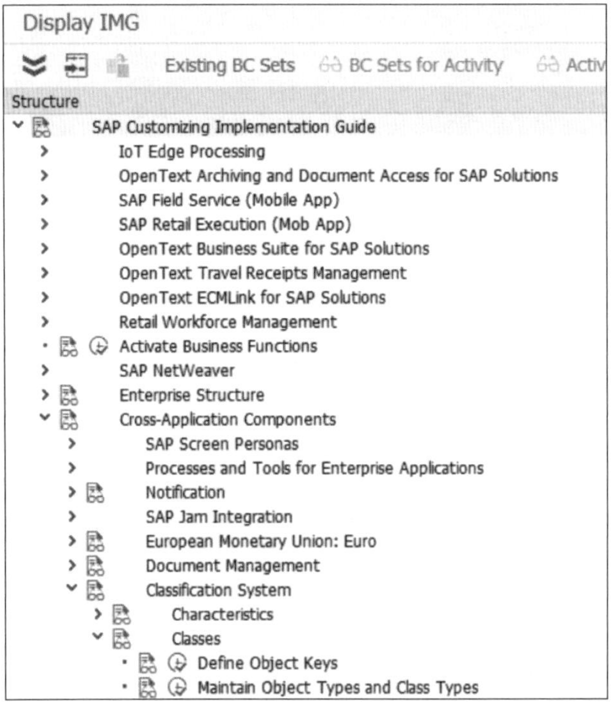

Abbildung 10.12 Pflege der Klassenzuordnungen im Customizing

Abbildung 10.13 zeigt in dem Zusammenhang, wie im Customizing Klassen zu Anwendungssichten zugeordnet sind.

2. Diese Anwendungssichten einer Klassenart können für die Klassen angegeben werden.

   Die Verwendung von Anwendungssichten muss in den Grunddaten der Variantenklasse deklariert sein. Merkmale können einem oder mehreren (bis zu 10) Organisationsbereichen zugeordnet werden (siehe Abbildung 10.14). Dadurch lässt sich steuern, welcher Nutzer welche Daten des Modells sehen kann.

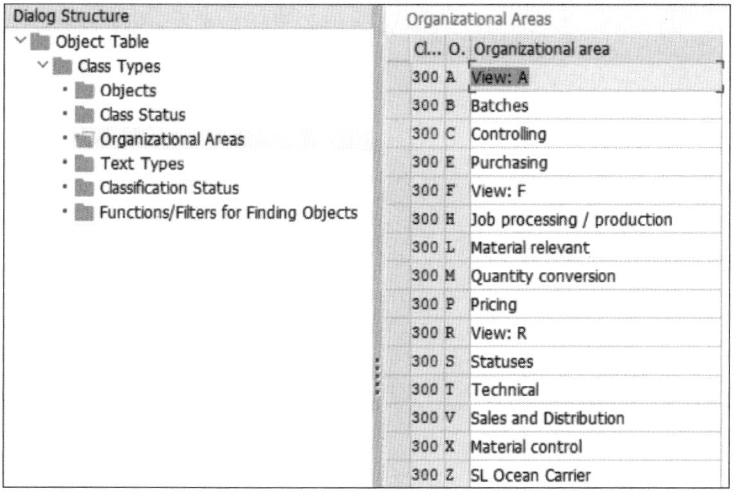

Abbildung 10.13 Zuordnung von Klassen zu Anwendungssichten im Customizing

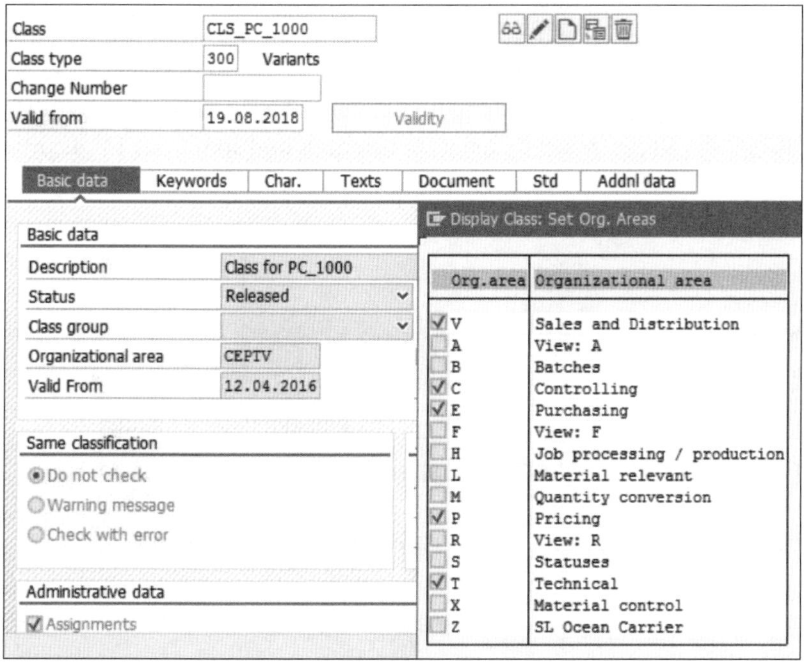

Abbildung 10.14 Zuordnung der Anwendungssichten in der Klassenpflege

3. Den Anwendungssichten, die Sie einer Klasse zugeordnet haben, können nun die gewünschten Merkmale der Klasse zugeordnet werden (siehe Abbildung 10.15).

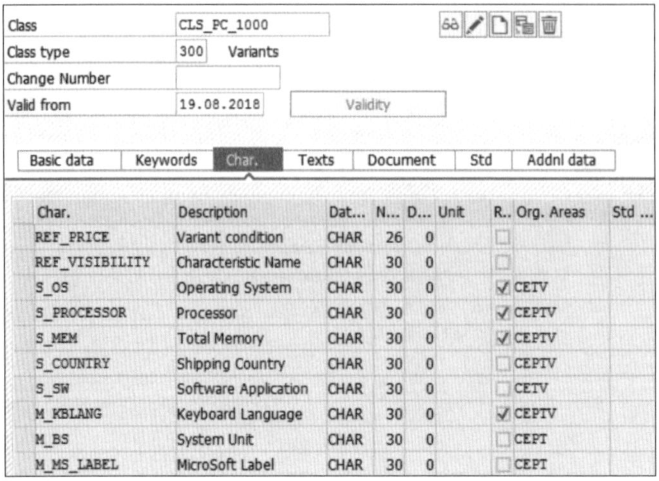

Abbildung 10.15 Zuordnung der Anwendungssichten in der Merkmalspflege

Die neu generierten Anwendungssichten können nun für die Konfiguration angegeben werden. Wenn ein Profil auf bestimmte Anwendungssichten eingeschränkt wird, werden bei der Konfiguration des Objekts nur die für die Sicht relevanten Merkmale angezeigt (siehe Abbildung 10.16). Hier ist beispielhaft CP_PC_1000 (BE ORG FILTER) der Vertriebssicht zugeordnet worden und somit nur für die Mitarbeiter aus dem Vertrieb sichtbar.

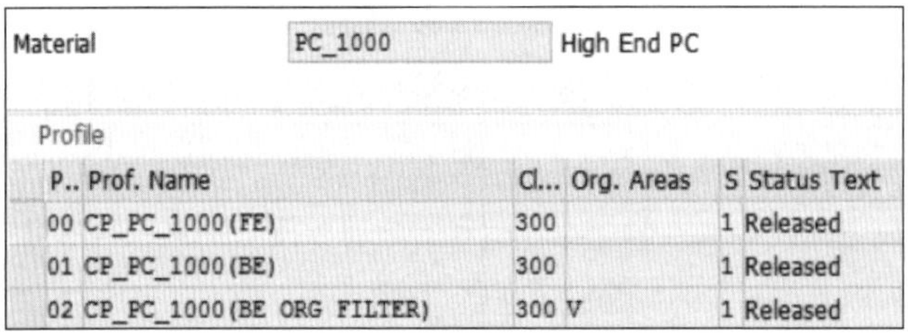

Abbildung 10.16 Zuordnung der Anwendungssichten im Konfigurationsprofil

Abbildung 10.17 zeigt nun diese »Nur«-Vertriebssicht an Merkmalen.

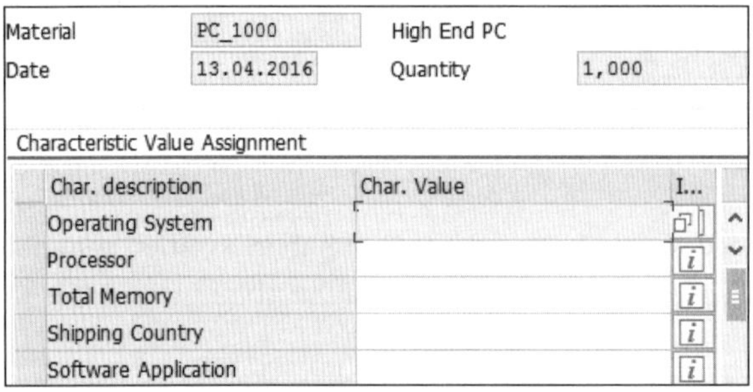

Abbildung 10.17 Beispielhafte Darstellung der Bewertungsoberfläche

Mehrere Konfigurationsprofile für verschiedene Zwecke

Mithilfe des Konfigurationsprofils können Sie das unterschiedliche Modellverhalten zwischen Backend (in der SAP-Komponente PP) und Frontend (in der SAP-Komponente SD) unterscheiden. Sie können zusätzliche Konfigurationsprofile anlegen, die frontendbezogenes Beziehungswissen enthalten (siehe Abbildung 10.18).

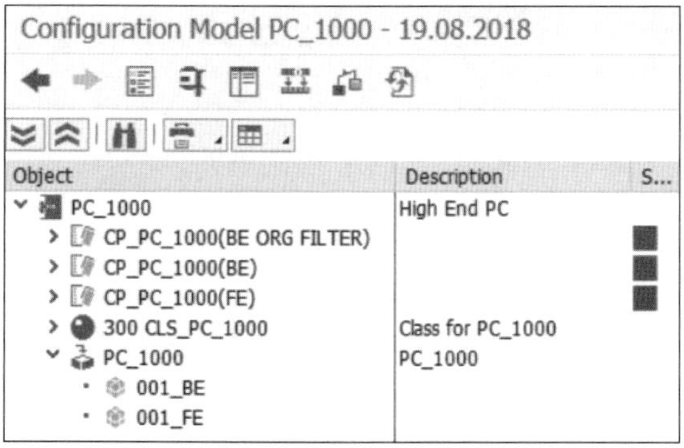

Abbildung 10.18 Mehrfache Zuordnung von Konfigurationsprofilen zu einem Materialstamm (Transaktion PMEVC)

Zum Beispiel könnte ein Konfigurationsmodell ein Backendprofil haben, das alle technischen- und anwenderorientierten Merkmale zeigt und gleichzeitig ein Frontendprofil aufweist, das die Prozedur enthält, um die technischen Merkmale unsichtbar zu machen. Wenn ein solches Modell im Backend konfiguriert wird, sind alle Merkmale für den internen Benutzer sichtbar. Wenn es jedoch im Frontend konfiguriert wird, sind nur die anwenderorientierten Merkmale des Verkaufsmodells für den Endbenutzer sichtbar.

10.1.3 Ansatz 2: Ableitung von Produktionsmerkmalen über Verkaufsmerkmale

Wenn technisch orientierte Merkmale, die für die Fertigung benötigt werden, auch im Vertriebsmodell erforderlich sind, empfiehlt es sich, diese Fertigungsmerkmale möglichst automatisch aus den Vertriebsmerkmalen abzuleiten. Dies vereinfacht für den Endkunden, z. B. im Commerce-Umfeld (beispielsweise Internet Sales oder SAP Commerce), die Bewertung im Frontend (siehe Abbildung 10.19).

Diese Herleitung der technisch orientierten Merkmale aus dem Vertrieb kann sehr einfach durch die Verwendung von Prozeduren erfolgen. Wir erläutern dies im folgenden Abschnitt.

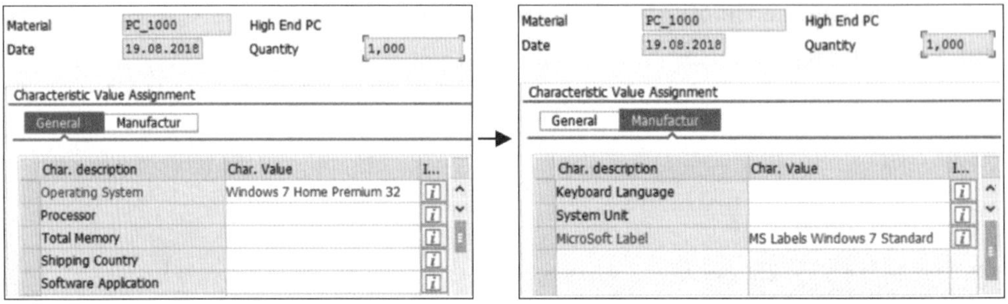

Abbildung 10.19 Herleitung eines Fertigungsmerkmals aus einem Vertriebsmerkmal

Herleitung von Merkmalwerten durch Prozeduren

Die Ableitung der Merkmalwerte erfolgt durch die Nutzung von Beziehungswissen, beispielsweise mithilfe von Prozeduren. Prozeduren können den folgenden Objekten zugeordnet werden:

- dem Merkmalwert, der die Prozedur auslöst
- dem Merkmal, das die Prozedur auslöst
- dem Konfigurationsprofil des konfigurierbaren Objekts

Sie können Prozeduren am Konfigurationsprofil einfacher verwalten, da sie an einer zentralen Stelle gesammelt vorhanden sind (siehe Abbildung 10.20).

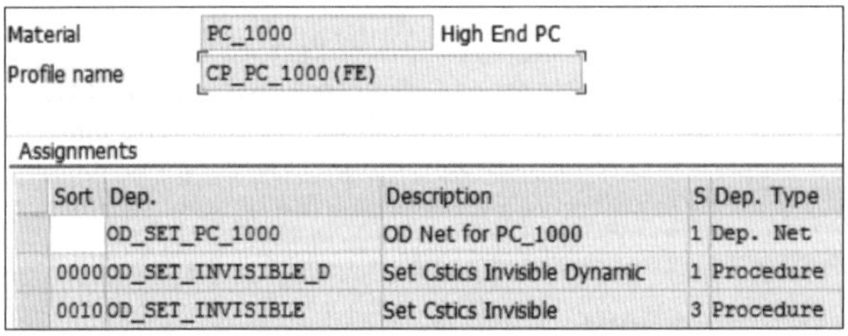

Abbildung 10.20 Zuordnung der Prozeduren im Konfigurationsprofil

Die Auswertung von mehreren Prozeduren an einem Objekt können über eine Sortierreihenfolge gesteuert werden. Wenn einem Objekt Prozeduren zugeordnet werden, erhalten Sie auf dem Zuordnungsbild ein zusätzliches Feld, in dem die Sortierreihenfolge angegeben werden muss.

Die Sortierreihenfolge bezieht sich nur auf Prozeduren an einem Objekt (siehe Abbildung 10.20). Merkmale, für die ein Wert hergeleitet wird, werden in einer Prozedur mit der Variablen `$SELF` gekennzeichnet. Werte, die über Prozeduren hergeleitet wurden, können von weiteren Prozeduren überschrieben werden. Zusätzliche Sprachelemente für Prozeduren, um Vorschlagswerte zu setzen, sind die folgenden (siehe Listing 10.1):

```
$SET_DEFAULT ($SELF, <Merkmal>, <Term>)
$SET_DEFAULT ($SELF, C_PC_MEM,   'C_PC_MEM_B'),
$SET_DEFAULT ($SELF, C_PC_HD,   'C_PC_HD_B'),
$SET_DEFAULT ($SELF, C_PC_VIDEOC,   'C_PC_VIDEOC_A'),
$SET_DEFAULT ($SELF, C_PC_OSYS,   'C_PC_OSYS_A'),
$SET_DEFAULT ($SELF, C_PC_PROC,   'C_PC_PROC_C').
```

Listing 10.1 Herleitung von Merkmalen durch eine Prozedur

In einer Prozedur kann auch ein Funktionsaufruf für die Herleitung von Werten genutzt werden, um eine komplexere Bewertungslogik zu implementieren.

Herleitung von Merkmalwerten durch Constraints

Ein Constraint kann ebenfalls verwendet werden, um einen Merkmalwert herzuleiten. Constraints weisen die folgenden Charakteristika auf:

- Mithilfe von Constraints können Sie Beziehungen zwischen völlig unterschiedlichen Objekten und deren Merkmale ansprechen.
- Für Constraints wird angegeben, welche Beziehungen erfüllt sein müssen, damit die Konfiguration konsistent ist.
- Constraints werden den einzelnen Objekten nicht direkt zugeordnet, sondern zu Beziehungsnetzen zusammengefasst und dem konfigurierbaren Material im Konfigurationsprofil zugeordnet.
- In Constraints werden Objekte in einer allgemeinen Ausdrucksform und nicht durch `$SELF`, `$ROOT` oder `$PARENT` bezeichnet. Im Allgemeinen werden Objekte in Constraints über ihre Klassenzugehörigkeit angesprochen.
- Constraints gehören zu den deklarativen Beziehungsarten. Die Reihenfolge und der Zeitpunkt, zu dem sie ausgewertet werden, sind nicht relevant.
- Constraints werden nicht nach einer bestimmten Ordnung verarbeitet. Sie haben keine Kontrolle darüber, wann ein bestimmtes Constraint angewendet wird.
- Bei einer gegebenen Situation wird ein Constraint nur einmal ausgewertet. Wenn ein Wert, der das Constraint betrifft, geändert wird, wird es erneut ausgelöst.

In Constraints können Sie im Teil `INFERENCES` angeben, zu welchen Merkmalen Werte in dem Constraint hergeleitet werden sollen. Hier müssen Sie nur Angaben machen, wenn das Constraint wirklich dazu dienen soll, Werte zu setzen. Wenn das Constraint die Konsistenz der Konfiguration überwachen soll, ist dieser Teil nicht erforderlich (siehe Abbildung 10.21).

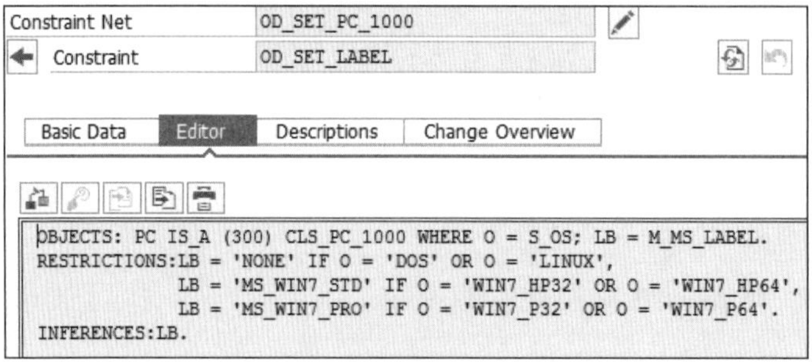

Abbildung 10.21 Herleitung von Merkmalen durch Constraints

Tabellen können in Constraints auch dazu eingesetzt werden, Werte für Merkmale zu setzen. Im Unterschied zu Aktionen oder Prozeduren können die Tabellen nach mehreren Richtungen ausgewertet werden, da unterschiedliche Auswertungsalternativen definiert werden können (siehe Abbildung 10.22).

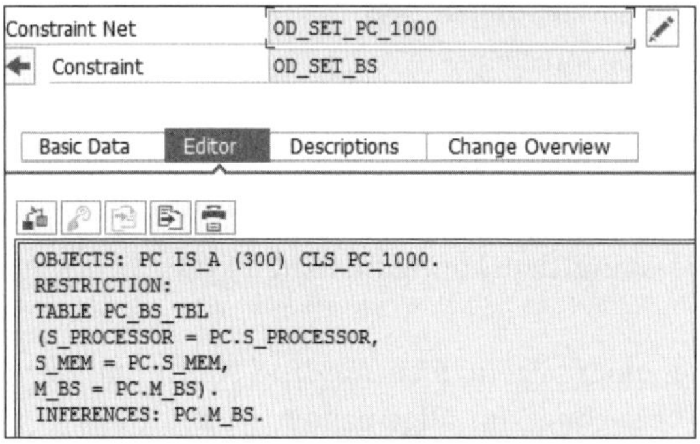

Abbildung 10.22 Herleitung von Merkmalen durch eine Variant-Tabelle

10.1.4 Ansatz 3: Ersetzen der Kurz- und Langtextbezeichnung von Merkmal und Merkmalwerten im Frontend

Im Frontend von SAP Commerce gibt es eine Standardfunktionalität, um den Kurztext für Merkmalwerte sowie den Kurz- und Langtext für Merkmale neu zu definieren. Mit dieser Funktion können Vertriebsmitarbeiter benutzerfreundliche Texte im Frontend-Konfigurator pflegen, um den Konfigurationsprozess zu vereinfachen.

Details zu dieser Funktion finden Sie unter (siehe Abbildung 10.23) und auch in Kapitel 15, »SAP Product Configuration in SAP Commerce«.

Standardmäßig wird der Text für Merkmale und Merkmalwerte, die im LO-VC definiert sind, im Frontend den Endkunden präsentiert. Manchmal sind solche Texte technisch orientiert und für Endkunden schwierig zu verstehen (siehe Abbildung 10.24).

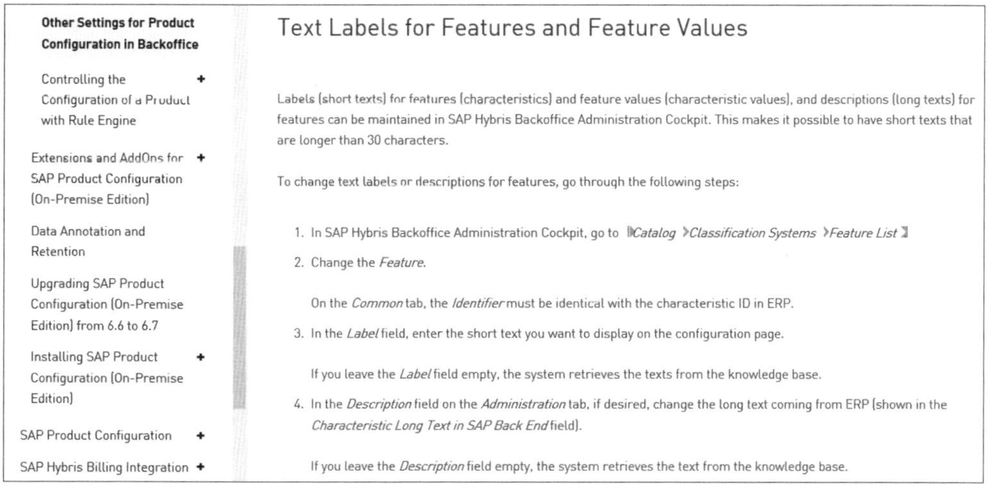
Other Settings for Product Configuration in Backoffice
Controlling the Configuration of a Product with Rule Engine +
Extensions and AddOns for SAP Product Configuration (On-Premise Edition) +
Data Annotation and Retention
Upgrading SAP Product Configuration (On-Premise Edition) from 6.6 to 6.7
Installing SAP Product Configuration (On-Premise Edition) +
SAP Product Configuration +
SAP Hybris Billing Integration +

Text Labels for Features and Feature Values

Labels (short texts) for features (characteristics) and feature values (characteristic values), and descriptions (long texts) for features can be maintained in SAP Hybris Backoffice Administration Cockpit. This makes it possible to have short texts that are longer than 30 characters.

To change text labels or descriptions for features, go through the following steps:

1. In SAP Hybris Backoffice Administration Cockpit, go to *Catalog* › *Classification Systems* › *Feature List*
2. Change the *Feature*.

   On the *Common* tab, the *Identifier* must be identical with the characteristic ID in ERP.
3. In the *Label* field, enter the short text you want to display on the configuration page.

   If you leave the *Label* field empty, the system retrieves the texts from the knowledge base.
4. In the *Description* field on the *Administration* tab, if desired, change the long text coming from ERP (shown in the *Characteristic Long Text in SAP Back End* field).

   If you leave the *Description* field empty, the system retrieves the text from the knowledge base.

Abbildung 10.23 Textlabels für Merkmale und Merkmalwerte in SAP Commerce definieren

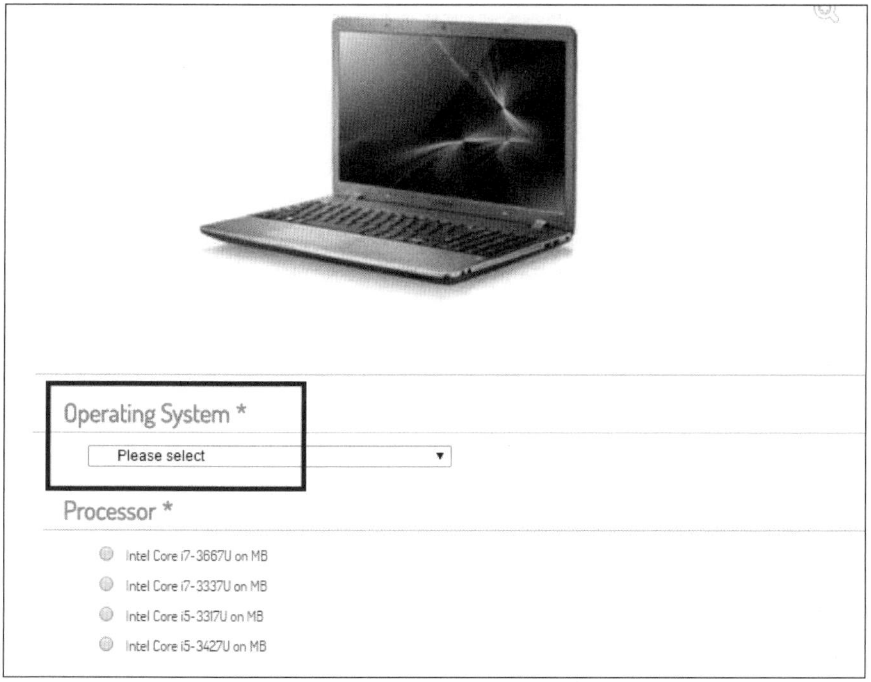

Abbildung 10.24 Aus LO-VC kommende Merkmalsbezeichnung

Durch Überschreiben des Textes im Frontend ergibt sich die Flexibilität, das Modell den Endkunden benutzerfreundlicher zu präsentieren (siehe Abbildung 10.25).

Abbildung 10.25 In SAP Commerce veränderte Merkmalsbezeichnung

10.1.5 Ansatz 4: Fertigungsmodell in LO-VC versus Vertriebsmodell im SME

SAP Solution Sales Configuration ist ein weiterer Konfigurator, der unter anderem in SAP ERP, SAP CRM oder auf der SAP-Commerce-Plattform integriert werden kann. Er dient der Abbildung komplexer Variantenmodelle, die sich nur schwer oder gar nicht mit der Variantenkonfiguration (LO-VC) und dem darin verwendeten Top-down-Ansatz abbilden lassen.

SAP Solution Sales Configuration nutzt zwar meistens die Knowledge Bases aus dem SAP-ERP-System, bietet aber durch seine eigene Modellierungsumgebung die Möglichkeit, darauf aufbauend, sogenannte *Lösungsmodelle* zu erstellen, die ihre Werte dann an die Produktionsmodelle aus dem SAP-ERP-System weitervererben können. Dabei kommt eventuell auch eine Instanziierung zum Einsatz.

Entscheiden Sich sich nun dazu, SAP Sales Configuration in die Landschaft einzubinden, empfiehlt es sich, ein Lösungsmodell zu erstellen, das den Nutzer führt (Guided

Selling) und das die Werte für das Fertigungsmodell automatisch ableiten kann. Dadurch wird der Frontend-Konfigurationsprozess vereinfacht.

Das Lösungsmodell basiert auf LO-VC-Modellen und wird im SME gepflegt (siehe Abbildung 10.26).

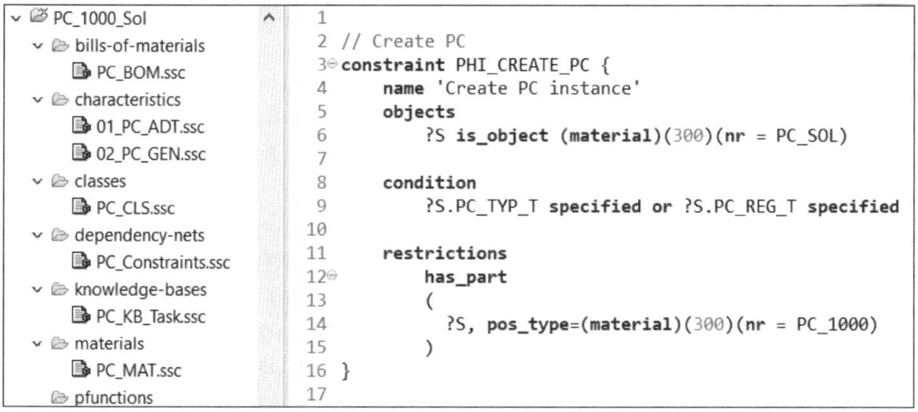

Abbildung 10.26 Solution Modeling Environment des Lösungskonfigurators

Wie Sie in diesem Abschnitt gesehen haben, beginnt der Weg der verkaufsorientierten Modellierung mit dem Verständnis des Unterschieds zwischen Produktionsmodell und Verkaufsmodell und endet mit einem tiefen Eintauchen in verschiedene Methoden, um das Verkaufsmodell zu vereinfachen. Im nächsten Kapitel erfahren Sie, wie Sie externe Aufrufe für komplexere Logik in Ihre Modelle einbeziehen können.

10.2 Externe Aufrufe innerhalb des Modells (Produktionsmodell und Verkaufsmodell)

Oft werden innerhalb einer Konfiguration komplexe Berechnungen benötigt, bei deren Pflege man sich überlegen sollte, ob dies unbedingt mit Mitteln der SAP-Modellierung geschehen muss. Zwar ist da technisch sehr viel möglich, jedoch ist SAP ERP nicht immer die geeignete Plattform dafür. Eventuell existiert ja bereits ein externes Programm, das diese Anforderung erfüllt, und eine Einbindung dessen wäre sehr viel einfacher. Um insbesondere komplexe Logikberechnungen durchzuführen, wird das Produktmodell mitunter so aufgebaut, dass es externe Programme bzw. Webservices über Programmierschnittstellen (APIs = Application Programming Interfaces) aufruft (z. B. Google API, Webservices von Drittanbietern, Remote Funktion Calls usw.).

10.2.1 Ausgangssituation

Durch den Aufruf des externen API zur Laufzeit der Konfiguration könnte das Produktmodell Folgendes tun:

- komplexe Berechnungen aufgrund von Merkmalwerten der Konfiguration
- aufwendige Gültigkeitsprüfungen für einen Wertebereich

Ein externer Aufruf kann sich gegebenenfalls ungünstig auf die Laufzeit der Konfiguration auswirken, ist aber oft durch geschäftliche Anforderungen notwendig.

10.2.2 Ansatz

Die Variantenfunktion kann verwendet werden, um externe APIs aufzurufen. Als kundenspezifisches Coding wird eine Variantenfunktion angelegt, die über die Schlüsselwörter `FUNCTION` und `PFUNCTION` aus dem Beziehungswissen aufgerufen wird. Die Merkmale und Merkmalwerte werden dann in einer Liste übergeben, die Paare von Parameternamen und zugehörigen Parameterwerten enthält. Variantenfunktionen sind Teil der Wissensbasis (siehe Abbildung 10.27).

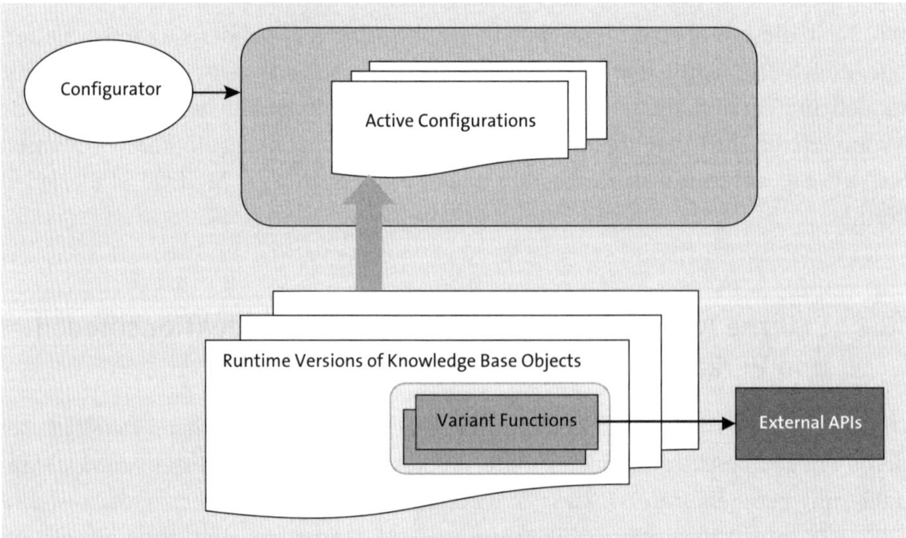

Abbildung 10.27 Aufruf von Variantenfunktionen

Um eine Variantenfunktion in der SAP-ERP-Variantenkonfiguration nutzen zu können, muss sie in ABAP programmiert werden. Um Variantenfunktionen zur Konfiguration von Produkten mit dem *SAP Internet Pricing and Configurator* (SAP IPC) oder *SAP Product Configuration* nutzen zu können, muss die Variantenfunktion jedoch in Java implementiert sein. Es gibt keine automatische Übersetzung von ABAP nach Java.

Variantenfunktionen in SAP ERP

In SAP ERP können mit den Transaktionen CU65, CU66 und CU67 die Parameter für den Import und Export von Variantenfunktionen definiert werden. Variantenfunktionen sind als ABAP-Funktionen implementiert.

Für die Erstellung von Variantenfunktionen sind vier Arbeitsschritte notwendig:

1. Sie definieren einen Funktionsbaustein, in dem die Merkmale, die über eine Schnittstelle übergeben werden, verarbeitet werden.
2. Sie legen eine Funktion an, in der Sie den Funktionsbaustein und die Merkmale angeben. Wenn die Funktion zur Herleitung von Werten verwendet wird, definieren Sie Auswertungsalternativen.
3. Die Merkmale der Funktion und der Klasse können identisch sein, wenn die Merkmale einwertig sind. Wenn die Merkmale der Klasse mehrwertig sind, müssen Sie für die Funktion eigene einwertige Merkmale anlegen.
4. Die Funktion geben Sie in Beziehungswissen an. Die Merkmale der Funktion werden mit den Merkmalen der Variantenklasse verglichen.

Es gibt zwei Typen von Variantenfunktionen, die sich in Definition und Form gleichen. Sie adressieren jedoch unterschiedliche Objekte und bieten daher unterschiedliche Möglichkeiten (siehe Tabelle 10.1)

Eigenschaften	FUNCTION	PFUNCTION
Funktion	Liest die Wissensbasis, um Exportparameter herzuleiten. Mit Exportparametern können Werte gesetzt werden. Liest Informationen bezüglich des Modells aus der Wissensbasis.	Liest und schreibt im Zugriff auf die Konfiguration und dynamische Datenbank (DDB).
Verwendung im Beziehungswissen	Verwendbar in Prozeduren, Constraints, Vorbedingungen und Selektionsbedingungen.	Verwendbar nur in Prozeduren.
Adressierung	Import- und Exportparameter und Wissensbasis	Alle Objekte der Konfiguration.
Risiken	keine	Es können inkonsistente Zustände auftreten, wenn Änderungen der Konfiguration auftreten, die an den Schnittstellen vorbeigehen.

Tabelle 10.1 Maßgebliche Unterschiede zwischen FUNCTION und PFUNCTION

In einer Prozedur kann ein Variantenfunktionsaufruf für die Herleitung von Werten genutzt werden (siehe Abbildung 10.28). In der Auswertungsalternative geben Sie an, welche Merkmale als Importparameter und welche Merkmale als Exportparameter des Bausteins gelten. Ausgabeparameter (Rückgabewerte) müssen dabei auf ein- oder mehrwertige Merkmale der Klasse verweisen. Wenn einer der angegebenen Eingabeparameter in der Konfiguration nicht bewertet worden ist, erfolgt der Variantenfunktionsaufruf nicht.

Wie in Tabellenaufrufen wird bei Variantenfunktionsaufrufen in Prozeduren die erste Auswertungsalternative berücksichtigt.

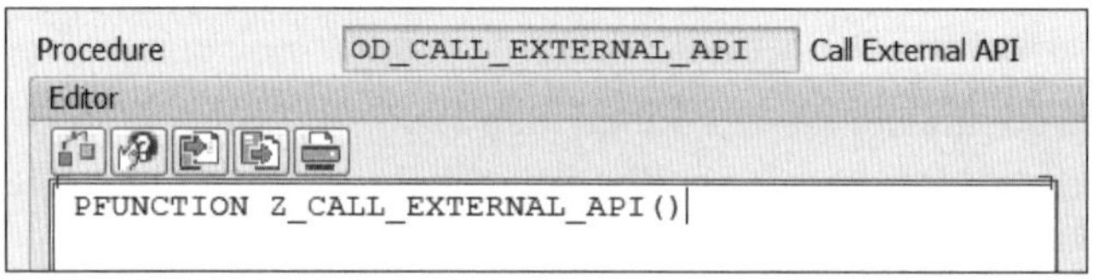

Abbildung 10.28 PFUNCTION eines API-Aufrufes

Mit Transaktion SE37 kann eine ABAP-Funktion so programmiert werden, dass externe Webservices oder Remote Function Calls in dieser Funktion aufgerufen werden können (siehe Abbildung 10.29).

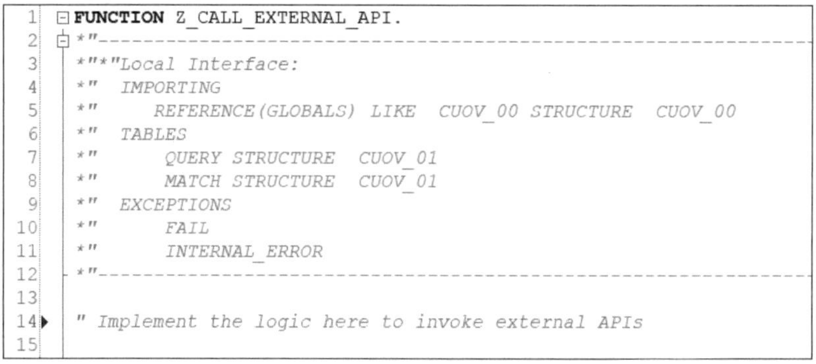

```
FUNCTION Z_CALL_EXTERNAL_API.
*"----------------------------------------------------------------------
*"*"Local Interface:
*"  IMPORTING
*"     REFERENCE(GLOBALS) LIKE  CUOV_00 STRUCTURE  CUOV_00
*"  TABLES
*"      QUERY STRUCTURE  CUOV_01
*"      MATCH STRUCTURE  CUOV_01
*"  EXCEPTIONS
*"      FAIL
*"      INTERNAL_ERROR
*"----------------------------------------------------------------------

" Implement the logic here to invoke external APIs

```

Abbildung 10.29 Beispiel einer Funktion

Variantenfunktionen in SAP IPC, SAP CPQ und Produktkonfiguration

Da die Configuration Engine in SAP IPC, SAP CPQ und in der Produktkonfiguration keine ABAP-Funktionen verwenden kann, ist es erforderlich, die in SAP ERP definierten Variantenfunktionen in Java neu zu erstellen (siehe Abbildung 10.30).

Erstellen Sie Variantenfunktionen in Form von Java-Klassen, und benennen Sie diese Java-Klassen nach dem Muster `com.sap.sce.user.<name>`. Alle Benutzerfunktionen müssen die Schnittstelle `sce_user_fn` anwenden (siehe API-Dokumentation). Diese Schnittstelle kennt nur eine Methode: `boolean execute(fn_args args, Object obj)`. Externe Webservices oder SAP-RFCs können in dieser Methode aufgerufen werden.

Im Folgenden geben wir Ihnen ein Beispiel für die Anwendung der Schnittstelle mithilfe einer Java-Klasse. Die formale Struktur einer Java-Klasse ist vom Typ der Variantenfunktion unabhängig und sollte mindestens folgenden Kern enthalten (siehe Listing 10.2):

```
package com.sap.sce.user;
public class ZZ_FUNCTION implements sce_user_fn {
       public boolean execute(fn_args args, Object obj) {
             return true;
       }
}
```

Listing 10.2 Kern der formalen Struktur einer Java-Klasse

```
public class Z_CALL_EXTERNAL_API implements sce_user_fn {

    private static UserexitLogger userexitlogger =
        new UserexitLogger(Z_CALL_EXTERNAL_API.class);
    private static sce_user_fn_logging logger = new sce_user_fn_logging();

    static final long serialVersionUID = 03122007L;

    public boolean execute(fn_args arg0, Object arg1) {

        /* Implement the logic here to invoke external APIs */
```

Abbildung 10.30 Neuerstellung einer Variantenfunktion in Java für die Nutzung im SAP-IPC- oder SAP-CPQ-Szenario

In diesem Kapitel haben wir einige Aspekte der Produktmodellierung angesprochen, aber bei Weitem und nicht annähernd alles. Dazu ist diese Welt viel zu facettenreich. Wir konzentrierten uns auf die Problemstellung des integrativen Ansatzes eines Produktmodells, ohne dabei die Fertigung oder den Vertrieb zu bevorzugen oder zu vernachlässigen. Wir sind sowohl auf die Möglichkeiten des Verbergens von Merkmalwerten für unterschiedliche Nutzer als auch auf die Herleitungsmöglichkeit von Produktionswerten eingegangen und haben gegen Ende die Nutzung von Funktionsbausteinen aufgezeigt – bis hin zu einer kompletten Trennung beider Welten durch den Wechsel auf die Lösungskonfiguration mittels einer Modellierung im SME.

Kapitel 11
Best Practices für die Preisfindung

Bei den Best Practices der Modellierung geht es in diesem Kapitel zum einen um die Vertriebspreisfindung in der Variantenkonfiguration, zum anderen um die kalkulationsbasierte Preisdefinition von Variantenpreisen sowie um die Preisübernahme und Implementierung von Preisfindungsregeln aus einem Nicht-SAP-System.

Dieses Kapitel beschreibt die Herausforderungen der Vertriebspreisfindung innerhalb der Variantenkonfiguration. Zunächst werden zwei unterschiedliche Herangehensweisen und Preisfindungstechniken erläutert. Ein weiteres Thema, das näher betrachtet wird, ist die kalkulationsbasierte Preisdefinition von Variantenpreisen und wie mithilfe eines Add-ons eine umfangreiche Variantenpreisfindung und die Pflege von Abhängigkeiten simplifiziert werden kann.

Am Ende des Kapitels wird eine Methode der Preisübernahme und die Implementierung der Preisfindungsregeln aus einem Nicht-SAP-System mithilfe eines Add-ons vorgestellt.

11.1 Pflege der Variantenpreisfindung

Im SAP-System stehen Ihnen verschiedene Möglichkeiten und Techniken für die Variantenpreisfindung zur Verfügung. Im nachfolgenden Kapitel werden Ihnen die unterschiedlichen Methoden und deren Herausforderungen näher erläutert.

11.1.1 Ausgangssituation

Im Vertrieb können mithilfe von Variantenkonditionen Zu- und Abschläge für konfigurierbare Materialien in Abhängigkeit von der Merkmalsbewertung definiert werden. Die Variantenkonditionsschlüssel sind wichtig für die Variantenpreisermittlung. Variantenkonditionsschlüssel haben oft eine 1:1- oder 1:n-Beziehung zu den Merkmalswerten. Es gibt mehrere Möglichkeiten, um die Zuordnung der Variantenkonditionsschlüssel vorzunehmen, und es wird empfohlen, den besten Weg zu finden, um die Zuordnung entsprechend der Modellanforderung vorzunehmen.

11.1.2 Voraussetzungen

Es wird ein Merkmal angelegt, das auf das Feld VKOND in Tabelle SDCOM verweist. Das Merkmal ist der Variantenklasse des konfigurierbaren Materials zugeordnet. Das Merkmal ist mehrwertig, da mehrere Variantenkonditionen eingegeben werden können.

11.1.3 Ansatz

Für das konkrete Vorgehen lassen sich zwei Möglichkeiten unterscheiden: Zum einen können Variantenkonditionsschlüssel in Transaktion PMEVC statisch zugeordnet werden, zum anderen lassen sie sich über eine Prozedur dynamisch zuordnen. Beide Verfahren erläutern wir im Folgenden.

Statische Zuordnung in Transaktion PMEVC

Die direkte Möglichkeit der Zuordnung besteht darin, über die Modellierungsumgebung der Variantenkonfiguration den Merkmalswerten eines konfigurierbaren Materials Variantenkonditionsschlüssel zuzuordnen, um Preiskonditionen von der Bewertung des jeweiligen Materials abhängig zu machen.

Wie in Abbildung 11.1 zu erkennen, kann der Modellierer einen besseren Überblick über die Zuordnung der Variantenkonditionsschlüssel in Transaktion PMEVC erhalten. Wenn jedoch eine hohe Anzahl von Variantenkonditionsschlüsseln zugeordnet werden muss, ist dieses Verfahren mit einem hohen manuellen Pflegeaufwand verbunden und birgt die Gefahr von Fehlern. Außerdem würde dieses Vorgehen nicht die Situation lösen, dass Variantenkonditionsschlüssel eine 1:n-Beziehung zu den Merkmalswerten haben. Die direkte Zuordnung von Variantenkonditionsschlüsseln zu numerischen Merkmalen ist nicht erlaubt.

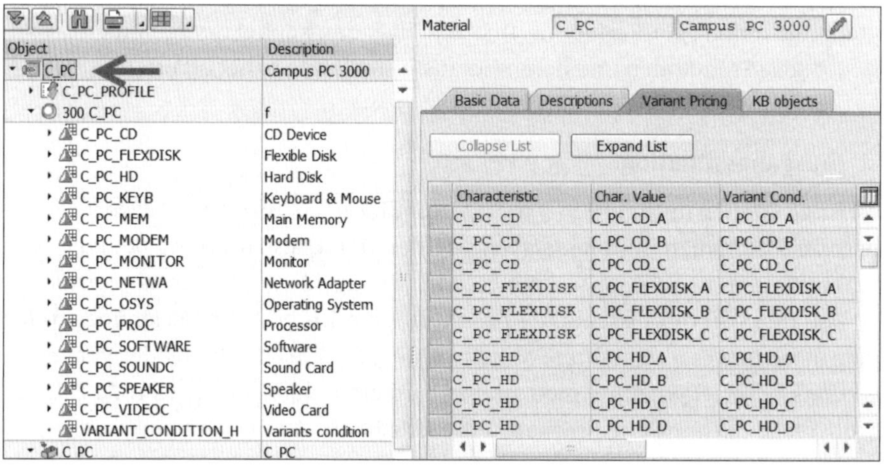

Abbildung 11.1 Statische Zuordnung von Variantenkonditionen in Transaktion PMEVC

Dynamische Zuordnung über Beziehungswissen

Wenn die Variantenkonditionsschlüssel eine 1:n-Beziehung zu den Merkmalswerten haben, d. h. mehrere Merkmalswerte einen Variantenkonditionsschlüssel ableiten, müssen die Variantenkonditionsschlüssel dynamisch mithilfe einer Prozedur zugeordnet werden.

Im folgenden Beispiel wird das Merkmal VARKOND mit Bezug auf die Struktur SDCOM und das Feld VKOND angelegt. In der Prozedur wird der Variantenkonditionsschlüssel VC_KEY_A zugeordnet, wenn das Merkmal C_PC_MEM den Wert »C_PC_MEM_A« und das Merkmal C_PC_HD den Wert »C_PC_HD_A« aufweist; der Variantenkonditionsschlüssel VC_KEY_B wird zugeordnet, wenn das Merkmal C_PC_MEM den Wert »C_PC_MEM_B« und das Merkmal C_PC_HD den Wert »C_PC_HD_B« angenommen hat (siehe Listing 11.1).


```
$self.VARKOND            = 'VC_KEY_A'
 if $self.C_PC_MEM       = 'C_PC_MEM_A'
and $self.C_PC_HD        = 'C_PC_HD_A' ,
$self.VARKOND            = 'VC_KEY_B'
 if $self.C_PC_MEM       = 'C_PC_MEM_B' .
```

Listing 11.1 Prozedur für die Anlage des Merkmals VARKOND

[«]

Korrekte Schreibweise erforderlich

Bei Variantenschlüsseln wird zwischen Groß- und Kleinschreibung unterschieden.

Im Beziehungswissen muss der Variantenschlüssel genauso eingegeben werden wie in der Konditionstabelle. Wenn die Kombination aus Groß- und Kleinbuchstaben nicht mit der Tabelle übereinstimmt, wird die Variantenkondition nicht verarbeitet.

Wenn die Anzahl der zuzuordnenden Variantenkonditionsschlüssel hoch ist, empfiehlt es sich, die Zuordnung entweder über die Variantentabelle oder über die Variantenfunktion vorzunehmen.

In Tabelle 11.1 wird eine Variantentabelle zur Ermittlung der Variantenkondition verwendet.

C_PC_MEM	VARKOND
C_PC_MEM_A	VC_KEY_MEM_A
C_PC_MEM_B	VC_KEY_MEM_B
C_PC_MEM_C	VC_KEY_MEM_C

Tabelle 11.1 Variantentabelle zur Herleitung von Variantenkonditionen

Nun wird eine Prozedur für die Zuordnung angelegt (siehe Listing 11.2).

```
table C_PC_MEM_PRICE
(VARKOND = $SELF.VARKOND,
 C_PC_MEM = C_PC_MEM).
```

Listing 11.2 Prozedur zur Zuordnung der Variantenkonditionen

In der Variantenfunktion ist es dynamischer, den Variantenkonditionsschlüssel über die Namenskonvention dem Objektmerkmal zuzuordnen (z. B. Variantenkonditionsschlüssel hat die gleiche ID wie der Merkmalswert).

11.2 Preisfindung auf Kalkulationsbasis – How-to-Guide

Die Kalkulation von konfigurierbaren Produkten gestaltet sich im SAP-Standard sehr schwierig, da erst nach erfolgter Konfiguration ein Kalkulationslauf möglich ist. Dies bedeutet, dass einzelne Optionen/Kombinationen nicht ohne vorherige Konfiguration kalkuliert werden können. Ohne weitere Systemunterstützung ist dann mithilfe eines Vertriebsbelegs (z. B. Angebot oder Kundenauftrag) jede einzelne Kombination zu konfigurieren, um im Anschluss daran eine *Erzeugniskalkulation* durchzuführen. Des Weiteren ist es auch üblich, Variantenprodukte außerhalb von SAP, z. B. in Microsoft Excel, zu kalkulieren. Dies hat wiederum den Nachteil, dass die ermittelten Daten nicht im SAP-System zur Verfügung stehen und aufwendig übertragen bzw. abgeglichen werden müssen (Stichwort: redundante Datenhaltung).

In den meisten Fällen interessieren nicht so sehr die Kosten einer bestimmten Konfiguration/Merkmalskombination, da diese mit der Auftragsanlage der anschließend erfolgenden Kundenauftragskalkulation ermittelt werden, sondern die Herstellkosten einzelner preisrelevanter Optionen.

Die größte Herausforderung besteht beispielsweise darin, die Kosten für einzelne Kombinationen aus Merkmalwert und Variantenpreis zu ermitteln, da diese ausschlaggebend für die Preisdefinition sein können. Aufgrund der Aussteuerung von Maximalstücklisten und -arbeitsplänen ist die Kostenermittlung für einzelne Optionen oftmals gar nicht möglich. Somit ist eine akkurate Preiskalkulation nicht oder nur sehr schwer durchführbar.

Zur Schließung dieser Lücke wurde eine *Partnerlösung* konzipiert und entwickelt. Dieses Tool erweitert den SAP-Standard um die zusätzliche Funktion der Kalkulation und um die Anlage von Vertriebspreisen auf der Basis der Konfiguration. Die Beziehungssyntax wird in sogenannten *Entscheidungstabellen* gepflegt. Dies bedeutet, dass die Bedingung und das Event in tabellarischer Form ohne besondere Entwicklerkenntnisse gepflegt werden können. Die Entscheidungstabellen werden dann mithilfe eines Funktionsbausteins und einer globalen Prozedur am Konfigurationsprofil ausgelesen. Durch die Integration des Kalkulationstools in das *Add-on* müssen keine Daten redundant gepflegt werden, da die Einträge in die Entscheidungstabelle (ET) gleichzeitig die Basis für die Kalkulation darstellen. Für die in der Entscheidungstabelle hinterlegten Preispositionen werden mit dem kundeneigenen SAP-Standardkalkulationsschema und der Kalkulationsvariante die Herstellkosten ermittelt. Die weitere Bearbeitung der ermittelten Daten erfolgt in einem eigens dafür entwickelten Cockpit.

Folgende Bearbeitungen sind aus dem Cockpit heraus möglich:

- Ausweisen von inkonsistenten Konfigurationen im Cockpit
- Bearbeiten der ermittelten Herstellkosten (HK) mit SAP-Standardfunktionen der Konditionspflege, wie die Pflege politischer Verkaufspreise:
  - prozentualer oder absoluter Aufschlag auf die Herstellkosten für mehrere markierte Preispositionen
  - manuelles Verändern des absoluten Betrages einzelner Preispositionen
- Automatisches Anlegen der SD-Konditionssätze auf Basis der bearbeiteten Herstellkosten. Die Anlage erfolgt analog der SAP-Standardzugriffsfolgen.

11.2.1 Funktionsweise

Das von einem SAP-Partner entwickelte Add-on verwendet zur Ermittlung von Herstellkosten die SAP-Standarderzeugniskalkulation im Kundenauftrag. Für den Kalkulationslauf wird im Programmlauf automatisch ein (Dummy-)Angebot erzeugt und für jede zu kalkulierende Position eine Angebotsposition erfasst und konfiguriert (siehe Abbildung 11.2) Für die konfigurierte Angebotsposition wird dann eine Erzeugniskalkulation durchgeführt und der Beleg gesichert.

Grundlage für die anzulegenden Angebotspositionen und deren Konfigurationsbewertung ist die in Abschnitt 11.2.1, im Unterabschnitt »Vorarbeiten, Einstellungen und Customizing«, beschriebene Entscheidungstabelle zur Preisfindung.

Nach erfolgter Anlage dieses Dummy-Belegs und der automatischen Anlage einer Erzeugniskalkulation wird das Kalkulationsergebnis in eine treorbis-eigene Tabelle geschrieben und steht dann zur Weiterverarbeitung in den treorbis-Analyse- und Preispflegefunktionen zur Verfügung (siehe Abbildung 11.3).

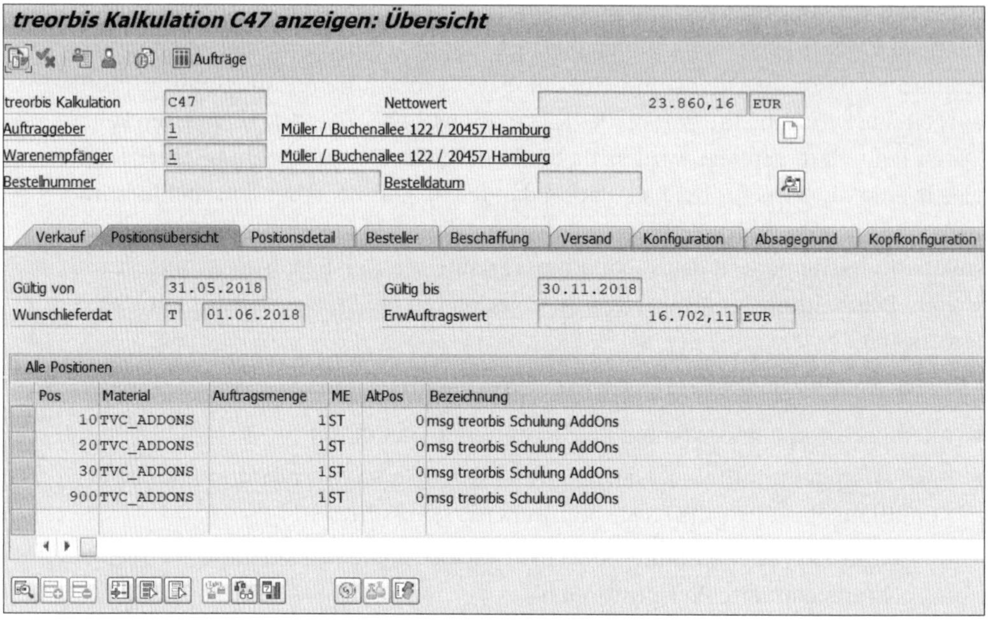

Abbildung 11.2 Dummy-Angebot für die Kalkulation

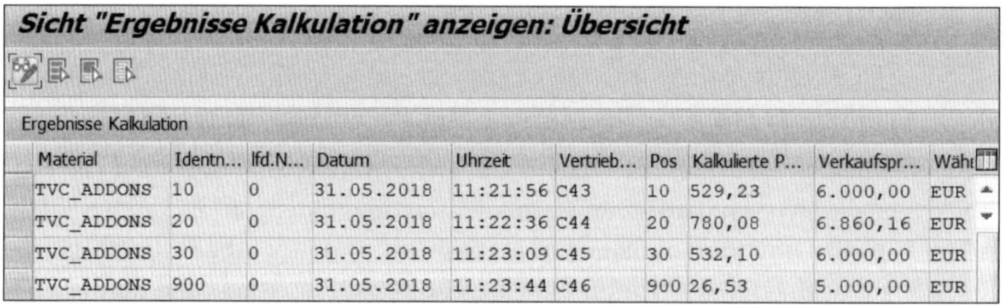

Abbildung 11.3 treorbis-interne Tabelle: Kalkulationsergebnis

In der Tabelle werden die nachfolgenden Informationen abgespeichert:

- Materialnummer (KMAT)
- Identnummer aus der ET SD-Preisfindung
- laufende Nummer aus der ET SD-Preisfindung
- Kalkulationsdatum und Uhrzeit
- Vertriebsbelegnummer und Positionsnummer des Dummy-Belegs
- Kalkulationswert, gesamt (Konditionsart EK02; SAP-Standard)
- SAP-Verkaufspreis (brutto)
- Deckungsbeitrag

In den treorbis-Funktionen für die Auswertung der Kalkulation sowie der Preispflege werden dann noch zusätzlich Daten aus der angelegten Erzeugniskalkulation gezogen.

Vorarbeiten, Einstellungen und Customizing

Für den erfolgreichen Einsatz des Add-ons sind einige Vorarbeiten und einiges Customizing notwendig. Zu den Vorarbeiten gehört auch die Vornahme von Anpassungen am Produktdatenmodell. Dazu gehört insbesondere ein Konfigurationsprofil, das explizit für die Kalkulation angelegt wird. Zur Kalkulation einzelner Preisoptionen bzw. Merkmalwerte ist es wichtig, dass das Beziehungswissen, das eine Folgebewertung weitere Merkmale auslöst, deaktiviert ist bzw. zum Zeitpunkt der Kalkulation nicht abgearbeitet wird.

Des Weiteren ist es essenziell, das Produktdatenmodell soweit aufzubereiten, dass die Konfigurationsbewertung der zu kalkulierenden Angebotspositionen konsistent und vollständig ist. Das bedeutet, dass z. B. Auswahl- und Vorbedingungen am Merkmal/Merkmalwert für die Kalkulation deaktiviert sind und das Beziehungswissen im Konfigurationsprofil (insbesondere das Setzen von Werten und die Werteprüfung mittels Constraints) überprüft und im Bedarfsfall für die Kalkulation deaktiviert wird.

Das Kalkulations-Add-on verwendet eine weitere Lösung, die die Variantenpreisfindung unterstützt, als Basis der zu kalkulierenden Variantenpreise. Das heißt, vorweg muss die Entscheidungstabelle SD-Preisfindung mit entsprechenden Einträgen gefüllt werden. Darüber hinaus müssen zusätzlich zu den für die Preisfindung relevanten ET-Einträgen noch die Parameter für die Kalkulation und die Preispflege gesetzt werden.

Wenn die Einträge der Entscheidungstabelle nicht nur für die Preisfindung, sondern auch für die Kalkulation verwendet werden sollen, sind die folgenden Parameter zwingend zu füllen (siehe Abbildung 11.4):

- Kalk-Gruppe
- Vertriebsbeleg
- Kalkulationsrelevanz
- Referenzbeleg
- Konditionsart
- Mengeneinheit
- Währung

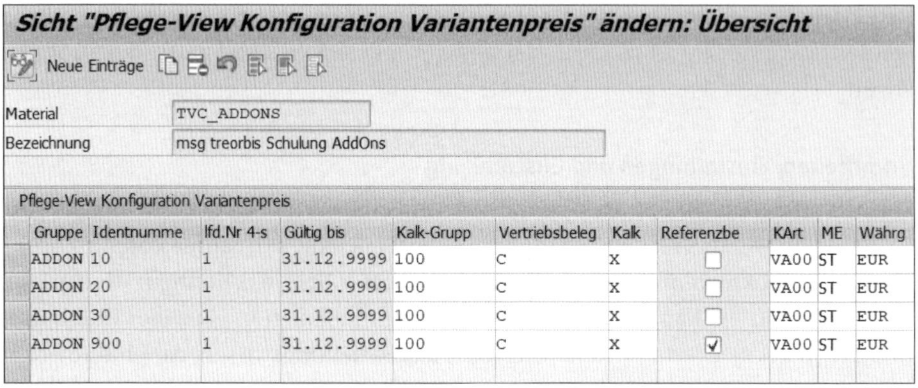

Sicht "Pflege-View Konfiguration Variantenpreis" ändern: Übersicht

Neue Einträge

Material: TVC_ADDONS
Bezeichnung: msg treorbis Schulung AddOns

Pflege-View Konfiguration Variantenpreis

Gruppe	Identnumme	lfd.Nr 4-s	Gültig bis	Kalk-Grupp	Vertriebsbeleg	Kalk	Referenzbe	KArt	ME	Währg
ADDON	10	1	31.12.9999	100	C	X	☐	VA00	ST	EUR
ADDON	20	1	31.12.9999	100	C	X	☐	VA00	ST	EUR
ADDON	30	1	31.12.9999	100	C	X	☐	VA00	ST	EUR
ADDON	900	1	31.12.9999	100	C	X	☑	VA00	ST	EUR

Abbildung 11.4 Kalkulationsrelevante Parameter in der Entscheidungstabelle SD-Preisfindung

11.2.2 Anpassungen des Produktdatenmodells

Ein Datenmodell wird in den häufigsten Fällen aus Vertriebs- und Fertigungssicht modelliert und erstellt. Diese Vorgehensweise ist durchaus geläufig und entspricht dem üblichen Standard, da die Betrachtungsweise grundsätzlich auf ein fertiges Produkt gelegt wird. Das heißt, dass Konfigurationslogik und Konfigurationsdialog so aufgebaut werden, dass am Ende eine konsistente und vollständige Konfiguration entsteht. Das Beziehungswissen und die Merkmaleigenschaften werden dann in den meisten Fällen so aufgebaut, dass Sie durch den Konfigurationsdialog geführt werden und schließlich eine vollständige und konsistente Konfiguration in Vertrieb und Fertigung ankommt. Bei der Kalkulation von einzelnen Verkaufsoptionen liegt hingegen der Fokus nicht auf einer vollständigen Produktkonfiguration, sondern auf der zu kalkulierenden Verkaufsoption. Das heißt, dass die Vollständigkeit keine Rolle spielt und lediglich die Baugruppen, Komponenten und Arbeitsvorgänge interessieren, die für die Fertigung der entsprechenden Verkaufsoption benötigt werden und somit preisrelevant sind und kalkuliert werden müssen.

Auswahl- und Vorbedingungen an Merkmal und Merkmalwert

Auswahlbedingungen am Merkmal haben die Funktion, die verpflichtende Bewertung auf der Basis von Beziehungswissen dynamisch zu steuern. Dies hat viele Vorteile im Vertriebsprozess, da der Anwender durch die Konfiguration geführt werden kann. Jedoch behindert eine solche Funktion die fehlerfreie und einfache Kalkulation von Verkaufsoptionen (Merkmalwerte). Bei der Kalkulation sollen einzelne Variantenkonditionen, die einem Merkmalwert oder einer Wertkombination zugeordnet sind, bewertet und anschließend kalkuliert werden. Dies ist jedoch nicht möglich, wenn durch die Bewertung des Merkmals eine Pflichteingabe ausgelöst wird und somit die Konfiguration unvollständig ist.

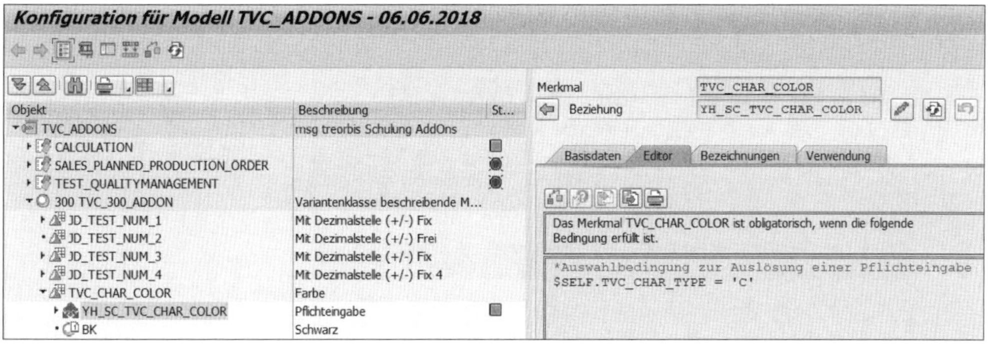

Abbildung 11.5 Auswahlbedingung am Merkmal

Die in Abbildung 11.5 zu sehende Auswahlbedingung löst durch die Bewertung des Merkmals »Ausführung« mit dem Wert »C« eine Pflichteingabe für das Merkmal »Farbe« aus (siehe Abbildung 11.6).

Abbildung 11.6 Konfigurationsdialog – Auswirkung der Auswahlbedingung

Wie Sie in Abbildung 11.7 erkennen können, ist die Konfiguration durch die Auswahlbedingung unvollständig.

Indikator ist die gelbe Statusampel. Daher ist diese Konfiguration nicht zur Erstellung eines Vertriebsbelegs verwendbar. Mit einem Doppelklick auf die Statusampel kann eine Erläuterung des Ereignisses angezeigt werden, das die Unvollständigkeit auslöst. Dies gilt auch für Vorbedingungen an Merkmalen und Merkmalwerten (siehe Abbildung 11.8), da für die Bewertung eines Merkmals oder die Auswahl eines Wertes zunächst die definierte Bedingung erfüllt sein muss.

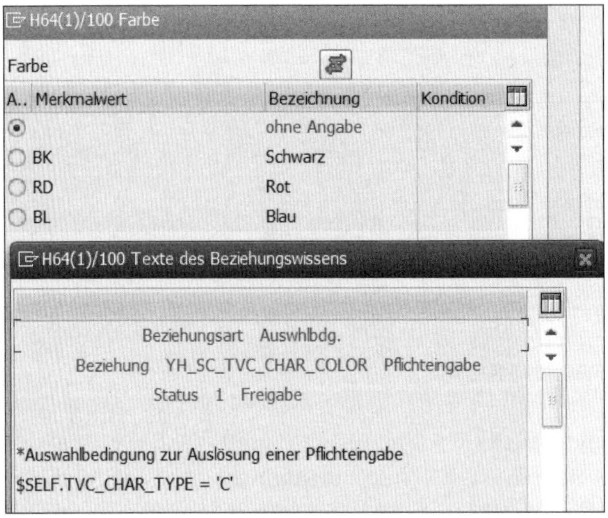

Abbildung 11.7 Unvollständige Konfiguration und Beziehungssyntax – Auswahlbedingung am Merkmal

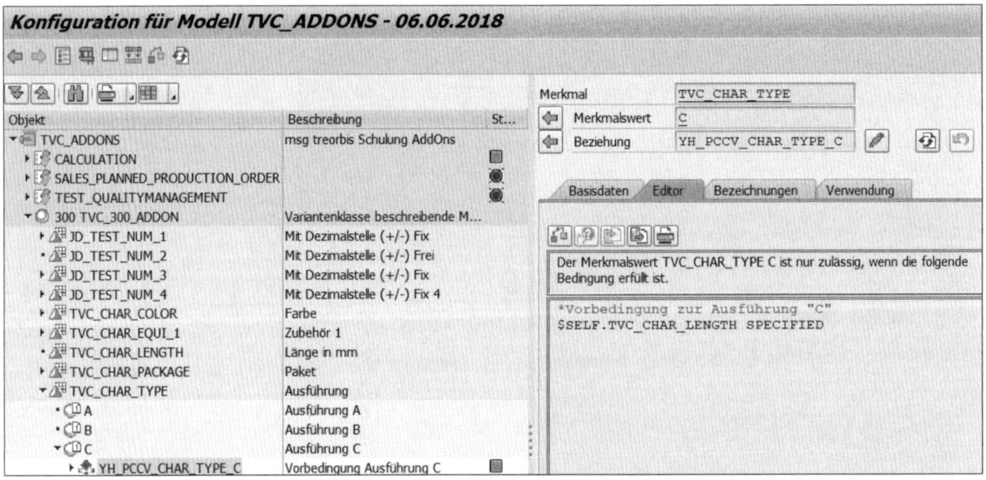

Abbildung 11.8 Vorbedingung am Merkmalwert

Für die Bewertung des Merkmals »Farbe« mit dem Wert »C« muss zunächst das Merkmal »Länge« bewertet werden. Abbildung 11.9 zeigt, dass durch die Vorbedingung eine Inkonsistenz ausgelöst wurde; Indikator sind die gelbe Statusampel und das rote X in der Statusleiste unterhalb der Bewertungsoberfläche.

Auch in diesem Fall besteht die Möglichkeit, sich eine Erläuterung zur ausgelösten Inkonsistenz anzeigen zu lassen. Dazu kann durch einen Doppelklick auf das rote X ein Fenster mit Informationen zur Vorbedingung aufgerufen werden (siehe Abbildung 11.10).

Abbildung 11.9 Konfigurationsdialog – Auswirkung der Vorbedingung am Merkmalwert

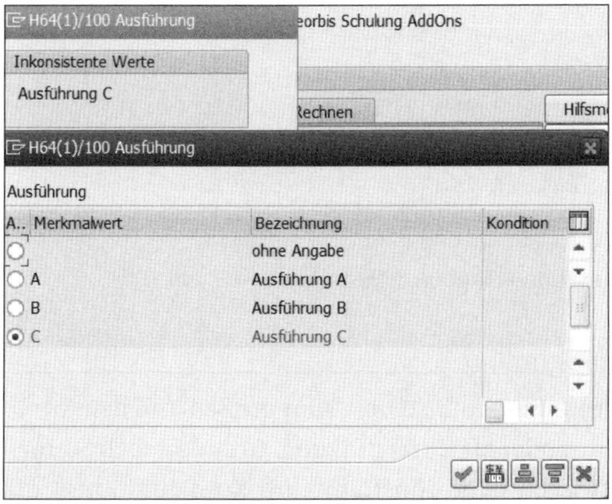

Abbildung 11.10 Hinweis auf eine inkonsistente Merkmalsbewertung im Konfigurationsdialog

Die Funktion »Eingabe erforderlich« im Merkmalstamm

Die Funktion **Eingabe erforderlich** wird im Merkmalstamm gesetzt (siehe Abbildung 11.11) und führt zu erheblichen Problemen bei der automatischen Anlage von Kalkulationen – aus diesem Grund ist deren Verwendung zu vermeiden. Diese Funktion wird oftmals dazu verwendet, eine »geführte« Konfiguration zu realisieren. Eine geführte Konfiguration kann bedeuten, dass der Anwender mithilfe von verpflichtend zu bewertenden Merkmalen durch den Konfigurationsdialog geleitet wird. Die Pflichtbewertung eines Merkmals muss dann nicht dynamisch mithilfe von Beziehungswissen gesteuert werden, sondern wird zentral als Eigenschaft des Merkmals im Merkmalstamm festgelegt. Generell betrachtet, sind solche fixen Einstellungen im Merkmalstamm immer sehr starr und wenig dynamisch; deshalb sollte grundsätzlich bei der Konzeption eines Datenmodells eine solche Einstellung evaluiert werden. Ein dynamisch steuerbarer und zukunftssicherer Ansatz ist in solchen Fällen die Verwendung von Beziehungswissen.

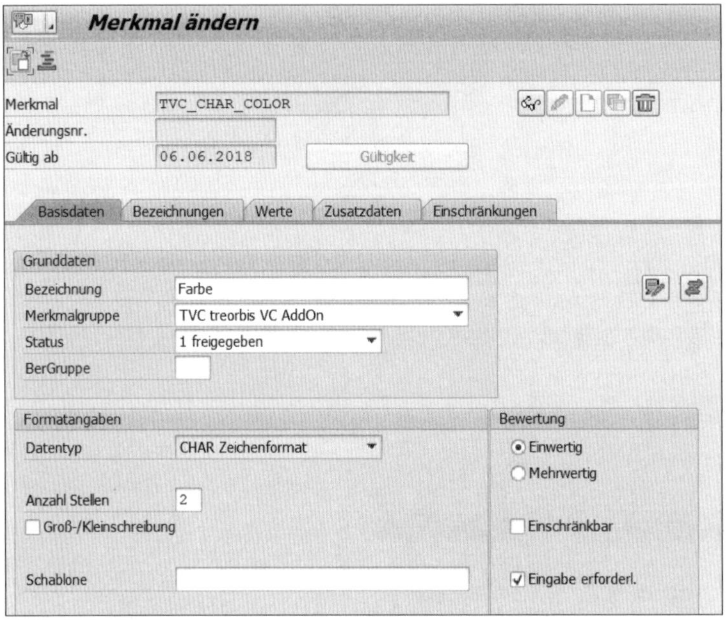

Abbildung 11.11 Merkmalstamm – Funktion »Eingabe erforderlich«

Beziehungswissen im Konfigurationsprofil

Das Beziehungswissen im Konfigurationsprofil steuert zum großen Teil den Konfigurationsdialog und dient dem Anwender als Unterstützung. Grundsätzlich können Sie nur prozedurales Beziehungswissen oder Constraints im Konfigurationsprofil verwenden. Prozedurales Beziehungswissen wird – im Gegensatz zum deklarativen Beziehungswissen – in einer bestimmten Reihenfolge abgearbeitet und entspricht keiner Gesetzmäßigkeit. Auch bei diesem Beziehungswissen gilt es zu prüfen, ob es in Abhängigkeit zu kalkulationsirrelevanten und/oder kalkulationsstörenden Merkmalbewertungen steht. Eine Prozedur zum Setzen von Werten auf der Basis einer getätigten Bewertung würde das Kalkulationsergebnis wieder verzerren, da dadurch durchaus mehrere Variantenpreise kalkuliert und somit das Kalkulationsergebnis verzerrt würde.

In der Praxis hat es sich herausgestellt, dass ein eigenes Konfigurationsprofil für die Kalkulation von Vorteil ist. In dem kalkulationsrelevanten Konfigurationsprofil wird nur Beziehungswissen aufgenommen, das die Anforderungen der Merkmalsbewertung für die Kalkulation abbildet; Pflichteingaben sind hier also nicht erforderlich.

Die Herleitung und das Vorbelegen von Merkmalwerten sind nur dann sinnvoll, wenn sie zur Auflösung des für die zu kalkulierenden Positionen benötigten Mengengerüstes beitragen.

Das Konfigurationsprofil in Abbildung 11.12 dient dem operativen Prozess, d. h., es wird zur Anlage von Verkaufsbelegen und für die Fertigung verwendet

Abbildung 11.12 Konfigurationsprofil für den Vertriebs- und Fertigungsprozess

Das Konfigurationsprofil in Abbildung 11.13 wird ausschließlich für Kalkulationszwecke genutzt, sodass bestimmtes Beziehungswissen, das lediglich für den Verkaufsprozess (z. B. eine Prozedur zur Gewichtsberechnung) nützlich ist, nicht vorhanden ist bzw. keine Kalkulationsrelevanz hat und somit nicht dem Konfigurationsprofil zugeordnet ist.

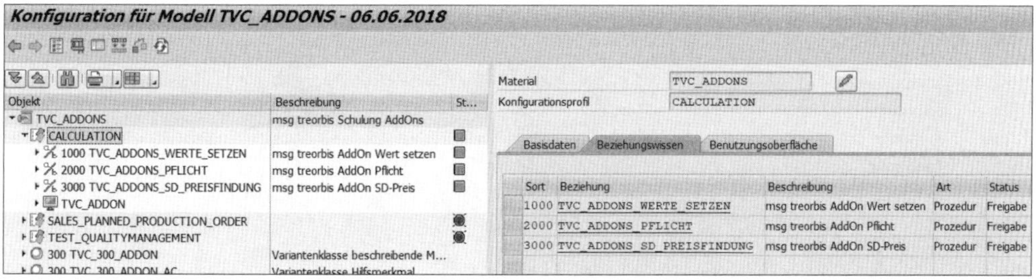

Abbildung 11.13 Konfigurationsprofil für die Vertriebspreiskalkulation

Die Auswahl des Konfigurationsprofils beim Einstieg in die Konfiguration muss nicht zwingend manuell erfolgen, sondern kann auch durch einen User-Exit gesteuert werden.

11.2.3 Best-Practice-Variantenpreisdefinition mithilfe einer Partnerlösung

Das Add-on Calculation lässt sich über das treorbis-eigene Cockpit, das in Abbildung 11.14 zu sehen ist, aufrufen.

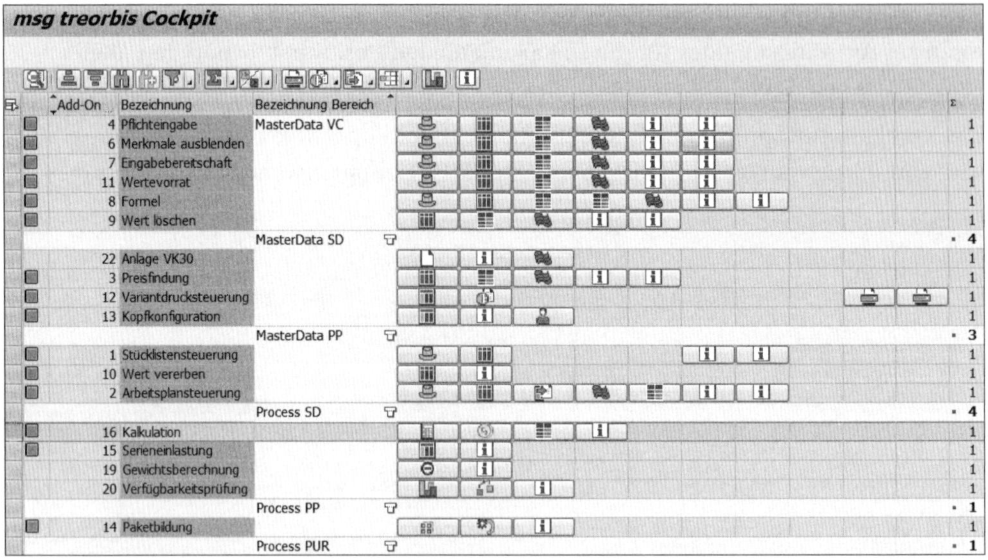

Abbildung 11.14 treorbis Variant Cockpit

Zunächst müssen Kalkulationen angelegt werden, damit die Kalkulationsergebnisse zur Weiterverarbeitung zur Verfügung stehen. Dies erfolgt in einer eigenen Transaktion mit Selektionsbild (siehe Abbildung 11.15).

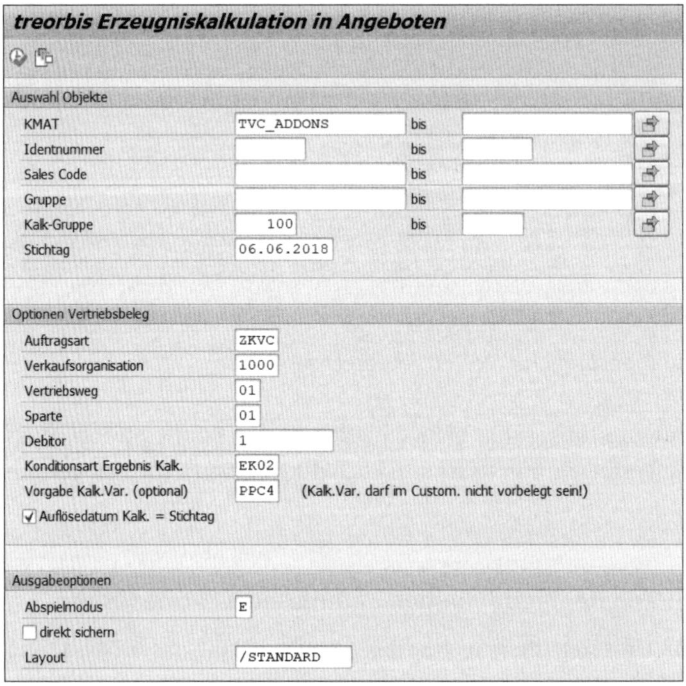

Abbildung 11.15 Einstiegsbild – Anlage von Erzeugniskalkulationen

Das Selektionsbild ist in drei verschiedene Bereiche unterteilt und bietet die folgenden Selektionskriterien:

- **Auswahl Objekte**
  - KMAT: Nummer des konfigurierbaren Materials
  - Identnummer: aus der ET SD-Preisfindung
  - Sales Code: Variantenkondition (VK30) aus der ET SD-Preisfindung
  - Gruppe: Gruppenschlüssel aus der ET SD-Preisfindung
  - Kalk-Gruppe: Kalkulationsgruppe aus der ET SD-Preisfindung
  - Stichtag: Systemdatum, setzt Kalkulationsdatum
- **Optionen Vertriebsbeleg**
  - Auftragsart: Auswahl der Auftragsart zur Anlage des Vertriebsbelegs zur Erstellung einer Erzeugniskalkulation.
  - Verkaufsorganisation: Verkaufsorganisation, die zur Anlage des Dummy-Belegs verwendet werden soll.
  - Vertriebsweg: Vertriebsweg der zur Anlage des Dummy-Belegs verwendet werden soll.
  - Sparte: Sparte, die zur Anlage des Dummy-Belegs verwendet werden soll.
  - Debitor: SAP-Debitorennummer, die zur Anlage des Dummy-Belegs verwendet werden soll.
  - Konditionsart Ergebnis der Kalkulation: Im Customizing definierte Konditionsart, die im Konditionsschema das Kalkulationsergebnis ausweist (SAP-Standard EK02).
  - Vorgabe der Kalkulationsvariante: Kalkulationsvariante für Erzeugniskalkulation; sofern diese im Customizing nicht vorbelegt wurde, kann eine manuelle Eingabe erfolgen.
  - Checkbox »Auflösungsdatum Kalkulation = Stichtag«: Steuerung des Auflösungsdatums für die Stücklistenauflösung.
- **Ausgabeoptionen**
  - Abspielmodus:
    A: hell; alle Bildschirmbilder (Dynpros) der Transaktion werden angezeigt. Feldwerte können hierbei geändert werden.
    N: dunkel; Hintergrundverarbeitung.
    E: Fehler; es werden nur die Bildschirmbilder (Dynpros) angezeigt, die einen Fehler enthalten (z. B. ungültige Feldwerte).
  - Checkbox direkt sichern: Wird diese Checkbox aktiviert, werden alle Kalkulationen direkt gesichert, und die Ergebnisliste stellt sodann ein Protokoll dar.
  - Layout: Auswahl vorangelegter Layouts für die Ergebnisliste des Programms.

Im Bereich **Auswahl Objekte** gibt es keine expliziten Pflichteingaben; es muss lediglich ein Objekt als minimale Einschränkung selektiert werden. Dies kann, wie in Abbildung 11.15 zu sehen ist, die Materialnummer von **KMAT** und die **Kalk-Gruppe** sein; Sie können jedoch auch nur das Feld **Sales Code** füllen und das Programm ausführen. An dieser Stelle sei erwähnt, dass, sofern Variantenkonditionen produktübergreifend genutzt werden, bei der Anlage von Kalkulationen alle Einträge zur selektierten Variantenkondition kalkuliert werden.

In dem Bereich **Optionen Vertriebsbeleg** sind – bis auf die Vorgabe der Kalkulationsvariante und der Checkbox zur Steuerung des Stücklistenauflösungsdatums – alle Felder obligatorisch. Dies beruht darauf, dass diese Felder bei der Anlage eines SAP-Vertriebsbelegs im SAP-Standard auch obligatorisch sind.

Im Bereich **Ausgabeoptionen** ist lediglich der Parameter für den Abspielmodus obligatorisch und beinhaltet im treorbis-Auslieferungszustand den Wert »E«.

Nach erfolgtem Kalkulationslauf wird die Zusammenfassung der erzeugten Kalkulationen in einer Ergebnisliste ausgegeben, die in Abbildung 11.16 zu sehen ist.

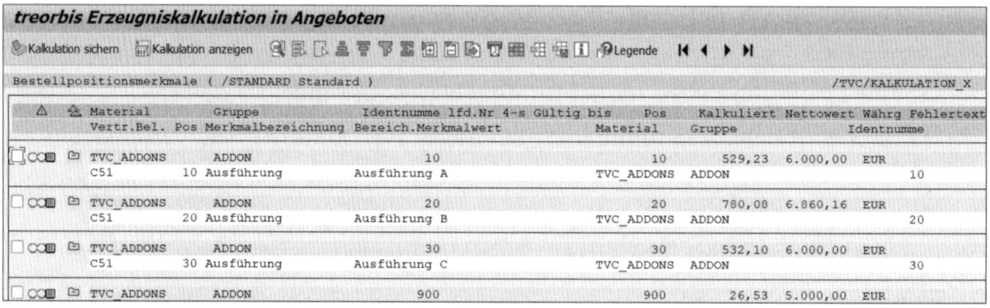

Abbildung 11.16 Ergebnisliste nach erfolgtem Kalkulationslauf

Des Weiteren weist eine kleine Hinweisampel darauf hin, ob eine Kalkulation fehlerhaft ist. Aus der Ergebnisliste kann in die einzelnen Erzeugniskalkulationen abgesprungen werden, um sich Details zu dem Kalkulationsergebnis anzeigen zu lassen (siehe Abbildung 11.17).

Sofern die Funktion **direkt sichern** nicht verwendet wird, können aus der Ergebnisliste heraus selektiv Kalkulationen gesichert werden. Nach der erfolgreichen Sicherung der selektierten Einträge werden diese grün hervorgehoben (siehe Abbildung 11.18).

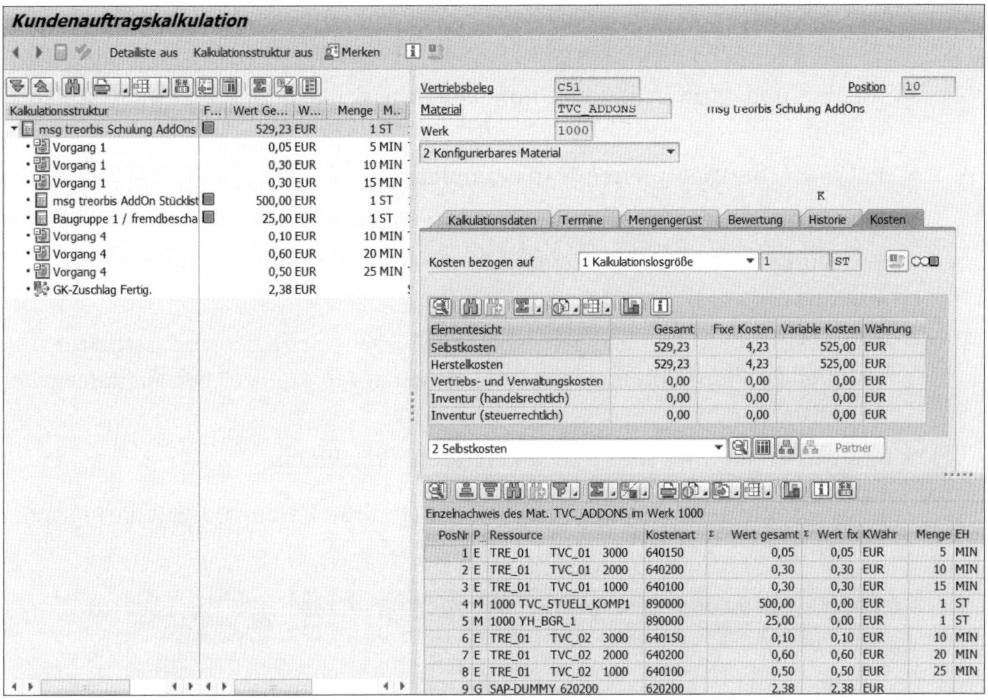

Abbildung 11.17 Absprung in die Kundenauftragskalkulation

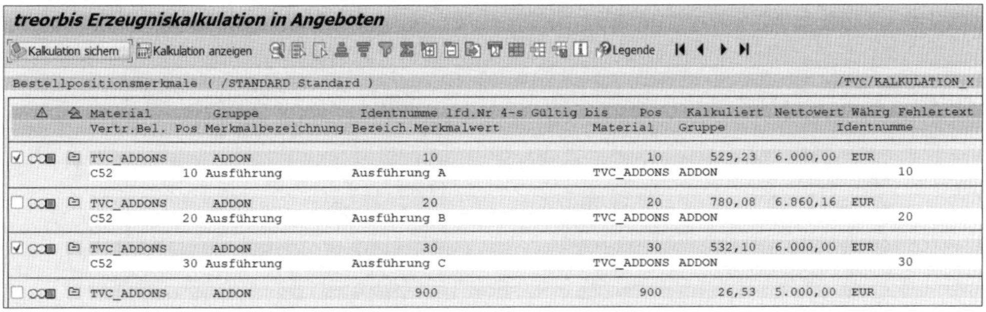

Abbildung 11.18 Selektive Auswahl und Sichern der Kalkulationsergebnisse

Die Kalkulationsergebnisse werden dann in eine treorbis-interne Tabelle geschrieben, damit sie zur Weiterverarbeitung zur Verfügung stehen. Im Anschluss an die Erstellung der gewünschten Kalkulationen können diese mithilfe der Auswertungs- und Preispflegefunktion analysiert und ausgewertet werden. Die Transaktion bietet eine Vielzahl von Funktionalitäten und Möglichkeiten, um die Daten der angelegten Erzeugniskalkulationen auszuwerten und darüber hinaus gleich Vertriebspreise zu pflegen, ohne eine weitere Transaktion verwenden zu müssen. Die folgenden Funktionen werden mit dem treorbis-Add-on Calculation ausgeliefert:

- Analyse und Auswertung von Kundenauftragskalkulationen (Erzeugniskalkulationen)
- Pflege von Vertriebspreisen (Variantenpreise)
- Pflege von Preisen innerhalb von Preislisten
- Erstellung von Differenzkalkulationen unter der Verwendung einer Referenzkalkulation
- Anzeige des Kalkulationsergebnisses mit Ausgabe der Kalkulationsstruktur und weiteren Detailinformationen, z. B. Vertriebsrelevanzkennzeichen aus aufgelöster Stückliste
- ALV-Listausgabe mit allen SAP-Standardfunktionalitäten

Zur Auswertung und Preispflege wird aus dem treorbis Variant Cockpit die Preispflege aufgerufen.

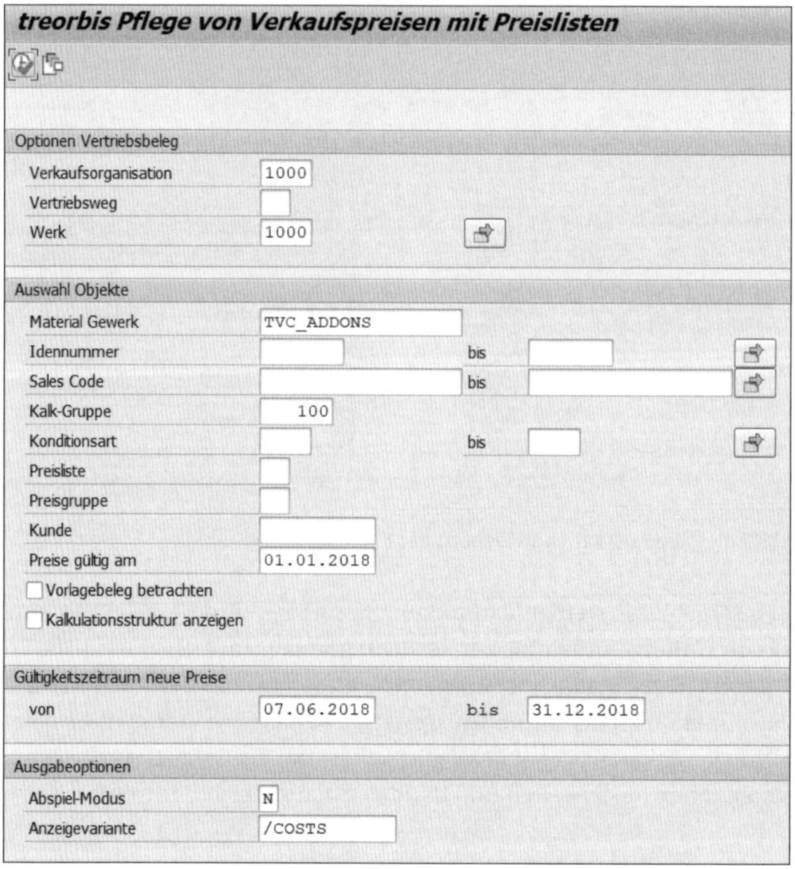

Abbildung 11.19 Kalkulationsauswertung inklusive Vertriebspreispflege

Im in Abbildung 11.19 gezeigten Einstiegsbild stehen vier Bereiche zur Verfügung. Die folgenden Selektionskriterien stehen zur Auswahl:

- **Optionen Vertriebsbeleg**
  - Verkaufsorganisation (obligatorisch)
  - Vertriebsweg
  - Werk (obligatorisch)
- **Auswahl Objekte**
  - Material/Gewerk
  - Identnummer
  - Sales Code
  - Kalk-Gruppe
  - Konditionsart
  - Preisliste
  - Preisgruppe
  - Kunde
  - Preise gültig am (obligatorisch)
  - Checkbox Vorlagebeleg betrachten
  - Checkbox Kalkulationsstruktur anzeigen
- **Gültigkeitszeitraum neue Preise** (obligatorisch)
  - von
- **Ausgabeoptionen**
  - Abspiel-Modus
  - Anzeigevariante

Auswertung und Analyse von Kalkulationen

Nach der Auswahl der Selektionskriterien generiert das Programm die ALV-Liste. Im treorbis-Standard stehen vier Layouts für die Listausgabe zur Auswahl, die für die verschiedenen Anwendungsbereiche verwendet werden können. Darüber hinaus können weitere individuelle Layouts erstellt und gesichert werden (siehe Abbildung 11.20).

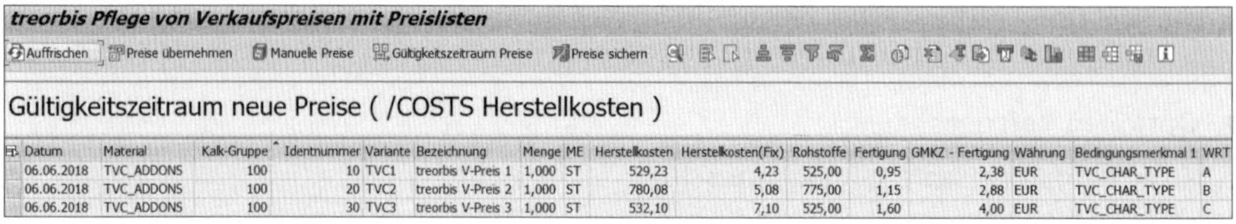

Abbildung 11.20 ALV-Listausgabe – Kalkulationsergebnis (Layout »Herstellkosten«)

Die Selektionskriterien der Listausgabe entsprechen den Werten in Abbildung 11.17. In diesem Beispiel wird eine Auswertung der Herstellkosten, bezogen auf eine Materialnummer und eine Kalkulationsgruppe, durchgeführt. Das voreingestellte Layout weist dann zum einen die kalkulierten Herstellkosten und zum anderen die einzelnen Elemente des Elementschemas aus. Als zusätzliche Information werden zudem die Materialnummer, die Kalkulationsgruppe, die Identnummer, die Variantenkondition, die Kalkulationslosgröße und das/die Bedingungsmerkmal/e sowie der/die dazugehörende Bedingungsmerkmalwert/e angezeigt.

Der unübersehbare Vorteil ist hierbei, dass es nicht notwendig ist, die möglichen Verkaufsoptionen (Variantenkonditionen) einzeln in einem Vertriebsbeleg oder der Konfigurationssimulation zu konfigurieren und zu kalkulieren – dies erledigt das Kalkulationsprogramm und gibt noch zusätzlich alle Kalkulationsergebnisse in einer Tabellenübersicht aus. Ein üblicherweise notwendiges »Zusammentragen« einzelner Kalkulationsergebnisse in einem Tabellenkalkulationsprogramm, wie z. B. Microsoft Excel, ist nicht erforderlich.

Mit dem Add-on lassen sich somit auf Anhieb Kostentreiber innerhalb der einzelnen Elemente in der Kalkulation identifizieren und entsprechende Maßnahmen ableiten.

Damit die Kalkulationsergebnisse gegebenenfalls dennoch in Microsoft Excel weiterbearbeitet werden können, besteht natürlich die Möglichkeit, den Inhalt der Listausgabe nach Microsoft Excel zu exportieren (siehe Abbildung 11.21).

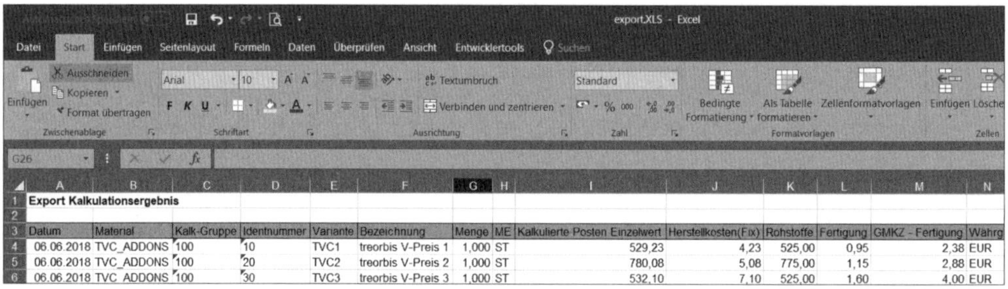

Abbildung 11.21 Export des Kalkulationsergebnisses in das Tabellenkalkulationsprogramm

Auswertung und Analyse der Kalkulationen mit Anzeige der detaillierten Kalkulationsstruktur

Zusätzlich zur einfachen Ausgabe der Herstellkosten können auch weitere detaillierte Informationen aus den Kalkulationen und der Stückliste sowie dem Arbeitsplan ausgegeben werden.

Zur Ausgabe dieser Informationen muss im Einstiegsbild zusätzlich die Checkbox **Kalkulationsstruktur anzeigen** ausgewählt werden (siehe Abbildung 11.22).

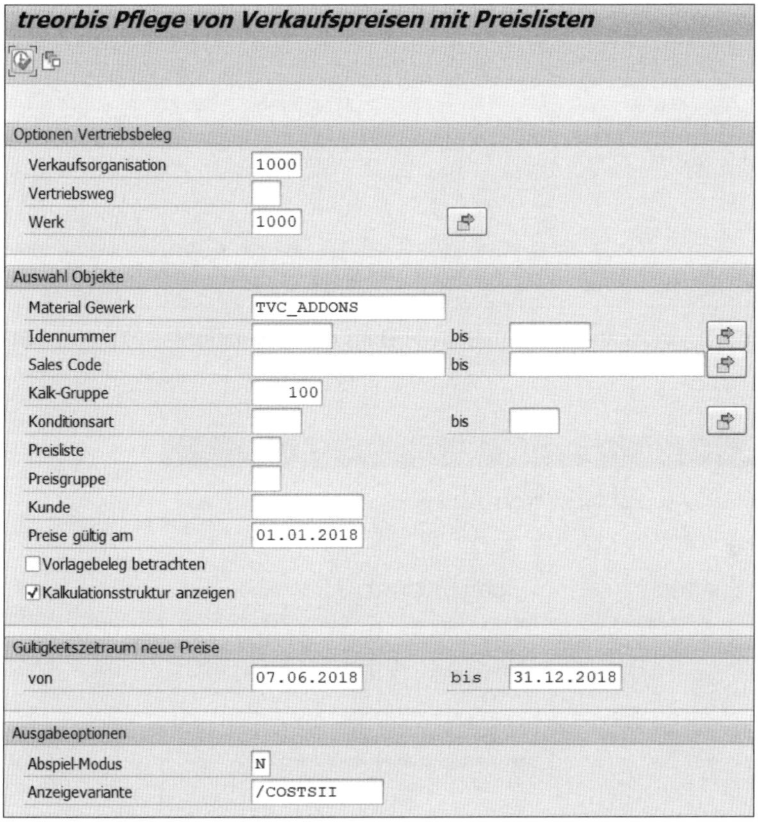

Abbildung 11.22 Kalkulationsauswertung – Kalkulationsstruktur anzeigen

Innerhalb der Detailsicht aus Abbildung 11.23 werden nun zusätzlich zu den Elementen und Objekten der Erzeugniskalkulation auch die Stücklisten- und Arbeitsplanauflösung auf erster Ebene angezeigt.

Darüber hinaus sind auch weitere Informationen, wie z. B. die Fertigungs-, Kalkulations- und Vertriebsrelevanz, aus der Stückliste darstellbar. Weitere Informationen können durch eine Anpassung des Layouts angezeigt sowie ausgeblendet werden (siehe Abbildung 11.24).

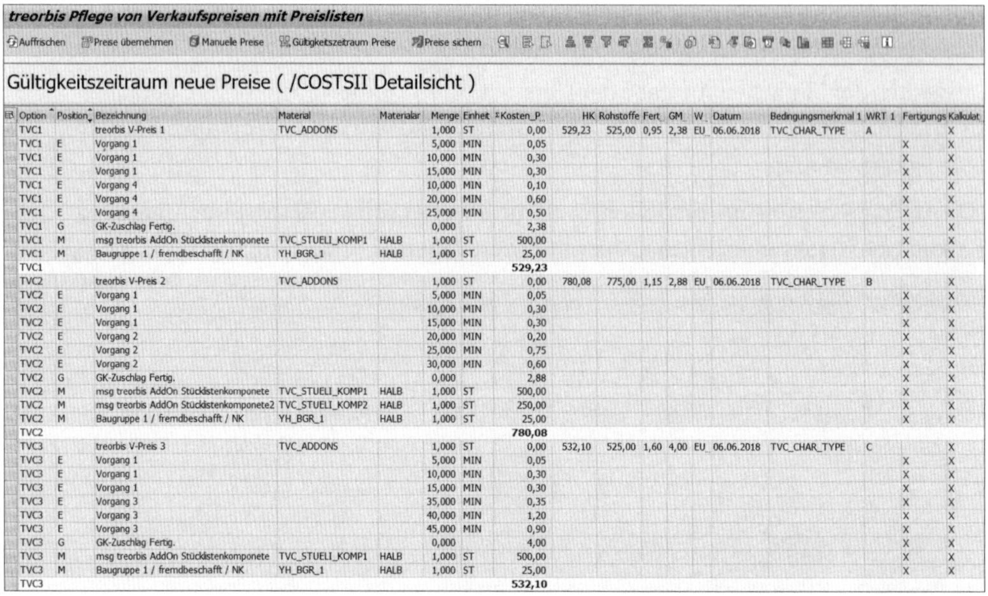

Option	Position	Bezeichnung	Material	Materialar	Menge	Einheit	Kosten_P	HK	Rohstoffe	Fert	GM	W	Datum	Bedingungsmerkmal 1	WRT 1	Fertigungs	Kalkulat
TVC1		treorbis V-Preis 1	TVC_ADDONS		1,000	ST	0,00	529,23	525,00	0,95	2,38	EU	06.06.2018	TVC_CHAR_TYPE	A		X
TVC1	E	Vorgang 1			5,000	MIN	0,05									X	X
TVC1	E	Vorgang 1			10,000	MIN	0,30									X	X
TVC1	E	Vorgang 1			15,000	MIN	0,30									X	X
TVC1	E	Vorgang 4			10,000	MIN	0,10									X	X
TVC1	E	Vorgang 4			20,000	MIN	0,60									X	X
TVC1	E	Vorgang 4			25,000	MIN	0,50									X	X
TVC1	G	GK-Zuschlag Fertig.			0,000		2,38									X	X
TVC1	M	msg treorbis AddOn Stücklistenkomponete	TVC_STUELI_KOMP1	HALB	1,000	ST	500,00									X	X
TVC1	M	Baugruppe 1 / fremdbeschafft / NK	YH_BGR_1	HALB	1,000	ST	25,00									X	X
TVC1							**529,23**										
TVC2		treorbis V-Preis 2	TVC_ADDONS		1,000	ST	0,00	780,08	775,00	1,15	2,88	EU	06.06.2018	TVC_CHAR_TYPE	B		X
TVC2	E	Vorgang 1			5,000	MIN	0,05									X	X
TVC2	E	Vorgang 1			10,000	MIN	0,30									X	X
TVC2	E	Vorgang 1			15,000	MIN	0,30									X	X
TVC2	E	Vorgang 2			20,000	MIN	0,20									X	X
TVC2	E	Vorgang 2			25,000	MIN	0,75									X	X
TVC2	E	Vorgang 2			30,000	MIN	0,60									X	X
TVC2	G	GK-Zuschlag Fertig.			0,000		2,88									X	X
TVC2	M	msg treorbis AddOn Stücklistenkomponete	TVC_STUELI_KOMP1	HALB	1,000	ST	500,00									X	X
TVC2	M	msg treorbis AddOn Stücklistenkomponete2	TVC_STUELI_KOMP2	HALB	1,000	ST	250,00									X	X
TVC2	M	Baugruppe 1 / fremdbeschafft / NK	YH_BGR_1	HALB	1,000	ST	25,00									X	X
TVC2							**780,08**										
TVC3		treorbis V-Preis 3	TVC_ADDONS		1,000	ST	0,00	532,10	525,00	1,60	4,00	EU	06.06.2018	TVC_CHAR_TYPE	C		X
TVC3	E	Vorgang 1			5,000	MIN	0,05									X	X
TVC3	E	Vorgang 1			10,000	MIN	0,30									X	X
TVC3	E	Vorgang 1			15,000	MIN	0,30									X	X
TVC3	E	Vorgang 3			35,000	MIN	0,35									X	X
TVC3	E	Vorgang 3			40,000	MIN	1,20									X	X
TVC3	E	Vorgang 3			45,000	MIN	0,90									X	X
TVC3	G	GK-Zuschlag Fertig.			0,000		4,00									X	X
TVC3	M	msg treorbis AddOn Stücklistenkomponete	TVC_STUELI_KOMP1	HALB	1,000	ST	500,00									X	X
TVC3	M	Baugruppe 1 / fremdbeschafft / NK	YH_BGR_1	HALB	1,000	ST	25,00									X	X
TVC3							**532,10**										

Abbildung 11.23 ALV-ListAusgabe – Kalkulationsergebnis mit Kalkulationsstruktur (Layout »Detailsicht«)

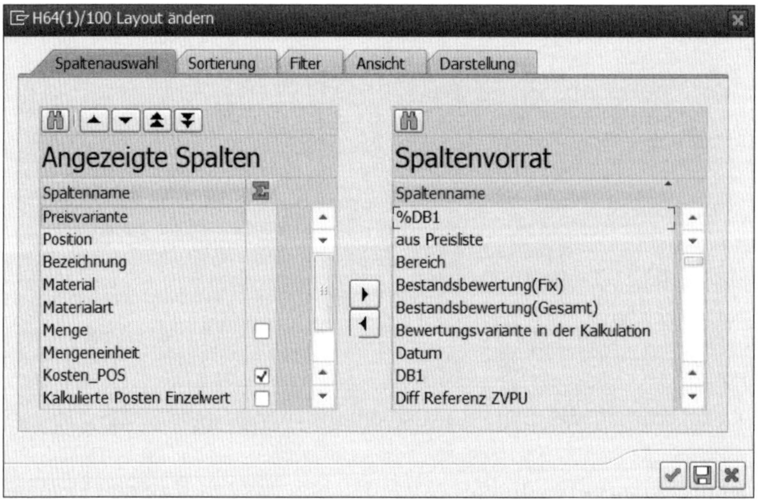

Abbildung 11.24 Layout ändern

Differenzkalkulation unter Verwendung einer Referenzkalkulation

Mit der Differenzkalkulation lassen sich ausgewählte Kalkulationen mit einer erstellten Referenzkalkulation betrachten und die Differenz der einzelnen Kostenelemente auswerten und analysieren. Dieses Vorgehen bietet sich immer dann an, wenn Sie die tatsächlichen Herstellkosten einer Variantenkondition kalkulieren möchten. In der Variantenkonfiguration lassen sich in den meisten Fällen aufgrund der Maximalstücklistenstruktur keine einzelnen Optionen kalkulieren, da die Stücklisten- und Arbeitsplanauflösung auf der Basis der Merkmalsbewertung geschehen. Des Weiteren wird selbst bei entsprechendem Beziehungswissen in den häufigsten Fällen ein Anteil Gleichteile und Arbeitsvorgänge ohne Beziehungswissen mit herangezogen werden, der eventuell nur für das gesamte Produkt eine Relevanz hat. Bestimmte Merkmalskombinationen lassen sich so auch miteinander vergleichen, bzw. Mehrpreise durch abweichende Merkmalsbewertungen zu einer Basisvariante können so aus der Kostenbrille betrachtet werden und entsprechende Aufpreise abgeleitet und definiert werden.

Wichtig ist, dass zunächst eine oder mehrere Referenzkalkulationen angelegt werden. Dies erfolgt ganz einfach durch das Setzen eines Kennzeichens innerhalb der ET SD-Preisfindung.

Es lässt sich jede beliebige Variante einstellen; es ist lediglich darauf zu achten, dass das Feld **Variante**, wie es in Abbildung 11.25 zu sehen ist, frei gelassen wird, da dieser Eintrag eine rein kalkulatorische Relevanz hat und für die Preisfindung keine Rolle spielt.

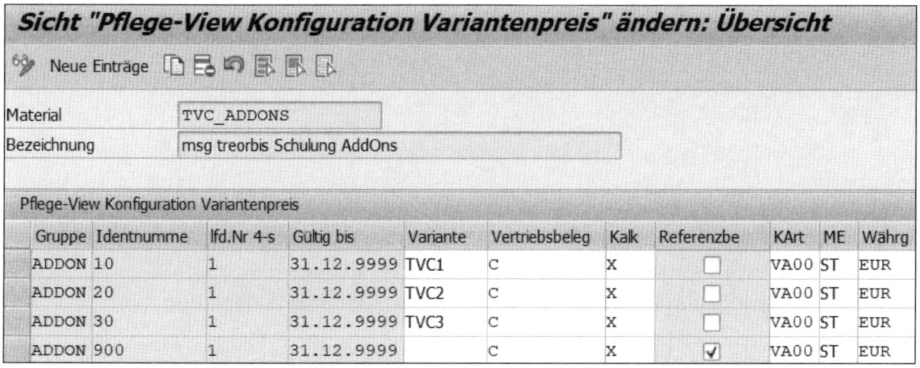

Gruppe	Identnumme	lfd.Nr 4-s	Gültig bis	Variante	Vertriebsbeleg	Kalk	Referenzbe	KArt	ME	Währg
ADDON	10	1	31.12.9999	TVC1	C	X	☐	VA00	ST	EUR
ADDON	20	1	31.12.9999	TVC2	C	X	☐	VA00	ST	EUR
ADDON	30	1	31.12.9999	TVC3	C	X	☐	VA00	ST	EUR
ADDON	900	1	31.12.9999		C	X	☑	VA00	ST	EUR

Abbildung 11.25 Entscheidungstabelle SD-Preisfindung – Checkbox »Referenzbeleg«

Nach erfolgter Kalkulation wird aufgrund des Kennzeichens **Referenzbeleg** in der ET SD-Preisfindung automatisch ein entsprechender Eintrag in einer treorbis-internen Tabelle gepflegt (siehe Abbildung 11.26).

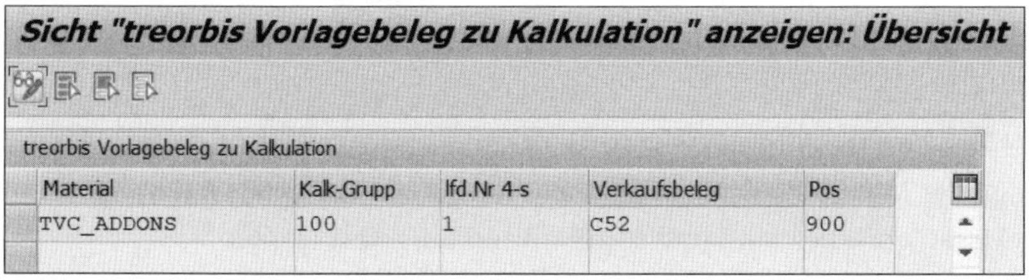

Material	Kalk-Grupp	lfd.Nr 4-s	Verkaufsbeleg	Pos
TVC_ADDONS	100	1	C52	900

Abbildung 11.26 Tabelle »Referenzbeleg für die Kalkulation«

Um die Referenz-/Differenzkalkulation zu aktivieren, wird innerhalb des Einstiegsbildes die Checkbox **Vorlagebeleg betrachten** ausgewählt (siehe Abbildung 11.27).

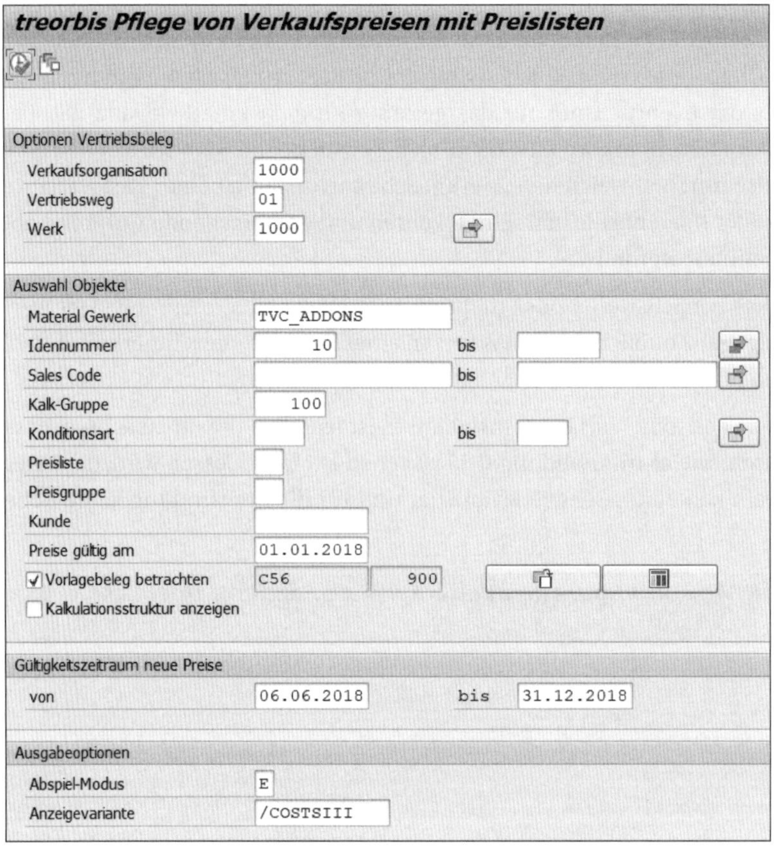

Abbildung 11.27 Kalkulationsauswertung – Differenz-/Referenzkalkulation

Das Programm wählt zunächst automatisch den aktuellsten Referenzbeleg aus. Sind jedoch ältere Referenzkalkulationen zur Kombination Materialnummer/Kalkulationsgruppe/laufende Nummer vorhanden, besteht die Möglichkeit, einen anderen Vorlagebeleg auszuwählen. Dazu kann mithilfe des Buttons  ein anderer Vorlagebeleg ausgewählt werden.

In der Ergebnisliste wird nach der Auswahl des Vorlagebelegs in der ersten Zeile die Referenz angezeigt und in der zweiten Zeile die zu betrachtende **Identnummer** (siehe Abbildung 11.28).

Der Vorlagebeleg aus Abbildung 11.27 stellt die Kalkulation der Gleichteile und der Arbeitsvorgänge der Maximalstückliste bzw. des Maximalarbeitsplanes dar, die ohne Beziehungswissen versehen sind und somit immer aufgelöst werden.

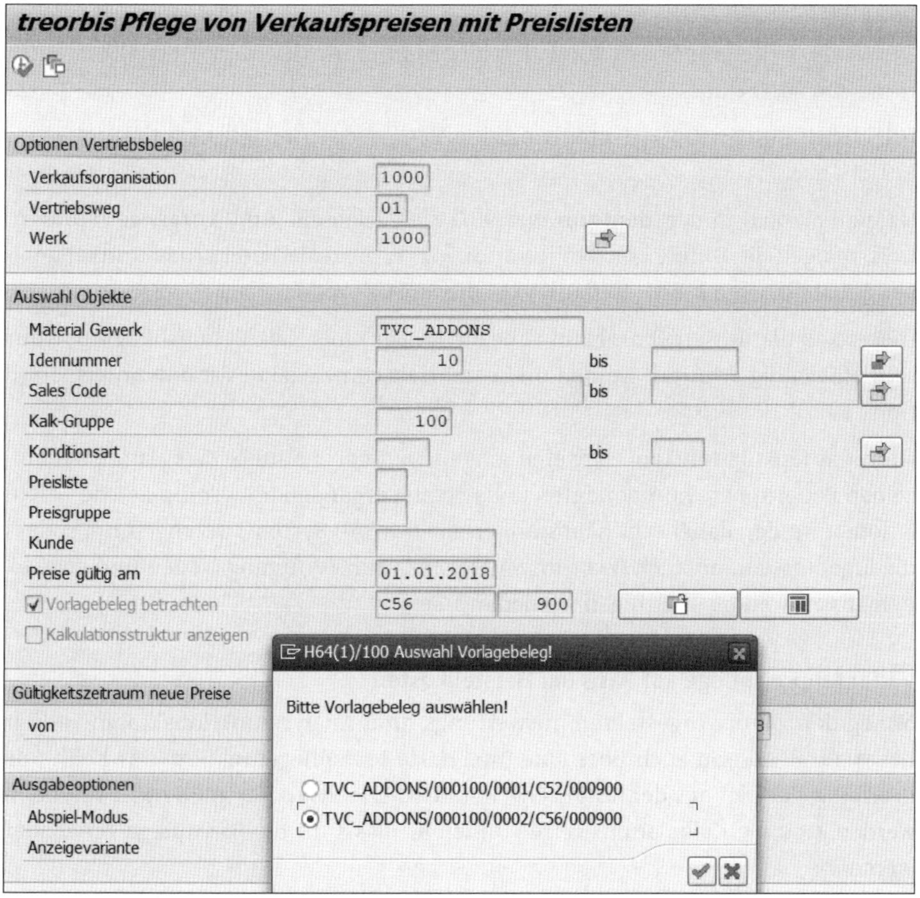

Abbildung 11.28 Kalkulationsauswertung – anderen Vorlagebeleg auswählen

Eine Besonderheit der Anzeigevariante aus Abbildung 11.29 ist, dass für die ausgewählte Variantenkondition bzw. Identnummer direkt die Differenz zum Vorlagebeleg ausgewiesen wird. Das heißt, wenn Sie die Herstellkosten der Variante TVC1 in Höhe von 502,70 € betrachten, ist der Anteil der Gleichteile und der gleichen Arbeitsvorgänge bereits abgezogen.

Abbildung 11.29 ALV-Listausgabe – Referenz-/Differenzkalkulation (Layout »Vorlagebeleg«)

Beispiel

Die Vorlage-/Referenzkalkulation der Identnummer 900 weist Herstellkosten in Höhe von 26,53 € aus.

Die Identnummer 10 (Variantenkondition TVC1) weist Herstellkosten in Höhe von 529,23 € aus.

Da die Kalkulation der Identnummer 900 die Gleichteile und -vorgänge repräsentiert, spiegelt die Differenz in Höhe von 502,70 €, die realen und produktunabhängigen Herstellkosten für die Variantenkondition TVC1 wider.

Dieses Kalkulationsergebnis kann ohne die Anlage einer Kalkulationsbaugruppe nur sehr aufwendig ermittelt werden und garantiert keine exakte Variantenpreisdefinition.

Ohne das Kalkulationstool wäre eine sehr aufwendige manuelle Kalkulation der einzelnen Baugruppen, Komponenten und Arbeitsvorgängen notwendig. Solche Kalkulationen werden daher sehr häufig außerhalb des SAP-Systems durchgeführt, sodass die Ergebnisse dann auch nicht im SAP-System zur Verfügung stehen und gegebenenfalls aufwendig übertragen werden müssen.

Variantenpreispflege auf Basis der Herstellkosten

Neben den zuvor vorgestellten Auswertungs- und Analysefunktionalitäten verfügt das treorbis-Add-on auch über eine integrierte Preispflegefunktion. Das heißt, die Preispflege erfolgt aus der Listanzeige heraus, die Transaktion muss nicht verlassen werden, und die Kalkulationswerte können als Basis für die Preispflege verwendet werden.

Innerhalb der Ergebnisliste kann in einer separaten Spalte zusätzlich der berechnete Deckungsbeitrag (Variantenpreis – Herstellkosten) der jeweiligen Preisvariante angezeigt werden.

Die folgenden Szenarien sind mit dem treorbis-Add-on Calculation durchführbar:

- Konditionspflege analog zu den SAP-Zugriffsfolgen
- Pflege von Preisen innerhalb von Preislisten
- absolute oder prozentuale Aufschläge auf bereits existierende Konditionssätze

Für die Preispflege sind im Einstiegsbild die folgenden Selektionskriterien relevant und obligatorisch (siehe Abbildung 11.30):

- Verkaufsorganisation
- Vertriebsweg
- Werk

- Konditionsart
- Preisliste (nicht obligatorisch, nur bei Verwendung)
- Preisgruppe (nicht obligatorisch, nur bei Verwendung)
- Preise gültig am
- Gültigkeitszeitraum neue Preise
- Kunde (nicht obligatorisch, hängt von Schlüsselkombination ab)

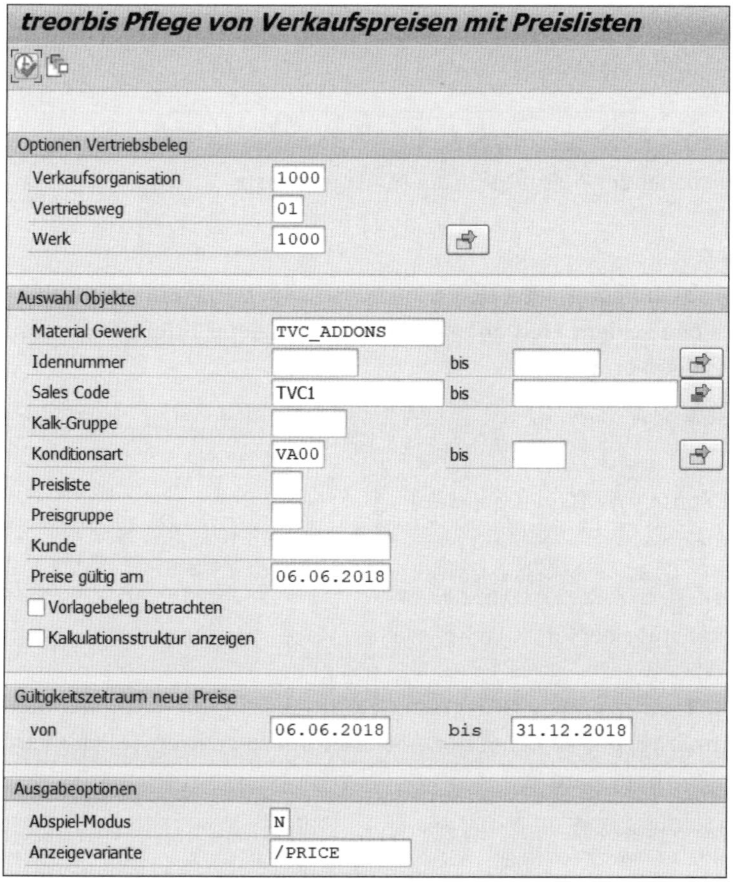

Abbildung 11.30 Kalkulationsauswertung – Preispflege

Die Ergebnisliste weist neben der vereinfachten Ansicht der Kosten auch den Konditionswert der Preisvariante aus. Darüber hinaus stehen in dem Layout auch Felder zur Pflege eines neuen Preises mit Gültigkeitszeitraum zur Verfügung (siehe Abbildung 11.31).

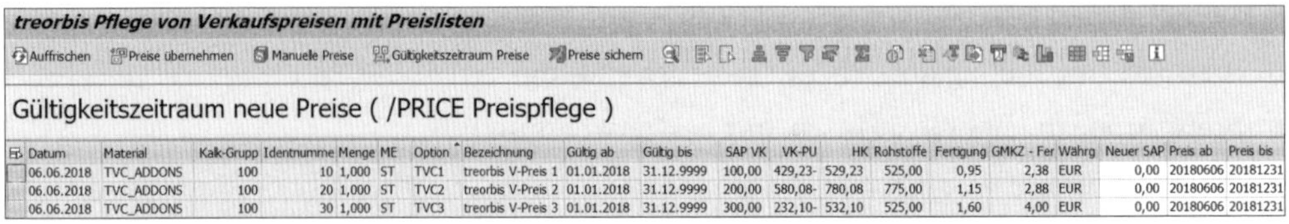

Abbildung 11.31 ALV-Listausgabe – Preispflege (Layout »Preispflege«)

Innerhalb der ALV-Liste gibt es im Steuerungsbereich Funktionen zur Pflege von Preisen und Gültigkeitszeiträumen (siehe Abbildung 11.32). Nachfolgend werden die einzelnen Funktionen beschrieben.

Abbildung 11.32 Funktionen zur Preispflege in der ALV-Ergebnisliste

Preise übernehmen

Im Feld **Neuer SAP Verkaufspreis** lässt sich manuell ein neuer Preis eintragen (siehe Abbildung 11.33). In den Feldern **Preis ab** und **Preis bis** kann der Gültigkeitszeitraum für den neuen Preis definiert werden.

Abbildung 11.33 Relevante Felder für die Preispflege

Wie in Abbildung 11.34 zu erkennen ist, liegt der Deckungsbeitrag für die Preisvariante TVC1 (Identnummer 10) bei -429,23 €. Um einen Gewinn zu erzielen, soll der Variantenpreis auf 500 € erhöht werden.

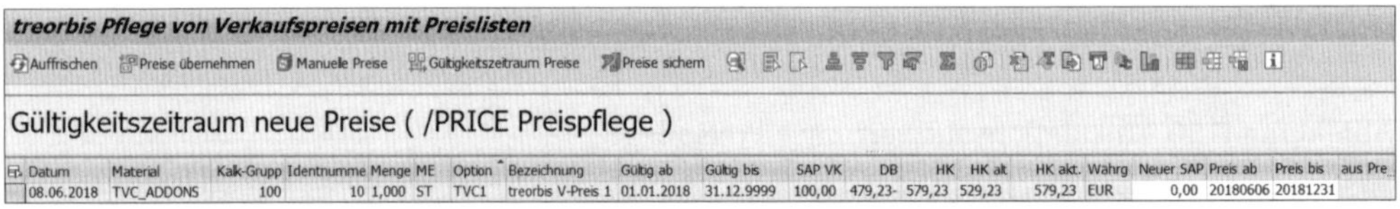

Abbildung 11.34 treorbis-Preispflege

Zunächst schauen wir uns einmal den Variantenpreis in der Konditionsübersicht des Vertriebsbelegs und in der SAP-Standardkonditionspflege (VK12) an (siehe Abbildung 11.35 und Abbildung 11.36).

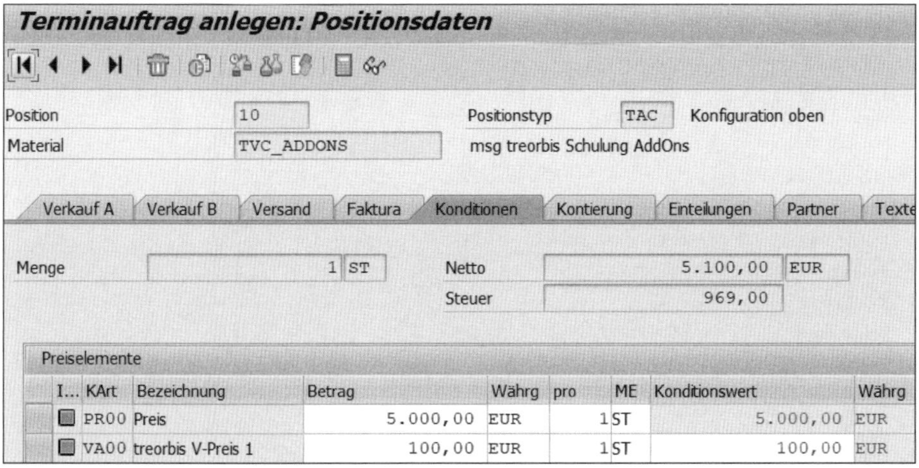

Abbildung 11.35 Konditionsübersicht – Vertriebsbeleg

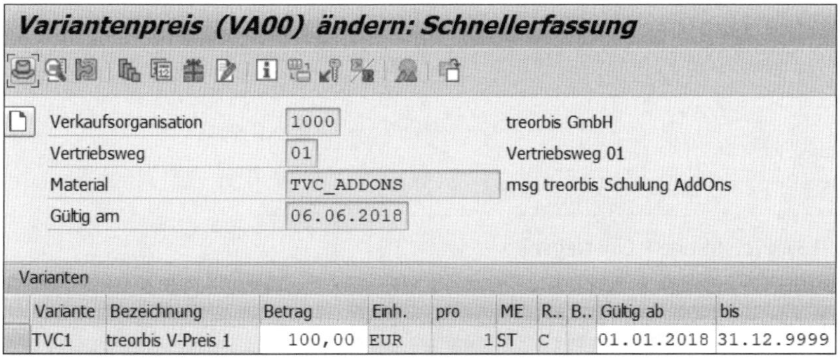

Abbildung 11.36 Konditionspflege – SAP-Standard

Die Preispflege mit dem Kalkulations-Add-on erfolgt mit den Selektionsparametern, die in Abbildung 11.37 zu sehen sind.

Nach dem erfolgten Absprung in die ALV-Liste ist für die selektierte Position mithilfe des Buttons Preise übernehmen der Pflegedialog aufzurufen (siehe Abbildung 11.38).

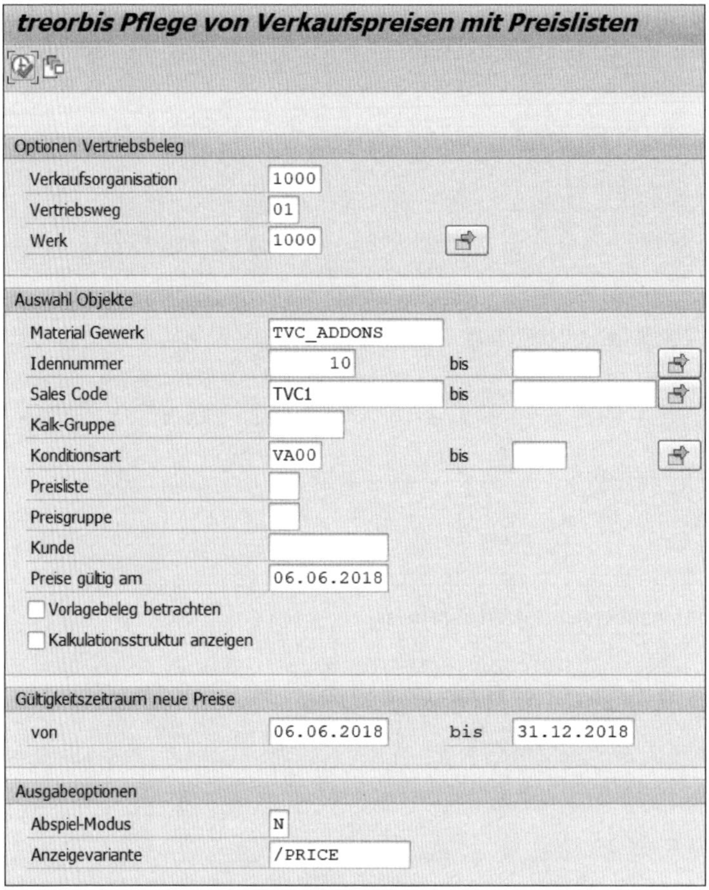

Abbildung 11.37 Preispflege – Einstiegsbild

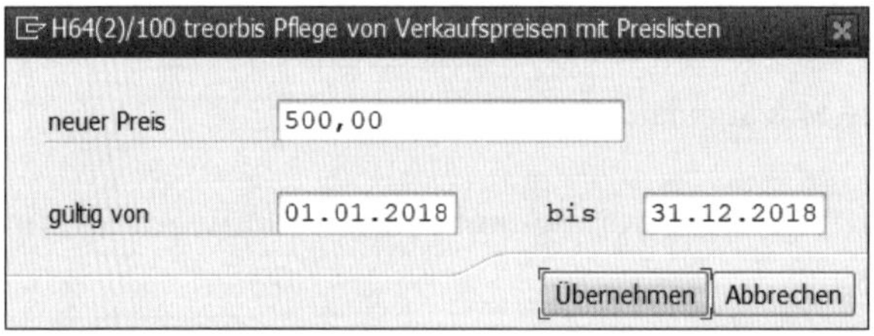

Abbildung 11.38 Pflegedialog – Preise übernehmen

Nachdem Sie den Preis durch einen Klick auf den Button **Übernehmen** übernommen haben (siehe Abbildung 11.38), wird die Eingabe auch in der ALV-Liste im Feld **Neuer SAP Verkaufspreis** ersichtlich. Anschließend muss der neue Preis noch mit dem Button Preise sichern gespeichert werden.

Das Programm bestätigt die Preisänderung mit einer Information in der Statusleiste Die Konditionssätze wurden gesichert.

In der SAP-Standardtransaktion für die Konditionspflege (VK12) und bei der Anlage eines Vertriebsbelegs ist die Änderung nachvollziehbar (siehe Abbildung 11.39).

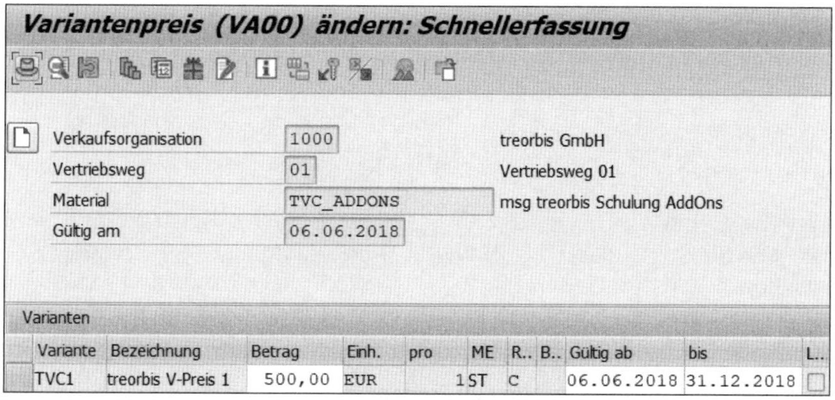

Abbildung 11.39 SAP-Konditionspflege nach erfolgter Änderung

Auch im Änderungsbeleg in Abbildung 11.40 ist die Änderung mittels des treorbis-Add-ons nachvollziehbar.

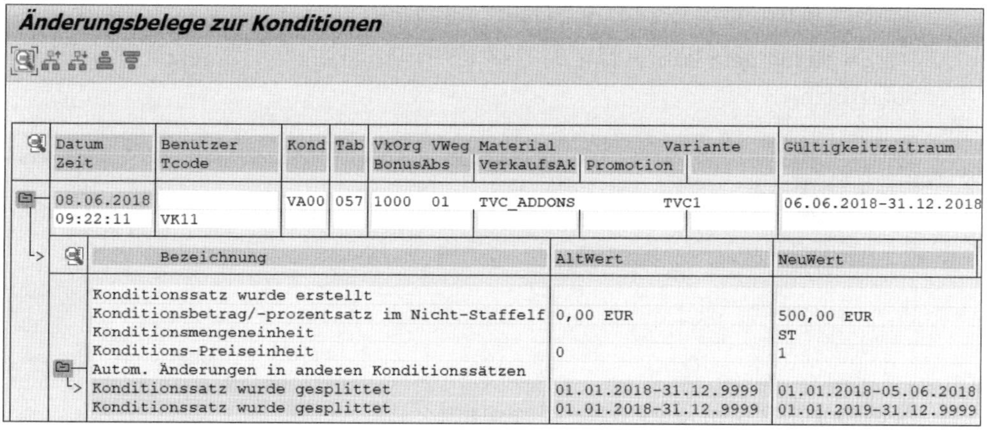

Abbildung 11.40 Änderungsbeleg – Preisänderung

Im Vertriebsbeleg in Abbildung 11.41 wird nun der aktualisierte Preis gezogen.

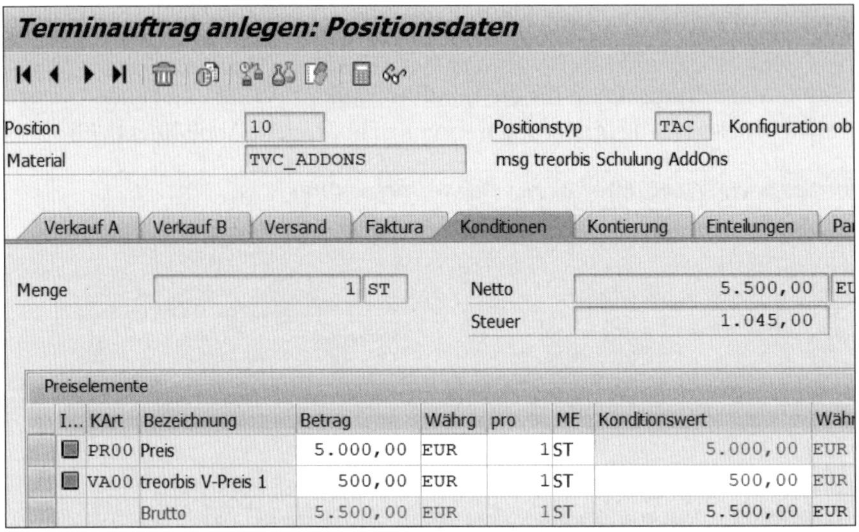

Abbildung 11.41 Vertriebsbeleg nach erfolgter Preisänderung

Manuelle Preise

Mithilfe der Funktion **Manuelle Preise** lassen sich neue Preise mit prozentualen Zuschlägen auf den aktuellen Variantenpreis, mit den aktuellen Herstellkosten oder den Herstellkosten der vorherigen Kalkulation pflegen.

Dazu wird mit dem Button Manuelle Preise der in Abbildung 11.42 gezeigte Pflegedialog aufgerufen.

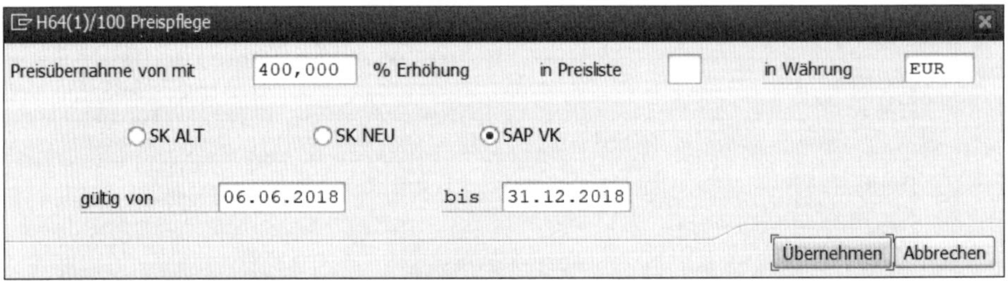

Abbildung 11.42 Manuelle Preise – Pflegedialog

In diesem Beispiel wird eine Preiserhöhung von 400 % zum bestehenden Variantenpreis durchgeführt. Das heißt, es werden 400 € auf den aktuellen Preis von 100 € aufgeschlagen. Somit ergibt sich ein neuer Variantenpreis in Höhe von 500 €.

Nach der Übernahme wird die Preiserhöhung in der in Abbildung 11.43 gezeigten ALV-Liste widergespiegelt.

Abbildung 11.43 ALV-Liste nach erfolgter Preisübernahme

Im Anschluss muss der neue Preis lediglich mit der zuvor beschriebenen Funktion Preise sichern gespeichert werden.

Das Programm bestätigt die Preisänderung mit einer Information in der Statusleiste Die Konditionssätze wurden gesichert.

Gültigkeitszeitraum Preise

Für den Fall, dass nur die Gültigkeitszeiträume angepasst werden sollen, können auch nur diese mithilfe des Buttons **Gültigkeitszeitraum Preise** angepasst bzw. verändert werden. Dazu rufen Sie den Pflegedialog für den Gültigkeitszeitraum auf (siehe Abbildung 11.44).

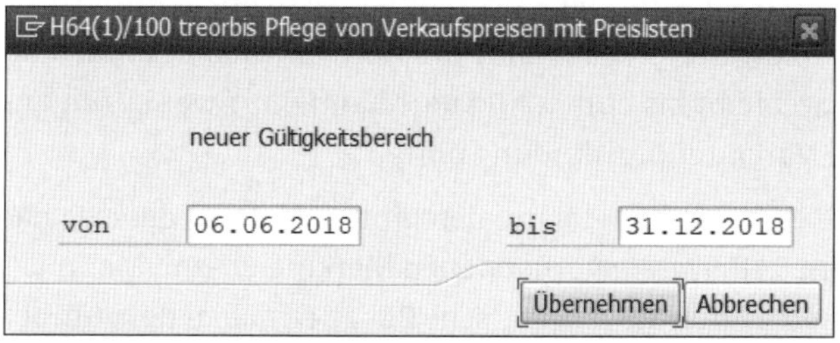

Abbildung 11.44 Pflegedialog – Gültigkeitszeitraum der Preise

11.3 Variantenpreisfindung und die Herleitung von Konditionsschlüsseln aus Nicht-SAP-Systemen

In der Variantenkonfiguration ist die Herleitung von Preisvarianten oftmals sehr komplex und das Regelwerk sehr umfassend. Aus diesem Grund werden solche Regeln in den meisten Fällen außerhalb des SAP-Systems definiert (siehe Abbildung 11.45).

Preismatrix	
	MERKMAL
WERT	**TVC_CHAR_TYPE**
A	TVC1
B	TVC2
C	TVC3

Abbildung 11.45 Beispiel einer Preismatrix in einem Tabellenkalkulationsprogramm

Nur bleibt an dieser Stelle die Frage, wie es Ihnen gelingt, diese komplexen Regeln und Bedingungen in das SAP-System und somit in das Produktdatenmodell zu implementieren.

Mit dem Einsatz eines Add-ons zur Variantenpreisfindung haben Sie neben der komfortablen Pflege des Regelwerks in Form von tabellarischen Einträgen in den treorbis-Entscheidungstabellen zusätzlich noch die Möglichkeit, ein Upload-Tool zu verwenden. Das Upload-Tool übernimmt die in Microsoft Excel gepflegten Tabelleneinträge in das SAP-System. Dort verprobt das Programm die Konsistenz der hochgeladenen Einträge und weist mit Fehler- oder Hinweismeldungen auf besonders zu beachtende Einträge hin. Der Anwender kann die zu übernehmenden Einträge markieren und an die relevante treorbis-Entscheidungstabelle übergeben.

Daraus ergibt sich der große Vorteil, dass die konzeptionelle Vorarbeit nicht im SAP-System erfolgen muss. Es ist durchaus üblich, während der Konzeptionsphase erst einmal alle Möglichkeiten und Konstellationen auf der »grünen Wiese« vorzudenken und z. B. in Microsoft Excel zu dokumentieren. Ein weiterer Grund für eine Konzeption außerhalb des SAP-Systems ist, dass gerade bei der Modellierung eines neuen konfigurierbaren Produkts viele für die Preisfindung relevante Stammdaten, wie z. B. Merkmale und Merkmalwerte, erst am Ende des Aufbaus final bekannt sind bzw. zur Verfügung stehen. So bleibt bis zum Marktstart häufig nur wenig Zeit zur Pflege des Regelwerks für die Variantenpreisfindung übrig.

Die Pflege außerhalb des SAP-Systems bietet dann den großen Nutzen, dass Sie das Regelwerk unabhängig von im SAP-System vorhandenen Merkmalen und Merkmalwerten (vor-)definieren können. Durch die tabellarische Pflege entfallen der aufwendige Aufbau und die Änderung von Beziehungswissen im Produktdatenmodell. Darüber hinaus laufen Sie nicht Gefahr, dass redundante Daten im SAP-System gepflegt werden oder Veränderungen am Datenmodell das Testen stören bzw. unmöglich machen.

Die Grundvoraussetzung zur Nutzung des treorbis-Upload-Tools für die Preisfindung ist der Einsatz der treorbis-Preisfindung.

Schauen wir uns zunächst einmal die Entscheidungstabelle (ET) aus Abbildung 11.46 genauer an.

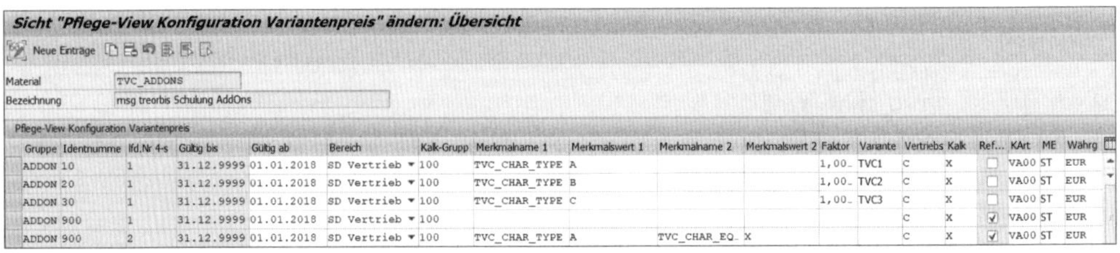
Sicht "Pflege-View Konfiguration Variantenpreis" ändern: Übersicht

Neue Einträge

Material: TVC_ADDONS
Bezeichnung: msg treorbis Schulung AddOns

Pflege-View Konfiguration Variantenpreis

Gruppe	Identnumme	lfd.Nr 4-s	Gültig bis	Gültig ab	Bereich	Kalk-Grupp	Merkmalname 1	Merkmalswert 1	Merkmalname 2	Merkmalswert 2	Faktor	Variante	Vertriebs	Kalk	Ref...	KArt	ME	Währg
ADDON	10	1	31.12.9999	01.01.2018	SD Vertrieb	100	TVC_CHAR_TYPE	A			1,00_	TVC1	C	X	☐	VA00	ST	EUR
ADDON	20	1	31.12.9999	01.01.2018	SD Vertrieb	100	TVC_CHAR_TYPE	B			1,00_	TVC2	C	X	☐	VA00	ST	EUR
ADDON	30	1	31.12.9999	01.01.2018	SD Vertrieb	100	TVC_CHAR_TYPE	C			1,00_	TVC3	C	X	☐	VA00	ST	EUR
ADDON	900	1	31.12.9999	01.01.2018	SD Vertrieb	100							C	X	☑	VA00	ST	EUR
ADDON	900	2	31.12.9999	01.01.2018	SD Vertrieb	100	TVC_CHAR_TYPE	A	TVC_CHAR_EQ_	X			C	X	☑	VA00	ST	EUR

Abbildung 11.46 Entscheidungstabelle Preisfindung

Der Aufbau der treorbis-ET ist recht trivial und neben einigen Elementen, die zur Steuerung des treorbis-Programms benötigt werden, entsprechend der SAP-Standardsyntax in Prosa zu lesen und zu pflegen.

Dazu ein Beispiel: Der Variantenpreis TVC1 soll gezogen werden, wenn das Merkmal »Ausführung« mit dem Wert »A« bewertet wurde.

Die dazugehörige SAP-Standardsyntax würde folgendermaßen aussehen:

```
$SELF.SDCOM_VKOND = 'TVC1'
  IF $SELF.TVC_CHAR_TYPE = 'A'
```

Der korrespondierende Eintrag in der ET wäre analog wie in Abbildung 11.47 anzulegen.

Sicht "Pflege-View Konfiguration Variantenpreis" ändern: Übersicht Aus

Material	TVC_ADDONS
Bezeichnung	msg treorbis Schulung AddOns

Pflege-View Konfiguration Variantenpreis

Gruppe	Identnum	lfd.Nr	Gültig bis	Gültig ab	Bereich	Kalk-Gru	Merkmalname 1	Merkm.	Faktor	Variante	Vertriebsbeleg	Kalk	KArt	ME	Währg
ADDON	10	1	31.12.9999	01.01.2018	SD Vertrieb ▾	100	TVC_CHAR_TYPE	A	1,00…	TVC1	C	X	VA00	ST	EUR

Abbildung 11.47 Preisfindung pflegen

Dabei sind bestimmte administrative Felder und Steuerungsfelder in der Entscheidungstabelle auszufüllen (siehe Abbildung 11.48).

Pflege-View Konfiguration Variantenpreis

Gruppe	Identnum	lfd.Nr	Gültig bis	Gültig ab	Bereich	Kalk-Gru
ADDON	10	1	31.12.9999	01.01.2018	SD Vertrieb ▾	100

Abbildung 11.48 Administrative Felder und Steuerungsfelder in der Entscheidungstabelle

Wie Sie es in Abbildung 11.49 erkennen können, ist die Pflege – im Vergleich zur SAP-Beziehungssyntax – deutlich vereinfacht. Die Spalte **Merkmalname** (1–10) repräsentiert das Bedingungsmerkmal und die Spalte **Merkmalswert** (1–10) entsprechend die Bewertung. In der Spalte **Variante** wird der technische Name der Variantenkondition eingetragen.

Merkmalname 1	Merkmalswert 1	Merkmalname 2	Merkmalswert 2	M	M	M	F	Variante	Vertriebsbeleg	Kalk	Referenzbe	KArt	ME	Währg
TVC_CHAR_TYPE	A						…	TVC1	C	X	☐	VA00	ST	EUR

Abbildung 11.49 Syntaxfelder und Steuerungsfelder für die Kalkulation

Für den Einsatz der Upload-Funktion wird ein Microsoft-Excel-Template zur Verfügung gestellt. Das Template entspricht der Struktur der ET. Darüber hinaus verfügt das Upload-Programm über die Funktion, dass eine automatische Anlage von Variantenkonditionen für die noch nicht vorhandenen Einträge innerhalb von Transaktion VK30 erfolgt. Bezeichnungen zu Variantenkonditionen sind in der Tabelle

TVARC (Variantenkonditionen) zu pflegen. Das Upload-Programm verprobt, ob für die hochgeladenen Variantenkonditionen bereits Einträge in der Tabelle TVARC vorhanden sind. Sofern noch kein Eintrag existiert, wird automatisch ein neuer Eintrag angelegt. Die Anlage kann mehrsprachig geschehen. Diese Funktion zur Anlage von Variantenkonditionen erspart gerade bei mehrsprachiger Anwendung die erforderliche Pflege von VK30-Einträgen und trägt so zur Qualität der Stammdaten bei (siehe Abbildung 11.50 und Abbildung 11.51).

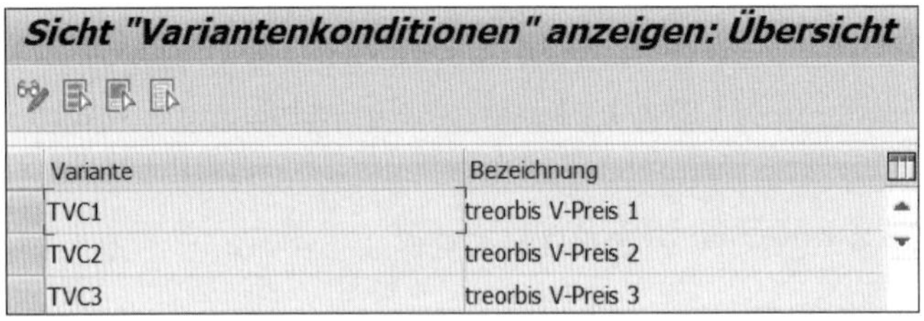

Abbildung 11.50 Variantenkonditionen pflegen (Transaktion VK30, Tabelle TVARC)

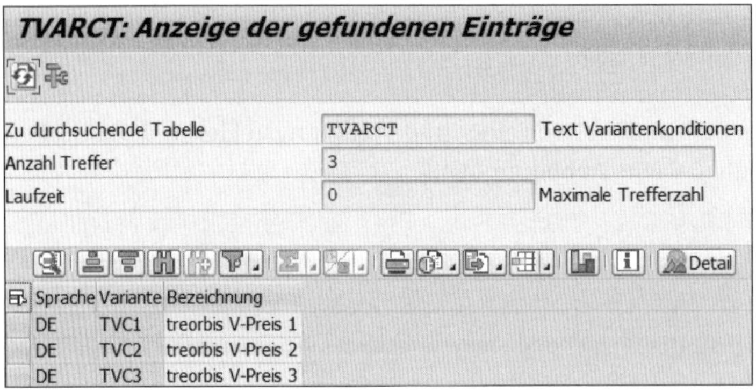

Abbildung 11.51 Tabelle TVARCT – »Text Variantenkonditionen«

Die Pflege des Microsoft-Excel-Templates gestaltet sich als simpel, und die Anordnung der einzelnen Spalten kann variiert und den Wünschen entsprechend angepasst werden. Das Programm verfügt im Einstiegsbild über ein Interface, in dem die Anordnung der Spalten beliebig verändert werden kann (siehe Abbildung 11.52 und Abbildung 11.53).

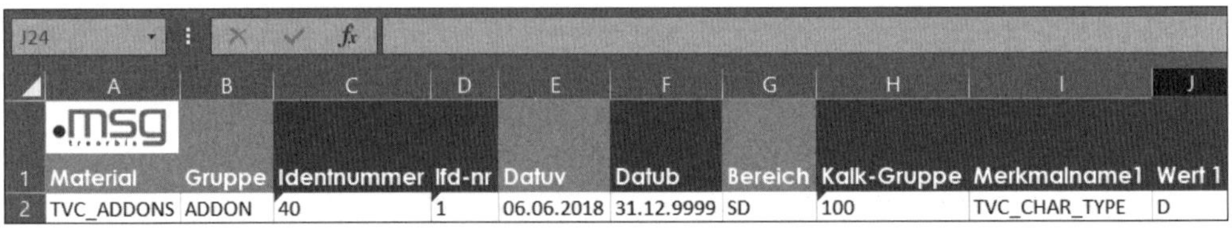

Abbildung 11.52 Excel-Template (1) – Upload-Tool für die Entscheidungstabelle Preisfindung

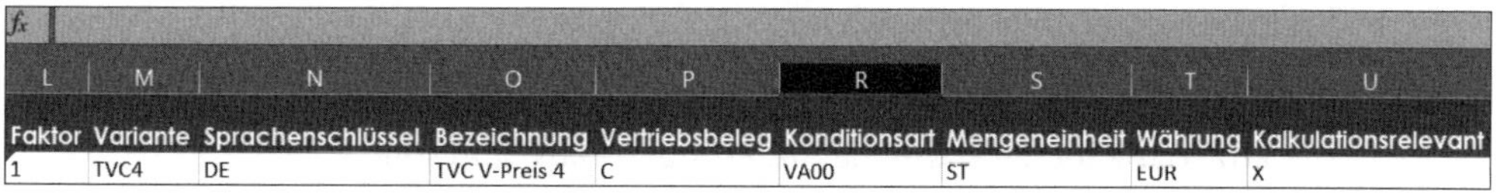

Abbildung 11.53 Excel-Template (2) – Upload-Tool für die Entscheidungstabelle Preisfindung

Nachdem das Template mit den benötigten Daten gefüllt worden ist, kann aus dem treorbis Variant Cockpit heraus das Programm für den Upload von ET-Einträgen aufgerufen werden.

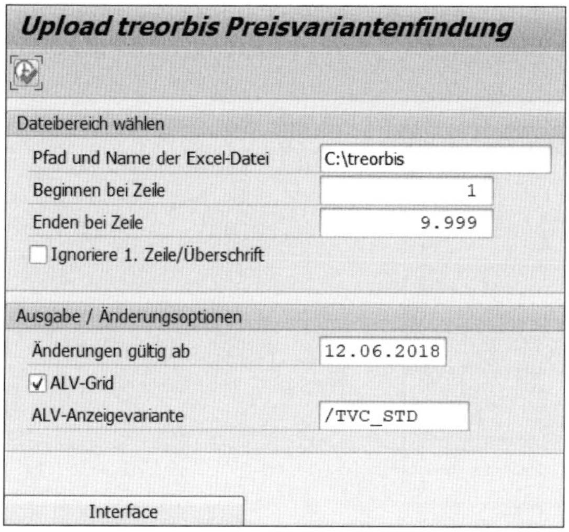

Abbildung 11.54 Upload-Tool für die Preisvariantenfindung

Wie es in Abbildung 11.54 zu sehen ist, ist das Programm in die folgenden Bereiche unterteilt:

- **Dateibereich wählen**
  - Pfad und Name der Excel-Datei
  - Dateipfad für Upload-Datei
  - Beginnen bei Zeile
  - Angabe, ab welcher Zeile der Excel-Datei die Daten verarbeitet werden sollen
  - Enden bei Zeile
  - Angabe, bis zu welcher Zeile der Excel-Datei die Daten verarbeitet werden sollen
  - Checkbox »Ignoriere 1. Zeile/Überschrift«
    Sofern die Excel-Datei eine Titelzeile enthält, kann diese mit der Aktivierung der Checkbox übersprungen werden.

- **Ausgabe/Änderungsoptionen**
  - Änderungen gültig ab
  - Datumsangabe, ab wann die Änderungen aktiv sein sollen
  - Checkbox »ALV-Grid«
  - Aktivierung der ALV-Ergebnisliste
  - ALV-Anzeigevariante
  - Layoutauswahl für die Ergebnisliste
- **Interface**

Mithilfe des Interface lässt sich die Spaltenreihenfolge in dem Excel-Template mit der Spaltenreihenfolge des Upload-Programmes synchronisieren (siehe Abbildung 11.55).

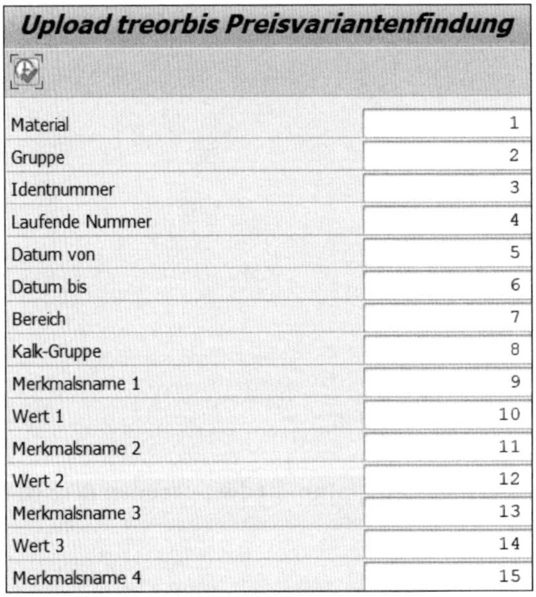

Abbildung 11.55 Interface des Upload-Tools

In dem nachfolgenden Beispiel soll ein neuer Eintrag zur Variantenpreisfindung in der ET Preisfindung erzeugt werden. Darüber hinaus soll gleichzeitig eine neue Variantenkondition in deutscher und englischer Sprache angelegt werden. Die Bedingung zur Herleitung des Variantenpreises ist: Wenn das Merkmal »TVC_CHAR_TYPE« mit dem Wert »D« bewertet ist, soll die Variantenkondition TVC4 gezogen werden.

Das Excel-Template muss dazu folgendermaßen gepflegt werden:

In Abbildung 11.56 und Abbildung 11.57 sind zwei Einträge zu erkennen. Die erste Zeile repräsentiert die Bedingung, unter der ein Variantenpreis gezogen wird. Außerdem soll eine neue Variantenkondition mit deutscher Bezeichnung angelegt werden.

Material	Gruppe	Identnummer	lfd-nr	Datuv	Datub	Bereich	Kalk-Gruppe	Merkmalname1	Wert 1
TVC_ADDONS	ADDON	40	1	06062018	31122018	SD	100	TVC_CHAR_TYPE	D
TVC_ADDONS	ADDON	40	1	06062018	31122018	SD	100	TVC_CHAR_TYPE	D

Abbildung 11.56 Beispiel Excel-Template (1) – neuer Eintrag in der Entscheidungstabelle Preisfindung und Anlage einer neuen Variantenkondition

Mengenmerkmal 1	Faktor	Variante	Sprachenschlüssel	Bezeichnung	Vertriebsbeleg	Konditionsart	Mengen	Währung	Kalkulationsrelevant
	1	TVC4	DE	treorbis V-Preis 4	C	VA00	ST	EUR	X
	1	TVC4	EN	treorbis V-Price 4	C	VA00	ST	EUR	X

Abbildung 11.57 Beispiel Excel-Template (2) – neuer Eintrag in der Entscheidungstabelle Preisfindung und Anlage einer neuen Variantenkondition

Die zweite Zeile steht für die Pflege der englischen Bezeichnung der Variantenkondition in der Tabelle TVACRT. Es muss lediglich eine Kopie der initialen Zeile erstellt werden und im Anschluss die Spalten **Sprachenschlüssel** und **Bezeichnung** angepasst werden (siehe Abbildung 11.58).

AH	AI
Sprachenschlüssel	Bezeichnung
DE	treorbis V-Preis 4
EN	treorbis V-Price 4

Abbildung 11.58 Excel-Template – die Spalten »Sprachenschlüssel« und »Bezeichnung«

Die folgenden Abbildungen zeigen Ausschnitte der Entscheidungstabelle vor (siehe Abbildung 11.59 und Abbildung 11.60) und nach (Abbildung 11.61 bis Abbildung 11.64) der Verwendung des Upload-Tools.

Sicht "Pflege-View Konfiguration Variantenpreis" ändern: Übersicht

Neue Einträge

Material: TVC_ADDONS

Bezeichnung: msg treorbis Schulung AddOns

Pflege-View Konfiguration Variantenpreis

Gruppe	Identnumme	lfd.Nr 4-s	Gültig bis	Gültig ab	Bereich	Kalk-Grupp	Merkmalname 1	Merkm1	Merkmalname 2	Merkm 2	Variante	Vertriebsbeleg	Kalk	Referenzbe	KArt	ME	Währg
ADDON	10	1	31.12.9999	01.01.2018	SD Vertrieb	100	TVC_CHAR_TYPE	A			TVC1	C	X	☐	VA00	ST	EUR
ADDON	20	1	31.12.9999	01.01.2018	SD Vertrieb	100	TVC_CHAR_TYPE	B			TVC2	C	X	☐	VA00	ST	EUR
ADDON	30	1	31.12.9999	01.01.2018	SD Vertrieb	100	TVC_CHAR_TYPE	C			TVC3	C	X	☐	VA00	ST	EUR
ADDON	900	1	31.12.9999	01.01.2018	SD Vertrieb	100						C	X	☑	VA00	ST	EUR
ADDON	900	2	31.12.9999	01.01.2018	SD Vertrieb	100	TVC_CHAR_TYPE	A	TVC_CHAR_EQ_	X		C	X	☑	VA00	ST	EUR

Abbildung 11.59 Entscheidungstabelle Preisfindung vor dem Upload

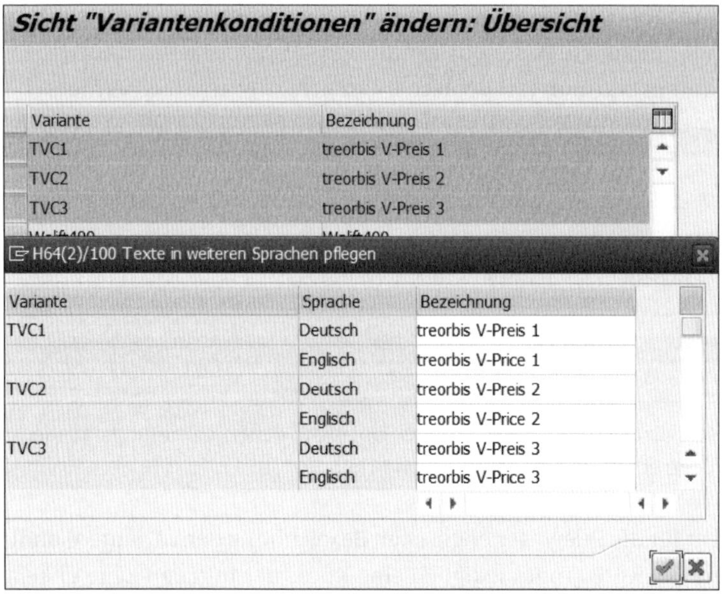

Abbildung 11.60 Transaktion VK30 vor dem Upload

Nach dem erfolgten Upload wird eine ALV-Ergebnisliste ausgegeben, in der Sie die zu verarbeitenden Einträge auswählen können (siehe Abbildung 11.61). Werden inkonsistente Daten hochgeladen, ist dies an einem roten Icon in der Spalte **Exceptions** erkennbar. Eine Fehlermeldung beschreibt den Grund für die Inkonsistenz.

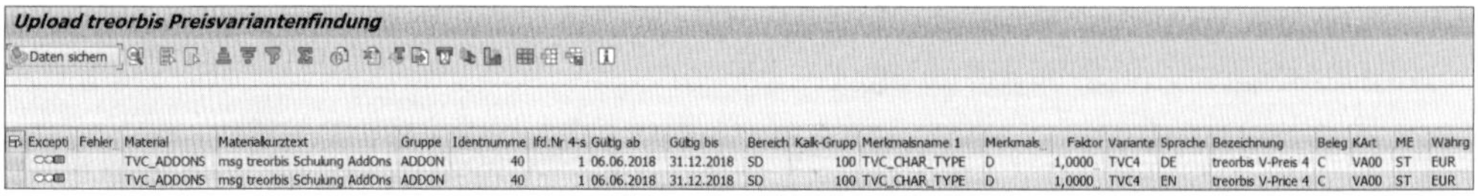

Abbildung 11.61 ALV-Ergebnisliste nach erfolgtem Upload

Durch Markieren des gewünschten Eintrags/der gewünschten Einträge und erfolgreichem Sichern [Daten sichern] werden die gesicherten Einträge, wie es in Abbildung 11.62 zu sehen ist, grün hervorgehoben.

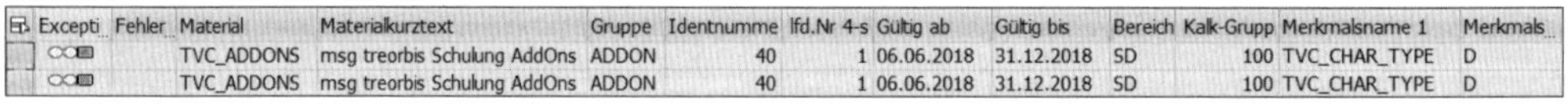

Abbildung 11.62 Bestätigung nach erfolgreichem Sichern

Nach der Datensicherung wird zunächst eine neue Variantenkondition (TVC4) erzeugt, siehe Abbildung 11.63. Danach wird vom Programm ein neuer Eintrag in der ET Preisfindung generiert (siehe Abbildung 11.64).

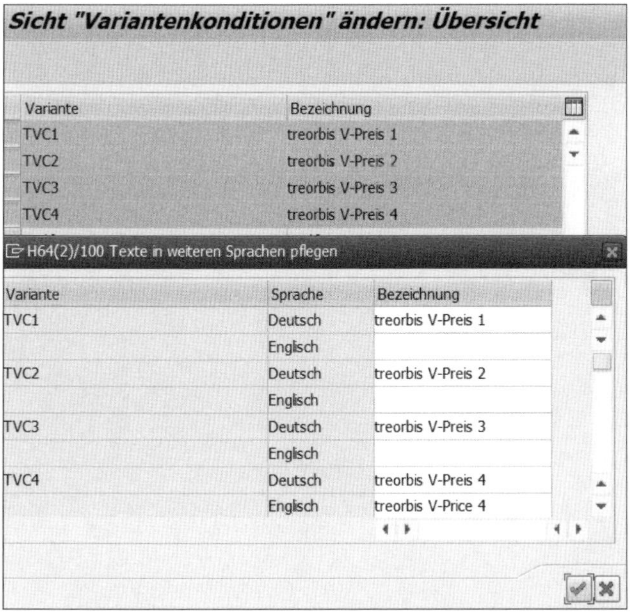

Abbildung 11.63 Transaktion VK30 nach dem Upload und Sichern

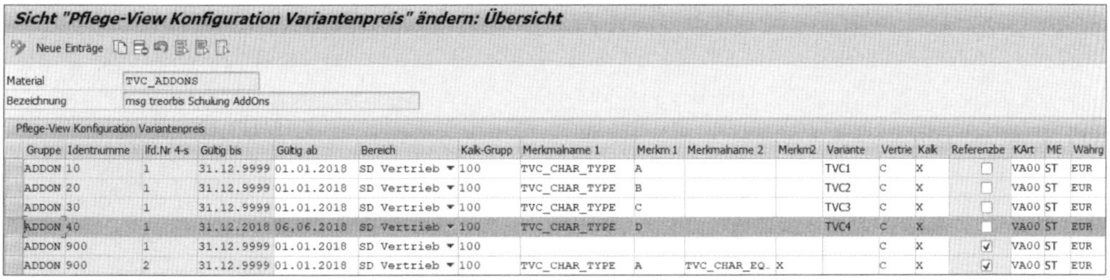

Abbildung 11.64 Entscheidungstabelle Preisfindung nach dem Upload und Sichern

Die per Upload-Tool generierten Einträge stehen innerhalb der gepflegten Gültigkeit unmittelbar nach dem Sichern zur Verfügung und sind aktiv.

Als nächster Schritt ist die Preispflege entweder mit dem treorbis-Add-on Calculation oder mithilfe der SAP-Standardtransaktionen VK11/VK12 zu erledigen. Somit sind alle erforderlichen Maßnahmen für die korrekte Preisfindung im Vertriebsbeleg erledigt.

Mit der treorbis-Preisfindung und dem dazugehörigen Upload-Tool lässt sich also der Pflegeaufwand für die Erstanlage und der wiederkehrende Änderungsaufwand auf ein Minimum reduzieren.

Kapitel 12
Best Practices für Ihr Variantenprojekt

In diesem Kapitel erfahren Sie anhand von Beispielen aus der Praxis, wie der Einsatz der Variantenkonfiguration Ihre Prozesse unterstützen kann und worauf Sie dabei achten sollten.

Die Variantenkonfiguration ist bereits seit sehr vielen Jahren ein fester Bestandteil des SAP-ERP-Systems und wird dies auch in SAP S/4HANA bleiben. Die Verwendung der Variantenkonfiguration unterliegt aber – und das viel stärker als in anderen Bereichen – den individuellen Erfordernissen in den einzelnen Unternehmen. In diesem Kapitel erhalten Sie einen Einblick in die unterschiedlichen Erfahrungen, die andere Nutzer mit der Variantenkonfiguration gesammelt haben, und damit eine Anregung für Ihre Anforderungen.

12.1 Typen der Konfiguration und wie sie Ihr Business unterstützen

Um die Konfiguration für Ihr Unternehmen optimal nutzen zu können, sollten Sie vorab einige Fragen unvoreingenommen klären, die für den Aufbau der Datenmodelle und gegebenenfalls auch für die eingesetzten Werkzeuge von zentraler Bedeutung sind. Im Vorfeld sollten Sie – wenn Sie die Variantenkonfiguration nicht schon nutzen – klären, ob das jeweilige Produktportfolio den Einsatz der Konfiguration überhaupt sinnvoll erscheinen lässt. Sofern Sie diese Frage mit Ja beantworten können, sollten Sie festgelegen, welche Ziele Sie mit dem Einsatz der Konfiguration verfolgen. Nachdem diese Fragen im Unternehmen zufriedenstellend geklärt wurden, können Sie in einem weiteren Schritt damit beginnen, zu prüfen, welche Konfigurationstypen von Ihnen sinnvoll genutzt werden können.

Oberstes Ziel sollte es sein, einen Mehrwert für das Unternehmen insgesamt zu erzielen und dabei auf eine ausgewogene Vorgehensweise beim Aufbau der Konfigurationsstrukturen und -modelle zu achten. Um es kurz zusammenzufassen: Das Suboptimum in einem Geschäftsbereich führt nicht zwangsläufig zu einem Gesamtoptimum im Unternehmen.

Im Folgenden werden die nachstehenden Fragen erörtert:

- Ist die Produktstruktur für den Einsatz einer Konfiguration geeignet?
- Welche Ziele werden mit der Konfiguration verfolgt?
- Welche Typen der Konfiguration gibt es?
- Wie setze ich die einzelnen Typen für die jeweiligen Anforderungen am besten ein?

12.1.1 Produkte und Konfiguration

Nicht jedes Produkt eignet sich für die Abbildung in einer Konfigurationsstruktur. Dies sind in erster Linie Materialien, die unverändert und oftmals in großer Stückzahl gefertigt und an Kunden vertrieben oder kundenindividuell komplett neu konstruiert werden.

Wo kommen konfigurierbare Produkte vor?

Neben der klassischen Fertigungsindustrie setzen Händler vermehrt Konfiguratoren ein, um dem Kunden entweder die Suche nach einem bestimmten Produkt zu erleichtern oder auch variante Produkte anbieten zu können. Wobei im zweiten Fall eine sichere Anbindung an einen nachgelagerten Lieferanten von großer Bedeutung ist.

Aber zurück zur Fertigungsindustrie. Wie in Abbildung 12.1 zu erkennen ist, können wir vereinfacht von einer zweidimensionalen Struktur ausgehen, die sämtliche Produkte abdeckt. Der rot umrandete Bereich im Diagramm stellt dabei den geeignetsten Bereich für den Einsatz der Konfiguration dar.

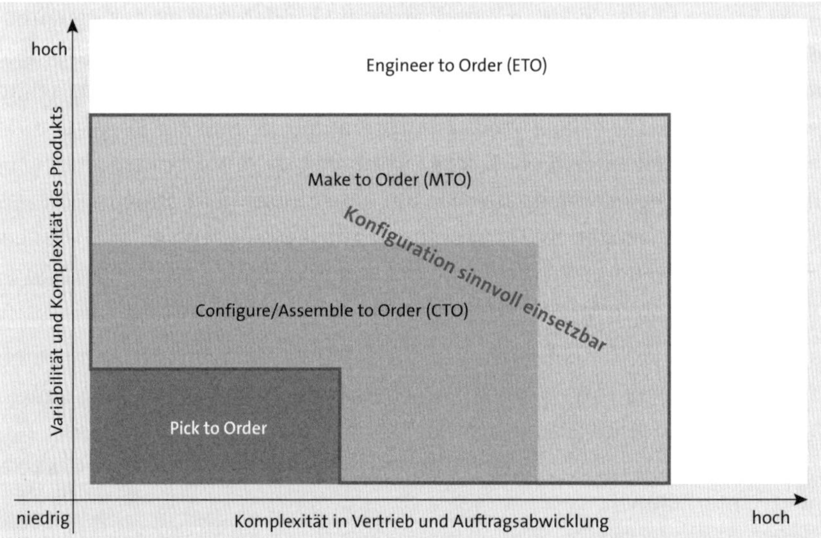

Abbildung 12.1 Komplexität für den Einsatz der Variantenkonfiguration

Daraus lässt sich ableiten, dass Produkte mit einer hohen Komplexität im Vertriebs- und Abwicklungsprozess sowie mit einer mittleren Komplexität bei der Produktion besonders gut geeignet sind, mithilfe von Konfiguration vertrieben und gefertigt zu werden. Als zusätzliche Faktoren müssen jedoch die grundsätzliche Variabilität und die Wiederholrate (also die Anzahl der Teile, die unverändert gefertigt werden) in die Betrachtung eingeschlossen werden.

Nachfolgend nennen wir Ihnen einige Beispiele aus der Praxis, bei denen die Variantenkonfiguration oft zum Einsatz kommt:

- Maschinenbauer mit einer modularen Produktstruktur. Das heißt, die Maschinen werden aus verschiedenen, meist standardisierten Baugruppen modular zusammengebaut bzw. kombiniert und müssen nicht einzeln konstruiert werden.
- Hersteller von Geräten, bei denen die Waren individuell für einen Kunden montiert werden. Beispiele finden sich in der Konsum- und Investitionsgüterindustrie, etwa Hersteller von Fußmatten für den professionellen Einsatz, Hersteller von Klimatechnik oder Hersteller von Förderbändern.
- Möbel- und Fensterhersteller oder Lieferanten von Beschattungstechnik und Industrietoren.

Es gibt jedoch auch Hersteller von Industrieanlagen, die einen hohen Konstruktionsanteil in der Auftragsabwicklung haben, die auf konfigurierte Produktmodelle setzen. Hier sind allerdings die Anstrengungen, die für den Aufbau und die Pflege der Datenmodelle notwendig sind, meist im Vergleich erheblich höher.

[«]

Wo Variantenkonfiguration besonders sinnvoll ist

Zusammengefasst sind die folgenden Produkte bzw. Geschäftsbereiche für den Einsatz von Konfiguration prädestiniert:

- Händler mit einem sehr breiten und variablen Produktportfolio
- Produkte mit einer hohen Variabilität bei gleichzeitiger Modularisierbarkeit der Strukturen (MTO)
- Hersteller von Produkten in sehr kleinen Losgrößen

12.1.2 Ziele beim Einsatz der Konfiguration

Die Ziele, die verschiedene Unternehmen mit dem Einsatz von Konfiguration verfolgen, sind fast so vielfältig wie die Produkte, die sie herstellen oder vertreiben, wie das nachfolgende Beispiel verdeutlicht.

In Abschnitt 12.1.1, »Produkte und Konfiguration«, hatten wir herausgearbeitet, dass nicht jedes Produkt für den Einsatz der Variantenkonfiguration geeignet ist. Das führt jedoch nicht immer zu einem eindeutigen Ergebnis.

Ein führender Hersteller von Glasprodukten für die Pharma- und Kosmetikindustrie fertigt eine überschaubare Menge von Produkten in sehr großen Mengen über Jahre hinweg unverändert: Es handelt sich also eindeutig um eine Serienfertigung. Auf der anderen Seite erhält dieser Hersteller aber eine Vielzahl von Kundenanfragen für unterschiedliche Produktvarianten, die jedoch alle nach einem bestimmten Regelwerk zusammengestellt werden müssen. Hieraus ergibt sich, dass aufgrund der Kundenanforderungen für den Vertrieb eigens ein Konfigurator aufgebaut wurde, der im Wesentlichen unabhängig von den nachgelagerten Prozessen existiert.

Um einen besseren Überblick über die Ziele beim Einsatz eines Konfigurators zu erhalten, ist es sinnvoll, eine gewisse Clusterung vorzunehmen.

Grundsätzlich kann man von drei verschiedenen Bereichen ausgehen:

- Vertrieb
- Fertigung
- Qualität

Diese Bereiche verfolgen wiederum eine Reihe unterschiedlicher und zum Teil gegenläufiger Ziele. Beispielhaft sei hier das Spannungsfeld zwischen möglichst flexibler Konfiguration im Vertrieb und einem möglichst komplett abgesicherten und vereinheitlichten Ergebnis in der Fertigung genannt.

Die Ziele der Einzelbereiche sind:

- **Vertrieb**
  - schnelle und effiziente Anlage von Angeboten und Aufträgen
  - einfache Konfiguration auch komplexer Zusammenhänge
  - Bereitstellung des Konfigurators in einer Web-Oberfläche. Dies kann im Wesentlichen zwei Gründe haben: die Nutzung durch Außendienstmitarbeiter und/oder die direkte Nutzung durch den Kunden, der damit »sein« Produkt selbst konfigurieren und bestellen kann
  - Vereinfachung und Absicherung der Preisfindung durch Variantenkonditionen
- **Fertigung**
  - Reduzierung der Pflegeaufwände bei Stücklisten und Arbeitsplänen durch den Einsatz konfigurierbarer Maximalstücklisten und -arbeitspläne, gegebenenfalls auch durch den Einsatz von Netzplänen
  - Modularisierung und Vereinheitlichung der Stücklistenstrukturen insgesamt
  - Reduzierung der Aufwände in der Arbeitsvorbereitung, da weitestgehend auf die auftragsbezogene Anpassung und Anlage von Stücklisten verzichtet werden kann. Dies gilt selbstverständlich nur eingeschränkt beim Einsatz von Kundenauftragsstücklisten (Bearbeitung über Transaktion CU51).

- **Qualität**
  - Die Anlage von Aufträgen und Angeboten erfolgt vereinheitlicht und reproduzierbar nach einem festgelegten Regelwerk.
  - Durch die korrekte Erfassung von Kundenaufträgen und die weitgehend automatisierte Weitergabe der Auftragsdaten an Fertigung und Einkauf kann ein reproduzierbarer und qualitativ hochwertiger Prozessdurchlauf garantiert werden.

12.1.3 Typen der Konfiguration

Bei der Definition von Konfigurationstypen unterscheiden wir zwischen einer technischen und einer prozessualen Konfiguration: Die technische Konfiguration bezieht sich auf die im System zur Verfügung gestellten Werkzeuge, die prozessuale auf die Art und Weise, mit der diese Werkzeuge im System eingesetzt werden.

Unabhängig von den Zielen des Anwenders bzw. der involvierten Bereiche sowie unabhängig von den Produkten, die ein Unternehmen fertigt oder vertreibt, bietet SAP S/4HANA eine Vielzahl von Werkzeugen, um ein kundenindividuelles Datenmodell aufzubauen. Im Rahmen dieses Buches wird ein Großteil dieser Werkzeuge ausführlich beschrieben, sodass wir uns an dieser Stelle auf eine zusammenfassende Darstellung beschränken können.

Aus *technischer Sicht* handelt es sich um folgende Elemente:

- **konfigurierbare Materialien (KMAT)**
  Diese bilden in Verbindung mit Klassen und Konfigurationsprofil den zentralen Kern jedes Konfigurationsmodells.
- **mehrstufig konfigurierbare Stücklisten**
  Diese können entweder als Set oder als vertriebsrelevante Stücklisten ausgeprägt werden.
- **Maximalstücklisten**
  Diese kann es mit oder ohne die Möglichkeit geben, sie im Rahmen eines Kundenauftrags manuell zu ändern (Transaktion CU51).
- **Materialvarianten**
  Auch hier gibt es unterschiedliche Möglichkeiten der Ausprägung:
  - geschlossene Materialvarianten (ohne Möglichkeit, die Konfiguration im Kundenauftrag zu ändern), entweder mit fix zugeordneten Stücklisten und Arbeitsplänen oder mit dynamischer Ableitung von Stücklisten und Arbeitsplänen
  - offene Materialvarianten mit der Möglichkeit, die Ausprägung von Merkmalen im Auftragsfall zu ändern
- **konfigurierbare Kaufteile**

Aus *prozessualer Sicht* stellt sich dies etwas anders dar. Hier steht nicht die technische Umsetzung im Vordergrund, sondern die Frage, welche Geschäftsprozesse mithilfe der Variantenkonfiguration abgebildet oder unterstützt werden sollen. Eine vollständige Auflistung aller Prozesse, die gegebenenfalls mit einer Konfiguration umgesetzt werden können, ist an dieser Stelle nicht möglich und auch nicht angebracht. Bei der nachfolgenden Betrachtung handelt es sich vielmehr um einen repräsentativen Querschnitt, der einen Großteil dieser Konfigurationstypen abdeckt.

Fangen wir mit zu Beginn der Betrachtung des Prozesses an.

Vertriebskonfiguration

Die Konfiguration im Vertrieb kann entweder als eigenständiges Konfigurationsobjekt oder als Startpunkt für die weiteren Prozesse in der Kundenauftragsabwicklung genutzt werden. Wir betrachten hier nur Konfiguratoren, die eine komplette Integration in die Folgeprozesse von SAP ermöglichen bzw. gewährleisten. Am Markt gibt es eine ganze Reihe von Konfiguratoren, die völlig unabhängig von einem ERP-System genutzt werden können, worauf wir in diesem Kapitel jedoch nicht weiter eingehen.

Je nach Einsatz unterschiedlicher Werkzeuge und geplanter Folgeprozesse können grob die folgenden Konfigurationstypen identifiziert werden:

- Konfiguration von einzelnen Produkten, kundenindividuell und ohne großen Wiederholungsanteil
- Konfiguration von Standardprodukten, die aber durchaus kundenindividuelle Anteile enthalten können; in diesem Produktspektrum kann die Konfiguration mit Materialfindung in der Auftragsposition in Kombination mit dem Einsatz von Materialvarianten genutzt werden.
- Beim Einsatz moderner SAPUI5-Frontends und deren Integration in unterschiedliche Werkzeuge wie Web-Shops, Hybris, SAP Cloud for Customer oder ein eigenständiges Web-Frontend kann das Konfigurationsmodell auf unterschiedliche Art und Weise zur Verfügung gestellt werden:
  - Das Datenmodell liegt komplett im SAP-S/4HANA-Backend und wird via SAP CPQ oder IPC zur Verfügung gestellt.
  - Teile des Konfigurationsmodells werden außerhalb des Backends angereichert, um bspw. Regeln abzubilden, die zwar im späteren Prozess nicht mehr benötigt werden, sehr wohl aber in einem Web-Shop.

Konfiguration von Handelswaren

Bei der Konfiguration von Handelswaren handelt es sich um eine Untergruppe des Vertriebskonfigurators. Hier können im Wesentlichen zwei Typen unterschieden werden:

- Konfiguration zur Unterstützung der Produktfindung; es sollen Werkzeuge zur Verfügung stehen, die es dem Kunden oder Vertriebsmitarbeiter ermöglichen, ein bestimmtes fixes Produkt zu finden.
- Konfiguration von variablen Produkten, die im weiteren Verlauf an einen Lieferanten weitergeroutet werden (es erfolgt eine Übergabe der Konfigurationsdaten an den Einkauf)

Konfiguration im Auftrag mit Produkten unterschiedlicher Komplexität

Bei der Konfiguration im Auftrag mit Produkten unterschiedlicher Komplexität handelt es sich um die nachstehenden Typen:

- einstufige Konfigurationsmodelle, meist in Zusammenhang mit der Einstellung **Plan/Fert** im Konfigurationsprofil
- mehrstufige Konfiguration und Preisfindung im Angebot/Auftrag bei Produkten, die entweder als Set von konfigurierbaren Produkten zusammengefasst wurden oder in ihrer Struktur so komplex sind, dass sie ohne einen Split der zu bewertenden Komponenten durch einen Sachbearbeiter nicht mehr sinnvoll behandelt werden können
- Nutzung von Materialvarianten und der Materialfindung zur schnellen Erfassung von Standardprodukten im Rahmen der Konfiguration

Konfiguration in der Produktion und im Einkauf

Wenn man Typen der Konfiguration benennen bzw. herausarbeiten möchte, sind in den Folgeprozessen der Fertigung und letztendlich auch im Einkauf im Wesentlichen drei unterschiedliche Modelle zu benennen:

- Abwicklung über aus der konkreten Konfiguration in einem Auftrag abgeleitete Stücklisten und Arbeitspläne, basierend auf Maximalstücklisten und Maximalarbeitsplänen
- Abwicklung über Auftragsstücklisten, die zwar im Wesentlichen auch auf Maximalstücklisten basieren, aber bei der Beauftragung durch den Kunden einen gewissen Entwicklungsanteil (ETO – Engineer to Order) erfordern, der nicht vorab in den Stammdaten abgebildet werden konnte
- konfigurierbare Kaufteile, d. h. auftragsbezogene und variable

12.1.4 Kombination von Konfigurationstyp und Business-Anforderung

In diesem Abschnitt werden wir die beschriebenen Anforderungen und möglichen Konfigurationsmodelle zusammenführen, um anhand von Anwendungsbeispielen darzustellen, wie unterschiedliche Konfigurationstypen bestimmte Geschäftsmodelle am besten unterstützen können.

Wie bereits beschrieben, ist der Einsatz eines oder mehrerer Konfigurationstypen abhängig vom Unternehmen und letztendlich auch von der Unternehmenskultur.

Im Vertrieb kann bspw. der Einsatz eines *interaktiven grafischen Konfigurators* (wie in Abbildung 12.2 dargestellt) erheblich zur Kundenzufriedenheit und damit auch zu positiven Effekten in der Geschäftsentwicklung beitragen. Soll der Konfigurator nicht in einem Web-Shop eingesetzt werden, sondern dem Vertriebsmitarbeiter die schnelle und effiziente Anlage von Angeboten ermöglichen, ist eine technisch optimale Lösung einer designorientierten vorzuziehen – gegebenenfalls mit der *Integration einer CRM-Lösung*.

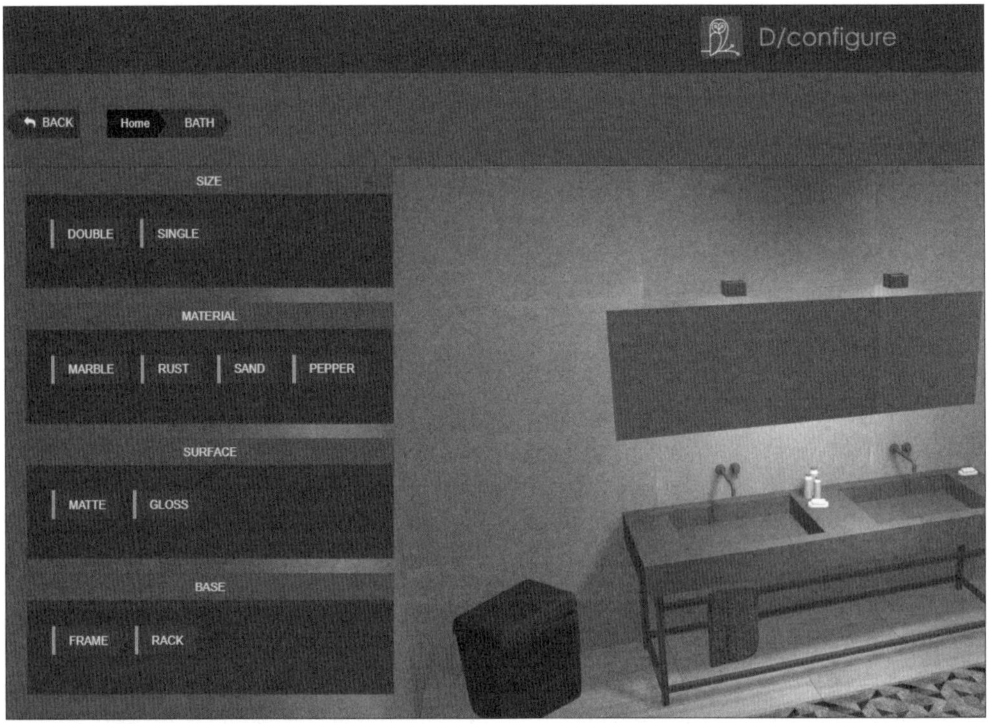

Abbildung 12.2 Beispiel für einen SAPUI5-basierten Konfigurator in einer Web-Umgebung

Soll der Konfigurator ausschließlich vom Innendienst genutzt werden, kann es sinnvoll sein, beim klassischen SAP GUI zu bleiben, um eine sehr schnelle Bearbeitung zu unterstützen. Unabhängig von der Benutzeroberfläche sind weitere Parameter für den Einsatz des richtigen Modells entscheidend. Nehmen Sie bspw. Materialvarianten. Diese können sehr sinnvoll eingesetzt werden, um sogenannte *Schnelldreher*, also Produkte und Waren, die häufig bestellt bzw. umgeschlagen werden, optimiert erfassen oder eben auch variante Produkte einlagern zu können. Wenn Sie jedoch

Produkte und Regelwerke haben, die sich häufig ändern, und eine große Anzahl unterschiedlicher Produkte als Materialvarianten anlegen, kann dies sehr schnell zu einem schwer zu verwaltenden »Datenmonster« werden.

In einem solchen Fall könnte die Materialfindung in Kombination mit einer Vorbelegung der relevanten Merkmale eine sinnvolle Alternative sein – es ist hier keine Materialstammpflege notwendig, und die Regelwerke sind bei der Auftragsanlage immer aktuell.

Beide Typen lassen sich mithilfe kundeneigener Programme an User Exits automatisiert anlegen.

Ein weiterer wichtiger Faktor bei der Auswahl des für das Unternehmen geeigneten Konfigurationstyps ist die Komplexität der Produkte.

[zB]

Komplexität der Produkte

Ein Maschinen- und Anlagenbauer, der komplexe Maschinen aus einer Vielzahl von Modulen zusammensetzt und kombinieren können muss, sollte intensiv über den Einsatz einer mehrstufigen Konfiguration nachdenken. Die Vorteile liegen auf der Hand: Das Konfigurationsmodell muss nicht komplett in einem KMAT untergebracht werden, sondern kann auf mehrere verteilt werden. Die Hauptposition im Auftrag kann weiter liefer- und preisrelevant bleiben.

Sind die Produkte überschaubarer, bietet sich eine einstufige Konfiguration an, gegebenenfalls in Kombination mit Materialvarianten.

Einen dritten Bereich bilden hier Anlagen, die einen gewissen *Engineering-Anteil* enthalten, aber grundsätzlich *modularisierbar* und konfigurierbar sind. In diesen Fällen bietet sich der Einsatz von *Kundenauftragsstücklisten* an, die eine Nachbearbeitung von Stücklisten und Arbeitsplänen ermöglichen.

Manche Produkte machen es erforderlich, dass neben dem Vertriebsmitarbeiter auch technisch versiertere Mitarbeiter einen Kundenauftrag bearbeiten. In diesem Fall hilft eine Trennung der Merkmalsbewertung in einen Teil, der alle für den Kunden und die Preisfindung relevanten Spezifikationen beinhaltet, und einen Teil, in dem die technische Auslegung des Produktes vervollständigt wird.

Alle nachgelagerten Prozesse und Konfigurationen ergeben sich aus den Informationen, die im Vertriebsbeleg erfasst wurden. Das bedeutet, die Low-Level-Konfiguration konsumiert und verarbeitet die Informationen, die in der High-Level-Konfiguration eingegeben wurden.

[+]

Zusammenfassung der wichtigsten Aspekte beim Einsatz der Variantenkonfiguration

Wenn Sie die nachfolgenden Punkte geklärt haben, kann der Einsatz von Konfiguration Ihrem Unternehmen optimalen Nutzen bringen:

- Bevor Sie sich über das Konfigurationsmodell Gedanken machen, klären Sie Ihre Anforderungen und die Produktstruktur.
- Stimmen Sie sich im Unternehmen bereichsübergreifend über ein insgesamt optimales Modell und die eingesetzten Tools ab. Dies gilt insbesondere auch für die Bereiche Finance und Controlling/BI.
- Kombinieren Sie die von SAP zur Verfügung gestellten Werkzeuge so, wie sie am nützlichsten eingesetzt werden können.
- Überdenken Sie gegebenenfalls Ihre Produkt- und Stücklistenstruktur – das Stichwort ist hier Modularisierung.

12.2 Implementierung der Variantenkonfiguration

In diesem Abschnitt geben wir Ihnen einen Überblick über die Herausforderungen und Voraussetzungen für den Erfolg einer Implementierung der Variantenkonfiguration. Besonders berücksichtigt werden dabei die strategischen Aspekte wie auch die Optimierung von Produktstruktur und Produktkonfiguration und das Vorgehen bei der Implementierung.

Dieser Abschnitt verdeutlicht die enorme Bedeutung der Implementierung einer Variantenkonfiguration: Sie hat Auswirkungen auf die Prozesse in nahezu allen Unternehmensbereichen. Es wird erläutert, welche strategischen Zielsetzungen mit der Variantenkonfiguration verfolgt werden und wie das Produkt- und Variantenportfolio mithilfe einer Analyse modularisiert, optimiert und bereinigt werden kann.

Außerdem werden die wesentlichen Bausteine für den Erfolg eines Variantenkonfigurationsprojekts beschrieben: ein effizientes Variantenmanagement, ein klar definiertes Konzept zur Datenpflege, die richtige Wahl des SAP-Produktkonfigurators und ein ganzheitlicher Implementierungsansatz, der neben technologischen Aspekten auch die Auswirkungen auf die IT-Landschaft, die Geschäftsprozesse, die einzelnen Abteilungen und die Unternehmensorganisation berücksichtigt.

12.2.1 Herausforderung Variantenkonfiguration

> *»Jeder Kunde kann einen Wagen in jeder von ihm gewünschten Farbe haben, solange er schwarz ist.«*

Dieser Ausspruch des Unternehmers Henry Ford (1863–1947) ist nicht mehr zeitgemäßig, da Kunden heute einen völlig anderen Anspruch an die Individualität einer Ware haben, als dies noch vor fast 100 Jahren der Fall war. Im B2C- genauso wie im B2B-Bereich bestimmen die Anforderungen und Wünsche des Kunden, wie ein produzierendes Unternehmen seine Produkt- und Modellpalette gestaltet, egal ob es Getriebe, Spritzgussmaschinen, Leuchten, Möbel oder Gefahrstoffcontainer herstellt. Die digitale Transformation eröffnet darüber hinaus ganz neue Möglichkeiten – Stichwort Industrie 4.0. In einer Smart Factory mit ihrer digital vernetzten Wertschöpfungskette lassen sich nahezu unbegrenzt viele Produktvarianten in beliebigen Losgrößen bis hin zur »Losgröße 1« wirtschaftlich fertigen.

Vielzahl an Konfigurationsmöglichkeiten

Um die Anforderungen der Kunden zu erfüllen, gibt es heute schon bei Standardausführungen eine Vielzahl von Konfigurationsmöglichkeiten. Bereits bei einem einfachen Bürostuhl, der »nur« aus vier Polsterfarben, drei Gestellen, drei Sitzhöhen sowie mit und ohne Armlehne zusammengestellt werden kann, sind 72 verschiedene Kombinationen möglich. Erweitert man die Auswahl um drei Rückenlehnen, gibt es bereits 216 Konfigurationsmöglichkeiten. Grenzen sind der Konfiguration in der Regel nur dort gesetzt, wo eine Variante technisch oder aus Vertriebsgründen nicht möglich ist.

Komplexität der Anforderungen

Da nahezu alle Prozesse vom Einkauf über die Produktentwicklung und die Produktion, die Logistik, den Vertrieb und den Versand bis hin zur Finanzbuchhaltung und zum Controlling mit Konfigurationsdaten arbeiten, betrifft die Variantenkonfiguration praktisch alle Geschäftsbereiche im Unternehmen (siehe Abbildung 12.3). Deshalb ist es umso wichtiger, dass diese Daten effizient verwaltet, gepflegt und laufend aktualisiert werden – ob in einem klassischen SAP-ERP-System oder in der neuen Business Suite SAP S/4HANA. Die Anforderungen, die es in Bezug auf die Variantenkonfiguration zu beherrschen gilt, sind also komplex.

Der Aufbau und die Implementierung einer Variantenkonfiguration innerhalb einer SAP-Landschaft sind daher als umfassendes Projekt mit hoher strategischer Bedeutung einzustufen, zumal dabei auch bestehende Prozesse angepasst bzw. geändert werden. Im Controlling z. B. erfolgt dann die Auswertung über Merkmalsbewertungen, Kundenaufträge oder konfigurierbare Objekte statt über Materialnummern. Im Versand ist die Volumen- und/oder Gewichtsberechnung für jede einzelne Produktvariante gesondert durchzuführen. Und überall dort, wo es eine Materialnummer gibt, sind SAP-Dokumente wie Rechnungen, Bestellungen, Lieferscheine, aber auch Versandetiketten und -formulare entsprechend anzupassen.

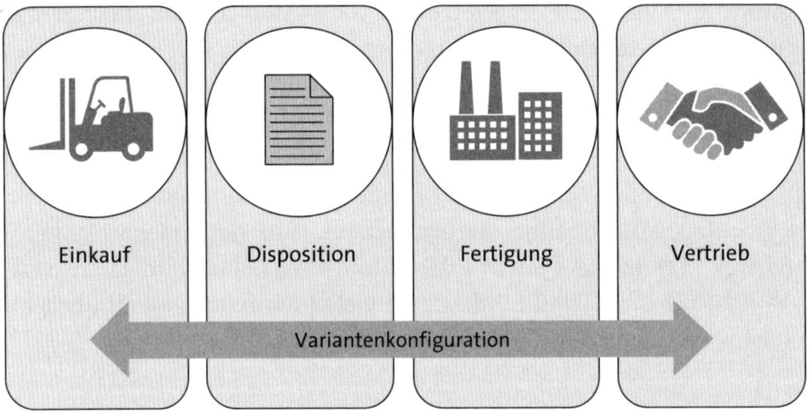

Abbildung 12.3 Von der Einführung einer SAP-Variantenkonfiguration betroffene Geschäftsbereiche eines Unternehmens

12.2.2 Voraussetzungen für eine erfolgreiche Implementierung

Damit die Implementierung einer Variantenkonfiguration in SAP erfolgreich ist, sind vier Punkte zu beachten:

1. Festlegung konkreter geschäftlicher bzw. strategischer Ziele, die durch die Einführung der Variantenkonfiguration erzielt werden sollen
2. Entwicklung eines ganzheitlichen Ansatzes, der alle relevanten Aspekte einbezieht: Prozesse, Organisation, IT, Konfigurations- und Datenmodell, Datenpflegekonzept, Schnittstellen zu anderen IT-Systemen
3. Definition der Anforderungen an die Variantenkonfiguration und Auswahl des passenden Produktkonfigurators
4. Wahl der richtigen Einführungsmethode und strukturiertes, an den Projektzielen ausgerichtetes Vorgehen

Konkrete Zielsetzungen definieren

In einem ersten Schritt muss Klarheit darüber geschaffen werden, welche geschäftlichen Ziele die Implementierung einer SAP-Variantenkonfiguration verfolgt und welcher konkrete Nutzen daraus entstehen soll.

[»]

Zieldefinition und Umsetzung mit der SMART-Methode

Um die Ziele, die mit einer Variantenkonfiguration verknüpft sind, klar und eindeutig zu beschreiben, eignet sich die bekannte SMART-Methode. Die Abkürzung SMART steht für: **S**pecific (= spezifisch), **M**easurable (= messbar), **A**chievable (= erreichbar), **R**ealistic (= realistisch), **T**ime-bound (= terminierbar).

Die Erfahrung zeigt, dass mit einer SAP-Variantenkonfiguration folgende positive Effekte erreicht werden:

- **Prozessautomatisierung**
  Auf Basis eines vorab festgelegten Regelwerks, des sogenannten Beziehungswissens, lassen sich die technische Umsetzbarkeit einer Variante, ihr Preis und das Datum der Auslieferung sofort bestimmen.
- **schnelle Angebotserstellung**
  Die Erfassung und Dokumentation des Konfigurationswissens ermöglicht das Erstellen korrekt kalkulierter Angebote durch den Vertrieb ohne technische Hürden.
- **Produktivitätssteigerung**
  Ein Konfigurator, der in das im Unternehmen vorhandene SAP-System integriert wird, verwaltet alle Produktvarianten und unterstützt gleichzeitig die relevanten Kernprozesse. Das beschleunigt die Durchlaufzeiten bei der Auftragsabwicklung, die Produktionsabläufe werden optimiert, Reaktionszeiten verkürzt, und die Kosten sinken.

Doch das sind nicht die einzigen Vorteile der Implementierung einer SAP-Variantenkonfiguration. Sie ermöglicht darüber hinaus den Aufbau einer einheitlichen Wissensbasis in Bezug auf die Konfiguration und damit den Abbau von Wissensmonopolen einzelner Geschäftsbereiche. Auch die Anzahl der Stücklisten und das Stammdatenvolumen werden reduziert, wodurch der Pflegeaufwand deutlich sinkt.

12.2.3 Produktportfolio optimieren

Die zentrale Voraussetzung, um den größtmöglichen Nutzen aus dem Einsatz der Variantenkonfiguration zu ziehen, ist ihre Ausrichtung an den Anforderungen des Marktes und der Kunden und die daraus abgeleitete Produkt- und Vertriebsstrategie.

Produktanalyse durchführen

Für die Ausrichtung der Markt- und Produktstrategie ist eine genaue Kenntnis aller Produkte und ihrer Varianten notwendig. Man erhält sie durch eine umfassende Analyse des aktuellen Produktprogramms. Die Analyse zeigt, ob die gegenwärtige Produktstruktur konfigurations- und variantengerecht ist und für welche Produkte eine Variantenkonfiguration generell möglich ist. Darüber hinaus liefert sie Informationen, mit denen das Konfigurationsmodell später im SAP-Produktkonfigurator korrekt und in der gewünschten Granularität aufgebaut werden kann.

Aufgrund ihrer Komplexität, die sich dann auch in der Auftragsabwicklung widerspiegelt, eignen sich jedoch nicht alle Produkte, die sich theoretisch konfigurieren lassen, auch in der Praxis für die Variantenkonfiguration. Besonders bei Engineer-to-

Order-Produkten ist genau abzuwägen, ob der Einsatz konfigurierbarer Materialien (KMAT) einen echten Nutzen bietet.

Produkte und Produktbestandteile modularisieren

Die Produktanalyse bildet zugleich den Ausgangspunkt, um Produkte bzw. ihre Bestandteile wie Baugruppen oder Komponenten unter Berücksichtigung der Markt- und der Produktstrategie im Sinne eines Baukastensystems zu modularisieren, zu standardisieren und zu optimieren. Das schließt auch die Bereinigung der Anzahl von bereits vorhandenen Produktvarianten ein.

Optimiert man die Produkt- und Variantenstruktur durch die erwähnte Modularisierung und Variantenbereinigung, reduziert sich auch die Komplexität der Variantenkonfiguration: Sie wird beherrschbar. Das wiederum kommt der Effizienz bei der Auftragsbearbeitung zugute: Die Kosten sinken. Eine auftragsneutrale generische Produktstruktur ist dabei von Vorteil. Im SAP-System wird sie in Form einer Maximalstückliste bzw. eines Maximalarbeitsplans abgebildet, aus der oder dem sich alle zulässigen Ausprägungen eines Produkts ableiten lassen.

Im Zuge der Optimierung der Produktstruktur kann auch festgelegt werden, was in Zukunft als Standard- und was als Sondervariante gilt. In Verbindung mit einem geeigneten Preismodell kann die Produktkonfiguration dank dieser Abgrenzung als Instrument zur Vertriebssteuerung genutzt werden, um den Kunden zu den Standardvarianten zu leiten.

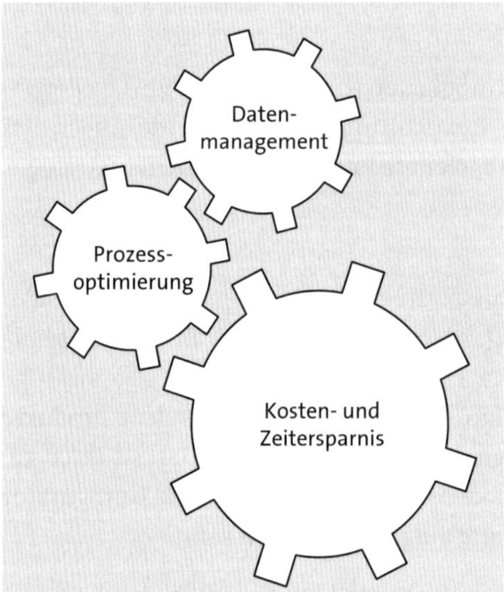

Abbildung 12.4 Wer seine Variantenkonfiguration richtig beherrscht, spart Zeit und Kosten.

Das in Abbildung 12.4 schematisch dargestellte Zusammenspiel von Datenmanagement und Prozessoptimierung führt auch zu einer Optimierung von Zeit und Kosten. Diese Gesamtschau sollte stets der Leitfaden für den Einsatz eines Produktkonfigurators sein.

12.2.4 Produktkonfiguration optimieren

Parallel zur Produktstruktur kommen im Rahmen der Implementierung einer Variantenkonfiguration auch die konfigurationsbezogenen Prozesse auf den Prüfstand – vom Variantenmanagement über das Datenmodell und das Datenpflegekonzept bis hin zur Art der Konfiguration.

Effizientes Variantenmanagement etablieren

Zentraler Baustein für eine langfristig erfolgreiche Variantenkonfiguration ist die Etablierung eines effizienten Variantenmanagements, das fest in den betrieblichen Abläufen verankert ist. Die wichtigsten Punkte dabei sind im Folgenden kurz dargestellt.

1. **Aufbau des Regelwerks**
   Das Regelwerk, also das Beziehungswissen zur Validierung der Produktkonfiguration, sollte einfach und schlank gehalten werden und mit möglichst wenigen Tabellen für Constraints, Prozeduren, Auswahlbedingungen und Vorbedingungen auskommen. Auf diese Weise hält sich der Aufwand für die Verwaltung und die Pflege des Regelwerks in einem vertretbaren Rahmen. Voraussetzung für ein Regelwerk mit möglichst geringer Komplexität bilden die in Abschnitt 12.2.3, »Produktportfolio optimieren«, beschriebene Modularisierung, Standardisierung und Optimierung der Produktstruktur und der Produktbestandteile. Wie gut ein Produktkonfigurator arbeitet, hängt auch davon ab, was im Regelwerk modelliert ist.
2. **Erstellung von Variantenmodellen**
   Die hohe Kunst des Variantenmanagements liegt in der Modellierung der einzelnen Varianten. So besteht die Möglichkeit, für jedes konfigurierbare Produkt entweder einen eigenen Merkmalssatz zu verwenden oder mit globalen Merkmalen zu arbeiten, die die Anzahl der Merkmale reduzieren. Beides hat Vor-, aber auch Nachteile. Der Vorteil bei der von einem Produkt (KMAT) abhängigen Anlage von Merkmalen ist, dass die Produktverantwortlichen selbst entscheiden können, ein bestimmtes Merkmal durch einen zusätzlichen Wert zu erweitern. Der Nachteil ist, dass bei der Anpassung eines globalen Merkmals wie der Farbe unter Umständen zahlreiche Merkmale zu aktualisieren sind.

   Grundsätzlich ist es für die Variantenmodellierung günstig, wenn die einzelnen technischen Merkmale eines Produkts, einer Baugruppe oder einer Komponente jeweils in Klassen zusammengefasst sind. Zusätzlich »veredeln« lassen sich die Variantenmodelle durch die Einbettung von Bildern und Begleitdokumenten.

3. **Einheitliche Nomenklatur**
   Eine von Beginn an einheitliche und eindeutige, d. h. widerspruchsfreie Nomenklatur vom Vertrieb bis hinein in die Auftragsabwicklung vereinfacht das Datenmodell, erhöht die Qualität der Daten und erleichtert die Suche nach bestimmten Objekten oder Produkten. In Bezug auf die Namensgebung bzw. auf Namenskonventionen bei Objekten (Merkmale, Werte, Klassen), Objekttypen und Produkten müssen von Beginn an verbindliche Regeln und Normen festgelegt werden. Als nützlich erweist sich bspw. die Verwendung von Präfixen wie »OB« für Objekte.
4. **Automatische Preisfindung**
   Auch eine automatisierte, variantengesteuerte Preisfindung im Sinne einer konfigurationsbegleitenden Kalkulation sollte Bestandteil des Variantenmanagements sein. Sie erhöht die Transparenz in Bezug auf unterschiedliche Baugruppen oder Komponenten und ihre Varianten, und das Controlling erhält die Informationen, die es für seine Kostenplanung und die Deckungsbeitragsrechnung benötigt. Die Preisfindung kann permanent durchgeführt werden oder nur auf Anfrage.

   Alternativ zur automatischen Preisfindung besteht auch die Möglichkeit, für konfigurierbares Material feste Preise in der Stückliste zu hinterlegen. In diesem Fall ist es sogar möglich, aus der Produktkonfiguration auch einen Produktkatalog samt Preisliste abzuleiten.

Datenmodell und Datenpflegekonzept erstellen

Zu den erfolgskritischen Faktoren eines Variantenkonfigurationsprojekts gehören die Erarbeitung eines integrierten Datenmodells und die Erstellung und Umsetzung eines Konzepts zur *Datenpflege*, das Zuständigkeiten und Abläufe klar definiert. Nur so ist gewährleistet, dass bei der Produktkonfiguration mit korrekten und aktuellen Daten gearbeitet wird, dass Stücklisten problemlos aufgelöst werden und korrekt kalkulierte, technisch machbare Angebote, die die Wünsche der Kunden abdecken, zügig erstellt werden können.

Das *Datenmodell* (Attribute, Schlüssel, Klasse und Objekte) orientiert sich an den individuellen Anforderungen des jeweiligen Unternehmens. Abhängig davon, ob das Unternehmen mit SAP ERP oder mit SAP S/4HANA arbeitet, wird das Datenmodell zentral in der SAP-Variantenkonfiguration (LO-VC) oder in der neuen, erweiterten Variantenkonfiguration (Advanced Variant Configuration, AVC) hinterlegt. Das wirkt sich nicht nur positiv auf die Datenqualität aus; das nunmehr einheitliche Datenmodell kann auch jederzeit problemlos in einem Web-Shop für die Produktkonfiguration zur Verfügung gestellt werden.

Verwaltung und Pflege des SAP-Beziehungswissens in LO-VC bzw. in AVC erfolgen in einer speziellen Syntax. Das erfordert ein Spezialwissen, über das die Mitarbeiter z. B. in der Konstruktion, im Vertrieb oder im Einkauf nicht verfügen. Daher sind in der Regel IT-Mitarbeiter oder ein Team von Spezialisten mit der Stammdatenpflege im Rahmen der Konfiguration betraut. Leider hakt es gelegentlich beim Informationsaustausch und bei der Abstimmung zwischen den Geschäftsbereichen, die die Produkte konfigurieren, und den Mitarbeitern, die das Regelwerk in SAP pflegen. Mithilfe in SAP integrierter Partnerlösungen (Add-On), die die Pflege des Regelwerks stark vereinfachen, ist es jedoch möglich, die Daten- bzw. Modellpflege so weit zu straffen und zu vereinfachen, dass sie auch ohne spezielles Syntaxwissen und daher in den jeweiligen Geschäftsbereichen durchgeführt werden kann.

Umstellung von mehrstufiger auf einstufige Konfiguration prüfen

Unternehmen, die für ihre Produkte eine mehrstufige Konfiguration durchführen, sollten prüfen, ob sie sich nicht durch eine einstufige ersetzen und damit vereinfachen lässt. Das ist dann möglich, wenn eine bestimmte Baugruppe in mehreren Maschinen verbaut wird.

Die Konfigurationsdaten können dann der Baugruppe direkt zugeordnet, über die SAP-Stückliste auf die jeweiligen Maschinen verteilt und dort individuell ausgeprägt werden. Das reduziert die Komplexität der Konfiguration, entlastet das Datenmodell und verbessert die Performance.

12.2.5 Auswahl des passenden Produktkonfigurators

Eine hohe strategische Bedeutung kommt auch der richtigen Auswahl des Produktkonfigurators zu. Er stellt, systemtechnisch gesehen, das Herzstück der Variantenkonfiguration dar, da er sämtliche Merkmale der verschiedenen Varianten eines Produkts mit ihren wechselseitigen Beziehungen zentral abbildet und verwaltet. Zugleich bildet er speziell in Bezug auf die Variantenkonfiguration im Vertrieb die Schnittstelle zwischen dem Unternehmen und seinen Kunden.

Auswahlkriterien für den Produktkonfigurator

Bei der Auswahl des Produktkonfigurators kommt es entscheidend darauf an, welche SAP-Anwendungen das Unternehmen nutzt. Unabhängig davon, in welchem Werkzeug das Konfigurationsmodell verwaltet wird, muss gewährleistet sein, dass SAP-Systeme, aber auch Nicht-SAP-Systeme, die am Konfigurationsprozess beteiligt sind, reibungslos zusammenarbeiten. Dabei ist festzulegen, welches IT-System das maßgebliche ist, wie die Informationen zwischen den einzelnen Anwendungen ausgetauscht und wo welche Daten (Beziehungswissen, Merkmale, Artikelnummern, Preise, Discounts) vorgehalten werden.

SAP ERP und SAP Business Suite

Setzt ein Unternehmen SAP Business Suite bzw. SAP ERP ein, ist in der Regel LO-VC das Mittel der Wahl. LO-VC ist sehr eng mit dem ERP-Kernsystem verknüpft und in das System integriert. Alternativ kann unter SAP ERP auch die Configuration Engine (früher SAP Internet Pricing and Configurator, SAP IPC) für die Produktkonfiguration direkt im SD-Beleg des ERP-Systems verwendet werden.

[»]

> **Configuration Engine und SAP CRM**
>
> Mit der Configuration Engine ist die Produktkonfiguration auch in einem SAP-CRM-System möglich. Ausführliche Informationen zu den Spezifika der Produktkonfiguration in SAP CRM mit der Configuration Engine enthält Kapitel 7 der dritten Auflage des Buches »Variantenkonfiguration mit SAP«.

SAP S/4HANA

In Verbindung mit der neuen Business Suite SAP S/4HANA (Release 1709) im On-Premise-Betrieb können sowohl LO-VC wie auch AVC genutzt werden. Das hat den Vorteil, dass nach einem Wechsel von SAP ERP auf SAP S/4HANA die »klassische« LO-VC weiterverwendet werden kann. Der Umstieg auf AVC zu einem späteren Zeitpunkt ist problemlos möglich.

[»]

> **Cloud und AVC**
>
> Die Cloud-basierte Business Suite SAP S/4HANA Cloud ist ausschließlich für AVC ausgelegt.

SAP Commerce Cloud (Web-Shop)

Ist geplant, komplexe konfigurierbare Produkte in einem Web-Shop auf Basis von SAP Commerce Cloud anzubieten, empfiehlt es sich, zusätzlich die Lösung SAP Configure, Price, and Quote (SAP CPQ) einzuführen. Die Modellierung erfolgt dabei in LO-VC, in der Configuration Engine oder in AVC und wird über SAP CPQ in den Web-Shop repliziert.

In Verbindung mit SAP Cloud for Customer, einer CRM-spezifischen Software-as-a-Service-Lösung, ist der Einsatz von SAP CPQ ebenfalls das Mittel der Wahl.

SAP-Standard anwendergerecht erweitern

Jedoch erfüllen die Standardwerkzeuge von SAP wie LO-VC, die Configuration Engine oder SAP CPQ die Anforderungen an eine effiziente, praxisgerechte und die Bedürfnisse verschiedener Anwendergruppen angepasste Produktkonfiguration nicht immer zufriedenstellend.

Abhilfe schaffen hier SAP-basierte Partnerlösungen, die die SAP-Variantenkonfiguration als Add-Ons in vielerlei Hinsicht nahtlos erweitern: bei der Pflege von Stammdaten, bei den Einkaufsprozessen mit Lieferanten, bei der Verfügbarkeitsprüfung von Material, im Zusammenhang mit der Produktionsplanung bei Eigenfertigung oder beim Controlling von Produktvarianten.

Der Anwender, sei es der Vertriebsaußen- oder -innendienst, der Ingenieur, Händler oder Endkunde, erwartet heutzutage selbst bei der Konfiguration komplexer Produkte einen Komfort wie beim privaten Onlineshopping. Dafür eignet sich eine Web-Anwendung oder eine digitale App mit SAPUI5-Oberfläche, die den direkten Onlinezugriff auf Beziehungswissen im SAP-Backend erlaubt und den Nutzer ohne technische Hürden durch alle Schritte der Konfiguration führt, übersichtlich und in 3D, am Desktop-PC genauso wie mobil per Tablet oder Smartphone, wie etwa in Abbildung 12.5 dargestellt.

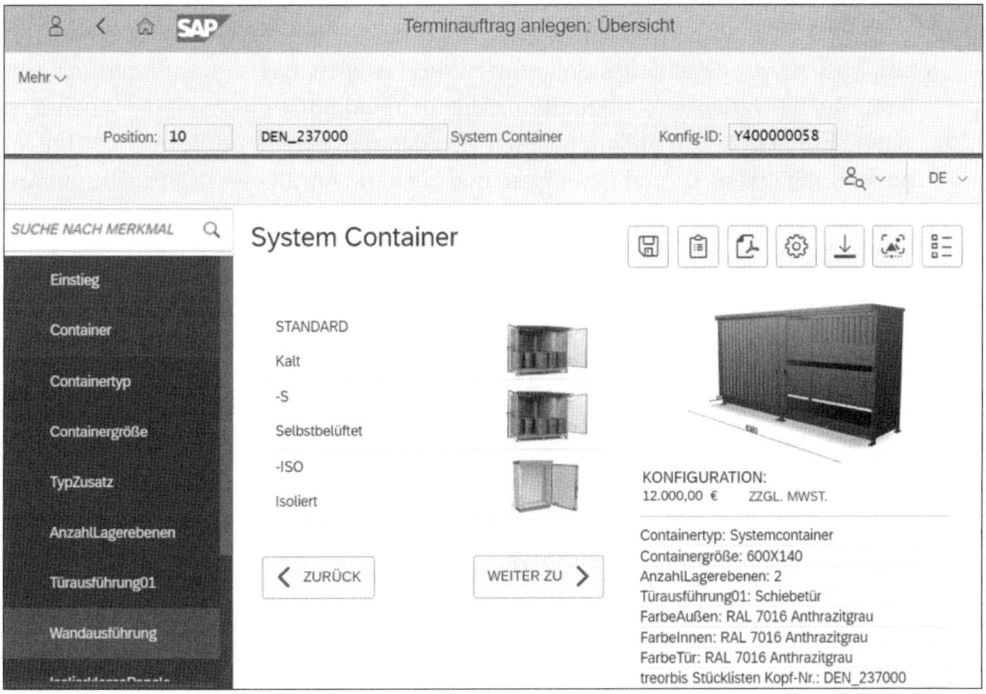

Abbildung 12.5 Übersichtlich, in 3D und ohne technische Hürden: SAPUI5-Anwendung direkt eingebunden in das SAP-ERP-Backend

12.2.6 Vorgehen bei der Implementierung

Da die Einführung einer Variantenkonfiguration so gut wie jeden Geschäftsbereich im Unternehmen betrifft, ist ein ganzheitlicher Ansatz gefragt. Technologie, Prozesse und Organisation müssen dabei genauso berücksichtigt werden wie die IT-Landschaft und die Mitarbeiter.

Das A und O für den Projekterfolg

Ähnlich wie bei einer ERP-Einführung handelt es sich hier nicht um ein IT-Projekt, sondern um ein umfassendes Change-Vorhaben, das einen übergeordneten Gesamtnutzen für das Unternehmen erzielen soll.

Das A und O für den Erfolg ist daher die vorbehaltlose Unterstützung durch das Management bzw. die Geschäftsführung und die Einbeziehung aller betroffenen Geschäftsbereiche, und zwar von Anfang an.

Soll-Konzept, Scrum und Co.

Genauso wichtig ist ein klar strukturiertes und methodisches Vorgehen bei der Implementierung.

Zunächst ist ein detailliertes Soll-Konzept zu erstellen, das alle Anforderungen in Bezug auf die Variantenkonfiguration exakt definiert und umfassend dokumentiert. Schwachstellen in den Abläufen lassen sich dadurch bereits im Vorfeld der Implementierung erkennen und beseitigen, und auch die Anzahl der nachträglichen Änderungsanträge (Change Requests) vonseiten der Geschäftsbereiche kann dann in Grenzen gehalten werden.

Als positiv hat sich hier die Anwendung agiler Scrum-Methoden erwiesen, die das Gesamtprojekt in kurze Zyklen mit fest definierten Abläufen, die *Sprint-Phasen*, unterteilen. Fachliche Anforderungen, wie z. B. die Abbildung bestimmter Teilprozesse oder die produktspezifische Detaillierung der Modelle, aber auch kurzfristige Änderungswünsche der Geschäftsbereiche lassen sich dadurch zügig und in hoher Qualität umsetzen. Das ermöglicht eine zielgerichtete und rasche Implementierung.

Schrittweise Einführung mit Prototyp

Um Risiken im Rahmen der Einführung von vornherein auf ein Minimum zu reduzieren, empfiehlt sich der Aufbau eines Prototyps mit nur wenigen Produkten und Merkmalen, der Zug um Zug bis zur Implementierungsreife ergänzt wird. Das bietet gleich mehrere Vorteile:

- In einer solchen Basisanwendung lassen sich Konfigurationsprozesse ausführlich testen. Fehler oder versteckte »Aufwandtreiber« können damit schon vor der Implementierung identifiziert und aus dem Weg geräumt werden.
- Anforderungen, die zu Beginn noch ungenau definiert sind, lassen sich in der Prototypanwendung schrittweise verfeinern und punktgenau umsetzen – unter anderem mithilfe von Scrum-Methoden.

- Bei der Entwicklung des Prototyps werden die späteren Anwender ins Boot geholt. Sie können sich auf diese Weise schon zu einem frühen Zeitpunkt mit der Konfigurationslösung vertraut machen. Erfahrungsgemäß trägt das enorm dazu bei, die Akzeptanz zu erhöhen.

Darüber hinaus empfiehlt es sich, die Lösung Schritt für Schritt an die Anwender in den Geschäftsbereichen auszuliefern, anstatt sie in einem Big Bang in Betrieb zu nehmen.

In der Regel erfolgt die Implementierung in den fünf Phasen Projektvorbereitung, Business Blueprint, Realisierung, Go-live-Vorbereitung mit Tests, Produktivstart und Support zur Optimierung der Anwendung. Die einzelnen Phasen bilden die Leitplanken für den zeitlichen Ablauf.

Kompetenten Partner an Bord holen

Der Weg zur erfolgreichen Implementierung der Variantenkonfiguration ist mit zahlreichen Herausforderungen gespickt. Sie zu meistern erfordert tiefgehendes Know-how. Ein Unternehmen, das ein solches Projekt durchführen möchte, sollte deshalb einen erfahrenen Partner mit an Bord nehmen, der über die nötige Prozess-, Technologie- und Methodenkompetenz verfügt und als *Trusted Advisor* im SAP-Umfeld bei allen Fragestellungen zur Variantenkonfiguration zuverlässig und kompetent beraten kann. Im Idealfall erbringt der künftige Partner alle Leistungen aus einer Hand. Da ein solches Projekt in der Regel auch Änderungen der Organisationsstruktur und der Prozesse nach sich zieht, schließt dies auch das Change-Management ein.

12.2.7 Zusammenfassung

In diesem Abschnitt haben wir Ihnen die Faktoren für die erfolgreiche Implementierung einer Variantenkonfiguration in SAP vorgestellt. Sie haben erfahren, dass ein Variantenkonfigurationsprojekt klaren Zielvorstellungen folgt, Stichwort SMART-Methode, und einen ganzheitlichen Ansatz benötigt, da es Auswirkungen auf die Prozesse in nahezu allen Unternehmensbereichen hat. Wir haben zudem gezeigt, dass es sich bei der Einführung der Variantenkonfiguration nicht in erster Linie um ein IT-, sondern um ein Change-Projekt handelt, das auch die Optimierung des Produktportfolios und der Produktstruktur sowie den Aufbau eines effizienten Variantenmanagements umfasst. Des Weiteren kennen Sie nun die Bedeutung des Datenmodells und eines langfristigen Datenpflegekonzepts und wissen, worauf bei der Auswahl des passenden SAP-Produktkonfigurators und bei der Implementierung zu achten ist.

12.3 Konfiguration von Industrietoren

Im folgenden Abschnitt werden wir anhand eines Beispiels aus dem Bereich der Fertigung von Industrietoren praxisorientierte Anwendungsbeispiele für den Einsatz der SAP-Variantenkonfiguration in Verbindung mit der Nutzung unterstützender Add-ons und Partnerlösungen vorstellen.

12.3.1 Ausgangssituation

Der Kunde plant im Rahmen einer SAP-Einführung, die Vorteile der Variantenkonfiguration für sich zu nutzen.

Weiterhin soll die Konfiguration über UI5-Anwendungen internetfähig gestaltet werden und Konfigurationsfunktionalitäten der High-Level-Konfiguration mit den Vorteilen der UI5-Anwendung für einen Angebotskonfigurator gekoppelt werden.

12.3.2 Kundenanforderung

Um die relevanten Produkte trotz ihrer Komplexität in einer Produktkonfiguration anwenderfreundlich abbilden zu können, ergeben sich die folgenden Anforderungen aus Sicht des Konfigurationsteams.

Anforderungen an die Konfiguration

Basisanforderungen sind ein einfaches Handling, eine vereinfachte Pflege der Konfigurationslogik sowie die vollständige Systemintegration.

So wurden z. B. die folgenden Anforderungen an die Möglichkeiten der Konfiguration formuliert:

- sowohl manuelle Eingaben als auch die Auswahl von Merkmalwerten aus einem gültigen Wertevorrat
- dynamische Vorbelegung von Merkmalwerten
- dynamische Einschränkung des Wertevorrats
- Preisfindung
- dynamische Steuerung von Pflichteingaben
- dynamische Steuerung der Eingabebereitschaft von Merkmalen
- dynamisches Löschen von Merkmalwerten

Um die geforderte vereinfachte Pflege des Regelwerks für die Produktkonfiguration zu ermöglichen, wurde eine im SAP-Standard integrierte Partnerlösung implementiert.

Der wesentliche Vorteil der Add-ons ist die Verwendung eines zentralen, wertfreien Beziehungswissens, das in der High-Level-Konfiguration am Konfigurationsprofil des jeweiligen Konfigurationsmodells gepflegt wird. »Wertfrei« bedeutet, es enthält lediglich die notwendige Syntax zum Aufruf von Funktionsbausteinen, die dann wiederum die in Tabellen gepflegten Regeln zur Steuerung der High-Level- und Low-Level-Konfiguration ausführen.

Durch den Einsatz der Entscheidungstabellen wird der fachliche Wissensträger in die Lage versetzt, eigenverantwortlich die Abhängigkeiten vorzubereiten und dann im System zu hinterlegen. Er benötigt keine besonderen Kenntnisse zur Pflege der Syntax im Beziehungswissen. Die Form der Datenablage in der Entscheidungstabelle reduziert den zeitlichen Arbeitsaufwand sowohl bei der Neuanlage von Daten als auch im Supportfall.

Dazu wurden von dem Kunden u. a. die nachfolgend genannten Add-ons eingesetzt:

- **Supply Chain Management**
  - ET für die Konfiguration von Maximalstücklisten
  - ET für die Konfiguration von Maximalarbeitsplänen
- **Sales**
  - Löschen von Merkmalwerten
  - ET Ausblenden von Merkmalen
  - ET Merkmale vorbelegen
  - ET Pflichteingabe
  - ET variantenabhängige Vertriebspreisfindung
  - ET Eingabebereitschaft
  - ET einfache Formelberechnung
  - Excel-Schnittstellen zur Datenübernahme

Die Vorteile der Add-ons bilden zugleich den Nutzen für den Kunden:

- zertifizierte Lösung – dadurch voll im SAP-Standard integriert
- Beschleunigung der Stammdatenpflege
- Vereinfachung der Stammdatenpflege und -wartung durch tabellarische Erfassung
- kein Know-how-Transfer notwendig, da kein spezielles Konfigurationswissen erforderlich ist; der »wissende« Fachbereich kann die Daten/Abhängigkeiten selbst in einem Tabellenkalkulationsprogramm (z. B. Excel) pflegen.

- vereinfachter Datenaustausch mit angebundenen Systemen durch einheitliche Datenstrukturen (z. B. Funktionen zum *Upload* der in Excel vorkonzeptionierten Tabelleneinträge)
- vereinfachte Fehlersuche in den Entscheidungstabellen mit Unterstützung von Tabellenfunktionalitäten wie Filtern und Suchen

12.3.3 Beispiele für verwendete Add-ons

In diesem Abschnitt wird anhand einiger Beispiele erläutert, wie die verwendeten Add-ons arbeiten und welche SAP-Standard-Funktion bzw. welche Art von Beziehungswissen dadurch vereinfacht werden kann.

Add-on-Merkmalwerte vorbelegen

Um die Bewertung der Konfiguration zu vereinfachen, wird für einzelne Merkmale die Herleitung der Bewertung durch Beziehungswissen durchgeführt. Im SAP-Standard sind verschiedene Arten der Bewertung über Beziehungswissen möglich. So können Werte als Vorschlagswerte gesetzt werden. Der Sachbearbeiter kann dann in der Konfigurationsbewertung den gesetzten Wert überschreiben. Es ist aber auch möglich, Werte als Festwerte zu setzen. Der gesetzte Festwert kann dann nicht mehr durch eine manuelle Benutzereingabe verändert werden. Die beschriebenen Funktionalitäten können im SAP-Standard mit den Syntaxelementen `$self` und `set_default` im Beziehungswissen abgebildet werden. Mit steigender Anzahl von Vorbelegungen wird das Beziehungswissen beliebig komplex und damit immer schwieriger zu handhaben.

Der Kundenwunsch nach tabellarischen Pflegefunktionalitäten des Regelwerks wurde mit dem Add-on »Merkmalwerte vorbelegen« umgesetzt.

Dazu wird zunächst ein wertfreies Beziehungswissen benötigt, wie in Abbildung 12.6 dargestellt.

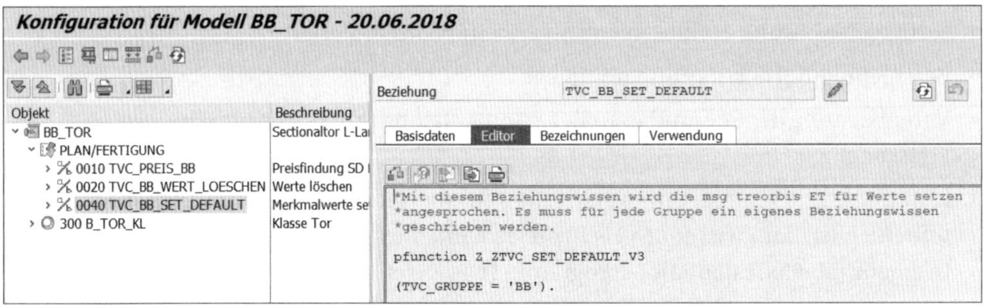

Abbildung 12.6 Wertfreies Beziehungswissen zum Setzen von Vorschlagswerten

In dem Beziehungswissen wird ein Funktionsbaustein aufgerufen und eine Gruppe definiert, für die die Einträge in der Entscheidungstabelle gepflegt werden.

In der Entscheidungstabelle werden die für die Modellsteuerung notwendigen Einträge für die Gruppe gepflegt (siehe Abbildung 12.7).

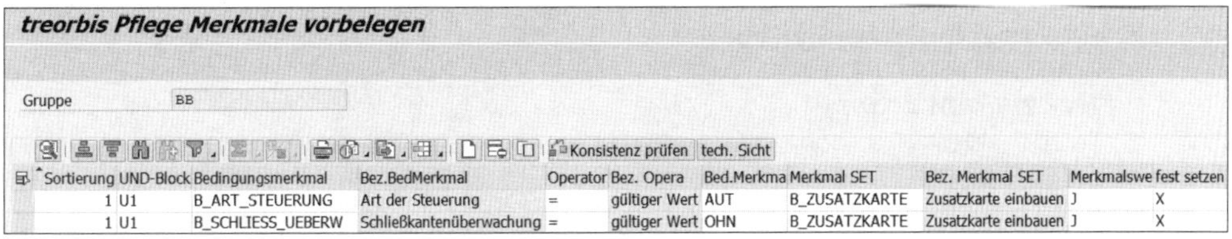

Sortierung	UND-Block	Bedingungsmerkmal	Bez.BedMerkmal	Operator	Bez. Opera	Bed.Merkma	Merkmal SET	Bez. Merkmal SET	Merkmalswe	fest setzen
1	U1	B_ART_STEUERUNG	Art der Steuerung	=	gültiger Wert	AUT	B_ZUSATZKARTE	Zusatzkarte einbauen	J	X
1	U1	B_SCHLIESS_UEBERW	Schließkantenüberwachung	=	gültiger Wert	OHN	B_ZUSATZKARTE	Zusatzkarte einbauen	J	X

Abbildung 12.7 Einträge in der Entscheidungstabelle zum Vorbelegen von Merkmalwerten

Erläuterung der wichtigsten Tabelleneinträge

Beide Einträge sind in der Spalte **UND-Block** mit einem identischen Eintrag versehen. Beide Bedingungen müssen erfüllt sein, damit das betroffene Merkmal mit dem definierten Wert vorbelegt wird.

In diesem Beispiel soll das Merkmal »B_ZUSATZKARTE« (Spalte **Merkmal SET**) mit dem Wert »J« vorbelegt werden (Spalte **Merkmalswert**), wenn das Bedingungsmerkmal »B_ART_STEUERUNG« (Spalte **Bedingungsmerkmal**) den Bedingungsmerkmalwert »AUT« (Spalte **Bed.Merkmal**) und das Bedingungsmerkmal »B_SCHLIES_UEBERW« den Wert »OHN« hat (siehe Abbildung 12.8).

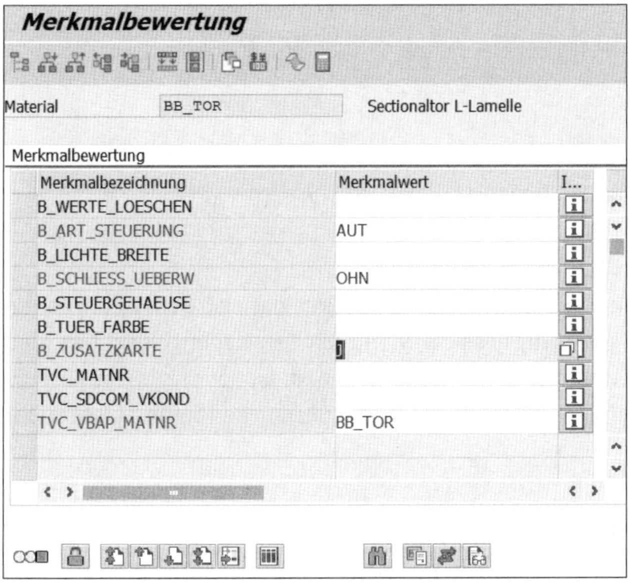

Abbildung 12.8 Vorschlagswert für Merkmal »B_ZUSATZKARTE« setzen

In der Tabelle kann in der Spalte **fest setzen** definiert werden, ob der Wert des zu setzenden Merkmals als Festwert oder als Vorschlagswert gesetzt werden soll. Wird dieses Flag in der Entscheidungstabelle gesetzt, handelt es sich um einen Festwert, der nicht durch den Benutzer geändert/gelöscht werden kann (siehe Abbildung 12.9). Wird das Flag nicht gesetzt, handelt es sich um einen Vorschlagswert, der durch den Benutzer verändert werden kann.

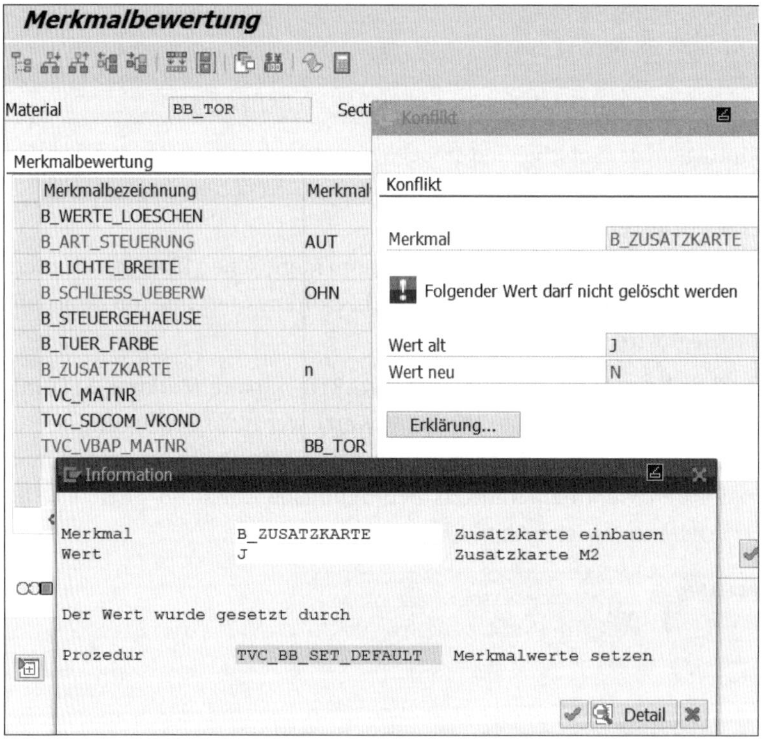

Abbildung 12.9 Flag »fest setzen« – Wert des Merkmals »B_ZUSATZKARTE« kann nicht gelöscht werden

Als weiteres Feature der Entscheidungstabelle wird durch das Flag **Bed. DELE** gesteuert, ob der durch den Tabelleneintrag gesetzte Merkmalwert wieder gelöscht werden soll, wenn die steuernde Bedingung nicht mehr erfüllt ist. Ist das Flag nicht gesetzt, bleibt der vorbelegte Wert erhalten, auch wenn die steuernde Bedingung nicht mehr erfüllt ist.

Add-on »Merkmalwerte löschen«

Bei bestimmten Produktmodellen erfolgt die Bewertung mehrerer Merkmale in Gruppen. Dieses kann z. B. bei zusätzlichen Optionen vorkommen, wenn dadurch noch weitere Merkmale zur Beschreibung notwendig sind. Wird zu einem späteren Zeitpunkt die Option wieder abgewählt (Löschen des Merkmalwertes), so werden die zugehörigen Merkmale nicht automatisch initialisiert. Nur die durch Beziehungswissen bewerteten Merkmale können zurückgesetzt werden, wenn die Bedingung nicht mehr zutrifft. Bei Vorschlagswerten muss dieses explizit im Beziehungswissen beschrieben werden, bei Festwerten erfolgt dieses automatisch. Wurden Merkmale manuell bewertet, muss der Sachbearbeiter den Wert jedes manuell bewerteten Merkmales auch wieder manuell löschen.

Mit dem Add-on »Merkmalwerte löschen« werden über die Bewertung eines individuellen Steuerungsmerkmals zugeordnete Merkmale initialisiert. Das Löschen der Werte ist dabei nicht von der Art der Eingabe abhängig. Das bedeutet, dass sowohl Vorschlags- und Festwerte als auch manuell gesetzte Werte gelöscht werden.

Zum Aufruf der Funktion ist ebenfalls ein wertfreies Beziehungswissen erforderlich (siehe Abbildung 12.10).

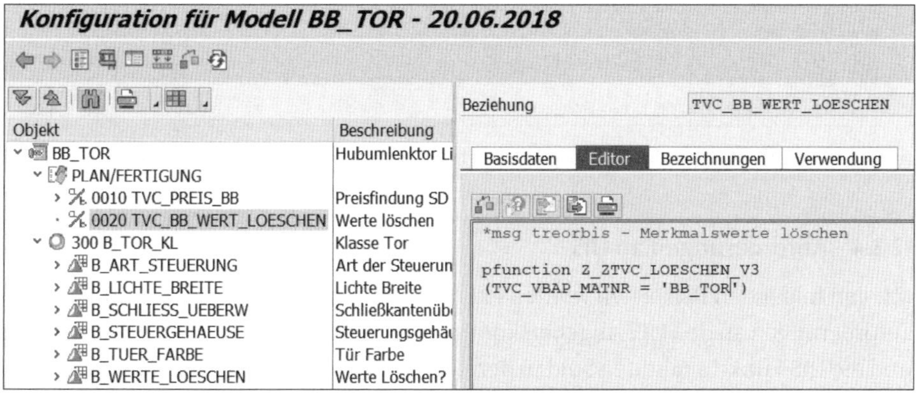

Abbildung 12.10 Wertfreies Beziehungswissen für das Add-on »Löschen von Merkmalwerten«

Der Funktionsbaustein löscht sowohl manuell durch den Benutzer gesetzte Merkmalwerte als auch durch Beziehungswissen gesetzte Merkmalwerte. Dabei können einzelne Merkmale oder aber auch Merkmalsgruppen (Wildcard *) gelöscht werden.

Die Bedingungen, unter denen nun bestimmte Merkmalwerte gelöscht werden sollen, werden in einer Entscheidungstabelle definiert, siehe hierzu Abbildung 12.11 (hier eine Merkmalsgruppe mit Wildcard *).

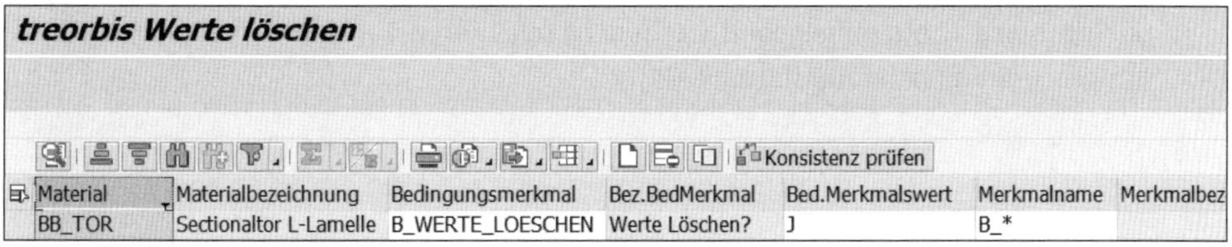

Abbildung 12.11 Eintrag in Entscheidungstabelle zum Löschen von Merkmalwerten

In der Kombination mit dem wertfreien Beziehungswissen bewirkt der in Abbildung 12.12 dargestellte Tabelleneintrag, dass innerhalb der Konfiguration des angesprochenen Produktmodells alle Merkmale, die mit »B_« beginnen, initialisiert werden, wenn der Wert des Bedingungsmerkmals **B_WERTE_LOESCHEN** den Wert **J** hat.

Abbildung 12.12 Steuerndes Merkmal zur Initialisierung von Merkmalwerten

12.3.4 Anforderungen an UI5

Mit den folgenden Beispielen werden exemplarisch die Lösungsansätze für Kundenanforderungen an den UI5-Angebotskonfigurator dargestellt. Die visuelle Gestaltung und die UI5-Funktionalitäten sind in der Regel kundenspezifisch zu erarbeiten.

Durch die Kopplung des UI5-Angebotskonfigurators mit der Produktkonfiguration des Backendsystems wird die redundante Datenpflege vermieden. Modellierungsfunktionalitäten, wie z. B. Pflichteingaben oder Wertevorbelegung, aber auch die Preisfindung werden ausschließlich im Backendsystem gepflegt.

Aus Kundensicht ergeben sich folgende Anforderungen:

- In der Vorauswahl muss eine KMAT-Findung über Merkmale möglich sein.
- In der UI5-Einstiegsmaske wird, wie in Abbildung 12.13 dargestellt, zunächst das gesamte Produktportfolio angeboten.

Wird nun in dem Feld **Suchbegriff für ein beliebiges Kriterium in der Tabelle** ein Textstring (hier z. B. hu) eingegeben, werden die relevanten Varianten in der Ergebnisliste eingeschränkt (siehe Abbildung 12.14).

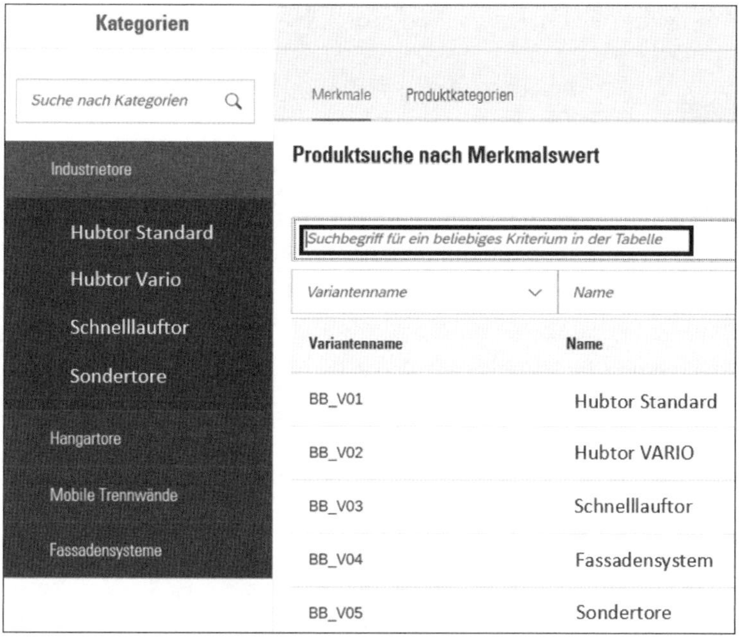

Abbildung 12.13 Einstiegsmaske UI5-Konfigurator ohne Vorauswahl

Abbildung 12.14 Vorausgewählte Varianten

Zeichnungen/Grafiken/Bilder sollen pro Merkmal oder pro Merkmalwert in der Oberfläche angezeigt werden. Dies ist beispielhaft in Abbildung 12.15 dargestellt.

Abbildung 12.15 Visualisierung der Farbauswahl für das Tor

Hinweistexte sollen dem User, wie in Abbildung 12.16 gezeigt, nach Auswahl eines Merkmalwertes bei Bedarf erkenntlich und auffällig dargestellt werden.

Abbildung 12.16 Anzeige von merkmalwertspezifischen Hinweistexten

Der UI5-Konfigurator soll für weitere Geschäftsbereiche erweiterbar sein. Dies kann in Abhängigkeit der Kundenwünsche in unterschiedlichster Art und Weise erfolgen, wie in Abbildung 12.17 dargestellt.

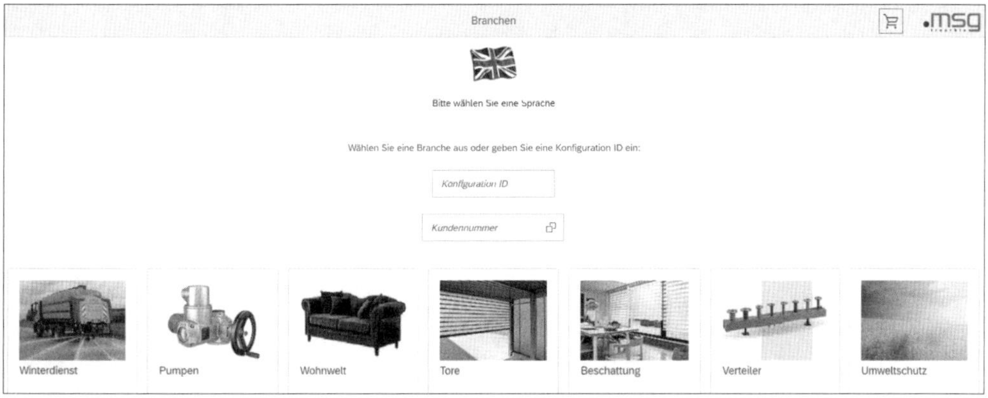

Abbildung 12.17 Verschiedene Geschäftsbereiche im Einstiegsbild des UI-Konfigurators

Kapitel 13
Best Practices für die praktische Anwendung

In diesem Kapitel geben wir Ihnen einige Einblicke in den Alltag von SAP-Variantenfertigern. In neun Beiträgen zeigen wir Ihnen eine Auswahl von Ansatzpunkten für die Verbesserung der praktischen Anwendung.

Die inhaltliche Bandbreite dieses Kapitels reicht von der Nutzung der Materialvarianten über die Optimierung der Verfügbarkeitsprüfung und dem geschickten Aufbau der Produkthierarchie bis hin zum Anschluss einer 3D-Anwendung an die Variantenkonfiguration. Des Weiteren stellen wir Branchenlösungen vor, erklären Gewichts- und Volumenberechnungen und zeigen die Stammdatenverteilung von Konfigurationsdaten mittels der Product Data Replication (PDR) auf. Etwas außergewöhnlicher, aber nicht minder interessant ist die Erläuterung, wie Sie in der neuen SAP S/4 HANA for Advanced Variant Configuration (AVC) mithilfe von Constraints ein Sudoku aufbauen können.

In diesem ersten Kapitelabschnitt beginnen wir mit einer beispielhaften Erläuterung dazu, wie mit dem Thema *Materialvarianten* umgegangen werden kann. Der Bericht stammt direkt aus der Praxis eines namhaften Büromöbelherstellers.

13.1 Eine Hassliebe – konfigurierbare Materialien und Materialvarianten bei Haworth

Haworth ist ein privates, weltweit führendes Unternehmen der Objektmöbelindustrie mit Sitz in Holland (Michigan), USA. Durch Expansion und Akquisition hat sich Haworth zu einem globalen Unternehmen entwickelt, das sich auf organisches Design von Arbeitsräumen konzentriert und Menschen dabei unterstützt, ihr Bestes zu geben. Wir entwickeln und fertigen Produktlösungen, die unseren Kunden helfen, inspirierende Räume zu schaffen.

Haworth nutzt derzeit SAP ERP 6.0 mit der SAP-HANA-Datenbank und der APO-Planungs-Engine. Haworth verwendet einen Gold Master Data Client und Änderungsstämme zur Unterstützung der gesamten Stammdatenerstellung und -pflege und nutzt darüber hinaus den ALE-Prozess (ALE = Application Link Enabling), um die genehmigten Änderungen in die Produktion zu übertragen.

Haworth hat über 3.900 Anwender in unseren Produktions-ERP-Systemen und ist derzeit vollständig für die Finanz- und Auftragserfassung in Nordamerika implementiert. Von unseren 11 nordamerikanischen Produktionsstätten wurden drei auf SAP ERP umgestellt. Die restlichen Anlagen laufen noch auf unseren Altsystemen, werden aber bis Ende 2020 umgestellt. Auch das SAP Supplier Portal ist in unsere Landschaft eingebunden.

Haworth begann seine Reise mit SAP und dessen Variantenkonfiguration im Jahr 2007 mit einer vollständigen Implementierung der gesamten SAP Business Suite in einem einzigen Werk. Seitdem arbeiten wir uns durch verschiedene Prozesse und Anlagen. Wir haben derzeit über 8.000 bestellbare konfigurierbare Materialien.

13.1.1 Die Haworth Implementierung und der Wunsch nach Materialvarianten

Als Haworth mit der Einführung von SAP ERP begann, untersuchten wir Materialvarianten und bewerteten deren Nutzen innerhalb unserer Geschäftsprozesse. Eine Materialvariante ist eine spezifische Konfiguration eines konfigurierbaren Materials, das als bestandsgeführtes (nicht konfigurierbares) Material behandelt wird.

Die Nutzung von Materialvarianten hat die folgenden Vorteile:

- kürzere Durchlaufzeiten für die Lagermaterialvariante (unter der Voraussetzung, dass Sie den Bestand auf Lager haben)
- schnellerer Austausch für die Gewährleistung
- anonymer Bestand (im Gegensatz zum Kundeneinzelbestand)
- Fertigung außerhalb eines Kundenauftrags möglich
- fixe Kosten
- einfachere Möglichkeit der Komponentenvorplanung

Warum wollten wir die Materialvarianten dennoch nicht? Trotz der oben genannten Vorteile entschied sich Haworth damals aus den folgenden Gründen, keine Materialvarianten zu verwenden:

- Die sehr hohe Variabilität bei den Produktbestellungen. Eine einzelne Materialvariante würde weniger als 2 % des Gesamtumsatzes für ein bestimmtes Modell ausmachen.
- Die unzureichende Lagerfläche, um den Lagerbedarf dieser Zigtausende an benötigten Varianten zu decken.
- Stornierte Bestellungen und Retouren galten als selten, und das zurückgeschickte Produkt wurde in der Regel in die Einzelteile zerlegt oder zum internen Weiterverkauf in das Lager des Unternehmens gebracht.

- Die von uns genutzte Materialersetzung ist eine Standardfunktionalität in der SAP-ERP-Komponente SD (Sales and Distribution = Vertrieb). Sie finden beim Typenabgleich im Vertriebsbeleg statt und führt zu einem anderen Material als dem ursprünglich bestellten. Dies würde das Order Matching für unsere Händler erschweren.
- Wir mochten das Pegging (eine SAP-SCM-Funktionalität), das bei Configure to Order (CTO) auftritt, da dies die Kommunikation mit unseren Händlern wesentlich erleichterte.
- Kurze Vorlaufzeiten für eine bestimmte Teilmenge von Teilen würden nicht unbedingt zu Aufträgen mit kürzerer Vorlaufzeit führen, da Aufträge in der Regel aus vielen verschiedenen Teilen bestehen und die Auftragszeile mit der längsten Vorlaufzeit letztlich das angestrebte Lieferdatum für alle Linien bestimmen würde.
- Wir hatten bereits eine Lösung, um unseren Kunden einen nachbestellbaren »Katalogcode« zur Verfügung zu stellen, den wir über eine Übersetzungstabelle auf die konfigurierbaren Materialien und Merkmale abgebildet haben.
- Unser Fokus in der Diskussion um Materialvarianten beschränkte sich auf Fertigwaren. Wir hatten jedoch die wichtige unternehmerische Entscheidung getroffen, konfigurierte Materialien für Baugruppen und Zukaufteile einzusetzen.

Wir waren auch besorgt über den automatisierten Prozess der Annahme der vorgeschlagenen Materialvariante, die sich aus dem Type Matching ergeben würde. Über 99 % der bei Haworth eingegebenen Aufträge werden elektronisch über ein von unseren Händlern genutztes Web-Frontend abgewickelt. Wir haben keine Benutzer, die Aufträge manuell eingeben, die in der Lage wären, die vorgeschlagene Variante zu validieren und die Typübereinstimmung zu akzeptieren. Die meisten unserer Bestellungen bestehen aus weniger als 10 Bestellpositionen, aber eine beträchtliche Anzahl von Bestellungen umfasst Hunderte oder Tausende von Positionen, besonders nachdem die versandfähigen Positionen der Bestellung aufgelöst wurden. Wir wurden auch gewarnt, dass jede Anpassung, die sich mit der automatischen Erstellung und der automatischen Auswahl von Materialvarianten befasst, die von uns angestrebten Zeitvorgaben in unserem Auftragsplanungs- und Bestätigungsprozesses sprengen würden.

13.1.2 Das Problem

Als wir den Planungsprozess für den Roll-out unseres nächsten Werks begannen, war das Projektteam besorgt, dass dieses Werk mit der Verwendung von konfigurierten Baugruppen im Zusammenhang mit einer Configure-to-Order-Strategie zu kämpfen haben würde.

Das größte Sorgenkind in diesem Werk war die Lackierstraße. Angesichts des kurzen Planungsfensters, der begrenzten verfügbaren Kapazität und der Farbwechselplanung für die Lackierstraße würde der Prozess der Neuplanung von Materialien aufgrund von Qualitätsproblemen in vorangegangen Fertigungsschritten (mangelhafte oder zu geringe Fräsleistung, schlechte Verarbeitung usw.) zu viel Zeit in Anspruch nehmen, wodurch Lieferungen verspätet sein könnten.

Eine eventuell notwendige Neuplanung wurde durch die Auftragszusammenfassung (in den Arbeitsplänen) in der Lackierstraße noch erschwert.

Das Projektteam begann mit der Ausarbeitung von Vorschlägen, um den besonderen Anforderungen der Anlage gerecht zu werden. Diese Vorschläge schlossen ein:

- Das Ersetzen bzw. Erweitern der Auftragszusammenfassung durch zusätzliche Meldestellen und Zwischenlager, um die Auswirkungen der Umterminierung von Ersatzteilen zu reduzieren.
- Das Erstellen von Lagerteilen für alle Standardfarben und -größen von in der Stückliste untergeordneten Fertigungs- und Lackmaterialien.

Der Vorschlag, die gewünschten Materialvarianten mit eigenen fixen Stücklisten und Arbeitsplänen anzulegen, hätte dazu geführt, dass über 65.000 neue Materialien, Stücklisten und Arbeitspläne (über 195.000 konkrete Datenobjekte) hätten angelegt werden müssen, die künftig auch hätten gepflegt werden müssen. Dies hätte die Anzahl der fertigungsrelevanten Materialstämme in unserem System um über 50 % erhöht, nur um dieses eine Werk zu bedienen. Noch dazu hatten viele der Materialien, die entstanden wären, in den letzten Jahren ein sehr geringes oder fast gar kein Volumen. Somit musste eine Alternative zu diesem Vorschlag gefunden werden.

13.1.3 Materialvarianten, neu bewertet

Mit der Entscheidung, für fast alle im Werk gefertigten und lackierten Baugruppen Lagerteile zu verwenden, haben wir uns entschieden, einen zweiten Blick auf den Einsatz von Materialvarianten zu werfen. Zum einen, um Zeit zu sparen, und zum anderen, um den Aufwand für die Erstellung all dieser statischen Objekte in unserem System zu reduzieren. In unserer vorherigen Überprüfung der Verwendung von Materialvarianten lag der Schwerpunkt auf der Verwendung von Fertigwaren und nicht von Baugruppen. Wie sollte also der Einsatz von Materialvarianten Zeit und Aufwand gegenüber dem Einsatz von Standardlagermaterialien einsparen?

Nur Standardgrößen und -farben werden als Materialvarianten erstellt. Für spezielle Größen und Farben werden konfigurierbare Materialien verwendet. Diese konfigurierbaren Materialien können eingesetzt werden, um die Erstellung von Materialvarianten für eine bestimmte Teilefamilie zu unterstützen.

Durch die Verknüpfung der Materialvarianten mit der Stückliste und dem Arbeitsplan des konfigurierten Materials müssen keine 30.000 eindeutigen Objekte angelegt oder gepflegt werden. Dies spart viel Zeit und Mühe – jetzt und in Zukunft. Die 65.000 neuen Materialien sollten unabhängig von unserer Entscheidung, Materialvarianten zu verwenden oder nicht, erstellt werden, sodass es in diesem Bereich keine Zeitersparnis gab.

13.1.4 Materialvarianten als Baugruppen

Eine der Produktfamilien, die in dieser Anlage produziert wird, ist in Abbildung 13.1 dargestellt. Dies ist ein repräsentatives Fertigprodukt, das aus einer Zusammenstellung von gefertigten und lackierten Stahl- und Aluminiumstrangpressteilen besteht. Die Kernbaugruppe wird dann mit einigen zusätzlichen Zukaufteilen und Hardware in einer strukturierten Verkaufsstückliste ausgeliefert.

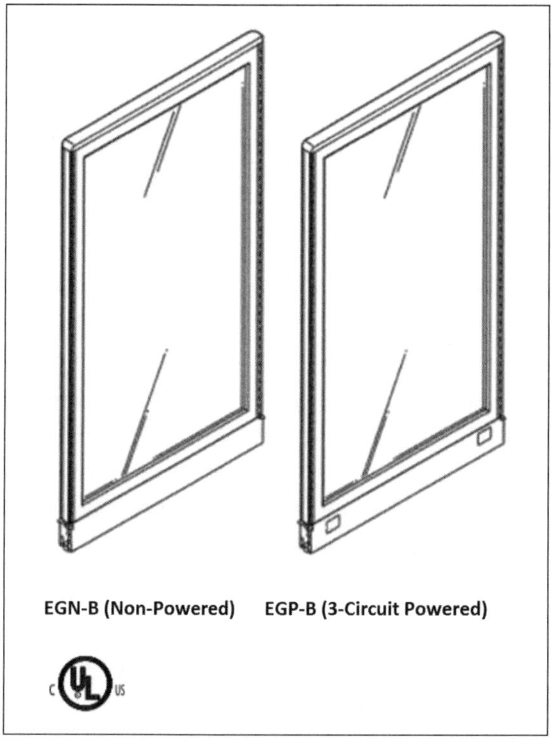

Abbildung 13.1 Beispiel für ein Fertigprodukt, das aus einer Zusammenstellung von gefertigten und lackierten Stahl- und Aluminiumstrangpressteilen besteht

Um die Komplexität dieses einen Materials im Verkauf darzustellen, werden im Folgenden die Merkmale und Informationen, die dem Vertrieb zur Verfügung stehen, erläutert.

Die monolithische Platte wies die folgenden Merkmale auf:

- Sie ist in angetriebener oder nicht angetriebener Ausführung verfügbar.
- Es gibt sie mit oder ohne einteilige Laufbahnabdeckung.
- Sie enthält Scharniersätze, Seitenverkleidungsschienen, Nivelliergleiter und Teppichgreifer.
- Stromverteilungsbaugruppe/Flexverbinder gibt es nur in der angetriebenen Version.
- Laufbahnendkappen werden mit jeder Platte mitgeliefert.
- Die Plattenstärke beträgt 2" (51 mm).
- Die Basislaufbahn ist 4" (102 mm) hoch.
- Die angetriebene Laufbahn mit oder ohne Laufbahnabdeckung erfordert eine geänderte Katalognummer und einen neuen Listenpreis.
- Elektrisch angetriebene Paneele sind nur für Länder erhältlich, die eine elektrische Versorgung mit 120 Volt/60 Hertz bereitstellen und in den USA konfigurierte Stecker und Steckdosen verwenden.
- Top-Feed-Module können nicht verwendet werden.
- Folgende Teile werden lose beigelegt: Kappe, Bodenlaufbahnabdeckung und Seitenverkleidungsschienen.
- Die monolithische Platte ist mit 3-adriger oder 4-adriger Leitung erhältlich.

[»]

Tipps zur Spezifikation

- Die Paneele können verglaste Anbauteile bis zu einer Gesamthöhe von 82 Zoll (2.083 mm) aufnehmen. Für eine bessere Ästhetik sind UniGroup-Zusatzpaneele zu spezifizieren.
- Die Flex-Steckverbinder für monolithische Paneele mit Stromzufuhr sind für geradlinige, innere 90°- und innere 120°-Führungen vorgesehen (falls zutreffend).
- Steckdosen für motorbetriebene Schalttafeln müssen separat bestellt werden.
- Für die angetriebene Laufbahn muss die Laufbahnabdeckung separat angegeben werden (keine Laufbahnabdeckung).
- Wenn keine fertigen Pfosten bestellt werden, müssen zusätzliche Endkappen für die Laufbahnabdeckungen spezifiziert werden.

Um das Produkt zu bestellen, sind die folgenden Angaben notwendig:

- Produktnummer
- Farbe der Verglasung
- Zierfarbe für Laufbahndeckel, Gleitgehäuse und Endkappen
- Zierfarbe für Rahmen, Abdeckkappe und Seitenleisten

Wenn Sie erwägen, Materialvarianten zu erstellen, die nur die Standardgrößen und Standardfarben des Endprodukts repräsentieren, müssten Sie sich über eine Million mögliche Produktkombinationen ansehen.

Die Anzahl ergibt sich sehr einfach anhand die Merkmale und Merkmalwerte und deren Kombinationen:

Das Produkt hat die folgenden Eigenschaften:

- 5 Höhen
- 8 Breiten
- 3 Deckelausführungen (2 Stahl, 1 Holz)
- offener Rahmen oder 2 Glasfarben zur Auswahl
- offene Basis oder 2 verschiedene Abdeckungen zur Auswahl
- nicht angetrieben oder mit 3 Leistungsoptionen wählbar
- 11 Standard-Schienenfarbenoptionen
- 11 Standard-Grundfarbenoptionen
- 12 Holzfurnierdeckel-Optionen

So ergeben sich für die Stahlversion 5 × 8 × 2 × 3 × 5 × 11 × 11 × 11 = 145.200 Kombinationen; für die Holzversion ergeben sich 5 × 8 × 1 × 3 × 5 × 11 × 11 × 11 × 12 = 871.200 Kombinationen, insgesamt also 1.016.400 Kombinationsmöglichkeiten.

Eine Vordefinition von über 1 Million möglichen Materialvarianten wäre nicht sinnvoll, da wir nur einen Bruchteil der möglichen Varianten in einem bestimmten Jahr verkaufen würden.

Und das ist nur ein einfaches Beispiel eines verkaufbaren Produktes. Wir haben viele andere Produkte, die weitaus komplexer sind. Aber was ist mit der Idee, Materialvarianten der gefertigten und lackierten Schienen zu erstellen und diese unter einem konfigurierbaren Fertigmaterial (ATO) zu verwenden?

Das obige Produkt besteht aus einem Satz von drei Innenschienen (oben, unten und seitlich), einer Vertikalverbindungsschiene und zwei Oberkappenausführungen (siehe Abbildung 13.2). Daraus ergeben sich folgende Materialvarianten:

- Seitenschienen: 5 Höhen, 11 Farben + ein Fab Level = 5 × 12 = 60
- Top Rail: 8 Breiten, 11 Farben + Fab Level = 8 × 12 = 96
- Untere Schiene: 8 Breiten, 11 Farben + Fab Level = 8 × 12 = 96
- Vertikalschiene: 5 Höhen, 11 Farben + Fab Level = 5 × 12 = 60
- Top Cap: 2 Styles, 8 Breiten, 11 Farben + Fab Level = 2 × 8 × 12 = 192
- Gesamtzahl: 504 Materialvarianten

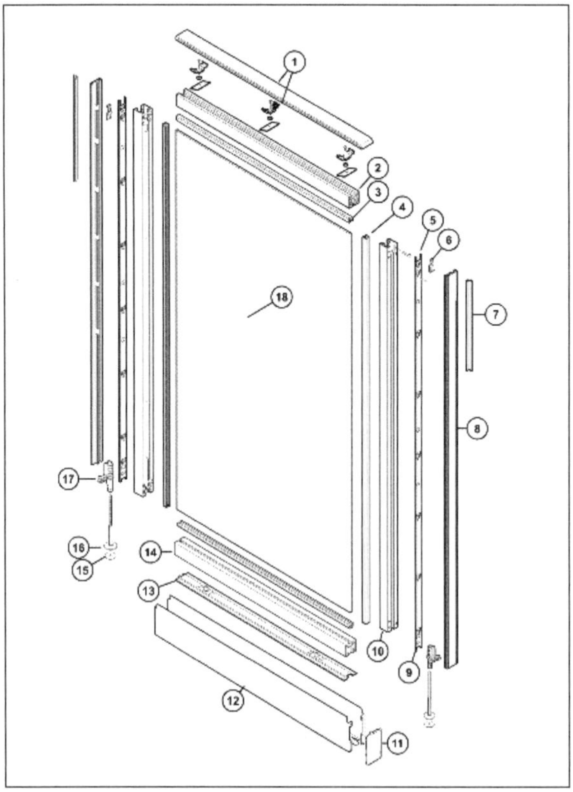

Abbildung 13.2 Zusammenstellung eines Rahmens

Das Anlegen von 504 Materialvarianten, die von den 10 konfigurierbaren Materialien, Stücklisten und Arbeitsplänen unterstützt werden, klingt viel sinnvoller, auch wenn die Verknüpfung von Stückliste und Arbeitsplan durchgeführt werden müsste. Mit der Verknüpfung hätten Sie 534 eindeutige Stammdatenobjekte zu pflegen. Ohne Verknüpfung (über statische Stücklisten und Arbeitspläne für die Materialvarianten) hätten Sie 1.542 eindeutige Stammdatenobjekte zu pflegen. Die Verwendung der Materialvarianten zeigt eine deutliche Reduzierung des Zeit- und Arbeitsaufwands gegenüber dem Einsatz von nichtmateriellen Variantenlagermaterialien.

13.1.5 Änderungen, die wir für die Verwendung von Materialvarianten vornehmen müssen

Mit der Entscheidung, die wir getroffen haben, um mit den als Materialvarianten erstellten Unterbaugruppen voranzukommen, mussten wir einige Änderungen in unserem System vornehmen, die wir vorher nicht in Betracht gezogen hatten, da wir beschlossen hatten, Materialvarianten nicht als Teil unseres ursprünglichen Implementierungsplans zu verwenden.

Um die Konfigurationsdaten der Materialvariante in das Material-iDoc aufzunehmen, müssen wir unter dem Bild **Change View »General Control Indicators«: Details** (Allgemeine Steuerkennzeichen: Details) das Kontrollkästchen **When Sending Complete Material** (Beim Versenden des kompletten Materials) aktivieren (siehe Abbildung 13.3).

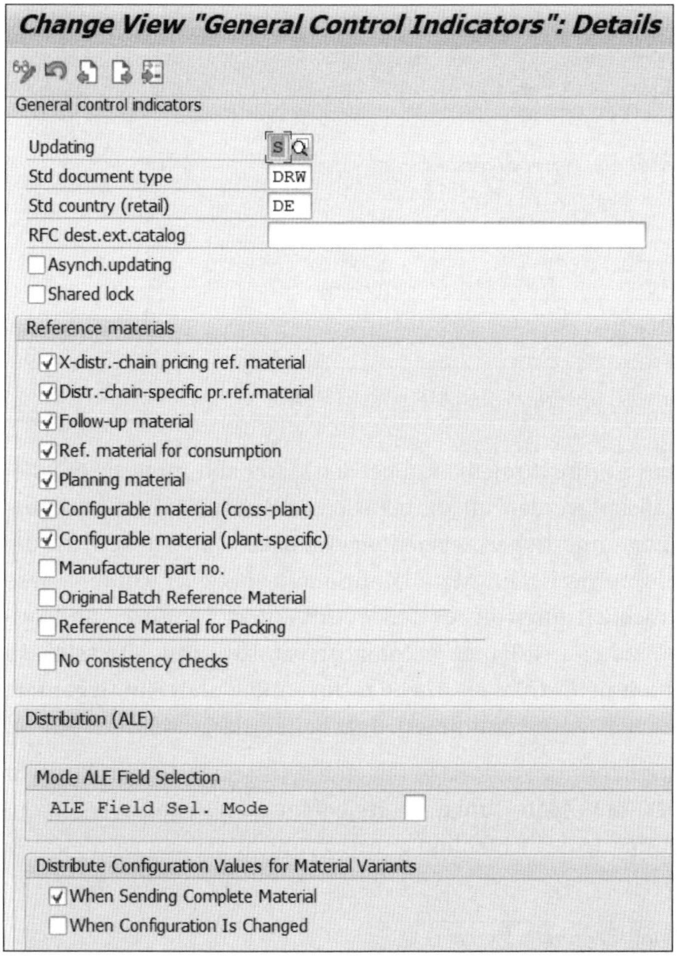

Abbildung 13.3 Gesetztes Flag bei »When Sending Complete Material«

Wir haben uns auch dazu entschieden, eine kundeneigene Materialart, ZVAR (eine Kopie von HALB), für die Materialvarianten zu erstellen (siehe Abbildung 13.4). Dies ist zwar nicht notwendig, aber wir wollten die neuen Materialvarianten einem eindeutigen Nummernkreis zuordnen und die Verwendung einer eindeutigen Materialart für die Materialvarianten erleichtern.

In Abbildung 13.5 sehen Sie auch die Nummernkreiszuordnung für die neue Materialart.

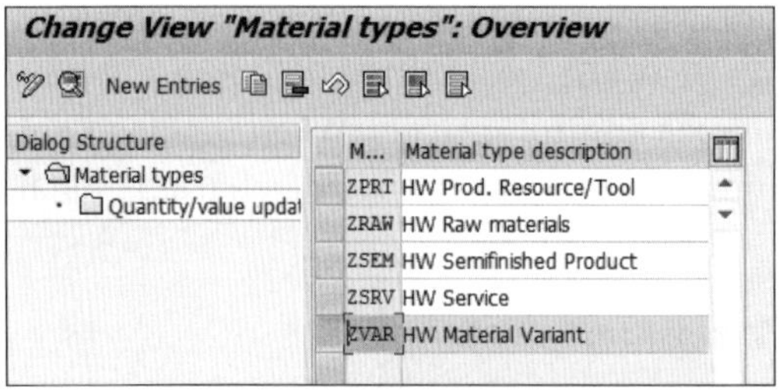

Abbildung 13.4 Unsere eigene Materialart ZVAR

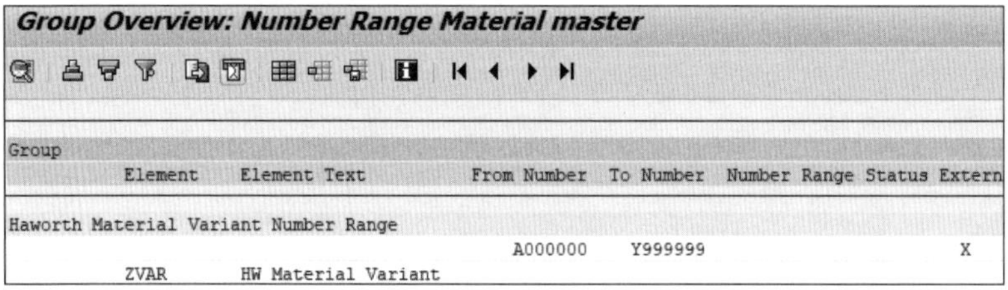

Abbildung 13.5 Nummernkreis unserer neuen Materialart ZVAR

Wir verwendeten eine bestimmte Nomenklatur bei den Materialnummern, und dieses Format musste aktualisiert werden, um die neue Materialvariante (bestehend aus einer siebenstelligen alphanumerischen Zeichenfolge) genauso darzustellen, wie die vorhandenen (vollständig numerischen) Materialnummern angezeigt wurden. Diese Änderung wurde hauptsächlich durch die Art und Weise verursacht, wie das SAP-System die neu angelegten Materialvarianten automatisch aufbaut bzw. darstellt. Bei numerischen Materialstämmen wird die Anzeige rechtsbündig und – im Gegensatz dazu – bei alphanumerischen Materialnummern linksbündig dargestellt.

Unsere bestehende Materialnummernvorlage sah eine achtstellige 4-4-Struktur vor (siehe Abbildung 13.6). Diese Vorgabe funktionierte bei unseren siebenstelligen numerischen Materialnummern, die rechtsbündig sortiert und aufgebaut wurden, z. B. 110-0944 oder 120-0967.

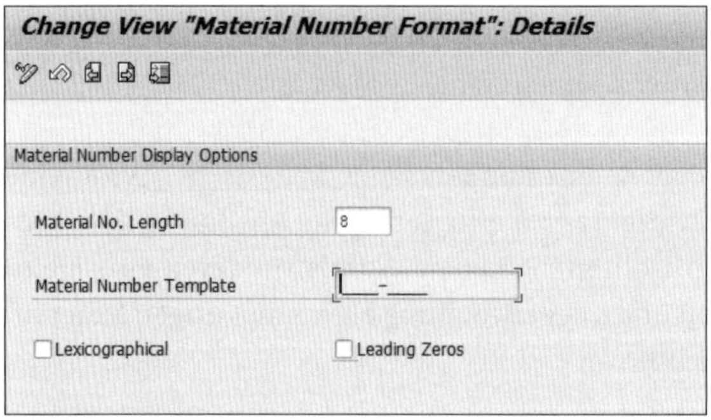

Abbildung 13.6 Bestehendes Materialnummernformat in einer 4-4-Struktur

Bei den neuen alphanumerischen Materialvarianten wurde aber folgende Formatierung deutlich: Beispielsweise wurde automatisiert ein Material mit der Nummer A000-167 statt eines gewünschten Materials A00-0167 angelegt. Um diesem Problem zu begegnen, haben wir die Materialnummernvorlage auf eine dreizehnstellige 3-4-4-Struktur umgestellt (siehe Abbildung 13.7).

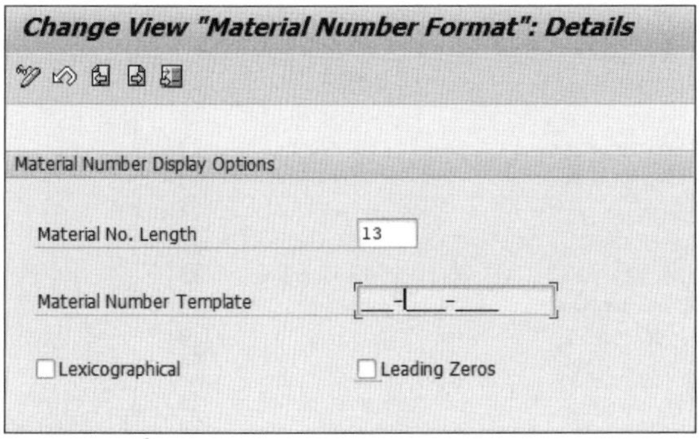

Abbildung 13.7 Neues Materialnummernformat mit einer 3-4-4-Struktur

Dadurch konnten wir die gleiche grafische Darstellung der beiden unterschiedlichen Nummernkreise und Strukturen beibehalten.

Die rechtsbündigen numerischen Zeichenketten sehen immer noch wie folgt aus:

- 110-0944 oder 120-0967

Die neuen linksbündigen Materialvarianten sehen immer noch folgendermaßen aus:

- A00-0589 oder A01-4506

Auch haben wir einen eigenen Algorithmus erstellt, der an den benutzerdefinierten Materialtyp gebunden ist und die alphanumerische Nummernfolge bei der Erstellung der Materialvarianten in der gewünschten Art erstellt und zuweist. Dies hat den Aufwand beim Anlegen neuer Materialvarianten drastisch reduziert, da bisher die fortlaufende Erstellung und Zuordnung der alphanumerischen Materialvarianten manuell vorgenommen wurde. In der SAP-Standardauslieferung werden nur vollständig numerische Nummernfolgen bei der Materialnummernerstellung automatisch vergeben.

13.1.6 Ergebnis einer konfigurierten Stückliste mit Materialvarianten

Am Beispiel des oben beschriebenen Glaspaneels würde die Maximalstückliste für eine vollständige und konsistente Konfiguration vor der Stücklistenauflösung wie in Abbildung 13.8 aussehen.

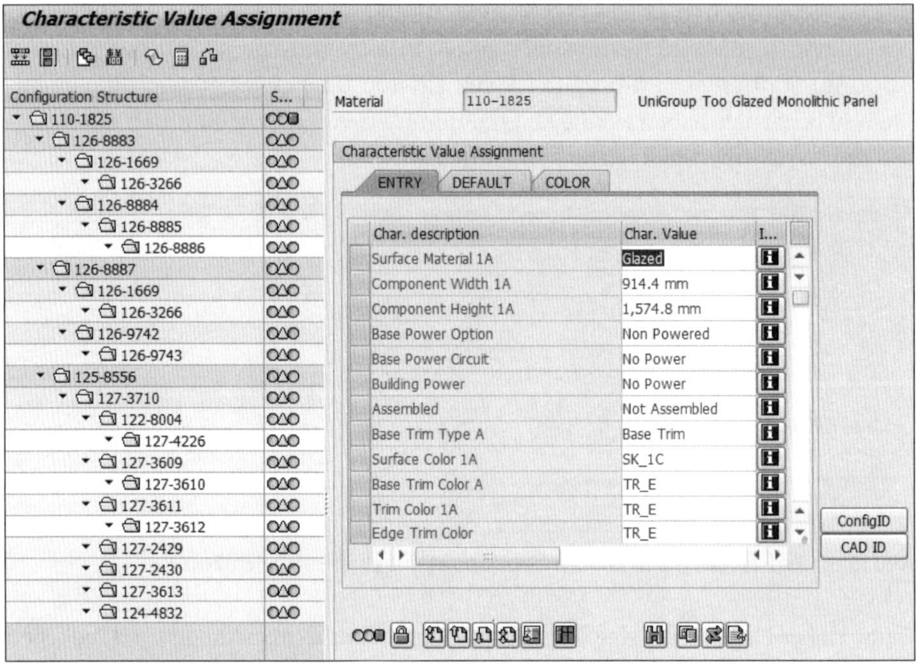

Abbildung 13.8 Maximalstückliste vor der Festlegung in eine fest ausgeprägte Materialvariante

Beachten Sie das Fehlen von Materialvarianten in der Maximalstücklistenstruktur (alle Materialvarianten bei Haworth beginnen mit »A«). Alles, was innerhalb der Maximalstückliste vorhanden ist, sind konfigurierbare Materialien. Bei der Stücklistenauflösung findet ein kundeneigener Ersetzungsprozess statt, der das konfigurierbare Material durch eine der Materialvarianten ersetzt, die das konfigurierbare Material definiert hat.

[»]

Weiterführende Informationen zum benutzerdefinierten Stücklistenersetzungsprozess

Weitere Informationen zu diesem benutzerdefinierten Stücklistenersetzungsprozess finden Sie in der Präsentation »An alternate method for substituting BOM Components even when using APO« auf der Seite der Configuration Workgroup (*http://www.configuration-workgroup.com/*). Im Bereich der Konferenzdokumente ist der Vortrag von Tag 2 der US-Konferenz von 2013 im Best-Practices-Ordner abgelegt.

Die Verwendung der benutzerdefinierten Stücklistenersetzungsfunktion ist für diesen Prozess nicht erforderlich. Das gleiche Ergebnis kann auch mit Klassenknoten und Selektionsbedingungen erzielt werden.

In Abbildung 13.9 ist die Stücklistenauflösung erfolgt, und die Materialvarianten sind nun innerhalb der Struktur des konfigurierten Wurzelmaterials (A00-7967) zu sehen.

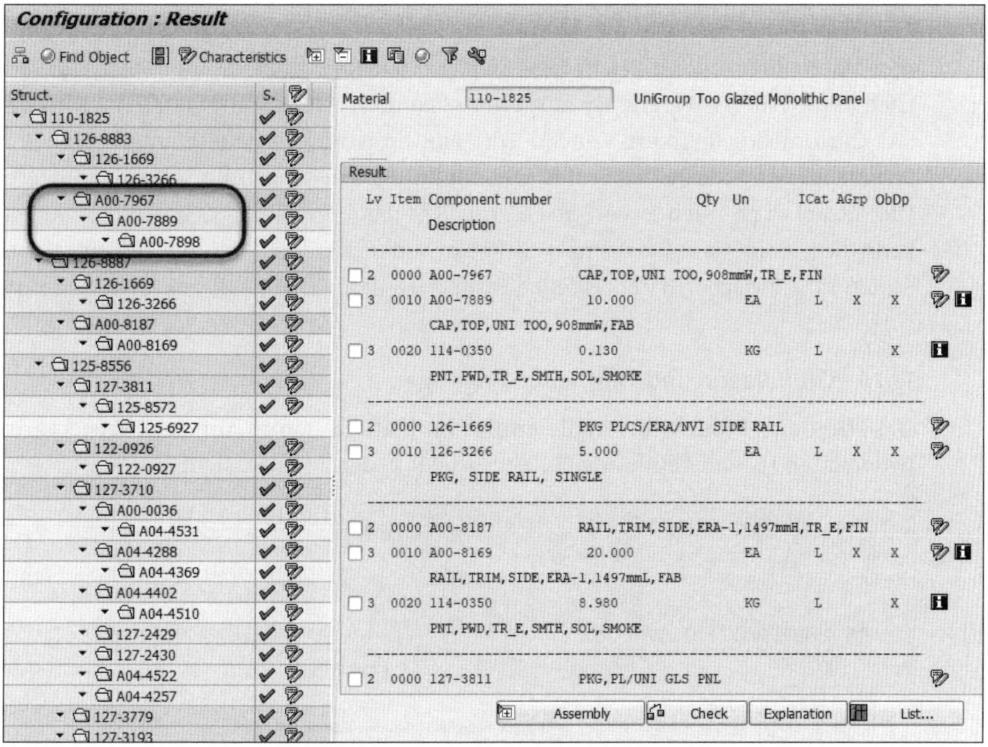

Abbildung 13.9 Ersetzen von konfigurierbaren Materialien durch Materialvarianten in der Maximalstücklistenausflösung

13.1.7 Fazit

Während wir uns zu Beginn dieses Werks-Roll-outs nicht auf die Suche nach einem Anwendungsfall für Baugruppen, die als Materialvarianten definiert worden sind, gemacht haben, hat uns unsere Forschung letztendlich auf diesen Weg geführt. Wir werden weiterhin nach Möglichkeiten suchen, um den Durchsatz durch die Problemarbeitsplätze zu verbessern und den Ausschuss und die Nacharbeit zu reduzieren, die den Bedarf an der Bevorratung von gefertigten und lackierten Teilen, die die zur Deckung des Kundenbedarfs erforderlichen Mengen übersteigen, erhöhen. Aber bis wir in der Lage sind, diese Prozessverbesserungen umzusetzen, konnten wir zumindest das Projekt Werks-Roll-out fortsetzen und die Gesamtwirkung der Material-, Stücklisten- und Arbeitsplanerstellung auf das praktischste Maß reduzieren.

13.2 Produkthierarchie in Abhängigkeit der Konfiguration zur Auswertung

Materialien können nach unterschiedlichen Kriterien gruppiert werden. Damit können Materialien mit ähnlichen Eigenschaften leichter verwaltet und besser in Vertrieb und Business Warehouse ausgewertet werden. Die Produkthierarchie wird im SAP-Customizing definiert. Von SAP wird eine dreistufige Produkthierarchie mit je 5 Stellen in den ersten beiden Stufen und mit 8 Stellen in der dritten Stufe ausgeliefert. Die Anzahl der Stellen ist auf insgesamt 18 Stellen beschränkt. Kundenindividuell kann die Hierarchie auf maximal 9 Stufen erweitert werden. Die Länge der einzelnen Stufen kann zwischen 3 und 5 Stellen variiert werden.

13.2.1 Grundlagen und Rahmenbedingungen

Die Pflege der Produkthierarchie erfolgt im Materialstamm auf der Registerkarte **Grunddaten 1** (siehe Abbildung 13.10) und/oder in der Vertriebssicht 2.

Abbildung 13.10 Produkthierarchie im Materialstamm pflegen

In einem SD-Beleg (z. B. Angebot oder Kundenauftrag) werden die Daten aus dem Materialstamm übernommen und können später ausgewertet werden. Konkret werden die Informationen in der Auftragsposition auf der Registerkarte **Verkauf B** angezeigt (siehe Abbildung 13.11); abgelegt sind sie in der Datenbanktabelle VBAP im Feld PRODH.

Für Materialien, die immer die gleichen Eigenschaften haben und dementsprechend auch immer in der gleichen Art und Weise ausgewertet werden, ist diese Art der Pflege und Bereitstellung der Hierarchiedaten im Materialstamm vollkommen ausreichend und seit langem bewährt.

Im Zusammenhang mit der Variantenkonfiguration und dem Einsatz konfigurierbarer Materialien (KMAT) stößt man hier aber an gewisse Grenzen.

Abbildung 13.11 Anzeige der Produkthierarchie in der Kundenauftragsposition

Durch die Konfiguration können sich die Eigenschaften eines Produktes grundsätzlich verändern und damit auch die Kategorie innerhalb der Produkthierarchie. Wenn beispielsweise herausgefunden werden soll, wie viele Teile mit und wie viele Teile ohne ein bestimmtes Anbauteil verkauft wurden, ist dies über eine Auswertung der Produkthierarchie in diesem Fall nicht mehr möglich. Natürlich können die entsprechende Strukturen in SAP BusinessObjects Business Intelligence (SAP BusinessObjects BI) ermittelt werden, aber das ist nicht immer gewünscht.

Das Feld **Produkthierarchie** kann im Vertriebsbeleg über das Konfigurationsmodell aktualisiert werden.

> **Anwendung in den unterschiedlichen SAP-Releases**
> Die beschriebene Lösung bezieht sich auf das SAP-R/3-Release ECC 6.0 und darunter. In SAP S/4HANA muss gegebenenfalls eine leicht geänderte Vorgehensweise angewandt werden.

13.2.2 Update der Produkthierarchie im Vertriebsbeleg

Die Idee, die sich hinter der nachfolgend beschriebenen Lösung verbirgt, ist es, in Abhängigkeit der konkreten Konfiguration eines Materials in einem Vertriebsbeleg die Produkthierarchie zu überschreiben bzw. zu ändern. Dies soll ohne manuellen Eingriff des Sachbearbeiters erfolgen.

Lösungsskizze

Um die Produkthierarchie zu verändern, kann wie folgt vorgegangen werden:

1. Anlage eines Regelwerks im Konfigurationsprofil, das in Abhängigkeit der Konfiguration die gewünschte Produkthierarchie herleitet
2. Übergabe der ermittelten Hierarchie in ein Objektmerkmal
3. Lesen des Objektmerkmals über eine SAP-Erweiterung in der Struktur VCSD_UPDATE
4. Update der Hierarchie im Vertriebsbeleg

Ermitteln der Produkthierarchie in der Konfiguration

Um die Produkthierarchie zu ermitteln, lassen sich Merkmale definieren, die es erlauben, die Produkthierarchie insgesamt oder die einzelnen Stufen herzuleiten.

Die Herleitung der Hierarchie kann mit unterschiedlichen Werkzeugen in der Variantenkonfiguration erfolgen. Zwei Werkzeuge stellen wir an dieser Stelle beispielhaft vor. In beiden Fällen empfiehlt es sich, ein Hilfsmerkmal zu definieren, in dem die ermittelte Produkthierarchie als Merkmalwert abgelegt wird (numerisches Merkmal mit 18 Stellen, keine Dezimalstellen).

Die Erste Möglichkeit ist die Nutzung einer Variantentabelle, in der alle möglichen Variationen der Produkthierarchie eingetragen werden. In der ersten Spalte befindet sich das Hilfsmerkmal und in den folgenden Spalten die Merkmale, die zur Herleitung notwendig sind. Das Auslesen der Tabelle und damit die Übergabe der Produkthierarchie an das Hilfsmerkmal in der Konfiguration können entweder über eine Prozedur oder über einen Constraint erfolgen.

Bei der zweiten Methode werden die Werte jeder Hierarchiestufe einzeln hergeleitet; das kann entweder auch über Variantentabellen oder über die direkte Herleitung der Daten über eine Prozedur oder gegebenenfalls auch über eine Partnererweiterung zur Stammdatenpflege über Entscheidungstabellen erfolgen.

Anschließend werden die einzelnen Werte über eine Prozedur verkettet und im Hilfsmerkmal abgelegt (siehe Listing 13.1).

```
self.PRODH_EINGABE = $self.<MERKMAL_PRODH_STUFE1> ||
                     $self.<MERKMAL_PRODH_STUFE2> ||
                     $self.<MERKMAL_PRODH_STUFE3> ||
                     $self.<MERKMAL_PRODH_STUFE1>.
```

Listing 13.1 Beispielsyntax einer Prozedur zur Verkettung von Merkmalwerten

Erweiterung der Struktur VCSD_UPDATE

Die Struktur VCSD_UPDATE erlaubt es, Felder in Kundenaufträgen zu verändern, die normalerweise durch die Konfiguration nicht änderbar sind. Dies gilt auch für die Produkthierarchie, die zwar über ein »normales« Objektmerkmal (VBAP-PRODH) in der Konfiguration ausgelesen und genutzt werden, aber nicht geändert werden kann.

Deshalb ist es notwendig, ein Objektmerkmal mit Bezug zur Struktur VCSD_UPDATE zu nutzen. Im von SAP ausgelieferten Zustand ist das Feld PRODH jedoch nicht in dieser Struktur enthalten.

Zur Lösung dieses Problems muss die Tabelle VCSD_UPDATE um ein entsprechendes Feld erweitert werden. In einer Append-Struktur darf jedoch nicht direkt das Feld PROH verwendet werden, sondern es sollte ein benutzereigenes Feld, z. B. ZZPRODH, hinzugefügt werden (siehe Abbildung 13.12).

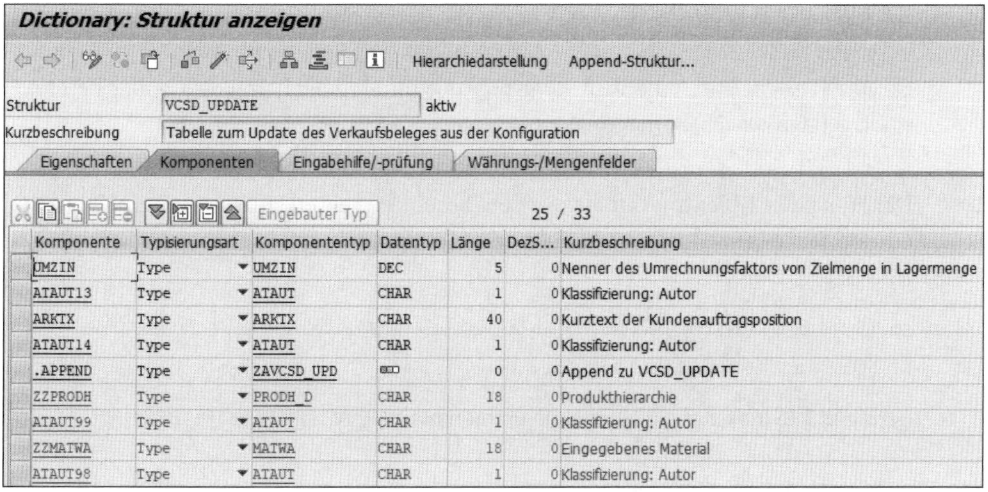

Abbildung 13.12 Append-Feld ZZPRODH in der Tabelle VCSD_UPDATE

Die Erweiterung muss nach den allgemein bekannten Richtlinien zu Tabellenerweiterungen durch Appends erfolgen und aktiviert werden.

Füllen des Objektmerkmals

Zu dem in der Tabelle VCSD_UPDATE angelegten Feld ZZPRODH muss nun ein Objektmerkmal angelegt werden, das auf das neue Feld referenziert (siehe Abbildung 13.13).

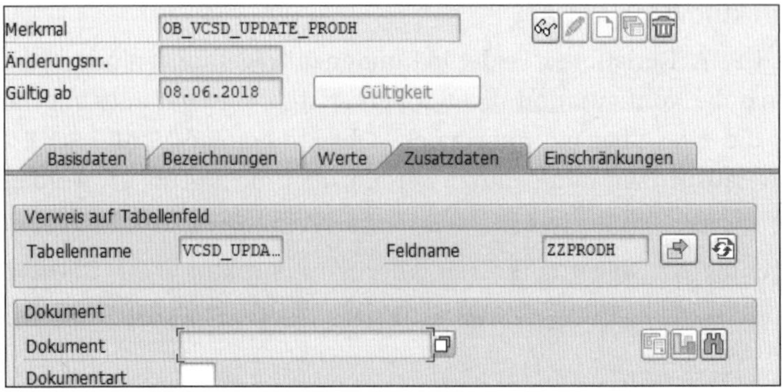

Abbildung 13.13 Objektmerkmal zur Übergabe der ermittelten Produkthierarchie an die Tabelle VCSD_UPDATE

Einheitliches Präfix verwenden

Überlegen Sie sich bei der Anlage von Objektmerkmalen ein einheitliches Präfix, z. B. »OB«. Dies erleichtert die Suche erheblich und unterbindet damit die unnötige Mehrfachanlage von Objektmerkmalen.

Das Füllen des Objektmerkmals mit dem bereits erstellten Hilfsmerkmal erfolgt über eine einfache Prozedur, die beispielsweise die folgende Syntax haben kann (siehe Listing 13.2):

```
$self.OB_VCSD_UPDATE_PRODH ?= $self.PRODH_EINGABE
if specified $self.PRODH_EINGABE.
```

Listing 13.2 Syntax zum Füllen des Objektmerkmals OB_VCSD_UPDATE_PRODH

Update im Vertriebsbeleg

Zu guter Letzt muss die Produkthierarchie aus der Tabelle VCSD_UPDATE in das korrespondierende Feld der Tabelle VBAP übergeben werden.

Dies kann über die Erweiterung CEI0000O (Transaktion SMOD) in den folgenden User-Exits geschehen:

- exit_saplcei0_001 (Felder in die Struktur VCSD_UPDATE aufnehmen)
- exit_sapfv45s_002 (Verarbeitung der geänderten Feldwerte)

Es ist nicht notwendig, eine Funktion aus der Konfiguration heraus aufzurufen.

13.3 Ein Klassiker: Gewichts- und Volumenberechnung von KMAT

Im Kontext der Produktkonfiguration geht es meist um Beschreibung variantenreicher Produkte mithilfe von Merkmalen und Merkmalwerten. In einer weiteren Betrachtung werden häufig noch die Objekte Stückliste, Arbeitsplan und Preisfindung genannt, die sich anhand der Bewertung der Produktmerkmale herleiten lassen.

Wird das konfigurierbare Produkt erstmalig in Prozesse eingebunden, fällt jedoch auf, dass sich noch weitere Kennzahlen, wie z. B. Volumen oder Gewicht, nach der Bewertung des Produktes ausrichten. Beide Kenngrößen können für den Lieferprozess oder die Frachtkostenabrechnung relevant sein.

Bei nicht konfigurierbaren Produkten werden die benannten Daten aus dem Materialstamm in die Kundenauftragspositionen übernommen. Für variantenreiche Produkte bedeutet dies aber nicht, dass für die verschiedenen Volumen- bzw. Gewichtsvarianten entsprechend viele Materialstämme (als Materialien oder Materialvarianten) angelegt werden müssen. Dieses Vorgehen würde dem Sinn und Mehrwert der Konfiguration widersprechen. Sowohl das Volumen als auch die Gewichte können aus der Konfiguration hergeleitet und das Ergebnis mithilfe eines Objektmerkmales (siehe Abschnitt 1.6, »Beziehungswissen für die interaktive Konfiguration«) zu der Struktur VCSD_UPDATE in das passende Positionsfeld im Kundenauftrag geschrieben werden.

13.3.1 Volumenberechnung konfigurierbarer Produkte

Für die Volumenberechnung werden im SAP-Standard häufig zwei Vorgehensweisen genutzt. Die Wahl der richtigen Technik hängt vom Aufbau des Datenmodells ab.

Setzt sich das konfigurierbare Produkt (Ventile, Computer, Rasenmäher etc.) aus mehreren Einzelteilen zusammen, lässt sich das Volumen anhand der Bewertung über z. B. Variantentabellen herleiten. In diesen Tabellen wird den verschiedenen Merkmalskombinationen das Volumen als Ergebnis zugeordnet, das dann aus der Konfiguration in die Kundenauftragsposition zurückgeschrieben wird.

Um die Tabelle optimaler zu nutzen, können in derselben Tabelle Materialnummern für z. B. Verpackungskartons hergeleitet werden. Die Herleitung der Informationen erfolgt über Constraints oder Prozeduren. Das Beziehungswissen ist dabei dem Konfigurationsprofil des Vertriebsmaterials zuzuordnen.

Werden die Maße des Produktes (Breite, Höhe und Länge) direkt in der Konfiguration als Merkmalwerte mitgegeben (z. B. Türen, Container, Schränke etc.), kann das Volumen über Beziehungswissen berechnet werden. Dabei können zusätzlich Aufschläge für z. B. Verpackung oder Ähnliches in die Berechnung einfließen.

Wie in Abbildung 13.14 dargestellt, werden im ersten Teil der Prozedur aus den Werten der Merkmale Breite und Höhe der Tür, das Zargenmaß und das Volumen der Kundenauftragsposition berechnet. Das Produkt wird im Beispiel mit einem Aufschlagfaktor 1,1 multipliziert. Im zweiten Teil wird in einer weiteren Anweisung die Mengeneinheit für das Volumen der Kundenauftragsposition, hier »m³«, mithilfe des Beziehungswissens gesetzt.

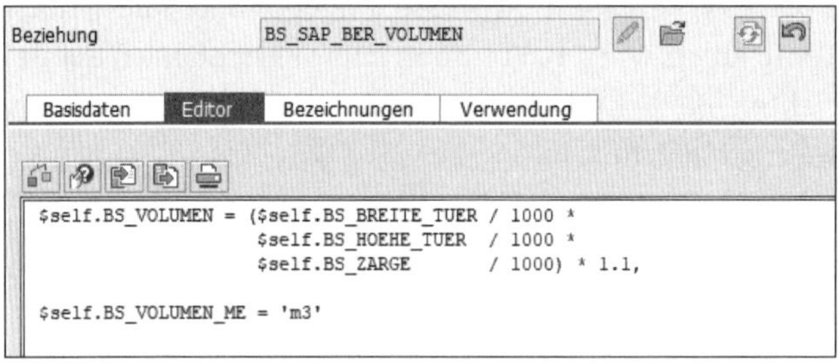

Abbildung 13.14 Beziehungswissen – Volumenberechnung

In Abbildung 13.15 werden die hergeleiteten Informationen in den (Objekt-)Merkmalen dargestellt.

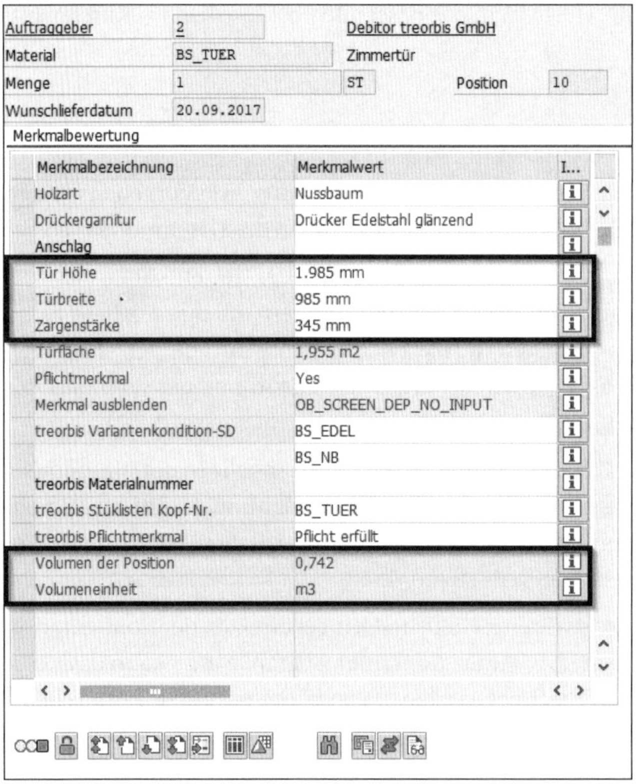

Abbildung 13.15 In der Konfiguration das Volumen ermitteln

In dem Beispiel sind die Merkmale als nicht eingabebereit ausgesteuert, sodass der Sachbearbeiter zwar die hergeleiteten Werte nachlesen, aber nicht verändern kann. Vorteil dieser Darstellungsform ist, dass falsch oder nicht hergeleitete Informationen schneller sichtbar sind. Dies vereinfacht die Fehlersuche.

Wird zur Beschreibung der Eigenschaften des Produktes eine sehr hohe Anzahl an Merkmalen benötigt, empfiehlt es sich, diese auf mehrere Registerkarten (Merkmalsgruppen) sinnvoll zu verteilen (siehe Abbildung 13.16).

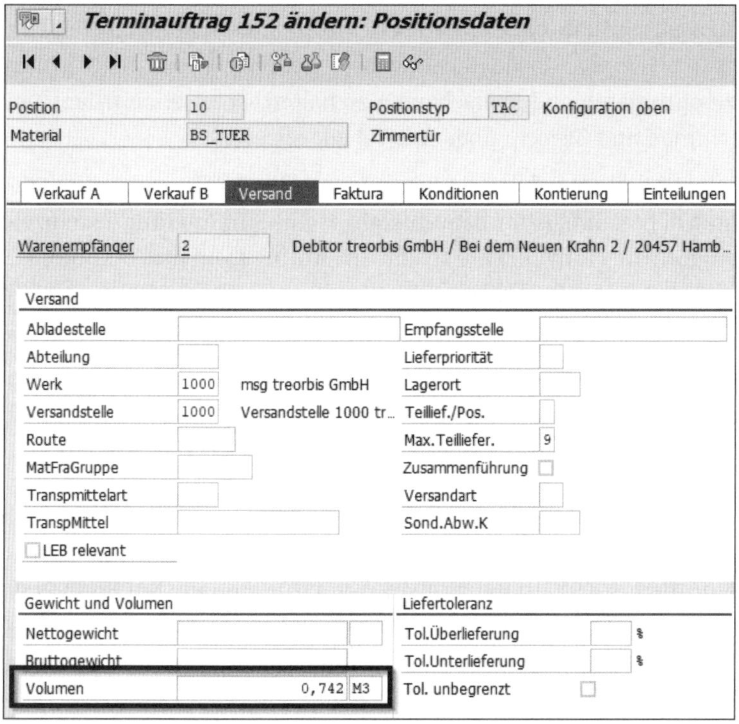

Abbildung 13.16 Kundenauftragsposition – Versanddaten aus der Konfiguration

Die ermittelten Ergebnisse werden in die dafür vorgesehenen Positionsfelder der Kundenauftragsposition übernommen und können für die weiteren Prozessabläufe genutzt werden.

Änderung des Beziehungswissens

Wird im Beziehungswissen die Berechnung geändert, wirkt sich diese nach erneuter Bearbeitung des Beziehungswissens aus. Erst danach steht der aktualisierte Wert in dem dafür vorgesehenen Kundenauftragsfeld.

13.3.2 Gewichtsberechnung konfigurierbarer Produkte

Um das Gewicht eines konfigurierbaren Materials zu ermitteln, können, ähnlich wie bei der Volumenberechnung, unterschiedliche Techniken zum Einsatz kommen.

Meist ist es nicht möglich, das Gewicht direkt aus der Konfiguration des Vertriebsmaterials zu berechnen. Selbst wenn die Dimensionen (Länge, Breite, Höhe) bekannt sind, fließen weitere Eigenschaften des Produktes, wie die Art des Rohstoffes (Holz oder Metall), in die Gewichtsberechnung ein.

In der Praxis hat sich gezeigt, dass die Herleitung des Gewichtes in Abhängigkeit von Produktbewertungen aus einer Tabelle die einfachste Technik ist. Um die Wartung des Regelwerkes zu optimieren und überschaubar zu halten, ist es sehr effizient, die Herleitung von Volumen und Gewicht über eine Tabelle abzubilden.

Besonders bei Produktstrukturen, deren Endprodukt aus der Zusammenstellung diverser Komponenten der Maximalstückliste entsteht, ist die Summierung der einzelnen Komponentengewichte sinnvoll. Eine solche Ermittlung kann durch Kombination verschiedener SAP-Standardtechniken gelöst werden. Um diesen Best-Practice-Ansatz implementieren zu können, sind folgende Voraussetzungen zu erfüllen:

- Die Stücklistenkomponenten, aus denen das Gewicht ermittelt wird, müssen konfigurierbar und möglichst auf einer Baustufenebene sein.
- Innerhalb des Kundenauftrages ist eine Stücklistenauflösung zwingende Voraussetzung.

Im Folgenden wird die Struktur anhand einer einfachen PC-Konfiguration erklärt. Für den PC ist das Bruttogewicht aus der Stückliste zu ermitteln. Die Komponenten des PCs (Drucker, Monitor, Rechnereinheit) sind selbst konfigurierbare Materialien. In den jeweiligen Klassen der Komponenten ist ein Merkmal für das Bruttogewicht (**T_GEW_KOMP**) zuzuordnen, siehe Abbildung 13.17.

Dieses Merkmal ist entweder über die Klassifizierung im Materialstamm oder über Beziehungswissen mit einem Gewicht zu bewerten.

Als letzte Position in der Stückliste ist ein weiteres konfigurierbares Dummy-Material **0040 LT-VDU00** aufzunehmen, das als Sammler der Gewichte genutzt wird (siehe Abbildung 13.18).

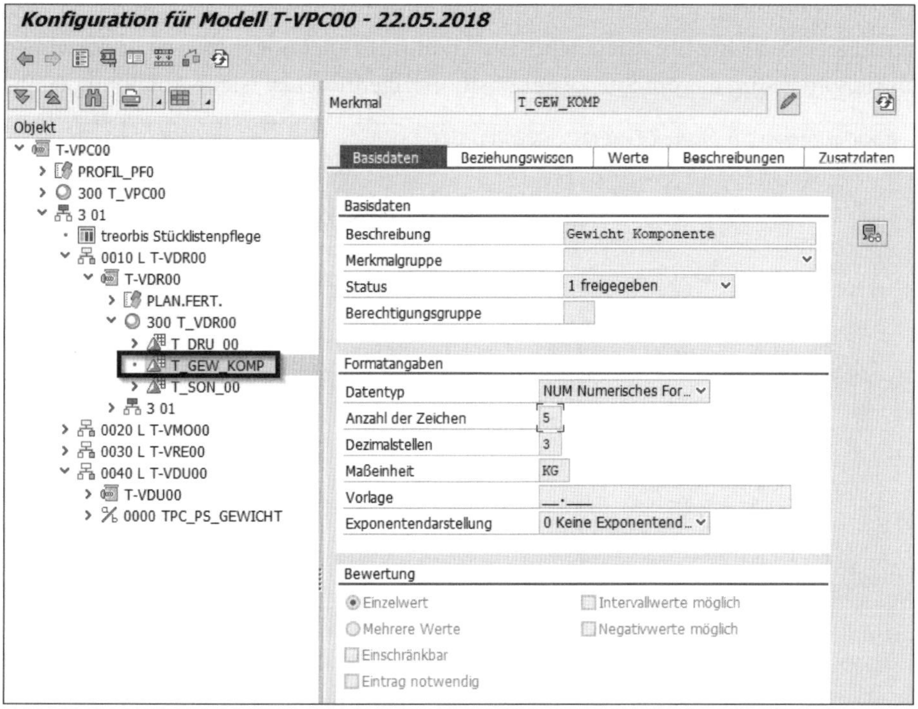

Abbildung 13.17 Gewichtsmerkmal an der Komponente

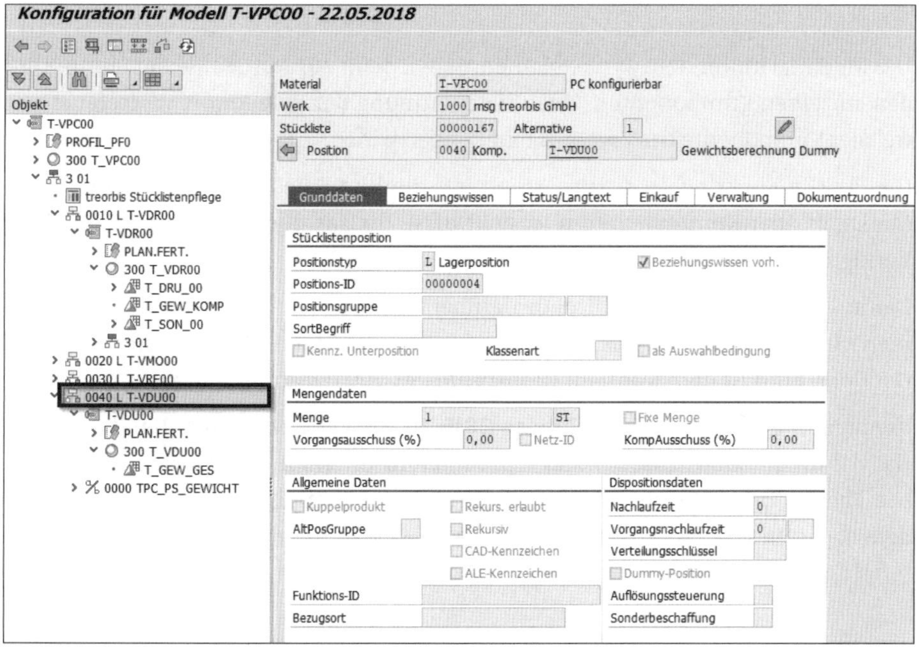

Abbildung 13.18 Komponente als Gewichtssammler

Der Klasse des Dummy-Materials ist ein Merkmal zuzuordnen, in dem die Summe aller Einzelgewichte hinterlegt wird. Die Addition erfolgt über ein Beziehungswissen mittels Prozedur, das der Stücklistenposition zugeordnet ist (siehe Abbildung 13.19).

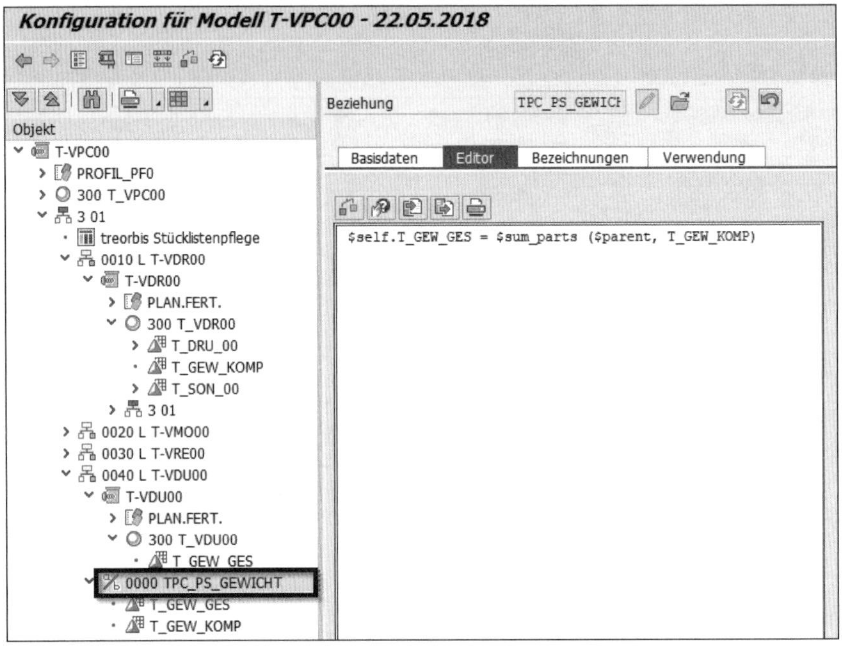

Abbildung 13.19 Beziehungswissen zum Summieren des Gewichts

Das Merkmal hinter dem Syntaxelement `$self.` dient zur Aufnahme der Summe aus den einzelnen Komponenten. Über die Zuordnung der Prozedur wird gesteuert, an welcher Komponente das Ergebnis eingetragen wird.

Die Built-in-Funktion `$sum_parts` summiert die Werte des nachfolgenden `$parent`-Merkmals aller Komponenten und stellt diese für das übergeordnete Material zur Verfügung.

Damit das Gesamtgewicht in dem darüberliegenden Vertriebsmaterial übernommen wird, muss zusätzlich der Wert mit einem Constraint nach oben vererbt werden. Das Constraint ist dem Konfigurationsprofil des Vertriebsmaterials zuzuordnen.

In Abbildung 13.20 werden im Bereich **OBJECTS** das Vertriebsmaterial und das Material, das für den Gewichtssammler steht, referenziert. Damit wird festgelegt, auf welche Ebenen bzw. Objekte im anschließenden Restriktionsteil zugegriffen wird. In dem nächsten Abschnitt wird definiert, dass das Gewichtsmerkmal aus dem Kopfmaterial den Wert aus dem Gesamtgewichtsmerkmal der Dummy-Komponente erhält.

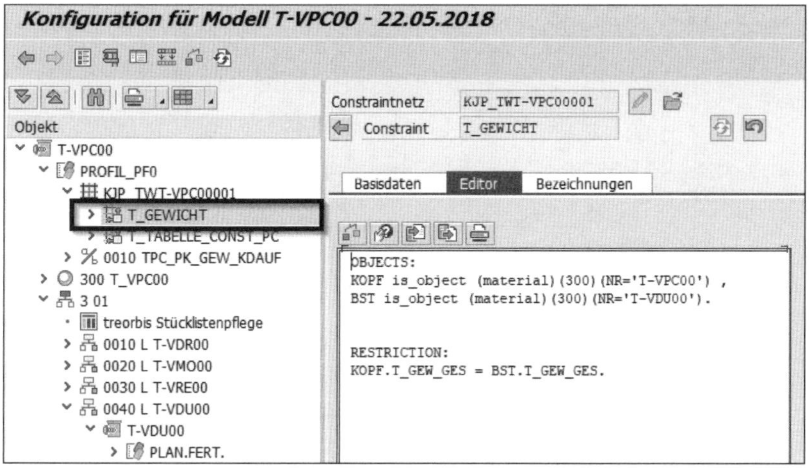

Abbildung 13.20 Constraint hochvererben aus der Stücklistenkomponente

Im letzten Schritt kann das ermittelte Gesamtgewicht, wie auch schon beim Volumen beschrieben, über ein Objektmerkmal, das auf die Struktur VCSD_UPDATE verweist, in die Kundenauftragsposition übernommen werden.

In dem Beziehungswissen in Abbildung 13.21 wird der Wert des Merkmals »Gewicht Gesamt« über das Objektmerkmal in das entsprechende Feld des Kundenauftrags übernommen.

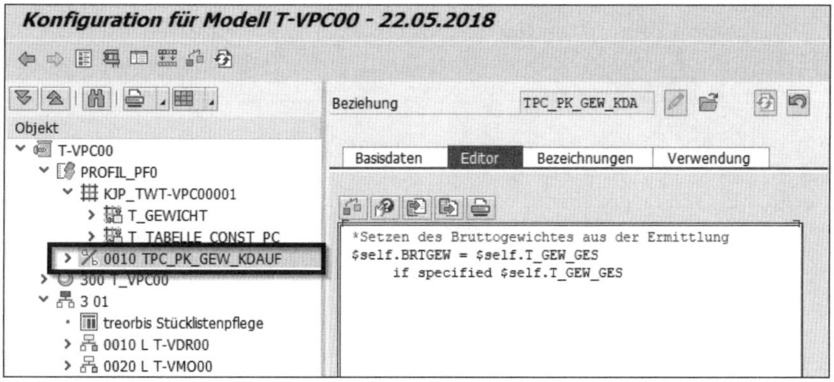

Abbildung 13.21 Beziehungswissen für die Übergabe des Gewichts aus der Konfiguration in die Kundenauftragsposition

Da die Merkmale zwar sichtbar, aber als nicht eingabebereit ausgesteuert worden sind, kann in der Konfiguration überprüft werden, ob ein Gesamtgewicht aus der Stückliste gefunden bzw. dieses an das Objektmerkmal vererbt worden ist. Durch diese Merkmalssteuerung lässt sich die Fehlersuche vereinfachen.

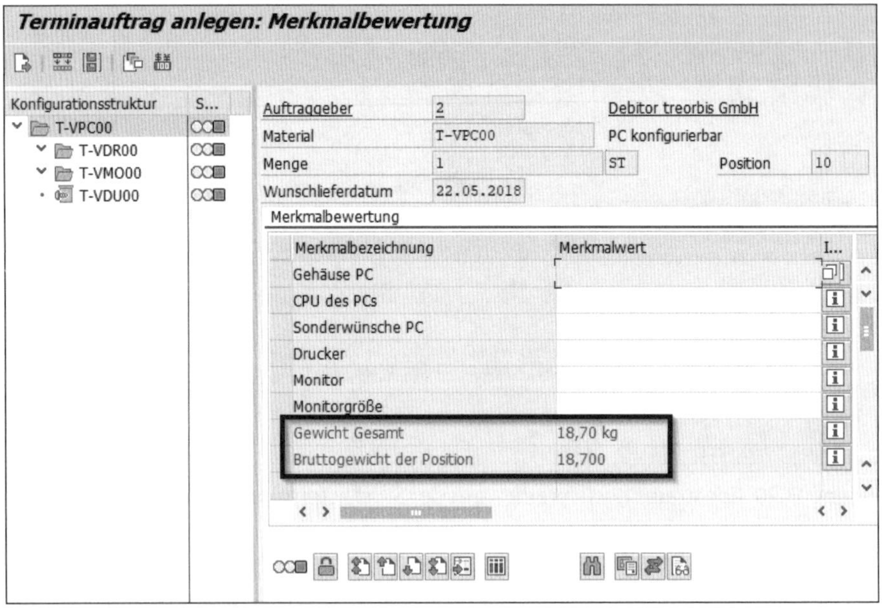

Abbildung 13.22 In der Konfiguration das Bruttogewicht ermitteln

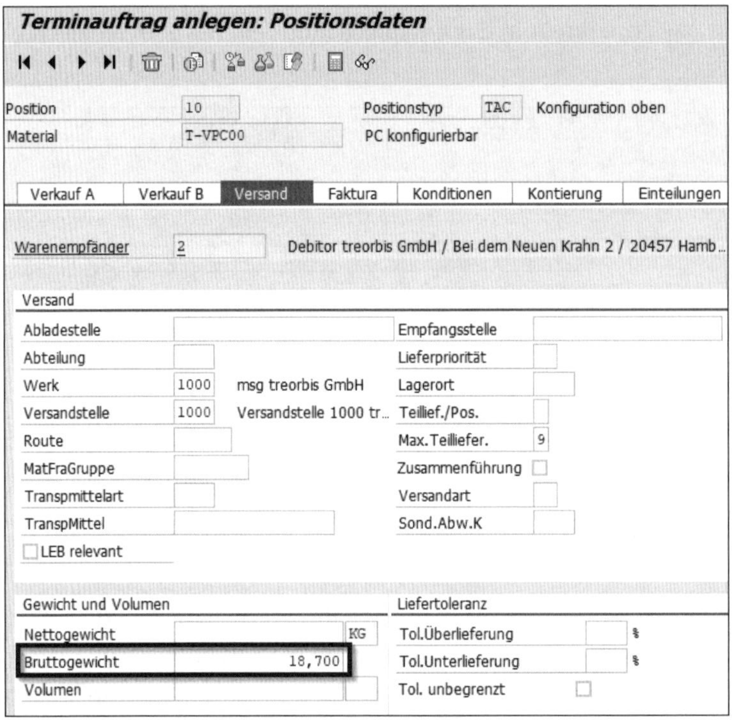

Abbildung 13.23 Kundenauftragsposition – Versanddaten aus der Konfiguration

Der ermittelte Wert wird z. B. in der Kundenauftragsposition/Detailsicht auf der Registerkarte **Versand** hinterlegt. Diese Daten können dann für die nachgelagerten Prozesse weiterverwendet werden.

Die benannten Techniken setzen immer voraus, dass die Gewichte nach bestimmten Abhängigkeiten als Stammdatum hinterlegt werden müssen. Ein Zugriff auf die Daten aus dem Materialstamm ist mit diesen Techniken nicht möglich. Besonders bei der zweiten Lösung kann die Summierung des Gesamtergebnisses aus der Stückliste nur aus konfigurierbaren Materialien erfolgen. Da eine Stückliste häufig aber auch nicht konfigurierbare Materialien beinhaltet, ist diese Struktur nur bedingt einsetzbar.

Um den Aufwand für die Stammdatenpflege zu reduzieren, werden häufig kundenindividuelle Lösungen erstellt oder auf Add-ons der SAP-Partner zurückgegriffen. Als Beispiel wird eine Partnerlösung beschrieben, die überwiegend die Stammdaten nutzt.

Analog der zweiten Lösung wird beim Speichern des Kundenauftrags die Stückliste pro Position aufgelöst und zur Ermittlung der Gesamtgewichte (brutto und netto) nachgelesen. Die Logik des Nachlesens wird in Abbildung 13.24 dargestellt.

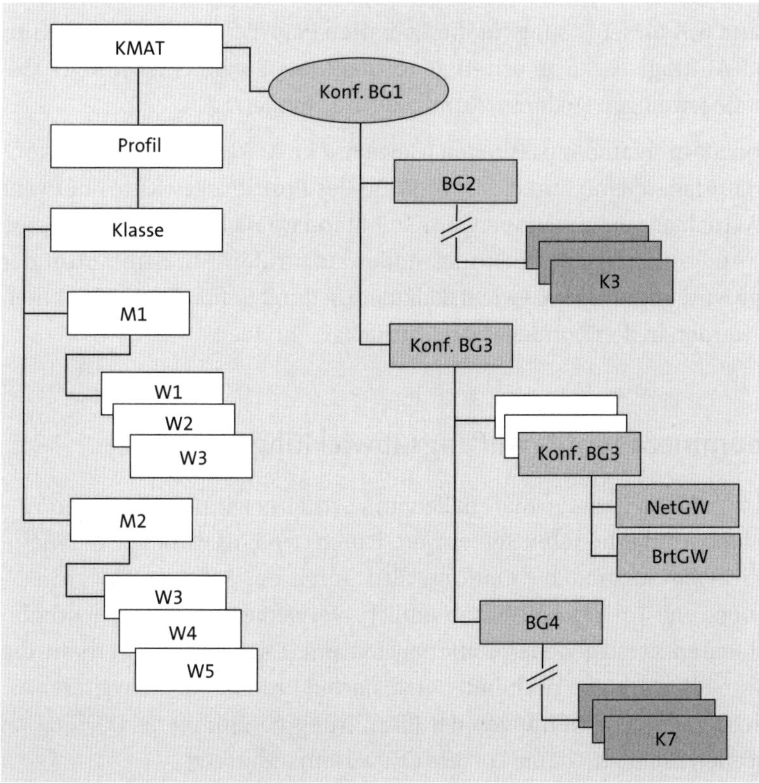

Abbildung 13.24 Ermittlung der Gewichtsberechnung im Kundenauftrag

Nach erfolgter Konfiguration sind die relevanten Komponenten der Stückliste bekannt. Die Positionen werden in den einzelnen Baustufenebenen wie folgt geprüft:

- Ist die Komponente ein nicht konfigurierbares Eigenfertigungsmaterial, fließen die Brutto- bzw. Nettogewichte aus dem Materialstamm in das Gesamtgewicht ein. Die darunterliegende Stücklistenstruktur wird nicht mehr weiter aufgelöst.
- Ist die Komponente ein konfigurierbares Eigenfertigungsmaterial, wird in der darunterliegenden Baustufenebene die Prüfung weiter durchgeführt.
- Ist die Komponente ein nicht konfigurierbares Fremdfertigungsmaterial, fließen die Brutto- bzw. Nettogewichte aus dem Materialstamm in das Gesamtgewicht ein.
- Ist die Komponente ein konfigurierbares Fremdfertigungsmaterial, sind die Gewichte in definierten Merkmalen zu hinterlegen. Dieses kann durch die Klassifizierung im Materialstamm oder per Beziehungswissen erfolgen. Die Werte aus diesen Merkmalen fließen in das Gesamtgewicht ein.

Neben dieser grundlegenden Logik werden Kennzeichen wie Sonderbeschaffungskennzeichen im Materialstamm, abweichende Verkaufsmengeneinheiten, Kennzeichen für die fixe Menge aus der Stückliste, Rohmaßpositionen etc. berücksichtigt.

Das Gewicht kann mit dieser Lösung für die Szenarien Plan/Fertigungsauftrag, Kundenauftrag und Auftragsstückliste ermittelt werden. Das Ergebnis (ermittelte Gewichte) wird in die jeweiligen Felder im Kundenauftrag eingetragen.

Ist aufgrund von Stammdatenanpassungen (Gewichte im Materialstamm nichtkonfigurierbarer Materialien) eine erneute Ermittlung des Positionsgewichtes notwendig, ist für die Aktualisierung gegenüber dem SAP-Standard nicht mehr die jeweilige Konfiguration pro Position im Bearbeitungsmodus aufzurufen. Mit dem Aufruf der Kundenaufträge wird erneut eine Gewichtskalkulation durchgeführt, und die aktuellen Ergebnisse werden in den Kundenauftrag zurückgeschrieben.

13.4 Identnummern für die Auftragsabwicklung

Die Nutzung von konfigurierbaren Materialien im Vertrieb gewinnt im heutigen Vertriebsprozess einen immer höheren Stellenwert. Durch den Einsatz neuer Technologien, wie z. B. software-upgradable Options, also durch ein Software-Update verfügbare Optionen, wie im Automobilbau üblich, vervielfachen sich die Kombinationsmöglichkeiten verschiedener Optionen extrem. Das wiederum erhöht die Erwartungshaltung der Kunden nach individualisierten Produkten. Ein weiterer Aspekt sind die zusätzlichen Bemühungen der Einführung von Industrie 4.0, die sich unter anderem auch mit dem Thema *Lot Size One* auseinandersetzt.

Die Nutzung konfigurierbarer Produktstrukturen wird durch Anforderungen, wie kurze Lieferzeiten, einfache Kommunikation mit dem Kunden, schnelle Reaktionszeit im Servicefall, E-Commerce etc., erschwert. Da bei variantenreichen Produkten die eineindeutige Produktbeschreibung nicht durch die Materialnummer, sondern durch die Konfigurationsbewertung erfolgt, sind solche Anforderungen mit einem konfigurierbaren Material nicht so einfach zu bedienen. Erschwerend kommt hinzu, dass konfigurierbare Produkte im SAP-Standard in einem Kundeneinzelfertigungsprozess zu produzieren sind, womit eine Vorabfertigung nur mit weiterem Stammdatenaufwand möglich ist. Um diese Anforderung bedienen zu können, ist eine eineindeutige Kennung des konfigurierten Produktes notwendig.

SAP sieht hierfür den Standardprozess der *Materialvariante* vor (siehe Kapitel 8, »Materialvarianten«). Die Materialvariante ist ein eineindeutiges Material, das sich auf die Stammdaten des konfigurierbaren Materials bezieht. So ist es im Vertriebsprozess möglich, das Produkt zu konfigurieren und beim Verlassen der Konfiguration durch eine Materialvariantenfindung auf eine, zu dieser Konfiguration passende Materialvariante zu wechseln. Somit ist eine eindeutige Identifizierung des konfigurierten Produktes gegenüber dem Kunden gewährleistet. Die Anlage der zusätzlichen Materialien erfolgt nicht automatisch, d. h., es sind vorab die Materialvarianten anzulegen. Der Standardprozess sieht dieses Datenkonstrukt für solche konfigurierten Produkte vor, die häufig verkauft und dementsprechend auf Lager produziert werden sollen. Eine generelle Anlage von Materialvarianten für jegliche Wertekombination ist nicht ratsam, da dadurch die Anzahl der Materialstämme extrem erhöht wird. Dieses wiederum erhöht den Aufwand für die Pflege von Stammdaten und kann die Performance des Systems stark belasten.

Gerade wenn es um die eineindeutige Kommunikation zum Kunden geht, kann besonders für den Vertriebsprozess durch die Kombination von SAP-Standardfunktionen eine gute Alternative gefunden werden. Wird eine eineindeutige Identifikationsnummer benötigt, die ein Kunde direkt bestellen kann, ist die Koppelung der SD-Materialfindung mit einer Werteherleitung über Beziehungswissen eine weitere Lösung. Die im Vertrieb angesiedelte Materialfindung ermöglicht das automatische Ersetzen (Substituieren) von Materialien in den Verkaufsbelegen. In der Funktion können für ein reales Material (dieses kann, aber muss nicht konfigurierbar sein) Synonyme als Text hinterlegt werden. Diese Synonyme können in der Kundenauftragsposition in das Feld **Material** eingetragen werden. Das SAP-System ersetzt das Synonym durch das reale Material. In der Konfiguration kann auf das Synonym zurückgegriffen werden, sodass mit dieser Information per Beziehungswissen weitere Merkmale bewertet werden können.

Um das genannte Vorgehen zu verdeutlichen, werden im Folgenden die relevanten Objekte und der Prozess anhand eines vereinfachten Datenmodells, einer Lampe, dargestellt.

13.4.1 Vorgehen am Beispiel eines vereinfachten Datenmodells

In der Einstiegsmaske der Materialfindung (Transaktion VB11) ist zuerst die Findungsart einzutragen (siehe Abbildung 13.25). Über die Findungsart können die Kriterien hinterlegt werden, wann eine Materialsubstitution durchgeführt werden soll. Die Findungsart kann mithilfe der Konditionstechnik kundenindividuell angepasst werden. Wir nutzen in unserem Beispiel die hinterlegte Findungsart A001.

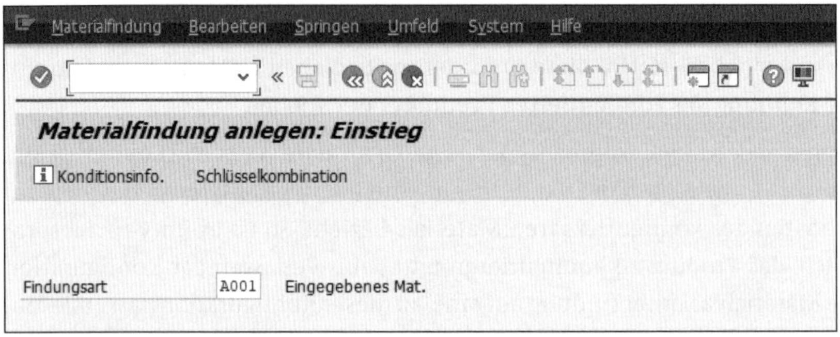

Abbildung 13.25 Materialfindung anlegen – Einstieg (Transaktion VB11)

In der nächsten Sicht (siehe Abbildung 13.26) sind dann die Einträge (Synonyme) zum Material zu pflegen. In die Spalte **Eing. Mat.** ist das Synonym und in der Spalte **Material** das zu ersetzende Material aus dem Materialstamm einzutragen. Zusätzlich können noch abweichende Mengeneinheiten und Gründe für die Substitution hinterlegt werden. Diese Einträge bewirken, dass im Kundenauftrag als Material das Synonym eingetragen werden kann.

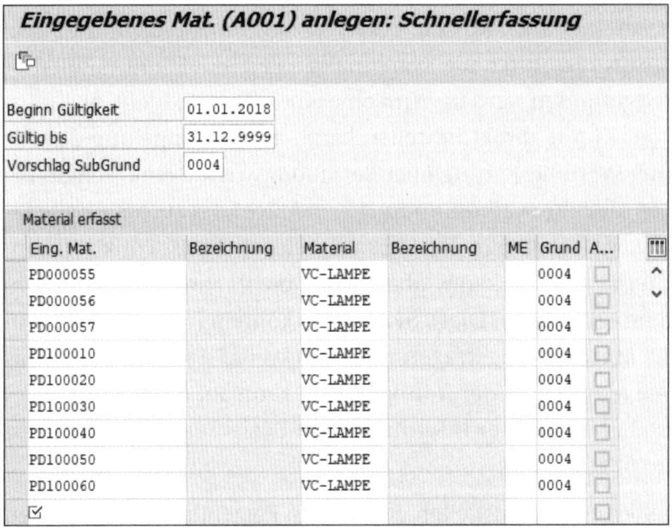

Abbildung 13.26 Einträge für die Materialfindung

Nach dem Bestätigen der Eingabe wird das Synonym durch das Material ersetzt. Das Synonym wird in dem Feld **Eingeg. Material** dargestellt (siehe Abbildung 13.27 und Abbildung 13.28).

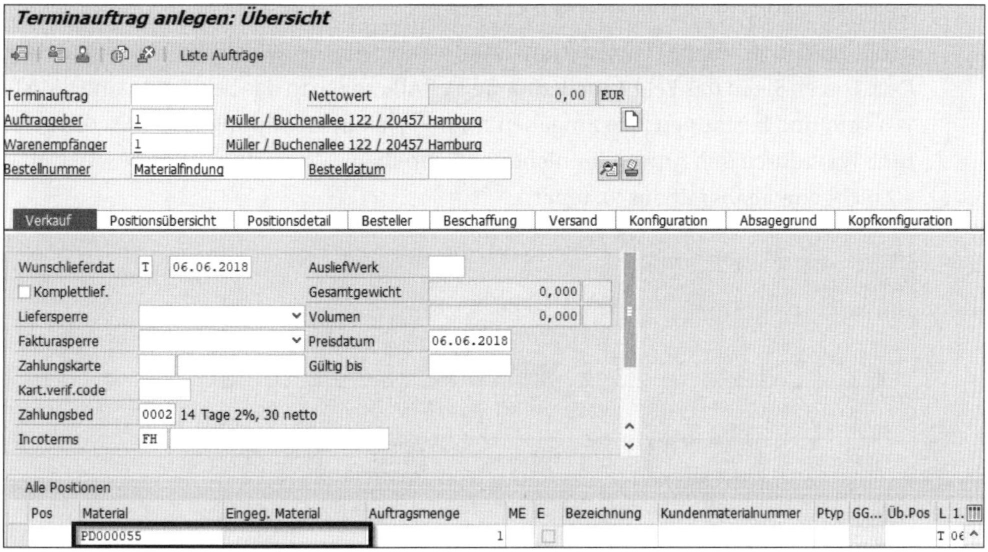

Abbildung 13.27 Eingabe des Synonyms im Kundenauftrag

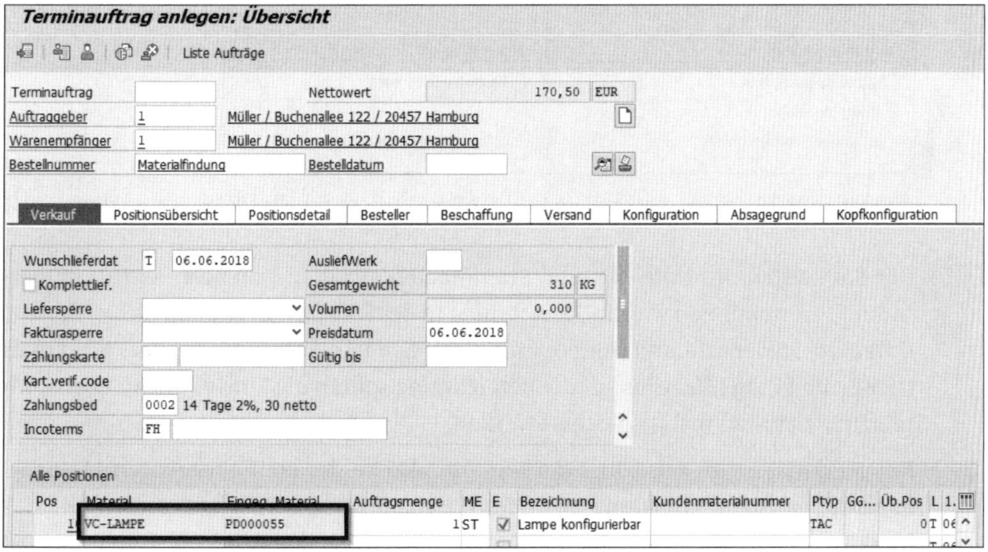

Abbildung 13.28 Substitution nach Bestätigung der Eingabe des Materials

Im zweiten Schritt ist nun die Information aus dem Feld **Eingeg. Material** in die Konfiguration zu überführen. Dies erfolgt über ein lesendes Objektmerkmal (siehe Abschnitt 1.6, »Beziehungswissen für die interaktive Konfiguration«), das auf die Tabelle VBAP und das Feld MATWA verweist.

In der **Merkmalsanlage** (Transaktion CT04) wählen Sie die Registerkarte **Zusatzdaten**. Dort tragen Sie in das Feld **Tabellenname** »VBAP« sowie in das Feld **Feldname** »MATWA« ein und bestätigen Ihre Eingaben mit [↵] (siehe Abbildung 13.29). Da der gelesene Wert durch den Anwender nicht überschrieben werden darf, ist dieses Merkmal als **nicht eingabebereit** auszusteuern.

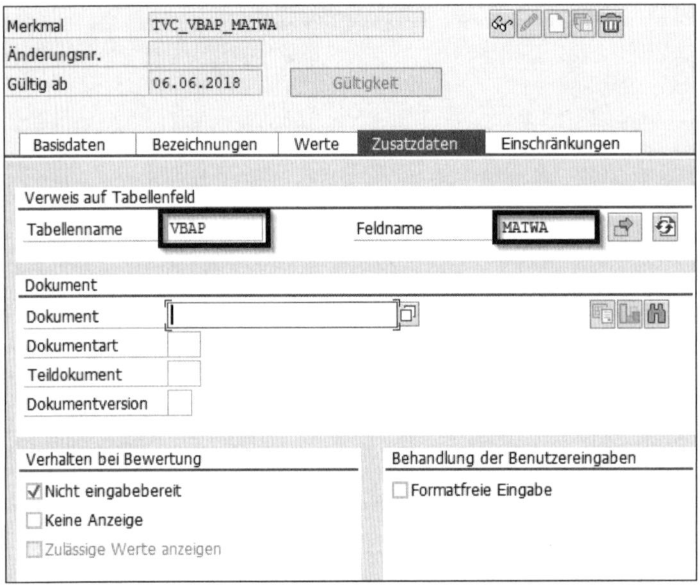

Abbildung 13.29 Objektmerkmal im Feld MATWA auf der Tabelle VBAP (Transaktion CT04)

Das SAP-System liest die weiteren Stammdaten aus dem Datenelement und übernimmt Informationen wie die Bezeichnung in der Sprache der angemeldeten Person, Datentyp, Stellenzahl und weitere Informationen in die Stammdaten des Merkmals (siehe Abbildung 13.30). Bis auf die Bezeichnung sollten die Einstellungen übernommen und das Merkmal gespeichert werden.

Das Merkmal ist im Anschluss der Variantenklasse des konfigurierbaren Materials zuzuordnen (siehe Abbildung 13.31). Dazu ist Transaktion CL02 aufzurufen und das Merkmal der Klasse zuzuordnen. Dies kann direkt bei der Neuanlage oder auch zu einem späteren Zeitpunkt erfolgen.

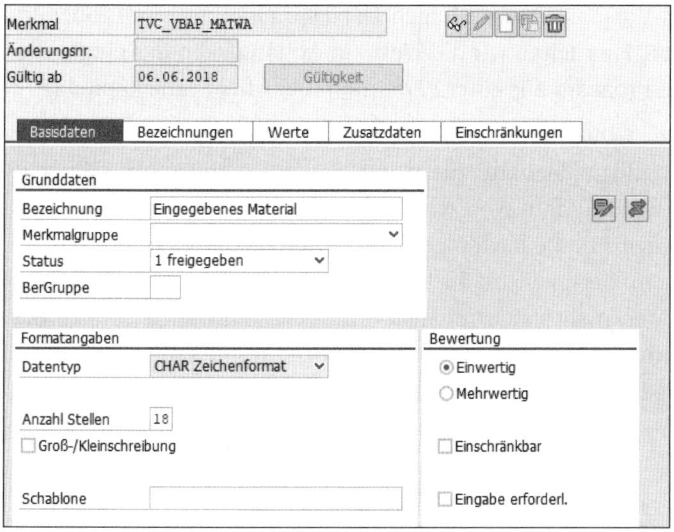

Abbildung 13.30 Übernahme der Einstellungen aus dem Datenelement

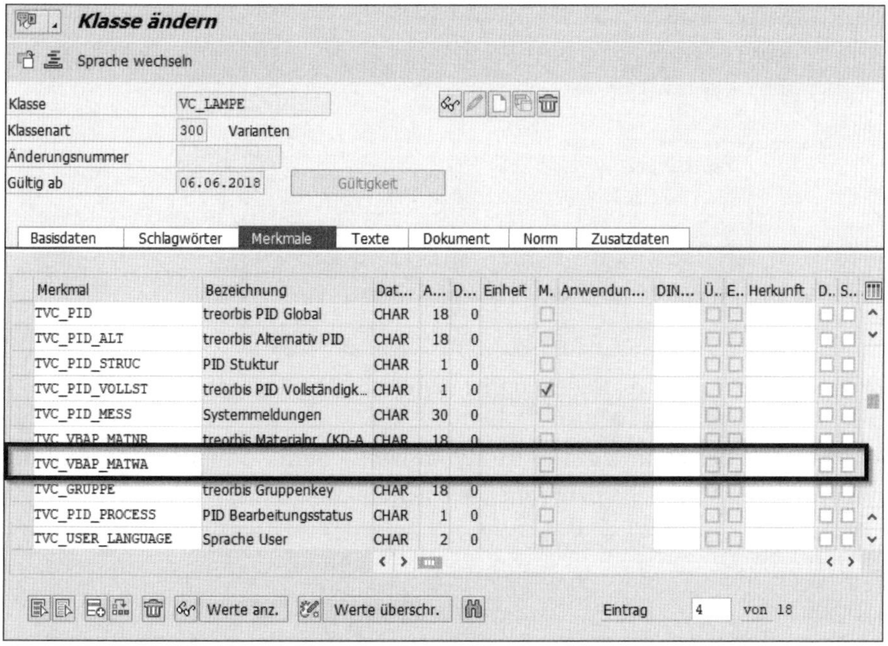

Abbildung 13.31 Merkmal zur Variantenklasse zuordnen (Transaktion CL02)

Bestätigen Sie die Eingabe mit [↵], und speichern Sie die Klasse. Nun sind die Strukturen für die Übernahme der Information des Synonyms in die Konfiguration aufgebaut. Anhand des Wertes aus diesem Objektmerkmal kann die Bewertung weiterer

Merkmale als Fest- oder Vorschlagswert erfolgen. Dazu können Constraints oder Prozeduren genutzt werden. Hier leiten wir die Werte in Abhängigkeit des eingegeben Materials mithilfe einer Prozedur aus einer Variantentabelle her (siehe Kapitel 1).

In Abbildung 13.32 ist die Syntax des Beziehungswissens dargestellt. Nach dem Aufruf der Tabelle wird anhand der Struktur zuerst der Wert aus dem Merkmal **Eingegebenes Material** ausgelesen. Mit dem Wert wird in der Tabelle ein Eintrag gesucht. Ist ein Eintrag vorhanden, wird in die nachfolgenden Merkmale der Wert aus dem Datensatz zurückgegeben. Im Beispiel wird die Farbe als Festwert (Steuerkennzeichen =) und für die weiteren Merkmale als Vorschlagswert (Steuerkennzeichen ?=) zurückgegeben. Für die Performanceoptimierung wird die Prozedur nur dann abgearbeitet, wenn das Merkmal **Eingegebenes Material** gefüllt ist.

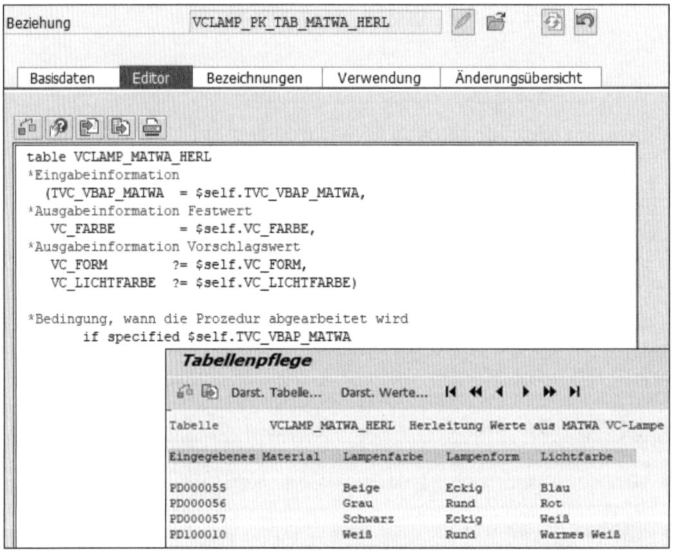

Abbildung 13.32 Prozedur zur Herleitung der Werte aus dem eingegebenen Material

Das aufgebaute Beziehungswissen ist im Anschluss dem Konfigurationsprofil des konfigurierbaren Materials zuzuordnen (siehe Abbildung 13.33).

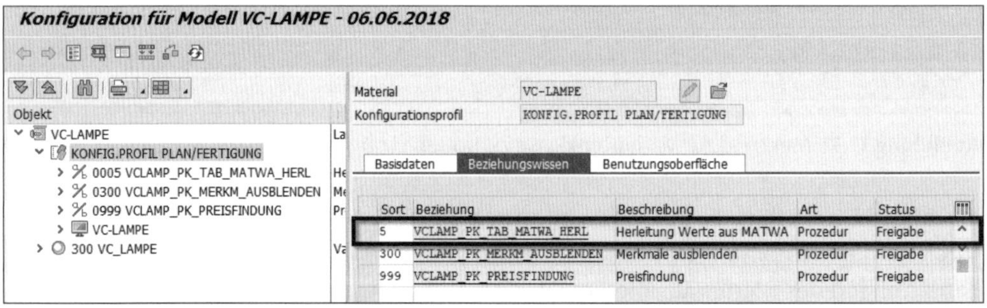

Abbildung 13.33 Im Konfigurationsprofil Beziehungswissen zuordnen

Da in dem Beziehungswissen die Bewertung anhand der Information aus dem eingegebenen Material erfolgt und prozedural ausgesteuert ist, sollte dieses möglichst am Anfang der Abarbeitungsreihenfolge einsortiert werden. In der Anwendung stellt sich diese Struktur dann wie folgt dar: Im Kundenauftrag wird zunächst das Synonym eingegeben (siehe Abbildung 13.34).

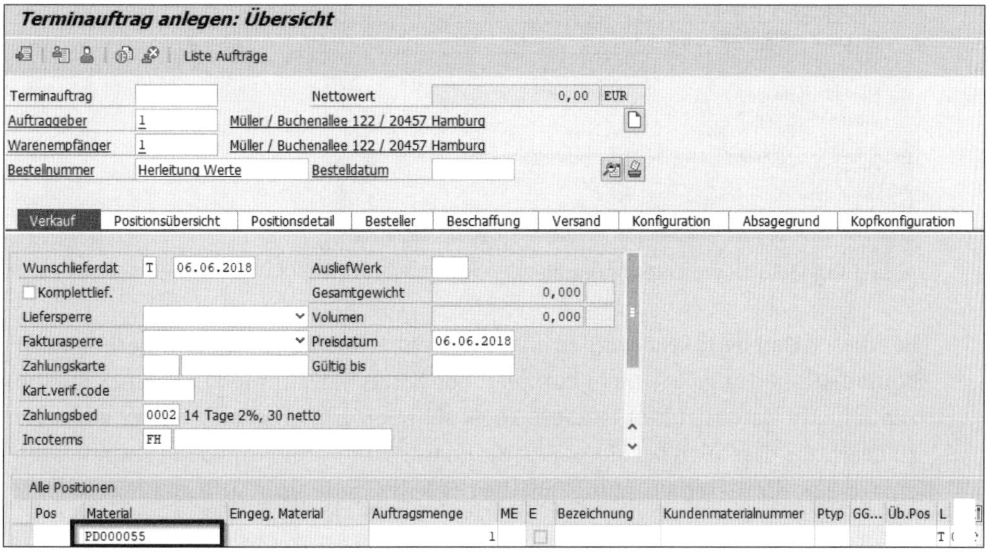

Abbildung 13.34 Eingabe des Synonyms im Kundenauftrag

Nach dem Bestätigen des Eintrags mit [↵] wird das Synonym durch das konfigurierbare Material ersetzt und der Konfigurator aufgerufen.

Der Wert des eingegebenen Materials wird in der Konfiguration auf das zugeordnete Objektmerkmal übernommen (siehe Abbildung 13.35).

Abbildung 13.35 Wert aus dem eingegebenen Material in der Konfiguration übernehmen

Mit dieser Bewertung werden anhand der Einträge der Variantentabelle die weiteren Merkmale bewertet (siehe Abbildung 13.36).

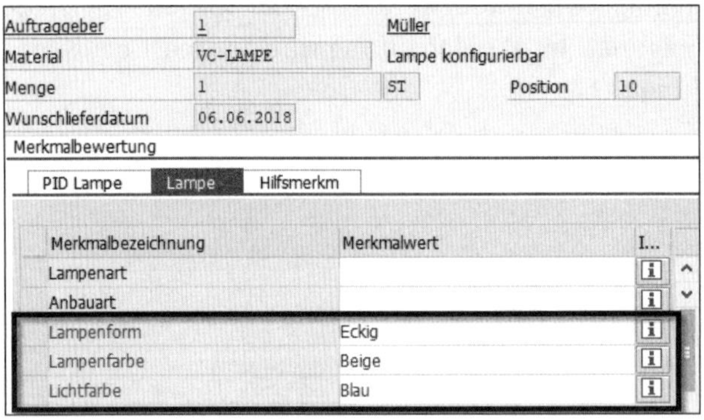

Abbildung 13.36 Bewertete Merkmale

Bei dieser Datenstruktur werden nur Synonyme für die jeweiligen Merkmalwertkombinationen angelegt, nicht komplett neue Materialstämme. Durch eine gut konzeptionierte Datenstruktur ist diese Logik sehr performant einsetzbar. Es ist jedoch zu beachten, dass auch bei dieser SAP-Standardstruktur im Vorfeld die Stammdatenanlage, also die Materialfindung und die Logik der Herleitung, erfolgen müssen.

13.4.2 Erweiterte Funktion

Durch eine standardisiertes Add-on ist es möglich, die beschriebenen Funktionen branchenunabhängig effizienter zu gestalten. Dabei wird an vielen Stellen der Lösung auf die gleichen bzw. ähnlichen Elemente, wie vorab beschrieben, zurückgegriffen. Funktional wird neben der Herleitung von Merkmalwerten auch der umgekehrte Weg betrachtet; d. h. anhand von Merkmalsbewertungen kann ein Synonym (im Folgenden die Product Ident Number = PID) gefunden bzw., falls für die Wertekombination noch nicht vorhanden, neu angelegt werden. Für die Erläuterung der Funktion sind die einzelnen Elemente in einer anderen Reihenfolge zu betrachten.

Voraussetzung für die Herleitung von Merkmalwerten oder der PID ist die Identifizierung der Merkmale (siehe Abbildung 13.37), deren Bewertung eine PID beschreibt. Diese werden in einer eigenen Data-Dictionary-Tabelle (DDIC-Tabelle) hinterlegt.

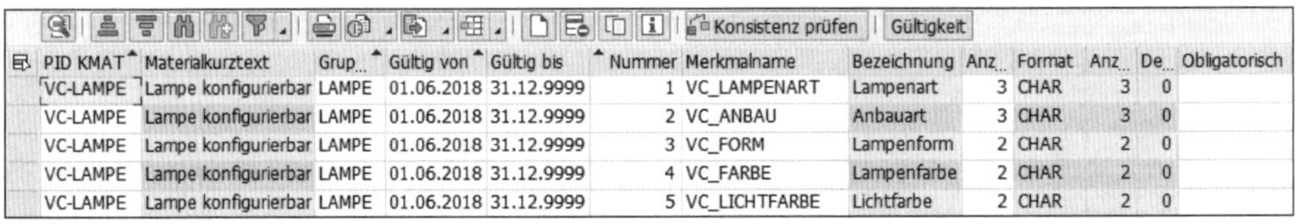

PID KMAT	Materialkurztext	Grup...	Gültig von	Gültig bis	Nummer	Merkmalname	Bezeichnung	Anz...	Format	Anz...	De...	Obligatorisch
VC-LAMPE	Lampe konfigurierbar	LAMPE	01.06.2018	31.12.9999	1	VC_LAMPENART	Lampenart	3	CHAR	3	0	
VC-LAMPE	Lampe konfigurierbar	LAMPE	01.06.2018	31.12.9999	2	VC_ANBAU	Anbauart	3	CHAR	3	0	
VC-LAMPE	Lampe konfigurierbar	LAMPE	01.06.2018	31.12.9999	3	VC_FORM	Lampenform	2	CHAR	2	0	
VC-LAMPE	Lampe konfigurierbar	LAMPE	01.06.2018	31.12.9999	4	VC_FARBE	Lampenfarbe	2	CHAR	2	0	
VC-LAMPE	Lampe konfigurierbar	LAMPE	01.06.2018	31.12.9999	5	VC_LICHTFARBE	Lichtfarbe	2	CHAR	2	0	

Abbildung 13.37 PID-relevante Merkmale

In der Tabelle sind in Abhängigkeit zum konfigurierbaren Material die Merkmale gelistet, die in Bezug zur PID stehen. Meist sind es die produktbeschreibenden Merkmale und somit nur eine Teilmenge aller Merkmale aus den zugeordneten Klassen des konfigurierbaren Materials. Ein weiteres wichtiges Kriterium ist die Reihenfolge der Merkmale. In derselben Reihenfolge wird im weiteren Prozess der Merkmalsschlüssel (Kombination der Merkmalwerte) zur PID gebildet (siehe Abbildung 13.38).

Da sich das konfigurierbare Datenmodell während seines Lebenszyklus verändert, sind die Einträge mit Gültigkeitszeiträumen versehen. Um zusätzlich die Stammdatenpflege zu optimieren, wurde optional die Steuerung der Pflichteingabe von Merkmalen ermöglicht. Die Zuordnung der PID zu dem Merkmalsschlüssel wird in einer weiteren DDIC-Tabelle abgelegt.

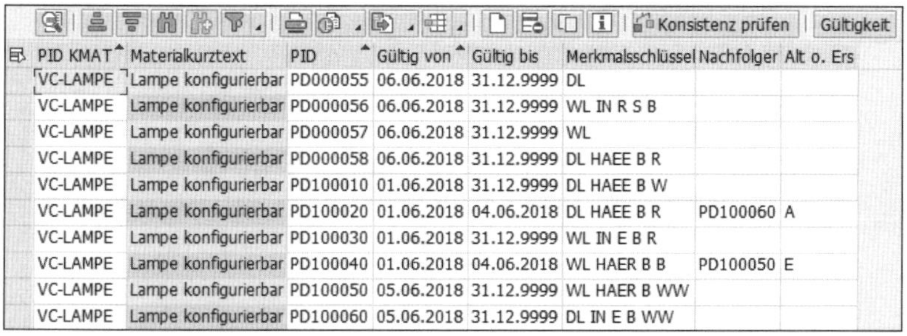

PID KMAT	Materialkurztext	PID	Gültig von	Gültig bis	Merkmalsschlüssel	Nachfolger	Alt o. Ers
VC-LAMPE	Lampe konfigurierbar	PD000055	06.06.2018	31.12.9999	DL		
VC-LAMPE	Lampe konfigurierbar	PD000056	06.06.2018	31.12.9999	WL IN R S B		
VC-LAMPE	Lampe konfigurierbar	PD000057	06.06.2018	31.12.9999	WL		
VC-LAMPE	Lampe konfigurierbar	PD000058	06.06.2018	31.12.9999	DL HAEE B R		
VC-LAMPE	Lampe konfigurierbar	PD100010	01.06.2018	31.12.9999	DL HAEE B W		
VC-LAMPE	Lampe konfigurierbar	PD100020	01.06.2018	04.06.2018	DL HAEE B R	PD100060	A
VC-LAMPE	Lampe konfigurierbar	PD100030	01.06.2018	31.12.9999	WL IN E B R		
VC-LAMPE	Lampe konfigurierbar	PD100040	01.06.2018	04.06.2018	WL HAER B B	PD100050	E
VC-LAMPE	Lampe konfigurierbar	PD100050	05.06.2018	31.12.9999	WL HAER B WW		
VC-LAMPE	Lampe konfigurierbar	PD100060	05.06.2018	31.12.9999	DL IN E B WW		

Abbildung 13.38 Merkmalsschlüssel der PID

Auch hier wurde die Möglichkeit der Datenpflege in Bezug zu Zeiträumen realisiert, um den Veränderungen im Lebenszyklus eines konfigurierbaren Produktes gerecht zu werden. Zusätzlich wird über weitere Kennzeichen die Funktion einer Nachfolge-ID realisiert.

Um in der Konfiguration die Herleitung von Merkmalwerten in Abhängigkeit der PID zu aktivieren, ist in dem Konfigurationsprofil des konfigurierbaren Vertriebsmaterials eine wertfreie Prozedur zuzuordnen (siehe Abbildung 13.39). Diese ruft Variantenfunktionen auf, die die Logik der Herleitung beinhalten.

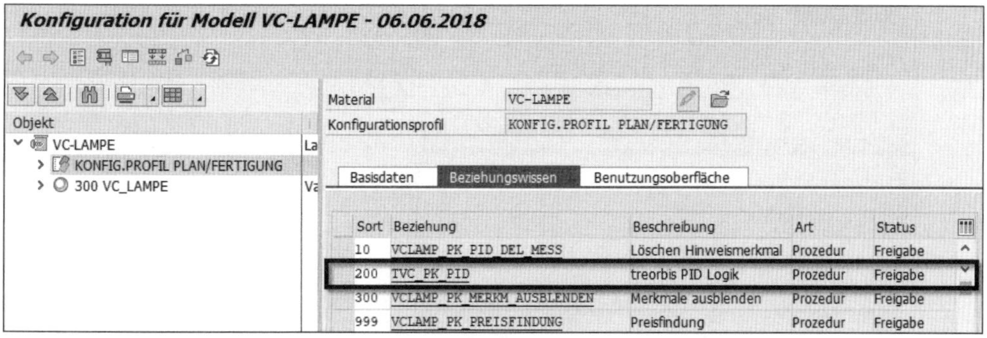

Abbildung 13.39 Zuordnung von Beziehungswissen im Konfigurationsprofil

Die Vorgehensweise ist analog des vorab beschriebenen Lösungsansatzes. Wird im Kundenauftrag eine PID in das Feld **Material** der Kundenauftragsposition eingetragen (siehe Abbildung 13.40), wird diese Information in der Konfiguration ausgewertet, werden und die relevanten Merkmale werden anhand eines gefundenen Tabelleneintrags bewertet.

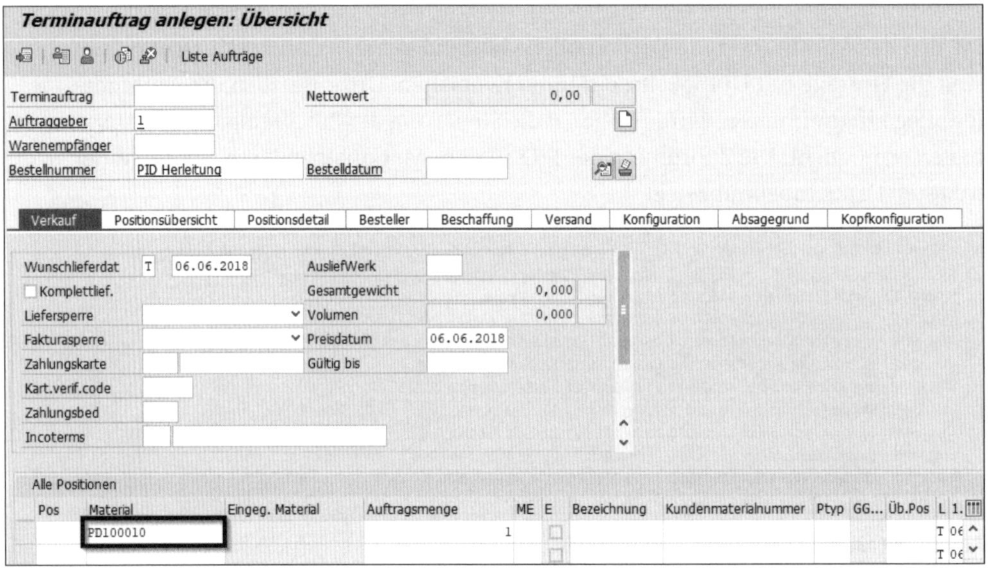

Abbildung 13.40 PID im Kundenauftrag eingeben

Nach dem Bestätigen der PID mit ↵ wird der Eintrag durch das konfigurierbare Material ersetzt und der Konfigurator aufgerufen. Die Bewertung der Merkmalwerte erfolgt aus dem Datensatz der eingegebenen PID (siehe Abbildung 13.41).

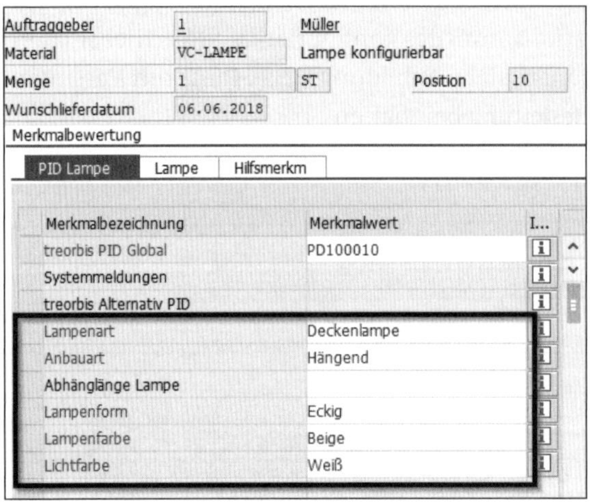

Abbildung 13.41 Hergeleitete Merkmalwerte aus der PID

Nun kann der Anwender die Konfiguration direkt übernehmen. Dient die PID als Vorlage für eine neue Konfiguration, kann die gefundene Merkmalsbewertung angepasst werden (siehe Abbildung 13.42).

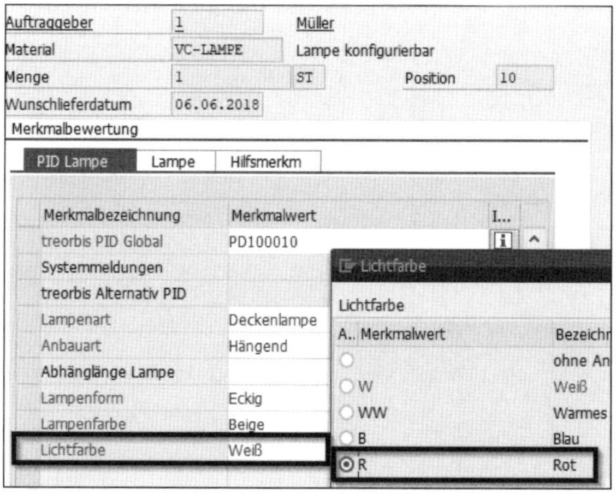

Abbildung 13.42 Anpassung des Merkmalwerts

Im Beispiel wird die **Lichtfarbe** von Weiß auf Rot geändert. Da der neu gebildete Merkmalsschlüssel in der Stammdatentabelle einer PID zugeordnet ist, wird diese in den Kundenauftrag übernommen (siehe Abbildung 13.43).

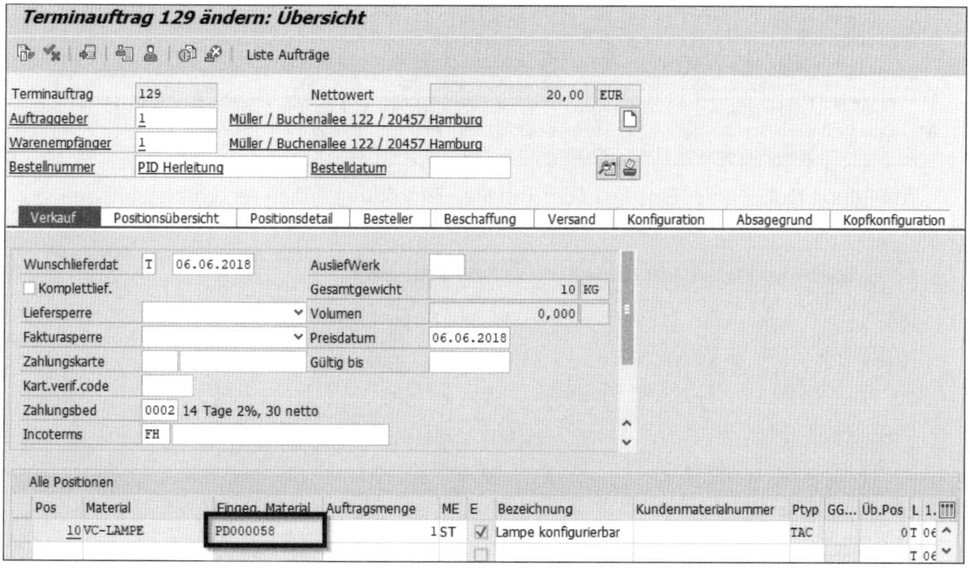

Abbildung 13.43 Neue PID übernehmen

Werden während einer Kundenauftragskonfiguration Wertekombinationen gewählt, denen noch keine PID zugeordnet sind (siehe Abbildung 13.44), wird beim

Speichern des Kundenauftrags ein neuer Datensatz sowohl in der Tabelle für die Zuordnung der PID zum Merkmalsschlüssel (siehe Abbildung 13.45) als auch in der Materialfindung (siehe Abbildung 13.46) hinzugefügt. Die neue PID wird aus einem Präfix und der nächsten freien Nummer eines dem Prozess zugeordneten Nummernkreises generiert.

Abbildung 13.44 Merkmalskombination ohne PID

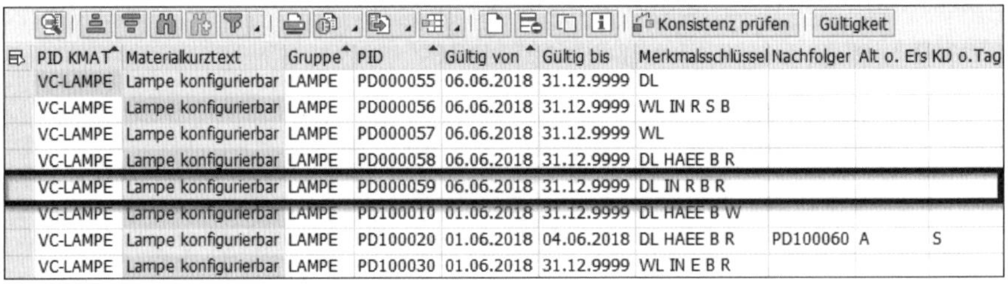

PID KMAT	Materialkurztext	Gruppe	PID	Gültig von	Gültig bis	Merkmalsschlüssel	Nachfolger	Alt o. Ers	KD o.Tag
VC-LAMPE	Lampe konfigurierbar	LAMPE	PD000055	06.06.2018	31.12.9999	DL			
VC-LAMPE	Lampe konfigurierbar	LAMPE	PD000056	06.06.2018	31.12.9999	WL IN R S B			
VC-LAMPE	Lampe konfigurierbar	LAMPE	PD000057	06.06.2018	31.12.9999	WL			
VC-LAMPE	Lampe konfigurierbar	LAMPE	PD000058	06.06.2018	31.12.9999	DL HAEE B R			
VC-LAMPE	Lampe konfigurierbar	LAMPE	PD000059	06.06.2018	31.12.9999	DL IN R B R			
VC-LAMPE	Lampe konfigurierbar	LAMPE	PD100010	01.06.2018	31.12.9999	DL HAEE B W			
VC-LAMPE	Lampe konfigurierbar	LAMPE	PD100020	01.06.2018	04.06.2018	DL HAEE B R	PD100060	A	S
VC-LAMPE	Lampe konfigurierbar	LAMPE	PD100030	01.06.2018	31.12.9999	WL IN E B R			

Abbildung 13.45 Neuer Eintrag in der Tabelle »Zuordnung PID zu Merkmalsschlüssel«

Abbildung 13.46 Neuer Eintrag in der Materialfindung

Dieser Lösungsansatz bietet in Bezug zur Kommunikation zum Kunden die gleichen Möglichkeiten wie die Lösung mit der Materialvariante. Die Stammdatenpflege befindet sich in Tabellen, sodass durch die kompakte Darstellungsform die Wartung gegenüber Materialvarianten sehr effizient ist; es befindet sich immer das aktuelle Regelwerk der Konfiguration im Zugriff.

Durch die Nutzung von SAP-Standardobjekten können mit der PID-Logik auch konfigurierte Materialien auf Lager vorproduziert werden. Dazu ist eine eigene Auftragsart »Lagerauftrag« einzurichten. Diese Auftragsart ist so auszusteuern, dass die enthaltenen Produkte zwar einen Bedarf auslösen, aber nicht ausgeliefert werden können. In den Aufträgen dieser Auftragsart sind die Lagerbestände der lagerhaltigen PIDs als Auftragspositionen zu erfassen. Der Lagerbestand ist durch die Bedarfsdecker analog den SAP-Standardprozessen aufzubauen.

Wird zu einem späteren Zeitpunkt ein realer Kundenauftrag erfasst, wird geprüft, ob dessen PIDs im Lagerauftrag enthalten und Bestände vorhanden sind. Da diese Kundeneinzelbestände sind, ist der SAP-Standardprozess »Umreservierung von Lagerauftrag an realen Kundenauftrag« durchzuführen. Somit wird der Lagerbestand des Lagerauftrages reduziert und der Bedarf des realen Kundenauftrags gedeckt. Eine direkte Auslieferung kann erfolgen.

Durch die Dispositionsmerkmale kann ausgesteuert werden, ob mit dem nächsten Bedarfslauf direkt oder erst nach anderen Kriterien ein neuer Lagerbedarf erzeugt wird. Die beschriebene Struktur kann auch dazu genutzt werden, um Retouren zu verwalten.

13.5 Der Einsatz von Materialvarianten – eine kritische Betrachtung

Der Einsatz von Materialvarianten führt in Variantenprojekten immer wieder zu erheblichen Diskussionen; die Argumente für oder wider die Verwendung von Materialvarianten können sehr unterschiedlich sein.

Auf den ersten Blick ist der Einsatz von Materialvarianten – insbesondere im Vertrieb – verlockend. Durch die eindeutigen Materialnummern sind die Kommunikation mit dem Kunden und die Anlage von Kundenaufträgen sehr schnell und unkompliziert möglich. Bei genauer Betrachtung ergeben sich aber auch einige Nachteile, die nicht von der Hand zu weisen sind, wie z. B. der erhöhte Pflegebedarf im Bereich der Stammdaten.

In diesem Abschnitt lernen Sie die Vor- und Nachteile, die möglichen Einsatzbereiche sowie mögliche Alternativen zum Einsatz von Materialvarianten kennen.

13.5.1 Grundlagen und Rahmenbedingungen

Unter einer Materialvariante versteht man ein *bestandsgeführtes Material*, das sich aus einer *konkreten Konfiguration* eines Variantenprodukts ergibt. Materialvarianten werden im Materialstammsatz mit dem konfigurierbaren Material verknüpft und über die Merkmale des konfigurierbaren Materials konfiguriert. Die Variante des konfigurierbaren Materials kann dann gefertigt und auf Lager gelegt werden.

Eine Materialvariante ist demnach ein Materialstamm mit einer speziellen, vorkonfigurierten Merkmalsausprägung, die die jeweilige Produktausführung widerspiegelt.

Abbildung 13.47 illustriert, wie sich die Verbindung zwischen der Materialvariante und dem konfigurierbaren Material (KMAT) darstellt. Nach der Einbindung des KMAT im Materialstamm der Materialvariante erfolgt eine konkrete Bewertung der einzelnen Merkmale. Dabei wird das Beziehungswissen durchlaufen, das an Merkmalen und im Konfigurationsprofil hinterlegt ist. (Es können nur *konsistente Konfigurationen* gespeichert werden.) Über das KMAT bzw. die gesonderte Zuordnung/Verknüpfung der Materialvariante zu dessen Maximalstückliste, Arbeitsplan und Preismaterial kann das Datenmodell des KMAT genutzt werden.

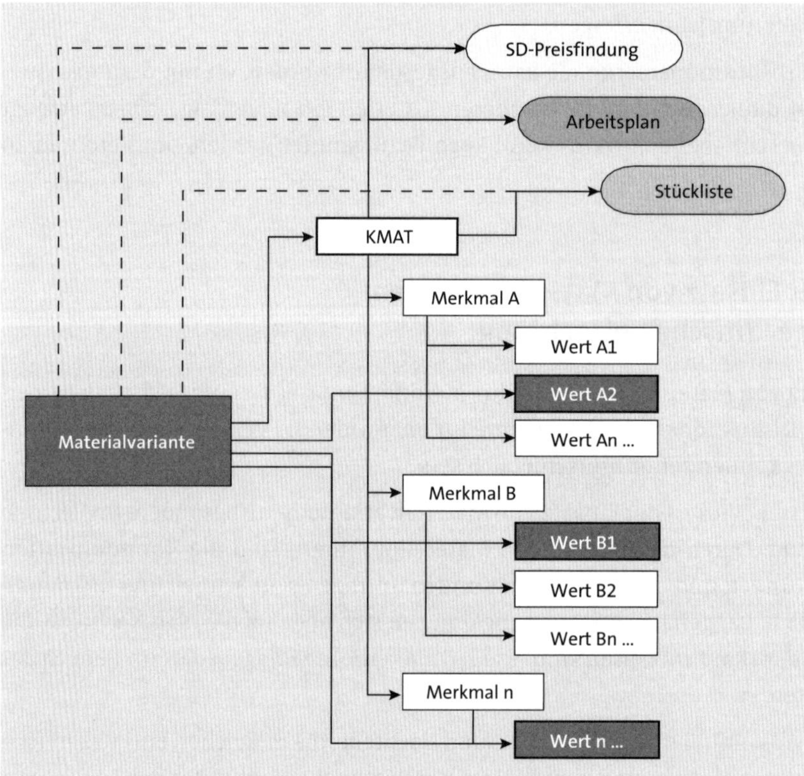

Abbildung 13.47 Zusammenspiel von Materialvariante und KMAT, Stückliste, Arbeitsplänen und SD-Preisfindung

13.5.2 Vor- und Nachteile von Materialvarianten

Die Nutzung von Materialvarianten in einem Datenmodell bringt viele Vorteile, birgt aber auch Risiken. Nachfolgend finden Sie einige Argumente für oder gegen den Einsatz von Materialvarianten.

Materialvarianten bringen die folgenden Vorteile:

- Eine Materialvariante ist anonym lagerfähig – durch die Verwendung von Materialvarianten kann die Kundeneinzelfertigung mit konfigurierbaren Materialen mit der anonymen Lagerfertigung kombiniert werden.
- Beim Export von Geräten kann es gegenüber den Zollbehörden von Vorteil sein, mit einer eindeutigen Materialnummer zu arbeiten.
- Die Verwendung von Materialvarianten führt zu einer erheblichen Beschleunigung der Auftragserfassung – gibt es bei einem konfigurierbaren Produkt bestimmte Ausprägungskombinationen, die besonders oft verkauft werden, also sogenannte Schnelldreher, kann die Auftragserfassung erheblich beschleunigt werden, wenn eindeutige Materialnummern genutzt werden können.
- Eine Verknüpfung der Materialvariante (MATVAR) mit Maximalstückliste, Arbeitsplan und Konditionsfindung ist möglich.
- Mit dem Kunden können eindeutige Materialnummern ausgetauscht werden.
- Die Verbindung zwischen Materialvariante und KMAT erlaubt es, eine manuelle oder automatische Materialvariantenfindung durchzuführen – der Sachbearbeiter braucht keinen Überblick über die vorhandenen Materialvarianten zu haben.

Als Nachteile der Materialvarianten sind zu nennen:

- Der Pflegeaufwand für das Anlegen der Materialstämme für die Materialvarianten ist hoch.
- Oft und sich schnell ändernde Regelwerke führen zu erheblichen Aufwänden für das Anpassen der Materialvarianten.
- Häufige Änderungen bei den Stammdaten (Stücklisten/Arbeitsplänen/ Konditionen) führen ebenfalls zu hohen Aufwänden bei der Pflege von Materialvarianten.
- Für jede MATVAR wird ein eigener Materialstamm benötigt.
- Materialstammtexte werden nicht mit den Bewertungen abgeglichen.
- Nicht alle SAP-Standardfunktionen/-techniken aus der Konfiguration sind nutzbar, z. B. das Setzen eines Vorschlags am Merkmalwert.
- Eine nachträgliche Änderung in der Klasse oder im Beziehungswissen wird nicht automatisch in der MATVAR nachgehalten; Aktualisierungen müssen manuell über einen SAP-Standardreport angestoßen werden.

- Die Verwendung der Materialvariantenfindung bei einer hohen Anzahl an Materialvarianten reduziert die Performance, da jede technische Kombination als Materialvariante abgebildet wird.
- Manuelle Änderungen der Konfiguration im Kundenauftrag sind nicht möglich.

[»]

Add-ons zum Anlegen von Materialvarianten

Einige SAP-Partner bieten Lösungen an, die die Anlage von Materialvarianten ganz oder teilweise automatisieren. Hierdurch wird der Nachteil der zeitaufwendigen Anlage der Materialstammdaten egalisiert. Die Stammdatenpflege bleibt jedoch als wesentliche Aufgabe bestehen.

13.5.3 Offene Materialvarianten

Im SAP-System gibt es nur eine Art von Materialvarianten. Es besteht jedoch die Möglichkeit, mit sogenannten *offenen Materialvarianten* zu arbeiten. Unter einer offenen Materialvariante versteht man ein Material, das sich auf eine *teilbewertete Konfiguration* eines Variantenproduktes bezieht.

Die offene Materialvariante wird im Materialstammsatz mit dem konfigurierbaren Material verknüpft und über die Merkmale des konfigurierbaren Materials teilkonfiguriert. Da die offene Materialvariante im Kundenauftrag weiterausgeprägt werden muss, ist diese im Kundeneinzelbestand zu führen.

Um die Konfiguration/Merkmalsbewertung einer Materialvariante im Kundenbeleg zu ermöglichen, ist es notwendig, sie »betretbar« auszusteuern. Welche Einstellungen im Customizing hierzu vorzunehmen sind, wird später beschrieben.

Die wesentlichen Eigenschaften von offenen Materialvarianten sind:

- Eine manuelle Änderung der Konfiguration im Kundenauftrag ist möglich.
- Im Kundenauftrag hergeleitete Informationen werden abgespeichert (z. B. über Objektmerkmale).
- Die Verknüpfung einer offenen Materialvariante mit Maximalstückliste, Arbeitsplan und Konditionsfindung ist uneingeschränkt weiterhin möglich.
- Für jede offene Materialvariante wird ein eigener Materialstamm benötigt.
- Materialstammtexte werden nicht mit den Bewertungen abgeglichen – das bedeutet, dass sich die Eigenschaften des Materials durch die Bewertung der Merkmale so verändern können, dass der Materialkurztext nicht mehr zum auskonfigurierten Produkt passt.

- Bestimmte SAP-Standardfunktionen aus der Konfiguration sind nicht nutzbar (z. B. einen Vorschlag am Merkmalwert zu setzen).
- Nachträgliche Änderungen in der Klasse/Beziehungswissen werden nicht automatisch in der offenen Materialvariante nachgehalten; Aktualisierungen müssen manuell über den Report angestoßen werden. Hier ist das Verhalten analog zum Verhalten einer »normalen« Materialvariante.
- Das nachträgliche Lösen einer offenen Materialvariante von einem KMAT ist nicht möglich; dies kann zu Problemen bei einer Materialstammkopie und im Zusammenhang mit einem PLM-System führen.

[!]

Besondere Eigenschaften von offenen Materialvarianten

Eine offene Materialvariante ist nicht mehr sinnvoll lagerfähig, da sich die komplette Produktspezifikation erst mit der Vervollständigung der Konfiguration ergibt.

Offene Materialvarianten werden als Eingabehilfe für den Vertrieb genutzt. Wenn es beispielsweise einen Produktkatalog gibt, bei dem nur noch wenige Variablen durch den Kunden auswählbar sind, kann durch diese Vorgehensweise die Materialnummer aus dem Katalog genutzt und vervollständigt werden. Des Weiteren lassen sich die Vorteile eines konfigurierbaren Materials mit *einer* Maximalstückliste und *einem* Arbeitsplan nutzen. Fazit: Der Einsatz von offenen Materialvarianten sollte sehr intensiv und kritisch geprüft werden!

13.5.4 Offene Materialvarianten konfigurieren

Um offene Materialvarianten nutzen zu können, muss sichergestellt werden, dass die Konfiguration/Merkmalsbewertung im Vertriebsbeleg auch aktiv geändert werden kann. Hierzu ist es notwendig, dass der Materialstamm der genutzten Materialvariante entsprechend gepflegt worden ist.

Dazu pflegen Sie die Strategiegruppe 25 (**Kundeneinzel für konfigurierbares Mat.**) im Materialstamm in der Sicht **Disposition 3** (siehe Abbildung 13.48)

Um sicherzustellen, dass der Einsatz der Strategiegruppe 25 zum gewünschten Ergebnis einer konfigurierbaren Materialvariante führt, sind vorab einige Prüfungen oder gegebenenfalls auch Anpassungen im Customizing notwendig.

Um sicherzustellen, dass Materialvarianten im Kundenauftrag aktiv konfiguriert werden können, müssen verschiedene Einstellungen im Customizing überprüft und gegebenenfalls angepasst werden.

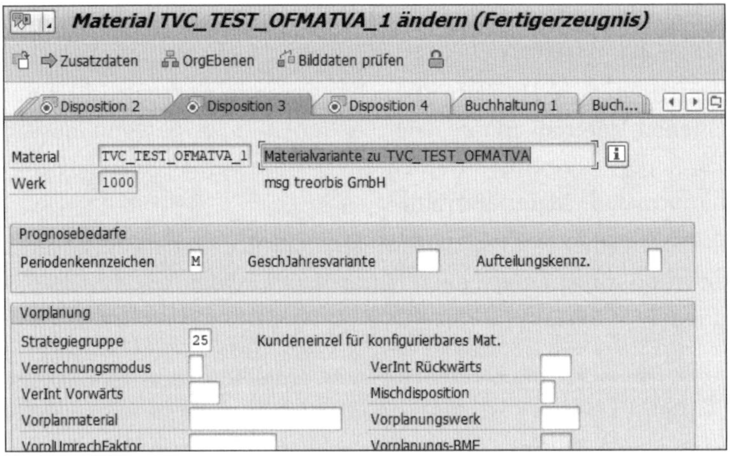

Abbildung 13.48 Strategiegruppe 25 im Materialstamm in der Sicht »Disposition 3« pflegen

Hierzu beginnen wir im Customizing-Punkt **Ermittlung der Bedarfsart über den Vorgang**. Diesen finden Sie unter **Vertrieb • Grundfunktionen • Verfügbarkeitsprüfung und Bedarfsübergabe • Bedarfsübergabe festlegen**. Stellen Sie sicher, dass für die benötigten Positionstypen in der Spalte **Q** (Bedarfsquelle) der Eintrag **0** (**Strategie Materialstamm, dann Pos.typ und Dispo.merkmal**) ausgewählt wurde (siehe Abbildung 13.49). Es wird also zuerst im Materialstamm der Eintrag im Feld **Strategiegruppe** geprüft und bei Bedarf erst danach die Kombination aus Positionstyp und Dispositionsmerkmal ausgewertet.

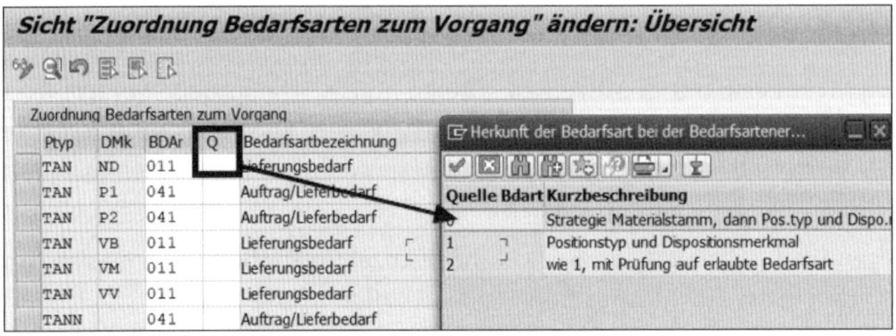

Abbildung 13.49 Strategie festlegen – Quelle der Bedarfsart

Im nächsten Schritt erfolgt die Überprüfung der Zuordnung von Strategiegruppe und Bedarfsart. Hierzu springen Sie in den Customizing Punkt **Strategie festlegen**, den Sie über den Pfad **Produktion • Bedarfsplanung • Stammdaten • Vorplanungsparameter • Planungsstrategie** erreichen. Dort muss der Strategiegruppe 25 (Spalte **Strategie**) die Bedarfsart KEK in der Spalte **BDar Ku.** zugeordnet sein (siehe Abbildung 13.50).

Sicht "Strategie" ändern: Übersicht

Neue Einträge

Strategie	Bezeichnung Planungsstrategie	BDar VP	BDar Ku.
00	Keine Vorplanung / Keine Bedarfsübergabe		
10	Anonyme Lagerfertigung	LSF	KSL
11	Anonyme Lagerfertigung / Bruttoplanung	BSF	KSL
20	Kundeneinzelfertigung		KE
21	Kundeneinzelfertig. / Projektabrechnung		KP
25	Kundeneinzel für konfigurierbares Mat.		KEK
26	Kundeneinzel für Materialvariante		KEL

Abbildung 13.50 Zuordnung der Bedarfsart KEK zur Strategiegruppe 25

Anschließend sollten Sie die Bedarfsart KEK kontrollieren. Dies geschieht im Customizing im Bereich **Bedarfsarten**, den Sie über den Pfad **Vertrieb • Grundfunktionen • Verfügbarkeitsprüfung und Bedarfsübergabe • Bedarfsübergabe** erreichen. Hier muss die Bedarfsart KEK (Spalte **BDAr**) der Bedarfsklasse 046 in der Spalte **BdKl** zugeordnet sein (siehe Abbildung 13.51). Diese Zuordnung ist notwendig, weil letztendlich über die Bedarfsklasse gesteuert wird, ob die Konfiguration eines Materials im Kundenauftrag erlaubt sein soll oder nicht.

Sicht "Bedarfsarten" ändern: Übersicht

Neue Einträge

BDAr	Bedarfsart	BdKl	Bezeichnung
011	Lieferungsbedarf	011	Lieferungsbedarf
021	ungepr.Auftr/Liefer.	021	ungepr.Auftr/Liefer.
031	Auftragsbedarf	031	Auftragsbedarf
041	Auftrag/Lieferbedarf	041	Auftrag/Lieferbedarf
110	Lieferung Lohnbeist/Reserv	110	Lieferung ohne Disp.
BSF	Bruttoplanprimaerbedarf	102	Bruttoplanung
ELVV	KdEinzel Variante mit VorplMat	061	Einz. MatVar. VPMAT
KE	Kundeneinzel ohne Verrechnung	040	KDE unbew. ohne V.
KEB	Kundeneinzelbestellung	KEB	Kd-Einzelbestellung
KEK	KdEinzel konfigurierbares Mat.	046	KDE konfig. bewertet

Abbildung 13.51 Bedarfsart und zugeordnete Bedarfsklasse

Zu guter Letzt sollte auch noch das Customizing der Bedarfsklasse selbst geprüft werden. Dies können Sie im Bereich **Bedarfsklassen definieren** erledigen, den Sie ebenfalls über den Pfad **Vertrieb • Grundfunktionen • Verfügbarkeitsprüfung und Bedarfsübergabe • Bedarfsübergabe** erreichen. In der Tabellenansicht ist es möglich, aus der Bedarfsart 46 in deren Langmaske abzuspringen; dort muss, wie in Abbildung 13.52 dargestellt, darauf geachtet werden, dass das Feld **Konfiguration** mit dem Wert »+« (Konfiguration ist Pflicht) versehen ist.

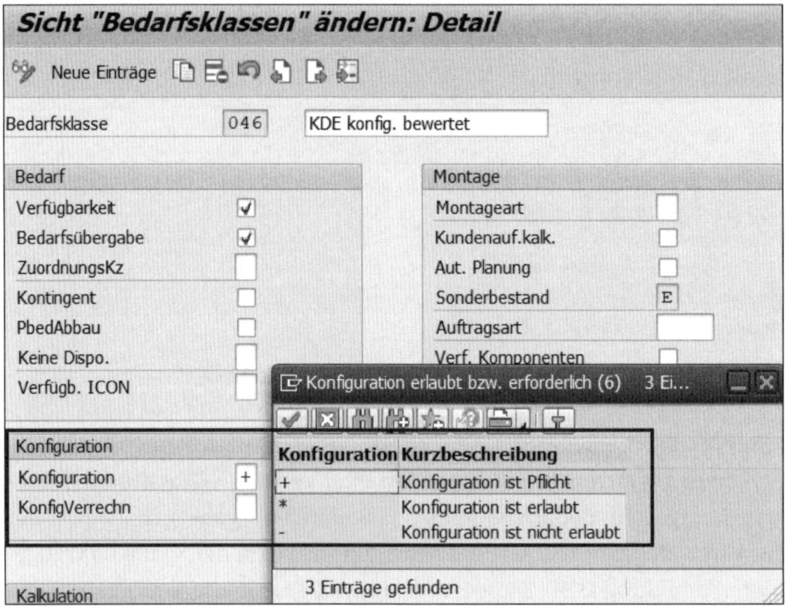

Abbildung 13.52 Einstellungen zur Konfiguration in der Bedarfsklasse

Im Ergebnis wird also erreicht, dass die Strategiegruppe 25 über die ermittelte Bedarfsart die Konfiguration eines eigentlich nicht konfigurierbaren Materials ermöglicht.

Die vorgenommen Einstellungen wirken sich im Kundenauftrag wie folgt aus: In Abbildung 13.53 ist die Materialvariante in der Kundenauftragsposition 10 im Materialstamm mit der Strategie 25 gepflegt. Das Ergebnis ist, dass die Bedarfsart KEK gefunden wurde. Das Material der Kundenauftragsposition 20 verwendet keine Strategie; deshalb wurde die Bedarfsart 011 gefunden.

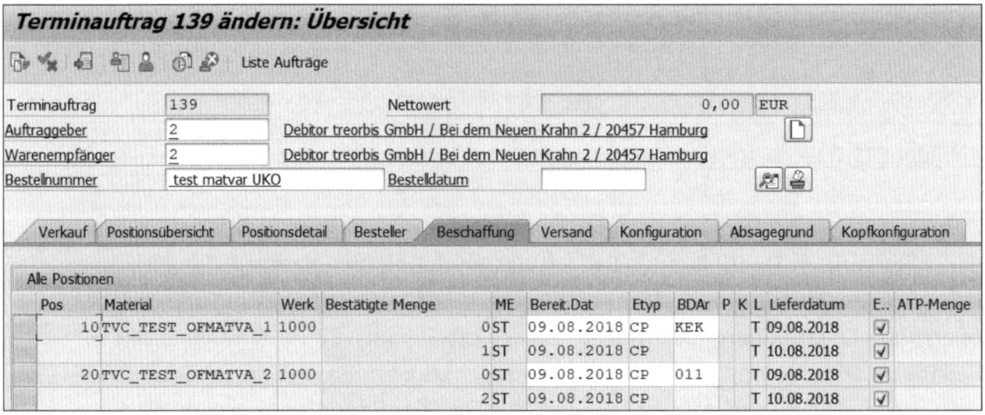

Abbildung 13.53 Bedarfsarten für Auftragspositionen mit und ohne Strategie 25

Der Einsatz der Strategiegruppe 25 in Position 10 ermöglicht es, die Konfiguration im Kundenauftrag in der Materialvariante zu ändern, wie dies in Abbildung 13.54 dargestellt ist.

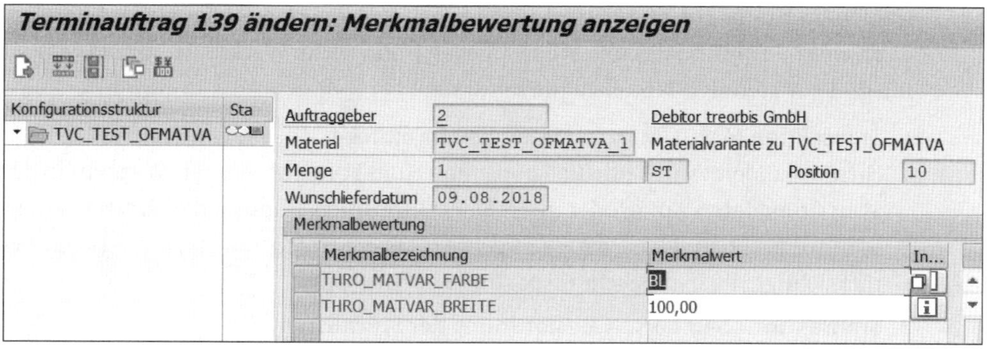

Abbildung 13.54 Position 10 (Konfiguration mit Bedarfsart KEK) ist betretbar

Im Gegensatz zu Position 10 ist eine Änderung der Konfiguration in der Position 20 des Kundenauftrags nicht möglich. Dieser Zusammenhang ist in Abbildung 13.55 dargestellt. Das genutzte Material verhält sich also wie eine klassische Materialvariante.

Abbildung 13.55 Position 20 (Konfiguration mit Bedarfsart 011) ist nicht betretbar

Alternativen zu Materialvarianten

Ein Alternative bzw. Ergänzung zum Einsatz von Materialvarianten bietet eine SAP-Partnerlösung. Bei diesem Add-on werden verschiedene SAP-Standardfunktionen so orchestriert und an einigen Stellen sinnvoll durch den Einsatz von Funktionsbausteinen ergänzt, dass für den Anwender praktisch kein Unterschied zu einer Materialvariante besteht. Gleichzeitig ist es nicht notwendig, Materialstämme anzulegen und zu pflegen. Nähere Informationen hierzu finden Sie Abschnitt 13.4, »Identnummern für die Auftragsabwicklung«.

13.5.5 Anlage und Pflege von Materialvarianten – eine Kurzanleitung

Unabhängig davon, wie sich ein Unternehmen beim Einsatz von Materialvarianten entscheidet, ist es hilfreich zu wissen, was bei der Anlage und Pflege von Materialvarianten zu tun ist. In der nachfolgenden Aufzählung erhalten Sie einen Überblick dazu, welche Stammdatenobjekte zu pflegen und welche Werkzeuge für die weitere Pflege der Materialvarianten zu nutzen sind:

1. **Transaktion MM01/MM02: Materialstammpflege**
   Hierbei handelt es sich um die Zuordnung eines konfigurierbaren Materials in der Sicht **Grunddaten 2** und/oder in der Sicht **Disposition 3**. Sobald die Materialvariante in werksabhängigen Prozessen genutzt wird, werden nur noch die Daten berücksichtigt, die in der Sicht **Dispostion 3** gepflegt sind.
2. **Transaktion CS40 bis CS43: Zuordnung der Stücklisten**
   Über diese Transaktion kann eine Stückliste zu einer Materialvariante zugeordnet werden. Es ist empfehlenswert, hier die Maximalstückliste des konfigurierbaren Materials zu nutzen. Damit ist gewährleistet, dass immer die aktuelle Version der Stückliste verwendet wird. Alternativ besteht die Möglichkeit, zu einer Materialvariante eine eigene, fixe Stückliste anzulegen, die aber auch individuell gepflegt werden muss.
3. **Transaktion CA01 bis CA03: Pflege des Normalarbeitsplans**
   Mit der Anlage und Änderung von Arbeitsplänen kann eine Zuordnung zwischen Material und Arbeitsplan erfolgen. Alternativ können Sie für eine Materialvariante einen eigenen Arbeitsplan anlegen.
4. **Preisfindung**
   Um für eine Materialvariante die Preise des KMAT zu nutzen, kann im Materialstamm der Materialvariante auf der Registerkarte **Vertrieb: VerkOrg 2** in dem Feld **Preismaterial** das jeweilige KMAT als Referenz gepflegt werden.
5. **Report zur Auswahl relevanter Merkmale RCU_EXCL_CHARACTERRISTICS**
   Diesen Report rufen Sie über Transaktion SE38 auf. Er steuert, welche Merkmale bei der Findung von Materialvarianten berücksichtigt werden sollen (siehe Abbildung 13.56).
6. **Report zur Aktualisierung der Konfiguration von Materialvarianten**
   Sobald im Regelwerk des konfigurierbaren Materials, das der Materialvariante zugeordnet wurde, Änderungen vorgenommen werden, die die Bewertung der Materialvariante beeinflussen, muss die Konfiguration im Materialstamm aktiv (**Grunddaten 2 • Disposition 3**) im Änderungsmodus aufgerufen werden. Alternativ hierzu besteht die Möglichkeit, dieses über Transaktion CUUPDMV automatisiert für eine Gruppe oder alle Materialvarianten durchzuführen.

[«]

Inkonsistenz wegen veraltetem Regelwerk

Kommt es bei der Verwendung einer Materialvariante zu einer Inkonsistenz, liegt dies meist an einem nicht aktualisierten Regelwerk.

Ausschluß von Merkmalen

Material ..... Werk	Merkmal Beschreibung		Ausschluss Typen	Serial-Nr
	RA_HB Handbrause	0000002682	☐	☐
RA_CD	RA_HB Handbrause	0000002682	☐	☐
	RA_HERSTELLER OEM / Hersteller	0000003486	☐	☐
RA_CD	RA_HERSTELLER OEM / Hersteller	0000003486	☐	☐
	RA_OPTION Beispiel Option	0000003487	☐	☐
RA_CD	RA_OPTION Beispiel Option	0000003487	☐	☐
	RA_WASSERDRUCK Wasserdruck	0000003488	☐	☐
RA_CD	RA_WASSERDRUCK Wasserdruck	0000003488	☐	☐
	TVC_STUELI_KOPF treorbis Stüklisten Kopf-Nr.	0000000818	☑	☐
RA_CD	TVC_STUELI_KOPF treorbis Stüklisten Kopf-Nr.	0000000818	☑	☐

Abbildung 13.56 Report zum Ausschluss von Merkmalen bei der Findung von Materialvarianten – RCU_EXCL_CHARACTERRISTICS

13.6 Integration einer 3D-Visualisierung

Ein dynamisches und visuelles Feedback bei geänderten Optionswerten und eine realistische Darstellung des Produktes im Konfigurationsprozess spielen eine nicht zu unterschätzende Rolle in der Steigerung der Produktivität der Anwender von LO-VC und auch AVC. Die 3D-Visualisierung erweitert somit signifikant neben optimal aufgesetzten Regeln, Logik und Beziehungswissen einen Konfigurator in Sachen Effizienz und Nutzererfahrung (User Experience).

Der Einsatz der SAP-Variantenkonfiguration geht bei vielen Anwendern mit dem Wunsch einher, die umgesetzten Varianten bzw. Konfigurationen der jeweiligen Produkte parallel in interaktiver Echtzeit-3D zu visualisieren, wie es beispielhaft in Abbildung 13.57 dargestellt ist, und daraus, je nach Prozess, die Durchführung der Konfigurationsschritte zu erleichtern bzw. eine weitere visuell-grafische Möglichkeit zur Konfiguration/Planung zu nutzen (Echtbilddarstellung im Sinne von »what you see is what you get«). Aber auch die automatische Generierung von technischen Zeichnungen und kundenseitigen Bildern für z. B. Angebots- oder Auftragsdokumente stellt zusätzlich eine Zeit- und Kostenoptimierung dar.

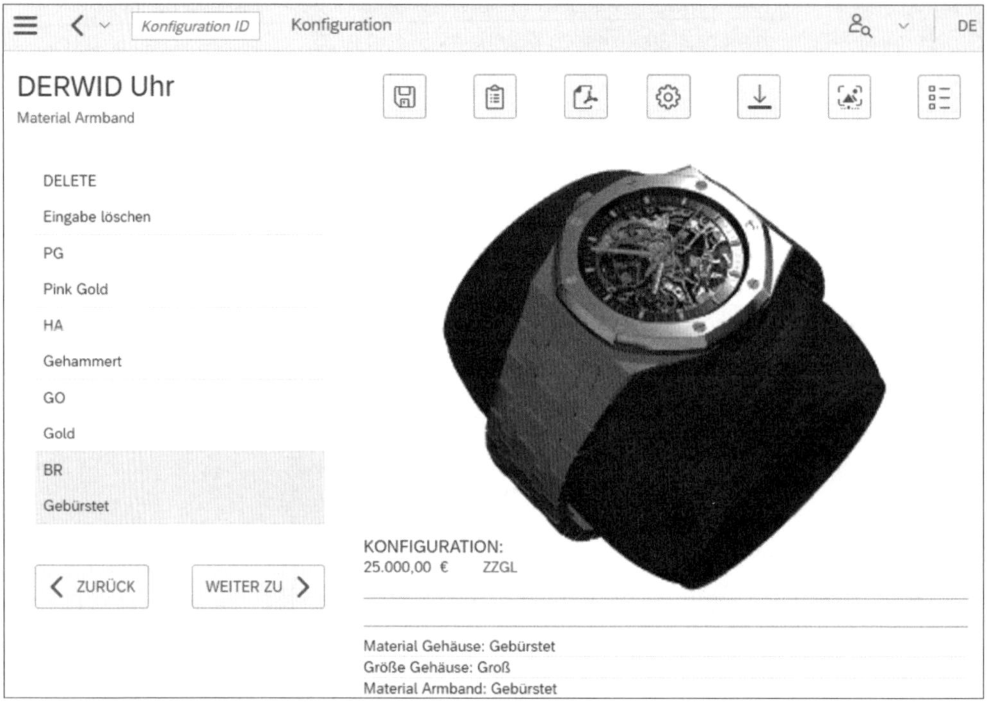

Abbildung 13.57 Beispiel einer 3D-Visualisierung im SAPUI5-Web-Frontend

13.6.1 Moderne und einheitliche Lösungsansätze mit der Cloud

Um konfigurierbare und komplexe Produkte grafisch zu visualisieren und durch Schnittstellen Daten und Belege mit dem SAP-Backend auszutauschen, nutzte man in der Vergangenheit zumeist die klassischen Integrationen von CAD-/PDM-Systemen oder man setzte Software für grafische Produktkonfiguration ein, die mit einer eigenen Regel-Engine und auf eigenständigen Umgebungen liefen. Dies führte in der Regel zu redundantem Datenaufbau und -pflege, hohen Rechenzeiten und Update-Problematiken.

Aktuelle Lösungen sind hier deutlich weiter fortgeschritten. Im Rahmen der 3D-Visualisierung ist das führende Element SAP VC, d. h., die Steuerung der Visualisierungs-Engine erfolgt durch die Konfiguration im VC; die Datenstruktur wird zentral an einer Stelle gehalten und gepflegt. Es findet somit eine automatische Generierung der 3D-Darstellung der Konfiguration statt – mit einem dynamischen 3D-Objekt als Basis. Eventuell zusätzlich benötigte, rein grafisch relevante Regeln für z. B. Kollisionsprüfung, Raumbezug und grafische Abhängigkeiten können zusätzlich in zentralen Tools und Masken parallel gepflegt werden.

Key-Benefits einer solchen Lösung sind:

- die Verwendung der bestehenden VC-Konfigurationen
- zentrale Pflegeebene, keine Redundanzen
- kürzere Einführungs- bzw. Umsetzungszeiten
- Cloud-Basis mit der Unterstützung unterschiedlicher Geräteplattformen

Ein hohes Maß an Benutzerfreundlichkeit und User-Experience sind das A und O für erfolgreiche Einsatzszenarien der Kombination Variantenkonfiguration mit Visualisierung. Durch eine konsequente Multiplattformfähigkeit und hohe Performance bei gleichzeitig hoher visueller Qualität wird sowohl in klassischen Außendienst- und Auftragsserviceprozessen als auch in B2B-/B2C-E-Commerce-Fällen echter Mehrwert geschaffen.

13.6.2 Zusammenspiel von SAP VC und 3D-Visualisierungs-Engine

Bei dem hier vorgestellten Lösungsansatz handelt es sich also um die native Integration der 3D-Visualisierung in SAP VC, sowohl in Bezug auf das Datenmodell als auch hinsichtlich der SAP-Benutzeroberflächen (siehe Abbildung 13.58).

Es muss kein redundantes Regelwerk in einer abweichenden Syntax oder Tabellenstruktur für den 3D-Viewer angelegt werden; die Regeln bzw. Regeltabellen in SAP werden verwendet und um reine Grafikeigenschaften ergänzt. Hierbei geht der Weg über den Einsatz einer Middleware-Ebene, in der auch die 3D-Objekte verwaltet werden, als Verbindung zu der SAP-VC-Ebene bzw. dem 3D-Viewer.

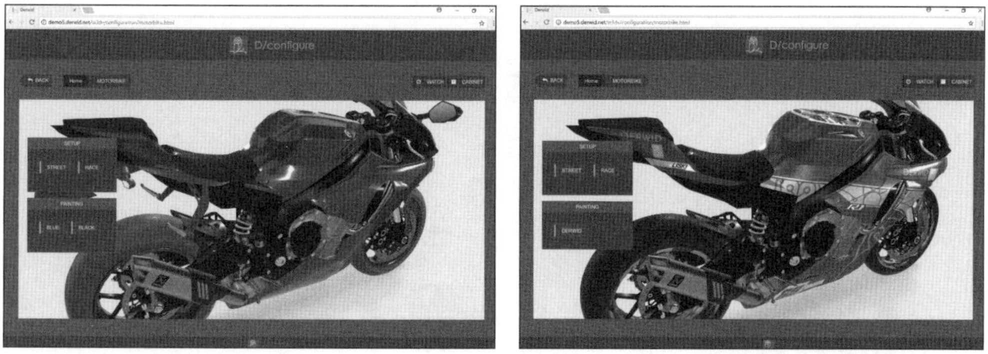

Abbildung 13.58 Beispiel einer High-End-Visualisierung in der Cloud

Durch die Differenzierung in SAP VC und Präsentationsschicht kann der 3D-Viewer in jede Art von SAP-Anwendung eingebaut werden, im obigen Beispiel z. B. in ein SAPUI5-Web-Frontend (siehe Abbildung 13.59).

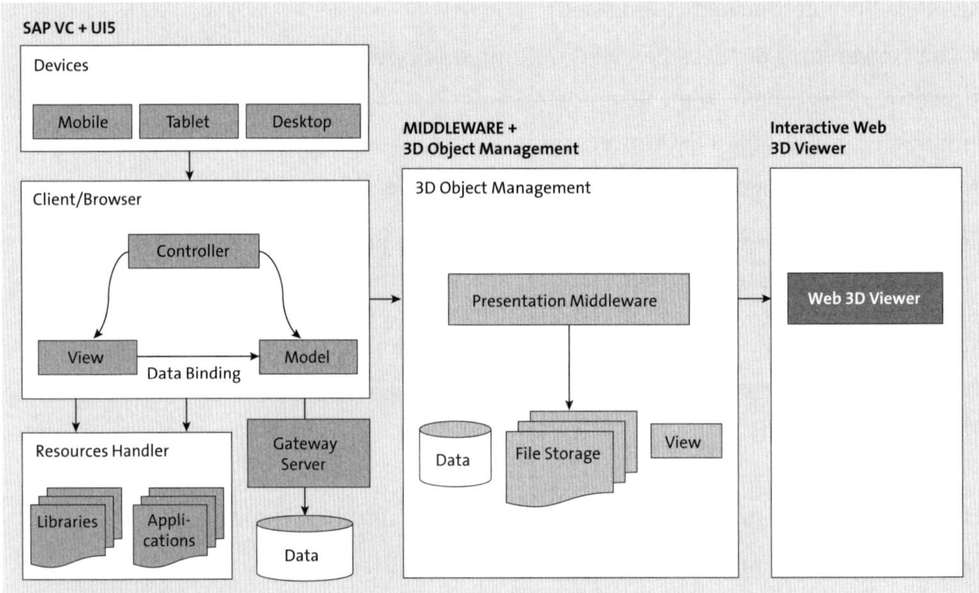

Abbildung 13.59 Generelle Architektur des Zusammenspiels von SAP VC und 3D-Visualisierung

Abbildung 13.60 zeigt die Benutzeroberfläche für einen Angebotskonfigurator für Gefahrstoffcontainer.

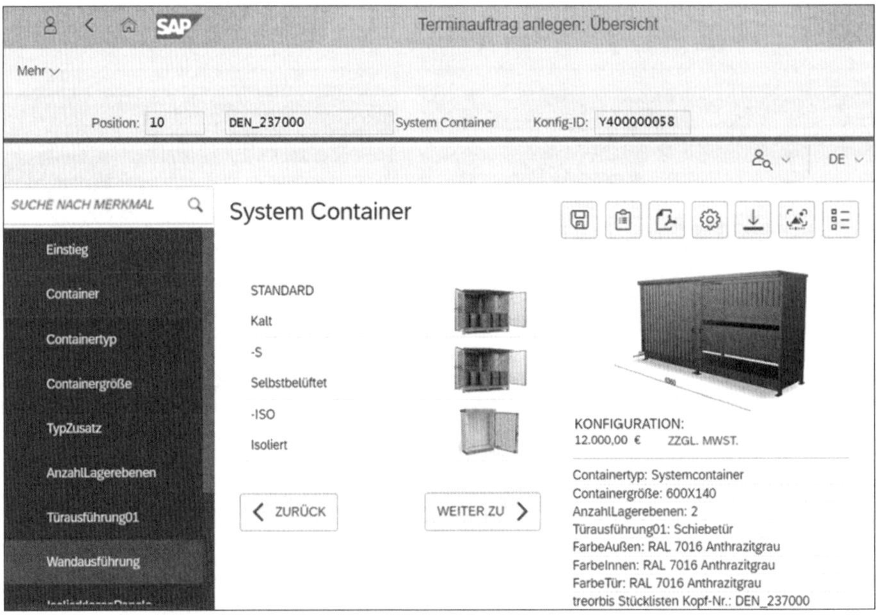

Abbildung 13.60 Beispiel eines Angebotskonfigurators mit UI5-Web-Frontend und 3D-Visualisierung in Echtzeit.

Eigenschaften dieses 3D-Viewers:

- basiert auf **three.js** zur Darstellung von 3D-Inhalten via WebGL
- Ansteuerung via Javascript-API und JSON-API
- Unterstützung aller gängigen Browser auf Desktop- und Mobilgeräten
- Standardinteraktionen wie Rotation und Zoom von Objekten; weitere Funktionen erweiterbar bzw. anpassbar
- für die Interaktion, wie Selektion und Merkmalsbewertung, Nutzung von Javascript-Schnittstellen

Zentrale Tools für Aufbau und Pflege von Varianten und gleichzeitig der 3D-Objekte

Die Harmonisierung für den Aufbau bzw. die Pflege der SAP-VC-Materialvarianten in Verbindung mit 3D-Objekten für die Visualisierung eröffnet entsprechenden Ressourcen und Teams ganz neue Möglichkeiten der zentralen Definition und Bearbeitung von Varianten und 3D-Daten.

Daten zur Darstellung in 3D werden als zusätzliche (versteckte) Merkmale/Varianten angelegt und automatisch durch Regeltabellen bewertet. Diese bewerteten Merkmale werden von der Middleware erkannt, verarbeitet und an den 3D-Viewer weitergegeben (schematisch dargestellt in Abbildung 13.61).

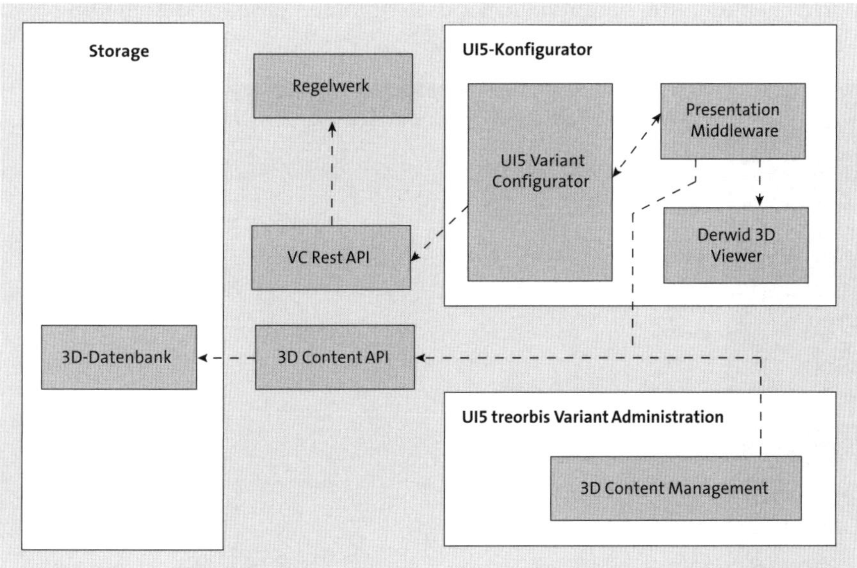

Abbildung 13.61 Generelles Zusammenspiel der einzelnen Lösungskomponenten

So lassen sich z. B. Form, Oberfläche, Position, Rotation und Skalierung von Objekten bestimmen. Konkret heißt das: Aus den versteckten 3D-Merkmalsbewertungen werden Bezeichner/Schlüssel für Inhalte aus der 3D-Datenbank abgeleitet und diese via REST-API abgerufen.

Diese 3D-Datenbank besteht aus drei Datentypen: aus externen Texturen, Materialien und externen 3D-Objekten.

- **Externe 3D-Objekte**
  Dies sind typischerweise aus Software für 3D, Modeling oder CAD exportierte Daten in gängigen Formaten, wie z. B. FBX, DAE/COLLADA oder 3DS. Diese Daten enthalten die Geometrie/Polygone eines oder mehrerer 3D-Objekte.
- **Materialien**
  Die Materialien beschreiben die Oberflächeneigenschaften eines Objekts (Reflexion, Glanz, Farbe, Spiegelung etc.). Sie können auf ein 3D-Objekt angewendet werden.
- **Texturen**
  Bei Texturen handelt es sich um Pixelgrafiken (typischerweise PNG/JPG) zur Beschreibung von Oberflächenstrukturen. Sie können über die Materialeigenschaften auf ein 3D-Objekt angewendet werden.
  - Textur 1 + Textur 2 + Textur n + Materialkoeffizienten = Material
  - Material + 3D-Objekt = finale Darstellung

Die vorgestellte 3D-Integration bietet Eingabemasken zur Erstellung, Verwaltung und Vorschau dieser drei Datentypen, wie es in Abbildung 13.62 und Abbildung 13.63 dargestellt ist.

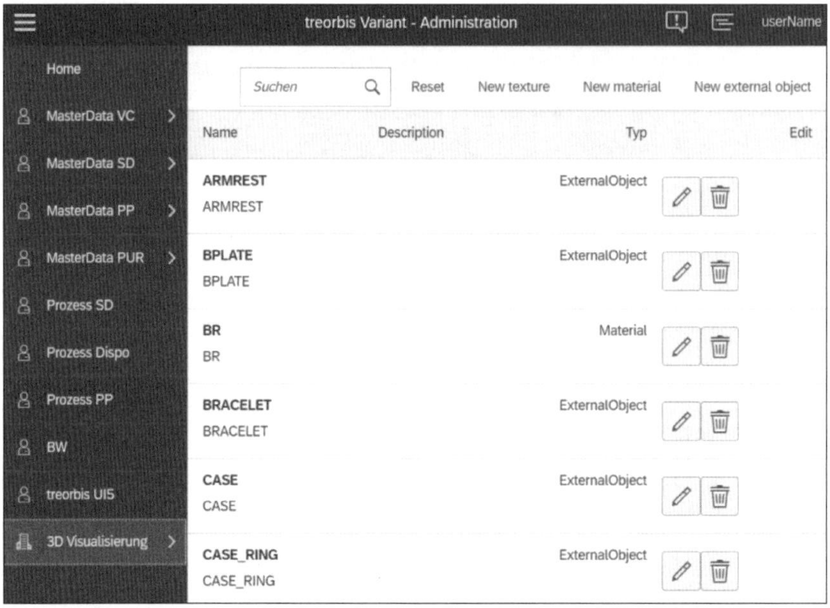

Abbildung 13.62 Integration der Pflege der 3D-Daten in das SAP-Backend

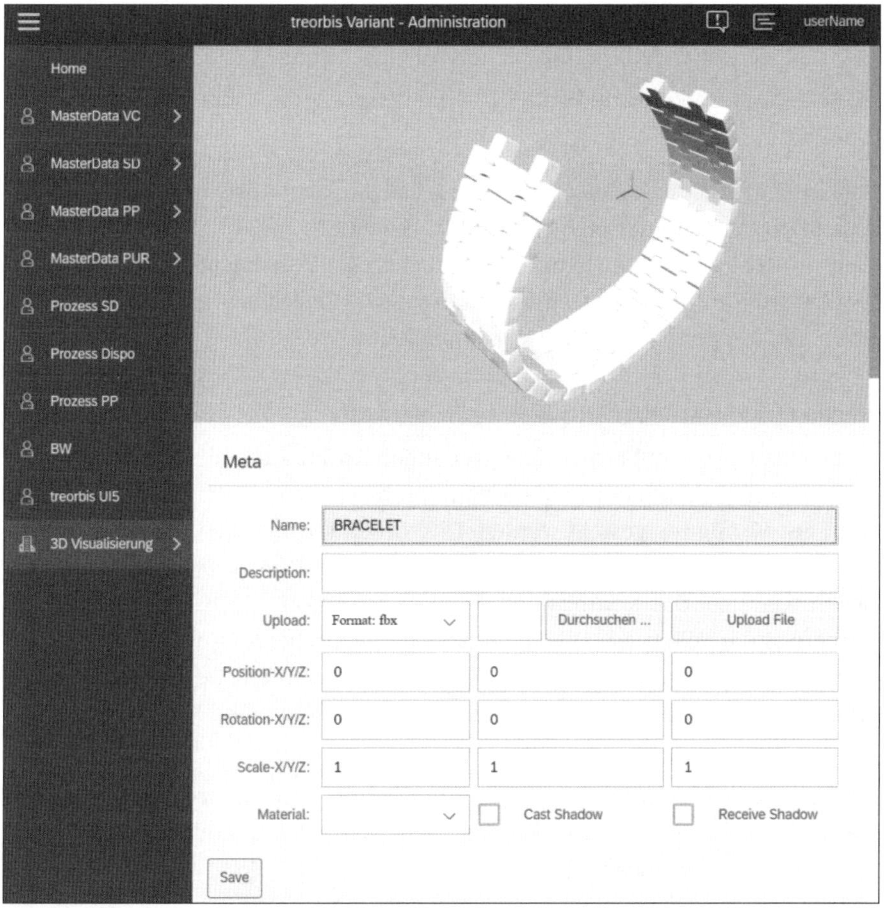

Abbildung 13.63 Pflege der 3D-Daten direkt im SAP-Backend

Für die Interaktion, also für die Bewertung von Merkmalen aus der 3D-Darstellung heraus, gibt es eine Konvention: Alle Merkmale, die mit dem 3d_V-Präfix versehen sind, dienen explizit zur Interaktion am 3D-Objekt und werden auch nur dort angezeigt.

13.6.3 Mögliche Anwendung der Visualisierung in der Praxis

Die Bedeutung der Konfigurationsanwendungen in unterschiedlichsten Unternehmensbereichen steigt kontinuierlich. Zudem bietet sich ein deutlicher Mehrwert, wenn man die Anwendungsmöglichkeiten der Visualisierung sehr früh in der Prozesskette rund um das variantenreiche bzw. komplexe Produkt nutzt. Sowohl das Marketing als auch die Kundenkommunikation können die Möglichkeit der Visualisierung einsetzen, um die Produktvarianten dynamisch und grafisch zu präsentieren und somit Anfrage- und Bestellprozesse zu unterstützen. Dies geschieht durch:

- interaktive 3D-Visualisierung für SAP VC
- 3D-Visualisierung in SAPUI5-/SAP-Fiori-Webanwendungen
- B2B-/B2C-E-Commerce mit direkter 3D-Visualisierung der Produktvarianten/Konfiguration

Die einheitliche Technologieplattform und die direkte Verwendung der SAP-VC-Datenstruktur zur Generierung der Grafik in Echtzeit in der Cloud ermöglichen die parallele direkte Verwendung in unterschiedlichen Kanälen und anpassbaren Benutzeroberflächen – ohne jeweils technisch-individuelle Einzellösungen (lokales Grafikobjekt versus Webgrafik) wie in der Vergangenheit.

Durchgängiger Einsatz über die gesamte Prozesskette

Durch den plattform- und prozessübergreifenden Ansatz kann die Visualisierung in allen, die Variantenkonfiguration betreffenden bzw. diese einsetzenden Geschäftsabläufen zur Verfügung gestellt werden. Die Nutzung kann explizit auch die technisch-planerischen Tätigkeiten im Auftragsservice oder die Arbeitsvorbereitung vereinfachen, da sich die Komplexität der Konfiguration 1:1 in der interaktiven Visualisierung darstellen lässt. Vielmehr ist es eine Entscheidung aus Sicht der Organisation, und es sind konkrete Arbeitsweisen, die den Umfang des Visualisierungsgrades in Bezug auf die Detaildarstellung von Komponenten und Realismus des Objektes bestimmen.

Einschränkungen aus der Vergangenheit hinsichtlich Performance und großen Datenmengen, die ausgetauscht werden, spielen bei aktuellen Lösungen – dank Cloud-Struktur – keine große Rolle mehr.

Aktuelle Anforderungen an die 3D-Visualisierung im Kontext moderner Benutzeroberflächen

Neben der allgemeinen Architektur der Lösung mit dem Ziel von homogenen und einheitlichen Datenstrukturen gibt es aufseiten der Benutzeroberflächen spezifische Anforderungen an die Visualisierung, die durch den Einsatz moderner Technologien – speziell durch Einsatz von Webkomponenten – abgedeckt werden können.

Grundsätzlich ist die Visualisierung in aktuelle SAP-Benutzeroberflächen integrierbar, auch in browserbasierende Anwendungen, da, wie beschrieben, eine Präsentationsschicht vorhanden ist, über die die Integration in das jeweilige Frontend möglich ist.

Das Hauptaugenmerk liegt auf:

- einer Anpassbarkeit des Aufbaus und individueller Designelemente (CI)
- einer einfachen Nutzung anhand gewohnter Browserelemente

- einer hohen Darstellungsqualität und Details bei gleichzeitig guter Performance
- der Interaktivität

Aufgrund der Nutzung moderner Browsersysteme für das Frontend bzw. die Unterstützung von Frontends, die Webtechnik unterstützen, entfällt der Aufwand für die Installation und die Updates eines 3D-Viewers. Modifikationen und Updates werden zentral erstellt, getestet und freigegeben. Speziell zu installierende Add-ons oder Zusatztechnologien werden vermieden.

13.6.4 Ausblick auf weitere Entwicklungen in der 3D-Visualisierung in SAP VC

Dank der offenen Architektur des in diesem Kapitel vorgestellten Visualisierungsansatzes sind zukünftige Erweiterungen in diesem Kontext, sowohl hinsichtlich neuer Technologien als auch in Bezug auf neue Prozessanforderungen, möglich.

3D-Objekt-Bibliotheken und neue Formate

Das weltweite Umfeld im Zusammenhang mit der Erstellung von 3D-Objekten bzw. die Entwicklung neuer Formate können als sehr dynamisch bezeichnet werden. So ist z. B. die direkte Integration von externen Objektbibliotheken in die SAP-Systemlandschaft zur Nutzung in der Visualisierung sicherlich ein Zukunftsthema. Somit ließe sich ein Zugriff auf weltweite 3D-Designernetzwerke für bestimmte Themen und Produktbereiche realisieren.

Virtual Reality und Multiuser-Konfiguration

In diesem Zusammenhang steht auch die Thematik *Virtual Reality*, also die Einbindung der Variantenkonfiguration in künstliche Welten, die auch aufgrund anderer Technologiebereiche und Anwendungsfelder (Gaming, Entertainment unter anderem) sinnvoll eingesetzt werden können. Diese Technologien lassen sich neben dem B2C-Bereich (Beispiel: Kunde plant im digitalen Raum bzw. kann ein Produkt in der »realen« Umgebung sehen und konfigurieren) auch für technische Produkte im B2B-Vertriebsprozess oder in technischer Montage und Service verwenden.

Eine weitere Verbesserung von technischen Prozessen könnte eintreten, wenn parallele Konfigurationen durch mehrere Anwender gleichzeitig an einem virtuellen Objekt möglich werden. Solch eine Teamkonfiguration könnte sicherlich die Bearbeitungszeiten verkürzen, aber auch eine Konzentration von Expertenwissen in einem gemeinsamen Geschäftsvorgang ermöglichen.

Augmented Reality

Die Konfiguration und die damit verbundene Darstellung des virtuellen 3D-Objektes der Produktvarianten in der tatsächlichen Echtumgebung per Kamerafunktion des

Endgerätes kann eine sinnvolle zukünftige Anwendung im Zuge der technischen Möglichkeiten der *Augmented Reality* sein (siehe Abbildung 13.64).

Abbildung 13.64 Verknüpfung der Visualisierung mit Augmented Reality

Der Einsatz von Augmented Reality vor Ort beim Kunden oder Interessenten zur direkten Visualisierung der Produktlösung im Raum, an der Wand oder in/an der entsprechenden Basiskomponente (Beispiel B2B: Sicherheitsventil wird direkt im Kraftwerk per Tablet an der entsprechenden Stelle konfiguriert und am Objekt in 3D visualisiert) kann die Gesamtstrategie der Konfiguration für SAP VC einsetzende Variantenfertiger noch einmal erweitern und praktikable und innovative Wege in Vertrieb und Service bereitstellen.

Die Technologien für die in diesem Abschnitt vorgestellte 3D-Visualisierung in SAP VC sind aktuell ausgereift und leistungsfähig. Damit sind Standardlösungen implementierbar, die Unternehmen in die Lage versetzen, echten Mehrwert durch eine grafisch unterstütze VC-Lösung zu generieren. Mittel- und langfristig sind fortlaufend weitere Innovationen und Features in diesem dynamischen und agilen Umfeld zu erwarten, die in solch eine integrierte Kernanwendung als weitere Lösungsmodule eingebunden werden können.

13.7 Mehrstufiger Multilevel-ATP-Check ohne SAP APO

Dieser Abschnitt zeigt Ihnen die Möglichkeiten des mehrstufigen Multilevel-ATP-Checks (Available to Promise) für konfigurierbare oder nicht konfigurierbare Materialien ohne den Einsatz von SAP APO (SAP Advanced Planning and Optimization). Es werden Funktionalitäten zur Ermittlung verbindlicher Liefertermine mit einem speziell dafür entwickelten Add-on beschrieben.

13.7.1 Die Ausgangssituation

Im täglichen Geschäft der Sachbearbeiter in den Bereichen Vertrieb und Produktion müssen dem Kunden immer wieder verlässliche Liefertermine mitgeteilt werden.

Der SAP-Standard prüft das im SD-Auftrag auf der Positionsebene erfasste Material. Es findet keine Überprüfung der darunterliegenden Komponenten bzw. Stücklistenstrukturen statt. Dies führt dazu, dass der Multilevel-ATP-Check im SD-Auftrag nur eine Aussage darüber treffen kann, ob das Positionsmaterial verfügbar ist. Ist das Material nicht verfügbar, also ohne frei verfügbaren Bestand, kann im SAP-Standard die Verfügbarkeit und damit ein Liefertermin nur über einen Durchschnittswert ermittelt werden, der in den Stammdaten des Materialstamms in dem Feld **Gesamtwiederbeschaffung** gepflegt werden kann.

13

Diese Funktionalität ist für diskrete Materialien mit flacher Stückliste bzw. für Kaufteile oder Handelsware geeignet. Sie ist aber nicht zweckmäßig für die Ermittlung von Lieferterminen im Umfeld der anonymen Fertigung mit mehreren Stücklistenstufen sowie bei konfigurierbaren Materialien (KMAT). In diesen Fällen wird der Liefertermin auch durch Materialien ohne verfügbaren Bestand beeinflusst, die sich auf der unteren Stücklistenebene befinden.

13.7.2 Zielsetzung und Funktionsweise des Add-on

Zur Erweiterung und Optimierung der SAP-Standardfunktionalitäten wurde ein Add-on unter Berücksichtigung der folgenden Zielsetzungen entwickelt:

- automatische Ermittlung von Lieferterminen auf der Ebene der Vertriebsbelegpositionen für diskrete oder konfigurierte Materialien unter Berücksichtigung der gesamten Stücklistenstruktur
- Ermittlung eines Liefertermins direkt aus der Kundenauftragsbearbeitung heraus
- periodische Ermittlung von Lieferterminen für erfasste Kundenauftragspositionen durch die Einplanung des SD-Multilevel-ATP-Checks als Job
- Auswertung und Bearbeitungsmöglichkeit der Terminierungsergebnisse des Jobs, z. B. für das Fehler-Monitoring

- manuelle Ermittlung der Liefertermine auf der Ebene der Kundenauftragspositionen
- manuelle Ermittlung von Lieferterminen auf der Ebene von Stücklistenköpfen/ Materialnummern
- Darstellung des Ergebnisses des Multilevel-ATP-Checks in einer Listdarstellung mit Absprungmöglichkeiten in die, den Prozess unterstützenden SAP-Standardtransaktionen (z. B. MD04 etc.)
- gezielte Übergabe des ermittelten bzw. manuell angepassten Liefertermins in die Kundenauftragsposition

Das Add-on ist dabei im Wesentlichen durch die folgende Funktionsweise gekennzeichnet: Es löst die diskrete oder konfigurierbare (Maximal-)Stückliste auf. Anschließend ermittelt es für jede Stufe unter Berücksichtigung der definierten Dispositionselemente und der dispositionsrelevanten Mengen die Verfügbarkeit der zugeordneten Komponenten. Auf jeder Ebene werden die Bestände kontrolliert und gegebenenfalls Zu- und Abgänge berücksichtigt. Auf diese Weise wird der kritische Pfad ermittelt, der letztendlich die Grundlage für einen Terminvorschlag des Liefertermins ist.

13.7.3 Relevante Dispositionselemente

Um einen Liefertermin ermitteln zu können, werden im Zuge der Terminierung hierfür definierte Dispositionselemente berücksichtigt (siehe Tabelle 13.1 und Tabelle 13.2). Hierbei wird zwischen Eigenfertigung und Fremdbeschaffung unterschieden.

Eigengefertigte Komponenten

Für Materialien der Beschaffungsart E (Eigenfertigung) werden alle Reservierungen/ Sekundärbedarfe und Fertigungsaufträge in die Berechnung einbezogen, die in dem Zeitraum heute + längste Wiederbeschaffungszeit liegen.

Bezeichnung des Dispositionselements	Kurzbezeichnung
Sekundärbedarf	SekBed
Abhängige Reservierung	AR-Res
Auftrag	K-Auft
Lieferung	Liefer

Tabelle 13.1 Relevante negative Dispositionselemente bei der Eigenfertigung

Bezeichnung des Dispositionselements	Kurzbezeichnung
Werkbestand	BStand
Kundeneinzelbestand	KdBest
Fertigungsauftrag	Fe-Auf

Tabelle 13.2 Relevante positive Dispositionselemente bei der Eigenfertigung

Die Berechnung der längsten Wiederbeschaffungszeit erfolgt folgendermaßen:

[«]

Längste Wiederbeschaffungszeit

Zuerst wird das Kaufteil mit der längsten Wiederbeschaffungszeit innerhalb der Stücklistenstruktur ermittelt, und daraufhin werden die (Eigenfertigungs-)zeiten der Baugruppen addiert, die anschließend gefertigt werden müssen:

Ein Beispiel für die »längste Wiederbeschaffungszeit« finden Sie im Folgenden:

Ebene 3 (Kaufteil) + Ebene 2 + Ebene 1 + Ebene 0

42 + 5 + 5 + 5 = 57 Tage

Mit dieser Anzahl an Tagen wird vom heutigen Datum vorwärts terminiert, um das Datum zu ermitteln, zu dem alle Reservierungen gelesen werden.

Fremdbeschaffte Komponenten

Für Materialien der Beschaffungsart F (fremdbeschafft) werden alle Reservierungen/ Sekundärbedarfe/Bestellungen einbezogen, die in dem Zeitraum »heute + eigene Wiederbeschaffungszeit« liegen (siehe Tabelle 13.3 und Tabelle 13.4).

Hier wird, vom Tagesdatum ausgehend, vorwärts terminiert. So wird das Datum ermittelt, bis zu dem alle Dispositionselemente gelesen werden sollen.

Bezeichnung des Dispositionselements	Kurzbezeichnung
Sekundärbedarf	SekBed
Abhängige Reservierung	AR-Res
Auftrag	K-Auft
Lieferung	Liefer

Tabelle 13.3 Relevante negative Dispositionselemente bei der Fremdbeschaffung

Bezeichnung des Dispositionselements	Kurzbezeichnung
Werkbestand	BStand
Kundeneinzelbestand	KdBest
Bestelleinteilung	BS-Ein
Lieferavis	BS-Avi

Tabelle 13.4 Relevante positive Dispositionselemente bei der Fremdbeschaffung

13.7.4 Ermittlung dispositionsrelevanter Mengen

Für die Ermittlung der Liefertermine mit dem Multilevel-ATP-Check werden die dispositionsrelevanten Mengen berücksichtigt, also die Mengen, die nach der Berücksichtigung der positiven und negativen Dispositionselemente noch beschafft oder gefertigt werden müssen. Die dispositionsrelevante Menge ist also die Menge, die auf der jeweiligen Stücklistenstufe benötigt wird, um die Bedarfe aus dem Kundenauftrag zu decken.

[zB]

Dispositionsrelevante Menge bei der Eigenfertigung

Aus dem Kundenauftrag kommt ein Bedarf von 100 Stück.

Für Stufe 0 sind 100 Stück dispositionsrelevant. Von diesem Material (Stufe 0) sind 20 Stück durch Bestand und Fertigungsaufträge gedeckt. Das bedeutet, dass in Stufe 1 nur noch auf 80 Stück (100-20 = dispositionsrelevante Menge für Stufe 1) geprüft werden muss. Sind in Stufe 1 40 Stück frei verfügbar, muss in Stufe 2 nur noch auf 40 Stück geprüft werden.

Bei den fremdbeschafften Komponenten sieht es folgendermaßen aus: Da Kaufteile immer unterhalb einer Stücklistenebene stehen, wird ihnen immer die dispositionsrelevante Menge aus dem Stücklistenkopf vererbt. Diese Menge wird dann mit der Stücklistenmenge der relevanten Komponente multipliziert.

13.7.5 Prüfung/Berechnung Verfügbarkeit

Wurde die dispositionsrelevante Menge berechnet, wird die Verfügbarkeit des Materials unter Berücksichtigung dieser Mengen geprüft. Es wird also geprüft, ob für die dispositionsrelevante Menge genügend Bedarfsdecker vorhanden sind.

[zB]

Verfügbarkeit bei eigengefertigten Komponenten

verfügbare Menge = dispositionsrelevante Menge - (Kundeneinzel-)bestand - Fertigungsaufträge + Reservierungen und Sekundärbedarf

```
verfügbare Menge = 100 - 20 - 30 + 25 = 75
```

Ist die Prüfung positiv (positive Menge), findet keine weitere Auflösung der Stufe statt. Ist die Prüfung negativ, ist nicht genug Material verfügbar, und die nächste Stücklistenstufe wird aufgelöst und mit der Fehlmenge überprüft.

[zB]

Verfügbarkeit bei fremdbeschafften Komponenten

verfügbare Menge = dispositionsrelevante Menge - Bestand - Bestellungen-/Bestellavis + Reservierungen und Sekundärbedarfe

```
verfügbare Menge = 100 - 50 + 5 = 55
```

Ist die Prüfung positiv, findet keine weitere Auflösung der Stufe statt. Ist die Prüfung negativ, ist nicht genügend Material verfügbar, und die nächste Stücklistenstufe wird aufgelöst und mit der Fehlmenge überprüft.

13.7.6 Der kritische Pfad

Der *kritische Pfad* ist die Aufsummierung aller Eigenfertigungszeiten und Planlieferzeiten des Pfades innerhalb einer aufgelösten Stücklistenstruktur, der am längsten für die Wiederbeschaffung benötigt. Für die Ermittlung des kritischen Pfades wird die längste Wiederbeschaffungszeit ermittelt. Ist diese ermittelt, wird der Liefertermin für die Position im Kundenauftrag durch eine Vorwärtsterminierung berechnet.

In Abbildung 13.65 ist die Komponente ATP_1037794 als kritisches Element identifiziert worden. Es steht, ausgehend vom Tagesdatum (30.05.), frühestens aber am 19.06., für die darüberliegende Baugruppe zur Verfügung. Deren Starttermin ist somit der 19.06. und steht unter der Berücksichtigung von 3 Tagen Eigenfertigungszeit (Kalendertage) am 22.06. zur Verfügung. Da es sich innerhalb der aufgelösten Stücklistenstruktur auf der Stufe 1 um die Komponente mit dem spätestesten Datum handelt, ist es auch gleichzeitig der Starttermin für das Kopfmaterial. Das Kopfmaterial hat eine Eigenfertigungszeit von 5 (Arbeits-)tagen, steht somit am 02.07. als frühestmöglicher Liefertermin der Position zur Verfügung und wird auf der Kopfebene zur Übergabe in die Kundenauftragspostion angezeigt.

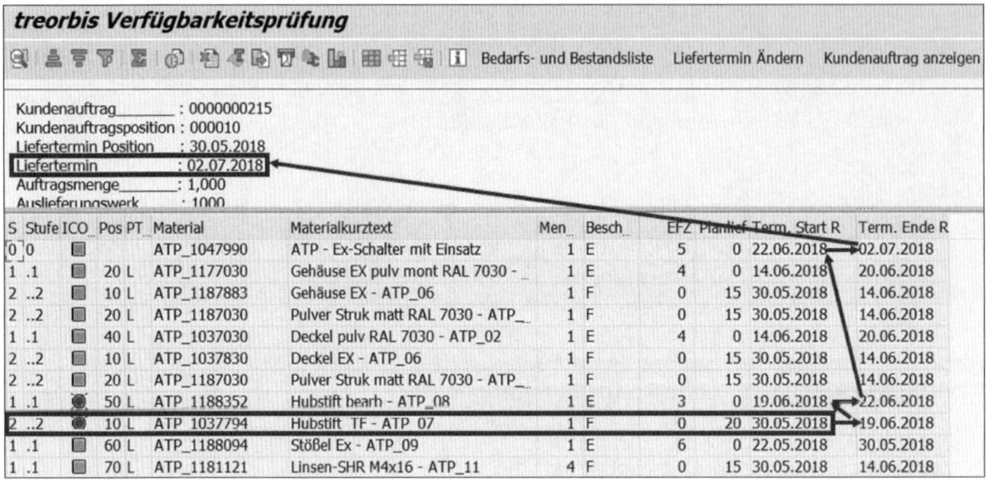

Abbildung 13.65 Der kritische Pfad

13.7.7 Der Multilevel-ATP-Check im SD-Prozess

Um den Sachbearbeiter schon bei der Erfassung eines Kundenauftrages in die Lage zu versetzen, dem Kunden gegebenenfalls direkt einen verbindlichen Liefertermin nennen zu können, ist der Anstoß des Multilevel-ATP-Checks schon im Zuge der Kundenauftragserfassung vorgesehen (siehe Abbildung 13.66). Zunächst erfassen Sie einen Kundenauftrag innerhalb eines SAP-Standardprozesses. Um für eine Auftragsposition einen Multilevel-ATP-Check zu starten, markieren Sie die relevante Position und betätigen den Button . Als Ergebnis wird das Add-on aufgerufen, und der Multilevel-ATP-Check ermittelt den möglichen Liefertermin.

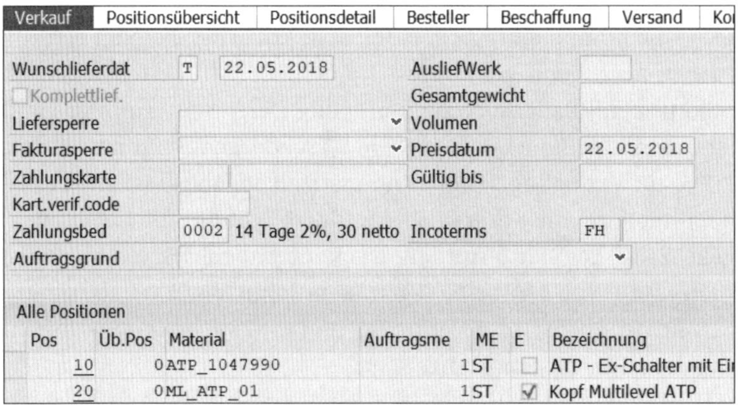

Abbildung 13.66 Multilevel-ATP-Check starten

Liegt der im Kundenauftrag erfasste Wunschliefertermin des Kunden auf einem Datum nach dem ermittelten Liefertermin, also auf einem späteren Zeitpunkt, wird der Termin im Kundenauftrag nicht geändert. Liegt der Wunschliefertermin des Kunden jedoch auf einem Datum vor dem ermittelten Liefertermin, also auf einem früheren Zeitpunkt, kann der ermittelte Liefertermin entweder direkt in den Kundenauftrag übergeben werden oder aber in einem Pop-up-Fenster als zu übernehmender Termin vorgeschlagen werden (siehe Abbildung 13.67). In diesem Pop-up-Fenster wird der ermittelte Termin vorbelegt, kann aber durch den Sachbearbeiter überschrieben und anschließend an den Kundenauftrag übergeben werden.

Abbildung 13.67 Pop-up-Fenster zur Pflege des Liefertermins

13.7.8 Die Selektionsparameter für den Multilevel-ATP-Check

Neben dem automatischen Multilevel-ATP-Check (entweder direkt im Kundenauftrag oder aber in einem periodisch eingeplanten Job) kann er auch mit einer separaten Transaktion aufgerufen werden. Mit dem manuellen Aufruf der Transaktion für den Multilevel-ATP-Check wird ein Selektionsbild angezeigt, in dem der Anwender seinen Arbeitsvorrat abgrenzt. Bei dem manuellen Multilevel-ATP-Check können die Selektionsparameter manuell oder über eine Selektionsvariante vorbelegt werden (siehe Abbildung 13.68).

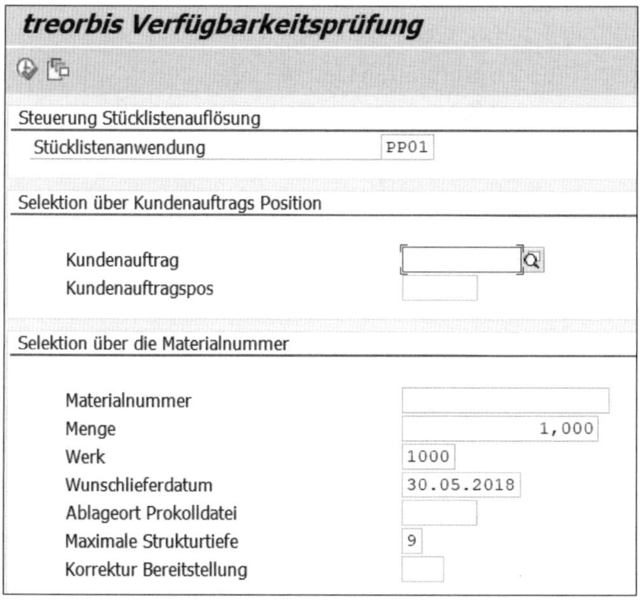

Abbildung 13.68 Multilevel-ATP-Check – Selektionsparameter vorbelegen

13.7.9 ALV-Liste mit den Ergebnissen des Multilevel-ATP-Checks

Das Ergebnis des Multilevel-ATP-Checks wird in einer ALV-Liste mit der aufgelösten Stückliste und den kritischen Komponenten zur Verfügung gestellt (siehe Abbildung 13.69).

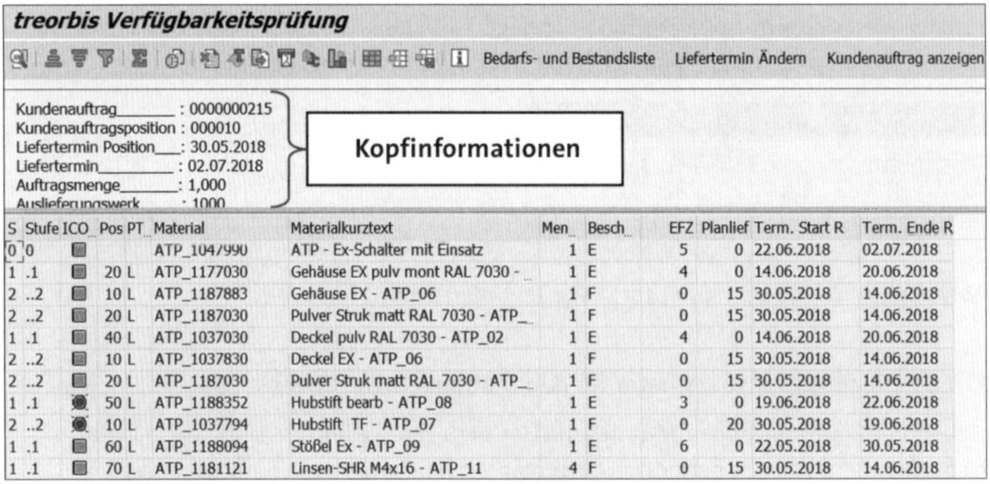

S	Stufe	ICO	Pos	PT	Material	Materialkurztext	Men	Besch	EFZ	Planlief	Term. Start R	Term. Ende R
0	0				ATP_1047990	ATP - Ex-Schalter mit Einsatz	1	E	5	0	22.06.2018	02.07.2018
1	.1		20	L	ATP_1177030	Gehäuse EX pulv mont RAL 7030 - ...	1	E	4	0	14.06.2018	20.06.2018
2	..2		10	L	ATP_1187883	Gehäuse EX - ATP_06	1	F	0	15	30.05.2018	14.06.2018
2	..2		20	L	ATP_1187030	Pulver Struk matt RAL 7030 - ATP_...	1	F	0	15	30.05.2018	14.06.2018
1	.1		40	L	ATP_1037030	Deckel pulv RAL 7030 - ATP_02	1	E	4	0	14.06.2018	20.06.2018
2	..2		10	L	ATP_1037830	Deckel EX - ATP_06	1	F	0	15	30.05.2018	14.06.2018
2	..2		20	L	ATP_1187030	Pulver Struk matt RAL 7030 - ATP_...	1	F	0	15	30.05.2018	14.06.2018
1	.1		50	L	ATP_1188352	Hubstift bearb - ATP_08	1	E	3	0	19.06.2018	22.06.2018
2	..2		10	L	ATP_1037794	Hubstift TF - ATP_07	1	F	0	20	30.05.2018	19.06.2018
1	.1		60	L	ATP_1188094	Stößel Ex - ATP_09	1	E	6	0	22.05.2018	30.05.2018
1	.1		70	L	ATP_1181121	Linsen-SHR M4x16 - ATP_11	4	F	0	15	30.05.2018	14.06.2018

Abbildung 13.69 ALV-Ergebnisliste des Multilevel-ATP-Checks

In den Kopfinformationen der ALV-Liste finden Sie:

- die selektierte Kundenauftragsnummer
- die selektierte Positionsnummer des Kundenauftrags
- den aktuell im Kundenauftrag gepflegten Liefertermin zur Position
- den durch den Multilevel-ATP-Check ermittelten Liefertermin
- die Auftragsmenge der Kundenauftragsposition
- das Auslieferungswerk

Die ALV-Listanzeige des Selektionsergebnisses stellt eine größere Anzahl von Informationen zur Verfügung, die den Anforderungen des Anwenders entsprechend eingestellt und als Layout gesichert werden können.

[»]

SAP-Standard-ALV-Funktionalitäten stehen zur Verfügung

In der erzeugten ALV-Liste stehen die vom SAP-Standard bekannten Listfunktionalitäten zu Verfügung, z. B. das auf- und absteigende Sortieren bzw. Filtern der Spalteninformationen oder auch das Ein-/Ausblenden von Spalten, das Sortieren und Filtern in den Spalten sowie das Speichern anwendungsoptimierter Layouts.

Neben den SAP-Standardelementen für die ALV-Listfunktionalitäten werden dem Sachbearbeiter in der Listanzeige weitere Buttons zur Unterstützung angeboten (siehe Abbildung 13.70).

Abbildung 13.70 Programmierte Funktions-Buttons in der ALV-Liste

Mit dem Button **Bedarfs- und Bestandsliste** kann in die Bedarfs-/Bestandsliste (Transaktion MD04) einer in der ALV-Liste markierten Komponente abgesprungen werden. Über den Button **Kundenauftrag anzeigen** kann in den zuvor selektierten Kundenauftrag abgesprungen werden (Transaktion VA03). Bei dem manuellen Multilevel-ATP-Check kann der Anwender entscheiden, ob er den ermittelten Liefertermin in den Kundenauftrag übernehmen möchte. Zur Übernahme klicken Sie auf den Button **Liefertermin Ändern** in der ALV-Liste. Daraufhin erscheint als Vorschlagswert der von dem Multilevel-ATP-Check ermittelte Liefertermin (siehe Abbildung 13.71).

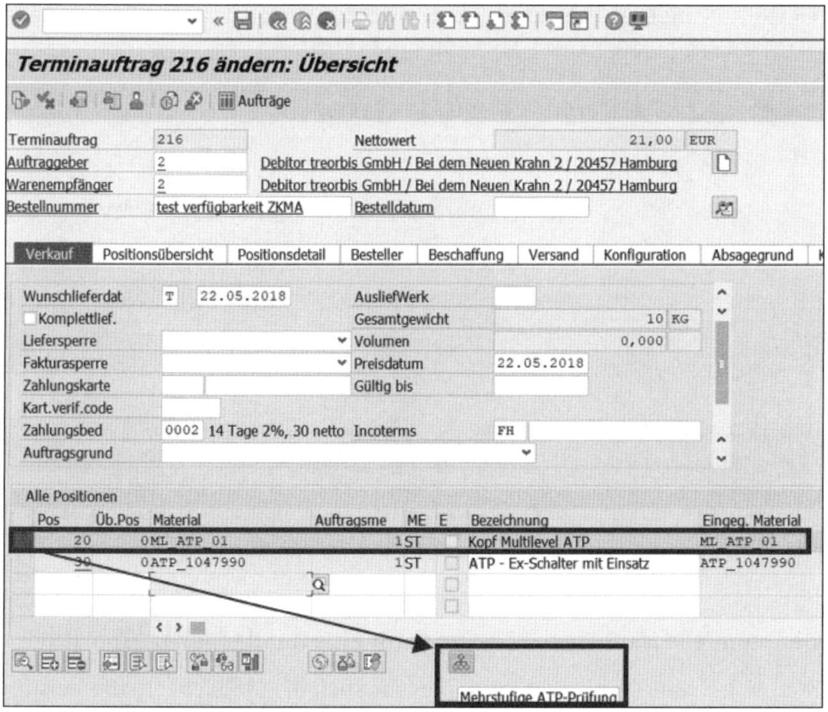

Abbildung 13.71 Funktions-Button »Liefertermin Ändern«

Der Liefertermin kann hier gegebenenfalls noch angepasst werden; er wird dann automatisch im Kundenauftrag aktualisiert (siehe Abbildung 13.72).

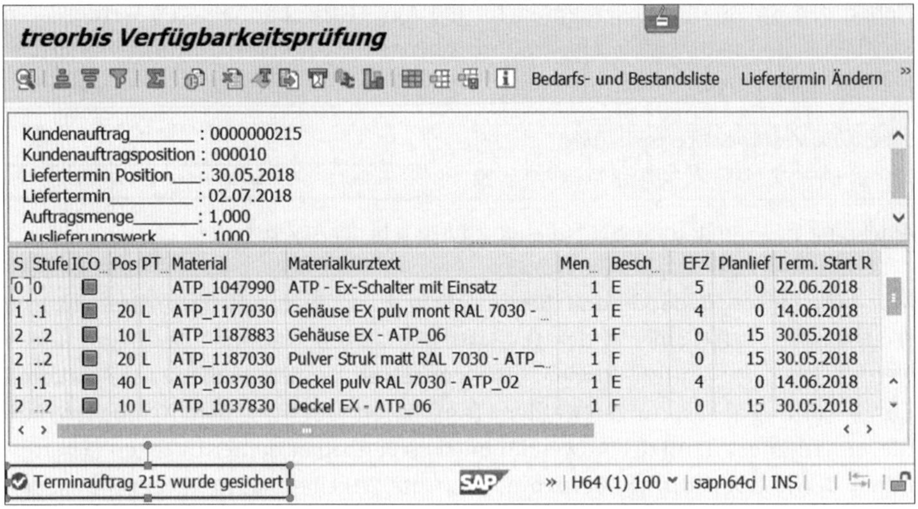

Abbildung 13.72 Hinweismeldung auf bearbeiteten Kundenauftrag

Für die relevante Kundenauftragsposition wurde der neue Liefertermin aus dem Multilevel-ATP-Check übergeben (siehe Abbildung 13.73).

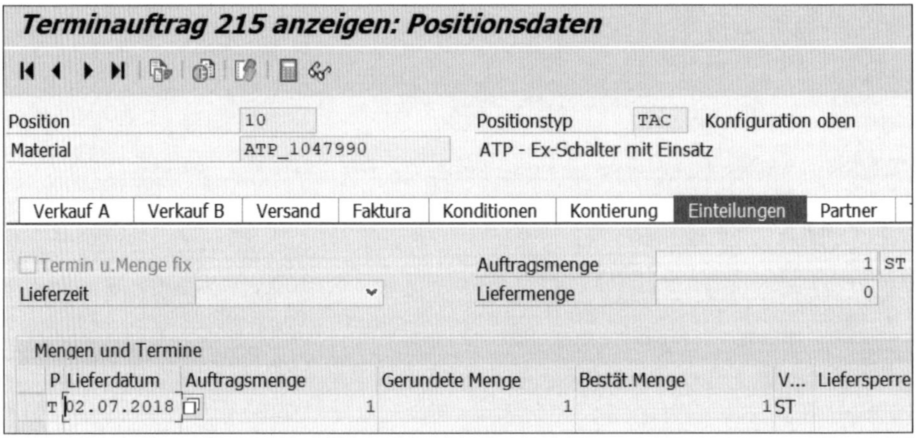

Abbildung 13.73 Geändertes Einteilungsdatum/Liefertermin im Kundenauftrag

13.7.10 Der manuelle Multilevel-ATP-Check für eine Kundenauftragsposition

Bei dem manuellen Multilevel-ATP-Check besteht auch die Möglichkeit, die Verfügbarkeit einzelner Kundenauftragspositionen manuell zu prüfen, ohne den Kundenauftrag aufrufen zu müssen. Das ist z. B. dann sinnvoll, wenn die kritischen Materialien betrachtet werden sollen, um Maßnahmen für die schnellere Beschaffung der kritischen Elemente einleiten zu können.

Dazu geben Sie im Feld **Kundenauftrag** den zu betrachtenden Kundenauftrag sowie im Feld **Kundenauftragsposition** die Kundenauftragsposition ein und starten das Programm (siehe Abbildung 13.74).

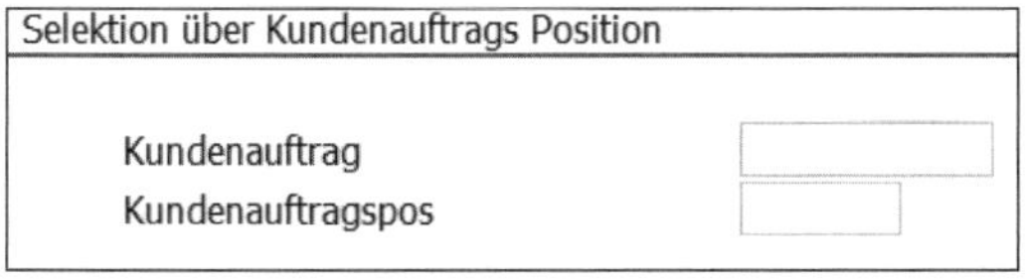

Abbildung 13.74 Manueller Multilevel-ATP-Check über die Kundenauftragsposition

Als Ergebnis erhalten Sie die ALV-Liste mit dem kritischen Pfad (siehe weiter oben Abbildung 13.65) und den dort zur Verfügung stehenden Funktionalitäten.

13.7.11 Manueller Multilevel-ATP-Check für eine Materialnummer

Diese spezielle Funktionalität kann genutzt werden, um für Materialien/Produkte ohne Bezug zu einem Kundenauftrag schnell einen möglichen Liefertermin zu ermitteln. Diese Funktionalität kann für diskrete Materialien und Materialvarianten (auskonfigurierte Materialien mit Eintrag des konfigurierbaren Materials in der Sicht **Disposition 3**) angewendet werden.

Tragen Sie die benötigen Selektionsparameter wie **Materialnummer**, **Menge**, und **Werk** ein. Das Feld **Wunschlieferdatum** wird programmintern zunächst mit dem Tagesdatum vorbelegt, kann aber durch den Sachbearbeiter mit einem gewünschten Datum überschrieben werden (siehe Abbildung 13.75).

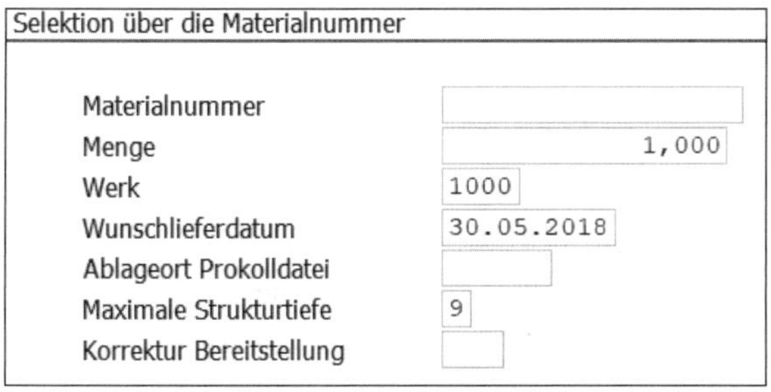

Abbildung 13.75 Manueller Multilevel-ATP-Check über die Materialnummer

Als Ergebnis des manuellen Multilevel-ATP-Checks für eine Materialnummer wird deren Stückliste aufgelöst und der kritische Pfad ermittelt (siehe Abbildung 13.76). Mit diesem kritischen Pfad wird dann eine Vorwärtsterminierung vorgenommen. Der mögliche Liefertermin für das Produkt steht in der Zeile **Liefertermin** in den Kopfdaten.

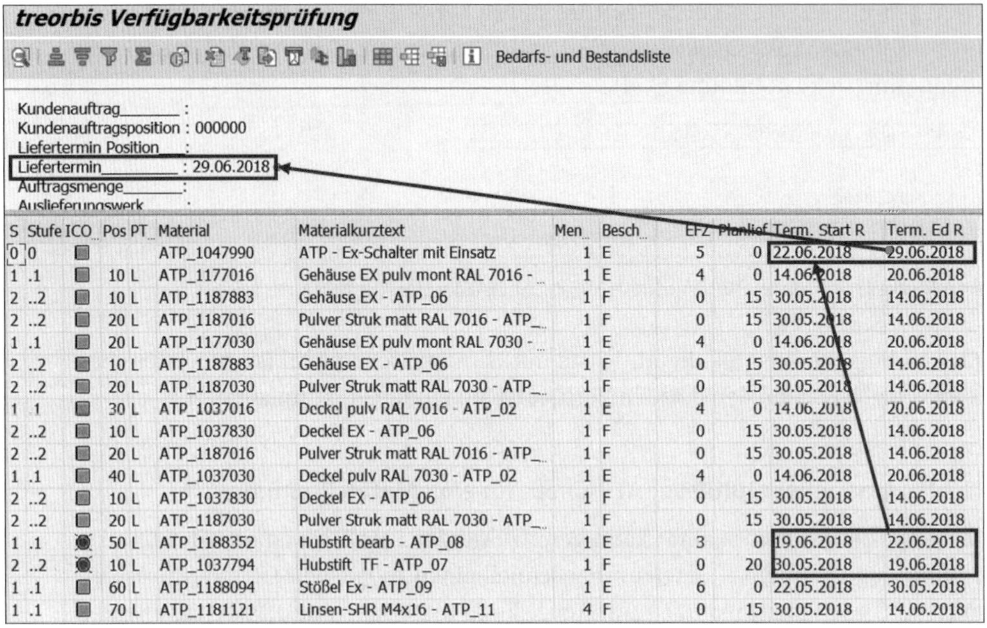

treorbis Verfügbarkeitsprüfung

Bedarfs- und Bestandsliste

Kundenauftrag________ :
Kundenauftragsposition : 000000
Liefertermin Position___ :
Liefertermin__________ : 29.06.2018
Auftragsmenge________:
Auslieferungswerk :

S	Stufe	ICO	Pos	PT	Material	Materialkurztext	Men	Besch	EFZ	Planlief	Term. Start R	Term. Ed R
0	0				ATP_1047990	ATP - Ex-Schalter mit Einsatz	1	E	5	0	22.06.2018	29.06.2018
1	.1		10	L	ATP_1177016	Gehäuse EX pulv mont RAL 7016 - ...	1	E	4	0	14.06.2018	20.06.2018
2	..2		10	L	ATP_1187883	Gehäuse EX - ATP_06	1	F	0	15	30.05.2018	14.06.2018
2	..2		20	L	ATP_1187016	Pulver Struk matt RAL 7016 - ATP_...	1	F	0	15	30.05.2018	14.06.2018
1	.1		20	L	ATP_1177030	Gehäuse EX pulv mont RAL 7030 - ...	1	E	4	0	14.06.2018	20.06.2018
2	..2		10	L	ATP_1187883	Gehäuse EX - ATP_06	1	F	0	15	30.05.2018	14.06.2018
2	..2		20	L	ATP_1187030	Pulver Struk matt RAL 7030 - ATP_...	1	F	0	15	30.05.2018	14.06.2018
1	.1		30	L	ATP_1037016	Deckel pulv RAL 7016 - ATP_02	1	E	4	0	14.06.2018	20.06.2018
2	..2		10	L	ATP_1037830	Deckel EX - ATP_06	1	F	0	15	30.05.2018	14.06.2018
2	..2		20	L	ATP_1187016	Pulver Struk matt RAL 7016 - ATP_...	1	F	0	15	30.05.2018	14.06.2018
1	.1		40	L	ATP_1037030	Deckel pulv RAL 7030 - ATP_02	1	E	4	0	14.06.2018	20.06.2018
2	..2		10	L	ATP_1037830	Deckel EX - ATP_06	1	F	0	15	30.05.2018	14.06.2018
2	..2		20	L	ATP_1187030	Pulver Struk matt RAL 7030 - ATP_...	1	F	0	15	30.05.2018	14.06.2018
1	.1		50	L	ATP_1188352	Hubstift bearb - ATP_08	1	E	3	0	19.06.2018	22.06.2018
2	..2		10	L	ATP_1037794	Hubstift TF - ATP_07	1	F	0	20	30.05.2018	19.06.2018
1	.1		60	L	ATP_1188094	Stößel Ex - ATP_09	1	E	6	0	22.05.2018	30.05.2018
1	.1		70	L	ATP_1181121	Linsen-SHR M4x16 - ATP_11	4	F	0	15	30.05.2018	14.06.2018

Abbildung 13.76 Manueller Multilevel-ATP-Check für Materialnummern – kritischer Pfad

Da es an dieser Stelle – anders als im Kundenauftrag – nicht möglich ist, eine Konfigurationsbewertung vorzunehmen, können für konfigurierbare Materialien keine brauchbaren Liefertermine ermittelt werden. Geben Sie dennoch ein konfigurierbares Material ein, wird die Maximalstückliste aufgelöst und der aus der Maximalstückliste resultierende mögliche Liefertermin dargestellt.

13.7.12 Automatischer Multilevel-ATP-Check

Eines der anvisierten Ziele war eine automatische, periodische Ermittlung von Lieferterminen für bereits erfasste Kundenauftragspositionen. Hier bietet das Add-on die Möglichkeit, automatisch mit periodisch einzuplanenden Jobs den Multilevel-ATP-Check für die dafür vorgesehenen Kundenauftragspositionen durchzuführen.

Voraussetzung für einen periodischen Job

Damit der automatische Multilevel-ATP-Check auf der Ebene der Kundenauftragspositionen greift, ist neben den standardmäßigen Bearbeitungsschritten bei der Erfassung eines Kundenauftrages noch die Erfassung eines Absagegrundes auf der Positionsebene erforderlich.

Beim Sichern des Kundenauftrages wird daher durch einen User-Exit in dem Kundenauftrag der Absagegrund **Z1 Sperre ATP-Prüfung** gesetzt (siehe Abbildung 13.77).

Dieser Absagegrund sorgt zum einen dafür, dass keine Bedarfsübergabe an die Produktion stattfindet, und zum anderen sucht der automatische Multilevel-ATP-Check nach allen Kundenauftragspositionen, die diesen Absagegrund gesetzt haben.

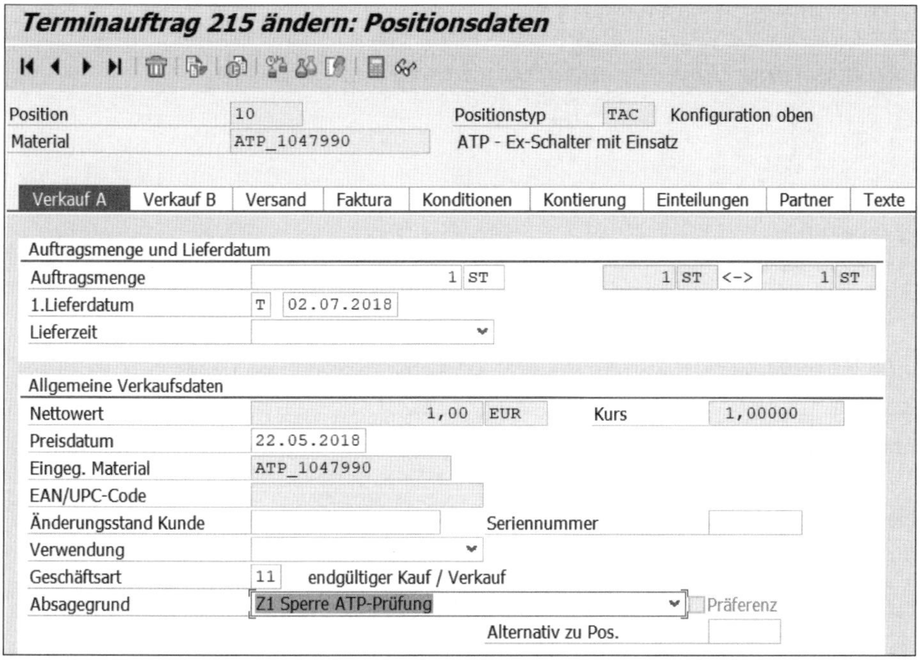

Abbildung 13.77 Absagegrund im Kundenauftrag pflegen

Um die Kundenauftragspositionen identifizieren zu können, für die in dem aktuellen Joblauf die Verfügbarkeit geprüft werden sollen, wird im Programmlauf der Absagegrund der Kundenauftragsposition ausgewertet.

Der Job selektiert alle Kundenauftragspositionen, die den Absagegrund **Z1 Sperre ATP-Prüfung** und **Z3 Fehler Terminierung** gesetzt haben und führt hierfür den Multilevel-ATP-Check durch. Den Absagegrund **3 Fehler Terminierung** haben alle Auftragspositionen bekommen, für die bei vorherigen Jobläufen z. B. aufgrund fehlender Stammdaten kein Liefertermin ermittelt wurde. Wurde der Fehlerursache zwischenzeitlich behoben, werden diese Auftragspositionen in den aktuellen Job übernommen.

Liegt der im Job ermittelte Liefertermin zeitlich vor dem Wunschliefertermin der jeweiligen Kundenauftragsposition, wird im Hintergrund der Kundenauftrag geöffnet und der Absagegrund herausgenommen. Der Termin bleibt unverändert.

Liegt der im Job ermittelte Liefertermin zeitlich nach dem Wunschliefertermin der jeweiligen Kundenauftragsposition, wird im Hintergrund der Kundenauftrag geöffnet, der Absagegrund herausgenommen und der Liefertermin überschrieben.

13.7.13 Monitoring des automatischen Multilevel-ATP-Checks

Mit einer weiteren Transaktion kann ausgewertet werden, welche Aufträge aufgrund eines Terminierungsfehlers nicht durch die automatisierte Terminfindung angepasst wurden (siehe Abbildung 13.78).

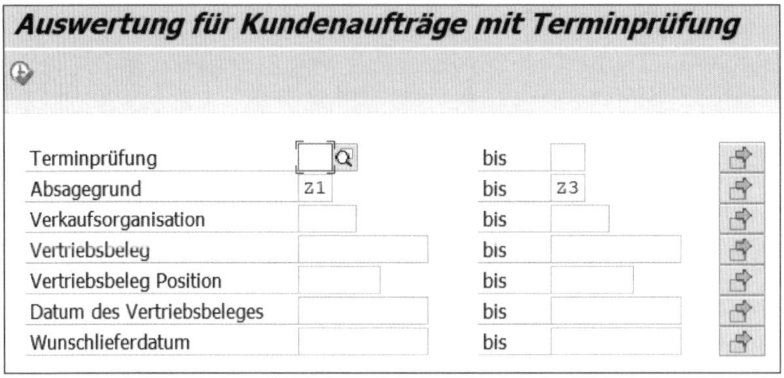

Abbildung 13.78 Selektion für die Auswertung der Kundenaufträge mit Terminprüfung

Haben Sie die benötigten Selektionsparameter gesetzt, gelangen Sie in die in Abbildung 13.79 gezeigte Ansicht.

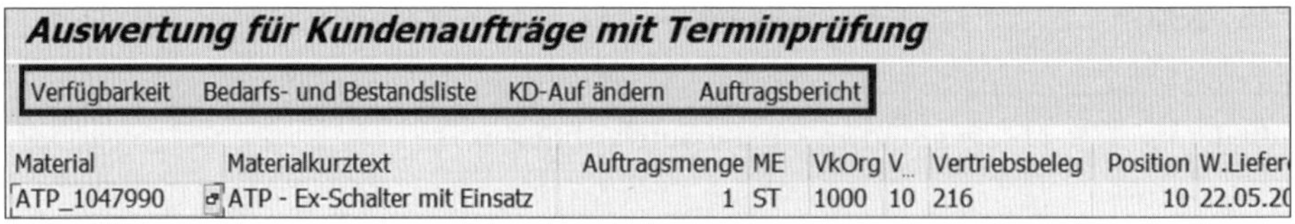

Abbildung 13.79 Programmierte Funktions-Buttons in der Auswertung

Aus dieser ALV-Liste heraus kann analysiert werden, warum eine Auftragsposition nicht terminiert wurde. Hierfür werden Absprünge in die relevanten Transaktionen bereitgestellt.

Mit dem Button **Verfügbarkeit** wird die ALV-Liste mit dem Ergebnis des Multilevel-ATP-Checks für die markierte Position angezeigt. In diesem Beispiel wurde für das Material die Fehlermeldung »Status »E« gesetzt« angezeigt (siehe Abschnitt 13.7.15, »Stammdatenüberprüfung«).

Über den Button **Bedarfs- und Bestandsliste** listen Sie die dispositive Situation des Materials auf (Transaktion MD04). Über den Button **KD-Auf ändern** erfolgt der Absprung in den Kundenauftrag (Transaktion VA02). Hier können dann gegebenenfalls Anpassungen vorgenommen werden. Der Button **Auftragsbericht** ermöglicht den Absprung in den Auftragsfortschrittsbericht (Transaktion CO46) zur Ansicht der aktuell dispositiven Situation der Kundenauftragsposition (siehe Abbildung 13.80).

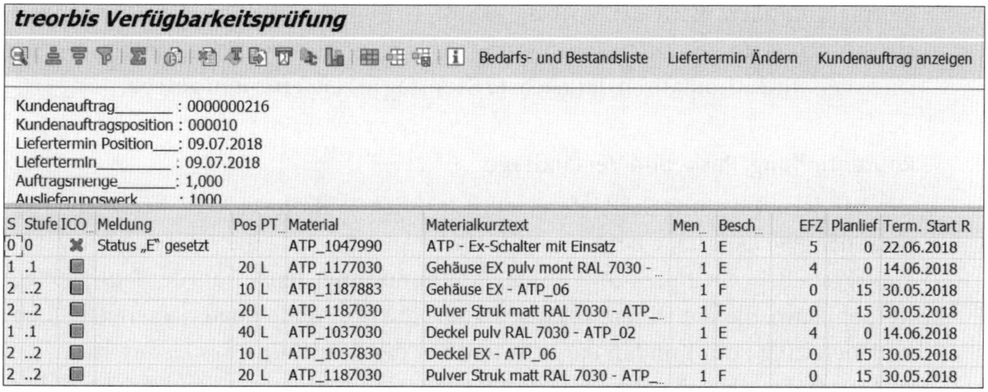

treorbis Verfügbarkeitsprüfung

Bedarfs- und Bestandsliste | Liefertermin Ändern | Kundenauftrag anzeigen

Kundenauftrag_______ : 0000000216
Kundenauftragsposition : 000010
Liefertermin Position___: 09.07.2018
Liefertermin________ : 09.07.2018
Auftragsmenge_______: 1,000
Auslieferungswerk : 1000

S	Stufe	ICO	Meldung	Pos	PT	Material	Materialkurztext	Men...	Besch...	EFZ	Planlief	Term. Start R
0	0	✖	Status „E" gesetzt			ATP_1047990	ATP - Ex-Schalter mit Einsatz	1	E	5	0	22.06.2018
1	.1	■		20	L	ATP_1177030	Gehäuse EX pulv mont RAL 7030 - ...	1	E	4	0	14.06.2018
2	..2	■		10	L	ATP_1187883	Gehäuse EX - ATP_06	1	F	0	15	30.05.2018
2	..2	■		20	L	ATP_1187030	Pulver Struk matt RAL 7030 - ATP_...	1	F	0	15	30.05.2018
1	.1	■		40	L	ATP_1037030	Deckel pulv RAL 7030 - ATP_02	1	E	4	0	14.06.2018
2	..2	■		10	L	ATP_1037830	Deckel EX - ATP_06	1	F	0	15	30.05.2018
2	..2	■		20	L	ATP_1187030	Pulver Struk matt RAL 7030 - ATP_...	1	F	0	15	30.05.2018

Abbildung 13.80 Absprung in den Multilevel-ATP-Check aus der Auswertung

13.7.14 Weitere Einflussgrößen für die Ermittlung des Liefertermins

Bei der Ermittlung von Lieferterminen können weitere Randbedingungen berücksichtigt werden, die außerhalb der von der Bedarfsplanung berücksichtigten Terminierungsobjekte liegen. Dabei handelt es sich um Versand-/Packtage sowie routenspezifische Tage, die, falls gepflegt, zu dem für die Kundenauftragsposition ermittelten Liefertermin hinzuaddiert werden.

Versand-/Packtage

In einer Tabelle können Versand-/Packtage hinterlegt werden. Hier werden kundenspezifisch die Wochentage hinterlegt, an denen ein Produkt das Werk verlassen muss bzw. an denen das Material beim Kunden angeliefert werden kann. Bei der Berechnung eines Liefertermins wird dieser dann auf das erste nachfolgende Datum mit diesem Wochentag verschoben.

Die Packtage werden in einer Z-Tabelle mit Bezug zum Debitor gepflegt. In die Spalte **Packtage** wird der Wochentag eingetragen, an dem die Ware verpackt bzw. geliefert werden soll (siehe Abbildung 13.81).

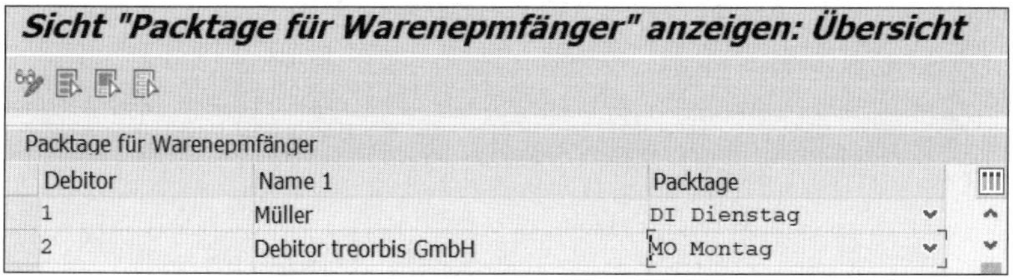

Sicht "Packtage für Warenepmfänger" anzeigen: Übersicht

Packtage für Warenepmfänger

Debitor	Name 1	Packtage
1	Müller	DI Dienstag
2	Debitor treorbis GmbH	MO Montag

Abbildung 13.81 Tabelle zur Pflege der Pack-/Versandtage

Hat der Multilevel-ATP-Check einen Liefertermin ermittelt, wird anschließend überprüft, ob für den Warenempfänger ein Eintrag in dieser Tabelle gepflegt ist. Wird ein

Eintrag gefunden, wird der Packtag ermittelt. Hat der Multilevel-ATP-Check z. B. einen Donnerstag ermittelt, der Eintrag für den Warenempfänger lautet aber auf Dienstag, wird automatisch der nächste Dienstag als Liefertermin gesetzt.

Routenfindung, Pack- und Versandtage

Um bei der Ermittlung des Liefertermins mit dem Multilevel-ATP-Check auch routenabhängige Liefertage berücksichtigen zu können, wird eine Z-Tabelle zur Verfügung gestellt, in der, mit Bezug zu einer Routennummer, die Anzahl der Tage gepflegt werden kann, die die Differenz zwischen Produktionsende (Materialbereitstellung) und Lieferung zum Kunden darstellt und bei der Ermittlung des Liefertermins berücksichtigt wird (siehe Abbildung 13.82).

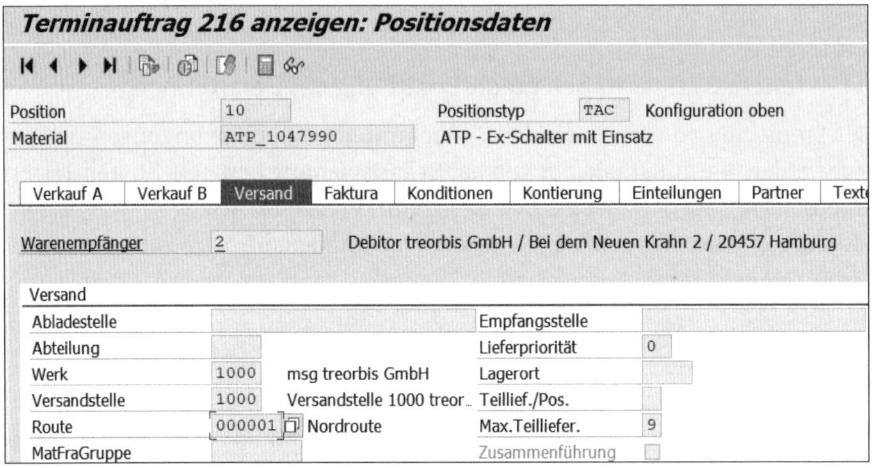

Abbildung 13.82 Im Kundenauftrag gepflegte Route

Mit der in der Positionssicht gepflegten Route prüft das Programm die nachfolgend dargestellte Z-Tabelle und findet gegebenenfalls eine Anzahl an Tagen zur Route, die zur Berechnung des Liefertermins addiert werden (siehe Abbildung 13.83).

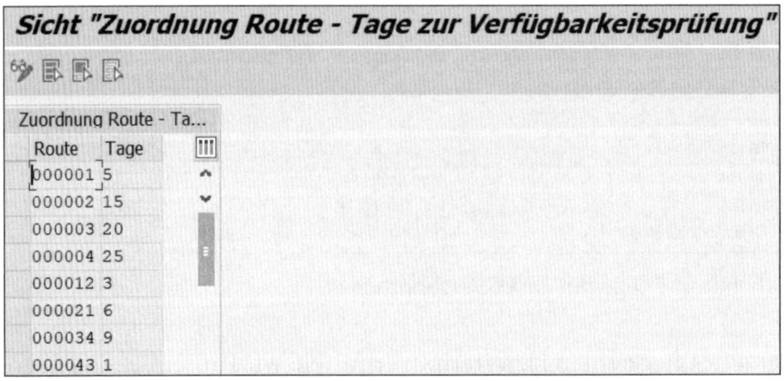

Abbildung 13.83 Tabelle zur Pflege der Routentage

13.7.15 Stammdatenüberprüfung

Zur Qualitätssicherung bei dem Multilevel-ATP-Check werden steuernde bzw. für die Lieferterminermittlung wichtige Stammdaten im Programmlauf geprüft und gegebenenfalls mit einer Fehler-/Hinweismeldung in der ALV-Ergebnisliste des Multilevel-ATP-Checks angezeigt.

Stammdatenüberprüfung Vertriebsmaterial

Im Materialstamm des Vertriebsmaterials kann definiert werden, ob es für den automatischen oder manuellen Multilevel-ATP-Check zugelassen ist. Diese Information wird im Materialstamm im Feld **Werksüb. Mat.Status** hinterlegt (siehe Abbildung 13.84).

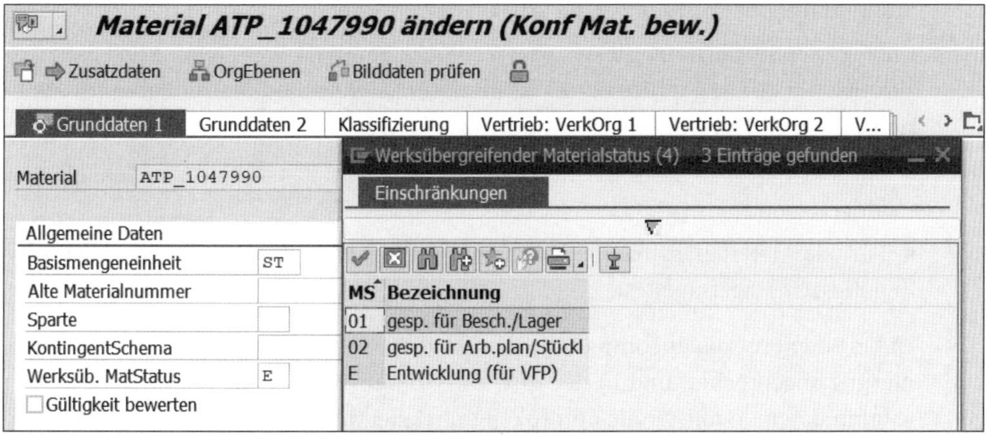

Abbildung 13.84 Werksübergreifenden Materialstatus im Materialstamm pflegen

Automatischer Multilevel-ATP-Check

Im Auslieferungszustand des Add-on steuert der Materialstatus **E**, ob für dieses Material der automatische Multilevel-ATP-Check durchgeführt wird.

Erkennt das Programm während des Terminierungslaufs, dass das Vertriebsmaterial im Kundenauftrag einen werksübergreifenden Materialstatus (**E**) gesetzt hat, wird diese Position nicht terminiert und in der Kundenauftragsposition der Absagerund **Z3 Fehler Terminierung ausgegeben.**

Manueller Multilevel-ATP-Check

Mit der manuellen Terminierung können diese Positionen terminiert werden, und es wird auch ein Liefertermin ermittelt. Es wird jedoch in einer hierfür vorgesehenen Spalte (**ICON**) ein  gesetzt und in der Spalte **Meldung** mit dem entsprechenden Fehler-/Hinweistext »Status »E« gesetzt« beschrieben (siehe Abbildung 13.85).

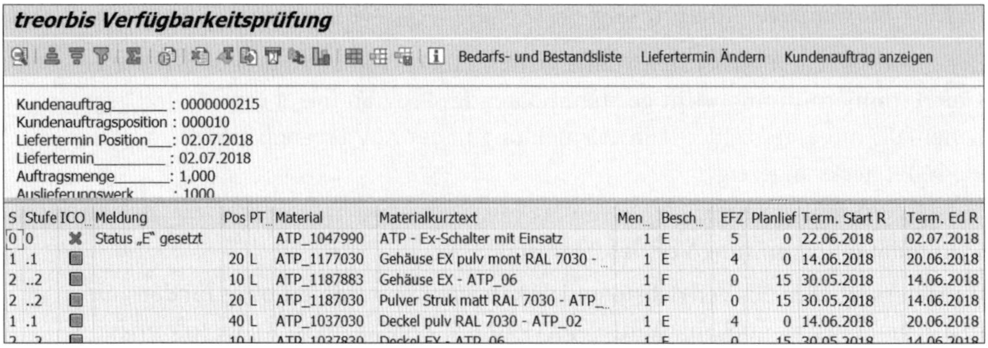

Abbildung 13.85 Fehler-/Hinweistext in der ALV-Ergebnisliste – Materialstatus

Stammdatenüberprüfung für die Stücklistenpositionen

Im Zuge der Stücklistenauflösung des Vertriebsmaterials werden alle Stücklistenpositionen daraufhin geprüft, ob die terminierungsrelevanten Stammdaten im Materialstamm gepflegt sind:

- Für alle Materialien mit der Beschaffungsart F wird geprüft, ob die Planlieferzeit eingetragen ist.
- Für alle Materialien mit der Beschaffungsart E wird geprüft, ob die Eigenfertigungszeit eingetragen ist.

Ist bei einer Stücklistenkomponente das jeweilige Feld nicht gefüllt, wird die Terminierung abgebrochen und in der ALV-Liste in dem Feld **Meldungen** mit dem Text »Stammdaten unvollständig« protokolliert (siehe Abbildung 13.86). Es wird kein Lieferdatum ermittelt.

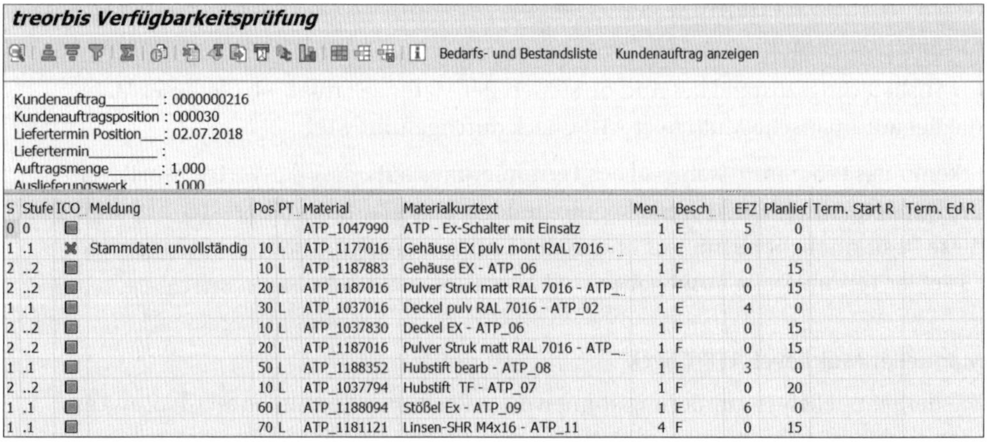

Abbildung 13.86 Fehler-/Hinweistext in der ALV-Ergebnisliste – Stücklistenstatus

13.8 Stammdatenverteilung mit Product Data Replication

Für VC-Modelle kann sich die Notwendigkeit ergeben, deren Daten vollständig mit ihren gegenseitigen Abhängigkeiten zwischen Systemen zu transportieren. Denkbare Anforderungsszenarien sind beispielsweise:

- **Modellierung in eigenem System**
  Die VC-Modellierung soll, wie von SAP empfohlen, nicht direkt im Produktivsystem, sondern in einem vorgeschalteten System oder Mandanten erfolgen. Dies kann ein geschützter Mandant im Entwicklungssystem oder ein zusätzlicher Mandant im Produktivsystem sein, der ausschließlich für die VC-Modellierung benutzt wird. Hierfür wird häufig der Begriff *Golden Client* benutzt. Für integrative Tests bzw. den Produktivbetrieb wird das VC-Modell in das Test- bzw. Produktsystem transportiert.
- **Verwendung mehrerer Produktivsysteme**
  In einer größeren Systemlandschaft mit mehreren Produktivsystemen, z. B. von Landes- oder Tochtergesellschaften, soll die Stammdatenpflege harmonisiert in einem zentralen System erfolgen. Wenn dabei auch VC-Modelle aufgebaut werden, wird man schnell auf die besonderen Herausforderungen bei deren Verteilung in die Satellitensysteme stoßen.

Dieser Abschnitt beschreibt die Möglichkeiten, die das SAP-System mit der *Product Data Replication* (PDR) speziell für die Verteilung von VC-Modellen bietet. Wir erklären die Begriffe und Objekte, mit denen die PDR-Workbench den Nutzer auf den ersten Blick möglicherweise etwas verwirrt, und begleiten den Leser Schritt für Schritt durch die Replikation eines VC-Modells. Danach sind Sie selbst in der Lage, Ihre VC-Modelle zwischen Systemen zu replizieren.

13.8.1 Herausforderung und Möglichkeiten

Ein komplexes VC-Modell besteht aus einer Vielzahl von Einzelobjekten. Abbildung 13.87 zeigt schematisch ein VC-Modell und die Verbindungen zwischen seinen Objekten.

Wie kann das VC-Modell als Ganzes von einem System in ein anderes System transportiert werden? Die grundlegende SAP-Funktionalität für den Transport (Verteilung) von Applikationsobjekten ist *Application Link Enabling* (ALE). Auf Senderseite wird aus jedem Objekt ein *IDoc* (Intermediate Document) gebildet, das an das Empfangssystem (RFC-Destination) geschickt und dort eingebucht (»gepostet«) wird. Für jede Art von Objekt (Stammdaten, Bewegungsdaten) wird eine exakt definierte IDoc-Struktur, der Nachrichtentyp, benötigt. Für fast alle VC-Objekte existieren in SAP Standardnachrichtentypen, sodass eine ALE-Verteilung, Objekt für Objekt, mit Standardtransaktionen erfolgen kann (im Menü über **Werkzeuge • ALE • Stammdatenver-**

teilung • Logistik • Variantenkonfiguration). Eine Ausnahme stellt der Arbeitsplan mit zugeordnetem Beziehungswissen dar. Mehr dazu erfahren Sie in Abschnitt 13.8.8, »PDR-Add-on für Arbeitspläne«.

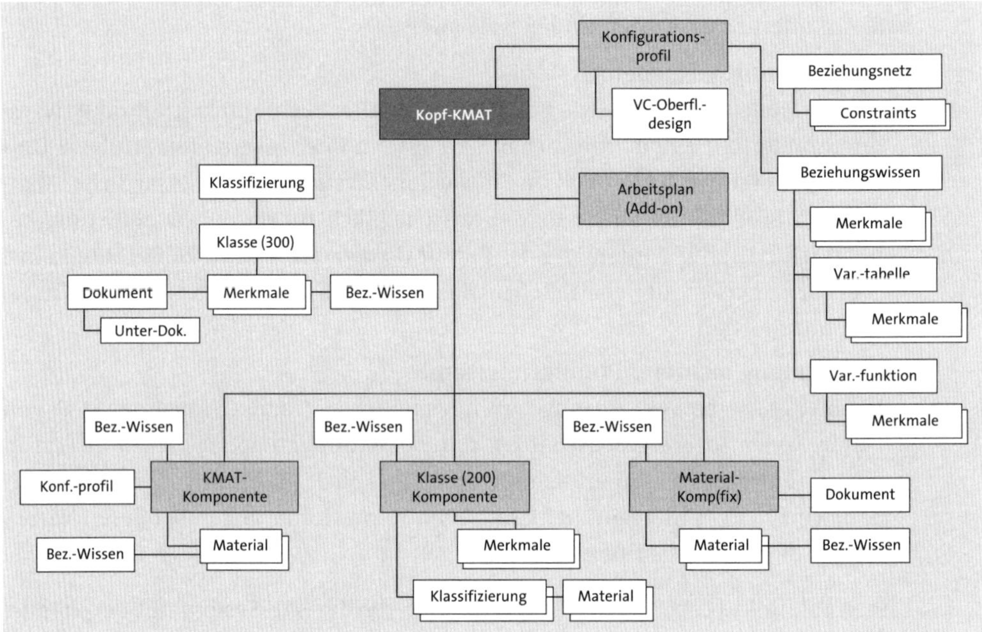

Abbildung 13.87 Objekte und ihre Abhängigkeiten in einem VC-Modell

Auf diese Weise kann ein VC-Modell vollständig, aber mühselig und fehleranfällig von A nach B verteilt werden. Sie müssen selbst alle VC-Objekte ermitteln, die zu Ihrem Modell gehören, und diese nacheinander (in der richtigen Reihenfolge!) mit den ALE-Einzeltransaktionen verteilen. Wenn Sie dabei auch nur ein Objekt übersehen, sind die VC-Modelle in den beiden Systemen nach der ALE-Verteilung nicht identisch. Fast unmöglich wird eine exakte manuelle Replikation, wenn die VC-Objekte mit Änderungsdienst (SAP ECM) gepflegt werden. Sie müssten für jedes einzelne Objekt die Änderungsstände ermitteln und für jeden Änderungsstand eine IDoc-Verteilung anstoßen.

Komfortabel, schnell und sicher ist diese manuelle Lösung also nicht. Hier kommt die PDR ins Spiel. Sie wurde speziell für die Verteilung von kompletten VC-Modellen entwickelt und erstmals mit SAP R/3 Enterprise 4.7 ausgeliefert. Sie starten die Verteilung nicht für jedes einzelne Objekt, sondern lediglich für das Kopfmaterial des VC-Modells. Die PDR sammelt daraufhin alle Objekte des VC-Modells selbständig zusammen, bildet daraus ein Verteilungspaket mit IDocs, versendet dieses zum Zielsystem und sorgt dort für die korrekte Einbuchung (siehe Abbildung 13.88).

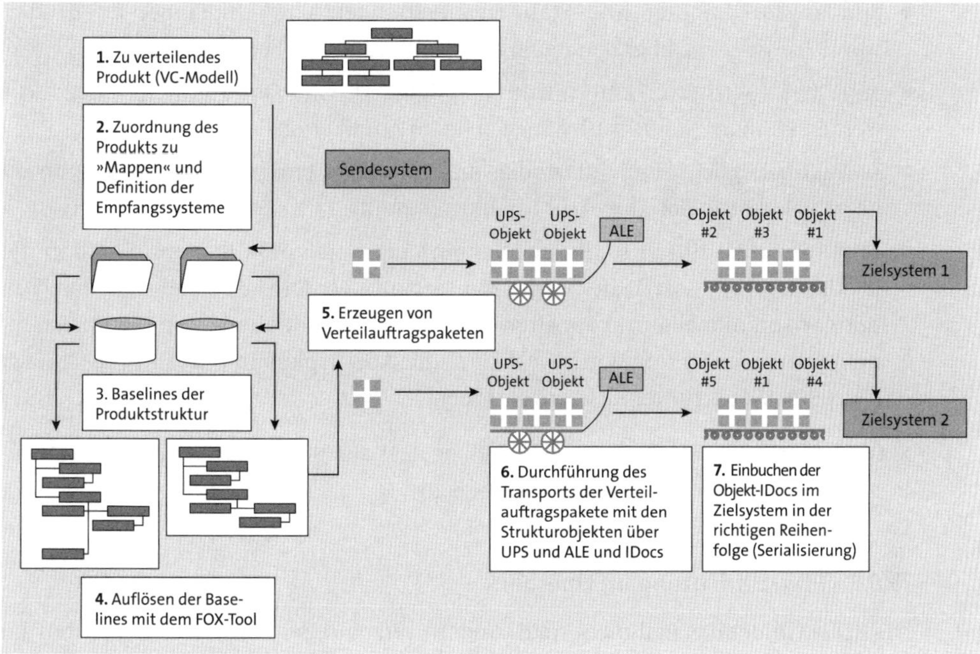

Abbildung 13.88 Produktverteilung mit PDR im Überblick

Die PDR bietet die folgenden Kernfunktionen für die fehlerfreie Replikation von kompletten Produktmodellen:

- Einsammeln aller zu einem VC-Modell gehörenden Objekte (auch für mehrstufige Modelle, mit Stücklistenauflösung)
- Paketierung aller Daten und Objekte des VC-Modells
- Senden und Empfangen des gesamten Pakets (keine ALE-Einzel-Transaktionen)
- initialer Transport aller Produktmodelldaten in das Zielsystem; anschließend Unterstützung eines Delta-Modus bei Updates (nur neue und geänderte Daten werden verteilt)
- Dokumentation und Transparenz: Paketinformationen bleiben dauerhaft im System, auch nach Archivierung der IDocs
- durchgängige Unterstützung des SAP-Änderungsdienstes
- Einbuchung der Objekte in korrekter Reihenfolge, unter Beachtung verschiedener Serialisierungskriterien, wie Abhängigkeit verschiedener Objekttypen untereinander (z. B. erst Merkmale, dann Klassen, dann Constraint-Netze) oder aufeinanderfolgender »Zeitscheiben« eines Objekts (SAP-ECM-Änderungsstände, Datumsgültigkeit von Stücklistenkomponenten)
- gleichzeitige Verteilung in mehrere Zielsysteme möglich

- Empfangsbestätigung und Statusrückmeldungen von Empfänger an Sender, somit Transparenz über den Replikationstatus auch im Sendesystem
- einfacher Zugriff auf Fehlermeldungen, falls einzelne Objekte nicht eingebucht werden können – keine mühsame Suche im Applikationslog (SLG1)
- Korrekturmöglichkeiten auf Sender- und Empfangsseite (z. B. Nachsenden einzelner Objekte nach der Korrektur im Pflegesystem)
- Erweiterbarkeit durch BAdIs und Einbindung neuer FOX-Klassen. So kann die Replikation um zusätzliche Objekttypen ergänzt werden. Beispiele sind Inhalt von mit Variantentabellen gekoppelten Z-Tabellen, Revisionsstand von Materialstämmen, Werkszuordnung von Stücklisten und Arbeitsplan. In SAP-Hinweis 2166123 finden Sie weiterführende Informationen.

Sie erkennen an den aufgeführten Vorteilen, dass der Einsatz der PDR einen kontrollierten und transparenten Prozess ermöglicht.

13.8.2 PDR-Einrichtung im Überblick

Die PDR erfindet das Rad nicht neu, sondern setzt auf der bewährten und robusten ALE-Technologie auf. Sie werden bei der Replikation die bekannten IDoc-Nachrichtentypen für die VC-Objekte (z. B. CHRMAS für Merkmale, KNOMAS und DEPNET für Beziehungswissen) finden, ergänzt um zwei neue Nachrichtentypen, um die logische Einheit des Pakets zu kontrollieren:

- **UPSMAS**
  Informationen über das PDR-Paket und die Auflistung, welche Einzelobjekte es enthält; Übertragung vom Sende- ins Empfangssystem
- **UPSRCP**
  Statusrückmeldungen vom Empfangssystem zurück an das Sendesystem

Um die PDR zu nutzen, ist es also zunächst erforderlich, das ALE-Customizing für die Verteilung zwischen den beteiligten Systemen einzurichten. Wenn Sie bereits die VC-Einzelobjekte mit ALE verteilt haben, werden Sie die Einstellungen für die benötigten IDoc-Typen schon im ALE-Verteilungsmodell vorgenommen haben. Sie müssen dann lediglich die beiden neuen Nachrichtentypen UPSMAS und UPSRCP hinzufügen und die zugehörigen ALE-Partnervereinbarungen in Sende- und Zielsystem anlegen bzw. aus Transaktion BD64 generieren (**Umfeld • Partnervereinbarung generieren**).

Für die komplette Einrichtung der PDR sei auf das entsprechende Kapitel im Vorgängerbuch »Variantenkonfiguration mit SAP« verwiesen. Unterstützung finden Sie auch in SAP-Hinweis 1103146 (PDR: Step-by-Step Guide Customizing).

[+]

PDR-Sammelhinweis 1518479

Stellen Sie sicher, dass die in SAP-Hinweis 1518479 genannten »Must-have-Hinweise« in Ihrem System enthalten sind.

Speziell für den Betrieb der PDR gibt es einige Pilothinweise, deren Freigabe Sie anfordern müssen. Diese sind auch im Sammelhinweis beschrieben. Besonders empfehlenswert sind die SAP-Hinweise 912614 (Performance beim Einbuchen) und 1541434 sowie 1688932 (Usability-Verbesserungen der PDR-Workbench).

Die folgende Auflistung zeigt den empfohlenen Ablauf der PDR-Einrichtung.

1. Aktivierung der (kostenfreien) PLM-Extension (EA-PLM) im Switch Framework (Transaktion SFW5); siehe SAP-Hinweis 1049251. Dies ist in SAP S/4HANA nicht mehr notwendig, da es dort die PLM-Extension nicht mehr gibt (die enthaltenen Funktionen sind standardmäßig aktiv).
2. Einbau der empfohlenen SAP-Hinweise (siehe Sammelhinweis 1518479)
3. Aufruf von UPSSETUP (Vorbereitung von Standard-Customizing). Unbedingt die Änderungen in Customizing- und Workbench-Transportauftrag aufnehmen (das Flag im Einstiegsbild markieren)!
4. ALE-Customizing: Einrichtung des ALE-Verteilungsmodells bzw. Ergänzung um die Nachrichtentypen UPSMAS und UPSRCP
5. Verteilung des ALE-Verteilungsmodells in alle Systeme des Verteilungspfades (Transaktion BD64: **Bearbeiten • Modellsicht • Verteilen**); Generierung der Partnervereinbarungen in allen Systemen
6. Customizing-Einstellungen für das Configuration Management (Lebenszyklusprofil, Auflösungsprofil), den Uniform Packaging Service (UPS) und den SAP Business Workflow
7. nochmaliger Aufruf von UPSSETUP (einige Customizing-Einstellungen, z. B. die zentralen Einstellungen mit der für die Performance wichtigen Parallelisierung, werden nicht automatisch in einen Transportauftrag aufgenommen – dies passiert in diesem Schritt)
8. Transport des Customizings ins Q- und P-System
9. Vervollständigung des Workflow-Customizings in allen Systemen, aus denen PDR-Pakete gesendet werden (nicht relevant für PDR-Empfangssysteme): Ereignistyp-Kopplung aktivieren (Customizing-IMG: **Logistik Allgemein • Product Data Replication • Workflow-Einstellungen für die Produktdatenverteilung • Dokumentenverteilung • SAP Business Workflow • Ereignistyp-Kopplung aktivieren**), Workflow-Customizing verifizieren (Transaktion SWU3).

Wir möchten Sie an dieser Stelle noch auf einige wichtige Punkte hinweisen, die sich in der Praxis wiederholt als Stolpersteine auf dem Weg zu einer funktionierenden PDR-Stammdatenreplikation herausgestellt haben:

Berechtigungen

Um die PDR einrichten und nutzen zu können, sind verschiedene Berechtigungen und Transaktionen erforderlich. Auch der ALE-RFC-User, mit dem IDocs eingebucht werden, sowie der interne Workflow-User (meist WF-BATCH, in SAP S/4HANA SAP_WFRT) benötigen spezifische Berechtigungen. Konsultieren Sie dazu SAP-Hinweis 2116263.

Nummernkreisanpassungen

Ein besonderes Augenmerk bei verteilter Anlage von Materialstämmen und Änderungsnummern ist auf deren Nummernkreiseinstellung in den beteiligten Systemen zu legen, wenn Sie mit interner Nummernvergabe arbeiten.

Wenn Änderungsnummern im PDR-Sendesystem aus einem internen Nummernkreis angelegt werden, muss dieser Nummernkreis in den Zielsystemen als extern eingestellt sein. Ist dies nicht der Fall, wird im Zielsystem bei der ECMMAS-Einbuchung der Fehler »Änderungsnummer xy ist für externe Nummernvergabe nicht vorgesehen« auftreten.

Beim Materialstamm ist das Verhalten zwar anders. Denn das SAP-System lässt zu, dass ein Materialstamm-IDoc mit einer Nummer aus einem internen Nummernkreis eingebucht wird. Jedoch sollten Sie im Customizing die Materialstammnummernkreise in Sende- und Zielsystem nicht überlappend konfigurieren und somit sicherstellen, dass Materialnummern aus dem internen Nummernkreis im Zielsystem nicht ungewollt überschrieben werden.

Aktueller IDoc-Basistyp in Partnervereinbarungen (Ausgang)

Für das fehlerfreie Funktionieren der PDR ist es wichtig, dass für die IDoc-Nachrichtentypen der VC-Objekte in der Ausgangspartnervereinbarung (Transaktion WE20) der aktuelle IDoc-Basistyp eingetragen ist. Wenn Sie ALE für VC-Objekte schon seit vielen Jahren nutzen, können hier noch ältere Basistypen ohne PDR-Unterstützung eingetragen sein (es fehlt dann das E1UPSLINK-Segment). Wählen Sie in der Suchhilfe den Basistyp mit der höchsten Nummer aus (Basistypen sind abwärtskompatibel).

ALE-Vorgangscode in Partnervereinbarungen (Eingang) korrigieren

Während des ALE-Setups können die Partnervereinbarungen aus Transaktion BD64 heraus automatisch generiert werden, wenn Sie sich an die Empfehlung gehalten haben, RFC-Destination und logisches System identisch zu benennen (Konvention: <System-ID>CLNT<Mandant>). Dabei können jedoch für einige Nachrichtentypen falsche Vorgangscodes eingetragen werden. Sie können die Ursache dafür mit der manuellen Anleitung aus SAP-Hinweis 318927 beheben. Löschen Sie zusätzlich die Einträge für die Vorgangcodes BOM2, DOC2, ECM2 und MAT2 (diese waren für SAP NetWeaver Master Data Management vorgesehen), und transportieren Sie diese Löschung in alle Systeme. Dann werden zukünftig die Eingangsparameter korrekt für ALE und PDR generiert.

In Partnervereinbarungen, die vor dieser Korrektur generiert worden sind, können im IDoc-Eingang falsche Vorgangscodes eingetragen sein, die mit einem Standard-SAP-System unverträglich sind. Prüfen Sie dies, und stellen Sie sicher, dass bei den in Tabelle 13.5 genannten Nachrichtentypen in der Eingangspartnervereinbarung (Transaktion WE20) der zugehörige Vorgangscode eingetragen ist.

Objekttyp	Nachrichtentyp	Falscher Vorgangscode	Ändern auf
Stückliste	BOMMAT	BOM2	BOMM
Dokument	DOCMAS	DOC2	DOCM
Änderungsnummer	ECMMAS	ECM2	ECM_UPS
Materialstamm	MATMAS	AFSA	MATM

Tabelle 13.5 Zu kontrollierende Nachrichtentypen und ihre Vorgangscodes

Delta-Filterung von Klassifizierungen (CLF) und Klassenhierarchien (SUBCLS)

Die PDR hatte in der Standardauslieferung bis 2018 eine Lücke bei der Delta-Filterung von Klassifizierungen (CLF) und Klassenhierarchien (SUBCLS), weil es in den SAP-Tabellen dieser Objekte kein Feld mit dem Datum der letzten Änderung gab. Auch wenn seit der letzten Replikation keine Änderungen an diesen Objekten erfolgt waren, wurden sie jedes Mal wieder in das PDR-Paket aufgenommen – ein unerwünschtes Verhalten, das von SAP-Kunden oft als Fehler interpretiert wird. SAP-Hinweis 2673912 schließt diese Lücke. Nach dem Einspielen des SAP-Hinweises und der darin beschriebenen Anlage der Tabelle CLF_HDR sowie der Customizing-Anpassung landen in Delta-Paketen tatsächlich nur neue und geänderte Objekte. Die Implementierung des User-Exits CLFM0002 aus dem nun obsoleten SAP-Hinweis 1338819 ist nicht mehr notwendig.

Im Zusammenhang mit der Delta-Filterung sei daran erinnert, im Customizing des *Pakettyps* den Verteilstatus auf **Objekt im Zielsystem eingebucht** zu setzen – dies aktiviert die Delta-Filterung. Außerdem sollten Sie für **Vorgänger ermitteln** den Eintrag

Ermittlung über gleichen Pakettyp auswählen, um Paketüberholer (älteres Paket wird nach neuem Paket eingebucht) zu unterbinden.

Und wenn etwas klemmt oder nicht wie gewünscht funktioniert: Für viele, in der SAP-Anwenderpraxis aufgetretene Probleme finden Sie am Ende dieses Kapitels in Abschnitt 13.8.9, »Troubleshooting, Tipps und Tricks«, eine passende Hilfestellung.

[+]

Performance-Optimierung im Empfangssystem durch parallelisierte UPS-Paketeinbuchung

Nach dem Einbau von Pilothinweis 912614 (Freigabe per OSS-Meldung anfordern) finden Sie unter den zentralen Customizing-Einstellungen drei weitere Felder, um die Parallelisierung beim Einbuchen zu steuern (analog zur Sendeseite). Eine Blockgröße von 25 bis 50 und fünf parallele Einbuchungsprozesse haben sich in der Praxis bewährt. Damit werden insbesondere große PDR-Pakete deutlich schneller eingebucht.

13.8.3 Replication Workbench – Objekte und Begriffe

In den folgenden Abschnitten zeigen wir die Replikation eines VC-Modells mit PDR. Erzeugung und Versand eines PDR-Pakets steuern Sie in der Replication Workbench (Transaktion CRWBD), deren wichtigste Elemente Sie in Abbildung 13.89 sehen.

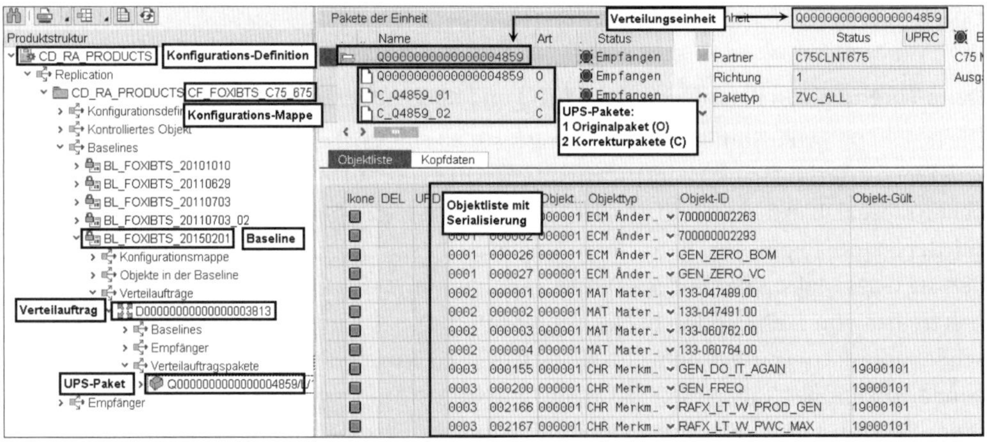

Abbildung 13.89 Replication Workbench

Zunächst erläutern wir die folgenden Begriffe:

- **Konfigurationsdefinition**
  Die Konfigurationsdefinition fasst mehrere Konfigurationsmappen zusammen. Sie können eine Konfigurationsdefinition für alle PDR-Konfigurationsmappen be-

nutzen oder diese organisatorisch mit mehreren Definitionen bündeln. Funktionelle Bedeutung hat die Konfigurationsdefinition nicht.

- **Konfigurationsmappe**
In einer Konfigurationsmappe werden das zu verteilende Kopfmaterial und das bzw. die Zielsystem(e) definiert. Sie können auch mehrere Materialnummern eintragen und somit deren Modelle gemeinsam übertragen. Klassen als Kopfobjekte sind auch möglich. Außerdem wählen Sie ein Auflösungsprofil für die Steuerung der FOX-Strukturauflösung.
- **Framework for Object eXplosion**
Mit dem Framework for Object eXplosion (FOX) werden die Objekte des VC-Modells aufgelöst, also rekursiv über alle Stücklistenstufen hinweg alle zum VC-Modell gehörenden Stammdatenobjekte eingesammelt.
- **Baseline**
Die Baseline wird in einer Konfigurationsmappe erstellt und ist Grundlage der darauf aufbauenden Replikation. Die Baseline stellt ein Verzeichnis aller im Produktmodell zu einem bestimmten Zeitpunkt enthaltenen Einzelobjekte und deren Strukturzusammenhang dar. Sie enthält nicht deren Objektinhalte (z. B. Beziehungswissencode, Merkmalwerte) – diese werden erst später bei der IDoc-Erstellung eingelesen. Das Ergebnis von FOX zum Auflösungszeitpunkt wird in der *Baseline* eingefroren. Pro Konfigurationsmappe können beliebig viele Baselines erstellt werden; eine Baseline pro Replikation.
- **Verteilauftrag**
Der Verteilauftrag ist ein Objekt des SAP-Workflows und wird beim Verteilungsstart für eine Baseline angelegt. Er enthält die Information über die Zielsysteme und erlaubt den Zugriff auf das Workflow-Log (im Kontextmenü).
- **Verteilauftragspaket**
Aus dem Verteilauftrag wird beim Verteilungsstart für jedes Zielsystem ein Verteilauftragspaket erstellt. Üblicher sind die Begriffe Verteilungspaket, UPS-Paket oder PDR-Paket.
- **Verteilungseinheit**
Die Verteilungseinheit besteht aus Verteilungspaketen: aus genau einem Originalpaket (erkennbar an dem Kennzeichen **O** in Abbildung 13.89) und gegebenenfalls einem oder mehreren Korrekturpaketen (Kennzeichen **C**). Das Originalpaket wird automatisch beim Verteilungsstart angelegt und enthält die Liste der Einzelobjekte, inklusive deren Änderungsständen. Korrekturpakete werden bei Bedarf manuell angelegt, um Fehler bei der Paketeinbuchung zu beheben. Im Gegensatz zur Baseline, die immer das komplette Produktmodell abbildet, enthält das Originalpaket bei aktivierter Delta-Filterung nur neue und geänderte Objekte.

Weiterführende Erläuterungen finden Sie auch in der SAP-Online-Hilfe:

SAP ERP 6.0: *https://help.sap.com/erp* • **SAP Library (Deutsch)** • **SAP ERP Central Component** • **Logistik** • **Product Lifecycle Management (PLM)** • **PLM Produktdatenverteilung**

SAP S/4 S/4HANA: *https://help.sap.com/s4hana* • **Product Assistance** • **Deutsch (German)** • **Geschäftsanwendungen für Unternehmen** • **R&D / Engineering** • **Product Lifecycle Management (PLM)** • **PLM Produktdatenverteilung**

Starten Sie die Replication Workbench (Transaktion CRWBD), und gehen Sie Schritt für Schritt, wie nachfolgend beschrieben, vor. In dem Beispiel wird die Replikation eines VC-Modells vom Mandanten 875 zum Mandanten 675 desselben Systems (C75) beschrieben. Es besteht kein prinzipieller Unterschied zur Replikation zwischen verschiedenen Systemen.

Konfigurationsdefinition und -mappe anlegen

Beim ersten Aufruf legen Sie die *Konfigurationsdefinition* und die erste *Konfigurationsmappe* gemeinsam an. Klicken Sie dazu auf das Icon (**Produktmappe anlegen**) siehe Abbildung 13.90.

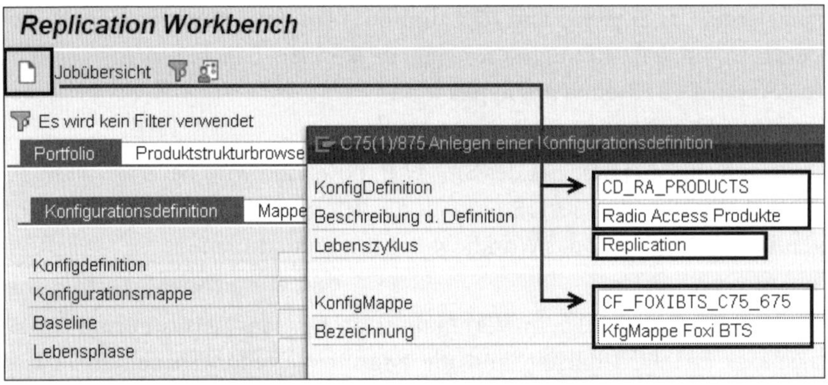

Abbildung 13.90 Konfigurationsdefinition und -mappe anlegen

Weitere Mappen legen Sie später an, indem Sie die Konfigurationsdefinition öffnen und in deren Kontextmenü **Konfigurationsmappe anlegen** wählen.

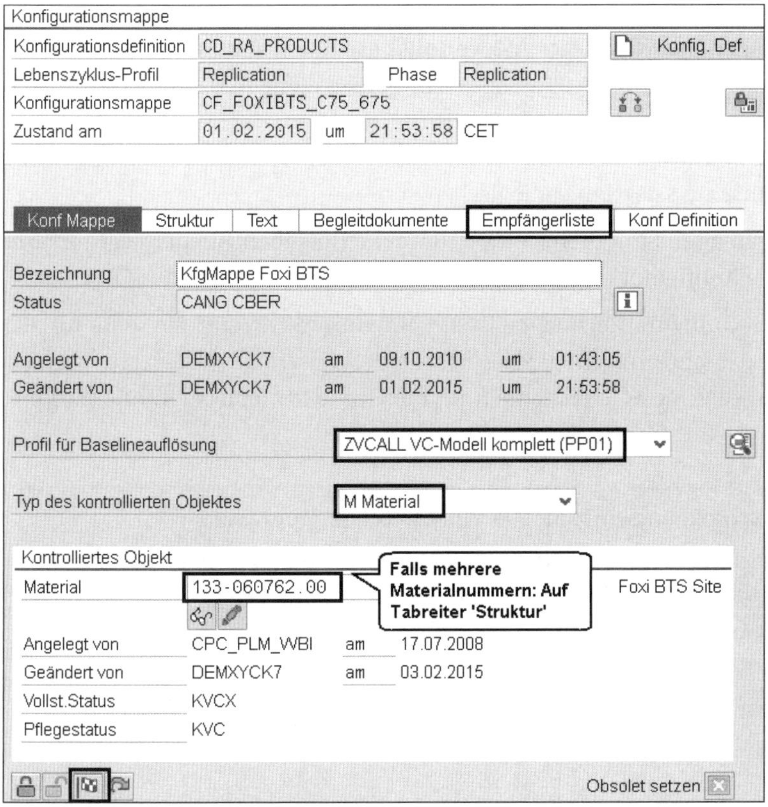

Abbildung 13.91 Konfigurationsmappe

Tragen Sie nun die Details in der Konfigurationsmappe (Registerkarte **Konf Mappe**) ein, siehe Abbildung 13.91:

- **Profil für Baseline-Auflösung**
  Wählen Sie das gewünschte Auflösungsprofil. Das Standardprofil SAPREPLICA (bzw. eine angepasste Z-Kopie) löst ein VC-Modell komplett mehrstufig auf und sammelt alle seine Objekte ein. Sie können im Customizing auch Auflösungsprofile einstellen, mit denen z. B. die Stückliste gar nicht, oder nur einstufig aufgelöst wird. Durch eine Erweiterungsimplementierung von FOX können auch zusätzliche Objekte aufgelöst werden, z. B. Materialvarianten zu einem KMAT, oder Arbeitspläne (SAP-Hinweis 1924092).
- **Typ des kontrollierten Objektes**
  Wählen Sie den Eintrag **Material**.
- **Material**
  Tragen Sie hier die Materialnummer des Kopf-KMAT ein. Sie können auch mehrere VC-Modelle zusammen replizieren. Lassen Sie dann dieses Feld leer, und tragen Sie stattdessen auf der Registerkarte **Struktur** alle Kopf-KMAT ein.

Nehmen Sie die folgenden Einstellungen auf der Registerkarte **Empfängerliste** vor: Wählen Sie in der Auswahl unter **ALE-Verteilungseinheit: Partner** das Zielsystem. Hier werden alle Systeme angeboten, in die gemäß dem ALE-Verteilungsmodell UPS-MAS-IDocs verteilt werden dürfen. Falls zuerst das Auswahl-Pop-up-Fenster mit **Interne Benutzer, Verteilerlisten** etc. erscheint, brechen Sie dieses ab. Es erscheint dann die gewünschte Selektion der logischen Systeme.

Geben Sie anschließend mit dem Icon (**Baseline freigeben**) auf der Registerkarte **Konf Mappe** die Konfigurationsmappe frei. Die Mappe erhält den Status **CBER**.

Die Anlage der Konfigurationsmappe ist ein einmaliger Vorgang. Sie sollte für alle Replikationen des eingetragenen Materials wiederverwendet werden. Für weitere Materialien erstellen Sie weitere Mappen aus dem Kontextmenü der Konfigurationsdefinition.

[+]

Replikation schnell und einfach: alle Schritte zusammenfassen

Um Ihnen das Verständnis zu erleichtern, stellen wir Ihnen in den nächsten Abschnitten die Erstellung von Baseline, Verteilauftrag und UPS-Paket in einzelnen Schritten vor. Es geht aber auch schneller und komfortabler.

Sie können alle Arbeitsschritte bis zum UPS-Paket in einem einzigen Arbeitsgang erledigen, indem Sie im Kontextmenü der Konfigurationsmappe **Hintergrundverarbeitung • Komplett verteilen...** auswählen (siehe Abbildung 13.96). Dies ist das empfohlene Vorgehen.

Wenn Sie im Pakettyp-Customizing die automatische Vorgangssteuerung in Ausgang und Eingang aktivieren, erfolgt auch der Versand des UPS-Pakets sowie eine automatische Einbuchung ins Zielsystem.

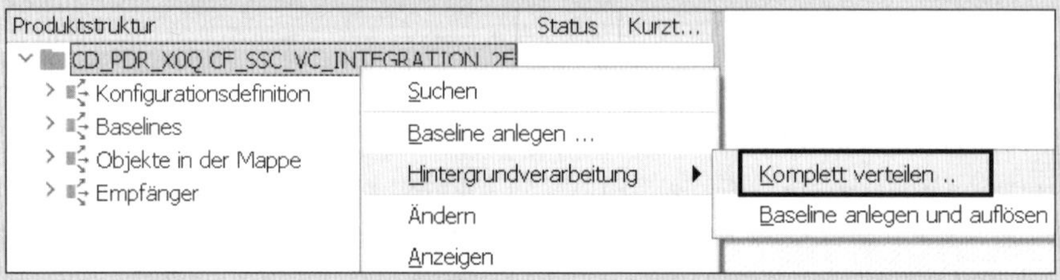

Abbildung 13.92 Start der automatisierten Komplettverteilung

Baseline erstellen und auflösen

Für jede Replikation eines Produktmodells erstellen Sie jeweils eine eigene Baseline innerhalb der Konfigurationsmappe. Die Baseline listet alle Einzelobjekte auf, die in diesem Moment zu der Produktstruktur gehören, aufgelöst durch FOX. Die Strukturanzeige der Baseline zeigt die Zuordnungsbeziehungen der Objekte untereinander.

Konfigurationsmappe direkt öffnen

Öffnen Sie eine existierende Konfigurationsmappe in Transaktion CRWBD direkt über die Registerkarte **Mappe** und ohne die übergeordnete Konfigurationsdefinition. Dies spart den ohnehin knappen Platz im Strukturbrowser der Replication Workbench.

Das Anlegen und Auflösen einer Baseline erledigen Sie in einem Schritt durch Einplanen eines Jobs über das Kontextmenü der Mappe: **Hintergrundverarbeitung • Baseline anlegen und auflösen** (siehe Abbildung 13.93). Alternativ legen Sie zunächst nur die Baseline an, und lösen sie anschließend im Dialog mittels des Buttons (**Baseline auflösen**) auf der ersten Registerkarte auf. Es mag ungewohnt erscheinen, dass für diesen Schritt (und einige weitere Schritte) ein Job eingeplant und die Aktion nicht im Vordergrund ausgeführt wird. Bei sehr großen Strukturen können die Baseline-Auflösung und die nachfolgende Paketerstellung, -versendung und -einbuchung jedoch einige Zeit in Anspruch nehmen. Durch einen Batchjob wird kein Dialog-Workprozess blockiert und das Risiko eines Timeouts vermieden.

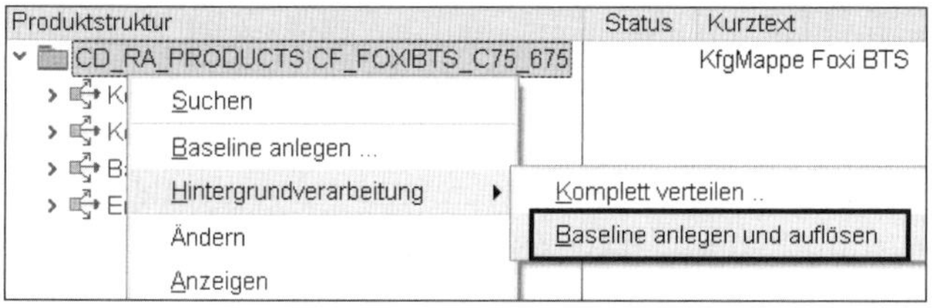

Abbildung 13.93 Anlage und Auflösung einer Baseline

In dem Pop-up-Dialog zur Jobeinplanung tragen Sie die Details der Baseline ein (siehe Abbildung 13.94). In den meisten Fällen genügen Name (Feld **Baseline**) und ein Eintrag im Feld **Bezeichnung** der Baseline.

Datum in den Namen der Baseline aufnehmen

Da die Baseline eine Momentaufnahme des Produktmodells darstellt, sollten Sie das Datum der Baseline im Format JJJJMMDD in den Namen aufnehmen. Dies verbessert die Übersicht und erleichtert das spätere Auffinden einer Baseline.

Wählen Sie *nicht* den Button **sofort auflösen und fixieren**! Dies würde ungewollt die Stückliste historienpflichtig machen. Belassen Sie die Auswahl daher auf **zum Zieltermin**. Das **Baseline Datum** ist nicht zu verwechseln mit dem Gültigkeitsdatum, zu dem die Objekte der Baseline eingesammelt werden. Da Sie die Baseline sofort auflösen wollen, lassen Sie das Feld leer (das Tagesdatum wird vom System automatisch gesetzt).

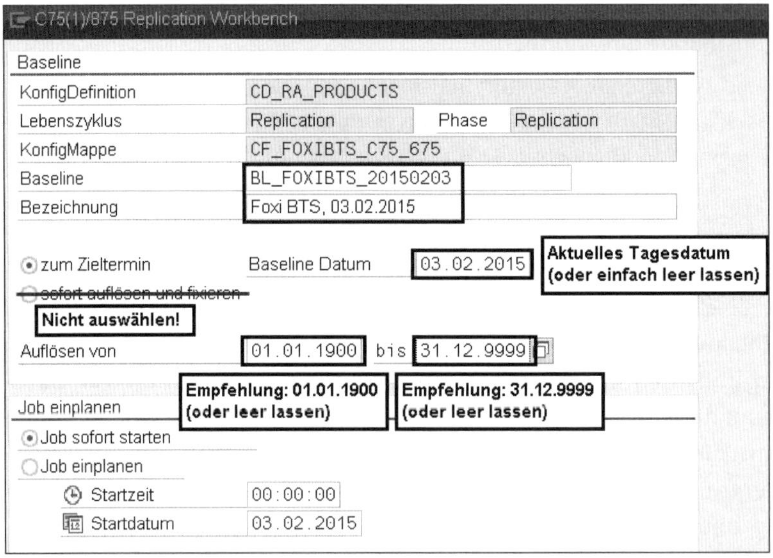

Abbildung 13.94 Details der Baseline

In den Feldern **Auflösen von** und **bis** können Sie optional den Zeitbereich eintragen, über den FOX die Änderungsdienstgültigkeiten in der Baseline auflösen soll. In den meisten Fällen können (und sollen) Sie die Felder leer lassen – das System benutzt dann den Datumsbereich 01.01.1900 bis 31.12.9999. Wenn Sie den Änderungsdienst nicht benutzen, spielt der Datumsbereich sowie keine Rolle – jedes Objekt hat nur einen einzigen Stand, der immer gültig ist.

Falls Sie den SAP-Änderungsdienst (SAP ECM) verwenden, erscheint es bei einer langen Änderungshistorie verlockend, nur Änderungsstände ab einem bestimmten Datum zu replizieren und ältere Gültigkeiten wegzulassen – also in **Auflösen von** für die untere Grenze ein Datum in der jüngeren Vergangenheit einzutragen. Erfahrungen aus der Praxis haben aber mehrfach gezeigt, dass dann aufgrund der vielen direkten und indirekten Abhängigkeiten nicht nur zwischen den Objekten selbst, sondern auch noch zwischen deren Zeitscheiben, das Auflösungsergebnis unvollständig wird. Daraus leitet sich die dringende Empfehlung ab, die untere Grenze leer zu lassen (gleichbedeutend mit 01.01.1900).

Mit der oberen Datumsgrenze können Sie, falls gewünscht, neuere (z. B. zukünftige) Änderungsstände aus der Baseline-Auflösung und Replikation ausschließen; dies ist unkritisch. Im typischen Anwendungsfall werden Sie jedoch keine zeitliche Einschränkung vornehmen, sodass Sie nach der Eingabe von Baseline-Name und -Beschreibung alle Datumsfelder leer lassen und mit [↵] einfach fortfahren können.

Da die Replikation normalerweise unmittelbar ausgeführt werden soll, belassen Sie die Jobeinplanung auf **Job sofort starten**. Mit dem Button (**CM-Objekt anlegen**) wird die Baseline-Auflösung gestartet (der Job CM_CONFIGBASELINE_CREATEMULTI läuft einige Sekunden). Nach der Aktualisierung der Produktstruktur in der Replication Workbench finden Sie unter dem Knoten **Baselines** die neu angelegte Baseline. Ein Doppelklick darauf öffnet unter der Produktstruktur den Baseline-Detailbereich. Wählen Sie aus dem Kontextmenü der Auflösungs-ID **Auflösungsergebnis anzeigen** (siehe Abbildung 13.95).

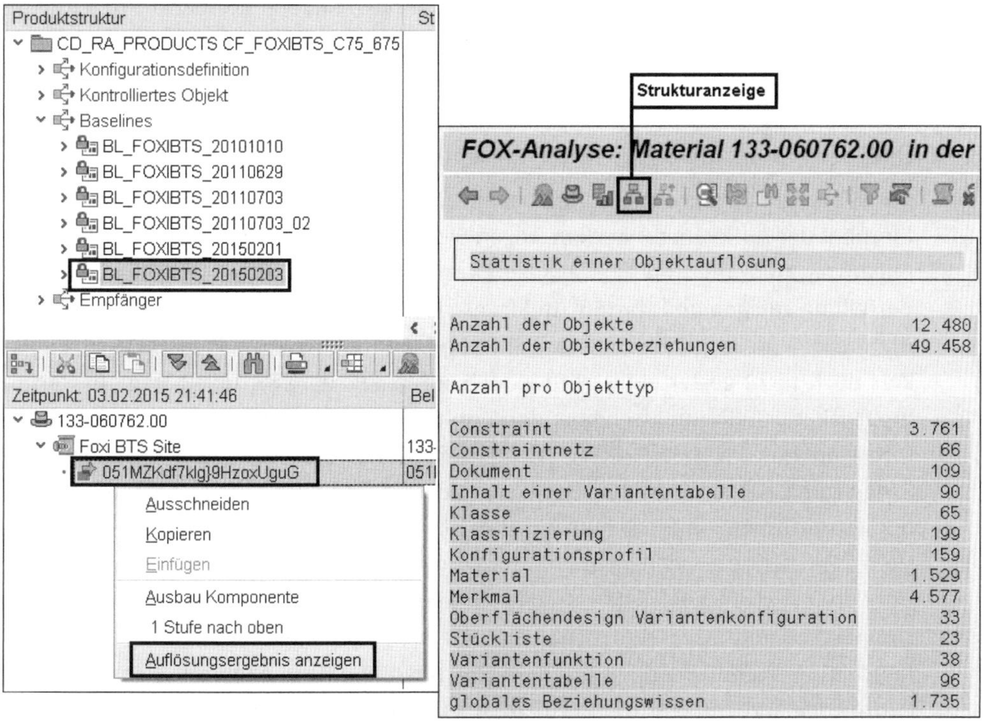

Abbildung 13.95 Ergebnis der Baseline-Auflösung anzeigen

Die Statistik der Auflösung listet die Anzahl der Objekte je Objekttyp auf. Per Doppelklick können Sie in die Auflistung der Objekte, und von dort sogar in die Zeitscheiben jedes einzelnen Objekts navigieren.

[+]

Anzeige der Baseline-Strukturauflösung gibt tiefe Einblicke in das VC-Modell und alle seine Objekte

Sie können über das Icon (**Auflösung anzeigen**) alle Objekte des Produktmodells auch hierarchisch strukturiert anzeigen und darin über die Suchfunktion beliebige Objekte finden. Zu jedem Objekt haben Sie die Möglichkeit, z. B. seine Nachbarn (Vorgänger und Nachfolger) (**Nachbarn anzeigen**) oder seinen Pfad zum Root-KMAT (**Zeige den Pfad bis zum Top-Objekt**) zu ermitteln.

FOX kann auch simulieren (Strukturermittlung außerhalb PDR)

Die Struktur eines VC-Modells mit allen Objekten können Sie auch außerhalb der PDR mit der FOX-Simulation (Transaktion EXPO_TEST) ermitteln.

Wenn Sie die Replikation aus dem Kontextmenü der Konfigurationsmappe mit **Hintergrundverarbeitung • Komplett verteilen...** gestartet haben, können Sie den folgenden Abschnitt überspringen und in Abschnitt 13.8.4, »Versand des UPS-Pakets«, weiterlesen.

Über den Verteilauftrag zur Verteilungseinheit und Verteilungspaket

Mit der Baseline-Auflösung ist nun bekannt, welche Objekte in Ihrem VC-Modell – im Moment der Auflösung – stecken. Legen Sie im nächsten Schritt den Workflow-Verteilauftrag an. Wählen Sie dazu aus dem Kontextmenü der soeben erstellten Baseline **Verteilung anlegen und starten**. Anders als der Begriff vielleicht suggeriert, wird – bei manueller Vorgangssteuerung im Pakettyp-Customizing – der Versand des UPS-Pakets noch nicht gestartet. Es wird jedoch sofort aus dem Verteilauftrag ein Verteilungspaket erstellt. Im erscheinenden Pop-up-Fenster wählen Sie wiederum **Job sofort einplanen**. Der Job CRWB_MULTIPLE_DISTORDERS und das anschließende Programm für den Workflow-User WF-BATCH werden nach einigen Sekunden beendet. Dann öffnen Sie die Struktur unterhalb der Baseline und navigieren über den Verteilauftrag zum soeben erstellten Verteilauftragspaket. Erschrecken Sie nicht über das rote Fehler-Icon – es zeigt in diesem Fall keinen Fehler an. Nach einem Doppelklick auf das Verteilauftragspaket erscheint im rechten Bereich der Workbench die Verteilungseinheit mit dem gleichnamigen Originalpaket. Wenn das PDR-Setup vollständig und korrekt erfolgt ist, enthält das Paket alle Objekte des VC-Modells (siehe Abbildung 13.89).

Fehlt das Paket im Workbench-Strukturbaum unter dem Verteilauftrag, oder erscheint eine Fehlermeldung bei Doppelklick darauf, gibt es einen Fehler im Workflow-Customizing. Am Ende dieses Kapitels finden Sie Hilfestellung dazu in Abschnitt 13.8.9, »Troubleshooting, Tipps und Tricks«.

Beachten Sie, dass nach Änderungen im VC-Modell bei nachfolgenden Replikationen nicht mehr alle Objekte im Paket enthalten sind, sondern aufgrund der Delta-Filterung nur neue und geänderte (wenn im Pakettyp-Customizing der Verteilstatus wie empfohlen auf **Objekt im Zielsystem eingebucht** eingestellt ist).

13.8.4 Versand des UPS-Pakets

Das Verteilungspaket enthält lediglich die Information, *welche* Objekte verteilt werden sollen und in welcher Reihenfolge, jedoch noch nicht deren Inhalt. Die Liste stammt aus der Baseline-Auflösung; der Inhalt der Objekte wird erst beim Versand des Pakets abgegriffen und in die dabei erzeugten IDocs »übersetzt«. Daher sollte das Produktmodell in der Zeit zwischen Baseline-Auflösung, Erzeugung des Pakets und dessen Versand nicht verändert werden; so stellen Sie die Konsistenz zwischen Baseline und Paketinhalt, also zwischen den zu replizierenden Objekten, sicher. Nachdem Sie im vorangegangenen Schritt das Verteilungspaket erstellt haben, sollten Sie also sofort den nächsten Schritt ausführen: den Versand des Pakets in das Zielsystem.

Rechts oben wird der Status der Verteilungseinheit angezeigt; nach der Erstellung des Pakets lautet er **UPSV** (**Gesichert**). Ändern Sie ihn über das Icon (**Paket freigegeben**) auf **UPRL**. Damit wird der Button in der Button-Leiste aktiv. Klicken Sie ihn an, und bestätigen Sie das Pop-up-Fenster mit **Job sofort starten**.

Der Job RUPSSEND erstellt nun zu jedem Objekt ein IDoc, das ins Zielsystem geschickt wird. Die Verwaltungsinformationen des Pakets werden mit einem UPSMAS-IDoc verschickt.

Paket nach Versand im Anzeigemodus belassen

Beachten Sie, dass das Paket mit dem Start des Versands in den Anzeigemodus geschaltet wurde. Wechseln Sie nicht in den Änderungsmodus, während die Replikation im Zielsystem aktiv ist! Ansonsten können die Status-Updates aus dem Zielsystem (UPSRCP-IDocs) nicht eingebucht werden. Sollte das passieren, können Sie nicht eingebuchte UPSRCP-IDocs mit Transaktion UPSRCP nachbuchen.

Nach dem Empfang des Pakets im Zielsystem wechselt der Status auf **UPRC** (**Empfangen**). Lassen Sie sich auch hier nicht durch das rote Icon hinter dem Feld **Status** irritieren – es signalisiert keinen Fehler. Jedes Objekt ist nun mit dem grünen Icon (**IDoc erstellt/versandt**) versehen, und in der Spalte **Nachrichten** wurde die Nummer des zugehörigen IDocs eingetragen (siehe Abbildung 13.96).

Objekt-Einbuchungsstatus jetzt auch im Sendesystem

Im Rahmen der Customer Connection 2018 wurde ein Kundenwunsch umgesetzt, der die Transparenz auf PDR-Senderseite verbessert. Nach dem Versand des Pakets wird für die einzelnen Objekte nicht mehr der *IDoc-Versandstatus* angezeigt (der ja für alle Objekte grün ist), sondern der *Einbuchungsstatus* im Empfangssystem. Somit können Sie auch im Sendesystem erkennen, welche einzelnen Objekte im Zielsystem fehlerhaft gelaufen sind.

Implementieren Sie dazu SAP-Hinweis 2670943.

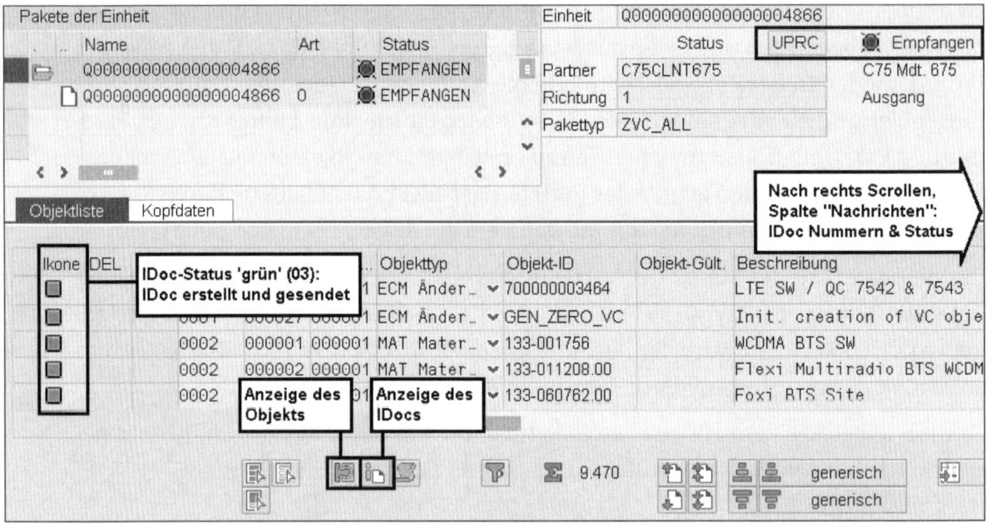

Abbildung 13.96 Paket nach erfolgreichem Versand und Empfang im Zielsystem

Das Paket steht nun im Zielsystem zum Einbuchen bereit. Im ALE-Statusmonitor (Transaktion BD87) können Sie die zugehörigen IDocs überprüfen:

- **auf Senderseite**
  - alle einzelnen Objekt-IDocs (Ausgang)
  - ein UPSMAS-IDoc (Ausgang) – das Paket
  - ein UPSRCP-IDoc (Eingang) – die Statusrückmeldung aus dem Zielsystem für den Empfang (bei automatischer Prozessierung im Empfangssystem gibt es weitere UPSRCP-IDocs für die Folgestatus)
- **auf Empfängerseite**
  - alle einzelnen Objekt-IDocs mit (beabsichtigtem) Fehlerstatus **51 Verbuchung nur möglich durch Verteilungseinheit Qnn** (Eingang)
  - ein UPSMAS-IDoc (Eingang) – das Paket
  - mindestens ein UPSRCP-IDoc (Ausgang) – die Statusrückmeldung ins Sendesystem

13.8.5 Einbuchung des Pakets

Wechseln Sie nun ins Zielsystem. In Transaktion UPS wird Ihnen das soeben empfangene Paket angeboten. Ist das Paket nicht vorhanden, prüfen Sie das UPSMAS-IDoc (BD87) und das Applikationslog (SLG1) auf Fehler.

Öffnen Sie das Paket im Änderungsmodus. Es ist fast identisch mit dem Paket aus dem Sendesystem. In der Spalte **Nachrichten** sind jedoch nun die Nummern der

IDocs im Empfangssystem eingetragen. Es kann hier unter Umständen noch Lücken geben, falls noch nicht alle Objekte identifiziert wurden, d. h. die Relation zwischen Objekt und IDoc noch fehlt. Sie erhalten in diesem Fall bei der Genehmigung des Pakets noch ein Hinweis-Pop-up-Fenster dazu, dass nun die fehlenden Objekte identifiziert werden. Sollte dies nicht für alle Objekte erfolgreich sein, sind einige IDocs nicht im Zielsystem angekommen. Prüfen Sie den Versand im Sendesystem auf Fehler (BD87, SM58); zumeist sind Fehler im ALE-Setup oder Berechtigungsfehler des RFC-Users die Ursache.

An dieser Stelle haben Sie noch die Möglichkeit, die Replikation abzubrechen, indem Sie den Status des Pakets auf **UPRJ** (**Abgelehnt**) setzen. Dadurch werden die Objekt-IDocs nicht eingebucht, sondern mit Status **68** (**Fehler, keine weitere Bearbeitung**) abgeschlossen. Da Sie aber nun das empfangene Paket in diesem Beispiel einbuchen wollen, wechseln Sie den Paketstatus auf **UPAP** (**Genehmigt**, siehe Abbildung 13.97). Das Icon (**Einbuchen**) wird damit aktiv. Klicken Sie es an, um den Einbuchungsvorgang zu starten.

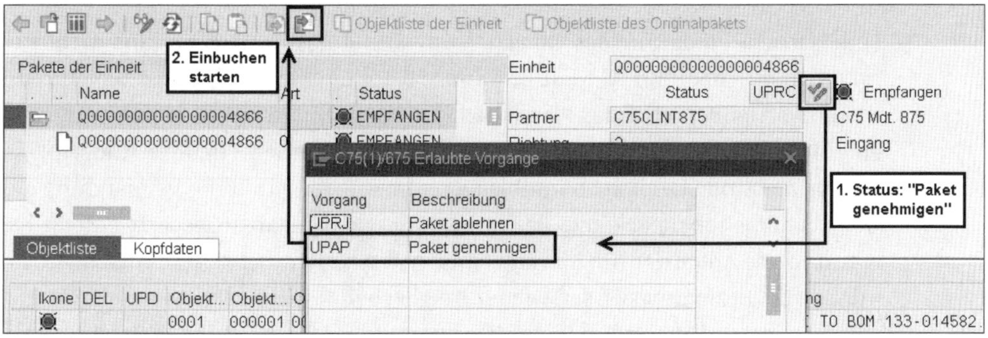

Abbildung 13.97 Einbuchung des Pakets im Zielsystem

In dem darauffolgenden Pop-up-Fenster zur Jobeinplanung markieren Sie unbedingt den Radiobutton **Vollständige Verbuchung** und speichern diese Einstellung mit dem Icon Vorlage (**Als Vorlage sichern**) im selben Pop-up-Fenster. Die Option **Vollständige Verbuchung** stellt sicher, dass die Paketeinbuchung nicht beim ersten IDoc-Posting-Fehler abbricht, sondern fortgesetzt wird. In einem automatischen zweiten Einbuchungslauf werden diese IDocs dann oft erfolgreich nachgebucht, z. B. Merkmale mit Beziehungswissenzuordnung, nachdem das Beziehungswissen im ersten Durchlauf angelegt worden ist.

Mit dem Start des Jobs bzw. Programms RUPSPOST werden alle IDocs des Pakets eingebucht und damit die Objekte angelegt bzw. geändert. Wenn kein Einbuchungsfehler auftritt, wechselt der Paketstatus nach der Einbuchung aller IDocs in den Status **UPPO** (**Verbucht**), und das Icon symbolisiert die erfolgreiche Replikation des kompletten Produktmodells (Abbildung 13.98). Der Status wird per UPSRCP-IDoc ins Sendesystem rückgemeldet. Ihr VC-Modell ist nun im Sende- und Empfangssystem völlig identisch.

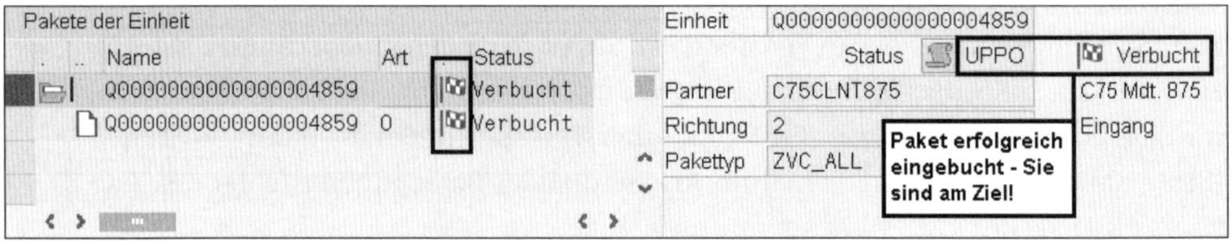

Abbildung 13.98 Paket erfolgreich eingebucht – VC-Modell repliziert!

13.8.6 Korrekturpakete

Es kann passieren, dass ein UPS-Paket nicht auf Anhieb vollständig eingebucht werden kann. Einzelne Objekte haben dann ein rotes Icon im Empfangssystem, und ihre IDocs bleiben im Fehlerstatus **53**. Es gibt dafür verschiedene Ursachen, z. B.:

- Das Objekt ist im Moment im Änderungsmodus geöffnet und somit gesperrt.
- Eine kritische Änderung des Objekts kann wegen dessen Verwendung nicht unmittelbar durchgeführt werden. So kann z. B. für ein Merkmal, das in Beziehungswissen verwendet wird, das Flag **Einschränkbar** nicht geändert werden, oder aus einer Tabellenstruktur kann ein Feld nicht entfernt werden. Für diese Änderungen musste der Modellierer auch im Pflegesystem z. B. temporär die Verwendung des Objekts aufgehoben, also alle Beziehungswissen auf Status **Gesperrt** gesetzt haben, da diese Änderung am Merkmal ansonsten nicht möglich war. Anschließend müssen die Beziehungswissen wieder freigegeben worden sein. Wenn eine solche »Änderung mit Hilfestellung« per IDoc verteilt wird, schlägt die Einbuchung zunächst natürlich fehl. Die temporäre Sperrung des Beziehungswissens muss auch hier (manuell) erfolgen und anschließend wieder zurückgenommen werden.
- Bei der Verwendung des Änderungsdienstes kann folgendes Problem auftreten: Es soll ein initialer Änderungsstand (*ohne* Änderungsnummer) eingebucht werden, wenn schon ein Änderungsstand *mit* Änderungsnummer existiert. Sie bekommen dann, wie in der Dialogtransaktion, den Fehler, dass das Objekt nur mit einer Änderungsnummer geändert werden kann. Dies passiert üblicherweise bei einer initialen Replikation in ein System, in dem die VC-Daten bereits teilweise existieren (jedoch nicht mehr bei Folgereplikationen, wenn die PDR korrekt eingestellt wurde, also die Delta-Filterung im Pakettyp-Customizing aktiviert ist). Ursache können auch inkonsistente Einträge in der Replikationstabelle UPSREP01 sein, verursacht durch nicht eingebuchte UPSRCP-IDocs, also Status-Updates im Sendesystem.

Schließen Sie zunächst Fehler im ALE-Customizing mit einem Blick auf den IDoc-Status aus (z. B. fehlende Einträge im ALE-Verteilungsmodell, falsche Einstellungen in den Eingangspartnervereinbarungen, Ports, RFC-Verbindungen). Aus dem UPS-Paket können Sie über das Icon (**Anzeigen von IDocs**) direkt zum IDoc eines Objekts navigieren; dies erspart den parallelen Modus mit Transaktion BD87.

Ist ALE-seitig alles in Ordnung, kann die Fehlerursache für jedes fehlerhafte Objekt aus dem Anwendungslog ermittelt werden (in seltenen Fällen im IDoc-Log). Das globale Log finden Sie in Transaktion SLG1; viel praktischer ist jedoch der Abruf der für eine IDoc-Einbuchung spezifischen Logeinträge direkt aus dem UPS-Paket. Markieren Sie dazu die Objektzeile im Paket, und klicken Sie auf das Icon (**Protokoll aufrufen**), siehe Abbildung 13.99).

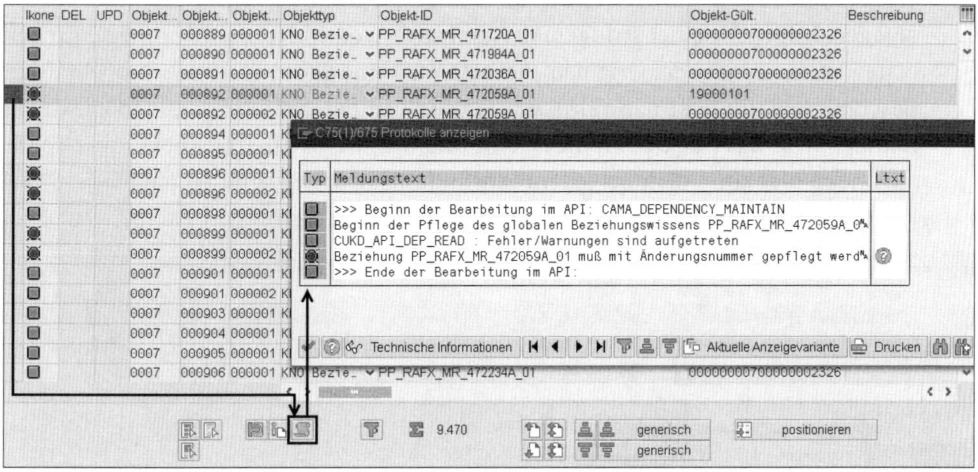

Abbildung 13.99 Anwendungslog für fehlerhaftes Objekt-IDoc aufrufen

Bei den ersten beiden oben aufgeführten Fehlern kann die Ursache im Zielsystem behoben werden. Im zweiten Fall muss das Objekt mit Fehlerstatus, z. B. durch Sperrung des verwendeten Beziehungswissens für Änderungen freigegeben werden. Bei Strukturänderungen von Variantentabellen muss z. B. auch der Inhalt der zu entfernenden Tabellenspalte gelöscht werden. Buchen Sie das Paket anschließend erneut ein: Klicken Sie nochmals auf das Icon (**Einbuchen**). Damit sind beliebig viele Einbuchversuche möglich. Wenn das Paket dann erfolgreich eingebucht wurde, machen Sie die temporären Änderungen rückgängig (z. B. geben Sie das Beziehungswissen wieder frei).

Im dritten Fall reicht die »Hilfestellung« im Zielsystem nicht aus: Diese IDocs (mit initialer Gültigkeit, also ohne Änderungsnummer) können nicht mehr eingebucht werden. Sie müssen aus dem Paket entfernt werden, um es sauber abschließen zu können. Dies geschieht durch die Erstellung eines Korrekturpakets. Korrekturpakete können Sie sowohl im Sende- als auch im Empfangssystem anlegen. Empfohlen ist die Anlage im Sendesystem, da diese transparenter ist – nur dann sind die Korrekturen sowohl auf Sende- als auch auf Empfangsseite sichtbar.

In Abbildung 13.99 sehen Sie als Beispiel einige Fehler durch initiale Gültigkeiten (ohne Änderungsnummer) von Beziehungswissen, die bereits mit einem Änderungsstand im Zielsystem existieren. Für die darauffolgende Gültigkeit mit Änderungsnummer gibt es dann aufgrund der Serialisierungsregeln überhaupt keinen Einbuchungsversuch. Deswegen erscheinen diese auch rot, haben aber keine Fehlermeldung im Log.

Die initialen Objektgültigkeiten (ohne Änderungsnummer) müssen per Korrektur aus dem Paket entfernt werden. Stellen Sie sicher, dass das Paket im Zielsystem im Anzeigemodus ist, und öffnen Sie das Paket im Sendesystem (in der Replication Workbench oder in Transaktion UPS). Wählen Sie im Menü **Bearbeiten • Korrektur anlegen**. Folgen Sie einer stringenten Namenskonvention (z. B. C_Qnnnn_01 für das erste Korrekturpaket des Originalpakets Qnnnn), und geben Sie eine aussagekräftige Beschreibung ein. Erst dann drücken Sie [↵]. In der darauffolgenden Objektliste markieren Sie das Flag **DEL** für die zu entfernenden Objekte (siehe Abbildung 13.100). Sie finden hier außerdem bei jedem Objekt das Flag **UPD**: Damit können Sie ein Objekt aktualisiert senden, falls Sie es im Quellsystem korrigieren mussten.

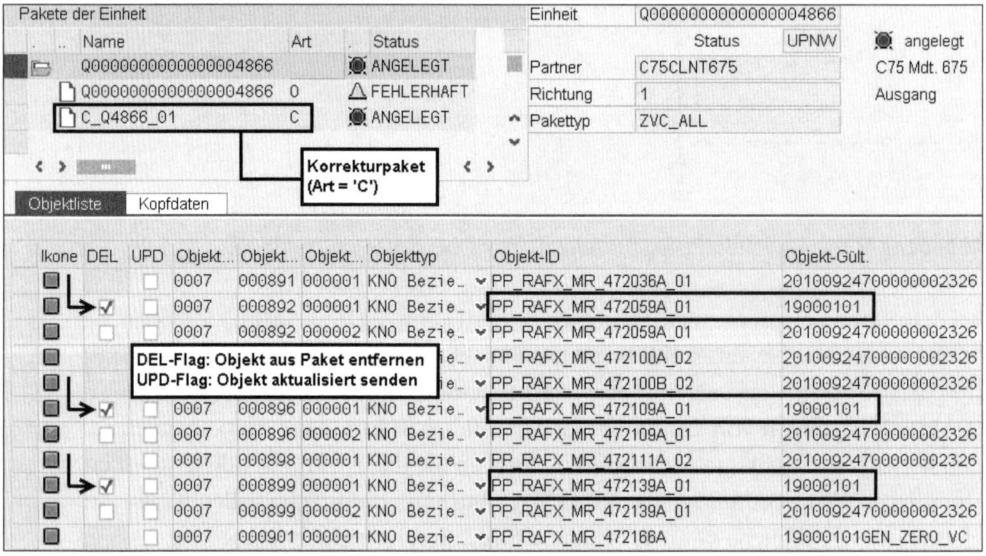

Abbildung 13.100 Anlegen eines Korrekturpakets (Löschen von Objekten)

Speichern Sie das Korrekturpaket. Setzen Sie den Status auf **UPRL** (**Freigegeben**), und senden Sie es »dem Originalpaket hinterher« ins Zielsystem. Denken Sie daran, das Paket im Sendesystem nun im Anzeigemodus zu belassen.

Wechseln Sie ins Zielsystem, und öffnen Sie das Paket erneut (Transaktion UPS) im Änderungsmodus. Es hat nun wieder den Status **UPRC** (**Empfangen**); neben dem Originalpaket finden Sie unter der Verteilungseinheit auch das soeben erstellte Korrekturpaket. Im Fenster **Pakete der Einheit** wählen Sie das Korrekturpaket aus. Dort sehen Sie dann die gelöschten Objekte bzw. Objektgültigkeiten (siehe Abbildung 13.101).

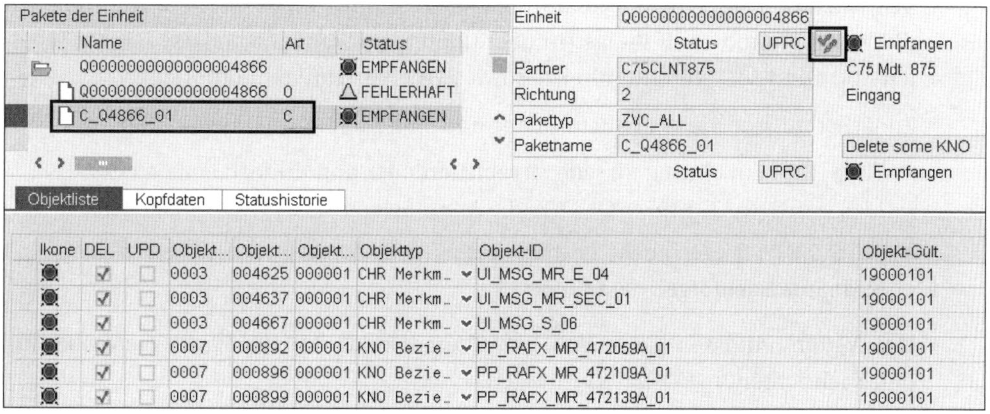

Abbildung 13.101 Korrekturpaket im Zielsystem

Wie beim Originalpaket geben Sie nun das Korrekturpaket frei (Status **UPAP genehmigt**) und buchen es über den Button ein. Wenn Sie mit dem Korrekturpaket alle für die Fehler ursächlichen IDocs erwischt haben, werden gegebenenfalls verbliebene, noch nicht gebuchte IDocs eingebucht (im Beispiel die zugehörigen Änderungsnummerngültigkeiten der Beziehungswissen), und die Verteilungseinheit wechselt in den finalen Status **UPPO** (**Verbucht**), siehe Abbildung 13.102.

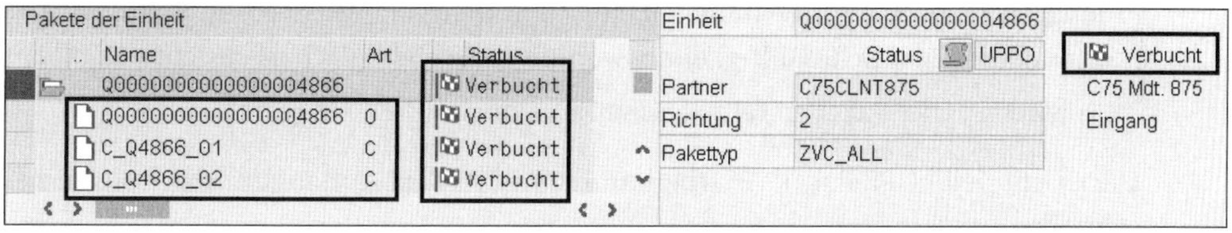

Abbildung 13.102 Original- und Korrekturpaket zusammen erfolgreich eingebucht

Schließen Sie konsequent jedes PDR-Paket – gegebenenfalls mit Korrekturpaket – ab, bevor Sie die nächste Replikation im Sendesystem starten. So stellen Sie eine möglichst reibungslose Produktdatenreplikation sicher.

13.8.7 Replikation von Konditionssätzen

Mit der Replication Workbench können Sie, wie Sie gesehen haben, die meisten Objekte eines VC-Modells paketiert verteilen. Nicht enthalten in der Baseline-Auflösung und im PDR-Paket sind jedoch Konditionssätze – diese vermissen Sie vermutlich, gerade wenn Sie die Preisfindung mittels Konfigurationsregeln steuern. SAP stellt für die Replikation von Konditionssätzen einen speziellen Report zur Verfügung: SEND_CONDITIONS_OF_OBJECT. Diesen Report rufen Sie im Anschluss an die Produktmodellreplikation auf. Er kann Konditionssätze einsammeln, deren Konditionstabellen die Materialnummer als Preisattribut enthalten. Im Standard sind das z. B. die Tabellen A004 und A304 (Produktpreise) sowie A057 (Variantenkonditionen).

Zunächst müssen Sie zwei Customizing-Tabellen mit Transaktion SM30 pflegen:

- TUPS_X01: Ein Eintrag für jede zu replizierender Konditionstabelle Axxx: MAT / UPS_MAT_KEY / COND_A_T / Axxx. Setzen Sie das Aktiv-Häkchen.
- TUPS_X01F: Diese Tabelle enthält dieselben Einträge, mit dem zusätzlichen Feld **Feldname Nachfolger** = »MATNR«.

Des Weiteren müssen Sie im ALE-Verteilungsmodell und der Partnervereinbarung den Nachrichtentyp COND_A eintragen.

Nach dem Aufruf des Programms `SEND_CONDITIONS_OF_OBJECT` müssen Sie lediglich das oder die Zielsystem(e) auswählen. Für den Vorgängerobjekttyp ist MAT bereits eingetragen; außerdem können Sie festlegen, in welchen zeitlichen Gültigkeitsbereich die Konditionen fallen müssen. Wenn Sie nun den **Ausführen**-Button drücken, passiert Folgendes:

1. Es werden alle Materialien ermittelt, die bisher mit der PDR in das Zielsystem repliziert worden sind.
2. Zu diesen Materialien werden nun alle Konditionssätze aus den im Customizing eingetragenen Konditionstabellen eingesammelt. Gibt es zu diesen Konditionsätzen mehrere zeitliche Gültigkeiten, werden diese ebenfalls berücksichtigt.
3. Es wird ein UPS-Paket erstellt, dessen Name mit COND_A beginnt.

Dieses spezielle UPS-Paket verarbeiten Sie, wie in den vorherigen Abschnitten beschrieben.

13.8.8 PDR-Add-on für Arbeitspläne

In der Standardauslieferung unterstützt die PDR das Einsammeln und die Replikation fast aller Objekte eines VC-Modells (siehe Abbildung 13.87). Sie vermissen aber vielleicht die Arbeitspläne. Im Arbeitsplan können Sie Beziehungswissen verschiedenen Teilobjekten zuordnen; er gehört somit zum VC-Produktmodell und seinem Pflegezyklus.

Der Arbeitsplan kann im SAP-Standard nicht per IDoc verteilt werden. Es gab in der Vergangenheit rudimentäre Ansätze, jedoch war die Funktionalität lückenhaft (nur

Anlage, aber keine Änderung, keine Integration des Änderungsdienstes, keine Zuordnung von Beziehungswissen, keine Komponentenzuordnung aus Dummy-Baugruppen).

Diese Lücke kann nun mit einem Add-on für die PDR geschlossen werden. Die Zusatzlösung wird in SAP-Hinweis 1924092 beschrieben und ist im Servicekatalog gelistet. Das Add-on ALE/PDR für Arbeitspläne ergänzt die Replikation eines VC-Modells um die komplexen Stammdaten der Arbeitspläne (siehe Abbildung 13.103).

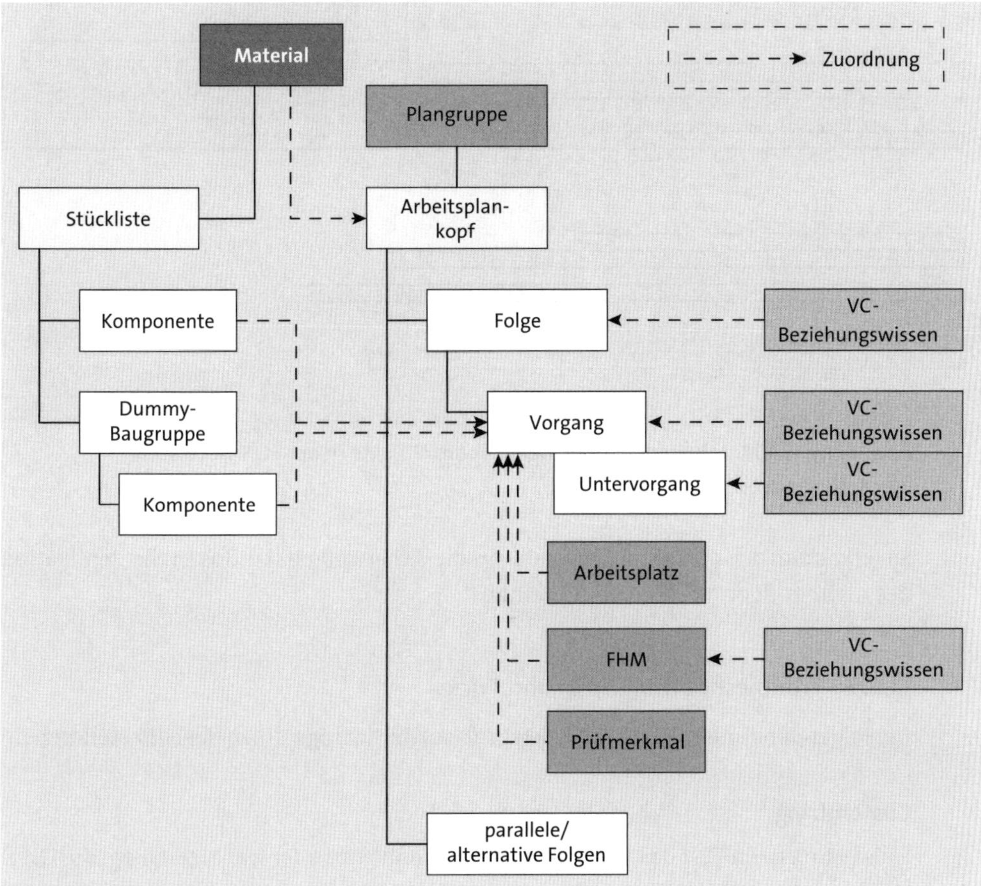

Abbildung 13.103 Arbeitsplan mit seinen Unterobjekten und Zuordnungen

Mit dem Add-on lässt sich der Prozess der Stammdatenanlage und -pflege weiter optimieren. Zusammen mit allen anderen Objekten eines VC-Modells kann auch der Arbeitsplan zentral gepflegt und verteilt werden.

Exemplarisch zeigt Abbildung 13.104 die Integration des Arbeitsplans und seiner zugeordneten Objekte in der FOX-Auflösung.

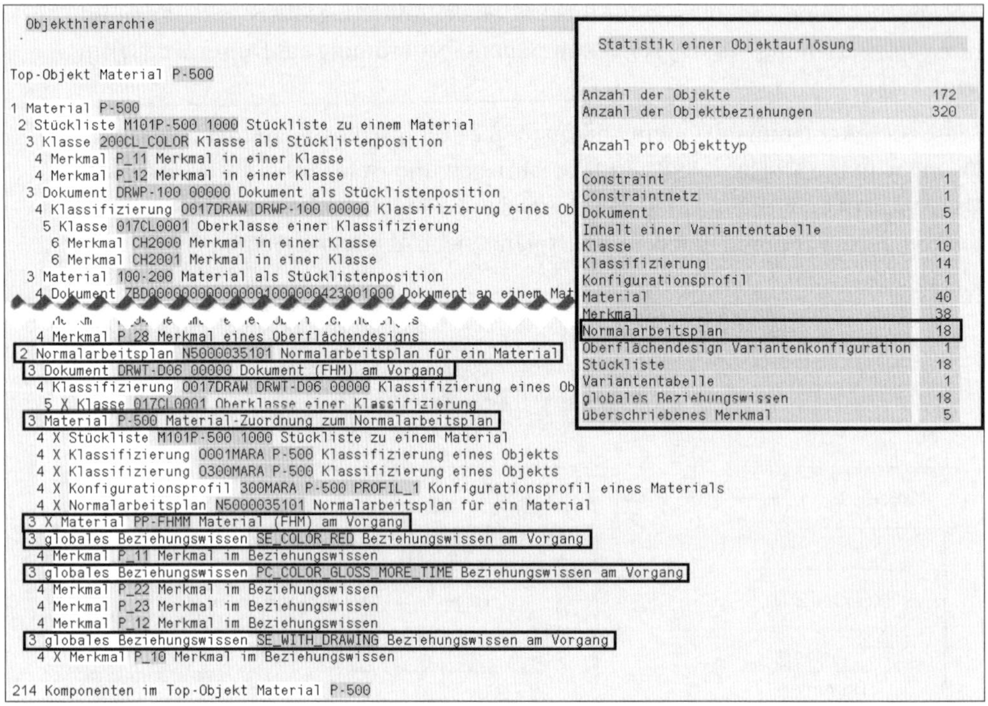

Abbildung 13.104 Arbeitsplan und zugeordnete Objekte in der FOX-Auflösung eines VC-Modells

Sie erkennen, dass sich mit dem Add-on die Arbeitspläne nahtlos in die Replikation des mehrstufigen VC-Modells einreihen.

13.8.9 Troubleshooting, Tipps und Tricks

Im Folgenden finden Sie, thematisch grob sortiert, einige nützliche Hilfestellungen.

Customizing

Falls beim ersten Test das UPS-Paket nicht erstellt wird oder leer bleibt, liegt die Ursache meistens im Workflow-Customizing. Überprüfen Sie die folgenden Punkte:

- Workflow-Customizing verifizieren (SWU3): Sind die Punkte **RFC-Destination konfigurieren** und **Vorsatznummern pflegen** mit einem grünen Haken (✔) markiert?
- Transaktion SO16 (Allgemeine Büroeinstellungen): Auf der Registerkarte **Adressierung** muss das Flag bei **Organisatorische Einheiten** gesetzt sein. Ist es nicht gesetzt, finden Sie im Workflow-Aktionsprotokoll den Fehler »Es konnte kein Empfänger ermittelt werden«.

- Aktivieren Sie nochmals die Workflow-Ereignistyp-Kopplung in jedem PDR-Sendesystem (siehe Schritt 9 im Ablauf der PDR-Einrichtung).
- In seltenen Fällen müssen Sie die Workflows WS20000104 und WS20000137 neu generieren (Transaktion SWDD).
- Prüfen Sie das PDR-Customizing mit Report RUPSCHECKCUSTOMIZING (siehe SAP-Hinweis 1113681).
- Inspizieren Sie das Workflow-Log (Rechtsklick auf den Verteilauftrag: **Workflowprotokoll ...**). Sie können vom Log aus einen abgebrochenen Workflow nach Behebung der Fehlerursache auch fortsetzen: Klicken Sie dazu auf den Link des fehlerhaften Schritts in der Spalte **Schrittname** (Status unter **Ergebnis**), und im daraufhin erscheinenden Pop-up-Fenster auf den Link unter **Objekte und Anlagen**. Es öffnet sich ein neues SAPGUI-Fenster **Verteilungsprotokoll**. Wählen Sie die Zeile mit dem Fehlerstatus aus. Mit dem Button **Aktionsprotokoll anzeigen** erhalten Sie detailliertere Informationen über den Fehler. Mit einem Klick auf Button **Fehlerhafte starten** starten Sie den Workflow an der Abbruchstelle erneut.
- Stellen Sie sicher, dass das Customizing im Zielsystem identisch ist. Wenn z. B. der Pakettyp im Customizing im Zielsystem nicht existiert, kann das Paket nicht eingebucht werden.
- Werden IDocs im Empfangssystem unkontrolliert eingebucht, oder wird für den Paketstatus nicht das Icon  (**Verbucht**) angezeigt, prüfen Sie die BTE-Registrierung in Tabelle TBE31: Es muss mindestens 32 Einträge mit dem Wert **APPLK** = UPS geben. Sind es weniger, rufen Sie im Entwicklungssystem nochmals Transaktion UPSSETUP auf, erzeugen dabei die beiden Transportaufträge (Customizing- und Workbench-Transportauftrag) und transportieren diese. Prüfen Sie außerdem in Transaktion BF11, dass die Applikation **UPS** aktiviert ist.

Berechtigungen

Einige Fehler gehen auf fehlende Berechtigungen zurück:

- Wurden im Applikationslog (Transaktion SLG1) Fehler aufgezeichnet?
- Verfügen die User über die notwendigen Berechtigungen (siehe SAP-Hinweis 2116263)?
- Schließen Sie fehlende Berechtigungen aus: Vergeben Sie temporär die Berechtigung SAP_ALL an den Dialog-User, an den User in der RFC-Destination für die ALE-Verteilung und an den Workflow-User WF-BATCH (bzw. SAP_WFRT in SAP S/4HANA). Tritt der Fehler dann nicht mehr auf, ermitteln Sie die fehlenden Berechtigungen mit einem Berechtigungs-Trace (Transaktion ST01) *für alle User* während Baseline- und Paketerzeugung sowie während Versand und Einbuchung.

Versand eines Pakets

Auch beim Paketversand aus dem Quellsystem können Fehler auftreten. Folgende häufige Ursachen können Sie einfach beheben:

- Kommt es bei wiederholter Einplanung des Sendejobs zu einer Fehlermeldung, löschen Sie den blockierenden Vorgängerjob mit dem Button **Job löschen** auf der Registerkarte **Jobs**.
- Nachbuchung von UPSRCP-IDocs: Wenn das Paket im Sendesystem im Änderungsmodus ist, kann ein Status-Update nicht erfolgen. Buchen Sie alle »verlorenen« Status-Updates regelmäßig mit der gleichnamigen Transaktion UPSRCP nach!

Probleme beim Einbuchen eines UPS-Pakets

Generell sollten Sie bei Fehlern nicht kurzerhand weitere Baselines und Pakete erzeugen und versenden, sondern die Fehlerursache herausfinden und das Paket sauber abschließen (gegebenenfalls mit Korrekturpaket). Eventuell verweigert ein Paket die Einbuchung, weil ein Vorgängerpaket noch nicht abgeschlossen ist. Bringen Sie dieses erst zu Ende.

Wird ein Paket unvollständig eingebucht, und laufen einige Objekte auf Fehler, gehen Sie wie folgt vor (siehe Abschnitt 13.1.6, »Ergebnis einer konfigurierten Stückliste mit Materialvarianten«):

- Versuchen Sie zunächst, die Ursache des Einbuchungsfehlers zu ermitteln und zu beseitigen. Mit der Fehlermeldung aus dem Anwendungslog und dem Wissen über das VC-Modell und über seine Objektabhängigkeiten lässt sich fast immer eine geeignete Maßnahme im Zielsystem ermitteln, die die Einbuchung ermöglicht. Sie können beliebig viele Einbuchungsversuche unternehmen!
- Eventuell können Sie Fehler durch Änderungen an Objekten im Sendesystem beheben. Auch diese Aktualisierungen können Sie mithilfe eines Korrekturpakets in derselben Verteilungseinheit übertragen. Setzen Sie in diesem Fall für die geänderten Objekte das Flag in der Spalte **UPD** (**Update**).
- Sie können in einem Korrekturpaket manuell auch weitere Objekte hinzufügen (Button **Neue Zeilen**).
- Wenn all das nicht hilft, löschen Sie als letzte Maßnahme die fehlerhaften Objekte mithilfe eines Korrekturpakets. Anschließend sollten Sie die Ursache für den Einbuchungsfehler korrigieren, da derselbe Fehler sonst bei der nächsten Replikation wieder auftreten wird.

Änderungsdienst, Replikationstabelle

Bei der Verwendung des Änderungsdiensts sind die folgenden Punkte besonders wichtig:

- Aktivierung der Delta-Filterung: Setzen Sie im Pakettyp-Customizing den Verteilstatus auf **Objekt im Zielsystem eingebucht**.
- Stellen Sie sicher, dass immer alle UPSRCP-IDocs im Sendesystem eingebucht werden. Nicht eingebuchte UPSRCP-IDocs führen zu Schiefständen in der Replikationstabelle UPSREP01! Nachbuchen können Sie mit Transaktion UPSRCP. Am besten planen Sie den Report RUPSRCP alle 15 Minuten per Batchjob ein.
- Die Replikationstabelle UPSREP01 (im Sendesystem) ist Grundlage für die Delta-Filterung. Das Zielsystem (Feld SYSNUM) können Sie über die Tabelle TUPS05 ermitteln. Überprüfen Sie gegebenenfalls den Replikationsstatus (Feld **REPSTS**) eines Objekts. Objekte mit dem Status **P** (**Posted**) werden erst nach Änderung erneut repliziert.
- Beachten Sie, dass die Delta-Filterung eine Unschärfe bei Objekten hat, die am selben Tag repliziert werden, an dem sie geändert wurden. Diese Objekte werden im Folgepaket zu einem späteren Datum nochmals im Paket sein. Ursache dafür ist der Zeitstempel der Änderung auf Tagesbasis (ohne Uhrzeit). Dieses Verhalten ist kein Fehler und erzeugt keine Inkonsistenz – stören Sie sich nicht daran.
- Wenn Sie die im PDR-Paket ermittelte Objektliste manipulieren möchten – z. B. bestimmte Objekte herausfiltern oder hinzufügen – können Sie dies in Methode GEN_UPS_DATA des BAdIs CRWB_BADI_MODI_UPS implementieren.

Baselines regelmäßig löschen

Mit der Baseline und der FOX-Struktur-Auflösung werden die zu replizierenden Objekte eines VC-Modells ermittelt. Einerseits sammeln sich bei häufigen Replikationen schnell viele Baselines an, andererseits werden diese nach Abschluss der Replikation nicht mehr benötigt. Da die Ablage der aufgelösten Baseline-Strukturen recht datenbankintensiv ist, sollten sie nach einer gewissen Verweildauer (etwa 3–6 Monate) gelöscht werden. Dazu können Sie den Massenlöschreport CRWB_DELETE_DISTR_BASELINES regelmäßig laufen lassen. Einzelne Baselines können Sie in der Replication Workbench löschen. Auch nach der Löschung einer Baseline bleibt das UPS-Paket im System; Sie behalten also die Transparenz, welche Objekte zu einem VC-Modell wann repliziert worden sind.

Einige nützliche Tabellen zur PDR

Für Techniker, die z. B. bei Problemanalysen einen Blick »unter die Motorhaube« werfen möchten, sind die folgenden Tabellen interessant:

- UPSHDR: Verteilungspakete (Original- und Korrekturpakete)
- UPSITM: Objekte noch nicht abgeschlossener Verteilungspakete
- UPSITX: Objekte in abgeschlossenen Verteilungseinheiten
- UPSJOB: eingeplante Jobs
- UPSPRE: Vorgänger eines Pakets
- UPSREP01: Replikationstabelle mit Objektgültigkeit (z. B. Änderungsnummer, 19000101 bei Objekten ohne Änderungsdienst), Datum der letzten Änderung (Ausnahme: bei Verteilung am selben Tag wird ein Tag früher eingetragen) und Replikationsstatus (**S**: **Gesendet**, **P**: **Eingebucht/Posted**)
- UPSSRC: Quellobjekte eines Pakets (Top-Produkt, bei VC-Modell das Root-KMAT)
- TUPS05: Zielsysteme (einstelliges Kürzel wird in UPSREP01 verwendet)

13.8.10 Zusammenfassung

Die *Product Data Replication* unterstützt Sie bei der Verteilung von Produktmodellen zwischen SAP-ERP-Systemen. Da Produktmodelle typischerweise aus vielen einzelnen Stammdatenobjekten bestehen, erfolgt die Weiterentwicklung der Modelle in der Regel nicht im Produktivsystem, sondern in einem eigenen VC-Pflegesystem bzw. -Mandanten (Golden Client). Sie haben sich einen Überblick darüber verschafft, wie Sie die erforderliche Stammdatenverteilung aus dem Pflegesystem in die Folgesysteme systematisch angehen können.

13.9 Vorkonfigurierte Branchenlösung für die diskrete Industrie in SAP S/4HANA

In diesem Abschnitt erfahren Sie, wie die SAP-S/4HANA-Einführung mit einer vorkonfigurierten Branchenlösung für die diskrete Industrie in einer fest definierten Projektlaufzeit und zum Festpreis durchgeführt werden kann.

Mit SAP S/4HANA hat SAP eine neue Business Suite auf den Markt gebracht, die die Vorteile neuester Technologien vereint und so innovative Möglichkeiten zur agilen und effizienten digitalen Unternehmenssteuerung zur Verfügung stellt. Durch den Einsatz von SAP HANA stehen so z. B. alle Fähigkeiten der mächtigen In-Memory-Datenmanagement- und Applikationsplattform in SAP S/4HANA für einen optimierten Echtzeitzugriff auf Daten, Kennzahlen und Prozesse zur Verfügung. Mit SAP Fiori bietet SAP S/4HANA eine benutzerfreundliche und intuitive Oberfläche, um den Anwender bestmöglich in seiner operativen Arbeit zu unterstützen. Ziel von SAP ist es, die digitale Transformation in den Unternehmen zu unterstützen und voranzutreiben, wobei SAP S/4HANA hier als das Herzstück der IT-Architektur und als Ausgangspunkt für weitere Applikationen eine Hauptrolle spielt.

Mit der Neuentwicklung von SAP S/4HANA stehen aktuell jedoch viele Unternehmen vor der Frage, wie SAP S/4HANA bestmöglich eingeführt werden kann, bzw., wenn bereits ein SAP-System im Einsatz ist, wie das jetzige System, gegebenenfalls inklusive Eigen- und Weiterentwicklungen, bestmöglich migriert werden kann. Ist es möglicherweise doch besser, einen Greenfield-Ansatz zu wählen, also ohne Altlasten ein komplett neues System aufzusetzen?

Zusätzlich zu diesen Fragen kommen speziell in der diskreten Industrie noch weitere Anforderungen hinzu, die die Migration bzw. die Einführung des SAP-S/4HANA-Systems noch komplexer gestalten. Dazu gehören unter anderem das Stammdatenmanagement, der Einsatz der Variantenkonfiguration, die Verfügbarkeitsprüfung, die Produktionsplanung oder der Einkauf.

Mithilfe eines vorkonfigurierten, modularen und skalierbaren Branchenpakets, das auf SAP S/4HANA basiert und für die diskrete Industrie entwickelt wurde, kann die Einführung eines SAP-S/4HANA-Systems in dieser Branche vereinfacht und zu einem Festpreis eingeführt werden. Die genannten Anforderungen können so schnell abgedeckt und gelöst werden.

Ein Beispiel für solch eine Lösung, die hier im Folgenden im Detail dargestellt werden soll, ist eine Partnerlösung *Discrete Manufacturing*, die die Vorzüge von SAP S/4HANA und SAP Fiori mit den Vorteilen der SAP Best Practices für die diskrete Industrie verschmilzt. Zusätzlich wird diese vorkonfigurierte Lösung durch Partnerlösungen für spezielle Aufgaben im Rahmen der Variantenkonfiguration optimiert. Darüber hinaus kann das Paket durch web- bzw. cloudbasierte Erweiterungen und Apps ergänzt werden. Die Lösung ist für die Industrien Elektro, Medizintechnik, Maschinen- und Anlagenbau sowie Hightech ausgelegt.

Um die Einführung eines SAP-S/4HANA-Systems möglichst effizient zu gestalten, wurden Prozesse auf Basis der SAP Best Practices und Partner Best Practices definiert. Zudem wurden die Prozesse im SAP Solution Manager 7.2 vordefiniert und dokumentiert – durch Prozessmodelle und Beschreibungen. So ist ein sofortiges Präsentieren aller Prozesse im SAP-System möglich.

Die Branchenlösung ist zudem nach dem Baukastenprinzip für jeden Kunden individuell skalierbar. Entsprechend den Anforderungen werden einzelne Bausteine zu einer Gesamtlösung kombiniert. Mithilfe dieser vorgestellten Ansätze können die größten Herausforderungen in einem SAP-Projekt – Projektlaufzeit und Kosten – bereits im Vorfeld fest definiert werden.

13.9.1 Die modulare Architektur der Branchenlösung für die diskrete Industrie

Die vorkonfigurierte Lösung für SAP S/4HANA setzt sich aus den in Abbildung 13.105 gezeigten Bausteinen zusammen. Die Architektur sorgt durch ein nahtloses Zusammenspiel für Agilität und Flexibilität im Projekt und im System.

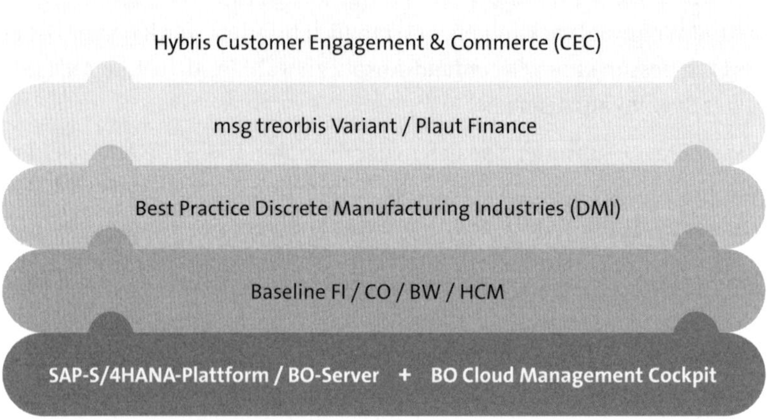

Abbildung 13.105 Die modulare Architektur der Partnerlösung

Baseline FI/CO/SAP BW/SAP ERP HCM

Ausgangspunkt für die Lösung bilden die SAP-Funktionen und -Prozesse für Finanzbuchhaltung (FI), Controlling (FI-CO), Personalwirtschaft (SAP ERP HCM = Human Capital Management) sowie das Berichtswesen (SAP BW = SAP Business Warehouse). Hierfür bietet SAP S/4HANA Finance umfangreiche Möglichkeiten, um die Finanzprozesse zu optimieren. So bündelt SAP S/4HANA Finance sämtliche SAP-Finanzlösungen, indem Transaktionen und Analysen zusammengefasst sowie Daten aus Buchhaltung, Controlling und Material-Ledger in einem einzigen Beleg, dem Universal Ledger, zusammengefasst werden. So können Reporting- und Planungszyklen beschleunigt und die Daten in beliebiger Detailtiefe nahezu in Echtzeit analysiert werden.

Best Practice Discrete Manufacturing Industry (DMI)

Um die vorkonfigurierte Lösung nutzen zu können, werden die SAP Best Practices für die diskrete Industrie für SAP S/4HANA (On-Premise-Version) vorausgesetzt. Sie beinhalten vorkonfigurierte Szenarien für die Materialwirtschaft, die Produktionsplanung und -steuerung, für den Vertrieb, das Produktlebenszyklus- und Qualitätsmanagement sowie für das Rechnungswesen und Controlling, inklusive der erforderlichen Reports und Formulare. Zusätzlich bilden die Best Practices die einzelnen Produktionstypen, wie Einzel-, Auftrags- und Serienfertigung, und die damit verbundenen End-to-End-Prozesse, wie Engineer-to-Order (ETO), Make-to-Order (MTO), Make-to-Stock (MTS) und Configure-to-Order (CTO) ab.

Partnerlösungen

Um speziell Variantenfertiger über die SAP Best Practices hinaus zu unterstützen, bilden die Lösungen der Partnerplattform einen weiteren Baustein des Lösungspakets. Die bewährten, SAP-basierten Add-ons sind nach dem SAP New Programming Model bereits optimal für den Betrieb auf SAP S/4HANA ausgelegt. Die Plattform beinhaltet mehr als 60 Lösungen, die die Best Practices erweitern und mehr Effizienz und Flexibilität in die konfigurationsbezogenen Prozesse bringen. So werden z. B. die Stammdatenpflege, die Verfügbarkeitsprüfung von (konfigurierbaren) Materialien, das Controlling und der Einkaufsprozess durch die Add-ons optimiert und unterstützt. Der Fokus der Add-ons liegt jedoch nicht nur auf der Optimierung der Backend-Prozesse. Auch im Frontend gibt es Add-ons, die die Konfiguration und den Angebotsprozess nach außen hin optimieren.

Der mit SAPUI5 realisierte Angebotskonfigurator bietet dem Anwender – vom Vertriebsaußendienst bis zum Endkunden – eine innovative, intuitive und webbasierte Konfigurationsoberfläche (siehe Abbildung 13.106). Dabei greift der Angebotskonfigurator direkt auf das Konfigurationsdatenmodell aus dem Backend zurück. Somit ist keine doppelte Stammdatenpflege notwendig. Die Konfiguration kann über jedes Endgerät vorgenommen und nach dem Abspeichern direkt in das Backend übernommen werden.

Abbildung 13.106 SAPUI5-Angebotskonfigurator

SAP Commerce

Bei Bedarf lassen sich die Prozesse des Branchenpakets auch durch cloudbasierte Geschäftsszenarien und SaaS-Cloud-Lösungen wie SAP Commerce erweitern. Selbst der

UI Angebotskonfigurator kann mit der Customer-Engagement-Anwendung verbunden werden, da er auch für den Betrieb auf SAP Cloud Platform angelegt wurde.

Mithilfe von SAP Cloud Platform, einem Platform-as-a-Service-Angebot (PaaS) können selbst kleinere Vertriebs- und Servicestandorte rasch und mit geringem Aufwand in die vorkonfigurierte Lösung Discrete Manufacturing integriert werden. Auf diese Weise kann ein Unternehmen standortübergreifend durchgängig IT-gestützte und transparente Geschäftsprozesse etablieren. Besonders für international agierende diskrete Fertiger ist das ein wettbewerbsrelevanter Faktor. Via Cloud werden den ans Backend »angeschlossenen« Standorten die Geschäftsszenarien, die sie vor Ort benötigen – etwa für die Umwandlung von Anfragen in Aufträge (Marketing-to-Opportunity) oder die Auftragsbearbeitung von der Bestellung bis zum Zahlungseingang (Order-to-Cash) – bereitgestellt. Der Zugriff erfolgt über den Internetbrowser. Da sich damit Aufbau, Betrieb und Wartung einer eigenen IT-Infrastruktur erübrigen, wirkt es sich positiv auf die IT-Kosten aus.

13.9.2 Wie kann der Weg zur Einführung der vorkonfigurierten Lösung für SAP S/4HANA aussehen?

Wie bereits am Anfang des Kapitels beschrieben, ist es möglich, die Branchenlösung individuell, entsprechend den eigenen Anforderungen und abzubildenden Prozessen, zusammenzustellen. Dafür ist zunächst eine Fit-Gap-Analyse notwendig, um die Soll- und Ist-Prozesse abzugleichen bzw. die notwendigen Bausteine zu identifizieren.

Hat ein Unternehmen bereits ein SAP-ERP-System im Einsatz, besteht dieser erste Schritt in der Analyse des derzeitigen Systems. Auf diese Weise kann geprüft werden, welche Funktionen, Bestandteile und Prozesse des Systems wirklich genutzt werden und in SAP S/4HANA zukünftig zur Verfügung stehen müssen (siehe Abbildung 13.107). Dafür wird eine weitere Partnerlösung angewendet, die eine Analyse des bestehenden SAP-ERP-Systems ermöglicht.

Die Partnerlösung prüft, ob und wie Funktionen, Transaktionen, Programme, Eigenentwicklungen oder Schnittstellen verwendet werden, und ermittelt, ob die SAP-Dokumentationen aktuell sind. Das Ergebnis dieser Analyse wird mit aktuellen Benchmarks von rund 1.000 mit der Lösung erstellten SAP-Systemauswertungen und den im SAP Solution Manager definierten Prozessen abgeglichen (siehe Abbildung 13.108). So erhalten Sie eine tragfähige Grundlage, um den Scope der SAP-S/4HANA-basierten Anwendung festzulegen und zu entscheiden, welche Funktionen via Cloud bereitgestellt werden und wie der Umstieg erfolgen soll (Greenfield oder Brownfield).

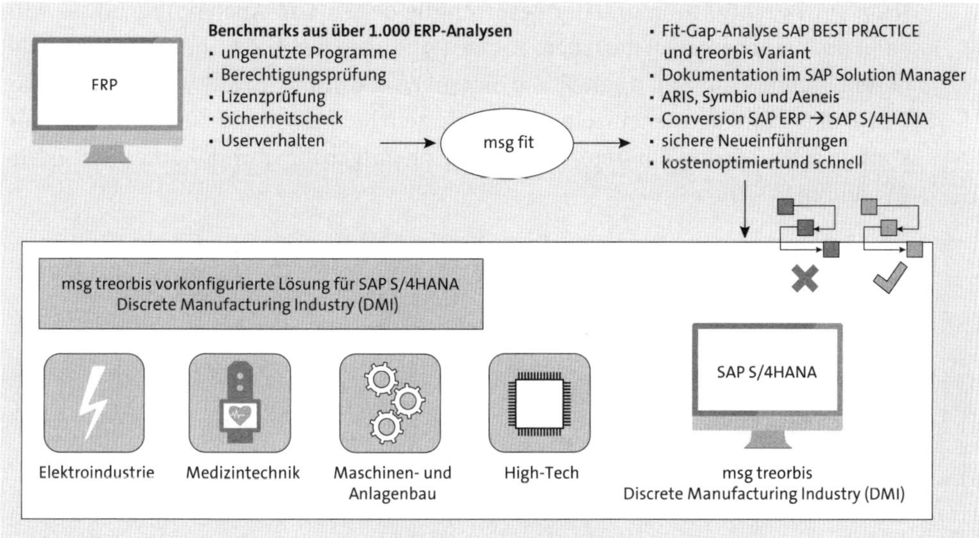

Abbildung 13.107 Der Weg vom SAP-ERP-System zu SAP S/4HANA mithilfe der vorkonfigurierten Lösung für die vier Industrien

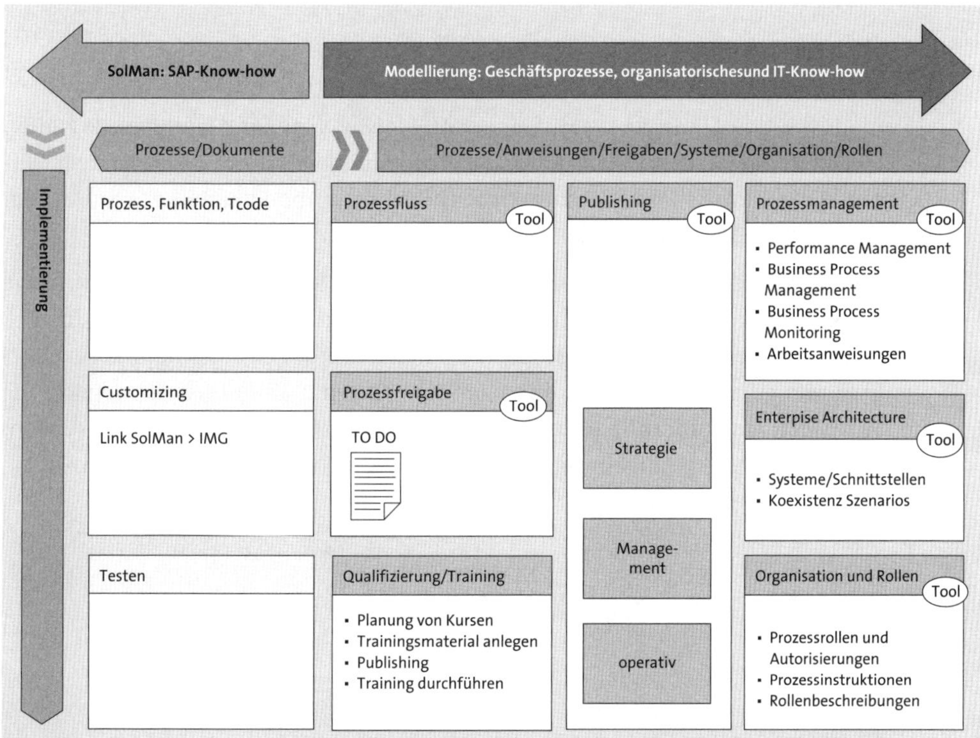

Abbildung 13.108 Analyse des bestehenden SAP-ERP-Systems mithilfe der Partnerlösung

Nach der Durchführung und der Besprechung der Fit-Gap-Analyse-Ergebnisse wird dann das Branchenpaket nach dem Baukastenprinzip flexibel zu einer maßgeschneiderten Lösung zusammengestellt. Zu diesem Zweck wurde im SAP Solution Manager 7.2 auf der Grundlage der einzelnen Bausteine ein Referenzprozessmodell für die vorkonfigurierte Lösung Discrete Manufacturing aufgebaut und dokumentiert (siehe Abbildung 13.109).

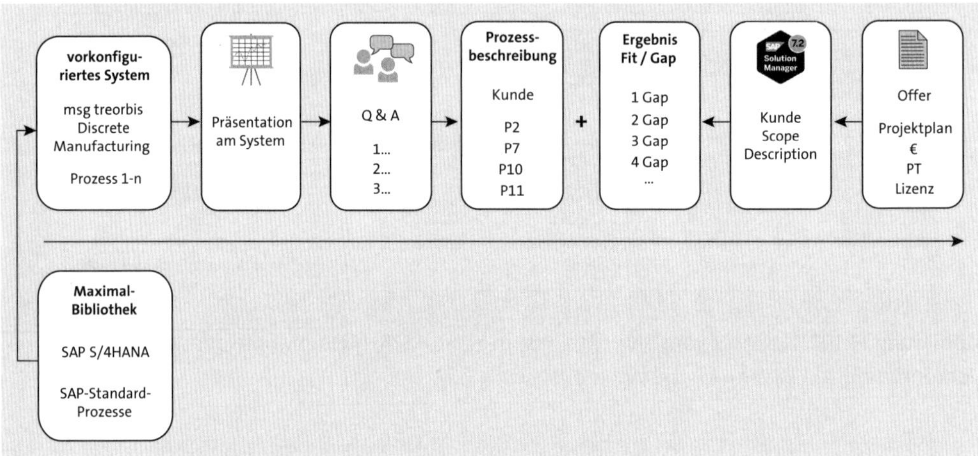

Abbildung 13.109 Einführungsprozess der vorkonfigurierten Partnerlösung

Der SAP Solution Manager, der auf einer SAP-HANA-Datenbank läuft, wurde zudem mit SAP S/4HANA verknüpft, sodass neue Prozessmodelle automatisiert erstellt werden. Auf diese Weise lässt sich der Prozessfluss zügig modellieren; er wird in Diagrammen bzw. Flowcharts visualisiert und überwacht.

Auf der Basis dieser vordefinierten Prozesse und Modelle sowie der auf Grundlage der Analyse-Ergebnisse zusammengestellten vorkonfigurierten Lösung für SAP S/4HANA kann das Einführungsprojekt schließlich in einem fest definierten Zeitraum sowie zu einem Festpreis durchgeführt werden. Dadurch ist es möglich, die komplexe Herausforderung der Einführung eines SAP-S/4HANA-Systems – Greenfield oder Brownfield – auf ein klar strukturiertes und flexibles Projekt zu reduzieren.

Kapitel 14
Die Zukunft ist da: Variantenkonfiguration in SAP S/4HANA

In diesem Kapitel wird die neue Variantenkonfiguration SAP S/4HANA for Advanced Variant Configuration vorgestellt. Mithilfe eines kleinen Beispiels werden die Objekte in Advanced Variant Configuration erläutert und die Veränderungen im Vergleich zur klassischen Variantenkonfiguration LO-VC aufgezeigt. Zusätzlich lernen Sie die neuen Apps im Bereich der Variantenkonfiguration in SAP S/4HANA kennen sowie die Transformationsmöglichkeiten von LO-VC auf AVC.

SAP S/4HANA bietet viele neue Funktionalitäten für die Abwicklung von Datenmanagement- und Geschäftsprozessen. Ein Beispiel hierfür ist der neue Variantenkonfigurator. Advanced Variant Configuration (AVC) beinhaltet einerseits optimierte Instrumente und Apps für den Aufbau und das Testen von Datenmodellen. Andererseits wird aber auch den Anwendern, z. B. dem Vertriebsinnendienst, eine neue intuitive Konfigurationsoberfläche mit erweiterten Funktionalitäten zur Verfügung gestellt.

In diesem Kapitel soll daher AVC vorgestellt werden, indem ein kleines Datenmodell in SAP S/4HANA angelegt wird. Darüber hinaus werden die neuen Auswertungsmöglichkeiten mit SAP S/4HANA Embedded Analytics für Variantenkonfiguration und der Transformationsprozess von LO-VC zu AVC vorgestellt. Zunächst gehen wir auf die Verfügbarkeit der möglichen Variantenkonfigurationen LO-VC und AVC in SAP S/4HANA ein.

14.1 Advanced Variant Configuration in SAP S/4HANA Cloud

Um Unternehmen bei der Abbildung und Abwicklung konfigurierbarer Produkte zu unterstützen, wurde die Variantenkonfiguration (LO-VC) als eine Kernkomponente der Logistik in SAP ERP integriert und über Jahre hinweg weiterentwickelt und optimiert. In den letzten Jahren hat das Thema Produktkonfiguration noch stärker an Bedeutung gewonnen durch Themen wie Lot Size One oder Mass Customization. Der Fokus der Kaufentscheidung der Kunden liegt zunehmend auf der Individualisierungsmöglichkeit eines Produktes – egal ob Konsumgut oder Industriegut. Daraus entstehen neue Anforderungen für die Anbieter, um die steigende Produktvarianz im Unternehmen effizient managen zu können. Zudem kommen neue Technologien wie SAP HANA im Backend oder SAP Fiori für moderne und intuitive Oberflächen für die Variantenkonfiguration ins Spiel.

Mit der Neuentwicklung von SAP S/4HANA stand SAP daher vor der Frage: Wie können diese neuen Anforderungen und die neuesten Technologien optimal in die bestehende Variantenkonfiguration integriert werden, damit zukünftig eine moderne und innovative Lösung für die Variantenkonfiguration zur Verfügung gestellt werden kann? Um das herauszufinden, hat SAP eine Machbarkeitsstudie durchgeführt, die ergeben hat, dass die bestehende Variantenkonfiguration die neuen Anforderungen nicht mehr erfüllen kann. Daher wurde beschlossen, eine neue Variantenkonfiguration, Advanced Variant Configuration (AVC), zu entwickeln. Diese Neuentwicklung ist Bestandteil der zentralen Produktstrategie für SAP S/4HANA. AVC ist demnach der direkte Nachfolger der klassischen Variantenkonfiguration (LO-VC) in SAP S/4HANA und nutzt auch große Teile der Stammdatenbasis von LO-VC. Die Basis wird jedoch um neue Funktionalitäten und Techniken wie HTML5 für modernere Oberflächen und SAP HANA ergänzt.

In SAP S/4HANA steht aber auch weiterhin die klassische Variantenkonfiguration zur Verfügung, damit Kunden, die heute noch LO-VC nutzen, ihre Datenmodelle auch in SAP S/4HANA zunächst weiternutzen können. Schritt für Schritt können dann die bestehenden Produkte in AVC migriert werden, da für jedes Produktdatenmodell einzeln am Konfigurationsprofil der Verarbeitungsmodus Klassisch (LO-VC) oder Erweitert (AVC) gesetzt werden kann (siehe Abschnitt 14.1.5, »Konfigurationsprofil«).

Demgegenüber kann in SAP S/4HANA Cloud nur AVC genutzt werden. Abbildung 14.1 zeigt, welche Nutzungsmöglichkeiten in SAP S/4HANA und SAP S/4HANA Cloud bestehen:

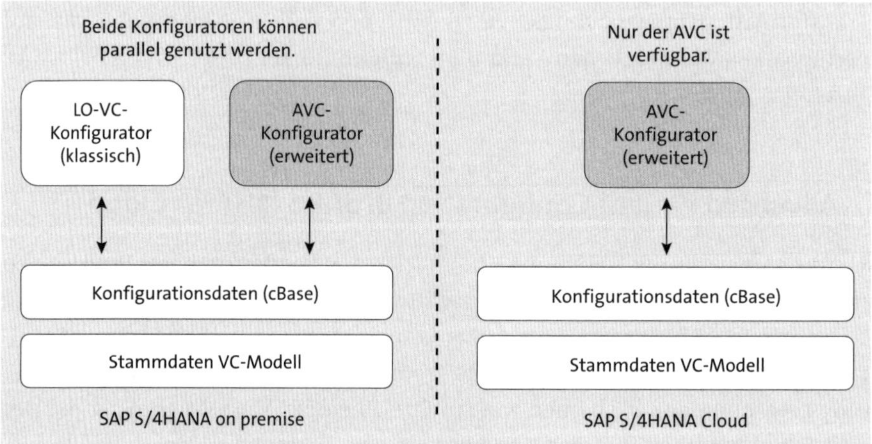

Abbildung 14.1 Verfügbarkeit der Konfiguratoren

In diesem Abschnitt fokussieren wir uns auf AVC in SAP S/4HANA Cloud mit dem Release 1709 inklusive einiger Erweiterungen für AVC aus dem Release 1809. Zudem wird in diesem Kapitel ein Datenmodell in SAP S/4HANA Cloud aufgebaut, sodass einige Funktionalitäten im Vergleich mit dem On-Premise-System abweichen können. Ziel unserer Ausführungen ist es, einen Überblick über AVC in SAP S/4HANA zu geben sowie die Veränderungen und Innovationen im Bereich der Variantenkonfiguration aufzuzeigen.

14.1.1 Anlegen eines Beispiels mit AVC in SAP S/4HANA Cloud

An einem einfachen Beispiel soll gezeigt werden, wie Sie bei der Modellierung eines Variantenkonfigurationsmodells in AVC vorgehen können. Als Beispiel soll hierfür ein Gabelstapler dienen. Sie benötigen dafür die gleichen Objekte (Merkmale, Variantenklasse, konfigurierbarer Materialstamm ...), wie sie aus LO-VC im SAP-ERP-System bekannt sind. Daher legen wir im Folgenden den Fokus nicht auf die Erklärung der einzelnen Objekte, sondern auf die Darstellung der Unterschiede in der Modellierung zwischen der Konfiguration in LO-VC und der in AVC sowie auf die neuen Funktionalitäten im Bereich der Variantenkonfiguration.

In SAP S/4HANA Cloud finden die Absprünge in die verschiedenen Funktionen (z. B. CT04 für Merkmale pflegen) über Fiori-Apps statt. Es gibt daher keine Eingabemöglichkeiten für Transaktionen wie in der SAP-GUI-Oberfläche. Stattdessen wählen Sie eine Kachel aus dem SAP Fiori Launchpad aus, um in die gewünschte App zu wechseln. Die dargestellten Registerkarten und Kacheln auf dem SAP Fiori Launchpad ergeben sich aus den Rollen, die dem SAP-User zugewiesen wurden. Die Rollen können kundenindividuell erstellt und zusammengestellt werden.

Um z. B. im SAP-Standard die Apps für die Variantenkonfigurationsmodellierung verwenden zu können, muss Ihrem SAP-User die Rolle SAP_BR_PRODUCT_CONFIG_MODELER zugeordnet werden. Dann können Sie diese Apps in Ihrem SAP Fiori Launchpad, wie in Abbildung 14.2 dargestellt, auswählen.

Des Weiteren ist der funktionale Umfang der VC-Modellierungs-Transaktionen in SAP S/4HANA Cloud im Vergleich zu SAP ERP reduziert. Anstatt für jede Modellierungs- und Stammdatenpflegefunktion eine eigene App zu nutzen, wird in SAP S/4HANA Cloud die Datenmodellierung hauptsächlich in der App **VC-Modellierungsumgebung** vorgenommen.

Nachdem wir diese Rahmenbedingungen in SAP S/4HANA Cloud erläutert haben, wollen wir das Modell des Gabelstaplers mit AVC aufbauen. Dabei wird der Fokus auf die High-Level-Konfiguration, also die Vertriebskonfiguration, gelegt.

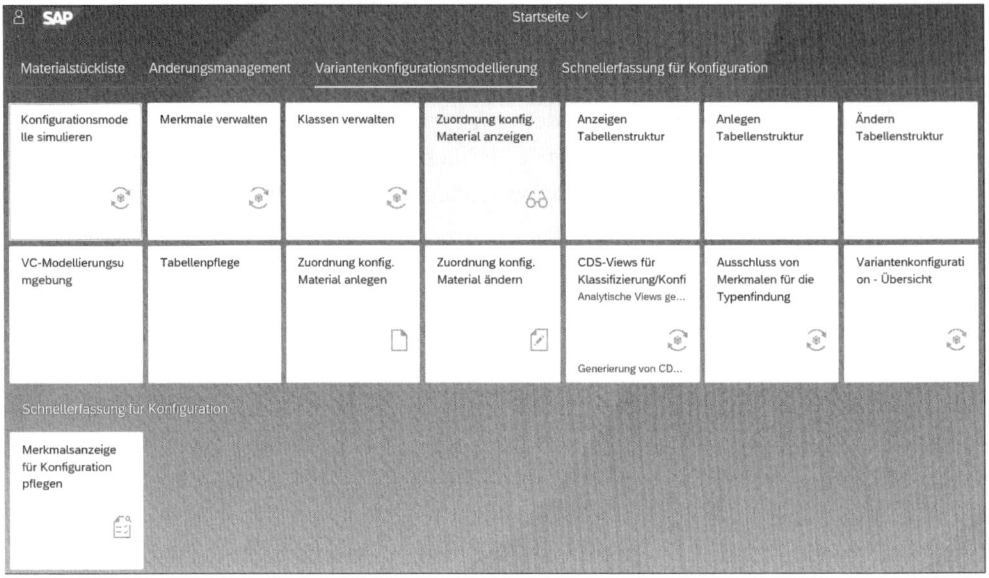

Abbildung 14.2 VC-Modellierungs-Apps im SAP Fiori Launchpad

14.1.2 Merkmale

Um ein Merkmal anzulegen bzw. zu verwalten, wählen Sie im SAP Fiori Launchpad auf der Registerkarte **Variantenkonfigurationsmodellierung** die Kachel **Merkmale verwalten** aus (siehe Abbildung 14.3).

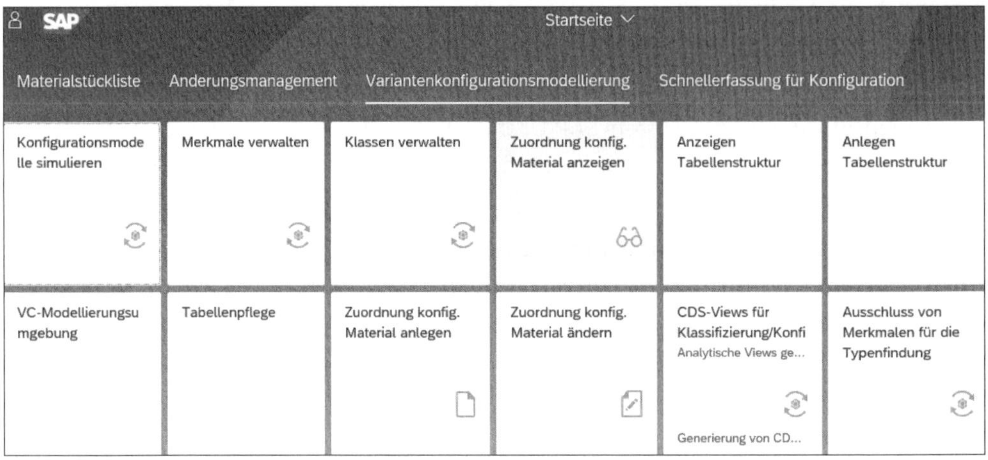

Abbildung 14.3 Kachel »Merkmale verwalten« im SAP Fiori Launchpad

Wie in LO-VC geben Sie den Namen des Merkmals ein und legen dieses an, bzw. verändern ein bestehendes Merkmal (siehe Abbildung 14.4):

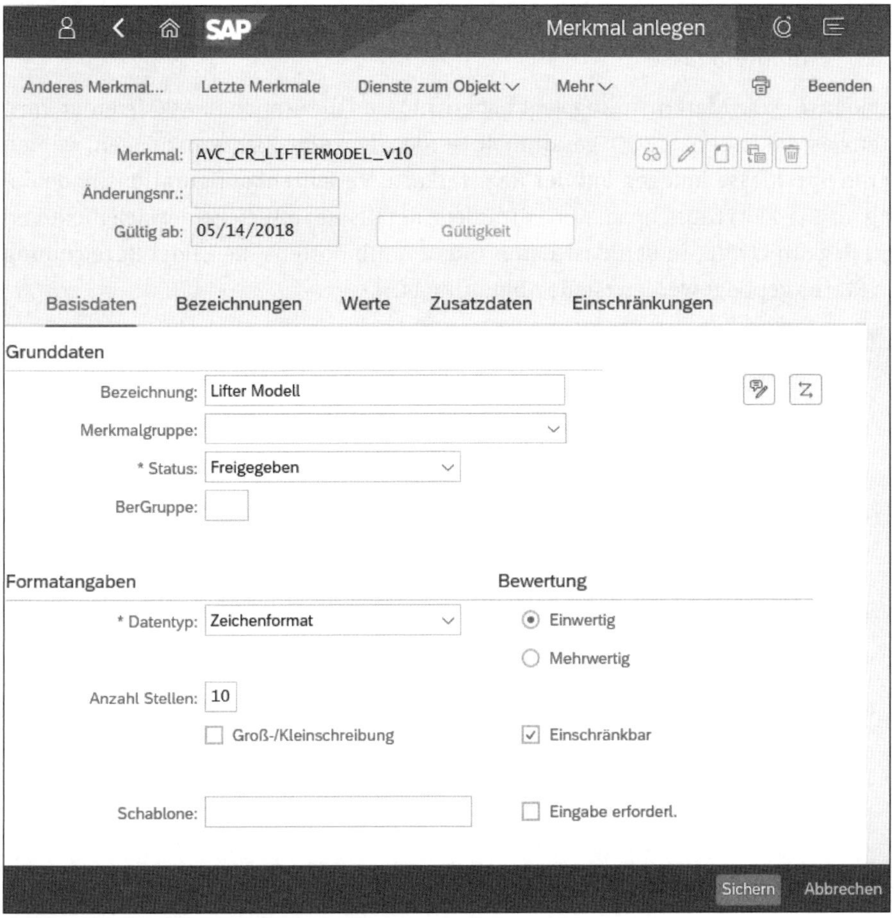

Abbildung 14.4 App »Merkmal anlegen« – Basisdaten

Um ein Merkmal vollständig anzulegen, müssen Sie in dieser App die gleichen Einstellungen vornehmen wie in LO-VC (vergleiche Abschnitt 1.2, »Anlegen von Merkmalen anhand eines Beispiels«, in Kapitel 1). Ein wesentlicher Unterschied der Merkmale in SAP S/4HANA ist, dass sie grundsätzlich einschränkbar sind. In LO-VC muss die Checkbox **Einschränkbar** manuell aktiviert werden, damit das Merkmal in Constraints entsprechend reagiert. Durch die in SAP S/4HANA optimierte Programmlogik ist es nicht mehr notwendig, zwischen einschränkbaren bzw. nicht einschränkbaren Merkmalen zu unterscheiden. Ferner wurde die Länge der Merkmalwerte sowie die ihrer Bezeichnung jeweils von 30 auf 70 Zeichen erhöht, um eine flexiblere Benennung zu ermöglichen.

14.1.3 Variantenklasse

Nachdem Sie die Merkmale angelegt haben, müssen diese auch in AVC in einer Variantenklasse (Klassenart 300) gesammelt werden. Um eine Klasse anzulegen, wählen Sie die App **Klasse anlegen** auf der Registerkarte **Variantenkonfigurationsmodellierung** im SAP Fiori Launchpad. Auch die Pflege der Klasse unterscheidet sich nicht von der Pflege in LO-VC. In den Basisdaten müssen mindestens die Felder **Bezeichnung** und **Status** gepflegt werden (siehe Abbildung 14.5).

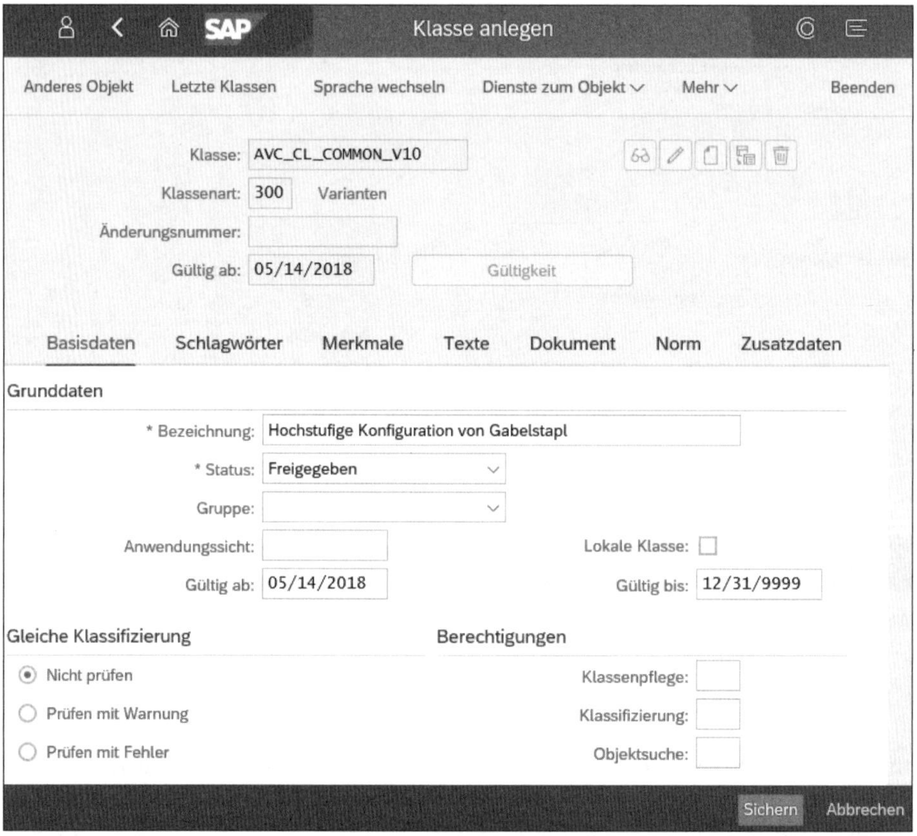

Abbildung 14.5 App »Klasse anlegen« – Basisdaten

Danach tragen Sie die für die Produktbeschreibung relevanten Merkmale auf der Registerkarte **Merkmale** ein und sichern die Klasse anschließend (siehe Abbildung 14.6).

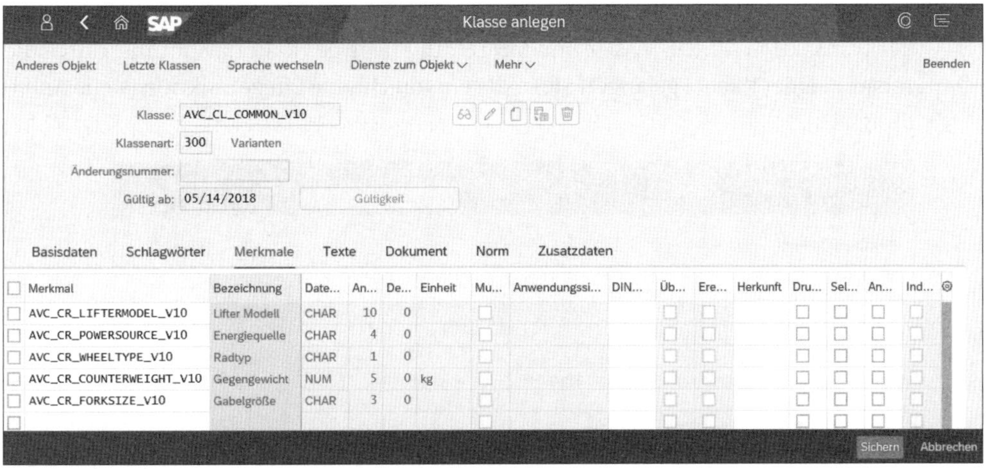

Abbildung 14.6 App »Klasse anlegen« – Merkmale

14.1.4 Materialstamm des konfigurierbaren Produktes

Um den Materialstamm des konfigurierbaren Produktes in SAP S/4HANA Cloud anlegen und pflegen zu können, müssen Sie Ihrem SAP-User die SAP-Standard-Rolle des Produktstammdatenspezialisten (SAP_BR_PRODMASTER_SPECIALIST) zuweisen. Abbildung 14.7 zeigt das SAP Fiori Launchpad für die Rolle des Produktstammdatenspezialisten mit den wichtigsten Apps für das Materialmanagement.

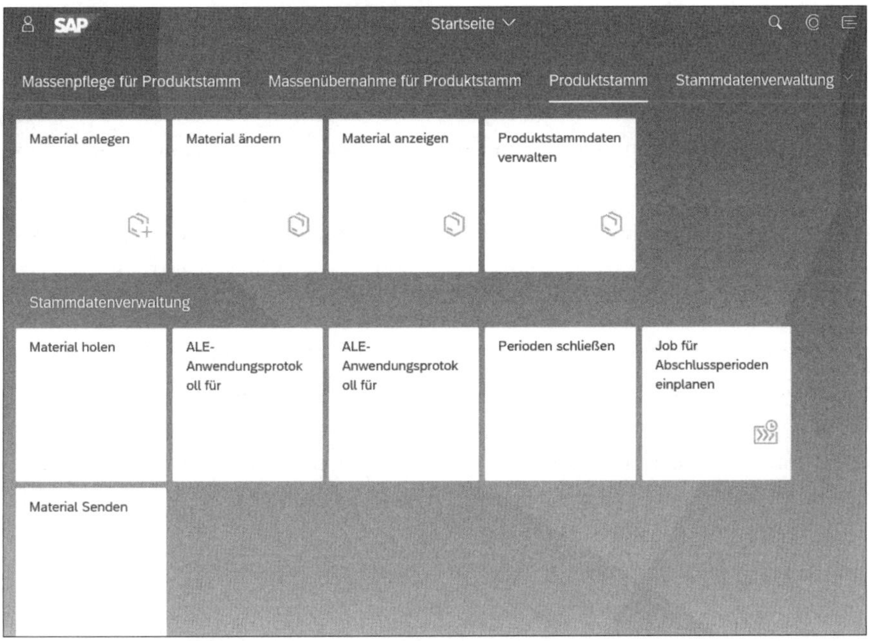

Abbildung 14.7 Das SAP Fiori Launchpad für die Rolle des Produktstammdatenspezialisten

Die Kacheln **Material anlegen**, **Material ändern** und **Material anzeigen** entsprechen der Transaktion MM01, MM02 und MM03 zur Pflege des Materialstamms. Durch die Auswahl einer Kachel gelangen Sie in die entsprechende Pflegefunktion (siehe Abbildung 14.8).

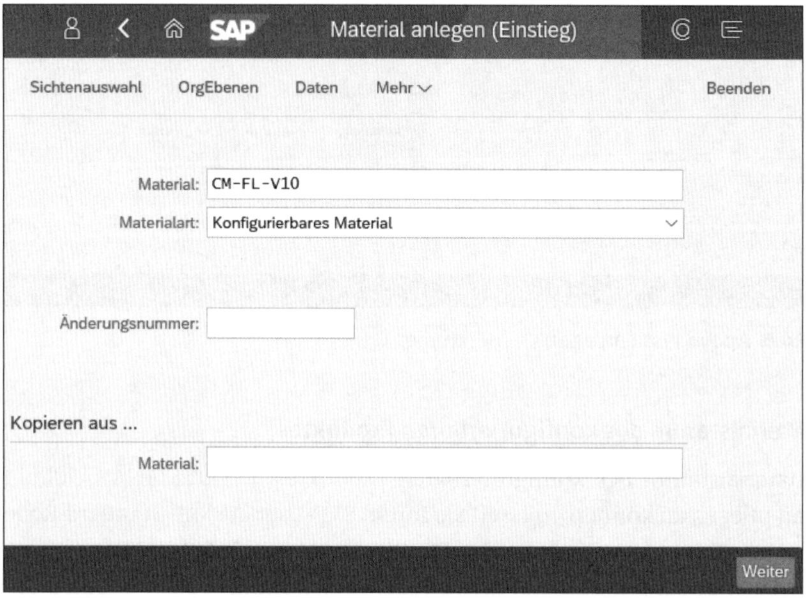

Abbildung 14.8 App »Material anlegen« – Einstieg

Bevor Sie in die Materialstammdaten für das eingetragene Material einsteigen können, müssen Sie zunächst die Sichten-Auswahl im ersten Pop-up-Fenster vornehmen und anschließend die Organisationsebenen im zweiten Pop-up-Fenster auswählen. Danach gelangen Sie in den Materialstamm auf die Registerkarte **Grunddaten 1** (siehe Abbildung 14.9).

Die Einstellungen für den Materialstamm eines konfigurierbaren Produktes entsprechen den beschriebenen Einstellungen in Kapitel 2, »Der konfigurierbare Materialstamm«.

Neben den Standard-Apps für die Pflege der Materialstammdaten gibt es in SAP S/4HANA Cloud eine weitere App **Produktstammdaten verwalten** (siehe Abbildung 14.10). Diese können Sie zum schnellen Suchen, Anzeigen, Bearbeiten, Anlegen und Kopieren von Materialstammdaten nutzen. Über diese App können Sie auch Materialvarianten zu einem konfigurierbaren Produkt anlegen (siehe Abschnitt 14.1.12, »Materialvariantenfindung«).

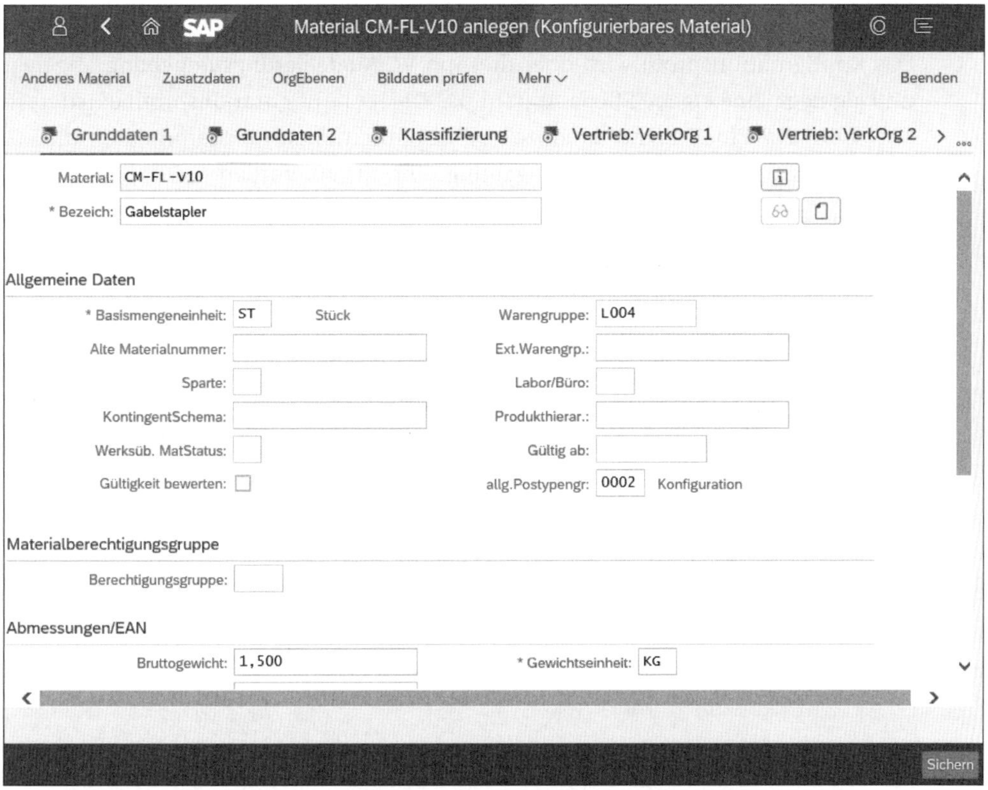

Abbildung 14.9 Materialstamm anlegen – Registerkarte Grunddaten 1

Abbildung 14.10 App »Produktstammdaten verwalten«

14.1.5 Konfigurationsprofil

Das Konfigurationsprofil wird über die App **VC-Modellierungsumgebung** angelegt und gepflegt. Eine eigene Pflege-App für das Objekt Konfigurationsprofil existiert in SAP S/4HANA Cloud nicht, da einzelne Pflegefunktionen für Stammdaten im VC-Umfeld in der **VC-Modellierungsumgebung** zentralisiert wurden.

Das Einstiegsbild der App (siehe Abbildung 14.11) entspricht dem von Transaktion PMEVC (Modellierungsumgebung der Variantenkonfiguration) in der On-Premise-Version von SAP S/4HANA bzw. im klassischen SAP-ERP-System. Sie tragen das konfigurierbare Material und die Klasse ein und bestätigen die Eingaben. Nun gelangen Sie in die Modellierungsumgebung.

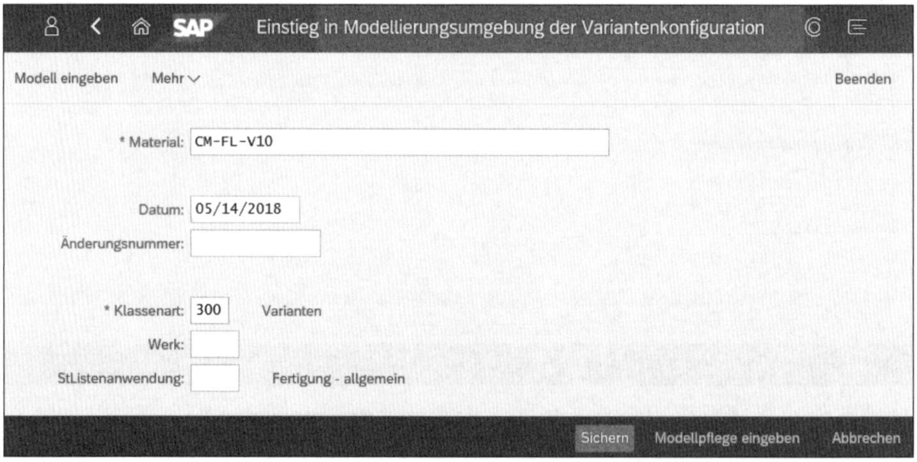

Abbildung 14.11 Einstieg in die Modellierungsumgebung der Variantenkonfiguration

Die Anlage des Konfigurationsprofils in der VC-Modellierungsumgebung erfolgt gemäß dem Vorgehen in LO-VC (vergleiche Kapitel 4, »Das Konfigurationsprofil – die Einstellungen im Detail«). Mit der rechten Maustaste klicken Sie auf die Materialnummer in der Baumstruktur. Daraufhin wählen Sie im Kontextmenü **Konfigurationsprofil anlegen...** aus (siehe Abbildung 14.12). Das Pop-up-Fenster bestätigen Sie.

Das Konfigurationsprofil in SAP S/4HANA bietet aktuell weniger Einstellungsmöglichkeiten als das in SAP ERP. Zunächst steht nur der **Prozess Plan.-/Fertigungsauftrag** für das konfigurierbare Material zur Verfügung. Mit den nächsten Releases werden auch die aus dem LO-VC bekannten Prozesse Kundenauftrag (SET) und Auftragsstückliste realisiert und ausgeliefert. Die Mehrstufigkeit der Konfiguration, wie in Abbildung 14.12 zu sehen, ist verfügbar ab dem Release 1809.

Eine Erweiterung des Konfigurationsprofils stellt die Auswahl des **Verarbeitungsmodus** dar. Dies ist der zentrale Punkt im Datenmodell, an dem Sie entscheiden, ob ein Produktmodell der klassischen oder der erweiterten Konfiguration zugeordnet wird.

Entsprechend dieser Zuordnung wird zur Variantenkonfiguration entweder LO-VC oder AVC ausgewählt.

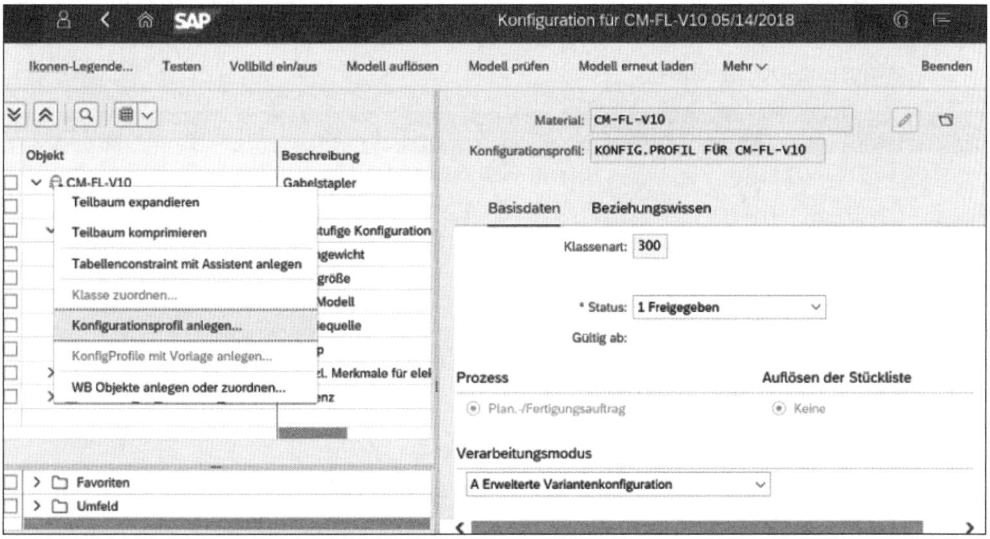

Abbildung 14.12 Anlage des Konfigurationsprofils in AVC

Über ein Dropdown-Menü wählen Sie den Verarbeitungsmodus aus. Als Default-Wert ist in der On-Premise-Version von SAP S/4HANA »Klassisch« gesetzt. Wenn die erweiterte Variantenkonfiguration genutzt werden soll, muss dies im Konfigurationsprofil angepasst werden. In SAP S/4HANA Cloud hingegen ist nur die erweiterte Variantenkonfiguration (AVC) möglich und daher im Konfigurationsprofil vordefiniert. Neben dem Konfigurationsprofil muss auch in jedem Beziehungswissen der Verarbeitungsmodus eingestellt werden. Darauf gehen wir im nächsten Abschnitt genauer ein.

14.1.6 Beziehungswissen

Nachdem das konfigurierbare Material, die Merkmale, die Klasse und das Konfigurationsprofil angelegt sind, folgt nun das Beziehungswissen, das Sie in der App »VC-Modellierungsumgebung« anlegen. In SAP S/4HANA Cloud und der On-Premise-Version werden folgende Arten von Beziehungswissen unterstützt:

- Vorbedingungen
- Auswahlbedingungen
- Prozeduren
- Constraints

Als Beispiel legen Sie einen Constraint an, der die Werte für bestimmte Basiskombinationen prüft. Dafür benötigen Sie ein Constraint-Netz, eine Variantentabelle sowie einen Constraint. Die Anlage des Constraint-Netzes (siehe Abbildung 14.13) erfolgt wie in LO-VC (siehe Kapitel 6, »High-Level-Konfiguration: Beziehungswissen für die Bewertungsoberfläche«).

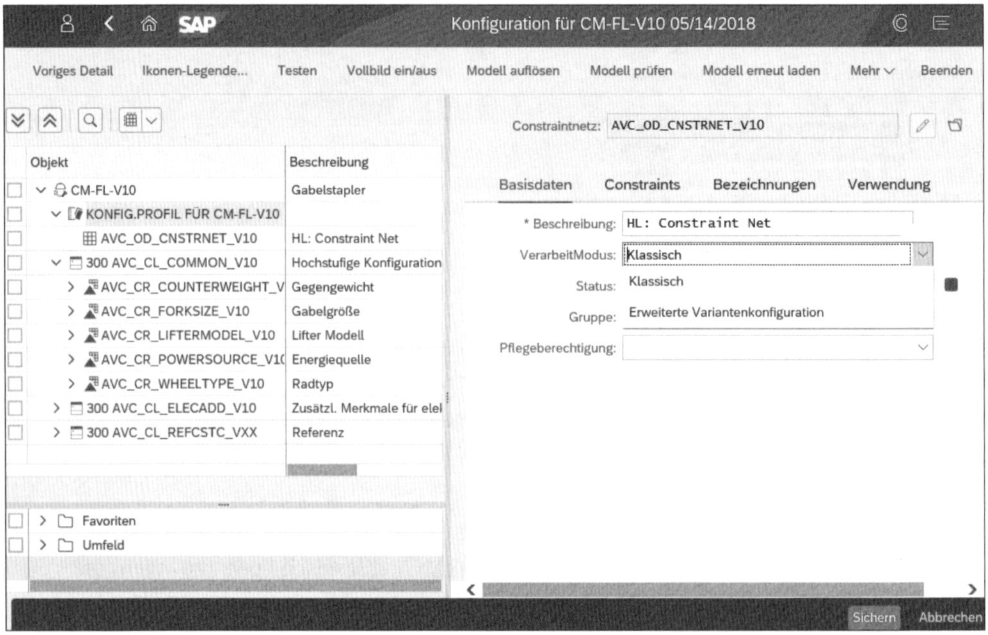

Abbildung 14.13 Anlage eines Constraint-Netzes in AVC

Auf der Registerkarte **Basisdaten** wählen Sie neben der Beschreibung zusätzlich den Verarbeitungsmodus (Feld **VerarbeitModus**) für das Beziehungswissen aus: »Klassisch« oder »Erweiterte Variantenkonfiguration«. Diese Einstellung müssen Sie für jedes Beziehungswissen einzeln vornehmen. Neben dem Konfigurationsprofil ist dies die zweite Stelle im Konfigurationsmodell, an der Sie den Verarbeitungsmodus festlegen müssen. Es ist jedoch keine Kombination von Beziehungswissen mit den Verarbeitungsmodi »AVC« und »Klassisch« möglich. Der Button am Beziehungswissen bewirkt, dass für den Verarbeitungsmodus die kompatiblen Syntaxelemente verarbeitet werden. Darüber hinaus gibt es in AVC einige Syntaxerweiterungen, die bei Auswahl dieses Modus aktiviert werden. Sie wählen in diesem Fall die »Erweiterte Variantenkonfiguration«. Im zweiten Schritt legen Sie eine Variantentabelle (siehe Abbildung 14.14) an, wie ebenfalls in Kapitel 6, »High-Level-Konfiguration: Beziehungswissen für die Bewertungsoberfläche«, beschrieben.

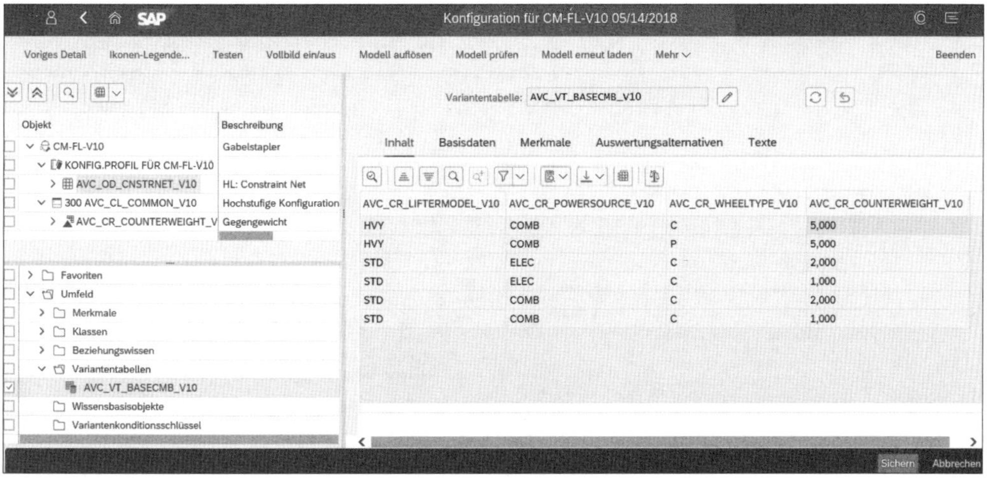

Abbildung 14.14 Anlage einer Variantentabelle in AVC

Schließlich wird das Constraint angelegt. In diesem Fall ist im Feld **VerarbeitModus** der Verarbeitungsmodus »Erweiterte Variantenkonfiguration« in den Basisdaten (siehe Abbildung 14.15) voreingestellt, da das Constraint-Netz bereits entsprechend ausgesteuert wurde.

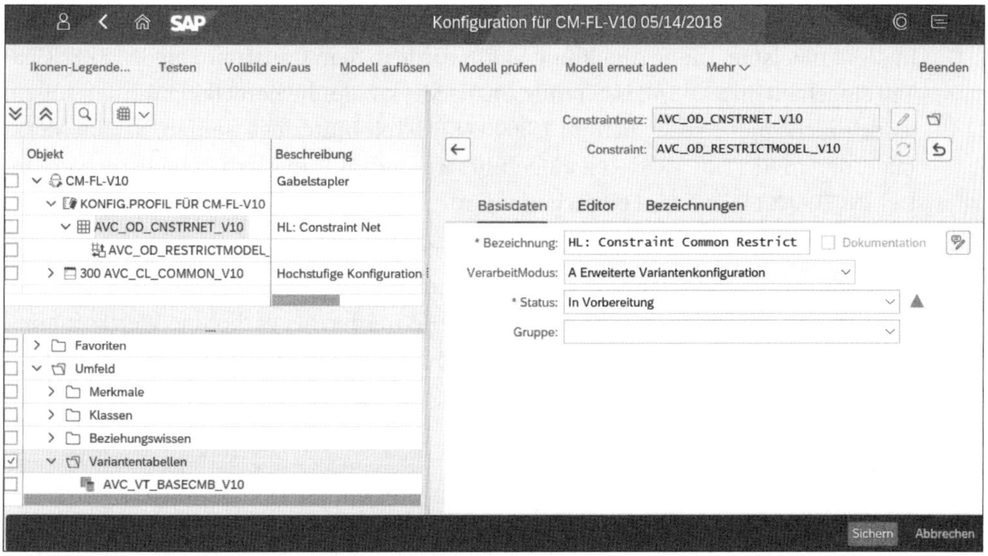

Abbildung 14.15 Anlage eines Constraints – Basisdaten

In dem Editor definieren Sie nun den Constraint. Der Aufbau der Syntax ist der gleiche wie in LO-VC.

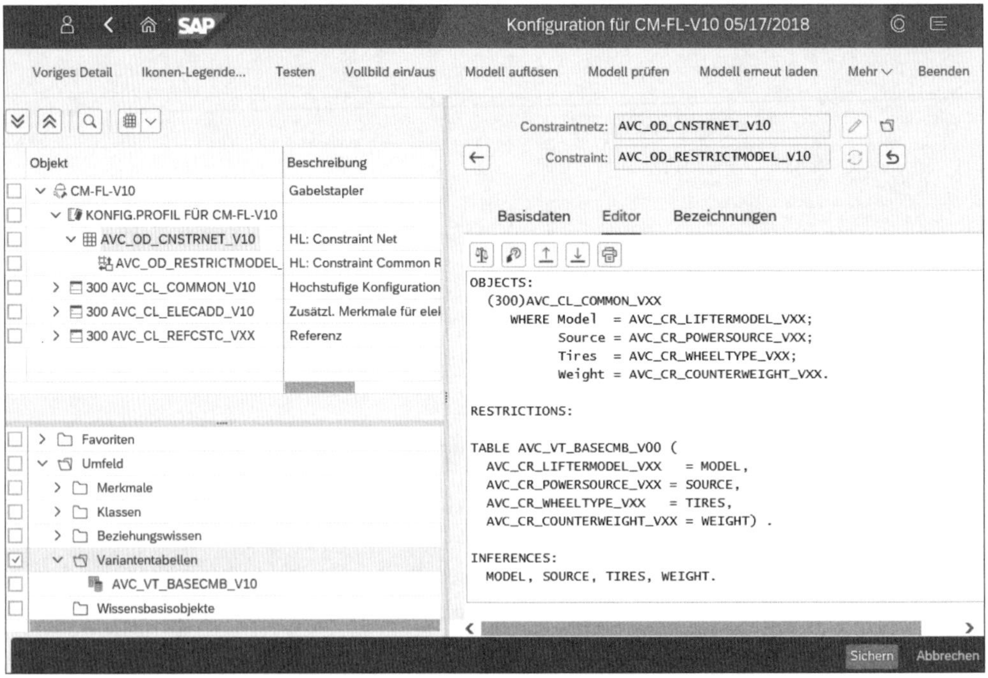

Abbildung 14.16 Anlage eines Constraints – Editor

In diesem Beispiel (siehe Abbildung 14.16) wurde in dem Constraint ein INFERENCES-Teil eingebaut. In SAP S/4HANA müssen die Merkmale, die hergeleitet werden sollen, jedoch nicht mehr zusätzlich im INFERENCES-Teil hinterlegt werden, da alle Merkmale, die im RESTRICTION-Teil aufgeführt werden, automatisch hergeleitet werden. Der INFERENCES-Teil wird einfach ignoriert.

Eine weitere Neuerung ist, dass das Syntaxelement `false` in dem RESTRICTION-Teil dazu genutzt werden kann, Variantentabellen als negative Tabellen zu behandeln. Das heißt, die Einträge in der Variantentabelle werden als verbotene Wertkombinationen anstatt als erlaubte behandelt. Um ungültige Wertekombinationen zu prüfen, muss die Syntax folgendermaßen aussehen:

```
OBJECTS:
CONDITION:
RESTRICITON: FALSE IF table <Variantentabellename>
```

Listing 14.1 Variantentabellen als negative Tabellen

Zusätzlich sind in der VC-Modellierungsumgebung erweiterte Syntaxprüfungen für AVC direkt in der Modellierungsumgebung verfügbar. Über den Button **Modell prüfen** können Sie diese neue Syntaxprüfung anwählen (siehe Abbildung 14.17).

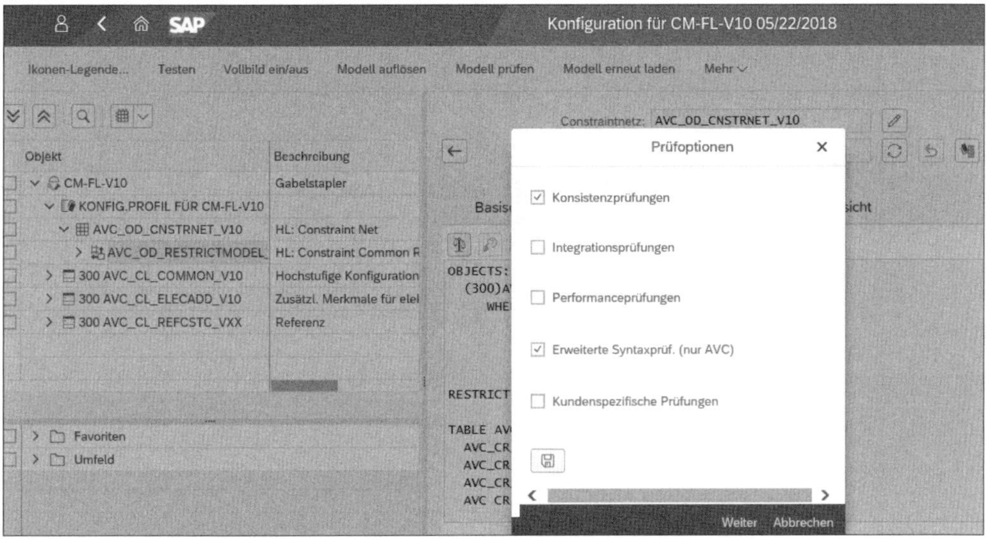

Abbildung 14.17 Erweiterte Syntaxprüfungen in der VC-Modellierungsumgebung

14.1.7 Gruppieren von Merkmalen in der Bewertungsoberfläche

Um die Bewertungsoberfläche im klassischen SAP-ERP-System übersichtlicher darzustellen und Merkmale Gruppen zuordnen zu können, wurde in LO-VC das Oberflächendesign benötigt. In Transaktion CU50 oder in Transaktion PMEVC können zu dem Oberflächendesign Gruppen angelegt und dann in der Bewertungsoberfläche z. B. als Registerkarte oder Push-Button dargestellt werden. Ein Nachteil davon ist jedoch, dass einzelne Gruppen daraus nicht wiederverwendet werden können, bzw. das Oberflächendesign nur dann wiederverwendet werden kann, wenn den Datenmodellen die gleichen Klassen zugeordnet werden. Meistens werden demnach für jedes Datenmodell neue Oberflächendesigns aufgebaut.

In SAP S/4HANA wurde für AVC eine dynamischere Möglichkeit geschaffen, Merkmale zu Gruppen hinzuzufügen. Über eine neue App können unabhängig von einem bestimmten Datenmodell Gruppen angelegt werden. Dafür wird die App **Gruppen pflegen** aus dem SAP Fiori Launchpad unter dem Menü für die Variantenkonfiguration benötigt.

Nach Auswahl der App gelangen Sie in das Einstiegsbild (siehe Abbildung 14.18), in dem Sie nach vorhandenen Gruppen filtern, suchen oder eine Gruppe anlegen können.

Um eine bestehende Gruppe auszuwählen, klicken Sie auf einen vorhandenen Eintrag in der Liste. Wenn Sie eine neue Gruppe anlegen wollen, klicken Sie auf den Button [+]. In diesem Fall soll eine zweite Gruppe GROUP_02 für den Gabelstapler angelegt werden. Dafür klicken Sie den Button [+]. Wie in Abbildung 14.19 dargestellt, können dann die Bezeichnung der Gruppe, die Merkmale, die in der Gruppe angezeigt werden sollen, sowie Beschreibungen in mehreren Sprachen hinterlegt werden. Zusätzlich können Sie für die Merkmale der Gruppe eine Sortierreihenfolge festlegen, in der sie auf der Bewertungsoberfläche dargestellt werden sollen.

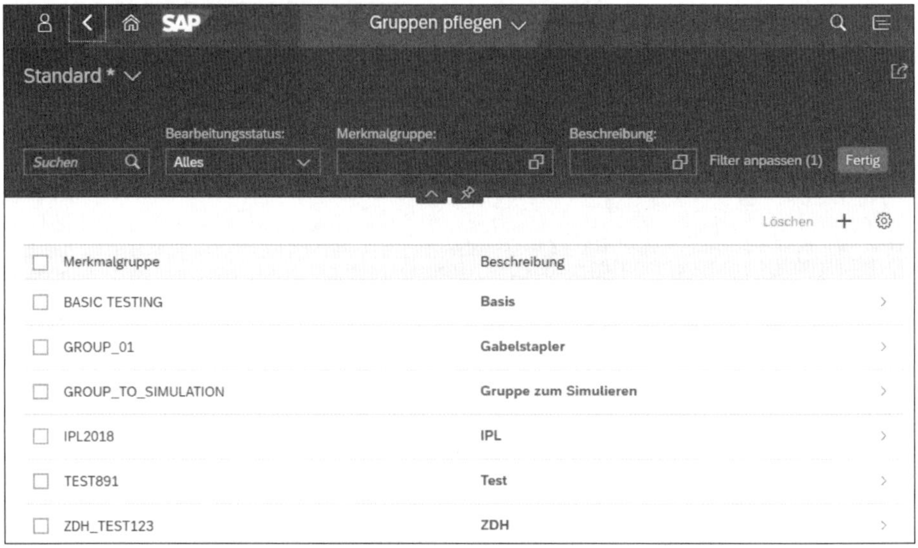

Abbildung 14.18 App »Gruppen pflegen« – Einstiegsbild

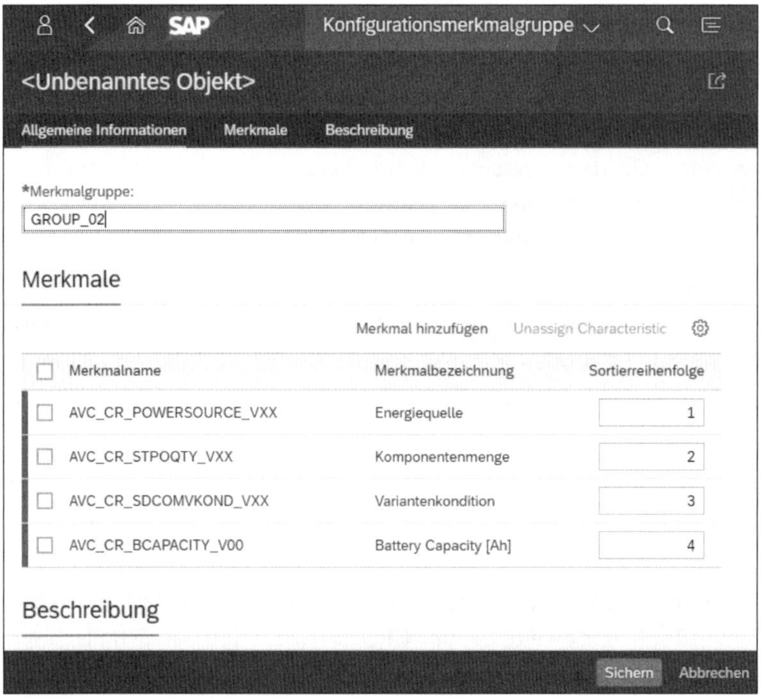

Abbildung 14.19 Pflege der Merkmalgruppe

Nachdem die Gruppe gesichert wurde, muss sie dem Konfigurationsprofil des KMAT zugeordnet werden, damit sie auch in der Bewertungsoberfläche angezeigt wird. Dazu rufen Sie die Modellierungsumgebung mit dem konfigurierbaren Material auf.

Wählen Sie nun das Konfigurationsprofil des Materials in der Modellierungsumgebung aus, und rufen Sie die Registerkarte **Benutzeroberfläche** im Konfigurationsprofil im rechten Bildschirmbereich (siehe Abbildung 14.20) auf.

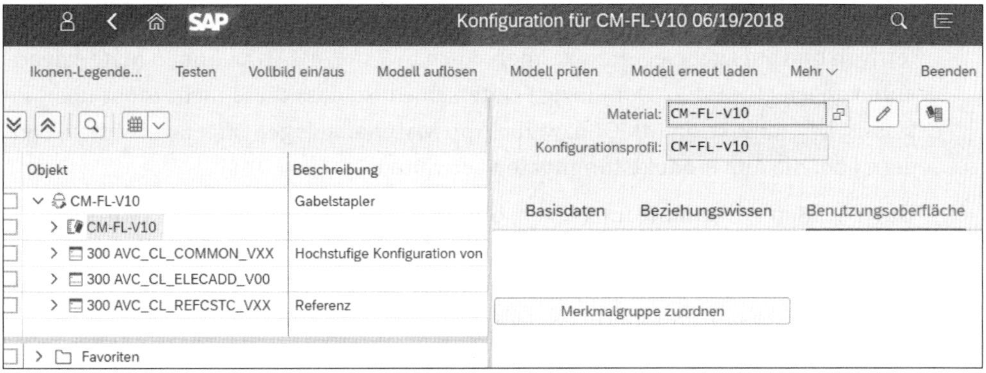

Abbildung 14.20 Merkmalgruppe dem Konfigurationsprofil zuordnen

Wenn Sie auf den Button **Merkmalgruppe zuordnen** klicken, öffnet sich ein neues Fenster, in dem die angelegten Gruppen zugeordnet werden können (siehe Abbildung 14.21). Aus dieser App heraus können auch direkt neue Gruppen angelegt werden.

Abbildung 14.21 App »Gruppenzuordnung« zum Konfigurationsprofil

Zudem können Sie hier eine Sortierreihenfolge für die Gruppen bestimmen, die angibt, in welcher Reihenfolge die Gruppen in der Bewertungsoberfläche angezeigt werden sollen. Nachdem Sie die Gruppen gesichert haben, können Sie das Fenster schließen und in die Modellierungsumgebung zurückkehren.

14.1.8 Anlegen von Materialvarianten in AVC

Beliebte Konfiguration werden oftmals als Materialvarianten angelegt, um diese vorfertigen und auf Lager legen zu können. Auch in SAP S/4HANA können Materialvarianten angelegt werden. Der einzige Unterschied ist, dass diese nicht mehr über die klassische Transaktion MM01 bzw. die App **Material anlegen** angelegt werden, sondern über die App **Produktstammdaten verwalten**.

Um eine Materialvariante anzulegen, öffnen Sie die App aus dem SAP Fiori Launchpad heraus. Wählen Sie nun den Button **Anlegen** auf der Einstiegsseite der App aus. Es öffnet sich ein neues Fenster **Stammdatensatz anlegen** (siehe Abbildung 14.22). Tragen Sie hier die neue Produktnummer inklusive Beschreibung, Produktart und Basismengeneinheit ein.

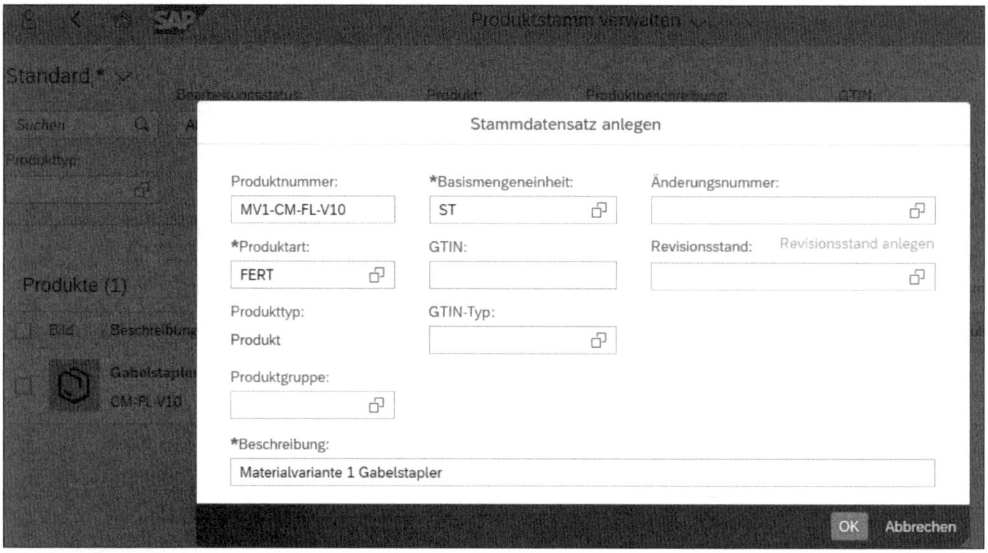

Abbildung 14.22 Anlage einer Materialvariante über die App »Produktstammdaten verwalten«

Bestätigen Sie Ihre Eingaben mit einem Klick auf den Button **OK**. Sie gelangen nun in die Pflege des Materialstamms. Nehmen Sie hier alle notwendigen Anpassungen für das Material vor.

Um zu der Materialvariante eine werkspezifische Konfiguration zu hinterlegen, ordnen Sie der Materialvariante ein Werk zu auf der Registerkarte **Werke**. Wenn Sie nun auf den Eintrag zum Werk klicken, gelangen Sie in die werksspezifischen Daten (siehe Abbildung 14.23). Auf der Registerkarte **Konfiguration** tragen Sie das konfigurierbare Material ein und klicken dann auf **Variante konfigurieren**.

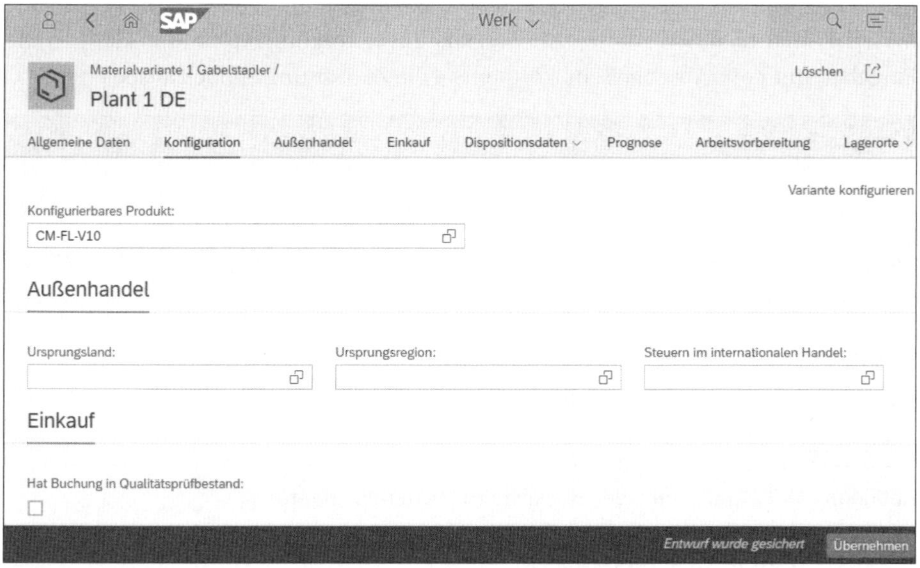

Abbildung 14.23 Werkspezifische Konfiguration zur Materialvariante anlegen

In dem folgenden Bewertungsbild (siehe Abbildung 14.24) nehmen Sie die Konfiguration der Materialvariante vor. Nachdem Sie die Merkmalsbewertung vorgenommen haben, können Sie diese per Klick auf den Button **Übernehmen** abspeichern und in den Materialstamm zurückkehren.

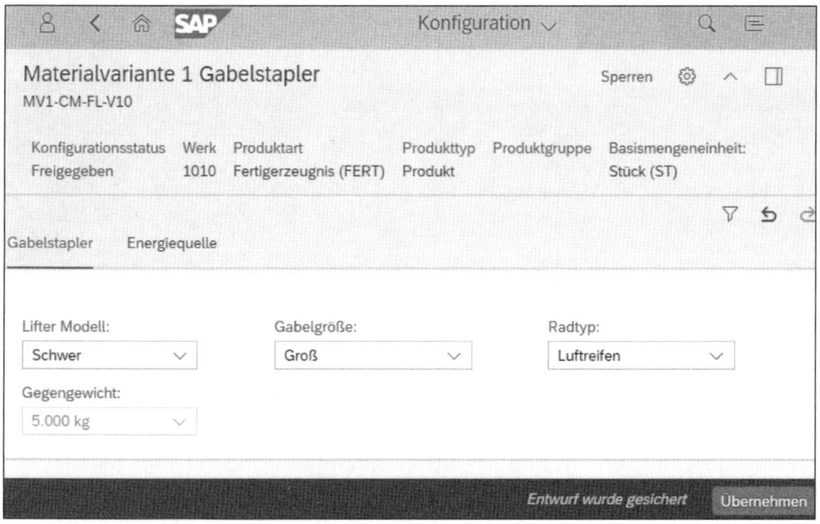

Abbildung 14.24 Merkmalsbewertung im Materialstamm

Speichern Sie nun den Materialstamm ab. Die Zuordnung der Stückliste zur Materialvariante findet über die App **Zuordnung konfig. Material anlegen** statt. Die App befindet sich im SAP-Fiori-Launchpad-Menü der Produktkonfigurations-Modellierer. Wie in SAP ERP in Transaktion CS40 tragen Sie im Einstiegsbild (siehe Abbildung 14.25) die Materialvariante, das Werk und die Stücklistenverwendung ein und bestätigen die Eingaben mit [↵]. Abschließend können Sie die Zuordnung einfach abspeichern.

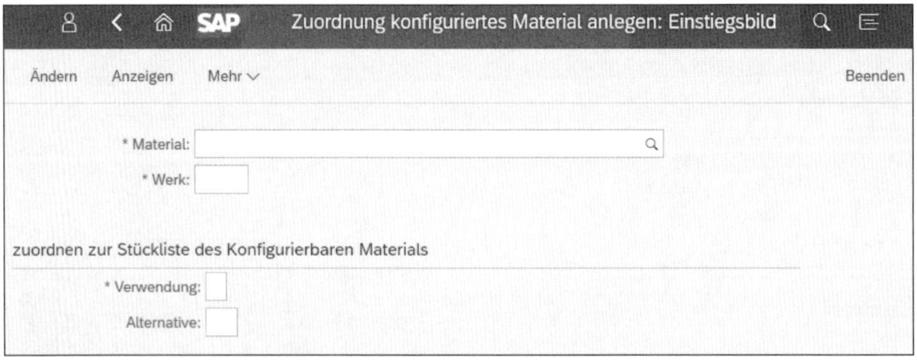

Abbildung 14.25 Zuordnung der Stückliste zur Materialvariante

Darüber hinaus kann die Materialvariante dem Maximalarbeitsplan zugeordnet werden. Wie in SAP ERP ordnen Sie dazu in der App **Arbeitsplan ändern** unter der Registerkarte **Zuordnungen** der Plangruppe die Materialvariante zu (siehe Abbildung 14.26).

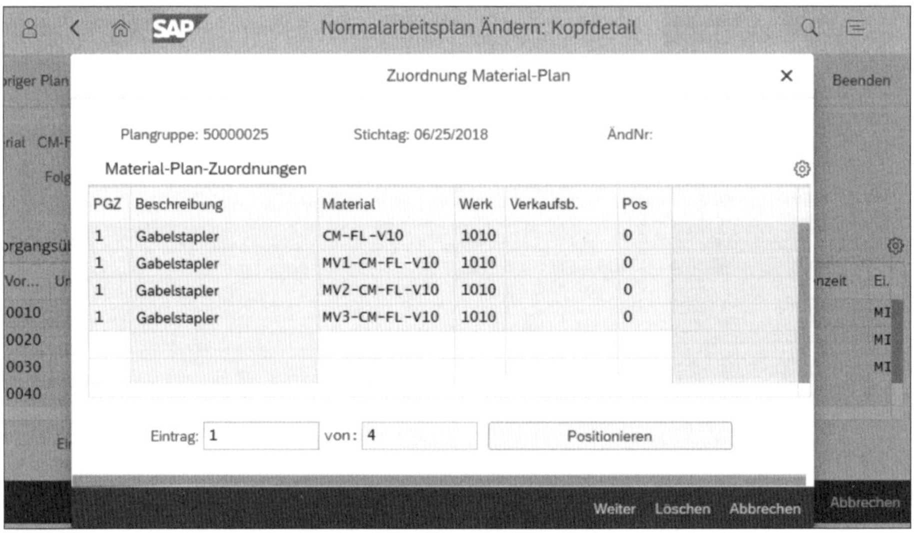

Abbildung 14.26 Zuordnung Arbeitsplan zu Materialvariante

Um auch die Preisfindung des konfigurierbaren Materials für die Materialvariante nutzen zu können, können Sie wie in SAP ERP der Materialvariante im Materialstamm ein Preismaterial zuordnen. Über die App **Material ändern** kann im Materialstamm auf der Registerkarte **Vertrieb: VerkOrg 2** (siehe Abbildung 14.27) das konfigurierbare Material als Preismaterial eingetragen werden. Im Vertriebsbeleg wird als Ergebnis die Variantenpreisfindung des konfigurierbaren Materials für die Materialvariante inklusive der Konfiguration durchgeführt.

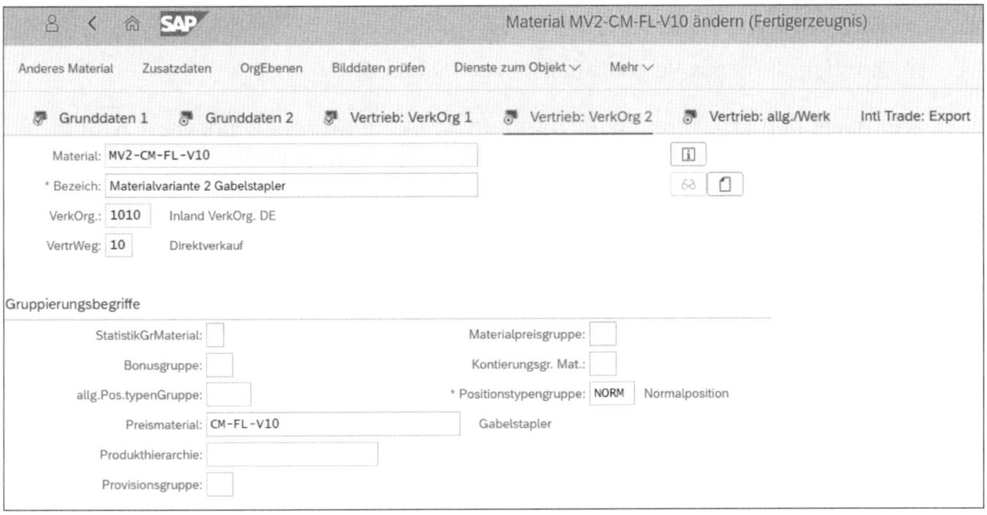

Abbildung 14.27 Zuordnung des Preismaterials im Materialstamm der Materialvariante

14.1.9 Die neue Simulationsumgebung für Variantenkonfigurationsmodelle

Nachdem das Variantenkonfigurationsmodell angelegt wurde, ist es an der Zeit zu testen, ob das Datenmodell korrekt und konsistent ist. Dafür wird in LO-VC Transaktion CU50 genutzt. In der On-Premise-Version von SAP S/4HANA ist anhand des im Konfigurationsprofil eingestellten Verarbeitungsmodus zu unterscheiden, welche Test- und Simulationsumgebung genutzt werden kann. Wenn der Verarbeitungsmodus »Klassisch« für ein Datenmodell gesetzt ist, nutzen Sie weiterhin Transaktion CU50. Für Datenmodelle, die den AVC-Modus nutzen, ist hingegen die neue Fiori-App **Konfigurationsmodelle simulieren** zu wählen. In SAP S/4HANA Cloud steht ausschließlich die neue Simulationsumgebung zur Verfügung. Über eine Kachel auf der Registerkarte **Variantenkonfigurationsmodellierung** kann sie aufgerufen werden.

Die App wurde in enger Zusammenarbeit mit einer Kundengruppe entworfen, die mithilfe von Design-Thinking-Workshops Input und Feedback für die Entwicklung des neuen Variantenkonfigurators gibt. Die neue Simulationsumgebung ist eine der Hauptkomponenten, die aus der Zusammenarbeit entstanden ist, um Produktmodellierer zukünftig effizient bei der Modellierung und Fehlersuche zu unterstützen.

Die Simulations-App ist in zwei Hauptbestandteile aufgegliedert. In dem ersten Teil wird der Einstiegsbildschirm aufgerufen. In dem zweiten Teil die eigentliche Simulation der zuvor ausgewählten Konfiguration. Auf dem Einstiegsbildschirm der App sehen Sie zunächst alle möglichen konfigurierbaren/konfigurierten Objekte in einer Liste, u. a.:

- Konfigurierbare Produkte
- Materialvarianten
- Gesicherte Simulationen
- Konfiguration aus Vertriebsbelegen (Kundenauftrag, Angebot)

Wenn Sie nun im oberen Bereich weitere Selektionskriterien eingeben, wird die Ergebnisliste angepasst an die Kriterien (siehe Abbildung 14.28).

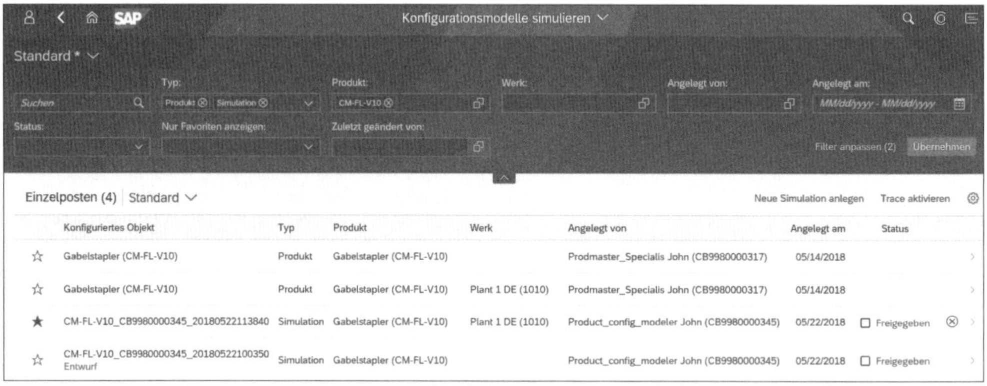

Abbildung 14.28 App »Konfigurationsmodelle simulieren« – Einstiegsbild

Sie können nun einen Eintrag aus der Ergebnisliste auswählen und wechseln dann direkt in die Konfigurationssimulation. Wenn Sie eine neue Simulation einrichten möchten, klicken Sie auf den Button **Neue Simulation anlegen**. Es öffnet sich ein Pop-up-Fenster, in dem Sie das Produkt eingeben sowie die Parameter für die Stücklistenauflösung, wie z. B. **Werk** und **Stücklistenanwendung** (siehe Abbildung 14.29). Sie können bereits hier den Trace aktivieren.

Mit Bestätigung der Eingaben erscheint der Simulationsbildschirm. Der Bildschirm ist aufgeteilt in einen Kopfbereich und einen Konfigurationsbereich, der wiederum aus drei Teilbereichen besteht. In dem linken Teilbereich werden die Stückliste bzw. der Arbeitsplan des konfigurierbaren Produktes angezeigt. Für die Anzeige der Stückliste gibt es verschiedene Optionen: **Konfigurierbare Positionen** bei Verwendung der mehrstufigen Konfiguration, **Maximalstückliste** oder **Aufgelöste Stückliste**. In der Mitte wird die Konfiguration dargestellt. Rechts stehen die Analysefunktionen **Inspektor** und **Trace** zur Verfügung. In dem Inspektor werden technische Daten zu dem im Konfigurator aktuell ausgewählten Objekt angezeigt. Der Trace zeigt die Abarbeitung des Beziehungswissens und der Konfiguration zur Analyse des Datenmodells an.

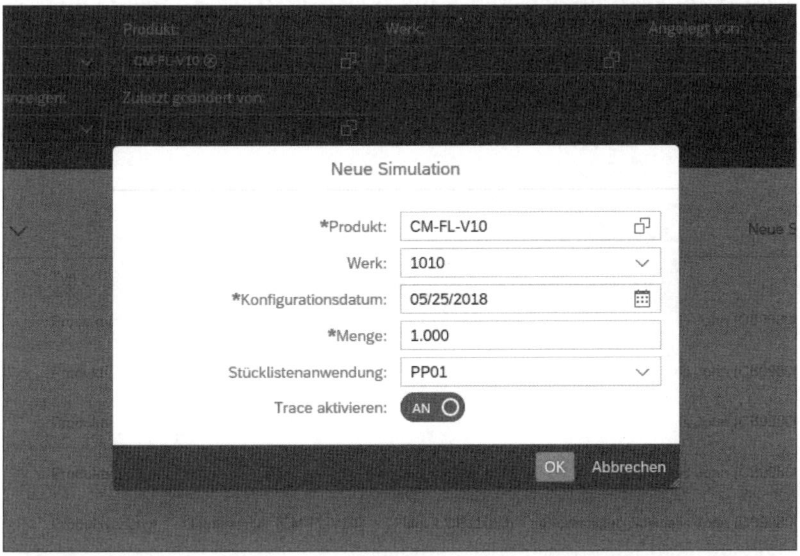

Abbildung 14.29 App »Neue Simulation anlegen« – Einstiegsbild

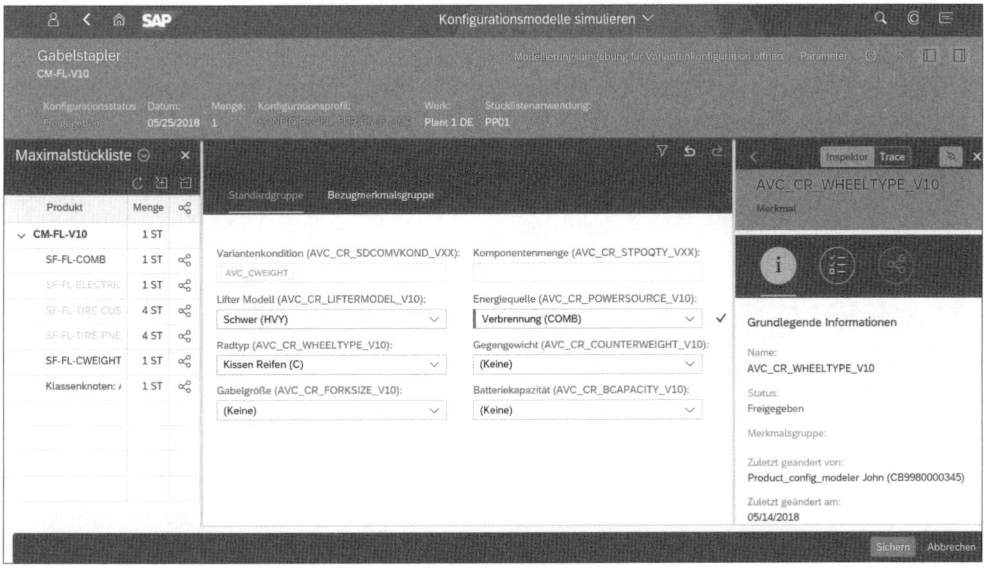

Abbildung 14.30 App »Konfigurationsmodelle simulieren«

In Abbildung 14.30 ist in dem linken Teilbereich der Stückliste die **Maximalstückliste** ausgewählt. Grau hinterlegt sind die Komponenten, die aufgrund des Beziehungswissens nicht herangezogen werden. Wenn die Option **Aufgelöste Stückliste** ausgewählt wird, werden nur noch die gültigen Komponenten angezeigt. In der Option **Konfigurierbare Positionen** (siehe Abbildung 14.31) werden hingegen ausschließlich konfigurierbare Materialien ausgewiesen, wenn eine mehrstufige Konfiguration vorgesehen ist.

Abbildung 14.31 App »Konfigurationsmodelle simulieren« – Option »Konfigurierbare Positionen«

Aus diesem Bild heraus können Sie mit einem Klick auf den Button [⏩] in den Arbeitsplan der jeweiligen konfigurierbaren Materialien wechseln. Wenn, wie in Abbildung 14.32 dargestellt, eine parallele Folge im Arbeitsplan vorhanden ist, kann diese per Klick auf den Button mit dem Pfeil angezeigt werden.

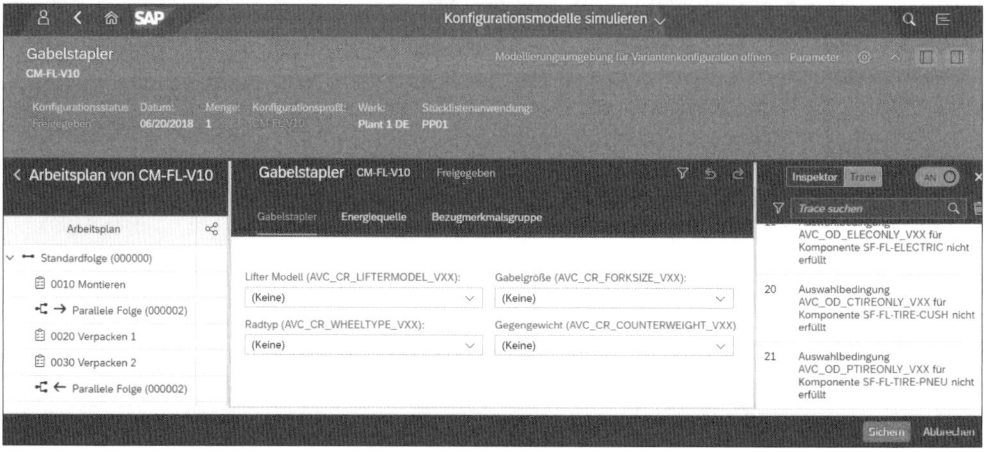

Abbildung 14.32 Integration des Arbeitsplans in die Simulationsumgebung

In dem **Inspektor** werden Informationen zu dem aktuell ausgewählten Merkmal angezeigt. Auf der ersten Registerkarte sind die grundlegenden Informationen, auf der zweiten Registerkarte die Merkmalwerte und auf der dritten Registerkarte das dazugehörige Beziehungswissen zu sehen.

Der **Trace** kann im rechten Bereich ausgewählt werden. Dieser wurde in SAP S/4HANA neu überarbeitet und bildet eine zentrale Komponente der neuen Simulationsumgebung. Der **Trace** (siehe Abbildung 14.33) zeigt alle durch die neue Varianten-Engine ausgeführten Schritte auf, um das Datenmodell genau analysieren zu können. So können Sie z. B. besser nachvollziehen, wieso eine Inkonsistenz erzeugt wird oder weshalb ein Wert automatisch gesetzt wird. Aus dem Trace heraus können Sie in die angesprochenen Objekte (Merkmale, Beziehungswissen etc.) in den Inspektor wechseln, indem Sie das Objekt im Trace anklicken.

Abbildung 14.33 App »Konfigurationsmodelle simulieren« – Trace-Funktionalität

Des Weiteren können Sie über Filter den Trace genauer einstellen. Filter können gesetzt werden für folgende Optionen:

- Trace-Level: High-Level- und/oder Low-Level-Konfiguration
- Meldungstyp (z. B. Auswahlbedingung erfüllt)
- Merkmalsbewertung durch (z. B. Benutzer, Constraint)
- Merkmal

Schließlich rundet die Trace-Suche die Funktionalität ab, indem Sie über die Suche in komplexen Trace-Verläufen effizient navigieren können.

Weitere Neuerungen, die das Testen und Simulieren von Datenmodellen vereinfachen, sind z. B. die Möglichkeit des Rückgängigmachens und Wiederholens von Eingaben in der Konfiguration sowie das Verändern der Simulationsparameter während der Simulation (siehe Abbildung 14.34). Um z. B. das Werk oder das Konfigurationsdatum zu ändern, müssen Sie nicht wie in LO-VC in die Einstiegsmaske zurückkehren, sondern können diese direkt in der Simulation ändern. Die Konfiguration wird dann neu geladen und zurückgesetzt.

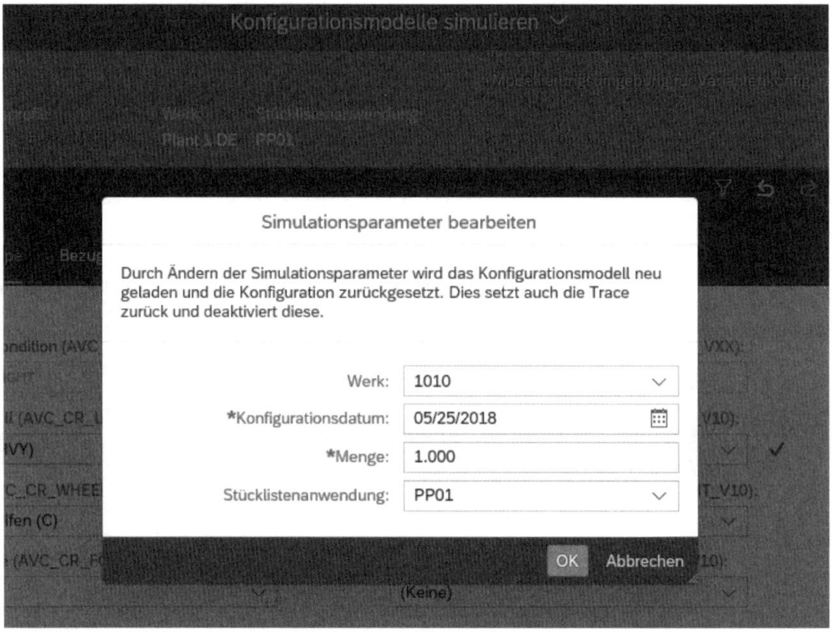

Abbildung 14.34 Konfigurationsmodelle simulieren: Simulationsparameter

Darüber hinaus haben Sie die Möglichkeit, direkt in die Modellierungsumgebung zu wechseln. Um die Simulation zu einem späteren Zeitpunkt wieder aufrufen und weiterbearbeiten zu können, können Sie Ihre Simulation mit der neuen App **Konfigurationsmodelle simulieren** abspeichern. Sie finden die abgespeicherte Simulation dann wieder auf dem Einstiegsbildschirm in der Liste mit den konfigurierbaren Objekten.

14.1.10 Die neue Variantenkonfigurationsübersicht

Um als Produktmodellierer einen besseren Überblick über die Datenmodelle, die veränderten Objekte sowie die gesperrten Konfigurationen in Kundenaufträgen zu bekommen, gibt es in SAP S/4HANA Cloud und On-Premise unter der Registerkarte **Variantenkonfiguration** eine neue App **Übersicht Variantenkonfiguration**. Die App kann als zentrales Informations-Cockpit für die Produkte dienen, für die der Produktmodellierer zuständig ist (siehe Abbildung 14.35).

Folgende Informationen werden hier zusammengefasst:

- Kundenauftragspositionen mit gesperrten Konfigurationen
- zuletzt geänderte Abhängigkeiten

- gesperrte Variantenkonfigurationsobjekte
- Quick-Links zur Datenmodellierung
- geänderte Variantenkonfigurationsobjekte
- letzte Simulationen

In diesem Cockpit werden jedoch nur Objekte erfasst, die den Verarbeitungsmodus AVC eingestellt haben. So können z. B. keine gesperrten Konfigurationen angezeigt werden, die im Konfigurationsprofil den Verarbeitungsmodus »Klassisch« eingestellt haben.

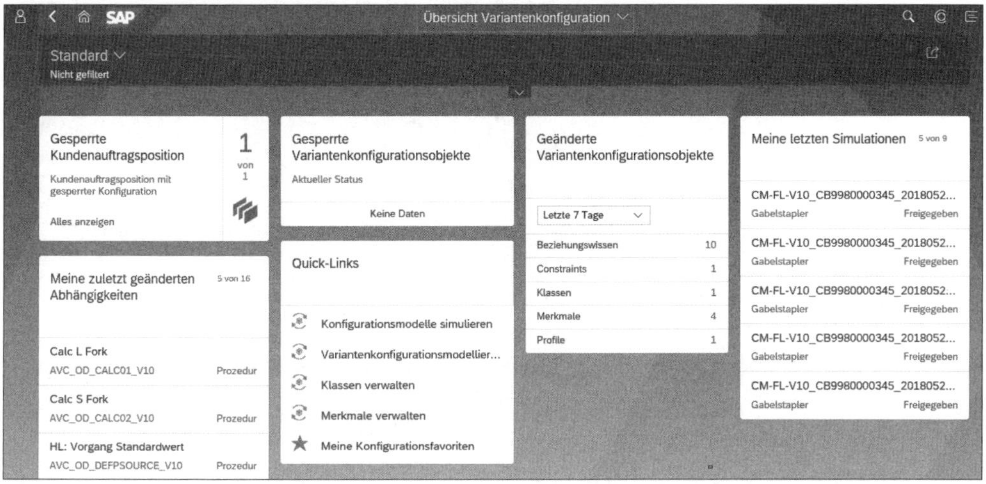

Abbildung 14.35 Fiori-App »Übersicht Variantenkonfiguration«

Wenn Sie auf die Kachel **Gesperrte Kundenauftragsposition** klicken, öffnet sich der Einstiegsbildschirm der App **Konfigurationsmodelle simulieren** mit der Filterung auf die gesperrten Kundenauftragspositionen (siehe Abbildung 14.36). Wenn Sie hingegen auf die Nummer der gesperrten Kundenauftragspositionen in der App **Übersicht Variantenkonfiguration** klicken, öffnet sich ein Pop-up-Fenster, über das Sie einfach zur Anzeige des gesperrten Kundenauftrags oder zur Simulation des Produktmodells wechseln können.

Wenn Sie in der Kachel **Geänderte Variantenkonfigurationsobjekte** auf einen Eintrag klicken, z. B. Merkmale, wird der Bildschirm **Stammdaten der Variantenkonfiguration suchen** aufgerufen und die geänderten Merkmale der letzten sieben Tage (wie in Abbildung 14.37) angezeigt. Mit einem Klick auf einen Eintrag in der Liste wird in das entsprechende Objekt, hier in die Merkmalspflege, gewechselt.

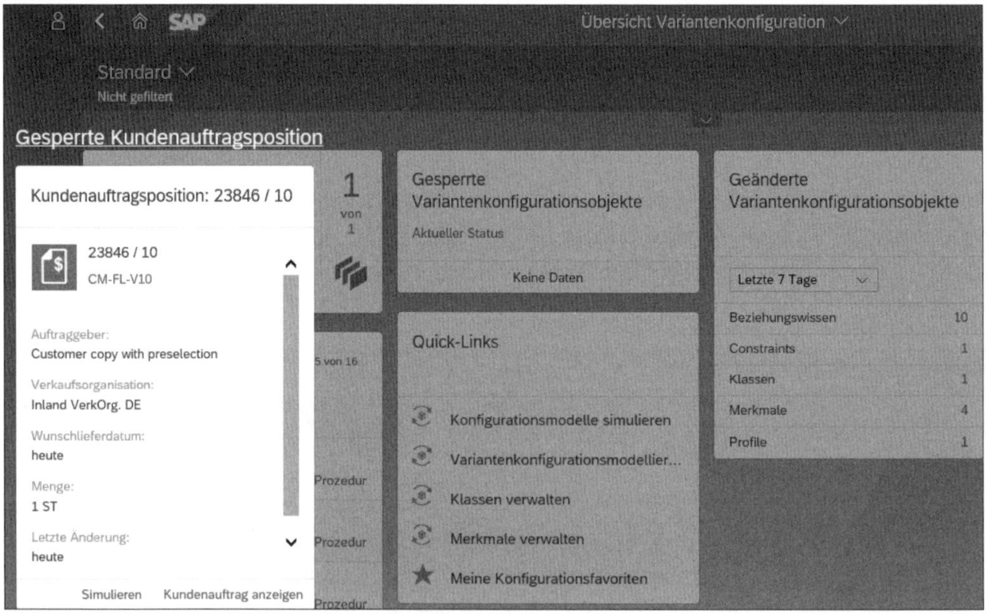

Abbildung 14.36 Anzeige der gesperrten Kundenauftragspositionen

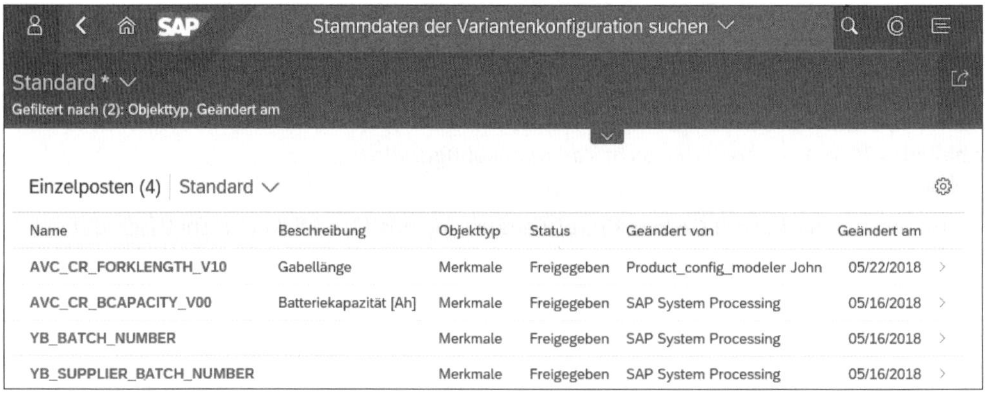

Abbildung 14.37 App »Stammdaten der Variantenkonfiguration suchen«

14.1.11 AVC im Vertrieb – Besonderheiten bei der Anlage eines Kundenauftrags

Die optimale Einbindung der Variantenkonfiguration in den Vertriebsprozess ist essenziell, da das Produktdatenmodell hier tagtäglich in Vertriebsbelegen wie Angeboten und Kundenaufträgen konfiguriert wird. Daher ist AVC inklusive der neuen Bewertungsoberfläche in den Apps für die Anlage und das Verwalten von Vertriebsbelegen, wie z. B. der App **Kundenauftrag anlegen**, integriert. In SAP S/4HANA wird abhängig von dem Verarbeitungsmodus, der im Konfigurationsprofil des Produktes eingestellt ist, entweder die klassische SAP-GUI-Oberfläche oder die neue Benutzeroberfläche SAP Fiori für AVC aufgerufen. In SAP S/4HANA Cloud wird daher immer die neue Bewertungsoberfläche für AVC aufgerufen.

Um die nachfolgenden Funktionen nutzen zu können, muss Ihrem SAP-User die SAP-Standard-Rolle SAP_BR_INTERNAL_SALES_REP zugeordnet werden. Bei dieser Rolle handelt es sich um den internen Verkaufsmitarbeiter.

Wie in LO-VC werden zunächst die Basisdaten wie der Auftraggeber, das Material und die Bestellmenge eingetragen. Nach Bestätigung mit [↵] wird die neue Variantenkonfiguration aufgerufen. Nun kann die Merkmalsbewertung (siehe Abbildung 14.38) vorgenommen werden. Auch hier kann der Inspektor eingeschaltet werden, um detaillierte Informationen zu den Objekten zu erhalten.

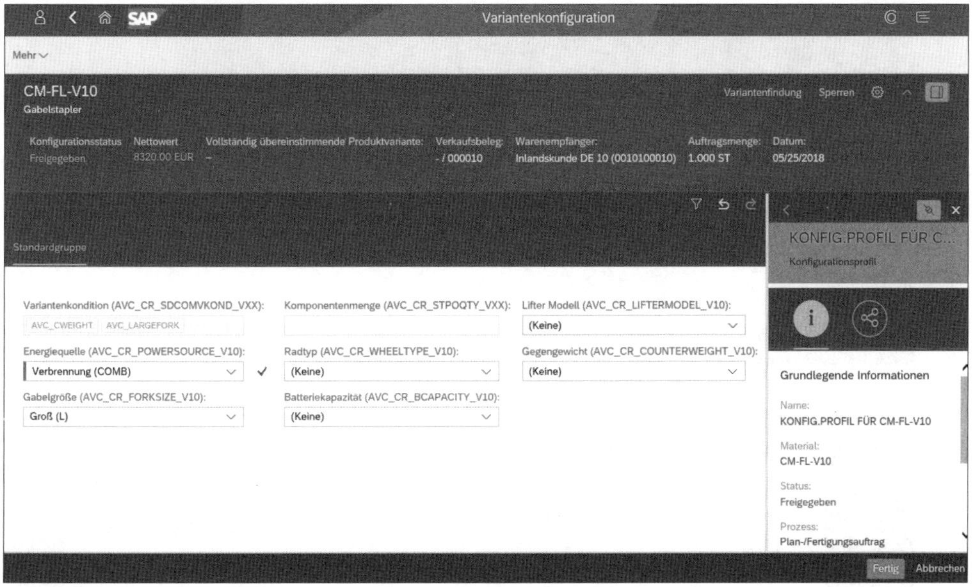

Abbildung 14.38 Merkmalsbewertung im Kundenauftrag

14.1.12 Materialvariantenfindung

Eine Besonderheit in AVC ist die neue Materialvariantenfindung. Basierend auf der aktuellen Merkmalsbewertung selektiert das System die passenden Materialvarianten (in AVC auch Produktvarianten genannt). Darüber hinaus wird unterschieden zwischen Materialvarianten, die vollständig oder teilweise mit der aktuellen Konfiguration übereinstimmen. Über den Button **Variantenfindung** oben rechts können Sie sich eine detaillierte Anzeige der passenden Materialvarianten einblenden lassen. In diesem Fenster (siehe Abbildung 14.39) werden die Materialvarianten nach vollständiger und teilweiser Übereinstimmung sortiert. In der Spalte **Bewertungsdifferenz** wird die Anzahl der Merkmale angezeigt, die von der aktuellen Konfiguration abweichen.

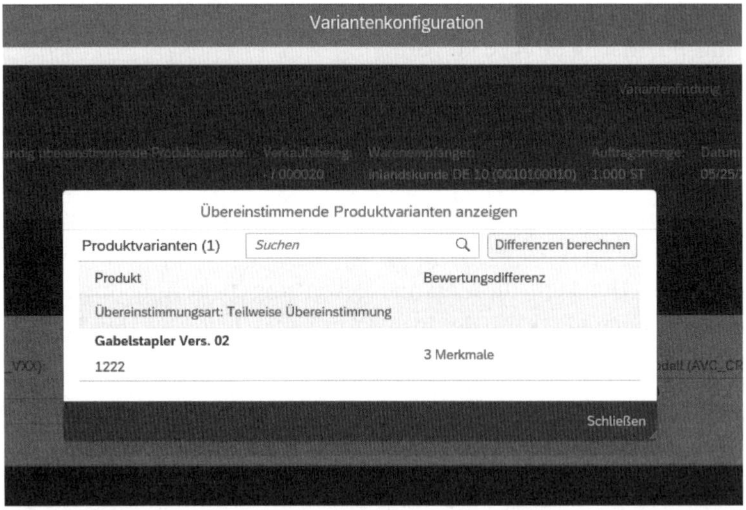

Abbildung 14.39 Materialvariantenfindung – übereinstimmende Produktvarianten

Wenn Sie auf Merkmale in der Spalte **Bewertungsdifferenz** klicken, öffnet sich ein Pop-up-Fenster (siehe Abbildung 14.40), das die einzelnen abweichenden Merkmale auflistet.

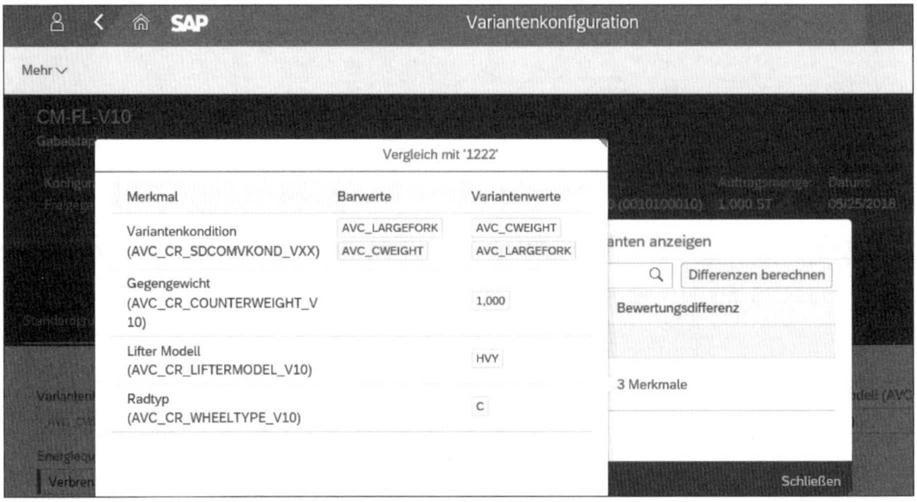

Abbildung 14.40 Materialvariantenfindung – abweichende Merkmale

Mit dieser Information wird der Anwender in die Lage versetzt, schon bei einer Teilbewertung eine ähnliche Materialvariante zu identifizieren und zu wählen, ohne eine vollständige Konfiguration vornehmen zu müssen.

Wenn Sie das konfigurierbare Produkt nun entsprechend der Merkmalsbewertung der Materialvariante identisch bewerten, sehen Sie in der Informationsleiste, dass eine vollständig übereinstimmende Materialvariante existiert. In Abbildung 14.41 ist dies die Materialvariante 1222.

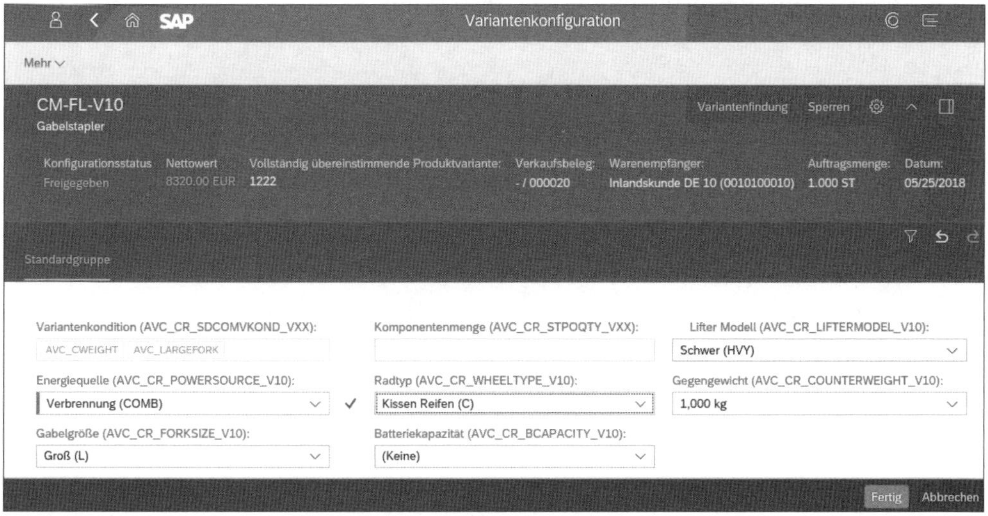

Abbildung 14.41 Materialvariantenfindung – vollständig übereinstimmende Produktvariante

Sie können diese nun in den Kundenauftrag übernehmen, indem Sie wieder auf den Button **Variantenfindung** klicken. Wählen Sie dann die Materialvariante aus, und bestätigen Sie die Warnmeldung (siehe Abbildung 14.42) mit einem Klick auf den Button **Ersetzen**.

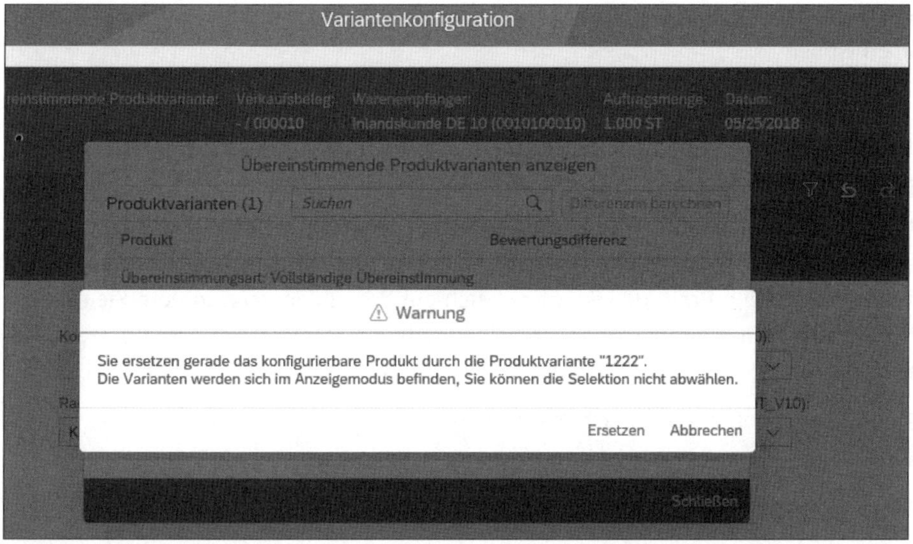

Abbildung 14.42 Materialvariantenfindung – konfigurierbares Produkt durch Materialvariante ersetzen

Wenn Sie dem Ersetzen der Materialvariante zugestimmt haben, kehren Sie in den Kundenauftrag zurück. In Abbildung 14.43 sehen Sie nun, dass das konfigurierbare Produkt durch die Materialvariante ersetzt wurde.

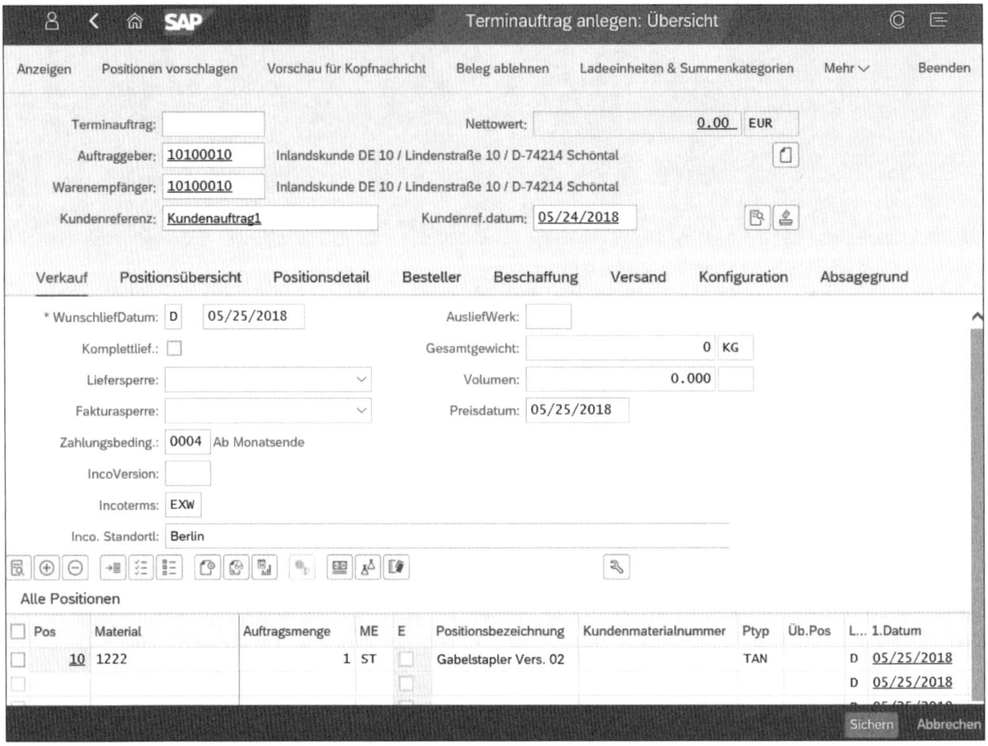

Abbildung 14.43 Kundenauftrag anlegen – Materialvariante in Kundenauftragsposition übernehmen

14.1.13 Preisanzeige in AVC

Im Gegensatz zu LO-VC haben Sie in AVC die Möglichkeit, bereits in der Konfigurationserfassung die komplette Preisfindung für die Position, die Sie gerade konfigurieren, zu überprüfen. Unter anderem wird der **Nettowert** in der Kopfleiste angezeigt. Wenn Sie auf den Preis klicken, öffnet sich ein Pop-up-Fenster, in dem Sie sich die Preisfindung anzeigen lassen können. Sie haben die folgenden drei Darstellungsmöglichkeiten:

- Alle Konditionen mit Zwischensummen
- Nur Variantenkonditionen
- Alle Konditionen ohne Zwischensummen

In Abbildung 14.44 ist »Alle Konditionen mit Zwischensummen« ausgewählt.

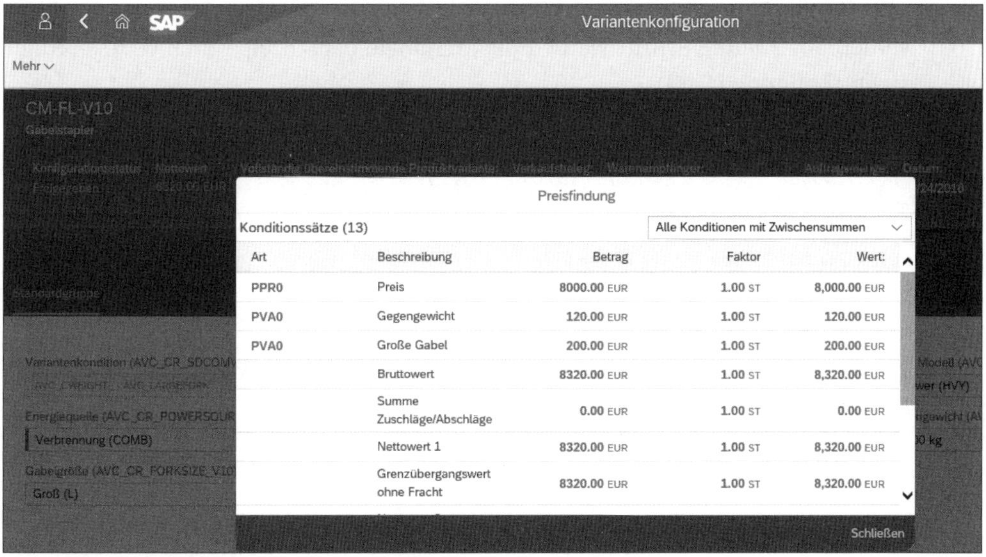

Abbildung 14.44 Preisanzeige in der Konfiguration im Kundenauftrag

14.1.14 Schnellerfassung im Kundenauftrag

Um nicht für jede Konfiguration sofort in den Bewertungsbildschirm wechseln zu müssen, gibt es in SAP S/4HANA in der App **Kundenauftrag anlegen** die Möglichkeit der Schnellerfassung der Konfiguration (siehe Abbildung 14.45). Sie können dafür bis zu zehn Merkmale im Vorfeld über Anzeigevarianten definieren, die in der Schnellerfassung angezeigt werden. Im Hintergrund wird auch hier die neue AVC-Engine genutzt.

Um ein konfigurierbares Produkt auf diese Weise zu erfassen, führen Sie die folgenden Schritte durch:

1. Wechseln Sie im Kundenauftrag auf die Registerkarte **Konfiguration**.
2. Wählen Sie dann die passende Merkmalanzeige-Variante. Es werden die zu diesem Profil definierten Merkmale in den Spalten angezeigt.
3. Nun bewerten Sie diese Merkmale in den Spalten. Das High-Level-Beziehungswissen wird im Hintergrund prozessiert.
4. Falls eine erweiterte Konfiguration notwendig oder die Konfiguration noch nicht vollständig ist, können Sie zur weiteren Bearbeitung in den AVC-Bewertungsbildschirm wechseln.

Die Anzeigevariante, die im Kundenauftrag ausgewählt werden kann, wird von dem Produktmodellierer angelegt. Hierfür wird die App **Merkmalsanzeige für Konfiguration pflegen** genutzt, die im SAP Fiori Launchpad auf der Registerkarte **Schnellerfas-**

sung für Konfiguration steht. Im ersten Schritt muss die Anzeigevariante angelegt werden. Im zweiten Schritt werden die Merkmale der Anzeigevariante zugeordnet (siehe Abbildung 14.46).

Abbildung 14.45 Schnellerfassung der Konfiguration im Kundenauftrag

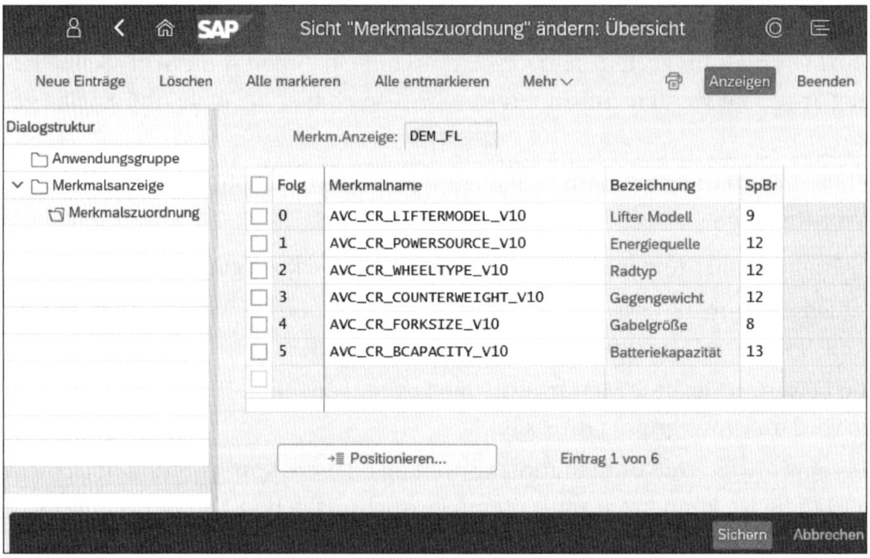

Abbildung 14.46 Pflege der Anzeigevarianten für die Schnellerfassung der Konfiguration

14.1.15 SAP S/4HANA Embedded Analytics für Variantenkonfiguration

Sobald die Variantenkonfiguration eingesetzt wird, ist es nicht mehr sinnvoll, auf Basis konkreter Materialnummern Auswertungen vorzunehmen. Die Materialnummer des konfigurierbaren Materials ist nicht mehr eineindeutig und erst in Zusammenhang mit der Merkmalsbewertung stehen ausreichend Informationen für eine Auswertung zur Verfügung. Es stellt sich daher oft die Frage, wie die Daten aus der Variantenkonfiguration genutzt werden können, um z. B. zu analysieren, welche Merkmal-Wert-Kombination am häufigsten verkauft wurde oder welche Optionen möglicherweise Ladenhüter sind.

In SAP S/4HANA wurde für solche Anwendungsfälle Embedded Analytics als Kernkomponente des Systems integriert. Diese Lösung ermöglicht Echtzeit-Auswertungen der Daten aus dem SAP-S/4HANA-System. Dafür werden zum einen *Virtuelle Datenmodelle* (VDM) sowie *Core Data Services* (CDS) benötigt. Die VDM bilden betriebswirtschaftliche Objekte (z. B. Kundenauftrag oder Fertigungsauftrag) ab. Da die VDM nur Datenbanksichten sind, findet dabei keine Datenreplikation statt. Die CDS-Views hingegen sind die Datenzugriffsschnittstellen auf die VDM – also im Endeffekt abstrakte Schichten auf den SAP-S/4HANA-Objekten.

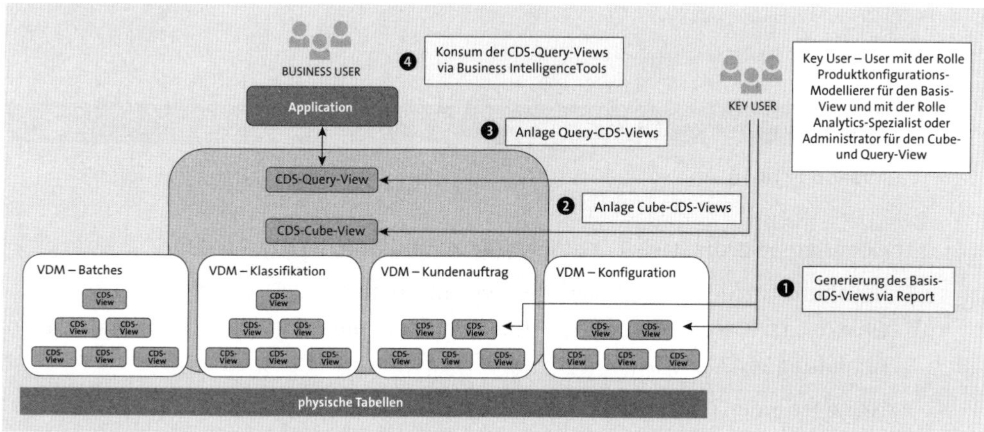

Abbildung 14.47 SAP S/4HANA Embedded Analytics für Klassifikation und Konfiguration – Ansatz für die Cloud

Mithilfe der in Abbildung 14.47 vereinfacht dargestellten Struktur ist es möglich, sehr flexibel Daten verschiedener Anwendungen und Objekte (z. B. Variantenkonfiguration und Kundenaufträge) zu kombinieren, um darauf aufbauend Analysen vorzunehmen. Grundsätzlich können Sie hierzu zum einen eigene Szenarien aufbauen oder zum anderen vordefinierte Analyseszenarien, die mit SAP S/4HANA ausgeliefert werden, nutzen. Um die Merkmale auszuwählen, die in den Analysen verwendet werden sollen, wurde eine neue Klassenart 399 angelegt. Diese Klassenart ist speziell für Embedded Analytics für die Klassifikation oder Konfiguration vorgesehen. In die Klasse können maximal zehn Merkmale aufgenommen werden.

Um in der Cloud kundenindividuelle Analyseszenarien aufzubauen, sind die folgenden vereinfacht dargestellten Schritte zu befolgen. Für eine detaillierte Anleitung und Beschreibung der Funktionalitäten wird an dieser Stelle auf die spezifischen Hilfen und Seiten von SAP zum Thema Embedded Analytics für Konfiguration verwiesen:

1. Legen Sie eine Klasse der Art 399 an, und fügen Sie die Merkmale hinzu, die Sie auswerten möchten.
2. Tragen Sie die angelegte Klasse in den Generierungs-Report oder in die App **CDS-Views für Klassifizierung/Konfiguration generieren** (siehe Abbildung 14.48) ein.

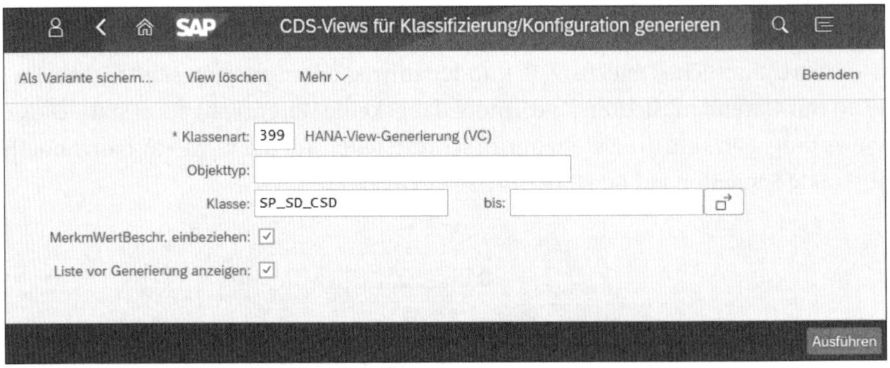

Abbildung 14.48 App »CDS-Views für Klassifizierung/Konfiguration generieren«

3. Generieren Sie die Basis-CDS-Views (❶ in Abbildung 14.47).
4. Kombinieren Sie diese Basis-CDS-Views mit dem Basis-CDS-View eines Business-Objektes (z. B. Kundenauftrag). Erzeugen Sie einen Cube-CDS-View daraus (❷ in Abbildung 14.47.
5. Legen Sie einen Query-CDS-View an (❸ in Abbildung 14.47). Dieser muss verwendbar sein für Analytics-Tools.
6. Verwenden Sie z. B. SAP Lumira oder SAP BusinessObjects Cloud, um den Query-CDS-View auszuwerten (❹ in Abbildung 14.47). Eine mögliche Auswertung der Daten könnte dann wie in Abbildung 14.49 aussehen.

In SAP S/4HANA werden zudem vordefinierte Analyseszenarien ausgeliefert, die die beschriebenen manuellen Setup-Schritte reduzieren sollen. So ist z. B. im Release 1709 ein vordefiniertes Szenario für die Analyse von Kundenaufträgen vorhanden. Die drei benötigten Objekte (Basis-CDS-View, Cube-CDS-View und Query-CDS-View) sowie die Verknüpfung von Objekten (z. B. Kundenauftrag und Variantenkonfiguration) werden automatisch generiert.

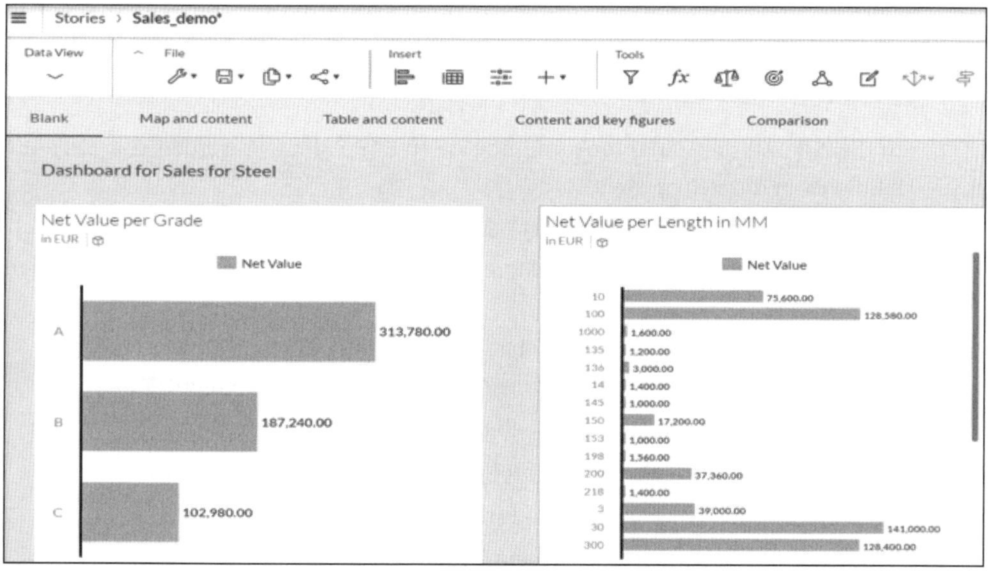

Abbildung 14.49 Auswertung eines Query-CDS-Views in BusinessObjects Cloud

14.1.16 Ausblick

Wie bereits beschrieben, beinhaltet AVC schon viele Funktionalitäten, aber noch nicht alle, die LO-VC in SAP ERP bietet. So ist z. B. der Prozess für den *ETO-Prozess* (Engineer-to-Order) noch nicht integriert. Mit jedem Release wächst der Funktionsumfang von AVC jedoch. Für SAP S/4HANA Cloud werden vierteljährlich Releases bereitgestellt mit den neuesten Weiterentwicklungen. Für SAP S/4HANA hingegen wird pro Jahr ein Release ausgeliefert, das alle Neuerungen aus dem vergangenen Jahr beinhaltet.

> **SAP-Roadmap**
>
> Im Folgenden werden Beispiele genannt, die für AVC zukünftig geplant sind. Um jedoch einen genauen Überblick über die geplanten Erweiterungen für SAP S/4HANA zu bekommen, schauen Sie sich die SAP-Roadmaps an: *http://s-prs.de/v632801*.

Unter anderem sind die folgenden Funktionen für Advanced Variant Configurator mit dem Release 1809 geplant:

- Mehrstufigkeit (Unterstützung von mehrstufigen Konfigurationen)
- vollumfängliche Integration des Arbeitsplans in die Simulationsumgebung

- neue Gruppierungsfunktion in SAP Fiori (einfache Pflege der Gruppen in der neuen Bewertungsoberfläche, Gruppen werden als eigene Stammdaten behandelt)
- Verbesserung der Trace-Funktionalität

Für die Zukunft der Variantenkonfiguration in SAP S/4HANA werden u. a. folgende Highlights in Aussicht gestellt:

- Machine Learning für Embedded Analytics (Beispiel: Machine-Learning-Logik bestimmt automatisch, welche Merkmale in die Analyse eingeschlossen werden sollen.)
- Verbesserung der Varianten-Engine (u. a. Unterstützung von Variantenfunktionen, Syntaxerweiterungen, Erweiterung von Variantentabellen)
- Erweiterung der Simulationsumgebung
- Verbesserte Suchmöglichkeiten für Klassifikation und Konfiguration
- Trennung von Vertriebs- und Produktionskonfiguration
- Integration von AVC in einen vereinfachten Engineer-to-Order-Prozess

14.2 Transformation eines LO-VC-Konfigurationsmodells in ein AVC-Konfigurationsmodell

Natürlich behandelt dieses Buch maßgeblich das Thema LO-VC, jedoch wäre es schade, wenn die Gelegenheit nicht genutzt werden würde, Ihnen die neue Variantenkonfigurationslösung der SAP auf Basis von SAP S/4HANA vorzustellen. Spätestens beim Wechsel von SAP ERP auf die nächste ERP-Generation werden sie doch die meisten LO-VC-User implementieren.

Wenn Sie LO-VC nutzen und die Transformation zu AVC planen, müssen folglich auch Ihre vorhandenen LO-VC-Konfigurationsmodelle migriert und transformiert werden.

Zu Beginn dieses Kapitels wurde bereits aufgezeigt, dass AVC sowohl in der On-Premise- als auch in der Cloud-Version von SAP S/4HANA verfügbar ist (siehe Abbildung 14.1). Während Sie in der On-Premise-Version beide Konfiguratoren – LO-VC und AVC – parallel nutzen können, können Sie in SAP S/4HANA Cloud nur AVC verwenden. Damit differenziert sich auch der Migrations- und Transformationsvorgang. Um existierende LO-VC-Modelle in AVC in der Cloud-Version übernehmen zu können, arbeitet SAP derzeit an einem entsprechenden Migrationstool. In der On-Premise-Version von SAP S/4HANA können Sie einen anderen Weg zur Übernahme der LO-VC-Modelle wählen. Dabei werden von SAP Business Suite die LO-VC-Modelle direkt nach SAP S/4HANA übernommen, ohne dass sie direkt in AVC konvertiert werden müssen. Zu einem beliebigen Zeitpunkt nach der Migration können einzelne LO-VC-Modelle in AVC-Modelle transformiert werden.

Dieses Transformationsszenario wird im Folgenden näher beschrieben. Dabei wird vorausgesetzt, dass die LO-VC-Modelle in SAP S/4HANA vorhanden sind.

14.2.1 Modellaufbau LO-VC und AVC

Um den Transformationsprozess eines LO-VC-Modells in ein AVC-Modell besser nachvollziehen zu können, liefert die Abbildung 14.50 zunächst einen Überblick über den Aufbau beider Modelle.

Wie Abbildung 14.50 zu entnehmen ist, greifen das LO-VC- und das AVC-Modell auf identische Materialien, Klassen, Merkmale und Stücklisten zurück. Das Beziehungswissen und das Konfigurationsprofil hingegen werden für das LO-VC- und das AVC-Modell separat angelegt. Dabei wird für das LO-VC-Modell der Verarbeitungsmodus »Klassisch« definiert und für das AVC-Modell der Verarbeitungsmodus »Erweiterte Variantenkonfiguration«.

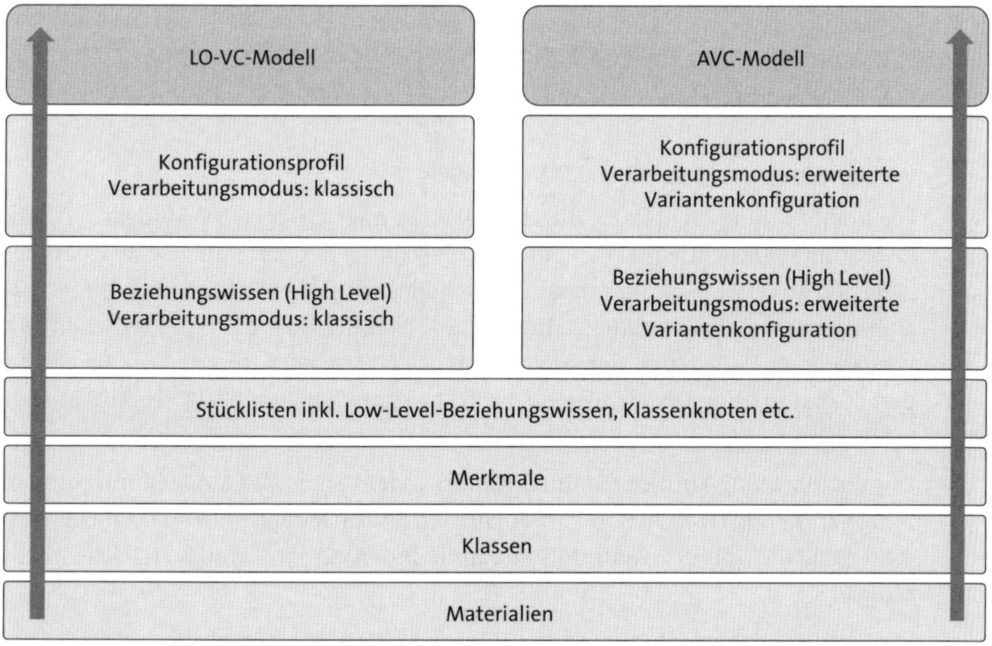

Abbildung 14.50 Vergleich Modellaufbau LO-VC und AVC

14.2.2 Verarbeitungsmodus

Der Verarbeitungsmodus wurde als neues Attribut in die Stammdaten inkludiert, um festzulegen, welcher Konfigurator und welche Technologie für die einzelnen Modelle verwendet werden sollen. Wie in Abschnitt 14.1.5 und Abschnitt 14.1.6 erläutert, ist der Verarbeitungsmodus dem Konfigurationsprofil und dem Beziehungswissen zugeordnet.

Möchten Sie LO-VC für Ihr Modell verwenden, so wählen Sie den Verarbeitungsmodus »Klassisch« für das Konfigurationsprofil aus. Soll AVC genutzt werden, so wählen Sie die Option »Erweiterte Variantenkonfiguration«. Diese Einstellung müssen Sie für jedes Konfigurationsprofil einzeln vornehmen.

14.2.3 Transformation eines LO-VC-Modells in ein AVC-Modell

Abbildung 14.51 gibt Ihnen einen Überblick über die einzelnen Transformationsschritte, die bei der Umwandlung eines LO-VC-Modells in ein AVC-Modell durchgeführt werden müssen. Diese Schritte werden im Folgenden näher beschrieben.

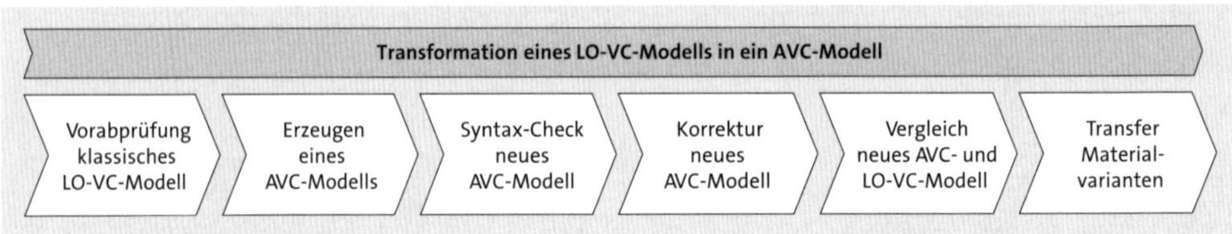

Abbildung 14.51 Übersicht Transformation eines LO-VC-Modells in ein AVC-Modell

Vorabprüfung des klassischen LO-VC-Modells

Die Vorabprüfung dient dazu, die ins S/4HANA migrierten LO-VC-Modelle auf ihre Konformität hinsichtlich AVC zu prüfen. Sie evaluiert das Beziehungswissen der Modelle und eruiert, ob die Stammdaten des Modells für AVC konform sind. Diese Vorabprüfung ermöglicht es Ihnen, einen guten Überblick über das Delta zwischen den vorhandenen LO-VC- und den angestrebten AVC-Modellen zu erhalten. Basierend darauf lässt sich der Arbeitsaufwand der Transformation Ihrer LO-VC- in AVC-Modelle abschätzen.

Die Vorabprüfung können Sie durchführen, indem Sie in der Modellierungsumgebung **Var.-Konfig** (Transaktion PMEVC)auf den Button **Modell prüfen** klicken und anschließend die Option **Erweiterte Syntaxprüf. (nur AVC)** aktivieren (vergleiche Abbildung 14.52).

Die Resultate der erweiterten Syntaxprüfung werden Ihnen im nächsten Fenster angezeigt (siehe Abbildung 14.53). Basierend auf dem Ampel-Prinzip sehen Sie, inwiefern Ihr LO-VC-Modell AVC-konform ist und an welchem Objekt noch Änderungen vorgenommen werden müssen. Durch einen Doppelklick auf die Ampel werden die Objektdetails angezeigt (siehe Abbildung 14.53). Auf mögliche Fehler wird in der Spalte **Text** der jeweiligen Zeile hingewiesen. Sofern die Änderungen bereits sofort ausführbar sind, empfiehlt es sich, dies zu tun. Handelt es sich um Anpassungen, die zum jetzigen Zeitpunkt nicht durchführbar sind, können diese nach dem Erzeugen des AVC-Modells vorgenommen werden.

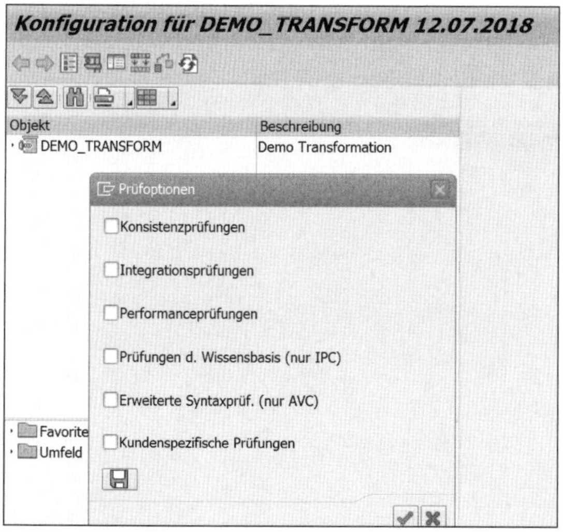

Abbildung 14.52 Vorabprüfung klassisches LO-VC-Modell – Schritt: Auswahl Prüfoption

Dieser Prozess kann für jedes Modell einzeln durchgeführt werden.

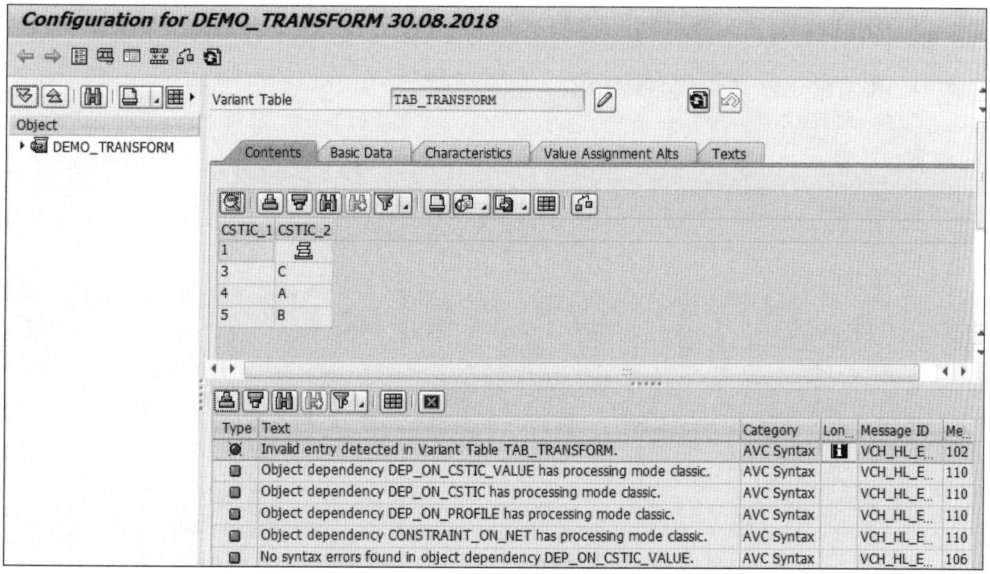

Abbildung 14.53 Vorabprüfung klassisches LO-VC-Modell – Schritt: Erzeugen eines AVC-Modells

Bis zu diesem Zeitpunkt haben wir mit den nach SAP S/4HANA migrierten LO-VC-Modellen gearbeitet und simuliert, inwieweit die vorhandenen Modelle mit AVC konform sind. Im nächsten Schritt erzeugen Sie ein AVC-Modell. Dafür müssen Sie manuell ein neues Konfigurationsprofil anlegen. Hierzu wählen Sie in der Modellierungsumgebung **Var.-Konfig** (Transaktion PMEVC) das **Material** aus (in diesem Beispiel **DEMO_TRANSFORM**), klicken Sie auf die rechte Maustaste, und wählen Sie die Option **Konfigurationsprofil anlegen...** (siehe Abbildung 14.54).

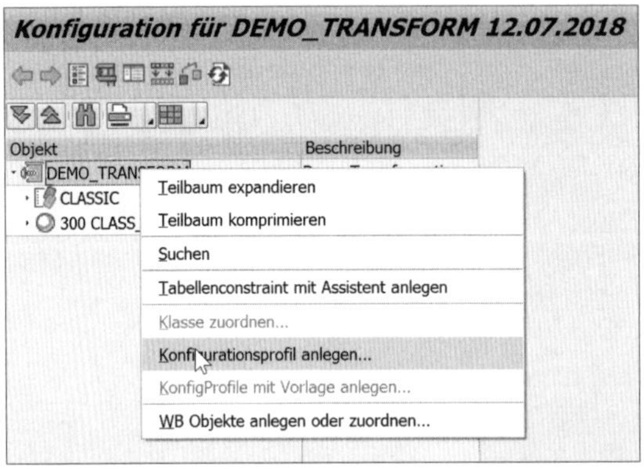

Abbildung 14.54 Erzeugen eines AVC-Modells – Schritt: neues Konfigurationsprofil anlegen

Dieses Konfigurationsprofil benennen Sie anschließend. Im vorliegenden Beispiel nennen Sie es **AVC**. In Abbildung 14.55 sehen Sie das LO-VC- Konfigurationsprofil **Classic** sowie das neu angelegte Konfigurationsprofil **AVC**.

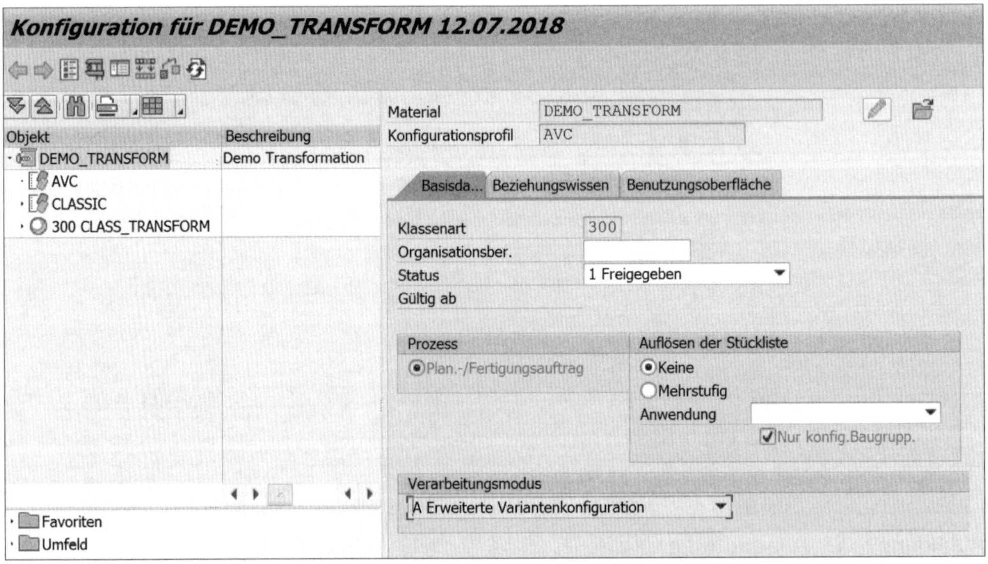

Abbildung 14.55 Erzeugen eines AVC-Modells – Schritt: Verarbeitungsmodus auswählen

Als Nächstes führen Sie einen Doppelklick auf das AVC-Konfigurationsprofil aus und wählen rechts auf der Registerkarte **Basisda...** (Basisdaten) den Verarbeitungsmodus

»Erweiterte Variantenkonfiguration« aus. Diese Auswahl sorgt dafür, dass für das AVC-Konfigurationsprofil auch der AVC-Konfigurator verwendet wird.

Dieses neu erstellte AVC-Konfigurationsprofil ist bis dato lediglich ein zweites Konfigurationsprofil des Materials DEMO_TRANSFORM, das noch kein Beziehungswissen inkludiert. Um das Beziehungswissen des klassischen LO-VC-Konfigurationsprofils in das neue AVC-Konfigurationsprofil zu kopieren, wechseln Sie in Transaktion VCHMOVCOPY. Hier definieren Sie, welches Material und welches dazugehörige Konfigurationsprofil als Quelle für die Kopie ausgewählt werden sollen. Im vorliegenden Beispiel wählen Sie bei Material **DEMO_TRANSFORM** und bei Konfigurationsprofil den Namen **Classic**. Im Feld **Gültig ab** definieren Sie den Stichtag, zu dem der Änderungsstand des Beziehungswissens kopiert wird. Es werden nicht alle historischen Stände, sondern genau ein Änderungsstand transformiert. Nun wählen Sie im rechten Teil der Bildschirmmaske das neue Konfigurationsprofil mit dem Namen **AVC** aus. Sämtliches neues Beziehungswissen wird mit dem Suffix **_NEW** versehen. Um nun die Kopie des Beziehungswissens vom klassischen LO-VC-Konfigurationsprofil ins neue AVC vorzunehmen, klicken Sie auf das Feld **Daten laden**.

Nun erhalten Sie eine Auflistung des im LO-VC enthaltenen Beziehungswissens. Um dieses ins neue AVC-Konfigurationsprofil zu kopieren, klicken Sie unten links auf den Button **Kopie ausführen** (siehe Abbildung 14.56).

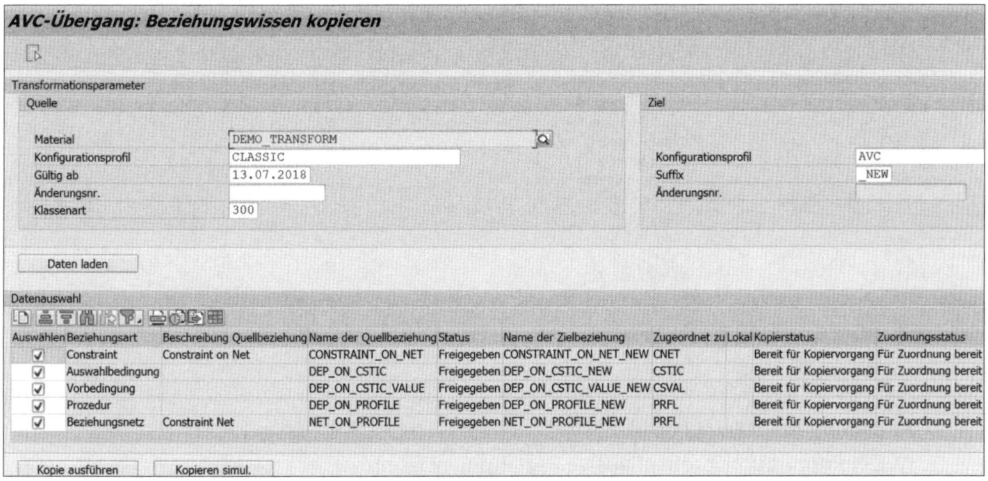

Abbildung 14.56 Erzeugen eines AVC-Modells – Schritt: Kopieren des Beziehungswissens vom LO-VC- in das AVC-Konfigurationsprofil

Um die durchgeführte Kopie zu prüfen, wechseln Sie wieder in die Modellierungsumgebung **Var.-Konfig** (Transaktion PMEVC). Dort sehen Sie nun zwei Konfigurationsprofile unter dem Material DEMO_TRANSFORM aufgelistet: **AVC** und **CLASSIC** (siehe Abbildung 14.57). Wenn Sie den Baum zu den Konfigurationsprofilen öffnen, sehen Sie, dass nach dem Kopiervorgang nun nicht mehr nur das Beziehungswissen des klassischen Konfigurationsprofils hinterlegt ist, sondern auch das AVC-Konfigurationsprofil Beziehungswissen enthält. Dieses ist mit dem Suffix **_NEW** versehen. Das Beziehungswissen am AVC-Konfigurationsprofil wurde neu angelegt und enthält dieselbe Syntax wie die LO-VC-Vorlage. Zugleich ist der Verarbeitungsmodus des kopierten Beziehungswissens nun auf die *Erweiterte Variantenkonfiguration* gesetzt worden.

Der Verarbeitungsmodus am Beziehungswissen wirkt wie ein Filter und sorgt dafür, dass das Beziehungswissen im klassischen Verarbeitungsmodus nur in LO-VC verwendet wird. Vice versa wird das Beziehungswissen im Verarbeitungsmodus **Erweiterte Variantenkonfiguration** ausschließlich in AVC ausgeführt. Hierdurch kann insbesondere Beziehungswissen an Merkmalen und Merkmalwerten gezielt einem Konfigurator gewidmet werden.

Dieser Vorgang muss für jedes Modell einzeln ausgeführt werden.

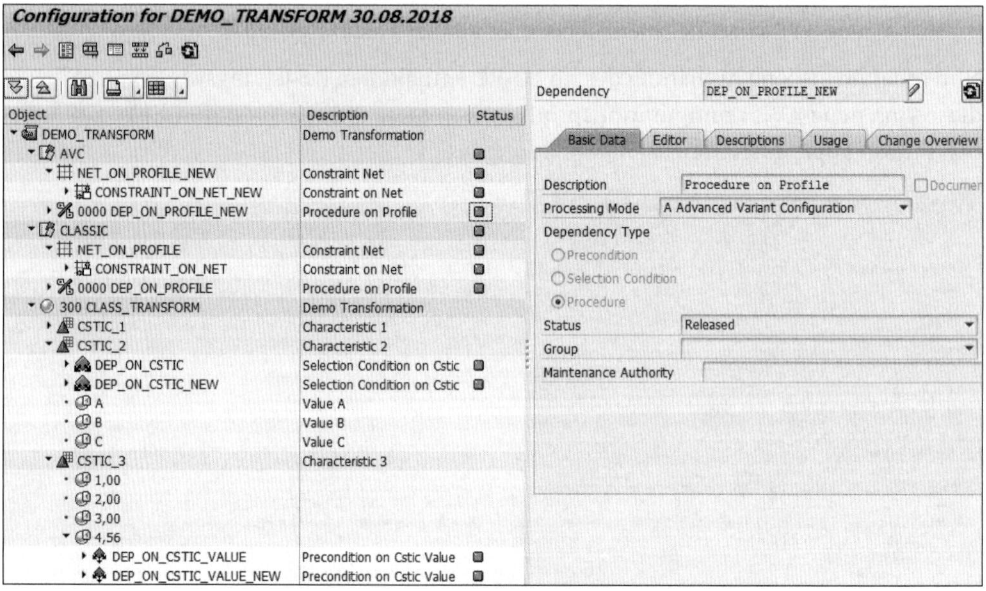

Abbildung 14.57 Erzeugen eines AVC-Modells – Übersicht: klassisches und AVC-Konfigurationsprofil inklusive Beziehungswissen

Syntaxprüfung für das neue AVC-Modell

Nachdem die Kopie des Beziehungswissens vom LO-VC- ins AVC-Modell abgeschlossen ist, kann eine erneute Syntaxprüfung durchgeführt werden. Dafür klicken Sie in der Modellierungsumgebung **Var.-Konfig** (Transaktion PMEVC) auf den Button (Modell prüfen), und wählen Sie im nächsten Schritt die Option **Erweiterte Syntaxprüf. (nur AVC)** aus. Nachdem nun zwei Konfigurationsprofile dem Material zugeordnet sind, fragt das System Sie im nächsten Schritt, welches Modell geprüft werden soll. Da Sie das neue AVC-Modell prüfen wollen, wählen Sie die Option **AVC** aus (siehe Abbildung 14.58).

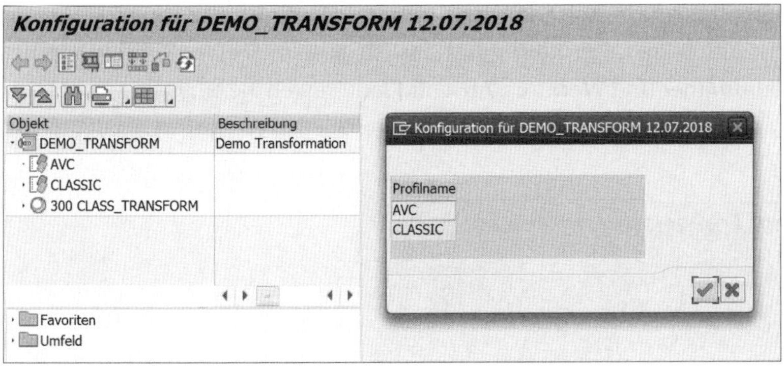

Abbildung 14.58 Syntaxprüfung für das neue AVC-Modell

Wie auch bei der Vorabprüfung erhalten Sie die Resultate der erweiterten Syntaxprüfung in einem neuen Fenster angezeigt. Basierend auf dem Ampel-Prinzip erhalten Sie eine Auflistung des Beziehungswissens, und es wird angezeigt, ob dieses AVC-konform ist (siehe Abbildung 14.53).

Korrektur des neuen AVC-Modells

Sollten Sie bereits in der Vorabprüfung alle aufgezeigten Unterschiede beim Beziehungswissen behoben haben, so wird die erneute Syntaxprüfung keine weiteren Fehlermeldungen hervorrufen. Sollten Sie die benötigten Änderungen in der Vorabprüfung noch nicht vorgenommen haben, so ist spätestens jetzt der Zeitpunkt, diese Änderungen durchzuführen. Dies ist notwendig, um die technische Bereitschaft des Modells für AVC zu gewährleisten. Nach den vorgenommenen Änderungen empfehlen wir Ihnen, erneut eine Syntaxprüfung durchzuführen, um sicherzustellen, dass das neue AVC-Modell nun vollständig kompatibel ist und mit AVC abgebildet werden kann.

Vergleich des neuen AVC-Modells mit dem LO-VC-Modell

Um zu prüfen, ob ein Kundenauftrag, der in LO-VC abgewickelt wird (d. h. im Bearbeitungsmodus **Klassisch**), die kongruenten Ergebnisse liefert wie der identische Kundenauftrag, der in AVC läuft (d. h. im Verarbeitungsmodus **Erweiterte Variantenkonfiguration**), können Sie stichprobenartig Tests durchführen. Das gilt auch für Materialvarianten. Dafür rufen Sie Transaktion VCHMOVCOMP auf. Dort können Sie auswählen, ob Sie den Vergleich für eine Kundenauftragsposition oder eine Materialvariante durchführen möchten (siehe Abbildung 14.59). Der Originalbeleg wurde zu einem Material in LO-VC erstellt. Das Ergebnis wird mit dem Ergebnis des AVC-Modells des Materials verglichen.

Angenommen, Sie wollen den Vergleich mit einer Materialvariante durchführen. Dann wählen Sie die Option **Materialvariante** unter **Konfigurierte Objekte** aus. Im nächsten Schritt füllen Sie unter **Konfigurationsattribute** die **Felder Konfigurationsdatum**, **Materialnummer** und **Werk** aus. Anschließend setzen Sie ein Häkchen bei **Nur Unterschiede anzeigen** und klicken oben links im Bildschirm auf den Button (Ausführen).

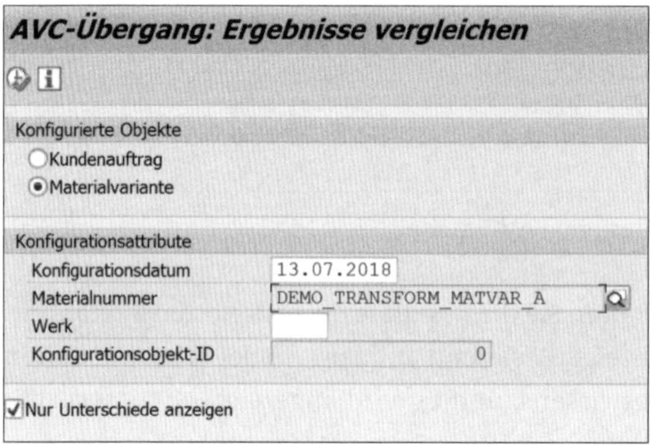

Abbildung 14.59 Vergleich neues AVC-Modell und LO-VC-Modell

Im darauffolgenden Fenster erhalten Sie das Ergebnis des Vergleichs zwischen der ausgewählten Materialvariante, die im LO-VC-Konfigurationsprofil konfiguriert wurde, und der Simulation der identischen Materialvariante in AVC angezeigt. Im vorliegenden Beispiel bestehen keine Unterschiede zwischen den Ergebnissen aus LO-VC und AVC (siehe Abbildung 14.60). Sollte es Differenzen zwischen den Ergebnissen der beiden Konfiguratoren geben, so werden diese an dieser Stelle ausgewiesen, und das zugrunde liegende Modell sollte angepasst werden.

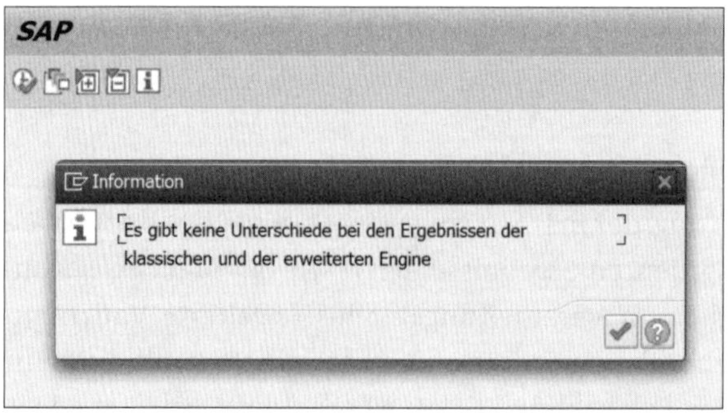

Abbildung 14.60 Ergebnis des Vergleichs zwischen AVC-Modell und LO-VC-Modell

Transfer der Materialvarianten

Im letzten Schritt der Transformation eines LO-VC-Modells in ein AVC-Modell müssen Sie die Materialvarianten transferieren. Hierfür stellen Sie die Materialvarianten mit einem klassischen Konfigurationsprofil auf eine Materialvariante mit einem AVC-Konfigurationsprofil um. Um diesen Prozess auszuführen, nutzen Sie die Transaktion VCHMOVMVAR. In dieser können Sie auswählen, ob Sie lediglich eine einzelne Materialvariante oder alle Materialvarianten eines konfigurierbaren Produktes transferieren wollen.

Im vorliegenden Beispiel nehmen wir an, dass Sie alle Materialvarianten eines konfigurierbaren Produktes überführen wollen. Dafür machen Sie einen Haken bei der Option **Alle Varianten eines konfigurierbaren Materials**, und Sie definieren die Materialnummer. Möchten Sie diesen Wechsel für die werksbezogenen Materialvarianten durchführen, setzen Sie anschließend einen Haken bei **Werksspezifische Variante** und definieren die entsprechenden Werke. Möchten Sie den Wechsel werksübergreifend vornehmen, setzen Sie den Haken bei **Werksübergreifende Variante**. Danach klicken Sie auf den Button (Ausführen) (siehe Abbildung 14.61).

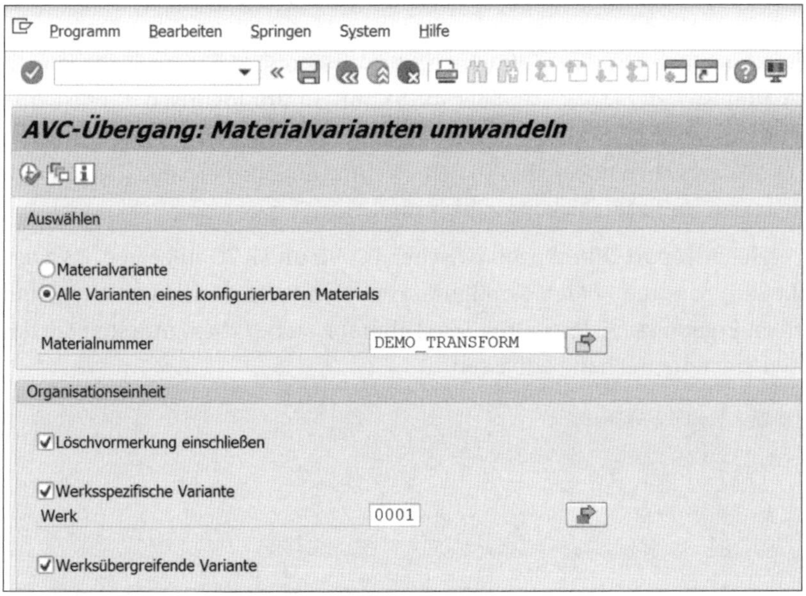

Abbildung 14.61 Transfer der Materialvarianten

Nach diesem simulativen Vorgang erhalten Sie eine Auflistung der zu transformierenden Materialvarianten (siehe Abbildung 14.62). Diese Auflistung zeigt folgende Elemente an:

- die globale Materialvariante
- die werksspezifischen Materialvarianten

- das konfigurierbare Material, auf das sich die Materialvarianten beziehen
- das Quellprofil, d. h. das klassische LO-VC-Konfigurationsprofil
- das Zielprofil, d. h. das neue AVC-Konfigurationsprofil
- den Vergleichsstatus

Abbildung 14.62 Auflistung der Überführung der Materialvarianten vom LO-VC-Modell in das AVC-Modell

Der Status zeigt Ihnen an, ob die Konfigurationen in beiden Konfiguratoren dasselbe Ergebnis liefern. Um einen detaillierten Vergleichsreport zwischen der LO-VC- und der AVC-Konfiguration zu erhalten, führen Sie einen Doppelklick auf den **Status** aus. Es öffnet sich ein Fenster, in dem Sie sehen, dass jedes Merkmal mit jedem Domänenwert einzeln ausgewiesen und geprüft wird (siehe Abbildung 14.63). Im vorliegenden Beispiel verhalten sich der LO-VC- und der AVC-Konfigurator identisch. Dies ist eine logische Schlussfolgerung, da Sie das Modell bereits zuvor mithilfe von Transaktion VCHMOVCOMP verglichen haben und zu dem Resultat gekommen sind, dass die beiden Modelle LO-VC und AVC deckungsgleich sind.

Sollte der Vergleichsreport Differenzen zwischen LO-VC und AVC aufzeigen, lässt das darauf schließen, dass die beiden Konfiguratoren sich nicht gleich verhalten und nicht dieselben Ergebnisse liefern. Um diese Differenz zu beheben, müssten Sie das Beziehungswissen entsprechend anpassen.

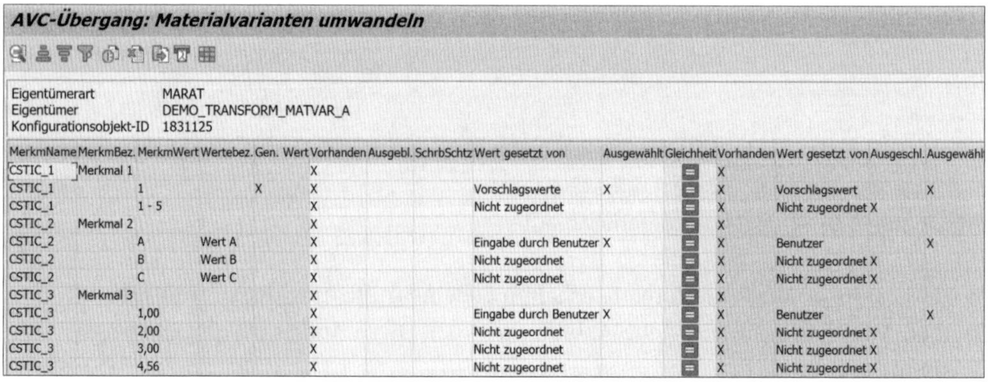

Abbildung 14.63 Vergleichsreport LO-VC und AVC

Um die Materialvariante nun tatsächlich zu konvertieren, klicken Sie auf den Button (Zurück). Sie sehen nun wieder das in Abbildung 14.64 gezeigte Fenster und klicken dort auf die Option **Materialvarianten konvertieren**. Durch diesen Schritt wird das Konfigurationsprofil auf der Datenbank von LO-VC auf AVC umgestellt.

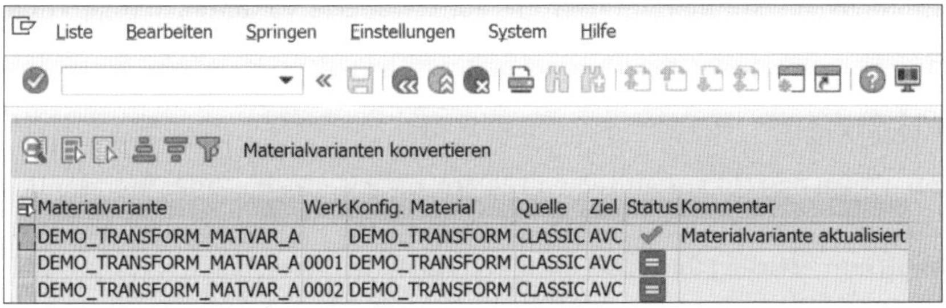

Abbildung 14.64 Ergebnis der Konvertierung der Materialvariante von einem LO-VC-Konfigurationsprofil auf ein AVC-Konfigurationsprofil

Nach Abschluss dieses Schrittes ist die Transformation eines LO-VC-Konfigurationsprofils in ein AVC-Konfigurationsprofil abgeschlossen.

14.3 Sudoku mit Advanced Variant Configuration

SAP S/4HANA for Advanced Variant Configuration (nachfolgend AVC genannt) basiert auf einer modernen Constraint-Solving-Technologie. Dabei wird zunächst das Konfigurationsmodell in einzelne Variablen überführt, die dann gegenseitig über Bedingungen verknüpft werden. Während der Konfiguration wird für den Wertebereich aller Variablen immer ein Zustand gesucht, für den alle Bedingungen erfüllt sind. Dies ist eine besonders effiziente Auswertung des zugrundliegenden Beziehungswissens. Zudem wird der User stetig bei der Konfiguration unterstützt, da ihm für alle Merkmale jeweils nur noch die gültigen Werte angezeigt werden.

14.3.1 Aufbau des Konfigurationsmodells

Die Wirkungsweise wird nachfolgend anhand eines Konfigurationsmodells zum Lösen eines 4-x-4-Sudokus erläutert.

Konfigurierbares Material

Zum Aufbau eines Modells in AVC werden die gleichen Stammdaten wie im klassischen LO-VC benötigt. Zunächst einmal muss ein konfigurierbares Material angelegt werden. In unserem Modell wird dafür der Materialstamm SUDOKU verwendet.

Konfigurationsprofil

Zu diesem Material wird nun ein Konfigurationsprofil erzeugt. Da ein Sokudo-Spiel keine Stückliste erfordert, wird für das Modell das Szenario **Plan./Prod.Order** ohne Stücklistenauflösung verwendet. Damit dieses Modell auch AVC nutzt, muss der Verarbeitungsmodus des Konfigurationsprofils auf **Erweiterte Variantenkonfiguration** gesetzt werden

Klasse und Merkmale

Jedes Sudoku-Spiel besteht aus einzelnen Feldern, die jeweils eine Ziffer repräsentieren. Für jedes Feld wird ein eigenes Merkmal angelegt. Für ein 4-x-4-Sudoku benötigt man somit 16 numerische Merkmale, die jeweils über den Wertebereich von 1–4 verfügen. Die Merkmale müssen nicht explizit als einschränkbar gesetzt werden, da AVC auf einer Constraint-Solving-Technologie basiert. Die Merkmale werden in einer Klasse `SUDOKU_KLASSE` der Klassenart 300 zusammengefasst, mit der das Material SODUKO klassifiziert wird (siehe Abbildung 14.65).

A1	B1	C1	D1
A2	B2	C2	D2
A3	B3	C3	D3
A4	B4	C4	D4

1			
		3	
	1		
			4

Abbildung 14.65 Sudoku

Beziehungswissen – Constraints

Zuletzt muss noch das Beziehungswissen definiert werden. Die Regeln des Sudokus besagen, dass keine Ziffer in einer Spalte, Reihe oder einem Quadranten identisch sein darf. Diese Bedingungen werden durch Constraints modelliert. Alle Constraints haben einen identischen Aufbau, adressieren jedoch andere Felder.

Im Objects-Teil wird zunächst das Objekt definiert, für das der Constraint wirken soll. In unserem Fall gibt es nur ein einziges Objekt, und zwar das Material SUDOKU. Diese kann über zwei alternative Definitionen erfolgen.

Zunächst einmal kann das Objekt direkt über die Materialnummer angesprochen werden, für die zugleich ein Alias `SPIEL` definiert wird:

```
SPIEL is_object (material)(300)(nr='SUDOKU')
```

Alternativ kann ein Objekt auch über seine Klasse gesucht werden. Dazu verwenden Sie die folgende Syntax:

```
SPIEL is_a (300)SUDOKU_KLASSE
```

Zusätzlich ist es hilfreich, für die zu verwendenden Merkmale im Objects-Teil jeweils einen Alias zu definieren. Wenn z. B. die Merkmale A1 bis A4 verwendet werden sollen, muss dies wie folgt formuliert werden:

```
where F1 = FELD_A1; F2 = FELD_ A2; F3= FELD_A3; F4 = FELD_A4.
```

Im Restriction-Teil des Constraints werden die Beziehungen der Merkmale untereinander definiert. Für das Sudoku sind dies die Spielregeln. Da die Felder keine gleichen Werte annehmen dürfen, werden diese untereinander ungleich gesetzt. Ein Constraint kann auch mehrere Relationen enthalten, sodass alle Feldungleichheiten der Spalte **A** in einem Beziehungswissen zusammengefasst werden können. In AVC werden alle Inferenzen automatisch gebildet, sodass dieser Teil entfallen kann. Abbildung 14.66 zeigt den resultierenden Constraint.

Analog der Spalte **A** können nun alle weiteren Constraints ausgeprägt werden. Durch die Verwendung des Alias für die Merkmale muss für jeden Constraint nur noch die Merkmalsreferenz im Objects-Teil ausgetauscht werden. Der Restriction-Teil ist für alle Constraints identisch.

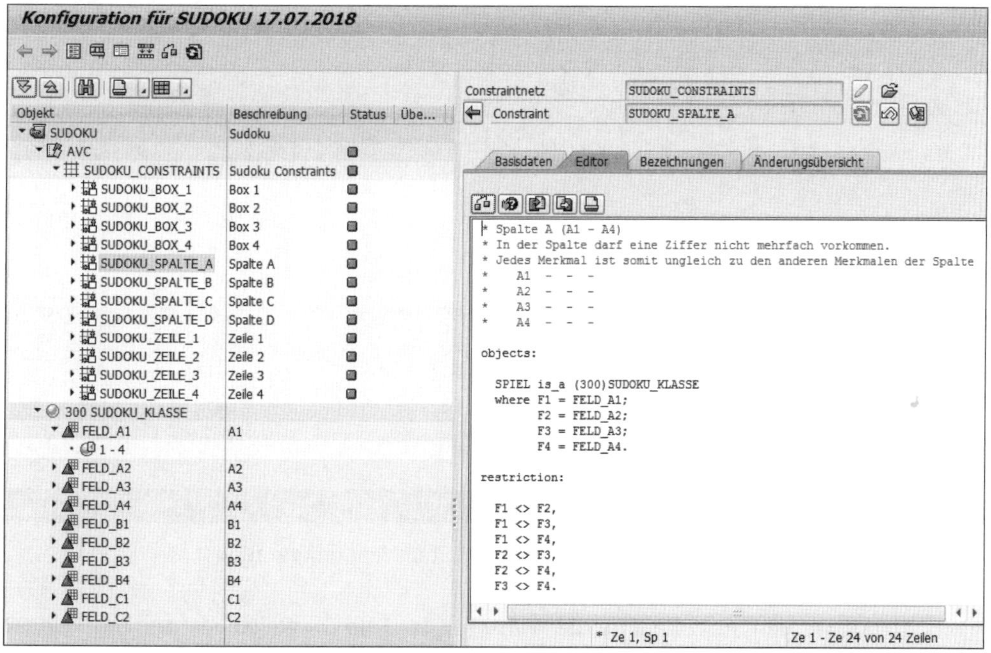

Abbildung 14.66 Konfigurationsmodell mit Constraint

Es ist geplant, in zukünftigen Releases die Syntax von AVC sukzessive zu erweitern. Ein Beispiel hierfür wäre ein neues Schlüsselwort, mit dem eine Liste von Merkmalen untereinander ungleich gesetzt wird. In diesem Fall kann der im Modell verwendete

Einzelvergleich der Merkmale durch eine einzige Anweisung ersetzt werden. Der Restriction-Teil könnte z. B. wie folgt lauten:

```
restriction: distinct (F1, F2,F3,F4).
```

14.3.2 Simulation

Das Ergebnis kann nun in der Simulationsumgebung von AVC getestet werden (siehe Abbildung 14.67). Zunächst wird für das Feld **A1** der Wert »1« gesetzt. Hierdurch werden die Constraints ausgeführt, die das entsprechende Merkmal FELD_A1 enthalten. In diesem Fall sind dies die Constraints für die Spalte **A**, die Zeile **1** und die Box **1**. Durch die angegebenen Bedingungen wird der Wert »1« für alle anderen Merkmale dieser Constraints ausgeschlossen.

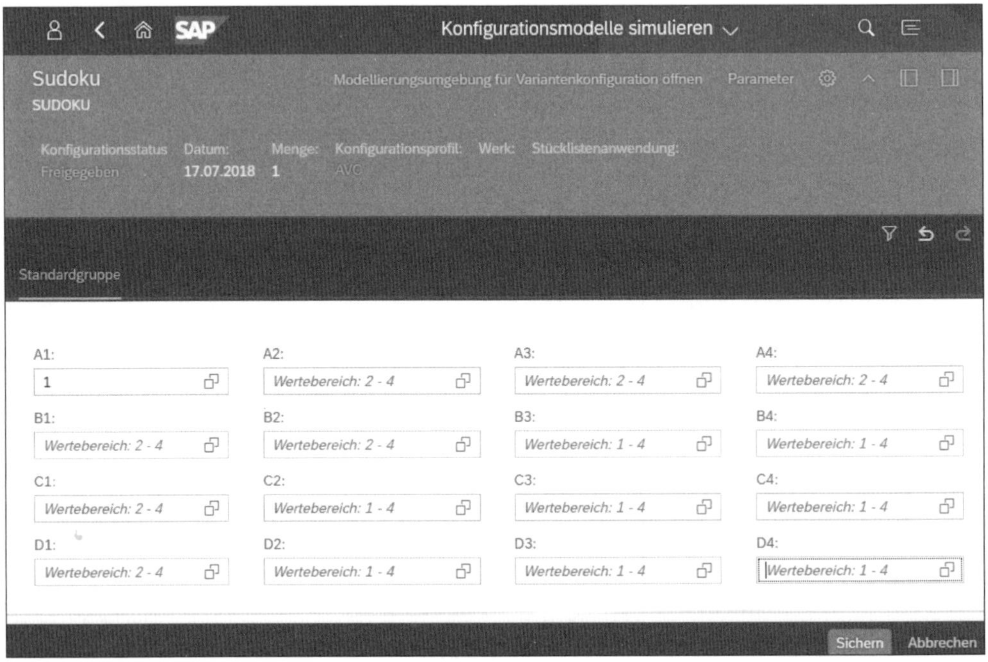

Abbildung 14.67 Simulationsumgebung beim Start der Konfiguration

Analog werden anschließend die Werte für das Feld **D4** gleich »4« und das Feld **C2** gleich »3« gesetzt. In der Folge bleibt für einige Merkmale nur noch ein einziger gültiger Wert übrig. Dieser Wert wird für das Merkmal automatisch gesetzt und kann durch den User nicht mehr verändert werden.

Nach der Wertsetzung **B3** gleich »1« sind die Wertebereiche aller Merkmale so weit eingeschränkt, dass jedes Merkmal über einen eindeutigen Wert verfügt (siehe Abbildung 14.68). Das Sudoku ist somit gelöst.

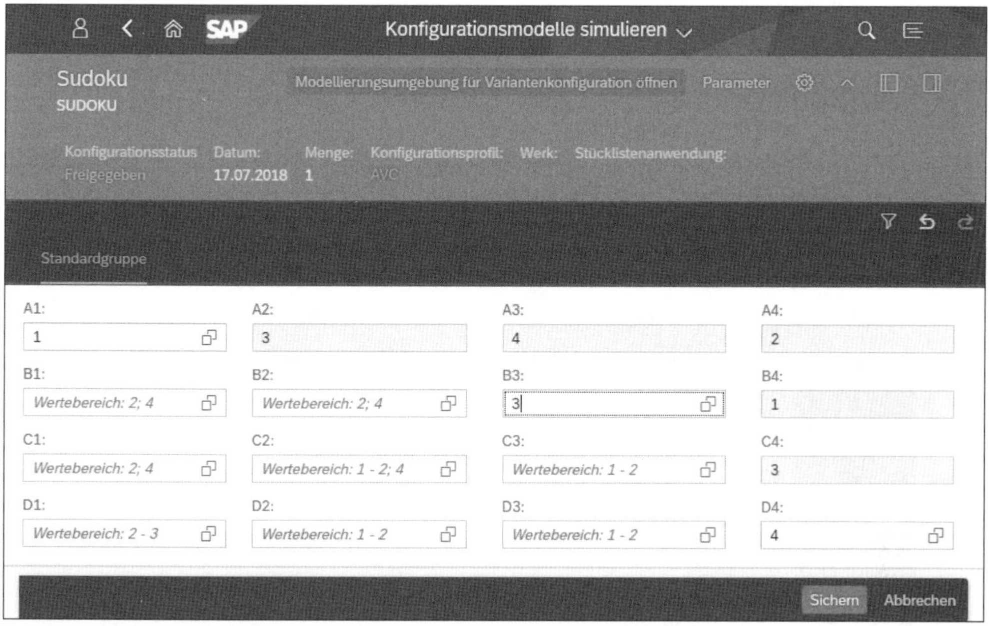

Abbildung 14.68 Simulationsumgebung mit bewerteten Merkmalen

Auch wenn in diesem Modell lediglich Constraints verwendet werden, kann AVC natürlich auch nichtdeklaratives Beziehungswissen verarbeiten (Prozeduren, Auswahlbedingungen und Vorbedingungen).

14.4 SAP Cloud Platform in der Variantenkonfiguration

In diesem Abschnitt gehen wir darauf ein, wie SAP Cloud Platform für Zwecke der Variantenkonfiguration genutzt werden kann.

Dafür erläutern wir als Erstes, was SAP Cloud Platform ist und welche Möglichkeiten sie bietet. Danach zeigen wir Ihnen spezielle Anwendungsfälle, die verdeutlichen, welche zusätzlichen Informationen gewonnen und welche zusätzlichen Prozesse im Bereich der Variantenkonfiguration über SAP Cloud Platform abgebildet werden können.

14.4.1 Was ist SAP Cloud Platform?

SAP Cloud Platform ist eine offene *Platform-as-a-Service-Lösung* (PaaS), die Unternehmen einfach und flexibel bei der digitalen Transformation unterstützen soll. SAP Cloud Platform liefert dafür u. a. Funktionalitäten und Services wie Machine Learning, User Experience, Analytics sowie viele Business Services und Microservices, um genau die Applikationen zu entwickeln, die ein Unternehmen zur digitalen Vernetzung und Abbildung der eigenen Prozesse benötigt, ohne in On-Premise-Infrastrukturen investieren zu müssen.

So können mithilfe von SAP Cloud Platform bestehende Apps in SAP S/4HANA erweitert werden oder auch Daten und Applikationen (SAP und Nicht-SAP) miteinander kommunizieren. Des Weiteren besitzt SAP Cloud Platform eine Entwicklungsumgebung, in der entwickelte Applikationen und Services an ein bestehendes SAP-ERP-System angebunden werden können. Dafür können eigene Applikationen oder auch vordefinierte Business Services (siehe Abbildung 14.69) verwendet werden.

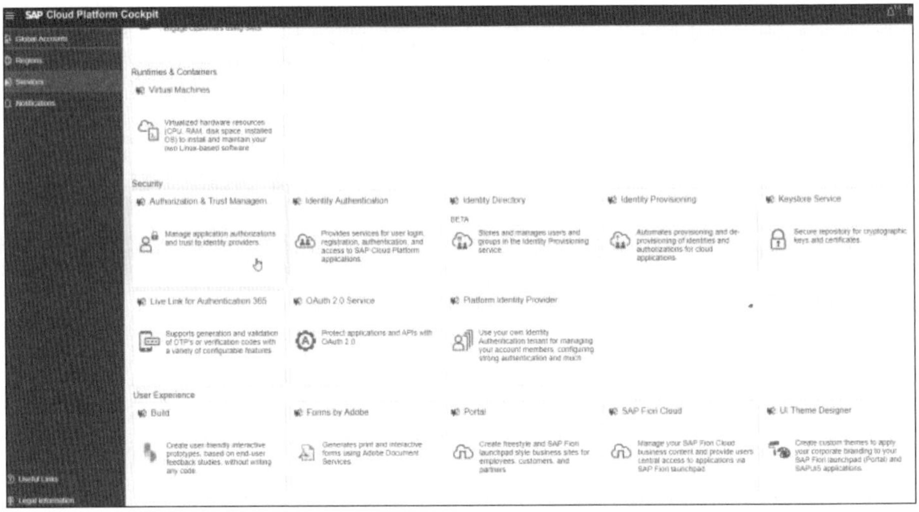

Abbildung 14.69 Services von SAP Cloud Platform (Auszug)

Eine entscheidende Funktionalität ist die User Experience. Über SAP Cloud Platform ist es möglich, personalisierte, responsive und einfache Apps mit einer modernen und simplen Benutzeroberfläche zu entwickeln. Genauer gesagt, wird hier SAP Fiori Cloud benötigt, das die Entwicklung und Integration solcher Apps ermöglicht. Auf diese Funktion werden wir in den weiteren Abschnitten noch genauer eingehen.

14.4.2 SAP Cloud Platform und Variantenkonfiguration

Nachdem die Grundidee von SAP Cloud Platform erklärt wurde, stellt sich die Frage, wie die Lösung im Rahmen der Variantenkonfiguration genutzt werden kann. Hier sind verschiedene Szenarien denkbar. Einige Szenarien sollen hier knapp dargestellt werden.

Eine Möglichkeit besteht darin, die Konfiguration bzw. die Darstellung der Merkmalsbewertung im SAP-ERP-System oder auch in SAP S/4HANA auf eine neue, moderne Benutzeroberfläche mit SAP Fiori (SAPUI5) zu bringen. Dadurch wird dem Anwender ein optimiertes Benutzererlebnis möglich, und die Konfigurationsdaten lassen sich mit zusätzlichen Inhalten (Texten, Bildern etc.) erweitern. So können auch andere Nutzergruppen als der interne Vertrieb die Konfiguration nutzen (siehe Abbildung 14.70).

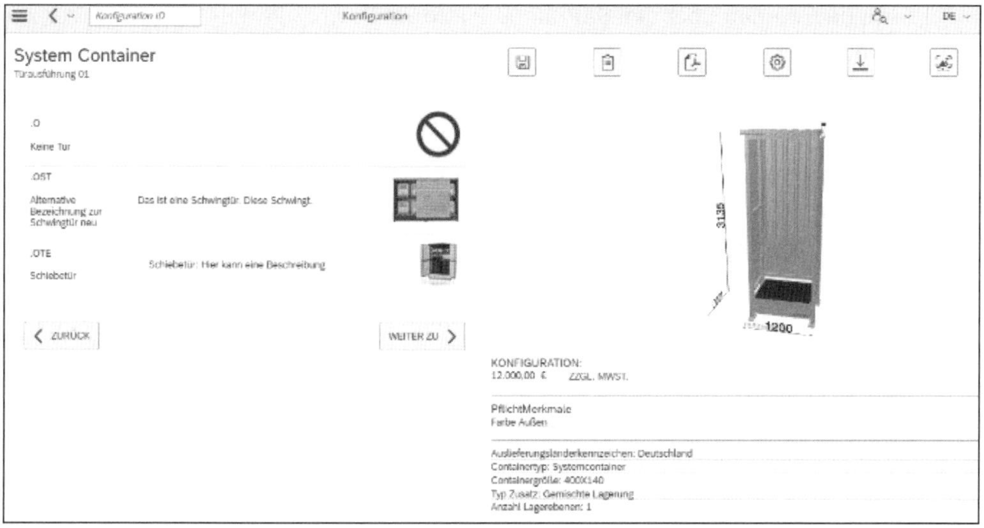

Abbildung 14.70 SAPUI5-Konfigurator

Darüber hinaus kann genau diese neue Konfigurationsoberfläche in andere Systeme, wie z. B. SAP Cloud for Customer, eingebunden werden, damit auch Vertriebsmitarbeiter den gleichen Konfigurator nutzen können – immer mit dem entscheidenden Vorteil, dass die Daten zentral aus dem Backend kommen.

Es wäre auch denkbar, dass nachgelagerte Prozesse wie der Service für variante Produkte über eine neue und moderne App abgewickelt werden. Zudem kann es einem Kunden ermöglicht werden, über eine App die von ihm erworbenen Produkte zu überwachen, wenn sie mit einer entsprechenden Sensorik ausgestattet sind, oder aktuelle Handbücher, Dokumentationen oder Sicherheitshinweise abzurufen.

An diesen Beispielen können Sie erkennen, dass es verschiedenste Szenarien gibt, die über SAP Cloud Platform und speziell SAP Fiori Cloud realisiert werden können. Im Folgenden soll ein kurzer Überblick über die zugrunde liegende Technik gegeben werden: Wie können die Daten aus dem Backend abgefragt und für weitere Zwecke genutzt werden? Danach gehen wir noch einmal detaillierter auf die einzelnen vorgestellten Szenarien ein.

14.4.3 Wie lassen sich die Daten aus der Variantenkonfiguration in SAP Cloud Platform nutzen?

Wie bereits im vorherigen Abschnitt beschrieben, wird SAP Fiori Cloud für die Realisierung von modernen und intuitiven Benutzeroberflächen mit SAPUI5 benötigt. Bei der Verwendung von SAP Fiori Cloud befinden sich die Fiori-Apps in SAP Cloud Platform und werden über den SAP-Cloud-Platform-Service »Portal« dem Benutzer zur Verfügung gestellt.

Integration SAP Fiori Cloud und Backendsystem

Um die Daten aus dem Backend (VC-Datenmodell z. B. aus dem SAP-ERP-System) für Fiori-Apps in SAP Cloud Platform bzw. SAP Fiori Cloud nutzen zu können, werden sie über eine OData-Schnittstelle an die neue Applikation übertragen (siehe Abbildung 14.71). Die OData-Schnittstelle bzw. der OData-Service ist ein Bestandteil von SAP Gateway, mit dem die Daten aus dem Backendsystem für moderne Business-Applikationen effizient und sicher bereitgestellt werden.

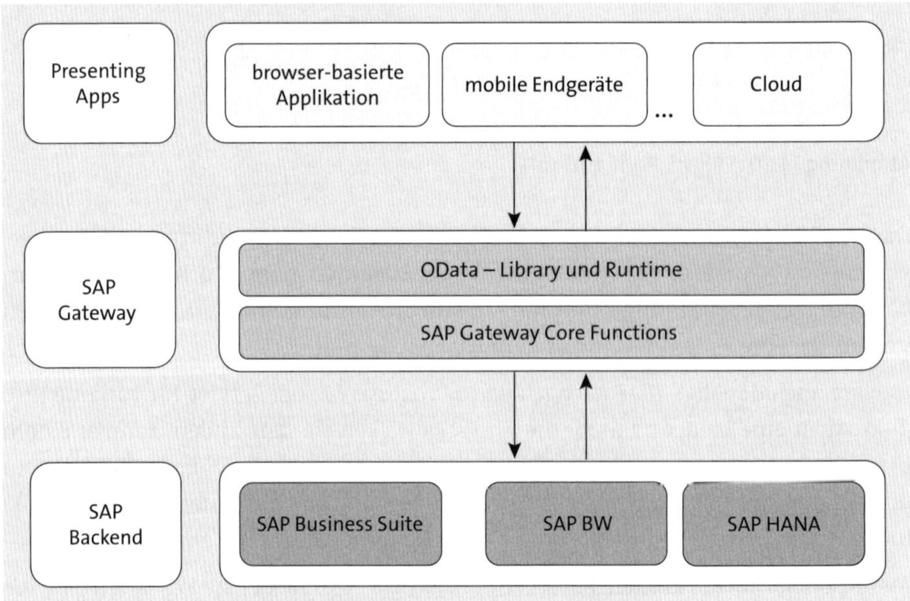

Abbildung 14.71 Schematischer Aufbau der SAP-Gateway-Architektur

So kann sichergestellt werden, dass sowohl die Konfiguration inklusive des Beziehungswissens aus LO-VC (oder auch AVC) als auch die Konfiguration in der neuen Applikation konsistent sind und dieselben Prozesse durchlaufen.

Um den vorhandenen OData-Service im Backend für SAP Fiori Cloud verwenden zu können, muss er erweitert werden um den Service SAP Cloud Platform OData Provisioning. Dieser Service bietet Zugang zu Backendservices und Funktionalitäten, die auf Basis von SAP Gateway aufgebaut sind. Durch SAP Gateway werden RFC-Aufrufe innerhalb der SAP-Landschaft realisiert. Zusätzlich wird aber auch noch die Cloud-Integration der Daten berücksichtigt, wodurch die Funktionen als wiederverwendbarer Dienst innerhalb von SAP Cloud Platform bereitgestellt werden können. So können Datenquellen aus der ABAP-basierten SAP Business Suite für neue Applikationen genutzt werden.

Ein wesentlicher Vorteil ist bei dieser Architektur, dass sich sowohl der Frontendserver als auch SAP Gateway in der Cloud befinden. Die Wartung sowie die regelmäßige Aktualisierung der JavaScript-Bibliotheken erfolgt durch SAP. Dadurch werden die Betriebskosten gesenkt. Des Weiteren steht der Fiori-Content künftig in der Cloud vorzeitig bereit, sodass der aktuelle Stand hinsichtlich Funktionen und Technologien gegeben ist.

Um das Frontend- und Backendsystem passend zueinander zu halten, wird in SAP Cloud Platform das jeweilige Backendrelease ausgewählt. Anhand der Auswahl werden die entsprechenden Applikationen in der passenden Version geladen. So wird sichergestellt, dass keine Integrationsprobleme auftreten.

Bereitstellen des OData-Service als API für externe Anwendungen

Um auch externen Nicht-SAP-Anwendungen die Konfigurationsdatenmodelle aus LO-VC bzw. AVC zur Verfügung zu stellen, ohne eine doppelte Datenpflege vornehmen zu müssen, kann der Service SAP Cloud Platform API Management verwendet werden. Mithilfe dieses Service können aus vorhandenen OData-Services APIs erzeugt werden, über die anschließend die Business-Logik im Backend des SAP-ERP-Systems genutzt werden kann (siehe Abbildung 14.72). Diese APIs können dann von externen Programmen konsumiert werden. API steht für »Application Programming Interface«. APIs vereinheitlichen beim Programmieren die Datenübergabe zwischen Modulen eines Programmes und werden von einer Vielzahl von Entwicklern genutzt und verstanden. So können z. B. die Konfigurationsdaten (Merkmale, Beziehungswissen, Preise und weitere Details) aus dem Backend (z. B. SAP ERP) in einem externen Onlineshop genutzt werden.

Ein weiteres Beispiel könnte sein, dass ein Vertriebsmitarbeiter eine Konfiguration eines Produktes im SAP-ERP-System oder in einer neuen Applikation für die Konfiguration vornimmt und im Anschluss daraus eine eindeutige Konfigurationsnummer erzeugt. Diese Konfigurationsnummer kann wiederum in einem externen System als Information dafür genutzt werden, dem Kunden zu seinem konfigurierten Produkt passende Handbücher, Dokumentationen oder Zeichnungen zur Verfügung zu stellen.

Damit können bei Bedarf Informationen aus SAP heraus in bestehende externe Plattformen integriert werden.

Um einen Überblick über die Zugriffe auf die API zu haben, bietet SAP das API Portal. Hier gibt es die Möglichkeit, sowohl die Anzahl der Aufrufe als auch die Applikation, die die API aufruft, zu steuern. Für eine stabile Lösung können zudem Performance und Fehler der APIs überwacht werden (siehe Abbildung 14.73).

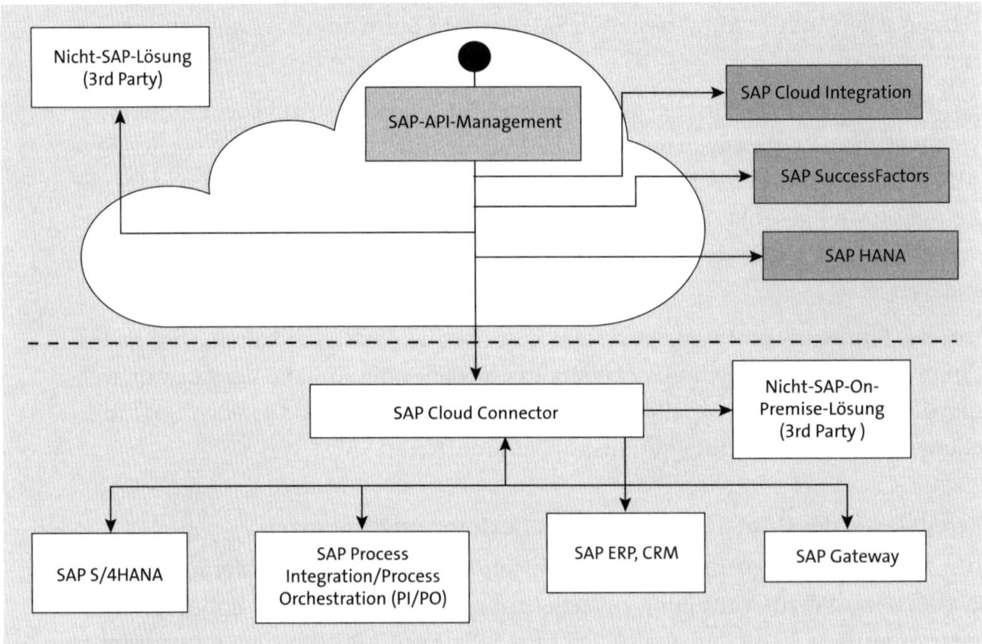

Abbildung 14.72 Architektur des API-Management-Service in SAP Cloud Platform

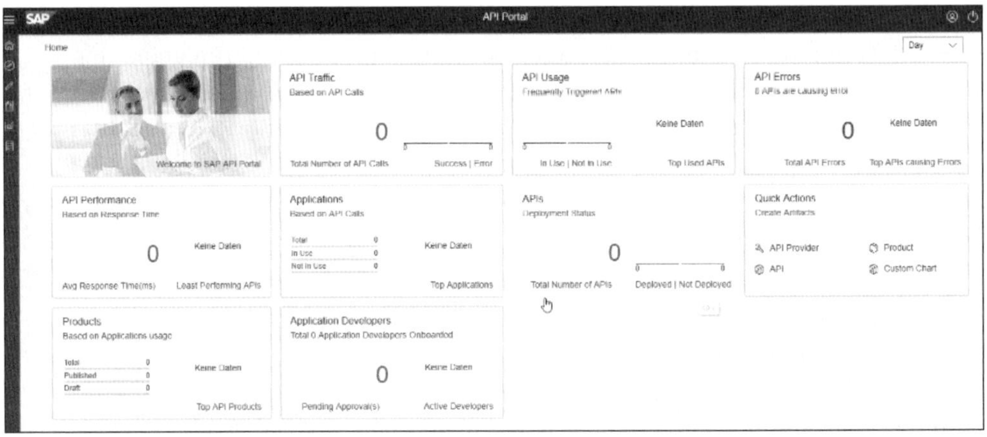

Abbildung 14.73 Beispiel einer Performance-Überwachung in einer UI5-Umgebung

14.4.4 Szenarien: Variantenkonfiguration und SAP Cloud Platform

Nachdem wir die grundsätzliche Technik und die benötigten Objekte in ihren Grundzügen erklärt haben, gehen wir nun darauf ein, welche Szenarien mit SAP Cloud Platform realisiert werden können. Die vorgestellten Szenarien und Lösungen sind existierende Partnerlösungen, die bereits erfolgreich in Unternehmen eingesetzt wurden.

SAP Cloud Platform als Integrationsplattform für die Variantenkonfiguration in SAP Cloud for Customer

Als Beispiel für SAP Cloud Platform als Integrationsplattform kann das folgende Szenario dienen: Ein Vertriebsmitarbeiter eines Unternehmens nutzt SAP Cloud for Customer, um ein Angebot für einen Kunden anzulegen. Wenn ein solches Angebot ein konfigurierbares Material enthält, möchte er dieses direkt in SAP Cloud for Customer konfigurieren, damit der Prozess vollständig abgeschlossen ist und kein Wechsel zwischen den Systemen stattfinden muss. Im aktuellen Standardprozess von SAP Cloud for Customer ist dieser Prozess nicht realisiert.

Hier bietet sich die Möglichkeit, SAP Cloud Platform als Integrationsplattform zu nutzen, um die Konfiguration aus dem SAP-ERP-System auch in SAP Cloud for Customer zu nutzen (siehe Abbildung 14.74). Über die angebotenen Services in SAP Cloud Platform können die Konfigurationsdaten zum einen auf eine neue Oberfläche mit erweiterten Möglichkeiten für die Konfiguration gebracht werden und zum anderen dann in SAP Cloud for Customer integriert werden.

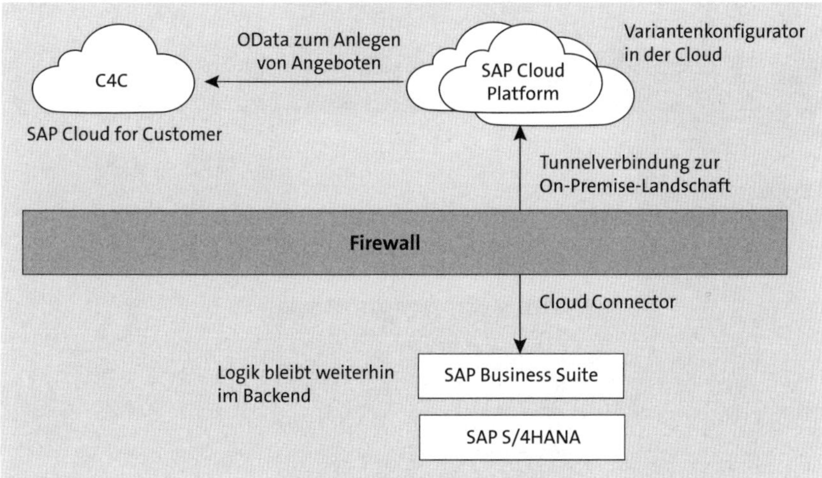

Abbildung 14.74 Mögliche Schnittstellen-Architektur für die Integration in SAP Cloud for Customer

So können Merkmale, Beziehungswissen und Preise im Backend zentral gepflegt und in weiteren Applikationen genutzt werden (siehe Abbildung 14.75). Darüber hinaus werden Informationen, wie z. B. Preise, aus der Konfiguration heraus an SAP Cloud for Customer mittels des OData-Service übergeben.

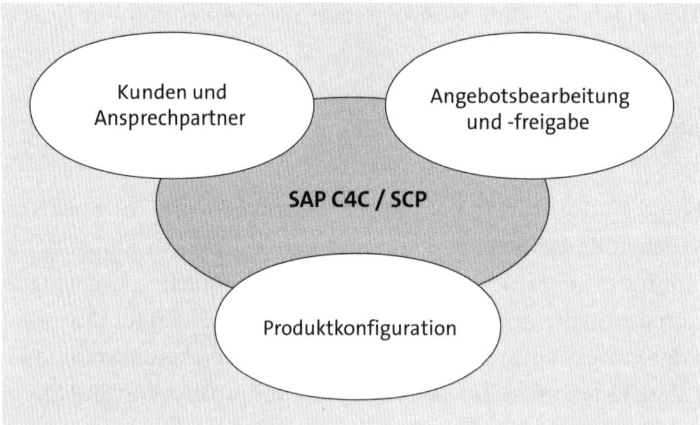

Abbildung 14.75 Fachliche Hauptprozesse

Befindet man sich in dem UI5-Konfigurator, besteht die Möglichkeit, ein bestehendes Angebot in SAP Cloud for Customer über OData zu erweitern (siehe Abbildung 14.76).

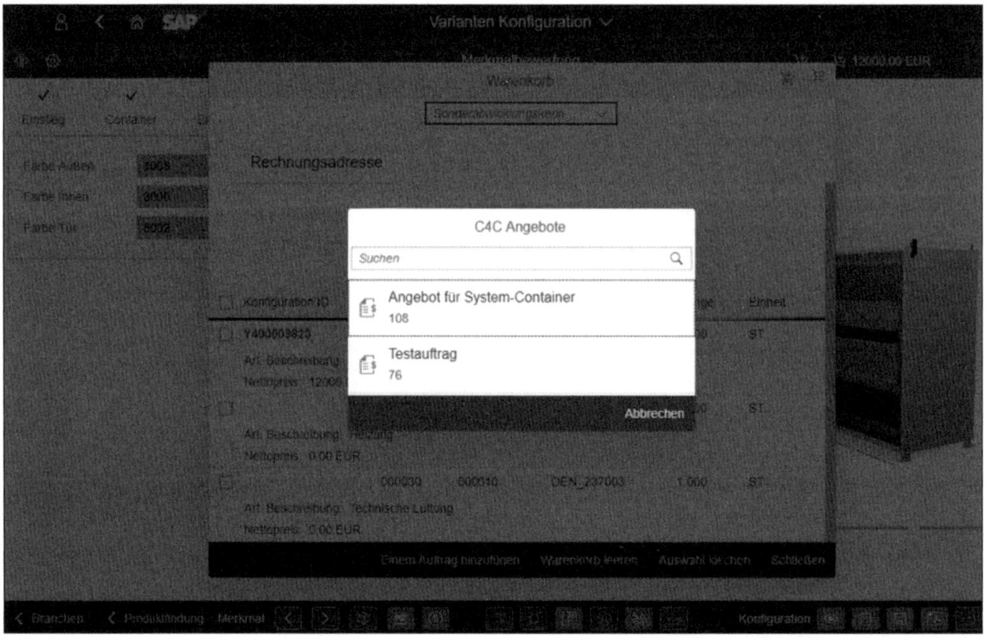

Abbildung 14.76 UI5-Konfigurator zum Erweitern eines SAP-Cloud-for-Customer-Angebotes

Über einen Dialog werden die verfügbaren Angebote in SAP Cloud for Customer zur Auswahl bereitgestellt. Wählt man hier ein Angebot aus, wird die Konfiguration in SAP Cloud for Customer hinzugefügt (siehe Abbildung 14.77).

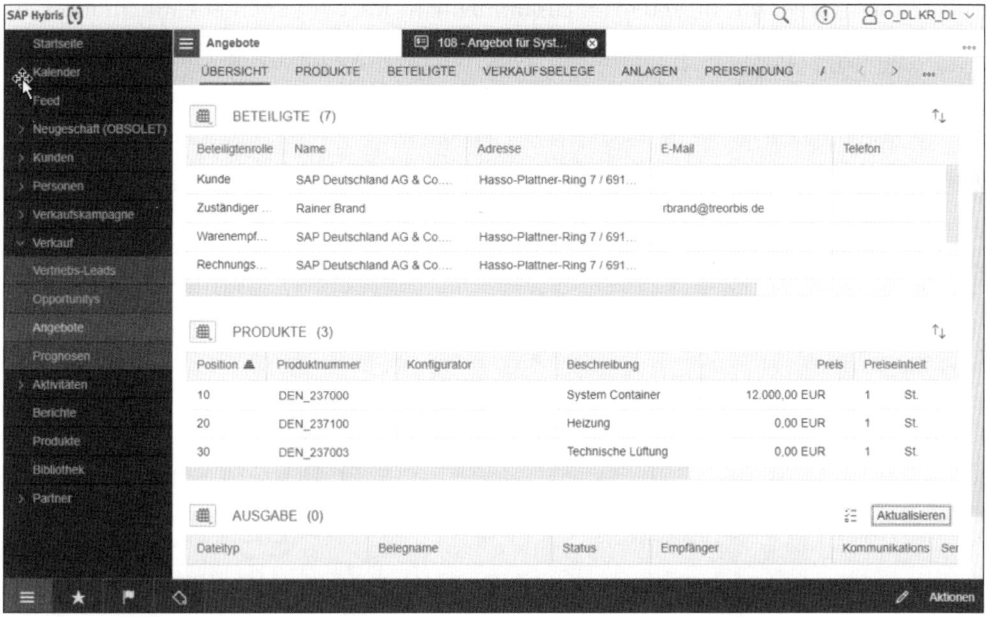

Abbildung 14.77 Angebot in SAP Cloud for Customer inklusive Konfiguration

Sobald das Angebot in SAP Cloud for Customer freigegeben wurde, wird es über die SAP-Cloud-Platform-Integration in das SAP-System repliziert (siehe Abbildung 14.78).

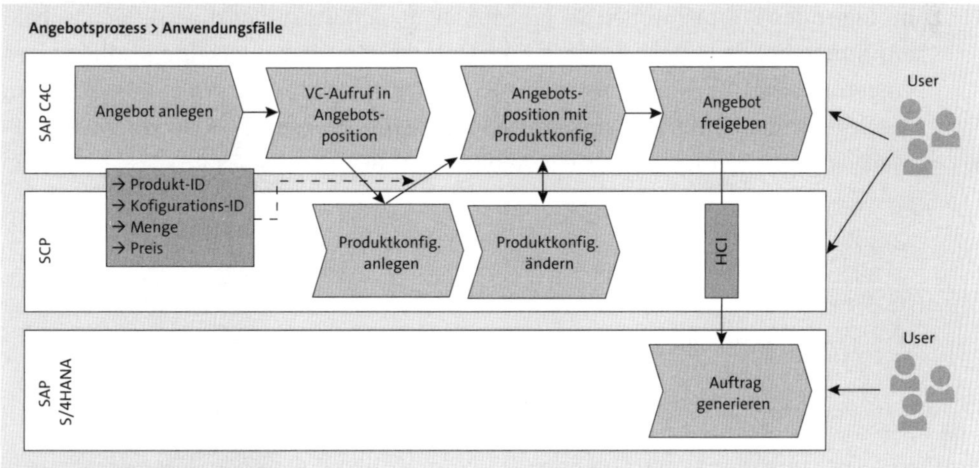

Abbildung 14.78 Akteure und Systeme bezüglich des Angebotsprozesses und der Produktkonfiguration

Workflow-Integration

Mit dem Service SAP Cloud Platform Workflow wird die Möglichkeit geschaffen, Workflows mithilfe eines grafischen Workflow-Designers zu modellieren. Dies beschreiben wir im Folgenden im Zusammenhang mit der Variantenkonfiguration.

Um den grafischen Workflow-Designer nutzen zu können, muss dieser in den Einstellungen der Entwicklungsumgebung SAP Web IDE freigeschaltet werden (siehe Abbildung 14.79).

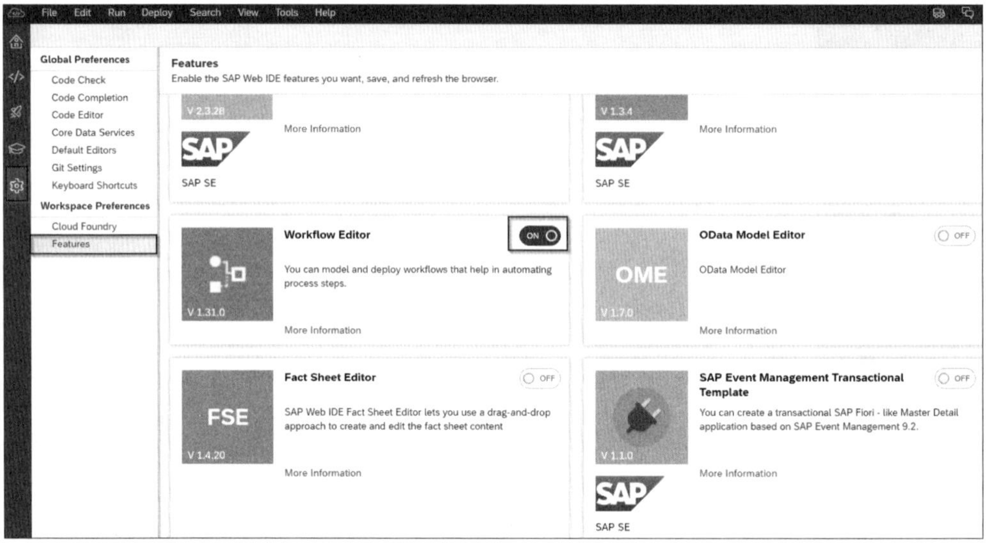

Abbildung 14.79 Features von SAP Web IDE

Im folgenden Beispiel wollen Sie eine E-Mail an den Innendienst versenden, sobald ein Kunde auf der Internetseite ein Produkt konfiguriert und seine Kontaktdaten eingetragen hat. Dazu nutzen Sie eine E-Mail-Destination, die in SAP Cloud Platform gepflegt werden muss. Hier sind einige Pflichtparameter zu hinterlegen, damit die E-Mail versendet werden kann (siehe Abbildung 14.80).

```
Type=MAIL

Name=bpmworkflowruntime_mail

mail.user=
mail.password=

mail.smtp.host=mail.example.com
mail.smtp.port=587
mail.transport.protocol=smtp
mail.smtp.starttls.required=true
mail.smtp.starttls.enable=true
mail.smtp.auth=true

mail.smtp.from=cpworkflow@example.com
mail.smtp.ssl.checkserveridentity=true

mail.bpm.send.disabled=false
```

Abbildung 14.80 Pflichtparameter

Die Mail-Destination kann in SAP Cloud Platform überprüft und die Verbindung getestet werden (siehe Abbildung 14.81).

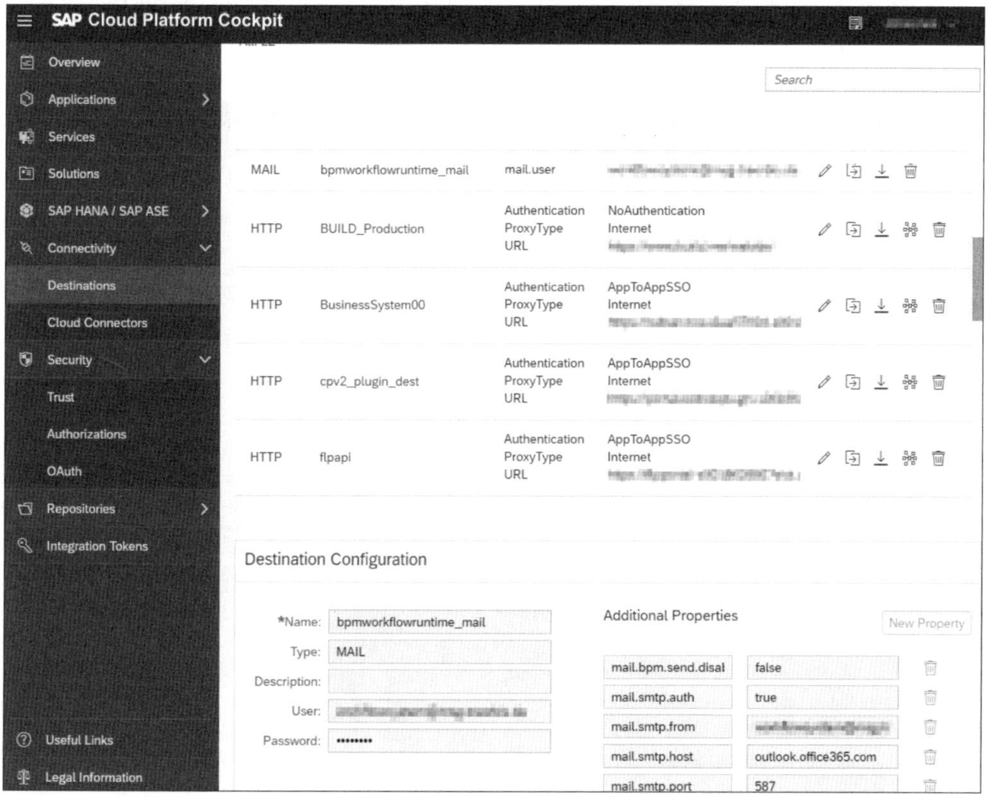

Abbildung 14.81 SAP-Cloud-Platform – E-Mail Destination

Anschließend wird in SAP Web IDE ein Workflow mit drei Aufgaben modelliert (siehe Abbildung 14.82):

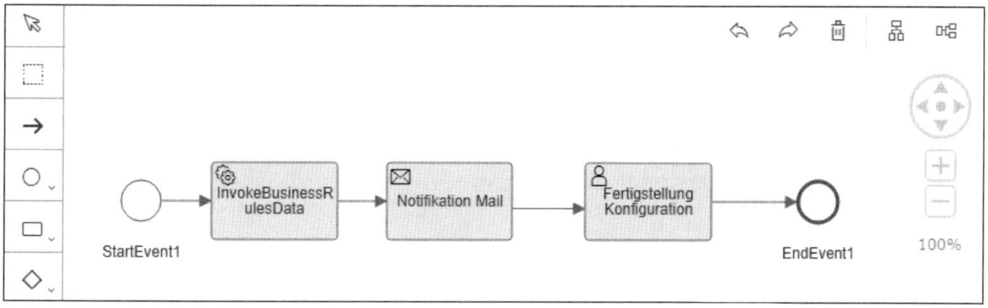

Abbildung 14.82 SAP Web IDE – grafische Workflow-Designer

Zu Beginn wird der Service SAP Cloud Platform Business Rules verwendet, um anhand einer Entscheidungstabelle den zuständigen internen Bearbeiter zu ermitteln (siehe Abbildung 14.83). Hierfür werden von SAP APIs zur Verfügung gestellt, die im Coding aufgerufen werden können.

Die zweite Aufgabe ist eine E-Mail-Benachrichtigung, die den entsprechenden Mitarbeiter oder eine Gruppe von Mitarbeiten informiert. Anschließend wird ein Workitem dem ermittelten Bearbeiter oder einer Benutzergruppe zugewiesen.

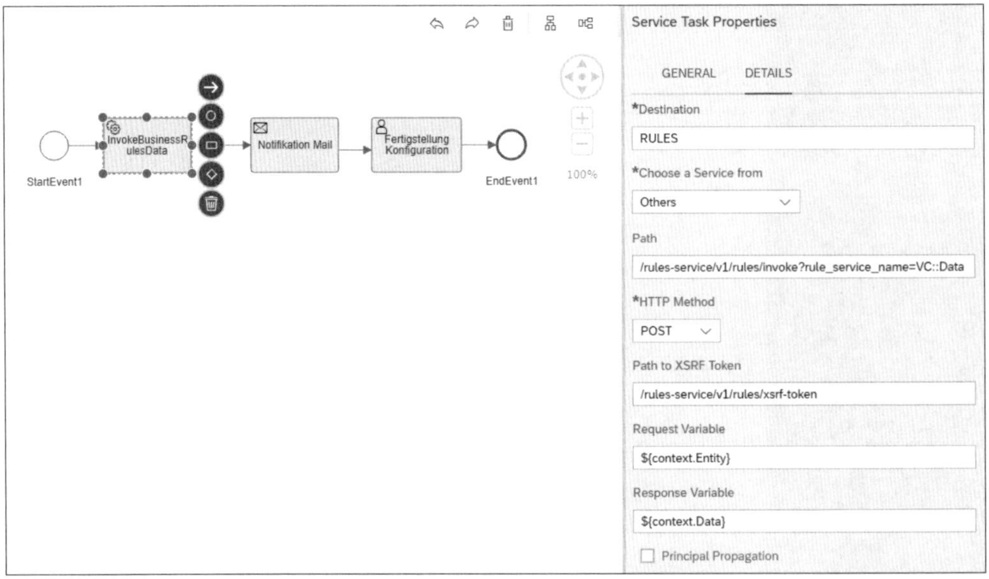

Abbildung 14.83 Business Rules Service in SAP Cloud Platform

Die dritte Aufgabe ist eine Benutzeraufgabe, für die eine Fiori-App benötigt wird, die in der App »My Inbox« integriert wird (siehe Abbildung 14.84). Hier werden dem zuständigen Bearbeiter die Kontextdaten sowie der Link zur Konfiguration bereitgestellt.

Nachdem die Konfiguration bearbeitet wurde, kann das Workitem in der App »My Inbox« auf »bearbeitet« gesetzt werden.

Um das Workitem weiter bearbeiten zu können, nutzt der zuständige Bearbeiter die »My Inbox«-App, die um die Komponente erweitert wurde (siehe Abbildung 14.85).

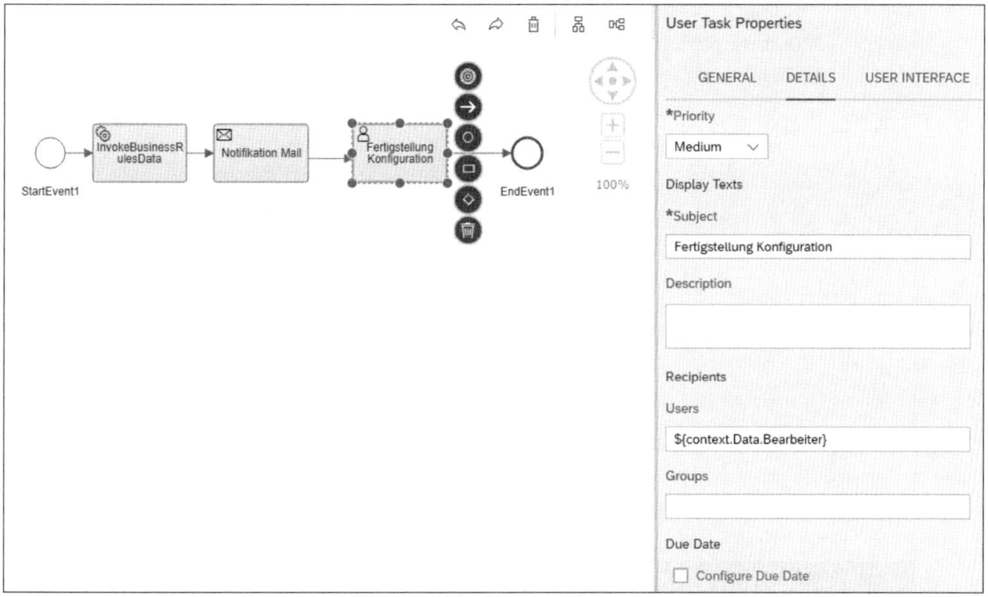

Abbildung 14.84 Benutzeraufgabe (User Task)

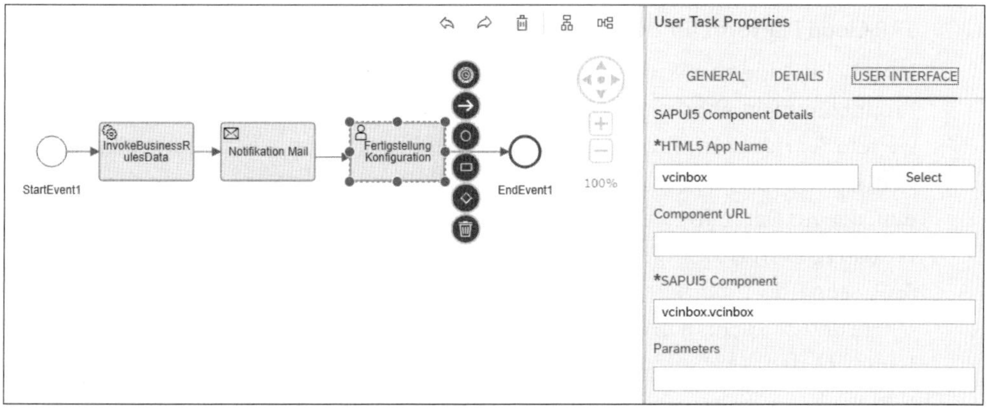

Abbildung 14.85 Zuordnung zu SAPUI5 Component

In dieser App werden die benötigten Daten wie ein Link zu der zu bearbeitenden Konfiguration bereitgestellt (siehe Abbildung 14.86).

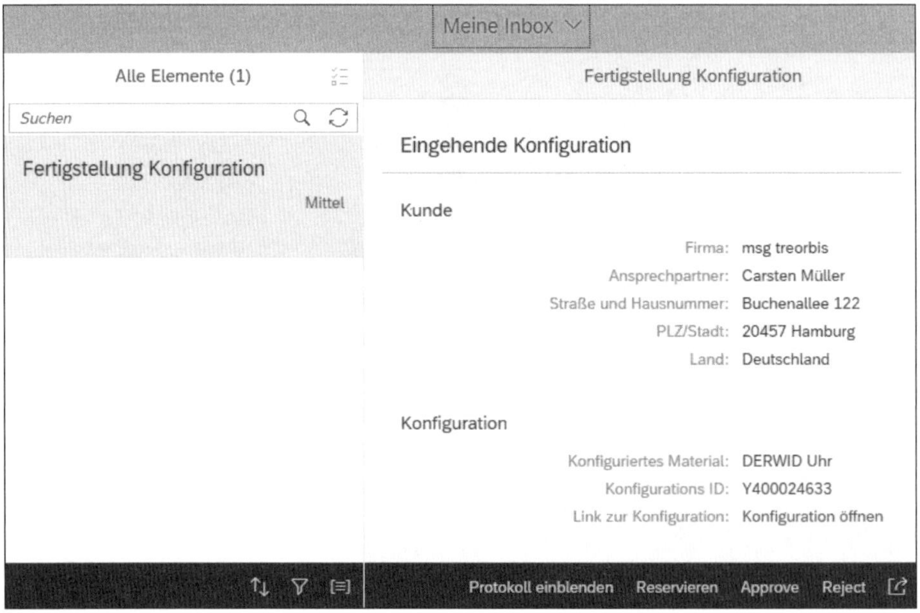

Abbildung 14.86 Integration der Variantenkonfiguration in die App »My Inbox«

SAP Cloud Platform für die Kundenkommunikation nach dem Kauf

Um die Bindung zum Kunden auch nach dem erfolgten Kauf von (konfigurierbaren) Produkten nicht abbrechen zu lassen, können dem Kunden nach dem Kaufprozess weitere Services zum Produkt über SAP Cloud Platform zur Verfügung gestellt werden. Hierfür soll im Folgenden eine Partnerlösung »Smart Services« vorgestellt werden, die auf Daten im SAP-Backend sowie externe Nicht-SAP-Daten, wie z. B. Sensorendaten, mittels SAP Cloud Platform sowie des SAP-Leonardo-Baukastens zugreift. SAP Leonardo integriert neue Technologien wie Machine Learning, Internet der Dinge und Blockchain in SAP Cloud Platform. Auf Basis dieser Technologie erhält der User nach dem Kauf seines konfigurierten Produktes zusätzliche Daten und Informationen.

Im Folgenden wird dargestellt, wie sich die Applikation aufbaut und wie die Daten aus dem Backend ausgewertet und angezeigt werden.

Beim Starten der Fiori-App werden dem Nutzer alle dem Kundenunternehmen zugeordneten gekauften Produkte angezeigt (siehe Abbildung 14.87).

Damit dies möglich ist, werden über den OData-Service alle Equipments im SAP-ERP-System, in denen der Kunde als Warenempfänger hinterlegt ist, ausgelesen. Zusätzlich kann der Standort, soweit im Equipment hinterlegt, mit Geoinformationen dargestellt werden. Darüber hinaus werden an dem entsprechenden Equipment aktuelle Meldungen, wie z. B. Störungen, mittels Warnmeldungen angezeigt.

Abbildung 14.87 App »Smart Services« – Einstieg

Wird ein Equipment ausgewählt, werden die zugehörigen Informationen aus dem SAP-System angezeigt (siehe Abbildung 14.88).

In der App werden nun alle offenen Qualitäts- und Servicemeldungen zum ausgewählten Equipment dargestellt. Die Kunden können hier Informationen zu offenen Qualitätsmeldungen einsehen und den aktuellen Status der Meldungen prüfen. Zusätzlich gibt es den Bereich Historie, in dem alle bereits abgeschlossenen Serviceaufträge einzusehen sind.

Abbildung 14.88 Anzeige von Informationen zum ausgewählten Equipment

In der App »Smart Services« werden zudem Dokumente wie z. B. Handbücher und Zulassungen angezeigt. Hierfür werden die am Equipment angehängten Dokumenteninfosätze ausgelesen. Somit kann der Nutzer das Handbuch zu seinem gekauften konfigurierten Produkt jederzeit online einsehen und muss es nicht in Papierform aufbewahren.

Überwachen von Sensordaten des Materials

Durch die verschiedenen Integrationsmöglichkeiten von SAP Cloud Platform können externe Datenquellen in die SAP-Applikation integriert werden. Diese können, wie hier im Beispiel von dargestellten Sensordaten angezeigt (siehe Abbildung 14.89), in der »Smart Services«-Partner-Applikation genutzt werden. Es besteht nicht nur die Möglichkeit, Daten zu filtern und die gewünschten Daten anzuzeigen, sondern auch die, eigene Events auszulösen, wie z. B. eine Benachrichtigung beim Eintritt eines definierten Ereignisses.

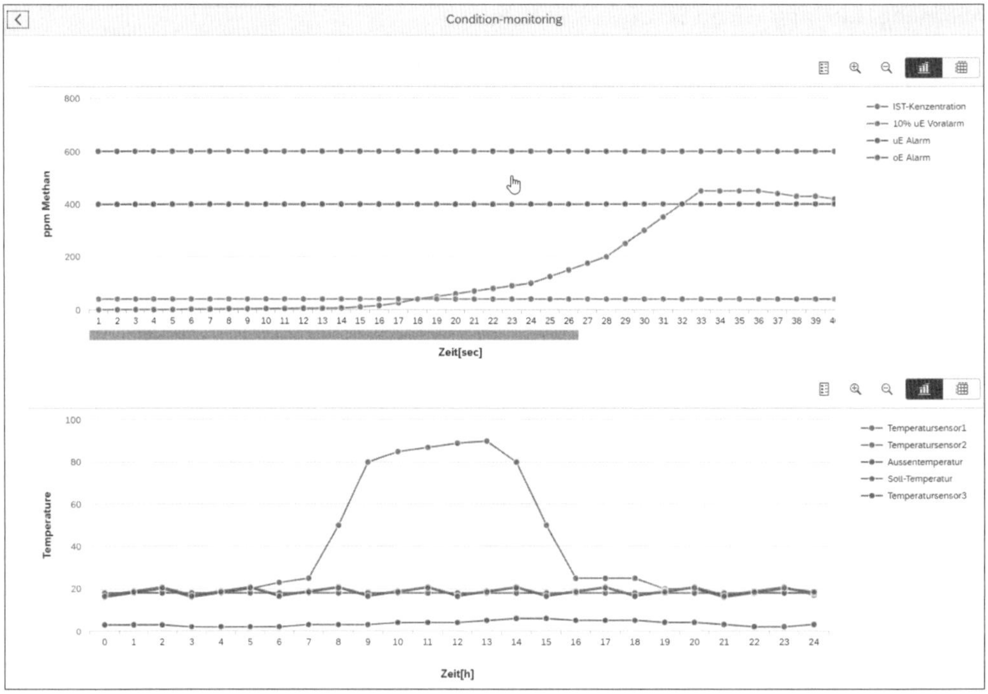

Abbildung 14.89 Beispielhafte Auswertung von Sensordaten über eine SAPUI5-Lösung

14.4.5 SAP Analytics Cloud

Ebenso kann SAP Cloud Platform als Schnittstelle zwischen ERP und weiteren Cloud-Produkten wie SAP Analytics Cloud verwendet werden. Mithilfe dieses Werkzeuges lassen sich konfigurierbare Produkte schnell und einfach auswerten und ermöglichen so einen sehr guten Überblick, an wen was wohin verkauft wurde (siehe Abbildung 14.90) und was in diesem Zusammenhang die Top-Merkmalswertkombinationen sind (siehe Abbildung 14.91).

Abbildung 14.90 Auswertung von Geodaten zu Verkaufszahlen

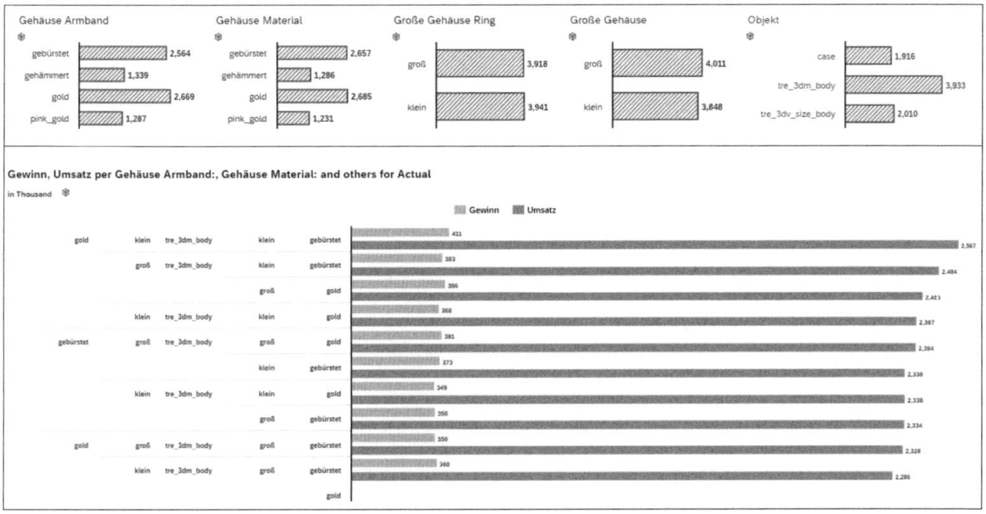

Abbildung 14.91 Top-Merkmalswertkombinationen

14.4.6 Fazit

Technologien wie SAP Cloud Platform eröffnen eine Vielzahl von neuen Möglichkeiten der Integration und Zusammenführung von SAP-Produkten, -Lösungen und externen Datenquellen. Schnittstellen zu externen Produkten sind nicht mehr länger eingeschränkt, und es bieten sich neue Möglichkeiten, das vorhandene SAP-ERP-System zu nutzen. Die Bereitstellung des API-Service ermöglicht in der Präsentationsschicht, SAP-unabhängig Daten über eine sichere Verbindung zur Verfügung zu stellen.

Kapitel 15
SAP Product Configuration in SAP Commerce

Die Variantenkonfigurationsmodelle aus SAP ERP und SAP S/4HANA können auch für die Online-Konfiguration in SAP Commerce genutzt werden. Wie Sie dabei vorgehen und was Sie beachten müssen, zeigt Ihnen dieses Kapitel.

SAP Commerce ist die Plattform für die digitale Ansprache des Kunden. Mit den integrierten Prozessen zur Bestellabwicklung, der Ausspielung von Produktinformationen und der Personalisierung von Inhalten können Websites, Webshops oder ganze Kundenportale realisiert werden. Die Auftragsabwicklung von SAP Commerce ist integriert in die SAP-Backendsysteme SAP ERP oder SAP S/4HANA. Produkt- und Kundenstammdaten können direkt von dort übernommen werden. Außerdem kann auf die Preisermittlung in SAP zugegriffen, Produktverfügbarkeitsinformationen von dort ausgelesen oder natürlich Belege angelegt werden. Dabei greift SAP Commerce direkt auf die bereits vorhandenen Daten, Funktionen und Customizing sowie Prozesse des Backendsystems zurück, sodass diese nicht neu implementiert werden müssen.

Sollen im Webshop auch konfigurierte Produkte angeboten werden, kann SAP Commerce auch auf die Variantenkonfigurationsmodelle in SAP zugreifen, um diese online darzustellen. Somit ist der Kunde in der Lage, selbst ein Produkt online zu konfigurieren. Die Darstellung und Ausführung der Konfiguration in SAP Commerce übernimmt die Komponente SAP Product Configuration, die auf die Variantenmodelle zugreifen und diese interpretieren kann. Die Variantenmodelle werden an einer zentralen Stelle in SAP (nämlich im LO-VC) gepflegt und können online verwendet werden. Somit ist sichergestellt, dass online zum Kunden dieselbe Konfiguration genutzt wird wie intern im SAP-Backendsystem. Es wird dabei nicht nur auf die Konfigurationsmerkmale und -merkmalwerte des Variantenkonfigurators zugegriffen, sondern auch auf die Logik des Beziehungswissens.

Aber nicht nur die Konfiguration selbst lässt sich damit in SAP Commerce darstellen. Auch die Integration in die Folgeprozesse ist gewährleistet. Übernimmt ein Kunde sein konfiguriertes Produkt in den Warenkorb, kann er eine Bestellung anstoßen, die als SD-Beleg in das SAP-Backendsystem übernommen wird. Somit lässt sich die Variantenkonfiguration End-to-End in SAP Commerce integrieren.

15.1 SAP C/4HANA – die Suite für kundenbezogene Prozesse

SAP Commerce ist Teil der SAP-C/4HANA-Suite. Darin sind alle kundenbezogenen Lösungen der SAP zusammengefasst (siehe Abbildung 15.1). Neben SAP Commerce Cloud gehören dazu:

- SAP Marketing Cloud
- SAP Sales Cloud
- SAP Service Cloud
- SAP Customer Data Cloud

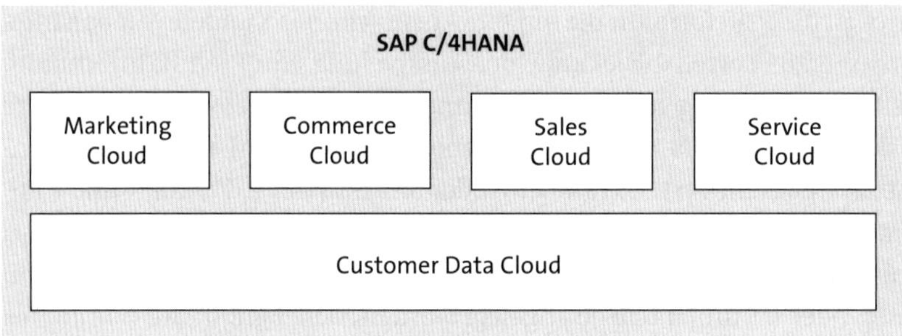

Abbildung 15.1 Überblick über SAP C/4HANA

Die einzelnen Lösungen von SAP C/4HANA sowie deren Integration untereinander werden im Folgenden kurz beschrieben.

15.1.1 SAP Marketing Cloud

SAP Marketing Cloud ist die Lösung zur Marketingautomatisierung. Hier werden Marketingaktivitäten geplant und ausgewertet. Auf Basis von Kundenprofilen können Zielgruppen erstellt und Kampagnen ausgespielt werden. Automatisiert können Leads erzeugt und an SAP Sales Cloud weitergegeben werden.

Die Integration zu SAP Commerce

Um Marketingkampagnen auch in SAP Commerce auszuspielen, sind beide Lösungen miteinander integriert. So können in SAP Marketing Cloud beispielsweise Zielgruppen erstellt werden. Diese können in SAP Commerce verwendet werden, um

Inhalte zielgruppenspezifisch zu personalisieren. Außerdem kann das Benutzerverhalten in SAP Commerce verfolgt und in SAP Marketing Cloud zurückgespielt werden, um auf Basis des Benutzerverhaltens neue Zielgruppen zu erstellen. So können Zielgruppen z. B. darauf basieren, welche Produkte ein Kunde zuletzt angeschaut oder bestellt hat.

15.1.2 SAP Sales Cloud

SAP Sales Cloud ist die Lösung zur Unterstützung des Vertriebs. Alle Informationen zum Kunden werden dem Vertriebsmitarbeiter über SAP Sales Cloud zur Verfügung gestellt, sodass dieser den Kunden ideal betreuen kann. Aktivitäten und Opportunities können in SAP Sales Cloud geplant, nachbereitet und nachverfolgt werden.

[zB]

Die Integration zu SAP Commerce

Über SAP Commerce kann ein Kunde ein Produkt beim Vertriebsmitarbeiter anfragen. Die Anfrage wird als Angebotsanfrage in SAP Sales Cloud gespeichert und kann dort direkt bearbeitet werden. Das fertige Angebot steht dem Kunden in SAP Commerce zur Verfügung und kann dort direkt bestellt werden.

15.1.3 SAP Service Cloud

SAP Service Cloud bietet die Lösung für Serviceprozesse und -betrieb. Hier können Service-Tickets bearbeitet, Einsätze von Servicetechnikern geplant sowie Serviceleistungen gesteuert und nachverfolgt werden.

[zB]

Die Integration zu SAP Commerce

Über SAP Commerce kann ein Kunde online selbst ein Service-Ticket erfassen, das direkt an SAP Service Cloud übergeben und dort bearbeitet werden kann. Auch die Verfolgung des Tickets kann über SAP Commerce durch den Kunden selbst erfolgen: Status und Informationen zum Ticket werden dem Kunden direkt angezeigt.

15.1.4 SAP Customer Data Cloud

SAP Customer Data Cloud erlaubt die Verwaltung von Kundenidentitäten und den Aufbau von zentralen und konsistenten Kundenprofilen. Die Kundendaten bilden die Basis für alle Prozesse rund um Marketing, Sales, Service und Commerce. Auch das Einholen und Verwalten von Marketingeinwilligungen gehört hierzu.

15.2 Überblick über SAP Commerce

Neben den eigentlichen Commerce-Funktionalitäten bietet SAP Commerce auch zusätzliche Funktionalitäten für die Pflege und Anreicherung von Produktdaten, für das Content-Management und natürlich die Integration von Stamm- und Bewegungsdaten in das SAP-Backendsystem. Viele dieser Funktionen kommen auch im Rahmen der Produktkonfiguration zum Einsatz, daher werden sie nachfolgend kurz erläutert.

15.2.1 Commerce-Funktionalitäten

Zusammengefasst sind unter Commerce-Funktionalitäten alle typischen Webshop-Funktionalitäten zu verstehen: Warenkorb, Checkout mit Auswahl von Liefer-, Rechnungsadresse oder Versandart, Zahlungsabwicklung, Bestellhistorie oder Wunschliste. Dazu gehören aber auch Marketingfunktionen wie Produktempfehlungen (integriert mit SAP Marketing Cloud) oder Kampagnen, z. B. mit Rabattcodes.

Speziell für den B2B-Bereich gibt es daneben auch Workflows für Genehmigungsprozesse, sodass Bestellungen abhängig vom Bestellwert von weiteren Mitarbeitern freigegeben werden müssen, bevor sie tatsächlich vom Shop an das SAP-Backendsystem übergeben werden. Außerdem können im B2B-Bereich sogenannte Superuser weitere Benutzer für Kollegen anlegen und deren Berechtigungen selbst verwalten.

15.2.2 SAP Product Content Management

Produktdaten werden typischerweise aus dem SAP-Backendsystem in SAP Commerce geladen. Oft sind die Materialstammdaten allerdings für eine kundenfreundliche Präsentation im Webshop nicht geeignet oder unvollständig. Daher werden die Materialstammdaten in SAP Product Content Management von SAP Commerce um zusätzliche Informationen zum Produkt angereichert. So können hier zusätzliche Texte in unterschiedlichen Sprachen, Bilder, Dokumente oder Videos, aber auch zusätzliche Klassifizierungen am Produkt ergänzt werden.

Außerdem können hierarchische Kataloge mit Kategorien angelegt werden, die später als Navigation durch das Sortiment dienen. So lassen sich auch unterschiedliche Katalogsortimente für unterschiedliche Länder, Kundengruppen oder Zeiträume (Winter-, Sommerkatalog) realisieren.

Bei der Pflege unterstützt das System durch Workflows. Somit ist sichergestellt, dass Produkte nur dann online sichtbar werden, wenn zwingend notwendige Daten am Produkt gepflegt wurden. Außerdem können Benutzer, die für die Pflege der Produktdaten verantwortlich sind, zum richtigen Zeitpunkt informiert werden.

Besonders relevant sind ausführliche Produktinformationen für konfigurierbare Produkte, sodass auch diese in SAP Product Content Management angereichert werden können.

15.2.3 Experience Management

Neben den Produktdaten spielt auch klassischer Content eine große Rolle für die zielgerichtete Ansprache des Kunden. So weisen auf der Startseite Banner auf aktuelle Aktionen oder neue Produkte hin. Die Pflege dieses Contents findet im Web Content Management von SAP Commerce statt.

Im sogenannten SmartEdit kann der Redakteur den Content direkt in der Liveansicht editieren. Außerdem lassen sich Content-Elemente pro Zielgruppe ein- und ausblenden, sodass z. B. Marketingaktionen nur für die relevante Zielgruppe sichtbar sind.

Jede Seite kann im Web Content Management gepflegt werden, dazu gehören auch Seiten wie der Warenkorb oder die Seite für die Produktkonfiguration. Auch diese Seiten lassen sich individuell anpassen oder um Content-Elemente erweitern.

15.2.4 Integration

Wie bereits beschrieben, ist SAP Commerce vollständig in die SAP-Backendsysteme integriert. Die Integration zwischen SAP Commerce und SAP ERP bzw. SAP S/4HANA erfolgt über SAP Data Hub.

SAP Data Hub ist die Integrationsplattform zwischen SAP-Backendsystem und SAP Commerce. Daten aus verschiedensten Systemen (auch Non-SAP-Systeme) können über SAP Data Hub nach SAP Commerce übertragen werden, um diese dort zu verarbeiten, zu konsolidieren und in SAP Commerce zu verwenden.

Zu unterscheiden sind dabei zwei Wege der Integration: Stammdaten für Materialien und Kunden werden über ALE (Application Link Enabling) als iDoc aus dem SAP-Backendsystem an SAP Data Hub verteilt, dort eingelesen und in SAP Commerce importiert.

Daneben können aus SAP Commerce aber auch direkte Zugriffe auf das SAP-Backendsystem erfolgen, z. B. um einen kundenindividuellen Preis abzufragen oder den aktuellen Status eines Auftrages zu lesen.

SAP unterscheidet hierbei zwei Szenarien, die sich teilweise auch kombinieren lassen: synchrones und asynchrones Order Management.

Synchrones Order Management

Beim synchronen Order Management wird bereits im Warenkorb ein temporärer Beleg im SAP-Backendsystem erzeugt. Damit kann SAP Commerce auf alle Funktionen im Backendsystem wie Preisfindung, Verfügbarkeitsprüfung, Kreditlimitprüfung etc. zugreifen. Erzeugt der Kunde aus dem Warenkorb heraus eine Bestellung, wird sofort ein Auftrag im SAP-Backendsystem erzeugt. Prüft der Kunde die Bestellung zu einem späteren Zeitpunkt, wird auch dabei direkt auf das SAP-Backendsystem zugegriffen.

Asynchrones Order Management

Beim asynchronen Order Management erfolgen keine direkten Zugriffe auf das SAP-Backendsystem. Erzeugt der Kunde eine Bestellung, wird diese als iDoc an das SAP-Backendsystem gesendet. Änderungen am Beleg im SAP-System werden ebenfalls als iDoc zurück an SAP Commerce übertragen.

[»]

Vergleich synchrones und asynchrones Order Management

Beide Szenarien haben Vor- und Nachteile. Im synchronen Fall können viele bestehende Funktionen aus dem SAP-Backendsystem genutzt werden, ohne diese in SAP Commerce nachbauen zu müssen. Allerdings funktioniert das Commerce-System nur, solange auch das SAP-Backendsystem verfügbar ist. Wird dieses aus Wartungsgründen heruntergefahren, fällt auch das Commerce-System aus.

Im asynchronen Fall ist diese Abhängigkeit nicht gegeben. Allerdings müssen Funktionen wie die Preisfindung in SAP Commerce nachimplementiert werden, sodass diese ohne Zugriff auf das SAP-Backendsystem zur Verfügung stehen, was unter Umständen einen hohen Implementierungsaufwand nach sich zieht.

[!]

SAP Product Configuration

SAP Product Configuration funktioniert im Standard nur in Kombination mit dem asynchronen Order Management.

15.3 Online-Konfiguration mit SAP Product Configuration

Durch SAP Product Configuration können Sie die Variantenkonfiguration in SAP Commerce nutzen. Dazu muss das Variantenkonfigurationsmodell aus dem SAP-Backendsystem in SAP Commerce repliziert werden. Dies geschieht über die sogenannte *Laufzeitversion*, die im SAP-Backendsystem erstellt werden kann. Sie enthält sowohl die Konfigurationsdaten, bestehend aus Klassen, Merkmalen und Merkmalwerten, als auch die Konfigurationslogik, das sogenannte Beziehungswissen. SAP Product Configuration nutzt die Laufzeitversion als Basis (siehe Abbildung 15.2).

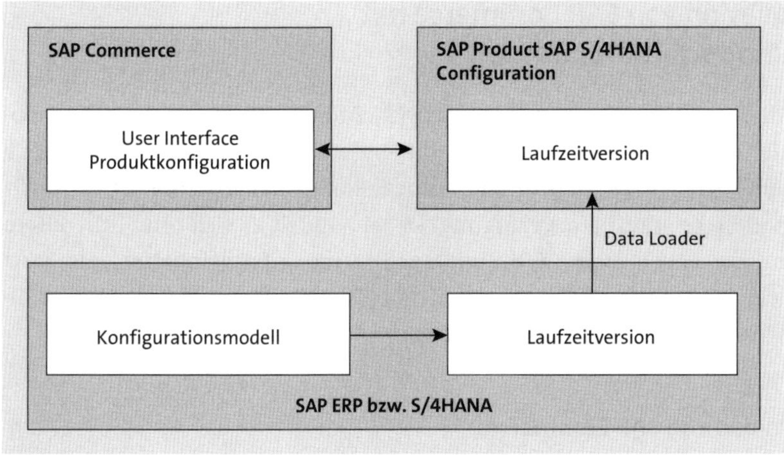

Abbildung 15.2 Verwendung des Konfigurationsmodells in SAP Commerce

Über Seitentemplates im Experience Management wird die Konfiguration dann in SAP Commerce dargestellt. Hierüber kann der Benutzer ein Produkt im Produktkatalog oder im Warenkorb konfigurieren. Über Customizing ist es möglich, die Darstellung der Konfiguration anzupassen. So kann definiert werden, wie und wo Preise dargestellt werden sollen oder wie der Status der Konfiguration angezeigt werden soll.

Bei jeder Konfigurationsveränderung durch den Benutzer im Frontend wird das Beziehungswissen des Konfigurationsmodells überprüft. Außerdem werden abhängige Merkmale und Merkmalwerte ein- bzw. ausgeblendet. Auch die Preise werden bei jeder Veränderung der Konfiguration durch den Benutzer aktualisiert, sofern die Änderung preisfindungsrelevante Optionen beinhaltet. Damit verhält sich die Online-Konfiguration grundsätzlich wie der LO-VC-Variantenkonfigurator im SAP-Backendsystem.

Die Konfiguration selbst kann in SAP Commerce zusätzlich angereichert werden. Beispielsweise können Bilder, Dokumente und zusätzliche Texte am Merkmal oder am Merkmalwert ergänzt werden, um dem Kunden Optionen zu erläutern.

Des Weiteren kann die Konfiguration in SAP Commerce auch über die Rule Engine beeinflusst werden. So können beispielsweise Merkmale, die für die Online-Konfiguration keine Rolle spielen, ausgeblendet oder vorbelegt werden.

SAP Product Configuration stellt sicher, dass eine Bestellung nur vorgenommen werden kann, wenn die Konfiguration konsistent und vollständig durchgeführt wurde. Nur in diesem Fall kann ein Beleg im SAP-Backendsystem angelegt werden.

In den folgenden Abschnitten wird beschrieben, wie diese Themen in SAP Commerce umgesetzt werden und wie Sie Schritt für Schritt vorgehen, um die Konfiguration in SAP Commerce online verfügbar zu machen.

15.4 Installation von SAP Commerce mit SAP Product Configuration

Im Rahmen dieses Abschnitts werden Sie das System mit den notwendigen Komponenten für die Produktkonfiguration installieren und einrichten. SAP Commerce kann auf einem lokalen Rechner in einer Demoversion installiert werden. Dazu stellt SAP sogenannte Accelerator zur Verfügung. Dabei handelt es sich um vorbereitete Demosysteme, die neben einem Frontend auch Demodaten beinhalten. Als Basis verwenden wir den Powertools Accelerator. Dabei handelt es sich um einen B2B-Shop für den Verkauf von Werkzeugen.

15.4.1 Download von SAP Commerce

SAP Commerce kann im SAP Software Download Center heruntergeladen werden: *http://s-prs.de/v632802*.

Der Software-Download ist erreichbar unter **Support Packages & Patches • H • SAP Commerce**. Hier können Sie die aktuellste Version von SAP Commerce herunterladen. Die folgenden Anleitungen beziehen sich auf die Version 6.7.

[»]

Umbenennung SAP Commerce

Da die Umbenennung von SAP Hybris Commerce zu SAP Commerce zum Zeitpunkt der Entstehung dieses Buches noch nicht vollständig vollzogen wurde, ist die Navigation an einigen Stellen noch nicht konsistent. Beispielsweise findet sich die Lösung **SAP Commerce** unter dem Buchstaben **H** für Hybris.

15.4.2 Download von SAP Product Configuration

SAP Product Configuration kann im SAP Software Download Center heruntergeladen werden: *http://s-prs.de/v632802*.

Der Software-Download ist erreichbar unter **Support Packages & Patches • C • SAP CPQ Product Config • SAP CPQ Product Config 3.0**. Hier können Sie die aktuellste Version von SAP Product Configuration herunterladen. Die folgenden Anleitungen beziehen sich auf die Version 3.0.

[»]

Umbenennung SAP Product Configuration

Da die Lösung SAP Product Configuration bisher unter dem Namen SAP CPQ geführt wurde, finden sich auch hier zahlreiche Informationen und Downloads unter dem alten Begriff.

15.4.3 Entpacken der Installation

Zunächst entpacken Sie den Download von SAP Commerce in ein Verzeichnis (**<SAPCOM_HOME>**).

Im Download von SAP Product Configuration finden Sie zwei Zipdateien.

In diesen befinden sich die folgenden vier JAR-Dateien:

- com.sap.custdev.projects.fbs.slc.common-3.0.4.jar
- com.sap.custdev.projects.fbs.slc.database-3.0.4.jar
- com.sap.custdev.projects.fbs.slc.dataloader.lib-3.0.4.jar
- com.sap.custdev.projects.fbs.slc.engine-3.0.4.jar

Kopieren Sie diese JAR-Dateien nun in folgende Verzeichnisse:

1. In das Verzeichnis **<SAPCOM_HOME>/hybris/bin/ext-integration/sap/productconfig/sapproductconfigruntimessc/lib** diese JAR-Dateien:
   - com.sap.custdev.projects.fbs.slc.common-3.0.4.jar
   - com.sap.custdev.projects.fbs.slc.database-3.0.4.jar
   - com.sap.custdev.projects.fbs.slc.engine-3.0.4.jar
2. In das Verzeichnis **<SAPCOM_HOME>/hybris/bin/ext-integration/sap/productconfig/sapproductconfigmodel/lib** diese JAR-Dateien:
   - com.sap.custdev.projects.fbs.slc.common-3.0.4.jar
   - com.sap.custdev.projects.fbs.slc.database-3.0.4.jar
   - com.sap.custdev.projects.fbs.slc.dataloader.lib-3.0.4.jar
   - com.sap.custdev.projects.fbs.slc.engine-3.0.4.jar

15.4.4 Installation

Nun kann SAP Commerce implementiert werden. Dazu wechseln Sie über die Konsole in das folgende Verzeichnis:

<SAPCOM_HOME>/installer
und führen dort den folgenden Befehl aus: `install -r b2c_b2b_acc_cpq`.

Damit wird SAP Commerce mit den Accelerator-Oberflächen für den B2C- und B2B-Shop inklusive der Erweiterung für die Konfiguration installiert.

Nach Beendigung sollte die Erfolgsmeldung »BUILD SUCCESSFUL« erscheinen.

15.4.5 Erweiterung localextensions.xml

Wenn die Implementierung erfolgreich abgeschlossen ist, sollten Sie prüfen, ob alle notwendigen Erweiterungen aktiviert sind.

Dazu öffnen Sie die Datei

<SAPCOM_HOME>\hybris\config\localextentions.xml.

Für die Produktkonfiguration sind insbesondere die folgenden Extensions relevant:

- `<extension name='sapmodel' />`
- `<extension name='sapproductconfigb2b' />`
- `<extension name='sapproductconfigbackoffice' />`
- `<extension name='sapproductconfigbackofficessc' />`
- `<extension name='sapproductconfigb2bservices' />`
- `<extension name='sapproductconfigruntimemock' />`
- `<extension name='sapproductconfigruntimessc' />`
- `<extension name='sapproductconfigrules' />`
- `<extension name='sapproductconfigrulesbackoffice' />`
- `<extension name='ysapproductconfigaddon' />`
- `<extension name='sapproductconfigb2baddon' />`
- `<extension name='yb2bacceleratorstorefront' />`

Sollten Module fehlen, ergänzen Sie diese, allerdings müssen Sie im Anschluss daran das System manuell noch einmal implementieren. Dazu wechseln Sie in das Verzeichnis **<SAPCOM_HOME>\hybris\bin\platform**, und geben Sie den folgenden Befehl ein: `.\apache-ant-1.9.1\bin\ant.bat clean all`.

15.4.6 Initialisierung des Systems

Nachdem das System implementiert wurde, muss es initialisiert werden. Dazu wechseln Sie in das Verzeichnis **<SAPCOM_HOME>/installer** zurück und führen den Befehl `install -r b2c_b2b_acc_cpq initialize` aus. Nun werden die Beispieldaten für den B2B- und B2C-Shop importiert und das notwendige Customizing erzeugt. Dieser Vorgang dauert üblicherweise zwischen 30 und 60 Minuten.

Am Ende sollte auch hier eine Erfolgsmeldung stehen:

»Initializing platform ...... DONE«

15.4.7 Installation der Datenbank

Für SAP Product Configuration wird eine separate Datenbank benötigt. Für unser Beispiel verwenden wir die Datenbank MySQL in der Community-Version. Diese kann unter folgender Adress heruntergeladen werden: *http://s-prs.de/v632803*.

Nach der Installation muss ein neues Datenbankschema angelegt werden. Dieses muss mit der Collation **utf8_bin** erzeugt werden. Außerdem sollte ein Benutzer erstellt werden, der vollen Zugriff auf dieses Schema besitzt. In unserem Fall nennen wir das Schema productconfig und den Benutzer pc_db.

15.4.8 Anbindung der Datenbank

Nun muss die installierte Datenbank in SAP Commerce konfiguriert werden. Dazu werden die Verbindungsdaten der Datenbank der folgenden Property-Datei hinzugefügt:

<SAPCOM_HOME>\hybris\config\local.properties.

Folgende Parameter werden angepasst bzw. ergänzt:

- crm.system_type=MySQL
- crm.database_hostname=localhost
- crm.database=productconfig
- crm.database_port=3306
- crm.database_user=pc_db
- crm.database_password=<Passwort>

Die Bedeutung der Parameter wird in der folgenden Tabelle 15.1 erläutert.

Parameter	Bedeutung
crm.system_type	Verwendetes Datenbanksystem, möglich sind dabei: ■ MySQL (für MySQL-Datenbanken) ■ Microsoft SQL Server 2 (für MS-SQL-Server) ■ Oracle (für Oracle-Datenbanken)
crm.database_hostname	Hostname des Servers, auf dem die Datenbank läuft
crm.database	Name des Datenbankschemas
crm.database_port	Port der Datenbank, bei MySQL standardmäßig 3306
crm.database_user	Benutzer, mit dem auf die Datenbank zugegriffen werden kann
crm.database_password	Passwort des Benutzers

Tabelle 15.1 Parameter zur Anbindung der Datenbank

15.4.9 Starten von SAP Commerce

Nun kann die SAP-Commerce-Instanz gestartet werden. Dazu kann im Verzeichnis **<SAPCOM_HOME>\installer** der folgende Befehl ausgeführt werden: `install -r b2c_b2b_acc_cpq start`.

15.4.10 Anpassen der hosts-Datei

Damit Sie auf das System zugreifen und die Standard-Accelerator verwenden können, müssen Sie die hosts-Datei anpassen.

Dazu wird der hosts-Datei im Verzeichnis **C:\Windows\System32\drivers\etc** folgende Zeile hinzugefügt: `127.0.0.1 powertools.local`.

15.5 Zugriff auf SAP Commerce

SAP liefert mit SAP Commerce bereits vorgefertigte *Accelerators* aus. Diese enthalten nicht nur ein vorgefertigtes, responsives User Interface (ein sogenanntes Storefront), sondern auch Demodaten. Damit lässt sich auf einfache Art ein Demosystem aufsetzen, das bereits Produktdaten, Beispiel-Content, Benutzer mit entsprechenden Berechtigungen oder Workflows bereitstellt.

Für unsere nächsten Schritte nutzen wir den sogenannten *Powertools Accelerator*. Dabei handelt es sich um einen Werkzeug-Shop in einem Business-to-Business-(B2B-) Szenario.

Der Powertools Accelerator lässt sich über folgende URL aufrufen:

https://powertools.local:9002/yb2bacceleratorstorefront

Nach dem Aufruf sehen Sie die Startseite des SAP Commerce B2B Accelerators, wie in Abbildung 15.3 gezeigt. Eine Anmeldung kann mit dem Demobenutzer »Mark Rivers« erfolgen. Benutzername dabei ist die E-Mail-Adresse mark.rivers@pronto-hw.com mit dem Passwort 12341234.

Für die Administration und Konfiguration des Systems steht das Backoffice zur Verfügung. Hier werden alle Einstellungen vorgenommen, aber auch das SAP Product Content Management kann über das Backoffice erreicht werden.

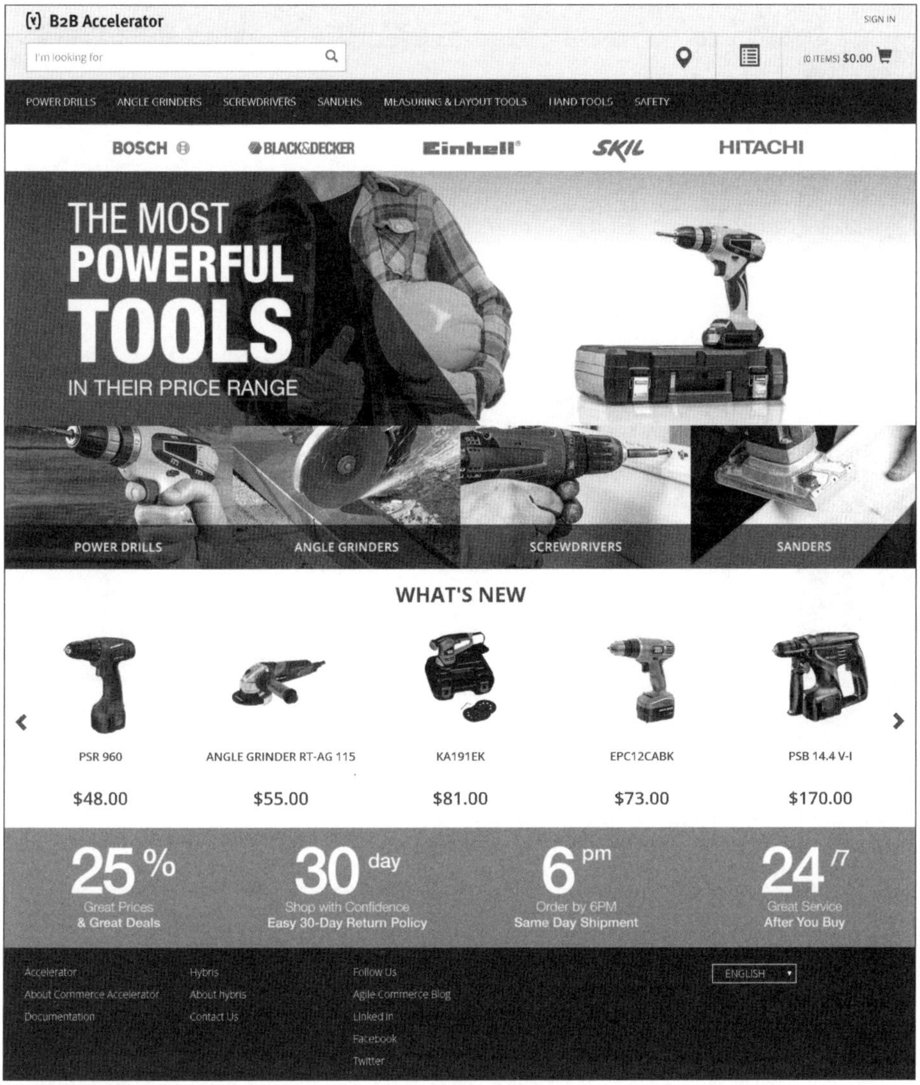

Abbildung 15.3 Startseite des Powertools B2B Accelerator

Das Backoffice kann unter dem folgenden Link aufgerufen werden *https://powertools.local:9002/backoffice/*.

Wenn Sie das Backoffice aufrufen, sehen Sie die Startseite, wie in Abbildung 15.4 dargestellt. Die Anmeldung erfolgt mit dem Administrationsbenutzer admin und dem Passwort nimda.

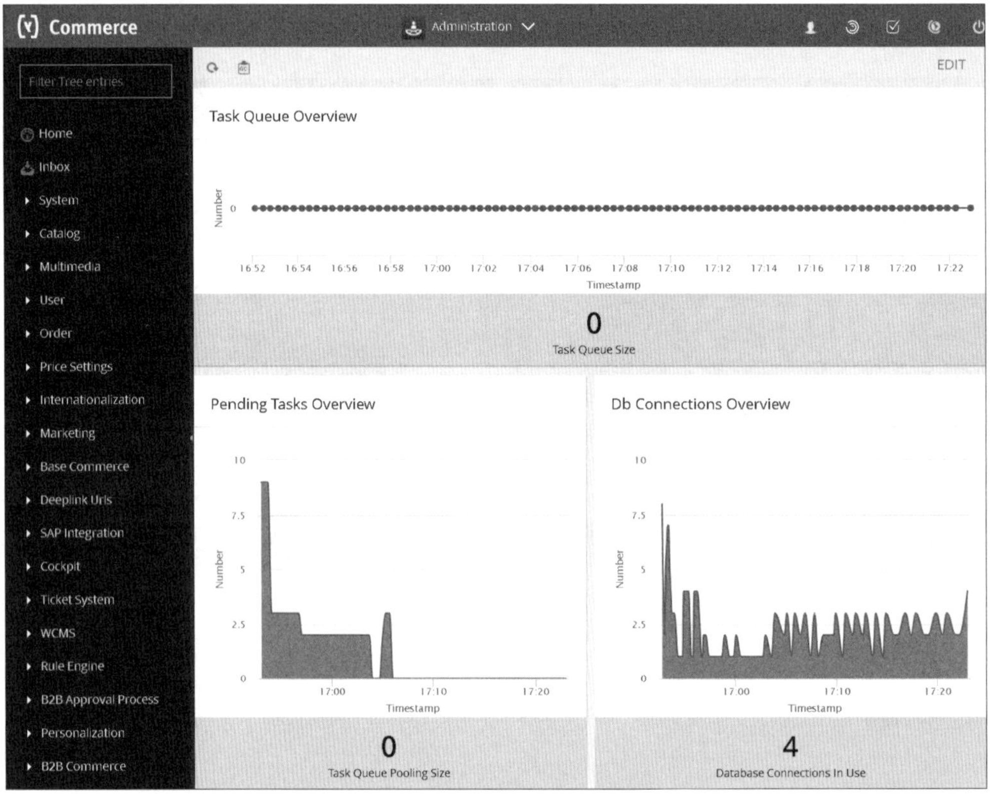

Abbildung 15.4 Startseite des Backoffice von SAP Commerce

15.6 Erstellung einer Wissensbasis und einer Laufzeitversion

Die Konfigurationsmodelle werden in Form der Wissensbasis an SAP Commerce bzw. SAP Product Configuration übergeben. Dazu muss im SAP-Backendsystem sowohl eine Wissensbasis als auch eine Laufzeitversion erstellt werden. Wir gehen davon aus, dass das konfigurierbare Material (KMAT) in SAP bereits vorhanden ist und genutzt werden kann.

15.6.1 Erstellung einer Wissensbasis

Zu Beginn wird eine sogenannte Wissensbasis erstellt. Diese kann in Transaktion CU31 erzeugt werden. Zunächst wird der Name für die Wissensbasis eingegeben. Sie benennen die Wissensbasis wie das KMAT, für das Sie die Wissensbasis erzeugen (siehe Abbildung 15.5, Feld **Knowledge-base object**).

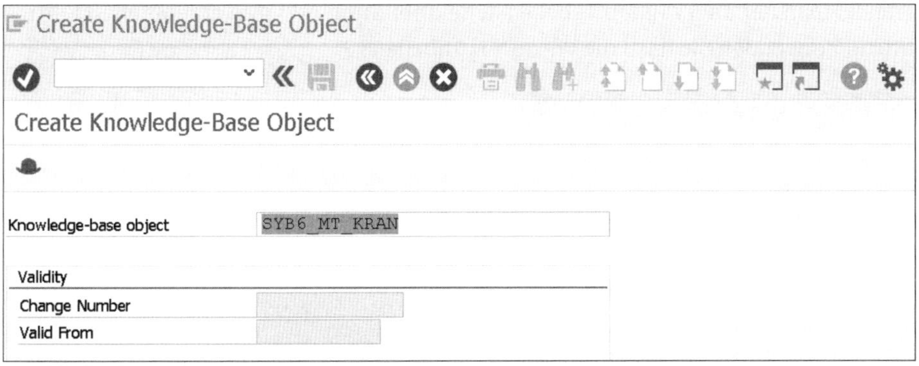

Abbildung 15.5 Anlage der Wissensbasis (Transaktion CU31)

Mit Klick auf das Icon wird die Wissensbasis erzeugt, und die folgenden Daten aus Tabelle 15.2 können eingegeben werden (siehe Abbildung 15.6).

Parameter	Beschreibung
Description	Beschreibung der Wissensbasis
Status	1 für Released

Tabelle 15.2 Parameter für die Erstellung der Wissensbasis

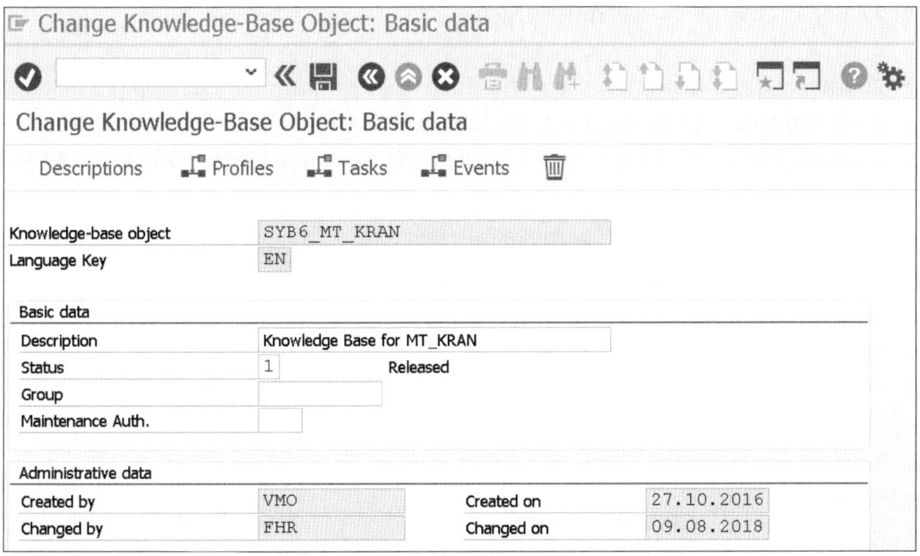

Abbildung 15.6 Beschreibung eingeben und Status setzen

Nachdem Sie die oberen Werte eingegeben haben, klicken Sie auf den Button **Profiles**.

Fügen Sie in der angezeigten Tabelle (siehe Abbildung 15.7) nun einen neuen Eintrag hinzu. Verwenden Sie dazu die Werte aus Tabelle 15.3.

Parameter	Beschreibung
KB profile	Wissensbasis-Profil
Description	Beschreibung

Tabelle 15.3 Parameter zur Anlage des Wissensbasis-Profils

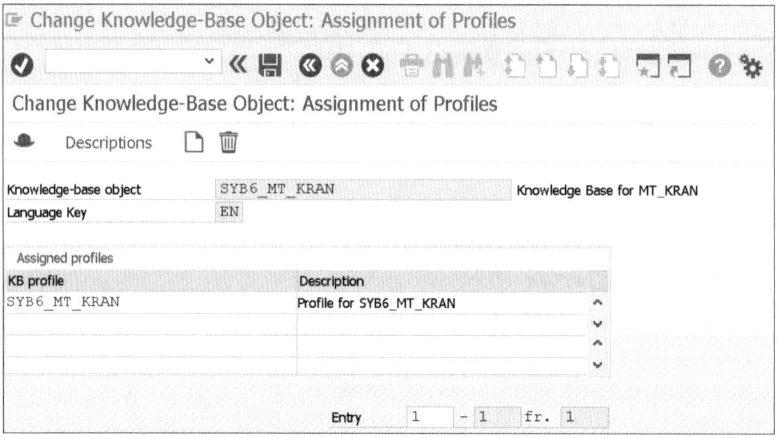

Abbildung 15.7 Wissensbasis-Profil anlegen

Nach Anlage des Eintrages für das Wissensbasis-Profil und einem Doppelklick auf den neu angelegten Eintrag geben Sie hier nun das Material und optional eine Beschreibung ein (siehe Abbildung 15.8). Speichern Sie danach das Wissensbasis-Profil ab.

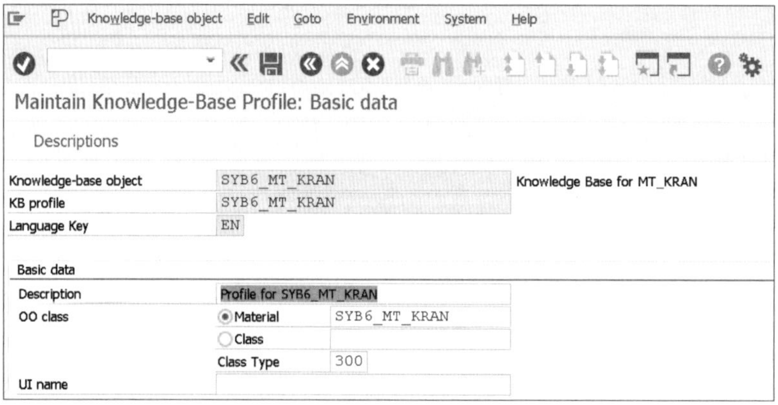

Abbildung 15.8 Materialnummer zum Profil angeben

15.6.2 Erstellung einer Laufzeitversion

Nachdem die Wissensbasis angelegt wurde, erstellen Sie eine Laufzeitversion. Öffnen Sie dazu Transaktion CU34. Geben Sie zunächst die oben angelegte Wissensbasis sowie die Versionsnummer 1.0 an (siehe Abbildung 15.9).

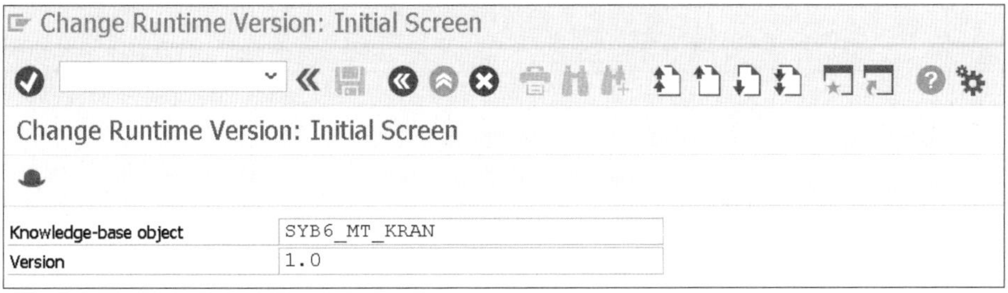

Abbildung 15.9 Anlage einer Laufzeitversion (Transaktion CU34)

Wenn Sie nun [↵] drücken, gelangen Sie direkt in die Laufzeitversion (siehe Abbildung 15.10) und können dort die Werte aus Tabelle 15.4 eingeben.

Parameter	Beschreibung
Valid From	Ab diesem Datum ist die Laufzeitversion gültig.
Plant	Werk, das zur Auflösung der Stückliste verwendet wird
BOM Application	Stücklistenapplikation, die zur Auflösung der Stückliste verwendet wird

Tabelle 15.4 Parameter zur Anlage der Laufzeitversion

Zur Generierung der Laufzeitversion drücken Sie das Icon (siehe Abbildung 15.10).

Kompatibilität

Damit die Generierung der Laufzeitversion korrekt funktioniert, muss Ihr Variantenkonfigurationsmodell kompatibel mit SAP Product Configuration in SAP Commerce sein. Nähere Informationen dazu finden Sie hier:

http://s-prs.de/v632804.

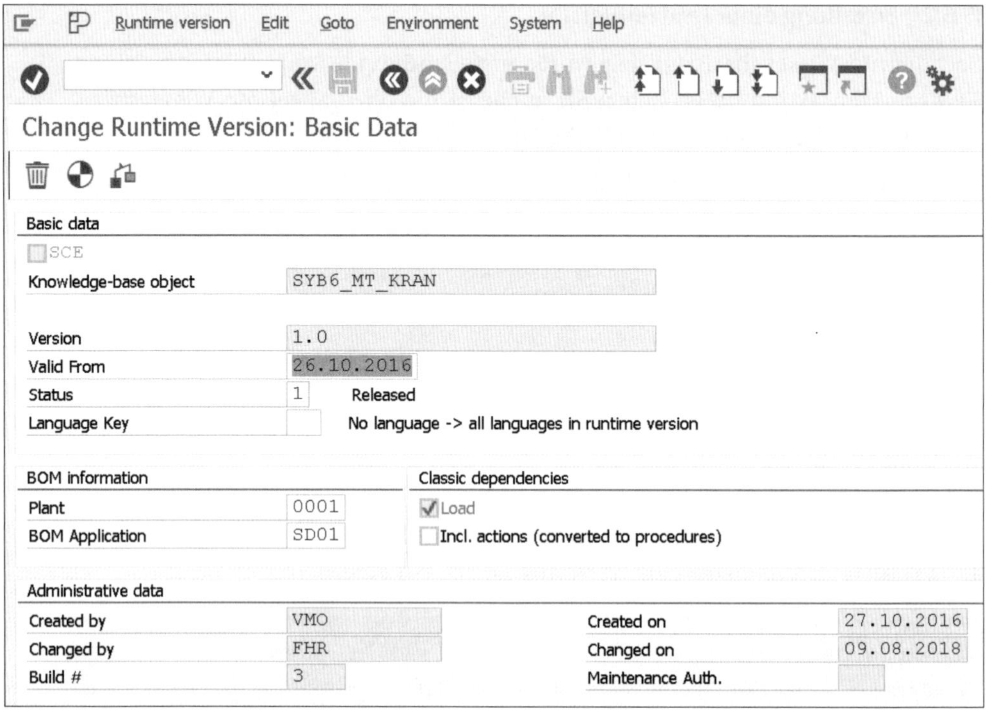

Abbildung 15.10 Eingabe Gültigkeit, Werk und Stücklistenapplikation

15.7 Verbindung von SAP Commerce zu SAP ERP / S/4HANA

Damit später das Customizing und die Konfigurationsdaten aus dem SAP ERP bzw. SAP S/4HANA geladen werden können, muss SAP Commerce an das Backendsystem angebunden werden. Hierzu wird eine RFC-Verbindung zwischen den beiden Systemen eingerichtet.

15.7.1 Anlage einer RFC-Verbindung in SAP Commerce

Im Backoffice von SAP Commerce muss eine RFC-Verbindung zu SAP ERP bzw. SAP S/4HANA angelegt werden. Dazu navigieren Sie im Backoffice zum Menüeintrag **SAP Integration** und rufen dort den Menüpunkt **RFC Destination** auf.

Über das Plus-Symbol legen Sie eine neue Destination mit den Parametern aus Tabelle 15.5 an.

Parameter	Beschreibung
RFC Destination	Name der RFC-Verbindung, z. B. SAP_ERP
Host Name	Servername des ERP-Systems, z. B. **erp.sybit.de**
Instance Number	Instanznummer des ERP-Systems
Client	Mandant des ERP-Systems, mit dem verbunden werden soll
User ID	Benutzername zur Anmeldung am ERP-System
Password	Passwort des Benutzers

Tabelle 15.5 Parameter für die RFC-Verbindung in SAP Commerce

15.7.2 Anlage einer Customizing-Verbindung SAP ERP zu SAP Commerce

Für die Verbindung von SAP ERP zu SAP Commerce muss eine RFC-Verbindung über Transaktion SM59 (siehe Abbildung 15.11) angelegt werden. Verwenden Sie hierzu die Parameter aus Tabelle 15.6.

Parameter	Beschreibung
RFC Destination	Name der RFC Destination, z. B. PC_DL
Connection Type	Verbindungstyp: T
Description	Beschreibung, z. B. TCP/IP Connection for Delta Load Product Configuration
Activation Type	Registered Server Program
Program	Programmname: PC_DL
Gateway Host	Hostname des Gateways (siehe Transaktion SMGW)
Gateway Service	Name des Gateway Service (siehe Transaktion SMGW)
Communication Type with Target System	Unicode

Tabelle 15.6 Konfiguration der RFC-Verbindung in SAP ERP

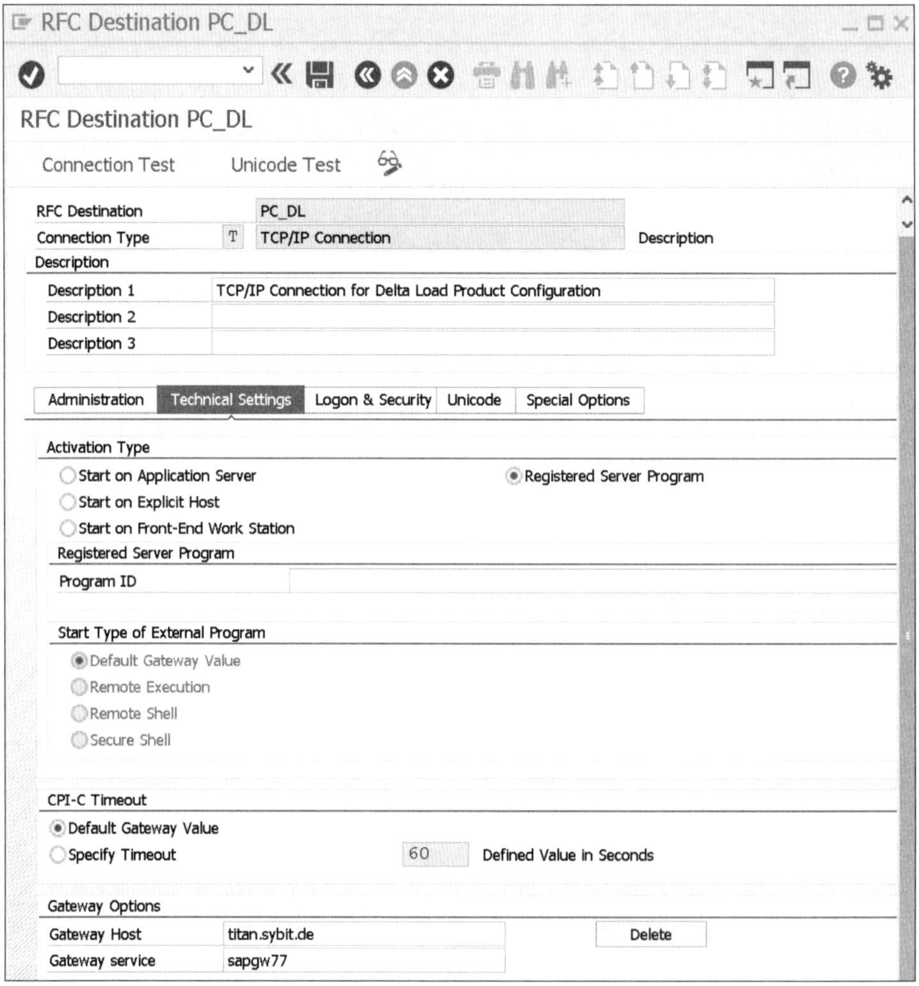

Abbildung 15.11 Anlage einer RFC Destination (Transaktion SM59)

15.7.3 Anlage einer Base Store Configuration

Im Backoffice muss außerdem ein neuer Base Store angelegt werden. Die Konfiguration dazu findet sich unter **SAP Integration • SAP Base Store Configuration**. Über das Plus-Symbol kann eine neue Konfiguration mit den Parametern aus Tabelle 15.7 angelegt werden.

Parameter	Beschreibung
Core Data • Name	Name der Konfiguration, z. B. BASE_STORE_CONFIG
Core Data • RFC Destination	Zuvor angelegte RFC Destination zum SAP-ERP-System (SAP_ERP)
Data Load • RFC Destination	Zuvor angelegte RFC Destination zum SAP-ERP-System (PC_DL)
Data Load • TCP/IP Connection from Back End	Zuvor angelegte RFC-Verbindung im SAP-ERP-System zu SAP Commerce
Administration • Base Store	Zuordnung zum Base Store, in diesem Fall Powertools
Administration • Sales Organization	Verkaufsorganisation zur Anlage des Auftrages in SAP ERP, z. B. 0001
Administration • Distribution Channel	Vertriebsweg zur Anlage des Auftrages in SAP ERP, z. B. 01
Administration • Division	Sparte zur Anlage des Auftrages in SAP ERP, z. B. 01
Administration • Order Type	Auftragsart zur Anlage des Auftrages in SAP ERP, z. B. TA

Tabelle 15.7 Parameter zur Anlage der Base Store Configuration

15.7.4 Filter-Einstellungen für den Data Load

Neben den oben genannten Einstellungen müssen Sie in der **Base Store Configuration** auch die Filter-Einstellungen für den Data Load angeben. Damit wird gesteuert, welche Daten aus dem SAP-Backendsystem geladen werden sollen. Für das Beispiel wollen Sie nur das Material SYB6_MT_KRAN mit den dafür nötigen Daten laden.

Die Filter-Einstellungen werden über Textdateien vorgenommen. Daher erstellen Sie drei Textdateien für:

- Knowledge-Base-Filter mit dem Namen **knowledgebases.txt**
- Conditions-Filter mit dem Namen **conditions.txt**
- Material-Filter mit dem Namen **materials.txt**

Diese drei Dateien werden, wie nachstehend aufgeführt, mit dem jeweils beschriebenen Inhalt gefüllt.

Knowledge-Base-Filter

Sie laden die unten angegebenen Wissensbasen mit der entsprechenden Versionsnummer der Laufzeitversion:

```
SYB6_MT_KRAN,1.0
SYB6_MT_KRAN,2.0
```

Conditions-Filter

Sie laden alle Konditionstabellen, die mit A beginnen, und filtern auf die Konditionssätze für die Verkaufsorganisation 0001 und die Materialnummer SYB6_MT_KRAN.

```
table=A*
range=A*,VKORG,I,EQ,0001
range=A*,MATNR,I,EQ,SYB6_MT_KRAN
```

Material-Filter

Sie laden die folgenden Tabellen und filtern auf das Material SYB6_MT_KRAN:

```
table=MARA,
table=MAKT,MARA
table=MARM,MARA
table=MARC,MARA
table=MLAN,MARA
table=MVKE,MARA
table=CUCFG,MARA
range=MARA,MATNR,I,EQ,SYB6_MT_KRAN
```

Nachdem Sie die drei Dateien angelegt haben, laden Sie diese im Backoffice hoch. Dazu navigieren Sie über **Multimedia • Media** zur Medienverwaltung. Drücken Sie dort auf das Plus-Symbol, und erstellen Sie mit den drei Textdateien jeweils ein Medienobjekt (siehe Abbildung 15.12).

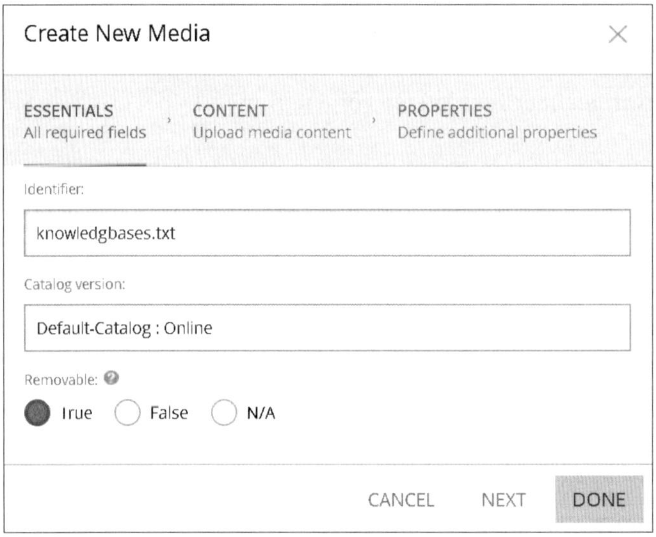

Abbildung 15.12 Anlegen des Medienobjektes für Filter-Einstellungen

Wenn Sie das Medienobjekt angelegt haben, können Sie die Dateien hochladen, wie in Abbildung 15.13 dargestellt.

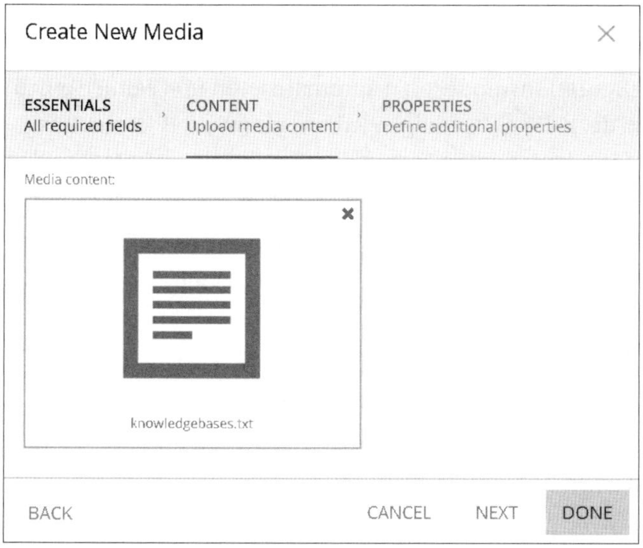

Abbildung 15.13 Hochladen des Medienobjektes für Filter-Einstellungen

Wenn Sie die drei Medienobjekte erzeugt haben, wechseln Sie im Backoffice in **SAP Base Store Configuration**, öffnen dort Ihre bereits erstellte Konfiguration und navigieren auf die Registerkarte **Data Load**. Dort ordnen Sie die erstellten Medienobjekte jeweils der entsprechenden Filter-Einstellung zu (siehe Abbildung 15.14).

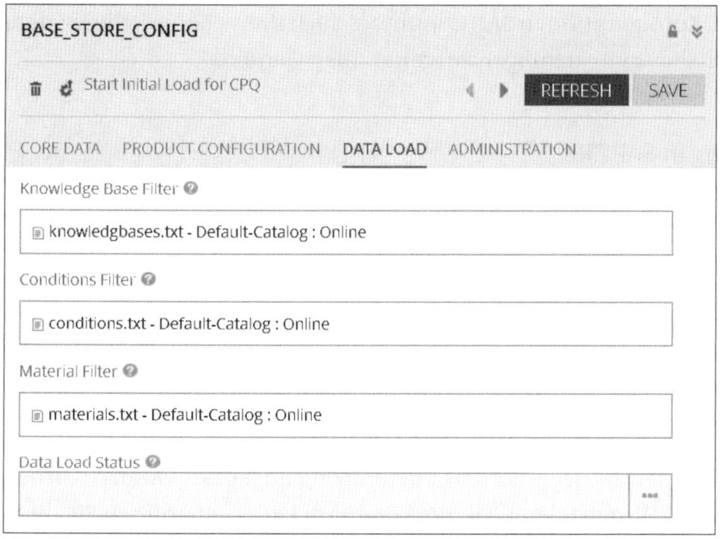

Abbildung 15.14 Zuordnung der Filter im Base Store

15.7.5 Anpassung der CronJobs

Damit die Verbindungsdaten auch nach einem Neustart von SAP Commerce noch vorhanden sind, sollten die entsprechenden CronJobs angepasst werden. CronJobs dienen in SAP Commerce dazu, regelmäßige Aktivitäten, wie z. B. das Laden von Stammdaten oder der Konfigurationsmodelle, zu automatisieren und zeitlich einzuplanen. Im CronJob werden dazu die notwendigen Parameter (wie z. B. Verbindungsdaten) hinterlegt, sodass der CronJob ohne manuelle Interaktion gestartet werden kann.

Öffnen Sie dazu im Backoffice die CronJob-Suche über **System • Background Processes • CronJobs**. Geben Sie in der Suche den Suchbegriff dataLoaderCronJob ein. Sie finden drei Jobs. Öffnen Sie alle drei, und tragen Sie auf der Registerkarte **Administration** im Feld **SAP Base Store Configuration** den oben angelegten Base Store ein. Speichern Sie dann Ihre Änderungen.

15.7.6 Starten des Initial Load

Nun starten Sie mit einem Klick auf das Icon  in **SAP Base Store Configuration** den Initial Load. Dies führt zum jetzigen Zeitpunkt zwar noch nicht zu einem Ergebnis, allerdings wird bereits eine Verbindung zum SAP-Backendsystem aufgebaut. Dies ist für einige der folgenden Customizing-Einstellungen wichtig.

15.8 Preisfindung in der Konfiguration

Damit während der Konfiguration in SAP Commerce auch Preise dargestellt werden, müssen einige zusätzliche Einstellungen vorgenommen werden.

15.8.1 Customizing in SAP ERP

Zunächst muss ermittelt werden, welches Kalkulationsschema im Shop verwendet werden soll. Dazu legen Sie einen Auftrag mit der entsprechenden Auftragsart (im Beispiel TA) in SAP ERP an und prüfen im Auftragskopf, welches Kalkulationsschema ermittelt wird (siehe Abbildung 15.15). In diesem Fall ist es das Standardschema für Aufträge RVAA01.

In diesem Kalkulationsschema wird für den Grundpreis die Kondition PR00 und für die Variantenkonditionen die Kondition VA00 verwendet.

Diese beiden Konditionen müssen nun im Customizing angepasst werden. Öffnen Sie dazu Transaktion V/06, navigieren Sie zur Kondition PR00, und öffnen Sie diese per Doppelklick.

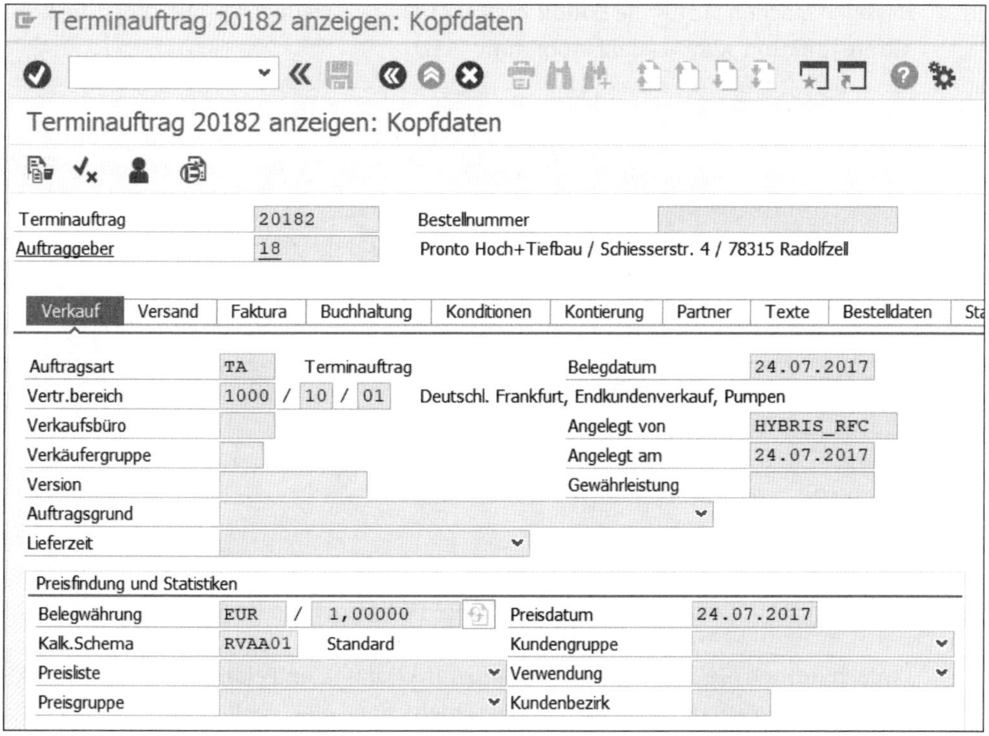

Abbildung 15.15 Kalkulationsschema im Auftragskopf

In dieser Kondition muss nun als **Konditionsfunktion** ein Schlüssel hinterlegt werden, Sie verwenden hierzu »ZSS1« (siehe Abbildung 15.16).

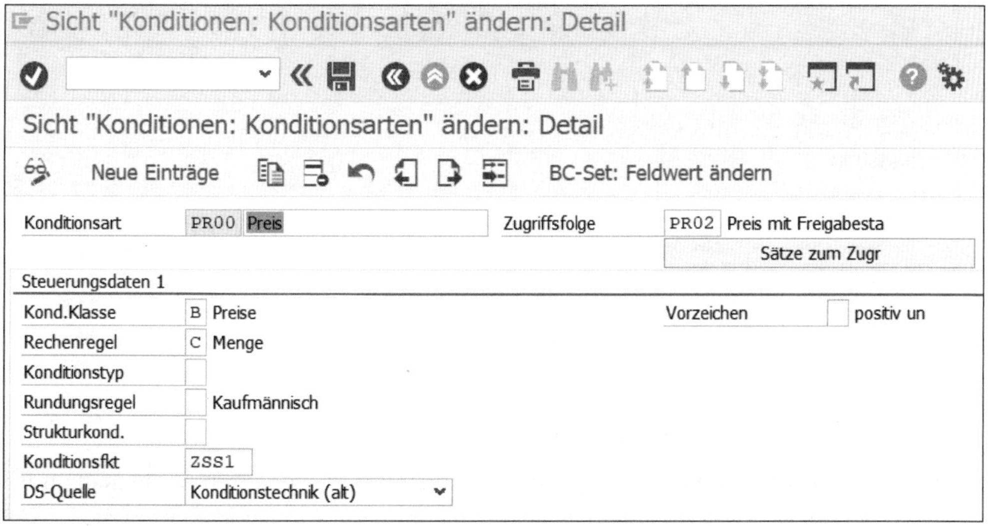

Abbildung 15.16 Konditionsfunktion in Kondition PR00

Dasselbe machen Sie für die Kondition VA00. Hier verwenden Sie allerdings die Konditionsfunktion »ZSS2« (siehe Abbildung 15.17).

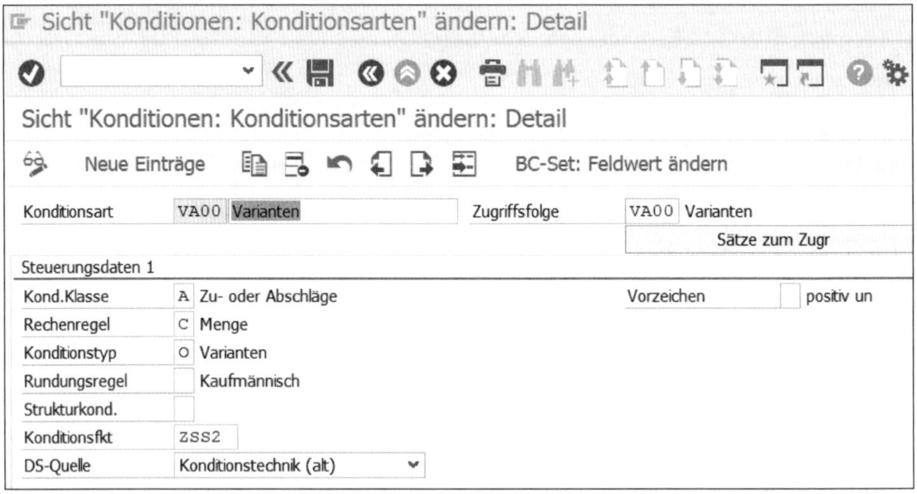

Abbildung 15.17 Konditionsfunktion in Kondition VA00

Danach ordnen Sie die beiden Konditionsfunktionen den Feldnamen zu, die in SAP Commerce verwendet werden. Dies geschieht über die Tabelle PRCV_CONDPURP, die über Transaktion SM30 gepflegt werden kann. Beim Öffnen der Tabelle ist im Feld **Anwendung** eine Anwendung einzugeben. Hier geben Sie »V« für Vertrieb ein (siehe Abbildung 15.18).

Abbildung 15.18 Zuordnung der Konditionsfunktion zum Zielfeldnamen

15.8.2 Customizing in SAP Commerce

In SAP Commerce müssen die entsprechenden Einstellungen nun ebenfalls noch vorgenommen werden. Dazu navigieren Sie im Backoffice zu **SAP Integration • SAP Base Store Configuration** und öffnen dort die angelegte Konfiguration (siehe Abbildung 15.19). Auf der Registerkarte **Product Configuration** können Sie nun die Werte aus dem SAP-ERP-System (siehe Parameter in Tabelle 15.8) eingeben.

Parameter	Beschreibung
Pricing Procedure	Kalkulationsschema aus dem SAP ERP, in unserem Fall RVAA01
Base Price	Zielfeldname für den Grundpreis aus Abbildung 15.18, in unserem Fall BASE_PRICE
Selected Options	Zielfeldname für die Optionspreise aus Abbildung 15.18, in unserem Fall OPTIONS

Tabelle 15.8 Customizing-Parameter in SAP Commerce

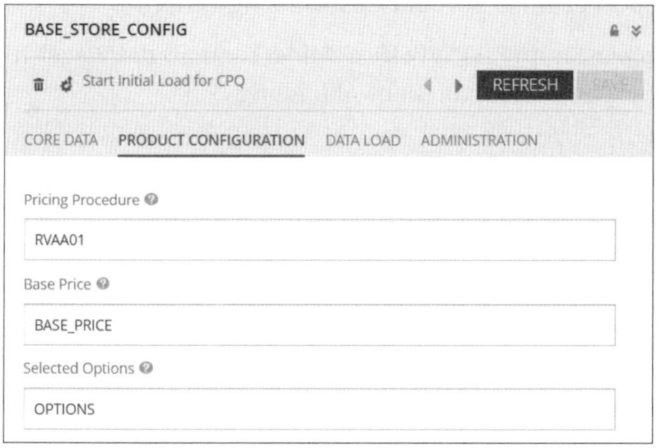

Abbildung 15.19 Customizing SAP Commerce

Außerdem muss die Anzeige der Preise in der Konfiguration aktiviert werden (siehe Abbildung 15.20).

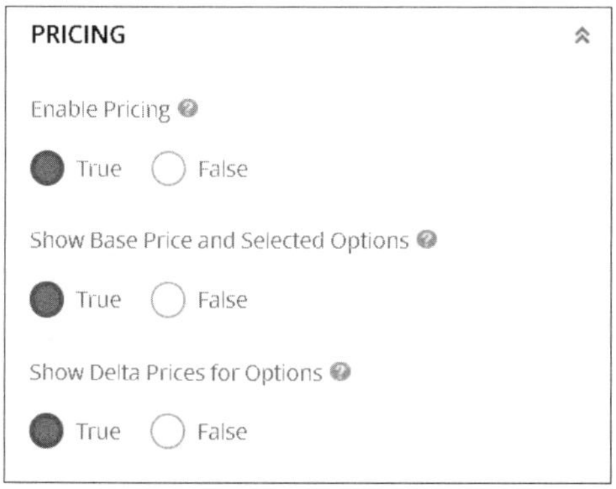

Abbildung 15.20 Customizing zur Anzeige von Preisen in der Konfiguration

15.9 Customizing-Download

Die Customizing-Einstellungen aus dem SAP-Backendsystem müssen nach SAP Commerce übernommen werden. Dazu werden die Daten aus dem SAP-Backendsystem exportiert und in SAP Commerce importiert.

15.9.1 Erstellung des Reports zum Export der Customizing-Daten

Der notwendige Report muss im SAP-Backendsystem erstellt werden. Den Report finden Sie im SAP-Hinweis 1983231 (*https://launchpad.support.sap.com*). Der Report kann über Transaktion SE38 erzeugt werden.

15.9.2 Ausführung des Reports zum Export der Customizing-Daten

Starten Sie den Report und geben Sie im Feld **SAPoffice: Folder contents** das Verzeichnis an, in dem der Export abgelegt werden soll (siehe Abbildung 15.21).

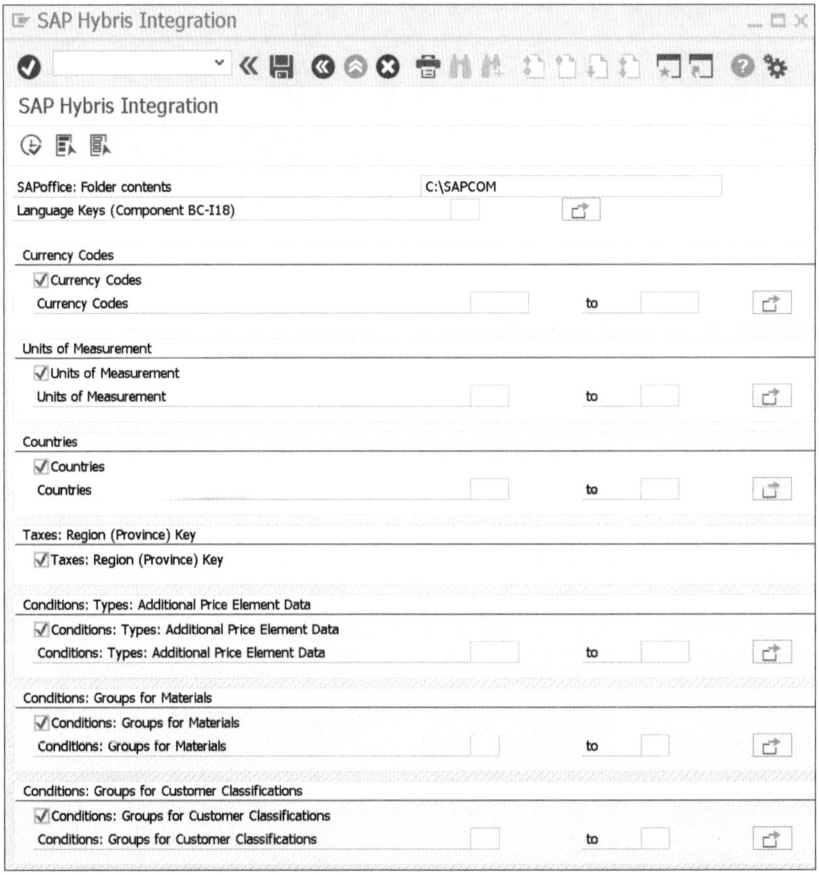

Abbildung 15.21 Report zum Export des Customizings (Transaktion SE38)

Über die anderen Parameter des Reports können Sie steuern, welche Datenobjekte geladen werden sollen. Außerdem ist es möglich, pro Datenobjekt einen Filter zu definieren (von/bis). Lassen Sie, wie vom Report vorgeschlagen, alle Objekte angeklickt, und führen Sie den Report aus. Ergebnis des Exports ist eine Textdatei mit dem Namen **customizing.impex**.

15.9.3 Import der Customizing-Daten in SAP Commerce

Die zuvor erstellte ImpEx-Datei wird nun in SAP Commerce importiert. Dazu öffnen Sie über den folgenden Link die Administrationskonsole:

https://powertools.local:9002/

Wählen Sie dort den Menüpfad **Console ImpEx • Import**, und wechseln Sie auf die Registerkarte **Import Script**. Hier wählen Sie die zuvor erstellte ImpEx-Datei aus, aktivieren Sie die Optionen **Legacy mode** und **Enable code execution**, und klicken Sie auf den Button **Import file**.

Nach erfolgreichem Import erscheint die Meldung »Import finished successfully«.

Abbildung 15.22 Import der Customizing-Daten aus SAP ERP

15.10 Data Load

Damit der Data Loader das Customizing und die Stammdaten aus dem SAP- ERP- bzw. SAP-S/4HANA-System herunterladen kann, muss die Tabelle CRMATAB im SAP-Backendsystem mit den entsprechenden Customizing-Tabellen befüllt werden. Diese Befüllung findet durch einen Report statt, der im SAP-Backendsystem implementiert werden muss. Die Sourcen zum Report finden sich im SAP-Hinweis 2239444 (*https://launchpad.support.sap.com*). Der Report kann manuell über Transaktion SE38 angelegt werden.

15.10.1 Ausführung des Reports zum Befüllen der Tabelle CRMATAB

Nachdem der Report angelegt wurde, kann dieser gestartet werden. Als Eingabeparameter wird lediglich die Tabelle CRMATAB angegeben (siehe Abbildung 15.23).

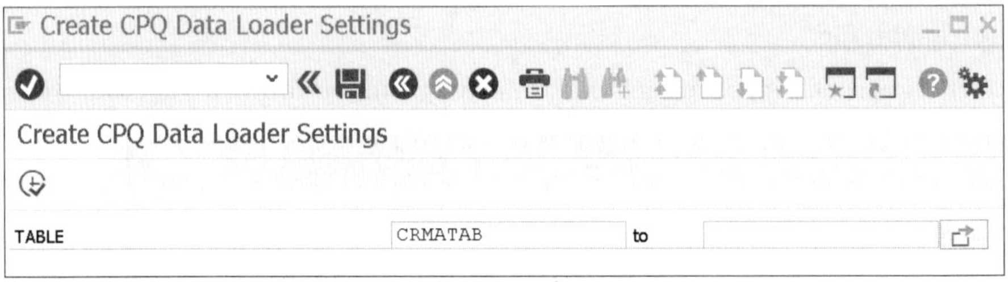

Abbildung 15.23 Report zum Laden der Tabelle CRMATAB

> **Erfolgreiche Durchführung des Reports**
>
> Der Report liefert keinerlei Rückmeldung. Ob der Report erfolgreich war, kann man lediglich daran erkennen, indem man in Transaktion SE16 prüft, ob die Tabelle CRMATAB nach Ausführung des Reports Einträge enthält.

15.10.2 Customizing zum Laden der Wissensbasis

Um später die Wissensbasis bzw. die Laufzeitversion aus dem SAP-ERP-System in die Product Configuration von SAP Commerce herunterladen zu können, müssen einige Tabellen im SAP-ERP-System befüllt werden.

Zunächst muss in der Tabelle TBE31 ein Eintrag vorhanden sein, wie er in Abbildung 15.24 zu sehen ist. Ist dieser Eintrag dort noch nicht angelegt, kann er über Transaktion BF31 hinzugefügt werden.

Außerdem muss in der Tabelle TBE11 ein Eintrag vorhanden sein, wie er in Abbildung 15.25 zu sehen ist. Falls dieser Eintrag dort noch nicht angelegt ist, kann er über Transaktion BF11 hinzugefügt werden.

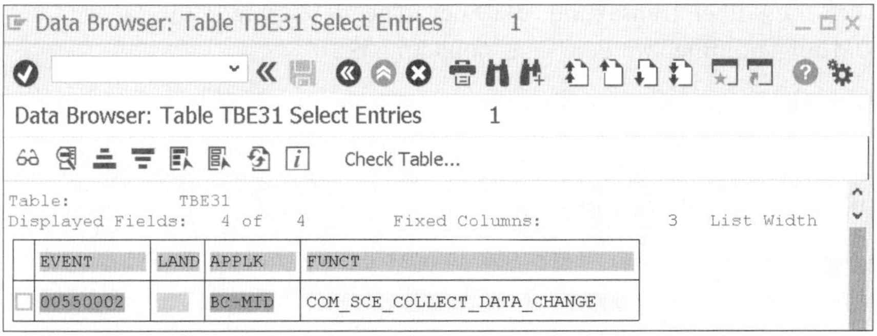

Abbildung 15.24 Eintrag in der Tabelle TBE31

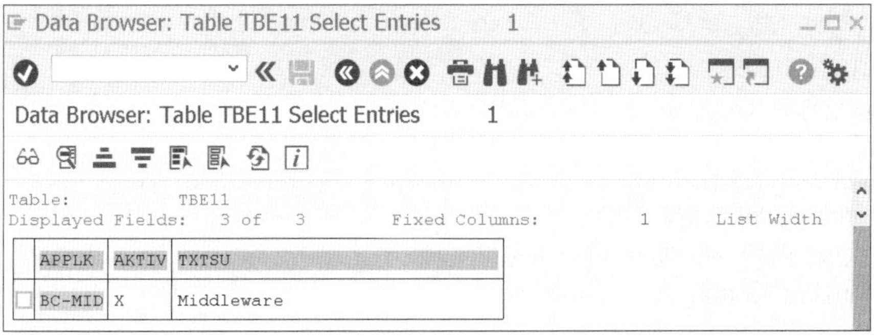

Abbildung 15.25 Eintrag in der Tabelle TBE11

15.10.3 Customizing für den Delta Load

Änderungen an bereits bestehenden Wissensbasen können automatisch an SAP Commerce übergeben werden. Hierzu müssen die Customizing-Tabellen für den Delta Load eingerichtet werden. Dazu müssen in Tabelle TBE31 drei Einträge hinzugefügt werden, wie sie in Abbildung 15.26 zu erkennen sind. Die Einträge können über Transaktion BF31 eingepflegt werden.

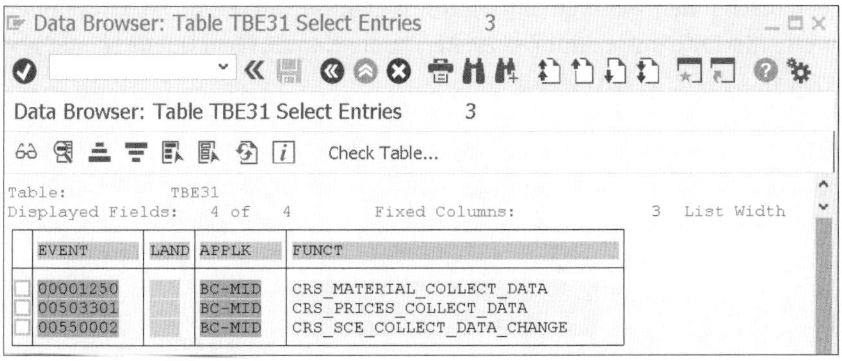

Abbildung 15.26 Einträge in der Tabelle TBE31 für Delta Load

Zusätzlich muss über Transaktion SM30 der folgende Eintrag in die Tabelle CRM-CONSUM aufgenommen werden (siehe Abbildung 15.27).

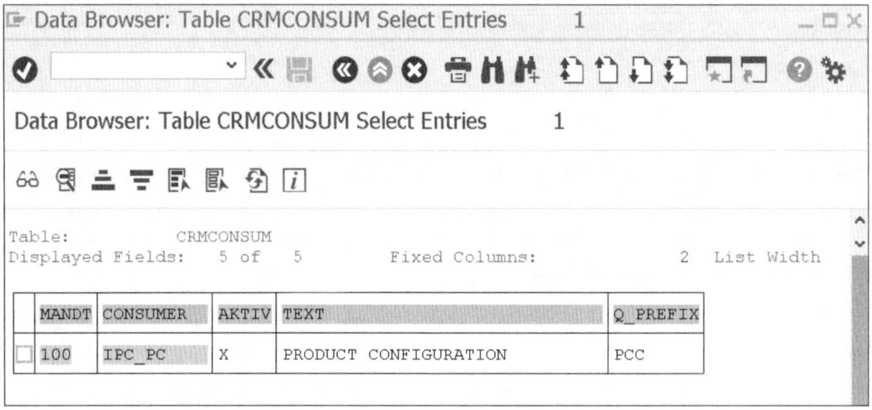

Abbildung 15.27 Eintrag in der Tabelle CRMCONSUM

[»]

Benennung des CONSUMER

Der CONSUMER sollte immer mit dem Präfix IPC beginnen, sonst kann es zu Problemen bei der Übertragung kommen.

Damit das System weiß, an welche RFC-Verbindung die Delta-Änderungen gesendet werden müssen, wird in der Tabelle CRMRFCPAR der CONSUMER der entsprechenden RFC Destination zugeordnet. Diese Zuordnung erfolgt für jeden Objekttyp separat. Das bedeutet, es wird ein Eintrag für CONDITIONS, MATERIAL und SCE erstellt. Die Pflege erfolgt über Transaktion SM30.

Legen Sie zunächst einen Eintrag für das Objekt CONDITIONS an. Entnehmen Sie die Werte hierfür der Abbildung 15.28. Als Queue-Namen (Feld **Queue Name**) verwenden Sie »COM_DELT_CONDITIONS«.

Legen Sie danach einen weiteren Eintrag für das Objekt MATERIAL an. Entnehmen Sie die Werte hierfür der Abbildung 15.29. Als Queue-Namen (Feld **Queue Name**) verwenden Sie »COM_DELT_MATERIAL«.

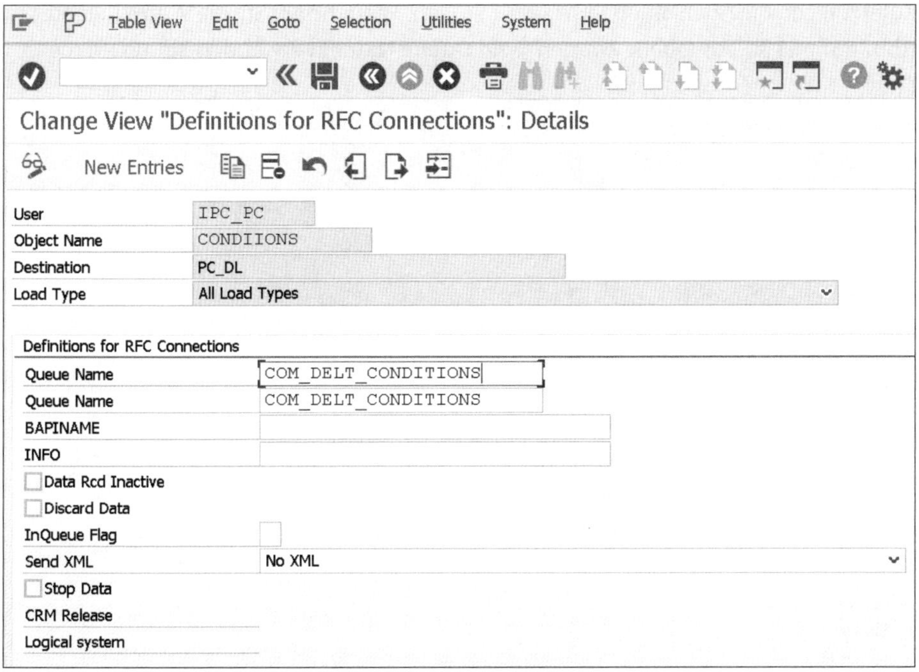

Abbildung 15.28 Eintrag in der Tabelle CRMRFCPAR für CONDITIONS

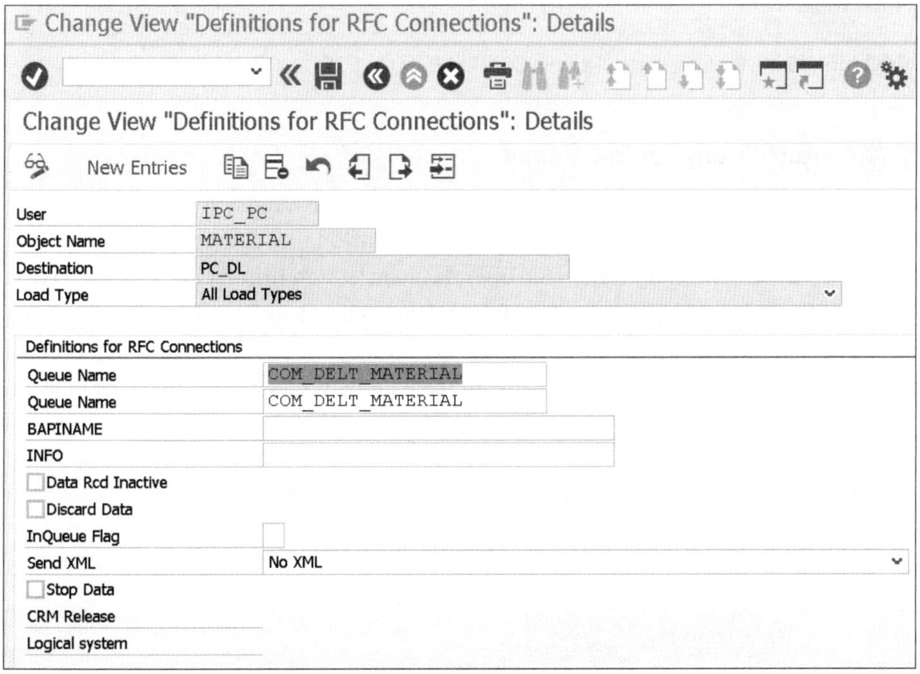

Abbildung 15.29 Eintrag in der Tabelle CRMRFCPAR für MATERIAL

Zuletzt legen Sie noch einen Eintrag für SCE an. Entnehmen Sie die Werte hierfür der Abbildung 15.30. Als Queue-Namen (Feld **Queue Name**) verwenden Sie »COM_DELT_SCE«.

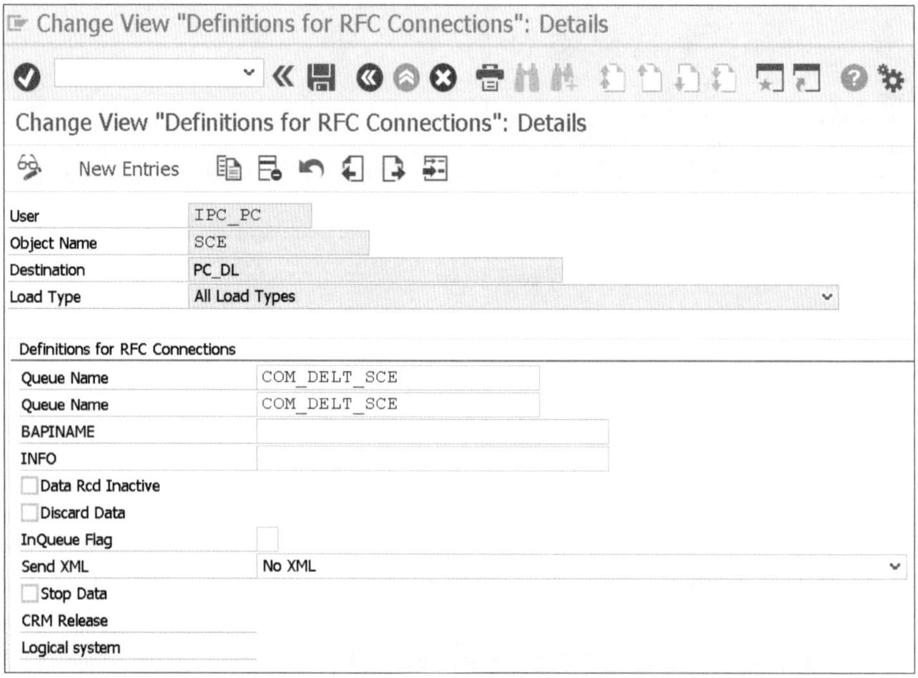

Abbildung 15.30 Eintrag in der Tabelle CRMRFCPAR für SCE

15.10.4 Ausführung des Initial Load

Nun kann der Initial Load durchgeführt werden. Dazu wechseln Sie im Backoffice unter **SAP Integration** auf **SAP Base Store Configuration** und öffnen die bereits angelegte Konfiguration. Hier können Sie über das Icon den Initial Load starten. Da Sie in Abschnitt 15.7, »Verbindung von SAP Commerce zu SAP ERP / S/4HANA«, den Load schon einmal angestoßen haben, werden Sie darauf hingewiesen, dass der Prozess bereits läuft (siehe Abbildung 15.31). Brechen Sie den alten Prozess einfach mit einem Klick auf den Button **YES** ab.

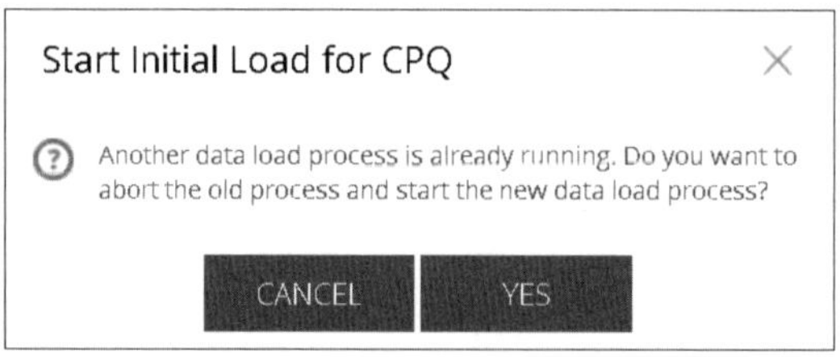

Abbildung 15.31 Abbrechen des alten Prozesses

Den Status des laufenden Initial Load können Sie prüfen, indem Sie in der Konfiguration unter **Data Load** einen Doppelklick auf den Wert des Parameters **Data Load Status** ausführen (siehe Abbildung 15.32).

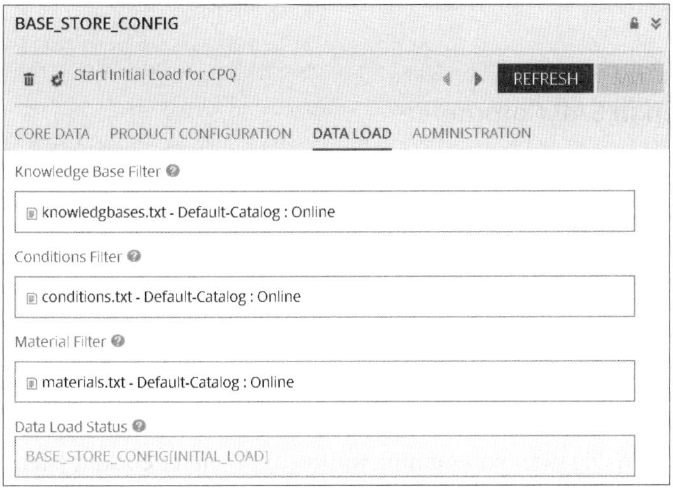

Abbildung 15.32 Status des Data Load

Es erscheint ein Fenster mit Informationen zum Load, wie in Abbildung 15.33 zu sehen.

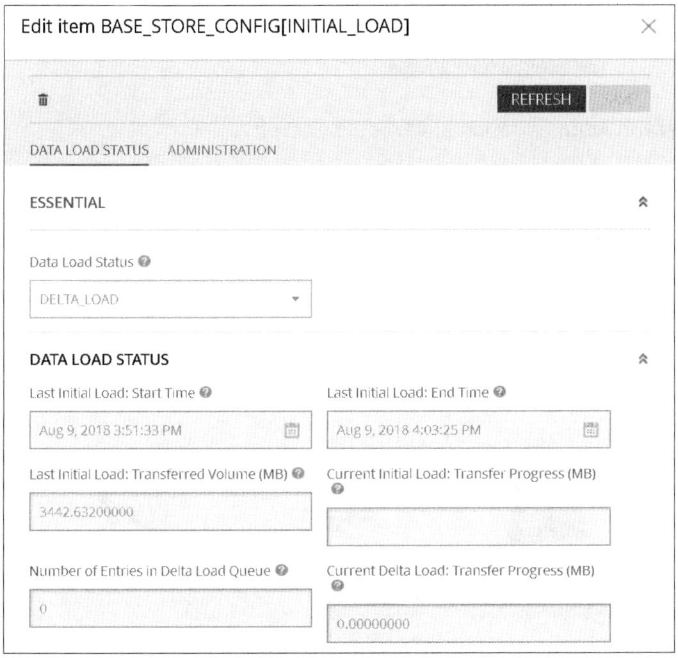

Abbildung 15.33 Details zum Initial Load

Während der Initial Load läuft, erhöht sich der Wert unter dem Parameter **Current Initial Load: Transfer Progress (MB)** kontinuierlich. Wurde der Initial Load zum ersten Mal erfolgreich durchgeführt, ändert sich der Wert des Parameters **Data Load Status** im oberen Bereich des Fensters von »INITIAL_LOAD« auf »DELTA_LOAD«.

15.11 Produktdaten in SAP Commerce

Nachdem die Konfiguration aus dem SAP-Backendsystem nach SAP Commerce geladen wurde, kann die Konfiguration in SAP Commerce eingerichtet werden. Da Sie die Materialstammdaten selbst nicht aus dem SAP-Backendsystem laden, werden Sie in SAP Commerce manuell ein Produkt anlegen und die Produktdaten dort pflegen.

15.11.1 Anlage eines Produktes

Um ein Produkt anzulegen, gehen Sie in das Backoffice von SAP Commerce. Wechseln Sie dort in der Hauptnavigation von **Administration** auf **Product Cockpit** (siehe Abbildung 15.34).

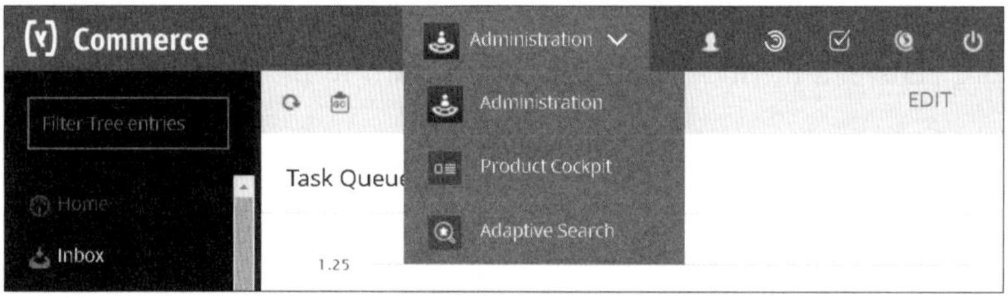

Abbildung 15.34 Wechsel von Administration auf Product Cockpit

Nachdem das **Product Cockpit** geöffnet wurde, sind die ersten Produkte des Powertools-Kataloges bereits sichtbar (siehe Abbildung 15.35).

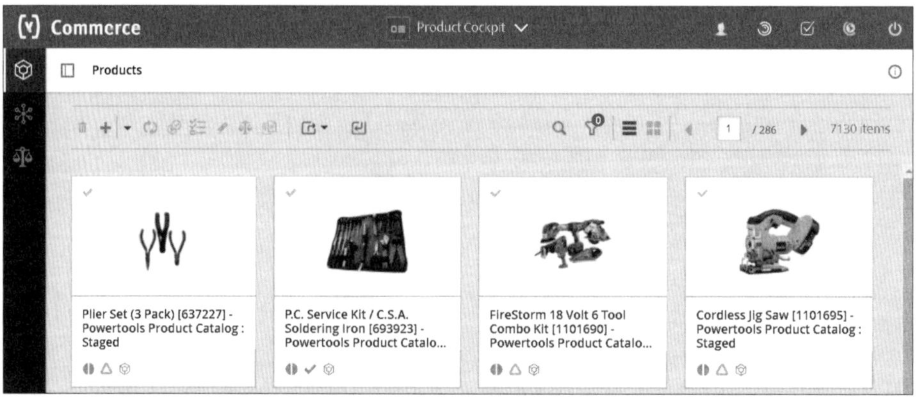

Abbildung 15.35 Product Cockpit in SAP Commerce

Nun legen Sie ein neues Produkt über das Plus-Symbol an. Dabei wird ein Wizard gestartet, der Sie bei der Anlage des Produktes unterstützt. Zunächst geben Sie eine **Artikelnummer** ein, setzen den Status auf »approved« und ordnen dem Produkt den **Katalog** »Powertools Product Catalog: Staged« zu (siehe Abbildung 15.36). Die Artikelnummer muss identisch mit der Materialnummer des konfigurierbaren Materials in SAP ERP sein. In unserem Fall SYB6_MT_KRAN.

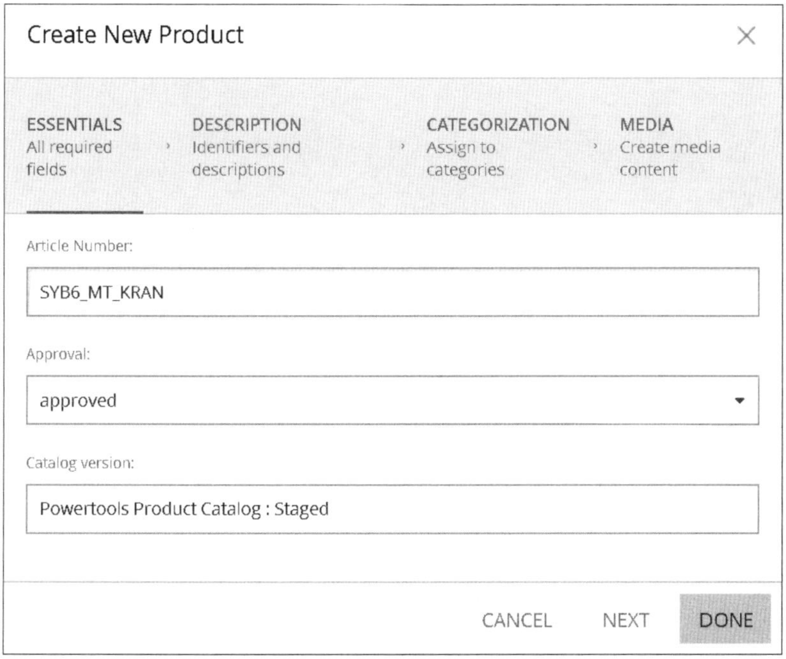

Abbildung 15.36 Anlage der Grunddaten des Produktes

Im zweiten Schritt geben Sie einen **Identifier** und eine Beschreibung (**Description**) zum Produkt an (siehe Abbildung 15.37). Zu beachten ist hierbei, dass die beiden Texte sprachabhängig zu pflegen sind und mindestens die Sprachen Englisch und Deutsch vorhanden sein müssen. Um die Sprachauswahl zu öffnen, klicken Sie deshalb auf das Icon neben dem Label.

Im nächsten Schritt ordnen Sie das Produkt den Kategorien des Produktkataloges zu. Beispielhaft geben Sie hier die Kategorie »Power Drills [1360] – Powertools Product Catalog : Staged« an. Damit können Sie das Produkt später in diesem Katalogbereich im Shop finden. Außerdem ordnen Sie das Produkt dem Bereich »CPQ Configurable Category [CPQConfigurableCategory] – Powertools Product Catalog: Staged« zu (siehe Abbildung 15.38). Diese Zuordnung kennzeichnet das Produkt als »konfigurierbar« in SAP Commerce.

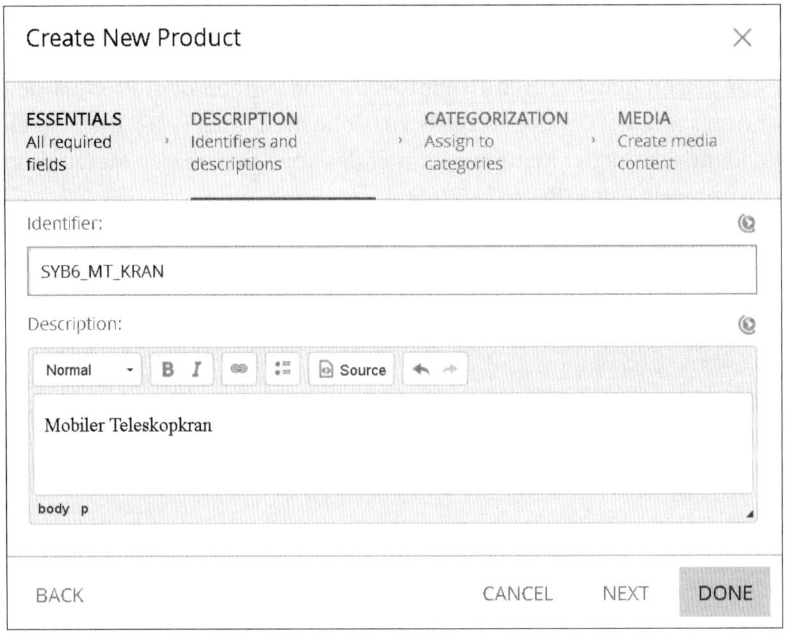

Abbildung 15.37 Pflege von Identifier und Beschreibung

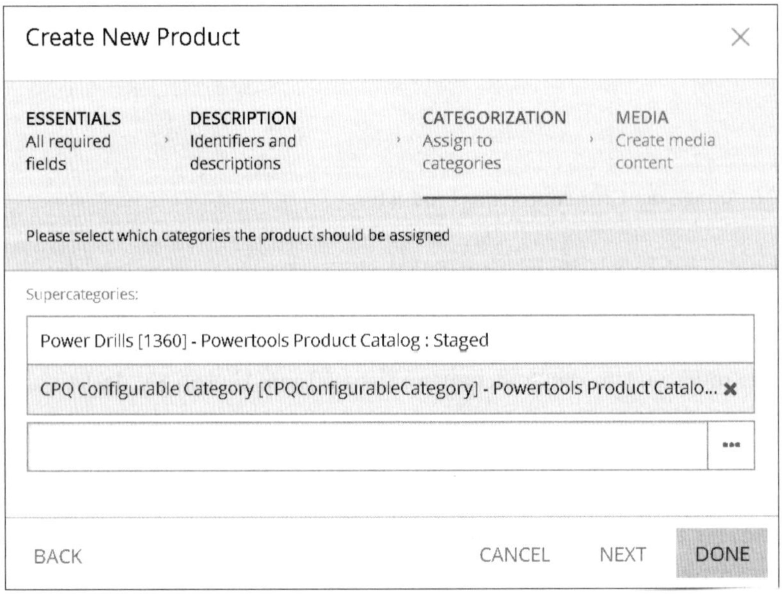

Abbildung 15.38 Zuordnung der Kategorien

Wenn Sie nach Abschluss auf **DONE** klicken, wird das Produkt gespeichert, und Sie können es sich über die Suche (z. B. nach KRAN) wieder anzeigen lassen (siehe Abbildung 15.39).

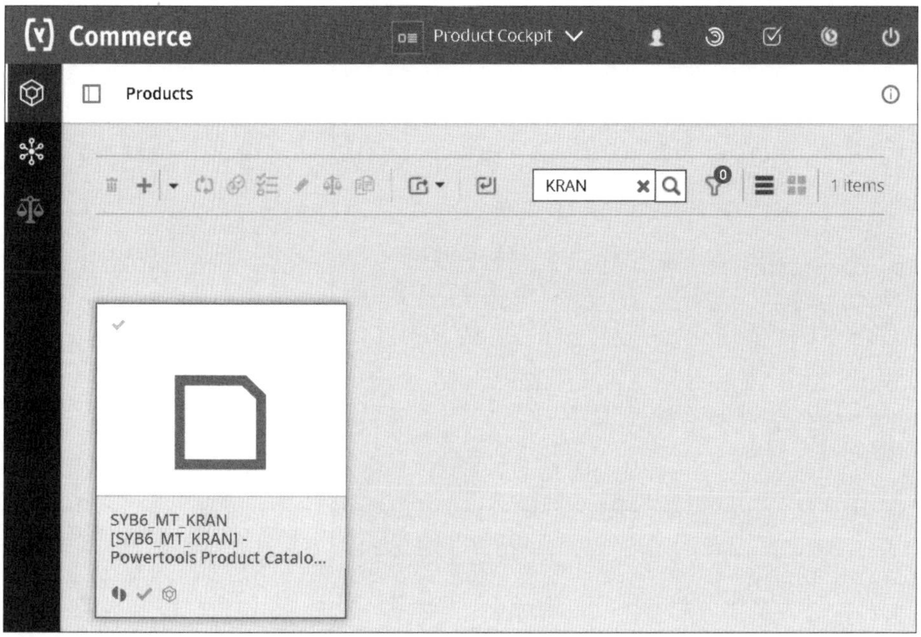

Abbildung 15.39 Suche nach KRAN

15.11.2 Pflege des Bestands zum Produkt

Damit das Produkt im Shop konfigurier- und bestellbar wird, muss in SAP Commerce manuell ein Bestand auf das Produkt gebucht werden. Dazu wechseln Sie in die Administrationsansicht des Backoffice und navigieren über **Base Commerce** zu **Stock Level**. Dort erstellen Sie über das Plus-Symbol einen neuen Eintrag für das Material SYB6_MT_KRAN. In Abbildung 15.40 sehen Sie das Fenster zur Pflege der Bestandsinformationen. Als Bestand tragen Sie »500« ein. Speichern Sie im Anschluss mit einem Klick auf den Button **DONE**.

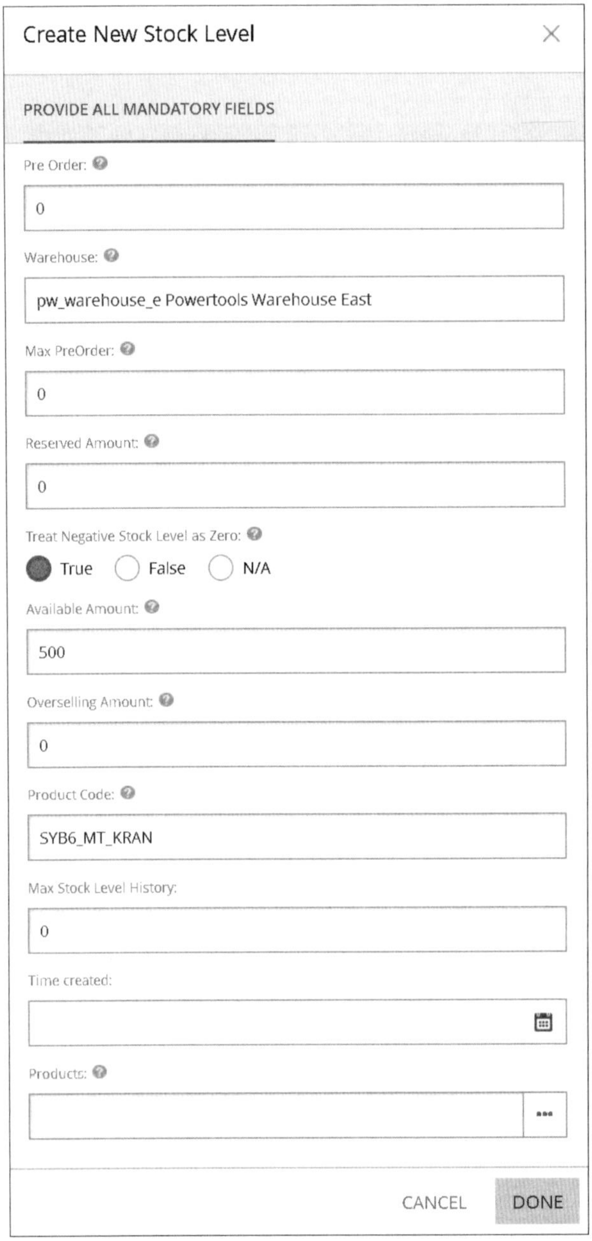

Abbildung 15.40 Pflege von Bestand zum Produkt

15.11.3 Pflege eines Listenpreises zum Produkt

Damit das Produkt im Shop bestellt werden kann, muss ein Preis gesetzt werden. Dazu wechseln Sie in die Ansicht **Product Cockpit** des Backoffice, suchen das Produkt und öffnen es (siehe Abbildung 15.41).

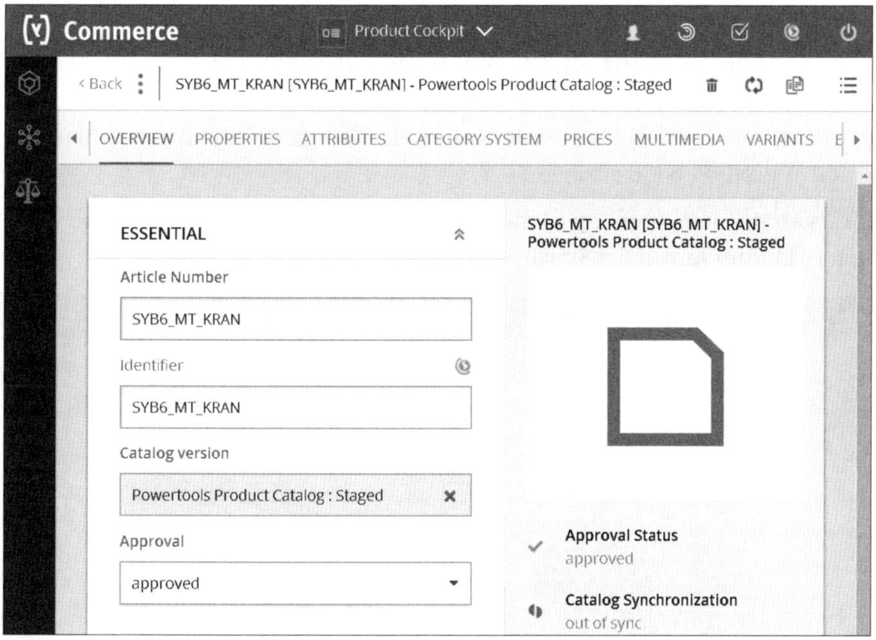

Abbildung 15.41 Produktdetails

Wechseln Sie dann auf die Registerkarte **Prices**. Klicken Sie dort in der Tabelle **Prices** auf den Eintrag »Create new Price Row«, und tragen Sie dort einen Preis in Euro ein (siehe Abbildung 15.42).

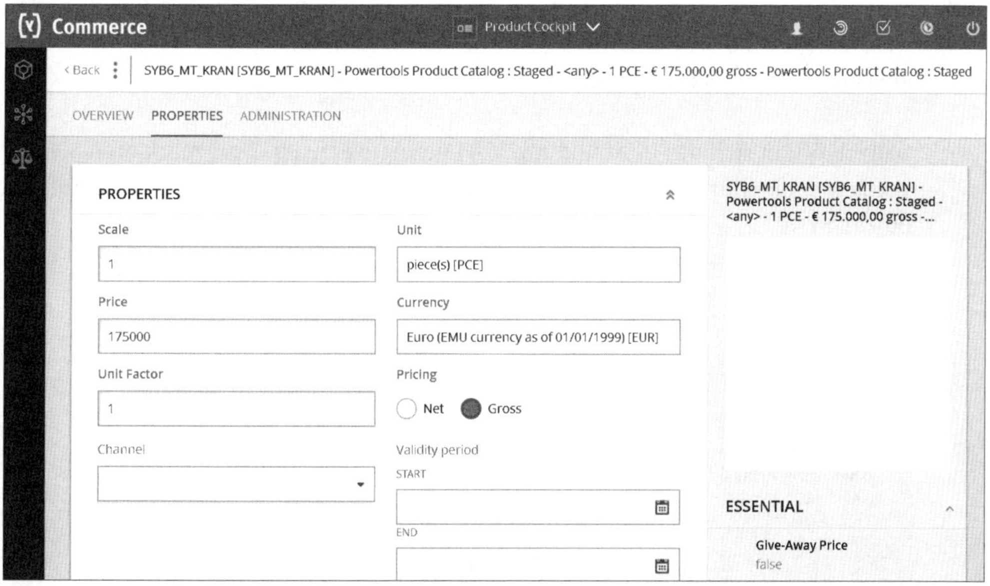

Abbildung 15.42 Anlage einer Preiskondition

15.11.4 Synchronisieren

Bisher wurden alle Änderungen am Produkt in der Arbeitsversion des Produktkataloges, der sogenannten *STAGED*-Version, vorgenommen. Damit die Änderungen im Shop für den Benutzer sichtbar werden, muss eine Synchronisierung zwischen STAGED- und ONLINE-Version erfolgen.

Dazu klicken Sie im oberen Bereich der Produktdetailseite auf das Icon (siehe Abbildung 15.43) zum Aufruf der Synchronisierung.

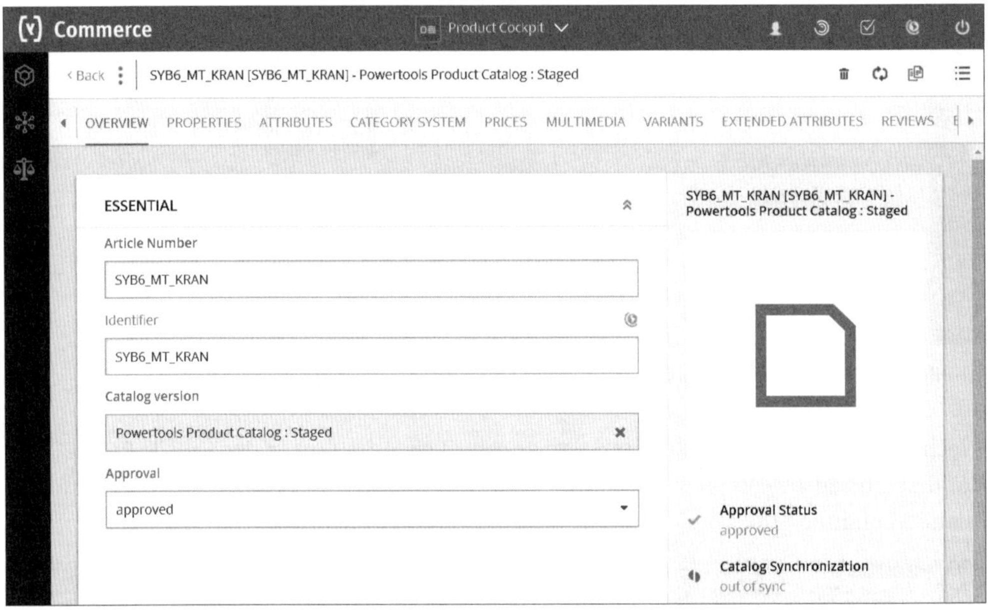

Abbildung 15.43 Aufruf der Synchronisierung

Danach öffnet sich das in Abbildung 15.44 gezeigte Fenster. Dort markieren Sie den vorhandenen Eintrag »Powertools-Produktkatalog Online«, und klicken Sie auf den Button **SYNC**.

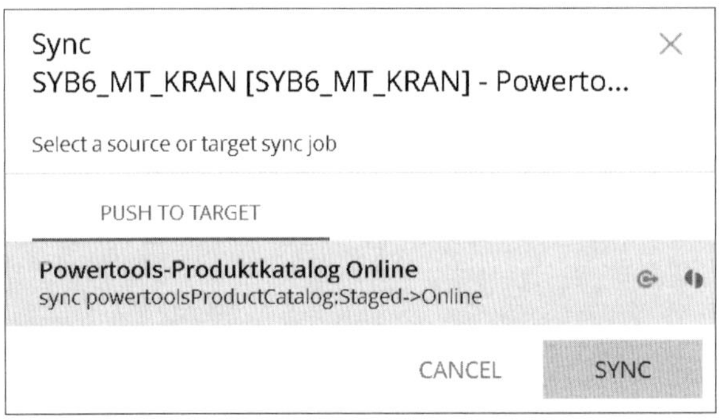

Abbildung 15.44 Starten der Synchronisierung

15.12 Online-Konfiguration in SAP Commerce

Nun können Sie die Konfiguration in SAP Commerce testen. Dazu öffnen Sie den Powertools Accelerator über den Link:

https://powertools.local:9002/yb2bacceleratorstorefront.

Nun suchen Sie über die Produktsuche Kran SYB6_MT_KRAN. Da Sie den Kran auch der Produktkategorie »Power Drills« zugeordnet haben, können Sie alternativ über diese Produktkategorie navigieren. Auf der dargestellten Übersichtsseite wird der Kran nun wie in Abbildung 15.45 angezeigt.

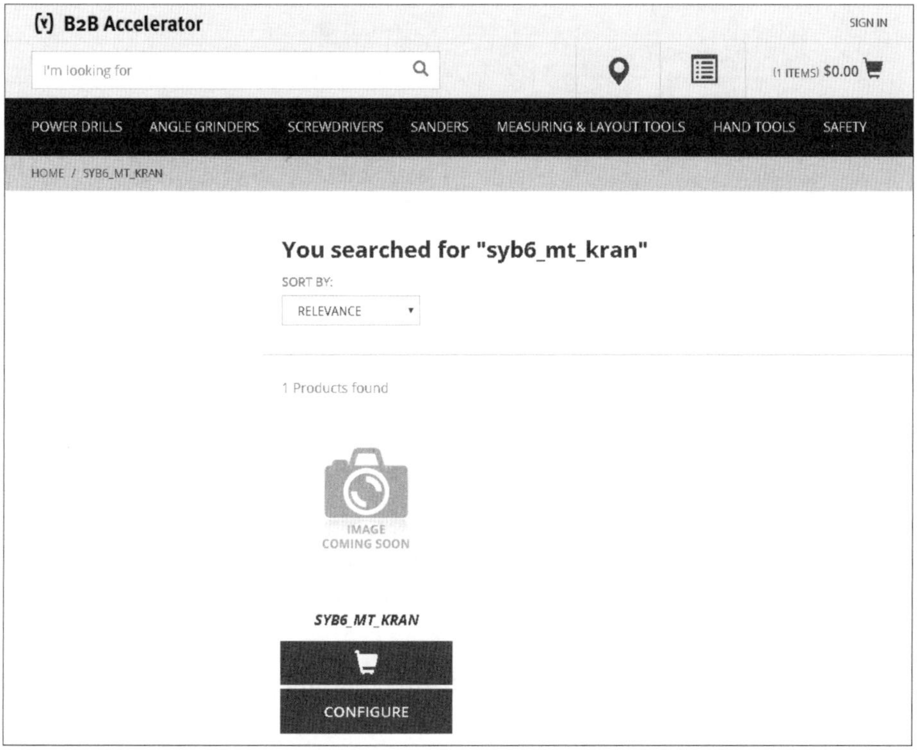

Abbildung 15.45 Produktübersicht

Auf der Übersichtsseite (siehe Abbildung 15.45) ist bereits anhand des angezeigten Buttons **CONFIGURE** erkennbar, dass das Produkt als konfigurierbar erkannt wurde. Von der Übersichtsseite kann in die Produktdetails abgesprungen werden. Hier werden nun der gepflegte Bestand sowie der Basispreis aus SAP Commerce angezeigt (siehe Abbildung 15.46).

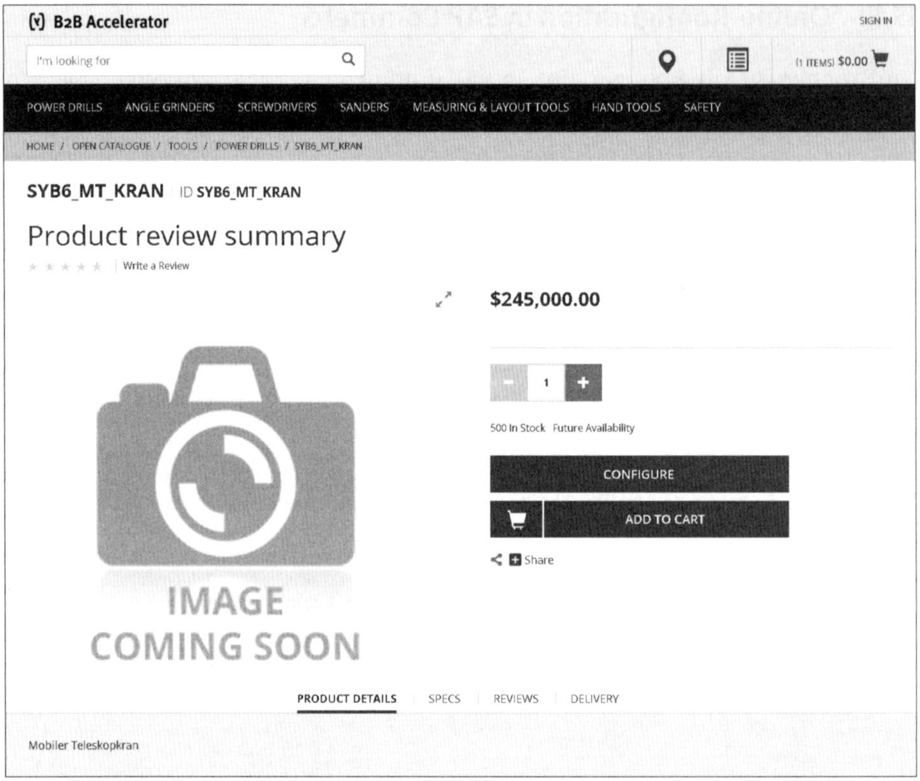

Abbildung 15.46 Produktdetailseite

Von der Produktdetailseite aus können Sie die Konfiguration starten. Dabei werden die Merkmalsgruppen, die Merkmale sowie deren Merkmalwerte angezeigt. Diese können auf der Oberfläche bewertet werden (siehe Abbildung 15.47).

Je nach Art des Merkmals (Anzahl der Merkmalwerte, mehrwertig oder einwertig) werden die Merkmalwerte als Radio Button, Dropdownmenü oder Checkbox dargestellt.

Bei jeder Interaktion mit der Konfiguration wird das Beziehungswissen ausgewertet, sodass abhängige Merkmale ein- oder ausgeblendet oder deren Merkmalwerte eingeschränkt werden.

Merkmale, die als Pflichtmerkmale im Konfigurationsmodell gepflegt wurden, werden mit einem roten Stern dargestellt.

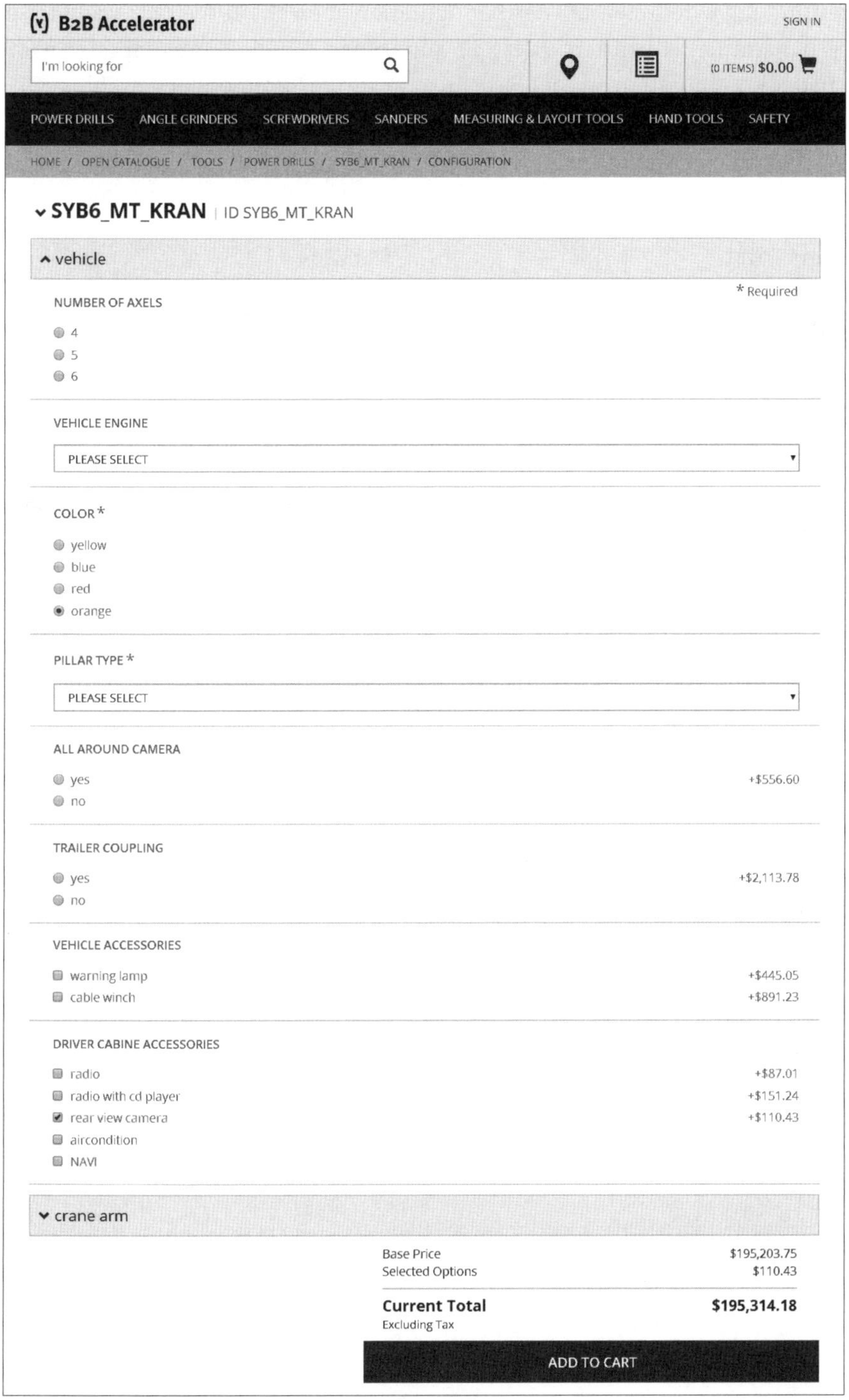

Abbildung 15.47 Konfiguration in SAP Commerce

Die Preisfindung wird innerhalb der Konfiguration ebenfalls ausgeführt und Preise ständig dynamisch aktualisiert. Dies gilt zum einen für die Summenpreise ganz unten in der Konfiguration, wo der Basispreis sowie die Summe aller gewählten Optionen angezeigt werden (siehe Abbildung 15.48).

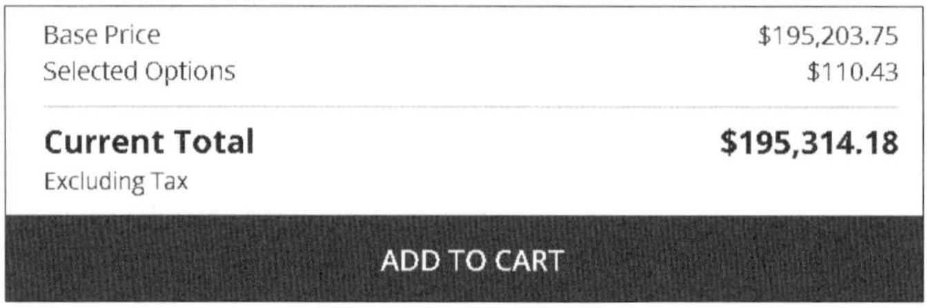

Abbildung 15.48 Anzeige der Preissummen in der Konfiguration

Daneben werden aber auch zu den einzelnen Optionen die sogenannten Deltapreise angezeigt. Diese Darstellung ist allerdings nur möglich, wenn einer Option direkt eine Variantenkondition zugeordnet ist (1:1-Konditionen).

Bei mehrwertigen Merkmalen werden die Zuschläge direkt neben dem Merkmal angezeigt (siehe Abbildung 15.49). Wenn das Merkmal gewählt wird, wird der Optionspreis berechnet.

Abbildung 15.49 Preisdarstellung bei mehrwertigen Merkmalen

Bei einwertigen Merkmalen zeigt das System jeweils den Zu- oder Abschlag an, abhängig davon, ob die Option gewählt ist oder nicht (siehe Abbildung 15.50 und Abbildung 15.51).

Abbildung 15.50 Anzeige des Zuschlags bei nicht gewählter Option

Abbildung 15.51 Anzeige des Abschlags bei gewählter Option

Sind alle Merkmale einer Merkmalsgruppe vollständig und konsistent gepflegt, wird an der Merkmalsgruppe ein grüner Haken angezeigt (siehe Abbildung 15.52). Die Konfiguration kann dann in den Warenkorb gelegt werden.

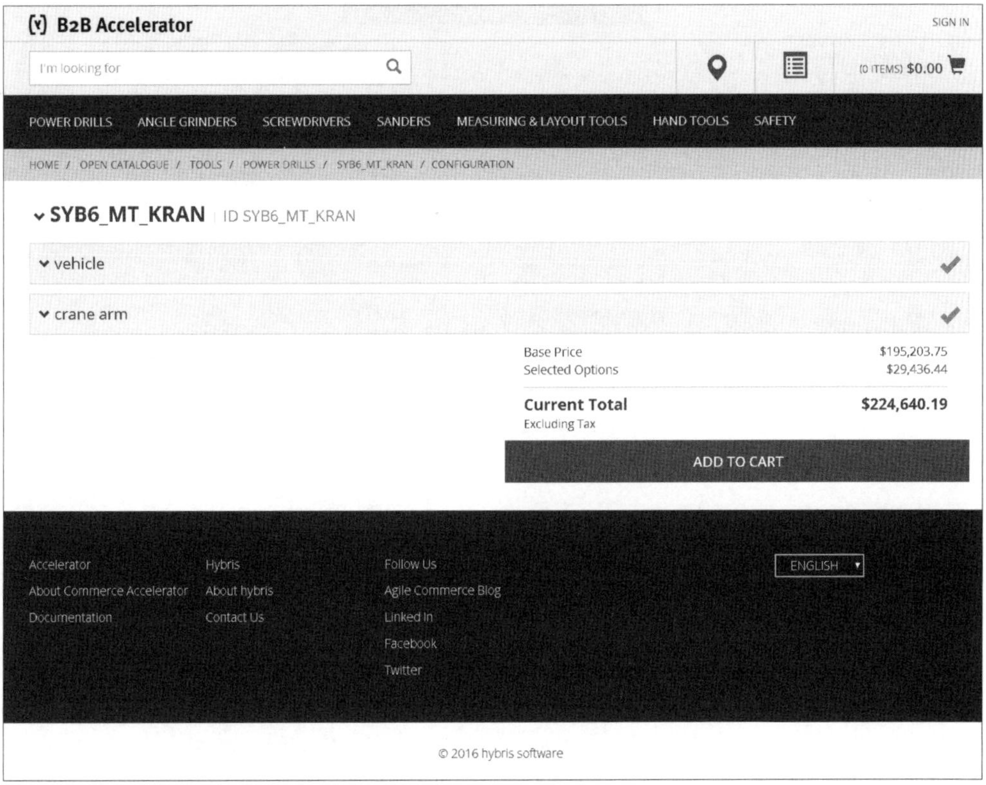

Abbildung 15.52 Vollständige Konfiguration in SAP Commerce

Wird auf den Button **ADD TO CART** geklickt, erscheint eine Zusammenfassung der Konfiguration. Dort werden alle vom Benutzer gewählten Optionen angezeigt (siehe Abbildung 15.53). Da Sie die Preise nicht aus dem SAP-Backendsystem geladen haben, werden für das konfigurierbare Produkt keine Preise angezeigt.

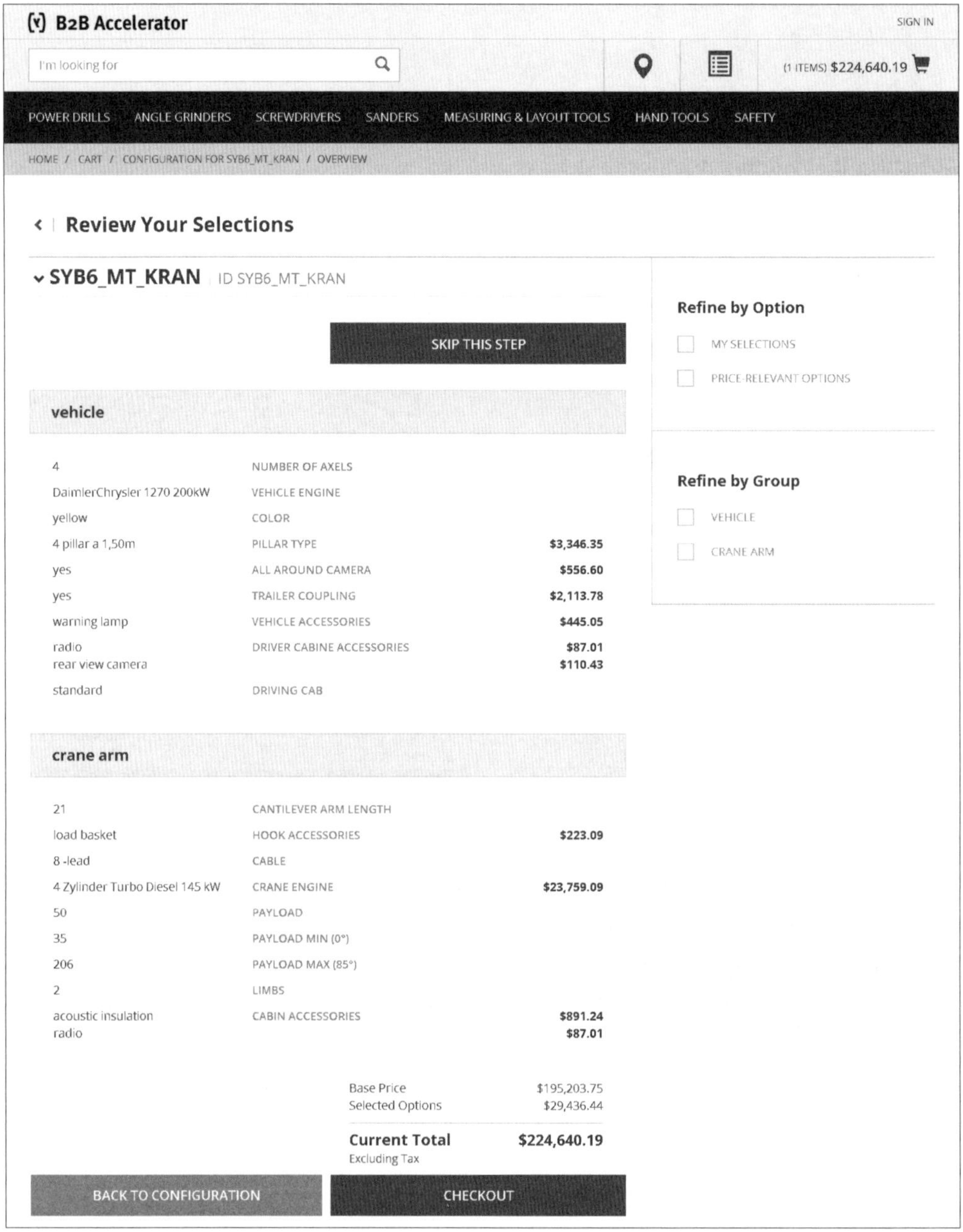

Abbildung 15.53 Ergebnis der Konfiguration in SAP Commerce

Das Produkt kann danach über den Button **CHECK OUT** in den Warenkorb gelegt werden. Der Warenkorb ist in Abbildung 15.54 zu sehen. Dort erfolgt dann auch die Angabe von Lieferadresse, Zahlungsmethoden etc.

Am Ende kann die Bestellung in SAP Commerce abgespeichert werden.

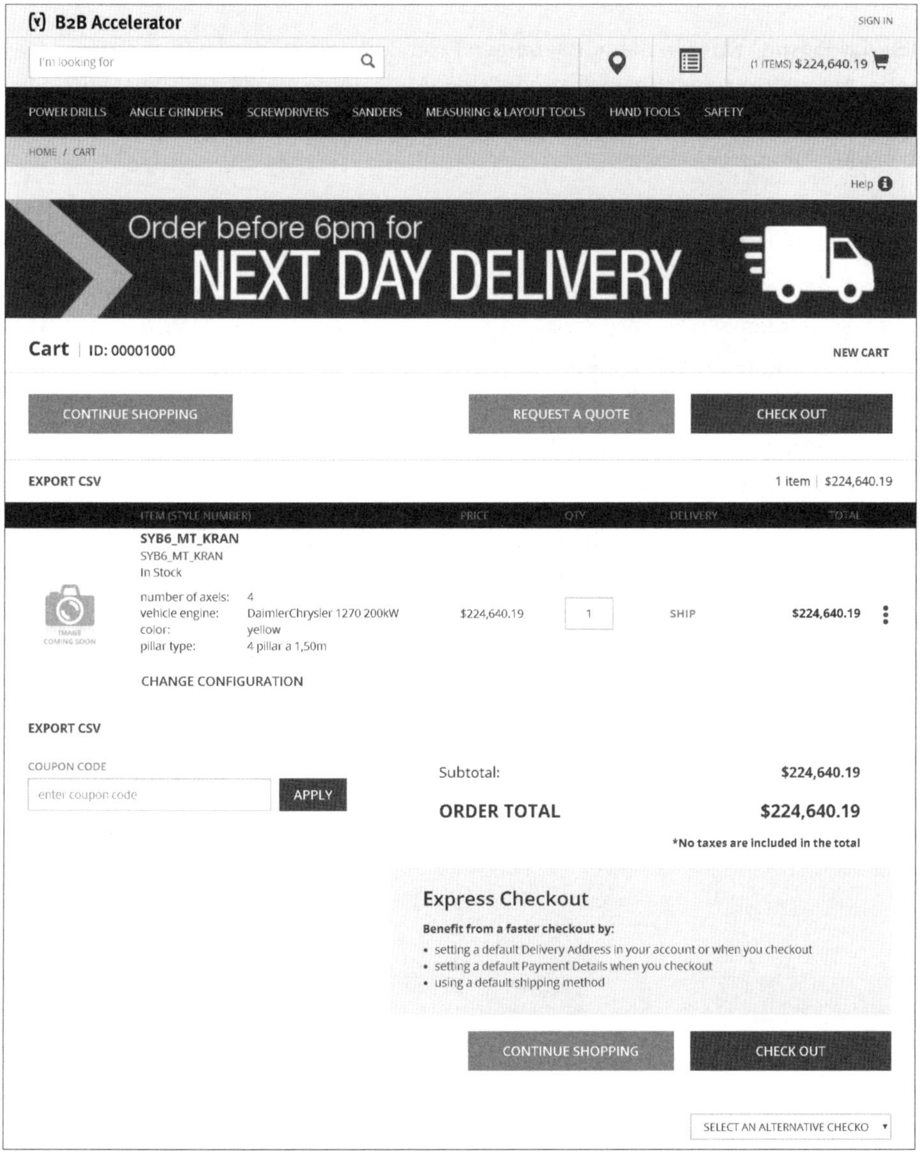

Abbildung 15.54 Warenkorb von SAP Commerce

15.13 Zusammenfassung

Wir haben im Rahmen dieses Kapitels eine Installation von SAP Commerce inklusive SAP Product Configuration aufgesetzt. Ein bestehendes Variantenkonfigurationsmodell wurde aus dem SAP-Backendsystem mithilfe einer Laufzeitversion nach SAP

Commerce übertragen, um dort die Konfiguration innerhalb des Webshops durchzuführen.

Für das Beispiel wurden die notwendigen Produktdaten für das konfigurierbare Material manuell angelegt. In einer produktiven Umgebung würde die Übertragung der Produktdaten automatisiert über die ALE-Verteilung mittels iDoc an SAP Data Hub von SAP Commerce erfolgen.

Nachdem die Konfiguration wie in unserem Beispiel in SAP Commerce grundsätzlich funktioniert, lassen sich viele weitere Themen umsetzen:

- Merkmale und Merkmalwerte können mit zusätzlichen Texten oder Bildern gepflegt werden.
- Über die Rule Engine können Merkmale für die Online-Verwendung vorbelegt oder ausgeblendet werden.
- Die Auftragsabwicklung kann direkt in das SAP-Backendsystem integriert werden, sodass Bestellungen automatisiert übertragen werden.

Darüber hinaus spielen natürlich auch andere Themen eine Rolle in Kombination mit der Online-Konfiguration in SAP Commerce, z. B. Änderungsmanagement, Materialvarianten, Stücklistenauflösung, mehrstufige Konfiguration, Integration einer 3D-Visualisierung, Retouren und Rückläufer. Somit ist der Themenbereich für die Online-Konfiguration in SAP Commerce fast so weitläufig wie das Thema Variantenkonfiguration selbst. Mit dem durchgeführten Beispiel haben Sie dafür die Basis geschaffen.

Kapitel 16
Ausblick: die Configuration Workgroup

Wo findet man Unterstützung und Experten, wenn man sich mit dem Thema Variantenkonfiguration befasst? Welche Erfahrungen haben andere Modellierer gemacht, und wie lässt sich von diesen Erfahrungen profitieren? Lernen Sie die Configuration Workgroup, die weltgrößte Nutzervereinigung zu diesem Themenfeld, kennen.

Forscht man nach Interessenvertretungen der Anwender von SAP-Software, so findet man relativ schnell die 1991 gegründete *Americas' SAP Users' Group* (ASUG – *www.asug.com*) und die seit 1997 aktive *Deutschsprachige SAP-Anwendergruppe* (DSAG – *www.dsag.de*). Brauchte es da noch eine eigene Benutzergruppe für die SAP-Produktkonfiguration?

Während immer wieder über diese Frage philosophiert wurde, hat sich Mitte der 1990er-Jahre eine kleine, aus einem Softwareentwicklungsprojekt heraus entstandene Arbeitsgruppe zu einer eigenständigen Organisation gemausert, die unter Konfigurationsexperten, bei SAP-Anwendern, SAP-Partnerfirmen und bei SAP selbst sehr guten Anklang gefunden hat. Die Rede ist von der *Configuration Workgroup* (CWG – *www.configuration-workgroup.com*), die seit 2005 als eingetragener Verein mit Sitz in Mannheim fungiert.

16.1 Wer oder was ist die CWG?

Die Configuration Workgroup ist die internationale Benutzergruppe für Produktkonfiguration mit SAP-Software. Als unabhängige und eigenständige Organisation steht die CWG allen offen, die in irgendeiner Form mit SAP-Software ihre Variantenkonfiguration abbilden. Sollten Sie noch kein Mitglied sein – nun wird es höchste Zeit!

Firmen, die SAP-Software für die Lösung von Konfigurationsaufgaben einsetzen, oder Unternehmen, die bei der Implementierung entsprechender Softwarelösungen von SAP unterstützend eingreifen, sowie einzelne Personen, die in diesem Kontext tätig sind, können Mitglied in der CWG werden. Die Mitgliedschaft in der CWG ist grundsätzlich kostenfrei.

Dabei wird zwischen Vollmitgliedern im Verein und unterstützenden Usern im Netzauftritt unterschieden. Dazu später mehr. Die Mehrheit der derzeit etwa 6.500 Nutzer der CWG-Website sind Einzelpersonen, die in ihrer täglichen Arbeit mit dem Variantenkonfigurator LO-VC, dem Internet Pricing and Configurator (IPC), der SAP Product Configuration auf der SAP Commerce Cloud, SAP Configure, Price, and Quote (SAP CPQ), dem Solution Sales Configurator (SSC) oder der neu veröffentlichten SAP S/4HANA for Advanced Variant Configuration (AVC) zu tun haben.

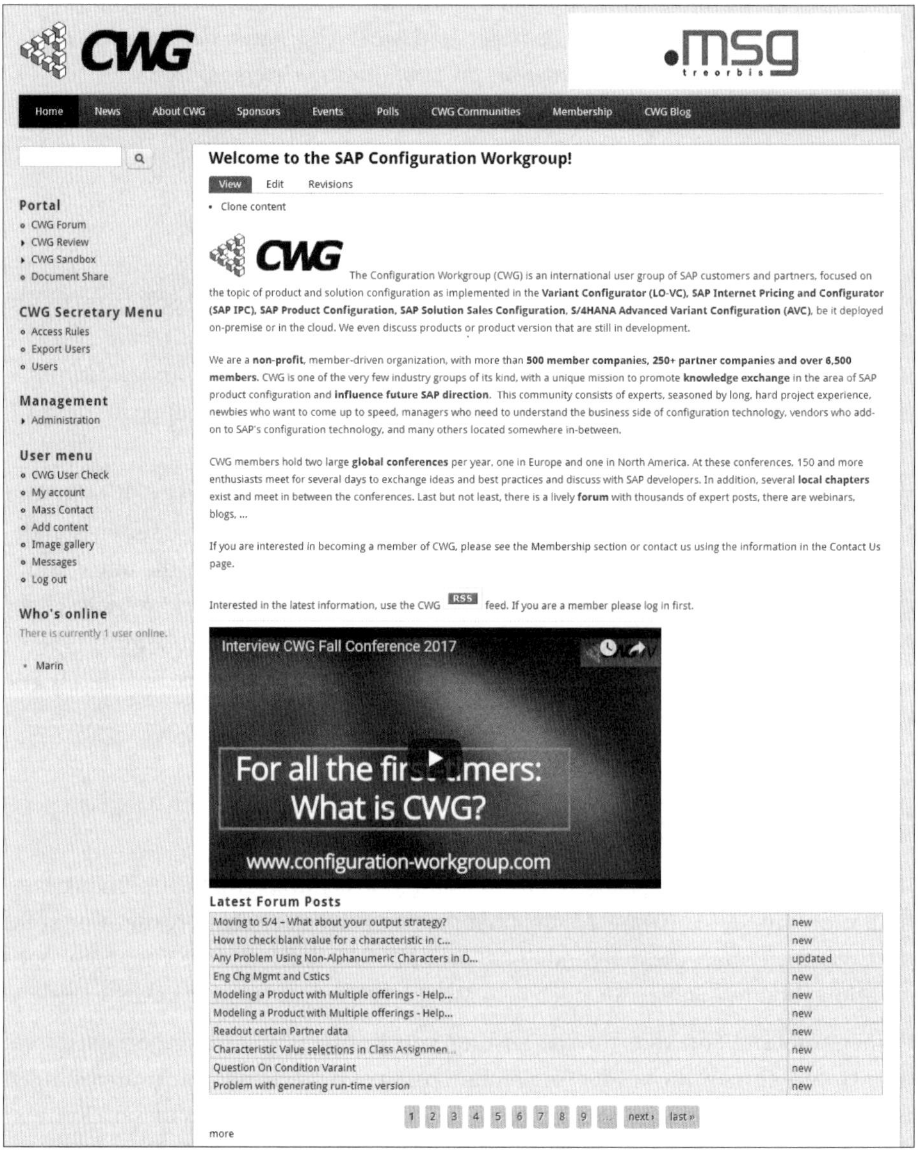

Abbildung 16.1 Der Webauftritt der Configuration Workgroup

Die nach außen sichtbaren Hauptaktivitäten sind die zweimal jährlich stattfindenden CWG-Konferenzen und der Internetauftritt der CWG:

- **CWG-Konferenzen**
  Die Kommunikationsform auf den Konferenzen war schon immer sehr offen und der Arbeitsstil eher hemdsärmelig als formal. Wir erläutern Ihnen die Konferenz sowie deren Stil und Ablauf näher in Abschnitt 16.5.
- **CWG-Portal**
  Das CWG-Portal (siehe Abbildung 16.1) ist Bestandteil des Internetauftritts der CWG. Mit seinem Dokumentenarchiv und den zahlreichen Diskussionsforen hat sich das CWG-Portal – neben den CWG-Konferenzen – zum zweiten Standbein der CWG entwickelt (siehe Abschnitt 16.6).

In den Reihen der CWG-Mitglieder finden sich viele Mitarbeiter von SAP – teils aus den Entwicklungslabors und teils aus den Teams der SAP-Landesgesellschaften. Die CWG hat sich selbst 2005 eine Organisationsform als eingetragener Verein gegeben, auf deren Basis alle Aktivitäten eigenständig geplant und durchgeführt werden. Der Erfahrungsaustausch unter den Anwendern der SAP-Software steht dabei ganz klar im Mittelpunkt (siehe Abschnitt 16.3, »Entstehungsgeschichte«).

16.2 Zielsetzung und Aufgaben

Die CWG verfolgt hauptsächlich drei Ziele:

1. **Effektivität**
   Eine effektive Nutzung der von SAP entwickelten und vermarkteten Software zur Lösung von Variantenkonfigurationsaufgaben wird durch die Förderung von Informationsaustausch und die aktive Weitergabe von Erfahrungswissen im gegenseitigen Interesse der Mitglieder gestärkt.
2. **Best Practices**
   Die CWG bietet ihren Mitgliedern ein Forum zum Austausch von Ideen und Informationen und fördert eine fachlich korrekte Nutzung der SAP-Software für Produktkonfiguration, wie sie sich in vielen Projekten bewährt hat.
3. **Einflussnahme**
   Im Interesse ihrer Mitglieder macht die CWG ihren Einfluss auf die Entwicklungsaktivitäten, die Produktstrategie und das Dienstleistungsangebot von SAP und von SAP-Partnerfirmen geltend. Hervorzuheben ist hierbei die aktuelle Entwicklung der S/4HANA for Advanced Variant Configuration, die in einer CoInnovation Group mit der SAP zusammen entwickelt wird. Alle Mitglieder dieser CoInnovation Group sind CWG-Mitglieder.

Es gibt nun verschiedene Wege und Werkzeuge, um diese Ziele umzusetzen. Die CWG hat hierfür die Instrumente Informationsaustausch und Netzwerkbildung entwickelt, auf die wir im Folgenden näher eingehen.

Informationsaustausch

In den ersten Jahren nach der Gründung der CWG wurde der Informationsaustausch zwischen einem recht überschaubaren Kreis von Anwendern auf der einen und einem kleinen Stab von Vertretern der SAP-Entwicklungsorganisation auf der anderen Seite betrieben. Mit zunehmender Nutzung der Produktkonfiguration in einer steigenden Anzahl von SAP-Implementierungen bei vielen Unternehmen unterschiedlichster Größe war jedoch fraglich, ob eine kleine Arbeitsgruppe wirklich die Interessen vieler, nicht in die Gruppe einbezogener Anwender verstehen und vertreten konnte. Aus diesem Grund hat sich die CWG sehr bald einer weiteren Aufgabe gestellt, die in der Satzung nicht explizit erwähnt ist: der Bildung eines Netzwerks all derer, die sich beruflich mit Produktkonfiguration in SAP-Lösungen befassen.

Netzwerkbildung

Durch konkrete und oftmals sehr hilfreiche Angebote ist es der Gruppe gelungen, in wenigen Jahren sehr viele Mitglieder zu gewinnen. Da alle Funktionen in der CWG ehrenamtlich ausgeübt werden, können nur solche Angebote realisiert werden, die einen gegenseitigen Nutzen erbringen. Wer seine Arbeit vorstellt, lernt mit Sicherheit andere kennen, die Erfahrungen aus ähnlichen Situationen mitbringen. Wer als Berater viele Fragen beantwortet oder Ratschläge gibt, baut sich damit natürlich auch einen Ruf als Experte auf.

Zunächst waren es primär die zu Konferenzen umgestalteten CWG-Treffen, die immer mehr Mitglieder anlockten. So erreichte die letzte Konferenz im Jahr 2018 mit 180 Teilnehmern einen neuen Rekord. Auf den Konferenzen werden aktuelle Neuigkeiten aus der SAP-Entwicklung vorgestellt. Nach dem Motto »Wie nutzen eigentlich andere die Software?« stoßen aber insbesondere Vorstellungen von Implementierungsprojekten allgemein auf großes Interesse. Der ursprüngliche Zweck der CWG-Treffen, fachliche Themen im Expertenkreis zu diskutieren, ist nach wie vor erhalten geblieben. Entsprechende Fokusgruppen arbeiten phasenweise sehr konkret. In einer Fokusgruppe werden z. B. Anforderungen für zukünftige Erweiterungen der SAP S/4HANA for Advanced Variant Configuration formuliert und nach Prioritäten geordnet. Eine andere Fokusgruppe hatte das Knowledge Base Interchange Format (KBIF) als XML-Format zum Austausch von Konfigurationsmodellen entwickelt.

Mit der Einrichtung des CWG-Portals (siehe Abschnitt 16.6 und Abbildung 16.1) wurde eine ganz neue Dimension eröffnet. Dieses Angebot nutzen viele, die sich in ihrer täglichen Arbeit mit Produktkonfiguration in SAP-Geschäftsprozesslösungen auseinandersetzen, aber nicht die Gelegenheit haben, ein- oder zweimal im Jahr eine internationale Konferenz zu besuchen.

Insgesamt haben die allgemeine Bekanntheit der CWG, ihre Unabhängigkeit sowie die gute Resonanz bei Anwendern bei den SAP-Landesgesellschaften und bei Partnerfirmen eine gute Basis geschaffen, um die in der Satzung formulierten Ziele umzusetzen.

16.3 Entstehungsgeschichte

Die Configuration Workgroup wurde im Herbst 1993 unter dem Namen *American Configuration Workgroup* (ACWG) als Arbeitsgemeinschaft gegründet. Sie entstand also kurz nach der Gründung der ASUG und einige Jahre vor der DSAG. Ziel der Zusammenarbeit einiger namhafter amerikanischer Fertigungsunternehmen war es, ein standardisiertes Konfigurationswerkzeug auf den Weg zu bringen.

Die beteiligten Unternehmen waren allesamt Anbieter konfigurierbarer Produkte, die als Komponenten gefertigt wurden, um in einem größeren System zum Einsatz zu kommen. Verkauft wurden in aller Regel die kompletten Systeme. Es handelte sich also durchweg um komplexe Systemkonfigurationen. Die Mitglieder der Arbeitsgemeinschaft hatten jeweils eigene Konfigurationswerkzeuge entwickelt und wollten diese durch eine langfristig stabile Standardlösung ersetzen. Alle waren Kunden von SAP und hatten ihre Prozesse zu großen Teilen auf die SAP-Geschäftsprozesslösung standardisiert. So ist es nicht verwunderlich, dass Berater und Entwickler von SAP teilweise in die Aktivitäten der Arbeitsgemeinschaft einbezogen waren.

Erklärtes Ziel war die Einbindung des neuen Standardkonfigurationswerkzeugs in die SAP-Infrastruktur. Wer den Konfigurator entwickeln sollte, war zunächst offen. Die Kooperation zwischen der ACWG und SAP war insgesamt sehr konstruktiv und hat eine Reihe visionärer Ideen hervorgebracht, auch wenn mitunter schwierige und spannungsgeladene Phasen überwunden werden mussten.

Fachliche Aktivitäten in den ersten Jahren

Das Anfang 1994 von der ACWG vorgelegte Spezifikationsdokument enthielt im Kern folgende – von SAP seinerzeit als teilweise kritisch eingeschätzte – Forderungen:

- Der Konfigurator sollte in die SAP-Geschäftsprozesslösung integriert sein, aber auch eigenständig, also unabhängig von einem großen Backend-System, nutzbar sein.
- Es sollte ein Application Programming Interface (API), also eine Programmschnittstelle, vorhanden sein, die das Erstellen einer anwendungsspezifischen, grafischen Benutzeroberfläche erlaubt.

- Die Funktionalität sollte auf Systemkonfigurationsaufgaben ausgerichtet sein.
- Die Erstellung von Konfigurationsmodellen sollte sehr einfach sein. Es wurde von einer leicht zugänglichen Produktmodellierungsumgebung gesprochen.

SAP hat sich diesen Herausforderungen gestellt, und in einer intensiven Arbeitsphase wurde im Frühjahr 1994 das Konzept für den später als Sales Configuration Engine (SCE) implementierten Konfigurator gemeinsam mit der Arbeitsgemeinschaft erstellt. Dieser floss als eine Hauptkomponente in den IPC ein, der über Jahre in allen vertriebsrelevanten Prozessen von SAP Systemen als Konfigurator diente. Das Thema Systemkonfiguration wurde im Jahre 2014 mit dem *Solution Sales Configurator* als Standardprodukt noch wesentlich besser adressiert, da hierbei explizit auf die komplexen Anforderungen bezüglich Modellierung und Instanziierung eingegangen wurde.

Der Arbeitsgemeinschaft waren inzwischen auch Variantenhersteller aus Finnland und der Schweiz beigetreten. Aus der American Configuration Workgroup wurde die Configuration Workgroup (CWG). Die CWG wurde vorübergehend in das SAP High-Tech Industry Center of Expertise integriert und gewann auf diese Weise weitere Mitglieder aus der Hightech-Branche. Wenige, sehr stark engagierte Mitglieder der CWG haben die Entwicklung und den Test des neuen Konfigurators SCE – der im Sommer 1997 erstmals verfügbar war und im Frühjahr 1998 erstmals im Rahmen einer Projektlösung produktiv eingesetzt wurde – eng begleitet. In den folgenden Jahren begleitete die CWG die Entwicklung einer Java-basierten *Product Modeling Environment* (Java PME) und die Entstehung des Internet Pricing and Configurators (IPC), der im Sommer 1999 als erste Komponente der CRM-Lösung von SAP verfügbar war. Seit dem Jahr 2016 arbeitet die CWG sehr eng mit der SAP-Produktentwicklung an der SAP S/4HANA for Advanced Variant Configuration.

Entwicklung zur Organisation

Als kleine Kundengruppe hat die CWG über einen langen Zeitraum sehr intensive Kontakte zum SAP-Entwicklungsteam für den SCE-Konfigurator gepflegt. Bald war erkennbar, dass sich die CWG einer größeren Menge von Mitgliedern öffnen musste, um weiteren Einfluss auf die Entwicklung der Standardsoftware nehmen zu können. Die Treffen wurden so organisiert, dass es neben den Diskussionen in Fokusgruppen auch Präsentationen zu Neuerungen im Konfigurator und zu Erfahrungen aus Anwendungsprojekten gab.

Zum zehnjährigen Jubiläum der CWG im Jahr 2003 war die Zahl der Mitglieder auf knapp 300 angestiegen. Aus dem CWG-Treffen waren Konferenzen mit jeweils mehr als 100 Teilnehmern geworden. Die Vorbereitung und Durchführung der Konferenzen war zunehmend zu einer Herausforderung geworden, weil die CWG immer noch als lose Arbeitsgemeinschaft und damit als Organisation ohne Rechtsform fungierte.

Nach vielen Diskussionen wurde im Frühjahr 2005 ein Verein nach deutschem Vereinsrecht gegründet, der in seiner Satzung die bis heute gültige und vollkommen eigenständige Organisationsform der CWG regelt. Im gleichen Jahr wurde auch der Internetauftritt der CWG durch das CWG-Portal ergänzt und im Jahr 2017 modernisiert. Über diese Online-Plattform treten mittlerweile mehr als 6.500 Anwender von Produktkonfiguration mit SAP ohne Aufwand und Kosten miteinander in Kontakt.

16.4 Organisatorischer Aufbau

Der Configuration Workgroup e. V. ist ein im Vereinsregister des Amtsgerichts Mannheim eingetragener Verein nach deutschem Vereinsrecht. Der Verein verleiht der CWG damit eine ordentliche Rechtsform und wird durch das Exekutivkomitee nach außen vertreten

Mitglieder der CWG sind im Regelfall natürliche Personen, die Mitarbeiter einer Firma oder Institution sind, die SAP-Software einsetzt oder sich wesentlich auf die Unterstützung des Einsatzes von SAP-Variantenkonfigurations-Software konzentriert.

Der CWG e. V. hat ordentliche und fördernde Mitglieder. Lediglich die ordentlichen Mitglieder sind in der Mitgliederversammlung aktiv und passiv wahl- und stimmberechtigt. Fördernde Mitglieder haben – mit Zustimmung des Vorstandes – die Möglichkeit, an der Mitgliederversammlung beratend teilzunehmen.

Ordentliches Mitglied kann werden, wer an den Zielen und Aufgaben des Vereins mitarbeitet. Förderndes Mitglied kann jede natürliche oder juristische Person werden, die die Ziele des Vereins unterstützt und fördert.

Über die Aufnahme von ordentlichen Mitgliedern beschließt die Mitgliederversammlung nach schriftlichem Antrag an den Vorstand mit der Mehrheit von zwei Dritteln der anwesenden ordentlichen Mitglieder. Über die Aufnahme von fördernden Mitgliedern beschließt ein vom Vorstand eingesetzter Ausschuss (membership comitee) nach schriftlichem Antrag.

Mitgliederfirmen sind somit einerseits SAP-Kunden, die eine SAP-Lösung nutzen und dabei Produktkonfiguration im Einsatz haben, und andererseits SAP-Partnerfirmen, die diese Produktkonfigurationslösungen in irgendeiner Form unterstützen.

Die offizielle Mitgliedschaft ist kostenlos und wird gegenüber dem CWG-Vorstand beantragt. In aller Regel ist das ein sehr einfacher Vorgang. Informationen zur Mitgliedschaft finden Sie im Internet unter *http://www.configuration-workgroup.com* im Bereich Satzung.

Die Führungsgremien der CWG sind das board of directors und der Vorstand (das Exekutivkomitee) an sich. Die Mitglieder des board of directors werden in jährlicher

Wahl durch die CWG-Mitgliederversammlung bestimmt und steuern das tägliche Geschäft. Unter anderem findet einmal wöchentlich eine Telefonkonferenz statt, in der sich das board of directors mit den anfallenden Aufgaben beschäftigt. Die vier Vorstände des Vereins (1. Vorsitzender, 2. Vorsitzender, Sekretär und Kassierer) werden für eine Laufzeit von drei Jahren gewählt.

Das board of directors setzt sich aus den Funktionsträgern der CWG zusammen: dem Präsidenten und den Officers. Der Präsident wird hierbei vom stellvertretenden Präsidenten und dem vorhergehenden Präsidenten unterstützt. Dadurch wird eine Kontinuität und Wissensweitergabe gewährleistet.

Der stellvertretende Präsident wird jedes Jahr neu gewählt. Nach Ablauf seiner Amtszeit wird der stellvertretende Präsident automatisch Präsident der CWG. Der bisherige Präsident wird zum vorhergehenden Präsidenten, und der bis dahin vorhergehende Präsident scheidet aus dem board of directors aus. Da jede dieser Phasen ein Jahr dauert, beträgt die reguläre Mitgliedschaft im board of directors drei Jahre. Das rollierende System gewährleistet zum einen hohe Stabilität und Kontinuität, sorgt aber zum anderen auch für einen fortlaufenden Wechsel auf der Führungsebene, der ausdrücklich gewünscht wird. Sollten Sie also Interesse haben, an dieser Institution aktiv mitzuarbeiten – dann seien Sie herzlich willkommen!

16.5 CWG-Konferenzen

Nachdem die in englischer Sprache abgehaltenen CWG-Konferenzen in früheren Jahren aus Kostengründen häufig an den großen SAP-Standorten in Walldorf und Philadelphia durchgeführt worden waren, hat es sich in den letzten Jahren bewährt, auf Hotels an unterschiedlichen Orten auszuweichen. Das verleiht nicht nur der Unabhängigkeit von SAP Ausdruck, sondern hat auch die Teilnahmebereitschaft der Mitglieder spürbar erhöht. Ebenso hat sich herausgebildet, dass die Frühjahrskonferenzen jeweils in Europa und die Herbstkonferenzen in den USA stattfinden.

Als Format hat sich seit 2005 die dreitägige Konferenz zu Wochenbeginn etabliert. Am ersten Tag stehen typischerweise Präsentationen von allgemeinem Interesse im Mittelpunkt. Dazu gehört regelmäßig die Vorstellung von Neuentwicklungen bei SAP und SAP-Partnern. Große Aufmerksamkeit genießen die Präsentationen zu Implementierungsprojekten, bei denen sich die Konferenzteilnehmer gegenseitig über die verschiedenen Einsatzszenarien der Produktkonfiguration informieren. Gastvorträge zu ausgewählten Themen am Rande der Produktkonfiguration oder Marktberichte über Konfiguratorsoftware runden das Programm der Vollversammlung am ersten Tag ab.

Der zweite Konferenztag gehört gemeinhin der Arbeit in Kleingruppen. Hier werden Präsentationen zu speziellen Themen im Umfeld der Produktkonfiguration gehalten. Dabei gibt es meist Gelegenheit zu ausführlichen Feedback-Diskussionen. Sich gegenseitig kennenzulernen und auszutauschen ist dabei genauso wichtig wie die konkrete Bearbeitung von Themen in Kleingruppen. Die Aufteilung in kleine Einheiten ermöglicht auch die Durchführung von praktischen Übungen oder Tests neuer Anwendungen. Das gesamte Rahmenprogramm der CWG ist darauf ausgelegt, Networking zu betreiben und geschäftliche Kontakte zu knüpfen oder zu vertiefen.

Am dritten Tag stehen oft wieder Präsentationen im Plenum auf der Agenda. Im Gegensatz zum Programm des ersten Tages ist der Inhalt eher auf Implementierungsteams und Modellierer zugeschnitten. Fragen zur praktischen Anwendung werden besprochen oder Tipps und Tricks ausgetauscht. Über ein Abschlussgespräch des CWG-Vorstands mit dem Plenum und über Feedback-Bögen nehmen die Konferenzteilnehmer Einfluss auf die Gestaltung zukünftiger Konferenzen.

16.6 CWG-Portal

Das CWG-Portal ist seit 2005 fester Bestandteil des Internetauftritts der CWG unter *www.configuration-workgroup.com*. Die Internetseiten der CWG sind durchgehend in englischer Sprache. Es gibt einen frei einsehbaren öffentlichen Teil und einen zugangsgeschützten Bereich.

Die Nutzung der Portalfunktionen ist kostenfrei, erfordert allerdings eine elektronische Registrierung. Mittlerweile gibt es etwa 5.800 registrierte Portalnutzer und insgesamt zirka 11.000 veröffentlichte Beiträge.

Als registrierter Portalnutzer ist Ihnen eine Reihe von Portalfunktionen zugänglich, die wir nachfolgend kurz vorstellen möchten.

- **CWG-Blog**
  In diesem Bereich können Sie die Beiträge von Weblog-Autoren zu aktuellen Themen der Produktkonfiguration mit SAP und zu Ereignissen rund um die CWG einsehen.
- **CWG-Forum**
  Das Diskussionsforum (siehe Abbildung 16.2) bietet Platz zum Austausch und zur Archivierung von Meinungen und Erfahrungen. Aktuell ist das CWG-Forum in sieben Fach- und drei Administrationsforen gegliedert. Das mit Abstand aktivste Fachforum ist der Produktmodellierung gewidmet. Es umfasst etwa 880 Themen mit insgesamt 3.700 Diskussionsbeiträgen. Weitere Fachforen gibt es z. B. zu den Themenbereichen Produktkonfiguration in Verkauf und Service sowie Produktkonfiguration in der Fertigung. Ein neues Fachforum wurde 2014 dem Solution Sales Configurator gewidmet, da dieser der ursprünglichen Entwicklungsanfrage (siehe Abschnitt 16.3) am nächsten kommt.

- **Dokumentenverzeichnis**
  Das Dokumentenarchiv der CWG ist sicher einer der wertvollsten Schätze des CWG-Portals. Hier können Sie in Sekundenschnelle auf Hunderte Konferenzbeiträge aus mehr als 32 CWG-Konferenzen seit 2002 zugreifen. Daneben bietet das Verzeichnis auch Platz für die Dokumentenverwaltung der vielfältigen regionalen Gruppen, der sogenannten Chapters, die sich rund um den Globus gebildet haben.
- **CWG-Sandbox**
  In diesem Portalbereich finden Sie Informationen zu dem in Abschnitt 16.7 vorgestellten SAP-System, das die CWG für ihre Mitglieder betreibt.

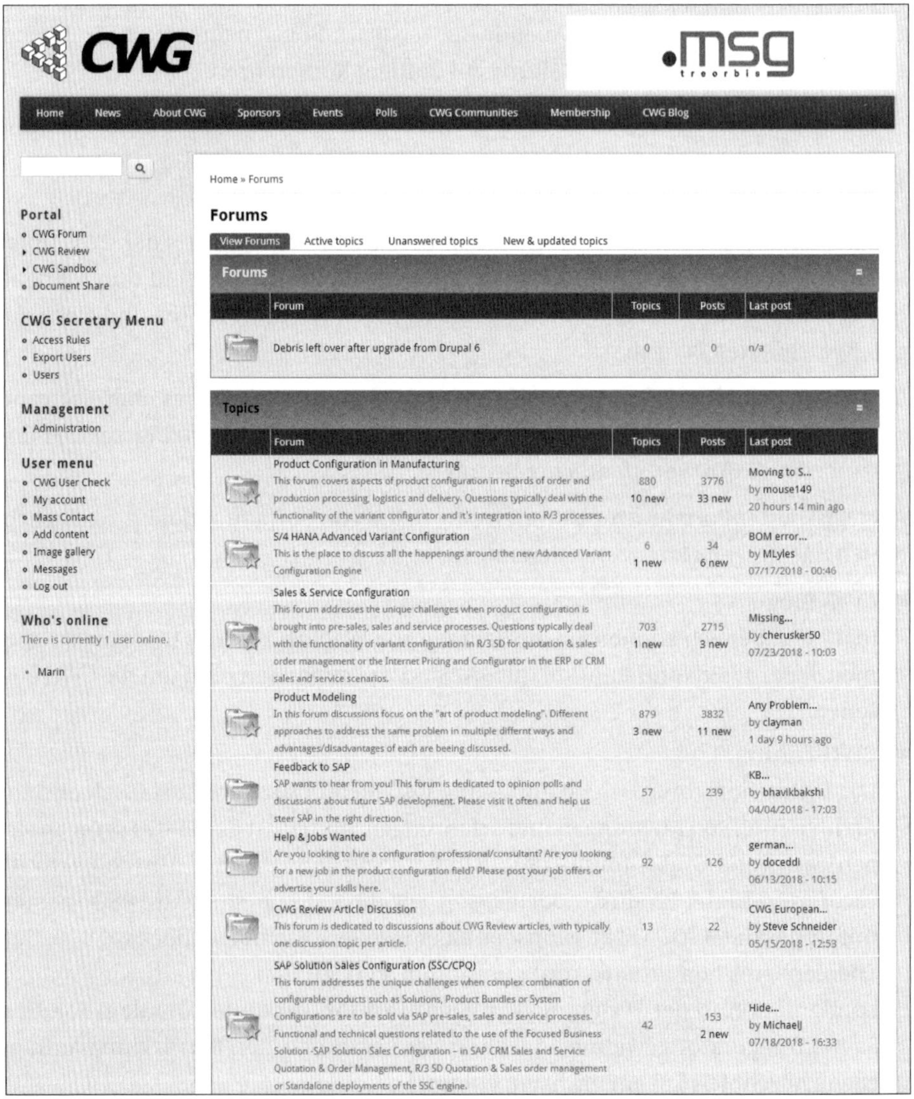

Abbildung 16.2 Das CWG-Forum auf www.configuration-workgroup.com

16.7 CWG-Sandbox-Systeme

Seit Ende 2007 betreibt die CWG u. a. ein eigenes SAP-ERP-System, auf das CWG-Mitglieder unter bestimmten Auflagen Zugriff erhalten können. Eine Auflage ist bspw. die nicht kommerzielle Nutzung der zur Verfügung gestellten Software.

Die als Sandbox, also als freies Testsystem, betriebene SAP-ERP-Lösung wird u. a. zum Aufbau einer Bibliothek von Konfigurationsmodellen genutzt. Modellierer können hier direkt voneinander lernen. Anhand von Lehrbeispielen werden unterschiedliche Modellierungsansätze nebeneinandergestellt. Bereits ein Jahr nach der ersten Verfügbarkeit gab es über 100 registrierte Benutzer, die mehr als 40 Konfigurationsmodelle erstellt haben. Die Modelle werden z. B. in Kleingruppensitzungen der CWG-Konferenzen interaktiv am System vorgestellt und diskutiert. Neben dem SAP-ERP-System ist seit 2018 auch eine Variante für SAP S/4HANA Cloud verfügbar. Somit können die Mitglieder auf die aktuellste Softwareversion der SAP zugreifen, ohne selbst ein solches System vorhalten zu müssen. Der Fokus liegt hierbei natürlich auf SAP S/4HANA for Advanced Variant Configuration.

Es macht einen deutlichen Unterschied, wenn Sie nach einer kurzen Präsentation auch einmal selbst interaktiv mit einer vorgestellten Lösung arbeiten können.

16.8 Zusammenfassung

In diesem Kapitel haben Sie die internationale Benutzergruppe für Produktkonfiguration mit SAP-Lösungen kennengelernt. Der wesentliche Leitgedanke der Gruppe ist der freie Informationsaustausch über alle Fragen rund um die Produktkonfiguration. Durch das starke ehrenamtliche Engagement einer Reihe von Mitgliedern sind nahezu alle Leistungen der CWG innerhalb der Gemeinschaft kostenfrei.

Die Satzung der CWG ist Grundlage für die stabile Struktur der Organisation und sichert deren Unabhängigkeit und Eigenständigkeit. Die zweimal jährlich stattfindenden CWG-Konferenzen in Europa und den USA sind quasi der Herzschlag der gemeinsamen Arbeit. Das CWG-Portal mit seinen sehr konkreten Angeboten hat die Menge der teilhabenden Konfigurationsexperten signifikant erhöht und bildet die Grundlage für die Vernetzung der CWG-Mitglieder in der täglichen Arbeit. Die CWG-Sandbox-Systeme sind eine besondere Errungenschaft der CWG. Es handelt sich um SAP-ERP- sowie SAP-S/4HANA-Testsysteme, die von den CWG-Mitgliedern für die Erstellung eigener Konfigurationsmodelle und zum aktiven Informationsaustausch genutzt werden können.

Anhang

Anhang A
Syntaxbeispiele für die High-Level-Konfiguration

Die nachfolgende Tabelle A.1 enthält eine Reihe nützlicher Syntaxbeispiele für Vor- und Auswahlbedingungen an einem Merkmal sowie für verschiedene Prozeduren und Constraints. Diese Beispiele haben in Beratungsfällen schon gute Dienste geleistet und sollen als Ergänzung und Anregung dienen.

Syntaxbeispiel	Beschreibung

Auswahlbedingung an einem Merkmal:
`MERKMAL1 ne 'WERT1' or`
`not specified MERKMAL1`
	Die Auswahl eines Merkmals soll erfolgen, wenn ein anderes `MERKMAL1` entweder gar keinen oder nicht einen bestimmten Merkmalwert hat: Die Auswahl erfolgt bei bewertetem `MERKMAL1`, falls ein bestimmter `WERT1` nicht gesetzt ist (ne = not equal = <>), oder `MERKMAL1` ist überhaupt nicht bewertet (`not specified`).

Prozedur an einer Stücklistenposition:
`$self.SL_MENGE= 3`
`   if MERKMAL2 ='WERT2'`
	`SL_MENGE` ist ein Objektmerkmal mit Bezug zur Menge der Stücklistenpositionen (Feld `STPO-MENGE`).
	In der Stückliste ist eine Position mit Menge = 1 angelegt, es soll aber möglich sein, die Menge dynamisch zu erhöhen.
	Eine Auswahlbedingung an der Stücklistenposition regelt, wann die Position grundsätzlich zum Zuge kommt.
	Die Manipulation der Menge zu einer Stücklistenposition erfolgt mit einer zusätzlichen Prozedur auf »3«, wenn ein `MERKMAL2` den `WERT2` hat, andernfalls gilt die Menge, die in der Stückliste geschrieben steht.
	Beide Beziehungswissen stehen an der Stücklistenposition.

Tabelle A.1 Syntaxbeispiele für die High-Level-Konfiguration

Syntaxbeispiel	Beschreibung
Die Prozedur an einer Stücklistenposition soll die Menge laut Kundenwunsch setzen. `$self.sl_menge= $root.MERKMAL1` (`MERKMAL1` ist hier ein `NUM`-Merkmal)	Die »aktuell behandelte Menge« (`$self`) soll ihren Wert von `MERKMAL1` des vorgelagerten konfigurierbaren Materials beziehen (`$root`). Hinweis: `$self` betrifft immer das aktuelle Objekt, `$parent` die direkt übergeordnete Objektinstanz und `$root` die oberste Objektinstanz. `$self`, `$parent` und `$root` können zusammenfallen.

Vorbedingung an einem Merkmal oder M-Wert:
`MERKMAL1 specified and`
`MERKMAL1 = 'WERT1'`
	Das Merkmal oder der Merkmalwert, an dem jene Vorbedingung zugewiesen ist, ist nur dann auswählbar, wenn die Bedingung wahr ist. Erst durch den ersten Teil der Syntax ist die Vorbedingung nicht erfüllt, solange das Merkmal unbewertet ist.

Auswahlbedingung und analoge Vorbedingung an einem Merkmal:
`MERKMAL1 = 'WERT1'`
	Eine Auswahlbedingung benötigt nicht
	`MERKMAL1 specified`
	Eine Auswahlbedingung ist im Unterschied zur Vorbedingung immer nicht erfüllt, falls die angesprochenen Merkmale unbewertet sind.
	Wenn
	`MERKMAL1 = 'WERT1'`
	erfüllt ist, können und müssen Sie das Merkmal, dem beide Bedingungen zugeordnet sind, bewerten.
	Wenn die Bedingung nicht erfüllt ist, können und müssen Sie das Merkmal, dem beide Bedingungen zugeordnet sind, nicht bewerten.

Vorbedingung an einem Merkmal oder Merkmalwert:
`MERKMAL in`
`('WERT1','WERT2','WERT3')`
anstelle von dieser Syntax:
`Merkmal='WERT1' or`
`Merkmal='WERT2' or`
`Merkmal='WERT3'`
	Das Objekt, dem jene Vorbedingung zugewiesen ist, ist nur dann auswählbar, wenn mindestens eines der gelisteten Merkmalwerte gesetzt ist oder das Merkmal unbewertet ist. Die Listung mit separierendem Komma innerhalb der Klammer entspricht der aufwendigeren »oder«-Auflistung.

Tabelle A.1 Syntaxbeispiele für die High-Level-Konfiguration (Forts.)

Syntaxbeispiel	Beschreibung
Prozedur am Konfigurationsprofil: `$self.MERKMAL1 ='WERT1' if MERKMAL2 = 'WERT2'`	Eine Bewertung an `MERKMAL1` wird gesetzt, sobald eine andere Bewertung erfüllt ist. Dadurch werden Abhängigkeiten von Objekten untereinander automatisch bedient. Hinweis: Prozeduren für die Bewertungsoberfläche sind dem Konfigurationsprofil zuzuordnen. Diese Prozeduren werden jedoch immer abgearbeitet. So ist hier die `if`-Bedingungen wichtig, also *wann* eine Wertsetzung ausgelöst werden soll.
Vorbedingung am Merkmalwert `WERT1` von `MERKMAL1`: `Merkmal1 specified and Merkmal1 = 'WERT1'`	Sonderfall: Angenommen, die Bewertung von `MERKMAL1` mit `WERT1` gilt ab sofort nicht mehr, jedoch sollen Bestandsaufträge diese Bewertung beibehalten dürfen. Diese Konstellation können Sie regeln, indem Sie dem künftig unzulässigen Merkmalwert diese Vorbedingung an einem bestimmten Datum zuweist, nach dem Motto: »Den kriegt nur, wer ihn schon hat.«
Vorbedingung am Merkmalwert `WERT1` von `MERKMAL1`: `AE_DATUM GT 20180131` Das Datumsformat ist immer YYYYMMTT `GT` = greater than `LT` = less than `EQ` = equal `GE` = greater/equal than `LE` = Less/equal than	Eine andere Variante zu obiger Problemstellung ist, sich eines Hilfsmerkmals »Datum« zu bedienen und das Datum in einer Vorbedingung zu setzen. Dazu legen Sie das Merkmal, z. B. `AE_DATUM`, an und füllen auf der Registerkarte **Zusatzdaten** das Feld **Tabelle** mit dem Eintrag »VBAK« und das Feld **Feldname** mit dem Eintrag »ERDAT« (das ist das Datum der Auftragserfassung). Dadurch wird dieser Dateninhalt aus dem Kundenauftrag automatisch in das Merkmal während der Konfiguration referenziert und kann als Bezugspunkt für das Beziehungswissen genutzt werden.

Prozedur
zur Preiskorrektur des regulären `VARKOND` an einem Merkmalwert
`$SET_PRICING_FACTOR ($self,varcond,'MERKMALWERT', 100/(100-DISCOUNT))`
`If`
`MERKMAL = 'MERKMALSWERT'`
	Kontext:
	Innerhalb des konfigurierbaren Materials werden Preise zu jedem selektierten Merkmalwert ermittelt, dann zu einem Gesamtpreis addiert und anschließend mit einem kundenabhängigen Rabatt rabattiert.
	Unter den Merkmalwerten gibt es jedoch Merkmalwerte, für die jener Rabatt *nicht* gelten soll; der gezogene `VARKOND` soll also erhalten bleiben.

Tabelle A.1 Syntaxbeispiele für die High-Level-Konfiguration (Forts.)

Syntaxbeispiel	Beschreibung
	Dafür wurde das Hilfsmerkmal `DISCOUNT` angelegt (`NUM`), in das manuell der fallweise geltende Rabatt eingefügt wird, etwa »30« zur Abbildung des 30-%-Rabattes auf den Preis. Kalkulation: 100/(100-30) = 100/70 = 1,42857143 Ein gefundener `VARKOND` (VA00) von z. B. 100 € wird nun mit `PRICING_FACTOR` multipliziert, also 100 € * 1,42857143 = 142,857143 €, und wenn später mit 30 % rabattiert wird, erhält man 100 €/(100 € - 30 %) * 1,42857143 = 100 €.

Prozedur zur Ermittlung eines Preises zu einem selektierten Merkmalwert:
`$self.VARKOND = 'WERT1'`
`if MERKMAL1 = 'WERT1'`
	Die Prozedur kann direkt bei jedem Merkmalwert zugewiesen werden oder besser zentral im Konfigurationsprofil hinterlegt werden.
	Letzteres hat den Vorteil, dass die gesamt Preisfindung übersichtlich und zentral an einer Stelle liegt. Es ist sogar möglich, alle notwendigen Ergänzungen zur Preisfindung in *nur einer* Prozedur zu sammeln, durch einfaches *Komma* aufgelistet.

`NUM`-Merkmale
 	
Vorbedingung:
`MERKMAL in (1,2,3,4,5)`
oder
`MERKMAL in (1 - 5)`
oder
`not MERKMAL > 5`
oder
`MERKMAL < 6`
	Hier gibt es mehrere gleichberechtigte Bedingungen für ein numerisches, ganzzahliges Merkmal.
	Bei der Intervallangabe dürfen Sie das Leerzeichen vor und nach dem Bindestrich nicht vergessen, sonst wird der Bindestrich als Minuszeichen interpretiert.

Tabelle A.1 Syntaxbeispiele für die High-Level-Konfiguration (Forts.)

Syntaxbeispiel	Beschreibung

NUM-Merkmale
 	
Prozedur zum Mitzählen:
`NUM_MERKMAL ?=0,`
`NUM_MERKMAL ?= NUM_MERKMAL+1 if`
`MERKMAL2 specified and`
`MERKMAL2 = 'WERT_A',`
 	
`NUM_MERKMAL ?= NUM_MERKMAL+1 if`
`MERKMAL3 specified and`
`MERKMAL3 = 'WERT_B',`
...
	Kontext:
	Ein numerisches Merkmal soll die Anzahl von Treffern (Selektionen) während der Konfiguration mitzählen und später das Ergebnis für Schlussfolgerungen zur Verfügung stellen.
	Beispiel für eine Prozedur zum Zählen:
	Mit einem Produkt können viele verschiedene Software-Programme als Optionen ausgewählt werden; Sie möchten jedoch deren Gesamtzahl auf 5 beschränken (etwa, weil die darüberhinausgehenden SW-Programme separat/einzeln verkauft werden sollen).
	Sie könnten auch die Megabyte an Speicherplatzbedarf jedes SW-Programmes mitzählen, um den Plattenspeicherbedarf am Ende zu bestimmen oder Ähnliches.
	Vorgehen:
	Sie legen das Zählermerkmal als Hilfsmerkmal an (im Beispiel `NUM_MERKMAL`) und weisen es der Variantenklasse zu.
	Eine Prozedur am Konfigurationsprofil setzt den Zählerstand initial auf null. Dies muss vor der eigentlichen Zählung erfolgen.
	Sodann werden nacheinander alle Ereignisse gelistet (im jeweiligen `if`-Statement), die mitgezählt werden sollen, sowie die Zählerzahl, um die sich der Gesamtzählerstand dabei erhöhen möge (`$set_default`...+ 1).
	Durch die Vorschlagswertsetzung haben diese Ereignisse nur niedrige Priorität.

`MERKMAL_1 ?= MERKMAL_2`	Durch diese Syntax wird die Bewertung von `MERKMAL_2` in `MERKMAL_1` gesetzt (kopiert), egal wie der Wert lautet. Voraussetzung ist, dass beide Merkmale gleichen Typs sind (`NUM-NUM` oder `CHAR-CHAR`). Durch die Vorschlagswertsetzung haben diese nur niedrige Priorität.
Constraint	Constraints können nur lokal in Constraint-Netzen angelegt werden. Deshalb: Falls bereits ein Constraint-Netz am Konfigurationsprofil vorhanden ist, nutzen Sie es.

Tabelle A.1 Syntaxbeispiele für die High-Level-Konfiguration (Forts.)

Syntaxbeispiel	Beschreibung
	Falls kein Constraint-Netz vorhanden ist, müssen Sie als Erstes ein Contraint-Netz am Konfigurationsprofil anlegen. Grundregel: Da Constraints streng »deklarativ« sind, sind `not specified` und weitere Verneinungen nicht möglich.

Constraint – unerlaubte Bewertung
`* Es ist hier verboten das`
`* MERKMAL_1 mit XYZ zu`
`* bewerten - bitte wählen Sie`
`* daher einen anderen Wert aus.`
 	
`OBJECTS:`
`ABC IS_A (300)VARIANTENKLASSE`
`CONDITION:`
`  ABC.MERKMAL_1='XYZ'`
`RESTRICTIONS:`
`  FALSE`
	Zuerst wird als `OBJECT` die Variantenklasse definiert. Vergeben Sie eine Variable für diese mithilfe `IS_A`. (Beispiel: `ABC`).
	Unter `CONDITION` listen Sie den verbotenen Merkmalwert. Dem Merkmal wird die Klassenvariable vorangestellt.
	Die unter `CONDITION` erwähnte Bewertung ist in der Klasse unzulässig und führt bei einer Bewertung unter `RESTRICTIONS` zu einem Fehler in der Konfiguration, falls die unzulässige Bewertung aus dem `CONDITION`-Teil erfüllt ist.
	Tipp:
	Schreiben Sie mit vorangestelltem Stern einen Klartext in das Constraint als Anweisung für den Anwender. Der Text wird unter **Details** bei der Fehlermeldung sichtbar und ist für den Anwender sprechend.

`* Constraint - Zählergebnisse`
`* bewerten`
`OBJECTS:`
`ABC IS_A (300) KLASSE.`
`CONDITION:`
`  ABC.QTY_USER  specified and`
`  ABC.QTY_LICENSE  specified`
`RESTRICTIONS:`
`BC.QTY_USER LE   ABC.QTY_LICENSE`
	In einer Konfiguration werden Anwender (`QTY_USER`) und Lizenzen gezählt (`QTY_LICENSE`), und am Ende wird sichergestellt, dass für jeden Anwender eine Lizenz vorhanden ist. Im abgebildeten Fall muss die Menge der Anwender kleiner/gleich der Menge der Lizenzen sein.
	
	Andere mögliche Angaben sind:
	`GT` = greater than
	`EQ` = equal
	`LT` = less than
	`GE` = greater or equal

Tabelle A.1 Syntaxbeispiele für die High-Level-Konfiguration (Forts.)

Anhang B
SAP S/4HANA AVC Improvement List

Dieses Dokument beschreibt zum Zeitpunkt des Release 1809 die Fälle, in denen sich die AVC-Engine anders verhält als die LO-VC-Engine. Es beschreibt nicht, welche LO-VC-Funktionalität in AVC noch fehlt. Den aktuellen AVC-Umfang entnehmen Sie bitte der AVC-Dokumentation auf help.sap.com.

B.1 Umgang mit Merkmalen

In diesem Abschnitt gehen wir auf Besonderheiten im Umgang mit den Merkmalen in LO-VC und AVC ein.

Alle Merkmale sind einschränkbar

In AVC werden alle Merkmale als einschränkbar behandelt, auch die mehrwertigen. In LO-VC werden bei nicht einschränkbaren Merkmalen immer die Wertebereiche der Stammdaten angezeigt, aus denen der Benutzer auswählen kann. Für einschränkbare Merkmale (in LO-VC und AVC) bestimmt die Configuration Engine, welche Werte noch ausgewählt werden können, ohne eine Inkonsistenz zu verursachen, und nur diese Werte werden angezeigt, was zu einer besseren Benutzerfreundlichkeit führt.

Merkmalwertdomänen können in AVC durch Constraints und Vorbedingungen auf Werte eingeschränkt werden.

Einwertige Merkmale und alternative Werte

Ein großer Nachteil der einschränkbaren Merkmale in LO-VC ist, dass der Benutzer eine Wertsetzung manuell zurücknehmen muss, um die alternativen Werte einsehen zu können. In AVC werden dem Benutzer jedoch immer die alternativen Werte durch Fokussierung der Merkmale angezeigt. Diese alternativen Werte sind genau die, welche die Engine anzeigen würde, wenn das jeweilige Merkmal unbewertet wäre. Dies sind nicht unbedingt die gleichen Werte wie die Stammdatenwerte; typischerweise ist dies eine Teilmenge davon: diejenige, die noch mit dem Rest der Konfiguration konsistent ist.

Semantik von mehrwertigen Merkmalen

Für mehrwertige Merkmale übernimmt AVC die folgende Semantik: Dem Merkmal kann eine beliebige Teilmenge von Werten aus der Domäne der Stammdatenwerte zugeordnet werden (auch kein Wert). Ein Merkmal mit drei möglichen Werten »A«, »B« und »C« kann also acht verschiedene Mengen gesetzter Werte haben (kein Wert, einer der Werte, alle Werte oder eine beliebige Kombination von zwei Werten). Einzelne Elemente können unabhängig voneinander gesetzt bzw. aus der Merkmalsdomäne ausgeschlossen werden. In unserem Beispiel hat das Merkmal nach der Zuweisung von »A« und dem Ausschließen von »B« den Wert »A« gesetzt, und der Wert »C« ist weiterhin möglich. In diesem Beispiel wird »A« als gesetzter Wert und »C« als alternativer Wert angezeigt.

Im Gegensatz zu einwertigen Merkmalen führt das Ausschließen aller Werte aus einer mehrwertigen Merkmalsdomäne nicht zu einer Inkonsistenz. Wenn das Merkmal z. B. eine Reihe von für das Produkt verfügbaren Extras darstellt, sollte die Nichtauswahl von Extras keinen Fehler darstellen.

Dieses Verhalten entspricht dem von LO-VC im klassischen Beziehungswissen. In LO-VC kann man Werte von mehrwertigen Merkmalen jedoch nur über Vorbedingungen ausschließen, und diese Ausschlüsse verbergen nur den Wert auf der Benutzeroberfläche. Bei einschränkbaren mehrwertigen Merkmalen in AVC kann der Werteausschluss auch durch Constraints erfolgen, und anderes Beziehungswissen kann auf die Domänenänderungen reagieren (siehe auch den Abschnitt »Vorbedingungen für den Merkmalwert« in Abschnitt B.2, »Verarbeitung von Beziehungswissen«).

LO-VC verwendet zwei verschiedene Semantiken für mehrwertige Merkmale, eine für klassisches Beziehungswissen und eine für Constraints. AVC verwendet nur eine, wie in Abschnitt »Mengenbasierte Semantik von mehrwertigen Merkmalen« in Abschnitt B.2, »Verarbeitung von Beziehungswissen«, beschrieben.

Handhabung des Kennzeichens »Zusätzliche Werte erlaubt«

In LO-VC kann das Kennzeichen »Zusätzliche Werte erlaubt« nur für nicht einschränkbare Merkmale gesetzt werden. AVC interpretiert dies für einschränkbare Merkmale wie folgt: Zusätzlich zu den Vorgabewerten sind alle Werte erlaubt, die der Merkmalsvorlage entsprechen. Für ein numerisches Merkmal, bei dem die Vorlage eine dreistellige Zahl, keine Nachkommastellen und negative Werte erlaubt, ist die Domäne beispielsweise -999–999. Bei Zeichenkettenmerkmalen besteht die Domäne aus allen Unicode-Zeichenketten, die die definierte Länge einhalten.

Bei numerischen Merkmalen wird dem Benutzer auf der Bewertungsoberfläche immer die (eventuell eingeschränkte) Menge der zusätzlichen Werte angezeigt, da die Wahl eines Wertes außerhalb dieser Menge zu einer Inkonsistenz führen würde.

Die in den Stammdaten definierten Werte werden auf der Benutzeroberfläche über den zusätzlichen Werten angezeigt. Bei Zeichenkettenmerkmalen können die zusätzlichen Werte wegen Darstellungsproblemen nicht auf der Benutzeroberfläche angezeigt werden.

Bitte beachten Sie, dass Merkmale ohne vordefinierte Werte so behandelt werden, als ob »Zusätzliche Werte erlaubt« gesetzt worden wäre. Dies entspricht dem LO-VC-Verhalten.

Numerische Merkmale

Für AVC wurde das numerische Verhalten der Engine überarbeitet, um eine höhere Genauigkeit zu bieten. Dies wird erreicht durch folgende Sachverhalte:

- die Einführung einer Unterscheidung zwischen den Merkmalstypen »Integer« (ganzzahlig) und »Float« (Gleitkomma)
- eine verbesserte Handhabung von Float-Merkmalen

Unterscheidung »Integer« und »Float«

Reine ganzzahlige Merkmale sind für viele Anwendungsfälle beim Kunden ausreichend oder sogar wünschenswert. Das Rechnen mit ganzen Zahlen ermöglicht bessere Ergebnisse und vermeidet den Rechenaufwand, der für die korrekte Behandlung von Gleitkommazahlen erforderlich ist.

Daher unterscheidet AVC zwischen Integer- und Float-Merkmalen, während in LO-VC alle numerischen Merkmale Floats sind. Da AVC auch die Gleitkommabehandlung verbessert hat (siehe Abschnitt, »Dezimale Gleitkommaarithmetik« in Abschnitt B.2, »Verarbeitung von Beziehungswissen«), liefert AVC im Allgemeinen viel genauere numerische Ergebnisse als LO-VC.

Die Unterscheidung in AVC basiert auf der Merkmalsvorlage (die sich auf die Basiseinheit des Merkmals bezieht):

- integer: numerische Merkmale ohne Nachkommastellen
- float: numerische Merkmale mit Nachkommastellen

Auch wenn AVC zwischen Integer- und Float-Merkmalen unterscheidet, können die beiden Typen in numerischen Ausdrücken gemischt werden (siehe Abschnitt »Gemischte numerische Ausdrücke« in Abschnitt B.2, »Verarbeitung von Beziehungswissen«).

Numerischer Bereich der numerischen Merkmale

Der numerische Bereich für Float-Eigenschaften in AVC ist ±1 * 10^15 (wie in LO-VC). Für ganzzahlige Merkmale beträgt er ~±2,1 * 10^9 für einwertige Merkmale und ~±1,05 * 10^9 für mehrwertige Merkmale in AVC.

B.2 Verarbeitung von Beziehungswissen

Die AVC-Engine wurde entwickelt, um die Menge der möglichen Benutzerauswahl viel genauer zu berechnen als LO-VC. Das grundlegende Problem ist Folgendes: Wenn der Benutzer einen Wert auf der Benutzeroberfläche auswählen kann, der eigentlich nicht möglich ist, führt die Auswahl dieses Wertes zu einer Inkonsistenz, die dann behoben werden muss. Die AVC-Engine versucht im Voraus festzustellen, dass ein Wert nicht konsistent in die Konfiguration aufgenommen werden kann.

Zugleich wurde die Engine mit einem klaren Fokus auf Performance entwickelt. Dies bedeutet z. B., dass sie nicht versucht, alle Werte zu identifizieren, die eine komplizierte mathematische Einschränkung verletzen. In solchen Fällen identifiziert die Maschine eine Teilmenge der unmöglichen Werte, die mit vertretbarem Rechenaufwand erreicht werden kann. Zusammenfassend lässt sich sagen, dass die AVC-Engine immer mindestens so viele unmögliche Werte wie LO-VC finden sollte, und oft auch mehr.

Die AVC-Engine verarbeitet nur Beziehungswissen, das nicht an Low-Level-Objekte (z. B. Stücklistenpositionen) oder an Vorgänge in Arbeitsplänen gebunden ist. Für dieses letztgenannte Beziehungswissen verwendet AVC die LO-VC-Engine, die eng mit der Stücklisten-/Arbeitsplanauflösung integriert ist. Bitte beachten Sie dies bei der Berücksichtigung der folgenden Informationen.

Stärkere Einschränkungen bei einzelnen Syntaxelementen

Hier folgen einige Beispiele, bei denen AVC eine stärkere Beziehungswissensverarbeitung durchführt als LO-VC:

Angenommen, Sie haben eine Einschränkung »X = Y«, wobei X uneingeschränkt ist und Y die Wertedomäne {1, 3, 5} hat. Dann beschränkt LO-VC X auf die Domäne {1–5} und vergisst die Lücken in der Domäne von Y. AVC hingegen schneidet die beiden variablen Domänen korrekt.

Die AVC-Engine ermittelt alle Werte, die gemäß einer Variantentabelle noch möglich sind, während LO-VC eine Approximation verwendet, sodass der Benutzer Werte auswählen kann, die von der Tabelle nicht unterstützt werden (siehe Hinweis *https://launchpad.support.sap.com/#/notes/367002*).

Da alle Merkmale einschränkbar sind, berücksichtigt AVC bei der Prüfung von Bedingungen eingeschränkte Bereiche. So wird beispielsweise ein Vergleich »X < 4«, bei dem X die eingeschränkte Domäne {1, 2, 3} hat, in AVC als wahr bewertet. Die Begründung ist, dass, egal welche Wahl der Benutzer noch für X trifft, der Vergleich immer als wahr bewertet wird. In LO-VC wird der Vergleich erst ausgewertet, wenn X zugewiesen wird. Wenn dieser Vergleich z. B. als Auslöser für eine Prozedurwertsetzung verwendet wird, dann sieht der Benutzer diese Bewertung in AVC früher als in LO-VC.

Stärkere Einschränkungen durch Constraints

Die LO-VC-Engine unterstützt Inferenzen nur für eine begrenzte Anzahl von Syntaxelementen. So können beispielsweise Ungleichungen, die Negation von Tabellen oder IN-Listen, nichtlineare Arithmetik wie Multiplikation oder Division von Merkmalen und trigonometrische Operationen nicht einschränken. Darüber hinaus sind Inferenzen auf Merkmale links vom IF beschränkt. Die AVC-Engine hingegen kann Inferenzen für alle Syntaxelemente durchführen. Um den Benutzer vor vermeidbaren Inkonsistenzen zu schützen, schränkt sie immer alle Merkmale in einer Constraint-Restriktion ein.

Beispiel: Betrachten Sie eine Einschränkung »X = 1 IF Y = 2«. Angenommen, 1 ist für X nicht gültig, z. B. weil für X der Wert 3 gesetzt ist. Dann schließt die AVC-Engine 2 aus der Domäne von Y aus, da die Wahl von 2 eine Inkonsistenz verursachen würde. Sowohl für LO-VC als auch für AVC gilt: Solange der Wert 1 für X gültig ist, geschieht nichts, bevor für Y der Wert 2 gesetzt wird.

Dieses Verhalten führt zu einer besseren Benutzerunterstützung: Dem Benutzer werden weniger Werte angezeigt, die zwangsläufig zu einer Inkonsistenz führen würden.

Die Wahl der richtigen Modellierungstechnik

Wie bei LO-VC wird der RESTRICTION-Teil eines Constraints in AVC erst aktiviert, wenn die CONDITION als wahr ausgewertet wird.

Wie LO-VC bietet AVC mehrere Möglichkeiten auszudrücken, dass eine bestimmte Bedingung für die betreffende Konfiguration gelten soll. Zum einen könnte man eine Prozedur schreiben:

a) `someAssignment IF someCondition`

Als Nächstes könnte man ein Constraint mit dem CONDITION- und dem RESTRICTION-Teil schreiben:

b) `CONDITION: someCondition RESTRICTION: someAssignment`

Schließlich könnte man ein Constraint auch nur mit dem Abschnitt RESTRICTION schreiben:

c) `RESTRICTION: someAssignment IF someCondition`

Sie können dann die entsprechende Modellierungstechnik in AVC gemäß der folgenden Optionen auswählen:

1. Wenn Sie möchten, dass die Wertsetzung nur vorgenommen wird, wenn die Bedingung zu einem bestimmten Zeitpunkt erfüllt ist, wählen Sie a) und lassen die Prozedur zu diesem Zeitpunkt laufen.

2. Wenn Sie möchten, dass die Wertsetzung immer dann vorgenommen wird, wenn die Bedingung erfüllt ist, wählen Sie die Option b).
3. Wenn Sie außerdem verhindern wollen, dass der Benutzer den Wert setzen kann, falls er zu einer Inkonsistenz führt, dann wählen Sie die Option c). Bei der Auswahl der für Ihr Modell geeigneten Modellierungstechnik müssen Sie sich keine Gedanken über die Performance machen. Die Constraint-Verarbeitung wird durch einen sehr effizienten Änderungsüberwachungsalgorithmus gesteuert, sodass die Unterschiede zwischen den Optionen a) bis c) vernachlässigbar sein sollten.

Modellierung mit »FALSE IF«

Die AVC-Engine interpretiert das Schlüsselwort »`FALSE`« anders als LO-VC. Eine Einschränkung »`FALSE IF X = 1`« führt zu einer Inkonsistenz in LO-VC, wenn X 1 zugewiesen wird, und im Sinne der Vermeidung von Inkonsistenzen schreibt AVC diese Einschränkung auf »X <> 1« um und schließt 1 aus der Domäne von X aus. Generell entspricht eine Einschränkung der Form »`FALSE IF CONDITION`« in AVC einer »`NOT CONDITION`«. Mit diesem Muster kann man bspw. den Ausschluss von Werten aus einer Liste (über »FALSE IF X IN (1, 3, 5)«) oder negativen Tabellen (über »FALSE IF TABLE ...«) ausdrücken, und die AVC-Engine führt die gewünschten Domäneneinschränkungen durch.

Wie in LO-VC führt ein Constraint wie das folgende einfach zu einer Inkonsistenz, sobald die Bedingung erfüllt ist.

```
CONDITION: someCondition
RESTRICTION: FALSE
```

Mengenbasierte Semantik von mehrwertigen Merkmalen in Beziehungswissen

Die LO-VC-Engine verwendet zwei verschiedene Semantiken für mehrwertige Merkmale, eine für Constraints und eine für das klassische Beziehungswissen. Wenn Sie z. B. ein Merkmal X mit den Werten 1 und 2 haben, dann scheitert ein Vergleich »X <> 1« in klassischen Abhängigkeiten, gelingt aber in Constraints. In klassischen Abhängigkeiten wird der gesamte Wertebereich betrachtet, während in Constraints die Semantik darauf basiert, ein Element der Menge zu finden, für das der Vergleich gilt.

AVC berücksichtigt bei der Verarbeitung mehrwertiger Merkmale immer die gesamte Menge der gesetzten und möglichen Werte. Beispiel: Wenn Sie für ein mehrwertiges Merkmal X die Werte 1 und 2 gesetzt und eine Einschränkung Y = 'A' IF X NE 1 haben, dann ordnet LO-VC Y 'A' zu, und AVC tut dies nicht.

Einige Funktionen in LO-VC hängen entscheidend von der wertbasierten Semantik mehrwertiger Merkmale in Constraints ab: z. B. arithmetische Operationen auf mehrwertige Merkmale oder die Verkettung ihrer Werte. Diese Operationen sind im Kontext der neuen AVC-Semantik nicht sinnvoll.

Ein gleichwertiger Vergleich zwischen einem einwertigen Begriff und einem mehrwertigen Merkmal (»SV = MV«) in AVC bedeutet immer dasselbe wie »SV IN MV«. Ein ungleicher Vergleich wird zu »SV NOT IN MV2«. Die Größer- und Kleiner-Vergleiche zwischen einem einwertigen Term und einem mehrwertigen Merkmal bedeuten, dass alle Werte des mehrwertigen Merkmals die Vergleichsbeziehung mit dem einwertigen Term erfüllen müssen. Gleich- und Ungleich-Relationen zwischen zwei mehrwertigen Merkmalen bezeichnen in AVC immer die Gleichheit bzw. Ungleichheit von Mengen.

Beim Vergleich mehrwertiger Merkmale gibt es zwei verschiedene mögliche Betrachtungsweisen:

1. Man berücksichtigt nur die Werte, die für das Merkmal zum Zeitpunkt der Durchführung des Vergleichs gesetzt sind.
2. Man berücksichtigt sowohl die gesetzten als auch die möglichen Werte.

Der erste Ansatz ist für Constraints ungeeignet, da der Modellierer bei diesen den Zeitpunkt der Ausführung nicht kontrollieren kann. Das Gesamtergebnis hängt dann davon ab, ob ein Constraint in der Constraint-Engine vor oder nach einer bestimmten Wertsetzung ausgeführt wird, wodurch das gesamte Konfigurationsergebnis unvorhersehbar wird. Daher verfolgt AVC den zweiten Ansatz.

Beispiel: Ein Vergleich »1 IN X« auf einem mehrwertigen Merkmal wird wie folgt ausgewertet:

- true, wenn X die Werte {1, 3, 5} gesetzt und mögliche Werte {2, 4, 6} hat
- unbekannt, wenn X keine gesetzten Werte und mögliche Werte {1–6} hat
- falsch, wenn X die Werte {2} gesetzt und mögliche Werte {3–6} hat

Ein Vergleich »1 NOT IN X« wird wie folgt bewertet:

- falsch, wenn X die Werte {1, 3, 5} gesetzt und mögliche Werte {2, 4, 6} hat
- unbekannt, wenn X keine gesetzten Werte und mögliche Werte {1–6} hat
- true, wenn X die Werte {2} gesetzt und mögliche Werte {3–6} hat

Die Wertsetzungen und Einschränkungen für mehrwertige Merkmale verhalten sich wie folgt: »X = 1« macht »1« zu einem Element von X (setzt aber X nicht mit der Menge {1} gleich, sodass andere Werte möglich sind). Eine Einschränkung »X <> 1« schließt »1« aus dem Satz der möglichen Werte aus.

Vorbedingungen für den Merkmalwert

In LO-VC schließt eine verletzte Vorbedingung am Wert den Wert nur auf der Benutzeroberfläche und nicht in der Engine aus. Das heißt, obwohl der Wert über die Vorbedingung ausgeschlossen wird, sehen andere Constraints den Wert immer noch als verfügbar. AVC überwindet diese Schwäche, indem sie Vorbedingungen an Werten wie Constraints behandelt: Sie werden ständig ausgewertet und schließen Werte in der Engine aus, nicht nur auf der Benutzeroberfläche. Genauer gesagt, wird eine Vorbedingung CONDITION am Wert »A« des Merkmals X in AVC so interpretiert, als ob sie folgendermaßen geschrieben wäre:

```
RESTRICTION:
X <> A, IF NOT CONDITION.
```

Historisch gesehen waren die Vorbedingungen an Werten die einzige Modellierungstechnik zur Einschränkung mehrwertiger Merkmale in LO-VC-Modellen. Mehrwertige Merkmale sind nun in AVC einschränkbar, und Einschränkungen über Vorbedingungen an Werten passen zu diesem Konzept.

Während dieses Verhalten den Vorteil hat, eine stärkere Beziehungswissensverarbeitung zu ermöglichen, hat es einen Nachteil, wenn es um die Handhabung von `SPECIFIED` geht. In LO-VC und AVC wird ein `SPECIFIED`-Check in einem Constraint nach einer Wertsetzung als wahr bewertet (Dies liegt an der deklarativen Natur des Constraints, was im Wesentlichen bedeutet, dass die Schlussfolgerungen, die ein Constraint macht, nicht von einem bestimmten Zeitpunkt abhängen dürfen – sie müssen absolute Wahrheiten sein.). Er wird jedoch nie als falsch bewertet; dies gilt nun auch für Vorbedingungen. Das bedeutet, dass die Verwendung von `SPECIFIED` in Vorbedingungen an Werten das Beziehungswissen effektiv deaktiviert. Dies ist auch der Grund, warum `NOT SPECIFIED` in LO-VC-Constraints (und AVC-Constraints) nicht unterstützt wird.

Vorbedingungen an überlappenden Wertebereichen

LO-VC und AVC nehmen eine unterschiedliche Lesart von überlappenden numerischen Intervallen an. Angenommen, Sie haben ein Merkmal mit zwei Domänenbereichen 1–10 und 5–15, und beide haben damit verbundene Vorbedingungen. In LO-VC ist, sobald eine Vorbedingung den Bereich 1–10 ausschließt, der gesamte Bereich 5–15 noch verfügbar. In AVC bleibt nach dem Ausschließen von 1–10 jedoch 11–15 übrig. Die Begründung ist, dass es für die numerische Engine keine Rolle spielen sollte, in welchem Stammdatenintervall eine bestimmte Zahl definiert wurde.

Abbruch von Prozeduren

LO-VC und AVC verhalten sich beim Abbruch von Prozeduren unterschiedlich. Betrachten Sie eine Prozedur, die aus mehreren Subprozeduren besteht:

```
$self.X = 1,
$self.Y = $root.C,
$self.Z = 2.
```

Wenn das Merkmal C bei der Bearbeitung der Prozedur keinen Wert gesetzt hat, endet die Prozedur in LO-VC bei dieser Anweisung, d. h., X bekommt einen Wert gesetzt, Z nicht. In AVC wird die Prozedur nicht abgebrochen. Damit ist die obige Prozedur äquivalent zu dem folgenden Satz von Einzelprozeduren:

```
$self.X = 1.
$self.Y = $root.C.
$self.Z = 2.
```

In LO-VC sind diese beiden Modellierungstechniken nicht äquivalent.

Einheitliches Verhalten der Prozedurwertsetzungen

In LO-VC bestimmt das Kennzeichen »Einschränkbar« auf einem Merkmal das Verhalten von Prozedurwertsetzungen. Für einschränkbare Merkmale führen Prozeduren auch Domäneneinschränkungen durch, während für nicht einschränkbare Merkmale nur konkrete Bewertungen durchgeführt werden. AVC übernimmt das letztgenannte Verhalten. Wenn beispielsweise das Merkmal Y keinen Wert gesetzt hat, dann hat die Prozedurwertsetzung X = Y in AVC keine Wirkung, unabhängig davon, ob X einschränkbar ist oder nicht. Wenn X in LO-VC einschränkbar ist, wird dem Merkmal X die Wertedomäne von Y zugeordnet.

Prozeduren an Stücklistenpositionen

Anstatt das LO-VC-Verhalten zu adaptieren, bei dem Prozeduren an Stücklistenpositionen während der High-Level-Konfiguration mehrfach ausgeführt werden (siehe Hinweis 1755434), strebt AVC eine klare Trennung zwischen High-Level- und Low-Level-Beziehungswissen an. Prozeduren an Stücklistenpositionen werden nur bei der Stücklistenauflösung ausgewertet, und die berechneten Werte werden in der High-Level-Konfiguration nicht berücksichtigt. Siehe Abschnitt B.5, »Geplante Verbesserungen«.

Numerische Berechnungen

Für AVC wurde das numerische Verhalten der Engine überarbeitet, um eine höhere Genauigkeit zu bieten. Dies wird erreicht durch folgende Sachverhalte:

- die Einführung einer Unterscheidung zwischen den Merkmalstypen »Integer« (ganzzahlig) und »Float« (Gleitkomma)
- eine verbesserte Handhabung von Float-Merkmalen

Dezimale Gleitkommaarithmetik

Die Gleitkommaberechnungen in LO-VC basieren auf dem binären Gleitkommastandard (IEEE 754). Diese Norm hat den Nachteil, dass die meisten nicht ganzzahligen

Mengen nicht exakt dargestellt werden können. So können beispielsweise von den Preisen 0,00–0,99 nur 0,00, 0,25, 0,5 und 0,75 exakt dargestellt werden. Daher ist in vielen Berechnungen Rundung erforderlich, wo man sie nicht erwarten würde. Zum Beispiel ist das Ergebnis von 0,1 + 0,2 sehr nahe an – aber nicht genau gleich – 0,3.

Aus diesem Grund führt die Norm IEEE 754-2008 die dezimale Gleitkommaarithmetik ein, mit dem Ziel, die Geschäftsanforderungen besser zu erfüllen. In diesem Standard können alle nicht ganzzahligen Stammdatenwerte eines Konfigurationsmodells exakt dargestellt werden. AVC basiert auf dieser Norm: Sie verwendet den Datentyp IEEE 754 DecFloat34, was bedeutet, dass Werte und berechnete Ergebnisse, die nicht mehr als 34 Dezimalstellen erfordern, immer genau dargestellt werden können.

Gleitkomma-Rundungsverhalten

Offensichtlich reichen selbst 34 Ziffern nicht aus, um alle Rechenergebnisse exakt darzustellen. Ein einfaches Beispiel wäre die Berechnung von 1/3. Um die unvermeidlichen Rundungsfehler zu kontrollieren, verwendet die AVC-Engine eine Kombination aus Ideen aus dem IEEE-1788-Standard und einem kleinen Epsilon in der Größenordnung von 10^-22. Folglich ist zu erwarten, dass numerische Berechnungen und Vergleiche wie in der Standardmathematik funktionieren.

Durch diese Kontrolle des Rundungsfehlers ist die wiederholte Einschränkung derselben Merkmale auf immer kleinere und kleinere Bereiche in AVC sicher: Es kommt zu keinen akkumulierten Rundungsfehlern.

LO-VC hingegen basiert auf dem alten Standard IEEE 754 und seinem Rundungsverhalten. Aus diesem Grund verwendet LO-VC viel liberalere Vergleiche und akzeptiert im Extremfall numerische Werte mit einer Differenz von bis zu 0,5 als gleich. Die wiederholte Einschränkung von Merkmalsdomänen durch eine Gleichung ist ebenfalls unsicher: Jede weitere Einschränkung erhöht möglicherweise den Rundungsfehler. Insgesamt kann dies dazu führen, dass numerisch inkonsistente Konfigurationen in LO-VC als konsistent akzeptiert werden.

Ganzzahlige Berechnungen

Das Verhalten von numerischen Berechnungen mit ganzzahligen Merkmalen folgt der Standardmathematik in der AVC-Engine. In LO-VC können auch Merkmale ohne definierte Nachkommastellen Werte mit Nachkommastellen aufweisen.

Gemischte numerische Ausdrücke

Auch wenn AVC zwischen Integer- und Float-Merkmalen unterscheidet, können die beiden Typen in numerischen Ausdrücken doch gemischt werden. So ist beispielsweise ein Ausdruck X = Y + Z legitim, unabhängig von den numerischen Typen von X, Y und Z. Wenn X ein ganzzahliges Merkmal ist, während Y und Z Fließkomma-Merkmale sind, wird das Modell inkonsistent, wenn das Ergebnis von Y + Z einen nicht ganzzahligen Wert ergibt: X = 1,3 + 1,8 führt immer zu einer Inkonsistenz, während X = 1,3 + 1,7 eine zulässige Bewertung ist.

Keine Verwendung von beliebigen Merkmalen

In LO-VC können Merkmale, die nicht Teil der konfigurierten Klasse bzw. des konfigurierten Materials sind, in klassischem Beziehungswissen verwendet werden: Es kann jedes im System vorhandene Merkmal verwendet werden. Diese Form der Modellierung wird in AVC nicht unterstützt. Das gilt so auch für Objektmerkmale. Die Einbeziehung aller angesprochenen Merkmale in das Konfigurationsmodell erhöht die Transparenz und Gesamtkonsistenz des Modells.

Verhalten bei inkonsistentem Modell

LO-VC versucht, die Konfiguration im Fall einer Inkonsistenz fortzusetzen: Weder die Auswertung des Beziehungswissens noch die Stücklistenauflösung werden abgebrochen, in der Hoffnung, dass später wieder ein konsistenter Zustand eintritt. Um ein vorhersehbares und zuverlässiges Verhalten zu gewährleisten, stoppt AVC im Fall einer Inkonsistenz die Auswertung des Beziehungswissens und die Stücklistenauflösung (siehe auch den Abschnitt »Inkonsistenz bei der Stücklistenauflösung« in Abschnitt B.4, »Mehrstufige Stücklistenauflösung«).

Ausschluss von Mussmerkmalen

In AVC wird immer dann eine Inkonsistenz verursacht, wenn ein Merkmal, das durch eine Vorbedingung ausgeschlossen ist, zum Mussmerkmal wird. In LO-VC führt nur das statische Kennzeichen »Mussmerkmal« zu einer Inkonsistenz, nicht das dynamische, das über Auswahlbedingungen ermittelt wird. AVC vereinheitlicht das Verhalten sowohl des statischen als auch des dynamischen Kennzeichens »Mussmerkmal«.

Schreibgeschützte Objektmerkmale

LO-VC unterscheidet nicht zwischen schreibgeschützten und nicht-schreibgeschützten Objektmerkmalen. Alle Objektmerkmale können durch Beziehungswissen überschrieben werden. Die einbettende Anwendung kann sich dann weigern, den geänderten Wert zu akzeptieren, aber bis dahin kann der geänderte Wert bereits andere Merkmale über Beziehungswissen beeinflusst haben. AVC respektiert die Unterscheidung zwischen allgemeinen und schreibgeschützten Objektmerkmalen. Bitte beachten Sie, dass die Unterscheidung nur dann erzwungen wird, wenn die Merkmale bereits von der einbettenden Anwendung oder manuell von einem Benutzer in der Simulationsumgebung bewertet sind.

Schlüsselzugriff in Variantentabellen

In LO-VC bestimmt die Unterscheidung einschränkbare/nicht einschränkbare Merkmale, ob eine Merkmalseinschränkung über eine Variantentabelle zu Domäneneinschränkungen oder zu einer Inferenz über einen Tabellenschlüssel (Auswertungsalternative) führt. Das bedeutet, dass das Verhalten einer Einschränkung »TABLE TAB(col1 = X, col2 = Y)« in LO-VC nur aus den Eigenschaften der Merkmale X und Y abgeleitet werden kann.

AVC hingegen weiß nichts über die Unterscheidung zwischen einschränkbaren und nicht einschränkbaren Merkmalen. Derzeit führt AVC immer Domäneneinschränkungen in Constraints durch; wenn die Schlüsselmerkmale bewertet sind, liefert dies dieselben Ergebnisse wie ein Schlüsselzugriff.

Keine mehrdeutigen Tabellenanweisungen

In AVC darf bei Variantentabellen-Zugriffen in Beziehungswissen keine Spalte doppelt verwendet werden. Dies führt in LO-VC zu semantischen Mehrdeutigkeiten. Siehe auch SAP-Hinweis 1007381. Der gleiche Hinweis enthält auch einen einfachen Workaround für die Modellierung, um die semantischen Mehrdeutigkeiten zu vermeiden.

AVC unterstützt auch nicht die Einschränkung desselben Merkmals über mehrere Spalten in einer Tabellenanweisung, wiederum wegen unklarer Semantik.

Auswertung komplexer logischer Ausdrücke

In LO-VC werden die logischen Ausdrücke in Beziehungswissen vor der Auswertung in eine disjunktive Normalform umgewandelt. In AVC werden Abhängigkeiten nicht in eine disjunktive Normalform umgewandelt, sondern so wie vom Modellierer eingegeben verarbeitet. Dies vermeidet ein mögliches exponentielles Wachstum der Beziehungswissengröße und die entsprechenden Performanceauswirkungen.

Constraints, die zu inaktiven Instanzen gehören

In LO-VC bleiben Constraints, die zu Instanzen gehören, die einmal in einer Konfigurationssitzung aktiv waren, bis zum Ende der Konfigurationssitzung aktiv (auch wenn die Instanz nicht mehr in der Konfiguration enthalten ist). In AVC werden nur die Constraints der aktuell aktiven Instanzen berücksichtigt.

Einhaltung der korrekten Länge von Zeichenkettenwerten

Bei der Definition eines Zeichenkettenmerkmals gibt der Modellierer die maximale Länge für die Werte dieses Merkmals an. AVC stellt sicher, dass diese Spezifikation für jeden zugewiesenen Wert eingehalten wird, und falls ein berechneter Wert zu lang ist, führt dies zu einem inkonsistenten Modell. In der LO-VC-Engine werden vordefinierte Werte überprüft, um die Längenbeschränkung zu erfüllen, aber berechnete Werte für Merkmale mit dem Kennzeichen »Zusätzliche Werte erlaubt« können diese verletzen.

Berücksichtigung von Groß- und Kleinschreibung bei Merkmalen

In LO-VC und AVC ist es möglich, Merkmale, die Groß-/Kleinschreibung berücksichtigen, in Beziehungswissen mit solchen zu vermischen, die das nicht tun. Beispielsweise könnte man fragen, ob »C1 = C2« ist, wobei C1 Groß-/Kleinschreibung unterscheidet und mit 'a' bewertet ist, wobei C2 wiederum nicht zwischen Groß- und Kleinschreibung unterscheidet und mit 'A' bewertet ist. Das Problem dabei ist, dass es keine einheitliche und offensichtlich klare Semantik für solche Aussagen gibt.

Die Behandlung dieses Falles in LO-VC ist nicht konsistent. Manchmal werden Kleinbuchstaben in Großbuchstaben umgewandelt, manchmal verursacht eine Gleichheit a' = A' eine Inkonsistenz.

AVC verfolgt durchgehend den folgenden Ansatz: Alle Werte von Merkmalen, die nicht auf Groß-/Kleinschreibung achten, müssen in Großbuchstaben geschrieben werden. Die Setzung eines Wertes mit Kleinbuchstaben für ein solches Merkmal führt immer zu einer Inkonsistenz, es gibt keine implizite Umwandlung. Gleiches gilt für Vergleiche.

B.3 Vorschlagswerte

In diesem Abschnitt gehen wir auf die unterschiedlichen Vorschlagswerte und ihre Funktion ein sowie auf die Korrektur von Vorschlagswertsetzungen.

Persistente Vorschlagswerte

In der LO-VC sind die dynamischen Standardeinstellungen persistent (d. h., ein Vorschlagswert wird immer gesetzt, es sei denn, der Benutzer hat ihn durch einen anderen Wert ersetzt; ein Leerlassen des Merkmals ist nicht möglich). Statische Vorschlagswerte sind nicht persistent: Sie können blockiert, aber nicht wieder aktiviert werden.

Derzeit sind in AVC alle Standardeinstellungen persistent. Für etwaige zukünftige Erweiterungen siehe Abschnitt B.5, »Geplante Verbesserungen«.

Dynamische Vorschlagswerte und andere prozedurale Wertsetzungen

In der LO-VC-Engine bleiben dynamische Vorschlagswerte über mehrere Benutzer-Interaktionen hinweg erhalten. Das heißt, im Gegensatz zu anderen prozeduralen

Wertsetzungen werden die dynamischen Vorschlagswerte aus dem letzten Konfigurations-Zwischenergebnis nicht zu Beginn einer neuen Berechnung zurückgezogen. Sie müssen explizit mit $del_default entfernt werden.

LO-VC-Beispiel: Eine Prozedur »$self.X ?= 1 IF CONDITION« weist X einen dynamischen Vorschlagswert zu, wenn die Bedingung in einem Roundtrip erfüllt ist. Der Vorschlagswert wird dann für alle folgenden Berechnungen beibehalten. Dies gilt auch dann, wenn die Bedingung schon lange nicht mehr erfüllt ist.

In der AVC-Engine werden dynamische Vorschlagswerte bei jedem Roundtrip neu berechnet, genau wie andere Prozedurwertsetzungen auch, sodass die meisten Anwendungen von $del_default entfallen.

Korrektur von Vorschlagswertsetzungen zur Vermeidung von Inkonsistenzen

Vorschlagswertsetzungen können im Prinzip wie jede andere Bewertung zu Inkonsistenzen führen. Andererseits lässt sich argumentieren, dass das bloße Setzen eines Standardwertes den Endbenutzer nicht mit einem inkonsistenten Modell belasten sollte. Sowohl LO-VC als auch AVC folgen diesem Ansatz.

LO-VC löscht solche widersprüchlichen Vorschlagswertsetzungen automatisch, wenn der Konflikt beim Auswerten einer Zuweisung erkannt wird. Der Vorschlagswert wird dann überschrieben. Ein Problem mit dem Ansatz ist, dass Vorschlagswertsetzungen noch auf viele andere Arten Inkonsistenzen verursachen können als nur durch fehlgeschlagene Zuweisungen, z. B. durch einen nicht erfüllten Vergleich. Ob ein Konflikt aufgrund eines Vorschlagswerts dann gelöst werden kann, hängt somit auch davon ab, in welcher Reihenfolge das Beziehungswissen ausgewertet wird (und diese Reihenfolge kann vom Modellierer nicht gesteuert werden): Kommt zuerst die Zuweisung an die Reihe, oder ist es der Vergleich?

AVC hingegen löst mehr Inkonsistenzen als LO-VC, da sie einen anderen Algorithmus zur Korrektur von Vorschlagswertsetzungen verwendet und mehr als einen Vorschlagswert gleichzeitig löschen kann, um die Konsistenz wiederherzustellen. Beachten Sie, dass für Merkmale, bei denen Vorschlagswerte gelöscht werden, anschließend nicht zwangsläufig ein neuer Wert gesetzt sein muss (anders als in LO-VC).

B.4 Mehrstufige Stücklistenauflösung

Das Zusammenspiel zwischen mehrstufiger Stücklistenauflösung und Beziehungsbearbeitung wurde für AVC neu gestaltet. Die Hauptziele waren dabei die Verständlichkeit und Vorhersehbarkeit. Es ist zu beachten, dass die AVC-Engine derzeit nur eine einzige Stücklistenauflösungsstrategie unterstützt. Siehe Abschnitt B.5, »Geplante Verbesserungen«.

Stücklistenauflösungsstrategie

LO-VC löst die Stückliste mittels Breitensuche auf. Während einer Stücklistenauflösung müssen wechselweise sowohl das Beziehungswissen, das an das Konfigurationsprofil der ausgewählten Instanz gebunden ist, als auch das Beziehungswissen, das an Stücklistenpositionen gebunden ist, abgearbeitet werden. Betrachten Sie das folgende Beispiel: Bei der Eingabe der Konfiguration wird zunächst die Wurzelinstanz M1 verarbeitet, die ihr Constraint ausführt, was keine Wirkung hat, da die Merkmale B und C zu Instanzen gehören, die noch nicht aktiv sind. Dann wird die Stückliste von M1 aufgelöst. M2 hat keine Auswahlbedingung, sodass die Instanz aktiv wird. M3 hat eine Auswahlbedingung, die nicht erfüllt ist, sodass die Instanz nicht aktiviert wird. Da M2 kein weiteres Beziehungswissen mitbringt, wird ihre Stückliste als Nächstes aufgelöst, wodurch M4 und M5 aktiv werden. Dann wird das an M4 angehängte Beziehungswissen ausgeführt, wobei das Merkmal B den Wert 1 erhält. Als Nächstes kommt M5 an die Reihe, woraus sich die Wertsetzung C = 1 ergibt. Nun sind alle Werte für die Merkmale vorhanden, die in dem an M1 angehängten Constraint angesprochen werden, sodass das Constraint das Merkmal A auf den Wert 2 setzt, weshalb die Auflösung der Stücklisten von M4 und M5 zur Auswahl von M6 und M7 führt (siehe Abbildung B.1).

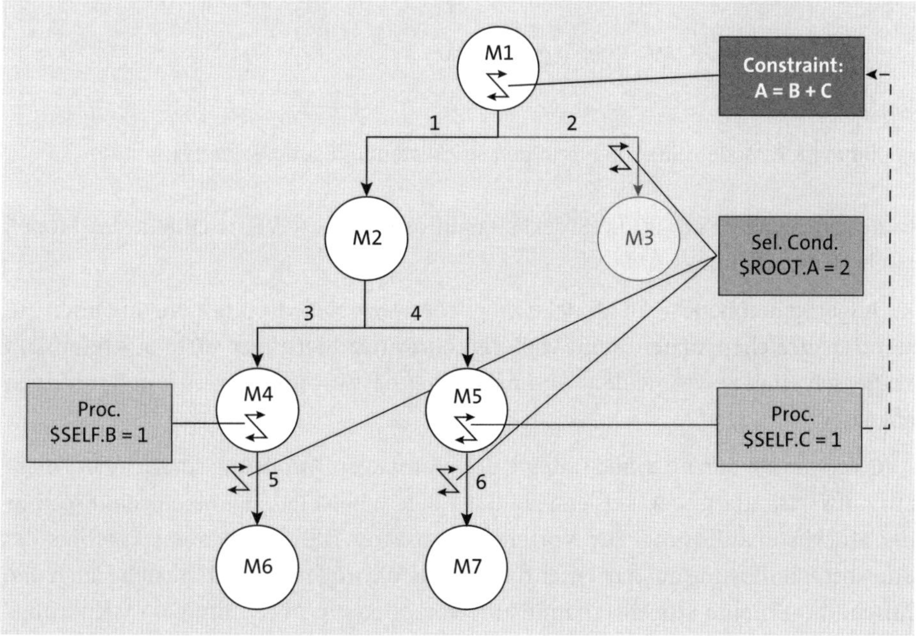

Abbildung B.1 Modell der Stücklistenauflösung

In diesem Fall erkennt LO-VC, dass es Aufwärtsänderungen an M1 gab, die eine neue Stücklistenauflösung erfordern. Bei dieser nächsten Iteration der Stücklistenauflösung werden die bereits aktivierten Komponenten mit ihrer aktuellen Konfiguration im Hintergrund gehalten, es sei denn, ihre übergeordneten Instanzen werden deaktiviert. Aus diesem Grund wird in einer zweiten Iteration auch M3 ausgewählt. Ansonsten gibt es keine weiteren Änderungen am Modell (siehe Abbildung B.2).

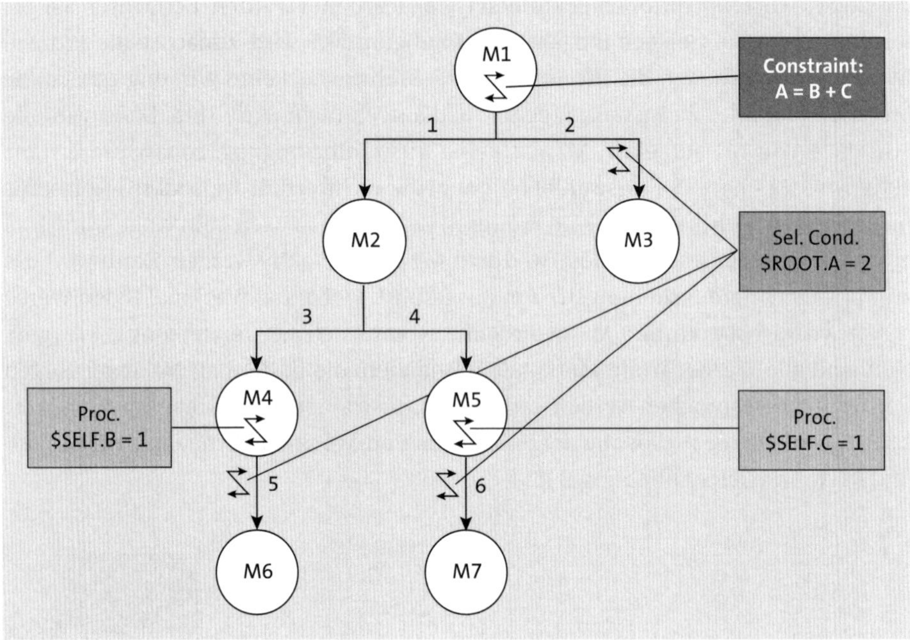

Abbildung B.2 Modell einer mehrstufigen Stücklistenauflösung – zweite Iteration

In diesem Beispiel endet die Stücklistenauflösung in LO-VC, nachdem das Modell zweimal durchlaufen wurde.

Im Allgemeinen benötigen Modelle möglicherweise viele Iterationen, um einen Zustand zu erreichen, in dem keine weiteren Aufwärtsänderungen mehr auftreten. Um Endlosschleifen zu vermeiden, wird nach einer bestimmten Anzahl von Iterationen abgebrochen.

AVC verwendet derzeit eine Strategie der einmaligen Auflösung und reagiert nicht auf Aufwärtsänderungen. Das erste Bild in obigem Beispiel zeigt bereits das Ergebnis der Stücklistenauflösung. Der Vorteil des Ansatzes ist, dass sich das Ergebnis der Stücklistenauflösung auch bei mehrfacher Ausführung nicht ändert (siehe auch den Abschnitt »Erneute Stücklistenauflösung von oben« in Abschnitt B.4, »Mehrstufige Stücklistenauflösung«). Der Nachteil ist, dass Aufwärtsänderungen nicht genutzt werden können. In Zukunft soll es auch möglich sein, in AVC auf Aufwärtsänderungen durch erneute Stücklistenauflösung zu reagieren (siehe Abschnitt B.5, »Geplante Verbesserungen«).

Erneute Stücklistenauflösung von oben

In AVC wird die Stücklistenstruktur von oben nach unten neu berechnet, indem zuerst alle Instanzen unterhalb der Wurzel deaktiviert und dann iterativ reaktiviert und validiert werden (»erneute Stücklistenauflösung von oben«). In LO-VC bleiben die unteren Instanzen aktiv, wenn die Stücklistenauflösung nach dem initialen Aufbau erneut beginnt, und all ihre Wertsetzungen werden berücksichtigt. Daher kann die wiederholte Ausführung der Stücklistenauflösung zu unterschiedlichen Ergebnissen führen. In manchen Fällen kann die wiederholte Ausführung einer Stücklistenauflösung bei identischen Benutzereingaben sogar zu unterschiedlichen Ergebnissen führen. Das erneute Auflösen von oben in AVC garantiert stabile Ergebnisse. Darüber hinaus können im LO-VC-Ansatz Reihenfolgeneffekte bei der interaktiven Konfiguration entstehen, sodass das Konfigurationsergebnis von der Reihenfolge abhängt, in der der Benutzer die Instanzen besucht: Auch bei identischen Benutzereingaben auf den Instanzen ergibt sich möglicherweise eine andere Konfiguration im Endergebnis, abhängig davon, in welcher Reihenfolge die Instanzen konfiguriert werden. Solche Reihenfolgeeffekte können bei der in AVC verwendeten Stücklistenauflösung nicht auftreten. Darüber hinaus garantiert AVC, dass beim Laden einer gespeicherten Konfiguration von der Datenbank bei unverändertem Modell genau dasselbe Konfigurationsergebnis wieder berechnet wird (nur die Benutzerwertsetzungen werden von der Datenbank gelesen, die berechneten Werte werden erneut berechnet). Insgesamt wird in der AVC-Engine damit die Transparenz und Vorhersagbarkeit für den Modellierer erhöht.

Inkonsistenz bei der Stücklistenauflösung

Wenn bei der Stücklistenauflösung eine Inkonsistenz auftritt, ist das Ergebnis der weiteren Berechnung nicht zuverlässig. Daher bricht AVC im Fall einer Inkonsistenz die Stücklistenauflösung ab und gibt dem Benutzer eine klare Orientierung, welche Instanzen bereits als Teil der aufgelösten Stückliste validiert wurden und auf welcher Instanz die Inkonsistenz erkannt wurde. Dieses Verhalten ist für den Modellierer vorhersagbar und ermöglicht es dem Benutzer, diejenigen Instanzen erneut zu bearbeiten, auf denen seine Wertsetzungen die Inkonsistenz verursacht haben könnten, bevor die Stückliste erneut aufgelöst wird, um einen konsistenten und validierten Zustand zu erreichen.

Verarbeitung von Beziehungswissen in mehrstufigen Konfigurationsmodellen

Grundsätzlich wäre es notwendig, nach jeder Benutzerwertsetzung eine vollständige Stücklistenauflösung durchzuführen und alles Beziehungswissen neu durchzurechnen, um alle Konsequenzen der Wertsetzung zu berechnen. Da dies insbesondere bei großen Modellen sehr performanceintensiv ist, bieten beide Konfiguratoren die Möglichkeit, die Benutzereingaben einer einzelnen Instanz ohne vollständige Stücklistenauflösung zu validieren (»Instanz-Validierung«). Im Prinzip ist diese Form der Validierung ein Kompromiss zwischen Performance und Korrektheit: Bis zu einem gewissen Grad wird davon ausgegangen, dass die Ergebnisse der Stücklistenauflösung und die der Abhängigkeit unveränderlich sind.

Die Instanz-Validierung in LO-VC betrachtet diejenigen Instanzen als aktiv, die nach der letzten Stücklistenauflösung aktiv waren. Wenn der Benutzer eine neue Wertsetzung vornimmt, wird das klassische Beziehungswissen nur auf der aktuellen Fokus-Instanz neu berechnet. Auf allen anderen Instanzen werden die klassischen Abhängigkeiten nicht verarbeitet. Constraints werden global verarbeitet, sodass sie jede aktive Instanz verändern können.

In AVC arbeitet die Instanz-Validierung ebenfalls auf der Menge der Instanzen, die nach der letzten Stücklistenauflösung aktiv war. Bei diesen Instanzen wird jedoch der in Abschnitt »Erneute Stücklistenauflösung von oben« beschriebene Ansatz durchgeführt, einschließlich der Neuberechnung von Beziehungswissen zu allen Instanzen, jedoch ohne eine erneute Stücklistenauflösung durchzuführen. Das heißt, die Menge der aktiven Instanzen wird bei der Instanz-Validierung wie in LO-VC als unverändert angenommen; alle anderen Ergebnisse werden aber korrekt neu berechnet.

B.5 Geplante Verbesserungen

Alle zukunftsgerichteten Aussagen unterliegen verschiedenen Risiken und Unsicherheiten, die dazu führen können, dass die tatsächlichen Ergebnisse wesentlich von den Erwartungen abweichen. Die Leser werden darauf hingewiesen, sich nicht zu sehr auf diese zukunftsgerichteten Aussagen zu verlassen, die nur zum Zeitpunkt ihrer Veröffentlichung gelten, und sie sollten bei Kaufentscheidungen nicht als zuverlässig angesehen werden.

Strategie der Stücklistenauflösung

Geplant ist, die Vorteile der erneuten Stücklistenauflösung von oben mit einer Reaktion auf Aufwärtsänderungen zu kombinieren. Ziel ist es dabei, weiterhin sicherzustellen, dass identische Eingaben immer zu identischen Ergebnissen führen.

High-Level-Beziehungswissen bei Stücklistenpositionen

In Zukunft soll es wieder möglich sein, Beziehungswissen an Stücklistenpositionen in der High-Level-Konfiguration zu berücksichtigen. Dabei soll es pro Beziehungswissen möglich sein, festzulegen, ob es für die High-Level- oder die Low-Level Konfiguration relevant ist.

Behandlung von Vorschlagswerten

Es ist geplant, es dem Benutzer zu ermöglichen, sowohl statische als auch dynamische Vorschlagswerte auf Merkmalsebene zu blockieren sowie sie auch wieder zu reaktivieren.

Syntaxverbesserungen

Geplant ist, die AVC-Syntax deutlich zu verbessern, z. B. durch Schlüsselzugriff auf Tabellen, eine reichere Syntax für mehrwertige Merkmale oder eine verbesserte Zeichenkettenverarbeitung. Auch soll es für AVC ein neues Erweiterungskonzept geben (Stichwort Variantenfunktionen).

Anhang C
Die Autoren

Dr. **Uwe Blumöhr** ist Diplom-Mathematiker und Diplom-Lehrer und bei SAP Deutschland SE & Co. KG als Schulungsberater im Bereich der Kunden- und Partnerschulungen tätig. Seine Schwerpunkte sind die Variantenkonfiguration, das Lifecycle Data Management und SAP S4/HANA Research and Development. Seit 1996 ist Uwe Blumöhr weltweit für alle Schulungsentwicklungen von SAP im Bereich Variantenkonfiguration verantwortlich; der überwiegende Teil des Schulungsmaterials von SAP zum Thema Variantenkonfiguration wurde dabei direkt von ihm entwickelt. Uwe Blumöhr hat alle Kapitel von Teil I, »Grundlagen der Modellierung«, geschrieben.

Michael Neuhaus ist Geschäftsführer der msg treorbis GmbH und für das operative Geschäft sowie für Vertrieb und Marketing verantwortlich. Michael Neuhaus ist seit vielen Jahren in der IT-Branche tätig, erfahrener Kenner der SAP-Welt und seit mehreren Jahren auf die Beratung und Implementierung von SAP-Lösungen fokussiert. Insbesondere im Bereich Variantenkonfiguration ist Michael Neuhaus ein etablierter Experte. Zu seinen Karrierestationen gehören unterschiedliche Beratungs- und Leitungsfunktionen in international ausgerichteten Beratungs- und Produktionsunternehmen.

Marin Ukalovic verantwortet den Maschinen- und Anlagenbau von SAP SE in Deutschland und ist seit 2014 als Vorstandsvorsitzender der Configuration Workgroup (CWG) aktiv. Nach seinem Universitätsabschluss im Fachbereich Maschinenbau arbeitete er zunächst als Konstruktionsingenieur im Maschinen- und Anlagenbau. 1999 wechselte er in den Vertrieb von SAP SE und betreut seitdem Kunden der diskreten Fertigung im Bereich Logistik. Ab 2003 übernahm er als Solution Architect die Branchenverantwortung für die Papier- und Möbelindustrie bei SAP Deutschland SE & Co. KG und erweiterte 2006 seine Verantwortung auf den europäischen Bereich.

C.1 Beiträger zu diesem Buch

Johanna Dopatka hat im Zuge ihres dualen Studiums bei der msg treorbis GmbH ihre Bachelor-Arbeit über die kritischen Erfolgsfaktoren eines webbasierten Angebotskonfigurators mit Auszeichnung abgeschlossen. Im direkten Anschluss hat sie bei der Entwicklung des treorbis-SAPUI5-Angebotskonfigurators mitgewirkt. Ihr weiterer Tätigkeitsbereich bestand in der Unterstützung des Produktmanagements, in der Betreuung von Kunden im Variantenumfeld und im Informationsaufbau für das Thema SAP S/4HANA for Advanced Variant Configuration (AVC). Über diese Themen referiert Johanna Dopatka regelmäßig auf nationalen und internationalen Kongressen. Sie hat Abschnitt 13.9, »Vorkonfigurierte Branchenlösung für die diskrete Industrie in SAP S/4HANA«, Abschnitt 14.1, »Advanced Variant Configuration in SAP S/4HANA Cloud«, sowie Abschnitt 14.4, »SAP Cloud Platform in der Variantenkonfiguration«, verfasst.

Johann Dornbach ist Vice President für den Bereich Configure und weltweit verantwortlich für die Entwicklung und Bereitstellung von Produkten und Lösungen rund um Variantenkonfiguration und Klassifizierung in SAP S/4HANA und für die Integration der Produktkonfiguration mit SAP C/4HANA Commerce und SAP C/4HANA Sales Configure, Price, and Quote (SAP CPQ). Johann Dornbach hat mehr als 16 Jahre Erfahrung im Bereich Unternehmenssoftware. Im Jahre 2002 startete er bei SAP Deutschland als Berater für Product Lifecycle Management (PLM) und Portfolio- and Project Management (PPM). Als technischer und funktionaler Lösungsberater arbeitete er mit Kunden wie Volkswagen, Siemens, Bosch und BMW zusammen. Im Jahre 2009 wurde er Beratungsleiter für PLM und PPM bei SAP Deutschland und übernahm die kaufmännische und unternehmerische Leitung der Beratungseinheit. In 2014 wurde er Entwicklungsleiter der PLM- und PPM-Entwicklung am Standort Deutschland in der SAP-Produktentwicklung und übernahm im Jahre 2016 seine aktuelle Position. Johann Dornbach hat ein Doppel-Diplom als Diplom-Betriebswirt (FH) an der ESB Business School in Reutlingen, Deutschland, und als Bachelor of Science in Business an der Indiana University in Bloomington, USA. Johann Dornbach hat das Vorwort, »Der digitale Konfigurationslebenszyklus im intelligenten Unternehmen«, verfasst.

Dr. **Conrad Drescher** ist Development Expert für SAP S/4HANA for Advanced Variant Configuration (AVC) SAP SE und arbeitet dort maßgeblich an der neuen Konfigurations-Engine. Dabei entwickelt er in enger Abstimmung mit dem AVC Customer Council Konzepte und Algorithmen für die Auswertung von Beziehungswissen in Konfigurationsmodellen. Vor seiner Tätigkeit bei SAP war er als führender Mitarbeiter des Projekts »Constraint Satisfaction for Configuration« an der Universität von Oxford tätig. Er hat einen Doktortitel der Informatik von der Technischen Universität Dresden. Conrad Drescher ist Co-Autor des Anhang B, »SAP S/4HANA AVC Improvement List«.

Horst Exenberger ist Inhaber und Geschäftsführer der DERWID Gruppe, verantwortlich für strategische Ausrichtung des Unternehmens und des Angebotsportfolios. Nach einer Ausbildung im Bereich Elektronik/Informatik und verschiedenen Stationen in der IT-Branche gründete er 2001 sein Unternehmen. Seit zehn Jahren ist die interaktive 3D-Visualisierung und Produkt- bzw. Variantenkonfiguration zentraler Bestandteil der Unternehmung und damit deren Kernkompetenz. Horst Exenberger hat den Abschnitt 13.6, »Integration einer 3D-Visualisierung«, verfasst.

Yong-Gün Heße ist Consultant der msg treorbis GmbH in Hamburg. Seine Erfahrung im Variantenumfeld basiert auf diversen Optimierungs- und Implementierungsprojekten in verschiedensten Branchen. Neben der Projektarbeit und der Betreuung von Bestandskunden unterstützt er fachlich bei der Produktentwicklung und dem Produktmanagement. Auf nationalen und internationalen Veranstaltungen hält er Fachvorträge, unter anderem zum Thema Preisfindung und Kalkulation in der Variantenkonfiguration. In Abschnitt 11.3, »Variantenpreisfindung und die Herleitung von Konditionsschlüsseln aus Nicht-SAP-Systemen«, erörtert Yong-Gün Heße mögliche Vorgehensweisen und Abbildungsmöglichkeiten.

Fabian Huber ist Digital Strategy Consultant bei der Sybit GmbH. Seit über 15 Jahren ist er für den Bereich E-Business verantwortlich und berät seine Kunden bei der Digitalisierung ihrer kundenorientierten Prozesse rund um SAP C/4HANA und SAP Leonardo. Neben der Realisierung von Kundenportalen, Webshops und Online-Konfiguration setzt er seine langjährige Erfahrung auch in Strategieentwicklung, Beratung und Konzeption ein. Insbesondere bei seinen Kunden im Maschinen- und Anlagenbau sowie der Fertigungsindustrie spielt dabei auch die Variantenkonfiguration sowie deren Nutzung in digitalen Vertriebskanälen eine große Rolle. Fabian Huber hat gemeinsam mit Matthias Maier Kapitel 15, »SAP Product Configuration in SAP Commerce«, verfasst.

Jörg Kern-Landgraf ist Teamleiter und Management Consultant der msg treorbis GmbH Hamburg. Seine Schwerpunkte liegen in den Bereichen Variantenkonfiguration, Vertrieb und Projektmanagement. Mit mehr als 20 Jahren Erfahrung im Variantenumfeld hat er zahlreiche Variantenprojekte in den unterschiedlichsten Branchen betreut. Des Weiteren unterstützt er mit seinem fachlichen Wissen SAP SE bei der Neugestaltung von SAP S/4HANA for Advanced Variant Configuration (AVC). Er hält regelmäßig Vorträge zum Thema Variantenkonfiguration und deren Einsatzmöglichkeiten bei nationalen und internationalen Veranstaltungen. Von Jörg Kern-Landgraf stammen unter anderem die Texte zu Abschnitt 12.1, »Typen der Konfiguration und wie sie Ihr Business unterstützen«, Abschnitt 12.2, »Implementierung der Variantenkonfiguration«, Abschnitt 13.2, »Produkthierarchie in Abhängigkeit der Konfiguration zur Auswertung«, und Abschnitt 13.5, »Der Einsatz von Materialvarianten – eine kritische Betrachtung«.

Andreas Kölbl ist Product Owner für die Engine von SAP S/4HANA for Advanced Variant Configuration (AVC) bei SAP SE. Nach seinem Abschluss als Diplom-Ingenieur des Maschinenbaus im Jahr 1997 arbeitete er für mehrere Unternehmen als SAP-Berater. Sein Schwerpunkt lag dabei auf den Prozessen der Arbeitsvorbereitung sowie der Produktionsplanung und -steuerung. Dabei betreute er eine Vielzahl nationaler und internationaler Kunden aus verschiedenen Branchen, wobei der Maschinen- und Anlagenbau immer sein Kerngebiet war. Im Jahr 2014 wechselte er als Solution Architect zu SAP Deutschland SE & Co. KG in den Bereich Product Lifecycle Management. Seit 2016 ist er Teil der Softwareentwicklung von SAP SE in Walldorf und arbeitet seitdem in seiner derzeitigen Funktion im Bereich Products & Innovation. Andreas Kölbl hat Abschnitt 14.3, »Sudoku mit Advanced Variant Configuration«, verfasst und an Abschnitt 14.2, »Transformation eines LO-VC-Konfigurationsmodells in ein AVC-Konfigurationsmodell«, mitgearbeitet.

Udo Körbe ist Consultant bei der msg treorbis GmbH in Hamburg. Seine über 20-jährige Erfahrungen sammelte er im Variantenumfeld in diversen Optimierungs- und Implementierungsprojekten verschiedenster Branchen. Neben der Projektarbeit gehört zu seinen Aufgaben die Betreuung von Bestandskunden im Rahmen des Applikation Management Service. Udo Körbe hat Abschnitt 12.3, »Konfiguration von Industrietoren«, sowie Abschnitt 13.7, »Mehrstufiger Multilevel-ATP-Check ohne SAP APO«, verfasst.

Isabel Kremers ist Presales Specialist für die Fertigungs- und Maschinenbauindustrie bei SAP. Ihre Schwerpunktthemen sind SAP S/4HANA for Advanced Variant Configuration (AVC) sowie SAP Configure, Price, and Quote (SAP CPQ). Ihre Kunden bringt sie kontinuierlich auf den neusten Entwicklungsstand der Variantenkonfigurationslösungen und entwickelt mit ihnen Transformationswege von LO-VC zu AVC. Auf nationalen und internationalen Konferenzen hält Isabel Kremers regelmäßig Vorträge zum digitalen Konfigurationslebenszyklus und der neuen Variantenkonfiguration in SAP S/4HANA. Zudem ist sie Vorstandmitglied der internationalen Configuration Workgroup (CWG). Sie hat Abschnitt 14.2, »Transformation eines LO-VC-Konfigurationsmodells in ein AVC-Konfigurationsmodell«, verfasst.

Jie Lin ist Principal-Berater für die Fertigungs- und Maschinenbauindustrie bei SAP SE. Seine Schwerpunktthemen sind SAP Variant Configuration (SAP VC), SAP CRM und SAP Configure, Price, and Quote (SAP CPQ). In den letzten zehn Jahren hat er viele Kunden bei der Implementierung der SAP-Produktkonfiguration vom Backend bis zum Frontend unterstützt. Auf nationalen und internationalen Konferenzen hält Jie Lin auch Vorträge zur SAP-Produktkonfiguration mit Best Practices. Zudem ist er Mitglied der internationalen Configuration Workgroup (CWG). Jie Lin hat Abschnitt 10.1, »Technische Sicht versus kaufmännische Sicht in der High-Level-Konfiguration«, Abschnitt 10.2, »Externe Aufrufe innerhalb des Modells (Produktionsmodell und Verkaufsmodell)«, verfasst.

Matthias Maier ist Solution Consultant bei der Sybit GmbH. Er berät Kunden im SAP-Commerce-Umfeld und ist in vielseitigen Commerce-Projekten für die Anbindung an SAP-ERP- und SAP-CRM-Systeme inklusive SAP Product Configuration verantwortlich. Mit über zehn Jahren Erfahrung im E-Business unterstützt er Kunden bei der Konzeption und Realisierung von B2B-Commerce-Systemen in der Fertigungsindustrie. Zu seinen Stärken gehört die langjährige Erfahrung im Umgang mit SAP-Schnittstellen und verschiedenen Online-Konfiguratoren wie IPC und SAP CPQ. Matthias Maier hat gemeinsam mit Fabian Huber Kapitel 15, »SAP Product Configuration in SAP Commerce«, verfasst.

Kevin Meyer ist SAP Business Process Analyst bei Haworth Inc. in Holland, Michigan, USA. Dort arbeitet er seit elf Jahren mit SAP-Software als Produktmodellierer, VC-Trainer und interner Berater. Kevin Meyer ist seit zwölf Jahren Mitglied der Configuration Workgroup (CWG), seit zehn Jahren im Board of Directors und seit 2014 Sekretär im Vorstand. Er hält Präsentationen auf den nordamerikanischen und europäischen CWG-Konferenzen zu einer Vielzahl von Themen. Außerdem arbeitet er zusammen mit SAP im Customer Co-Innovation Council an der Weiterentwicklung der Advanced Variant Configuration. Kevin Meyer hat Abschnitt 13.1, »Eine Hassliebe – konfigurierbare Materialien und Materialvarianten bei Haworth«, geschrieben.

Dr. **Petra Meyer** hat nach einem Mathematikstudium 1998 bei SAP in der Entwicklung angefangen. Schwerpunkte der Entwicklung waren das integrierte Produkt- und Prozess-Engineering (iPPE) sowie die Entwicklung neuer Produktionsstammdaten in SAP Business ByDesign. Im Jahr 2012 ist sie in den Bereich SAP ERP on HANA gewechselt und hat als Product Owner das Team für Klassifizierung und Konfiguration geleitet. Hier hat sie die Entwicklung der SAP S/4HANA for Advanced Variant Configuration initiiert, deren Entwicklung sie als Product Owner heute verantwortet. Petra Meyer hat Abschnitt 14.1, »Advanced Variant Configuration in SAP S/4HANA Cloud«, verfasst.

Dr. **Claudia Möller** gehört zum Team, das die Engine von SAP S/4HANA for Advanced Variant Configuration (AVC) entwickelt. Als promovierte Mathematikerin befasst sie sich mit Algorithmen zur Beziehungswissensauswertung. Neben der Software-Entwicklung engagiert sie sich in Workshops mit dem AVC Customer Council, um die Bedürfnisse der Kunden zu erkennen und gemeinsam mit ihnen Ideen für neue Konzepte zu erarbeiten. Claudia Möller hat gemeinsam mit Conrad Drescher den Anhang B, »SAP S/4HANA AVC Improvement List« verfasst.

Peter Muthsam ist seit 1999 Berater bei SAP SE. Er betreut Kunden verschiedener Industrien mit Variantenkonfiguration in Vertriebs- und Produktionsprozessen. Als VC-Modellierungsexperte und ABAP-/Java-Programmierer bringt er sein Knowhow in internationalen Projekten ein. In SAP-Einführungen, SAP-S/4HANA-Migrationsprojekten und Optimierungsuntersuchungen hilft er Kunden bei der Lösung komplexer Aufgabenstellungen in LO-VC, Advanced Variant Configuration (AVC), CRM IPC, Hybris Commerce und Solution Sales Configuration. Außerdem ist er Experte für Product Data Replication (PDR) und unterstützt auch die Weiterentwicklung dieser SAP-Lösung für die Replikation kompletter VC-Modelle zwischen SAP-Systemen. Peter Muthsam hat Abschnitt 13.8, »Stammdatenverteilung mit Product Data Replication«, geschrieben.

Rolf Thye ist Management Consultant und Produktmanager der msg treorbis GmbH Hamburg. Seine mehr als 20-jährige Erfahrungen aus Variantenprojekten der verschiedensten Branchen sind in die msg-treorbis-Variantenlösungen eingeflossen. Des Weiteren unterstützt er mit seinem fachlichen Wissen SAP bei der Neugestaltung von SAP S/4HANA for Advanced Variant Configuration (AVC). Zu den Anforderungen der Komplexität variantenreicher Produkte hält Rolf Thye regelmäßig Vorträge auf nationalen und internationalen Veranstaltungen. Zudem ist er Vorstandmitglied der internationalen Configuration Workgroup (CWG). In Abschnitt 12.2, »Implementierung der Variantenkonfiguration«, Abschnitt 13.2, »Produkthierarchie in Abhängigkeit der Konfiguration zur Auswertung«, Abschnitt 13.3, »Ein Klassiker: Gewichts- und Volumenberechnung von KMAT«, Abschnitt 13.4, »Identnummern für die Auftragsabwicklung«, und Abschnitt 14.4, »SAP Cloud Platform in der Variantenkonfiguration«, beschreibt Rof Thye anhand von Beispielen Lösungsansätze für wiederkehrende Anforderungen.

Index

R

S

W

Z

SAP PRESS
SAP Leonardo
Konzepte, Technologien, Best Practices
Martin Elsner
Glenn González
Mark Raben
Rheinwerk